U0193068

料理实验室

The Food Lab

Better Home Cooking Through Science

J. Kenji López-Alt

[美]J. 显尔·洛佩兹-奥特　著

吴宣仪　罗婉瑄　龚嘉华　译

[日] 野元萨亚(Saya Seio-Nomoto)　校译

每一道美味的制作过程，

都是有趣的科学实验

青岛出版社
QINGDAO PUBLISHING HOUSE

图书在版编目（CIP）数据

料理实验室 /（美）J. 显尔 · 洛佩兹 - 奥特著；吴宣仪等译 . — 青岛：青岛出版社，2021.1

ISBN 978-7-5552-8710-0

Ⅰ. ①料… Ⅱ. ① J… ②吴… Ⅲ. ①烹饪 - 方法 Ⅳ. ① TS972.11

中国版本图书馆 CIP 数据核字 (2019) 第 273116 号

书　　名　料理实验室
　　　　　LIAOLI SHIYANSHI
著　　者　［美］J. 显尔 · 洛佩兹 - 奥特
译　　者　吴宣仪　罗婉瑄　龚嘉华
校　　译　［日］野元萨亚（Saya Seio-Nomoto）
出版发行　青岛出版社
社　　址　青岛市海尔路182号（266061）
本社网址　http://www.qdpub.com
邮购电话　0532-68068091
责任编辑　周鸿媛　逄　丹　贾华杰　徐　巍　肖　雷　刘　茜　俞倩茹
特约编辑　杨子涵　宋总业　张文静
特约校对　王　燕　孔晓南
封面设计　张一鸣　叶德永
制　　版　青岛乐喜力科技发展有限公司
印　　刷　深圳市国际彩印有限公司
出版日期　2021年1月第1版　2021年1月第1次印刷
开　　本　16开（890mm × 1240mm）
印　　张　58.5
字　　数　1312千
图　　数　1355
书　　号　ISBN 978-7-5552-8710-0
定　　价　499.00元

特别鸣谢：本书部分菜品由野元萨亚（Saya Seio-Nomoto）、熊也、张一鸣设计、制作、拍摄。

编校印装质量、盗版监督服务电话：4006532017　0532-68068638

建议陈列类别：生活类　美食类

献给我的太太阿德里安娜（Adriana），这位爱我但不爱汉堡的妻子。
献给埃德（Ed）、维基（Vicky），以及整个“认真吃”（Serious Eats）团队，他们帮我做了好多事。
献给我的祖父，一位古怪的教授。
献给我的祖母，虽然她比较喜欢罐头食物。
献给我的父亲，一位科学家。
献给我的母亲，虽然她比较希望我能成为一名医生。
献给我最爱的那个妹妹。
也献给其他姐妹。
献给 Dumpling、Hambone 和 Yuba[①]，你们是除人类之外最好的试吃团。

① Dumpling、Hambone 和 Yuba 都是作者的宠物狗。——编者注

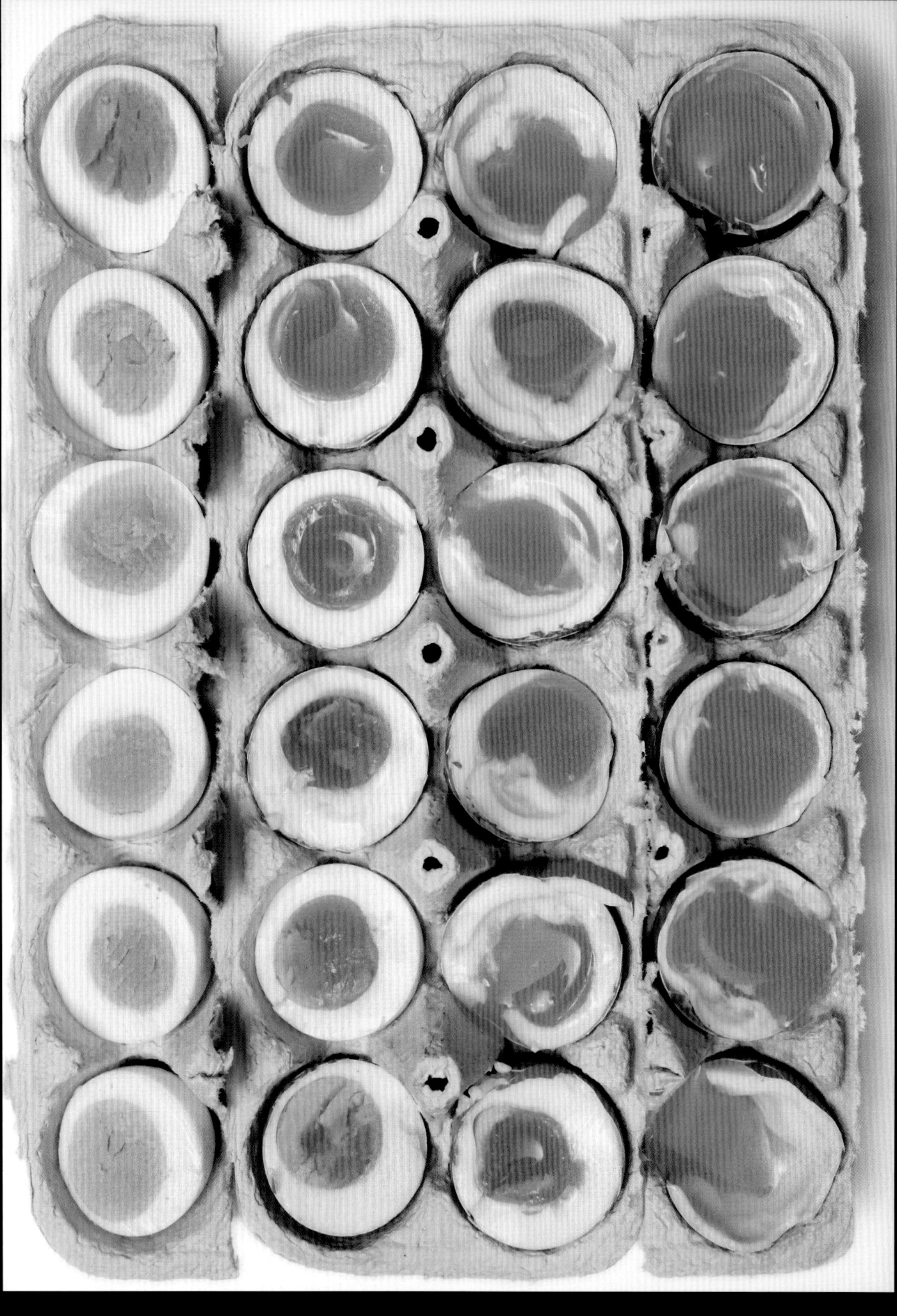

计时 12 分钟，每 30 秒为节点煮出的水煮蛋

各界好评

当你探索厨房里每一种食物的可能性时，显尔提供了令人惊叹的信息来满足你。

——埃金·卡莫萨瓦（Aki Kamozawa）与亚历山大·塔尔博特（Alexander Talbot），

“*Ideas in Food*”博客博主

《料理实验室》中的理论和方法有创新且非常实用，很适合在厨房中应用。

——阿普里尔·布鲁姆菲尔德（April Bloomfield），

纽约市 The Spotted Pig 餐厅主厨

《料理实验室》成功地引领读者探索食物科学的世界，是一本让你在阅读中感觉趣味盎然的专业书籍。

——马克·拉德纳（Mark Ladner），

纽约市 Del Posto 餐厅主厨

我自认为是食材和烹饪技术的专家，但在读过显尔的书之后，我感觉我该再回去好好进修一番了。

——托尼·莫斯（Tony Maws），

马萨诸塞州剑桥市 Craigie on Main 餐厅主厨及负责人

这本书是下厨必备的工具书，我将它和朱莉娅·蔡尔德（Julia Child）的食谱放在一起。

——亚历克斯·瓜纳舍利（Alex Guarnaschelli），

纽约市 Butter 餐厅主厨及 *Alex´s Day Off* 节目主持人

当我和显尔一起在厨房工作时，他就像一本活字典，随时为我提供必要的烹饪知识。从高压锅的原理到美味汉堡背后的科学变化，这些广泛的探索研究，使他拥有了宝贵的知识财富。他的文章惯用幽默的方式来解析食物科学，这也是我们喜欢向他请教的主要原因。

——怀利·迪弗雷纳（Wylie Dufresne），

纽约市 Alder 餐厅主厨

推荐序一

《料理实验室》简体中文版就要上市了，本书的版权引进者熊也先生嘱我为此书写篇序言，我犹豫了一下，还是答应了。

在一个采访中，主持人问我对中餐烹饪技艺的师徒传承形式有何看法。这个问题比较敏感，我的看法也许会得罪不少人。根据我的观察，中餐烹饪中的师徒传承基本上是经验传承，包括技艺、手艺的传承。师徒传承是技术和文化的一种很好的传承方式，但它极大地限制了创造力与科学的进步。我赞成传承的方式，如一个好的师父带一些好的徒弟，但是这种传承也会使徒弟知其然但不知其所以然。这不是师徒传承方式造成的，而是中国文化传统中缺乏科学探索精神所造成的。

我更欣赏像周晓燕老师那样的师父，他是一个学者，这使得他在文化方面有了很大的优势。在他的实验室里有各种各样的科学仪器，他用它们来寻找中国味道的科学组合，而不是经验组合。一旦他的学生们掌握了这种科学组合，知其烹饪和味道形成的所以然的时候，就能创新和进步，就会对中国烹饪有一个特别大的影响和促进。

还有一位我欣赏的人——蔡昊。我们形容什么东西好吃，一般都说鲜香、麻辣、软嫩、酥滑等，或者其他各种各样的词汇，但这只是对表象的描述，归根结底为什么好吃呢？蔡昊说："食物中的蛋白质分解成氨基酸，在其发酵峰值的那一刹那是最美味的。"仅依靠我们的经验是无法控制这个

图片提供 熊也·saya

峰值的，但是可以通过仪器来把握。蔡昊用仪器检测发酵过程，并把峰值产生的时间记录下来。因此他可以教没有很多烹饪经验的人，如一位家庭主妇，或者一个聪明的懂得科学计算的人，这些人就可以跟着蔡昊做出类似的、好吃的菜来。

这种方法如果能运用到中餐烹饪当中，把师徒传承与这种科学精神结合起来，就是对中国烹饪和中国饮食最大的促进和改变。而我们现在的师徒传承更注重的甚至不是技法，更多的是平台、资源和声望。师徒之间，借助彼此的声望扩充自己所谓的影响力。这个过程或许是饮食文化发展当中的一个必经阶段，但我觉得这个阶段越短越好。越早将科学运用进来，中国烹饪和中国饮食就会越早受益。

《料理实验室》这本书其实是一个范式转移（paradigm shift）的革命。科学的进入把烹饪从原来依靠经验积累、熟能生巧的操作方式，转换到通过科学实验、双盲实验来进行，解决了烹饪中知其然更要知其所以然的问题，这将对中餐烹饪产生革命性的影响，并为中餐厨师表达中国味道，使其国际化提供更多助力。

董克平

推荐序二

来自显尔忠实粉丝的祝贺

这么多年来，我们一直深爱着他在网站（seriouseats.com）上的《厨房科学》专栏，并按照他的方法烹饪着各式美味的料理。显尔借由这本专业又诙谐轻松的书，将“烹饪”这门人类最基本的艺术带入科学的时代。在过去的4000年里，自人类懂得烹饪开始，无论是一个冰块还是一口炖锅，总是遵循着热力学三大定律，只是我们从不知道而已。显尔站在阿查兹（Achatz）、阿德里亚（Adria）、阿诺德（Arnold）、布鲁门塔尔（Blumenthal）、库蒂（Kurti）、马基（McGee）、迈尔维奥拉（Myrhvold）及罗卡（Roca）[①]这些巨人的肩膀上，将那些抽象又纯粹的哲学思想融入烹饪中，进而做出美味的菜肴。他毕业于美国麻省理工学院，拥有11年的餐厅厨房经验——在我心里，评价一名理工高才生的两个最低标准，竟然只是做好一个汉堡或煮滚一锅水。显尔的食谱均是简单又美味的家常料理。这些料理做起来并不难，但要做到完美，则需要经过复杂仔细的思考以及不断的实验。显尔的这本书并不是单纯的食谱，我保证你只要读完10页，就可以成为更好的厨师。

——杰弗里·斯坦格登（Jeffrey Steingarten）[②]

---

①这些人均为顶尖米其林三星厨师，其中有些是分子料理专家。——译注

②杰弗里·斯坦格登，著名时尚杂志*Vogue*的美食评论家。——译注

PREFACE

When I first started cooking professionally in 1999, the food world was a different place. Restaurants and home cooking alike was steeped in tradition (a good thing!), but also mindless adherence to accepted wisdom. To question the chef was unheard of, and the answer to most cooking-related questions was "because that is how it is done".

By the time the U.S.A. edition of this book, *The Food Lab*, came out in 2015, things were already vastly different. There was an audience of home cooks and restaurant chefs, young and old alike, that sought out not just "how" to cook things, but "why" things were cooked a certain way. Cooks started seeing food not just as a series of steps to be followed by rote, but as a science-based interaction between molecules and energy. It's not enough to simply know how to cook a steak, we want to know "why" we cook it that way, and more importantly, whether the way it's always been done is, in fact, the best way.

Why is this approach so appealing? I like to think of cooking as following a map. You start at Point A, and your goal is to get to Point B. Following a recipe is like following turn-by-turn directions on your smart phone. You'll arrive at your destination just fine, but you learn nothing about the surrounding route, you have no concept of the larger picture. Learning science and techniques is like being given a map of the entire neighborhood. You can choose your own route from A to B. Or you may discover a Point C that is more appealing than Point B. You might discover a shortcut that you could have never seen by sticking to the straight and narrow path.

Learning the science and technique behind cooking is empowering. It frees you from recipes. It allows you to express yourself in the kitchen and gives you more control over the finished product.

This is true whether we are searing steaks and baking macaroni and cheese in the United States of America, or we are stir-frying *gong bao ji ding* in Chengdu, grilling lamb in Xi'an, and steaming *shi zi tou* in Shanghai in China.

Through this book I hope that you discover that rather than science being at odds with culture and tradition, it is in fact a tool that adds richness and personality to your meals, all while allowing you to celebrate tradition as much as you'd like (even if that means throwing it out the window).

J. Kenji López-Alt

自序

1999年，当我第一次以专业厨师的身份开始烹饪时，整个烹饪界的情况和现在完全不同。那个时候，餐厅烹饪和家庭烹饪都按照传统的方法进行（这很不错！），但也只是固守着既有的知识。质问主厨是前所未闻的事情，而和烹饪有关的问题的答案几乎都是“因为一直就是这么做的”。

而到了2015年，《料理实验室》（*The Food Lab*）这本书在美国出版时，很多事情变了。一些家庭厨师和餐厅主厨，有年轻的也有年长的，不仅开始探索“怎样”烹饪，而且想知道“为什么”要通过这种方法来烹饪。厨师们开始不再把烹调食物当成一系列要死记硬背的步骤，而是将其看作一个以科学为基础的分子和能量相互作用的过程。只是简单知道怎样烹饪一块牛排是远远不够的，我们想知道“为什么”要用这种方法来烹饪，更重要的是，要知道最经常使用的方法是否就是最好的方法。

这种方式为什么那么有吸引力？我喜欢把烹饪视为跟着地图走。假设你从A点出发，目的是要到达B点。遵循食谱就好像是跟着手机上的导航，虽然你能安全抵达目的地，但你对沿途的情况一无所知，对全局也没有任何概念。学习烹饪科学和技巧就像是给你一张这个街区的纸质地图，你可以选择自己的路线从A走到B。在这个过程中，你可能会发现一个远比B点更有趣的C点，也可能会发现一条如果只按照导航走永远也无法发现的近路。

学习烹饪背后的科学和技巧是很有效的。它能让你摆脱食谱，在厨房里自由地发挥，让你更好地控制最终的成品。无论我们是在美国煎牛排或烤奶酪通心粉，还是在中国成都爆炒宫保鸡丁，在西安烤羊肉，或者在上海蒸狮子头，这一点都毋庸置疑。

通过这本书，我希望你发现，科学并不与文化和传统相冲突，它实际上是一种工具，能让你的饮食更丰富多彩、个性十足，同时也能让你以自主的方式对待传统（即使这意味着对传统置之不理）。

J. 显尔·洛佩兹－奥特

单位换算

常用食材的体积重量对照表

食材	类型	体积	重量（大约）
基本液体（包括水、葡萄酒、牛奶、白脱牛奶、酸奶等）		1 杯＝ 16 大勺	227 克（8 盎司）
鸡蛋	巨大 特大 大 中 小 迷你		71 克（2.5 盎司） 64 克（2.25 盎司） 57 克（2 盎司） 50 克（1.75 盎司） 43 克（1.5 盎司） 35 克（1.25 盎司）
面粉	通用 蛋糕／糕点 面包	1 杯	142 克（5 盎司） 128 克（4.5 盎司） 156 克（5.5 盎司）
糖	砂糖 红糖（浅色或深色） 糖粉	1 杯	184 克（6.5 盎司） 198 克（7 盎司） 128 克（4.5 盎司）
盐	一般食盐 钻石水晶牌（Diamond Crystal）犹太盐 莫顿牌犹太盐	1 小勺	7 克（0.25 盎司） 3.5 克（0.125 盎司） 5 克（0.175 盎司）
速发酵母		1 小勺	3.5 克（0.125 盎司）
黄油		1 大勺＝1/8 条	14 克（0.5 盎司）

提示：在美国标准食谱中，液体以液体盎司（体积）来衡量，固体则以常规盎司（重量）来衡量。

体积换算表

1 大勺＝3 小勺
1 液体盎司＝2 大勺
1 杯＝16 大勺＝8 液体盎司
1 品脱＝ 2 杯＝16 液体盎司
1 夸脱＝ 4 杯＝32 液体盎司＝0.95 升
1 加仑＝4 夸脱

重量换算表

1 盎司≈ 28.35 克

常用重量换算(以下数据精确到 1 克)

盎司	克
1	28
2	57
3	85
4	113
5	142
6	170
7	198
8（1/2 磅）	227
9	255
10	284
11	312
12	340
13	369
14	397
15	425
16（1 磅）	454
24（$1\frac{1}{2}$ 磅）	680
32（2 磅）	907
35.27（1 千克）	1000
40（$2\frac{1}{2}$ 磅）	1134
48（3 磅）	1361
64（4 磅）	1814
80（5 磅）	2268

温度换算表

摄氏度 =（华氏度 −32）÷9×5
华氏度 = 摄氏度 ÷5×9+32

常用温度换算

℉（华氏度）	℃（摄氏度）
32（水的冰点）	0
110	43.3
120（一分熟红肉）	48.9
130（三分熟红肉）	54.4
140（五分熟红肉）	60
145（超嫩家禽胸肉）	62.8
150（七分熟红肉）	65.6
155（七分熟标准家禽胸肉）	68.3
160（全熟红肉）	71.1
190（半沸腾的水）	87.8
200（接近沸腾的水）	93.3
212（沸水）	100
275	135
300	148.9
325	162.8
350	176.7
375	190.6
400	204.4
425	218.3
450	232.2
475	246.1
500	260
525	273.9
550（烤箱的最高温度）	287.8

目录

CONTENTS

写在前面　厨房里的书呆子

第 1 章　蛋、乳制品 ——早餐的料理科学

第2章 汤、炖肉
——高汤的料理科学

第3章 牛排、猪排、羊排、鸡、鱼
——快煮食材的料理科学

第4章 烫、煎、炖、烧、烤
——蔬菜的料理科学

第 5 章 肉丸、肉糕、香肠、汉堡肉饼
——绞肉的料理科学

第6章 鸡肉、牛肉、羊肉、猪肉
——烘烤的料理科学

第 7 章 意式红酱、通心粉 ——意大利面的料理科学

第 8 章 蔬菜、乳化
——沙拉的料理科学

第9章 面糊、裹粉——炸物的料理科学

Bally

写在前面

我是个书呆子，

不过我以此为傲。

我的祖父是位有机化学家，
我的爸爸是位微生物学家，
而我，是个对烹饪狂热的书呆子。

成为一名专业的厨师，是我人生中意外的转折。如果问我妈希望她的儿子未来从事哪一行，她会这样说："医生？"当然值得一试。"律师？"也挺适合，我可与个中好手激辩一番。"科学家？"绝对没问题！记得小学四年级的时候，有份作业是要制作一本小书，设想未来人生的蓝图。我清楚地记得，那时我 10 岁，我想象的未来是 24 岁结婚，26 岁我的第一个孩子出生，29 岁拿到博士学位（当时没想到一旦开始养小孩，哪还有时间专注在博士学位上），30 岁研究出治疗癌症的药物并获得诺贝尔奖，成为全球知名的人物。接下来的 40 年，我会担任乐高乐园的总裁直到退休。87 岁辞世前，细数我对这个世界的贡献，还真多。

真会幻想啊！直到我高中毕业前，事情发展得都还挺顺利。我的数学和科学课成绩都不错（我的英语课成绩却特别差），我暑假期间都在玩音乐（参加的不是热门音乐营，而是室内管弦乐团。请掌声鼓励，谢谢！）或待在生物实验室里。是否曾有任何迹象显示，未来的我可能会成为一名厨师？恐怕还真没有呢！我曾在小学三年级时参加过学校的课后烹饪班，学了如何煮糖水和杂菜汤。爸爸会在星期六教我做鲔鱼三明治，还给我上了宝贵的一课，让我学到了做牛排时千万要记得别和冰箱里冻成块的牛肉硬碰硬——在一个值得纪念的下午，爸爸说："显尔，拿铁锤过来！"然后我只看到断掉的刀子躺在厨房地板上，但牛肉还是整块硬生生地躺在那儿。

中学时期，我只会弄盘味道不怎么样的牛油果酱，或是选择做零失败料理——直接把冷冻鸡肉派加热。我唯一一次试图在厨房里表现一番，是烤了一批杏仁瓦片，上面撒了巧克力和覆盆子果干那种，我自认为成品还挺棒的！身为无可救药的浪漫主义者，为了给中学时代的女友准备一份特别的情人节礼物而全力以赴，这挺浪漫的吧！结果，她既不浪漫也不温柔，选在情人节当天甩了我，杏仁瓦片进了她爸爸的肚子。我的才刚投注心血的烹饪生涯，也就跟着结束了。

紧接着，到了该好好提升自我的大学教育阶段，我进入了麻省理工学院，对知识有特殊狂热的宅男们都聚集在这个科学殿堂，讨论着赫兹或电脑位数。在冬天里，多数的学生会把鞋当成拖鞋穿，脚跟踩在鞋子上（我可没这样做）。

经过一段时间，我也融入了这群科学怪才中，沉浸在令人着迷的亚文化里，学习到大量前所未闻的新知（大多是这样的科学谜团：精准地饮用多少波本可乐你就会宿醉到赶不上第二天早上 11 点的课）。可是有个残酷的事实摆在眼前——我热爱科学，但我痛恨生物实验室里的工作。因为实验过程实在太耗费时间了，你必须投入数月又数月的时间在实验上，直到出结果时才发现，错了！这时你要回到原点，再重复一次这些实验步骤。这让我感到焦躁不安、万分恼火，因此我做了一件所有英雄在面临危机时都会做的事——我逃走了！

事情就是这样。

那年夏天，我仿佛清醒了，我不想再继续生物实验室的工作。这可是我青春岁月的巅峰，不该在试管和DNA测序技术中虚度。我给自己定了一个目标，要找一份与学术研究最不相干的工作。当服务生似乎是个不错的选择，既能认识漂亮女孩子，又能享受美食，还可以和厨师们混在一起，并每晚都在派对中逍遥，因为次日下午3点后才打卡上班。基本上，这就是个压抑的大学生所做的白日梦。结果，我所踏入的第一家餐馆（位于哈佛广场，一家糟透了的蒙古烤肉店）并不需要服务生，但店内正急缺厨师[①]。

我毫不犹豫地接下这份工作，这预告了我的故事结局。在专业级的厨房里，当我的手触碰到刀子时，奇妙的事发生了！就像头部受到重创，突然展现出全然不同人格的病人那样，从此，命运掌控在了我自己的手上！打从那一天，第一次套上那傻里傻气的棒球帽和T恤后，我便自命为烤肉圆盘骑士。我，成了一名厨师！我没有烹饪经验，但这并不重要，因为工作时绝大部分的时间我只需要用双手握好小铲子，翻炒芦笋就行啦！然而，也是从那一刻开始，我清楚地知道自己下半辈子该做什么了！

我贪婪地吸取知识，把能拿到的每一本食谱都翻了个遍！要去海边度假吗？别带飞盘了，我带去了雅克·佩潘（Jacques Pépin）的食谱。朋友们去看电影了吗？我在厨房里和被翻烂的中式料理食谱在一起。上课以外的时间，我都在餐馆里工作，以我的毅力和意志力来弥补经验不足的缺憾。可惜的是，我还得分心顾好我的学业，餐馆里又注定没人能担任我的料理导师（稍微符合要求的是另一名在店里工作的厨师，但若要期待他教会我把马铃薯完美切片的技巧，还不如期待他用他那震耳欲聋的鼾声，直接把可乐从钢琴上震下来），以致烹饪于我而言，仍有一连串难解的谜题。

为什么煮意大利面得放那么多水？为什么要花上那么多时间才能把马铃薯烤熟，而改用蒸的就能快上许多？为什么我的美式松饼老是失败？泡打粉里都加了些什么？那时，我告诉自己，一旦取得大学学位后就再也不把时间耗费在自己不喜欢的事情上了！这些烹饪上的疑惑令我着迷，接下来的人生，我将试着找出答案。事实上，餐馆的薪水少得可怜，工时又长得夸张（我很难再在假期看到朋友和家人），但这仍然撼动不了我的决心。既然找到了自己热情的所在，即使当个穷人，我都愿意。少了热忱，才是真正被诅咒的人生啊！

我妈很不情愿地接受了我要做厨师这件事情。

当然，我谨守与自己的约定，一边在餐馆打工，一边兼顾学业（最后毕业时，我取得的是建筑学位），大学期间学到了许多很棒的科学知识（我从未失去对科学的兴趣，只是不喜欢做生物实验罢了）。毕业后，我开始与波士顿最棒的几位厨师一块儿工作。但对我妈来说，厨师就是厨师，再怎样都只是一名厨师。对她而言，全神贯注地把煎得恰到好处的银

---

①老实说，“厨师”算是个客气的称呼了，说是挥舞铲子的猴子还差不多。

花鲈鱼进行完美的摆盘，佐以鱼子酱与海鲜白酱，再缀以讨喜的小红萝卜等，这些工作和翻煎汉堡肉没啥两样（讽刺的是，她也算说对了，对现在的我而言，翻煎汉堡肉比享用高级餐厅里的食物更能吸引我）。

我对自己说，**最起码，我是在很棒的餐厅里工作，我将找到我想要的那些答案。**

但没那么快。

上班的第一天，他们教我薯条二次油炸的传统做法——先用低温的油浸炸几分钟，再用高温的油炸第二次。我的第一个疑问（我想也是所有自由思想者显然都会想到的问题）是大家都对我说，第一次炸薯条的目的是让马铃薯先熟透，难道我们不能换个方法，比如先把马铃薯都蒸熟，然后再炸一次吗？

主厨的回答是："嗯……这可能行得通，但你还是别这么做。不要问太多问题，我可没时间回答！"这样的答案，与我期待的学术见解与科学探索相去甚远。但真相是，身为一名全职的厨师所必须投入的工作时数，迫使我用更少的剩余时间来寻找关于烹饪谜题的答案。

我对烹饪的疑问越积越多，就像周六晚上的热门演出票一样。

因此，在餐厅工作 8 年后，我决定跳出已经熟悉的轨道——或许能通过研发食谱，在出版领域找到我要的答案。在做了这项新尝试后，我的好奇心开始能被满足了。身为 *Cook´s Illustrated*②杂志的测试厨师与编辑，我不仅得到了寻找答案的机会，而且还能领到薪水！终于有份工作能结合我的四项最爱中的三项——品尝美食、以科学的方法求知以及下厨（而我的太太是第四项），这个发现真是让我松了一口气。我发现在大多数的情况下，即使是世界上最顶尖的餐厅传授给我们的传统烹饪方法也会过时，而且有时还大错特错。

后来，我和太太搬回纽约，我找到一份比我在 *Cook´s Illustrated* 杂志社更好的工作，那就是担任"认真吃"的首席创意官，并负责在网站上撰写名为《料理实验室》（*The Food Lab*）的热门专栏。我终于能完全自由地决定自己要做的事，探究我想探究的问题，实验我想实验的主题，烹饪我想烹饪的食物。最棒的部分是什么？我为这个热衷美食的社群工作，我的读者们和我一样，都对每一口放到嘴里的食物怀有热情，并能细细品尝。

当然，我的工作内容很多元，实验料理和写下食谱不过是我工作的一小部分。我必须字斟句酌，在网络上点评这一家的比萨或那一家的汉堡；偶尔必须参加恼人的商务会议或美食大会，假正经一番。最后我竟然还写了书……但说到底，我还是一名厨师，这确实是我唯一想从事的职业。

② *Cook´s Illustrated*，《图解厨艺》。——译注

本书谈些什么？

大约20年前，著名的食物科学家、作家，同时也是我的偶像——哈洛德·马基曾说过："大家普遍相信，在把肉放进烤箱前，要先煎过才能'锁住肉汁'，事实却不是这样。"[3]如果当着厨师的面说出这句话，就好比和物理学家说石头是往上掉的，或对意大利人说比萨是冰岛人发明的一样！19世纪中叶，德国的食品科学家尤斯图斯·冯·李比希（Justus von Liebig）首次提出这个理论——以高温煎肉时煎熟的表面能够阻挡水分穿透，这个说法已被当成料理上的铁律。接下来的一个半世纪，这个了不起的发现得到了世界知名的大厨们，包括"法国料理之父"奥古斯特·埃斯科菲耶（Auguste Escoffie）的认同，并由师父传给徒弟，由食谱作家传给在家做菜的"煮妇煮夫"们。

我们以为马基一定是用了世界上最强大的电脑，或者最起码是电子显微镜，通过实验验证后才敢提出这个说法的，是这样吗？不！他的证据很简单，只需好好观察一片肉就行了。他发现已经煎了一面的牛排，再翻面煎另一面时，里头的肉汁还是会从牛排的上面跑出来。照理说，牛排的这一面，应该已经能阻挡水分流失了啊！

这是任何一个煎牛排的人都能观察到的现象，但长久以来，餐馆却根据这个错误的理论选择了他们的烹饪方式。现今许多高档餐厅改为先将牛排用塑料密封袋封住，放入低温的水中煮过，再把牛排煎熟，以使风味更佳。李比希错误的主张被推翻后，大家遵循新的理论煎牛排，牛排变得更湿润、多汁，肉质也更加鲜美。

问题在于，要推翻李比希的理论是如此简单的事，为什么过了150年才发生？答案是，烹饪一直被当成一项工艺而不是科学。餐厅里的厨师作为学徒，应该好好学习，而不是对师父传授的技法产生怀疑。在家烹饪的人则沿用母亲、祖母的笔记、做法，或许稍微修改一下食谱以符合当代的口味，但从不挑战基本的做法。

直到近几年，厨师才开始突破这个框架。越来越多的餐厅在烹饪时融入了科学，研发新的技法，做出让人心悦诚服的成果，同时，他们也被评选为世界一流的餐厅，例如，位于芝加哥的Alinea餐厅，西班牙的已歇业的斗牛犬餐厅（El Bulli）。种种迹象都表明我们终于开始认清厨艺是什么——这是一道科学题，输入未加工的食材和技法，输出可以享用的、令人垂涎的成果。

读到这里，你可别误解我的意思。我并没有试图向你证明泡沫[4]是未来的趋势，或要说服你必须将蛋放入能控制压力的蒸汽炉中

---

③ 马基并不是第一个质疑这个理论的人，却是第一个让大家认真看待这件事的人。

④ 泡沫是指摆盘的时候食物以泡沫的形式呈现，这在分子料理中十分常见。——校注

才能煮得好。我并不是要借由这本书，强推给读者特定的新奇又花哨的烹饪方式，比如，要用镊子摆盘，或是先解构、再重组等。事实上刚好相反。

我的工作很简单，只是要向读者证明，即使是最简单的食物——汉堡、马铃薯泥、烤球芽甘蓝、鸡汤，甚至是任何一种沙拉，也都可以做得像大厨们端出的料理一样，那么充满魅力、令人垂涎。你是否曾经在准备汉堡时，好奇汉堡肉饼究竟是由什么做成的？这一片肉饼，既复杂又简单，是从动物身上挑选出特定的肉块，把肉块变成绞肉，以盐和胡椒调味，煎熟后夹入松软的烤面包里的。你没想这么多？好吧，让我先概略说明，我究竟在说什么。

关于汉堡肉饼

汉堡肉饼，起初是用牛肉制成的肉饼……不！让我再倒回去一点儿。是这样的，汉堡肉饼，起初是绞碎的牛肉，然后厨师把它变成……不！抱歉，应该要再倒回更多一点儿。汉堡肉饼，起初是一整块牛肉，被绞碎后变成……暂停一下！好，让我们回到最初，更深入地探讨一番：汉堡肉饼最开始是牛，那活生生的复杂的动物会因为饲养和喂食的方式、运动量、出生地、被宰杀的时间和方式的不同，而有所不同。从这种动物身上不同部位切下的肉，因为脂肪的含量、动物的生活方式及所吃的食物不同，风味也会有所不同。混合特定部位的肉块，可以制作出风味及脂肪比例最佳的牛绞肉。

接下来就简单了，只要将牛肉绞碎，做成肉饼再弄熟就可以了，对吗？

还没那么快！你如何把牛肉绞碎，对于汉堡肉饼的口感有深远的影响！你以为所有的牛绞肉，都是用相同的方式做出的吗？

然后是加盐的方式。你是把盐均匀地混入肉里搅拌的，还是抹在肉饼的外层的？接着，你是用什么方式把它变成肉饼的呢？先把碎肉变一个球状，然后再压平成饼状，但这真的是最好的方法吗？在加热的时候，是什么原因让这些肉饼膨起形成扁球状的？一旦对厨房里奇妙的事物开始抱有开放的想法，在烹饪时开始自问这些食物究竟是什么，你会生出越来越多的疑问，答案也越来越令人着迷。

这些关于汉堡肉饼的答案，既能让做出的汉堡更加美味，也能用于其他类似的情境，比如我们先把富含脂肪的汉堡肉饼放在烤架的低温处烤，最后煎一下让它完美、均匀地上色，煎得半熟，且外层带有微酥的口感。那么你猜猜看，如果换成富含脂肪的牛排，最好的烹饪方法是什么？答对了——使用完全相同的方法即可，因为牛排里也有蛋白质和脂肪，和汉堡肉饼类似。

仍然不太懂我的意思？别担心，我会在这本书里回答更多类似的问题。

制胜的第一步，是学着如何不失败

你是否曾经用同样的食谱成功了六次，却在第七次失败了？肉变得很硬，或做出了又干又扁的比萨饼皮，但你往往很难知道究竟是哪个环节出了错。倘若你只是个厨房里的半吊子，又喜欢随着自己的口味或心情，稍微调整一下食谱，而且幸运的是一切都很顺利，你这些调整的动作并没有影响前六次的结果，那是什么让第七次的结果变得不同了呢？会是多加了一些盐吗？或许是室内的温度不同？又或许是橄榄油用完了，你只好拿了芥花籽油来代替的缘故？也可能是你惯用的搅拌器坏了，所以你徒手搅拌了所有的东西？

重点是，你有许多方式可以偏离原本的食谱，但当中只有一部分会导致失败的结果。若能掌握实用的技巧，从中找出哪些是确实会影响最终成品品质的部分，而哪些只是装饰，那你将在厨房中得到前所未有的新体验。一旦弄懂配方如何设计，以及为何这样设计的基础科学，你会发现你已经从成堆的食谱中跳脱了出来。你可以根据自己的需要进行修改，并且完全确信结果会是成功的。

就以书中制作意式香肠的食谱为例，食谱中要你给猪的肩胛肉混入盐和一些香料，接着把肉静置一晚，隔天再绞碎。之后，你尝了做好的意式香肠，觉得茴香的味道太重了！好的，所以下回你会用较少的茴香和较多的马郁兰。如果你已经读过关于香肠的那一章，学会了如何做出肉质绝佳的香肠，关键是盐和肉之间的关系以及绞肉的技巧，你就有了自信，只是改变调味的方式，仍然能确保你最后可以做出风味绝佳的香肠。同时你也已经学到，盐可以松解蛋白质，再让它们重组，这是让香肠多汁、令人垂涎的关键，所以你绝对不能像减少茴香的分量一样减少盐的分量！你也可以用同样的方法制作火鸡肉或羊肉香肠，但必须使肉保持同样的脂肪含量，肉质才能一样多汁。

因此，通过死记硬背烹饪（即便你的师父是世界上最棒的厨师）是行不通的，只有掌握了食谱背后最重要的烹饪原则，你才能从食谱和盲目代代相传的传统做法中重获自由。

现在，你懂我所想要表达的想法了吗？自由！就是自由！

为什么需要这本书？

在许多时候，博客是传达我的工作内容最理想的形式。我并不一定要写得很正式，而我的读者会回过头来告诉我他们的想法，并提出更深入的问题，让我知道他们期待我下次能解释哪些问题。这是共同的创作，身为成功的博主，我必须感谢我的读者和曾经支持我的人——幽默又很棒的同事，还有其他同领域的博主。

然而，博客这个平台仍有局限。它适合短文，加上一些图片没什么太大问题，但如果要加上好一点儿的表格或曲线图呢？如果需要清晰易懂的版面呢？甚至，如果是长篇的内容呢？这就难了吧！这就是这本书的由来。这本书不仅涵盖了我 15 年来积累的厨艺经验，以及日常对食物的科学研究心得，还归纳了多年来我是如何应用这些科学的方法的。我相信这本书可以帮助读者把日常的食物做得更棒、更美味！

这本书不会收录那些穿着制服的大厨们烹饪所需要用到的异国食材、困难的技术，以及需要用比食物料理机或啤酒冰桶更特殊的工具才能制作出来的食谱。这里也不会有任何的甜点，因为这是我不感兴趣也不拿手的项目。事实上，甜点就是没有咸食那样吸引我，我不想假装我会做几道甜点。（记得吗？我全然拒绝做任何自己不喜欢的事。）

这本书将会详解许多经典的食谱，你会知道为什么炸鸡的外皮会变得酥脆，马铃薯在被捣碎的过程中会发生哪些变化，泡打粉如何让你的松饼变得蓬松。除此之外，你还会发现在许多（绝大多数？）范例中，最传统的烹饪技法并不是取得预期成果最佳的方式，这本书会提供许多食谱，告诉你该如何做出最佳成品。（你知道吗？用室温下的自来水就能将意大利面做成半熟状态；醋，才是炸出完美薯条的关键。）

这本书可能写了太多关于我太太和宠物狗的内容，还有我自己疯狂喜爱的披头士乐队（The Beatles）和双关语，在紧接着要讨论的主题中，读者可能会指控我引用太多深奥难懂的参考资料，比如动画片《辛普森一家》（*The Simpsons*），还有20世纪80年代的电影或电视剧，如《星球大战》（*Star Wars*）、《谋杀绿脚趾》（*The Big Lebowski*）、《百战天龙》（*MacGyver*）之类的。对于这些指控，我愿意认罪，但不会悔改。

有时你会读到这本书里面专为读者设计且能在自家厨房里做的实验，这些实验都相当适合作为派对活动，就算是小孩子也能够参与，所以当你要尝试时，记得找些伴儿！

部分读者可能只需要书中的食谱，那也没什么关系，我还是一样喜欢你。我竭尽所能地以最清楚、最精准的文字写下食谱，而且我保证你做出来的每一道菜都能像广告里的那样完美。假如你们当中有人认为这食谱不合适，请告诉我！另外，有些读者可能会读完整本书，但从不尝试做任何一道菜。比起只翻阅菜的做法的读者，我可能会更加喜欢你，因为我很好奇，你脑袋里头都在想些什么。

假如你只是一个爱看食谱的读者，那你走运了！写这本书时，我特意让它具有某种连贯性，后面几章的菜的做法是建立在前面几章已讨论过的科学原理上的。相反地，如果你只喜欢跳着读、随意翻阅（好比说，你对马铃薯沙拉兴味索然，但对烤牛肉充满兴趣），那么你也不会遇上任何麻烦。我尽可能地让每一道菜的做法都很完整，只有在必要时，才会引用前几章的内容，好帮助读者更容易地理解。

有一点我想说得更直白一些：这本书并不是百科全书。为何我要这样扯自己的后腿？这么说吧，这是因为科学就是无穷尽地追寻知识。无论你对身边的世界了解到什么程度，一块奶酪里面的世界或一枚蛋里的世界，未知的永远比已知的更深、更广。当我们误以为已经找到所有答案的那一刻，也就停止了学习，而我深切地希望，这种事永远不会发生在我身上。借用苏格拉底的话："我唯一知道的事，就是我一无所知。"

若要举出三个我认为如果每个人都能照着做，就能让世界变得更好的原则，那就是：随时挑战每件事，每种味道都至少尝过一次，以及放轻松。

为什么要相信我？

当我在网络上回复留言，或在博客上发表一些相当大胆的言论，比如，用热油炸薯条，事实上只会迫使食物吸收更多而不是更少的油（见p.851的"关于油炸：较高的油温不会让食物里的油变少"），经常会有质疑的声音反击我：谁说的？为什么我该相信你的说法？你还没出生，我就已经用这种方法料理食物了，你有什么资格说你的做法是更好的？

好吧，我能够提出几个答案来回答这些问题：我的工作就是研究食物及烹饪实验。我从美国排名数一数二的理工大学取得了学位，花了整整8年的时间在几家美国顶尖的餐厅学习厨艺。在过去近 10 年的时间里，我专职为美食杂志和网站编辑食谱和写作文章。这些全都是你该信任我的很好的理由，然而，这件事的真相是：你确实不该相信我。

你应该已经明白，“相信我”是厨师前辈们的说法，在过去，师父和学徒的关系是一个口令、一个动作——照我说的那样做、动作要快，因为，我说了算！这正是我们要努力推翻的意识，我要刻意抱着怀疑的态度。而科学，就是建立在怀疑主义的基石上的。伽利略并没有盲目地接受人们的说法，得出地球绕着太阳转的结论。他挑战前人的智慧，形成许多新的假说来描述世界。一一测试这些假说后，他才发表了公然反抗传统理论的“疯狂”言论。当然，伽利略确实因此招惹了麻烦，在被罗马宗教裁判所审判后，死于软禁中。（希望这种惨剧不会发生在任何一位即将诞生的厨房科学家身上。）连描述太阳系这种琐事都要仰仗怀疑主义才能有所突破，更别说我们在这里处理的是大问题！松饼和肉饼至少同样值得仔细观察。

重点是，当你在读这本书时，若有任何时候感觉所写的内容似乎不太对劲，某些事似乎没有被充分地验证、被严谨地解释，那么我衷心地期待，你能够和我分享你的观点。记得先自行测试，提出自己的假设，设计自己的实验……搞什么鬼！只要发电子邮件给我，告诉我你觉得哪部分不对劲就行了，我会感谢你的，真的！

科学的第一条守则，是我们只能尽量贴近真相，但永远没法取得最终的答案。每一天都有人找到新的发现、进行新的实验，而这些结果有可能扭转前人告诉我们的方向。要是从现在起的 5 年内，没有任何一个人发现这本书中有明显的错误或表述与事实背离，那代表身为读者的你在思想上的批判能力还不够。

可能你们当中有些人现在会开始思考：科学，究竟是什么？这真是个很好的问题，也是经常被误解的问题。我们先来讨论一下。

厨房科学的关键

科学不是在讲什么大道理，它与实验室里的白大褂和护目镜无关，更与让自己听起来比较厉害毫无关系。科学本身并不是一个结果，而是一个过程。它帮助我们去探索已经围绕在我们生活周围的一些基本规律，并运用这些发现来帮助我们预测未来的事情将会如何发展。科学的方法是先观察，记录你所观察到的现象，再提出假设来解释这些现象，接着设计实验来反证这些假设。假如你已经付出了最大的努力，仍然没有办法反证这些假设，那就可以肯定你的假设是合理的。这就是科学，它可以很简单，比如观察你眼前的三瓶啤酒，最凉的那一瓶一定是最好喝的，因此在开第四瓶酒之前，若将它冷藏一下会是个好主意。而科学也可以很复杂，比如找出决定你孩子的眼睛是蓝色还是褐色的基因。

大多数的人每天都在实践科学，只是通常自己没感觉到，比如在我刚结婚时，我发现太太的坏情绪有时候和我不放下马桶盖有直接关系——“观察”。于是我思考着，如果我常把马桶盖放下来，我太太的心情应该会有所改善，而我也会比较快乐——“假设”。我试着把马桶盖放下来，然后看我太太的反应——“测试”。在注意到她的情绪变好了之后，我便每一次都乖乖地把马桶盖放下来，偶尔会把马桶盖掀起来，也只是为了测试我的假设仍然是对的。有些人会说这只是尽一个好室友或好丈夫的本分，但我喜欢把它称为“科学”。

无论你相不相信，厨房是每个人每天最容易实践科学的地方。你在过去一定做过属于自己的科学实验，比如，你买了一台新的烤面包机，它有一个 11 档的热度旋钮，然后你注意到在热度为 6 档的时候，烤出来的吐司会太焦，所以你把它调到 4 档，结果吐司烤出来又太白。通过观察，你假设或许将热度调到 5 档，烤出来的面包会最接近你想要的样子。瞧，你的下一片吐司还有之后的每片吐司都是刚好的了。

这未必是最具开创性的科学经验，而且非常局限（我的意思是，你没办法保证新的烤面包机都会有一样的热度标准），但这就是科学，而且这和专业的科学家每天做的事没有什么不同。

科学家知道偏见在实验中是一股强大的力量。即使科学家没有意识到偏见这个问题，但他们通常也只看得见想看到的，找得到想要找到的答案。你听说过一匹被称为“聪明汉斯”（Clever Hans）的马的故事吗？早在 20 世纪，汉斯就名声响亮，它聪明到可以听懂德文、做算术、知道今天是周几、分辨音调，甚至是读写。它的训练师问它问题，汉斯会用它的马蹄回应。例如，被问到 8 加 12 是多少时，它会踩蹄 20 次。这在当时引起了轰动，汉斯开始在德国各地巡回表演，以它令人难以置信的能力让观众惊叹。

德国教育委员会经过深入的研究，得到

了一个令人震惊的结论：这整件事情是一个骗局。原来，汉斯根本不会算术，但它很善于理解训练师的面部表情和动作。当它慢慢地踩踏地面时，它会观察训练师面部的紧张度。当它接近正确的数字时，训练师就会表现得轻松，汉斯就知道它该结束了，然后停止跺蹄。这的确是值得敬佩的技能。如果我能看得出我太太是紧张还是放松，那我婚姻中的多数问题就都能够好好解决了。但马会数数吗？不会。

事情是这样的：训练师甚至都没有发现事情的真相。他只是以为他有一匹聪明绝顶的马。而事实只是这匹马很擅长辨识人的脸色，即使是一位全然陌生的人问它问题，它也同样能回答得很好。那么教育委员会的成员最终如何证明了汉斯所谓的能力是假的呢？他们设计了一系列的科学实验。最简单的就是蒙住马的眼睛，或是让训练师在汉斯的视线外问它问题。果不其然，汉斯神奇的"智力"突然消失了。这其中最有趣的实验，就是让训练师问汉斯一些连训练师自己都不知道答案的问题。你猜猜怎么着？如果训练师不知道答案，那么汉斯也就不会知道。

重点是，无论是关于一匹懂数学的马的实验，还是关于在厨房里的你的实验，成功的实验设计都是想要消除实验者的偏见（在这个情况下，实验者指的就是你）。这并不容易做到，但它几乎总是可行的。让我来告诉你一个不久前我所进行的实验，它说明了厨房里的一场成功的品尝实验有7个关键步骤：消除偏见、引入控制、分离变量、保持秩序、处理味觉疲乏、品尝与分析。

纽约比萨好吃，真是因为水的关系吗？

正如运动狂们喜欢聚在一起，书呆子们也总是成群出现一样，接近精神病的强迫症患者（就像我）对于寻找同类就像有些人说的，嗯，已经到了痴迷的境界。10年前，我第一次听说水中的矿物质含量可能会影响面团，当时我正在读杰弗里・斯坦格登所写的 *It Must Have Been Something I Ate*[5]，书中名为《全力以赴》（*Flat Out*）的一章提到了罗马面包：

> 在沐浴时洗发水不会起泡，代表罗马的水矿物质含量很高，这有助于提升面包的色泽与口感，但是会减缓发酵，并且让面团变得紧实。于是，我伸手去拿潜水员用的水下用写字板，记录下我的猜想，就像你们在《海滩游侠》（*Baywatch*）里看到的那样。用来记录人们在沐浴时的那些突发奇想，这写字板还真不可或缺。我们必须测试一下罗马的水。

不幸的是，尽管他拼尽全力要将真正的意大利那不勒斯白比萨与意大利传统面包带进家庭料理中，关于水的问题却从未圆满地解决。

好吧，8年后，我决定试着解决这个问题。这一次的实验，还有另一位同行的帮助，他是纽约 Motorino 餐厅的主厨——马修・帕罗比诺（Mathieu Palombino）。我的想法很简单：溶解在水中的矿物质（主要是镁和钙）可以帮助面粉中的蛋白质更加紧密地结合在一起，形成更强的麸质（gluten），相互联结的蛋白质网络会让面团强劲、有弹性。所以，水中

---

⑤ *It Must Have Been Something I Ate*，《这就是我吃的东西》。——译注

的矿物质含量越高（以 ppm[⑥]为单位测量），面团就越有嚼劲。理论上看来这是有道理的，而且可以通过实验证明。但对我而言，更有趣的问题是在现实世界中，水中矿物质——称为总溶解固体（Total Dissolved Solids），简称TDS——的影响是否明显到足以让一般人能够分辨得出来。

为了回答这个问题，我让马修用不同TDS 含量的水来做那不勒斯比萨，并且找来了比萨专家团队试吃。但问题是，现实世界实在是难以控制的。在任何科学实验中，如果你想得到可不断复制的准确结果，有些关键的原则必须坚持，这也是所有完美实验的品质保证。

关键 1：消除偏见

尽管尽了最大的努力，我们还是发明不出一种设备可以凭经验准确地衡量什么样的比萨饼皮是好吃的，所以，最好的选择就是用嘴巴来做粗略的分析。人往往将对食物品质的评价与对事物的喜好和食物的品牌联系在一起，消除这种偏见的唯一方法就是双盲测试——一种无论是品尝的人还是准备食物的人都不知道哪一个是哪一个的品尝方式。

为了做到这一点，首先我找来了我要用的水—— 5 种不同的矿泉水，其 TDS 含量从小于 10 ppm（对于“纯”水最大的规定含量）跨到 370 ppm（矿泉水的最高 TDS 含量），还有自来水。我选择那些我可以在本地超市买到的特定品牌。

- **纯水乐（Aquafina）矿泉水：**小于 10 ppm
- **Dasani 矿泉水：**约 40 ppm
- **自来水：**约 60 ppm
- **Rochetta 矿泉水：**177 ppm
- **圣碧涛（San Benedetto）矿泉水：**252 ppm
- **依云（Evian）矿泉水：**370 ppm

我将所有水分别装到干净的瓶子里，简单地标上号码，以免混淆。在我见到马修前，我就把瓶子放在 Motorino 餐厅里了，以免我不自觉地泄露任何信息，就像汉斯和它的训练师一样——马修其实不知道自己用的什么水。

我通常总是故意忽略我太太的建议，她是密码学的博士生，但这次我决定一改常态，听取一下她的建议。她认为，为了进一步减少偏见，我也应该参与品尝会，而她——一位公正的第三方——应该重新安排瓶子上标了号的瓶盖，并记下哪些盖子被移动到了哪个瓶子上。

结果是，三重加密需要三把不同的钥匙，任何单独一把都起不了作用。我、我太太，还有我的品尝师们，都不知道哪个比萨是用哪瓶水做的。直到他们试吃后，我的太太才会揭示瓶盖是怎么交换的，然后马修会指出用哪瓶水做了哪个面团，最后我会说明哪个号码属于哪个品牌。

关键 2：引入控制

控制是个简单的概念，却常被忽略。在这里，控制是指你必须要拥有至少一个已经知

⑥ ppm：用溶质质量占全部溶液质量的百万分比来表示的浓度，也称百万分比浓度。——译注

道答案的品尝的样本。这样一来，你可以确保测试会照着既定的计划进行，而其他的结果也是可靠的。像这种双盲测试的情况，至少有一份样本是需要加倍的。如果这两个样本测试的结果都一样，那么你就能确定测试是顺利进行的。

在这样的情况下，我多加了一份自来水和一份依云矿泉水，让总样本数增加为 8 份。如果测试过程无误，且我们的味觉都调整到如同我认为的那般，那么用相同的水所制成的饼皮在品尝排名上应该会非常接近。

关键 3：知道你想问什么（分离变量）

在道格拉斯・亚当斯（Douglas Adams）写的《银河系搭车客指南》（*Hitchhiker´s Guide to the Galaxy*）中，一个科学家团队终于建造了一部超级电脑，它能够回答关于生命、宇宙以及其他一切的终极问题。但讽刺的是，当他们终于得到了答案“42”时才明白，他们从来没有真正地弄懂他们在最开始问的是什么。

真是可怜的科学家。只要涉及科学，第一原则就是要非常明确地知道你要问的问题是什么。你的问题范围越有限，越容易设计出实验来解答。影响比萨是否美味的因素实在太多了，每一个因素都有它自己有趣的地方。但在这里，我感兴趣的只有一个：水中的矿物质含量会不会影响到面团？这表明为了分离这个变量，我必须确保每个单独的其他变量在所有样本之间都保持完全相同。但说比做要容易。

在烹饪的世界里，有许多变量需要尝试与控制。燃烧木材的烤窑可能在烤 2 号比萨时比烤 1 号比萨时热几度；又或许马修在将 5 号比萨放入烤窑前，必须先将烤架上的盘子卸下，这又使他的制作过程多用了几秒。当谈到科学，这是个不可避免的事实。然而，我们所能希望的就是，将样本和样本之间的变量差异降至最小，使它们的影响微乎其微。我们也可以尽最大努力确保每个样品都得到相同的处理。

我要求马修准确称量每一批面团的原料，并确保每一批都搓揉相同的时间，并在相同温度下发酵。虽然比萨店的比萨通常是轮流成形、调味和烘烤的，但这次马修亲手一个个地从头做到尾，并确保制作的方法尽可能是一致的。

除了这些工作以外，我还决定让每个样本都以两种状态去烤：一个做成完整的玛格丽特比萨去烤，另一个以简单的饼皮状态去烤，以消除加上配料后可能增加的任何差异。

关键 4：保持秩序

说到善于品尝比萨的美味，谁比得过纽约最著名的比萨行家埃德・莱文（Ed Levine）与亚当・库班（Adam Kuban）？此外，品尝团还有“认真吃”团队的阿莱娜・布朗（Alaina Browne）和我太太（作为对她好建议的奖励），以及在不知不觉中开启了我的比萨之路（在我写作期间）的关键人物——杰弗里・斯坦格登的加入。

在抵达餐厅之前，我做了一张表格让我的美食品尝团填写，每种比萨都被从 4 个方面进行评估并打分（满分 10 分）。

- **面团硬度**：是像蛋糕一样柔软，还是像牛皮一样有嚼劲？

- **面团脆度**：是脆，还是软？
- **烘焙膨松度**[7]：是形成了大气孔，还是紧密的？
- **整体品质**：你觉得如何？

前五位试吃者（包括我）在下午4点准时抵达，大厨马修在等着我们。可我们到处都找不到杰弗里。虽然他已经跟我说过要参加某个重要会议，可能会晚一点儿到，却迟迟未见人。埃德打电话给他的助理，才知道他的重要会议是跟他的狗在床上酣睡。但别太担心，他已经穿上夹克并系上鞋带了。

马修通知我们，第一批样本有一半掉在地板上了，这表明这批样本我们只能品尝到一个比萨而不是两个。这倒也不用太担心。即使是特斯拉（Tesla）应该也曾经掉过几个线圈，对吧？我精心安排的计划开始有点儿走样，幸好一杯葡萄酒和一小块附上鳀鱼和橄榄的迷你马铃薯，帮助我重新恢复了状态。

关键5：处理味觉疲乏

在杰弗里从他的床上爬起来并抵达现场后，我转向马修请他继续制作。在3分钟之内，第一个带着豹纹状斑点、柔软酥脆又美味的比萨就上桌了。然而，要一次消化8个比萨对品尝小组的6位成员来说，真的蛮多的，而且这对后面上来的比萨也不太公平。最理想的情况应该让每位品尝者以不同的顺序品尝这些比萨，那样的话，有人从1号开始品尝，有人从6号开始，有人从3号开始，如此这般下去，希望能平衡一下整体。但由于一次只能烤一种比萨，所以这根本不可能办到。因此，我们做了次好的选择：在每一批的两个比萨出炉时，我们就直接开始试吃第一个，而第二个则等到全部8个比萨都上桌的时候再吃。这样一来就可以再回去重新品尝，确保我们原本的想法是无误的，而且还可以一次品尝8个比萨。现场还提供气泡水和红酒（后者是经过多番考虑决定的），以便我们在每次品尝后冲洗味蕾。

关键6：品尝

品尝与吃是不一样的。经常有人问我：“你如何公正地评价一家餐厅，或如何说明某个产品比另一个好？难道这不取决于你当时有多饿吗？”的确，在特定的时间，心情与胃口可能影响你对特定食物的喜好。但是品尝是去评估食物的品质，而不是你对食物好坏的直觉反应。以比萨为例，我从每一个比萨上各取一片上色程度、气孔、酱料和奶酪都分布均匀的，然后，我只咬一小角，注意饼皮在我牙齿间的压力，以衡量其脆度。当我把一片比萨从嘴巴里拉开时，专注其最细微的扭力，以此来判断撕开这个饼皮需要花的力气（在这个阶段，5号比萨显然比其他的都要强韧）。我得意地想——在盲测时一定不能跟来品尝的同伴交谈，以免你的意见影响到其他人——它一定是那些矿物质含量高的样本之一。

在仔细品尝了每一片后，我评估比萨的隆起边。在它们之中找到什么缺陷真的很难，不过3号比萨看上去比其他的苍白一些，这是否表明水中矿物质含量较低？有可能。但如

⑦ 烘焙膨松度，指面团进入烤箱后膨胀的程度。——译注

果是这样，为什么它不那么柔软呢？这些是你经验性的观察，也就是不带任何偏见的。当然，在饥饿的时候与很饱的时候吃同样的比萨会引起两种不同的反应，但是通过减少测量指标，仅考虑更容易量化的基本要素——脆度、咀嚼性、上色程度，你可以更准确地了解比萨的整体情况，这样便可以将它从你当前的心理偏见中分离出来。

在品尝完比萨后，我们感谢马修做出了那令人惊艳的比萨（是我在纽约市能买得起的最佳比萨），然后心满意足地带着重了几分的身体在漆黑的夜晚勇敢地各自回家了。

关键 7：分析

品尝结束并收集完所有的数据，接下来要进行分析，以做出最合理的评估——是什么因素影响了你的变量？以比萨为例，指的是把数据图表化并将矿物质的含量按从低到高的顺序列出（较低的矿物质含量会做出比较柔软、弹性小的白面团）。如果一切都符合理论根据，那么随着水中的矿物质含量的增加，比萨的脆度、硬度和膨松度的变化曲线都应该表现出上升或下降的明显趋势。

结果表明，这样的趋势并不存在。的确，用依云矿泉水的样本——我们实验用的所有水中矿物质含量最高的——有最脆的饼皮。但总体而言，数据显示的趋势不足以得出确定的结论。而且你知道吗？有时候——屡见不鲜——一个实验无论受到多么严密的控制，也无法产生你想要找的结论。但这并不是说我们没有得到结论。事实上，再看一下这个数据，我发现脆度的排名跟整体品质的排名是非常接近的，这代表比萨整体的美味程度和比萨的脆度是直接相关的。我们都希望吃到一个脆皮的比萨，而不是一个湿软的比萨。

这是多么重大的发现，我也这么认为。

另一方面我们可以很明确地说，在手工做一个好的比萨的过程中天然产生的微小差异的重要性，要远远超过使用不同矿物质含量的水产生的。也就是说，声名远播的纽约比萨之所以美味，肯定不是因为用了纽约市的自来水，这对于世界上其他地方的人来说是个好消息。

什么是烹饪

我知道你现在迫不及待地想开始下厨，但让我们先回答这个问题：什么是烹饪？如果是我太太，她的回答会是："就是你露出疯狂的眼神时做的事情。"一个好的厨师会告诉你烹饪是他的人生，我的母亲大概会说这是一项杂事，而我太太的阿姨可能会说烹饪是文化、家庭、传统与爱。没错，这些都是烹饪。但还有更科学的解释：烹饪与能量的转移有关。它是应用热来改变分子的结构，它是通过化学反应改变口味和质地，它是用科学做出美味的食物。

在真正开始了解在制作汉堡的过程中到底发生了什么之前，我们或许可以先了解需要在厨房配备哪些设备。我们需要在头脑中先建立一个非常重要的观念——热和温度是不同的。因为这将从使用哪个锅开始影响我们在厨房里做的每一件事。

从根本上来说，烹饪是将能量从热源转移到食物上。能量导致蛋白质、脂肪与碳水化合物的形态产生了物理变化，同时也加速了化学反应。有趣的是，大多时候这些物理与化学的变化是永久性的。

一旦蛋白质的形态被能量所改变，你没办法通过移除能量再将它变回来。也就是说，你没有办法把一块煎好的牛排再还原成它本来的样子。

热与温度之间的区别可以说是厨房里最让人困惑的一件事，但弄懂这两个概念可以帮助你成为一位理性的厨师。根据经验我们知道，温度是一种奇怪的度量单位。大多数人走在 15.6℃（60 ℉）的气温下感觉是舒适的，但要是跳进 15.6℃（60 ℉）的湖水中，还是会感到有凉意，对吧？同样的温度，为什么跳到湖里我们会感到冷，走在路上却不会呢？让我试着来解释一下。

烹饪科学中的几个关键术语

热是能量。三年级的物理课老师告诉我们，空气中围绕我们的一切都是由分子所组成：分子永不停息地在做运动。在某个特定的分子系统中加入的能量越多，分子的运动速度就会越快，也会将能量越快地转移到它们所接触到的物体上——无论是金属锅中的分子将能量传递到多汁的肋眼牛排上，还是烤箱里的分子将能量传递到烘烤的脆皮面包上。

热可以从一个系统传递到另一个系统，通常是从高能量（更热）的一方转移到低能量（更冷）的一方。所以当你把牛排放在热锅里煎时，实际是将能量从锅转移到了牛排。这些转入的能量其中一小部分增加了牛排的温度，大部分用于其他反应，比如水分蒸发、发生梅纳反应（Maillard reaction）[8]等。

温度是一种测量系统，让我们可以量化

⑧ 梅纳反应，Maillard reaction，又译美拉德反应。——编者注

特定系统中有多少能量。系统的温度不仅取决于该物体内的总能量，而且取决于其他几个特性：密度和比热容。

密度是表示在一定的体积中含有多少分子的量。介质密度越大，在一定的温度下将包含越多的能量。通常，金属的密度比液体的大，[9]而液体的密度又比空气的大。例如，通常情况下，15.6℃（60 ℉）的固体会比15.6℃（60 ℉）的液体包含更多的能量，而15.6℃（60 ℉）的液体将比15.6℃（60 ℉）的空气包含更多的能量。

比热容是指单位质量的某种物质升高或降低到某一温度所吸收或放出的能量。例如，1克水提高1℃所需的能量刚好是1卡路里（是的，卡路里代表能量！）。因为水的比热容比铁高，比空气小，[10]所以同样的能量会使1克铁的温度提高几乎10倍，而1克空气的温度则只会提高一半。某种材料的比热容越大，则该材料要升高温度所需的能量就越多。

相反地，水包含的能量约为相同质量和相同温度的铁所包含能量的10倍，是空气所包含能量的4倍。但即使如此，请记住空气的密度远小于水，也就是在一定温度下，一定体积的空气中所包含的能量要比相同体积的水所包含的能量小得多。这就是为什么把你的手放入100℃（212 ℉）的沸腾的水中它会烫伤，但你可以毫无畏惧地把手放进100℃（212 ℉）的烤箱中（见p.21的“温度与能量”）。

感到困惑吗？让我们来打个比方。

想象一下，假如加热中的物体是一个鸡舍，里面有十几只到处乱走的鸡。该系统的温度可以通过观察每只鸡行走的速度来测量。正常情况下，鸡可以随意地走动、啄食、展翅等，做任何它想做的事。现在让我们在它们的饲料中混入几罐红牛饮料，加入一点儿能量。鸡兴奋起来，开始以两倍速度奔跑。由于每只鸡都以更快的速度奔跑，所以系统的温度会上升，其中的总能量也会增加。

现在让我们来看看，这里有另一个相同大小的鸡舍，但鸡的数量是第一个鸡舍的两倍，从而使它的密度倍增。由于鸡的数量是第一个鸡舍的两倍，所以红牛的量也增加一倍，让它们可以全部以两倍的速度奔跑。然而，即使最终温度是相同的（每只鸡用和上一批的鸡同样的最终速度跑着），第二个鸡舍的总能量却是第一个鸡舍的总能量的两倍。所以，能量和温度是两件不同的事。

现在，如果设立第三个鸡舍，这次有十几只火鸡。火鸡比鸡更大，它需要两倍的红牛才能得到和鸡一样的奔跑速度。因此，火鸡舍的比热容是第一个鸡舍的比热容的两倍。这代表若让十几只鸡和十几只火鸡以相同的速度跑来跑去，那么火鸡需要的能量会是鸡的两倍。

总结一下：

- 在一定温度下，密度高的材料通常包含更多的能量，因此更重的锅将可以更快地将食物煮熟。（相反地，将密度高的材料升高到一定温度则需要更多的能量。）

---

⑨好吧，聪明人。在足够高的温度下，金属会熔化成非常稠密的液体。而更聪明的人还会发现，汞是一种密度很高的金属，即使在室温下也是液体。这样你明白了吗？好的，让我们继续。

⑩水的比热容实际上比空气大，作者笔误。——校注

- 在一定温度下，比热容较高的材料包含更多的能量。（相反地，材料的比热容越高，使其达到一定温度所需的能量就越多。）

在本书中，大多数食谱都要求将食物烹饪到特定的温度。这是因为对于大多数食物而言，温度是决定其最终结构和质地的主要因素。以下是一些将会反复出现的重要的温度。

- 0℃（32 ℉）：水的结冰点（或冰的熔点）。
- 54.4℃（130 ℉）：三分熟牛排的温度。也是大多数细菌开始死亡的温度，不过可能需要两个小时以上的时间来杀灭细菌。
- 65.6℃（150 ℉）：七分熟牛排的温度。蛋黄开始凝固，蛋白变为不透明的果冻状。鱼类的蛋白质会开始收缩，而白色的白蛋白（albumin）会被挤出来，让鱼产生不太美味的凝固蛋白质层。在该温度下维持约 3 分钟后，细菌的菌量会减少到原来的百万分之一，也就是说，初始存在的每百万个细菌中只有 1 个会存活下来。
- 71.1~82.2℃（160~180 ℉）：全熟牛排的温度。鸡蛋的蛋白完全凝固（这是大多数卡仕达酱或含蛋的面糊完全凝固的温度）。细菌的菌量会在 1 秒内减少到原来的百万分之一。
- 100℃（212 ℉）：水的沸点（或蒸汽的冷凝点）。
- 148.9℃（300 ℉）以上：发生梅纳反应的温度。梅纳反应就是在牛排或面包上产生深棕色美味脆皮的反应。温度越高，这些反应的速率越快。由于这个温度远远高于水的沸点，所以食材的外皮将会变脆和脱水。

热源和热传递

现在我们知道什么是能量了，接着还有下一个知识点要了解：能量转移到食物的途径。

传导是能量从一个固体到另一个固体的直接传递方式，比如你抓住一口热锅而烫到手的情况（千万不要这样做）。一个固体表面的分子会撞击另一固体表面上相对静止的分子，从而转移它们的能量。这是迄今为止最有效的热传递方法。以下是一些通过传导进行热传递的例子：

- 煎牛排
- 烤出酥脆的比萨饼皮
- 炒蛋
- 烤出汉堡肉上的纹路
- 炒洋葱

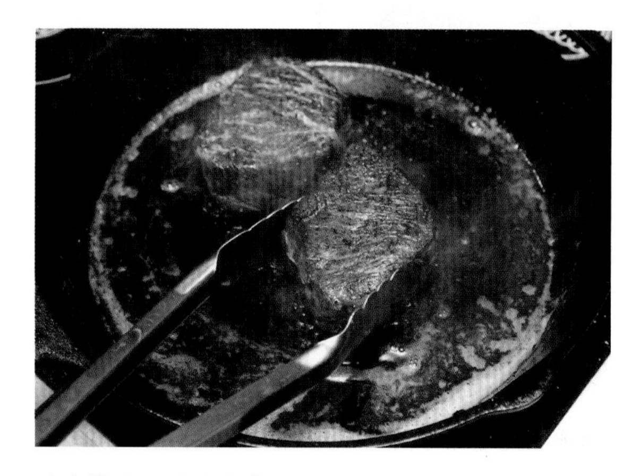

煎牛排是通过传导来加热的。

对流是通过流体（即液体或气体）媒介将一个固体的能量转移到另一个固体的热传递方式。这是一种中等效率的热传递方法，尽管在烹饪上，其效率很大程度上取决于流体围绕食物流动的方式。流体的运动被称为

“对流”。

一般而言，在一定的表面上，流动越快的空气可以传递的能量就越多。静止的空气会迅速地释放能量，但对流动的空气来说，能量可以通过食物这类物质上方循环的新空气来不断地补充。例如，对流烤箱中设计了风扇，以保证空气在食物四周能良好地流通，促进更快、更均匀地加热。同样地，油炸时不断搅动锅中的油，可以有效地使食物变得更脆并发生棕化反应。

这里有一些通过对流进行热传递的例子：

- 蒸芦笋
- 煮水饺
- 油炸洋葱圈
- 烧烤猪肩肉
- 在烤箱中烤比萨

煮水饺是通过对流来加热的。

辐射是在空间中通过电磁波来传递能量的方式。别担心，这不像听起来那么可怕。它不需要任何介质即可传输。你坐在靠近火源的地方或将手放在预热的锅上方会感觉到热量。太阳的能量穿越真空传送到地球。没有辐射，我们的地球（事实上是整个宇宙）会有很多麻烦！

请记住一个重要的事实，就是辐射能量是以平方反比定律衰减（也就是变弱）的，意思是从辐射能量源到达物体的能量与两者间距离的平方成反比。例如，把手放在离火源30.5厘米（1英尺）处，然后将手向后移动到离火源61厘米（2英尺）远，虽然增加了一倍的距离，你却只会感受到四分之一的热度。

以下是通过辐射进行热传递的例子：

- 在炭火旁烤猪
- 在烤箱中烤大蒜面包
- 晒太阳
- 烤腌鲑鱼

通过热辐射烤比萨。

大部分时候，这三种热传递的方式会或多或少地同时存在。例如在烤架上烤汉堡肉时，烤网与汉堡肉直接接触，将热传递到汉堡肉上，使汉堡肉迅速发生棕化反应。而汉堡肉底部没有接触到烤网的部分则是通过下方炭火的辐射被烤熟的。把一块奶酪放在汉堡肉上，盖上盖子，过一会儿对流就会形成，把炭火上方的热空气传递到汉堡肉上方，使奶酪化开。

通过三种热传递方式来烤汉堡肉。

你可能会注意到，这三种形式的热传递只会加热食物的表面。因此，为了让食物能够熟透，食物的外层必须将热量传递到内部，直到食物的中心开始变热。这也是为什么大多数熟食的外层总是比内部更熟（要将这种情况最小化是有技巧的，我们在之后会提及）。

微波是另外一种我们在厨房中会经常用到的能量传递手段，而且它具备在加热时穿透食物的独特能力。就像光或热一样，微波是电磁波的一种形式。当微波瞄准物体中具有磁性的带电粒子（例如，食物中的水分子）时，这些粒子会快速地来回运动而产生摩擦，从而产生热。微波可以穿过大多数固体物质的表面到达至少几厘米的深度，这就是为什么微波是加热食物最快速的方式。

吁！受够科学课了对吧？再忍受一下吧。事情就要开始变得有趣了哟！

| 实验 | 温度与能量

温度和能量之间的差别很微妙，却非常重要。这个实验将帮助你理解它们之间的差异，增进你的烹饪知识。

材料

- 正确校准的烤箱 1 台
- 身体健全且感觉器官处于完全正常状态的实验者 1 名
- 装满水的 2.85 升（3 夸脱）的单柄锅或平底深锅 1 口
- 精确的快显温度计 1 支

步骤

将烤箱预热至 93.3℃（200 ℉）。打开烤箱门，把你的手放进去，直到因为太热而不能承受时再拿出来。像你这样的硬汉可能会留在那里至少 15 秒，对吧？ 30 秒？无限期？

接着在炉子上放一锅冷水，把你的手放进去。用中火加热水的同时用手搅拌水，但要小心不要碰到锅底（锅底部的加热速度要比水快得多）。将手保持在水中，直到因为太热而不能承受时再把手缩回，并测量此时水的温度。

结果与分析

大多数人可以将手在 93.3℃（200 ℉）的烤箱中维持 30 秒左右。但对于 57.2℃（135 ℉）以上的水，我们就连轻轻浸一下都受不了。82.2℃（180 ℉）的水就能将你烫伤，而 100℃（212 ℉）已沸腾的水会立刻让你的手起泡并留下疤痕。为什么会这样呢？

水的密度比空气大——一杯水里的分子数量是同样体积的空气的好多倍。所以，尽管水的温度比烤箱中的空气的温度要低许多，热水里含有的能量却远比热空气含有的要多，从而能使你的手更快变热。事实上，在通常使用的烘焙温度下，比如 176.7~204.4℃（350~400 ℉），沸水都要比烤箱里的空气含有的能量多。而这也表明水煮比烘烤能更快让食物变熟。同样地，在湿润的环境中烘烤的食物比在干燥的环境中烘烤的熟得更快，因为湿润的空气比干燥的空气密度高 。

基本的厨房器具

当你要装备你的厨房时，有很多人会给你一堆没用的建议。你真的需要那把 300 美元的刀吗？你多久会使用一次那个沙拉搅拌器？而电视上销售的那些东西中到底哪一件能真正取代厨房里的现有设备呢？（提示：一个都没有。）问题是，大多数告诉你要买什么东西的人，通常就是卖那些产品的人。你可以相信谁？嗯，这一章里没有废话，也没有胡说八道，我将引导你了解什么是厨房里真正需要的。

有谁是艾迪·伊扎德（Eddie Izzard）的粉丝吗？他说过："美国步枪协会表示，枪不会杀人，而是人会杀人。不过，我认为枪辅助了这件事的发生。"这是一句有趣的玩笑话。但这和烹饪有什么关系呢？

我记得当我刚开始在餐馆上班时，有一项工作是要将几升的鲜奶油浓缩成一半体积。我要把鲜奶油倒入一口又大又重的铝锅中，并尽可能地用最低的温度来加热，这样它会变少而不会产生气泡。我每天早上都要这样做，这个过程需要几个小时，但没有什么大不了的，还有很多其他事让我忙碌——削马铃薯皮、削西洋牛蒡（salsify）、削胡萝卜。（啊！一名菜鸟厨师的生活。）有天早上，我那口又大又重的锅被人拿去用了，我便随手抓了一口较薄的锅来用。我倒入鲜奶油，像往常一样加热。

没想到最后却煮出一锅油腻、碎成块状的奶油，刚好配上我碎成块状的自信（自信已经修复，奶油却无法挽回）。在把失败的奶油倒进水槽后，我发现锅底部有一层约 1.3 厘米（1/2 英寸）厚的褐色污渍。到底出了什么问题？原来是我的锅太薄，以致热传导太慢，没能将热量均匀地散布到整个锅底，反而使它们集中在火焰正上方的区域。这些区域过热，导致其正上方奶油里的蛋白质凝结并彼此黏附（也和锅粘在一起），最后就被烧焦了。没有蛋白质的乳化作用，奶油中的脂肪被分离出来，就变成一层黄黄的油腻的东西。真是恶心！

这很显然是锅的错，对吧？嗯，不完全是。你经常听到"三流的厨师才会责怪工具"这种说法，这是对的：糟糕的食物之所以糟糕，很少是因为锅太薄或者搅拌机坏掉。不过我认为这种说法经常会被误解。没有人敢说：无论厨房的设备如何，好厨师仍然可以烹饪出好菜肴。无论你是多么优秀的厨师，没有一口重量合适且充分导热的锅或足够小的火，要浓缩奶油几乎是办不到的。薄的锅不会把奶油烧焦，而是人把奶油烧焦的；但我认为，薄的锅辅助了这件事的发生。

事实上，食物会变糟往往就是因为厨师在尝试和烹调时没有使用适当的工具。当然，这只是"别犯傻"这句话更复杂的一种讲法。并且这对各行各业来说都是一个好建议，不仅仅是对厨师。

我只是用个迂回的方式来说明"你储备

的厨房工具和选择的食材及使用的烹饪技术，是一样重要的”。良好的设备是烹饪金三角（Triforce）[11]中不可缺少的，因为：好的食材＋好的设备＋好的技术＝好的食物。

各种锅具

现在你已经知道所有热的传递方式了，我们接着来谈谈将热从热源（火炉或烤箱）传递到食物的工具。我指的是各种锅。锅的尺寸和类型相当多，其中有些是非常专业的锅，比如细长的煎鱼锅或高瘦的芦笋锅，其他则属于多功能型的。除非你的每一餐都有鱼类和芦笋，不然你选择多功能型的锅即可。

当谈到锅的材质时，有两点很重要：整口锅均匀散布热的能力（也就是它的热传导性），以及锅保留热并将其有效地传递到食物上的能力（也就是锅的比热容和密度）。

这里介绍一些常见的金属及其特性：

不锈钢是非常耐用的材质。无论你怎么使用，它都不会生锈或产生麻点。但它是一种极差的导热体，热量无法快速散布，从而会导致加热不均匀。例如用不锈钢锅煎蛋卷，蛋卷的有些地方已经焦了时，有些地方可能还是生的。

要如何衡量锅的热散布性能呢？最简单的方法是在锅底部均匀涂抹一层薄薄的糖，然后将锅放在火炉上加热。糖如果能非常均匀地化开，则表明锅的热散布性能好。

铝是相对较好的导热体——事实上也是最佳的选择之一。它是种非常便宜的材料。但你可能会问，为什么不是所有的锅都是铝制的呢？嗯，这里有两个问题。首先，它的密度不高，这代表尽管这口锅导热好，但保温性能差。其次，如果食物中含有酸性成分，例如葡萄酒、柠檬汁、番茄等，则会让铝锅褪色或产生麻点。

阳极氧化铝经过处理后具有陶瓷般的光洁度，不易黏附且耐酸。对不需要特别高温烹调的食物来说，用这种材料制成的锅是非常理想的选择。你不会想在阳极氧化铝锅里煎牛排，但煎蛋卷的话，它可以说是最佳选择。

铜的导热性比铝还好，它的密度高，也有很好的比热容，但铜锅价格非常昂贵。我想要一整套的铜锅，我也很想有一辈子都吃不完的斯蒂尔顿（Stilton）奶酪和一艘有船上宠物乐园的游艇。但这是不会成为现实的。如果你买得起一整套铜锅，那你是个有钱人，但对于其他人来说……让我们继续看下去吧！

层压的或三层复合的锅提供了铝和不锈钢两种材料的最佳组合。它们的结构通常是一层铝夹在两层不锈钢之间。这类锅具有不锈钢锅的高密度，也具有铝的极好的导热性，使它们成为大多数家庭厨师（包括我！）的首选。

我很不想推荐**不粘锅**，因为当你过度加热时，不粘锅的涂层会剥落或散发出有毒物质，这不是你想要的。不过近年来，不粘锅的涂料比以前的更耐用也更安全了。你至少会想要一口好的不粘锅来煎蛋。

谈到**铸铁炊具**，它是个很有争议的炊具，我觉得有必要多说两句。我养了一只小狗，我也拥有一些非常好的铸铁炊具，而我发现两者在许多方面非常相似。无论是对狗还是对铸铁

⑪金三角，Triforce，任天堂游戏《塞尔达传说》里的黄金圣三角，是黄金三女神创世之后留下的遗迹，拥有让第一个碰触的人实现任何愿望的力量。——校注

锅，都需要投入一点儿工作量、一点儿耐心和完全的忠诚。主要的区别是，作为对我的付出的回报，我的铸铁锅能带给我金黄色的炸鸡、嗞嗞作响的培根、玉米面包、苹果派、烤得正好的薯饼、完美的牛排、充满气孔的比萨以及酥脆的饺子。而 Hambone（我的狗）却对我舔来咬去，并带给我大量的粪便。你自己权衡一下吧。

就保温性能而言，没有什么能比得过铸铁锅。它的比热容比铝低，但因为它的密度高，所以拥有相同厚度的其他材质的锅约两倍的保温能力，这很重要。因为当你加入食物时，锅的温度不会因此而下降。如果把227克（1/2磅）肋眼牛排放入薄铝锅中，锅的温度可能突然下降很多，但铸铁锅可维持接近其原来的温度，从而将牛排烹制出更厚、更脆、更均匀的褐色表皮。同样地，在做炸鸡时可以少放一点儿油，虽然加入鸡肉会让锅的温度下降，但铸铁锅的保温能力可以让油温迅速回升。此外，铸铁锅还可以放进烤箱烤东西。用它做出的玉米面包有一层美丽的金黄色脆皮，而派，就算裹着湿润的馅料，也仍能烤出完美的派皮。即使烤箱温度有些波动（如大多数用恒温器控制的烤箱），铸铁锅的热量也会保持恒定。

再来谈谈耐久性！铸铁炊具是少数用得越久越好用的器具。一些非常好的铸铁锅足以传代，它们的表面已经被磨得像特氟龙涂层的不粘锅一样，而且是不含有毒化学物质的。另外，因为铸铁锅是从单一模具中铸造成的单一金属，所以它没有焊接处甚至铆钉。

不过，铸铁锅还是有几个缺点：

- **在养出一层很好的保护膜之前，食物会粘锅。**即使是目前市面上经过预先养锅处理的平底锅也仍是如此，它们最多只有一层非常普通的保护层。随着每天使用，在几个星期内，铸铁锅将会形成很棒的保护层（我把它定义为不粘，足以煎鸡蛋）。若使用频率较低，这个过程则需要几个月。这是一个漫长的过程，但想象一下，当第一个鸡蛋魔术般地从锅底滑出时，你会有多么自豪（就像训练一只小狗）！
- **加热不均匀。**与人们的普遍观念相反，铁是热的不良导体，这代表热从源头无法传导很远。试图在直径 7.6 厘米（3 英寸）的炉圈上使用直径 30.5 厘米（12 英寸）的铸铁平底锅是一种徒劳的做法，因为锅的边缘永远无法被加热到。为了有效地加热铸铁锅，你需要一个尺寸与锅相同的火炉，并且有足够的时间均匀地分散热量。或者，先将铸铁锅放入热烤箱中预热，再将其放到炉子上。（不要忘了要用厨房毛巾或锅夹来防烫！）
- **会生锈。**虽然经过养锅而形成保护层后可以防止这种情况，但如果用力洗刷锅面或在彻底干燥前就将锅放到橱柜里，锅还是可能生锈。
- **不能煮过酸的食物。**用铸铁锅烹制酸性食物会使食物变色并且有金属的味道。除非铸铁锅已经拥有一个良好的保护层，否则，即使是想要快速烹饪加了红酒的酱汁也会出问题，更不用说酸性食物，如番茄酱了。
- **很重。**这一点无法避免。材料的密度使得铸铁能够维持大量的热。配合防烫锅柄这类创新工具是有帮助的，但个头较小的厨师在遇到需要用铸铁锅帮食物翻面或浇酱汁这类情况时会觉得很头痛。
- **需要特殊的清洁方式。**因为铸铁锅的烹饪品质取决于其保护层做得有多好，所以在清洁时必须格外小心，万一洗掉了保护层，你就得从头开始。

尽管如此，保养、维护、储存你的铸铁锅，也并没有那么难。

如何开锅及保养铸铁锅

开锅

当你第一次拿到铸铁锅时，它的表面要么是灰色哑光的（一口未经养过的锅），要么是黑色光滑的（一口经过养锅处理的锅）。除非你买了一口 75 年前生产的二手锅，它才会有这样砾石般的表面。

现在的铸铁锅有着不均匀的表面，因为它和旧时代的铸铁锅抛光方式不同，所以保留了一些模具的纹理。我比较了一下我那完全光滑的 20 世纪 30 年代的 Griswold 锅（在跳蚤市场买到的）和一口用了 10 年的洛极牌（Lodge）的锅（在它全新的时候买的，而且自己养锅），我发现老锅稍微好一点儿，但新的也还不错。

所以关键就是要正确保养。那么，要怎么做呢?

如果在显微镜下观察铸铁锅的表面，你会看到各种微小的毛孔、裂缝。当你在锅里烹调食物时，食物可能会渗入这些裂缝，使其产生粘锅的现象。不仅如此，蛋白质在与金属接触后，实际上会与金属形成化学键。你试着把一条鱼翻面，结果鱼被扯成了两半。因为它看起来像是与锅粘在一起了吗？是啊，因为的确粘在一起了 。

为了防止这种事情发生，你需要填满锅上的小孔，以及在锅底建立一层保护膜，比如油脂，以防止蛋白质与金属接触。

当油脂在金属和有氧的状况下加热时，会形成一层坚固、塑料状的物质来覆盖锅表面。油脂在锅中加热的次数越多，该涂层越厚，而锅不粘的特性就越好。

这里说明一下如何建立锅的初始保护层。

- 倒入 1/2 杯粗盐来擦洗锅，并用厨房纸巾擦拭干净，清除锅中的灰尘和杂质。然后将锅用热的肥皂水彻底清洗，并彻底干燥。如果烤箱有自我清洁模式，可以将锅放到烤箱中做一次清洁，这样可以把最顽固的污渍清除掉，给你一口干净的锅。
- 将厨房纸巾沾一些不饱和脂肪含量高的油类（如玉米油、植物油或芥花籽油），来擦拭整个锅的表面（包括手柄和底部）以润滑锅。不饱和脂肪比饱和脂肪（如起酥油、猪油或其他动物脂肪）更活跃，因此能更好地聚合。有个古老的说法：培根脂肪或猪油是最好的养锅帮手。但我认为，这可能是因为这些油脂在铸铁锅的鼎盛时期非常便宜吧。
- 在 232.2℃（450 ℉）的烤箱中将锅加热 30 分钟（它会冒烟），或直到它的表面明显变黑。烤箱可以比火炉更均匀地加热锅，使其形成更好的初始保护层。
- 重复擦拭油脂和加热等步骤三四次，直到锅表面变得漆黑。将其从烤箱中取出，放在炉子上冷却。你的锅现在已经养好，可以使用了！

在你把锅养好前，应避免使用太多的肥皂来清洁或烹调酸性酱汁，因为这会让养锅的过程花费更长的时间。

保养

许多人对于保养铸铁锅有着很不理性的担忧。事实上，一旦有了很好的保护层，铸铁锅是相当耐用的。用金属器具也无法刮伤它，用肥皂更不会伤害到它（现在的洗洁精除了对付油脂外，对其他东西都是非常温和的）。好好养锅，只要记住几个要点即可：

- **经常使用这口锅。**良好的保护层应该是慢慢累积起来的。要尽可能多地使用这口锅，特别是需要用油的烹饪，如油炸或煎。在锅得到一层好的保护层前，避免在锅中烹煮以汤汁为基础的菜肴。
- **使用后立即清洗锅。**在锅还热的时候清洗比冷却时更容易。如果在铸铁锅仍然热的时候清洁，你可能只需要一点点肥皂和一块海绵。
- **避免使用坚硬的刷子或强力清洁剂。**海绵足以完成大多数擦洗任务。如果客人在饭后慷慨地表示要帮忙清洗锅盘，我都会特别小心，以免他们刷洗掉锅的一些保护层。
- **把锅彻底风干并抹上油再收起来。**冲洗锅后，将其放在火炉上加热直到它干燥并开始微微冒烟，然后用沾了少许油的厨房纸巾擦拭整口锅的内表面。将锅静置一会儿，让其冷却至室温。油将形成保护屏障，并防止锅在下一次使用之前与水分接触。

用油好好地擦拭以防止生锈。

最坏的情况

基本上只有两件真正糟糕的事可能发生在你的铸铁锅上——剥落和生锈，但它们其实也都没有那么糟糕。

当你太频繁地加热却不额外多擦点油时，锅表面就会发生剥落，保护层会大片掉下。想要发生这种情况，我得把这锅放在烤箱里来回用 1 个月而不给它刷一丁点儿油。但要避免这种情况是很容易的，只要每次用完都刷上油，并且不要过度加热就可以（比如，要是你平时把它储存在烤箱里，在烤箱使用自动清洁功能时就要记得把它拿出来）。一旦发生剥落就没法回头了——你就不得不从头开始保养。

没有做好养锅就把锅暴露于空气中风干，铸铁锅就会生锈。除非整口锅都生锈了（在这种情况下，你必须重新养锅），否则不需要太担心。如果只有很少量的锈斑，那么冲洗一下锅，将锅加热直到它干燥和冒烟，并用油擦拭就可以了。经过几次使用，锈斑应该就会消失，而锅的表面会被重新保养好。

我应该买哪口锅呢？

如果你够幸运能在跳蚤市场上看到一口20世纪初的、价格合理（不到50美元）的铸铁锅，立刻买下吧。

我个人认为，当新的铸铁锅，比如一口26.0厘米（$10\frac{1}{4}$英寸）的已经养过的洛极牌铸铁锅只要16.98美元时，有些卖家却对老铸铁锅开价150美元以上，这是很荒谬的事情。你只要花一点儿时间和耐心，就可以让新锅拥有同样的光泽与不粘的表面了。

重点来了——每个厨房必备的8口锅

我是个天生的囤货狂。我很高兴能拥有这么多的锅，我总是告诉自己，我会定期使用这些锅，买它们真的不是浪费钱。

但老实说，我90%的锅的真正用途纯粹是欣赏。它们就像放在锅架上的“领带”——而我从不打领带。大多数时候，我发现自己只会重复使用这8口锅。我想象不到有任何一道菜的完成会用不到这8口锅中的一口或几口，而要按照这本书中的食谱烹调，它们就是你所需要的所有锅了，也是任何厨房的基础装备。

1. 直径30.5厘米（12英寸）的三层复合材质的直壁有盖的平底锅

一口大型平底锅是厨房真正的主力。它非常适合快速烹饪大量的蔬菜或肉类。想用锅烤全鸡？就是要选这口锅。想要将猪肉上色或烤牛肋排？没问题。它也非常适合炖煮和收汁。它有个紧密的盖子，因而将它放进烤箱加热也很安全，这表示你可以先用它为肋排上色，再加入液体，然后盖上盖子放入烤箱烹制，最后在火炉上收汁，所有的步骤都可以用同一口锅来解决。

为什么三层复合结构很重要？不锈钢很重，可以保留大量的热量，但它导热缓慢。铝是轻质的，每单位体积保留的热量少，但是可以很快地传导热。这种平底锅结合了两种材质，通过将铝夹在两层不锈钢之间而制成，因此可以很好地储热以让食材实现最佳的上色效果，并能将热均匀散布在食材的整个表面，不会有冷热不均匀的点。

All-Clad牌的三层复合锅具是最佳选择，但它非常昂贵。经过测试，我发现查蒙蒂纳牌（Tramontina）的与All-Clad牌的性能差不多，却只有后者三分之一的价格。选择哪个就不需要多想啦！

2. 直径25.4厘米（10英寸）的铸铁平底锅

要论煎牛排或带皮带骨的鸡胸肉，没有什么能打败铸铁锅的了。实际上，我囤积了所有尺寸的铸铁锅，这样我就可以用铸铁锅做出所有的料理，从煎蛋到烤馅饼。但我最常使用的还是那口25.4厘米（10英寸）的锅，它的大小适当，刚好可以用来为我和我太太煎几块牛排（如果需要做更多人的饭，我会分批进行或用两口锅和两个火炉，更有效率地将热传递到牛排）。它还很适合用来做玉米面包，也是一个很漂亮的上菜器具。它的作用可真是无限啊！

如果你没有从祖父母那儿继承一口被养得很好的锅，那么洛极牌的是你最容易找到的好锅。如果你会去古董店和跳蚤市场里寻宝，Griswold和Wagner牌的铸铁锅是最好的。

3. 直径 25.4 厘米（10 英寸）的阳极氧化铝或三层平底不粘锅

人们会告诉你，一口保养得很好的铸铁锅经过适当处理可以像一口真正的不粘锅一样光滑。唉，我可能也说过这样的话，甚至在这本书中也说过。好吧，坏消息是：这是假的。任何材料科学的工程师都可以告诉你，即使是最好的铸铁锅也无法像不粘锅那样光滑。不仅如此，相较于铸铁锅，不粘锅可以轻到让你轻松地卷起煎蛋卷或给太阳蛋翻面。

这就是为什么你的武器库中要必备一口中型平底不粘锅。从完美的金黄色欧姆蛋、蓬松的炒蛋到有脆边的煎蛋，它是做各种鸡蛋料理的最好的锅，在我的公寓里，如果没有一口这样的锅，做早午餐会变得更麻烦、更忙碌，而且不会是一件愉快的事。

不粘锅的唯一的缺点是什么？你不能将它加热到超过 260℃（500 ℉），否则涂层会开始蒸发，然后释放出有毒烟雾。新型的材质是相对安全的，但即使是这样，不粘锅也还是有几个缺点：食物很难在不粘涂层上煎出酥脆的表皮，且必须使用专门为不粘锅设计的木头、尼龙或硅胶炊具，因为金属锅铲会刮掉涂层。

说到不粘锅（不像其他的锅），它没有办法跟着你一辈子，这代表花一大笔钱在一口不粘锅上并非明智之举。你要找的是一口中档锅，它有足够的分量来保证蓄热能力，又不是一口你会因怕刮伤而将它束之高阁的锅。我目前有口美膳雅牌（Cuisinart）的不锈钢平底不粘锅，但我对它没有倾注太多感情。对于不粘锅，你不需要对它过于投入。

4. 容量 2.38~2.85 升（$2\frac{1}{2}$ ~3 夸脱）的酱汁锅

一口深平底锅和一口酱汁锅之间的区别是很微妙但又很重要的。深平底锅的边是直的；而为了容易搅拌锅里的食物，酱汁锅的锅边设计成了倾斜的，底部较窄，上方较宽。这是它的一大优点，意味着你不用把圆形勺子推到锅呈直角的位置里搅拌。

我会用酱汁锅来煮小分量的汤或是炖菜，煮短的意大利面（你不需要用大锅来煮，见 p.668 的“永不沸腾的一大锅水”），重新加热剩菜，做奶酪酱或香肠肉汁，煮番茄酱或让蔬菜稍微出水，甚至煮一锅高汤。

与平底不粘锅一样，购买任何品牌的酱汁锅都可以，只要它够厚重、可用于烤箱即可，最好是三层复合材质的。我使用的是 Farberware Millennium 牌的不锈钢酱汁锅。它的锅口够宽，方便倒东西，而且锅也够深。我已经和它相处了大约 8 年，彼此都没有抱怨过对方。这比我处过的其他关系都要好得多！

5. 直径 30.5~35.6 厘米（12~14 英寸）的碳钢中华炒锅

如果你在西方饮食的烹饪环境中长大，就不会知道中华炒锅。但我在这里要试着说服你，每个人（不只是那些喜欢煎炒的人）都能从一口优质的大炒锅中受益。

用来油炸、蒸或烟熏，没有比这口锅更好的选择了。有关购买和保养炒锅的详情，请见 p.31 的“保养和维护”。

6. 容量 5.7~7.6 升（6~8 夸脱）的珐琅铸铁荷兰锅（Dutch oven）

我的珐琅铸铁荷兰锅是我拥有的第一口

锅，这让我想这么夸夸自己：哇，你还真有些特别的东西呢。这是一口蓝色的椭圆的酷彩（Le Creuset）锅，至今仍在服役中，仍像15年前我妈买给我时那样好用。一口好的珐琅铸铁荷兰锅能陪伴你一辈子。它的重量使得它不管放在烤箱里还是烤箱外，都是一个炖煮的理想工具。看吧，有点儿重量的锅具都需要很长时间来加热或冷却。这代表即使烤箱中的加热管以时开时关的波动方式进行加热时，烤箱的实际温度会比刻度盘显示的数值要高或低一些，但锅里的温度几乎不会受任何影响。这使得食谱更具可靠性和可预测性。

酷彩锅为珐琅铸铁锅设置了品质标准，但它也超级昂贵。如果你买了一个，就会好好珍惜，而你珍惜它的原因某种程度上也可能是因为花了那么多钱（这点跟养孩子类似）。洛极牌同类的锅价格约为酷彩锅的三分之一，也很好用，但购买时还是要小心，我曾经看到过几个有破损或有裂纹的。

7. 容量11.4~15.2升（3~4加仑）的汤锅

这是锅中的“老爸”：当你想做20人份的意大利面或是煮6只龙虾，或当你有几块存在冰柜里的鸡骨头正等着做成美味高汤时，你会需要拿出这口锅来用。除非你拥有了一口大汤锅，否则你永远不会意识到它有多重要。好消息是大汤锅找最便宜的就行了。除了炖煮大量的东西，你不会用它来做任何其他事情了，所以你需要的是很能装水并能保持水位的锅。买这样一口汤锅，不需要花超过40美元。

8. 烤盘

好的烤盘很昂贵，但这也没有办法。就像平底锅一样，最好的烤盘是用层压金属复合材质制成的——铝芯夹在不锈钢之间，像三明治那样。在选烤盘时，我会找那些既可以直接在火炉上使用，又可以在烤箱里使用的，它们要有舒适的手柄，且要足够厚实，在烤箱里加热或是承受火鸡的重量而不会弯曲。我的卡福莱牌（Calphalon）的烤盘又大又坚固，还附有一个漂亮的U形架，可以用来放大些的烤肉。这个烤盘要价140美元，我一年中大概只有两天会使用它，它是在假期时做大量烤肉的好帮手。

想听实话吗？没有这只烤盘，其实我还过得下去。但我不能没有那个结实耐用的铝边浅烤盘及其配套的冷却架。它更轻、更便宜，可直接存放在烤箱里。它还有一个优点，就是很浅，使得热空气更容易在被烹饪的食物周围循环。这是我一年中的其他363天用来烤东西的器具。我的烤盘烤过无数的烤鸡，虽然它已经弯曲又老旧了，但仍然像以前一样尽职尽责。它是我在一家烹饪用品店花了约10美元买到的，还配有一个冷却架，价格为5美元或6美元。

如何购买以及保养中华炒锅

好的中华炒锅是厨房里最通用的锅之一。有人认为，西式炉灶的灶眼较平坦且输出功率较小，一般的平底不粘锅更适合用来翻炒。他们甚至可能会给你展示一些花哨的图表，证明平底锅可获得更高的温度并拥有更好的蓄热能力。这完全是胡说八道。看再多的图表，都不如实际尝上一口。事实上，用中华炒锅炒出来的菜肴味道更好，因为炒好菜不仅仅与金属的温度有关，还和翻锅时抛掷食物使其超过锅边接触明火，将其中的脂肪及汁液蒸发成雾气等过程有关。也和能够快速加热及冷却食物有关，当你一遍遍翻炒时，就像是在用炒锅制造出的不同加热区域来烹制食物（类似频繁地为汉堡肉翻面可以使其快速变熟，见p.545的“翻面不纠结”）。只有保养得当的铸铁锅或碳钢锅加热到足够高的温度时才能产生那略微烟熏、焦香的特殊风味。

我跑题了。中华炒锅显然是热炒的最佳选择，但它们也是用来油炸、蒸和烟熏的理想炊具。我的中华炒锅是厨房中最常被使用的锅具之一。

然而，不是所有的中华炒锅都是一样的。它们有令人眼花缭乱的尺寸、形状、金属材质和手柄。幸运的是，好的炒锅仍较为便宜。以下是在购买时要慎重考虑的事情。

材质

- 买不锈钢锅根本是浪费钱。它们不仅非常重而且很难操作，还需要很长的时间来加热和冷却——对于像热炒这样需要快速、即时加热的做法，这是个致命的缺陷。而食物——特别是其中的蛋白质——碰到不锈钢材质就会粘锅。
- 铸铁锅是好一点儿的选择，虽然它仍然需要相当长的时间来加热和冷却，但它提供了更好的不粘表面。铸铁锅的主要问题是，如果很薄的话就会非常脆弱——我曾经见过由于放下得太用力而裂成两半的锅。而当做得够厚时，它们又非常重，这使得在烹饪时适时地翻锅是很困难的。
- 碳钢锅是最好的选择。它可以快速又均匀地加热，耐用又不贵，只要好好保养，也能拥有不粘的表面。寻找至少14号（约2毫米厚）的碳钢锅，当你按压锅边时，它应该不会弯曲。

制造方式

中华炒锅有三种制造方式：

- **传统手打中华炒锅**（比如20世纪80年代那些电视购物节目中售卖的中华炒锅）是一个很好的选择。锤打所留下的小凹痕让你可以把炒好的食物推到锅边，然后在锅的中间放入其他食材，而那些已经炒好的食材也不会滑下来。而且传统手打中华炒锅价格便宜。唯一的问题是，可能很难（几乎不可能？）找到一口平底且有手柄的（后面会有更多介绍）。
- **冲压式中华炒锅**是将切割成圆形的薄碳钢用机器压入模具而制成的。它们非常便宜，但是表面太过光滑，难以适当地翻炒。毫无疑问，它们是用低规格钢制成的，但这样一来，锅容易产生冷热不均的现象，而且较为单薄，看起来也很脆弱。
- **旋压式中华炒锅**是在车床上生产的，因而具有独特的同心圆纹路。这种样式的锅具有与传统手打中华炒锅相同的优点，让你能够轻松地将食物保持在锅边。市面上可以找到较大的、平底的旋压式中华炒锅，它们附有手柄，从而让翻炒变得更容易。它们的价格也不贵。

形状和手柄

传统的中华炒锅具有深碗的形状，被设计成适合直接架在炉上的圆形开口上。底部太平的锅就失去炒锅的意义了，会很难适当地翻炒食物和将食物移入、移出高温区。

你最好选底部10.2~12.7厘米（4~5英寸）宽，具有平缓倾斜的边，开口直径为30.5~35.6厘米（12~14英寸）的中华炒锅。

这将给你提供足够的底部高温区来加热肉类和蔬菜，以及充足的体积和空间来翻炒。至于手柄，你有两个选择：粤式炒锅在锅的两侧有两个小手柄；而北方传统炒锅则有一个长手柄，通常在手柄的正对面会有一个较小的辅助手柄。后者会是你想要的中华炒锅类型。长柄便于翻锅和拌炒，而短柄则便于提起锅。

最后，要像避免瘟疫那样避免使用不粘锅来炒菜。大多数不粘涂层都不能承受热炒所需的高温。它们在达到必要的温度之前就会开始蒸发，释放出有害的烟雾。不粘涂层也让上色变得困难，而当你炒好一些食物想要在锅中间清出一个空间炒其他食物时，要让炒好的食物乖乖待在锅边，这几乎是不可能的。

保养和维护

就像好的铸铁锅那样，碳钢锅也会越用越顺手。大多数碳钢锅刚买来时都带有保护油膜，以防止它们在商店中生锈或失去光泽。在第一次使用之前，请务必将这一层油膜去除。将锅用热肥皂水擦洗，并小心地擦干，然后将其放在火炉上用大火来加热，直到它开始冒烟。旋转一下锅，使其每个区域——包括边缘——都能让大火加热一遍。然后用油擦拭它——将沾了油的厨房纸巾夹在料理夹上，然后就可以拿着它给锅上油了。锅开始使用后，除非必要请避免用刮擦的方式刷锅。通常只用软海绵进行冲洗和擦拭即可。纯粹主义者（Purist）[12]可能告诉你不要使用肥皂，但我还是会用肥皂，而我的中华炒锅仍然保护得很好，完全不粘。冲洗后，用厨房毛巾或厨房纸巾把锅擦干，并将一些植物油擦在锅表面作为防水涂层，就可以防止生锈了。

随着不断地使用，油在锅中加热时会成为聚合物，填满金属表面的微小孔隙，进而让锅变得完全不粘。当你开锅之后，锅的颜色会逐渐从银色变成棕色，最后变成黑色。这就是你所期望达到的效果了。

在适当的保养下，炒锅可以用一辈子，而且随着使用年份的增加，锅的品质也会提升。

使用炒锅的基本技巧

热炒是典型的炒锅应用技术，然而，我们不会在这里花时间解说，因为在这本书中没有关于热炒的食谱（也许你可以写信给我的出版商，告诉他们你将来想看到《料理实验室》介绍中式经典料理）。但这口锅也是在家里油炸、蒸煮和烟熏的最佳工具。以下介绍怎么做：

- 用中华炒锅油炸比用荷兰锅好太多了。宽阔的锅边使你不会搞得脏兮兮的——任何飞溅到锅边的油都会流回到锅中心。这口锅的形状使得烹饪更容易，你可以将食物炸得更酥脆，也能得到更均匀的油炸效果。油炸时油溢出锅边的情况将成为过去式，由于中华炒锅上宽下窄，大量的气泡有足够的空间膨胀，因此油就不会溢出锅边了。最后，从倾斜的锅边滤出油渣碎屑比起从荷兰锅的直边滤出要容易。
- 用中华炒锅蒸食物也比用其他容器容易得多。你可以在炒锅中使用标准的蒸架，只需要将它直接放在锅中即将沸腾的水的上方，

⑫ 纯粹主义者，Purist，指的是奉行原始的、不掺杂其他成分的、体现事物本质的信仰、爱好或生活方式的人。
——编者注

并使用拱形的盖子盖住炒锅即可。当然，用炒锅蒸的优点是其较宽，可供蒸煮的表面积更大。如果弄一些竹蒸笼来，这个优点还可以进一步加强。竹蒸笼被设计成可以直接架在中华炒锅上，而且还可以堆叠，这意味着你可以在同一口中华炒锅上同时蒸煮两三层食物。试着在荷兰锅里做做看吧！

- 用中华炒锅烟熏食物也很容易。你所要做的就是在锅底铺一张铝箔纸（尺寸至少是锅直径的四分之三），将烟熏材料（木屑、茶叶、糖、米、香料等）直接铺在锡纸上，然后把食物放在架子或蒸笼上面。将炒锅在大火上加热，直到其底部的烟熏材料开始阴燃，然后将铝箔纸的边缘折叠并卷起来，做成一个袋子，将烟雾包在里面。

刀具

如果说婚姻生活教会了我什么，那就是即使你是对的，你也永远不能自以为是。如何选择好的厨房设备可以作为案例来说明。当我最开始和我太太约会时，她所拥有的唯一一把刀子是从宜家（IKEA）买回来的一把小小的、塑料刀柄的、不太稳当又钝的刀，看起来更像家里的玩具烤箱旁边的东西。事实上，我花了大半年时间试图偷偷地哄她改用那把性感的手打日本大马士革钢制三德刀（Damascus steel santoku）。当时买这把刀是为了给我未来的妻子一个深刻的印象，以展示我的品位有多高。

但她最后还是选择用宜家的刀子，并声称她被三德刀刀柄上大大的手工雕刻的制造商签名给吓到了（不要担心，每当我挥舞着那把三德刀时，她仍然对我散发出的原始男性魅力印象深刻）。从那之后，我已经让她升级到能相当自如地使用三叉牌（Wüsthof）12.7 厘米（5 英寸）的格兰顿刀刃（granton-edge）⑬三德刀了。但我的观点仍然不变：一旦你将选择范围缩小到一定的质量水平上，最好的刀就是你用得最舒适的刀。任何与你看法不同的人，都只是想要卖东西而已，而且很可能就是在卖刀。

如何选购刀具

买刀时，有三个主要特点需要考虑：材质、形状和人体工程学。刀的材质决定了几个因素，包括它可以多锋利，刀刃可以维持多长时间不变钝，当它变钝时是否容易重新打磨，以及它与酸性食物会发生怎样的反应。一般来说，你有 3 种选择：碳钢、陶瓷或不锈钢。

- **碳钢**是一种较软的金属，可以磨出非常锋利的刀刃。缺点是它钝化的速度较快，需要每隔几个星期就重磨一次才能保持良好的锋利度；如果不妥善处理则可能会生锈；如果与酸性水果或蔬菜长时间接触就会变色。你必须好好清洁它并使它保持干燥，每次使用后给它擦油以维持其光泽。碳钢是刀具爱好者的首选材料，他们非常享受切任何东西时都几乎感受不到刀锋存在的体验。就像狗需要主人付出大量的耐心以让它维持良好的纪律和健康，但它会以一生的忠诚来回报你。和狗不同的是，你的刀不会在地毯上撒尿，很棒吧。

---

⑬ 格兰顿刀刃，granton-edge，刀刃侧面有孔状凹槽，适合切薄片。——校注

- **陶瓷**通常不是太好的选择。它们的确可以磨出非常锋利的刀刃，即使长期使用该刀刃也不会变钝，但它的主要缺点很独特：它们容易产生缺损而且无法修复。金属刀是有弹性的，若用显微镜来观察，其锋利的刀刃会因施加在上面的压力的变化而不断地弯曲和变形。另一方面，因为其晶体结构的关系，陶瓷刀是非常易碎的。即使是用刀身做很轻微的剪切运动也可能导致刀刃产生缺口或裂开，让我将它堆到那个盛着“毫无用处但仍然留着，因为我还抱有希望”的东西的抽屉里吧。这种刀也很轻，可以很容易拿来威慑一些人（比如我）。
- **不锈钢**曾经是没主见的人喜欢的材料：坚硬、美观、易于维护，但完全不能形成锋利的刀刃。近年来，随着材料科学的不断进步，不锈钢刀变得越来越有吸引力了，因为它结合了碳钢的易磨特性与不锈钢的易清洁、防锈和不易变色的性质。我仍然爱我的碳钢刀，但老实说，我现在的厨房里有更多的不锈钢刀。

当你购买新刀时，价格范围和品质水准的差别之大令人吃惊。我的意思是，你可以到本地的大卖场找到每把刀的价格只有几美元的24件组刀具，或者可以花几百甚至上千美元在一把刀上。这是为什么？

真相是只要达到一定的质量水平，选刀具就是个人品位的问题了。你需要花三百美元来买一把体面的刀吗？绝对不用。那你有可能买到一把35美元或以下的好刀吗？可能不会。但无论你选择什么刀，以下都是要注意的事项：

- **全龙骨**。龙骨是刀片会延伸入手柄的部分。一把好刀的龙骨应该要一直延伸到手柄的末端。这样能保证最大的耐用度和稳定性。
- **锻造，而非冲压的刀**。锻造刀是将金属浇铸到模具中，再敲击、修整、磨砺、抛光而制造出来的。这样才能打造出一把从刀刃到刀柄都非常坚实且具备多种功能的刀。冲压刀是从单片金属片上切割下来并将一边刀刃磨快的刀。冲压刀通常带有平行的条纹（是用来压平金属的滚轴所造成的），在将光线通过刀片反射到眼睛里时可以看到。冲压刀通常是不稳定而且脆弱单薄的。大多数主流制造商生产的低端刀都是冲压的。
- **平衡的手柄和舒适的抓握感**。当你拿着一把刀的时候，应该感觉到它的稳定，刀头那端既不重也不轻，你在握住它时也毫不费力。请记住——刀应该是手的延伸。因此，你握着它时应该感觉到很自然。

| 专栏 | 刀的构造

刀由两个主要部分组成：刀身和刀柄。一把精心制作的刀，制成刀身的金属将一直延伸至刀柄。这块金属的不同部分有着不同的用处。这里列举了大多数刀的主要部分：

- **刀刃**是刀身上经过锐化、打磨过的边缘部分。它应该像剃刀般锋利——仅仅就字面意思上来说，一把锋利的刀应该能够将手臂上的汗毛剃除（不要真的尝试这样做）。主厨刀的刀刃设计成不同程度的曲度以完成各种切割任务，如切薄片或剁碎。
- **刀背或刀脊**是与刀刃相对的长边。它是做快速剁碎动作上下摆动刀子时，另一只没有拿刀的手可以扶握的地方。它也可以当作工作台上临时的刮刀，用来移动砧板上的食物（你绝对不能用刀刃来做这件事，因为这样刀刃会变钝）。
- **刀尖**是刀子末端尖锐的点。它主要用于精细的操作。
- **刀尾**位于刀刃的底部。在许多西式刀具中，刀尾处的金属显得特别厚。这是为了让你更容易在刀柄处握住刀（见 p.36 的“手握刀身”）。
- **刀枕**是刀身与刀柄相接的地方。它很厚重，为刀身和刀柄提供良好的平衡点。一把平衡性能良好的刀的重心应该在靠近刀枕的地方，这样你可以用最小的力气来回摆动刀。

- **龙骨**是刀身延伸至刀柄的部分，它能带来平衡性和坚固性。具有全龙骨的刀（也就是刀身的金属一直延伸到刀柄的尾端），它的刀柄是不容易断的。
- **刀柄**是指在握刀时，你的整只手所握住的部分。如果习惯握住刀身（我建议这样），你后面的三根手指所在的地方就是刀柄。刀柄可以用木材、聚碳酸酯、金属或其他材料制成。我喜欢木柄的手感，不过刀柄的材质没有绝对的好坏。
- **刀屁股**是刀柄底部最厚的部分。

两种握刀方式

完美用刀技能的第一步是学习如何握刀。有两种基本的握刀方式：手握刀柄和手握刀身。

- **手握刀柄：**你的手完全位于刀身之后，所有手指都握在刀枕后面。通常初学者或手比较小的厨师会采用这种握法。这种握法很舒适，但用这种握法在做精细切割时你能控制的程度有限。

- **手握刀身：**手握刀身是有经验的厨师比较偏好的握法。你的拇指和食指应该放在刀枕的前方，直接握在刀身上。这种握法看起来有点儿吓人，但能提供更好的平衡，也能使你更好地控制刀。对于不具备刀枕的廉价冲压刀，采用这种握法可能会很困难或让你觉得不舒适。

当我第一次做饭时，我采用的是手握刀柄的方式。我的意思是，这合乎情理，被握住的地方被称为刀柄是有理由的，对吧？但是当我进入专业厨房时，我那业余的握法马上就遭到了嘲笑（专业厨房里到处都是毫不留情的硬汉）。于是，我改变了握刀方式，我的刀功立即有了戏剧性的进步。我不会依照握刀方式来评判他人（或者就算我会，我也不会讲出来），但如果你曾经只用过手握刀柄的方式，那就试试看手握刀身的方式吧——你可能会发现在切食物时情况会有明显的改善。好吧，我保证，如果你还是用回了手握刀柄的方式，我只会稍稍批评你一下。

那没有握刀的那只手呢？一般来说，你会发现那只手会放在两个位置。在其中一个位置时，那只手通常会呈现卷曲的爪子状，而当你不小心切到自己的手指时，很可能就是因为没有将那只手卷曲成爪子状。例如，在切片时，应该将没有拿刀的那只手的手指向内卷曲成爪子状（可以保护你的手指头），然后靠指节引导你的刀。在切食物的时候，要将食物一直放在一个稳定的位置，最好是有一个切面紧靠砧板，然后用爪子状的手引导刀身来切食物。

另一个位置是在切碎食物时，把刀尖接触砧板，不拿刀的那只手放在刀背上以稳住刀尖的位置，接着上下摆动刀身，把香草（或任何其他的食材）切碎。

东方和西方：

哪种刀具风格更胜一筹？

西式厨刀和日式厨刀曾经有着天壤之别。西式厨刀弧度平缓、弯曲的刀身延长到一个顶点，有着相对较厚的刀脊，可以在砧板上摆动。日式厨刀则有着扁平的刀身、纤细的轮廓，而且相对较轻。它是用来切薄片和切碎末的，不适合剧烈摆动。

现在，它们之间的差异已经不是那么明显了。一方面，西式刀具制造商现在也提供三德刀风格的刀具，三德刀是典型的日本家庭烹饪用刀。即使是仍保留西式风格的刀也被“瘦身”了，变得更轻，以适应越来越多人对日式厨刀的偏好。另一方面，日式厨刀制造商已经开始将它们的技术应用于牛刀（Gyutou），也就是用日本锻造技术生产西式刀具，以做出在东西方都受欢迎的好刀。

那么，哪种风格的刀具更好呢？其实没有绝对的答案。我刚开始学厨时用的是当时所有人都在使用的西式厨刀，所以我早期收藏的刀主要偏向于德国品牌，比如三叉牌和双立人牌（ZWILLING J.A. Henckels）。但是，当我开始尝试用日式厨刀后，我更喜欢它们提供的精准度，虽然它们无法进行像剁碎那样需要来回摆动的操作，但对我来说还是值得选择。现在，我同时使用西式厨刀和日式厨刀。

西式厨刀有逐渐变细的刀身。

日式三德刀有更直的刀刃和较宽的刀尖。

这两种刀使用方式的主要不同在于，在使用西式厨刀时，若你要将食物放在刀下方进行切割，只需先将刀尖固定在砧板上，接着只举起刀柄的尾端，来回摆动刀身即可，这是很常见的用法。但日式厨刀是做不到这一点的——日式厨刀的形状使其无法摇摆。切薄片和切碎是常见的做法，而切碎香料会变成重复切薄片的操作而不是来回摆动刀身。

要想知道你更喜欢哪种风格的刀具，唯一的办法就是去一家商店试试看。

重点来了——
每个厨房都需要的 6.5 把刀

收集刀具是很有趣的，但如果我不得不做出选择，那么有 6.5 把刀（我认为其中一个削皮器和一把钢刀加起来算是 1.5 把刀）是我必备的。以下将一一介绍：

1. 长度为 20.3 厘米（8 英寸）或 25.4 厘米（10 英寸）的主厨刀，或 15.2~20.3 厘米（6~8 英寸）的三德刀

这把是我的刀。有很多类似这款的刀，但这把是属于我自己的。你的主厨刀应该是手的延伸，所以拿着它应该感觉自然。当我情绪低落而需要一点儿身体上的支持时，我不会要求我的太太握着我的手，也不会摸家里狗狗的肚子，而是会去拿我的刀，就只是握着它。我们在一起度过了很长的时间。我了解她的每一条曲线（我刚意识到我的刀是女性），以及她是多么适合我的手，而且喜欢被我握着。作为对我的回报，她支持我，忠于我而又极端地锋利。

95% 的切割操作我会使用到主厨刀，所以你最好确定你对它很满意，这里的关键是：忘记你曾经阅读过的每条评论。只要质量超过一定水准，并不存在最好的刀。也就是说，你要寻找的刀，其特质取决于你的烹饪风格和舒适度。以下有几个我推荐的基本刀具，先让我再重复一下：只有你可以决定哪把刀最适合自己。去一家商店，试用一些刀，并仔细考虑一两天。你和你的主厨刀将会建立一个长期、美妙、互惠的关系。因此，你要做出明智的选择。

西式主厨刀

对于一般的厨师：20.3 厘米（8 英寸）或 25.4 厘米（10 英寸）的三叉牌经典主厨刀（约 140 美元）。这是我拥有的第一把像样的刀，而这把刀我至今还在用。

- **优点**：它有一个厚厚的刀脊，也很有分量，这有助于用它来做切片工作。它的刀身有曲度，允许你来回摆动以完成快速切碎的工作。在切割时，刀柄下方有很多空间因而不会卡到指关节。
- **缺点**：一些厨师可能会觉得它太重，手比较小的厨师可能会觉得刀柄太大而握着不舒服。

对于手比较小的厨师：20.3 厘米（8 英寸）的具良治（Global）G–2 主厨刀（约 120 美元）。这把刀时尚又实用。

- **优点**：它由一块金属锻造而成，意味着它基本上是坚不可摧的。它有非常锋利、纤细的刀身和一把平衡感良好的刀柄（是用沙子填满的），即使刀子在使用时仍能保持平衡。
- **缺点**：因为没有刀枕或刀尾，所以长时间使用手握刀身的握法，可能会造成食指与刀脊过度摩擦。当刀身靠在砧板上时，刀柄下方没有太多的空间，导致你可能会敲到指关节。如果在油腻的环境中，全金属刀柄可能会滑手（虽然没有人会在油腻的厨房做饭）。这把刀对于素食者来说是理想的刀，适合用来处理细致的蔬菜料理，而不是处理乱糟糟的肉。

最实惠的选择：20.3 厘米（8 英寸）的维氏（Victorinox）Fibrox 主厨刀（约 25 美元）。这是刚开始下厨的厨师会喜欢的刀，尤其在他还不确定要不要购买超过 100 美元的主厨刀时。

- **优点**：刚拆封时它非常锋利，而且很轻，一些使用者可能会喜欢。有可以抓握的刀柄以及大量能够容纳指关节的空间。
- **缺点**：它属于冲压的刀身，没有什么重量及分量，也很难重新磨锋利，给人一种廉价的感觉——这不是一把可以终生使用的刀。刀的平衡感很差，可能会让使用的人养成不良的用刀习惯。

日式主厨刀

对于一般的厨师：17.8 厘米（7 英寸）的 Misono 牌 UX10 三德刀（约 180 美元）。这是我个人的最爱。这不是第一把让我感到顺手的刀，但它是我爱上的第一把刀，因此我们永远不会分离。

- **优点**：它平衡性非常好，有非常舒适的刀枕，握住刀身就像握住了梦想。刀身是由瑞典钢制成的，能够轻易磨锋利，而且能够长时间保持刀刃的锋利度。虽然它是专为切薄片和剁碎设计的，但是它的刀身有一条足够的曲线，让你可以做一些来回摆动的西式切法。它同时结合了西式厨刀和日式厨刀的优点——耐用、坚固的结构和沉甸甸的分量。
- **缺点**：只有一个——价格很高。虽然这不是一把便宜的刀，但考虑到它能够让你用上一辈子，180 美元似乎也挺合算的。

对于手较小的厨师：17.8 厘米（7 英寸）的三叉牌经典三德刀（约 100 美元）。我在餐厅工作时经常使用这把刀，餐厅要求切菜要切得很细——这把刀的使用频率太高，以致不断重复磨刀使得刀刃都变薄了。不过我在这个过程中慢慢喜欢上了它。

- **优点**：如同所有顶级的三叉牌产品一样，它的结构无可挑剔。它拥有比西式厨刀更加纤细的刀身，所以更容易完成细小又精确的切割，对某些厨师来说使用起来会更舒适。它的刀身两侧都有小凹点，这意味着马铃薯片之类的食材就不会粘在刀上。
- **缺点**：对于大多数负荷重的工作，它不够大——比如劈开一个冬南瓜或剁一只鸡。不过幸运的是，你可以用你的剁肉刀来对付它们（见 p.42 的“5. 重型剁肉刀”）。

最实惠的选择：真久作（MAC）Superior 16.5 厘米（$6\frac{1}{2}$英寸）的三德刀（约 75 美元）。其深受专业厨师与家庭厨师的喜爱。

- **优点**：刀身非常锋利，握柄舒适，易于操作。
- **缺点**：刀身很难磨锋利，又只有 16.5 厘米（$6\frac{1}{2}$英寸）长，对许多厨房工作而言它太小。虽然它既没有 Misono 牌三德刀的重量，也没有三叉牌刀具的坚固性，但从大多数标准来看，它是把不错的刀。

2. 长度为 7.6~10.2 厘米（3~4 英寸）的羊蹄形削皮刀

我使用三叉牌的 7.6 厘米（3 英寸）经典弧形削皮刀很多年了，一开始觉得这个经典削皮刀的形状设计似乎是有道理的。一把大曲度的主厨刀是用于切割、剁和切碎大型食物的，所以要切割、剁和切碎小的食物，你需要使用一把缩小版的主厨刀，对吧？但事实上，削皮刀和主厨刀的使用方式有根本差异，那你为何要求它们两者必须是相同形状呢？普通削皮刀的真正问题是刀身的曲度。主厨刀的曲线设计是为了用于来回摆动刀以剁碎东西。这对于削皮刀来说却没有任何意义：没有人会来回摆动一把削皮刀。

好的削皮刀的关键是能完成精细的切工，这意味着它要有超薄的刀身，并能够用最少的手部动作来切割（你来回移动手的次数越多，切割就越不均匀）。羊蹄形的刀是完成这个任务的理想选择。使用羊蹄形刀，将刀尖牢固地插入食物中的同时，可以让直的刀身几乎全部都与砧板接触，能切得多直，取决于刀身有多直。更快，更精确，让使用者更少有机会出错，这些在我看来都是优点。

同理，如果你使用刀来削小型食物，如小的马铃薯或葡萄。当使用刀身弯曲的削皮刀时，刀身的曲线和你正在削的食物的曲线正好相反，食物很难与刀身接触，这需要你削得更深，这样就会削掉更多没必要削去的部分。而使用三德刀将不会有上述问题了。

来自双立人牌的 7.6 厘米（3 英寸）削皮刀（约50美元）是这类刀中最便宜的刀具之一，它还具有刀身两侧有小凹点的额外优势。你可以用同样的价格买到三叉牌 7.6 厘米（3 英寸）的羊蹄削皮刀，虽然刀身缺乏小凹点，但它较重、坚固且手感更好。如果你想要我心目中的终极削皮刀，再加 5 美元，就可以得到三叉牌的刀身有小凹点的削皮刀。这也是我的刀具包中的一员。

3. 长度为 25.4~30.5 厘米（10~12 英寸）的锯齿面包刀

我对面包刀的挑剔程度远不及我对主厨刀的挑剔程度。从某个方面来说，我并不经常使用它。对于切割软面包，如汉堡或三明治，我的主厨刀比面包刀切得更轻柔。事实上，我唯一使用面包刀的时候是切割硬面包，如法式长棍面包或意大利乡村面包。如果你从不吃这种面包，其实就不需要面包刀。这也是为什么我不认为面包刀需要像手套那样符合手形。而且由于锯齿状的刀片很难磨锋利，所以一把面包刀无法像主厨刀那样可以用很久。

你会发现面包刀有尖头锯齿状的、扇形锯齿状的和微锯齿状的。我发现最好的刀具是拥有宽的锯齿，锻造（非冲压）刀身有更好的锋利度和重量，且长度合适的。我的第一把面包刀是双立人牌 Twin Pro S 20.3 厘米（8 英寸）面包刀（约 85 美元），它为我服务了大约 10 年。我现在的面包刀则是 F. Dick Forged 牌 20.3 厘米（8 英寸）面包刀（约 65 美元）。它用起来和双立人牌的一样好用。如果你的预算不多，可以买维氏的面包刀（25 美元左右）。

4. 长度为 15.2 厘米（6 英寸）的去骨刀

或许你觉得自己不会在厨房做很多去骨的事……等一下，你错了。让我们重新了解一下吧，你现在可能不会把鸡或猪脚上的骨头去除，但我希望能够说服你，去骨是能跟着你一辈子的技能。自己去骨不仅可以为你省钱（很多的钱），也让你可以在厨房里做出更多美味佳肴（之后我会让你知道为什么）。

一把去骨刀应该薄而且具有适度的弹性，刀尖要锋利。原因是这样的：你希望这把刀能够在所有的肉、骨头和不一定直的结构上穿梭自如。一把又薄又有弹性的去骨刀将有助于做到这一点。而好的去骨刀应该还要多一点——额外的一小片金属从刀尾垂直突出，可以用来刮除肉和骨骼的结缔组织，以将它们清除干净。我找不到一把比三叉牌经典 15.2 厘米（6 英寸）去骨刀（约 85 美元）更好的去骨刀了。

5. 重型剁肉刀

重要的事情先说，请避免选择昂贵的日式或德式剁肉刀。如果你在威廉姆斯－索诺玛（Williams-Sonoma）[14]这种店看到它，你是不会想要买的。剁肉刀是用来做最艰难的切割工作里最艰难的部分的，而且一定会磨损。它不需要像昂贵的德国或者日本钢刀那样保持如剃刀般锋利的能力。因此，当某个比较便宜的牌子的剁肉刀能用的时候，就没有道理买更贵的了。

我最喜欢的是一把重 907 克（2 磅）、全龙骨、20.3 厘米（8 英寸）刀身的巨型剁肉刀，是我在波士顿唐人街的一家餐厅用品店以 15 美元买到的。我几乎每天用它来拆解整鸡、剁骨头、剁牛肉馅或剁猪肉馅、切大量的蔬菜，拿着它照镜子让自己看起来很厉害的样子（好吧，它并不擅长发挥这个作用）。如果你家附近有餐厅用品店，去看看有没有类似的商品吧。和所有的刀一样，你要找的是有坚实的结构和完整龙骨的刀。一把剁肉刀应该要足够重。

或者，你可以从美国老牌厨具公司戴思特（Dexter-Russell）找到更大众一点儿的 17.8 厘米（7 英寸）的木柄剁肉刀（约 40 美元）。它会稍微贵一点儿——你付的钱多数是用于购买品牌——但它确实能做好它应该做的，也就是使劲儿地剁吧。

6. Y 形蔬果削皮器

一般的蔬果削皮器有着与刀柄水平对齐的刀身，需要用手以不太舒适的角度同时握住蔬菜和削皮器，这样就限制了削皮时的精准度。使用 Y 形削皮器时，你握着削皮器就像拿着一个 iPod，这会让你操作时有更高的准确度。使用 Y 形削皮器可以完美地将蔬菜削皮，也能削得更快（一旦你习惯了使用它），而且可以减少浪费。瑞士削皮器（3 个约花费 10.95 美元）坚固且非常锋利，有各种颜色，带有去马铃薯芽眼功能，价格便宜。我在 2002 年买了一套 6 个装的，现在仍有 4 个完好地使用着（说明一下，其他两个是找不到了，而不是损坏或用旧了）。

7. 长度为 25.4 厘米（10 英寸）的修刀棒

修刀棒（有时被不准确地称为“磨刀棒”）是长而重且有纹理的金属棒，肉贩和连环杀手在用刀切肉前都会用它来修一下刀。

许多人将修整与打磨搞混了，其实它们有明显的区别。当你磨刀的时候，是从刀身上磨去一些材料，以打造一个全新如剃刀般锋利的斜面刀刃。当你用修刀棒修刀时，是在修整刀刃方向使它保持平整。金属是有可塑性的，也就是说一般在厨房用刀时，薄利的刀刃可能会产生极微小的凹痕，因而会让刀刃不直。即使刀刃仍然锋利，还是可能感觉刀钝钝的，这是因为刀刃已经歪了。这就是修刀棒该出现的时候了。正确使用的话，修刀棒可以让刀刃重新对齐，这样锋利的刀刃就会全部朝向一个方向了。你应该在每一次使用前都用修刀棒修一下你的刀，以确保有状态最好的刀刃。

购买修刀棒时，寻找至少 25.4 厘米（10 英寸）长且比较重的。我使用三叉牌 25.4 厘米（10 英寸）的修刀棒（约 20 美元）。品质好的修刀棒像一把好刀一样可以用一辈子。

---

⑭ 威廉姆斯－索诺玛，Williams-sonoma，美国高端家居用品连锁零售公司。——译注

脊线[15]可能随着时间而磨损，但不要担心——它还是可以做好它的工作。

近年来钻石钢材质的修刀棒越来越受欢迎，这是加入细金刚石粉末的修刀棒。这让它在修刀时可以刮掉极微量的刀刃材料。就这一层面而言，它们又是真正的“磨刀棒”。优点是你可以将用磨刀石正式磨刀的时间稍微推迟一下。高品质的修刀棒比普通的修刀棒的使用期限要高出一倍以上。

砧板

一块好的砧板和好的刀具是一样重要的。理想的砧板要大到给你足够的空间工作——至少 30.5 厘米 ×61 厘米（1 英尺 ×2 英尺），最好是更大；要够重，在剁肉刀重击的力度下也不会滑动或断裂；而且要由够软的材料制成，才不会使刀子钝化。

在市面上各种类型的砧板中，仅有塑料（聚乙烯）材质的和木材材质的是可以考虑的。使用玻璃砧板就像是将你的刀带向死亡：缓慢、艰难、痛苦的死亡，一次接着一次地敲击，你努力打造的完美刀刃就这样无情地被磨损。几年前，如果你问一位健康专家该用哪种类型的砧板，他们会说塑料材质的而不是木材材质的。他们说，塑料是惰性材质，不适合细菌繁殖，而木材可能会滋生危险的细菌，并将它们沾染到你的食物上。

结果那些健康专家错了。根据最近的可靠研究显示，由于木材具有天然抗菌的效果，实际上不太可能会沾染细菌到食物上。木砧板还有可能是细菌的死亡陷阱。只要在每次使用后擦洗并彻底干燥（当然，你用塑料砧板也需要做这些事情），木砧板是完全安全的材料。

从切割面的实用功能方面来说，木材材质的是首选，一些比较先进的塑料材质的则位居第二。木材非常柔软，这意味着对于刀的每一个动作都可以提供良好的接触，它也有一些自我修复的属性——刀痕会愈合且退去（然而不断使用也会使砧板变得越来越薄）。

我很幸运有些又大又重的肉贩同款样式的砧板，是我从以前跟随的一位主厨那里收到的礼物，完全适合我的备餐区域。我见过最好的商用样式是 Ironwood Gourmet 牌的相思木圆形砧板。他们有一块 50.8 厘米 ×35.6 厘米（20 英寸 ×14 英寸）的砧板（约 50 美元），可以至少用上半辈子。没有预算？虽然塑料砧板不是最理想的，但它还是耐用的。奥秀（OXO Good Grips）牌[16]38.1 厘米 ×53.3 厘米（15 英寸 ×21 英寸）的砧板的价格是 Ironwood Gourmet 牌的四分之一，也很值得拥有。

使用木砧板时，为防止染色并增加其寿命，你可以准备一小瓶矿物油，在每次使用完砧板后用软布或厨房纸巾沾矿物油擦拭砧板表面。

---

⑮ 脊线，修刀棒上如山脊般起伏的纹理。——校注

⑯ OXO Good Grips，奥秀旗下的厨具品牌。——编者注

| 专栏 | 感受刀的锋利

没有什么比钝刀更让人沮丧的了。它不仅让准备工作变得麻烦，让你的料理看起来没有吸引力，而且它用起来也是非常危险的。钝的刀刃需要更用力才能切入食物，比如切较硬的洋葱的时候，刀会很容易滑落而切到手指。对于在家做饭的人而言，每年至少应该磨两次刀，如果每天使用刀具，就要更频繁地磨刀。这里有三种磨刀的方法。

方法 1：使用电动磨刀器。一台质量过硬的电动磨刀器是一种选择，但我强烈反对使用它。首先，它会磨去大量的刀刃材料。经过十几次的磨刀后，刀刃的宽度就会减少 0.5 厘米，这会让刀失去平衡，也会让有刀枕的刀（比如高品质的锻造刀）变得毫无价值。其次，即使是最好的磨刀器也只能磨出刚好合格的刀刃。如果你不介意每隔几年就换刀，并且对电动磨刀器磨出的刀刃感到满意，那么这是一种选择。但是有很多更好的选择。

方法 2：把它交给专业人士。如果你能找到一位好的磨刀师，而且你愿意支付服务费，那么这是一个很好的选择。但如果你每年都要磨十几次刀，就像我一样，这就可能会变得相当昂贵。最好的磨刀师通常使用磨刀石轮，但这将会磨掉更多不必要磨去的刀刃材料，因而缩短刀的寿命。想要与你的刀刃保持更稳固的关系吗？那就选择下一个选项吧。

方法 3：使用磨刀石。这是目前为止最好的方法。它不仅能给你最好的刀刃，而且它磨去的材料也是最少的。此外——关于这点的重要性我不是在开玩笑——自己磨刀将让你和你的刀建立更牢固的关系。你甚至不敢相信一把锋利的刀可以为你的食物带来多大的变化，而一把得到善待的刀会表现得更好。磨刀石的类型分为用油和用水来润滑的，我喜欢用水润滑的。

购买和维护

买水性磨刀石的时候，要寻找至少 6.4 厘米（$2\frac{1}{2}$英寸）宽、20.3 厘米（8 英寸）长和 2.5 厘米（1 英寸）厚的。磨刀石有各种目数，从 100 到 10000 多不等。目数越低，颗粒越粗糙，从你的刀上磨掉的材料越多。目数越高，你能磨出的刀刃就会越锋利，但需要打磨更多的次数才能达到那样的效果。

我建议在你的工具箱中保留两块磨刀石：一块中等目数（800 左右）的用来承担主要的打磨工作，一块较高目数（至少 2000）的用来将刀刃磨到锋利。对于真正的专业人士而言，具有超高目数（8000 及以上）的磨刀石能将刀刃磨至镜面般的光洁度，但大多数厨师不会感觉到有切割能力方面的改善。如果你只有买一块磨刀石的预算或只有放一块磨刀石的地方，我推荐目数在 1000 和 1200 之间的磨刀石。也有一种双面石（有低和高目数），但通常品质较差。你还需要一块磨刀石修复器来修复磨刀石表面的不平整。我自己倒是还没有入坑去买磨刀石修复器。不过磨刀石和修复器都可以在亚马逊（amazon）上买到。

每次使用磨刀石后，小心地将它擦干，并用厨房毛巾包起来，放在干净、无油的环境中。油会渗透到多孔的材质中，破坏其磨刀能力（会毁掉将煮汤用的洋葱丝切得够细的可能）。此外，记得每次用刀之前都用修刀棒修整一下你的刀。这个过程实际上并不会磨掉刀刃上的任何材质[请见 p.42 的“7. 长度为 25.4 厘米（10 英寸）的修刀棒”]，但这将有助于保持刀的平整，使切菜变得更容易。

一步一步学磨刀

步骤 1：将一批刀一起磨。磨刀需要一些努力和时间，但这是值得的。如果你要设置一个工作台来磨刀，就先提前想好，把要磨的刀一次性磨完，而不是分成好几批。

步骤 2：将磨刀石泡水。当使用需要用水润滑的磨刀石时，使用前必须先将它浸泡在水中至少 45 分钟。如果多孔石没有完全浸透，在磨刀过程中它就会变干，导致刀身卡住，会让你的刀刃产生缺口。如果你有两块磨刀石，那么两块都要浸泡，包括你的磨刀石修复器。

步骤 3：设置工作台。把你的石头放在毛巾上并置于砧板上。在附近摆个装有水的容器，以便于在磨刀的过程中让磨刀石保持湿润。磨刀石的短边应该平行于工作台边缘。

步骤 4：a. 磨第一下。握住你的刀，让刀刃背对着你，将刀尾放在磨刀石较远的一边，用双手稳固地握住刀身，以 15°~20° 的角度，使用均匀的力，慢慢地将刀贴着磨刀石由上往下拖动，同时移动刀，使得刀和磨刀石的接触点向刀尖移动。 b. 保持角度。当你在磨刀石上拉动刀的同时，要小心保持 15°~20° 的角度，施力要稳定且温和，而且刀刃应该平稳地滑过磨刀石。

步骤 5：重复动作。每个动作应该以刀的尖端触及磨刀石的底部边缘作为结束。抬起刀，重新将刀尾对准磨刀石的顶部边缘，并重复动作。

步骤 6：出现泥浆。当你重复磨刀动作时，在磨刀石和刀刃上会磨出一层薄薄的泥浆。这种研磨液会逐渐从刀刃上磨掉材料，使刀刃变得锋利。

步骤 7：检查毛边。当持续在一个面上重复磨刀动作时，最终会在刀刃的另一侧形成小毛边。将刀刃放在拇指上并向后拉，检查看看有没有毛边。如果已形成毛边，应该会有一点儿卡在拇指上的感觉（用 2000 或以上的细磨刀石，你就感觉不到了）。在毛边形成之前，可能需要 30 或 40 次磨刀动作，而毛边的形成就意味着应该要换另外一面磨了。

步骤 8：开始磨另一面。将刀翻面，让刀刃对着你。将刀刃的根部靠近石头的底部，再次保持 15° ~20° 的角度，轻轻地将刀刃推向远离你的地方，同时将刀拖过磨刀石，并使磨刀石的顶端越来越接近刀尖。

步骤 9：重复动作。磨刀的动作应该在刀尖抵靠磨刀石顶部边缘时结束，仍然保持 15° ~20° 的角度。如果磨刀石在磨刀期间开始变干，要将它湿润一下。重复多次磨刀的动作直到在另一面形成毛边。然后将刀翻面，重复步骤 4—步骤 8。逐次减少每一面的磨刀次数直到降低为一次。（在这个阶段，刀刃不会形成毛边。）

步骤 10：修复磨刀石。重复使用多次后，磨刀石会开始产生凹槽，这会降低其磨刀的能力。修复它要用低目数磨刀石修复器。将修复器平放在磨刀石上，然后来回推动，磨擦石头以形成一个新的表面。

步骤 11：清理。你应该用一条专用的毛巾来清理，因为毛巾擦拭了磨刀石后沾染上的颗粒是永远也洗不掉的。在彻底将磨刀石干燥后（至少放在架子上晾一天），用毛巾包起来收好。

步骤 12：修整并测试你的刀刃。磨刀之后，用修刀棒修整一下刀刃，以使边缘平整，然后测试它的锋利度。有些人建议将一张纸举起来，尝试用刀将纸从中间切开。我发现，即使是相对钝的刀都可以通过这个测试，但它没有办法胜任其他的厨房工作。最好的测试只是简单地用刀来切蔬菜。你能感觉到任何阻力吗？还是刀直接从洋葱上滑下来？你能把熟透的番茄切成薄片吗？可以？那你就成功了！

我的刀具包

想要对烹饪的基础工具有个直观的概念吗？这是我的刀具包，是我每次冒险进入一个全然不熟悉的厨房时，会带在身上的工具。

上方：修刀棒。

中间：小型曲柄抹刀、Y 形蔬果削皮器。

下方左起：西式主厨刀、锯齿面包刀、日式三德刀、羊蹄形削皮刀和海马刀、去骨刀、有弹性的煎鱼铲、木勺、橡胶铲、刨刀。

8 种基础的小型电子工具和厨电

厨房里总是不缺有趣的小玩意儿，但只有几个是你绝对需要的。这里列出了你的基本入门工具，按重要性排序。请注意，首先列出的三个最重要的工具是用于测量的。这是特别安排过的。

1. 快显温度计

比起任何其他值得买的东西，它是唯一真正能够对你的烹饪产生根本影响的工具（特别是如果你经常烹饪或曾经害怕烹饪蛋白质类的食物）。一支好的快显温度计是唯一能确保你每一次都做出完美的三分熟烤肉、牛排、猪排和汉堡肉饼的工具。别再用手指戳肉、依靠不准确的计时指南或切开看看的方法了。购买一支高品质的快显温度计，就不会再做出一块过熟或未熟的肉了。

ThermoWorks 牌的防溅超快温度计的价格昂贵（约 96 美元），但这钱花得很值。它远远胜过其他测温工具，具有 –50~300℃（–58~572 ℉）的惊人温度范围、0.1℃的精度、无与伦比的准确度以及少于 3 秒的读取时间。由于它的适用范围很广，你不需要分别拥有测量肉温、糖温和油温的温度计——一个工具就能完成所有三项任务，很棒吧！

除了刀以外，它是我最喜欢的工具之一。若要在便宜一些的温度计里选择好用的，可以试试 CDN Pro 精确快显温度计（16.95 美元）。它测温比较慢且不易使用，但仍然能很好地为你服务。

2. 电子厨房秤

如果你在考虑是否需要厨房秤，请跳到p.60 的“重量和体积”，并阅读该部分。找到了吗？为什么需要厨房秤？一旦我有了厨房秤，我几乎每天都会使用它。一台好的电子厨房秤将使得称量不准确和不一致的问题成为过去。如果你是有强迫症的人，秤也可以帮助你了解鸡在烘烤的过程中损失了多少水分，或是你到底将高汤浓缩了多少。好棒！

选一台好用的秤需要注意这些事：在使用公制单位时精度至少要达到 1 克，在使用英制单位时精度至少要达到 1/8 盎司（3.5 克）；最少可以测量 3.2 千克（7 磅）；有去皮重（归零）的功能；具有公制和英制单位的测量，大到易于读取的显示屏，方便收纳的折叠设计。

奥秀牌的配有可拉出式显示屏的厨房秤（45.95 美元）拥有所有上述功能，它还有很方便的可拉出显示屏，即使要称一个又大又重的物品，仍可以轻松将屏幕拉出以读取数据。唯一的问题是它显示的是烦人的分数，而不是小数。谁想测量 3/8 盎司（10.6 克）呢？Salter 牌的厨房秤（49.95 美元）虽然没有可拉出的显示屏，但它使用容易读取的小数，这让数学计算和“在欧洲人面前看上去酷一点儿”都变得简单多了。

如果你不介意分数或打算用公制单位，那就用奥秀牌的吧（我就是用这种）。否则，Salter 的厨房秤更胜一筹。

3. 数字定时器（秒表）

你知道吗？在餐厅的厨房里，面包丁是厨师最容易烤焦的东西了。[17]

---

⑰ 这是我瞎说的。

我无法告诉你我失败了多少次。我用烤箱烤切片面包用来做托斯提尼开胃小点，却在烤了 30 分钟后，烟雾警报器响起时才将它们拿出来。

至少在以前这是经常发生的。

在现在的日子里，我脖子上总是挂着一个 Polder 牌的三合一数字定时器(13.95 美元)。它有便于读数的显示屏、不引人注目的尺寸、直观的按钮、足够大的提醒声音、可以吸在冰箱上的磁铁和便于挂在脖子上的尼龙挂绳。所以，即使你已经离开了厨房也绝对不会忘记你的烤甜椒还在烤箱里。对于一个厨房定时器，它有正计时和倒计时的功能，你还有什么奢求呢？

4. 手持式搅拌棒

真的吗？有些人可能会这么问。你真的会说你的手持式搅拌棒比你的食物料理机或台式搅拌机更重要吗？好吧，如果你是以使用频率来衡量重要性，那么绝对是的。我非常频繁地使用我的手持式搅拌棒，以至于把它挂在炉子和砧板旁边的墙上，随时准备好用它来乳化酱汁、调配美乃滋、将整个的罐头番茄在罐子里直接打碎、混合奶酪酱、搅打浓汤或打发奶油……这样你明白了吧。这是一个多功能的工具，你并不需要一个 20 世纪 80 年代愚蠢的电视购物节目来告诉你这一点。

想要一壶玛格丽特[18]吗？一般的果汁搅拌机就能胜任。需要做 4 杯青酱吗？那就拿出食物料理机吧。但对于较小分量的日常搅拌任务，就要用到手持式搅拌棒了。在给食物裹面包糠时会为那些黏稠的鸡蛋液而烦恼吗？将鸡蛋液搅打几秒钟，它们将会变得完全均匀且顺滑。

你喜欢热巧克力上带着泡沫吗？将热巧克力在锅中加热，然后搅打一下就能产生出丰富的泡沫了。你的贝夏梅酱（ béchamel，又称为白酱）总是会结块吗？搅打一下，这些块就全部不见了。那如果你只是想做几十毫升完美顺滑的花椰菜泥或半杯的美乃滋呢？是的，你也可以用手持式搅拌棒。

博朗・宝尔迈斯（ Braun PowerMax ）的手持式搅拌棒只要 30 美元，我已经用了 11 年了。我每周至少使用它 3 次，它一直都表现出色。它是我最可信赖的伙伴之一。

不幸的是，我在为“认真吃”总部储备厨房用品的时候，发现它不是这么容易买得到了。所以现在我们使用凯膳怡（ KitchenAid ）手持式搅拌棒（ 50 美元 ），它也很好用。你可以买到组合套装，其中还会包括一个打蛋器配件和迷你食物料理机，但相信我，那些只会成为闲置品，其实并不需要。

5. 食物料理机

最起码，一台好的食物料理机应该能够做到以下事情：

- **将干的食材粉碎，**如坚果和面包糠。为了做到这一点，一台食物料理机必须具有易于使用的点动功能[19]以及可以转一下、停一下轮流运转的马达。
- **将蔬菜粗打成泥，**如腌料、蘸料和蔬菜浓汤（如果要充分顺滑的，请使用普通的搅拌机）。容器形状、功率和刀片设计都会影响料理机

---

⑱ 玛格丽特是用果汁和墨西哥龙舌兰酒调制而成的饮品。——编者注

⑲ 点动功能是食物料理机的一个功能模式，按下开关马达运行，松开开关马达停止。——编者注

的性能。它也不应该渗漏。

- **绞碎肉类**。如果没有专用的绞肉机或台式搅拌机，食物料理机是绞碎新鲜肉类的最佳工具。肉很难绞碎，所以非常锋利的刀片和强大的马达是必要的。
- **乳化调味汁**。制作如美乃滋或油醋汁这类酱汁时，容器的形状会影响刀片与液体接触的方式。
- **揉面团**。这是所有厨房工作中负荷最重的工作。而食物料理机的效率，主要依赖于马达的功率。

我喜欢至少有一台 11~12 杯容量的食物料理机，这使得绞碎肉类和揉面团更加容易。一些型号的食物料理机配有一个迷你碗，可以将其插入主碗中进行一些小分量的搅打工作。它虽然很可爱，但基本上没什么用。迷你碗能做的工作，我都可以用刀来完成，或许用刀可能需要更长的时间，但如果你将清洗刀片、将碗插入和盖上盖子所需的时间都算进来，迷你碗就没什么优势了。

如果料理机每次打硬坚果或揉面团时都不成功或因堵塞而动不了，那就是一台没用的料理机。特别容易出故障的是那种通过皮带驱动刀片的侧装式马达的型号。即使是用它做最简单的工作也会失败，这种料理机真是没用。相比之下，应该选择那些固态马达直接连接到刀片轴的型号，没有中间的皮带或链条。它在高度方面比较占空间，因为马达必须放置在料理机容器的下方，但这是可以接受的折中方案。

符合所有这些标准又价格合理的料理机是凯膳怡的 12 杯食物料理机（99.95 美元）以及美膳雅 Prep 11 Plus 11 杯食物料理机（65 美元）。在价格接近的情况下（诚然比许多无用的机型贵得多），就要比较容器的设计了，而在这方面是美膳雅胜出：它有一个大的且有直的边缘的加料管，以确保所有的食物会落回到刀片上。而凯膳怡的容器设计成斜边，因而食材很容易卡在侧面，无法较好地被切碎或搅拌。

6. 台式搅拌机（配有绞肉机配件）

对于经常烘焙的人来说，一台好的台式搅拌机才能提供真正足够的马力。在选择台式搅拌机时，我有几个标准：

- **应该有勾状面团搅拌头配件**和一个强力的马达，足以搅拌至少 907 克（2 磅）面团，且工作时不会太吃力、摇晃或烧坏。
- **应该有打蛋器配件，**可以用来快速高效地将奶油或蛋白打发到霜状或泡沫状。
- **应该有搅拌桨配件，**可以不费力地将黄油和糖打成乳霜状，并且可以做马铃薯泥等。
- **应该具有行星式搅拌功能，**代表搅拌头可以沿着某个方向绕着它的中心轴旋转，并沿相反方向绕着容器的边缘运行，使接触面最大化，更好地混合食材。
- **应该有配件的接口，**如绞肉机或制面机的配件接口。

再强调一次，就像食物料理机一样，台式搅拌机在优越性上（至少对于家庭厨房而言）的较量还是要归结到凯膳怡与美膳雅这两个品牌。尽管许多制造商在他们的广告中宣传马达功率（例如，将美膳雅 800 瓦的 SM-55 台式搅拌机和凯膳怡 325 瓦的 Artisan 台式搅拌机相比较），但这些数字没什么太大的意义。

在制造商的系列产品中，瓦数是功率的指标，但它实际上是搅拌机会消耗的功率，而不是马达产生的功率。这是一个销售的花招，就这么简单。如果仅考虑两台性能相同的马达（例如，凯膳怡 Pro 500 的 325 瓦马达与美膳雅 SM-55 的 800 瓦马达），选择那个具有更低瓦数、省电的马达才是比较好的。

凯膳怡和美膳雅都有一个绞肉机配件，绞肉机配件是我厨房里绝对必备的。它不但能帮你省钱，而且可以做出更好的汉堡肉、香肠、肉丸和肉饼。在这里，美膳雅的全金属大型绞肉机配件（128.95 美元）比凯膳怡的塑料混合金属的食物研磨机配件（49.95 美元）还要有优势。但用美膳雅配件的价格，你可以买到一个专用绞肉机。凯膳怡的食物研磨机配件的研磨功能多年来一直为我效力得不错。

虽然这两个品牌都合适，但我会投票给凯膳怡 Pro 500（299.95 美元）。对于每周至少做几次面包，想要一个强力搅拌器的重度烘焙爱好者，以及那些主要用它来混合面糊、打发奶油或绞肉的人来说，凯膳怡 Pro 500 是理想的选择。

7. 高速搅拌机（破壁机）

市面上有很多合适的高速搅拌机——数量远远超过合适的台式搅拌机或食物料理机。然而，也有很多糟糕的搅拌机。你想要的高速搅拌机应该能够将浓汤打至完全顺滑、拥有天鹅绒般的口感，还要有足够强大的涡流功能，以彻底混合黏稠的蓝纹乳酪蘸酱，或是打碎一壶冰块以做出冰沙饮料。你也想要这台高速搅拌机有简单易懂的控制界面、点动功能，并且它能从低速缓慢且均匀地达到高速，以防止混合热食太快时盖子被顶开。（曾经遇到过这事的请举手。看，我就知道。）

说到最好的高速搅拌机，是那种能够把鞋子打成汤，或是在电影《七宝奇谋》（*The Goonies*）里把小胖子吓得要命，又或是把所有爱好美食的朋友羡慕得流口水的高速搅拌机，那就是来自维他密斯（Vitamix）Pro Series 的这一款。我曾经工作过的每个专业厨房都有一台这个品牌的高速搅拌机，因为它真是我见过的最强有力的搅拌机，有非常大的容量，且坚固得像块石头。不过，其价位从 450 美元起，对大多数家庭厨师而言是遥不可及的。和维他密斯这一款几乎一样好且看起来很酷的是 BlendTec 牌的高速搅拌机（400 美元），它可以把所有东西，不管是胡萝卜，还是高山滑雪板都打得粉碎。（不相信？那就上网搜索一下吧。）

如果想找台不会把钱都花光的高速搅拌机，我会选择凯膳怡 Vortex 5 段速搅拌机（150 美元）。它有一个大的容易清洁的聚碳酸酯材质的搅拌杯，还有一片能产生足够强涡流的刀片，让我可以一次搅拌出焗烤奶酪花椰菜（见 p.410 的“焗烤西蓝花或焗烤花椰菜”）要用的奶酪酱。

8. 电饭锅

说到煮米和其他谷类的工具，世上没有比电饭锅更容易操作、更万无一失的了。当然，你可以用一般的锅煮饭，小心仔细地检查炉火，希望自己加入了适量的水，使得饭粒没有在锅底烧焦，并在正确的时机将火关掉。但如果你像我一样，用这种方法已经煮焦过太多次饭的话，那么就该买个电饭锅，你只需要加入米和水，把盖子盖上，按下开关，然后不用管，让它自己去煮。电饭锅还有一个好处，是它可以将米饭（或用其他谷类做的饭）保温好几个小时。

即使是最便宜的电饭锅都可以——我有过一台25美元的电饭锅，是我在唐人街买的，跟着我过完整个大学生活再加上其后的5年。在我结婚后，我换了一台更豪华的电饭锅，它配有一个模糊逻辑[20]处理器和一个实用的顶锁装置，可以让锅里面的湿度维持在适当的水平。我很爱我的电饭锅，几乎像爱我的快显温度计一样，比爱我的妻子还要更爱（我只是开个玩笑，亲爱的）。

20种必备的厨房小工具

一个万事俱备的度假小屋里可能会有堆满了两三个抽屉的厨房小工具，但你也只认得出其中的一半，并且只有三四件曾经使用过。以下列出的是你经常会用到的厨房小工具，快入手吧！

1. 餐具收纳桶

重要的事先说：如果你的工具堆在抽屉的最里面，你就永远都用不到它们了。如果你用不到，就表示你不常开火。如果你不开火，那生活的意义是什么？真的！一个容量至少1.9升（2夸脱）的餐具收纳桶有助于将你的工具收纳在方便取用的地方。如果你希望它看起来别具风格，酷彩有各种颜色的漂亮的陶瓷款式收纳桶，价格约25美元。如果你只看中功能，那么任何旧的小桶都可以拿来用。我用的是宜家的5美元金属材质的收纳桶。

2. 刮刀

刮刀是那种一开始优点不那么明显，但当你开始使用时才会发现好用的工具之一。每当我开始做准备工作时，我都会在砧板上放一把刮刀。使用它能够迅速地把切碎的蔬菜丁移到锅里，或是把胡萝卜皮清除到垃圾桶中。做比萨时，我会用它来分割面团；做汉堡时，我会用它来切碎牛肉。清理厨房时，用刮刀可以快速地清除那些在工作台上干掉的面团碎屑，而且用它也能很有效地拾起已经切碎的香料和其他碎屑。（顺便说一下，你不应该用厨刀的刀刃来把这些东西从你的砧板上拾起来，这是很危险的，而且还会迅速钝化你的刀刃。）用刮刀也能轻松从玻璃瓶上除去贴纸或从塑料容器上除去标签。

奥秀的烘焙用刮刀（8.99美元）是家庭厨房的首选，因为它有舒适的手柄、坚固的结构、15.2厘米（6英寸）刻度的量尺功能和锋利到足以切断蔬菜的刀刃。然而，在我的刀具包中，我保留了一把轻量级的C. R. Manufacturing牌的塑料刮刀（50美分），它具备大部分上述功能，并且价格低廉，更小巧。

3. 盐罐和胡椒研磨器

为什么每个人都需要一个盐罐？盐没放够是最常见的烹饪失误。你做的食物尝起来淡而无味，在90%的情况下只是需要多放一点儿盐。在工作台或灶台边明显的地方放一个盐罐，不断提醒自己要记得调味、试味道、调味、再试味道，直到味道完全满意为止。我保证，如果你的工作台上还没有一个盐罐，买一个吧，它

⑳ 模糊逻辑是控制论、人工智能和电饭锅中使用到的一种模糊的逻辑学分支，它是这三者唯一的共同点。

能帮助你成为更好的厨师。任何有盖子、容易打开的宽口容器都可以，但专门的盐罐有各自的风格。我的盐罐是木制的，它有一个翻盖式的顶盖，以防止灰尘、水或油的进入。

那么胡椒呢？如果你一直在使用预先研磨好的胡椒碎，那么为自己做件好事，去买瓶并不昂贵带有内置研磨器的胡椒吧。然后尝尝新鲜研磨的胡椒碎，再比较一下预先磨好的胡椒碎。你更愿意将哪一种加在食物上呢？如果这也无法说服你去买一个胡椒研磨器，我只能假设你的味觉已经消失了。

你需要一个具有坚固金属研磨装置的研磨器。廉价的研磨器通常是由塑料制成的，且在正常使用的一年或更短的时间内就可能坏掉。虽然从 35 美元到 60 美元看起来是一个很大的差价，但是一个好的胡椒研磨器能够为你做的每一道美味食物加分。标致牌（Peugeot）研磨器是胡椒研磨器界的劳斯莱斯，完美的工艺、奢华的风格、极高的效率，使它看起来很不错，用起来得心应手。它的价格至少要 55 美元。如果全然以实用主义来看，价位适中且具同样品质的，那就是 Unicorn Magnum 牌胡椒研磨器（36.9 美元）了。它具有坚固的镀镍研磨装置、便于拆装的设计，以及可调整研磨粗细的螺丝。

4. 各种尺寸的碗

一位有抱负的厨师的口头禅是：一个井然有序的厨房就是好的厨房。

当你正要切碎砧板上的胡萝卜时，发现砧板一角有一小堆荷兰芹挡在那儿，这样是不是有点儿恼人呢？或者，手忙脚乱地赶在爆炒中的青菜蔫掉之前把切好的姜扔进锅里的感觉如何？我每次做饭时都会使用几个小容量（我指的是 1 杯或更少）的碗来装切好的香料、量好的调味品、磨碎的奶酪或任何要用的东西，将它们放在伸手可得的位置并井然有序地摆放。这就是花哨的厨师所谓的“各就各位”。在砧板正上方的柜子里，我有几十个 25 美分的调料罐和宜家的麦片碗，它们的作用就是这个。如果你想要花哨一点的，可以去买一组百丽（Pyrex）的透明玻璃碗。

大的搅拌碗也同样有用。虽然玻璃碗在货架上看起来很漂亮，但使用它们总是会带来些问题，这是很令人伤脑筋的。记得我在《图解厨艺》杂志工作的许多日子里，我们必须翻找一堆又一堆的玻璃碗，就为了在照片拍摄时可以找一两个碗边没有瑕疵的玻璃碗。但那些磕掉的玻璃碎屑最后都到哪儿去了呢？在地上？还是在食物里？在我自己的厨房里，我宁愿永远别找到它们。塑料碗看起来像是个明智的选择，直到你发现塑料会吸收油腻食物和其他食物的污渍与气味。把一大坨加了橄榄油和黄油的意大利番茄酱（见 p.685 的“超完美简易意式红酱”）倒入一个白色的塑料碗里，你会自豪地发现你立刻成为一位拥有橘色塑料碗的主人。

我后来改用从餐具用品店买来的便宜的不锈钢碗（如果你附近没有一家这样的店，可以去亚马逊网站上购买 ABC Valueline 品牌的）。我有五六个 0.95~4.75 升（1~5 夸脱）的各种容量的不锈钢碗，它们重量轻、便于拿取、防摔、防污、防爆、不沾染异味。除此之外，低浅的器形使得打蛋和搅拌成为一件简单的事。我就像是交了一个很棒的新朋友。

5. 木勺

没有什么比拿着木勺轻轻搅拌着那锅缓

慢炖着的番茄肉酱，让你感觉更像位意大利老奶奶的了。在那把我用了 9 年、跟我待过 13 个不同厨房的木勺手柄断裂的那天，我都快哭了，那是我从我母亲那隐蔽的备用厨具抽屉里偷来的。手柄已经被我用到完全适合我的手形，勺头也已经磨得刚好适合我的荷兰锅底部的角度。

无论是搅拌酱汁、品尝汤头，还是轻轻地敲一下在厨房里打扰你的另一半，木勺都是你在炉子上做饭时，90% 的时间会用到的工具。我有六七把各种形状和大小的木勺，几乎每次做饭时都会用到。但如果不得不选择一把勺子来完成每一项任务，我会选择勺子有部分凹下的（便于尝味道），且勺子最前端有点儿尖的，而不是完全圆的勺子，这样的勺子更容易贴合汤锅或平底锅的锅底边角。

无论你想要完全平坦的勺头还是三角形轮廓的勺体，这完全取决于你。就像我最喜欢的披头士的专辑，在我的装备里我最喜欢的木勺经常换来换去。

6. 有弹性的金属漏铲（煎鱼铲）

一把锅铲要有足够的弹性，可以把一块细嫩的鱼完整翻面而不会使鱼破碎，但又要足够坚固，可以将汉堡肉饼从锅底完整铲起来。一把有弹性的金属漏铲是你的刀具包中绝对必要的。对于去除牛排和猪排中过多的脂肪，它也是理想的工具。你只需从煎锅里铲起肉（肉仍在铲子上），然后用厨房纸巾吸一下肉表面的油，再移到上菜的盘中——金属漏铲上的宽缝能让油更容易排出。金属漏铲很轻巧且容易操作，在油锅里可以轻柔地翻动易软烂的茄子片，同时也可以很容易地处理整块的烤猪排。它轻微的弹性赋予它灵活性和良好的操控性，不像更硬的小铲子（在厨房里也有它的一席之地，我们一会儿会谈到）。

大多数贵的金属漏铲都太僵硬，不能做好上述工作。这里有一个好消息：在我的刀具包中有一把 15 美元的 Lamsonsharp 牌金属漏铲，还有更便宜的 Peltex 牌（14.95 美元）金属漏铲，它们都是大多数餐厅厨房的标配。

7. 料理夹

稳固的料理夹就像手指的延伸而且耐热。一副好的料理夹需要考虑的品质有坚固耐用的结构、防滑把手（有没有试图用油腻的手抓住不锈钢料理夹的经历呢？）、弹簧加载的第三类杠杆原理设计[21]和可完美地抓住食物——不论是嫩芦笋的茎还是较大块的带骨烤猪肉的扇形边缘。奥秀 22.9 厘米（9 英寸）不锈钢可固定料理夹（11.95 美元）是这一类产品的质量标杆。

8. 刨刀

当谈到细齿的刨刀时，我几乎只会想到一个品牌，那就是 Microplane 牌刨刀（14.95 美元）。它不仅仅是有用的小工具，更是你不可缺少的烹饪帮手。

我最喜欢的一件事就是带着刨刀和一个橙子到厨房，然后在我的砧板上毫不费力地堆出橙子皮屑的小山。等一下——我最喜欢做的事是在波隆那番茄肉酱上磨一点儿帕玛森奶

㉑ 还记得在物理课上学的杠杆原理吗？第三类杠杆是当支点在一端（也就是夹子中的铰链）时，负荷物在另一端（是的，这就是指食物），而施力点在中心（你握住料理夹的地方）。这是比第一类杠杆如剪刀更好的设计，第一类杠杆的抓力非常有限，也不能张开得太大。

酪屑。不，我收回刚刚说的话，我最喜欢的事是在杜松子酒上面磨上一些新鲜的肉豆蔻，又或是在舒芙蕾上撒一点儿巧克力屑。哦，但我真的很喜欢磨一些姜末，看它们散发着美好的香气掉进碗里。不，我知道了，这一次我能肯定，刨刀可以让我丢掉那该死的只能用来做一件事的捣蒜器，我能用 Microplane 刨刀把大蒜磨得很细，甚至擦成更细的碎末。有这么多东西要磨碎，时间却这么少！

9. 手动打蛋器

手动打蛋器是混合快速面包的面糊或乳化荷兰蛋黄酱的必要器具。使用搅拌器会比使用木勺更快地让调味料在一大锅汤中充分融合。而且手动打蛋器是打发奶油或将蛋白打成蛋白霜的最佳工具。硬质金属丝制成的打蛋器能让手腕做更多的运动并使出更多力气。奥秀 22.9 厘米（9 英寸）打蛋器（8.95 美元）是用细且有弹性的金属丝制成的，让制作油醋汁变成一件轻松愉快的事情。

10. 沙拉脱水器

是的，它能让蔬菜沥干水，而且我们都知道，干爽的蔬菜能够更好地吸收酱汁（对吧？），沙拉脱水器实际上是厨房里的多面手。我先将沙拉脱水器装满水，然后摘下香草叶子放到里面。转一转，洗一洗，再将沥水篮提起，倒掉洗出沙子的水，然后就可以进行旋转脱水。

你可以用它来洗易碰坏的水果，比如莓果类，洗完后在沙拉脱水器里垫几层厨房纸巾，再将它们脱水，以延长水果的保鲜期。或者把切好的番茄拿来脱一下水，以便把籽去掉（番茄籽会从沥水篮里甩出来，只留下番茄肉）。洗过的蘑菇、甜椒片、西蓝花——任何你可以想到用来炒的食材——在脱水器中彻底脱水后再烹饪会更好。你还可以利用脱水器的离心力来去除虾、鸡肉或腌烤肉串上多余的汁水。如果你有一个窄缝且结实的沙拉脱水器，比如奥秀沙拉脱水器（约 30 美元），就没有必要再准备一个滤盆了，就在脱水器的沥水篮里去除豆子、意大利面和蔬菜的水吧。

11. 平铲

我的 Due Buoi 牌平铲（约 35 美元）有一种柏拉图式金属材质的性感。它本身有 12.7 厘米（5 英寸）长、前面最宽有 9.9 厘米（3.9 英寸），足足有 220 克（7.76 盎司）重。它的尺寸没得说——大到足以把一个牛肉球压成一块 10.2 厘米（4 英寸）大的肉饼，或让煎炸的食物翻面。但也没有大到伸不进一口小型平底锅里。我曾用这把铲子从一块热石头上铲起过整片比萨。想想看你那脆弱的塑料铲怎么可能做到！

它的金属片和龙骨是由一整块不锈钢铸造成型，厚度只有约 1 毫米（0.04 英寸）。这是很重要的：它可以让你轻松铲起一整只火鸡或一整块烤肋排。如果你将铲子翻面，它锋利而坚固的前缘可以很轻松地变成一把刮刀，确保将那一点儿美味、酥脆的表皮牢牢地附着在你的汉堡肉饼或牛排上，而不是留在锅里。手柄是用坚韧耐用的聚碳酸酯材质制成的，一体成型，有着极佳的强度和平衡度。这个宝贝你可以用上一辈子。

还有一个额外的悦耳享受：当铲子轻击砧板时，会发出 587.33 赫兹的振动波（真的！），还会产生一连串优美的泛音列

（overtone series）[22]。甚至著名乐器制造师斯特拉迪瓦里（Stradivarius）[23]都会想把给乐器涂的清漆涂在这铲子上吧。当我用它将奶酪放在汉堡上时，就好像在给吉他的第四弦调音。你很难再找到一把更好的平铲了。

12. 日式多功能切菜器

当然，你可以训练多年，每天花费几个小时磨刀，以达到可以迅速切出薄得可以透光的小茴香片的程度，或是以每小时将上百个洋葱切成片的速度来备餐。而我会第一个来告诉你，你真的真的很酷。但对于我们其他人来说，一个多功能切菜器可以让重复切片变得很有效率。在我生命中的某个时刻，曾经拥有一个 150 美元的高级法国切菜器。但你知道吗？它既笨重，又很难清洗。然后，由于它的刀片是直的，所以切得并不好。相较之下，Benriner Mandoline Plus 切片器（49.95 美元）有锋利的斜角刀片，用起来比那些笨拙又不好用的直刀或 V 形刀具更有效率。走进任何一家四星级餐厅的厨房，我保证你至少能发现几个"Bennies"（厨师对它们深情的称呼）。

题外话："Benriner"在日语中的意思是"哦，多方便啊！"。

13. 笊篱

笊篱或撇沫勺几乎可以做到漏勺能做的一切事情，而且还做得更好，价格也更便宜。它很擅长从一锅沸水中捞出水饺、蔬菜或意大利小方饺。相较于标准漏勺，笊篱的金属丝结构和相对开放的筛孔使得它在液体中会产生更少的涡流，更容易将食物捞起来。

至于它的主要任务，是在油炸时将食物浸入油中和搅拌食物。唯一可以和它的灵活性和操控性媲美的就是一双长筷子，但即使是宫城先生（Mr. Miyagi）[24]，用一双筷子从一锅沸水里将豌豆夹起来，也是有困难的。

具有竹柄的丝网笊篱在大多数中国杂货店和餐厅用品店花几美元就可以买到。但如果你想要的是可以用很长一段时间的，就要选全金属的笊篱，诸如 Typhoon 牌专业厨用笊篱，你可以用 10 美元的价格在网上买到。

14. 小型曲柄抹刀

虽然这些小型的 11.4 的厘米（$4\frac{1}{2}$英寸）长的抹刀是用来给小甜点（如杯子蛋糕）抹糖霜的，但你会发现，无论是做咸味或甜味的料理，它都还有许多其他的用途。你有没有试过用比这大 3 倍的抹刀从煎锅里取出一片易碎的食物？曲柄抹刀轻薄柔韧的刀身可以从食物底下滑进去，这一点甚至连煎鱼铲都做不到。如果你有一锅细长的早餐香肠要翻面，它就是你要找的工具了。

它也是摆盘必不可少的工具。轻巧的触感、舒适的刀柄和超薄的刀身使得 Ateco 小型曲柄抹刀（约 2 美元）成为行业标准。它不仅精致，而且操控性好。操控性好会减少混乱，帮助你做出更美味的食物。哦，做杯子蛋糕时用它也很方便，如果你感兴趣的话。

15. 细目滤网

如果你煮了一锅意大利面，要将煮面的

㉒ 弦乐器或管乐器对空气震荡以发出不同频率的声波，这些声波即组成泛音列。——编者注

㉓ 斯特拉迪瓦里，Stradivarius，17—18 世纪意大利弦乐器制造师。——校注

㉔ 宫城先生，Mr. Miyagi，电影《龙威小子》里教丹尼尔空手道的师父。——校注

汤沥出，用一个标准尺寸的滤盆是很好的。但除了这个用途外，滤盆很少有其他的用途了（既然如此，我只要用沙拉脱水器的滤盆就够了）。对于日常较小量的过滤任务，诸如把番茄或豆类罐头里的液体沥出，或过滤一下可丽饼面糊使它完全顺滑没有颗粒，一个小的手持滤网是你所需要的。我有一个滤网，就挂在锅旁边，方便使用。较差的滤网只有一个连接到手柄的圆网，但来自奥秀的20.3厘米（8英寸）不锈钢滤网（24.95美元），还有一个金属环挂在手柄的对面。这可以让你将滤网搭在碗沿上，腾出双手忙其他事情。对于一个简单的滤网而言，这个价格似乎有点儿贵，但它结实的结构使它能用很长时间。

16. 筷子

除非你从小到大就习惯使用筷子，站在一锅沸水或一锅热油边上一定会拿着筷子，否则，你可能会想："我真的需要筷子吗？"我承认这是有点儿争议的。

用纤细、灵活的筷子夹小的、易碎的油炸或者烧烤食物（例如，南瓜花天妇罗和芦笋细茎）会比用一个相对笨拙的料理夹更加温柔。料理夹比较适合夹大一点儿的食物，如炸鸡或肋排。我会用筷子从锅中夹起一些正在翻炒的食物来尝一下味道，或判断肉的熟度。我也会用筷子从一锅沸水中夹出几根滑溜溜的面条尝一下软硬，以确保把水沥干之后的面条有筋道的口感。

虽然普通筷子能应付许多情况，但在高温烹饪时，你需要一双特制的加长筷子。如果你很幸运，附近有一家东方料理厨房用品店，那么你花几美元就可以买到加长筷子。你也可以在网上找到合适的筷子，例如中国香港进口有限公司的加长筷子（2美元）。

17. 海马刀

常规的螺旋开瓶器和100美元的兔耳形开瓶器都可以把红酒瓶里的软木塞取出来，而且都很快捷。但只需要一点儿练习，你就可以很快地用海马刀打开红酒瓶或啤酒瓶，这样还让你看起来更酷。关键是将海马刀当作一个杠杆。如果你很用力地拉它，那就错了！我备了几个海马刀放在我的餐具抽屉里（以防它们像钢笔和刮胡刀一样，会时不时地自己消失），还有一个放在我的刀具包里。

18. 柑橘榨汁器

每个专业的厨房都有自己的折磨新人仪式，身为一个正在接受训练的年轻厨师，我忍受了好长一段时间——8个月左右——每天早上我的第一个任务就是要挤出24个青柠檬、24个黄柠檬和12个橙子的新鲜果汁，以供营业时使用，而我能用来做这项工作的唯一工具（我不想被叫作懦夫，相信我，懦夫是你在这个充满男子气概的职业厨房里最不想被贴上的标签）是Scandicrafts厨房用品店售卖的木制柠檬榨汁器（4美元）。头两个星期我都不得不用疼痛肿胀的双手来工作，在这8个月的时间里我用掉了4个榨汁器，把这些榨汁器发挥效用的凹槽用到像河里的石头一样光滑。

这并不是说这个产品不好——如果只是偶尔使用，那我会强烈推荐它——但如果你要榨很多的柑橘类果汁（有些人认为柠檬汁和盐一样重要，不信就去问问希腊人吧！），市面上还有一些其他的选择。我使用Amco的二合一榨汁器（19.95美元）。将柑橘切面朝下放在有孔的杯形底托中，然后将上下把手合起来并施力以榨出汁液。它比传统果汁压榨机更快速、更高效且更容易掌握。唯一的问题是，有时还是会残留一些果汁在水果中，你必须用手挤压快空的橙子皮才能榨出更多的果汁。Amco的这台榨汁器有小号（绿色）、中号（黄色）、大号（橙色）的不同尺寸，适用于青柠檬、黄柠檬和橙子。黄色的那个同时适用于黄柠檬和青柠檬，所以我就买它了。

19. 蛋糕测试针

我知道许多大厨和厨师都习惯在他们白色厨师服放笔的口袋里藏着一根蛋糕测试针，但其实他们都没有用它来测试蛋糕的熟度。不是你不能用它来测试蛋糕的熟度，而是当它擅长做更多更有趣的任务时，你为什么要拿它来测试蛋糕的熟度呢？它的基本构造就是一根粗金属针与一个把手，算是最简单的工具了。你把它戳进蛋糕的中心，然后再把它拉出来，如果金属针上面是干净的，就表示蛋糕烤熟了。所以，它就像一根高级牙签，但它较长而且是由金属制成的，这表明它对各种其他食物都很有用。

最常见的是用它来测试蔬菜的熟度。有没有人跟你说过可以用一把水果刀戳一个正在烹调的马铃薯，来检查它是否足够柔软了呢？问题是，即使你用最薄的水果刀，也会在马铃薯上留下很大的切口而使马铃薯释放出淀粉，并增加马铃薯裂开的概率，特别是如果你已经准备好制作一些小而美味的迷你马铃薯时。一根蛋糕测试针恰好可以处理这个问题。想知道那些炖胡萝卜是否足够软到可以打成泥了吗？这些樱桃胡萝卜是否煮熟了？使用蛋糕测试针，你就可以在不留任何“罪证”的情况下得到答案。我煮甜菜喜欢用一个密封的铝箔袋，而这种情况你绝对不能用一把水果刀戳它们。一把刀会在铝箔上留下一个很大的洞，而且大到没有办法恢复，可使用蛋糕测试针就不会这样了。

我会用蛋糕测试针而不是叉子来决定我的炖肉或短肋排是否达到叉子可以刺穿的柔软程度。如果蛋糕测试针能够轻松插入和拔出，表示肉已经熟了。许多鱼的鱼肉中间有薄膜，只有在大约57.2℃（135 ℉）时会软化（完美的三分熟）。将你的蛋糕测试针戳入煮鲑鱼肉里，如果遇到阻力（也就是感觉像是戳过纸片一样），那就是鱼肉还没有煮熟。做低温慢烤猪肩肉？你可以将蛋糕测试针穿过烤架来测试猪肩肉是否已烤好，并且这样不会流失任何肉汁。最后，如果你在任何时候发现没有值得你信赖的温度计在身边（但愿这样的事不会发生！），蛋糕测试针是最好的替代品。把它戳进肉的中间停留大约5秒钟然后抽出来，再把测试针放在你的下嘴唇（一个对热特别敏感的区域）上，你会立即知道肉的中心是冷的、温的还是热的。像温度计一样准吗？不是。是很好的替代品吗？没错。

你可以花5美元买一根奥秀牌蛋糕测试针，它有个很好握的黑色手柄，但你可能会因为用这么讲究的东西而被取笑。来自Fox Run的蛋糕测试针（1.29美元）是我在网上能找到的最便宜的了。

20. 大量的挤酱瓶

我猜有80%的人曾经读过安东尼·伯尔顿（Anthony Bourdain）的《厨室机密》（*Kitchen Confidential*），他在这本书中提到他所爱的挤酱瓶：

“大多数主厨不可缺少的器具是简单的

塑料挤酱瓶……基本上这和你在热狗摊上看到的装满芥末酱和番茄酱的瓶子是一样的。比如，用乳化的黄油酱涂在盘子上，然后用更深色的酱料——肉酱或烧烤胡椒酱——画在盘子的边缘，然后……拿牙签穿过这些圆或线。”

当然，如果对过时的摆盘过于在意，那么这是个值得拥有的器具。但是拥有一个挤酱瓶有着比使摆盘美观更好的理由——它会让你成为一个更好的厨师和更好的食客。

挤酱瓶在我的厨房里出现之前，我每个月可能吃一两次沙拉，还只是在我举办晚宴的时候。因为只为我自己或我太太做一些新鲜的油醋汁实在是太麻烦了（忘了市售的瓶装酱汁吧）。而现在，我备有几种不同的油醋汁装在340 克（12 盎司）挤酱瓶里并将它们存放到冰箱中。准备好沙拉的食材后，我用手抓着瓶子好好摇一摇，把酱汁挤在装满蔬菜的沙拉碗里，午餐就准备好了。（为了确保块状的食物，如青葱或碎坚果不会堵在瓶口，你可以用水果刀或厨房剪刀剪掉一点儿瓶口的尖端。）

就调味品来说，挤酱瓶是另一类救星。你可以在挤酱瓶中放入一些平时就会用到的酱料：芥末、番茄酱和美乃滋。当然你也可以一次性大量购买这些酱料然后分装到挤酱瓶里来省钱，比如，我买大罐装的橄榄油、芝麻油、酱油、海鲜酱、蚝油、日式炸猪排酱和镇江香醋。然后我只要把大罐子储藏在水槽下或者橱柜里，根据需要随时将酱料补充到挤酱瓶里就好了。这会让你的冰箱内部看起来很酷、整齐而有条理，就像是个专业厨师该有的样子。

想举办一场精致的鸡尾酒会吗？挤酱瓶会是你的好帮手。用大挤酱瓶装糖浆，小挤酱瓶装鲜榨柑橘类果汁或调味糖浆，调酒时会更简洁、更有效率，可以大大缩短制作每一杯鸡尾酒所需的时间。你的客人会惊叹于你看起来是多么地专业。

至于说到购买，没有必要买一些太花哨的挤酱瓶。我在一家中国餐厅用品店买了几十个，亚马逊上每个卖几美元，先买几个来看看它们是否让你的生活变得更好了。

是的，就像安东尼说的，你可以用挤酱瓶让你的每道菜都装饰得如你所愿。

|专栏|重量和体积

你可能会注意到，在大多数情况下，本书中的烘焙食谱都提供了重量值——克和千克，而不是体积值——杯和勺。这是为什么呢？

- **最重要的是准确性。**简单来说，体积测量就是不准确的。为了证明这一点，我邀请了 10 个朋友，让他们从碗里盛出 1 杯面粉，而且每个人都使用相同的量杯挖同一碗面粉。我甚至让每个人都使用相同的方法：用杯子从碗中盛出面粉，然后用刀子将高出杯子的面粉去除，接着我将每批面粉称重。差别是惊人的：杯子里的面粉重量从 113 克（4 盎司）到 170 克（6 盎司）都有，这取决于盛起面粉时使用的力量大小。这表明同样是装 1 杯面粉的量，有人会多出 50% 的面粉。接下来，如果我要求每个人称出 142 克（5 盎司）的面粉（标准换算是 1 杯中筋面粉），就没有任何问题了：无论他们如何用杯子，每个人都会称出完全相同的量。由于面粉蓬松的质地导致其中还会有许多空气，面粉可能是体积和重量之间最不相关的极端例子了，而其他食材也可能如此。
- **容易清理。**这么想好了：要做 1 块比萨饼皮，食谱中要求几杯面粉、1/2 小勺盐、1 大勺橄榄油、1 杯水和 1 小勺酵母，若使用体积来称量，至少需要弄脏 1 个混合用的碗、1 个干料量杯、1 个液体量杯、2 把小量勺、1 把大量勺，总共要清洗 6 个容器。这样做可不好。

  下面来说我是如何制作比萨饼皮的：把碗放在秤上，称量所需的材料，一次称一样，然后将称好的材料直接倒入碗里。这样总共要清洗的容器总数：1 个。懂了吗？
- **容易测量黏性食材。**你曾经试过测量 2 小勺的蜂蜜吗？这并不容易。当然，将蜂蜜倒入小勺测量很简单，但要再将它倒出来就是问题了。你最终可能只会得到一半的量，然后看着额外的量浪费掉，或者，如果你曾经像我那样拼命地想把蜂蜜从量勺上弄下来，最后大部分的蜂蜜都粘在你的手指上了。有了厨房秤和重量值，担心浪费黏性食材的情况将成为过去。

事情是这样的：我在一个一直以来使用体积而不是重量测量的国家中长大。我也不幸地在没有严格使用公制的系统中长大了，公制系统远远优于可笑的英尺、英寸、杯和加仑。测量时使用重量而不是体积应该对任何人都是不需要思考的简单原则，但要说服人们切换度量方式可能很困难。相信我，给自己买一台好的厨房秤吧。

基本的储藏柜

储藏柜是厨房的骨干。许多新手厨师都会被食谱吓倒，因为第一次烹饪就需要购买大量的食材。松饼是一种方便的食物，因为它的食材几乎是你随手可得的。但你想象一下，每次想要做松饼时，你都要买面粉、黄油、鸡蛋、白脱牛奶、泡打粉、糖、油和香草精。

我喜欢维持一个储量丰富的厨房，因此，我有一个很大的储藏柜。最近我完全清空了厨房里的架子和冰箱，并重新组织了一下。在这个过程中，我把储藏柜中的每样食材都在一个单独的电子文档中进行了编目，并将文档上传到网上，这样我可以随时访问这个文档来看看我还有什么可以用的食材。（什么？不是每个人都这样做吗？）我整理出了357种不同的食材，包括8种盐和63种不同的香料（啊！）。

其实没有必要弄一个这么大的储藏柜，但每个厨房都应该有一个基本的储藏柜。在这里，你会发现一些关于如何最有效地使用你的冰箱的秘诀以及一份食材的列表，这个列表将帮助你完成本书中大多数的食谱，而你只需要购买不易保存的新鲜食材。我把食材列表分为冷藏品、烘焙用品、谷物、罐头、香料几大类，还有一些我称之为“湿的储藏柜物品”。

冷藏品

就如同手机和内衣，冰箱是那些直到它停止工作你都从来没有真正考虑过其重要性的东西之一（像我上周就坏了的冰箱）。整理你的冰箱以获得最高的效率——在食品保鲜期、食品安全和容易取得你最常使用的食材等方面——是首要任务。这会使你所有的烹饪过程进行得更快、更容易，使你在厨房里有更多的乐趣，从而让你越来越愿意烹饪。这在我这本书里是件好事。

基本上，冰箱只是一个里面有几个货架的大而冷的盒子，对吧？嗯，这是事实，但你在冰箱里储存食物的位置对该食物的保鲜期有相当大的影响。大多数冰箱具有冷点和暖点，温度范围在0.6~3.3℃（33~38 ℉）。一般来说，冰箱底部隔板的后面——较重、较冷的空气会落在那里，以及最靠近风扇和冷凝器的顶部隔板的后面都是最冷的点，而门的中部则是最热的点。你如何安排食物在冰箱里的摆放位置应该要基于它需要多冷的温度来保鲜。

下列是关于每天如何充分利用冰箱空间的一些基本的小秘诀。

- **买一支冰箱温度计。**有许多事情会导致你的冰箱发生故障：电气短路或电涌、通风口堵塞等。所以，即使你的温控旋钮被调整到了正确的位置，你的冰箱的温度还是可能会远远比它应该要保有的还要高。一支有简单刻度的温度计就可以帮助你监控这件事，以确保你永远不会被蒙在鼓里。
- **将食物移到较小的容器里储存。**我保留了一堆 238 毫升（1/2 品脱）、475 毫升（1 品脱）和 950 毫升（1 夸脱）的塑料熟食容器，一旦将食物从原来的包装里取出后，我就用这些容器来储存它们。空气是大多数食物的敌人，会增大它们的腐坏概率。通过将食物转移到更小的容器里，你不仅可以最大限度地减少食物与空气的接触，而且可以使冰箱保持整洁。

- **做标记**。一旦将食物转移到较小的储存容器中，便需要标记容器。你可以使用油性马克笔在美纹纸胶带上标记储存日期以及内容物。我尽最大努力在推广好的科学，但有一些事情实在不值得尝试，在冰箱里创造生命就是其中之一。
- **防止滴漏**。为了避免脏乱和有害的交叉污染，永远要将生肉——无论包装得多么好——放在盘子或托盘上进行保存，以防任何液体滴漏。
- **将鱼保存在比较低的温度下**。新鲜的鱼最好立即食用，但如果你必须存放它，那么请用塑料袋将它包起来，并夹在两个冰袋之间用托盘装着，以确保它一直待在 0℃（32 ℉）或略微更低的温度下，直到准备烹调。——不要担心，因为鱼肉在远低于 0℃（32 ℉）的温度下才会冻坏。

食物要存放在冰箱的哪个位置

在决定食物在冰箱中储藏的位置时，有三个重要的因素要考虑。

- **食品安全**至关重要。冰箱让食物能更长时间地保鲜，但这并不代表有害细菌就不会繁殖到有危害的水平。为了把风险降到最低，这里有一条经验法则：食物使你生病的可能性越高，你打算将它烹调到的最终温度越高，它在冰箱里的存放温度就要越低。这样既可以将它保持低温，又可以防止交叉污染。例如，不要将生鸡肉放在前一天晚上的剩菜上方，肉汁可能会在你不注意的时候下滴下来，污染你的食物。
- **温度**在冰箱的各个位置上是不一样的，如前所述，冰箱的型号不同，其最冷的点就有可能在底部隔板的后面、顶部隔板的后面或靠近通风口处。为了使食物的保鲜期最长，你的冰箱在这些位置应保持 1.1℃（34 ℉）的最低温度。另外，冰箱任何位置的温度都不应超过 3.9℃（39 ℉）。
- **湿度**在保存蔬菜的新鲜度上扮演了一个很重要的角色。冰箱底部的保鲜抽屉是用来防止新鲜的冷空气流入的。蔬菜在进行正常的能量循环时会自然地释放一点儿能量，使得抽屉中的温度升高，从而使其保持更多的水分。湿润的空气有助于防止蔬菜枯萎或变干。多数的保鲜抽屉会有一块滑板用来控制通风，这样你可以调节抽屉里的湿度，关键是使湿度最大化——大概刚刚低于蔬菜表面开始凝结水滴的水平。

为了提供你一个好的冰箱储存组织方法，让我带你看看我的冰箱。以下是你通常会看到的东西。

冰箱主体：上层

- **即食食品**。烤红辣椒、罐装番茄、一罐白色芦笋、晒干的番茄。
- **不经常使用的即食调味品**。各种辣豆瓣酱、咖喱酱、半罐椰奶、罐装或瓶装中东芝麻酱、哈里萨辣酱、番茄酱、墨西哥烟熏辣椒、普罗旺斯刺山柑橄榄酱、鳀鱼。

- **腌渍产品**。腌莳萝黄瓜、腌酸黄瓜、熊葱、墨西哥辣椒、刺山柑、橄榄。
- **可冷藏的水果**。苹果、橘子、浆果、甜瓜等。

冰箱主体：中层

- **密封容器中的剩菜**。剩下的奶酪通心粉、几块烤鸡、我家狗的食物、炖芦笋、比萨酱、莎莎酱。
- **奶酪（在原包装中或用油纸包好并存放在密封袋中）**。半块羊奶高德干酪、碎的科提加奶酪、自制美式奶酪片、熟成切达奶酪、大块帕玛森奶酪、戈贡佐拉（Gorgonzola）奶酪。
- **盒装鸡蛋**。如果你需要花好几个星期的时间才能吃完一盒鸡蛋，那么你可以将它们放在架子的最里面，那里温度比较低，能够最大限度延长保鲜期。否则，你可以将鸡蛋放在冰箱门上（不要管别人怎么说）。即使在这个相对温暖的环境里，鸡蛋也至少可以保存几个星期。
- **冷盘和三明治面包，**比如马铃薯三明治面包、谷物面包。切片三明治面包可放在冰箱冷藏室里保鲜。然而，传统欧包，如法棍或意式面包，应该储存在室温下或冷冻室中——冰箱冷藏会促使面包老化。

冰箱主体：下层

- **生肉和家禽需仔细包装并放在盘子上**。碎牛肉、裙排、新鲜的五花肉、意式香肠。
- **生鱼需包装好放在托盘上**。我会在要做鱼的那一天才去买鱼，而你也应该如此。但如果你必须将鱼保存一晚，那么请参看 p.368 的“保存”。
- **牛奶与其他乳制品**。鲜奶油、酸奶油（crème fraîche）、农家奶酪、奶油奶酪、自制的法式酸奶油、白脱牛奶。

冰箱主体：蔬菜保鲜格

- **蔬菜（存放在透气的塑料袋或顶部稍微打开的塑料袋里）**。西蓝花、芹菜、胡萝卜、黄瓜、葱、芦笋、萝卜、芜菁。
- **香草**。荷兰芹、芫荽、细香葱、百里香、迷迭香、罗勒（在夏天）。在买回家后，我会先把香草洗净并挑选好，然后把它们卷在湿的厨房纸巾中放进塑料密封袋里。

冰箱门：上层

对于那些经常要使用的和不需要最低温度保存的食材，冰箱门是最佳保存位置。上层适宜保存这些食材：

- **鸡蛋**。如果你在几个星期内就可以吃完一盒的话，放这里就可以了。
- **黄油和常用的奶酪**。无盐黄油、便宜的丹麦蓝纹奶酪（我喜欢将它涂在烤面包上）、布里奶酪和其他软质奶酪。将黄油放在冰箱门上能够使其保持柔软，更容易涂在烤面包上。如果你的奶酪需求量很大，那么你也可能想把它存放在这里，这样，当你要吃时，它便不那么冷了。

冰箱门：中层

- **在原包装中的调味料或装入挤酱瓶中的自制调味料**。番茄酱、辣椒酱、几种类型的芥末酱、自制美乃滋、日本烤肉酱。
- **事先混合好的油醋汁要装在挤酱瓶中**。简单的红酒油醋汁、酱油巴萨米克油醋汁。

冰箱门：下层

- **饮料**。全脂牛奶、现榨菠萝汁、几壶冷藏的自来水、特殊场合用的樱桃味苏打水或墨西哥可乐。如果你不常用到牛奶，则应该将它存放在冰箱冷藏室内的架子上，但对于每天都要喝牛奶的人来说，冰箱门是个很好的存放地点。

冷冻室

当然，每个人都会把冷冻的肉类和蔬菜放在冷冻室里，此外，冷冻室也是个存放任何可能对光或热敏感而易腐坏的食物的好地方。在我的冷冻室里，除了肉和蔬菜，你还会发现坚果（可以直接从冷冻室里拿出来烤或压碎），咸猪肉、培根和意大利腌猪颊肉等腌肉，干的月桂叶（我通常会购买散装的），冷冻鸡肉高汤，面包糠，黄油，酵母，肠衣，全谷物面粉（其所含的脂肪在室温下容易腐坏），以及新鲜的意大利面等。

这里有一些比较好的冷冻室储藏秘诀：

- **保持通风口畅通**。确保你不会把食物堆在通风口，否则冷冻室很快就会坏掉，大大降低其效率和效能。
- **从原包装中将肉类拿出来**。为了防止冻烧并尽可能快地让肉冷冻（冷冻得越快，在这一过程中产生的损坏就越少），应将肉放到扁平的密封包装中。最好的方式是使用真空包装机，这将能够彻底消除冻烧的可能性。再者是用铝箔纸紧紧地把肉包起来，外面再包几层保鲜膜（只用保鲜膜的话空气会渗透），或使用专为长期储存设计的冷冻袋。
- **食物要放扁平再冷冻**。宽的、扁平状的食物冻结得比较快，而且能比大包装的更有效地堆叠起来。把肉类放在真空密封包装或冷冻袋中一层一层地摆好进行冷冻，这不仅有助于你善用冰箱空间，也将大大地减少解冻的时间。
- **全要贴标签**！所有的包装上都应该写上内容物和储存日期。没有人喜欢玩冷冻猜谜游戏。
- **安全解冻**。安全解冻肉类的最好方法是用盘子或有边框的烤盘装着它放在冷藏室里。请注意，解冻需要的时间可能远比你想象的还要长：薄的食物至少要隔夜，如牛排、汉堡肉饼、鸡胸肉等；烤牛肉、猪肉或全鸡需要两天；大火鸡则需要 3 天，甚至 4 天。在紧急情况下，可以将较薄的食物放在一碗冷水中，并让水龙头的水缓慢流入，这样可以快速解冻。更好的方法是将食物放置在铝盘或铝锅上，它能够非常快速地把室内的能量传送到食物上。牛排在铝盘上的解冻速度比在木制或塑料砧板上的要快上 50%。解冻时，每半小时左右将食物翻一次面。不要试图快速解冻大型的食物——在内部解冻之前，表面滋生有危害的细菌的风险太大了。

储藏柜中的常见食材

冷藏柜中的食材

这里是我手边随时都有的冷藏品：

- 培根厚片（可在冰箱里保存几个星期，放在冷冻室里则可以保存更长的时间）
- 无盐黄油（可在冰箱里保存几个星期；我会在冷冻室里多存一些，在那里它们能无限期地储存）
- 白脱牛奶
- 帕玛森奶酪

- 大型鸡蛋
- 番茄酱
- A级深琥珀色枫糖浆
- 美乃滋
- 全脂牛奶或低脂牛奶（或脱脂牛奶，如果你必须使用的话）
- 第戎芥末酱
- 棕芥末酱

烘焙柜中的食材

有些人是天生的烘焙家，有些人则不是。我不是天生的烘焙家，但我发现在把烘焙柜好好整理后，做面包和蛋糕对我来说变得更加令人愉快了。以前，我把面粉这类食材放在它的原包装中再放在柜子里。要烘焙时，我必须把所有东西拉出来，再从一个开口狭窄的纸袋里把面粉弄出来测量，最后再将袋子折回去，这样一来总是弄得我的衣服上和厨房里到处都是面粉。烘焙真是一件苦差事。

然后我决定投资几个大的可密封的广口塑料桶，以储存基本的烘焙食材，如面粉和糖。这让我能够快速而轻松地盛出所需要的面粉，而不会把厨房弄得乱七八糟。现在，我比以前还要常做比萨了。

下一页的表中的所有食材都应存放在阴凉、干燥的地方，在适当的情况下，先将它们移至密封容器中保存。

| 专栏 | 全麦面粉 vs 精制白面粉

小麦仁是一个相当复杂的东西，但就烹饪而言，它可以被分为三个基本部分：胚乳、外壳和胚芽。全麦面粉正如其名——用全粒小麦磨成的粉。精制白面粉仅含有来自胚乳的淀粉和蛋白质，所有的外壳和胚芽都被去除了。为什么会有人想这么做呢？这都与麸质有关。我们将在本书中多次谈到麸质，但在这里，你只需要知道麸质是蛋白质的弹性网状物，它让面团具有弹性。麸质是胚乳中的麦胶蛋白和麦谷蛋白在有水的情况下混合形成的。

精制白面粉在麸质的形成方面非常出色，用它做的面包蓬松、有嚼劲且能够发得很好。而全麦面粉做的面包则比较密实且相对干燥。这是因为外壳和胚芽的磨碎的部分具有像微小剃刀刀片那般的作用，可以切断发酵中的麸质，防止其过度发展。如果你想要，可以将食谱中的白面粉替换成全麦面粉，但不要期望可以像用白面粉一样得到轻盈且蓬松的面包。

表 1　各种粉类的保存时间

食材	可以保存多久？
泡打粉	6 个月到 1 年，取决于空气湿度。要测试活性的话，可以取 1 小勺泡打粉放在碗里，然后加 1 小勺水：它应该会起泡并剧烈地发出嘶嘶声
小苏打	8 个月到 1 年
玉米淀粉	无限期
荷兰式碱化可可	一两年
中筋面粉	放到密封容器中，最多可保存 1 年
高筋面粉	放到密封容器中，最多可保存 1 年
吉利丁粉	无限期
红糖	在密封塑料袋中保存三四个月最佳，之后会变硬。硬的红糖可以短暂地微波加热一下来恢复
白砂糖	放到密封容器中，可无限期保存
香草精	一两年
速发酵母	如果可以，就购买散装的，然后放到密封容器中；独立包装的比较难用且贵很多。放在冷冻室里，可无限期保存；如果储存在室温下或冷藏室中，要偶尔检查一下：加两大勺温水和 1 小勺糖到 1/2 小勺酵母中，然后静置 10 分钟——应该会产生泡沫，如果没有，那些酵母就该替换掉

基本谷物和豆类的储藏

谷物和豆类应储存在阴凉、干燥的地方。豆类可保存 6 个月至 1 年，而常规的意大利面和白米可以无限期保存。全麦意大利面和糙米长期储存（通常 6~8 个月）后会变质：在使用前先闻闻气味，如果觉得有轻微的鱼腥味，那就丢掉吧。

- 干的黑豆
- 干的白芸豆（cannellini bean）
- 干的腰豆（kidney bean）
- 宽的意面，比如千层面（lasagna）
- 短且空心的意面，比如弯管通心粉（elbows）或斜管通心粉（penne）
- 长意面，比如扁直条形意面（linguine）或直条形意面（spaghetti）
- 白米或糙米

罐头食品的储藏

罐头食品几乎可以无限期保存，但最好不要将它暴露在温度波动过大的地方。

- 油渍鳀鱼：完全浸在橄榄油里装于密封容器中的鳀鱼，可以在冰箱里保存长达 1 个月；若要存放得更久，可把单片鱼片卷起来，放到夹链冷冻袋中，储存于冰箱里。
- 奇波雷辣椒（chipotle）：腌在阿斗波酱（Adobo Sauce）中。
- 淡奶
- 番茄酱：我买的番茄酱是条装的而不是罐装的，这样我就可以只使用食谱上所需的量，而不必找一种方式来储存多余的番茄酱。
- 罐装番茄：我使用 Cento 牌的番茄。

香料和盐的储藏

你的厨房里有一罐辣椒粉或牛至粉，是从《百战天龙》[25]还在电视上播出的时候就有的吗？帮个忙，把它丢了吧。即使储存在密封容器中并避免了阳光直射（应该要这样），香料也会随着时间的流逝而失去味道。完整的香料可以保存长达 1 年左右且不会有明显的风味损失，但是研磨好的香料在几个月内就会明显地失去香气。

为了有最好的味道，你有两个选择。第一个选择是购买完整的香料，一次只买一点点，每 6 个月到 1 年更换一次。另一个选择是大量购买散装的完整的香料，将少量香料装在罐子里放在香料架上，然后将剩余部分用真空密封袋装着（使用真空包装机）存放在阴凉、阴暗的地方，最好是放在冷冻室里。盐可以永久存放，只要让它保持干燥即可。

- 整片月桂叶（储存在冷冻室里）
- 黑胡椒粒
- 辣椒粉
- 肉桂粉
- 芫荽籽
- 小茴香籽
- 茴香籽
- 整颗肉豆蔻
- 红辣椒粉
- 剁碎的红辣椒
- 干的牛至
- 干的鼠尾草
- 犹太盐
- 马尔顿（Maldon）牌的盐

油、醋和其他液体的储藏

油是“湿的储藏柜物品”里最敏感的。若没有妥善储存，它们在几个星期内就会变质。油的敌人是光和热，这代表如果把油储存在靠近炉子的透明瓶子里，这将会是你做过的最糟糕的事。我把食用油和每天会用到的特级初榨橄榄油储存在洗过且干燥的深绿色葡萄酒瓶中，并给瓶子配上了平价的壶嘴。我把它们放在我的操作台上，远离窗户和炉子。油在这样的容器中可以存放约 1 个月，直到我重新装满新的油。

我把昂贵的特级初榨橄榄油保留在原装的容器里，放在阴暗的柜子中，在那里它们可以存放大约两个月。请记住，即使拥有很棒的橄榄油，但若不在它变质之前把它用掉，也是没有意义的。这是我走过了许多弯路才学到的宝贵经验。切记！无论有多么昂贵，橄榄油仍然是用来吃的。赶紧吃吧！

- 紫云英蜂蜜
- 马麦酱、维基米特黑酱或美极鲜酱油
- 一般的糖蜜（molasses）
- 芥花籽油（用来炒）
- 特级初榨橄榄油（用来调味）
- 花生油（用来油炸）
- 酱油（如果你无法在两个月内用完一瓶，请存放在冰箱里）。我用的是龟甲万牌酱油。
- 苹果酒醋
- 巴萨米克醋（超市买的）
- 蒸馏白醋
- 白葡萄酒醋

㉕ 百战天龙，*MacGyver*，第一季播出是在 1985 年，最后一季播出是在 1991 年。——编者注

| 专栏 | 我该使用哪种盐？

你现在会在超市货架上看到比神探加杰特（Inspector Gadget）[26]风衣下的工具的类型还要多的盐。但说真的，你在厨房里绝对需要的只有一种，那就是犹太盐（kosher salt）。我使用钻石水晶牌的犹太盐，因为我喜欢它的颗粒大小。犹太盐应该被称为koshering salt，因为它的颗粒大，可以在用盐洗肉的过程中有效地把肉中的血洗掉（顺带一提，这也使得它成为做干式盐渍极其有效的盐，待会再详细说明）。

为什么要使用犹太盐而不用普通食盐呢？就因为一件事：撒盐（sprinkling）。如果你使用盐瓶的话，那么用普通食盐也可以，但要是你用手指来加盐，你就会更加清楚到底有多少盐被你加到了食物里或撒在了食物上，而犹太盐只是比较容易用手指抓起来撒而已。要想在你的食物上均匀地抹上一层盐，你首先要抓起一小撮犹太盐，然后把手举到食物上方较高处再撒。由于空气气流的关系，你的盐会以一种正态分布（normal distribution）[27]的模式从你撒下的地方如雨滴般掉落到你的食物上。你从越高的地方将盐撒下，盐就分布得越均匀。

这本书中的所有食谱都是用的钻石水晶牌的犹太盐。如果你使用的是普通食盐，那么只需使用原本分量的三分之二，因为普通食盐放入量勺后会被挤得更加紧密（大多数时候，它的需求量太小，无法有效地用秤测量）。在大多数的咸味食谱中，你可以边烹饪边试咸度，将咸度调整到适合你的口味。合适的情况下（烘焙或者用盐水腌等），我会给出需用盐的重量。

那些华丽的“设计师”盐看起来如何？那些粉红色的或黑色的盐？来自法国盖朗德牌（Guérande）的灰色海盐或是来自英格兰的白色金字塔形的马尔顿牌海盐？我有个不好的习惯——我会收集这类盐，部分原因是因为它们很漂亮，我喜欢它们在食物上的样子，但通常情况下我只是为了要和我太太的鞋子收藏竞争一下。（她每买一双鞋，我就多买一瓶新盐，这似乎能防止她的血拼程度继续扩大。）

㉖ 神探加杰特，Inspector Gadget，美国动画片《神探加杰特》的主人公，他是一个改造人，身上有许多时灵时不灵的工具，可以帮助他破案。——编者注

㉗ 正态分布，normal distribution，一种非常常见的连续概率分布，其函数曲线呈钟形，所以又称为钟形曲线（bell curve）。——校注

但它们到底有什么优势？这些都属于调味盐（finishing salts），也就是食物上桌前，甚至是在餐桌上才加的盐。尽管这些盐商不这么认为，但你会发现在风味方面，这些盐和普通食盐或犹太盐之间几乎没有区别。若将相同重量的这几种盐溶解到水中，它们会变得几乎相同。其实，这些盐有趣的地方在于它们的形状，还有咀嚼时嘎吱作响的脆度和强烈暴发出来的咸味。觉得自己不会察觉到他们的区别？那就出去为自己买 1 盒马尔顿牌海盐（我最常用的调味盐）、1 盒犹太盐和 1 盒普通食盐，然后切 3 片一模一样的番茄摆在盘子上（如果你喜欢，3 片一模一样的牛排也行）。撒一些普通食盐在第一片番茄上面，然后吃掉它。然后，撒一些犹太盐在第二片上面并且吃掉它。发现差别了吗？看到你怎么更容易地把盐均匀地撒在食物表面了吗？最后，撒一些马尔顿牌海盐在最后一片上面并且吃掉。注意到盐粒结晶在牙齿间爆裂的声音，以及随之而来的味道了吗？这就是为什么我把犹太盐放在我的炉子和砧板旁边，而把大结晶颗粒的海盐放在餐桌上了。

培根与蛋，两种优质食物。

第 1 章

蛋、乳制品

——早餐的料理科学

图片提供 熊也·saya

有什么食物能像鸡蛋这般，完美、全面、简单，却又极端地复杂？

简单来说，鸡蛋在厨房里是最有用的食材。想想你能用鸡蛋做什么：可以煎、炒、烤、水煮半熟、水煮全熟，以及做水波蛋或欧姆蛋。此外，蛋液能让面包糠乖乖附着在帕玛森奶酪鸡肉上；它的蛋白质可以作为基底，让卡仕达酱变得浓稠，或被打发成轻盈的泡沫，让面糊发酵；它可以让肉饼“团结”在一起；它也是烹饪界的“外交大使”，能把油和水变成稳定而绵密的蛋黄酱（美乃滋）。用途多样，外加包装方便、易于储存，使得鸡蛋成为烹饪界的宠儿。

说到鸡蛋，它还真是一个奇迹，这也难怪鸡蛋的烹饪用途是如此多样。想想看，受精并经过足够长的时间后，一个会呼吸的生命可以在蛋壳内形成。鸡蛋是一只鸡生命的起源，也是许多食谱的重要组成部分。我想，没有任何一种食材比鸡蛋更适合作为本书的开端了。

料理实验室指南：鸡蛋的烹饪指导

如何购买与保存鸡蛋

当我提到蛋时，大多指的是鸡蛋，这是目前世界上最流行的禽蛋类型。但是所有的鸡蛋都是一样的吗？有些鸡蛋的味道会更好吗？什么因素会影响鸡蛋在烹饪中的效果呢？我又该如何确保拿到的是最好的鸡蛋呢？本章将回答所有关于鸡蛋的问题。

鸡蛋的成分

问：什么是蛋？

一个蛋是有性生殖的动物在发育胚胎时的容器。于烹饪上的意义，通常指的是从禽类动物身体排出的蛋，比如鸡蛋。

问：蛋里装了什么而让它在烹饪时发挥这么多效用？

蛋有两个基本组成部分：蛋黄和蛋白。

蛋黄是发育中胚胎的营养来源，提供全蛋约 75% 的热量。蛋黄看似油腻，但事实上它主要的液体成分是水，这其中含有可溶性蛋白质，以及由卵磷脂链接着的更大量的蛋白质和脂肪。卵磷脂是一种乳化剂，可使脂肪和水分子和谐地相处在一起。我们待会儿会再讨论这个话题。

蛋白的主要成分也是水，以及一些蛋白质——最重要的是卵清蛋白（ovalbumin）、卵黏蛋白和卵转铁蛋白（ovotransferrin）。这使得蛋白有独特的性质：在煮熟时可以凝固，在打发后可以形成黏稠的尖端。

因为蛋中的蛋白质已经溶解并分散在液体中，所以非常容易将它们掺入其他食物里——比肉类蛋白质更容易。肉类蛋白质是相对比较密实的（你有没有试过打发牛排？我试过，结论是根本做不到）。此外，鸡蛋含有各式各样的蛋白质，每种蛋白质在加热或用机器处理时的表现都不同。这代表身为一名厨师，对于最终的成品能保有很大的掌控权。例如，烹调至 76.7℃（170 ℉）的鸡蛋是软的，像卡仕达酱那般，而烹调至 82.2℃（180 ℉）的鸡蛋是坚固且有弹性的。

大小与品质

问：超市里的鸡蛋有不同的大小。我们应该如何选择？

在美国，任何盒装鸡蛋上显示有美国农业部（United States Department of Agriculture, USDA）盾形徽章的，都是根据 USDA 重量标准来做包装的，其对鸡蛋定义了六种不同的等级，如下表所示。

表 2 鸡蛋重量等级与最低重量

重量等级	每个鸡蛋最低重量
巨大（Jumbo）	71 克（2.5 盎司）
特大（Extra large）	64 克（2.25 盎司）
大（Large）	57 克（2 盎司）
中（Medium）	50 克（1.75 盎司）
小（Small）	43 克（1.5 盎司）
迷你（Peewee）	35 克（1.25 盎司）

实际上，你不可能在超市看到小的或迷你鸡蛋，因为现在人工繁殖的鸡都是以生产中等大小或更大的鸡蛋为目标的。大型鸡蛋是大多数食谱的标准，包括本书。我真想在我的冰箱里放上巨大型的鸡蛋，在外出狂欢后的隔天早晨，我可以用那额外多出来的 14 克（1/2 盎司）煎蛋来填饱我的肚子。你也有可能在一个特大型鸡蛋中发现令人垂涎的双蛋黄。

问：那些纸箱侧面的字母等级是什么？A 级蛋真的优于 B 级蛋吗？

对大多数厂商而言，鸡蛋分级是一种自发性的行为，就像是测量大小一般，以获得美国农业部在他们的盒子上盖上 USDA 戳章。USDA 分级专家会检查每批样本鸡蛋，根据蛋白、蛋黄和蛋壳的品质来决定等级。那些有着最结实的蛋白、高高隆起的蛋黄和干净蛋壳的鸡蛋，都将得到一个 AA 戳章，而蛋白水水的、蛋黄平坦且蛋壳有点儿染色的鸡蛋则会得到一个 B。等级 A 位于中间，是大多数零售商店会提供给消费者的鸡蛋。就烹饪品质而言，对于水波蛋和煎蛋来说，结实的蛋白和蛋黄是相对重要的，因为人们会想要看到这种鸡蛋的外观是美好且紧实的。但在大多数烹饪或烘焙的应用上，任何等级的蛋都可以——只是在装饰上有差异。

鸡蛋的新鲜度

问：低品质的鸡蛋，蛋白会显得较稀，更容易蔓延开来。这代表着某种程度的不新鲜吗？

这种说法是对的。新鲜的鸡蛋有更牢固的蛋黄和蛋白，在烹饪的时候比较容易维持它的形状。而随着蛋白质分解，鸡蛋会变得越来越松弛。还有另一个重要的变化，鸡蛋放得越久，碱性越强。了解这一点对于要打发蛋白的食谱特别重要，因为蛋白的 pH 值（酸碱度）对其发泡能力有极大的影响。蛋白在微酸性的环境中发泡效果最好，这意味着放太久的蛋只能产生松散湿润的发泡。为了改善这一点，在打发鸡蛋时可加入少许酸性塔塔粉，以帮助你的蛋白霜保持坚挺而不湿软。

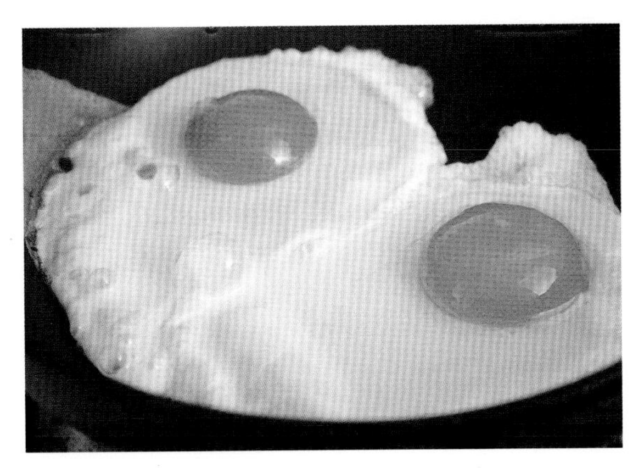

不太新鲜的鸡蛋蛋白较松散。

问：听说不太新鲜的鸡蛋更适合用于煮，因为它们更容易脱皮。这是真的吗？使用不太新鲜的鸡蛋有什么烹饪上的优势吗？

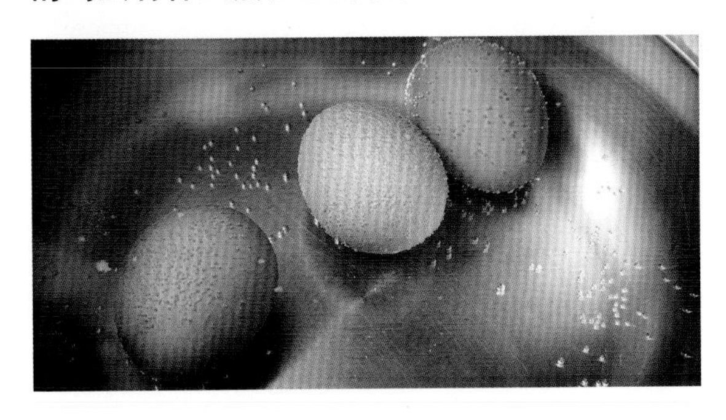

我曾在很长一段时间里也相信这一点，直到我用几盒不同来源的鸡蛋做测试。我将一些较不新鲜的鸡蛋和生出不到一个星期的鸡蛋做比较，你猜怎么着？无论是一个星期还是两个半月前生出的鸡蛋，在剥壳时，蛋壳都会粘在蛋白上。尤其在煮较大的鸡蛋时，蛋黄还会无法停留在中心，而是偏向蛋壳，使蛋的切片不怎么好看。

不过，无论你如何煮鸡蛋，新鲜的还是比不新鲜的在味道等方面的表现都更好。

问：有没有什么诀窍可以把煮鸡蛋的蛋壳一次剥下而不破坏蛋白呢？

我试过很多方法，想让煮鸡蛋的蛋壳容易剥下。用冰水冲鸡蛋，煮前在壳上打一个洞，用蒸锅或高压锅煮，在水里加醋……好像效果都不佳。

事实上，我发现真正会有所不同的在于一开始的烹饪阶段。把鸡蛋放在热水里煮熟，可以很容易剥掉蛋壳（虽然这不是每次都有用）。若是从冷水开始将其缓慢地加热，那么鸡蛋的蛋白质会慢慢与蛋壳融合。

放入沸水或热的蒸汽中加热至熟的蛋，蛋壳最有可能完整而轻松地剥掉。

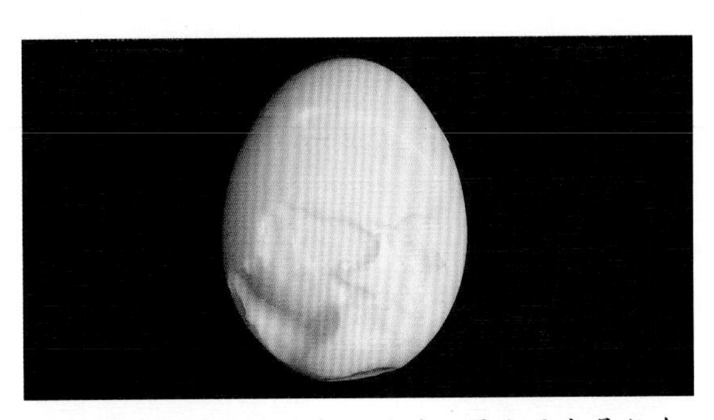

在冷水里慢慢加热而煮熟的蛋，蛋白更容易粘在蛋壳上。

就实际的剥壳过程而言，最简单的方法是将还热腾腾的蛋放在冷水下冲，从比较大头的那一端，也就是气室所在的位置开始剥。当鸡蛋还热的时候，蛋膜和蛋白之间的联结较弱，因而可以更容易剥掉蛋壳。冲冷水不仅可以帮助剥掉顽固的蛋壳，也能防止你的手指烫伤。我把一个细目滤网或漏勺放在水槽里，来接被剥掉的蛋壳，这样更方便清理。

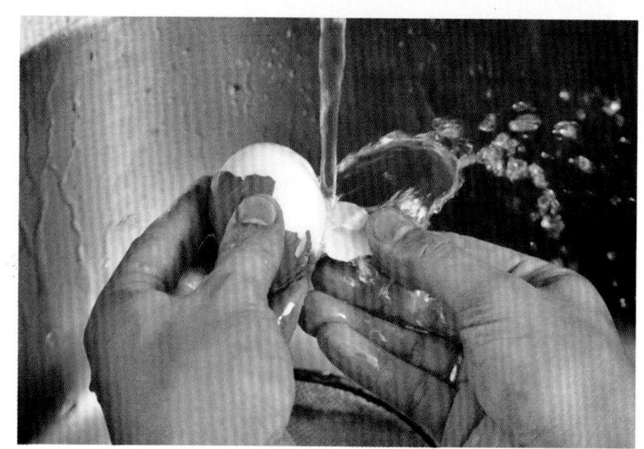

一边冲冷水一边剥蛋壳会更容易。

问：如何判断鸡蛋的新鲜程度？

如果是有包装的鸡蛋，可以看到鸡蛋的生产日期。但是，你可能不知道这些鸡蛋是常温保存的，还是冷藏保存的。因此，检查生产日期也不是判断鸡蛋新鲜程度最可靠的方法。

每个人都会告诉你，如果你想要延长鸡蛋的保鲜期，应该把这些鸡蛋放到冰箱最冷的地方。这样说没错。但是他们没告诉你的是，即使在冰箱门的鸡蛋架子上，鸡蛋也可以保存好几个星期。所以，除非你买来鸡蛋后很少吃，不然将它们放在冰箱门上是没有问题的。你会在鸡蛋变得不新鲜之前就把它给吃掉了。

不过，这里有个快速且简单的测试方法能让你知道鸡蛋的新鲜度：只需要把它放入一碗水中。蛋壳是多孔的，它们每天会蒸发掉约4微升[①]的水，同时会将空气带入气室里。新鲜的鸡蛋气室很小，因此鸡蛋会下沉并横躺在碗的底部。当鸡蛋放得久了，气室的空间虽会增加，蛋仍会往下沉，然后直立于一个点上，因为空气较多的那一端会往上升。如果有鸡蛋是漂浮着的，说明它可能已经过了食用的黄金时期了，应该丢弃。

不太新鲜的蛋浸没在水中时会“站”起来，而不会沉底。

问：我家当地的农贸市场出售没有冷藏的鸡蛋，而我见过一些欧洲的超市，鸡蛋就直接放在货架上售卖。这样是可以的吗？

当鸡蛋刚生下来，它们被覆盖在一层薄的蜡状涂层下，这就是角质层。这层角质层是鸡蛋用来防止细菌感染以及水分过度流失的。在美国，加盖美国农业部印章的鸡蛋在包装前都要先清洗，这是去除角质层的一个步骤。这

①1微升=0.001毫升。——编者注

可能意味着包装过的鸡蛋更干净，但这样做也使得鸡蛋对细菌感染的抵抗力减弱，尤其是在它们待在超市时。所以冷藏是必要的，可以帮助防止细菌感染。但是，在农贸市场或欧洲超市出售的许多鸡蛋在包装前是没有清洗过的。这些没有洗过的鸡蛋仍有角质层的保护，因此不需要冷藏，只不过其保鲜期可能比冷藏鸡蛋要短。

问：最近在市场上看到的“巴氏消毒鸡蛋”是什么？

经过巴氏消毒的鸡蛋是一种相对新的产品。它们消毒的方式是将鸡蛋放在约54.4℃（130 ℉）的水中，浸泡足够的时间以杀死鸡蛋表皮或内部的有害细菌，但又不会让鸡蛋被煮熟。对于那些喜欢吃半熟蛋，或需要用生蛋来做美乃滋的人来说，使用这样经过巴氏消毒的鸡蛋是最适合的。而对大多数烹饪鸡蛋的人来说，用巴氏消毒鸡蛋也没什么特别之处，你会发现它的蛋白更加松软，且有水分过多的迹象（会导致难以做水波蛋或煎蛋），用于打发时要花约两倍的时间才能打出发泡的尖端。不过，这种鸡蛋的蛋黄在制作美乃滋或恺撒沙拉酱时，和一般的鸡蛋感觉不出太大区别。

问：棕色蛋壳的蛋真的比白色蛋壳的更健康吗？

绝对没有。蛋壳的颜色与鸡的品种有关，它主要由市场需求控制。在新英格兰的大多数地区，棕色蛋壳的蛋是很常见的，而其他地区更喜欢白色蛋壳的蛋。它们完全是可互换的。

鸡蛋的标签

问：我怀念那些旧时光，当时我可以走进超市，随意地拿起一盒鸡蛋，不需要感觉像在做什么重要的决定。但如今，随随便便就有几十个品种的蛋可供选择。这些标签到底有什么含义呢？

这真是令人困扰，不过它在某种程度上是在促使消费者有意识地去了解生产这个蛋的鸡以及其所生长的环境状况。对大多数的鸡来说，它们就只是生产鸡蛋的机器。鸡被放在层架式鸡笼中独立的笼子里，无法展开翅膀，甚至无法移动。它们几乎没有一点儿自由空间。在美国，鸡蛋售卖纸盒上的标签可以用来说明这些家禽的生产环境。

- **自然（Natural）**表示鸡蛋没有经过太多的加工，但由于所有贩售的鸡蛋或多或少都有经过加工，因此这个标签实际上并没有什么意义。同样地，“新鲜农场”这个标签本身也不带有任何保证，因为想必没有人会去卖那些不是来自农场的臭鸡蛋吧。
- **自由放养（Free-Range, Free-Roaming）和无笼子（Cage-Free）**的鸡蛋不是来自养在层架式鸡笼中的鸡，而是来自在大型开放的谷仓或仓库里的鸡。这对鸡的生活品质是一种重大改善，让它们能够进行自然行为，如啄食、洗澡和展翅。自由放养的鸡通常也可以进入户外区域，但是标签法只要求了该区域的大小或品质，没有要求必须让鸡有多长的时间可以自由活动。事实上，这些鸡大多数从来没有在谷仓外活动过。这些标签并没有经过审核，也就是生产者说了算。

- **有机认证（Certified Organic）**的鸡蛋来自于被养在开放的谷仓或仓库的鸡，这些鸡享有某种程度的户外活动时间（再次说明，户外活动时间有多长也是无法管控的）。它们的食物必须是有机、全素食的饲料，且不含抗生素和农药。美国农业部会对农场进行检查。
- **人道认证（Certified Humane）**的鸡蛋须通过第三方审核员的验证，而且这个标签更严格地要求必须控制放养的密度，给鸡更多的空间和参与自然行为的条件，例如筑巢和栖息。生产者不允许通过强迫脱毛或减少喂食以促使母鸡进入下一个产蛋周期（但这种做法在其他类型的鸡蛋生产过程中是被允许的）。
- **富含 Omega–3 脂肪酸**的鸡蛋。生出这种蛋的鸡只是被喂食了含亚麻子油或鱼油的补充剂，因而增加了 Omega-3 脂肪酸（一种必需脂肪酸）的摄入。蛋黄中富含 Omega-3 脂肪酸对人体健康是有益处的。虽然有些人认为 Omega-3 脂肪酸含量高的鸡蛋有“鱼腥”味，但在盲测时我个人并没有发现这些鸡蛋的味道有什么显著的不同。

这些鸡蛋被染成绿色，以便弄清楚颜色对味觉的影响有多大。结论是：颜色对味觉的影响的确很大。

动物的生长环境如果是一个需要考量的问题，那么只购买通过有机认证或人道认证的鸡蛋会是一个正确方向。你家附近如果有一个当地的农贸市场，你可以亲自跟这些自家生产鸡蛋的农夫聊聊，或许能做出更好的决定。当然，最好就是盖一间自己的小鸡舍（甚至说服你的邻居也一起做），养两只鸡。从长远来看，这样虽然无法帮你省下很多钱（除非你有一大群鸡，而且有很大的鸡蛋消耗量），但你会有最新鲜的鸡蛋，而且在养鸡的过程中你会交到很多朋友。

问：虽然好的生产环境很重要，但是通过了有机认证的鸡蛋或当地的鸡蛋味道就更好吗？农贸市场的农民会希望你这么想吗？

这是一个好问题，我也很想知道答案。一只更快乐、更健康的鸡在后院散步、啄食、吃虫子、咯咯叫，做所有迷人而有趣的事情，这样的鸡好像理所当然可以产出更美味的鸡蛋，对吧？我的意思是，我知道，我吃过的最好的鸡蛋是从自己或朋友后院刚产出来的，蛋黄更营养，蛋白更紧致也更美味。那么，会不会这些好处都只是我脑中想象的呢？

为了测试这一点，我组织了一次盲测会。我让试吃者品尝一般超市的鸡蛋、有机鸡蛋、含有不同比例 Omega-3 的鸡蛋和 100% 牧场放养的新鲜鸡蛋。所有鸡蛋都以炒蛋方式提供。结果如何呢？牧场放养的鸡蛋和富含 Omega-3 的鸡蛋比超市的鸡蛋味道更好。同时我也注意到另一个相关性：这些鸡蛋的颜色相当不同，牧场放养的鸡蛋更偏橙色。而蛋中含有的 Omega-3 脂肪酸越多，蛋黄颜色越深。有机鸡蛋和标准的工厂鸡蛋的蛋黄颜色是最浅的。这种色素沉着的差异可归因于鸡的饮食的不同。牧场放养的母鸡吃虫子和花，这两者都影响了蛋黄的颜色。富含 Omega-3 脂肪酸的鸡蛋是由喂食了亚麻子和海带的鸡所生产的，这对蛋黄的颜色也有所贡献。那些生出昂贵鸡蛋的鸡有时被喂养色素补充剂，例如万寿菊的叶子，这使它们的蛋黄又好又明亮。那么，品尝者们所报告出来的风味差异，会不会更多地是受颜色的影响，而不是鸡蛋实际的味道？

为了排除颜色的影响，我煮了同样种类的鸡蛋，这一次它们全部被食物色素染成绿色。当我用绿色鸡蛋重新再开一次品尝会时，味道和来源之间完全失去关联。这一次，人们对一般的超市鸡蛋的喜爱，与对牧场放养的鸡所生的鸡蛋的并无不同。

想自己感受一下效果吗？看看这两个平底锅里的鸡蛋，告诉我你想吃哪一个。就像俗语说的那样，用你的眼睛吃吗？是的，的确是啊。

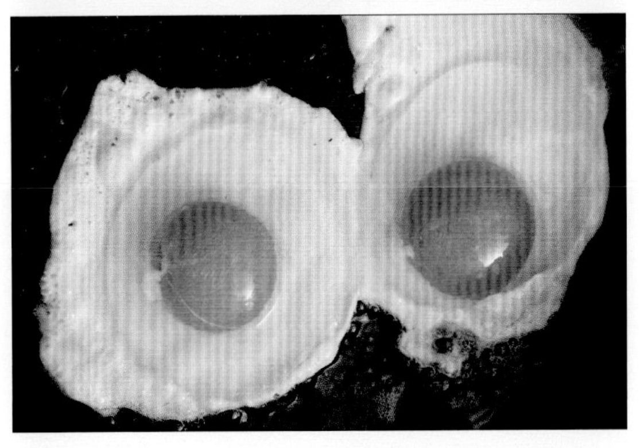

问：所以你是在告诉我，无论我从哪里取得鸡蛋都没差别吗？

不，我不是这个意思。我们的心理因素是非常强大的，我们的口味偏好、偏见和习惯是可以影响我们对于食物的正确评判的。实体特征所带来的影响无可匹敌。你可能自己也注意到了——相较于独自饮酒的那些寂寞夜晚，当你在一个微风轻抚的夏日夜晚，在户外露台上与朋友一起喝酒时，冰镇啤酒喝起来更美味，对吧？餐厅的氛围和服务不会影响食物在你心目中的味道吗？你真的认为你妈妈的苹果派比别人做的更好吃吗？你这么喜欢苹果派的原因也许只是因为那是你妈妈做的。外观、天气、同伴、气氛，甚至你的心情都会影响食物的味道。

我喜欢这么想：我会继续吃我所能找到的最人道饲养的鸡所生产的最新鲜的鸡蛋，因为我有那么一点儿关心鸡的健康状况。事实上，我的心让我认为这些鸡蛋比实际上的更美味，就像是在蛋糕上加上糖衣。也就是说，只要你做对的事，鸡蛋就会更美味吗？是的，没错！还有一点：直接从农贸市场购买的鸡蛋通常更新鲜（我已经在设法去买到当天生出的鸡蛋了），这让鸡蛋更好烹调，更容易做水波蛋或煎蛋。

水煮蛋

水煮蛋是最简单的食谱，对吧？

上图呈现的是以 30 秒为间隔，加热时间为 0~12 分钟的水煮蛋。

你平常有多少次煮出了真正**完美**的水煮蛋呢？全熟的水煮蛋应该有完全凝固却又不是橡皮般的蛋白；蛋黄仍然呈现明亮的黄色，没有白点和碎裂的痕迹，当然更不会出现鸡蛋过熟时蛋黄表层会形成的灰绿色含硫化合物。另一方面，半熟的水煮蛋应该具有完全成型的蛋白和液体状的蛋黄，蛋黄会像软绵绵的卡仕达酱般渗出，让烤面包沐浴在金黄色的液体中，并使酥脆的培根更美味。关于水煮蛋，还有很多事情是眼睛看不到的。

几乎所有基本食谱都会提供一个烹调水煮蛋的方法：使用存放较久的鸡蛋，或使用新鲜的鸡蛋；将鸡蛋放在冷水中，或轻轻地把鸡蛋沿着锅边滑进沸水里；在水中加入醋以降低其 pH 值，或在水中加入小苏打以提高其 pH 值；盖上锅盖，或不盖锅盖；等等。但很少有人能提供证据，证明为什么这种方法会比另一种更好。显然，煮鸡蛋不是……嗯……一种“精确”的科学。让我们试着来改变这种情况吧。

什么是煮沸？

首先要问的是：什么是煮沸？科学的定义是当液体的蒸汽压大于或等于围绕在其周围的大气压时所发生的现象。让我们回到在p.17使用的鸡舍比喻。你那盛满水的锅好比一个满是鸡的鸡舍。在鸡舍中，鸡喜欢彼此紧靠在一起。现在，让我们用咖啡代替水来为这个锅里的组合加入能量。伴随着能量注入，鸡群开始变得过分活跃——可能有一只或两只鸡的精力过度充沛，使得它们能够跳出栅栏并逃跑。在混合物里添加足够的能量，鸡群最终会变得太过活跃而冲破栅栏，逃脱出去。

将水煮沸也是这么一回事。水分子被困在锅中，被“栅栏”包围而保持在适当位置，这个“栅栏”就是大气中的空气压力。以热能的形式向锅里注入能量，水分子便开始往上涌并从水的表面跃出，这称为“蒸发”。最后，试图逃逸的水分子所产生的压力会变得等于或大于将它向下推压的大气压力，栅栏破裂，水闸门打开，水分子迅速从液体状态变为气体状态，从而产生大量气泡。这种液态水转化成水蒸气的过程是你能在一盆沸水中观察到的；在海平面高度，这发生在100℃（212 ℉）时。

下面是一个简单的例子，讲的是当你把一壶水煮沸时会发生什么事。

低于76.7℃（170 ℉）时水在颤动。

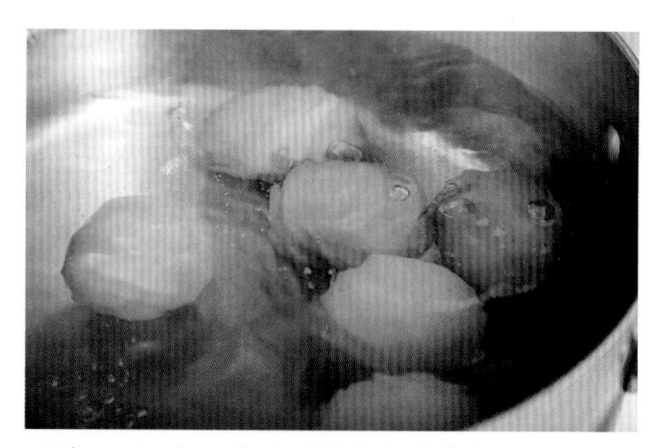

不到90.6℃（195 ℉）时水是半沸腾的。

- **颤动：在60~76.7℃（140~170 ℉）**，水蒸气的微小气泡沿着锅底部和侧面（稍后会详细介绍）开始形成。它们不会大到可以跳跃并上升到水面，但它们的形成将导致水面产生一点儿颤动。
- **半沸腾：在76.7~90.6℃（170~195 ℉），**气泡开始从锅的侧面和底部上升到表面。通常你会看到一些泡沫从锅底部上升，然而在大部分情况下，液体仍然相对静止。
- **即将沸腾：在90.6~100℃（195~212 ℉），**气泡有规律地从锅底往上冲破水的表面——不像半沸腾状态时的只有个别气泡涌动，即将沸腾时的气泡是从四面八方涌上来的。

- **完全沸腾：在 100℃（212 ℉）时，**水蒸气的气泡快速地溢出。这是在海平面高度，水不借助高压锅所能达到的最高温度。

热与鸡蛋

虽然有些人认为，煮鸡蛋时在水中加入盐、醋或小苏打会影响其最后的口感，但我的测试结果显示，水煮带壳的鸡蛋时，唯一的影响因素是时间和温度。

为了弄清楚一个鸡蛋在沸水中煮熟的速度，我煮了 24 个鸡蛋，每隔 30 秒从锅中取出一个鸡蛋，再将它切开。

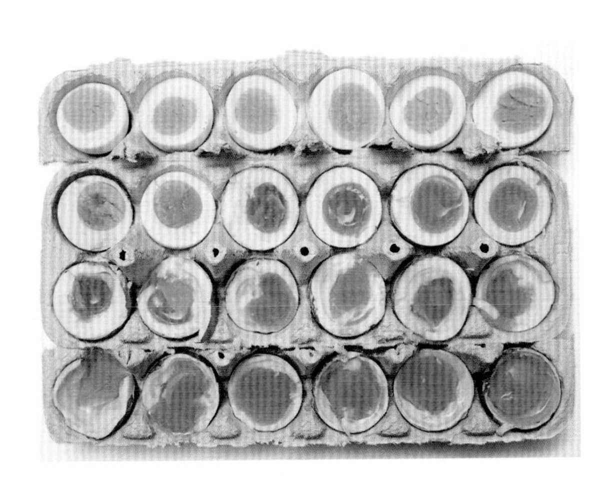

有几件事是显而易见的。首先且最明显的是，你将鸡蛋放在沸水中的时间越长，它就越热。这件事乍看之下可能十分微不足道，然而正如我们将会看到的，这对煮出完美的鸡蛋很有帮助：**要在热的环境下从外到内煮熟食物，食物与环境之间的温差越大，则煮得越不均匀。**

这代表如果你把一个鸡蛋放进沸水中煮，可能会得到一个较硬、嚼不动又过熟的蛋白，同时蛋黄的中间却呈现几乎不熟的状态，就像这个一样：

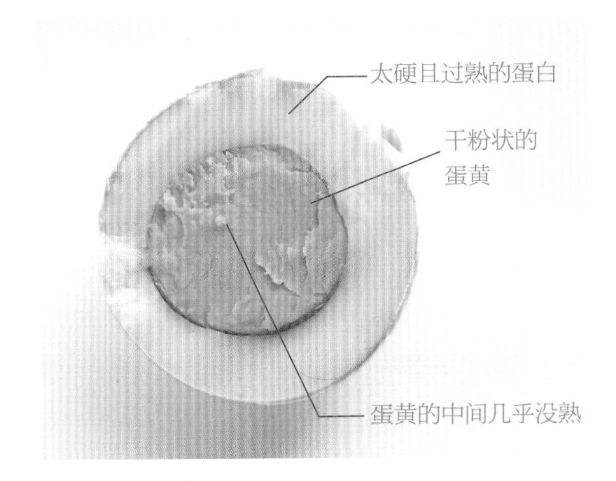

煮得过熟的蛋。

所以，做水煮蛋最理想的温度到底是多少呢？以下是加热蛋白时会发生的情况。

- **在 54.4~60℃（130~140 ℉）：**随着蛋白变热，其类似于卷绕的毛线球的蛋白质开始慢慢舒展。
- **在 60℃（140 ℉）：**这些分解的蛋白质中的卵转铁蛋白开始与自身结合，产生半固体的基质，使蛋白呈现乳白色和果冻状。
- **在 68.3℃（155 ℉）：**卵转铁蛋白已形成不透明的固体，但它仍然相当柔软和湿润。
- **在 82.2℃（180 ℉）：**蛋白中的主要蛋白质——卵清蛋白交联并固化，形成结实但仍然软嫩的蛋白。
- **超过 82.2℃（180 ℉）：**温度越高，鸡蛋的蛋白质就会结合得越紧密，蛋白会变得更硬、更干、更有弹性，像橡胶那样。最后，硫化氢，或者说臭鸡蛋的味道开始形成。这时要恭喜你——你的鸡蛋煮过头了。

| 专栏 | 海拔与沸腾

由于重力的关系，海拔越高，空气就越稀薄，空气密度就越小。较小的空气密度意味着较低的大气压，较低的大气压意味着锅中的水分子只需要较少的能量便能溢出到空气中。例如，我太太的故乡哥伦比亚的波哥大（Bogotá, Colombia），海拔2438.4米（8000英尺），水沸腾的温度比在海平面时低7.8~8.3℃（14~15 ℉）。

下图表示了随着海拔变高，水的沸点的变化。高海拔可能会对烹饪造成不良影响：没办法煮熟豆子，意大利面煮不软，炖菜需要更长的时间，薄煎饼可能过度发酵和紧缩。在太高的地方，你甚至没办法烹煮蔬菜，因为需要将水加热到至少83.9℃（183 ℉）才能将蔬菜煮熟。

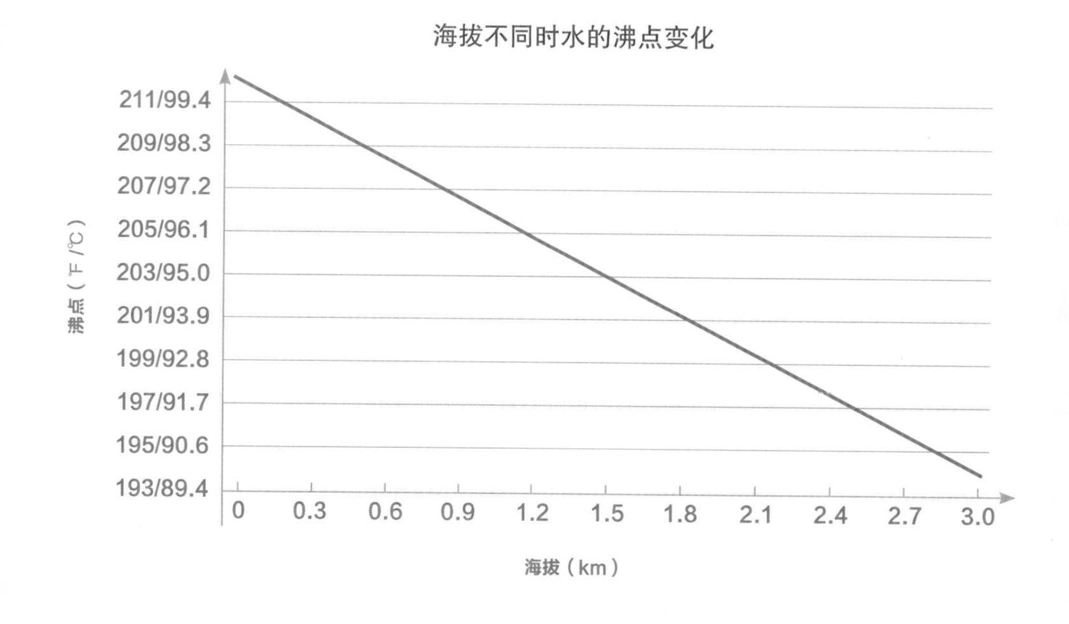

这个现象，影响最大的就是炖菜了，尤其是干豆类和根茎类蔬菜。不过，想解决这个问题也不难，高压锅就可以搞定。高压锅的原理是在食物周围制造一个不漏气的密封环境。当其内部的水分变热并转化为水蒸气时，因为水蒸气占据的空间比水更多，所以锅内的压力会增加。

这种增加的压力阻止了水在低温下沸腾，使你可以将水加热到比在正常条件下更高的温度。大多数高压锅可以让你在115.6~121.1℃（240~250 ℉）的温度下烹调，不受海拔的影响。这就是高压锅在安第斯山脉如此受欢迎的原因，在哥伦比亚，几乎每户人家都有一口高压锅。

水沸腾的迷思

关于沸水的传说有很多，这里列举四个最常见的。

- **冷水比热水沸腾得更快**。错！这绝对是错误的。不过，有个很好的理由来说服大家要用冷水烹饪而非热水：热水含有更多来自自来水管道的溶解矿物质，会让食物产生一种怪味。
- **被冷冻过或煮过的水会更快沸腾**。错！虽然这听起来似乎有点儿科学道理。沸腾或冻结的水除去了溶解的气体（主要是氧气），这会轻微影响沸腾温度。然而，事实上，我的计时器和温度计都没有检测到任何差异。
- **盐会提高水的沸点**。这是真的，某种程度上是的。可溶解的固体，如盐和糖，实际上会提高水的沸点，导致水沸腾得更慢，但影响很小。要达到显著的差异，需要添加很大的量。所以在大多数情况下，你可以忽略这一点。
- **太过专注于等待锅里的水沸腾，它就永远不会沸腾**。绝对是的。不要一直盯着它看！

盐与成核②

所以，如果盐无法降低水的沸点，那为何把盐投入一口即将沸腾的锅会导致气泡突然喷出呢？这是因为盐使水中有了成核点（nucleation sites），它是气泡的发源地。要形成水蒸气气泡，在水里必须要有某种不平滑的点，比如锅内壁微小的刮痕、微小的粉尘或木勺上的孔洞。撒一把盐就能迅速形成数千个成核点，并使气泡从这些不平滑的点形成并溢出。相同的原理适用于“播种云”（seed clouds）。从飞机上释放出的灰尘颗粒可以在潮湿的大气中产生数百万个成核点，水蒸气因此可以凝结并形成云。

---

② 成核，是指水蒸气凝聚成液滴的过程。——译注

以下是蛋黄在不同温度下的情况。

- 62.8℃（145 ℉）：蛋黄中的蛋白质开始改变其性质，液体蛋黄开始变稠。
- 70℃（158 ℉）：蛋黄变得结实，能够维持其形状，而且可以用叉子或刀子切割。它的外观仍然是深色和半透明的，有着乳脂软糖般的口感。
- 70~76.7℃（158~170 ℉）：蛋黄变得更加结实，直到最后突然从半透明乳脂软糖的样子变成淡黄色且易碎的状态，这是因为形成了彼此分离的肉眼不可见的微小球形腔室。
- 76.7℃（170 ℉）以上：随着温度升高，蛋黄变得越来越容易碎裂。蛋白中的硫化物迅速与蛋黄中的铁反应，产生硫化亚铁，使蛋黄的外部出现一些不讨人喜欢的灰绿色。

水煮蛋要想成功，关键就在于平衡蛋白和蛋黄之间的烹调差异。

半熟水煮蛋

对我来说，理想的半熟水煮蛋具有完全不透明但不会像橡胶那样难嚼的蛋白——在68.3~82.2℃（155~180 ℉）的范围内，以及几乎100%液体状的蛋黄——不高于70℃（158 ℉）。像这样，每一勺都可以吃到柔软光滑的蛋白，以及呈明亮柔和的金黄色的、味道浓郁丰富的蛋黄。

所以，请记住，由外向内加热鸡蛋时，其烹调环境越热，蛋内形成的温度梯度越大。

对于半熟水煮蛋，你会想到用冷藏鸡蛋来烹煮，并将它们浸入热水中，使得蛋白先变熟，而蛋黄仍保持液体状。我试着把鸡蛋直接放入沸水中煮，直到蛋白刚刚凝固。但我遇到了一个问题：蛋白的最外层会略微过熟。一个更好的方法是把一锅水煮沸后关火，再把鸡蛋放进去，盖上锅盖以保温，然后打开计时器。由于锅中的水会慢慢变凉，鸡蛋就不会煮得过熟以致变得像橡胶那样。

另一件要考虑的重要事情是水和鸡蛋的比例。加太多鸡蛋会让水迅速变凉，以至于鸡蛋没办法正常煮熟。所以，2.85升（3夸脱）的水可以煮不超过6个鸡蛋。若超过6个鸡蛋，建议分批煮，或是用一口更大的锅加更多的水。

简单半熟水煮蛋

FOOLPROOF SOFT-BOILED EGGS

笔记：

受厨房的温度和炊具的保温能力影响，做这道菜所需的时间可能略有不同。用一个鸡蛋做测试是个不错的点子，可根据需求调整时间并加以记录。如果你居住在相对高海拔的地方，应该增加烹调时间。如果是在海拔非常高的地方，应该在前几分钟维持水煮沸的状态。

水，每 2 个鸡蛋用 0.95 升（1 夸脱）

大型鸡蛋 1~12 个

选择一口有盖的锅，锅内径要小些，且锅的深度要保证加入的水能完全淹没鸡蛋。用大火将水煮沸，加入鸡蛋，盖上锅盖，将锅端离热源。根据下表中给定的时间将鸡蛋闷一会儿，然后用沥水汤勺将蛋取出并立刻上桌。

表 3　水煮蛋烹调时间与状态、用法对照表

烹调时间	状态描述	最佳用法
1~3 分钟	蛋白的外层刚好成形，使鸡蛋在剥壳时仍足以维持其形状	当用鸡蛋拌沙拉或意大利面时，我会用煮了 1 或 2 分钟的鸡蛋。未熟的鸡蛋可以乳化其他成分，但单吃是不太美味的
4 分钟	蛋白是不透明的，接近蛋黄的地方保留了一点儿半透明状；蛋黄几乎没有温度且是完全生的	作为蔬菜或谷物的配料；加在烫芦笋或青豆上，或加在汤面上
5 分钟	蛋白是不透明的，仍然没有变硬，有点儿果冻状；蛋黄是温热的，但仍是生的	早餐
6 分钟	蛋白是不透明且结实的；蛋黄是温热的，而且边缘开始成形	早餐
7 分钟	蛋白是全熟的，像全熟的水煮蛋一样结实；蛋黄是金黄色的，中心是液体状但边缘开始成形	早餐

全熟水煮蛋

煮全熟的水煮蛋不太容易。要使蛋白和蛋黄呈现不透明状但又不能像橡胶那样难嚼，作为疯狂厨房书呆子的我，所用的方法是将水温准确地保持在 76.7℃（170 ℉），使蛋黄能够完全煮熟，而蛋白仍然软嫩。这个方法是有效的，但也很麻烦。幸运的是，我有个更简单的方法。

我们已经知道，将鸡蛋直接放入沸水中，因为外部加热比内部快得多，所以当蛋黄的中心达到 76.7℃（170 ℉）时，蛋白和蛋黄的外层是绝对会过熟的。你可能比较想把鸡蛋放在冷水中，并将水慢慢煮沸。虽然这种方法有用，但另一个问题是，这会导致蛋白粘在蛋壳上。

慢慢地煮可以将鸡蛋煮得比较均匀，快速地煮可以使鸡蛋更容易去壳。而我需要的是一种兼顾这两者的技术。如果以水量精确的沸水来煮蛋，让它们煮足够长的时间，使蛋白成形，但仍然与蛋壳是分离的，然后通过加入几块冰块来快速降低水温，会怎么样呢？

我进行了好几十次的尝试，以抓到准确的时机和正确的冰块量。你猜怎么着？这样真的有用。通过快速地开始和缓慢而稳定地烹煮到最后，你就可以得到完全煮熟而又容易去壳的鸡蛋。

简单全熟水煮蛋

FOOLPROOF HARD-BOILED EGGS

笔记：

根据厨房的温度和炊具的保温能力，做这道菜所需的时间可能略有不同。用一个鸡蛋做练习是个不错的点子，可根据需求调整烹煮时间。如果你住在高海拔的地方，温度计是必不可少的工具。

水 1.9 升（2 夸脱）

大型鸡蛋 1~6 个

冰块 12 块

将水倒入锅中，盖上盖，用大火煮沸。将鸡蛋放入沸水中，煮 30 秒。加入冰块，将水再次加热到沸腾状态，然后降至半沸腾状态，约 87.8℃（190 ℉）。煮 11 分钟。将鸡蛋取出，一边用水冲一边将壳剥下。

水波蛋

如果班尼迪克蛋（eggs Benedict）没有那完美的半熟蛋，也就不是班尼迪克蛋了。那白雪般的蛋白被一层奶香味的浓厚荷兰酱（Hollandaise Sauce）包裹着，流淌的金黄色液态蛋黄即将吞噬火腿，渗透到那涂有黄油并被面包机烤过的英式玛芬里。

我们已经知道所有关于半熟水煮蛋的做法，而水波蛋的本质就是一个裸体的半熟水煮蛋（这儿的“裸体”指的是鸡蛋，而不是厨师）。当然，这会引来各种令人头痛的问题。要如何防止蛋白扩散到水中？要如何防止蛋黄破裂？要如何让鸡蛋保有完整的形状？有些人建议在将鸡蛋放入水中之前先用塑胶袋把鸡蛋包起来，以帮助它们维持形状。但这样做的结果是鸡蛋会产生丑陋而又有皱纹的表面。其他技术含量高的方法，则需要花上好几个小时将鸡蛋浸泡在温度控制完美的水中固化鸡蛋，以便在水煮时帮助它们维持形状。但我并不想为了水波蛋而提早一小时起床。

看看你的水波蛋，然后问自己几个问题。第一，你做的水波蛋什么时候会比较成功呢？答案很简单：当鸡蛋新鲜的时候。一个鸡蛋越不新鲜，蛋白周围的薄膜就会越脆弱，当鸡蛋碰到水时整个蛋散开的可能性也越大。这引出第一个煮水波蛋的原则：要使用非常新鲜的鸡蛋。

第二，是什么增加了蛋白散开的可能性呢？是搅动。鸡蛋晃动和摆动越多，它就越有可能散开。在即将沸腾的水中煮鸡蛋是标准的做法，但我们已经知道，即使在半沸腾的状况下，鸡蛋也会快速凝结，所以没有理由将水保持在即将沸腾的状态。直接把水煮沸后关火，

再放入鸡蛋即可。

那么，如果你有新鲜的鸡蛋和一锅半沸腾的水，鸡蛋就一定不会散开，变得像云彩一般吗？事实是，即使你直接拿刚产出的蛋放入锅中，蛋白不免还是会有些散开。而一个超市里的鸡蛋可能已经是在 60 天前生产出来的，这是个更大的风险。

要如何避免蛋白散开呢？这个问题的解决方案很巧妙，我第一次见识到这样煮水波蛋是在一家名为“肥鸭”（The Fat Duck）的英国餐厅，由主厨赫斯顿·布鲁门塔尔（Heston Blumenthal）示范的。在碗里打个鸡蛋，并把蛋倒入细目滤网里，所有蛋白松散的部分都会通过这个滤网流出，剩下的紧致的蛋白和蛋黄仍然是完整的。然后，你可以将滤网和鸡蛋一起放到水中（热水会立刻开始烹煮鸡蛋）。接着，轻轻地将鸡蛋滑入锅中。这样，每次都能做出一个完美的水波蛋，完全不会有浮在水面上的渣渣。

将蛋打入单独的小碗中。

轻轻倒入细目滤网里。

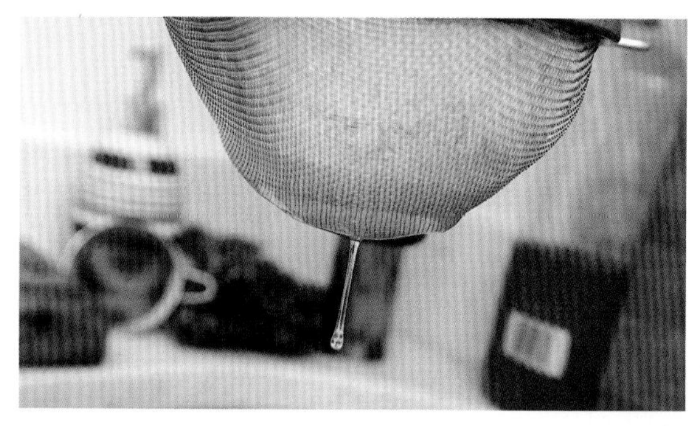

让松散的蛋白滴下。

小心地放入半沸腾的水中。

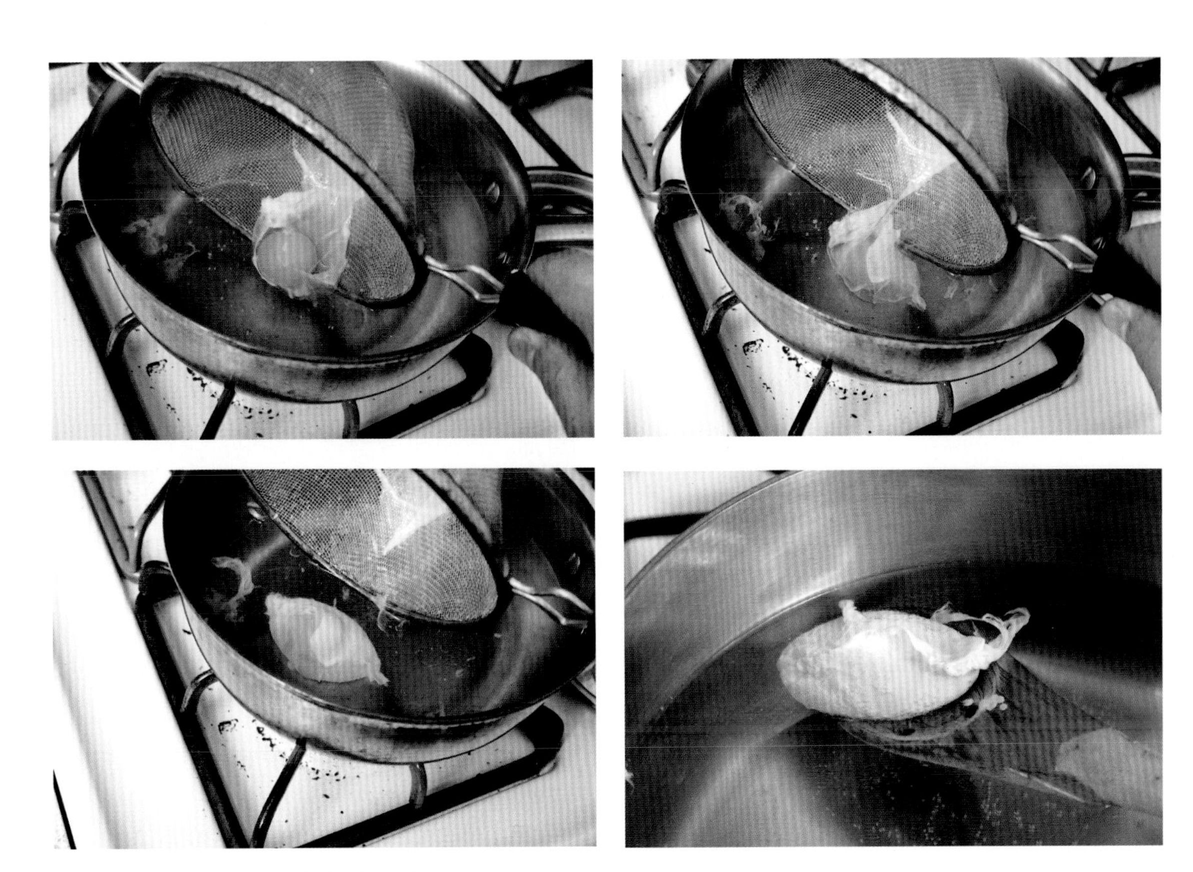

让蛋滚出滤网，用木勺轻轻地拨动它。

| 专栏 | 关于水波蛋的共同问题

问：我曾听说过在水中加醋将有助于让鸡蛋维持更好的形状。这是真的吗？

是的。当蛋白质产生变化并凝固时，蛋就成形了。鸡蛋的蛋白质会因热而改变性质，也可以通过酸来改变。在水中加醋确实能让鸡蛋更快成形，但效果没有那么显著，并且醋会在烹煮时让鸡蛋过熟而变得又干又硬。更重要的是，醋会让鸡蛋尝起来有酸味。

问：加盐会让鸡蛋更容易烹煮吗？

不。但是加盐有个很好的理由：它会让鸡蛋更有味道。就像是做意大利面或马铃薯，鸡蛋在烹调时从水中吸收盐，让成品更入味。

问：为什么水波蛋会有这么惊人的美味呢？

这是一个现代科学尚无法回答的问题，可能永远也不会有答案。有些科学家说，在这一特定领域缺乏进展是由于其他科学家不会花时间去好好准备并享受一顿美好的早餐。

问：我应该在煮鸡蛋的时候搅动它吗？或者应该像某些书建议的，在我将鸡蛋加入水中前先把水搅出一个漩涡？

用滤网下锅的技术完全可以免去你在加入鸡蛋之前要将水弄出一个漩涡的步骤，这个窍门旨在帮助鸡蛋保持一个漂亮的、类似鱼雷的形状。你需要做的是确保鸡蛋在开始成形后才移动它。如果你在煮鸡蛋时能让鸡蛋保持静止的状态，它们最终的形状会像煎蛋一样，有个扁平的底，蛋黄周围有明显的圆顶。你还有可能将底部煮得过熟且太硬，因为它们会直接接触到热锅的底部。而通过在水中移动并轻轻翻转鸡蛋，你会得到一个熟度更均匀且形状也更均匀的水波蛋。我通常使用木勺通过水流翻转蛋，而不是用汤勺把鸡蛋捞起来翻转。

问：一般餐馆有50个座位吧？我怎么能做到一次提供这么多水波蛋呢？

餐厅都聘有大家所熟知的快餐厨师，他们就像是超人烹饪机器，是花了好几年时间练习如何做出完美水波蛋的厨师。你也想做到这么好吗？只有一个方法：练习。

好吧，其实有另一种方法也可以做到，但不要告诉任何人，你能保证吗？那就是将水波蛋事先煮好。水波蛋可以在煮好后从锅中取出，放到冷水中冷却。它们会待在那里就像是暂停的状态，依据你的需求要放多久就放多久（只要它们不会臭掉）。你可以存放好几个小时，甚至冷藏几个晚上。然后，在上菜前15分钟，你只需将它们倒入一碗热水中加热就可以了。水波蛋本身的性质从来不是很热的——如果很热的话蛋黄会凝固。60℃（140 ℉）是从我的水龙头直接出来的热水的温度，也是重新加热水波蛋的完美温度。

完美水波蛋

PERFECT POACHED EGGS

水 2.85 升（3 夸脱）

犹太盐 2 大勺

大型鸡蛋适量（依据需要的数量准备）

1. 将水和盐在锅中混合，大火煮沸，然后将火调至最小。
2. 将一个鸡蛋打到小碗或杯子里，然后倒入置于另一个碗上方的细目滤网中，让已经散开的蛋白滤出，轻轻地晃动一下滤网，你会得到紧致的蛋白和被它包围的蛋黄。轻轻地将滤网放入锅中并没入水中，然后将蛋倒入水里。剩下的鸡蛋也重复此步操作。
3. 让鸡蛋在锅中煮一下，偶尔搅动一下水流，让鸡蛋在锅里缓慢移动，并轻轻地翻动它，直到蛋白完全凝固，但蛋黄仍然是液体状。此过程约 4 分钟。
4. 若要马上食用，可用沥水汤勺一次舀起一个鸡蛋，放到一个铺有厨房纸巾的盘子里略吸一下水。然后就可以上桌了。
5. 如果需要存放，可先用沥水汤勺一次捞起一个鸡蛋，放到一碗冷水中冷却，然后将鸡蛋浸在水里放到冰箱里冷藏（不超过 3 天）。再加热时，将鸡蛋放到 60℃（140 ℉）的热水中直到鸡蛋回温，约 15 分钟。

荷兰酱

对于许多有抱负的法国厨师来讲，难以做出好的荷兰酱是他们的“罩门”。除了一般简餐厅里那难以下咽的油腻东西，还有更糟的——粉末状的“只加了牛奶”的食堂版本的荷兰酱。真正的荷兰酱应有浓郁的奶味，且口感顺滑，完美地融合了鸡蛋、黄油和柠檬汁。荷兰酱应该是能够慢慢地从汤勺流下，以至于可以在水波蛋上“休息”一会儿的。它从来不是松软的，当然也从来不会凝结。要做出拥有精致口感的荷兰酱真的很困难，至少，以前是这样子的。不过，我已经想出了一种方法，即使是完全没有经验的人，也可以每次都做出完美的荷兰酱。

荷兰酱就像美乃滋一样，是一种在以水为基础的液体中脂肪的蛋稳定乳化剂(见p.766的“乳化强迫症”)。传统做法是混合一点儿蛋黄和水，不断搅拌，直到它们开始凝固，然后慢慢地将化开的澄清黄油(见p.97的“澄清黄油”)滴入，最后用柠檬汁来调味。伴随着剧烈的搅拌，黄油中的乳脂(butterfat)会被分解成微小的液滴，被柠檬汁和蛋黄中的水包围着。柠檬汁中的酸和蛋黄中的卵磷脂可以防止这些乳脂液滴凝聚而变成油腻的质地。所以你尝到的酱是厚实、奶味浓郁又美味的。

美乃滋的做法相对简单：它是由液体脂肪(油)做成的，可在室温或冰箱温度下制作并保存(见p.797的“自制不失败美乃滋”)。制作荷兰酱就比较复杂：乳脂在低于35℃(95℉)时会开始凝固，所以如果你让荷兰酱温度太低，固体脂肪就会破坏乳化剂，使它变成颗粒状。如果再次加热，它就会分离成一种油腻的液体(这就是为什么没吃完的荷兰酱不能保存的原因)。另一方面，如果你让荷兰酱温度太高，鸡蛋的蛋白质则会开始凝结，最终会变成块状凝结的酱且有炒蛋般的纹理。所以，要制作出完美的荷兰酱有两个关键：一是慢慢地将乳脂融入液体中使其乳化，二是控制好温度。

一旦你了解到这一点，做荷兰酱就变得相当简单。大多数经典食谱要求你在尝试将黄油和蛋黄混合前先将它们加热。但如果你只是加热其中一种，那么，当它与另一种混合时，最终的温度是否还会在理想的范围内呢？我发现，如果把黄油加热到某个足够高的温度，它就能够慢慢地融入生蛋黄和柠檬汁的混合物里，在温度逐渐升高，且当所有黄油都融入后，蛋黄也正好被烹饪到合适的熟度。由于柠

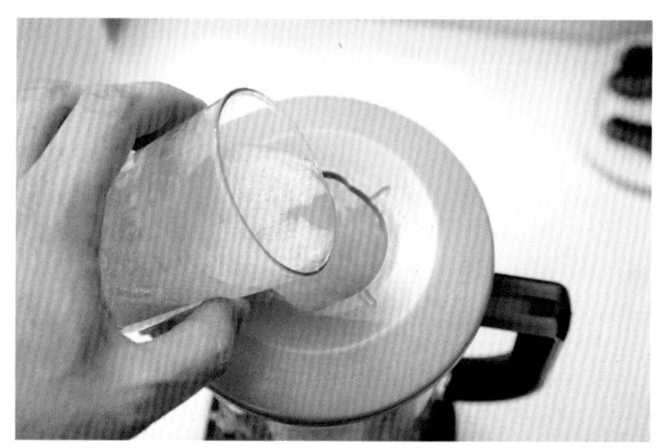

使用搅拌器和热的黄油可以迅速制作出荷兰酱。

檬汁的酸度可以减缓凝结，所以只要注意温度就可以了。完成的荷兰酱只要在 71.1~82.2℃（160~180 ℉）范围内，都是可以接受的。

为了测试这个理论，我在炉灶（微波炉也可以）上将几杯黄油条加热到 93.3℃（200 ℉），然后慢慢地把黄油滴到蛋黄和柠檬汁混合物中，此时，我用搅拌器搅拌混合物（在蛋黄混合物中加入一点儿水有助于防止蛋黄粘在杯子上），并迅速加入盐和卡宴辣椒（cayenne pepper）。就是这样，完美的荷兰酱就做好了，完全不会让你觉得困难。为了让制作更简单，我又试了一次，这次使用手持式搅拌棒和它配套的杯子。我把蛋黄、柠檬汁和水放到杯子里，再倒入所有化开的黄油，然后打开搅拌器开始搅打。漩涡将黄油向下拉入旋风叶片，厚重稳定的乳化剂如魔法般成形，直到所有黄油都被充分吸收。我制成的酱是浓厚且明亮的，这是一份好的荷兰酱该有的样子。

| 专栏 | 澄清黄油

固体黄油看起来像独立且均匀的物质，但当它在锅中化开后，便可以很快看出它是由几种不同的成分组成的。

- **乳脂**在黄油中所占比重约为 80%（一些高级的欧式黄油的乳脂含量可高达 84%，而一些新鲜的农场黄油的乳脂含量则低至 65%）。因为乳脂是由许多不同的脂肪组成的，

每一种脂肪都在特定的温度范围内软化或化开，所以在加热时，黄油会经历质地上的一系列变化。随着慢慢软化，黄油的延展性越来越好，直到最后，大约在 35℃（95 ℉）时，所有的脂肪都会液化。

- **水**占 15%（高级黄油的含水量会降至 11%，新鲜黄油的含水量则高达 30%）。在冰箱的凉爽环境中，水和脂肪构成一块黄油是没有任何问题的。但是，在煎锅中加热后，水会转化为水蒸气，形成小气泡，导致黄油产生泡沫。一旦泡沫消退，就表明所有的水都蒸发了，此时黄油的温度已经超过 100℃（212 ℉）。由于水的密度比脂肪的密度大，当黄油在大锅中化开时，这层水（和少量溶解的蛋白质）将沉到底部，加热足够长的时间，它将开始起泡。
- **乳蛋白（Milk proteins）**，主要是酪蛋白，构成了黄油剩余的 5%（或更多）的成分。这些蛋白质是乳白色浮渣，当你化开黄油时，它会浮在黄油的最上面。当你继续加热时，这些蛋白质开始棕化，最后变成烟。

因为含有较多的水和蛋白质，普通黄油不是煎食物的理想用油，因为它根本不耐高温。出于这个原因，许多厨师会制作澄清黄油，也就是除去了水和蛋白质的黄油。在印度，澄清黄油被称为酥油（ghee），是烹调时主要的脂肪来源。你可以通过化开黄油，撇去最上面的白色乳蛋白，然后倒出金黄的液体脂肪，丢弃底部含蛋白质的水来得到澄清黄油。一旦澄清后，黄油就可以被加热到更高的温度。

正如我前面提到的，做经典荷兰酱要用澄清黄油，原因是一般黄油里的水分会稀释酱汁。还有个更好的方法能避免做好的酱汁里有水，那就是把化开后的黄油慢慢倒出来，直到剩下底部的含水层，把它们丢弃不用就可以了。

简易荷兰酱

FOOLPROOF HOLLANDAISE SAUCE

笔记：

冷却的荷兰酱可以一边不断搅拌，一边用最小的火重新加热，但荷兰酱不能冷藏后再重新加热。

约 1 杯

大蛋黄 3 个

柠檬汁 1 大勺（用 1 个柠檬榨汁）

热水 1 大勺

无盐黄油 227 克（1/2 磅），切成小块

辣椒少许

犹太盐适量

用手持式搅拌棒做荷兰酱

1. 将蛋黄、柠檬汁和热水加到搅拌杯（或一个能容纳搅拌棒的头部的杯子）中。
2. 黄油切成小块，入锅，用中小火化开，持续加热到黄油正要开始冒泡，也就是 82.2~87.8℃（180~190 ℉），将其倒入一个量杯中，锅中只剩下那层薄薄的白色液体（丢弃）。
3. 将搅拌棒插入杯子底部，边倒黄油边搅拌，你应该会看到酱汁开始在杯子的底部形成。在酱汁形成时，慢慢地往上拉搅拌棒的头部，以倒入更多化开的黄油，直到所有黄油都融合到酱汁里，并且酱汁呈现鲜奶油一般的浓稠度。用辣椒和盐调味后，将酱汁放到碗里或小锅中，用锅盖盖起来，放在一个温暖的地方（不要再加热）直到准备上菜。

用台式搅拌机或食物料理机做荷兰酱

1. 将蛋黄、柠檬汁和热水加到台式搅拌机或食物料理机中，并以中速混合至顺滑，此过程约需 10 秒。
2. 黄油入锅，用中小火化开，持续加热到黄油正要开始冒泡，也就是 82.2~87.8℃（180~190 ℉）。
3. 将盛有蛋黄混合物的搅拌机继续以中速运行，在 1 分钟的时间里慢慢地将黄油倒进去，只留下锅底那层薄薄的白色液体（丢弃），直到酱汁变得顺滑且呈现如鲜奶油一般的浓稠度。用辣椒和盐调味后，将酱汁放到碗里或小锅里，用锅盖盖起来，放在一个温暖的地方（不要再加热）直到准备上菜。

班尼迪克蛋

EGGS BENEDICT

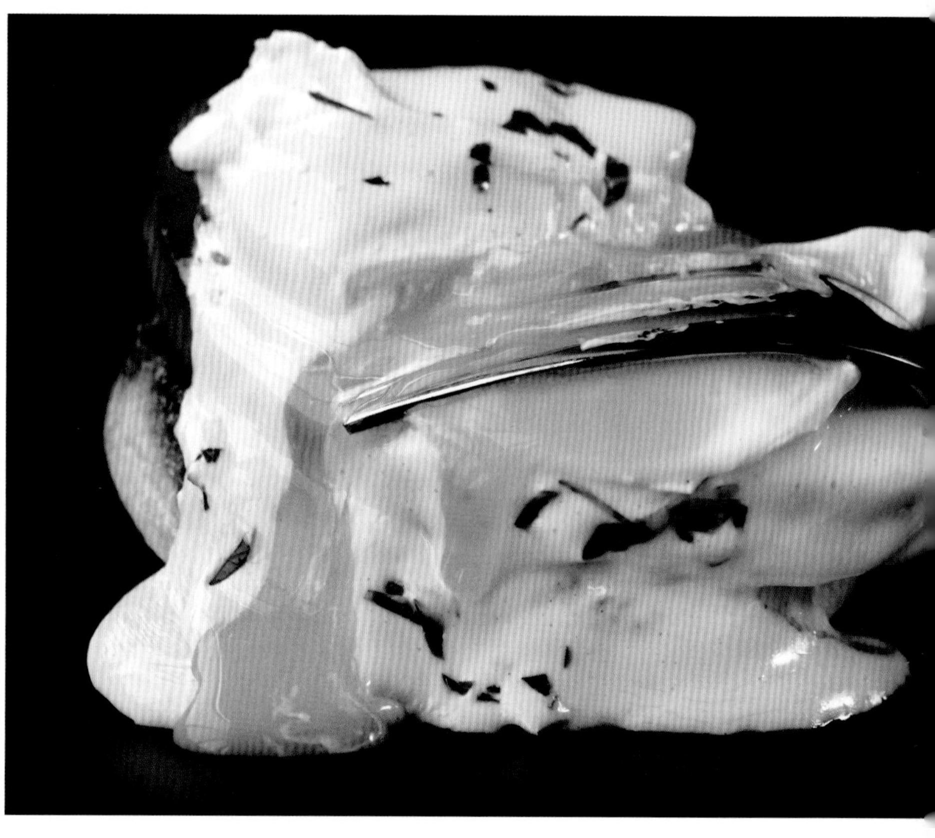

2~4 人份

犹太盐 2 大勺

植物油 2 小勺

加拿大培根或厚切火腿 4 片

鸡蛋 4 个

英式玛芬 2 个，切开，烤过并涂上黄油

简易荷兰酱 1 份（保持微温，做法见 p.99）

辣椒少许（可省略）

切碎的香草少许（可省略）

1. 将盐和 2.85 升（3 夸脱）的水放在一口大锅里，用大火煮沸。
2. 在煮沸水的同时，在 30.5 厘米（12 英寸）的不锈钢锅或铸铁锅中加入植物油，以中火加热到出现波纹。加入加拿大培根（或火腿），煎一下并翻面，直到两面都呈褐色。这个过程需约 5 分钟。煎好后，盛到一个大盘子里，用铝箔纸包起来保温。
3. 关火。将鸡蛋分别打入小碗或杯子里。小心地将一个鸡蛋倒入置于另一个碗上方的细目滤网中，让多余的蛋白滤出，留下紧致的蛋白和被它包围的蛋黄。轻轻地将滤网放入水中，然后将蛋倒入水中。剩下的鸡蛋也重复此步操作。

4. 让鸡蛋煮一会儿，偶尔将木铲在锅中转几圈，让鸡蛋在锅中缓缓地移动，并轻轻地转动蛋，直到蛋白完全凝固，而蛋黄仍然呈液体状。此过程约 4 分钟。用沥水汤勺将蛋舀出，放到垫了厨房纸巾的盘子上。
5. 在每半个英式玛芬上都加一片加拿大培根，放一个水波蛋，舀一些荷兰酱淋到蛋上面，再撒上辣椒和香草碎。如果要立刻上菜，请将剩下的荷兰酱放入微温的碗中（便于荷兰酱保温），一同上桌。

蔬食班尼迪克蛋

EGGS FLORENTINE

不吃猪肉？不用担心。用鸡蛋和荷兰酱配上菠菜也一样好吃（配芦笋也很不错）。

2~4 人份

犹太盐适量
植物油 2 小勺
中型蒜瓣 1 粒，切成碎末
菠菜 1 束，约 113 克（4 盎司），修整，洗净并沥干
现磨黑胡椒碎适量
鸡蛋 4 个
英式玛芬 2 个，切开，烤过且涂上黄油
微温的简易荷兰酱 1 份（做法见 p.99）
辣椒少许（可省略）
切碎的香草少许（可省略）

1. 在大锅里加入 2.85 升（3 夸脱）的水和 2 大勺盐，搅匀，大火煮沸。
2. 在 30.5 厘米（12 英寸）的不锈钢锅或铸铁锅中加入植物油，中火加热到出现波纹，加入大蒜末不断翻炒约 30 秒，直到香味溢出，再加入菠菜与 2 大勺水，偶尔拌炒一下，直到菠菜炒熟且大部分水都蒸发，加入适量的盐和黑胡椒碎调味后盛到盘子里并置于一旁。
3. 按照 p.100“班尼迪克蛋”食谱的步骤 3 和步骤 4 煮水波蛋。
4. 在每半个英式玛芬上都放上 1/4 的菠菜，再将一个水波蛋放上去，舀一些荷兰酱淋到蛋上面，撒上辣椒和香草碎。如果要立刻上菜，可将剩余的荷兰酱放入微温的碗中，一同上桌。

煎蛋

你是否像我一样，精通煎蛋是你烹饪上的第一项成就？

或者，我应该说，煎蛋是我最先在厨房里尝试完成的料理，因为（真相是）鸡蛋每一次做出来都不一样。这不一定是件坏事。如果我有记录下来为什么每次煎出来的鸡蛋都不一样，那么，我可能早在多年前就已经开发出很好的技巧了。

记得吗？蛋白在约 68.3℃（155 ℉）时开始凝固，而蛋黄则是从 62.8℃（145 ℉）开始凝固的（见 p.85 的“热与鸡蛋”）。试图在完全不同的凝固速度下，用相同的烹饪媒介来烹调食物的两种不同部分不是件简单的事，但还是可以做得到的。

我们已经知道一件确定的事：如果你想要鸡蛋看起来像照片中呈现的那样完美，蛋黄是高高隆起的，被叉子刺穿后，金黄色液体像瀑布般流过那平坦、紧致、干净的蛋白平面，还有那些微微酥脆的边缘，那么，你必须要使用最新鲜的鸡蛋。像做水波蛋那样（见 p.91 的“水波蛋”）用细目滤网来过滤蛋白松散的部分，也有助于达到这个效果。然而，对我个人而言，我比较喜欢充满泡沫又薄的蛋白，它们散布在锅内，在煎的过程中变得更酥脆。看起来像照片般完美的煎蛋只是为了做广告罢了。

一个紧致隆起的蛋黄不仅仅是看起来美味而已。用新鲜的鸡蛋，蛋黄会始终高于热的锅底面，这使得蛋黄比蛋白会慢一点儿凝固。如果在蛋黄变硬之前，你希望蛋白维持不透明状，那么，鸡蛋新鲜与否是关键。

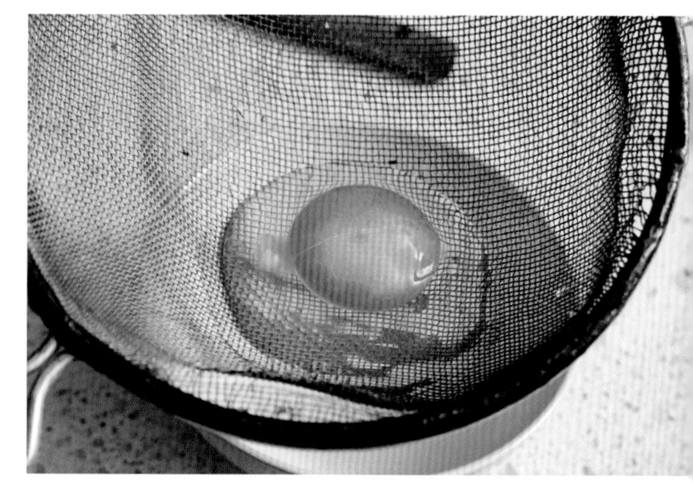

煎蛋前先过滤一下，可以让你得到一个看起来几乎完美的煎蛋。

你还能做些什么来保持蛋黄不会被煎得过熟呢？我们知道，蛋黄比蛋白含有更多的脂肪，而幸运的是，脂肪是一个很好的隔热层——也就是说，它传递热量的效率比水低。

因此，我们可以通过调整烹饪温度来达到想要的状态。我在三口不同的锅里用三种不同的火力来煎鸡蛋，直到蛋白凝固。

- **用小火，**蛋黄底部变得坚实，只在顶部有一层非常薄的几乎呈液态的蛋黄。除了蛋黄周围最厚的部分之外，所有蛋白都像橡胶般非常有弹性而且很干。保持温和的火力和延长烹饪时间，热传导速度在蛋黄和蛋白之间的差异对它们的烹饪速度没有强烈的影响，它们基本上是同时被煎熟的。此外，煎好的蛋白是纯白色的，在底部没有酥脆或褐色的表面。有些人喜欢这样的蛋白。但我认为这些人其实想要的就只是一个水波蛋吧。
- **用中火，**蛋黄上层仍然有很多呈液态的部分，而底部则变得相当结实。蛋白有点儿变褐色（如果我用黄油而不是一般的植物油，蛋白颜色会变得更深，因为黄油中的乳蛋白会棕化并粘在鸡蛋上）。对于那些喜欢蛋黄呈半固态半液态，又不希望蛋白有透明度的人而言，这种火力是合适的。
- **用大火，**你可以得到全熟的蛋白，而蛋黄几乎全部是液态的，并且你会遇到另一个问题：在鸡蛋其他部分熟到可以吃之前，底部会先烧焦。

对于最简单的煎蛋，就用中火吧。无论你使用黄油还是一般的植物油都不会对烹饪产生任何影响，使用黄油时只要确保在气泡消退后马上把蛋打进去即可——气泡消退表示黄油中的水分已完全蒸发，锅内的温度在121.1℃（250 ℉）以内。黄油会给你更丰富的味道和更好的上色效果，而一般的植物油会给你更纯的鸡蛋风味和更脆的蛋底，选哪种取决于个人喜好。

有很长一段时间，我特别喜欢中火煎出的鸡蛋，牺牲一点儿液体蛋黄来换取特别酥脆的蛋白，但后来我在西班牙看到一种技术，让我重新思考我的煎蛋方式。那里常见的不是在一层薄薄的油里煎鸡蛋，而是在一个浅的油池里煎。厨师在平底锅里倒入 1.3 厘米（1/2 英寸）高的橄榄油，并加热到可以油炸的温度，然后将锅倾斜，让油集中到一边，再把鸡蛋放进去，在此过程中将热油浇在鸡蛋上。鸡蛋的各个边都会很快地被煎熟，蛋白会很快凝固，变成精致镶花边的卷曲外缘，围绕着仍然是液态的蛋黄。如果我把这种技术的一部分应用在煎蛋上会如何呢？

在煎锅中将几大勺油加热（我使用不粘锅或好的铸铁锅），然后加入鸡蛋，用勺子将热油浇到蛋白上，就可以得到类似的效果。蛋白会充气膨胀并变得酥脆，迅速凝固成形，而中间的蛋黄保持了几乎没有加热过的样子。这是我喜欢的新方式，特别是当我用高级的橄榄油去烹调时。

特脆太阳蛋

EXTRA-CRISPY SUNNY-SIDE-UP EGGS

1 人份

大型鸡蛋 2 个

橄榄油 3 大勺（可以使用特级初榨橄榄油）

犹太盐和现磨黑胡椒碎各适量

1. 将一个鸡蛋敲开，放入一个小杯子里，然后再倒入放在碗上面的细目滤网中，轻轻旋转摇晃一下滤网，直到多余的松散蛋白都被滤掉。将鸡蛋倒回杯中。依样处理第二个鸡蛋。
2. 将橄榄油倒入中型不粘锅或铸铁锅中，以中火加热至 148.9℃（300 ℉）。小心地把鸡蛋倒入油里，立即倾斜煎锅，使油集中在锅的一边，然后用勺子把热油浇到蛋白上，尽量不要弄到蛋黄上。持续这个动作直到蛋白完全凝固，底部呈现酥脆的样子，这个过程需约 1 分钟。用锅铲将鸡蛋放到衬有厨房纸巾的盘子上，用盐和黑胡椒碎调味，即可上桌。

两种炒蛋

在炒蛋的世界中有一条很大的鸿沟……

关于炒蛋，有些人喜欢浓稠且绵密的（就像我），有些人喜欢轻盈干燥且蓬松的（就像我太太）[3]。这是会引起家庭纷争的种子，所以为了维持婚姻幸福，我决定研发出能做好这两种炒蛋的方法，使我们俩都可以好好享受早餐。

就像水煮蛋一样，炒蛋的关键也是控制鸡蛋蛋白质的凝固，不同点在于炒蛋不只是将蛋白和蛋黄混在一起，你还有机会混合其他食材，以及可以在炒蛋的时候通过移动鸡蛋来控制它们混合在一起的方式。关于我的测试，我决定从一般鸡蛋开始，以测试拌炒和其他机械动作对结果的影响。我唯一使用的添加物是一点儿黄油，以防止鸡蛋粘锅。

有几个现象立刻呈现出来。绵密炒蛋和蓬松炒蛋之间的区别主要在于最后包含的空气量。煎蛋在锅中加热时，其蛋白质开始凝固，同时内部的水分也开始蒸发，蒸汽和空气的气泡在鸡蛋里堆积。剧烈的拌炒或摇动将导致这些蒸汽和空气的气泡破裂，使得蛋变得稠密。

③老实说，我太太喜欢鸡蛋被炒成又干又蓬松的样子。她用大火炒鸡蛋，用木勺不断戳那个蛋，直到它变成干瘪、棕色的块状，像小老鼠的粪便。她称之为爆米花鸡蛋，在我看来实在是糟糕极了。

所以，想做出最蓬松的炒蛋，就要尽量减少鸡蛋在锅里的移动，并轻轻地翻动鸡蛋，让它们能够被均匀地烹调成又大块又金黄的软嫩凝乳状。想做出绵密炒蛋，比较好的方法是持续拌炒，以去除过量的空气，并使鸡蛋的蛋白质彼此紧密联结，这样就能做出稠密如卡仕达酱的炒蛋了。

热对于最终口感也有很大的影响。用非常小的火烹调时，即使轻轻翻动鸡蛋，它也不会变得太蓬松。这是因为锅中没有足够的能量来形成蒸汽或使气泡剧烈膨胀。所以，想做蓬松的炒蛋，你需要使用相对大的火（但如果你让锅变得太热，鸡蛋会有炒得过熟甚至烧焦的风险）；而对奶油般绵密的炒蛋，用小火可以让你更轻松地控制它们的口感。

添加物对鸡蛋口味的影响

那些常用来添加到鸡蛋里的食材，诸如水和牛奶，又起什么作用呢？基本上，它们可以有两种作用：第一，加一些水的话，可以做出更蓬松的鸡蛋（含水越多，蒸发越多，会形成更多的气孔）；第二，乳制品含有脂肪，这可能会阻碍鸡蛋蛋白质彼此联结，从而产生更嫩的凝乳。以下表格做了总结：

表 4　添加物对鸡蛋口味的影响

添加物	对质地和味道的影响	原理
无添加物	鸡蛋很快就被炒熟，但质地比较坚韧	
水	蓬松感增加，味道变淡	添加额外的水说明会有更多的水蒸发，在鸡蛋里产生更大的气泡并让鸡蛋变轻
牛奶	蓬松感增加且软嫩	牛奶的主要成分是水，这有助于增加蓬松感，而其所含的蛋白质和脂肪则可防止鸡蛋蛋白质黏合太紧密，让鸡蛋更柔嫩
鲜奶油	没那么蓬松，但会变得浓郁，有着如奶酪般的风味与质地	高脂肪含量的奶油大大降低了鸡蛋蛋白质的结合力
冷的黄油	奶香味超级浓郁且质地浓稠	冷的黄油不仅能增加脂肪，使炒蛋嫩滑，而且有助于调节温度，使鸡蛋冷却，凝固得更慢，这会产生更浓郁、更细腻的口感

有了这些资料，我做出了很棒的蓬松炒蛋，用了以下技巧：加入一些牛奶到鸡蛋里搅拌，使用相对大的火，尽量减少翻炒，还要确保在鸡蛋完全炒熟之前把它从热锅中盛出来。因为即使从锅中盛出鸡蛋，水分仍持续从蛋里蒸发，蛋白质会更加紧密，这样才能确保它们在上桌时呈现刚好的熟度。

不过，我在做绵密炒蛋时出现了较多的问题。我用冷的黄油以小火烹调，并不断翻炒让鸡蛋不至于凝结，以及释放空气和蒸汽，最后鸡蛋炒出来还可以，但仍然没有我想要的那么顺滑。在烹调前先给鸡蛋加点盐（见本页的“加盐鸡蛋”），再将它静置一会儿，还算有用。我在法国餐馆工作时学到一件事，就是当所有的方法都失败了，那就加入更多的脂肪吧。我的解决方案是加入额外的蛋黄到蛋液中，且在完成前加一点儿鲜奶油。鲜奶油有两个功能：增添浓郁的风味和让鸡蛋的口感顺滑。如果是在烹饪结束前加入，也可让鸡蛋降温，以防止将它炒得太硬。那该如何改良让炒蛋效果更好呢？使用法式酸奶油（见 p.111 的“简单自制法式酸奶油”）来替代鲜奶油，你就可以得到超级奢华的炒蛋——质感又浓郁又顺滑，几乎像蛋奶冻一样。真是太特别了（Eggs-ceptional[④]）！（啊，抱歉。）

| 专栏 | 加盐鸡蛋

情况是这样的：你刚刚打了几个鸡蛋，放了一小撮盐，准备做炒蛋。可是突然间，狗被困在厕所里，你的丈母娘打电话来，同时有快递员敲门要送全新的电子温度计给你。30 分钟后，你回到厨房，发现这些鸡蛋全都变色了。本来是明亮的黄色和不透明状，现在变成深橘色且半透明状。这是怎么回事？然而更重要的是，这会影响到我烹调出来的成品吗？

不加盐的鸡蛋　　　　加盐的鸡蛋

④ Eggs-ceptional，是 exceptional（特别的，异常的）的谐音。——校注

盐通过削弱蛋黄中蛋白质相互的吸引力来影响蛋的口感（是的，蛋黄中的蛋白质确实被发现彼此是有吸引力的）。蛋黄由数百万个充满水、蛋白质和脂肪的微小球体所组成。这些球体太小了，以至于肉眼看不到，但它们紧挨在一起，可以防止光透过它们。盐将这些球体打破成更细小的颗粒，让光可以透过，所以加盐的鸡蛋就变成了半透明状。这对烹调结果有什么影响吗？为了得到答案，我把三批鸡蛋并排烹调，并观察它们最后的质地。

表 5　加盐的时间点对鸡蛋口感的影响

加盐时间	结果
烹调前 15 分钟	最嫩，并有湿润松软的凝乳
马上要烹调时	口感中等滑嫩
烹调完成时	三个中质地最硬的，会有液体流到盘子上

事实证明，盐对鸡蛋的烹调结果会产生相当大的影响。当鸡蛋在锅中凝结时，蛋黄中的蛋白质因为越来越热而变得越来越紧密。太紧密时会开始挤出液体，从而导致鸡蛋渗出液体。在烹调之前加盐到鸡蛋里，可以减少蛋白质对彼此的吸引力，防止它们过于紧密结合，从而产生比较滑嫩的凝乳，也不会有令人讨厌的液体渗出。在烹调之前立刻加盐是有帮助的，但是为了获得最佳效果，盐必须要有足够时间溶解并且均匀地分布在蛋液中。这需要约 15 分钟，是刚刚好足够让你把培根煎熟的时间！

烹调好后加盐会渗出液体。

提前至少 15 分钟加盐可以保持湿润。

轻盈蓬松炒蛋

LIGHT AND FLUFFY SCRAMBLED EGGS

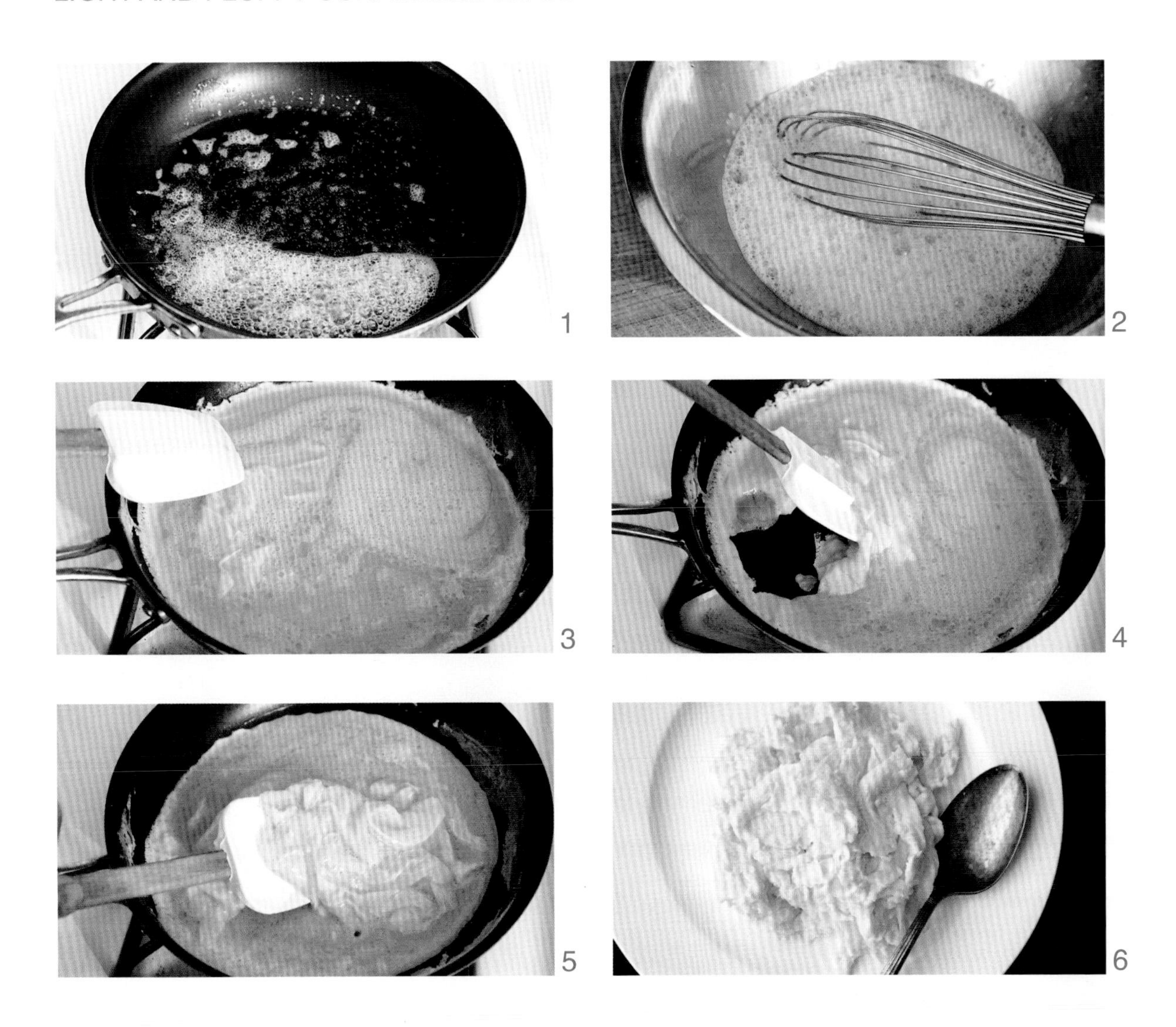

4 人份

大型鸡蛋 8 个

犹太盐 3/4 小勺

全脂牛奶 3 大勺

无盐黄油 2 大勺

1. 在碗里混合鸡蛋、盐和牛奶，搅拌至均匀并起泡，约 1 分钟。在室温下放置至少 15 分钟。鸡蛋的颜色应该会明显变暗。
2. 在 25.4 厘米（10 英寸）的不粘煎锅里以中火将黄油化开，转动一下锅，使黄油均匀铺在整个锅底。（图 1）重新搅拌一下蛋液，直到起泡沫。（图 2）将蛋液倒入煎锅，待鸡蛋凝固时，用硅胶锅铲慢慢地刮起锅底部和侧面的蛋液，然后不断翻炒，直到鸡蛋变成固体状、湿润的凝乳并且没有任何液体状的鸡蛋留存，这个过程需约 2 分钟，此时鸡蛋应该仍然呈略微未熟的样子。（图 3—图 5）立即装盘并上桌。（图 6）

绵密炒蛋

CREAMY SCRAMBLED EGGS

4 人份

大型鸡蛋 6 个

大蛋黄 2 个

犹太盐 3/4 小勺

无盐黄油 2 大勺，切成 0.6 厘米（1/4 英寸）见方的块并冷藏

鲜奶油或法式酸奶油 2 大勺（见 p.111）

1. 在碗里混合鸡蛋、蛋黄和盐，搅拌至均匀并起泡沫，此过程需约 1 分钟。在室温下放置至少 15 分钟，蛋液的颜色应该会明显变暗。
2. 将冷藏过的黄油加入蛋液中，然后将蛋液放入 25.4 厘米（10 英寸）的不粘煎锅中，以中小火持续加热到黄油完全化开，而蛋液也开始凝固。当鸡蛋变得越来越结实时，快速拌炒以便把大块的鸡蛋分开，并继续炒到蛋液全部凝结。（图 1—图 4）
3. 将锅移离火源，加入鲜奶油，持续拌炒 15 秒，此时鸡蛋应该是完全滑嫩并有着像蛋奶冻般的纹理的，你很难将它维持在一个固定形状。将完成的炒蛋放到容器里，即可上桌。（图 5、图 6）

简单自制法式酸奶油

EASY HOMEMADE CRÈME FRAÎCHE

法式酸奶油是鲜奶油在一定条件下发生变质而形成的。引入鲜奶油中的细菌将其中一些糖（主要是聚合糖类乳糖）转化为更简单的糖以及一些酸性物质。这降低了鲜奶油的 pH 值，因而让其中一些蛋白质凝结，使鲜奶油变得更浓厚黏稠。好的法式酸奶油营养丰富，呈淡黄色，质地浓稠到足以形成松散的尖端，并拥有强烈的香气和类似奶酪的味道。商店里卖的法式酸奶油是不错，但并不容易买到而且很贵。简单地将白脱牛奶（有活的细菌培养物）混合到鲜奶油中，放置一夜让它变得更加浓稠，当我发现在家里就能用这种方法自制出真正的法式酸奶油时，我的心都飞起来了。我喜欢分享令自己兴奋的经历，继续看吧，你真是太幸运了！

我试了一下鲜奶油和白脱牛奶之间的比例，最后发现，这个比例并不是那么重要。如果加入更多的白脱牛奶，可以花更少的时间来稠化，但奶味会略淡。若少加一点儿，则需要更长时间稠化，但味道更好。一大勺白脱牛奶配一杯鲜奶油（即白脱牛奶：鲜奶油 = 1 ： 16）是我所能得到的完美比例。

它在 12 小时左右的时候会变得超级浓稠。你可以用冷藏来提前中止菌群的活动——这个方法可以帮助你做出一个比较稀的墨西哥风味酸奶油（crema agria），可将它淋到玉米片上或制作成牛油果酱（guacamole）。无须担心鲜奶油在室温下会坏掉，因为白脱牛奶中的有益菌会繁殖，能防止有害菌滋生。

2 杯

鲜奶油 2 杯

白脱牛奶 2 大勺

将鲜奶油和白脱牛奶在玻璃罐或碗中混合，盖好盖并在室温下静置，直到达到所需的浓稠度，这个过程需 6~12 个小时。成品可保存在密封容器中，放入冰箱冷藏，最多可保存 2 周。

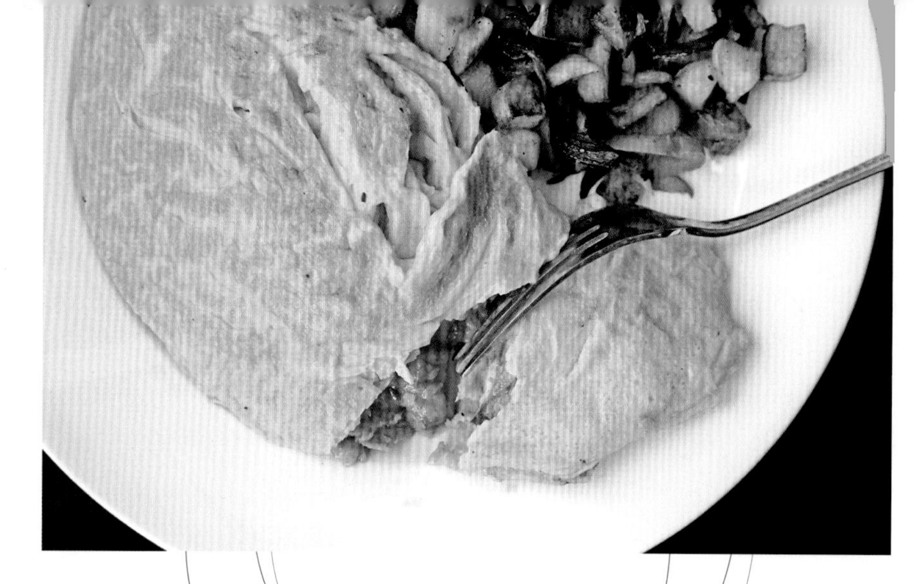

欧姆蛋

和炒蛋一样，欧姆蛋也有两种主要类型。

丰富、大块、满到溢出、蓬松、半圆形的欧姆蛋，淡黄色的鸡蛋湿润、滑嫩，搭配馅料，慢慢卷起后就像世界上最美味的雪茄。如同炒蛋一样，加热和拌炒鸡蛋的方式是决定最终成果的主要因素。

要做出蓬松的简餐式欧姆蛋，关键在于用热黄油来炒蛋，并在烹调过程中尽可能少地移动它。与炒蛋要摇动锅和切断结块的凝乳不同，要做出欧姆蛋，最好的方法就是做提升和倾斜（lift-and-tilt）的动作：使用硅胶锅铲刮起欧姆蛋的边缘，并在将锅倾斜的同时把它们推向锅的中心，以便让生的蛋液流到下层加热。

重复这个动作，几乎所有的蛋液都可以在最少搅拌的情况下凝固。最后还是会在表面留下一些生蛋，不过这也很容易处理：将煎锅移开火源，加上任何你喜欢的配料（火腿和奶酪是我最喜欢的），再盖上锅盖，让鸡蛋的余热慢慢地加热这些配料，然后将欧姆蛋对半折叠并整理，就可以上菜了。

精致高级的花式欧姆蛋，也就是雅克·佩潘做过的那种，是通过快速烹调鸡蛋做出来的。这看起来很容易，但其实是最难的烹饪技术之一（这是真的）。幸运的是，它不需要快速，一旦你从绵密炒蛋那里学会用冷藏黄油帮助调节烹饪温度的技巧（见 p.110 的“绵密炒蛋”），你就可以用慢煮和不断拌炒的方法做出精致高级的花式欧姆蛋。剩下的唯一困难就是卷蛋了。诀窍是要确保蛋的一侧比另一侧更厚，这可以通过在快完成时将锅倾斜，用锅轻敲炉灶，让蛋往锅手柄对面的一端聚集来做到。然后等底部稍微凝固，再将欧姆蛋从较薄的边缘开始卷起，将盘子扣在锅上，再倒扣过来，将欧姆蛋完好地转移至盘中。

柔软的法式欧姆蛋

简餐式火腿奶酪欧姆蛋

DINER-STYLE HAM AND CHEESE OMELET

将除奶酪之外的内馅放到欧姆蛋里之前要先加热（这很重要，否则在煎欧姆蛋时，内馅会不够热），然后把奶酪和做好的内馅放到欧姆蛋里，这会帮助奶酪软化。当欧姆蛋做好的时候，奶酪是正好的黏黏的状态，欧姆蛋也不会有过熟的情况。

2 人份

大型鸡蛋 5 个
犹太盐 3/4 小勺
现磨黑胡椒碎 1/4 小勺
无盐黄油 2 大勺
火腿 113 克（4 盎司），切丁
磨碎的切达奶酪 57 克（2 盎司）

1. 将鸡蛋、盐和黑胡椒碎在碗里混合，搅拌至均匀起泡，约 1 分钟。放在室温下静置至少 15 分钟。蛋液颜色应该会明显变暗。
2. 在静置的同时，在 25.4 厘米（10 英寸）的平底不粘锅里以中火将 1 大勺黄油化开，加热至略带褐色。加入火腿丁并不断拌炒，直到它的边角开始上色，此过程需约 3 分钟。（图 1）把火腿丁盛到小碗中，加入奶酪，搅拌混合。（图 2）将煎锅用厨房纸巾擦干，然后放回中火上。
3. 将剩余的 1 大勺黄油倒入锅中，加热至略带棕色。重新搅打蛋液直到起泡，然后加到煎锅里，在鸡蛋开始凝固时使用硅胶锅铲把蛋的边缘推向中心，再把锅倾斜让未熟的蛋液流到下层。持续用硅胶锅铲铲动蛋的边缘，再将煎锅倾斜，直到欧姆蛋快要成形，此过程约需 45 秒。（图 3—图 6）
4. 将火腿丁和奶酪放在欧姆蛋上，将锅移开火源，盖上锅盖，让欧姆蛋静置一下，直到它达到所需的稠度，此过程约需 1 分钟。（图 7）
5. 用硅胶锅铲推开粘在锅上的欧姆蛋，摇晃锅，确保蛋没有粘锅。小心地将欧姆蛋对折并整理，然后将其盛入餐盘，即可上桌。（图 8）

简餐式蘑菇甜椒佐洋葱欧姆蛋

DINER-STYLE MUSHROOM, PEPPER, AND ONION OMELET

1. 在 25.4 厘米（10 英寸）平底不粘锅中以中火化开 1 大勺黄油，加热到轻微变棕色。加入 1/2 杯切片的蘑菇，用盐和黑胡椒碎调味，开始翻炒，直到它们释放出水分并蒸发，蘑菇开始发出嘶嘶声，约 3 分钟。加入 1/2 杯甜椒丁和 1/2 杯洋葱丁，以盐和黑胡椒碎调味，开始翻炒，直到蔬菜软化并有轻微的上色，约 5 分钟。将蔬菜丁盛到一个小碗中，加入奶酪并搅拌混合。
2. 用厨房纸巾擦干平底锅，将其放回中火上，依照上述“简餐式火腿奶酪欧姆蛋”食谱中的步骤 1 和步骤 3 烹调欧姆蛋。当欧姆蛋快要成形时，用蔬菜丁和奶酪替代上方步骤 4 中的火腿丁和奶酪放于欧姆蛋上，再按上方步骤 4 和步骤 5 继续制作完成。

简餐式芦笋红葱头佐山羊奶酪欧姆蛋

DINER-STYLE ASPARAGUS, SHALLOT, AND GOAT CHEESE OMELET

1. 将 8 根芦笋洗净，底部修齐，切成 2.5 厘米（1 英寸）长的段。在 25.4 厘米（10 英寸）的平底不粘锅中以中火化开 1 大勺黄油，加热到轻微变棕色。加入芦笋段，以盐和黑胡椒碎调味，开始翻炒，直到芦笋段变得软嫩且开始上色，约 5 分钟。加入 1 个切成薄片的大红葱头（约 1/2 杯），煮至软化，约 3 分钟。将蔬菜盛到一个小碗里。
2. 用厨房纸巾擦干平底锅，将其放回中火上，依照上述“简餐式火腿奶酪欧姆蛋”食谱中的步骤 1 和步骤 3 烹调欧姆蛋。当欧姆蛋快要成形时，将蔬菜和 57~85 克（2~3 盎司）的新鲜山羊奶酪块替代上方步骤 4 中的火腿丁和奶酪放在欧姆蛋上，再按上方步骤 4 和步骤 5 继续制作完成。

| 刀工 | 如何切甜椒

切甜椒有两种方法：

一种是将皮朝上来切，另一种是将皮朝下来切。

我以前是使用前者，让甜椒的皮朝上是我唯一可以用刀子切穿它的方法。当刀子切穿甜椒的皮时，甜椒肉会支撑着。然而我发现，只要用一把真正锋利的刀，将甜椒皮朝下切，切穿皮就不是问题了，而且这样切，可以防止你挤压到甜椒肉。

要切开甜椒，首先要用锋利的刀通过甜椒蒂部将其纵向分成两半。（图 1）拔出蒂并抠出瓤后，将它们丢掉。（图 2）如果要切成条，可将所有甜椒先皮朝下放在砧板上，再纵向切成均匀宽度的条。（图 3）如果需要切成丁，可一次握住几根甜椒条，然后将它们横切成丁即可。（图 4）

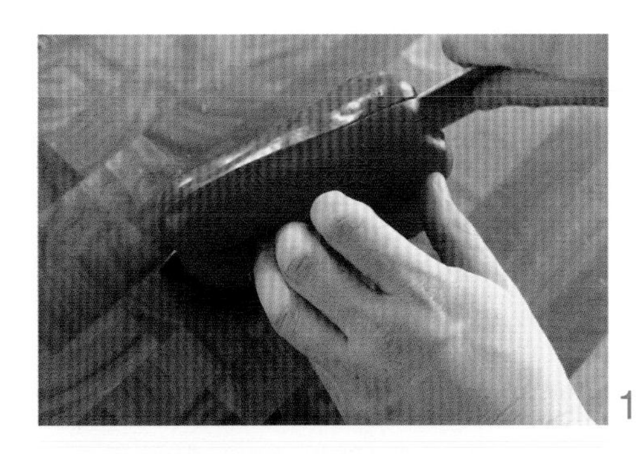
1

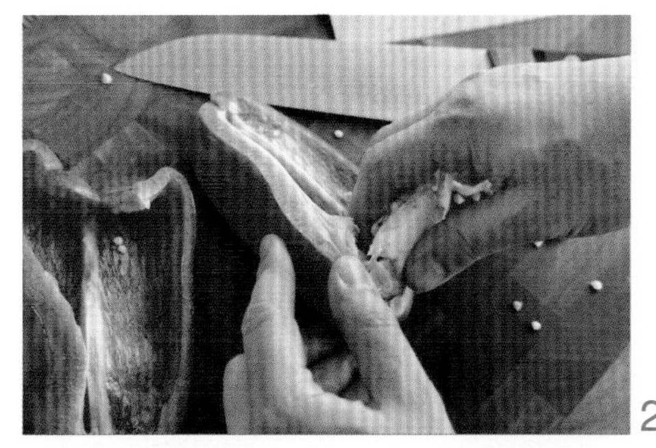
2

3

4

嫩煎花式欧姆蛋

TENDER FANCY-PANTS OMELET

1 人份

大型鸡蛋 3 个

大蛋黄 1 个

犹太盐 1/2 小勺

现磨黑胡椒碎 1/4 小勺

全脂牛奶 1 大勺

切碎的混合新鲜香草 1 大勺，如荷兰芹、龙蒿（tarragon）和细香葱（可省略）

无盐黄油 1.5 大勺，切成 0.6 厘米（1/4 英寸）见方的块并冷藏

1. 在碗里将鸡蛋、蛋黄、盐、黑胡椒碎、牛奶和香草碎混合，搅拌至均匀起泡，约 1 分钟。放在室温下静置至少 15 分钟。蛋液颜色应该会明显变暗。
2. 将 2/3 的冷藏黄油块加入鸡蛋中。将 20.3 厘米（8 英寸）的平底不粘锅置于小火上，放入剩下的黄油块化开，倒入蛋液，用硅胶锅铲慢慢地搅拌，把鸡蛋从锅的底部和侧面刮下，直到鸡蛋已经开始凝固，约 2 分钟。然后持续翻炒和刮拌，直到鸡蛋达到用铲子划过时还能维持形状的程度，摇动锅将鸡蛋均匀地分布在底部，然后倾斜锅，用锅轻敲炉灶，使得鸡蛋的一侧比另一侧更厚。关火，盖上锅盖，等待鸡蛋成形到所需稠度，约 1 分钟。（图 1—图 4）
3. 打开锅盖，用锅铲协助卷起欧姆蛋，从较薄的一端开始卷，最后将有缝的那面朝下盛到盘子上（一只手拿着盘子，另一只手拿着锅，将盘子扣在锅上，再倒扣过来，即可将欧姆蛋完好地转移到盘子上），调整欧姆蛋的形状，就可以上菜了。（图 5—图 8）

1
2
3
4
5
6
7
8

| 专栏 | 欧姆蛋内馅

欧姆蛋做起来很快，快到可能内馅都还来不及熟。所以，做有内馅的欧姆蛋的关键是要先烹调内馅，准备好温热的内馅以便随时可以加入欧姆蛋中。在静置加盐鸡蛋时，可以先把内馅做好，这样可以节省时间。唯一会限制你决定塞什么食材进欧姆蛋的是你的想象力，这里提供一份可作为内馅的食材列表，让你可以有个好的开始。

表 6　欧姆蛋内馅食材搭配及烹制方法

食材	烹饪方法
各种新鲜奶酪，我喜欢切达（cheddar）、杰克（Jack）、蓝纹（blue）、菲塔（feta）、格吕耶尔（Gruyère）、布里（Brie）和山羊奶酪（goat cheese）	磨碎或剁碎。如果与其他熟食搭配使用，可将其他食材做熟后与奶酪一同放进碗里搅拌（其他食材的余热将有助于奶酪化开）
硬奶酪碎（hard grating cheese），比如帕玛森（Parmigiano Reggiano）、科提加（Gotija）、佩克里诺羊奶奶酪（Pecorino Romano）	用刨刀磨碎，并加入生蛋中
腌肉，如香肠、火腿和培根	切成 1.3 厘米（1/2 英寸）见方的块，用黄油煎一下（煎培根的话不放油，用其自身所含脂肪来煎），直到边缘酥脆，并充分棕化
洋葱、红葱头、甜椒和辣椒等	切丁后用黄油煎到软化
番茄	切丁，抹盐并沥干
较嫩且多叶的蔬菜，如菠菜和芝麻菜	以黄油拌炒，喜欢的话可以加一点儿大蒜末
较嫩的瓜类，如西葫芦或南瓜	以黄油拌炒
芦笋	切成 0.6 厘米（1/4 英寸）厚的片，用黄油拌炒
葱	切碎，葱白以黄油拌炒，葱叶直接混合到内馅里或留作装饰
蘑菇	切薄片，用黄油炒至水分蒸发，此时蘑菇已被很好地棕化
香草	直接加到生鸡蛋里

我喜欢的欧姆蛋组合有菠菜混合山羊奶酪，芦笋和红葱头混合格吕耶尔奶酪，以及洋葱、甜椒与火腿混合切达奶酪。这些组合都很经典，做出来的欧姆蛋也都很好吃。

料理实验室指南：培根的烹饪指导

让一位素食主义者破戒的最好方法，
就是在他面前晃动一片酥脆的培根。

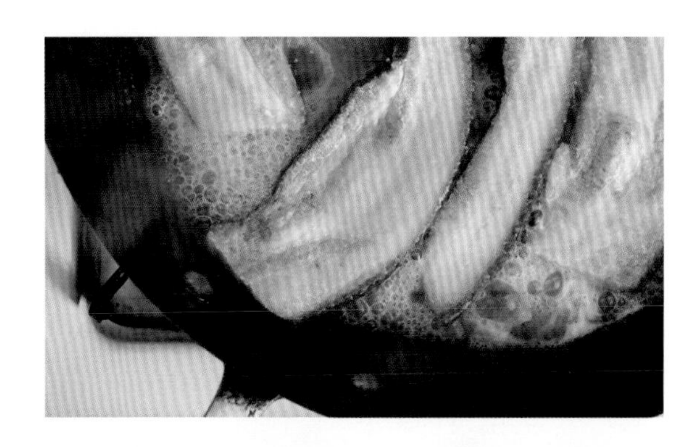

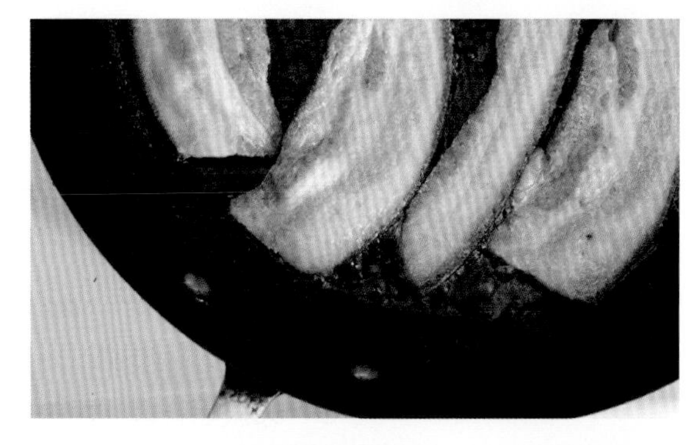

我有时认为，唯一一件维系着我的婚姻和谐的事，就是我将培根端到我太太的床前，这可以修补我们婚姻中的所有裂痕。现在的我已经相当擅长烹饪培根了，但并非一直都是如此。我做的培根曾经很糟糕：培根有些地方很焦脆，有些地方却软烂，咬起来像橡胶，并且还没熟。

要做出完美酥脆的培根，需要的是耐心。你看，培根由两种不同的部分组成——肥肉（实际上是脂肪和结缔组织的混合物）和瘦肉——而且每个人的烹饪方式不同。脂肪在加热时会迅速收缩，但是在最初的收缩之后，还需要相当长的时间才能完成烹饪，因为剩下的结缔组织需要缓慢地分解（未做熟的结缔组织是引起培根口感像橡胶的原因）。另一方面，瘦肉的收缩程度小于脂肪，这种差异使得培根会扭曲变形（就像恒温器里的双金属条）。这种扭曲又会让情况更糟，因为不仅脂肪和瘦肉以不同速度收缩，而且每个部位是否与锅直接接触，也导致了整条培根正以不同的速度烹饪。

以小火烹饪培根，可以大大减少收缩差异，保持培根平整，并使培根烹饪得更均匀。散热均匀的大型厚底煎锅是必不可少的。想要为一大群人准备培根吗？将培根放进烤箱吧。烤箱可以比煎锅更加均匀地加热，做出完美酥脆的培根。

| 专栏 | 湿腌 vs 干腌

现在，超市里有各种花式培根，且价格昂贵。它们值得这样的高价吗？就口味而言，那只是个人喜好的问题。如果要选更贵的培根，有个更有说服力的理由，那就是腌料。

所有培根都是腌过的，也就是用盐处理过，以改变其蛋白质的结构，从而使其能够长久保存。

传统的腌制方法是**干腌法**（dry cure）：将盐（通常还有其他调味品）涂抹到猪肉上。在几个星期里，盐会慢慢渗入猪肉，让肉慢慢脱水，最后得到一大块含水量较低、结实、风味丰富的猪肉。现在很多高级培根就是用这种耗时的方法生产的。

大多数超市里的培根则是用**湿腌法**（wet cure）腌制的：将盐水注入肉中。使用这种技术，盐可以更快地渗透到肉里。过去腌制需要几周的时间，现在可以在几天内完成。当然，注入盐水时增加的水很多，再加上干燥时间不足，使得这种湿腌培根比干腌培根更湿润，并产生两个结果：首先，这代表你买到的并非全部都是培根，454 克（1 磅）培根含有至少 28 克（1 盎司）或 57 克（2 盎司）的水。其次，也是更重要的，它们做出来后是不一样的。

试试看，同时煎一片一般超市买的培根和一条高级干腌培根。超市的培根收缩程度明显大于干腌培根，这是因为水分的蒸发。在烹饪时，超市的培根也更容易溅出水滴。先不谈味道，如果培根煎出的油脂不断溅到你的炉灶上，或者那片培根就是没办法平坦地贴在锅上，你应该会考虑换成用传统方式生产的培根，也就是干腌培根。

酥脆油煎培根

CRISPY FRIED BACON

2~4 人份

培根 8 片，切成两半

1. 将培根均匀放在 30.5 厘米（12 英寸）的铸铁锅或厚底的不粘锅中，并用中火加热，直至培根嗞嗞作响，约 4 分钟。转成中小火，继续煎到培根出油，且两边变硬，将其翻面并重新排列，此过程共需约 12 分钟。
2. 将培根放在铺有厨房纸巾的盘子上，即可上桌。

酥脆烤培根

CRISPY OVEN-FRIED BACON

6~10 人份

培根 24 片，约 454 克（1 磅）

1. 将烤架调整到烤箱中上和中下位置，并将烤箱预热到 218.3℃（425 ℉）。将培根依次排列在两个烤盘上，放入烤箱烤到酥脆、颜色变棕色，需 18~20 分钟。可在烤到一半时，将烤盘前后与上下位置分别对调。
2. 将培根放在铺有厨房纸巾的盘子上，即可上桌。

料理实验室指南：各种早餐饼的烹饪指导

酥脆薯饼（瑞士薯饼）

外层金黄酥脆，中间软嫩顺滑。

瑞士薯饼（rösti）可以蘸一些品质好的大蒜味美乃滋（一种含蒜粒的美乃滋）食用。真正美味的瑞士薯饼的制作关键是平衡马铃薯饼所保留的淀粉量。含淀粉量少，薯饼不易成形，太多则又会太黏。马铃薯细胞本身含有淀粉，所以如何切马铃薯，以便释放恰到好处的淀粉量，这真是一大学问。你可以把马铃薯用四面刨丝器或食物料理机磨碎，但是这样做会破坏马铃薯细胞，导致马铃薯释放出一堆液体和淀粉，以致你必须把这些马铃薯挤干水。结果，瑞士薯饼就会变成全部是淀粉而且黏黏的，即使你用的是淀粉含量相对少的马铃薯也一样。

效果更好但操作稍微困难的是用切丝器处理马铃薯。如果你有一台切丝器（我想你应该有的），它可以把马铃薯直接切成0.4厘米（1/6英寸）细的丝。如果你没有，就先把马铃薯切成薄片，然后再用刀切成细丝。锋利的切丝器（和锋利的刀）意味着破裂的细胞更少，释出更少的淀粉并具有更好的口感。

有些人会建议冲洗切好的马铃薯以减少它们的淀粉量，然后在烹饪前加入一定量的纯马铃薯淀粉，但我发现结果并不令人满意。冲洗过的马铃薯烹饪后无法正常软化，最后做出的瑞士薯饼中心就会有点儿硬和脆。

要做出好吃的瑞士薯饼，另一个关键是将马铃薯先加热到半熟，然后油炸。为什么呢？任何有烹饪马铃薯经验的人都知道马铃薯在你切开它的时候就开始氧化了。过大约15分钟后，马铃薯的切面将从白色变成红棕色，最终变成黑色。你不会想让你的马铃薯变黑吧？将切片的马铃薯浸泡在水中可以防止这种情况发生（至少可以减慢氧化的速度），但也会冲洗掉大量的淀粉。

淀粉太少与淀粉太多一样糟糕，所以我避免在任何时候冲洗或浸泡马铃薯。把马铃薯加热到半熟可以防止它们变色，而且还能让成品有更好的口感，也不必担心薯饼的中间出现未熟的马铃薯。以这个例子来说，微波炉是完成这个任务的最佳工具。它可以让你快速热好马铃薯，既不会增加也不会减少额外的水分。

想要薯饼更美味的话，可以加馅料。我会炒点洋葱和蘑菇，将它们炒成深棕色，并用一点儿百里香调味，做成薯饼的夹馅。当然，你可以放入任何你想要的炒蔬菜。

在做好了馅料后（如果有的话），要做出瑞士薯饼便很简单了，用一口好的厚底锅，中火加热，就可以缓慢均匀地完成。我用的是一口已经用顺手的铸铁锅，如果你没有铸铁锅，也可以使用好的不粘锅。要煎出酥脆的薯饼需要一段时间，这给了你足够的时间来煮咖啡或榨杧果汁，或准备任何你喜欢用来搭配薯饼的食物。

酥脆薯饼（瑞士薯饼）

BASIC CRISPY POTATO CAKE

2~3 人份

中等大小的黄皮马铃薯 3 个，约 454 克（1 磅），冲洗后切成 0.2 厘米（1/16 英寸）粗的丝或用四面刨丝器的大孔刨成丝

橄榄油 4 大勺

犹太盐和现磨黑胡椒碎各适量

1. 将马铃薯丝铺在一个大型可微波的盘子上，用大火加热，直到马铃薯丝全部变热且稍变软，约 5 分钟。
2. 在平底锅中加入 2 大勺油，用中火加热直到出现波纹，加入马铃薯丝，用橡胶铲将其压平成饼状，以盐和黑胡椒碎调味。在加热过程中，要偶尔转动和摇动平底锅，直到薯饼与锅接触的那一面呈现深金棕色且变脆，约 7 分钟。将瑞士薯饼放到大盘子上，用另一个盘子翻面向下盖住装有薯饼的盘子，然后抓住两个盘子的边缘，将整盘薯饼翻过来，这样一来，薯饼变脆的一面就朝上了。
3. 在锅里倒入剩余的 2 大勺油，将薯饼滑入锅中，以盐和黑胡椒碎调味，继续烹饪，偶尔转动和摇动平底锅，直到薯饼的另一面也呈现深金棕色且也变脆，约 7 分钟。煎好后，将薯饼放到砧板上，即可上桌。可附上含蒜粒的沙拉酱、美乃滋或番茄酱。

洋葱蘑菇薯饼

CRISPY POTATO, ONION, AND MUSHROOM CAKE

2~3 人份

中等大小的黄皮马铃薯 3 个，约 454 克（1 磅），冲洗后切成 0.2 厘米（1/16 英寸）粗的丝或用四面刨丝器的大孔刨成丝
橄榄油 5 大勺
中型洋葱 1 个，切碎（约 1 杯）
蘑菇 113 克（4 盎司），切碎
中型蒜瓣 2 粒，切碎或用刨刀磨碎（约 2 小勺）
切碎的新鲜百里香 1 小勺
犹太盐和现磨黑胡椒碎各适量

1. 将马铃薯丝铺在一个大型可微波的盘子上，用微波炉高火加热，直到马铃薯丝全部变热且稍变软，约 5 分钟。
2. 在 25.4 厘米（10 英寸）的铸铁锅或厚底不粘锅里加入 1 大勺油，以中大火加热，直到出现波纹。加入洋葱碎和蘑菇碎翻炒直到软化及开始棕化，约 8 分钟。加入大蒜末和百里香碎持续拌炒，直到香味四溢，约 30 秒。以盐和黑胡椒碎调味，将洋葱碎和蘑菇碎装到小碗中。把锅擦干净。
3. 在锅中加入 2 大勺油，以中火加热，直到出现波纹。加入一半的马铃薯丝，用橡胶铲压平，以盐和黑胡椒碎调味。将洋葱碎和蘑菇碎均匀铺在马铃薯丝上，再将剩余的马铃薯丝盖在上方。用橡胶铲将薯饼向下压成一个均匀的圆饼状，以盐和黑胡椒碎调味。在这个过程中要偶尔转动和摇动平底锅，直到薯饼接触锅的那一面呈现深金棕色且变脆，约 7 分钟。将瑞士薯饼放到大盘子上，用另一个盘子盖住装有薯饼的盘子，然后抓住两个盘子的边缘，将整盘薯饼翻过来，这样一来，薯饼变脆的一面就是朝上的了。
4. 在锅里倒入剩余的 2 大勺油，将薯饼滑入锅中，以盐和黑胡椒碎调味，继续烹饪，偶尔转动和摇动平底锅，直到薯饼的另一面呈现深金棕色且也变脆，约 7 分钟。煎好后，将薯饼放到砧板上，即可上桌。可附上含蒜粒的沙拉酱、美乃滋或番茄酱。

马铃薯煎饼

煎饼（hash）是当我打算在星期五晚上去杂货店购物时，第二天早上会做的那种早餐。这从来不是个好主意。让我告诉你这一切是怎么发生的吧。

计划： 星期五早上我一醒来就精力充沛、容光焕发，准备好迎接一整天的工作，随后是去纽约超市（New York Mart）买一些农产品，再快速搭乘地铁回家，接着就开始几个小时的烹饪。傍晚，我太太回家了，我们享受着晚餐，玩几轮线上《危险边缘》（*Jeopardy*）[5]游戏，看几集《老爸老妈的浪漫史》（*How I Met Your Mother*），并早早上床睡觉，准备在星期六早上迎接一顿丰盛的早餐。

现实： 我星期五早上醒来（还是没有从这周的感冒中痊愈），准备开始一天的工作，结果一个会议就用去了一个上午的时间，直到下午晚些时候我才真正开始工作。这一天并没有像我所希望的那样完成那么多我想做的事情，然后我说了一句："管他的，这是星期五，该是去享受快乐时光的时候了。"我没有直接去杂货店购物，而是先去喝了一杯鸡尾酒，然后才意识到纽约超市已经关门，我只好接受这个晚餐计划里的严重错误，然后再点一杯鸡尾酒以跟第一杯做伴。然后我太太跟我约在市中心见面，喝一杯鸡尾酒，再去吃晚餐（又是一瓶葡萄酒和晚餐后的饮料）。我喝了一整个晚上，等我清醒时已经到了星期六中午。我起床后的第一件事就是需要去遛狗。而家里没剩什么食物，在厨房里只有几个马铃薯、几个鸡蛋

⑤《危险边缘》，*Jeopardy*，是一款美国的益智游戏。——编者注

和一些剩菜，这让我们回到良好的健康状态。

这时该感谢上帝赐予了我们煎饼，对吧？

煎饼是终极的剩菜终结者。你所需要的是一种含淀粉的根茎类蔬菜（通常是马铃薯、红薯或甜菜）以形成基底，无论你手头上有什么剩菜——煮过的肉、蔬菜，无论什么都可以——再加上一口好的铸铁锅和几个鸡蛋，就可以把那令任何宿醉的人都害怕的早餐准备工作，变成他们能够胜任的事。

正如我在瑞士薯饼的食谱里提到的，要将马铃薯做出蓬松又酥脆的口感，最好的方法是先将马铃薯煮过、沥干，然后再煎［见 p.122 的“酥脆薯饼（瑞士薯饼）”］。这让油能够更加深入地渗透马铃薯，通过让马铃薯起泡来增加表面积，做出更酥脆的口感。

但是当你头痛欲裂时，谁有心思做这么多呢？相反地，如果把马铃薯切一切，放到盘子里，微波一下就可以开始烹饪的话，就简单多了，就像我做瑞士薯饼那样。这可以让马铃薯整个都变熟，且不必担心它们因浸泡而外表太湿润，且原本在锅里煮要花 10 分钟，现在只需要 3 分钟就可以完成。一旦马铃薯变得半熟，就可以将它放到预热好的平底锅中，开始脆化的过程，同时我会将蔬菜切碎（在这种情况下我用的是甜椒、青椒和洋葱）。我曾经在恍惚的状态下，试着把半熟的马铃薯和其他蔬菜拌在一起，然后再放到平底锅里煎，但这是个非常糟糕的主意，最后导致洋葱都煎焦了，马铃薯却一点儿都不脆。

在处理其余的蔬菜前，你需要先处理马铃薯，在马铃薯已经产生酥脆的表面后再加入蔬菜。

此外，你可以放任何食材到你的早餐煎饼里，不要自我设限。甘蓝类蔬菜，如白菜或球芽甘蓝（Brussels sprouts），会有一种类似坚果的甜味；腌肉，如五香熏牛肉或罐装咸牛肉，可以做得很酥脆，烹饪时，它们的脂肪还可以给马铃薯调味；青椒和洋葱会产生甜味，而且有复杂的口感；绿色蔬菜，像西蓝花或芦笋，则是焦得刚好而且鲜嫩。当马铃薯变得完全酥脆，搭配又嫩又甜的青椒、甜椒和洋葱的时候，你的宿醉也就一扫而空了。

要怎么收尾呢？首先，放一点儿辣椒，这能够加温。其次，更重要的是加醋，醋会让整道菜更美味。

从煎锅里散发出的令人愉悦的香气，足以让我食指大动，再加入几个鸡蛋就更完美了。你可以再拿一口平底锅来煎蛋，但更简单的做法是在煎饼中挖几个洞，将鸡蛋直接打进洞里，然后再放入烤箱烘烤，直到蛋白刚好凝固，而蛋黄仍呈现液态。整个过程用了不到 15 分钟的时间，这代表在我太太遛完狗回到餐桌前，菜就已经热乎乎地上桌了。

以马铃薯煎饼作为星期六下午的开始是很好的方式，真是生气蓬勃又令人欢愉啊！

太早加入洋葱，结果洋葱都煎焦了。

马铃薯煎饼佐甜椒与洋葱

POTATO HASH WITH PEPPERS AND ONIONS

笔记：

马铃薯也可以用炉火先煮到半熟，而不用微波炉。锅中放冷水后加盐，放入马铃薯，以大火煮沸，再转小火煮，直到它半熟为止。沥干并继续执行步骤 2。

4 人份

黄皮马铃薯 680 克（$1\frac{1}{2}$磅），削皮并切成 1.3 厘米（1/2 英寸）见方的块
植物油 3 大勺
小型红椒 1 个，切条
小型青椒 1 个，切条
小型洋葱 1 个，切薄片
法兰克辣酱（Frank's RedHot）或其他辣酱 1 小勺
犹太盐和现磨黑胡椒碎各适量
鸡蛋 4 个（可省略）

1. 如果要加鸡蛋，那么先将烤网调整到中上位置，并将烤箱预热到 204.4℃（400 ℉）。将马铃薯块散铺在一个大型的可用于微波的盘子上，盖上厨房纸巾并以高火微波加热到马铃薯半熟，需 4~6 分钟。
2. 在 30.5 厘米（12 英寸）的铸铁锅或平底不粘锅中加入 2 大勺油，以大火加热至轻微冒烟，加入马铃薯块翻炒一下，直到大约一半的马铃薯块表面棕化，约 5 分钟。如果大量冒烟，请调小火力。（图 1、图 2）
3. 锅里加入甜椒条、青椒条和洋葱片拌炒，直到所有的蔬菜棕化并有烧焦的斑点，约 4 分钟。加入辣酱并不断翻炒约 30 秒，以盐和黑胡椒碎调味。如果不使用鸡蛋，此时即可上桌。（图 3—图 5）
4. 如果使用鸡蛋，就在薯饼中间挖 4 个洞，打入鸡蛋。用盐和黑胡椒碎调味，然后将平底锅放到烤箱中，烤至蛋白刚好凝固，约 3 分钟，即可上桌。（图 6）

腌牛肉马铃薯煎饼

POTATO AND CORNED BEEF HASH

将 227 克（8 盎司）剩的腌牛肉切成小块，用它替代青椒、甜椒和洋葱，再以上面的步骤烹饪即可。

| 刀工 | 如何切马铃薯

马铃薯是椭球状的，看起来十分笨重，在切的时候，难以使其保持平稳。

当你开始动手切马铃薯时，可能会一不小心就切到手指头。不过，有一个诀窍——先切下一边，让马铃薯有一个稳定的根基，可以平放。

要将马铃薯切成条，先用 Y 形削皮器将皮削去（图 1），再在冷水下冲洗，并使用芽眼去除器挖去所有芽眼。接着把马铃薯固定在砧板上，从一边切下 0.6~1.3 厘米（1/4~1/2 英寸）厚的片（图2），然后将马铃薯切面朝下，纵向切成厚度均匀的片（图 3），再将马铃薯片依次堆叠并纵向切成均匀的条状（图 4）。若要切块的话，就一次握住几根马铃薯条，将它们切成宽度均匀的小方块。（图 5）切好的马铃薯很快就会变色，所以切好后要立刻烹调或将其放在冷水中保存。

1

2

3

4

5

白脱牛奶松饼

松饼（pancake）可能是金棕色的，边缘酥脆，中心又轻盈蓬松，但当你咬下一口后会发现，经典的美国松饼和任何发酵面包并没有太大差别。

除去淀粉，面包基本上就是一个充满气体的蛋白质球（这一点和我的狗非常像）。[⑥] 当面粉与液体混合时，天然存在于小麦里的两种蛋白质——小麦谷蛋白和谷胶蛋白——联结在一起会形成所谓的麸质，一种具有弹性的蛋白质基质。面包发酵时，在该基质中会形成气体并膨胀，因而在面包里会产生我们熟悉的气孔结构（好的比萨饼皮也有同样情况）。

传统的或“慢发”面包，使用的膨松剂是酵母，一种活的真菌。当酵母消耗存在于面粉中的糖时，会释放二氧化碳，在面团里形成数千个不均匀的气孔并使面团膨胀。一旦你把面团放入烤箱，那些气孔会受热并进一步膨胀，产生焙烤弹性（oven spring）。最后，当麸质和淀粉变得够热时，它们会变成半固体形式，形成面包的结构，并将其从又湿又弹的状

⑥ 我的狗有个让人讨厌的习惯，它会等到电梯里都是人时默默地放屁，然后无辜地盯着我，好像在说：“我不敢相信你刚刚居然这么做了。”我一点儿也不欣赏这种行为。

态变为干燥海绵状。

酵母唯一的问题是什么呢？它需要很长很长的发酵时间。如果是用小苏打则不受生物有机体的持续时间限制，变成酸和碱之间的快速化学反应。小苏打是纯碳酸氢钠（pure sodium bicarbonate），一种碱性的粉末。当小苏打溶解在液体中并与酸结合时，会快速反应，分解成钠、水和二氧化碳。就像用酵母发酵面包一样，这样产生的二氧化碳在烘焙时也会膨胀，发酵麸质这种蛋白质基质。这种类型的化学发酵面包被称为“快速面包”。司康、比司吉、香蕉或西葫芦面包，甚至松饼，都属于这种类型的面包。

当然，若想让小苏打正常发挥作用，食谱中还需要包含其他酸性物质。这就是为什么你看到的这么多经典食谱都要加醋，比如白脱牛奶松饼、白脱牛奶比司吉或蛋糕食谱。白脱牛奶不仅仅是一种调味剂，它还提供必要的酸与小苏打反应以生成气体。大约在19世纪中期，有人发现，相较于加入酸性成分来与小苏打反应，更简单的方式是将粉状的酸直接添加到小苏打里，泡打粉就这么诞生了！由小苏打、粉状的酸和淀粉（用以吸收水分并防止酸和碱过早反应）组合而成的泡打粉开始在市场上销售，为忙碌的家庭主妇提供简便的解决方案。在干燥状态下，它是完全不发生反应的。一旦加入液体，粉状的酸和小苏打溶解后便会相互反应，产生二氧化碳，再也不需要额外加酸了。

很棒，对吧？等等——后面还有更多东西需要探讨。

小苏打的副作用

在配方中使用小苏打，最有趣的副作用在于，它是影响棕化的主要因素。梅纳反应是以路易斯－卡米尔·梅纳（Louis-Camille Maillard）的名字命名的，他在20世纪初首次描述了这个现象。梅纳反应是一系列反应，是让牛排形成美丽的棕色外表以及让一块好吃的面包变成深色的原因。除了颜色的变化，该反应还会产生数百种芳香化合物，为食物增加极其多样化的味道。

事实证明，这个反应在碱性环境中产生的效果更好，这代表一旦你加了足够的小苏打来中和面糊或面团中的酸，任何额外添加的小苏打的量都会增强棕化现象。所以我做了五批松饼，使用成分完全相同的面糊，其中包含面粉、泡打粉、鸡蛋、白脱牛奶、液态黄油、盐和糖，再配上不同量的小苏打。小苏打的量从零开始，在每一批松饼的面糊中依次增加1/8小勺，直到最后一份面糊中加入1/2小勺小苏打为止。每批松饼都在预热好的松饼用煎盘上加热，每一面煎90秒。结果非常清楚地证明了小苏打的棕化效应。

未加小苏打的松饼，由于白脱牛奶比较多且没有小苏打来中和，它是非常酸的，颜色苍白平淡，同时也没有发得很好，呈现紧实的质地。而那块加入了1/2小勺小苏打做成的松饼，则呈现刚好相反的结果。它棕化得太快了，使得松饼有烤焦的味道，且由于加入过多的小苏打而产生了肥皂般的化学余味。有趣的是，这块松饼也是扁平致密的——大量小苏打混入到面糊时反应太过强烈，以至于二氧化碳膨胀太快，像一个膨胀过度的气球，松饼“爆裂”了，在加热后就变成致密又松弛的样子。

这种棕化现象不只限于松饼。例如，做饼干时通常也会加入小苏打来帮助棕化，即使里面并没有酸来和它反应。

小苏打不仅影响酸碱性，还影响了棕化反应。

两次的气泡

化学发酵的面包有个主要的缺点，就是必须在面糊混合好之后立即烘焙。而用酵母发酵的面团则不需要，酵母面团的水分含量少，要揉捏成结实有弹性的麸质网状结构才能留住所产生的大量的二氧化碳。做快速面包必须使用非常潮湿的面糊，而泡打粉根本无法产生足够的气体来发酵一个厚实的面团。面糊具有相对较少的麸质成分，也就是说，它们并不能够很好地抓住并保有气泡。一旦你混合好面糊，小苏打或泡打粉就会立即开始产生气体，而这些气体几乎会立刻逃逸到空气中。所以制作快速面包时，动作不够娴熟的人可能会陷入困境。只有在做好面糊后立即加热松饼，才会得到一个轻盈蓬松的内部结构。若把面糊放上半小时再加热，做出的松饼就会有一个紧密黏稠的内部结构以及很少的气孔。不过，等一下，还有一些气泡在松饼里面对吧？这些气泡又是哪里来的呢？

几乎所有泡打粉都具有“双重作用”，它会在两个不同阶段产生气体。第一次发生在它碰到水时，第二次发生在加热时（见 p.135 的“双重作用泡打粉”）。在锅里的二次膨胀造就了松饼轻盈蓬松的质地。

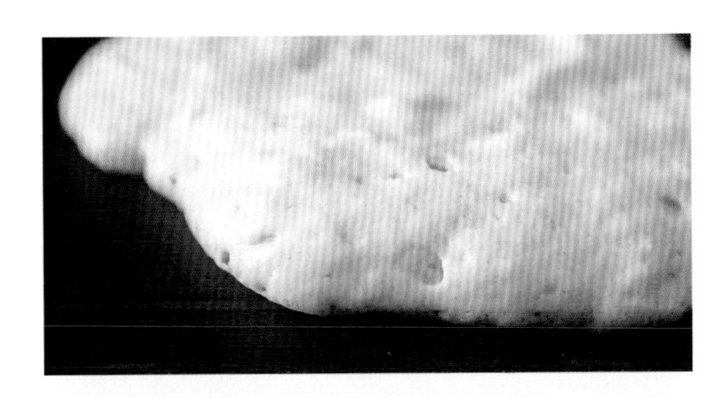

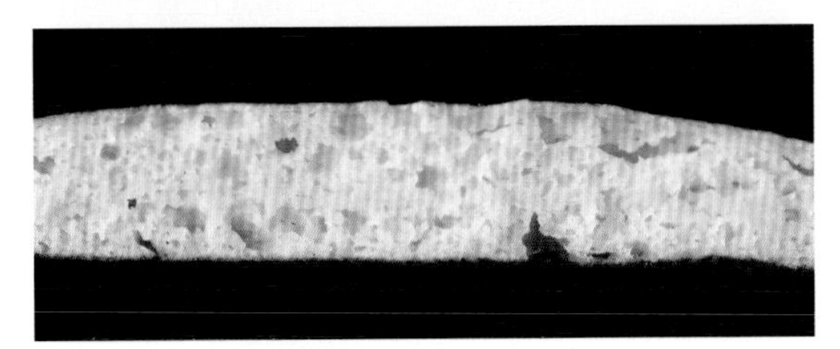

在加热时，泡打粉的双重作用带来第二次膨胀。

轻盈的蛋白

如果手头的小苏打不够用，你要如何让松饼呈现更蓬松轻盈的样子呢？我喜欢用蛋白霜。用力打发蛋白，直到它形成半固体的泡沫，这就是蛋白霜了。下面我将说明如何制作蛋白霜。

- **泡沫（foams）：** 在打发的早期阶段，蛋白里的蛋白质——主要是球蛋白和卵转铁蛋白——开始伸展开来。像参加星战俱乐部（*Star Wars* convention）的那些书呆子，他们会聚在一起并组成小组。蛋白会开始纳入少量气体，十分类似于海面上的泡沫。
- **软性发泡（soft peaks）：** 继续打发蛋白，联结在一起的蛋白会越来越紧密，最终建立起蛋白质的网状结构，强化了所产生的连续气泡。蛋白开始形成湿软的尖端。
- **硬性发泡（stiff peaks）：** 当你继续打发，强化的连续气泡开始破碎成越来越小的气泡，变得小到几乎用肉眼看不到，蛋白因此显得光滑白皙，像刮胡膏一般。当把它拉出尖端时，尖端仍然坚挺且稳固。
- **分解滴水（breakdown and weeping）：** 在经过硬性发泡时期后，蛋白质已经互相联结得很紧密，以至于开始从气泡中挤出水分，导致蛋白霜开始滴水并分解。如果加入含酸性成分的添加物，如塔塔粉（cream of tartar）或一点儿柠檬汁，就可以防止蛋白的蛋白质结合得太紧密，让成形的泡沫维持稳定。

在软性发泡时期，添加糖和香草精到蛋白中，接着再将蛋白打发到硬性发泡，然后用汤勺将它舀到烤盘上，并在低温下烘烤，就可以得到经典的法式蛋白霜饼干。如果边打发边慢慢淋入糖浆直到最后，则会得到意大利蛋白霜，一种即使是棕化后也能保持柔软的蛋白霜——你会想要把它装饰在柠檬蛋白霜派上面。

在这里，使用蛋白霜的方式更简单，你所要做的就是把它切拌到松饼面糊里。在煎松饼时，被蛋白吸收的空气会膨胀，让松饼变得像羽毛般轻盈。

松饼的风味

要用白脱牛奶做出美味的松饼，有几个前提：第一，乳制品的脂肪是必不可少的，可用黄油（液态）或牛奶，这样不仅增加了面糊的风味，而且脂肪把面粉裹住，可以让松饼保有柔软的口感。第二，鸡蛋有助于松饼在加热

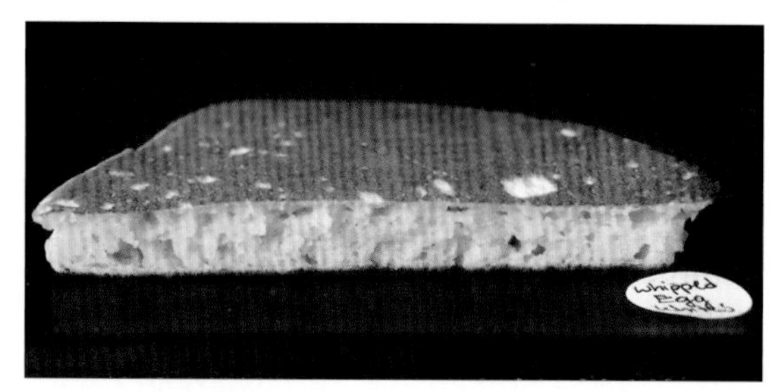

蛋白打发过的松饼。

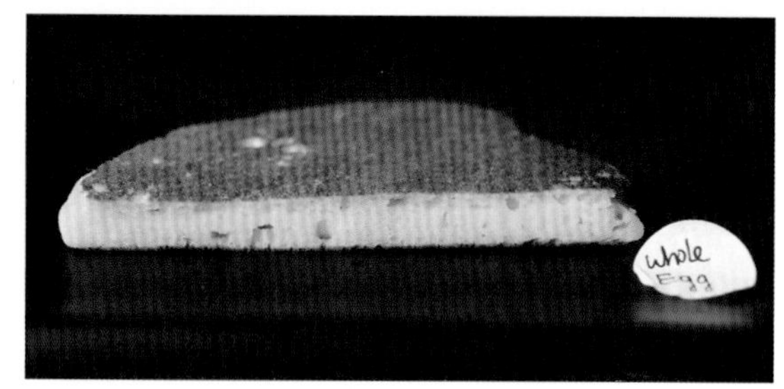

纯蛋松饼。

的过程凝固成形，还额外提供一点儿膨胀的力量。第三，白脱牛奶显然是有化学作用的一部分原材料，但我喜欢味道特别浓郁的松饼，而白脱牛奶的确没有办法满足我。就算增加白脱牛奶的量也没有用，这只会让液体与固体的比例变得不正常。相反地，我用了刚好适量的酸奶油来替换一部分的白脱牛奶。它比白脱牛奶更浓稠也更酸，这让我在不需要稀释面糊的情况下就可以增加面糊的酸度。如果你手上没有酸奶油，不要担心，只用白脱牛奶还是可以做出美味的松饼的。

| 实验 | 双重作用泡打粉

双重作用泡打粉（Double-Acting Baking Powder，又称双效泡打粉，在超市或网店有售）是用来在两个不同阶段产生气泡的泡打粉：当它遇水时以及当它受热时。你可以自己看看效果。

材料

- 泡打粉 1 小勺
- 水 1 大勺

步骤

1. 将泡打粉和水在小碗中混合。你会注意到，泡打粉立即开始冒泡和嘶嘶作响（如果没有，扔掉你的泡打粉，买一罐新的吧）。这是第一次反应。过了 30 秒左右，所有反应都会停止，你会得到一碗看起来有点儿粉粉的液体。
2. 现在用微波炉加热泡打粉水约 15 秒，使其达到 82.2℃（180 ℉）。这时应该会再次产生剧烈的气泡，并且液体会稍微变稠。

结果与分析

当泡打粉遇水时，碳酸氢钠和一种酸性粉末（又叫塔塔粉）之间会发生反应，产生气泡。双重作用的第二阶段反应仅在较高温度——76.7~82.2℃（170~180 ℉）下发生，此时第二种酸性粉末（通常为硫酸铝钠）与剩余的碳酸氢钠反应，再一次产生气泡。加入淀粉以保持泡打粉干燥会产生副作用——淀粉会吸收水并凝胶化，让液体在加热时变稠。这是不是比你为四年级科学展打造的小苏打火山还要酷呢?

| 专栏 | 混合面糊

混合松饼面糊的重点是不要过度搅拌。与洋葱圈或油炸鱼块上的面糊一样（见 p.890 的“面糊里的麸质生成”），面糊搅拌得越剧烈，麸质就会越强韧，最后得到的成品质地越硬——做出发得不够好或是像皮革般嚼不动的松饼。搅拌松饼面糊越快越好，直到面糊混合均匀。留下几块未搅散的干面粉块也没关系，在加热松饼时它们会自动消失。

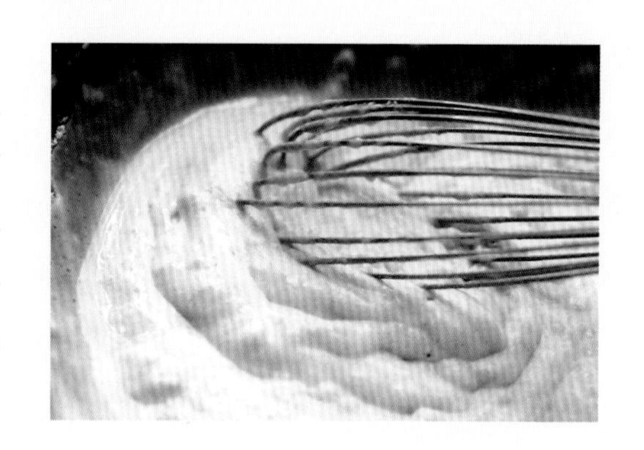

什么是白脱牛奶?

真正的白脱牛奶是用制作黄油后剩下的乳清液体通过传统方法发酵成的略浓的酸性液体，相较于新鲜牛奶，其可保存的时间更长。现在的白脱牛奶大多是由普通牛奶加入乳酸链球菌发酵制成的，这种细菌会消耗牛奶中的主要糖分——乳糖，并产生乳酸。乳酸可增加白脱牛奶的酸味，并导致牛奶中的主要蛋白（酪蛋白）凝结，使牛奶变稠、变酸。

在一些食谱中，可以用手工酸化凝结的牛奶来替代白脱牛奶，也就是用加了一点儿醋或柠檬汁来增稠的牛奶，不过这样会留下明显的酸味。因此，更好的方法是用另一种酸性乳制品来替代白脱牛奶，我常用的是用牛奶稀释过的酸奶、酸奶油或者法式酸奶油。

表 7　白脱牛奶替代品调配比例

乳制品	替代 1 杯白脱牛奶的配比
酸奶（全脂或低脂）	1/3 杯牛奶搅入 2/3 杯酸奶
酸奶油	1/2 杯牛奶搅入 1/2 杯酸奶油
法式酸奶油	1/2 杯牛奶搅入 1/2 杯法式酸奶油

以小苏打替代泡打粉

小苏打的化学成分是碳酸氢钠，它在接触液态酸后会立即反应产生二氧化碳。面糊中的二氧化碳在烘焙时会膨胀，产生类似发酵的效果。小苏打常用于制作松饼和其他快速面包。因为小苏打会立即反应，所以用它制作的快速面包必须在混合后马上烘焙或用其他方式烹饪。另外，小苏打的碱性还可以加速棕化反应，为松饼、比司吉和玛芬这类糕点增加颜色和风味。

泡打粉是由碳酸氢钠、淀粉、一种或多种酸性粉末混合而成的。如前所述，大多数泡打粉是有“双重作用”的，这是因为泡打粉在与水接触时会产生二氧化碳，在加热时会再次产生二氧化碳。因此，用泡打粉发酵的产品通常比仅用小苏打的产品更轻盈蓬松。但这并不代表加了泡打粉的面糊就可以放在那里不管，然后期待它在第二次产生二氧化碳后达到所需的发酵状态。初始反应对你要烘焙的食物的口感是至关重要的，因此，这些面糊应该立刻烘焙。

手头没有泡打粉吗？这很简单，你可以自制：将小苏打、玉米淀粉和塔塔粉混合在一起就可以了。可将 1/4 小勺小苏打、1/2 小勺塔塔粉和 1/4 小勺玉米淀粉混合在一起，替代 1 小勺泡打粉。但务必记得，你自制的泡打粉不会有双重作用，因此在把它加入面糊后，必须快速地将做好的松饼或西葫芦面包放入烤箱中。

松饼粉

BASIC DRY PANCAKE MIX

当自制松饼是如此容易又好吃时，为什么还要买超市包装好的松饼粉呢？将松饼粉混合好后，你就可以马上用它做出美味松饼了。你也可以混合 4 份松饼粉，并将它们储存在储藏室的密封容器中。这样一来，每当你想要吃松饼时，所要做的就只是将湿的材料添加到干的松饼粉里，然后就可以马上开工了。

笔记：

此配方中的材料可以按比例增加用量。

约 2 杯，可做 16 个松饼

中筋面粉 284 克（10 盎司，2 杯）

泡打粉 1 小勺

小苏打 1/2 小勺

犹太盐 1 小勺

糖 1 大勺

将所有材料在中碗里混合，搅拌均匀，放到密封容器中。保存良好的情况下可存放长达 3 个月。

轻盈蓬松白脱牛奶松饼

LIGHT AND FLUFFY BUTTERMILK PANCAKES

笔记：

酸奶油可以用更多的白脱牛奶来替代。

4~6 人份，16 个松饼

松饼粉 1 份（做法见 p.137）
鸡蛋 2 个，蛋白、蛋黄分开
白脱牛奶$1\frac{1}{2}$杯
酸奶油 1 杯（见上文“笔记”）
化开的无盐黄油 4 大勺
烹调用的黄油或其他油类少许
温的枫糖浆和黄油各适量

1. 将松饼粉放入大碗中。
2. 蛋白放入干净的中碗里，搅打至硬性发泡。蛋黄、白脱牛奶和酸奶油都倒入另一个大碗里，搅匀，在搅拌过程中慢慢滴入化开的无盐黄油。用橡胶铲将刚刚打好的蛋白霜拌入大碗中混合，再将其倒在松饼粉上，切拌，直到混合完全（此时应该还会有不少块状物）。
3. 用中火加热大的厚底不粘锅5分钟(也可使用松饼用电子烤盘)。将少许烹调用的黄油或其他油类加到锅里，用厨房纸巾涂抹直到看不见有黄油或其他油类剩下。以干粉量杯取 1/4 杯的面糊，倒入锅里，均分成4份，煎至开始出现泡沫，底面变成金黄棕色，约 2 分钟。将松饼翻面，将第二面也煎成金黄棕色且完全凝固，约 2 分钟。立刻将松饼上桌，或放在烤箱的烤架上维持温度，继续煎完剩下的松饼。食用时，搭配枫糖浆和黄油。

蓝莓松饼

BLUEBERRY PANCAKES

蓝莓很像豌豆，在绝大多数时间，冷冻的蓝莓比较容易烹调。蓝莓通常在成熟后就采摘下来，立即冷冻，以保留鲜美的味道。新鲜蓝莓可能有更令人愉快的口感，其丰满的果肉和表皮是那么地弹牙，而超市的蓝莓（特别是不当季的蓝莓）是完全缺乏味道的。所以，除非你自己去摘蓝莓，或者有位很好的本地供应商，并且对口感没有太高要求，否则我建议选择冷冻的蓝莓即可。特别是烹饪过程中需要煮蓝莓的，使用冷冻的蓝莓就完全可以。不过有个需要注意的问题：它们的颜色会将所有的东西都染成紫色。将蓝莓加入松饼中的诀窍是在把面糊舀到烤盘上之后再加入。你甚至不需要在蓝莓的上面加入更多的面糊，它们自己会像蓝色的婴儿一样被包裹进面糊里。

蓝莓松饼的做法：在将面糊舀入平底锅之后，立刻在每块松饼上撒上 1~2 大勺解冻的冷冻蓝莓，再按照上述做法制作即可。

自制瑞可塔

新闻快报！在超市里买到的瑞可塔多数都很糟糕！

真正的瑞可塔（ricotta）通常是用佩克里诺羊奶奶酪在制作过程中留下的乳清加入酸性物质制成的，有时也会使用其他种类的乳清。（瑞可塔的意思是“重新加热”，也就是“重新加热的乳清”。）热和酸的组合能让乳蛋白（主要是酪蛋白）将水分和脂肪结合在一起，形成软的白色凝乳。为了制作高品质的瑞可塔，需要将这些凝乳小心地从乳清中过滤出来（太多的机械作用会使它们变得跟橡胶一样）并沥干，减少其含水量以便能充分展现其风味和浓稠度。这个制作过程看起来是如此简单，不过它也本应如此。然而事实上，几乎所有大众市场中的瑞可塔生产商都不愿意花时间适当地沥干奶酪。相反地，他们通过加黏合剂和稳定剂来保持水分（也因此可以保有他们的利润）。因此，你买到的会是份粗糙、黏黏的橡胶糊。

然而，如果你用心做，自制瑞可塔可以是浓郁、柔嫩、乳白色的，且富含奶味以及少许特殊风味（这来自用于凝结瑞可塔的酸性物质）。事实上，我喜欢在家里用全脂牛奶自制瑞可塔，这比用传统的低脂乳清制作的风味更好。你喜欢什么样的呢？在风味和口感方面，影响自制瑞可塔的最重要的因素是添加到里面的酸性物质。

- **白脱牛奶**有许多拥护者，在酸性物质的选择上，他们声称它是最好的。对此我感到怀疑。为了使牛奶更好地凝结，我必须以接近1 ：4的比例加入白脱牛奶，以至于最终产品有种非常独特的酸味。这本身并不糟糕，但是这酸味无疑限制了它的应用。例如，我无法想象把它用于制作意大利小方饺。并且凝乳结构的过度发展，也让瑞可塔过于黏稠。
- **蒸馏醋**能提供最干净的味道以及软嫩的凝乳。瓶装蒸馏醋是稀释到5%的乙酸，这是最适合的酸度。只要你的牛奶是新鲜的（放久一点儿的牛奶比新鲜牛奶的酸性更强，因此只需要更少的凝结剂），你每次都可以得到相同的结果。
- **柠檬汁**其实也很好，虽然我发现在某些情况下，需要使用的量或多或少会有约25%的差异。这很可能是由于每个柠檬的酸度不同造成的。柠檬汁赋予瑞可塔淡淡的柑橘果香，虽然风味不像白脱牛奶带来的那么明显，而且在某些料理的应用中可能还是不太适用。但是，对松饼和俄式可丽饼（blintzes）来说，这个味道是很完美的。你也可以将加柠檬汁的瑞可塔淋上橄榄油并撒上海盐，慰问一下辛劳的太太。

那到底用哪一种酸性物质最好呢？对于烘焙瑞可塔来说，应该坚持用醋。若柠檬味道适中，也可以使用柠檬汁。最好避免用白脱牛奶，除非你真的很爱那味道。

沥干瑞可塔

要将瑞可塔沥干，可将其倒入一个铺有过滤纱布（或一张高品质的食品级厨房纸巾）的细目滤网上，下面放一个碗。瑞可塔的最终口感会因其沥干程度的不同而大不相同。

表8　瑞可塔的口感受沥干时间的影响

沥干时间	口感	最佳用法
小于5分钟	非常湿润且含有浓郁的奶味，像有着又小又嫩的凝乳的卡达奶酪	在微温时立刻吃；淋上橄榄油并撒上海盐和黑胡椒碎再吃；当作甜点，加点儿蜂蜜和水果再吃
15~20分钟	又小又嫩的凝乳像卡达奶酪般浓稠；湿润，可涂开，但水分不多	湿料应用，如当作千层面或比萨配料，或混合到松饼面糊中
至少2小时或隔夜（需冷藏）	大块干燥易碎的凝乳，可以很容易地成形	用于做蛋糕或意大利面，如瑞可塔奶酪蛋糕或瑞可塔面疙瘩

| 专栏 | 巴氏杀菌牛奶

除非你在农场购买牛奶，或直接从你自己养的牛那里挤奶，不然通常你买到的会是巴氏杀菌牛奶（pasteurized milk），也就是经过加热的牛奶，这是为了消灭细菌和延长保质期。有三种基本方法制作巴氏杀菌牛奶：

- **一般巴氏杀菌牛奶**是被加热至71.7℃（161 ℉），持续约20秒的牛奶。这是大多数超市出售的牛奶的标准，这样的牛奶有几个星期的保质期。
- **超高温巴氏杀菌牛奶**是被加热至更高的温度——最高可达到135℃（275 ℉）——持续1秒的牛奶。它通常标记为UHT或“超高温灭菌”（Ultra-Pasteurized），保质期可达几个月。许多有机牛奶生产商会使用这种巴氏消毒法，因为这可以让牛奶在超市乳制品柜上存放更长的时间（有机牛奶通常不像普通牛奶那样很快就销售掉）。当包装到特别设计的容器中时，UHT牛奶可以在未冷藏情况下保存几个月甚至几年。
- **低温巴氏杀菌牛奶**是被加热至62.8℃（145 ℉），持续30分钟的牛奶。许多小农场用这种方法将牛奶进行巴氏杀菌，这种牛奶不会产生像UHT或一般巴氏杀菌奶那样的“熟奶”（cooked）的风味。标签通常不会特别指出牛奶是经过一般巴氏杀菌的还是经过低温巴氏杀菌的，所以除非你知道生产者，否则通常是指前者。

就其烹饪品质而言，在大多数食谱中，所有类型的牛奶表现大致相同。然而，在制作瑞可塔时，牛奶曾经加热的温度越高，其蛋白质和糖的分解就越多。由于这个原因，UHT牛奶会具有略微更甜的味道（这是因为复杂的碳水化合物在巴氏杀菌过程中会分解成更简单、更甜的糖类）。而且用UHT牛奶做瑞可塔时，它不会凝固。因此，我推荐使用标准巴氏杀菌牛奶或低温巴氏杀菌牛奶，当然如果你买得到的话，也可以用生牛奶。

新鲜瑞可塔（五分钟熟或更短时间）

FRESH RICOTTA IN 5 MINUTES OR LESS

约 1 杯

全脂牛奶 4 杯

食用盐 1/2 小勺

蒸馏白醋或柠檬汁 1/4 杯
（约 2 个柠檬的量）

1. 将四层纱的纱布或两层的食品级厨房纸巾铺在一个大碗上，做成过滤器。将牛奶、盐和醋放到可微波的 1.9 升（2 夸脱）液体量杯中混合，再放入微波炉里，设定高火加热，直到边缘微微地起泡，需 4~6 分钟。此时用快显温度计测得混合液体的温度约为 73.9℃（165 ℉）。将混合液体从微波炉取出，轻轻搅拌 5 秒钟。牛奶会被分离成固体白色凝乳和半透明液体乳清。如果没有，再微波约 30 秒，然后再次搅拌。如有必要，重复此动作直到完全分离。
2. 使用沥水汤勺或金属漏勺将凝乳过滤到准备好的过滤器里。用保鲜膜覆盖在顶部，将它沥干，直到达到所需的质地。瑞可塔可以保存在有盖容器中，置于冰箱里冷藏存放 5 天。

变化

你可以用炉火来替代微波炉加热：材料放入锅里，以中小火加热，用硅胶锅铲不断搅拌，以防止粘锅或烧焦，直到用快显温度计测得材料的温度为 73.9℃（165 ℉）；将火关掉，将材料静置，直到表面形成白色固体凝乳，约 2 分钟。

温瑞可塔 佐橄榄油与柠檬皮屑

WARM RICOTTA WITH OLIVE OIL AND LEMON ZEST

4 人份

新鲜瑞可塔 1 杯（做法见上方）

特级初榨橄榄油 2 大勺，再提供额外的量以佐食

柠檬皮屑 2 小勺（约 1 个柠檬的量）

海盐薄片（如马尔顿牌的）适量

现磨黑胡椒碎适量

将瑞可塔放入碗中，滴入橄榄油，并撒上柠檬皮屑、盐和黑胡椒碎，即可上桌。可搭配烤面包以及额外的橄榄油上桌。

柠檬瑞可塔松饼

LEMON RICOTTA PANCAKES

这是特殊场合用的松饼，用它来做早午餐吧。它可以让你在未来的日子里，在早午餐界称霸一阵子了。

3~4 人份，12 块

白脱牛奶 1/2 杯
新鲜瑞可塔 1 杯（做法见 p.142），
　沥干 30 分钟
无盐黄油 2 大勺，化开后稍微冷却
鸡蛋 2 个
香草精 1/2 小勺
松饼粉 1 杯（做法见 p.137）
柠檬皮屑 2 小勺（约 1 个柠檬的量）
植物油适量
枫糖浆适量

1. 在中碗里将白脱牛奶、瑞可塔、黄油、鸡蛋和香草精搅拌在一起，加入松饼粉和柠檬皮屑，再搅拌至没有干粉状（面糊应保持有结块的状态，小心不要过度搅拌）。
2. 在 30.5 厘米（12 英寸）厚底不粘煎锅中以中大火（或使用松饼用电子烤盘）加热 1/2 小勺植物油至油出现波纹。转中火，并用厨房纸巾擦干煎锅。向煎锅中倒入 1/4 杯的面糊，均分成 4 份，先煎第一面，直到上方开始出现泡沫、底面呈现金黄色，需 2~3 分钟。将松饼翻面，煎到第二面也呈现金黄色，约 2 分钟，即可上桌。也可以将做好的松饼放在烤箱里的烤架上保温，继续做完剩下的松饼。搭配枫糖浆上桌。

格子松饼

格子松饼（waffle，又称华夫饼）就像松饼的表亲，但它更复杂、更有趣，外壳也要更硬一点儿。

若深入探究，松饼和格子松饼几乎是一样的。当提到快速美式松饼（而不是用传统慢速发酵的酵母发酵的、有嚼劲的比利时格子松饼），我们会讨论化学发酵面糊，就像讨论松饼时一样。但在尝试把松饼面糊倒入格子松饼的烤盘时，就会遇到麻烦了。在煎松饼时，水分很容易蒸发——你可以看到水分在松饼的上方以泡沫形式出现。但格子松饼的水分会困在它的金属笼子里，蒸发就不是那么容易了。用一般松饼面糊制成的格子松饼会呈现出黏性，明显缺乏脆度。

不过，我仍想要用我的松饼粉来做格子松饼，这样一来，我就不必在食品储藏柜里保存两种松饼粉了。我发现解决方案必须符合两个方向：一是我需要额外的发酵力量来帮助格子松饼，使其在受限的环境中膨胀；二是我需要用一种方法来确保它们能更快变得酥脆，而且维持那样的脆度。

在混合面糊的时候，我先尝试添加了一点儿额外的泡打粉和小苏打。它们有助于松饼形成更好的质地，但太多的化学发酵会带来一些肥皂和金属味。所以必须用物理方法来发酵面糊。

我曾经通过打发蛋白来增加大量的气泡——但可不可以加入更多的苏打水呢？这是新英格兰人一直使用的一个方法：啤酒炸鱼（beer-battered fish）里的啤酒！不仅仅是因为这麦芽酒的风味，也是因为它的泡沫拥有膨胀力。就连日本人也使用苏打水做出超轻的天妇罗。然而，使用苏打水确实减少了一些松饼的味道，好在不是太明显，这也是个我愿意妥协来换取优质口感的做法。想要增加风味，加入一点点香草精（或橙香甜酒，甚至可以用枫糖精和培根）就能使格子松饼香到让你意乱神迷。使用冰镇的苏打水是很重要的：冷的液体可以维持较好的碳酸化作用，而你会想要让面糊尽可能保持有泡沫的状态，直到开始烹饪。在这种情况下，苏打水是优于人造气泡水的，因为它含有钠，这也有助于维持它的泡沫。

格子松饼酥脆的口感取决于面糊发生脱水和蛋白质凝固，这两件事可通过加热和时间来达成。那做出超脆松饼的关键是什么呢？只要烹饪得慢一点儿、久一点儿即可。这不仅可以得到最佳口感，也可能产生更均匀的棕化反应。

快速格子松饼

BASIC QUICK WAFFLES

4 人份，8 个小圆格子松饼、4 个比利时格子松饼或 4 个大的方形格子松饼

松饼粉 1 份（见 p.137）
鸡蛋 2 个（分离蛋白和蛋黄）
白脱牛奶 1/2 杯
化开的无盐黄油 4 大勺
冰镇苏打水 1 杯
香草精 1 小勺
黄油或一般植物油少许（用来涂抹松饼铁盘）
枫糖浆适量（用来淋在松饼上）

1. 以低温预热电子格子松饼机，或将格子松饼铁盘放在炉子上以中小火加热。将干燥的松饼粉放在一个大碗里。
2. 在中碗里搅打蛋白，直到硬性发泡成蛋白霜。在另一个干净的大碗里搅打蛋黄和白脱牛奶，直到均匀混合，再慢慢地滴入化开的无盐黄油并搅拌。小心地用橡胶铲将蛋白霜拌到蛋黄混合物中，并充分混合，再加入苏打水、香草精。将上述混合物倒入干燥的松饼粉里，搅拌至混合均匀（可能仍会有一些结块）。
3. 如果使用 17.8 厘米（7 英寸）的圆形炉式松饼铁盘，先将其用黄油或一般植物油涂抹，再将 1/2 杯面糊倒入铁盘中，不停翻转铁盘，直到松饼两面都呈现金黄色且变得酥脆，约 8 分钟。如果使用比利时格子松饼铁盘，则舀 1/4 杯面糊倒入每个格子，将铁盘合上，立即将它翻转，然后持续加热，偶尔转动，直到松饼两面都呈现金黄色且变得酥脆，约 10 分钟。如果使用电子格子松饼机，请根据说明书预热和烹饪。完成后将格子松饼放到盘子上，或放在 93.3℃（200 ℉）的烤箱中保温，再继续制作剩下的松饼。搭配枫糖浆上桌。

橙香松饼

ORANGE-SCENTED WAFFLES

用 1 大勺橙香甜酒替代香草精，例如甘曼怡（Grand Marnier），再加 1 小勺橙子皮屑到步骤 2 的鸡蛋和白脱牛奶里。

枫香培根松饼

MAPLE BACON WAFFLES

用枫糖精（或 2 大勺枫糖浆）替代香草精，并在步骤 2 的最后，加入 6 块酥脆的培根丁到面糊里。

白脱牛奶比司吉

如果我和我太太有一对双胞胎，我想将他们其中一个取名为史丹利，另一个取名为恶魔史丹利，再用他们来做科学研究。

我们会用同样的方式养育他们，但随着时间的推移，恶魔史丹利肯定不会辜负他的名字，因为在不知不觉中，世界对待他的方式会与史丹利有所差异。这个故事在某处一定会有一个或两个悲惨的情节。这是一场关于天性和环境对人心会产生多大影响的争辩，而且永远不会有结果。它总是令我着迷，一开始如此相似的两个个体，结果却是如此不同。

这就像是松饼和比司吉。看看成分表，它们几乎是一样的：面粉、黄油、泡打粉、小苏打和液态乳制品。但实际上，它们一个蓬松、软嫩且相对平坦，而另一个却是高耸、层叠且酥脆的。不同之处就在制作的细节里。

首先，比司吉是面团而不是面糊。言下之意就是，相对于液体，比司吉面团的面粉的比例比较高，高到它可以将全部材料都结合成一个有黏着力的球，而这颗球是软的，却又不会软到像液体那样。这里更重要的是黄油的状态。对松饼来说，要先将黄油化开再搅拌入面糊中，以产生某种均匀的柔软质地。比司吉就不一样，要做出美味的比司吉，要在黄油冷硬的时候就将它加入，而且是在液体材料加入之前。当你把冷硬的黄油和干燥的面粉混合时，最后得到的会是裹着面粉的小黄油块、黄油面粉糊，以及一些完全干燥的面粉。接着加入液体材料后会发生什么呢？干面粉会马上开始吸收水分而形成麸质。同时，悬浮在黄油面粉糊里的面粉则吸不到任何水分，并且你还有那些 100% 的纯黄油块。

揉面团会让面粉中的麸质逐渐联结成越来越大的网状结构。在这期间，裹着面粉的黄油和纯黄油会悬浮在这些网状结构中。当你将面团擀平且拉长时，麸质的网状结构最后会被拉伸成被黄油和裹着面粉的黄油所分离的薄层。

最后，开始烘烤比司吉时可以发现几个现象。首先，黄油会化开，让麸质薄层之间的空间变得润滑；其次，水分——同时从黄油和加到面团中的液体中——开始蒸发，形成会迅速大量增加的气泡，使得麸质层因彼此之间的空间膨胀而分离。同时，泡打粉和小苏打的参与，使得由面粉和液体组成的面团发酵膨胀，增加了柔软度，也让比司吉的质地更轻。

折叠：4 层油酥面团

要做出超级软的比司吉，其中一个关键和让松饼变轻的方法没有太大差别，就是不要过度搅拌。将这些材料揉得恰到好处就行了。过度搅拌会产生多余的麸质，导致比司吉变硬。另一个关键就是让一切都保持冷的状态。如果面团的温度上升太多，黄油就会开始软化，并会在面团里均匀地散布。而黄油需要呈块状且不均匀分布，这有助比司吉产生丰富多变而蓬松的质地。

这里有些不同的方法可以帮助达到这个效果。首先，使用食物料理机让黄油能充分混合。食物料理机的高速旋转刀片可以让处理黄油变得简单省时，让它不至于有太多时间升温并化开。其次，加入白脱牛奶的方法也很重要。有些人喜欢用手，有些人则使用食物料理机。我发现最好的方式是用弹性橡胶铲轻轻切拌面团，在大碗里反复将底层的面团往上压。切拌方式不仅减少了揉的动作（因而减少麸质形成的网状结构），它也使面团形成多层结构，在烘焙时层状结构会分离，产生你想要的片状层次感。

为了更进一步增加片状层次，我喜欢再多加一个步骤，做出所谓的千层油酥面团，那是一种经过一遍又一遍的折叠而形成的多层酥皮点心。那些经典的法式千层点心（如千层酥和可颂）的面团，都是重复折叠直到变成千层的。而对于比司吉面团，我没那么野心勃勃，但我发现若将面团擀成方形，三等分后，将两边内折，成为三层，再在另一个方向上如此操作，可以做出九层（3×3）。接着将它再次擀成方形，并重复一次，你就可以做出高达 81 层（9×3×3）的面团！这样的千层片还不错吧？

然后你猜怎么着？现代的酥松美式司康也变得简单了，不过就是加了糖并切成不同形状的比司吉而已。学会了一种，你就可以举一反三了。下面我们一起来看具体做法：

1. 在食物料理机中混合面粉、泡打粉、小苏打和盐，然后放入冷的黄油块。2. 按下“点动功能”直到黄油变成约 0.6 厘米（1/4 英寸）厚的块状。3. 将混合好的粉类放到大碗中，加入白脱牛奶。4. 用硅胶锅铲切拌。5. 将面团放到撒了面粉的砧板或工作台上。6. 简单整理成正方形。7. 擀成边长 30.5 厘米（12 英寸）的方形。8. 用刮刀将右边三分之一折到中间。

9. 再将左边三分之一折到中间。10. 将上方三分之一往下折到中间。11. 将下方三分之一往上折盖过去。12. 将折成的较小的方形面团再擀成边长 30.5 厘米（12 英寸）的方形，然后将磨碎的奶酪和切碎的青葱撒上去。13. 将右边的三分之一折到中间。14. 将左边的三分之一折到中间。15. 将上方三分之一往下折到中间。16. 将下方三分之一往上折盖过去。

17. 重新将面团擀成边长 30.5 厘米（12 英寸）的方形。18. 用一个直径 10.2 厘米（4 英寸）的比司吉切模将面团切出 6 个圆形坯子，把多余的面团收集起来，再轻轻地搓揉，再擀，再切出两个圆形坯子。将圆形坯子都放到铺有烤盘纸的烤盘上。19. 将化开的黄油刷在比司吉的上面及侧面。20. 放入预热好的烤箱中烘烤。21. 在烘烤比司吉的中途将烤盘换一次边。22. 食用前让比司吉冷却 5 分钟。23. 要尽最大努力控制好自己，不要偷吃没冷却的比司吉。

层次分明的白脱牛奶比司吉

SUPER-FLAKY BUTTERMILK BISCUITS

8 块

白脱牛奶 1/2 杯

酸奶油 1/2 杯

中筋面粉 284 克（10 盎司，约 2 杯），额外加一点儿在工作台上使用

泡打粉 1 大勺

小苏打 1/2 小勺

犹太盐 $1\frac{1}{2}$ 小勺

冷的无盐黄油 8 大勺（1 条），切成 0.6 厘米（1/4 英寸）见方的块

化开的无盐黄油 2 大勺

1. 将烤架调整到中间位置，并将烤箱预热到 217.8℃（424 ℉）。将白脱牛奶和酸奶油一起放到小碗里搅拌。
2. 将面粉、泡打粉、小苏打和盐放到食物料理机中混合均匀，约 2 秒。将黄油均匀地撒在上面并按下"点动功能"，搅打成粗糙颗粒即可，黄油块边长不超过 0.6 厘米（1/4 英寸）。搅拌混合好后，将混合粉类放到一个大碗中。
3. 将步骤 1 的乳类混合物加到面粉混合物中，并用橡胶铲切拌，直到完全混合在一起。将面团移到撒有面粉的工作台上，稍微整理一下，必要时加入额外的面粉。
4. 用擀面棍将面团擀成边长 30.5 厘米（12 英寸）的方形。用刮刀将面团右边的三分之一折叠到中间，再将左边三分之一折叠到中间，得到一个 30.5 厘米 ×10.2 厘米（12 英寸 ×4 英寸）的矩形。再将上方三分之一折叠到中间，然后将下方三分之一折叠到中间，将整个面团变成一个边长约 10.2 厘米（4 英寸）的方形。再次将面团擀成边长 30.5 厘米（12 英寸）的方形，并重复以上折叠过程。
5. 将面团再次擀成边长 30.5 厘米（12 英寸）的方形，撒点面粉在饼干切割模上，然后切出 6 个直径 10.2 厘米（4 英寸）的圆形面片。将面片放到衬有烤盘纸的烤盘上，间隔约 2.5 厘米（1 英寸）。将剩余的面团收集起来，团成球状，轻轻揉捏 2~3 次，直到平滑。将面团整理一下，擀开，约可再切出 2 个直径 10.2 厘米（4 英寸）的圆形片，将它们也放到烤盘上。
6. 将化开的黄油刷在比司吉的表面，将比司吉放进烤箱烘烤到呈金棕色并膨胀隆起，约 15 分钟，烤到一半时取出烤盘换一次边。烤好后取出，冷却 5 分钟后即可上桌。

切达奶酪青葱比司吉

CHEDDAR CHEESE AND SCALLION BISCUITS

先按 p.151“层次分明的白脱牛奶比司吉”步骤 1—步骤 3 操作，到步骤 4 时，在边长 30.5 厘米（12 英寸）的方形面片上撒上 170 克（6 盎司）磨碎的切达奶酪和 1/4 杯切碎的青葱，然后进行第二次折叠，并按照后续步骤继续操作。（见 pp.148—150 的步骤图和文字。）

培根帕玛森比司吉

BACON PARMESAN BISCUITS

先按 p.151“层次分明的白脱牛奶比司吉”步骤 1—步骤 3 操作，到步骤 4 时，在边长 30.5 厘米（12 英寸）的方形面片上撒上 1/2 杯煎好的培根碎和 57 克（2 盎司）帕玛森奶酪，然后进行第二次折叠，并按照后续步骤继续操作。烘烤之前，在比司吉上撒上更多磨碎的帕玛森奶酪。

有层次的司康

FLAKY SCONES

基本步骤按 p.151“层次分明的白脱牛奶比司吉”操作，在步骤 2 中加入 2 大勺糖到料理机中。在步骤 4 中，如果需要，可将 1 杯冷冻或切丁的新鲜水果或浆果撒在面团上，然后进行第二次折叠。在步骤 5 中，将面团折成 30.5 厘米 ×10.2 厘米（12 英寸 ×4 英寸）的矩形，然后将矩形切成 3 个边长为 10.2 厘米（4 英寸）的方形，再将每个方形切成两个三角形，额外撒上 2 大勺糖并依照后续步骤继续烘焙。

简易鲜奶油比司吉

EASY CREAM BISCUITS

不想做那些折叠和造型的工作，但仍然想要有柔软又充满黄油风味的比司吉或司康出现在早午餐中吗？那就做鲜奶油比司吉或司康吧。简易鲜奶油比司吉对比有层次的比司吉，就像黄油酥饼和派皮。也就是说，与其让黄油和面粉形成片状、不规则地分开成一层一层的样子，不如添加更多的液体脂肪（如化开的黄油和鲜奶油），以完全覆盖面粉。这样做出来的比司吉将不会是一层一层的，但它有自己柔嫩且独特的松软质地。

这样的比司吉最大的优点就是简单。它只需要 5 种原料（或者 6 种，如果你加糖就可以让它变成司康）和一个碗，从开始到完成只要 15 分钟。这还不够简单吗？

8 块

中筋面粉 284 克（10 盎司，2 杯）

泡打粉 1 大勺

犹太盐 3/4 小勺

化开的无盐黄油 4 大勺

鲜奶油 $1\frac{1}{4}$ 杯

1. 将烤架调整到中间位置，并将烤箱预热到 217.8℃（424 ℉）。把面粉、泡打粉和盐放在一个大碗里，搅拌混合。加入 2 大勺化开的黄油和鲜奶油，用木勺搅拌，直到形成面团。
2. 将面团倒在撒有面粉的工作台上，轻轻揉捏，直到形成一个黏黏的球。用擀面杖将其擀成边长约 20.3 厘米（8 英寸）、厚约 1.9 厘米（3/4 英寸）的方形面片。使用 7.6 厘米（3 英寸）的圆形饼干切模切出比司吉，放在衬有烘焙纸的烤盘上，每个比司吉间隔约 2.5 厘米（1 英寸）。将剩余的面团收集起来，重新整理及擀面，并切出更多的比司吉（最后应该能切出 8 块比司吉）。
3. 将剩余的 2 大勺化开的黄油刷在比司吉表面，将比司吉入烤箱烘烤直到呈现金棕色，且膨胀得很好，约 15 分钟。烤到一半时请将烤盘换一次边。完成后冷却 5 分钟，即可上桌。

鲜奶油司康

CREAM SCONES

在本页上方步骤 1 中，在干的混合物里加入 3 大勺糖。如果想要，可以倒入 1/2 杯无核小葡萄干（或一般葡萄干）。

奶油香肠肉汁

CREAMY SAUSAGE GRAVY

经典的法式贝夏梅酱（French béchamel）在美国已是家喻户晓。其实它就是加了面粉而变浓稠的牛奶罢了。要制作出美味的酱汁，其中有几个关键：第一，确保面粉煮熟。生面粉尝起来味道不佳。你需要的是用黄油炒面粉，炒到其原始香气消失，呈现出非常淡的金色。第二，慢慢地搅拌牛奶。搅拌得越慢，酱汁会越顺滑。当加热酱汁时，面粉中的淀粉颗粒就像充满淀粉分子的微小水球，慢慢地从牛奶中吸收水分、膨胀并最后破裂，将淀粉分子释放到液体中。这些淀粉分子交叉相连，让酱汁变得浓稠。酱汁需要煮到将近沸腾以完全稠化。

奶油香肠肉汁就像煎一些美味的早餐香肠那样简单，然后将酱汁浇在香肠周围。我喜欢黑胡椒味重一点儿，将黑胡椒碎加在白脱牛奶或其他咸口味比司吉上，即可上桌。

约 3 杯，8 人份

无盐黄油 1 大勺

枫糖鼠尾草早餐香肠（见 p.498）或无肠衣香肠（bulk sausage）454 克（1 磅）

小型洋葱 1 个，切碎（约 2/3 杯）

中筋面粉 2 大勺

全脂牛奶 2 杯

犹太盐和现磨黑胡椒碎各适量

1. 在 25.4 厘米（10 英寸）的不粘锅中以中大火加热黄油，直到起泡。加入香肠，用木铲或勺子将其拨散，直到不再有粉红色，约 6 分钟。加入洋葱碎炒至软化，约 2 分钟。
2. 加入面粉，不断拌炒，直到完全混合，约 1 分钟。慢慢加入一半的牛奶并不断搅拌，然后再将剩余的牛奶加入并搅拌到即将沸腾。持续搅拌直到酱汁变稠，约 3 分钟。加入盐和大量黑胡椒碎调味。

图片提供 熊也 · saya

甜面包卷

每年大约会有一次，当我觉得我与太太的感情需要升温时，我就会用烤箱里的甜面包卷（sticky bun）的香气唤醒我可爱的妻子。

我发现光是做了这件事，就足以让我从这一整年里犯的小错误中脱身——如果我再点缀一些橙色奶油奶酪糖浆在上面的话，就可以无罪开释了。

说真的，这些甜面包卷真棒，棒到我决定将它们放到这个章节里。尽管事实上，在这里并没有那么多“新的”厨房科学可以讲述，除了一些微调以便让食谱更完美——这些甜面包卷的做法是相当标准化的。但有时候，为了让这个标准作业变得更完美，这些微小调整还真是少不了的。

滚面团

甜面包卷是用所谓甜面包面团制成的，这代表除了大多数面团中必要的面粉、液体、盐和发酵物之外，还会有脂肪——这里指的是鸡蛋与黄油，牛奶和酸奶则会同时提供水和脂肪。脂肪不仅影响面包的风味，对其质地也有着至关重要的作用。在不含脂肪的传统欧包面团中，会形成特别结实的麸质结构，因为面粉蛋白质容易彼此直接接触，快速形成又厚又黏的麸质网状结构。因此，传统欧包面团会有较大的气孔（更强的麸质代表面团在裂开之前可以更长和更薄地伸展），以及坚韧耐嚼的质地。而甜面包面团的脂肪就像润滑剂一样，可以防止蛋白质结合得太紧。

把面粉蛋白质当作是一群狂欢的嬉皮士，在 1969 年的伍德斯托克音乐节上某个少见的干燥晴朗的午后，他们围成一个圆圈跳舞。当他们互相碰撞到对方时，会握紧对方的手（不过真的嬉皮士是不会这么做的）。最后，他们都紧紧地联结在一起。这个圆圈在断开之前，可以伸展得非常远。现在让我们想象一下在同一个地方的同一组嬉皮士，但这一次他们是在倾盆大雨中。如果大家满身都是泥土和水，要紧紧握手就变得非常困难了。也许会到处形成一个又一个小圈子，但不可能像在干燥的环境下那样围出那么大的圆圈。所以脂肪可以防止面团里形成大的“嬉皮士”面团圆圈（差不多是这个意思）。

因此，甜面包面团会比传统欧包面团更细腻，具有更软的质地和更小的气孔。当然，脂肪也为面团增添了颜色和风味。如果它们不是颜色金黄又奶香浓郁，那甜面包卷还有什么乐趣呢？

有些甜面包卷的食谱使用化学发酵剂，例如泡打粉，以便更快速地膨胀，但这样做有损其风味。酵母才能让甜面包卷有好的风味和质地。酵母和其他生物一样，拥有强烈的繁殖欲望，为了做到这一点，它们必须消耗能量，而能量的来源就是糖，它们消化糖并释放二氧化碳、酒精以及许多其他芳香族化合物⑦。由面粉形成的麸质网状结构会抓住二氧化碳，使得用了酵母的烘焙食品发酵。然而，这个过程需要时间。酵母能做的事就这么多，你知道吗？一个正常发酵的甜面包卷可能需要几个小时的时间才能完成。

你可能会问，为什么不加入更多的酵母？因为酵母本身也有味道，并且是一种不那么令人愉快的味道。用更多酵母来发酵，它那轻微苦涩又古怪的味道会在面团里非常突出。发酵得刚刚好的面团，其风味来自酵母作用的副产品——复杂的芳香族化合物，这是酵母慢慢分解面团中的糖所产生的。为了拥有最好的味道，你必须从相对少量的酵母开始，让它有足够的时间来发挥效用。对于甜面包卷来说是如此，对于比萨或法棍也是一样的。

如果你从来没有做过甜面包卷，那么第一次做时你可能会发现这个过程很有趣。通过将大块面团滚成圆柱体，然后切成内部呈螺旋形的更短的圆柱体。为了维持这些螺旋层彼此分离的状态，必须将一层黄油和肉桂糖铺在面团平面上，然后再将其卷起。

真的没有第二种方法。甜面包卷是个需要经过多个阶段且要有充分时间来完成的食物。（嘿，我没告诉你，我每年就做这么一次吗？）但如果我的婚姻关系因此而有越来越甜蜜的征兆，就代表这绝对是值得努力的。

世界上最棒的甜面包卷

THE WORLD'S MOST AWESOME STICKY BUNS

笔记：

身为夜猫子和晚起的人，我喜欢准备好面包坯并让它们在冰箱里醒发一晚，剩下的工作就只是在早上把它们放进烤箱了。要做到这一点，只需在步骤6之后立即将面包坯盖好并放到冰箱中，让它发酵至少6小时，最多12小时。第二天从冰箱中将面包坯拿出来，将烤箱预热，然后按照做法制作。

⑦芳香族化合物，一种具有苯环结构的碳氢化合物。——编者注

1
2
3
4
5
6
7
8
9
10

11

12

13

14

15

16

17

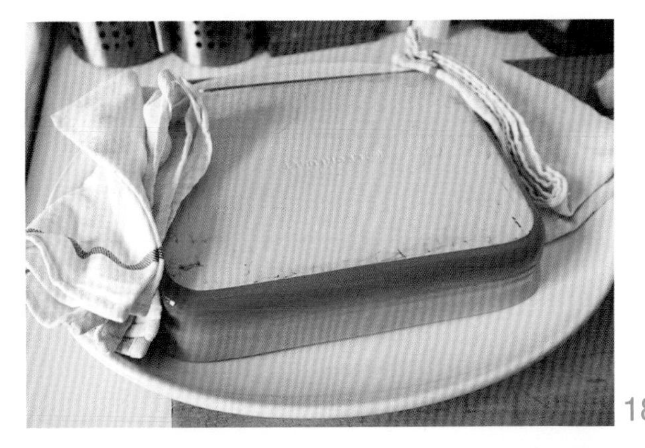
18

19

20

12 个

面团

鸡蛋 3 个

红糖 1/3 杯

白脱牛奶 3/4 杯

犹太盐 2 小勺或食盐 1 小勺

速发酵母粉 2 小勺

化开的无盐黄油 6 大勺

中筋面粉 567 克（20 盎司，约 4 杯），额外加一点儿在工作台上使用

山核桃焦糖酱
（Pecan-Caramel Sauce）

无盐黄油 4 大勺

红糖 2/3 杯

白脱牛奶 3 大勺

烤山核桃 113 克（4 盎司，约 1 杯），粗略切碎

犹太盐 1 小撮

内馅

红糖 2/3 杯

肉桂粉 1 大勺

化开的无盐黄油 2 大勺

橙香奶油奶酪糖浆（可省略）
（Orange Cream Cheese glaze）

奶油奶酪 113 克（4 盎司）

白脱牛奶 1/4 杯

糖粉$1\frac{1}{2}$杯

橙子皮屑 1 大勺（1 个橙子的量）

新鲜橘子汁 2 大勺

犹太盐 1 小撮

1. **制作面团：**在大碗中搅拌鸡蛋直到变成均匀的蛋液，加入红糖、白脱牛奶、盐、酵母粉和化开的黄油，并搅拌均匀（混合物可能会有些结块——这是没关系的）。加入面粉，用木勺搅拌，直到形成充满黏性的面团。（图 1）
2. 将面团移到撒了一些面粉的工作台上，揉捏 2 分钟，直到面团完全均匀、光滑、柔顺。将面团放回碗中，盖上保鲜膜，放在室温下发酵，直到体积变成原来的两倍大，约 2 小时。（图 2—图 4）
3. **制作山核桃焦糖酱：**在小锅里以中大火将黄油和红糖加热，偶尔搅拌一下，直到红糖完全溶解并起泡，约 2 分钟。加入白脱牛奶、烤山核桃碎和盐，搅拌混合，然后将混合物均匀地倒在 33 厘米 ×22.9 厘米（13 英寸 ×9 英寸）的陶瓷烤盘里。（图 5—图 7）
4. **制作内馅：**将红糖和肉桂粉在一个小碗里混合，置于一旁。
5. **滚面团：**将面团放到工作台上，再撒上一些面粉防粘。用双手将面团粗略整理成一个长方形，然后使用擀面棍将面团擀成一个长约 40.6 厘米（16 英寸）、宽约 30.5 厘米（12 英寸）的长方形，让短边朝向自己。刷上内馅材料中的化开的黄油，留下距上方边缘 2.5 厘米（1 英寸）的一段不刷黄油。撒上步骤 4 做好的内馅，并用手将内馅抹开，直到刷了黄油的部分被均匀覆盖。将面团卷成瑞士卷式紧密的圆柱体，根据需要可使用刮刀来协助整理。捏实接缝处，然后转动面团，使接缝朝下。用手来平整它的形状。（图 8—图 15）
6. 使用锋利的刀将面包卷切成 12 个均匀的小卷：最简单的方法是先将其切成两半，将

每一半再切成两半，然后再将每小段切成均匀的三部分。将中间的 10 个面包卷以螺旋形图案向上的方式放到铺满山核桃焦糖酱的烤盘上，两端的两个则切面朝下放。将面包坯用保鲜膜覆盖后发酵，使其膨胀到体积变成原来的两倍大，约 2 小时。面包坯应该会充分膨胀，并且互相之间会靠得非常紧密。（图 16）

7. 当面包坯在发酵时，将烤架调整到中间位置，并将烤箱预热到 176.7℃（350 ℉）。将烤盘移到烤箱中，将面包烘烤至表面呈现金黄色，约 30 分钟，中间要将烤盘换一次边。时间允许的话，请先静置 5 分钟，再将面包卷倒扣到大浅盘上，从锅中或勺子上刮出多余的黏面糊抹到面包卷上。（图 17—图 20）
8. 制作糖浆（可省略）：将奶油奶酪、白脱牛奶、糖粉、橙子皮屑、橘子汁和盐放在一口小锅里，开中火加热并不断搅拌，直到糖浆即将沸腾且混合均匀。舀出一半糖浆淋在面包卷上，剩下的一半置于碗里，放在一旁当蘸料，即可上桌。

热巧克力粉

每个孩子都喜欢热巧克力粉（hot chocolate mix），我也不例外。我更喜欢从袋子里拿出来直接吃，并且贪婪地舔我的手指。但我从来不喜欢将它与热水或牛奶混合在一起。混合后，它会变得稀稀的，或者太甜或者不够甜，只有一点点巧克力味。

自制热巧克力不算很难：在黄油中溶解可可，加入巧克力和糖，再加一些香草或波本威士忌（bourbon），再加牛奶，然后一边加热一边搅拌。但你不能否认在一杯热牛奶中搅入几大勺巧克力粉就能做出热巧克力是更加简单易行的。所以我决定提出自制配方，自制热巧克力粉不仅制作简单而且美味实惠。

一开始，我尝试简单地用食物料理机将巧克力研磨成粉末状（先将巧克力冷冻会让这件事变得容易些）。虽然这可以做出一杯还不错的热巧克力，但每当我加了足够的巧克力粉到牛奶中以得到我想要的味道时，浓厚的可可脂便开始占满杯子，使得要喝完一整杯热巧克力变得困难。

我选择了100%可可（不加糖）巧克力、糖和碱化可可粉（Dutch-process cocoa）的组合。有了这些调整，我的热巧克力粉尝起来相当不错，但仍有几个问题：它在储存容器中存放过夜会结块，到了第二天会难以溶解；当加入牛奶中时则会碎裂，在液体表面分散成一层细小的脂肪气泡。这便导致热巧克力的顺滑度与浓厚度都不够。

许多商用热巧克力粉含有大豆卵磷脂或干的乳蛋白，这两种蛋白质都能够增加乳脂并有助于维持乳脂，使可可脂和液体呈现顺滑且乳化的状态。

我尝试添加大豆卵磷脂到我的热巧克力粉配方中，结果是成功的，但我并不决定使用（大豆卵磷脂虽然可以在健康食品店买到，但不算是种常见的材料）。奶粉对提升口感也有帮助，但它会为热巧克力带来一种独特的熟奶味道——喝起来口感不太对。

最后，最简单的解决方案是加一些玉米淀粉到我的热巧克力粉配方中。它不仅能够防止结块，而且增加了牛奶的稠度，做出来的热巧克力有顺滑、浓厚的风味，且没有任何不好的口感。

自制热巧克力粉

HOMEMADE HOT CHOCOLATE MIX

18~36人份

113克（4盎司）的100%可可含量的烘焙用巧克力棒2根

荷兰式碱化可可粉1杯

糖1杯

玉米淀粉2大勺

犹太盐1/2小勺

1. 将巧克力棒放入冷冻室直至完全冰冻，约10分钟。从冷冻室中取出巧克力棒并敲成碎块，放入食物料理机，再加入可可粉、糖、玉米淀粉和盐，打成粉状，约1分钟。将热巧克力粉放到密封容器中，并置于阴凉处，最多可放3个月。
2. 制作热巧克力：取1~2大勺的热巧克力粉放入1杯煮沸的牛奶中（或依需要加更多），搅拌到完全混合。要煮出更浓厚的热巧克力，只要将锅放回炉子上加热30秒，直到热巧克力变得浓稠顺滑即可。

只有内心纯粹，才能做出好汤。

第2章

汤、炖肉

——高汤的料理科学

图片提供 熊也 saya

我太太讨厌我们家总是有股食物的味道。

她对待嗞嗞作响的汉堡和烤鸡散发出的美妙香气就像对待敌人一样，她会用游击战术将香料袋藏到我根本不会去看的地方——比如放俄国文学书的那片区域，也有可能很有谋略地伪装成她桌上那些度假时买回来的纪念品小摆设。只要我开始在厨房里做菜，一会儿就会听到客厅窗户拉开时那熟悉的声音，然后是开风扇的声音。饭菜的味道让她很绝望，她试图要抢先让房子通风一下。

这就是我最喜欢下雨天的原因。你没办法在雷雨时打开窗户吧？这确保了我那一大锅在炉子上文火慢炖的墨西哥辣椒飘出的超棒香味能渗透到窗帘和地毯上。至少有几个星期的时间，每当你进入公寓时，这个香味就会在那里迎接你。这香味会一直依附在床单上，像一杯温暖的牛奶般，哄你入睡。它还会徘徊在浴帘上，每天早上当你刷牙时，以肉香与洋葱香跟你说早安。我的太太说我是消极抵抗。我说她是太多疑，然后我微笑着将另一锅辣椒加热。

这一章是关于那些美妙且让公寓香味四溢的炖肉和汤的——这种食物是如此美好，会让你不时地查看天气预报，就是希望得到个台风警报。而这一切都从高汤开始。

料理实验室指南：高汤的烹饪指导

大约一百年前，当法国主厨奥古斯特·埃斯科菲耶（也许是最德高望重的厨师）编纂了经典法国菜，其烹饪是基于高汤及其应用——以小火在水中长时间焖煮动物肉、骨头和蔬菜而产生出那香浓美味的液体。

肉在高汤里面焖煮，蔬菜用高汤来浇汁。高汤是汤和炖菜的基础，可用来收汁，还可做成浓郁的酱汁。高汤是由鸡、鸭、火鸡、牛肉、小牛肉、猪肉、羊肉等食材制作而成的。只要这个动物有四只脚或者有羽毛，最终它的骨头和碎肉就一定能找到进入煨着的汤锅里的方式。

时至今日，高汤不是那么必要了。烹饪变得比较简单，而许多餐馆只要有鸡肉高汤就过得去了。在家里，我仅仅使用鸡肉高汤，而我太太至少还没有抱怨过我做的料理不够“法式”。对许多食谱而言，用好的罐装肉汤就可以了，厨师顶多只想确保它是低盐的，这样才能自己控制咸度。一般罐头高汤或肉汤对收汁做酱汁而言都太咸了。

还有一种料理对于高汤的品质是非常讲究的，那就是汤。如同宠物狗的表现来自主人，孩子的教养受之于父母，好喝的汤品来自好的高汤。

然而，任何曾在餐厅工作过的人都会告诉你，制作高汤是个缓慢的过程。很可能需要好几个小时的时间，才能从一锅鸡骨和碎骨中分解结缔组织并萃取精华。如果你整天都待在厨房里那就不成问题了，你只要时不时关心一下在后排炉火上熬煮的大锅，并坚持6个小时就好了。但一般的家庭厨师呢？这么麻烦还是算了吧。一年到头我只有两个星期天愿意花时间来熬煮一道真正传统的鸭肉或小牛肉高汤，而在其他363天，我想找出一个更快、更好的方式。

高汤

什么是鸡肉？

一如往常，我会从第一步开始实验，首先找到一只鸡。一旦鸡已被杀死且被拔净鸡毛，从烹饪角度来看，鸡其实是非常简单的动物。一只鸡大致可分为4种不同成分：

- **肌肉**，就是鸡身上的肉。通过收缩肌肉，鸡可以自由行动，而鸡身上的肌肉又可以进一步分为两种——慢缩肌和快缩肌。慢缩肌，用于支持持续运动——脚和大腿能让鸡保持站立、行走、向下或向上弯曲身体。因为慢缩肌的活动是有氧的（需要氧气来参与），通常慢缩肌有密集的毛细血管，其中运载着含丰富氧气的红细胞。这就是为什么它会呈现比较深的颜色的原因。快缩肌，用于支持剧烈能量的瞬间爆发——它们位于鸡胸中，当鸡受到惊吓需要逃离危险时，会为翅膀提供动力。它们的活动是无氧的（不需要靠氧气参与），因此毛细血管往往不那么密集，所以呈现特有的苍白的颜色。附带一提，快缩肌与慢缩肌之间的区别几乎发生在所有动物身上，甚至人类。有人想知道为什么鲔鱼是深红色的，而鳕鱼是白色的吗。因为鲔鱼几乎完全由强大的慢缩肌组成，这让它能在水里快速地像鱼雷般游动很长时间；而鳕鱼只有在吃东西或害怕时，才会移动。

- **脂肪，**可以起到为鸡提供隔热和能量储存的作用。对于人类而言，鸡肉脂肪尝起来就很美味（用正确的方式烹饪的话）。脂肪主要存在于鸡的腿部、背部，以及鸡皮上。与一般说法不同的是，鸡皮并不全都是脂肪——事实上，它主要是由结缔组织组成的。
- **结缔组织，**主要由胶原蛋白组成，结缔组织让肌肉附着于骨头上，也让骨头之间彼此相连。在自然状态下，它类似于将三条单独的线紧密缠绕在一起形成的纱线，这使它非常强韧。加热时，这些线会散开变成明胶，从而形成一种松散的基质，使高汤和酱汁浓郁且有质感。鸡身上到处都可以发现胶原蛋白，但在鸡腿、鸡翅、鸡背和鸡皮上特别集中。越老的鸡，所含胶原蛋白越多。
- **骨头，**构成禽类动物的骨架。没有骨头，鸡就像糨糊般的果冻，不那么好吃。许多厨师认为高汤的风味来自于骨头，这一点我是存疑的（继续读下去吧）。

你使用的鸡肉部位不同，这 4 种成分的比例也不同。总而言之，鸡腿慢缩肌含量高，有大量的脂肪，并含有大量的结缔组织和骨头。鸡胸几乎完全是快缩肌。鸡背和鸡架则很少有肉，只是一堆骨头、结缔组织和脂肪。鸡翅拥有最多、最集中的结缔组织，具有高比例的脂肪和一些骨头。

为了弄清楚这些组织会各自给高汤带来什么影响，我同时制作了几批高汤：只用白肉熬煮、只用深色的肉熬煮、只用骨头熬煮和只用鸡架熬煮——鸡架有大量的骨头和结缔组织，但肉相对较少。

鸡胸

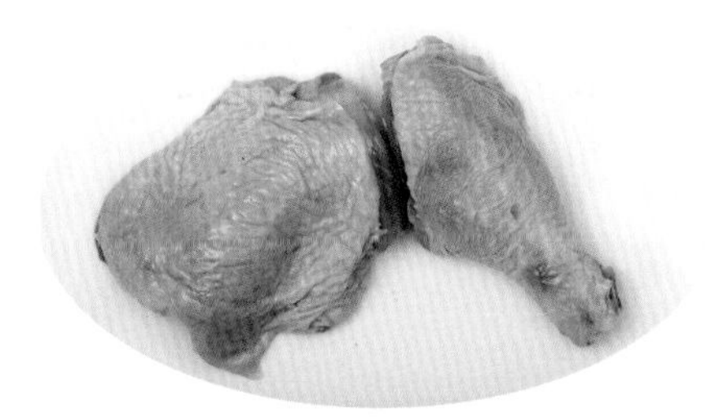

鸡腿

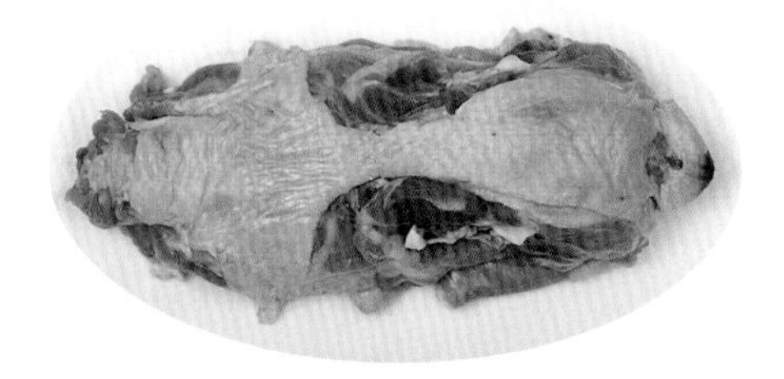

鸡背

在熬煮了4小时后，以肉为基底的高汤味道是最鲜美的（用鸡腿的比用鸡胸的稍微多一点儿味道），但是没有黏稠度——即使冷却后放入冰箱里，这些高汤仍然呈液体状，这表示溶解在汤中的动物胶相对较少。就如同我所怀疑的，骨头熬煮的高汤几乎没有味道，但它有适量的浓稠度。用鸡架熬煮的高汤既鲜美又浓稠。冷却后，用鸡架熬煮的高汤变成了类似胶状的凝固物，这是由于在炖煮时产生了大量的动物胶。在高汤热的时候喝上一口，它会在嘴唇上留下一层薄薄的、黏黏的、美味又浓稠的汤汁。

精心制作的高汤应该是胶状凝固物。

所以，鸡架是制作出具有最佳风味和浓稠度的高汤食材。在一个罕见的反经济学案例里，这刚好也是最便宜的方式：你可以自己拆解全鸡，然后留下鸡架（将它们存放在冷柜里，累积到足够做高汤的量），或在大多数超市里用很便宜的价格买到。但如果手边真的没有鸡架，用鸡翅来做也是可以的。

我们现在知道，要熬出最佳高汤需要两样东西：从肌肉纤维中萃取的味道丰富的化合物和从结缔组织中萃取的黏稠动物胶。问题是，有什么办法可以加快这个过程吗？

好吧，我知道鸡的肌肉看起来像长而细的管子，要从中萃取有味道的物质需要慢慢烹饪，就像是挤牙膏一样。这些管子被挤压的程度取决于鸡被加热到的温度，但是挤出这些味道的速率也取决于它们从肌肉内部到高汤的距离。所以，我想知道的是，缩短这些管子的长度能加速这个过程吗？

我用不同的切法处理鸡架，熬煮了三种高汤，发现确实有所不同。切块的鸡架比整个鸡架能更快地释放出味道；将大致切过的鸡架放入食物料理机中打碎，则能最快释放出味道，约45分钟就能做出味道浓郁的高汤。看起来不漂亮，但真的有效呢！

切大块

切小块

打碎

这里有件有趣的事情：虽然将鸡架切成块提高了萃取有味道的物质的速率，但它对浓稠度没有多少影响。萃取有味道的物质是一个快速的过程——将味道从肉里面析出并溶解在水中。而萃取动物胶不仅仅只是萃取胶原蛋白，它是一个化学过程，无论将胶原蛋白切得多么精细，仍然需要时间。

熬煮 1 小时的鸡肉高汤

熬煮 2 小时的鸡肉高汤

熬煮 4 小时的鸡肉高汤

萃取最多味道和最大浓稠度的时间 vs 切碎程度

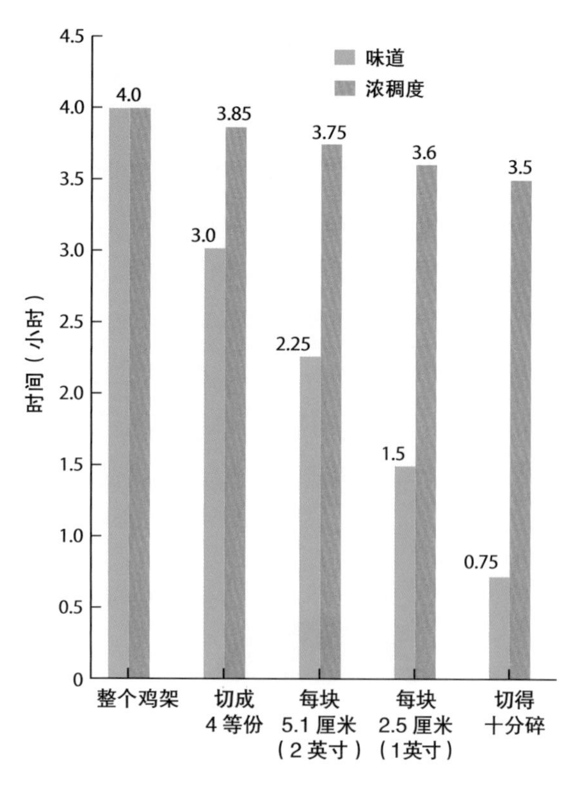

记得我说过结缔组织看起来像一根扭曲的纱线吗？你曾经试过把一根纱线上的单纱分开吗？这是做得到的，但很耗时。在炖锅里的结缔组织也是如此。炖煮的温度在 87.8~93.3℃（190~200 ℉）时，要花约 3 小时才能让 90% 的结缔组织转化为动物胶，然后再花 1 个多小时才能让所有的转化都完成。然而，如果煮到这个程度，动物胶会开始分解而失去其浓稠化的能力。所以，理想的鸡肉高汤应该要熬煮约 4 个小时。

幸运的是，鸡的结缔组织不是唯一可以取得动物胶的食材。事实上，超市里就有卖动物胶的。

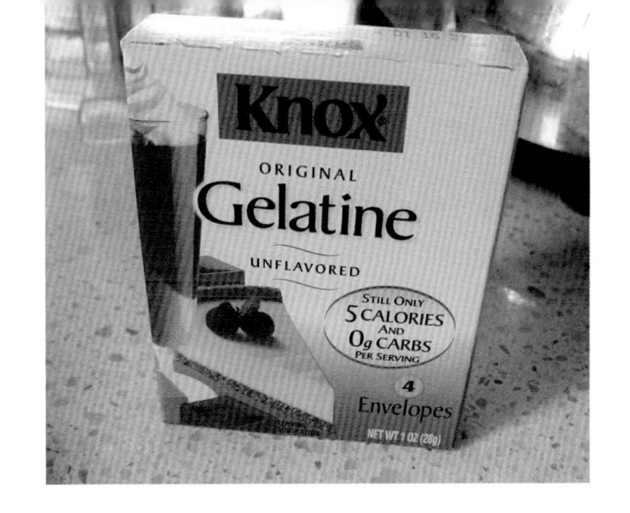

市售包装的动物胶（就是用来做果冻的，俗称明胶的材料），有粉末状或片状的。所以我只需要给我那已经炖了45分钟的鸡架高汤，加入市售包装的动物胶，就可以做出味道鲜美，好像已经炖了几个小时的浓稠高汤了！

所以就这样了，对吧？45分钟内就有高汤了？好吧，等等——如果可以让高汤的味道比用传统方法制作的法式高汤更好呢？你说不可能？我会证明给你看的。

传统的法式高汤，清澈度高于一切——使高汤浑浊的是脂肪、溶解的矿物质和蛋白质（可以统称其为“黏黏的东西”）。如果你让高汤保持在接近沸腾的状态，油脂就会以泡沫形式浮到汤的表面，这时候便可以仔细地滤掉这些油脂；而当蛋白质结块时，也可以将其过滤掉。

但是当你用大火烹煮高汤，沸腾后，那些黏黏的东西就会分解成数百万粒的小渣滓，根本无法完全从高汤中滤除。这在高级餐厅里会是场灾难，那里的酱汁和汤汁是必须呈现完美的光泽并且如钻石般清澈的。但在家里，我们真的在乎吗？我是不在乎的，因为我无论什么时候都会选择味道胜于外观，而油脂就是味道的来源。

在做高汤之前打碎骨头和肉的额外好处是，这些碎骨能够像个筏子一样把散开的蛋白质、矿物质和其他黏黏的东西聚集起来——跟吊法式清汤的方式完全一样。这有助于解决一部分高汤清澈度的问题，剩下的应该还可以接受。讲这个道理意在说明：就让你的高汤焖煮吧。

| 实验 | 脂肪 = 味道

这不是直觉判断。事实上，大多数给予各种肉类独特风味的化合物并不存在于肉本身里，而是在它们的脂肪里。不相信吗？想想看：为什么大多数瘦肉都被形容“吃起来像鸡胸肉”？这是因为除掉脂肪，肉只剩下非常普通的味道，的确像鸡胸肉一样。如果家里有台食物料理机或绞肉机，你就可以用以下这个实验来证明这一点。

材料

- 无骨瘦牛肉 340 克（12 盎司，类似后腿眼肉或者西冷这样的部位就可以），切成 2.5 厘米见方的块
- 牛肉脂肪 28 克（1 盎司），从牛排上切下来（或跟肉贩要一些），切成小片
- 羊肉脂肪 28 克（1 盎司），从羊排上切下来（或跟肉贩要一些）
- 培根 28 克（1 盎司），切成小片

步骤

1. 将牛肉分成 3 份，并在每一份里加入不同的脂肪。
2. 使用食物料理机或绞肉机，将肉绞碎成汉堡肉（有关绞碎肉的更多说明，见 p.475 的“如何自制绞肉”）。
3. 将每一份均制成肉饼，在煎锅或烤架上加热。
4. 尝尝煎好的肉饼味道。

结果与分析

煎好的肉饼味道如何？第一个可能尝起来就像普通的汉堡肉饼，第二个像羊肉汉堡肉饼，第三个就是培根肉饼的味道。再试一次，但用瘦羊肉代替瘦牛肉。加了牛肉脂肪的羊肉肉饼，尝起来仍然是全牛肉汉堡肉饼的味道。这下你懂了吧？

| 专栏 | 高汤去油脂

除了在时装秀场上，大多数情况下，吃一点儿额外的油脂不一定是件坏事——比如在日本拉面店，那里的厨师会在每碗面里加入一点儿油脂以增添风味——但加入的量有差别，就造成有的刚刚好，有的太多。一点点油脂乳化成高汤，漂浮在表面上的一些杂质泡沫能增加汤的浓稠度和风味，而大量的浮油只会增加油腻感。所以，最好在煮的时候便将高汤表面形成的浮油去除。最好的方法是什么呢？

如果你曾在餐厅工作过，可能已经学会高度关注你的高汤，定时滤除任何出现在高汤表面的浮渣或油脂，尽可能保持高汤的清澈度。但是我必须重申一次，这是为了做出餐厅料理的一种餐厅技术。当我在家里煮高汤时，直到高汤完成前都不会太在意滤除浮油这事。我会用细目滤网来过滤高汤，一开始先让高汤静置约 15 分钟，以让大部分油脂和浮渣浮到表面，让它们可以更容易被滤出。

更简便的方法是提前熬煮好高汤并冷藏过夜，这期间油脂会凝结，形成一个易于去除的表层，用勺子将它刮掉，下面就是完全胶质化的高汤了。

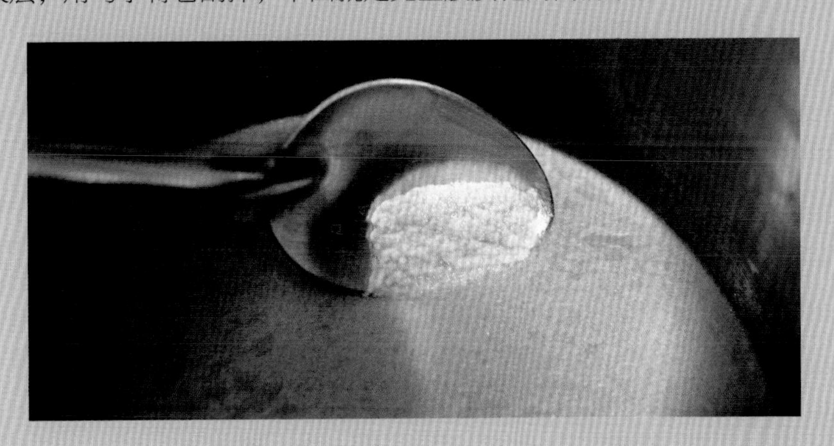

骨高汤、肉高汤、胶汁与肉汁

严格来说，骨高汤和肉高汤是两种截然不同的汤种，准备过程也不一样。骨高汤是在水里熬煮骨头、结缔组织、碎肉和蔬菜而制成。结缔组织带来浓稠度和丰富润滑的口感，通过加热蒸发水分，浓缩其鲜味和动物胶。水分减少到一定量时，骨高汤会变得十分黏稠，能在食物上形成一层黏性涂层，被称为胶汁，胶汁非常美味。正如因纽特人对雪有许多种叫法一样，法语中对于浓缩的高汤也有不同的表达——胶汁、肉汁以及半胶汁——根据浓缩的程度来命名。

肉高汤是用肉和蔬菜制成的——没有骨头或结缔组织。它也很美味，但没有来自结缔组织的胶原蛋白，口感像水一样淡薄。不过，训练有素的厨师需要知道骨高汤和肉高汤的区别，但身为家庭厨师就不必太在意了。在这本书中，我提到的高汤几乎都是“骨高汤”，因为我的速食鸡肉高汤食谱中同时包含了骨头和添加的动物胶。对于绝大多数家常烹饪，骨高汤与肉高汤这两个词没有什么太大差别。而美国农业部在其标签法中也没有特别定义出“骨高汤”或“肉高汤”的不同。他们声称两者“可以互换使用，它们都是在水中加入适当调味料并以肉或骨头炖煮所得到的液体”。有些品牌会在其包装上强调其是“肉高汤”还是“骨高汤”，但实际上两者在制造过程中没有明确的区别。

“Jus”是指烤过的肉所流出的天然肉汁。通常，肉汁会沉积在烤盘底部并在肉煮熟时蒸发，只留下被称为“fond”（法文，底层之意）的焦渍——美味可口的褐色结块，是制作锅底酱和肉汁的基底。

冷冻高汤

不可否认的是——虽然做速食高汤没有那么繁琐，但我并不想每次在需要时都要重复去做一碗汤。幸运的是，高汤可以冷冻保存。我以两种不同的方式来冷冻高汤:

- **放在冰块盒中。**将高汤倒入冰块盒，让其完全冷冻，然后将高汤冰块放到夹链冷冻袋中。需要的时候，想用多少就拿多少。这些汤块融化得又好又快，是做锅底酱的理想材料，因为制作锅底酱时一次不需要太多的高汤。
- **放在 0.95 升（1 夸脱）的快尔卫（Cryovac）[①]包装袋、冷冻袋或塑料容器里。**如果你有真空包装机（如富鲜牌），0.95 升（1 夸脱）大小的包装袋是储存高汤最理想的工具。它可以平放冷冻，所以在冷柜里所占的空间非常小，更好的是，在热水下解冻只需几分钟。如果你没有真空包装机，可以将高汤冷冻在夹链冷冻袋里，确保在密封之前尽可能将空气都挤出来，然后将它们平放冷冻。或者，使用普通的塑料材质熟食保鲜盒。

另一个既高效又便宜的制作高汤的诀窍就是保存鸡的所有部位。每次买了鸡拆解完，我都会把鸡背和鸡翅尖放到 3.8 升（1 加仑）的塑料夹链密封袋中，保存在冷柜里。每当袋子满了，我就可以做高汤了。

---

① 快尔卫，Cryovac，美国食品包装袋品牌。——编者注

速食鸡肉高汤

QUICK CHICKEN STOCK

笔记：

此配方还可制作出熟鸡腿肉，可用于其他食谱或保存供以后使用。或者，可以用更多的鸡背和鸡翅尖来替代鸡腿肉。

1.9 升（2 夸脱）

未调味的动物胶 28 克（4 包，1 盎司，约 3 大勺）

有皮的鸡背和鸡翅尖 907 克（2 磅），最好是生长期较短的鸡

鸡腿 907 克（2 磅）

大型洋葱 1 个，大致切碎

大型胡萝卜 1 根，去皮，大致切碎

芹菜 2 根，大致切碎

月桂叶 2 片

整颗的黑胡椒粒 2 小勺

茴香籽 1 小勺

芫荽籽 1 小勺

新鲜荷兰芹 6 根

1. 将 4 杯水倒入碗中，撒上动物胶，然后置于一旁，直到动物胶充分吸水，约 10 分钟。
2. 在静置的同时，用剁肉刀将鸡背和鸡翅尖剁成大约 5.1 厘米（2 英寸）的碎块，也可以使用家禽剪。分成两批或三批，将鸡肉碎块放到食物料理机中，用点动功能搅打，直到成为鸡绞肉。如果有特别硬的骨头卡在刀片上，须立即处理。
3. 把鸡绞肉、鸡腿、洋葱碎、胡萝卜碎、芹菜碎、月桂叶、黑胡椒粒、茴香籽、芫荽籽和荷兰芹放到一口大的荷兰锅或汤锅中，加入冷水刚好没过食材，约 1.9 升（2 夸脱）。再加入充分吸水后的动物胶和水，并用大火煮到沸腾。调节火力至小火微滚的状态熬煮，然后撇去任何浮到表面的泡沫和浮渣，并将其丢掉。煮 45 分钟，必要时可以加水，以保证水始终能没过食材。将火关掉，让它冷却几分钟。
4. 用料理夹将鸡腿放到碗中，置于一旁冷却。从高汤中取出较大块的骨头和蔬菜，再以细目滤网将高汤过滤到大碗中，并倒掉固体。将高汤放回锅中，用略大的火滚煮，直到水量减少到 1.9 升（2 夸脱），约 10 分钟。
5. 在煮的同时，取下鸡腿上的肉（可做终极鸡肉蔬菜汤或鸡肉面疙瘩：见 p.181 或 p.225）。将骨头和鸡皮丢掉。
6. 当高汤已经完成浓缩时，静置直到多余的油脂和浮渣完全浮在表面上，约 15 分钟。然后用勺子撇去油脂。或者，可以将高汤冷藏过夜，再从顶部去除固体脂肪。高汤储存在密封容器里放入冰箱，可以保存 5 天。冷冻保存可达 3 个月以上（见 p.176 的“冷冻高汤”）。

基本蔬菜高汤

BASIC VEGETABLE STOCK

1.9升（2夸脱）

未调味的动物胶28克（4包，1盎司，约3大勺）
大型洋葱2个，大致切碎
大型胡萝卜2根，去皮，大致切碎
芹菜4根，大致切碎
大型韭葱1根，修剪一下
蘑菇茎和碎块或整颗蘑菇227克（8盎司）
史密斯奶奶青苹果（Granny Smith apple）2个，切成4等份
月桂叶2片
整颗的黑胡椒粒2小勺
茴香籽1小勺
芫荽籽1小勺
新鲜荷兰芹6根

1. 将4杯水倒入碗中，撒上动物胶，然后置于一旁，直到动物胶充分吸水，约10分钟。
2. 在静置的同时，把洋葱、胡萝卜、芹菜、韭葱、蘑菇、苹果、月桂叶、胡椒粒、茴香籽、芫荽籽和荷兰芹放在大型荷兰锅或汤锅里，加入冷水刚好没过食材。将充分吸水后的动物胶和水加入，并以中火炖煮。调整火力至缓慢稳定地炖煮，烹煮1小时。必要时添加热水，以保证水没过食材。
3. 用棉布衬在细目滤网上，将高汤过滤到大碗中，并丢掉碎渣。将高汤倒回锅中，继续炖煮，直到水量减少到1.9升（2夸脱），约20分钟。将火关掉。高汤储存在密封容器里放入冰箱，可以保存5天，冷冻保存可达3个月以上（见p.176的“冷冻高汤”）。

鸡汤配饭（或面）

身为一名来自波哥大（Bogotá）山区的硬核哥伦比亚人，我太太声称她可以只靠喝汤活着。我那天生的好奇心被想要测试这一点的强烈欲望困扰着，但当我要强迫她开始流质饮食的生活时，我那颗深爱着她的心就会不时提醒我：生活当中没有汤不要紧，但若是她有半点不开心，我就会失去乐趣。她来自一个吃米饭的国家，喜欢汤泡饭，而我来自纽约，喜欢上等的鸡蛋面。也就是说，我们对于汤的需求量的确很大，而一旦你有很棒的鸡肉高汤可以发挥，就足以赢得终极蔬菜鸡汤配饭（或面条）99% 的战役。剩下的就像加点蔬菜和米饭或面条一样简单。我喜欢从胡萝卜、洋葱和芹菜开始，然后将其混合在一起。不管什么当不当季，或者看上去好不好看——呃，只要是你随手可得又想加进去的，就是最好的。唯一要记住的关键是：不同的蔬菜需要以不同的方式准备和烹调，以充分发挥它们在汤里的价值。

| 专栏 | 熬汤用蔬菜的最佳选择

一旦知道如何准备各种蔬菜以及添加这些蔬菜的时间点，要做出以高汤为底的蔬菜汤是很简单的。下面的图表告诉你如何处理最常见且适合煮汤的蔬菜。

表 9　常见煮汤用蔬菜的预处理及烹调时间

蔬菜	预处理	烹调时间
胡萝卜	去皮并切成 1.3 厘米（1/2 英寸）见方的小块	20 分钟
花椰菜	将小花分开，把茎部切成 0.6 厘米（1/4 英寸）厚的片	20 分钟
芹菜	去皮并切成 1.3 厘米（1/2 英寸）见方的小块	20 分钟
豆薯（Jicama）	去皮并切成 1.3 厘米（1/2 英寸）见方的小块	20 分钟
苤蓝（Kohlrabi）	去皮并切成 1.3 厘米（1/2 英寸）见方的小块	20 分钟
韭葱	去皮并切成 1.3 厘米（1/2 英寸）见方的小块	20 分钟
洋葱	切薄片或切丁	20 分钟
欧防风（Parsnip）	切薄片或切丁	20 分钟
马铃薯	去皮并切成 1.3 厘米（1/2 英寸）见方的小块	20 分钟

续表 9

蔬菜	预处理	烹调时间
萝卜（Radish）	切成 1.3 厘米（1/2 英寸）见方的小块	20 分钟
芜菁甘蓝(Rutabaga)	去皮并切成 1.3 厘米（1/2 英寸）见方的小块	20 分钟
红薯	去皮并切成 1.3 厘米（1/2 英寸）见方的小块	20 分钟
芦笋	切成 2.5 厘米（1 英寸）长的段	10 分钟
钟形彩椒	切成 1.3 厘米（1/2 英寸）见方的小块	10 分钟
西蓝花	将小花分开，把茎部切成 0.6 厘米（1/4 英寸）厚的片	10 分钟
冬南瓜（Butternut Squash）	去皮并切成 1.3 厘米（1/2 英寸）见方的小块	10 分钟
甘蓝	切成 0.3 厘米（1/8 英寸）厚的片	10 分钟
绿叶甘蓝（Collard Greens）	粗略将叶子切一切，将茎部切成 2.5 厘米（1 英寸）长的段	10 分钟
四季豆	修整并切成 2.5 厘米（1 英寸）长的段	10 分钟
羽衣甘蓝（Kale）	粗略将叶子切一切，将茎部切成 2.5 厘米（1 英寸）长的段	10 分钟
夏南瓜（Summer Squash）	切成 1.3 厘米（1/2 英寸）见方的小块	10 分钟
西葫芦（Zucchini）	切成 1.3 厘米（1/2 英寸）见方的小块	10 分钟
芝麻菜（Arugula）	将硬茎去掉	5 分钟
球芽甘蓝（Brussels Sprouts）	将叶子拔掉	5 分钟
甜菜（Chard）	粗略将叶子切一切，将茎部切成 2.5 厘米（1 英寸）长的段	5 分钟
玉米	把玉米芯切掉，如需要可将玉米粒削下	5 分钟
皇帝豆（Lima Beans，冷冻）	无	5 分钟
豌豆（Peas，冷冻）	无	5 分钟
嫩菠菜（Baby Spinach）	无	5 分钟
卷叶菠菜（Curly Spinach）	粗略切一切	5 分钟
水田芥（Watercress）	粗略切一切	5 分钟

终极鸡肉蔬菜汤配饭（或面）

THE ULTIMATE CHICKEN VEGETABLE SOUP WITH RICE (OR NOODLES)

笔记：

除了直接使用罐头高汤，你也可以用1.9升（2夸脱）低盐罐装鸡肉高汤熬煮4只鸡腿30分钟。取出鸡腿，从高汤中滤去油脂，加入足量的水到1.9升（2夸脱）。当鸡腿放凉到可以处理时，将肉剥下来保留备用。胡萝卜、芹菜和洋葱只是建议使用——你可以使用任何想用的蔬菜（见pp.179—180的图表），准备好的蔬菜数量大约是$2\frac{1}{2}$杯。

4~6人份

速食鸡肉高汤1份（见p.177，包括挑选的腿肉，见上文“笔记”）

中型胡萝卜2根，去皮并切成中等大小的丁（约1杯）

中型芹菜1根，切中等大小的丁（约1/2杯）

小型洋葱1个，切薄片（约1杯）

长粒白米1/2杯或中等粗细的鸡蛋面2杯

切碎的新鲜荷兰芹1/4杯

羽衣甘蓝约6片，撕成2.5厘米（1英寸）小片（2杯）

犹太盐和现磨黑胡椒碎各适量

1. 在荷兰锅中，将鸡肉高汤（鸡肉先保留，等会儿再用）、胡萝卜丁、芹菜丁、洋葱片和白米（如果使用白米的话）混合在一起，以大火煮沸。把火调小，熬煮到蔬菜软嫩，约15分钟。
2. 加入羽衣甘蓝和面条（如果使用面条的话），并煮到所有的蔬菜和白米（或面条）都软嫩，约5分钟或更长时间。拌入荷兰芹和鸡肉，直到鸡肉温热。以盐和黑胡椒碎调味，并上桌。

大麦炖牛肉

BEEF AND BARLEY STEW

当你跟我一样总会绞那么多肉，就会发现自己常会有多出来的454克或907克（1磅或2磅）的牛小排。你可以非常法式地用红葡萄酒来炖，也可以像现代的高级餐厅一样用真空低温慢煮（sous-vide）[②]煮几天，这两种都是很棒的技术。但有时候，我只想做点更简单的。

大麦炖牛小排真是太棒了，因为它有以下优点：

- 很容易成功。
- 用食品储藏柜和冰箱里的日常必需品就可以做了（除了牛小排以外）。
- 可以放很多天，时间越久越好吃。
- 抚慰灵魂或温暖你的心，如果你特别幸运就能两者兼具。
- 非常非常美味。

方法简单易懂：煎一下肉以增加一点儿风味，将蔬菜炒一炒，然后加点马麦酱、酱油、番茄酱作为鲜味利器一起炖煮。

在整个冬季，我的冰箱里通常都会有几片羽衣甘蓝的身影，因为它可以做出非常好吃的沙拉（只要在橄榄油和醋里腌几个小时——在调味后甚至还可以保持爽脆好几天！见p.815的“腌羽衣甘蓝沙拉”），而且它能使这种炖肉更加美味和丰盛。如果你比较喜欢大麦炖牛肉汤，只要在最后依喜好多加一点儿高汤来稀释到想要的浓稠度就可以了。

② sous-vide，法语，意为“在真空里”。现代餐厅用到的一种烹饪方法，通常会把食物放在真空密封袋里进行低温长时间的水浴。——校注

4~6 人份

无骨牛小排907克(2磅)，切成2.5厘米(1英寸)见方的小块

犹太盐和现磨黑胡椒碎各适量

芥花籽油2大勺

中型胡萝卜2根，去皮，纵向对半切，再切成1.3厘米(1/2英寸)厚的片(约1杯)

中型芹菜2根，纵向对半切，再切成1.3厘米(1/2英寸)长的段(约1杯)

切碎的大型洋葱约$1\frac{1}{2}$杯

马麦酱1/2小勺

酱油1小勺

中型大蒜瓣2粒，切碎或用刨刀磨碎(约2小勺)

番茄酱1大勺

自制鸡肉高汤或罐装低盐鸡肉高汤4杯

一个411克($14\frac{1}{2}$盎司)的整颗番茄罐头，沥干、大致切过

珍珠大麦(pearl barley)1杯

月桂叶2片

羽衣甘蓝叶4杯(粗略撕碎)

1. 在大碗里放入牛肉块，撒上盐和黑胡椒。在荷兰锅中，以大火将油加热直到冒烟。加入牛肉块煎制，不要移动它，直到底面上色，约5分钟。继续煎制牛肉块，偶尔翻动，直到全部上色，总共约10分钟；如果锅底开始烧焦，将火力调小。把牛肉块放回碗里，置于一旁。
2. 将锅放回炉上，以中大火加热，加入胡萝卜片、芹菜段和洋葱碎拌炒，直到蔬菜开始变色，约4分钟。加入马麦酱、酱油、大蒜末和番茄酱搅拌，直到香味溢出，约30秒。
3. 加入高汤，用木勺从锅底部刮掉棕色的小块。加入番茄、大麦和月桂叶，然后将牛肉块放回锅中，以大火加热并煮沸。调到最小火，盖上锅盖，留一点儿缝隙，继续炖煮，偶尔搅拌，直到牛肉块完全软嫩，大麦也煮熟了，约2小时。
4. 加入羽衣甘蓝碎，不断搅拌直到变熟，约2分钟。以盐和黑胡椒碎调味后即可上桌。为了产生最好的风味，可在密封容器中冷藏至多5天，然后再加热上桌。

| 专栏 | 牛（高汤）在哪儿呢？

你可能会觉得奇怪，为什么我要在牛肉汤里加鸡肉高汤而不是牛肉高汤？这个答案很简单：因为我懒。牛骨都很大，需要很长很长的时间来从中萃取有味道的物质和动物胶（餐厅会将它们放在后面那一排火炉上熬煮一整天）。而鸡肉高汤很快就可以做好，通常我手边就有，而且它的味道很中性，容易提味又不会盖过原有食材的味道。用鸡肉高汤制成的汤底来炖煮牛肉，炖好后还是很有牛肉味的。

那在商店里销售的高汤又是怎么回事呢？在大多数超市的货架上，你会发现有鸡肉、牛肉和蔬菜高汤，价格相差不大。但这没道理对吧？如果熬牛肉高汤需要耗费更多的力气——更大的骨头、更长的萃取时间、更贵的肉——它们又如何能以和鸡肉高汤相同的价格来销售呢？

秘密就在这里：**从商店里买来的牛肉高汤并不是真正的牛肉高汤**，罐装牛肉高汤里的牛肉很少。食品制造商都很懒而且关心利润，与其花一整天的时间炖煮小牛肉或牛骨头，倒不如使用天然或人工香料。根据美国农业部的标签准则，牛肉高汤或猪肉高汤只需要具有 135.1 ∶ 1 的水分蛋白质比例（Moisture Protein Ratio, MPR）就可以了——也就是说，28 克（1 盎司）的水，只要有 0.2 克（0.007 盎司）的牛肉蛋白质即可。难怪这高汤喝起来不是很有肉味！

要想快速提升罐装牛肉高汤的味道，又要成本便宜，大多数制造商依赖酵母和植物萃取物。虽然酵母萃取物有助于增加炖菜的美味，但我宁可自己控制这些添加物（我有很多食谱是使用马麦酱的，它也是一种酵母萃取物）。如果你要使用罐装高汤，就选择低盐的鸡肉高汤吧。

购买高汤

记住：要买鸡肉高汤或蔬菜高汤，而不要买牛肉高汤（原因见上文）。下面是购买罐头高汤的一些秘诀：

- **购买低钠的高汤。**这让你在调整调味料时有更大的自由度，而不是被拴在罐头高汤的含盐量里（通常是非常高的）。
- **购买可重复密封的利乐包装高汤而不是罐头装高汤。**如同许多包装食品，在你将高汤包装打开后，它就开始变质了。可重复密封的利乐包包装有助于延长其使用寿命，让你可以根据需要使用少量或适量的高汤，同时将剩下的存放在冰箱里。

如何让豆类罐头变得美味

我爱吃豆子而我太太爱喝汤，这使得每年的冬天变成我们俩最美好的时光。好吧，也不完全是。实际情况是，我太太爱喝汤，而我爱喝威士忌。考虑到当我有点醉的时候，酒精经常会驱使我去做汤，这应该对双方来说都是挺棒的事情。“亲爱的，我一不小心又做了汤”，我跟她说。我之所以说“应该”，因为比起酒醉时煮的汤，我太太似乎更喜欢我在清醒时煮的汤（尽管前者在我看来味道更好）。所以今年我决定，要像爱威士忌一样爱豆子，但爱我太太要明显超越以上两者，所以我愿意用酒瓶换豆科植物，用酒醉时煮的汤换豆子汤。

当然，随着天气转凉和缺少酒精，我已经准备好要大展身手了。问题是，干的豆子不能马上食用，至少要花好几个小时浸泡，而最糟的情况则是要泡上一整天，然后还要炖煮。所以，我做了任何神志清醒的人都会做的事：我买了罐装豆子 。有些明显的优势显示罐装豆子是优于干豆子的。首先，罐装豆子的质地几乎都很完美。罐头豆子制造商已经能够煮出十分完美的豆子了，当你打开罐头时，几乎不可能看到里面的豆子是坏掉的、碎成粉渣的、过硬的，甚至是缺乏绵密口感或受到损伤的——煮出这样的豆子对于在家烹调来说并不是一件容易的事。其次，还有另一大好处：罐头豆子拥有美味醇厚的汤汁。很多食谱告诉你要将这些汤汁洗去，这是有道理的，特别是当你做豆子沙拉的时候。但如果是煮汤的话，这些汤汁是很棒的，可以为原本清淡的高汤增添风味和黏稠度。

豆类罐头只有一个真正的问题：味道。

一方面，用干豆时，你可以选择在不同的媒介里烹调——水、鸡肉高汤、猪肉汤、出汁[3]、甜美的糖蜜番茄酱，并加入任何你喜欢的带有香味的食材——洋葱、胡萝卜、芹菜、月桂叶、百里香、猪油——以融入到豆子里。另一方面，豆类罐头的味道通常很中性，可以用来做任何菜肴，但味道总是平淡无奇。

幸运的是，其实是有办法在这些豆子里加点风味的。

最简单的罐装豆子汤食谱要求将食材混合在一起，把汤煮沸，然后立即上桌。这样做其实没有错——豆类罐头毕竟是方便的食品。但如果我告诉你，添加大量美味的带有香味的食材并炖 15 分钟，就可以把汤的美味程度放大一个数量级呢？[4]

好吧，我猜，没有出现戏剧性的击鼓声。坦白地说，这是炖煮了 30 分钟的豆子汤。它并不会像你给你好友买了张彩票并中了百万美元那样改变你的生活，但它们有可能会改变你的晚间烹饪惯例。

---

③出汁：dashi，日语里高汤的意思。是日本料理的基础高汤，通常用昆布和鲣鱼制成。——校注

④我知道，因为我实际上用定制的自动豆子风味探测器测量了汤的风味。

30 分钟意大利面红腰豆浓汤

30-MINUTE PASTA E FAGIOLI

意大利面豆汤（Pasta e fagioli）是根据意大利传统，用星期天剩下的肉汁做的意面豆子汤。而迪安·马丁（Dean Martin）的歌曲则更让它声名大噪。我的版本不是像意大利奶奶的版本那样塞满了肉，而是用了很多大蒜、意大利培根（pancetta，如果你喜欢也可以用普通培根、猪颊腌肉，或是碎香肠）、牛至叶和一些月桂叶，以把大量的味道增添到料理中。

4 人份

整颗番茄的罐头 1 罐（794 克，28 盎司）
特级初榨橄榄油 2 大勺（需要额外的量在上桌时使用）
无盐黄油 1 大勺
意大利培根 85 克（3 盎司），切小块（可省略）
中型洋葱 1 个，切丁（约 1 杯）
中型大蒜瓣 6 粒，切碎或用刨刀磨碎（约 2 大勺）
干的牛至叶 1/2 小勺
红辣椒薄片 1/2 小勺
自制鸡肉高汤或罐装低盐鸡肉高汤 4 杯
罐装红腰豆 2 罐（425 克，15 盎司，汤汁留下）
月桂叶 2 片
小型意大利面，如贝壳面（shells）、顶针面（ditali）或弯管通心粉 1 杯
犹太盐和现磨黑胡椒碎各适量
切碎的新鲜荷兰芹 2 大勺

1. 将番茄倒入碗中，并用手指挤压成小块（小心会喷出汁水）。置于一旁。
2. 在大型深平底锅里将橄榄油和黄油以中大火加热，直到黄油化开。如果使用意大利培根，将它放到锅里，不断拌炒直到香味四溢，约 2 分钟。转为中火，加入洋葱丁、大蒜末、牛至叶和红辣椒片拌炒，直到洋葱软化并飘出香味但还未上色，约 3 分钟。加入番茄及其汤汁、鸡肉高汤、红腰豆和月桂叶，以大火煮沸，然后转小火保持微开，煮 20 分钟。最后 5~10 分钟时，将意大利面加到汤里（根据包装说明上的时间煮制）。
3. 以盐和黑胡椒碎调味。将月桂叶捞出，拌入荷兰芹碎，即可上桌，每一份都淋上橄榄油。

30 分钟意大利蔬菜浓汤

30-MINUTE MINESTRONE

意大利蔬菜浓汤（Minestrone）是我在春天和初夏的首选汤，这时候在农贸市场可以采买到最鲜亮、最美味的蔬菜。一些意大利蔬菜浓汤要煮上好几个小时，我更喜欢我的快速版本，因为它能保持蔬菜适度的清脆口感和新鲜味道。我总是用洋葱、胡萝卜、芹菜和罐装番茄作为基底，除此之外，你可以使用这里建议的蔬菜，或任何在 pp.179—180 的列表中建议的蔬菜。只要确保其他蔬菜总量保持在 3~4 杯（不算绿叶菜类，因为它们很快就会被煮烂）。

6~8 人份

特级初榨橄榄油 2 大勺（需要额外的量在上桌时使用）
中型洋葱 1 个，切丁（约 1 杯）
中型胡萝卜 2 根，去皮并切丁（约 1 杯）
芹菜 2 根，切丁（约 1 杯）
大蒜瓣 4 粒，切碎或用刨刀磨碎（约 4 小勺）
自制鸡肉高汤或罐装低盐鸡肉高汤 6 杯
切丁罐装番茄 1 杯（连汤汁一起）
罐装罗马大白芸豆（Roman cannelini）博洛蒂豆（Borlotti）、蔓豆（Caranberry）或大北豆（great northern bean）1 罐（425 克，15 盎司，汤汁留下）
月桂叶 2 片
小型西葫芦 1 个，切成 1.3 厘米（1/2 英寸）厚的方形片或半月形片（约 3/4 杯）
小型夏南瓜 1 个，切成 1.3 厘米（1/2 英寸）厚的方形片或半月形片（约 3/4 杯）
切好的四季豆 1 杯，切成 1.3 厘米（1/2 英寸）的段
切碎的卷曲菠菜或羽衣甘蓝 2 杯
小型意大利面，如贝壳面、顶针面或弯管通心粉 1 杯
冷冻豌豆 1/2 杯
樱桃番茄 1/2 杯（切成两半）
犹太盐和现磨黑胡椒碎各适量
切碎的新鲜罗勒 1/4 杯

1. 在深平底锅中，以中大火加热橄榄油直到出现波纹。调至中火，加入洋葱丁、胡萝卜丁、芹菜丁和大蒜末烹炒，直到软化但不上色，约 3 分钟。加入鸡肉高汤、番茄、豆子及其汤汁，还有月桂叶，并以大火煮至沸腾，然后转至小火炖煮，约 20 分钟。在最后 10 分钟时加入西葫芦片、夏南瓜片、四季豆段和菠菜碎，在最后 5 或 10 分钟加入意大利面（根据包装指示的时间煮制）。
2. 以盐和黑胡椒碎调味。将月桂叶捞出，加入豌豆、樱桃番茄和罗勒碎，搅拌直到豌豆解冻就可以上桌了。上桌时淋上橄榄油。

30 分钟别叫我托斯卡纳帕玛森白芸豆浓汤

30-MINUTE DON'T-CALL-IT-TUSCAN WHITE BEAN AND PARMESAN SOUP

我不认为这道豆汤实际上跟托斯卡纳（Tuscan）有什么关系，但它真的很美味。关键是在炖煮的时候加入了很多的迷迭香和大块的上等帕玛森奶酪的外皮，就像炖鸡骨那样，帕玛森奶酪外皮会为汤增添风味和浓稠度。不同的是，在这里帕玛森奶酪只需要几分钟就可以提高汤的水准，当然还要倒入大量的橄榄油。

4 人份

特级初榨橄榄油 2 大勺

中型洋葱 1 个，切丁（约 1 杯）

中型胡萝卜 2 根，去皮并切丁（约 1 杯）

芹菜茎 2 根，切丁（约 1 杯）

大蒜瓣 4 粒，切碎或用刨刀磨碎（约 4 小勺）

红辣椒片 1/2 小勺

自制鸡肉高汤或罐装低盐鸡肉高汤 4 杯

罐装大白芸豆或大北豆 2 罐（425 克，15 盎司，汤汁留下）

15.2 厘米（6 英寸）小枝迷迭香 4 枝（叶子剥下来切碎，茎保留）

1 块 7.6~10.2 厘米（3~4 英寸）的帕玛森奶酪外皮，加上磨碎的帕玛森奶酪，上桌搭配用

月桂叶 2 片

切碎的羽衣甘蓝或甜菜（Swiss chard）叶 3~4 杯

犹太盐和现磨黑胡椒碎各适量

1. 在大的深平底锅中倒入油，以中大火加热，直到出现波纹。加入洋葱丁、胡萝卜丁和芹菜丁入锅炒，拌炒直到软化，但不上色，约 3 分钟。加入大蒜末与红辣椒片，拌炒直到香味溢出，约 1 分钟。加入鸡肉高汤、豆类及汤汁、迷迭香茎、帕玛森奶酪外皮、月桂叶，以大火煮沸。把火关小，加入羽衣甘蓝碎，盖上锅盖，加热 15 分钟。
2. 将月桂叶和迷迭香茎捞出。使用手持式搅拌棒将一些豆类大致搅打成糊状，达到需要的稠度。或取 2 杯汤放到果汁搅拌机或食物料理机中打到顺滑，从低速开始逐渐增加到高速，然后倒回汤里搅拌混合。以盐和黑胡椒碎调味。
3. 将汤倒入碗中，撒上切碎的迷迭香，滴上橄榄油，再撒上一些帕玛森奶酪碎屑。另外搭配烤过的酥脆面包丁，就可以上菜了。

30 分钟黑豆浓汤

30-MINUTE BLACK BEAN SOUP

黑豆汤是我从小到大最喜欢的一种汤，现在仍然是。孜然、大蒜和辣椒伴随着洋葱和彩椒形成味道的基底。提味的是罐装墨西哥奇波雷辣椒（chipotle chile）。虽然现在生活好了，我们随时都能喝到，但在我眼里，它的美味没有丝毫减少。

4 人份

植物油 1 大勺

青椒 2 个，切丁

大型洋葱 1 个，切丁

大蒜瓣 2 粒，切碎或用刨刀磨碎（约 2 小勺）

哈雷派尼奥辣椒（Jalapeño）或塞拉诺辣椒（Serrano）1 个，去籽切碎

孜然粉 1 小勺

红辣椒片 1/2 小勺

罐装阿斗波酱腌奇波雷辣椒（chipotle chile in adobo sauce）1 个，切碎，加上罐头里的阿斗波酱 1 大勺

自制鸡肉高汤或罐装低盐鸡肉高汤 4 杯

罐装黑豆 2 罐（425 克，15 盎司，汤汁留下）

月桂叶 2 片

犹太盐适量

配料（可省略）

新鲜芫荽适量，大致切碎

墨西哥风味酸奶油适量

牛油果适量，切丁

红洋葱适量，切丁

1. 在大的深平底锅中倒入油，以中大火加热，直到出现波纹。加入青椒丁和洋葱丁，频繁搅拌直到软化，但不上色，约 3 分钟。加入大蒜末、哈雷派尼奥辣椒、孜然粉和红辣椒片，拌炒直到香味溢出，约 1 分钟。加入奇波雷辣椒和阿斗波酱拌炒。加入鸡肉高汤、豆类以及汤汁、月桂叶，以大火煮沸后，再盖上锅盖，用小火炖煮 15 分钟。
2. 将月桂叶捞出。使用手持式搅拌棒将一些豆类大致打成糊状，达到需要的稠度。或取 2 杯汤放到果汁搅拌机或食物料理机中打到顺滑，从低速开始逐渐增加到高速，然后倒回汤里搅拌混合。以盐调味。
3. 将汤倒入碗中便可上菜。可以另外再加入芫荽碎、酸奶油、牛油果丁或红洋葱丁。

如何做出口感绵密的蔬菜浓汤

（没有食谱）

我到第一家餐厅工作时，完全没有经验，
在主厨贾森·邦德（Jason Bond）手下工作，服务于现在波士顿的一家地标餐厅 No.9 Park。
很多时候，当我学会一种新技术或改善了一种旧技术时，
我就会跟自己说："天哪，难道这就是成功？"

最先是主厨邦德教我如何制作口感绵密的鸡油菌（chanterelle）浓汤——让芳香蔬菜出水，炒蘑菇，加入美味的高汤，打碎，同时加以新鲜的黄油乳化混合物并制成浓汤。

就像所有超级棒的蔬菜汤，这样做的最终结果就是得到了一道喝起来比鸡油菌还要更像鸡油菌的美味浓汤。魔法在于其中的芳香蔬菜可以带出其他的味道，当嘴里充满着液体浓汤的时候，它与你的味蕾和嗅觉有更直接的接触，使得易挥发的芳香化合物的味道更容易释放出来。

现在，这世界上我还没用来做过绵密浓汤的蔬菜已经所剩不多了。经验教会我的是：制作鸡油菌浓汤的过程并不只是按照食谱依葫芦画瓢，那是一份实现制作任何绵密蔬菜浓汤的蓝图。你只需要将其分解成各个步骤，并想出如何使其普遍化。

比方说，我从来没有做过用姜和哈里萨辣酱（harissa）调味的胡萝卜汤，但我真的很喜欢这个想法。以下是我会做的。

步骤 1：准备主要食材

最简单的汤只要把主要食材放在液体里炖煮就可以。准备这种类型的汤，你需要做的是准备好主要食材，去皮（如果必要），并切成合适的小块。切得越小，汤就能越快煮好。

有时，你可能想通过其他一些小诀窍来增添风味，例如，将主要食材烤过或棕化。对于甜度高的蔬菜，这是特别有效的技术，比如红薯和南瓜，或十字花科植物如西蓝花或花椰菜，这些蔬菜在棕化后都会增加甜度。若要烤的话，先将它们切成大块，用橄榄油、盐和黑胡椒碎调味拌匀，将它们放在衬有铝箔纸或烤纸的烤盘中，并在 190.6℃（375 ℉）烤箱中烤到软嫩，边缘略有一些上色。

这会在两方面产生作用。首先，焦糖化（caramelization）的过程将多糖分解成更甜的单糖。其次，热会加速糖的酶促反应（enzymatic reaction）。

步骤 2：选择带有挥发性香气的食材

葱属（Alliums）——洋葱、韭葱、青葱、大蒜等——是汤的最佳配角。它们不会反客为主，但没有它们，你的汤会很无趣。几乎每一种汤，我都会以洋葱或韭葱作为开始，接着加入一些大蒜或青葱（有时四种一起放！），再以橄榄油或黄油烹饪。

其他结实的蔬菜，如胡萝卜、灯笼椒、芹菜、茴香或姜，在某些情况下使用是很不错的，但它们往往对菜肴的最终风味有更强烈的影响，所以，确保你真的想要它们出现在你的菜肴中。胡萝卜汤里只加了洋葱，喝起来就只会是胡萝卜汤的味道。胡萝卜汤里加了茴香或姜，喝起来就会是胡萝卜茴香汤或胡萝卜姜汤的味道。

步骤 3：将挥发性香气的食材进行出水或棕化

下一个大问题：出水或棕化？

- **出水（sweating）**是指在油中炒制切碎的蔬菜的过程。以中火炒制，其目的是要让蔬菜中一些多余的水分排出，并破坏蔬菜的细胞结构，使其味道能充分释放。对于葱属蔬菜而言，还有另一个变化：当存在于洋葱细胞独立隔室（separate compartment）内的某些前体分子（precursor molecules）分裂又彼此结合时，就会产生洋葱香味。让洋葱出水会破坏细胞壁，因而引发这个变化。同样的变化对大蒜、青葱和韭葱也是如此。
- **棕化（browning）**的开始阶段跟出水很像，但通常发生在较高的温度下。一旦蔬菜中的液体蒸发殆尽，蔬菜就会开始发生棕化和焦糖化，产生丰富的味道，更甜也更复杂。你可能会认为丰富的味道更好，所以要不断将蔬菜棕化，但大部分情况不是这样的，棕化也可能失控，会使得汤太甜或盖过主要蔬菜的微妙味道。

步骤 4：加入辅助的香草和调料，如酱料

在将挥发性香气的食材进行出水或棕化后，下一个重点是添加辅助的香草和调料。它们是可以省略的，如果你喜欢口味纯净的汤，那就跳过这个步骤吧。如果你喜欢玩玩味道，那么会觉得这个步骤很有乐趣。

辅助的香草和调料包括调料粉（诸如咖喱粉、孜然粉或辣椒粉）和湿的酱料（如番茄酱、哈里萨辣酱或罐装阿斗波酱腌奇波雷辣椒）。把这类食材稍稍烤过或是在热油中炸一下是有好处的，这会改变它们的组成成分，使得味道更复杂、更芳香，同时也会榨取出脂溶性香味成分，使得这种香味能更均匀地融入汤里。

因为调料粉的表面积与体积的比率很高，且大多数酱料已经被煮过，所以加入辅助的香草和调料后，很快就会散发出香味。

步骤 5：加入汤汁

你所选择的汤汁，会对成品造成很大的影响。

- **鸡肉高汤**是个好选择。它具有中性温和的味道，能把肉味和鲜味增添到菜肴中，又不会盖过任何味道。同样的，蔬菜高汤也可以带来类似的复杂味道，但是需要小心的是，商店里卖的大多数蔬菜高汤品质是很差的，最好是自己做。
- **蔬菜汁**会是你想要用来增加蔬菜风味的汤底。在胡萝卜汁中煮熟胡萝卜并制成浓汤，吃起来味道浓郁。你可以在超市买到许多蔬菜汁，或者用家用榨汁机自己榨汁。将主要食材与不同的蔬菜汁混合搭配（如同我在烤南瓜汤和胡萝卜汤的食谱中所建议的），可以产生很好的效果。
- **乳制品**如牛奶或白脱牛奶，能制作出更丰富、奶味更浓郁的菜肴。虽然乳制品里的脂肪会让蔬菜原本鲜明的味道变得不明显，但这不见得是件坏事：乳制品在奶油西蓝花浓汤或

番茄浓汤里，是很完美的陪衬。

- **水**在没有其他选项的情况下，也是非常好的选择。

无论你选择什么种类的汤汁，都不要加太多。加入刚好足以没过食材约 2.5 厘米（1 英寸）高的量为宜。在混合后要稀释浓汤很简单，但要浓缩味道太稀的浓汤却是件困难的事（如果你不想冒险让锅底烧焦的话）。

在加入汤汁和主要食材后，将汤炖煮到蔬菜刚好熟透，大概是刀子刚好能无阻力刺穿的程度。对于像胡萝卜、欧防风和其他根菜类的东西，你还有点回旋的余地。万一煮得过熟并不是世界末日。但是对于绿色的蔬菜像西蓝花、芦笋、豌豆、四季豆或绿叶菜，你要确保在它们开始变色前就将火源关掉——如果你关心汤的色彩，那就得十分小心。

步骤 6：制作浓汤与乳化

这是个有趣的阶段：打成泥（pureeing）时，汤的最终顺滑度取决于你使用的工具。

- **高速搅拌机**能带来最顺滑的效果，是因为其高速运转和涡流的作用。当要开始混合热的液体时，记得要先用厨房毛巾盖住盖子，然后先以低速启动搅拌机，再慢慢把速度升高。除非你喜欢热汤喷得到处都是，否则千万别忘了这件事。
- **手持式搅拌棒**可以带来适度顺滑的效果。这是至今为止，做浓汤最方便的方法。如果你可以接受略粗糙又有点厚实的质地，这是个很好的选择。
- **食物料理机**应该是你最后的选择。由于食物料理机的底部比较宽，以及拥有相对低的旋转速率，相较于制作浓汤，其更适合做切碎的工作。

无论用什么方法制作浓汤，我喜欢在这个阶段用一些油脂乳化我的汤——黄油或橄榄油都可以，这能使汤的质地更浓稠。

一些食谱（包括许多我的食谱）会告诉你：慢慢地将油脂滴入，或在搅拌机搅打的时候，一次只添加一小块黄油，这是让你的油脂可以好好乳化的方式。但这里有个秘密：只要你拿的不是世上最糟糕的搅拌机（有人就会这么做！），其实并不需要慢慢滴入油脂。即使你一次性全部都倒进去，搅拌机的涡流作用已经足够强大到将脂肪乳化。

如果想达到最大的顺滑度，可以将浓汤倒入锥形漏勺或超细目滤网，并用勺子的底部把汤压出来，就可以得到浓汤了。最后的汤应该比约翰·特拉沃尔塔（John Travolta）在电影《周末夜狂热》里咬着双层比萨趾高气扬的步伐还要顺滑。

步骤 7：用酸来做最后润饰并调味

调味是任何食谱在摆盘和上菜前的最后一个步骤。你可以随喜好调味，但是直到最后阶段前你都无法判定汤是否够味，现在就是该试味道的时候了。

同样重要的是，加酸能将食谱中的最佳味道展现出来。因为酸性食材在烹调时味道很快会变得不明显，所以最好是在最后，也就是上桌前才加入。对于大多数蔬菜类料理，柠檬汁或青柠汁是不错的选择，因为它们的香气能补足蔬菜的风味。其他较好的选择是苹果醋、葡萄酒醋或是我最喜欢的雪莉醋。后者特别适合用在以大量特级初榨橄榄油做的汤里。

步骤 8：装饰并上菜

基本上，汤在这个阶段已经完成了，做一点点装饰无伤大雅。这里有一些选项：

- 风味坚果，如核桃、开心果、南瓜子或摩洛哥坚果。
- 切碎的新鲜香草或嫩葱类，如荷兰芹、龙蒿、细香葱或青葱切片。
- 炒过的蔬菜，如蘑菇、韭葱或大蒜。
- 坚果，如杏仁、榛子或松子，用橄榄油或黄油烤过。
- 简单的香草酱风格混合物，比如将荷兰芹、柠檬皮屑和大蒜泥混合在一起制成的酱料。
- 薄切辣椒。
- 淋上焦糖化的黄油。
- 乳制品，比如酸奶油、法式酸奶油或鲜奶油；原味的、以香料或酱料调味过的均可。前面步骤 4 中使用的那些香料，是提升味道的好选择。

我认为装饰是为料理增加质感和风味层次感的最后一个步骤。

步骤 9：洗净并重复

一旦你掌握了前面 8 个基本步骤，就可以开始制作任何绵密浓汤，并做出任何你喜欢的味道。我无法保证每种蔬菜和香草、调料的组合都会成功，但依照这个指南，你就能自己创造出梦想的汤了。我们都梦想着要做最好喝的汤，对吧？

| 专栏 | 搅拌机大爆炸

这是我亲身经历的一件事：当时我正在为太太做一大锅番茄浓汤（她总是嫌不够吃的），我把热番茄混合物倒入搅拌机。当我要按下“开始”按键时，脑海中有个微小的声音对我说，**这场灾难以前曾经发生过，而现在又要再度发生了。问一下自己这个问题：“白痴才会这么做吧？”如果答案是“是”，那就别做了。**当然，我还是勇往直前，并启动了搅拌机。在猛烈的爆炸中，顶部盖子被炸开了，热番茄用 VEI-7 级火山爆发[5]的猛烈喷发力溅满了公寓，我的狗害怕地躲到沙发后面。这种事情之所以会发生，是因为我从未从某些错误中吸取教训，更重要的是因为蒸汽形成的热力学和物理学原理。

⑤ 这是个对周围地区造成毁灭性的长期影响，且对世界产生巨大短期影响的火山爆发。我的公寓被毁了，我的生活在短期内受到了严重的影响。

将水变成水蒸气有很多因素，压力是其中一个。我们都知道，水变成蒸汽后体积会变大，将热番茄汤放入搅拌机后，按下启动键时会形成大量的涡流，以至于液体本身的表面积突然变大，蒸汽也因此快速且剧烈地产生。随着搅拌的进行，搅拌机顶部的空间变热，蒸汽体积会快速膨胀。这种快速膨胀导致搅拌机的顶部被爆开，让热番茄飞了出去！

那么，如何操作可以预防这种险情发生呢？有两种方法：第一种方法，确保在搅拌机中有可以释放热蒸汽的出口。最简单的做法是取下搅拌机顶部中间的塞子，改用厨房毛巾盖住孔。这样处理后可以让膨胀的气体释放出，同时还能防止液体飞出。第二种方法更简单，以最低速启动搅拌机，再慢慢调到最高速。这样一来可以减缓膨胀发生，让气体有足够的时间释放出。

过滤

如果“天鹅绒般顺滑”和“没有块状物”是你想要用来描述汤品和酱汁状态的术语，那么，细目滤网是首选工具。但你曾经把一大碗汤倒入一个放置在锅或碗上的滤网里，然后静静地等待所有的汤滤好吗？那你可能需要等很长的时间，因为汤流下去以后，滤网的细孔会被堵住。

这里有两个解决方案。第一个是敲击：用一只手握住盛满汤的滤网，另一只手拿着某种长的重型工具（我使用重的锅铲或修刀棒），反复地敲击滤网的边缘。每敲击一下，都能让汤从滤网底部流出一些。对于超级浓厚的汤，我则使用第二种方法：用汤勺压。用一只手握住盛满汤的滤网，用分餐勺、汤勺或橡胶铲搅拌内容物，刮过或下压滤网的网格。这可以迫使种子、块状物和其他阻塞物不再阻塞滤网的网格，让汤可以顺利流下。

快速番茄浓汤配烤奶酪三明治

在下雨天时，有什么食物比番茄浓汤与烤奶酪更经典的吗？

这道料理准备起来很快、很容易，且令人很有饱腹感，它能让你找到回到孩童时期的感觉。

当然，有经典的金宝汤罐装番茄浓汤(Campbell's tomato-soup-in-a-can)，它像只不断舔你脸的小狗，真是黏人得可爱，又令人愉快。但有时你想要的是大人版的，幸运的是它的做法几乎一样简单。这个版本使用整颗的番茄罐头，配上炒洋葱、牛至叶和红辣椒片来做浓汤，这给了它恰到好处的风味

普通的烤奶酪三明治就很不错，但若……

额外加上一些帕玛森奶酪丝在上面……

会带给你最有奶酪味的烤奶酪三明治。

和辣度。为搭配辣椒，上菜前在汤里加入一滴酒，有助于它的香气从碗里飘出，进入你的鼻腔里。当然没有这滴酒也可以。淋上高品质的橄榄油并撒上新鲜的香草，这道童年经典将成为一道优雅十足的午餐。

烤奶酪三明治的制作关键是放入大量黄油并用低温缓慢烤制。加热温度太高，吐司在奶酪变黏稠之前就会先被烤焦。这就是我多年来做烤奶酪三明治的方法——直到我的朋友亚当・库班给了我一个更好的点子。他的诀窍是：先烤两片涂有黄油的吐司，在其中一片烤过的一面上放奶酪，然后再盖上另一片烤过一面的吐司，继续低温烤制即可。烤热的吐司不仅有助于让奶酪变浓稠，还可提升烤吐司的风味。

选用哪种奶酪全看个人喜好。不过我承认，如同我的奶酪汉堡一样，我喜欢烤奶酪三明治里有化开的美式奶酪。有个不错的折中方案是，用一片美式奶酪满足黏稠的口感，再来一片味道更鲜明的熟成切达奶酪或瑞士奶酪。如果你想要真正顶级的奶酪，可以选格吕耶尔奶酪。

如果你想要一块裹满奶酪的三明治，我喜欢在三明治最外层再加一层刨成丝的帕玛森奶酪。它在锅里会脆得像意大利薄脆（frico），带来一层额外的奶酪脆皮。

15 分钟番茄浓汤

15-MINUTE PANTRY TOMATO SOUP

笔记：

我喜欢使用高品质的番茄罐头，比如 Muir Glen 牌，并将其加在汤里。

4 人份

无盐黄油 3 大勺

大型洋葱 1 个，切丁（约$1\frac{1}{2}$杯）

红辣椒片少量

干的牛至叶 1/2 小勺

中筋面粉 1 大勺

整颗番茄的罐头 2 罐（品牌见上文“笔记”，保留汤汁）

全脂牛奶或鲜奶油 1/2 杯

犹太盐和现磨黑胡椒碎各适量

威士忌、伏特加或白兰地 2 大勺（可省略）

特级初榨橄榄油 2 大勺

切碎的新鲜香草，如荷兰芹、罗勒或香葱 2 大勺（可省略）

特浓奶酪味烤奶酪三明治（食谱在下一页）

1. 在中型深平底锅里，以中大火将黄油化开。加入洋葱丁，频繁搅拌，直到软化但不呈现棕色，需 6~8 分钟。加入辣椒片和牛至叶拌炒，直到香味四溢，约 30 秒。加入面粉，拌炒 30 秒。加入番茄及其汤汁拌炒，从锅底刮起面粉。加入牛奶或鲜奶油，偶尔搅拌并用勺子将番茄捣开，直到整锅汤沸腾。转小火炖煮 3 分钟。
2. 将热源关掉。使用手持式搅拌棒将锅中混合物打成糊。也可以使用台式搅拌机，如有必要就分批打成糊，从低速开始逐渐增加到高速，然后倒回锅里，以盐和黑胡椒碎调味。如果喜欢的话，可以加入威士忌并煮一下，完成后即可上桌。在每份汤里淋上橄榄油，并撒上香草碎，还可以撒上现磨黑胡椒碎，并搭配烤奶酪三明治一起享用。

特浓奶酪味烤奶酪三明治

EXTRA-CHEESY GRILLED CHEESE SANDWICHES

我通常使用一片美式奶酪和一片切达奶酪，放弃 B 类奶酪。每人有半块三明治搭配浓汤，或将此食谱的分量变两倍，在两口煎锅里同时制作三明治（如果你只有一口煎锅，那就分批制作，并将第一批置于烤盘上，放在烤箱里以低温保温）。

笔记：

A 类奶酪是会快速化开的奶酪，像美式、切达、杰克、芳提娜、新鲜瑞士（young Swiss）、格吕耶尔、莫恩斯特（Muenster）、新鲜波罗伏洛（young provolone）和新鲜高德干酪（young Gouda）等。B 类奶酪则是味道浓烈的擦碎奶酪，如帕玛森、阿希亚格（Asiago）、佩科里诺（Pecorino）、熟成曼彻格（aged Manchego）和熟成高德干酪（aged Gouda）。

2 人份

无盐黄油 2 大勺

高品质的全麦或黑麦三明治面包 4 片

A 类奶酪片 113 克（4 盎司，见上文“笔记”）

犹太盐适量

B 类奶酪 14 克（1/2 盎司，可省略，见上文“笔记”），擦碎

棕芥末酱（brown mustard）适量

1. 在直径为 30.5 厘米（12 英寸）的不锈钢锅或铸铁锅里，以中火化开 1/2 大勺的黄油。加入 2 片面包，并用手将面包在锅里转几下，直到吸收了所有黄油。偶尔旋转面包，直到轻微上色，约 1 分钟。取出面包放到砧板上，烤面朝上，并立即将 A 类奶酪片放到上面。在煎锅中另化开 1/2 大勺的黄油，烤剩余的 2 片面包，直到轻微上色，然后立即将烤过的那一面盖在已铺有奶酪的面包片上，三明治就完成了。
2. 在煎锅里化开 1/2 大勺黄油，撒上一点儿盐。将温度降至中小火，并将三明治放到煎锅中。用手旋转三明治，直到所有的黄油被吸收。继续烤三明治，用手旋转一下，偶尔用一把宽口的平铲轻轻地按一下三明治，直到底部呈现深金黄色，约 4 分钟。用铲子将三明治移到砧板上。在煎锅里化开剩下的黄油，撒上一点儿盐，使三明治的第二面重复上面的烘烤过程，直到三明治的双面都呈现金黄色，且奶酪完全化开，大约再需 4 分钟。将三明治放到砧板上。
3. 如果喜欢，可以将擦碎的奶酪均匀地撒在大盘子上。将三明治压到奶酪碎中，翻面并将奶酪碎压到另一面，直到三明治的两面都均匀附着上奶酪。把三明治放回锅里煎，直到奶酪碎化开，形成金黄色的外壳，约 1 分钟。将三明治小心翻面，并重复煎第二面。将完成的三明治放到砧板上。
4. 依三明治的对角线切成两半，配上棕芥末酱和番茄汤即可。

玉米巧达浓汤

我母亲的玉米巧达浓汤食谱包含一罐奶油玉米、等量的全脂奶和鲜奶油，以及1小勺鸡肉清汤。我爱这个版本，它陪伴了我的成长（现在它仍然是我妹妹的食谱里的重要角色），但因为我是半个新英格兰人，巧达浓汤（chowder）对我来说可是半神圣的料理，有着严格的规则：所有巧达浓汤都要含有乳制品（不要跟我说曼哈顿蛤蜊巧达汤），大多数都加有马铃薯，有些加有猪肉——这些食材都是传统又便宜的新英格兰产品。我过去经常用培根做玉米巧达浓汤，培根是在超市里最容易获得的腌制猪肉制品，但我从来就不满意它那会压过其他味道的烟熏味，所以我换成非烟熏的盐腌猪肉，它增加了特有的猪肉风味但不会压过甜玉米的味道。而有些时候，当我想要感受一下不同风味或只是想清空冰箱，我就会放弃猪肉。

大多数巧达浓汤食谱都要求先在黄油中将洋葱炒出水，再加入玉米粒、马铃薯和乳制品，再烹熟。在烹饪过程里，马铃薯会释放淀粉让汤变浓稠。这些都不会让我感到困扰，真正困扰我的是那些要丢进垃圾桶的东西：玉米芯。

有人会在吃完玉米时在玉米芯上多吸两三次，只是为了吸取在芯上留下的一点点甜汁吗？就像肋排周围的脆皮脂肪，那是最美味的部分。所以为什么要把它扔掉呢？我在这里会使用玉米挤汁技术（corn-milking technique）：用刀背从玉米芯上刮下汁液。然后将刮下的汁液以及玉米芯泡到高汤汤底里（连带一些香料，如芫荽籽和茴香籽），如此，可以大大增加汤品里的玉米味（我是指好的那种）。

这样将玉米芯泡在汤底里不需要花很长时间——总共就10分钟，刚好有足够的时间让洋葱和玉米粒出水。一旦完成了玉米高汤，其他的就都很简单了：将洋葱、奶油、高汤和马铃薯一起煨煮，直到马铃薯变软嫩，再加一些牛奶（我比较喜欢加入鲜奶油，因为鲜奶油的脂肪可以掩盖玉米的一些甜味），然后打成糊，直到刚好能让汤产生一些浓稠度，并帮助乳脂适度乳化到混合物中。

这种泡入高汤技术（stock-infusing technique）的好处在于它是可调整的。有时候，我想要做一道天鹅绒质感的玉米汤，我会像做浓汤一样，但省略马铃薯和鲜奶油，然后搅拌到完全顺滑。

如果你喜欢巧达浓汤里有培根的味道，那就加培根吧——没有什么可以阻止你，除了你的胆固醇水平和你的另一半。很幸运的是，当我想要用自己的方式煮玉米浓汤时，我的另一半很愿意配合我。我可以建议你做一样的尝试吗？

如何购买玉米

想知道制作好吃的玉米巧达浓汤的秘密吗？那就是要有好的玉米，就这么简单。弄到好吃的玉米之后就没什么困难了。

我第一次尝到真正好吃的玉米——是让我意识到食物不仅仅是用来饱腹的早期童年记忆——是二年级时去纽约北部某个农场的一次户外旅行：我和农夫坐在拖拉机里，当农夫开车穿过田野时，他掰下一根玉米剥开，并给我品尝。我在脑中想着："啊，骷髅王！我愿意拿太空超人来换更多的玉米！"（Holy Skeletor! I'd trade in my Battle-Armor He-Man for more of this!）大致翻译成我现在的语言就是："天啊！这味道太惊人了！"（我的口才明显退步了很多）那种令人难以置信的鲜甜美味，成为我心中美味玉米的标准，从此以后我将遇到的所有玉米都用这个标准衡量，但很少有玉米可以达标。

由于几百年前的一次突变，甜玉米的玉米粒比一般传统农场的玉米（用于动物饲料的玉米）具有更高的甜度。顺道一提，玉米一旦离开茎，糖就会开始转化为淀粉。在收割后的一天内，玉米置于室温下，将失去高达 50% 的糖——甚至更多；置于炎热太阳下的农贸市场，它将失去高达 90% 的糖。

以上的故事给我们的启示是：尽可能购买新鲜的玉米，越新鲜越好（如果可以的话，最好直接从农夫那里买！），拿到玉米后尽快冷藏，并在当天就将它煮熟。

| 刀工 | 如何准备玉米

挑选玉米时，要找整根是紧密包裹的，
叶子是绿色的，没有枯萎迹象的。

轻压一下整根玉米，特别是尖端，以确保内部的玉米粒是饱满多汁的。一根好的玉米应该没有什么弹性，并且能感觉到其重量。不要买那些预先被剥皮的或是包在塑料包装里的玉米。任何额外的处理或包装，都代表那些玉米距离收割的时间已经很久了。储存玉米最好的方法就是不要储存——在你计划要吃玉米的那天再去买。如果你必须储存玉米，不要剥皮，并放在冰箱的蔬菜保鲜抽屉里，但不要超过一天，否则它就变成一个充满淀粉又无味的玉米。若要长期储存，要将玉米粒从玉米芯上削下来，然后在沸水中焯 1 分钟，接着马上倒入冰水中冷却。冷却好的玉米粒放在一个有边框的烤盘上，置于冷冻室中直到完全冷冻。将冷冻的玉米粒放入夹链冷冻袋储存在冷冻室里，最长可储存 3 个月。

要从一根玉米上取下玉米粒，首先要去除玉米皮和玉米须。用一只手握住玉米芯一头，把另一头放在一个大碗的底部。用刀对着芯的顶部，然后向下切，尽可能靠近芯切下玉米粒。玉米粒应该整齐地落入碗里。重复处理剩下的玉米粒，一边切一边旋转玉米芯。如果你想提取玉米芯中的汁液制作高汤，请保留玉米芯（最好喝的玉米巧达浓汤，见 p.202）。

最好喝的玉米巧达浓汤

THE BEST CORN CHOWDER

笔记：

买你能找到的最新鲜的玉米，购买回家当天使用。

6 人份

玉米 6 根，去皮，去丝
自制鸡肉高汤或罐装低盐鸡肉高汤 6 杯
月桂叶 1 片
茴香籽 1 小勺
芫荽籽 1 小勺
整粒黑胡椒 1 小勺
盐腌猪肉或厚片培根 113 克（4 盎司），切成 1.3 厘米（1/2 英寸）见方的丁（可省略）
无盐黄油 3 大勺
中型洋葱 1 个，切丁（约 1 杯）
中型大蒜瓣 2 粒，切碎或用 Microplane 刨丝器磨碎（约 2 小勺）
黄褐皮马铃薯 1~2 块，去皮并切成 1.3 厘米（1/2 英寸）见方的丁（约 $1\frac{1}{2}$ 杯）
犹太盐和现磨黑胡椒碎各适量
全脂牛奶（或一半全脂奶一半鲜奶油）2 杯
糖（如有需要）适量
青葱 3 根（切片）

1. 用锋利的刀从玉米芯上切下玉米粒。保留玉米芯。使用刀背从玉米芯上把汁液刮到大型深平底锅里。将玉米芯切成两半，并加到锅里。加入高汤、月桂叶、茴香籽、芫荽籽和黑胡椒粒，搅拌混合，大火煮沸，然后转小火焖 10 分钟。用细目滤网将高汤过滤到碗里。将玉米芯和香料丢弃。
2. 在制作好的高汤中进行浸泡的时候，如果菜谱里使用的是猪肉，就用 2.85 升（3 夸脱）深平底锅将猪肉和黄油以中大火加热，直到黄油化开。加入洋葱丁、大蒜末和玉米粒炒制，频繁搅拌，直到逼出猪肉内的油脂且洋葱丁也软化，约 7 分钟。如果黄油开始变成棕色，请调小火力。
3. 加入玉米高汤、马铃薯丁和 1 小勺盐开始煮，偶尔搅拌，直到马铃薯丁软嫩，约 10 分钟。再加入牛奶，搅拌混合。此时，巧达浓汤看起来会呈现不均匀的状态，化开的黄油浮在上面。使用手持式搅拌棒搅打，直到呈现出所需的稠度。或将一半的汤倒入台式搅拌机里混合 1 分钟，从低速开始逐渐增加至高速，直到汤变得顺滑，约 1 分钟，然后倒回剩余的汤中，充分搅拌。以盐、黑胡椒碎和糖调味（如果用的是非常新鲜的玉米，就不需要加糖）。撒上切片的青葱，即可上桌。

绵密帕玛森西蓝花浓汤

CREAMY BROCCOLI-PARMESAN SOUP

这种奶油浓汤主要依靠油面酱（roux）——加热过的面粉和黄油——的稠化和乳化能力带来绵密口感和浓稠度，而不需要鲜奶油，鲜奶油可能会让味道变得不明显。有很长很长一段时间，深绿色蔬菜被大家所排斥，我试着认真烹调西蓝花（和四季豆）让其展现魅力。清脆鲜绿的茎是优点，但西蓝花煮熟后散发出的风味是脆生时无法比拟的：一点点的苦，微弱的硫磺味（好的那种）和深邃浓郁的青草香味都会随茎的软化而浮现。

唯一的缺点是，等待西蓝花煮软是一个比较耗时的过程，需要一个小时或更长时间。但是有个流传很久的小窍门，是英国人用来制作搭配传统炸鱼薯条的豌豆泥的方法：加一些小苏打到水里。小苏打可以提高液体的酸碱度，能使让西蓝花细胞粘在一起的果胶软化。只要一小撮小苏打就足以将炖煮的时间减少三分之二。

为了增加汤口感的浓稠度，我会加入少量的鳀鱼（若要做素食版可以省略）及很大量的碎帕玛森奶酪，它们与西蓝花的深邃风味非常合拍。一把速成黄油面包丁也可以同时增加汤的质感和风味。

6 人份

无盐黄油 5 大勺

中型洋葱 1 个，切丁（约 1 杯）

中型芹菜茎 4 根，切丁（约 1 杯）

中型大蒜瓣 2 粒，切碎或用 Microplane 刨丝器磨碎（约 2 小勺）

鳀鱼片 4 片，切碎（可省略）

中筋面粉 3 大勺

牛奶 2 杯

自制鸡肉高汤或罐装低盐鸡肉高汤 4 杯或蔬菜高汤 2 杯（可依需要加入更多）

小苏打 1/4 小勺

切好的西蓝花 12 杯（约 1 个）茎切成 2.5 厘米（1 英寸）长的小块

帕玛森奶酪 85 克（3 盎司），擦碎

柠檬汁 2 大勺（用 1 颗柠檬）

犹太盐和现磨黑胡椒碎各适量

丰盛的三明治白吐司面包 4 片，去边，切成 1.3 厘米（1/2 英寸）见方的丁

1. 在大型荷兰锅或汤锅中，以中大火化开 3 大勺黄油。加入洋葱丁、芹菜丁和大蒜末拌炒，直到蔬菜软化但不呈现棕色，约 5 分钟（如果黄油开始上色，调低火温）。如使用鳀鱼片，将鳀鱼片拌入，并炒到香味四溢，约 30 秒。
2. 加入面粉，不断搅拌，直到所有的面粉被吸收，约 30 秒。持续搅拌并慢慢倒入牛奶，然后再倒入高汤。拌入小苏打和西蓝花块，直到煮沸。然后转小火，盖上锅盖烹煮，偶尔打开搅拌一下，直到西蓝花块完全软嫩呈现橄榄绿，约 20 分钟。
3. 分批将浓汤倒入搅拌器内，加入帕玛森奶酪混合，从低速开始逐渐升至高速，直到浓汤完全顺滑，约 1 分钟。如果需要，可加入额外的高汤或水，稀释到所需的稠度（我喜欢浓厚的）。用细目滤网过滤到干净的锅中（或使用手持式搅拌棒，直接在原来的锅里搅打）。拌入柠檬汁，用盐和黑胡椒碎调味。保温。
4. 在大型不粘锅里，用大火将剩余的 2 大勺黄油化开。当泡沫消退时，加入面包丁加热，晃动面包丁直到每一面都呈现金黄棕色，约 6 分钟。以盐和黑胡椒碎调味。
5. 配上烤面包丁，即可上桌。

| 专栏 | 如何购买西蓝花和花椰菜

选购西蓝花和花椰菜的方法几乎是一样的，幸运的是，挑出品质好的并不是太难。这些十字花科蔬菜家族的众多成员具有较长的保鲜期，而且很结实，在储存和运输期间不会受到太多挫伤或损坏。一棵西蓝花应该有紧实的小花，呈现均匀的深绿色且有微绿色到紫色的芽。花椰菜应该选呈现均匀米白色的；要避免选择有黄色或棕色斑点的，但如

果斑点很小，你可以剪掉。选购时也要看叶子，应选叶子紧紧围绕着根部，呈现明亮淡绿色的。

将西蓝花或花椰菜买回家后，要将其松散地装在塑料袋里或包在蔬菜袋里，放入冰箱的保鲜抽屉中。这样应该可以保存至少一个星期。一旦你把它切成一小朵小朵的花，最好尽快烹煮，以防止过多的水分流失。如无法马上食用，可将切好的小花用湿纸巾包好，放到密闭容器或夹链塑料袋里，如此处理后能够保存 5 天。

加入淀粉

你有没有试过为了让汤变浓稠，直接将面粉或玉米淀粉加入热汤中，却发现淀粉变成了令人沮丧又无法被摧毁的块状？问题就在于此，这跟淀粉——存在于各种农作物中（包括面粉）的复杂碳水化合物——和水相互作用的本质有关。还记得小时候那些小恐龙形状的海绵吗？你会将它们丢进水里，然后等待它们变大。这个情况就如同这些淀粉分子。干燥时，它们小而皱缩，可以自由地在彼此身边通过，一旦将它们暴露在水中就会开始变大，变得越来越大，直到最终彼此摩擦并结合，形成防水屏障。你能够想象出这画面了吧？

当一勺面粉或玉米淀粉落在一锅水或牛奶的表面上时，最先被弄湿的部分是最外面的淀粉，它会迅速膨胀并形成防水密封层。当你搅拌时把一整团淀粉都浸入液体时，整个团块周围都会形成防水密封层，保持内部不被弄湿。

那么，如何解决这个问题呢？有两种方法。

若使用不需要事先烹调的淀粉（例如玉米淀粉或马铃薯淀粉），只要先将淀粉溶解在少量液体中即可。加入较少量的液体更黏稠，将小块干燥淀粉打散更简单。我将淀粉加入到等体积的液体中，搅拌均匀，然后再加入剩余的液体，或将搅好的淀粉液加入到剩余的液体中。

对于需要将生的味道加热去掉的淀粉，比如面粉中的淀粉，可用油来处理。由于淀粉不会在油中膨胀，因此要先将面粉与油（如黄油或植物油）混合直到均匀，每个淀粉颗粒最后都被油包裹，便可防止它们在首次加入液体时膨胀并粘在一起。加入水后，油最终会化开，淀粉便不再受到保护，就可以顺利与水结合。这是使用油面酱来让汤或酱汁变浓稠的前提。

最后请记得，为了使淀粉能适当地变稠，必须完全煮沸，以让它们膨胀到最佳大小。汤从加热到沸腾的过程中，你会注意到它明显变稠。

| 刀工 | 如何切西蓝花和花椰菜

- **切西蓝花:** 切掉像木头的茎末端，然后丢掉（图 1）。用刀尖切断较大的分支，然后从茎上切下小花，修整成所需的形状和大小（图 2、图 3）。从茎上切下残根并丢弃。削去茎上的皮，纵向分成四等份，再切成 2.5~5.1 厘米（1~2 英寸）的长条，与小花一起烹煮（图 4—图 7）。
- **切花椰菜：** 穿过中心将整棵分成两半。使用锋利的刀尖去除中间坚硬的核心以及底部周围的所有绿叶。用手将花椰菜掰成大块，然后使用刀尖切成所需大小和形状的小花。

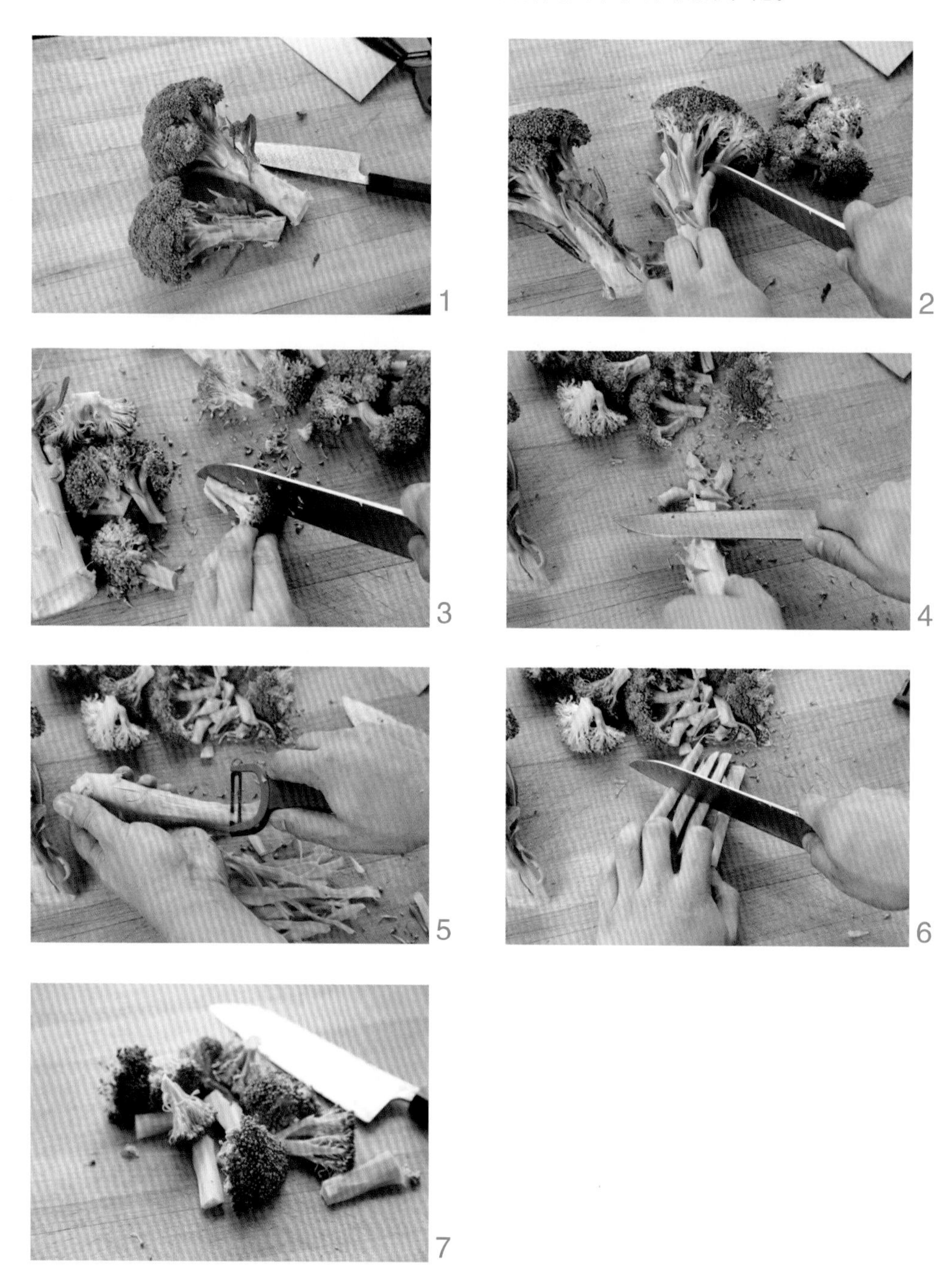

绵密蘑菇浓汤

CREAMY MUSHROOM SOUP

烹制美味蘑菇汤的关键，是在黄油里长时间烹制蘑菇，使其足以除掉过多的水分，让蘑菇开始棕化，使味道更浓郁。

笔记：

你可以使用一般蘑菇，但为了最好的风味，建议使用多种蘑菇，如白色口蘑、波特菇（portobello）、香菇（shiitake）和其他野外生长或人工栽培的可食用蘑菇。

6人份

蘑菇907克（2磅，见上文“笔记”），洗净切0.6厘米（1/4英寸）厚片
无盐黄油4大勺
大个韭葱1根，只要白色和浅绿色部分，分成两半，切成0.6厘米（1/4英寸）厚半月形（约1杯）
中型洋葱1个，切片（约1杯）
切碎的新鲜百里香叶2小勺
中筋面粉3大勺
牛奶1杯
自制鸡肉高汤或罐装低盐鸡肉高汤4杯（依需要加入更多）
月桂叶2片
犹太盐和现磨黑胡椒碎各适量

1. 预留1杯蘑菇片放在旁边。在大型荷兰锅或汤锅里，以中大火化开3大勺黄油。加入剩余的蘑菇片，偶尔搅拌，直到出水并开始棕化，约10分钟。加入韭葱碎、洋葱片和一半的百里香碎，频繁搅拌直到蔬菜软化，约5分钟。
2. 加入面粉并不断搅拌，直到所有的面粉被吸收，约30秒钟。持续搅拌并慢慢倒入牛奶，然后加入高汤。加入月桂叶并煮沸，然后关小火，盖上锅盖烹煮，偶尔搅拌，直到液体变稠并微微减少，约10分钟。把月桂叶捞出。
3. 分批将浓汤倒入搅拌机中，从低速开始逐渐升至高速，直到浓汤大致顺滑，约1分钟；如果有需要，加入额外的高汤或水，稀释到所需的稠度（我喜欢浓厚的）。用细目滤网过滤到干净的锅中（或使用手持式搅拌棒直接在原来的锅里搅打），用盐和黑胡椒碎调味。保温。
4. 在大型不粘锅里，以大火将剩余的黄油化开。当泡沫消退时，加入预留的1杯蘑菇烹煮，搅拌并频繁颠锅直到蘑菇呈现棕色，约8分钟。加入剩余的百里香碎，并以盐和黑胡椒碎调味。
5. 将炒蘑菇装饰在浓汤上，即可上桌。

| 专栏 | 菇类的处理

想购买任何一种菇时，要寻找那些菇伞没有变软且无变色斑点的，这样的才新鲜。对于带有菌褶的菇类（如波特菇和香菇），还要检查菇伞下面的菌褶，它们通常会早于其他部位变质。如果茎的底部有点变色，那是没关系的，但它不应该过度干燥、发软或裂开。至于有泥土的话，并不代表品质不好。因菇类本身就生长于泥土中，所以难免会有一些泥土附着在上面。当然，干净的菇类比较方便使用，但是在菇伞上或聚集在茎附近有一点儿泥土是没有问题的。

一旦你将菇类带回家储存在塑料袋里，请将塑料袋顶部打开，或存放在有孔的塑料容器中，并置于冰箱的蔬菜保鲜抽屉里。新鲜菇类在最佳条件下应该可以保存 3~5 天。

可以清洗这些菇类吗?

可能有人会告诉你："菇类基本上是活海绵，不要把它们弄湿，否则就永远没办法好好料理了。"同样的那些人还会建议你用特殊的蘑菇刷（拜托！），或者使用湿纸巾。难怪人们不喜欢菇类——要清洗真是太麻烦了！

但这样的恐惧真的有必要吗？我通过烹饪测试了这个理论。一批菇类我用湿纸巾仔仔细细擦了一遍。另一批在水龙头下清洗并且甩干。最后一批我在水龙头下清洗并在沙拉脱水器里旋转干燥。

在烹调之前，我将所有的菇类都先称重，然后发现洗过然后甩干的菇类只增加了约 2% 的重量，而洗过又旋转干燥的蘑菇增加了约 1%。也就是每 454 克（1 磅）菇类大约多了$1\frac{1}{2}$小勺的水，额外多出 15~30 秒的烹调时间。

这是什么意思呢？这代表大部分清洗蘑菇的水只是附着在表面而已。所以，只要在烹调前把蘑菇仔细弄干，你想怎么洗就怎么洗。而用厨房纸擦干的蘑菇和脱水甩干的蘑菇，煮好的速度完全相同。

| 刀工 | 菇类切片

白色口蘑和褐色蘑菇

白色口蘑和褐色蘑菇可以用同样的方式预处理。先从切掉茎的底部开始，这部分有点木头味又比较老，切下后丢弃。然后将每朵蘑菇平放在砧板上，茎的一面朝下，切成四等份来烤，或切成薄片来炒。

波特菇

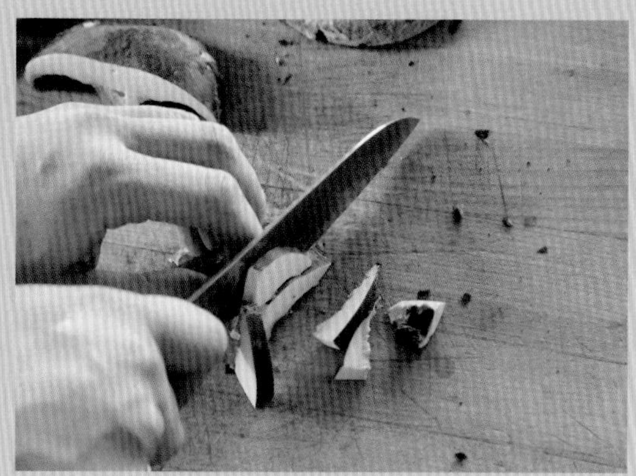

波特菇是成熟的褐色蘑菇。一开始先切掉茎的木头味底部，然后，把蘑菇捧在手上，用汤勺去除深色的菌褶，菌褶会让料理变色，也会带有土腥味。处理完成后可以拿来整个烤或煎，或分成两半并切成薄片来炒。

香菇

香菇的茎有橡胶质感，应该切掉。可用削皮刀切（用手去除可能会撕裂菇伞），再将菇伞切成薄片。

南瓜汤

因有些蔬菜本身就含有淀粉，所以不需额外加入增稠剂或乳化剂来制作绵密顺滑的浓汤。香甜的糖南瓜（sugar pumpkin）和南瓜（squash）是理想的候选项。

你可以使用 p.203 的“西蓝花浓汤”的做法来制作南瓜汤，把南瓜丁放在高汤里炖煮，然后打成泥。但其实让南瓜汤更加好喝的秘诀，是先将南瓜烤过。烘烤含淀粉丰富的蔬菜（如南瓜或红薯）并不像你想象中那样简单——并不只是将其软化的问题。

首先，烘烤会除去一部分水分，让味道更加浓郁。其次，南瓜或者红薯里含有一些酶，有助于把淀粉转化成糖，增加它们的甜度。虽然这个过程会自然发生，但慢慢烘烤可以加速这些反应。

最后，烘烤南瓜时，液体会从其内部溢出到表面，并随之带出一些溶解的糖。当液体蒸发时，糖会留在南瓜表面并开始发生焦糖化。焦糖化的过程不仅会产生更甜的糖，还会产生数百种不同风味的化合物，为这道汤的口感增加了丰富度。

我喜欢将不同的南瓜品种混合在一起来烤。将它们切开，抹上橄榄油，然后放入烤箱，用足够的耐心慢慢烘烤，再将南瓜肉舀出，加高汤和其他调味料煮成浓汤。

烤南瓜汤

ROASTED PUMPKIN SOUP

6~8 人份

整个南瓜和冬南瓜（winter squash）1.8 千克（4 磅），最好是品种混合的，例如糖南瓜、日本南瓜（kabocha）、得利卡特南瓜（delicata）和橡实南瓜（acorn）（约 2~3 个中或小个头的，或是 1 个大个的）

橄榄油 2 大勺

犹太盐和现磨黑胡椒碎各适量

无盐黄油 2 大勺

中型洋葱 1 个（切片，约 1 杯）

肉桂（cinnamon）1/4 小勺（可省略）

肉豆蔻 1/4 小勺（可省略）

自制鸡肉高汤或罐装低盐鸡肉高汤 4 杯（依需要可增加量）

枫糖浆 2 大勺

1. 将烤箱的烤架调整到中下位置，并将烤箱预热至 176.7℃（350 ℉）。将南瓜分成两半，并使用大汤勺挖出南瓜子丢弃。将南瓜放到衬有铝箔纸的烤盘上，切面朝上，全部抹上橄榄油，并以盐和黑胡椒碎调味。烤到瓜肉完全软嫩，用刀或蛋糕测试针插入其中时没有阻力，约 1 小时。从烤箱中取出并冷却。
2. 当南瓜冷却后，在大型荷兰锅或汤锅里，以大火化开黄油。加入洋葱片频繁搅拌，直到软化但未上色，约 4 分钟。将肉桂和肉豆蔻加入并搅拌至香味四溢，约 30 秒。最后加入鸡肉高汤。
3. 使用大汤勺挖出烤南瓜肉，并将其放入锅中。加入足够的水刚刚没过南瓜，开始小火炖煮。
4. 分批将浓汤放到搅拌器里，从低速开始逐渐升至高速，直到完全顺滑，约 1 分钟；如果需要，加入额外的高汤或水，稀释到所需的稠度（我喜欢浓厚的）。透过细目滤网过滤到干净锅中并慢慢加热。拌入枫糖浆，用盐和黑胡椒碎调味，即可上桌。

法式洋葱汤的两种做法

你可能会问，法式洋葱汤（French onion soup）出现在一本美式食谱书里做什么呢？答案是：我的目标是让你放弃那些市售的棕色粉末包装，让你知道以科学方法制作出真正的焦糖洋葱和法式洋葱汤，并不像你想的那么耗时或困难！

当然，市面上也不缺法式洋葱汤的食谱，一般都从同样的基本技术开始：**在很小很小的火力下加热洋葱切片**，让其中的天然糖分可以缓慢均匀地焦糖化。一旦洋葱完全分解成深棕色、果酱般的稠度，只需添加高汤、一点儿雪利酒和一些香草、香料继续煮，再加入一点儿盐和黑胡椒碎调味，就可以配着奶酪味的面包上桌了。

这是一个简单的过程，其结果好过任何市售版本的洋葱汤，但是所有这些缓慢的焦糖化过程需要花上 3~4 小时的时间，人要在旁边守着。一段时间不管它或只是中途离开 5 分钟，洋葱可能就烧焦了，导致成品太苦而不能食用。

就像运动和婚姻一样，我经常想到如果有种方法可以提供完全相同（或更好）的结果却不需要花那么长时间，该有多好啊！坏消息是什么呢？在经过几个月（好吧，是几年）的测试，使用了超过 23 千克（50 磅）的洋葱后，我发现，没有完美可替代传统焦糖化的方案。不过还是有好消息。你可以在大约 10% 的时间里达到 90% 的完成度。这是相当划算的。

以下是一些基本工作。

寻找甜味

首先必须了解洋葱棕化时到底发生了什么。

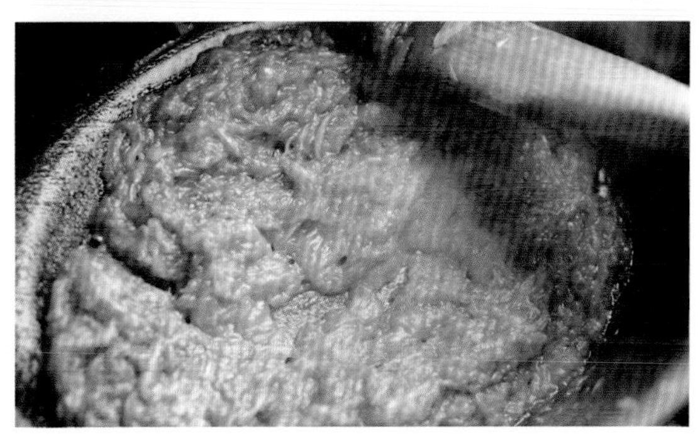

在煮的过程中，洋葱从坚硬、变软到化开，并呈现金黄褐色。

- **出水**是炒洋葱或其他蔬菜的第一个阶段。当温度慢慢升高时，洋葱内部的水分（洋葱的重量里大约有 75% 是水，有些蔬菜的含水量甚至更高）开始蒸发，失去水分的细胞破裂。这种细胞破裂是致使蔬菜软化的主要因素。

- **酶促反应**会发生在植物细胞的内部物质——糖、蛋白质和芳香族化合物的复杂混合物［就洋葱而言，则是硫醇（mercaptans）、二硫化物（disulfides）、三硫化物（trisulfides）、噻吩（thiopenes）和其他名称太长且不需要记住的化学物质］——溢出并开始相互混合的时候。
- **焦糖化**会出现在大部分液体被蒸发，洋葱的温度开始爬升到 110℃（230 ℉）以上的时候。这个反应涉及糖的氧化，它会分解并形成数十种新的化合物，加深洋葱的颜色以及味道的深度。
- **变甜**（sweetening）也会发生。大分子蔗糖（也称为白砂糖）会分解成较小的单糖：葡萄糖和果糖（玉米糖浆就是只用这两种糖制成的）。由于一个葡萄糖分子加一个果糖分子会比一个蔗糖分子更甜，因此，焦糖化之后的甜味会比蔗糖要甜。
- **梅纳反应**，也称为棕化反应，发生在同样的温度下。这是在烤面包片或烤牛排时的棕化反应（见 p.282 的“问：那为什么我们还要这么费力地去煎呢？”）。梅纳反应比焦糖化要复杂得多，它涉及了糖、蛋白质和酶之间的相互作用。这个反应的产物有好几百种，至今还没有被全部识别。

在理想的情况下，洋葱持续烹调时会同时发生三件事情：一是洋葱细胞结构完全软化，二是最大程度的焦糖化（即在开始变苦之前让洋葱尽量出现棕色），三是最大程度的梅纳反应（同焦糖化的警告）。

一旦加强这些结果，我应该能够加快整个过程。

任务 1：增强焦糖化的效果

加速焦糖化最快的方法是加入更多的原料，也就是糖。如上所述，洋葱中的糖是葡萄糖、果糖和蔗糖（一个葡萄糖分子和一个果糖分子的组合）——与砂糖的焦糖化产物完全相同。所以我试着在干的煎锅里加热一点儿糖，直到它达到深金棕色，然后加入洋葱并颠锅，让热焦糖能均匀附到洋葱上。这个效果很好，成功减少了 4~5 分钟的烹调时间，还带来更甜、更深厚的焦糖化结果，而且不影响成品的整体味道。

任务 2：增强梅纳反应

有许多影响梅纳反应的因素，但最重要的因素是温度和 pH 值。在这一点上，我没有安全的方法来提高温度——就像处理牛排一样，如果火太大，在洋葱内部有机会释放化合物之前，它们的边缘和外侧就会开始烧焦了。低温和慢煮是唯一的方法。

因此，我只能对 pH 值下手了。通常来说，pH 值越高（即碱性越高），梅纳反应发生得越快，但关键是要适度。虽然大量的小苏打大大地增加了棕化速度（超过 50%），但经过实验，每 454 克（1 磅）切碎的洋葱搭配超过 1/4 小勺以上的小苏打就太多了——小苏打的金属味道会压过一切。

接着是泡打粉。我发现它能让洋葱更柔软——对汤而言并不是令人讨厌的特性。这是因为果胶，一种能让蔬菜细胞维系在一起的化学胶质，在 pH 值较高的环境会减弱，因此能更快分解并释出化学物质，这也代表泡打粉成功加速了烹调过程。

任务 3：增加热源

再回到热源上面。正如我所提到的，让火源大于中小火带来的问题是，洋葱会熟得不均匀。在某些部分和边缘远没有达到金棕色之前，另外一些部分的表面和边缘就开始变得焦黑。此外，洋葱加热过于快速时，粘在锅底的糖和蛋白质因为直接接触热锅而变得焦黑。

所以，问题是如果你用大火烹调，要怎么做才能同时均衡加热所有洋葱，且能清除锅底黏稠的褐色残渍，又能适时调节整体温度而不致于使有些部分变焦呢？如果你做过锅底酱，答案就呼之欲出了，虽然我很惊讶这不是个常见的做法：加水就行了。

起初，加水可能看起来适得其反——它给洋葱和锅都降了温，迫使你必须消耗宝贵的能量再加热和蒸发。但这个计划是这样的：锅底那些褐色物质和洋葱边缘棕化的部分都是由一些水溶性的糖类化合物（water-soluble sugar-based compound）组成，而且它们都集中在某些单一区域。每隔一段时间加入少量液体到锅里，能溶解这些化合物，并使它们重新均匀地融入这些洋葱。均匀融入就能均匀加热，成功解决部分洋葱先烧焦的问题。

因此，这些操作对洋葱到底会带来什么影响？这表明你可以在更大的火上烹调洋葱（中大火就很好——甚至最大火都是可行的，但需要多注意），每次当火力大到洋葱要开始烧焦时，就添加几大勺水，一切又能顺利进行了。

正如我所说的，这样做出来的味道和传统的慢熬洋葱比，甜度和口感都要差一些（有时候要顾到品质就是没有速成的捷径），但比起任何罐头、市售包装或盒装的洋葱汤要好很多了——它可以让你从开始到完成，只用不到 30 分钟。

这真是非常了不起的速成洋葱汤！

速成法式洋葱汤

FAST FRENCH ONION SOUP

4 人份

糖 1 大勺

黄洋葱 2.3 千克（5 磅，约 5 个大个头的）切片（约$7\frac{1}{2}$杯）

无盐黄油 2 大勺

泡打粉 1/4 小勺

犹太盐和现磨黑胡椒碎各适量

干型雪莉酒 1/4 杯

自制鸡肉高汤或罐装低盐鸡肉高汤 6 杯

月桂叶 2 片

新鲜百里香 6~8 枝

法式长棍面包 1 条，切成 1.3 厘米（1/2 英寸）厚的片，烤过

葛瑞尔奶酪（Gruyére）或瑞士（Swiss）奶酪 227 克（8 盎司），磨碎

1. 将糖倒入大型荷兰锅中，以大火加热，轻轻地旋转锅体让糖化开，直到完全成为金棕色的液态焦糖。加入洋葱并用木勺搅拌，不断颠锅，直到被焦糖均匀覆盖，约 30 秒。加入黄油、泡打粉和 2 小勺盐，偶尔搅拌直到洋葱呈现浅金棕色，而锅底开始累积褐色物质，约 10 分钟。
2. 加入 2 大勺水，并从锅底刮下褐色物质。摇动锅以将洋葱均匀地分布在底部加热，直到液体蒸发并再次开始累积褐色物质，约 5 分钟。再加 2 大勺水，并重复以上过程，让褐色物质积聚再将它刮掉，然后再重复两次。到此为止，洋葱应该呈现深棕色。如果没有，就继续以上刮底和搅拌的过程，直到达到所需的色泽。
3. 加入雪莉酒、鸡肉高汤、月桂叶和百里香，煮沸后转小火煨煮，不要盖上锅盖，直到液体入味并微微减少，约 15 分钟。以盐和黑胡椒碎调味。将月桂叶和百里香捞出。
4. 将烤箱预热。把汤倒入四个烤箱用烤盅中。让面包片浮在汤的表面并撒上奶酪碎。放入烤箱，加热到奶酪化开、起泡、有些地方出现金棕色的斑点，即可上桌。

| 专栏 | 关于洋葱的二三事

想要来点呛辣味吗？你需要三杯洋葱丁。想熬鸡肉高汤？请将两颗洋葱切成大块。来碗洋葱汤如何？是的，还是要用到洋葱。

任何厨师的咸味食谱里有 30%~40% 的菜肴都会用到洋葱。它们是你拿起刀后第一种要学会切的食材，而且，至少对我来说，洋葱是用锋利的刀来切时能产生愉悦感的食材之一。

问：我应该使用什么颜色的洋葱？

在大多数超市里有四种基本的洋葱品种：黄洋葱、白洋葱、甜洋葱（Vidalia 或 Walla Walla）和红洋葱。偶尔也能看到西班牙洋葱（Spanish onion），这是个头较大且口感较温和的品种，是黄洋葱的亲戚。虽然甜洋葱比普通洋葱约多出 25% 的糖，但生食时风味差异大的原因更多取决于其含有的让人流眼泪的“催泪瓦斯”的数量（见下文）。黄色和白色洋葱含有更多刺鼻的化合物，但烹调后，它们都会消失。

在大多数情况下，洋葱可以替换着使用，并不会有什么灾难般的后果（除非你认为迷你小汉堡上的红洋葱是个灾难）。但是有些洋葱会比其他洋葱更适合完成某些任务。

- **黄洋葱**是厨房的主力。它们拥有甜味和鲜味之间的良好平衡。可能味道相当刺鼻，但是应用在熟食上是最好的选择。如果要投票选出不能没有的洋葱，那就是它了。
- **白洋葱**的味道非常温和，具有独特的甜味。焦糖化时会产生较为单一的味道，可能会过于甜腻。最好是生食或煮汤。

- **甜洋葱**的烹饪方式与黄洋葱相似，它们温和的刺激性和甜味更适合生食，用来制作切碎的沙拉、新鲜莎莎酱，或切片后夹三明治都很适合。

- **红洋葱**很少用于烹调，因为在长时间烹调后，洋葱的颜色会染到食物上，而变成让人没胃口的蓝色。比起白洋葱或甜洋葱，红洋葱略微刺鼻，最好是生食或是用简单快速的料理方式，如放在烤肉架或烤箱上层略烤一下。

- **红葱头（Shallot）**是洋葱的小表弟。它们有一种独特的甜味和刺鼻的味道，生食、用来做沙拉酱或与其他蔬菜一起煮都很不错。比起真正的洋葱，它们更像调味料，提供十足的洋葱味又不会压过料理本身的味道。

问：大小很重要吗？

永远都会有人一再问的问题。洋葱的大小对风味几乎没有影响，虽然我喜欢较大的洋葱，但这只是因为可以少剥一点儿洋葱皮。

问：要怎么挑出好的洋葱呢？

无论你选择什么类型的洋葱，当你在购买时，确保它们摸起来是坚硬的。如果摸上去有点软塌——特别是在根或茎的末端——那很有可能内层已经腐烂了。

问：哪里是最佳的存放地点呢？

将洋葱放在阴凉、干燥的地方，永远不要放在密封的容器中，这会将水分困住，导致发霉和腐烂。我通常把洋葱装在竹蒸笼里。切了一半的洋葱可以装入塑料袋放在冰箱里，几天内用完。

问：我发现，有些洋葱闻起来味道就是比别的洋葱要重。这在购买之前有办法知道吗？

洋葱味道的浓烈程度大多取决于它放了多久。洋葱放得越久（在某些情况下，长达几个月）就越刺鼻。由于洋葱上面不会标注日期，所以要仔细观察。一般而言，较老的洋葱有较厚较硬的表皮，而较新鲜的洋葱则会有薄如纸的外皮。但你也没得选择，因为市面上的洋葱不会标示出“老洋葱”还是“新洋葱”。

所以答案就是，不管遇到什么样的

洋葱，你必须要接受、处理并利用。还好我们有一些诀窍可以对付它们，继续读下去吧。

问：那到底是什么让洋葱有这么浓烈的味道呢？

凯文和跳跳虎（*Calvin and Hobbes*）连环漫画中我最喜欢的一段是，当凯文走进厨房，看到他妈妈在切洋葱时流眼泪。他离开时含糊不清地说着："当你把所有的蔬菜都当成人时，做饭变得好难啊。"真是经典。但我们会因为切洋葱而哭泣的真正原因是：防卫。

洋葱在生长过程中从土壤中吸收了硫（sulfur），将其储存在细胞中较大的分子里。此外，它们还储存了一种酶，能加速这种较大分子分裂成有刺鼻气味的硫化物的反应。当洋葱细胞被切和碾碎等方式破坏后，前体细胞和酶才会混合，产生所谓的"催泪瓦斯"（lachrymators），也就是攻击我们的眼睛和鼻子神经的化合物，使我们流眼泪和打喷嚏。这是自然形成的最佳防卫状态！

这就是为什么未切开的洋葱没什么味道，而一旦切开了，气味就会弥漫整个房间。

问：那些"催泪瓦斯"真的会让我流泪。我还能做些什么呢？

其实有各种土办法声称可以减少对人的刺激：点燃一根蜡烛（据称可能会催化一些防止催泪瓦斯形成的反应——这是没用的，除非你直接在火焰上面或下面切洋葱）；在切的时候边切边冲洗洋葱（效果还可以，但潮湿的手配上锋利的刀有点危险）；放一块面包在砧板上（完全没有用）；含冰块或咀嚼牙签（我根本搞不懂道理在哪里）；在冰水中冰镇洋葱 10 分钟（这个效果还不错——冰水减缓了酶的反应）。不过在所有办法中，真正有效的只有一个：护住你的眼睛。如果你戴了隐形眼镜，可能已经注意到洋葱不会困扰到你。对于其他人来说，滑雪护目镜或泳镜则是好工具，此外它们还能让你看起来很酷，相信我。

问：还有什么办法能摆脱洋葱的味道吗？

这么说吧，你碰巧有一些气味特别重的洋葱（谁都会遇到这种事）——有没有办法制服它们呢？我尝试了几种不同的方法。从把它们泡在冷水里 10 分钟到 2 小时不等，到把它们放在台面上通风。将洋葱片浸泡在装有冷水的容器中，容器里只能得到有洋葱味的液体，而洋葱本身的味道并没有大量减少。也许我应该在超大的容器里放入极少量的洋葱，水会更有效地稀释洋葱味。风干会让气味变温和，但也让洋葱变干并成为如同白纸般干硬的质地。

结果，最好的方法刚好也是最快和最简单的：在水龙头下用流动的水冲洗掉那些特别呛鼻的化合物——而且要用温水。物理和化学反应的速度会随温度增加。使用温热的水能使洋葱更快释放挥发性化合物——即使是最刺鼻的洋葱，约 45 秒就足以清除气味了。

但热水不会让洋葱变成软绵绵的吗？即使你使用很热的水，通常温度也是在 60~65.6℃（140~150 ℉）。果胶（pectin），也就是碳水化合物形成的"胶水"——会把植物细胞粘在一起，在 83.9℃（183 ℉）之下是不会失去作用的。如果在热水中冲洗的时间足够长，洋葱的确会开始软化，但我们只需 45 秒的冲洗时间，所以不用担心，你的洋葱是安全的。

| 刀工 | 洋葱切片与切丁

切片的主要问题是方向。

如果你把洋葱的茎和根称为南北极，那么以行星轨道的方向切片（orbital slice）看起来像这样：

而以南北极的方向切片（pole-to-pole）看起来像这样：

乍看之下，你可能会想，这有什么区别吗？

让我用问题来回答问题：你关心食物放入口中的味道吗？如果答案是否定的，那么你可以用任何方式切洋葱。但如果答案是肯定的，请考虑这样的说法：洋葱细胞不是完全对称的——它们在南北极方向比轨道方向要更长。因此，你切洋葱的方向将影响被你切断的细胞数量，进而影响到形成“催泪瓦斯”的数量。我们知道一定数量的这东西是值得重视的：它能使你的洋葱更有洋葱味，让你的炖肉更有肉味，让法式洋葱汤喝起来更香甜。但若味道太强可能就会压过其他味道，让人难以忍受了。

为了看看有什么区别，我把一个洋葱切成两半，用不同的方向切这两半洋葱，然后把洋葱切片放在有盖子的容器中，置于橱柜台面上，静置 10 分钟，然后打开盖子闻一闻。毫无疑问地，沿着轨道方向切片的洋葱气味更强烈，如同 White Castle（白色城堡）餐厅的垃圾筒释放出的强烈恶臭。

当洋葱烹调成酱汁或汤品类的菜肴时，依轨道方向切片的洋葱也会有较差的口感——它们会硬得像虫子一样。除了少见的特殊情况，我都使用南北极方向切洋葱。

因洋葱切丁是一件你会做很多、很多、很多次的事，所以最好养成良好的习惯，这会大大提高工作效率。

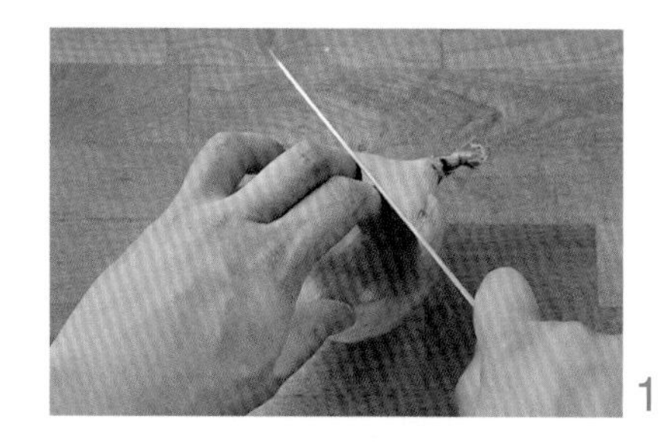
1

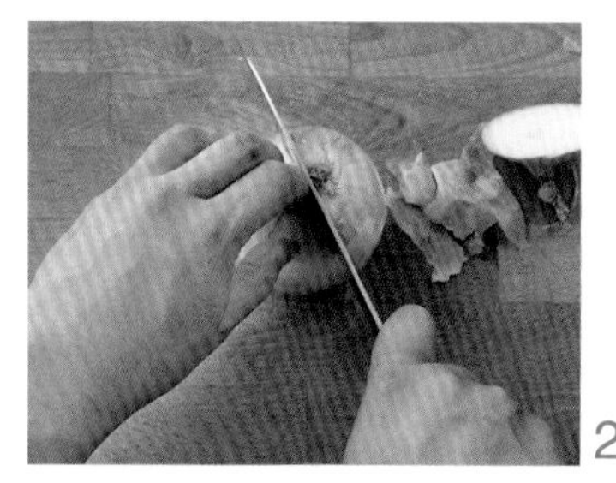
2

3

- **基本过程总是同样的开头**：将洋葱放在砧板上，切下茎的顶端（图 1）。然后将刚刚切好的面朝下放，把洋葱切成两半（图 2）。把洋葱外皮剥掉（图 3）。然后进行下面的操作。

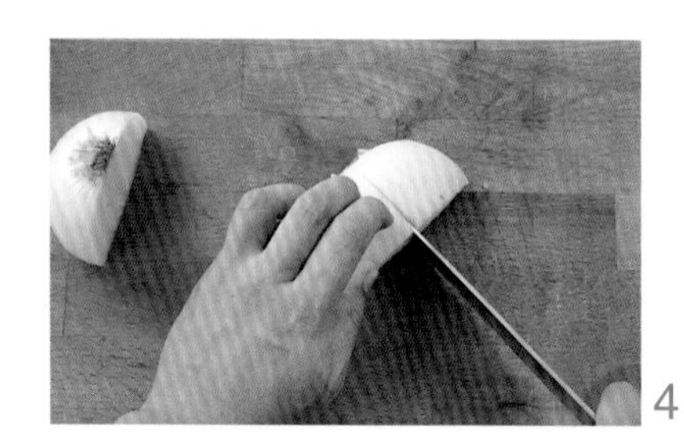
4

5

- **切出中等或大的丁**：依南北极方向切 2~6 个切口（图 4），让洋葱根部维持完好无缺的状态，使洋葱还是合在一起（图 5）。然后再垂直切割 2~6 下，形成大块丁状。

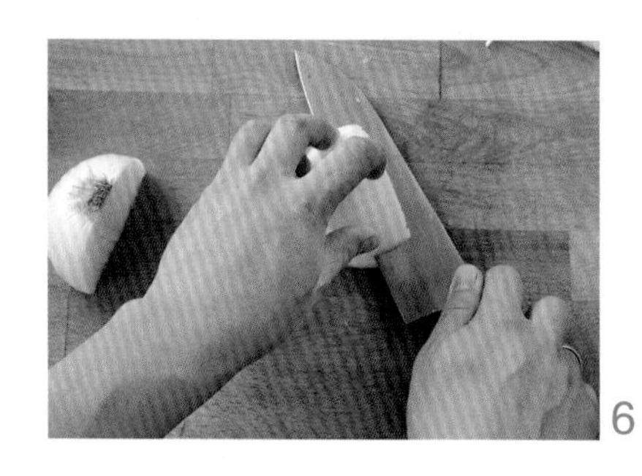
6

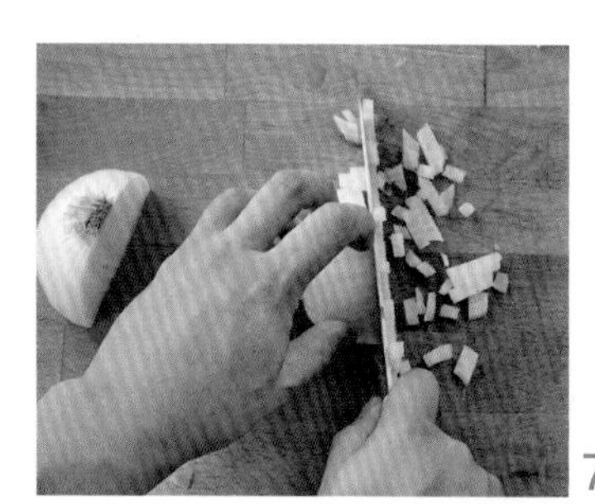
7

8

- **切出小丁**：依南北极方向，以每 0.6 厘米（1/4 英寸）间隔平行切割，保持洋葱根部完好无缺的状态。然后将你的刀以水平方向从底部往上 0.6 厘米（1/4 英寸）做一次切片（图 6）。垂直切过刚才的平行切口，用你的弯曲指节作为刀的指引（图 7）。洋葱将会被切分成细小的丁（图 8）。丢掉根的顶端。

快速秘诀：如果你正在处理大量的洋葱，想要加快速度，可先将所有洋葱完成一个步骤后，再进行下一个步骤。换句话说，就是在开始切任何洋葱之前，先把洋葱外皮都剥掉。同样的，在进行垂直切割之前，先进行所有平行切割。这样做能让你的工作更有条理，减少倒垃圾的次数，看起来也更专业。

经典法式洋葱汤

在那些令人懒洋洋的星期天，当你不介意在厨房里待上几个小时，好好地将洋葱焦糖化时——最理想的方法又是什么呢?

大多数食谱都要求你要当好保姆的角色，在炉子上细火慢炖烹调洋葱，每隔几分钟搅拌一次。这里其实有两个独立的过程。洋葱在软化的过程中，从它们的细胞里释放水、溶解的糖和其他化合物。同时，当糖在加热时还有焦糖化的过程。理想情况下，这两件事情最终会在大约同一时间完成。

但我想知道的是：能不能把过程分为两个不同的步骤，先让洋葱完全软化并释放它的汁液，然后减少这些汁液并让它们棕化呢?如果是这样，我应该能减少搅拌，从而省下一些时间，留到烹饪的最后阶段。要达到这个目的，我就要回到我在 No. 9 Park 餐厅做厨师时，从主厨贾森·邦德那里学会做白甜洋葱泥的方法：你所要做的就是将洋葱以南北极方向切薄片（煮熟后会有更好的口感），然后在有点重量的珐琅铸铁锅或不锈钢荷兰锅里以黄油烹调。一旦一切就绪了，就可以盖上锅盖，把火力调到尽量小，让它们就待在那儿。洋葱在被加热时会释放出液体，其中一些变成了蒸汽，在锅的顶部重新凝结后再滴回汤里，当洋葱软化时能保持它们的湿润度。

经过几个小时后（中间只搅拌一两次），洋葱将完全软化，会释放出几乎所有液体和溶解的风味化合物。在这个阶段，只要简单地用中大火减少这种甜味液体直到它变得深度焦糖化并呈棕色，可以使用我在速成焦糖化洋葱里使用的刮底和棕化的方法。

最后所得到的汤是甜味的、口感丰富的，味道非常复杂。

传统法式洋葱汤

TRADITIONAL FRENCH ONION SOUP

笔记：

如果你的锅没有一个又重又紧密的盖子，请在锅上放一层铝箔纸，将边缘卷起来密封住锅边，然后再盖上锅盖。

4 人份

无盐黄油 4 大勺

黄洋葱 2.3 千克（5 磅，约 5 颗大的），切片（约$7\frac{1}{2}$杯）

犹太盐和黑胡椒碎各适量

干型雪莉酒 1/4 杯

自制鸡肉高汤或罐装低盐鸡肉高汤 6 杯

月桂叶 2 片

新鲜百里香 6~8 枝

法式长棍面包 1 条，切成 1.3 厘米（1/2 英寸）厚的片，烤过

葛瑞尔奶酪或瑞士奶酪 227 克（8 盎司），磨碎

1. 在大型荷兰锅里，以中火加热化开黄油。加入洋葱片和 1 小勺犹太盐烹调，用木勺频繁搅拌，直到洋葱开始软化并沉到锅底，约 5 分钟。用一个紧密的盖子盖住锅（见上文“笔记”），把火转到最小烹调，每 45 分钟搅拌一次，直到洋葱完全软嫩，约 2 小时。
2. 打开锅盖，将火调至中大火。频繁搅拌直到液体蒸发，且褐色物质已经开始在锅底形成，约 15 分钟。加入 2 大勺水，并从锅底刮掉褐色物质。晃动锅使洋葱均匀分布在底部，偶尔摇动一下直到液体蒸发，而褐色物质再次开始累积，大约 5 分钟。再加 2 大勺水，重复此过程，让褐色物质积聚再刮掉，然后再重复两次。洋葱片到目前为止应该呈现深棕色。如果没有，继续加水、刮底和搅拌的过程，直到达到所需的色泽。
3. 加入雪莉酒、鸡肉高汤、月桂叶和百里香，煮沸后转小火煨煮。煨煮时不要盖上锅盖，直到液体入味并轻微蒸发，约 15 分钟。以盐和黑胡椒碎调味。将月桂叶和百里香捞出。
4. 上菜前，将烤箱预热。把汤倒入四个烤箱用烤盅。让面包浮在汤的上面并撒上奶酪粉。放入烤箱，加热到奶酪化开、起泡、有些地方出现金棕色的斑点，即可上桌。

鸡肉面疙瘩

要是不在这里开个玩笑来讨论我已过世的小狗 Dumpling，还真是有点难，但我会尽力而为。

一旦你了解到鸡肉面疙瘩只不过就是鸡肉高汤结合比司吉面团，再把这道菜加到你的食谱里就会变得十分轻松。在 p.177，你已经学会了如何在短时间里做出令人惊叹的鸡肉高汤，我们在关于早餐的章节里也探讨过比司吉的烹饪科学（见 p.146），因此，唯一的问题是：制作鸡肉面疙瘩时，比司吉的食谱是否还需要修改？

答案是要修改，但修改的地方不多。一般的比司吉面团往往脂肪含量较高——每 284 克（10 盎司）面粉就要配上 113 克（4 盎司）的黄油。黄油有润滑作用，以至于比司吉面团无法像在其他地方那样形成坚韧的麸质薄膜。不过如果用烤箱烤就没有这个问题，你所要做的就只是把比司吉放在烤盘上，再放入烤箱，直到烤好定型前都不要去触摸。如果将比司吉面团煮到一锅汤里，随着气泡起伏、锅盖上冷凝水滴下，以及鸡肉块以各种不同的方式互相撞击，易碎的比司吉面团是不会成型的——它几乎会完全破碎，让汤变得浑浊又油腻。

要让比司吉面团成为面疙瘩，第一步就是减少油脂。我发现将黄油的用量从 8 大勺降为 6 大勺是个不错的主意，这样仍然能保留黄油大部分的风味，并且还增加了稳定性。

但这样做又带来了一个新的问题：油脂少了，面疙瘩变得有点干燥密实，过于坚硬。我尝试增加泡打粉和小苏打的量，但是都没有用——面疙瘩最后会有强烈的化学气味。

有没有简单的解决方案？有，只要一个鸡蛋。

鸡蛋能改善面疙瘩的质量状况。拥有脂肪与丰富蛋白质的蛋黄填补了一些因为黄油减量而失去的脂肪。但是，与乳脂会在约 32.2℃（90 ℉）时开始化开并从面疙瘩中漏出不同，在加热时，蛋黄会变得更加紧密。蛋黄中的乳化剂（如卵磷脂）也有助于确保脂肪留在面疙瘩里。在这种情况下，蛋白的角色是发酵者。在加热面疙瘩时，松散的蛋白质基质开始变成固体，包裹了气泡、潮湿的空气和由泡打粉和小苏打（或白脱牛奶）反应所产生的二氧化碳。随着继续烹调面疙瘩，这种潮湿的空气会膨胀，而让面疙瘩更轻盈、软嫩。

鸡肉面疙瘩

CHICKEN AND DUMPLINGS

笔记：

建议用下面的方法自己制作高汤：用1.9升（2夸脱）罐装低盐鸡肉高汤，加入4只鸡腿，以小火炖煮30分钟，取出鸡腿，从汤中滤去脂肪，再加入足够的水到约1.9升（2夸脱）。当鸡腿冷却到可以处理时，把鸡肉取下备用，将骨头和鸡皮丢弃。

4~6人份

速食鸡肉高汤1份，包含鸡腿肉（见上文“笔记”）

中型胡萝卜2根，去皮并切成中丁（约1杯）

中型芹菜茎1根，切成中丁（约1/2杯）

小型洋葱1个，切片（约1杯）

比司吉面团

白脱牛奶3/4杯

大个鸡蛋1个

未漂白的中筋面粉284克（10盎司，约2杯）

泡打粉1小勺

小苏打1/4小勺

犹太盐$1\frac{1}{2}$小勺，再额外准备一些用于调味

冷的无盐黄油4大勺，切成0.6厘米（1/4英寸）见方的小块

切碎的新鲜荷兰芹1/4杯

现磨黑胡椒碎适量

1. 将鸡肉高汤（不包含肉）、胡萝卜丁、芹菜茎丁和洋葱片放入大号荷兰锅中，以大火煮沸，调小火煨煮直到蔬菜软嫩，约20分钟。
2. 在煨煮的同时开始制作比司吉，在中碗里将白脱牛奶和鸡蛋搅拌混合。
3. 将面粉、泡打粉、小苏打和盐混合，用食物料理机搅打至完全混合，约2秒钟。将黄油均匀地撒在混合面粉表面，并用点动功能将黄油搅打成粗糙颗粒。将混合粉料和黄油放到大碗中，加入步骤2的材料，并用橡胶铲切拌直到混合。面团会有一点儿粗糙且非常黏。（图1—图3）
4. 将荷兰芹和鸡肉拌入高汤里，用盐和黑胡椒碎调味，然后继续用小火炖煮。取一把大勺涂上点油，然后用大勺将面疙瘩放入汤里，面疙瘩与面疙瘩之间要留有一点儿空隙。盖上锅盖，把火调小，加热到面疙瘩的体积增加一倍且熟透（可以用刀切开来看看，也可以插入蛋糕测试针或者牙签——它们抽出来时应该是干净无粘黏的）。完成后即可上桌。（图4—图6）

料理实验室指南：
炖肉的烹饪指导

无论何时，给我一份美味的美式炖肉，那油滋滋、香喷喷的美味牛肉带给我的喜悦，远胜法式勃艮第红酒炖牛肉（boeuf bourguignon）。

我喜欢用叉子轻轻一压，就能看到牛肉压碎的样子；我喜欢牛肉碎屑上沾满了丰富的洋葱味肉汁；我喜欢软嫩的胡萝卜和马铃薯，饱含肉汁。在寒冷天气里，炖肉是最好的灵魂食物。

炖肉（pot roast）其实是一大块以小火煨煮好的肉。以小火炖煮（braising），水分可以来自将其浸泡的液体（这种情况下，严格来说应称为炖），或者在全部盖住或部分盖住的容器中烹调时，来自食物周围的潮湿空气。当肉类在潮湿环境中以小火烹调，就如同制作高汤一样，由胶原蛋白组成的结缔组织缓慢地转化为动物胶。这是非常关键的，因为烹调是以另一种重要的方式转化肉类：将肉的水分排出（即使是在一个完全湿润的环境下烹调）。的确，因为水是非常好的热导体，在100℃（212 ℉）的水中煮沸的牛肉，实际上会变得比在100℃（212 ℉）的烤箱中烤出的牛肉温度更高且更快流失水分！但你还是要使液体保持在锅里。首先，这些液体能调节温度，使锅中所有食材的温度都不会比水的沸点更高。其次，它能让肉类和蔬菜的香味融合。最后，没有肉汁的炖肉能好吃吗？

所有美味的肉制品，其制作成功的秘诀都始于正确使用肉的部位。任何具有高含量结缔组织的部位都可以用来制作炖肉，但我更喜欢用牛肩胛眼肉（chuck eye）。这个部位牛肉味十足，且含有大量结缔组织，能保持肉的湿润（见p.231的“炖牛肉”）。等到肉在荷兰锅里棕化后，加入胡萝卜、芹菜和洋葱等调味食材进一步加强味道，让它们继续在同一口锅里棕化（蔬菜中渗出的水分，有助于稀释牛肉棕化后留下的汤汁）。最后，“鲜味炸弹”出场：鳀鱼、马麦酱和黄豆几乎会出现在我所制作的每一道炖肉里，因为它们会产生美味的谷氨酸（glutamate）呀。

法式炖肉会凭借浓缩的小牛肉高汤来增稠肉汁，不过在美国，我们选择用面粉作为增稠剂。接着是葡萄酒，它在美式炖肉里并不是传统用料，但就如同鳀鱼、马麦酱和酱油一样，葡萄酒富含美味的谷氨酸盐，可以增添鲜美而复杂的香味和一点儿酸味。再加入一些鸡肉高汤、一些胡椒粉和几根百里香与月桂叶，勾勒出炖肉的风味轮廓。

在煮好了炖肉的汤汁后，我把牛肉放回锅中并盖上锅盖，放到135℃（275 ℉）的烤箱中烤至牛肉软嫩。这期间请确保锅盖留缝。你可能会问为什么？这是为了调节温度。锅盖若完全密封，锅里的水会迅速达到沸点，伴随着烘烤，牛肉里超过50%的水分会被挤出。但只要让锅盖留缝，即使是在135℃（275 ℉）的烤箱里，也可以让锅里的食物温度维持在85℃（185 ℉）左右！（有关更完整的说明，见p.232“盖上锅盖煮沸水”和p.262“炉灶vs烤箱”）。这种较低的温度让胶原蛋白

将炖肉冷藏隔夜后切片，可以获得均匀、完整的肉片。

（collagen）可以缓慢分解，同时仍保持牛肉良好的湿润度。

恒定的热量 vs 恒定的温度

你可能想知道为什么许多炖煮食谱会要求在烤箱里加热，而不是在炉火上炖煮。原因是：炉火输出恒定的热量，而烤箱则维持恒定的温度。这代表在炉火上加热时，不管锅里有多少东西，也不管这些东西温度有多么高，炉火所做的就是把定量的热传递到锅中。

以中小火开始炖煮的一锅肉，其中的液体会从某个时刻开始沸腾直到最后关火。此时，一些液体已经蒸发并且肉的体积也随之变小。而在烤箱中加热，无论锅中有多少食物，食物的温度保持不变。此外，烤箱是从四面温和地加热，炉子却是将热聚焦在锅底。把炖肉移到烤箱里，我保证你会得到更好的结果。

做炖肉时，约3个小时后，肉就会呈现我所想要的样子——软嫩，刀或蛋糕测试针可以轻松地插进去再拿出来，但又不会太过于软嫩而失去它的结构（顺便说一句，这时的肉汤闻起来真是太棒了）。但当我试图切肉时又会出现问题。在肉还热的时候，肉会太嫩，以至于要成功切开几乎是不可能的事情——即使用最锋利的刀轻轻地点一下，肉就会散掉。切炖肉最好的方法就是让它先完全冷却。

一开始，我认为最好让肉在厨房的室温下冷却，而不是在锅里的热汤中冷却。我将相同的肉切成两半后分开测试——放在空气中冷却以及在液体中冷却，以下是我所发现的：

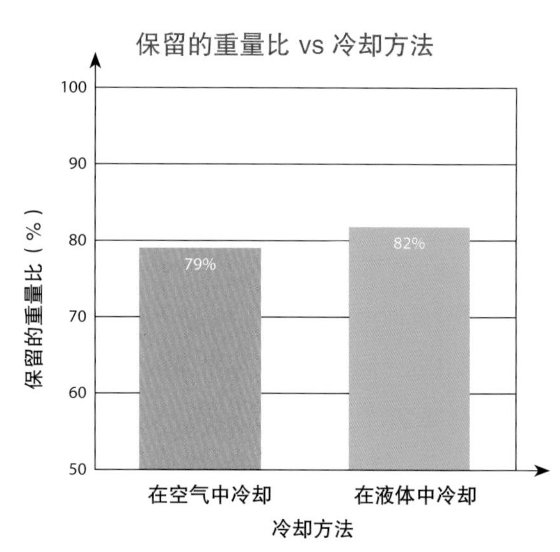

如你所看到的，在液体中冷却的肉最终比在空气中冷却的肉水分多了3%。这是因为肉冷却后会比热的时候更容易保持水分。因此，当肉在液体中冷却时，会再吸收一些液体。我还发现，让炖肉在冰箱里存放长达5天，能改善风味和口感，这意味着，要吃到理想的炖肉，你要提前几天做。

炖牛肉

最适合炖煮的牛肉部分，是具有强烈的牛肉风味并含有大量可以分解成动物胶的结缔组织的部分。这里列出一些我最喜欢用的牛肉部位：

- **肩胛肉（chuck）**来自牛的肩膀，有很强烈的牛肉风味，以及很多的脂肪。最好的肩胛肉部位是7字形骨（7-bone）和上脑（chuck roll）。我更喜欢后者，它是无骨肉块，更容易切片。寻找有漂亮大理石纹以及圆柱形状的部分，可以比较均匀地烹调。
- **胸肉（brisket）**来自牛的胸部。整块牛胸肉包含两部分：flat（也称为"thin cut"或"lean"）和point（也称为"deck"或"moist"）。Flat在超市就能买到，但如果你能找到point，也很值得购买，因为它含有大量的结缔组织、脂肪且牛肉风味浓厚。它有独特的味道。
- **腹肉心（flap meat）**，也被称为沙朗尖肉（sirloin tip），通常被作为廉价的牛排来卖，但它很好炖，这也让它成为用处最多的牛排之一。完整的腹肉排是一块大约3.8厘米（$1\frac{1}{2}$英寸）厚、907~1361克（2~3磅）重的矩形肉块，有非常粗的纹理和大量的脂肪。它浓郁的牛肉味和结实坚韧的质地都非常适合长时间炖煮。
- **牛腿肉（round）**来自牛的后腿，可以分割成许多不同的部分。大腿肚（bottom round）的肉具有类似于肩胛肉的风味，是做炖肉最好的部位，虽然奇怪的形状让它有点难以处理。外侧后腿眼（eye of round）是所有用于炖肉部位中最瘦的肉，所以口感会有点干。如果你能仔细观察温度，且肉一变嫩就马上从烤箱中取出，那它会是低脂肉的最佳选择（但这样吃炖牛肉还有什么乐趣呢？）。
- **牛小排（short Rib）**严格来说是肩胛肉的一部分，但是它单独出售。这个部位会有三种形式：靠近肋骨顶部15.2厘米（6英寸）区域的大块肉（English-cut short rib）、附着在第3~4根肋骨横截面的肉块（flanken cut）和无骨的部分。这三个部分都可以做出很好的炖肉，拥有丰富的脂肪和结缔组织，肉的风味浓郁且入口即化。

| 实验 | 盖上锅盖煮沸水

当在烤箱中烹调时，盖不盖锅盖真的对于保持锅中恒定的低温有很大的不同吗？快速实验一下，自己来看结果吧。

材料

- 两口相同的锅，各自装半锅的水
- 一个锅盖
- 一支快显温度计

步骤

将烤箱预热至 135℃（275 ℉）。将两口锅放到烤箱中，一口不盖锅盖，另一口盖上锅盖。加热 1 小时，然后打开烤箱，立刻读取两口锅中水的温度。

结果与分析

有盖锅中的水温在 98.9℃（210 ℉）左右，而无盖锅中的水温更接近 85~87.8℃（185~190 ℉）。由于蒸发的冷却效应（水从液态变成气态需要大量的能量，而这些能量从液体中来，使得液体冷却），在 135℃（275 ℉）的烤箱里，没盖锅盖的炖锅达到的最高温度约 85℃（185 ℉）。这对你来说是个好消息，因为这是最佳的半沸腾（subsimmer）炖煮温度。

盖上锅盖会减少蒸发量。较少的蒸发代表产生较高的温度 。在我简单的测试中，盖上锅盖会让锅中的温度增加近 13.9℃（25 ℉）！

美式炖牛肉 佐肉汁

ALL-AMERICAN POT ROAST WITH GRAVY

6~8 人份

无骨牛肩胛肉 1 份 [约 2.3 千克（5 磅）]，从接缝处分开，分成 2 大块，去除多余的脂肪和软骨

犹太盐和现磨黑胡椒碎各适量

植物油 2 大勺

鳀鱼片 4 片

中等大蒜瓣 2 粒，切碎或磨碎，约 2 小勺

马麦酱 1 小勺

酱油 1 大勺

番茄酱 2 大勺

大个胡萝卜 2 根，去皮，切成 1.3~2.5 厘米（1/2~1 英寸）见方的块

芹菜茎 2 根，切成 2.5 厘米（1 英寸）长的段

大型洋葱 2 个，切片，约 4 杯

中筋面粉 2 大勺

干白葡萄酒 1 瓶（750 毫升）

自制鸡肉高汤或罐装低盐鸡肉高汤 4 杯

未调味的动物胶 1 包 [约 7 克（1/4 盎司）]

月桂叶 2 片

新鲜百里香 4 支

黄皮马铃薯 2 个 [454 克（1 磅）]，去皮并切成 1.3~2.5 厘米（1/2~1 英寸）见方的块

1. 将烤架调整到中下层，并将烤箱预热至 135℃（275 ℉）。将牛肩胛肉拍干，并用盐和黑胡椒碎略微腌一下。将烹饪用棉绳以 2.5 厘米（1 英寸）为间隔绑在肉上，以维持牛肩胛肉的形状。
2. 在大号荷兰锅中，以大火加热植物油，直到轻微冒烟。加入牛肩胛肉煎制，偶尔翻动，直到每一面都上色，需 8~10 分钟。把煎好的牛肩胛肉放到大碗里。
3. 在煎牛肩胛肉的同时，将鳀鱼片、蒜末（或蒜泥）、马麦酱、酱油和番茄酱在小碗中混合，并用叉子的背面捣碎，直到形成顺滑均匀的糊状物。
4. 再次将锅以大火加热，加入胡萝卜块和芹菜茎丁并搅拌，直到蔬菜边缘开始上色，约 5 分钟。再加入洋葱片频繁搅拌，直到洋葱变得非常柔软并呈现浅金棕色，约 5 分钟。接着加入步骤 3 的鳀鱼混合物，并烹调搅拌直到香味溢出，约 1 分钟。然后加入面粉并搅拌直到没有干粉，约 1 分钟。开大火不断搅拌，慢慢加入葡萄酒。调至小火炖煮，直到酒量减半，约 15 分钟。
5. 在炖煮的同时，将鸡肉高汤倒入大号液体量杯或碗中，撒上动物胶与高汤融合，约 10 分钟。
6. 将动物胶和鸡肉高汤混合物、月桂叶、百里香加入荷兰锅里，把牛肉放回锅中并将步骤 4 的材料倒入，煮到即将沸腾。盖上锅盖并稍微留一点儿缝隙，将锅放入烤箱里加热，直到牛肉完全变得软嫩（用蛋糕测试针或薄刀可以毫无阻力地插入或戳入），需 3~4 小时。在牛肉炖好前约 45 分钟，倒入马铃薯。从烤箱中取出锅并冷却 1 小时。

7. 将锅放到冰箱中冷藏，至少隔夜，至多 5 个晚上。
8. 准备上桌时，先从汤汁表面去除已经凝固的脂肪层并丢掉。将牛肉取出放到砧板上。丢掉月桂叶和百里香。将锅中剩余汤汁用大火煮沸，浓缩收汁，让汤汁浓稠至可以黏附在勺子的背面，但味道不会过重。以盐和黑胡椒碎调味。
9. 从牛肉上取下棉绳，垂直于肉纤维的方向，将牛肉切成 1.3 厘米（1/2 英寸）厚的肉片，然后在直径 30.5 厘米（12 英寸）的煎锅中层层叠放，再加入几勺步骤 8 的汤汁润湿它们。盖上锅盖，并以中小火加热，偶尔摇动一下，直到牛肉被均匀加热，约 15 分钟。
10. 将牛肉放到热的餐盘里，在表面放上煮熟的蔬菜并淋上更多的汤汁，即可上桌。

| 专栏 | 谷氨酸与肌苷酸——“鲜味炸弹”

多年来，食物科学家认为我们的舌头对四种基本的味道敏感：甜味、咸味、酸味和苦味。不过，现在还有第五种味道——鲜味（umami）。这个概念最先是由日本人提出的，这种味道最好的译词应该是美味。这是一种令人垂涎欲滴的味道，就像一块美味的牛排或一大块帕玛森奶酪在你嘴里的味道。正如甜味来自糖，咸味来自盐，酸味来自酸性物质，苦味来自许多略微有毒的化合物，鲜味则来自谷氨酸——在许多富含蛋白质的食物中发现的重要氨基酸。要让许多食物——火鸡汉堡、炖肉、汤等吃起来更有肉味的关键，就是增加其谷氨酸的含量。

现在，你可以用粉状味精（monosodium glutamate）——一种从巨大海带中提取的天然盐，但有些人对使用味精是很慎重的（我习惯于将一小罐味精放在盐罐旁边）。如果不喜欢味精还有其他选择，也就是我称之为“鲜味炸弹”的三种原料：马麦酱（Marmite）、酱油和鳀鱼。

如果你去过英格兰，可能已经见过马麦酱了。这是一种奇怪的黑褐色黏糊糊的东西，拥有既强烈又咸鲜的味道，英国人喜欢吃早餐时将马麦酱涂在烤面包上。对烤面包而言，这是获得大家认可的味道。除此之外，马麦酱还有其他用处。它是生产酒类的副产品，其本质是浓缩的酵母蛋白，同时富含盐和谷氨酸。酱油是由发酵的大豆制成，并且从富含氨基酸的大豆以及大豆发酵后形成的酵母与细菌中获得高含量的谷氨酸。鳀鱼和许多其他油脂多的小鱼一样，富含天然的谷氨酸，盐渍鳀鱼和熟鳀鱼的谷氨酸浓度更高。甚至许多传统肉类的炖菜，都需要一些鳀鱼来帮助提高料理的美味品质。

还有许多其他材料具有高浓度的谷氨酸——伍斯特酱（Worcestershire sauce）、帕玛森奶酪、日式高汤粉（powdered dashi）（一种用海带和鲣鱼制成的日本高汤）等，但是它们本身的味道都相当强烈。我的三个“鲜味炸弹”是我知道既可以增加肉的鲜味，又能适当融入料理中，而且不会压过料理味道的三种材料。

但又该如何使用呢？我做了几批火鸡汉堡，并将三种材料直接掺到里面。事实证明，三种一起加入比只加一种更能触发舌头上的“肉味探测器”。为什么呢？好吧，谷氨酸是肉味之王，但还有第二种化合物——肌苷酸二钠（disodium inosinate），已经证实将它与谷氨酸一起使用可以增加食物的鲜美程度。事实上，2006 年 8 月 *Journal of Food Science*[⑥] 刊登的一篇文章，说研究者山口静子（Shizuko Yamaguchi）发现，两种化合物在协同效应上是可以量化的！

---

⑥ *Journal of Food Science*，食品科学杂志。——译注

因此，将肌苷酸和谷氨酸结合，你便可以得到协同效应，效果比个别使用要更加强大。想象一下，肌苷酸之于谷氨酸，就像罗宾之于蝙蝠侠——它们不是这项工作所必须的角色，但它们肯定帮了很多忙。通过将猪肉和鱼加工制成烟熏火腿和泰国鱼露，你便可以创造出超级浓缩的肌苷酸。鳀鱼实际上具有相当高的肌苷酸含量——比它们需要用来平衡自身谷氨酸的还要多，而马麦酱和酱油没有多少肌苷酸。因此，将鳀鱼中的肌苷酸与酱油或马麦酱中的谷氨酸结合，便产生了终极无敌的效果。

常见食材中的谷氨酸含量

许多日常烹调的食物都有高含量的谷氨酸。下表是它们相应的谷氨酸含量。

表 10　常见食材中的谷氨酸含量

食材	含量（毫克 /100 克）
昆布（巨型海带）	22000
帕玛森奶酪	12000
鲣鱼	2850
沙丁鱼 / 鳀鱼	2800
番茄汁	2600
番茄	1400
猪肉	1220
牛肉	1070
鸡肉	760
菇类	670
黄豆	660
胡萝卜	330

锅卤鸡腿

有很多食物能像卤鸡腿一样美味，但很少有比卤鸡腿做起来更快或更容易的，所以，当我想吃又嫩、又饱满的炖肉时，通常会想到卤鸡腿。

我很少用同样的食谱卤鸡腿，在所有食谱中有一个共同点很重要，也就是真正做出好吃的卤鸡腿的关键——棕化。你必须让煎锅里的鸡皮棕化，直到它呈现深深的金棕色且变得特别脆，并且确保在整个烹调过程中，鸡皮保持在没有被汤汁淹没的地方，以便维持脆度。这样最终会得到非常入味且能快速从骨头上脱落的软嫩鸡腿肉，并且有酥脆的鸡皮。

要使用深色的鸡肉。它有更多的结缔组织，在炖煮时可以慢慢分解成动物胶，不仅能润滑鸡肉，而且能让酱汁变得更加浓稠。而白肉只会变干。

我最喜欢的卤鸡腿食谱之一是使用一点儿白葡萄酒、一罐番茄、少量切碎的水瓜柳和橄榄，并撒些芫荽叶。心情还不错的话，我会用烟熏的红甜椒粉代替普通红甜椒粉，并用炒过的彩椒和洋葱代替番茄，不用水瓜柳和橄榄，最后撒上荷兰芹和一点儿醋。

另一个版本是加入更多的白葡萄酒、几杯鸡肉高汤以及大量荷兰芹和意大利培根，再加入蘑菇、青葱和厚片培根。我必须再次强调，重要的是技术，味道由你来决定。

这些卤鸡腿在第二天或第三天时风味会更好，但鸡皮的酥脆度可就不敢保证了。

1

2

3

4

5

6

简易锅卤鸡腿佐番茄、橄榄与水瓜柳

EASY SKILLET-BRAISED CHICKEN WITH TOMATOES, OLIVES, AND CAPERS

> 笔记：
>
> 在步骤 4 中加入鸡肉后，可以一直在炉灶上以最小火烹调这道菜肴，并盖上锅盖，直到鸡肉变得软嫩，约 45 分钟。

4~6 人份

鸡大腿 4~6 只
犹太盐和现磨黑胡椒碎各适量
植物油 1 大勺
大型洋葱 1 个，切细片（约$1\frac{1}{2}$杯）
大蒜瓣 2 粒，切细片
红甜椒粉（paprika）1 大勺
孜然粉（cumin）1 大勺
干白葡萄酒 1 杯
整颗番茄的罐头 1 罐，沥干并用手捏碎
自制鸡肉高汤或罐装低盐鸡肉高汤 1/2 杯
水瓜柳 1/4 杯，洗净沥干，并大致切碎
绿橄榄或黑橄榄 1/4 杯，切碎
新鲜芫荽叶 1/4 杯
青柠汁 1/4 杯（用 3~4 个青柠）

1. 将烤架调整到中下层位置，并将烤箱预热至 176.7℃（350 ℉）。用犹太盐和黑胡椒碎稍微腌一下鸡腿。
2. 在口径 30.5 厘米（12 英寸）、烤箱可用的锅或煎锅中，以大火将油加热，直到轻微冒烟。使用料理夹加入鸡腿，并将鸡皮面朝下。盖上防油溅网或半盖锅盖，防止油脂飞溅。继续煎制，不要移动它，直到鸡肉呈现深金黄棕色且鸡皮是酥脆的，约 4 分钟。将鸡腿翻面，煎到第二面呈现金黄色，大约 3 分钟。把鸡腿移到大盘子里，置于一旁。（图 1—图 3）
3. 调至中火，煎锅里加入洋葱片拌炒，用木勺将锅底部的褐色渍刮下，不时搅拌，直到洋葱片完全变软且刚开始棕化，约 4 分钟。加入大蒜片并搅拌，直到香味四溢，约 30 秒。加入红甜椒粉和孜然粉并搅拌，直到香味溢出，约 1 分钟。（图 4）
4. 加入白葡萄酒，并从煎锅底部刮去褐色渍。加入番茄、鸡肉高汤、水瓜柳和橄榄，煮沸。再放入鸡腿，只露出鸡皮。盖上锅盖并放到烤箱里，烤约 20 分钟。然后取下锅盖，继续烤至鸡肉能轻易从骨头上脱落般软嫩，且酱汁浓稠，需 20 多分钟。（图 5）
5. 将芫荽叶和青柠汁搅拌到酱汁中，并用犹太盐和黑胡椒碎调味。将酱汁浇在鸡腿周围，即可上桌。（图 6）

简易锅卤鸡腿佐白葡萄酒、茴香与意大利培根

EASY SKILLET-BRAISED CHICKEN WITH WHITE WINE, FENNEL, AND PANCETTA

> 笔记：
>
> 在步骤 4 中加入鸡肉后，你可以在火炉上以最小火烹调这道菜肴，并盖上锅盖，直到鸡肉变软嫩，约 45 分钟。

4~6 人份

鸡大腿 4~6 只
犹太盐和现磨黑胡椒碎各适量
植物油 1 大勺
意大利培根 85 克（3 盎司），切丁
大蒜瓣 4 粒，切细片
大型洋葱 1 个（切细片，约$1\frac{1}{2}$杯）
茴香（fennel）1 根（修整并切片，约$1\frac{1}{2}$杯）
大型番茄 1 个（略切碎）
干白葡萄酒$1\frac{1}{2}$杯
茴香酒（Pastis 或 Ricard）1/2 杯
自制鸡肉高汤或罐装低盐鸡肉高汤 1 杯
月桂叶 1 片
切碎的新鲜荷兰芹 1/4 杯
无盐黄油 2 大勺
柠檬汁 1 大勺（用 1 个柠檬）

1. 将烤架调整到中下层位置，并将烤箱预热至 176.7℃（350 ℉）。用盐和黑胡椒碎稍微腌一下鸡腿。
2. 在口径 30.5 厘米（12 英寸）、烤箱可用的锅或煎锅中，以大火将油加热，直到轻微冒烟。使用料理夹加入鸡腿，并将鸡皮面朝下。盖上防油溅网或半盖锅盖，防止油脂飞溅。继续煎制，不要移动它，直到鸡肉呈现深金黄棕色且鸡皮是酥脆的，约 4 分钟。将鸡腿翻面，煎到第二面呈现金黄色，约 3 分钟。把鸡肉移到大盘子里，置于一旁。
3. 煎锅中加入意大利培根，不时搅拌，直到培根轻微棕化，约 3 分钟。加入大蒜片拌炒，直到大蒜轻微棕化，约 1 分钟。加入洋葱片和茴香片，用木勺从煎锅底部刮下褐色渍，不时搅拌，直到洋葱片完全变软且刚开始棕化，约 5 分钟。
4. 加入番茄碎、白葡萄酒与茴香酒，并从煎锅底部刮去褐色渍。加入鸡肉高汤和月桂叶煮沸。再将鸡腿放入，只露出鸡皮。盖上锅盖并放到烤箱里，烤约 20 分钟。然后取下锅盖，继续烤至鸡肉能轻易从骨头上脱落般软嫩，且酱汁浓稠，需 20 多分钟。将鸡腿取出并放入盘中。
5. 将荷兰芹碎、黄油和柠檬汁搅拌到酱汁中，并用犹太盐和黑胡椒碎调味。将酱汁浇在鸡腿周围，即可上桌。

| 刀工 | 如何切茴香

茴香是一种有争议的蔬菜。

它拥有酥脆的口感以及独特的味道，对一些人来说，这种味道无法忍受。我喜欢使用少量的茴香。用蔬菜切丝器将茴香切得超细，再加入去皮、去籽的柑橘瓣（citrus supremes），和柠檬油醋汁混合，这是搭配香肠、法式肉冻（terrines）和其他肉制品的美味冬季沙拉。顶部装饰性的绿叶是完全可以吃的，也可以拿来作为漂亮的装饰。

茴香就像动画片《霹雳猫》（*Thundercats*）里的人物，好坏很容易分辨。挑选淡绿色或白色的茴香鳞茎，不要有变色的。当茴香变得不新鲜，其一层层的边缘会变成褐色，所以判断茴香是否新鲜，先检查那里。这些外层应该紧密地包起来，叶片也应该是亮绿色且新鲜的。

整株的茴香放在不密封的塑料袋里，置于冰箱保鲜冷藏，可以保存大约一个星期。但一旦你切开了，茴香就会迅速变成褐色，所以最好等到使用时再切开。

切茴香时，首先要切断粗茎（可以保留做高汤）（图 1、图 2）。将球茎立起来分成两半（图 3）。使用刀尖分别将两半的内芯去掉（图 4）——很容易就可以切出三角楔形（图 5）。纵向将茴香切成薄片（图 6）。

如需将茴香切丁，可以像切片一样先切开并去掉内芯，再将茴香切成厚片（图 7）。最后将它们切成丁（图 8）。

1

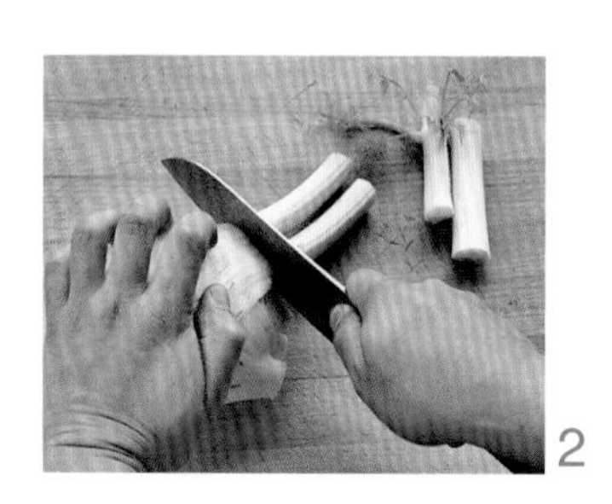
2

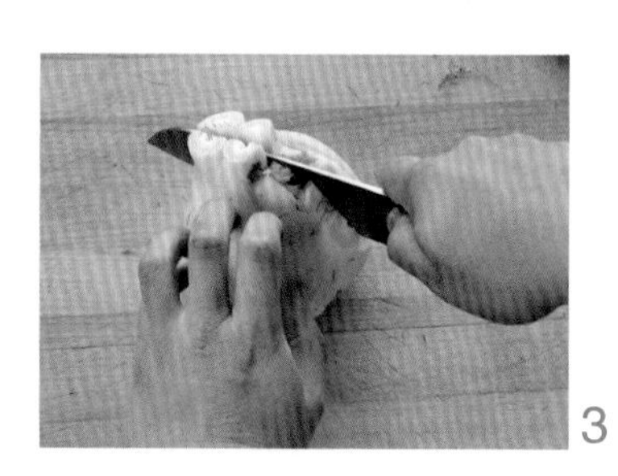
3

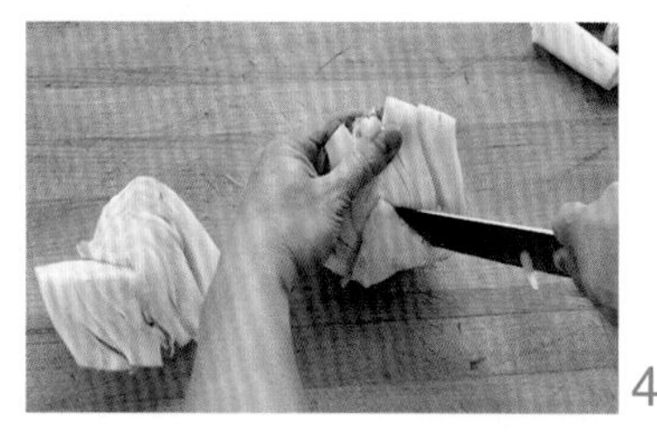
4

5

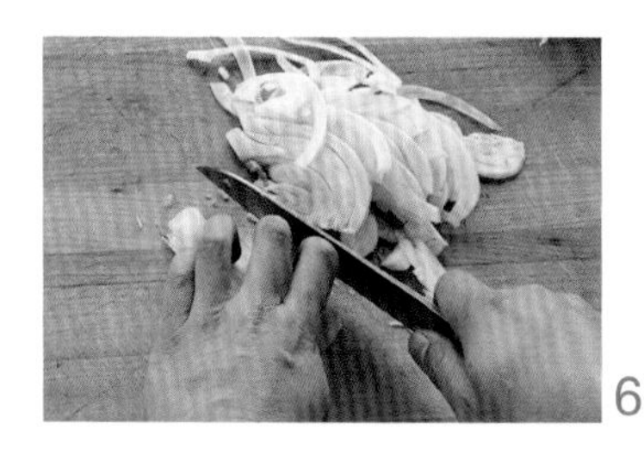
6

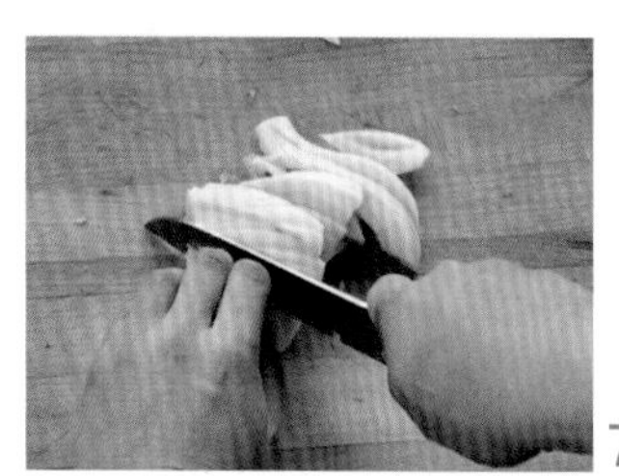
7

8

简易锅卤鸡腿佐彩椒与洋葱

EASY SKILLET-BRAISED CHICKEN WITH PEPPERS AND ONIONS

搭配鸡蛋面、德国面疙瘩（spätzle）、白米饭或煮熟的马铃薯。

笔记：

在步骤 4 中加入鸡肉后，你可在炉灶上以最小火烹调这道菜肴，并盖上锅盖，直到鸡肉变软嫩，约 45 分钟。

4~6 人份

鸡大腿 4~6 只

犹太盐和现磨黑胡椒碎各适量

植物油 1 大勺

大型洋葱 1 个，切细片（约$1\frac{1}{2}$杯）

青椒 1 个，切细片（约 1 杯）

红甜椒 1 个，切细片（约 1 杯）

大蒜瓣 2 粒，切细片

甜味西班牙烟熏红辣椒粉（sweet Spanish smoked paprika）或普通红辣椒粉 1 大勺

干燥马郁兰（Marjoram）1 小勺［香薄荷（savory）或牛至叶也可］

中筋面粉 1 大勺

干白葡萄酒 1 杯

自制鸡肉高汤或罐装低盐鸡肉高汤 3 杯

大型番茄 1 个，去皮、去籽，并切成 2.5 厘米（1 英寸）见方的小块

1. 将烤架调整到中下层位置，并将烤箱预热至 176.7℃（350 ℉），用犹太盐和黑胡椒碎稍微腌一下鸡腿。
2. 在口径 30.5 厘米（12 英寸）、烤箱可用的锅或煎锅中，以大火将油加热，直到轻微冒烟。使用料理夹加入鸡腿，并将鸡皮面朝下。盖上防油溅网或半盖锅盖，防止油脂飞溅。继续煎制，不要移动它，直到鸡肉呈现深金黄棕色且鸡皮是酥脆的，约 4 分钟。将鸡腿翻面，煎到第二面呈现金黄色，约 3 分钟。把鸡肉移到大盘子里，置于一旁。
3. 煎锅中加入洋葱片和彩椒片，用木勺从煎锅底部刮下褐色渍，然后搅拌，直到食材完全变软且刚开始棕化，约 4 分钟。加入大蒜片搅拌，直到香味四溢，约 30 秒。加入红辣椒粉、马郁兰和面粉继续烹调，搅拌，直到香味溢出，约 1 分钟。
4. 加入白葡萄酒，并从煎锅底部刮去褐色渍。加入鸡肉高汤和番茄煮沸。再放入鸡腿，只露出鸡皮。盖上锅盖并放到烤箱里，烤 20 分钟，然后取下锅盖，继续烤至鸡肉能轻易从骨头上脱落般软嫩，且酱汁浓稠，需 20 多分钟。将鸡腿取出放入盘中。用犹太盐和黑胡椒碎调味，将酱汁浇到鸡腿周围，即可上桌。

简易锅卤鸡腿 佐蘑菇与培根

EASY SKILLET-BRAISED CHICKEN WITH MUSHROOMS AND BACON

笔记：

在步骤4中加入鸡肉后，你可以在火炉上以最小火烹调这道菜肴，并盖上锅盖，直到鸡肉变软嫩，约45分钟。

4~6 人份

鸡大腿肉 4~6 只
犹太盐和现磨黑胡椒碎适量
植物油 1 大勺
厚片培根 85 克（3 盎司），切丁
白口蘑 142 克（5 盎司），洗净切片（约 2 杯）
大个青葱 1 根，切细片（约 1/2 杯）
大蒜瓣 2 粒，切细片
新鲜百里香碎 2 小勺
无盐黄油 1 大勺
中筋面粉 1 大勺
干白葡萄酒 1 杯
自制鸡肉高汤或罐装低盐鸡肉高汤 3 杯
鲜奶油 1/2 杯
荷兰芹碎 2 大勺

1. 将烤架调整到中下层位置，并将烤箱预热至176.7℃（350 ℉），用犹太盐和黑胡椒碎稍微腌一下鸡腿。
2. 在口径 30.5 厘米（12 英寸）、烤箱可用锅或煎锅中，以大火将油加热，直到轻微冒烟。使用料理夹加入鸡腿并将鸡皮面朝下。盖上防油溅网或半盖锅盖，防止油脂飞溅。继续煎制，不要移动它，直到鸡肉呈现深金黄棕色且鸡皮是酥脆的，约 4 分钟。将鸡腿翻面，煎到第二面呈现金黄色，约 3 分钟。把鸡腿移到大盘子里，置于一旁。
3. 煎锅中加入培根丁，频繁地搅拌直到轻微棕化，约 3 分钟。将培根丁移到盘子里。将白口蘑片加到煎锅中，用木勺从煎锅底部刮下褐色渍，然后搅拌，直到白口蘑片的水分全部蒸发并开始发出嘶嘶声，约 8 分钟。加入青葱片和大蒜片拌炒，直到香味四溢，约 1 分钟。加入百里香和黄油，直到黄油化开。加入面粉并不断搅拌，约 30 秒钟。
4. 加入白葡萄酒，并从煎锅底部刮去褐色渍。加入鸡肉高汤煮沸。再将鸡腿放入，只露出鸡皮。盖上锅盖并放到烤箱里，烤约 20 分钟。然后取出锅盖，继续烤至鸡肉能轻易从骨头上脱落般软嫩，且酱汁浓稠，约 20 多分钟。将鸡腿取出并放入盘中。
5. 将鲜奶油加到酱汁里搅拌，以大火加热直到变得略微黏稠，约 1 分钟。用犹太盐和黑胡椒碎调味。加入荷兰芹碎，并将酱汁浇在鸡腿上，即可上桌。

寻找终极辣酱

尽管辣酱起源于墨西哥，但今天要讲的辣酱（chili）确实是美国菜。辣椒爱好者的世界有着许多派系，其中许多人至死捍卫着关于什么可以而什么又不可以用于制作“真正的”辣酱。它应该是用牛绞肉还是用大肉块来制作呢？可以加番茄吗？可以加豆类吗？由于没有人能够对这些问题产生共识，所以我们并不会只讲其中的一种，而是讲两种牛肉辣酱——一种是传统的得州风味辣酱（只有牛肉和辣椒），另一种是我们从小吃到大的牛肉辣酱（有豆子和番茄的类型，包含用牛小排以及用牛绞肉制成的版本）。

无论哪种辣酱，好吃的辣酱所具备的条件是大家都有共识的：

- 它应该有种丰富复杂的味道，平衡地结合甜、苦、辣和水果味的风味。
- 它应该有强烈的鲜肉味及牛肉味。
- 如果它含有豆子，豆子应该是软嫩、细腻且完整的。
- 它应该是均匀一体的，由浓稠的深红色酱汁结合在一起。

为了实现这些目标，我决定将辣酱分解成不同的元素——辣椒、牛肉、豆子和调味料——把每样都做到尽量完美，最后把它们一起放到快乐的大锅里。

辣椒

我对大学时代吃辣酱有着不好的记忆——当时的辣酱是将一罐豆子和一罐番茄加到牛绞肉中，然后再将架子上的香料每种加入一点儿煨煮而成的。孜然放得太多了，成品具有完全不平衡的风味，有着所有干香料的粉末粗糙口感。

为了得到终极辣酱，我的第一个行动计划是排除粉状香料和预先混合的辣椒粉，直接使用原始的原料：真正的干辣椒。辣椒在阳光下或是在火上烟熏干燥（如烟熏的奇波雷辣椒），或者——更常见的是——放在有监控湿度和流动空气的房间，让它产生非常复杂的味道。就像那些熟成的肉，当辣椒适度干燥时，它会失去水分，让其美味的化合物在每个细胞中更集中。这些化合物彼此更紧密地接触，使得它们产生新鲜辣椒所没有的新的香味。

干辣椒的种类真是多得让人困惑，所以为了让我在选择时可以更容易一点儿，我决定品尝我所能找到的各式各样的辣椒，一一记录下它们的辣度和风味。我发现，它们基本分为四种不同类别：鲜甜的、辣的、有浓郁果香的和烟熏味的（见 p.248 的“干辣椒”）。

根据我的口味，前三种辣椒的组合产生了最均衡的味道（烟熏辣椒会盖过其他味道）。即使辣椒经过干燥处理，味道也会随着时间消散，所以使用新鲜干燥的辣椒很重要。它们应该有似皮革般的外表特质并且仍有弹性。如果辣椒在弯曲时裂开或断掉，那就不要再使用。干燥的辣椒应该存放在密封的容器中并远离阳光照射（我将辣椒存放在夹链密封袋里，并置于食品储藏柜中，且在购买后大约 6 个月内使用完毕）。

烘烤辣椒让它更能挥发味道。

与干香料一样，将辣椒烘干可以增强辣椒的味道（见 p.247 的“整粒香料 vs 香料粉”）。这可以达成两个目标：第一，热催化了辣椒里各化合物之间的反应，产生新的风味。第二，发生梅纳棕化反应，产生数百种味道浓烈的新化合物。

在烘烤过后，我可以按照传统的方法，简单混合辣椒并研磨成粉末，但我不是个会臣服于传统的人。相反，我发现，把辣椒放入鸡肉高汤中煮，然后把潮湿的辣椒打成泥，这些辣椒泥为我的辣酱创造了一款完全无颗粒感并有浓郁风味的基底。而最棒的是什么呢？如果一次做两三批，可以将这些酱料冻在冰块盒里长期储存，同时为我带来如使用罐装辣椒粉般的便利，还带来更好的口感与风味。

我使用辣椒泥代替粉末，以得到更好的风味和质感。

肉

除了豆子，肉是辣酱爱好者最大的争论来源。有些人（像我可爱的妻子）坚持加牛绞肉，而其他人（像我一样）喜欢加一整块的炖肉。大部分时候，我会勉强让我太太照着她的方式来做辣酱，但这也是为什么这次我下决心为自己的权利而战——或至少挑战她的辣酱信念。

在尝试了市售的牛绞肉、家里自制的牛绞肉和切成 2.5 厘米（1 英寸）见方的牛肉块、用刀或食物料理机将牛肉切成 0.3~1.3 厘米（1/8~1/2 英寸）见方的块状后，很显然，最后一种是赢家。它提供了一些近乎牛绞肉的质感，并让辣酱（和我的婚姻）不至于破碎，同时仍然提供足够大的肉块，带来美妙的口感。

有很多部位的牛肉是适合做炖肉的（见p.231的“炖牛肉”），但制作我的辣酱时，我决定使用结实的牛小排。曾经烹调过牛绞肉的人都知道，你几乎不可能让一整锅的肉都棕化。这是个简单的表面积对体积比的问题。牛绞肉具有很大的表面积，让液体和油脂得以跑出来。一旦你开始烹制，液体就开始在锅底蓄积，慢慢将肉淹没，让肉在它自己的灰棕色肉汁里炖煮着，并自我调节温度到100℃（212 ℉），这远低于让美味的棕化反应发生的温度。只有在肉汁完全蒸发后，棕化反应才会发生。悲剧是什么呢？用牛绞肉（或用切碎的牛肉）所得到的结果，不是得到又干又有颗粒感的肉，就是没有棕化的味道。

尝试让绞肉棕化是徒劳无益的事。

不过后来我有一个想法：为什么我要去尝试在将肉切碎后才让肉棕化呢？如果我所追求的是炖牛肉中的棕化，那么我什么时候让肉棕化就无关紧要了，只要它最终是经过棕化的就行。我准备了另一批牛小排，这次在热的平底锅先煎这些牛排，然后将肉从骨头上剔下，再将牛肉切成一定大小。

结果呢？我的辣酱既有碎牛肉的口感，又有浓稠的棕化风味。真是太令人雀跃了。

将整块牛肉快速棕化。

在棕化后将整块切成小块，能为你带来棕化的风味和极佳的口感。

豆子

如果你来自得克萨斯州（简称得州），那么可以参见p.256的“得州辣肉酱”。但是如果你像我一样，认为豆子如同牛肉一样，对于好吃的辣酱来说是不可或缺的，那请继续阅读下去吧。老实说，在辣酱里使用罐装豆子没有什么问题。它们烹制均匀，保持着完整的形状，并且即使与煮熟的干豆相比缺少了风味，但还有其他足够的风味可以用来补偿。但有时候，我没办法抵抗那种想要破解一些烹饪和料理科学神话的强烈欲望。所以，还是稍麻烦一点儿，用干豆子吧。

如果你曾经为一名主厨工作过，或有来

自托斯卡纳的奶奶或来自南美洲的岳母，你可能被告知“直到豆子完全煮熟前都不要在豆子里加盐，否则豆子坚韧的外皮就没法完全软化了”。事实上，在我工作的一些餐厅里，人们认为，煮得过熟的豆子实际上可以通过煮熟后再用盐来拯救它们。想想吧！

但你有多少次机会可以煮两批豆子，一份在盐水中浸泡并煮熟，另一份在清水中浸泡并煮熟？应该是从来没有。现在你也不必这么做了，我直接跟你说明测试的结果：

豆子加盐煮可以使外皮嫩滑，防止爆开。

将两批豆子都煮熟并直到完全变软，也就是煮到外皮都没有未熟时的纸张般的硬度（两批都浸泡过夜后，煮约 2 小时）。你可以清楚地看到，未加盐的豆子（如图左）吸收了太多的水分，在它们的外皮完全变软之前就爆开了，而加盐的豆子则保持得很完整。

原因是什么呢？豆子外皮里的镁离子和钙，相当于支撑物，保护外皮的细胞结构并使它们维持坚固。如果在盐水中将豆子浸泡隔夜，一些钠离子会开始和钙离子、镁离子玩抢椅子的游戏，让你的豆子外皮和内部以相同的速率软化。

真正会影响豆子烹制速率的是 pH 值。酸性环境往往会让豆子僵化——这就是为什么，用酸性糖蜜和番茄煮出来的波士顿烤豆，需要长达一整夜的炖煮以适当地将豆子软化。在盐水中浸泡豆子在一定程度上减轻了这种影响，但唯一能确保豆子在酸性环境中（例如，加了辣椒时）仍能适当地炖煮的办法，是分别软化它们，随后再将它们加到锅里。

那么，古老的不加盐浸泡豆子的神话是从哪里来的呢？可能和大多数烹饪神话来源一样吧：奶奶们、阿姨们和主厨们。不要相信神话，自己寻找答案。

香料

辣酱的标准香料孜然和芫荽（coriander）是不可或缺的，再加上几颗丁香（cloves）。它们的麻味与辣酱的辣味达到完美平衡，就像四川辣椒在“麻辣”这种中国风味组合的辣酱里扮演的角色。

我还决定给八角茴香（star anise）一个机会，就像英国主厨赫斯顿·布鲁门塔尔对待波隆那白酱（Bolognese sauce）。他发现，适度地使用八角，可以在不被人察觉到的情况下，提高肉棕化后的风味。他是对的。为了让风味最大化发挥，在香料磨碎之前，请确保香料已经完整地烘烤过（见 p.247 的“整粒香料 vs 香料粉”）。

现在我所需要的是洋葱、大蒜和牛至叶的传统组合，伴随一些新鲜的辣椒（为了额外的辣度和新鲜度）以及番茄。我将全部的材料放在一起煮，加入我煮软的豆子后再次以小火煮，调味并品尝。

那么它的味道如何呢？真是太棒了。但还不是很值得给出“最好吃的”这种标题。它还可以再变得更有肉味一点儿。现在是时候拿出我烹饪秘籍的“蝙蝠侠工具腰带”了，这武器从来没让我失望，它就是我的“鲜味炸弹”：

马麦酱、酱油和鳀鱼。

它们可以增加几乎任何料理的肉味，包括绞肉或炖肉（见 p.235 的“谷氨酸与肌苷酸——‘鲜味炸弹’”）。在我的辣椒酱汁中各加入一滴，可以将已经风味十足的牛小排的肉味推升到极致。在那个王国里，煎过的无皮牛们，悠游地跨越了牛绞肉的山丘，在牛排的田野间穿梭，停下来只为从浓稠肉汁满溢的河里啜饮一口。

我突然从幻想中清醒过来，因为我想到一样材料：酒。酒精具有比水更低的沸点，更重要的是，它可以让水在更低的温度下蒸发。你看，水分子就像小的磁铁般松散地连接在一起。当水和酒精混合时，每个单独的水分子会远离其他水分子，使其更容易逸出和蒸发。因为芳香分子具有水溶性和酒精溶性，在它们逃逸到空气中时，只有你的鼻子才能检测到。因此，蒸发越多，我的辣酱就越芳香。

我在辣酱成品中加了一小杯酒，并和没加酒的另一批辣酱进行了气味测试。毫无疑问，酒精提高了辣酱的芳香属性。在科学实验的名义下，我品尝了伏特加、苏格兰威士忌、波本威士忌和龙舌兰酒，得出了一个结论：对于辣酱而言，它们都是很好的材料。

| 专栏 | 整粒香料 vs 香料粉

你经常听到厨师和美食作家说，要使用整粒香料而不是将其磨碎，并且在使用前要先将香料烤过。但你不常听到这样做的原因是什么。为了找出答案，我做了五批“简易工作日晚间牛绞肉辣酱”（p.251），以下列方式来处理香料和辣椒：

1. 事先研磨好，直接从瓶子里拿出来；
2. 事先研磨好，加入前烤过；
3. 使用前才研磨，不烤；
4. 使用前才研磨，再烤过；
5. 使用前烤过，再研磨。

每一批用整粒香料和辣椒，使用前才研磨的辣椒酱——包括那些没有烤过的——在味道上比用事先研磨好的香料更好。在用事先研磨的香料制成的那两批辣椒酱中，使用烤过的香料的那一批，香味略微复杂。那三批用整粒香料和辣椒制成的辣椒酱，研磨前烤过的那批，味道明显优于研磨后再烤过的。为什么会这样呢?

烘烤整粒的香料能够达到两个目标：第一，它让芳香族化合物从单个细胞深处到达香料表面以及细胞之间的间隙空间。这使得香料在之后磨碎并掺入食物时更容易散发香味。

第二，它催化了一系列产生数百种香味的化学反应，大大增加了香料的复杂性。

烘烤预先研磨过的香料时，后一种反应肯定会发生，但你也会遇到一个问题：蒸发。香料中的芳香族化合物通常很容易就挥发——它们逃逸到空气中的速度像飞一样。用整粒香料时，那些芳香族化合物会像囚犯一样被困住，要逃离它们的细胞监狱不是那么容易的事。而研磨过的香料，本质上已经没有什么能控制它们，所以香味会很快就挥发。你可能已经注意到，预先研磨的香料在烤的时候会变得很香。所以请你记住这一点——如果你在烹调的时候就闻到它的香味，那么当你将食物盛上桌时，那香味就不会在你的食物里了。

这个香料研磨前烘烤的规则很少有例外。但要举个例子的话，印度咖喱和泰国咖喱是从在油脂里煸炒研磨过或打成泥的香料开始。因为香料中的大多数芳香族化合物是脂溶性的，所以它们最终会溶解在油脂中，当加入其他成分时，能均匀地调味料理中的其余部分。但对于绝大多数的其他香料而言，以及任何时候你要烘烤香料时，请确定是在研磨前烘烤。

干辣椒

干辣椒有各种味道和辣度。为了让你更容易选择，我将它们分成几个类别。理想的辣椒应该结合了其中的几种风味。

- 鲜甜的：独特的香气让人联想到甜椒和新鲜的番茄。如新墨西哥辣椒的一些品种，包括阿纳海干辣椒（dried Anaheim）、加州辣椒（California）、科罗拉多辣椒（Colorado）和乔利佐辣椒（choricero）。
- 辣的：具有压倒性的辣度。最好的像是响尾蛇辣椒（cascabel），它有一些复杂的香味，而其他如帕昆辣椒（pequin）或阿勒波辣椒（árbol），就只有辣味而没有太多其他味道。
- 有浓郁果香的：有番茄干、葡萄干、巧克力和咖啡的独特香味。一些最知名的墨西哥辣椒如安丘辣椒（ancho）、莫拉多辣椒（mulatto）和巴西拉辣椒（pasilla），就属于这一类。
- 烟熏味的：有些辣椒如奇波雷辣椒（烟熏晒干的哈雷派尼奥）因其干燥方式而呈现烟熏的味道。其他如诺拉辣椒（nora）或瓜希柳辣椒（guajillo），有一种天然的霉味、烧焦木炭烟味。

辣酱

CHILE PASTE

笔记：

在任何食谱中，辣酱都可以用来代替辣椒粉。每 1 大勺辣椒粉相当于 2 大勺辣酱。

2~ $2\frac{1}{2}$杯

安丘辣椒、巴西拉或莫拉多辣椒 6 个［约 14 克（1/2 盎司）］，去籽并切成约 2.5 厘米（1 英寸）长的段

新墨西哥红辣椒（New Mexico red）、加州辣椒或乔利佐辣椒 3 个［约 4 克（1/8 盎司）］，去籽并切成约 2.5 厘米（1 英寸）长的段

响尾蛇辣椒、阿勒波辣椒或帕昆辣椒 2 个，去籽并切成两半

自制鸡肉高汤或罐装低盐鸡肉高汤 2 杯

1. 在荷兰锅里，以中大火加热干燥的辣椒段，拌炒直到颜色稍微变暗，且具有强烈的香味，需 2~5 分钟；如果它们开始冒烟，就将火关小一点儿。加入鸡肉高汤煨煮，直到辣椒变软，需 5~8 分钟。
2. 将辣椒段和汤汁放到搅拌机里搅打，从低速开始逐渐提速至高速，并根据需要刮下侧面的残留物，直到形成完全顺滑的浓汤，约 2 分钟；如果汁液太稠而无法充分混合时，就加一点儿水，然后放凉。
3. 将辣酱放到冰块盘里，每格放 2 大勺。一旦辣酱冻成块，就取出放到夹链冷冻袋中并存放在冷冻室里，可存放长达 1 年。

最好吃的牛小排辣酱佐豆子

THE BEST SHORT-RIB CHILI WITH BEANS

配上切达奶酪碎片、酸奶油、洋葱丁、青葱、哈雷派尼奥墨西哥辣椒片、牛油果丁和切碎的芫荽，搭配玉米片或热的墨西哥薄饼（tortillas）。

笔记：

可用罐装豆子代替干燥豆子。使用 3 罐 425 克（15 盎司）的红腰豆罐头，沥干，并在步骤 5 的一开始就加进去，也可以完全不用豆子。

8~12 人份

带骨牛小排 2.3 千克（5 磅），或无骨牛小排或肩胛肉 1.4 千克（3 磅），将筋膜和多余的脂肪去掉
犹太盐和现磨黑胡椒碎各适量
植物油 2 大勺
大型黄洋葱 1 个，切丁（约 1 杯）
墨西哥辣椒 1 个或塞拉诺辣椒 2 个，切碎
中等大蒜瓣 4 粒，切碎或用刨刀磨碎（约 4 小勺）
干的牛至叶 1 大勺
辣酱 1 杯（见 p.249）或 1/2 杯辣椒粉
自制鸡肉高汤或罐装低盐鸡肉高汤 4 杯
鳀鱼肉条 4 条，用叉子的背面捣成糊状
马麦酱 1 小勺
酱油 1 大勺
番茄酱 2 大勺
孜然籽 2 大勺，烤过并研磨
芫荽籽 2 小勺，烤过并研磨
无糖可可粉 1 大勺
速溶玉米粉（如 Maseca）2~3 大勺
月桂叶 2 片
干燥的红腰豆 454 克（1 磅），在室温下于盐水中浸泡至少 8 小时，最好隔夜，然后沥干
罐装番茄 1 罐［794 克（28 盎司）］，切碎
苹果醋（cider vinegar）1/4 杯（或准备更多以提味）
威士忌、伏特加或白兰地 1/4 杯（可省略）
法兰克辣椒酱或其他辣椒酱 2 大勺
黑糖 2 大勺
装饰用配菜，依需要（见此菜标题下说明）

1. 将犹太盐和黑胡椒碎涂在牛小排的各个部位腌一下。在大号荷兰锅中，以大火加热油，直到冒烟。加入一半的牛小排煎到各面都变棕色（可能要分成三批煎，这取决于荷兰锅的大小——不要让锅里太挤），需 8~12 分钟；如果产生过多的烟或肉开始变焦，则将火关小一点儿。把牛小排放到大盘子里。剩余的牛小排重复以上的步骤，用荷兰锅里剩余的油脂煎到棕化。
2. 调至中火，加入黄洋葱丁，用木勺从锅底部刮下褐色渍，经常搅拌直到洋葱变软，但不棕化，需 6~8 分钟。加入新鲜的辣椒碎、大蒜碎和牛至叶，并搅拌直到香味溢出，约 1 分钟。加入辣酱并不断搅拌翻炒，直到材料在锅底呈现涂层的状态，需 2~4 分钟。加入鸡肉高汤，并从锅底部刮下褐色渍。加入鳀鱼、马麦酱、酱油、番茄酱、磨碎的香料、可可粉、玉米粉，并搅拌混合，用小火烹制。
3. 将烤箱架调整到中下层位置，并将烤箱预热至 107.2℃（225 ℉）。如果使用有骨的牛小排，将肉从骨头上取下并保留骨头。将所有的肉切成 0.6~1.3 厘米（1/4~1/2 英寸）见方的块（或依喜好切大或切小）。将砧板上留下来的肉汁加到荷兰锅里，然后加入切成块的牛肉，如果有骨头的话也一起加入。再加入月桂叶，盖上锅盖并放入烤箱，烤 1 小时。
4. 在烘烤的同时，将沥干的豆子放到其他锅里，加水至超过豆子约 2.5 厘米（1 英寸）高，加犹太盐调味。大火煮沸，然后调小火煨煮到豆子几乎软嫩，约 45 分钟。将水分排干。

5. 从烤箱中取出辣酱，加入番茄碎、苹果醋和豆子。将锅放回烤箱里，锅盖不要盖紧，煮到豆子和牛肉软嫩，高汤变得丰富且略浓稠，煮 1.5~2 小时；如果需要，加水，以保持豆子和肉大部分被掩盖住（有一点点露出是可以的）。
6. 使用料理夹，取出月桂叶和骨头（任何留在骨头上的肉可以削下、切碎并添加到辣酱中）。如果有威士忌，可加入，再加入法兰克辣椒酱和红糖，拌匀。用犹太盐、黑胡椒碎和醋调味。
7. 这样就可以上菜了。为了使辣酱的风味更好，可以让辣酱冷却，放在冰箱中冷藏，或存放在密封容器中，5 天之后，再加热食用。上桌时，可搭配一些装饰配菜、玉米片或墨西哥薄饼。

简易工作日晚间牛绞肉辣酱

EASY WEEKNIGHT GROUND BEEF CHILI

即使是最优秀的人也会有不愿意全力以赴的时候。所以，这里有一个制作更快的工作日辣酱的做法，使用了一些从最好吃的牛小排辣酱（见 p.249）和 30 分钟豆子汤（见 pp.186—190）中学到的技巧。我在这里使用牛绞肉，尽管会妨碍真正的棕化，但新增一些烟熏的奇波雷辣椒到组合里，则给口感增加了相似的深度、复杂度。上桌时，可搭配切碎的切达奶酪、酸奶油、切碎的洋葱、青葱、哈雷派尼奥墨西哥辣椒切片、牛油果切片或切碎的芫荽，以及玉米片或热的墨西哥薄饼。

4~6 人份

无盐黄油 4 大勺

中型洋葱 2 个，用四面刨丝器的大孔刨丝（约$1\frac{1}{2}$杯）

大个大蒜瓣 2 粒，切碎或用刨刀磨碎，约 4 小勺

干的牛至叶 1 小勺

犹太盐适量

罐装阿斗波酱腌奇波雷辣椒 2 个，切碎

鳀鱼肉条 2 条，用叉子的背面捣碎成糊状

辣酱 1/2 杯（p.249）或辣椒粉 1/4 杯

孜然粉 1 大勺

番茄酱 1/2 杯

无骨牛肩肉 907 克（2 磅），绞碎

整颗番茄的罐头 1 罐[794 克(28 盎司)]，沥干，切成 1.3 厘米（1/2 英寸）见方小块

红腰豆罐头 1 罐［425 克（15 盎司）］，沥干

自制鸡肉高汤或罐装低盐鸡肉高汤 1 杯或水

速溶玉米粉（比如 Maseca 牌）2~3 大勺

威士忌、伏特加或科涅克白兰地 2 大勺(可省略）

现磨黑胡椒碎适量

装饰用配菜（依需要）

1. 在大号荷兰锅中，以大火加热将黄油化开。加入洋葱丝、大蒜碎、牛至叶和一小撮盐，搅拌直到洋葱呈现浅金棕色，约 5 分钟。加入奇波雷辣椒、鳀鱼、辣酱和孜然粉，搅拌至香味溢出，约 1 分钟。加入番茄酱并搅拌均匀，约 1 分钟。
2. 加入牛绞肉，用木勺将牛肉分开并频繁搅拌，直到不再呈现粉红色（不要尝试将牛肉棕化），约 5 分钟。加入番茄、豆子、高汤或玉米粉，搅拌混合。煮沸后调小火煨煮，偶尔搅拌，直到香味溢出且辣酱变浓稠，约 30 分钟。
3. 如果有的话就加点威士忌。上桌时，搭配一些装饰配菜、玉米片或墨西哥薄饼即可。

素食辣酱

为什么素食辣酱会得到如此不公平的指控呢？

我的意思是，辣酱很明显就是种很有争议性的食物，特别是在那些爱辣椒的人中。豆类在辣酱里可以很美味，番茄在辣酱里的味道也很好，甚至连墨西哥绿番茄在辣酱里也好吃到惊人。那么，为什么我们不能做一份完全没有肉而味道也很好的辣酱呢？

我这辈子看到过不少还不错的素食辣酱，但由于某种原因，它们似乎都归在“不到 30 分钟”阵营。这本身并不是一件坏事——众所周知，素食辣酱的确不需要像以肉为基底的辣酱那样花时间烹调，因为蔬菜，尤其是罐头豆子，比肉要更快地变软嫩——但长时间慢煮的好处在于风味的发散。

快速辣酱食谱做出的味道不像你想象中的那样丰富及复杂。我的目标是做出一种百分之百的素食辣酱，它有着所有最好吃的辣椒该有的浓烈味、层次感以及骨胶的黏度。

第一件事：仿造肉不在我们的名单中。我想让我的素辣酱能突显蔬菜和豆类的美味，而不是尝试模仿有肉的辣酱的味道。有了这一点，我们继续做第二件事：挑选辣椒。好吃的辣酱必须用好吃的辣椒来做。这就是全部秘诀。我看过有的食谱用几汤勺的辣椒粉来配一整锅豆子和番茄，这种做法我不能认同。达到好味道的唯一方法是从自己混合整条干辣椒开始。我们已经有个很好的含肉辣酱的食谱，为什么不用在这里呢？

接下来要挑选豆子。对我来说，好吃的辣酱必须表现出独特性和多样性。你不会想要每一口吃起来味道都一样的豆子，你会想要多变而且复杂的口感。这时你必须做出一些新的选择。

许多素辣酱采取用数量来弥补的方法：**嘿，我们不能使用牛肉，所以让我们把可以想到的每种豆子和蔬菜都放进去吧**。这种方法肯定能增加口感以及风味的多样性，但也会变得有点太混乱。最好是选择几样平衡的食材，并且尽量使他们完美呈现。

腰豆在我的辣酱里是必需品。我从小吃的辣酱里就有腰豆，我也会继续享受有腰豆的辣椒酱。不过你可以自由地替换你想要的任何种类的豆子。从干豆子开始先在盐水中浸泡一整夜，用罐装豆子也没有问题。它们从来没有过熟或不熟的问题，也从来不会膨胀或破裂。在味道上可能有点平淡，但只要在非常美味的汤汁中好好地煨煮，也足以弥补这一缺陷（见 p.185“如何让豆类罐头变得美味”）。有一件很棒的事：辣酱的基底液体的 pH 值都很低（辣椒和番茄都是酸性的），而豆子和蔬菜在酸性液体中软化得非常缓慢。这意味着在豆子开始破裂之前，你可以把它放在辣酱里炖煮很长时间。

但是想要得到更多层次感的问题怎么解决呢？我尝试使用腰豆和其他更小的豆子与谷物，如鹰嘴豆、笛豆（flageolets）、大麦等，将它们混合在一起。使用食物料理机是关键。

用点动功能搅打之后，我将它们加到辣酱里，会得到很好的稠度和丰富的层次感。

素食辣酱产生丰富味道的关键有两个。一是长时间煨煮。煨煮期间，水分会蒸发，让风味浓缩，各种挥发性化合物会分解再重组，增加了味道的复杂性。二是有一个很好的谷氨酸来源，谷氨酸这种化学物质负责生产美味。有时称为鲜味。所以，又是拿出“鲜味炸弹”的时候了（见 p.235）。显而易见，鳀鱼不在考虑的范围，但一点儿马麦酱和酱油则能增添大量的丰富度。除此之外，味道的基底是相当简单的：用油稍微煸过的洋葱、大蒜、牛至叶（干的东西很适合长时间煨煮）和一些罐装阿斗波酱腌奇波雷辣椒，以增添一点儿烟熏味和辣度，补偿了棕化牛肉的短缺。另外，正如我们在“最好吃的牛小排辣酱”（见 p.249）中了解到的，有些香味可以随蒸汽挥发出来，而有些香味通过蒸发的酒精来提取会更好。我的辣椒里有很多汁液，可以随蒸汽挥发香味。上桌前在辣酱里加入几杯酒，就会蒸发酒精提取香味。我喜欢波本威士忌或威士忌，因为通常手边就有这些酒，但干邑白兰地、龙舌兰或伏特加也不错。只要确保它的酒精度在 40 度以上，而且不甜就可以了。

最重要的一点是，请完全忘记你正在做素的辣酱。辣酱的特点在于仔细挑选每种辣椒后可以得到丰富的层次感，每一口都包含着质感的对比和美妙风味，都能体会到浓稠的顺滑感。不管是用豆子、牛肉、猪肉或搅碎的牦牛心脏，只要你正确选材，精心烹制，就会得到美味。

最好吃的素食辣酱

THE BEST VEGETARIAN BEAN CHILI

配上切达奶酪碎片、酸奶油、洋葱丁、青葱、jalapeño 墨西哥辣椒切片、牛油果切片或切碎的芫荽，搭配玉米片或热的墨西哥薄饼。

6~8 人份

鹰嘴豆（chickpea）罐头 397 克（14 盎司）2 罐，连汁一起

整颗番茄的罐头 794 克（28 盎司）1 罐

辣酱 1 杯（p.249），用水制作，不用鸡肉高汤

罐装阿斗波酱腌奇波雷辣椒 2 根，切碎，加入罐头里的阿斗波酱 2 大勺

植物油 2 大勺

大型洋葱 1 个，切丁（约$1\frac{1}{2}$杯）

中型大蒜瓣 3 粒，切碎或用刨刀磨碎，约 1 大勺

孜然粉 1 大勺

干的牛至叶 2 小勺

酱油 1 大勺

马麦酱 1 小勺

红腰豆罐头 397 克（14 盎司）2 罐，沥干，保留汁液

伏特加、波本威士忌、龙舌兰或干邑白兰地 2 大勺

犹太盐适量

速溶玉米粉（如 Maseca 牌）2~3 大勺

装饰用配菜，依需要（见此菜标题下说明）

1. 将鹰嘴豆沥干，把汁储存在碗里。将鹰嘴豆放入食物料理机，以点动功能搅打（按 1 秒，约进行 3 次），直到大致切碎，置于一旁。
2. 将番茄及汁液加入鹰嘴豆中，用手将番茄捏成块状，每块约 1.3 厘米（1/2 英寸）见方。加入辣酱、奇波雷辣椒，并搅拌混合。
3. 在荷兰锅中以大火加热油，产生波纹后加入洋葱丁，频繁搅拌直到软化，但不呈现棕色，约 4 分钟。加入大蒜碎、孜然粉和牛至叶，并搅拌直到香气四溢，约 30 秒。加入酱油和马麦酱，搅拌直到香气溢出，约 30 秒。加入步骤 2 的番茄混合物并搅拌混合。
4. 加入鹰嘴豆和红腰豆。如果需要，添加一些预留的豆子汁液，刚好没过豆子。用大火煮沸后，关小火煨煮，偶尔搅拌一下，直到浓稠，约 1.5 小时；如果变得太浓稠或粘在锅底，可添加更多豆子汁液。
5. 加入伏特加并搅拌混合。以盐调味，慢慢拌入玉米粉，直到达到所需的浓稠度，即可上桌。如果想要最好的结果，先让辣酱冷却，然后放在冰箱冷藏（最长不超过一星期）。第二天加热后就可以上桌。
6. 搭配一些上面建议的装饰配菜以及玉米片或热的墨西哥薄饼。

得州辣肉酱

好吧，朋友们，就是它了！

真正的硬货。是专门为那些对我的辣酱食谱嗤之以鼻的得克萨斯州人准备的。这道食谱是真正的辣肉酱（Chili con Carne），绝对的经典得州风格。这代表什么意思呢？首先，绝对没有豆子，其次，也没有番茄。事实上，除大量的牛肉和辣椒以外，很少有其他的东西放入锅里。然而，这并不代表没有其他要讨论的东西。就让我们开始吧。

肉

原始的辣肉酱，是将干牛肉用板油（suet）与干辣椒一起捣碎成一种类似干肉饼（Pemmican）的干燥混合物，让它能够保存很长时间，以便于牛仔们在野外加水炖煮以后快速补充营养。因为我们有冰箱和新鲜的肉，所以就用它们吧。我们在这里寻找的是适合炖的肉——它拥有丰富的结缔组织、油脂以及浓郁的风味。

牛肉的软嫩程度通常会有一个区间，区间的一端所对应的部位相对无味但软嫩，另一端所对应的部位则非常美味但坚韧。对应到小公牛身上，即其生命中最少用到的肌肉到最常用到的肌肉。因此，在区间最左侧的是相对不太使用的肌肉，如里脊肉或腰内肉部位——纽约客牛排（strip steak）或T骨牛排（porterhouse）等——非常嫩但相对无味。在区间的另一端是勤劳工作的肌肉，如牛小排、小腿肉（shin）、牛尾（oxtail）和牛肩肉。牛肩肉是理想的炖肉部位，不仅风味十足，且含大量的油脂和结缔组织。

牛肉慢慢地在美味的汤汁中烹调，所有的结缔组织——主要由胶原蛋白组成——分解成丰富的动物胶，赋予炖牛肉以美味丰富的口感。

切与煎

在小时候我吃到的辣酱是用牛绞肉制成的。牛肉经绞碎，纤维缩短，肉更嫩，而且牛绞肉辣酱可以在一个小时内就备好上桌。但真正的得州辣肉酱是用大块肉制成的，需要长时间慢慢炖煮。我用几个不同尺寸的肉块来试做，最后使用了 5.1 厘米（2 英寸）见方的肉块，烹调后会收缩成 3.8 厘米（1.5 英寸）见方的大小。我喜欢在吃之前用勺子切下一大块牛肉，只是为了提醒自己，这肉已经变得如此软嫩。

至于煎，就我们所知道的，总是会有取舍。煎的过程有助于通过梅纳反应产生棕化的风味，但也会导致肉变得更硬更干。在棕化所需的高温下，肉的肌肉纤维收缩幅度很大，以至于在锅中长时间煨煮后还是会排出很多液体，肉块的边缘会变得相对干燥。我比较喜欢炖肉所带来的柔软口感。

那么，有什么解决方案呢？你可以像我在“最好吃的牛小排辣酱”（见 p.249）里那样煎大肉块，还可以只将一半的肉棕化。这样

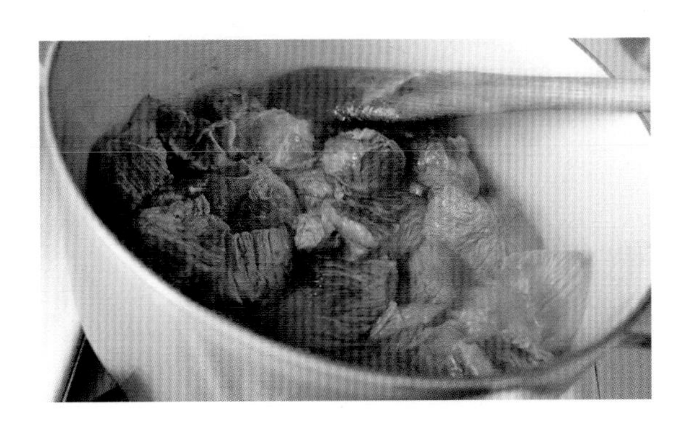

不仅有棕化风味，而且会使其余的肉仍保有很好的口感。你担心味道只集中在那些煎过的肉里吗？不会的。大多数的香味化合物是水溶性的，在烹调的时候，有很多时间让它们溶解并将味道分散到整锅辣酱中。

我们已经知道如何充分利用辣椒：

1. 使用新鲜干燥的辣椒，而不是辣椒粉。
2. 将辣椒烤完后在液体中煨煮，最后，用食物料理机搅打一下，以防止最终成品产生颗粒感。

需要的只是牛肉、辣椒和时间。我偶尔会在炖完肉的锅里煎一颗洋葱，或许再加几瓣大蒜。如果心情不错，还可以从架子上找一些香料来加入锅中：孜然、肉桂、多香果（allspice）、一点儿干牛至叶——少量就好，但都是可省略的。（得州人，请不要杀了我！）

如何炖肉？理想情况下，你会想在尽可能低的温度下（以避免引起过度的肌肉纤维收缩）软化其结缔组织。最简单的方法是使用一口非常大而且厚重的锅，其具有大量的表面积用来蒸发（这有助于限制辣酱的最高温度），并尽可能使用最小火，或将锅放进较低温［93.3~121.1℃（200~250 ℉）］的烤箱，这样能更温和且均匀地加热。

将锅盖微开以减少辣肉酱表面上的蒸汽压力，还可以限制其温度过高。使用厚重的锅盖，可以将炖煮的温度推升到 100℃（212 ℉）。盖子稍微打开，可使辣肉酱温度保持在 87.8℃（190 ℉）甚至 82.2℃（180 ℉）左右——这样比较好。即使慢慢炖煮，也可能煮过头，所以必须仔细监测辣酱的状况，肉一变软嫩，马上将其从火源上移开。炖到这种火候，通常需要 2.5~3 小时。

辣肉酱基本完成了，但我喜欢用一点儿玉米淀粉来让辣肉酱再浓稠一点儿。就像美满婚姻一样，牛肉和辣酱之间会随着时间的增加变得更好更亲密。将辣肉酱在冰箱里隔夜存放，第二天会更好吃。我保证，这是值得等待的。肉味十足？对！又辣又丰富又复杂的辣椒风味？对！这就是得州辣肉酱的全部特质。一小撮芫荽、青葱片，或许再加点奶酪粉［我喜欢柯提加（cotija），但杰克、科尔比（Colby）和切达也都不错］，都是很好的搭配。可以搭配温热的墨西哥薄饼或玉米片，也可以搭配一些好的啤酒或威士忌。而且，如果你愿意，也可以加一罐豆子。只是不要告诉任何人，这是我说的。

| 刀工 | 分切肩肉

肩肉是一块多功能又便宜的肌肉，它有很多的油脂和结缔组织。把肩肉绞碎成汉堡肉，并不是一件坏事，但没有人会想在辣酱里咬到一大块柔软的脂肪，所以如何分切这块肉是很重要的。

1

2

1. 要分切整块的肉，首先要把它分成两半（图 1）。这会让你在砧板上操作得不那么笨拙。
2. 旋转一下这块肉，直到找到它的主要接缝（这取决于你买到的是肩肉的哪个部分，它可能会有不只一个接缝）。肉块在这个缝隙处是很容易被分开的。如有需要，可以使用锋利的屠夫刀或主厨刀的刀尖来切除顽固的结缔组织。（图 2）

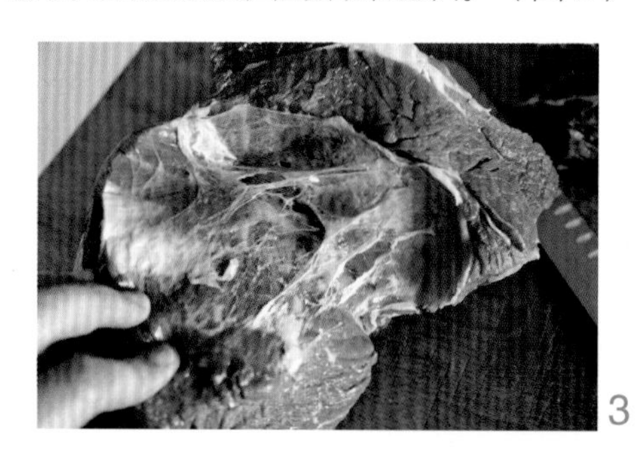
3

4

3. 一旦你将肩肉分成单个大肌肉群，所有脂肪和结缔组织就会暴露出来。使用锋利的刀来切整齐，然后根据需要将肩肉切块，并丢弃不需要的部分。（图 3、图 4）

真正的得州炖辣肉酱

REAL TEXAS CHILI CON CARNE

配上奶酪丝、酸奶油、洋葱丁、切碎的青葱、哈雷派尼奥墨西哥辣椒片、牛油果丁或切碎的芫荽，搭配玉米片或热的墨西哥薄饼。

6~8 人份

无骨牛肩肉 1.8 千克（4 磅），将软骨和多余的脂肪切除，切成 5.1 厘米（2 英寸）见方的肉块
犹太盐和现磨黑胡椒碎各适量
植物油 2 大勺
大型洋葱 1 个，切丁
中型大蒜瓣 4 粒，切碎或用刨刀磨碎（约 4 小勺）
孜然粉 1 大勺
肉桂粉 1/2 小勺（可省略）
多香果粉 1/4 小勺（可省略）
干的牛至叶 2 小勺
辣酱 1 杯（见 p.249）
自制鸡肉高汤或罐装低盐鸡肉高汤 1.9 升（2 夸脱）
速溶玉米粉 2~3 大勺
装饰用配菜，依需要（见此菜标题下说明）

1. 用盐和黑胡椒碎将一半的牛肉块腌渍。在大型荷兰锅中以大火将油加热至冒烟。加入腌过的牛肉块并煎制，不要移动它，直到牛肉块底部变成褐色，约 6 分钟。将牛肉块放到大碗中，再加入剩余的未处理过的肉，置于一旁。
2. 将荷兰锅放回炉灶上，开大火，加入洋葱丁并频繁搅拌，直到洋葱丁软化但不变成棕色，约 6 分钟。加入大蒜末、孜然粉、肉桂粉和多香果粉（如果有的话），以及牛至叶，搅拌直到香味四溢，约 1 分钟。
3. 加入牛肉块、辣酱和鸡肉高汤，搅拌混合。用大火煮沸，然后调小火煨煮，盖上锅盖并留点空隙，持续加热并偶尔搅拌，直到牛肉块完全软嫩，需 2.5~3 小时。
4. 使用盐和黑胡椒碎调味。慢慢拌入玉米粉，直到达到所需的浓稠度，即可上桌。如果想要更好的口感，那么可以先让辣酱冷却一夜，第二天加热以后上桌。另外，还可以使用一些装饰用配菜，搭配玉米片或墨西哥薄饼。

墨西哥青辣椒炖肉

我们都知道辣酱是黏稠、浓郁、辛辣、肉味十足、口味复杂且颜色红润的，它的表亲青辣酱呢？

青椒酱在墨西哥西南部诸州常见。它虽同样复杂，但它更新鲜、更有猪肉味。新墨西哥青辣椒炖猪肉最基本和最传统的版本，是将猪肉味道最浓郁的部位放到烤过的墨西哥哈齐辣椒（Hatch chile）、洋葱、大蒜、盐和一些其他配料中炖煮。焖煮猪肉到软嫩，汤汁吸收了猪肉脂肪的风味和青辣椒独有的甜味、苦味，还有烘烤到几乎发黑的烟熏味。

这种种植于新墨西哥州南部哈奇镇（Hatch）（居住人口约2000）的辣椒提供了一种复杂的味道，很少有食材可以比拟。我没有在新墨西哥州待过很长时间——我对太热的气候和捕梦网⑦都有点不感冒，而新鲜的哈齐辣椒很少传到东北部，因此我只有罐头或冷冻的辣椒可用。这两种辣椒烤起来都不是特别好，但焦炭的烟熏味却是青辣椒最重要的特质。幸运的是，我并没有很在乎它是不是真的来自新墨西哥州，我比较在意的是它好不好吃。

墨西哥青辣椒

网络上到处都有哈齐辣椒的经销商，无论你住在哪里，他们都可以用某种方式将哈齐辣椒送到你家门口。他们甚至能承诺从产地直接运送辣椒罐头或冷冻的辣椒给你。问题不在于口感或味道，而在于罐装或冷冻辣椒完全不可能在炖煮前烤到碳焦度适宜。简单而言，由于它们太湿，而且预先烤过的罐头或冷冻辣椒没有家里烤的辣椒的那种浓郁的味道，因此我只有一个选择：找到一些合适的替代品。

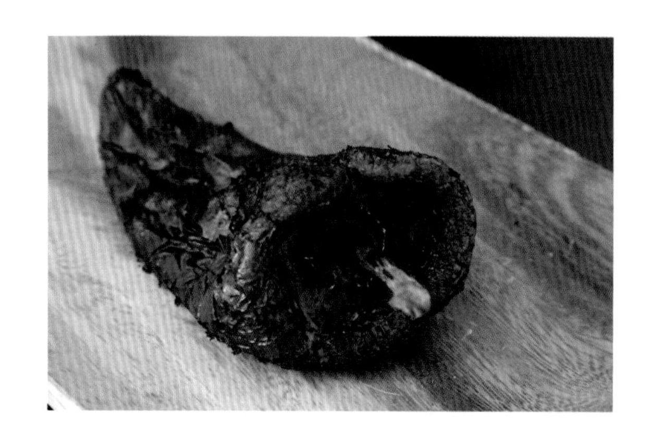

墨西哥波布拉诺辣椒（Poblano pepper）值得试试看。它很容易找到，而且有种类似泥土的味道。为了增加一些鲜明的味道和特殊的苦味，我还加了一些古巴辣椒（cubanelle pepper）和几个哈雷派尼奥墨西哥辣椒。有了它们的辣度和青草味，一切都圆满了。如果你想要全部都烟熏，可以在户外烤肉架上升火，然后在炙热的炭火余烬上烤辣椒，直到它们完全变黑。至于住在公寓里的人，可以在煤气灶的明火上烤，或者在烤箱上层用上火烤，效果也很好。这样做是为了让辣椒的外层完全碳化。随着辣椒加热，辣椒表皮下的液体会变成

⑦ 捕梦网是源于北美印第安传统文化的一种手工艺品，具有美好的象征意义。新墨西哥州是捕梦网的产地之一。——编者注

蒸汽，迫使表皮远离辣椒肉。这个小区域中的空气和水蒸气正好可以隔绝辣椒表皮和下方的辣椒肉，防止辣椒肉被烧焦。在辣椒完全变黑之后，松散的辣椒表皮会立刻滑落，留下干净且没有被烧焦的辣椒肉，充满了烟熏味。

墨西哥绿番茄

即便是在不那么狂热的辣椒爱好者之中，墨西哥绿番茄（tomatillos）也是一个争议点。虽然它和番茄属于同一个家族（完全不同于未成熟的绿色番茄），但实际上和它最相近的是鹅莓（gooseberries）。

虽然鹅莓通常更甜，不过这两者的味道非常相似——都具有柑橘类水果的酸味。墨西哥绿番茄的一大优点，是它含有的果胶的比例相当高。果胶是以糖为基底的一种凝剂，是大多数果冻的主要增稠剂。如果你使用墨西哥绿番茄，就不需要在辣椒里另外加入任何其他增稠剂（许多经典食谱会要求用面粉或其他淀粉）。另外，它给辣酱带来的酸度也是个大受欢迎的加分项。我会用烤箱上火将墨西哥绿番茄烤焦，以产生更大的烟熏香气。

像这样的食谱，每个细节都非常重要：炭化辣椒的所有表面，使得烟熏味最大化；仔细监控墨西哥绿番茄的烘烤过程，使它们炭化和软化，但同时要保留一些新鲜的酸度。有时候，追求最佳风味的过程缓慢而又需慎重，但最终成品会让你觉得一切努力都是有意义的。

猪肉

红辣椒是用来煮牛肉的，但说到墨西哥青辣椒，它的绝配却是猪肉。我尝试了将几种猪肉不同的部位与墨西哥青辣椒搭配，包括猪腰肉（sirloin）、五花肉（belly）、猪腰肉乡村风格肋排（country-style ribs）和猪肩肉（shoulder）。其中，猪肩肉和猪腰肉是最好的，它们能在整个烹饪过程中保持风味和水分。五花肉太肥。有些肋排还不错，但接近瘦腰肉的部分又太干。猪肩肉烹调之前要花比猪腰肉更多的时间准备（剔骨、去除多余的脂肪），但它更便宜，因此我书中的菜谱更多用到它。

在之前的辣椒实验中，我发现，棕化小块肉是效率非常低的方法，更好的方法是先棕化一大块肉，再把它切成小块。但对于猪肩肉来说，这有点困难——必须拆解整块肉，以便好好清理并去骨。我的解决方案是什么呢？与制作“得州炖辣肉酱”的方法相同：不是一次棕化所有的猪肉，而是先棕化一半的量；在加入洋葱和剩余的猪肉前，先让它们在炖锅中炖煮至深棕色，且有丰富的风味。棕化的猪肉足够给予成品丰富的肉味。最重要的是，未棕化的猪肉那软嫩的口感远远优于已经棕化的那些。

炉灶 vs 烤箱

接下来的问题是如何烹饪这道料理。通常，需要短时间烹饪的酱汁，我会直接在炉灶上加热，注意在烹饪的时候要时刻关注，防止酱汁烧焦。然而，对于需要烹饪 3 或 4 个小时的炖菜，烤箱有几个十分明显的优势。

在炉灶上炖食物，是从锅底部加热，如果不小心，可能会导致锅底部的食物烧焦。而烤箱是从食物四周加热，可以避免食物被烧焦。此外，瓦斯或电力的热源是恒定能量输出系统，这意味着在一定时间里，它们以一定速率向锅上方传递热量。烤箱是恒温系统。也就是说，它有一个恒温器，能控制内部的温度，只需根据你所需要的能量，便可以将温度维持在基本相同的范围内。这意味着无论你炖怎样的一大锅肉，烤箱从头到尾都会以相同的温度加热。基于这些原因，最好使用烤箱烹饪需要长时间加热的炖肉。（见 p.229 的“料理实验室指南：炖肉的烹饪指导”）

要不要盖锅盖？如果按照传统的做法，你会想要尽可能紧密地盖好锅盖，以保持水分。锅里有更多的水代表肉中含有更多的水分，对吧？可惜，这不是炖肉真正需要的方式。当你在炖肉时，有两个反作用力是你需要平衡的。

1. 胶原蛋白分解——韧性结缔组织转变为软的动物胶——会在约 60℃（140 ℉）开始缓慢地发生，并且随着温度升高而迅速加快。在 60 ℃（140 ℉）的温度下烹制的猪肩肉可能需要 2 天才能完全软化，但如果在 82.2℃（180 ℉）的温度下烹制，时间会缩短到几个小时。

图片提供 熊也·saya

2.肌肉纤维在加热时会紧缩并析出水分。从约 54.4℃（130 ℉）开始，随着温度升高，肌肉纤维变得越来越紧缩。不像胶原蛋白需要时间和热才能分解，肌肉紧缩几乎是瞬间发生的——一旦加热到 82.2℃（180 ℉），即使是一秒钟，肌肉都会像被拧干一样。

这就如同一个不可阻挡的力量遇到一个不可移动的对象，要想使胶原蛋白分解，又不会使肌肉纤维紧缩，几乎是不可能的。不过，由胶原蛋白分解产生的动物胶，对于缓解紧绷的肌肉纤维具有很大的作用。而完美炖肉的真正关键是在低温下烹调，使肉不会达到太过紧致而连动物胶都不能拯救它的程度。

现在我们都知道水会在 100℃（212 ℉）沸腾，有趣的是，即使烤箱中的温度已高达 121.1℃（250 ℉），也可以通过调整蒸发或不蒸发来影响锅内水的温度。这是因为将水转化为水蒸气的过程需要非常多的能量。将 1 克水转换成水蒸气所需的能量，是将 1 克水的温度提高 0.6℃（1 ℉）所需的能量的 500 多倍！

下面这个图表，显示了一口密闭的炖锅与一口稍微打开锅盖的炖锅在炖煮时所需的炖煮温度。

当盖子紧闭时，锅内液体的温度徘徊在沸点附近，有时甚至升高到沸点以上（来自密封锅盖的压力会让液体沸点超过常温常压下的沸点，正如同在高压锅里）。所以，盖紧锅盖肉会过度烹调，而当肉变得软嫩时，也会相对干柴。没有盖紧锅盖的锅内温度，会比盖紧锅盖的锅内温度低约 11.1℃（20 ℉），让锅里的肉维持在更接近于理想温度的水平。这样会使肉保有更多的水分，使成品更多汁、更柔软。

你不觉得这样很讨厌吗？你尽了最大努力想要酷一点儿，多写些低温慢炖猪肉的乐趣，结果一张图表偷偷完成了所有工作。图表总是这样对我，很抱歉——毕竟，这是料理实验室。尽管如此，至少现在你明白为什么你的墨西哥青辣椒炖猪肉是这么地入味、多汁和复杂。

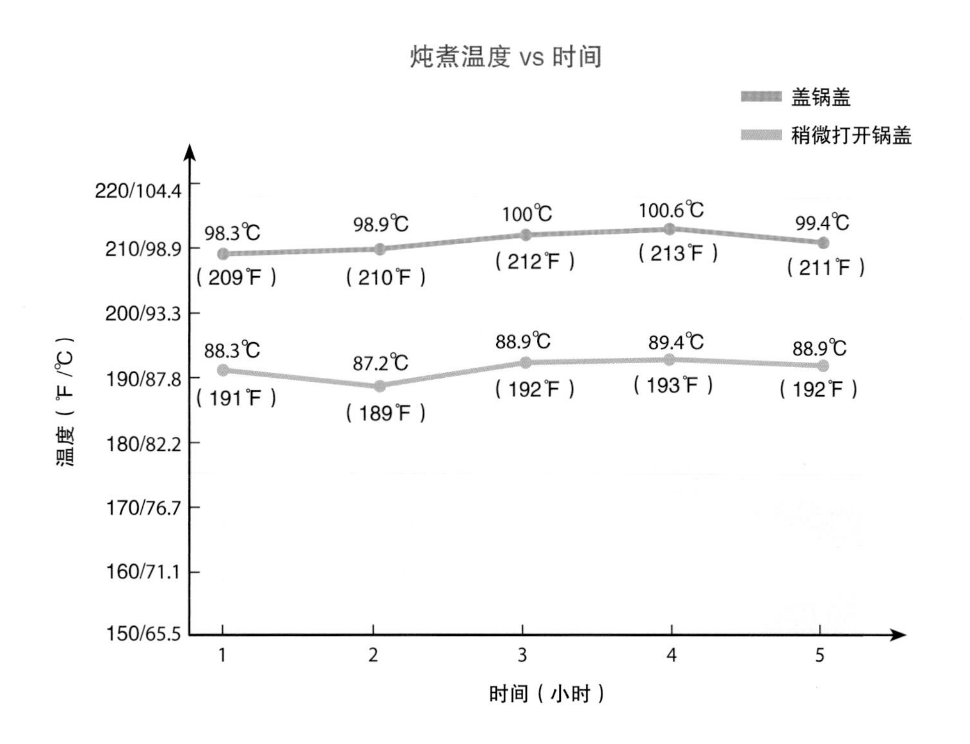

墨西哥青辣椒炖猪肉

CHILE VERDE WITH PORK

配上洋葱丁、酸奶油、奶酪丝、芫荽和青柠角，搭配热的墨西哥薄饼。

4~6 人份

无骨猪肩肉 1.4 千克（3 磅），切成 2.5 厘米（1 英寸）见方的肉块

犹太盐和黑胡椒碎各适量

墨西哥波布拉诺辣椒 5 个

古巴辣椒 5 个

墨西哥绿番茄 907 克（2 磅），去皮，洗净并擦干

大型蒜瓣 6 粒，不去皮

哈雷派尼奥墨西哥辣椒 2 个，去除枝干，纵向切成两半

植物油 3 大勺

散装新鲜芫荽 2 杯

大型洋葱 1 个，切丁（约 $1\frac{1}{2}$ 杯）

孜然粉 1 大勺

自制鸡肉高汤或罐装低盐鸡肉高汤 4 杯

装饰用配菜，依需要（见此菜标题下说明）

1. 将猪肉块放到大碗里，用 2 大勺盐涂满整块肉。在室温下放置 1 小时。
2. 将墨西哥波布拉诺辣椒和古巴辣椒直接放在炉灶上烤，偶尔翻动，直到辣椒表面全部焦化，约 10 分钟。如果没有炉灶，可以将辣椒在烤箱上火或户外烤肉架上烤。把烤好的辣椒放在碗里，用大盘子盖住，闷 5 分钟。
3. 在流水下将烤好的辣椒去皮、去籽并去蒂，再擦干，切碎，放到食物料理机中。
4. 将烤箱预热至高温。把 1 大勺植物油和 1 小勺盐放入墨西哥绿番茄、大蒜和哈雷派尼奥墨西哥辣椒里拌匀，再将混合物放到衬有锡箔纸的烤盘上烤。烤到一半时，将烤盘换边，烤到食材焦化起泡并刚好软化，约 10 分钟。将所有食材连同汁液放到食物料理机中，加入一半的芫荽，并以点动功能搅打，将混合物打到大致变成泥状但仍保留粗颗粒的状态，需 8~10 次短时间的高速搅打。以盐和黑胡椒碎调味。
5. 将烤架调整到中间位置，并将烤箱预热到 107.2℃（225 ℉）。在大型荷兰锅里，以大火加热剩余的植物油直到冒烟。加入一半的猪肉块煎，不要移动猪肉块，直到棕化，约 3 分钟。拌炒并继续烹调，偶尔搅动一下，直到每一面都充分棕化。加入剩余的猪肉块和洋葱丁，频繁地拌炒，从锅底部刮掉棕色的部分，直到洋葱丁软化，约 4 分钟。加入孜然粉，搅拌到香气四溢，约 1 分钟。
6. 加入鸡肉高汤和已经打成糊的辣椒混合物，搅拌混合，开大火煮沸，盖上锅盖放到烤箱里。不要将锅盖盖紧，留点缝隙。烹饪到猪肉块可以用叉子轻轻地插入，约 3 小时。
7. 将锅放回炉灶，滤去油脂。通过加水或煮沸调节汁液至所需的浓稠度。再拌入剩下的芫荽，并用盐调味即可。上桌时，配上一些装饰配菜以及热的墨西哥薄饼。

简易火腿豆子羽衣甘蓝炖汤

EASY HAM, BEAN, AND KALE STEW

当我发现在盐水中浸泡豆子过夜，可以产生非常好的口感后，我开始烹饪越来越多的豆子。这里介绍另一道我最喜欢的豆类料理，吃时配上已经涂有橄榄油并烤过的脆皮面包切片。

8~10 人份

干的白豆 454 克（1 磅），如大北豆、大白芸豆或塔布扁豆，室温下在盐水中浸泡至少 8 小时，最好隔夜并沥干

剩下的烟熏火腿骨、绞肉或肉 454 克（1 磅）

自制鸡肉高汤或罐装低盐鸡肉高汤或水 2.85 升（3 夸脱）

大型洋葱 1 个，切成两半

大型蒜瓣 1 粒

月桂叶 3 片

犹太盐和现磨黑胡椒碎各适量

羽衣甘蓝 1 大束，茎修整齐，散装约 1.9 升（2 夸脱）

特级初榨橄榄油适量

雪莉醋适量

1. 在荷兰锅中，将豆子、火腿、高汤、洋葱片、大蒜、月桂叶和 1 小勺盐充分混合，并在大火下煮沸。调至中小火炖煮，直到豆子完全变软，约 45 分钟。根据需要加水，让豆子全部被水淹没。关火，取出火腿置于一旁。将洋葱、大蒜和月桂叶捞出并丢弃。
2. 当火腿冷却到可以处理时，将肉切成小块并放回锅中，骨头丢掉。再将羽衣甘蓝加入锅里，偶尔搅拌，直到一些豆子彻底破裂，炖煮到汁液减少至所需的浓稠度，且羽衣甘蓝完全软嫩，约 30 分钟。
3. 豆子用盐和黑胡椒碎调味。盛到浅碗里，淋上大量特级初榨橄榄油和一点儿雪莉醋，即可上桌。

一块牛排所含大多是水分，而脂肪才是重点。

第3章

牛排、猪排、羊排、鸡、鱼

——快煮食材的料理科学

图片提供 熊也 · Saya

问题：麦当劳与纽约最贵的牛排馆有什么共同点？

答案：它们都是快餐店。

等等，什么？怎么会这样？是啊，两者都精通快速烹饪法。也就是说，两者的烹饪方法都能够很简单地将肉块加热到适合的出餐温度，同时给肉块添加一些好的棕化味道。快速烹饪法（fast-cooking）包括锅煎（pan-searing）、烧烤（grilling）、上火烤（broiling）和炒（sautéing），常常被用来处理较嫩的肉，如牛肋排、猪大排、鸡胸肉、牛排、羊排，以及汉堡肉。它们和慢煮烹饪法（slow-cooking）不同，慢煮是要足够温和地将食物加热得足够久，从而让结缔组织慢慢地分解。慢煮方法包括真正的户外烤肉（barbecuing，例如熏制）和炖。一些烹饪方法，如炉烤（roasting）、蒸（steaming）或煨煮（simmering），可以用于任何部位的肉，但你想要做什么样的料理，则决定了烹饪的温度和烹饪时间的变化。我们将在后面的章节中讲到这些慢煮的方法。

牛排馆，就像快餐店一样，都讲究速度。不像其他类型的餐馆，许多料理和它们的配菜都已经事先做好或者只需要简单组装一下，牛排馆几乎全部从原材料开始，只有在客人下单后，才会把材料放到热的烤架上或大型烤炉里烤。烧烤、锅煎、用上火烤都是最古老的烹饪方法之一，它们会激发我们的原始冲动。你们之中有多少人可以拒绝一块刚从锅里拿出来的热腾腾的肋眼牛排——有着脆而焦到好处的外皮和多汁三分熟的内里，正滴着鲜美的肉汁？来，举手看看。

我就知道。

许多人把能够在牛排馆享用一顿晚餐当作终极美好的晚间节目。它是庆祝升迁或毕业的好方式，是重新确认你在食物链中的统治地位的好方法，是一年一次的挥霍大量红酒、奶油菠菜、炸薯饼和白兰地的日子，也是你重要的另一半和你的医生都不能指手画脚的时间。当你把油腻的牛排刀敲在桌上，并把整齐的芦笋塔推入绵密的荷兰酱里时，你应该默默地告诉自己：这是我的人生，我的日子，我的肉。

但这里有个小秘密：没什么是那些牛排馆能做，但你在家里做不到的，而且你还能做得更好、更便宜。你所需要的只是一点点科学、技巧和练习。

在这一章中，我们不仅要谈论如何烤出最嫩、外皮最酥脆、内里最多汁、最能化开在你嘴里的牛肋排，来喂饱一大群饥饿的肉食动物，而且我们还会说明快速烹饪法中的"快速"部分。也就是说，牛排、猪大排、鸡胸肉，以及其他蛋白质可以在 30 分钟或更短时间内被从冰箱里端到桌上。你准备好了吗？

料理实验室指南：
牛排的烹饪指导

我烹饪过很多牛肉，从双人份的牛排到整块 11.3 千克（25 磅）的极佳级（Prime）、草饲（grass-fed）、干式熟成（dry-aged）、最后阶段谷饲（grain-finished）、大理石纹极佳的 7 根肋骨的肋排（well-marbled 7-rib rack）。那些美妙的肉块在我的公寓里留下了麝香似的酥脆牛油的甜美香味，我对再次品尝那牛肉的渴望似乎永远都无法得到满足。这对于我的工作而言，并不是件完全令人不愉快的事情。

但，等等——**Prime 等级、谷饲、大理石纹？这些术语是什么意思呢？**你哭着问。而更重要的是，为什么要在乎这些？以下是你曾经有过或者将来可能有的关于烤肉和牛排的所有问题的答案。

问：烤肉（roast）和牛排（steak）之间有什么区别？它们来自牛的不同部位吗？

最简单地说，烤肉是一大块肉——通常至少 5.1 厘米（2 英寸）厚，在烤箱中烤熟并在食用前切片。牛排是较薄的肉——5.1 厘米（2 英寸）厚或更薄，烹调后直接食用。实际上，除了大小之外，两者之间没有太大差别。烤肉和牛排都是用快速烹饪法来烹饪的。也就是说，当烹调时，意图是使肉达到特定的最终温度，然后上菜，这和慢煮烹饪法（如炖肉）是相反的，后者需要将肉在一定的温度下保持足够长的时间，才能够使肉的结缔组织分解。因此，用于烤肉和牛排的肉块，必须来自牛一开始就相对软嫩的部位。许多情况下，用于烤肉和牛排的牛肉块是重叠的。

例如，肋眼或德莫尼克牛排（Delmonico steak）基本上只是简单的单骨烤肋排（single-bone rib roast），而里脊牛排（tenderloin steak）或菲力牛排（filet mignon）就是切成一块牛排大小的烤牛里脊或烤夏多布里昂牛肉（Chateâubriand）而已。

你应该知道的四种高级牛排

问：我想买一些好的牛排。我需要知道什么？

如前所述，牛排和烤肉之间的差异基本上在于大小。任何好的烤肉都可以切成单独的牛排。虽然像后腰脊肉、牛肋腹肉（flank）和裙肉（skirt）这些比较便宜的肉块，以及像腹肉（hanger）和牡蛎（flatiron）牛排这种只有大厨才懂得欣赏的肉块，现在变得越来越受欢迎，也容易取得，但牛排馆中最好的牛排仍然是那些来自背阔肌（longissimus dorsi）和腰大肌（psoas major muscles）的肉。背阔肌是一对长而嫩的肌肉，在肋骨外沿着牛的脊柱的两侧向下延伸，一路从颈部延伸到髋关节。腰大肌是一对较短的肌肉，大约始于牛脊柱的2/3处，在肋骨的另一侧——内侧一直向下延伸到背阔肌。通常被称为“菲力牛排”或“里脊肉”的腰大肌是牛身上最嫩的肉，再加上它们的尺寸小，使它们成为最昂贵的肉块。（这就是供给与需求的关系，你懂的。）

从这两块肌肉中产生了很多不同名称的牛排。p.274的图表显示了在典型的肉铺子里，你能找到的牛肉。

问：为什么我想吃这些部位的牛排呢？

牛排的嫩度与牛排上的肌肉在牛的一生中所做的工作量成反比。所以，工作量较少的肌肉——背阔肌（通常称为“腰肉”或“牛背肉”）和腰大肌是极其软嫩的。这使它们成为牛排的理想选择（也相当昂贵）。而相对于后者，前者更具有优势，因为它包含丰富的脂肪，除了围绕在肌肉中心有一大片，更重要的是，在肌肉里面呈现网状花纹，又称为大理石纹。

问：为什么大理石纹很重要？

这主要是因为它润滑了肌肉纤维。在室温或冰箱温度下，脂肪是固体，一旦取出烹饪，它就会化开，从而在咀嚼时帮助肌肉纤维在彼此间滑动，其结果就是肉会更滑嫩多汁。大理石纹的重要，还因为红肉的大部分味道来自脂肪。事实上，研究显示，给试吃者品尝瘦牛肉和瘦羊肉，他们没有办法正确识别它们，而一旦给予试吃者含有脂肪的牛肉及羊肉，就很容易识别了。脂肪多的牛肉尝起来更有牛肉味。

牛排的分级

问：牛肉上的标签告诉我这牛肉是“极佳级”或“特选级(Choice)”，它们代表什么意思？

美国农业部将牛肉分为八类：极佳级、特选级、可选级（Select）、合格级（Standard）、商用级（Commercial）、可用级（Utility）、切块级（Cutter）和罐装级（Canner）。只有前3种你可能会在超市看到新鲜的，其余的被用于包装食品和其他产品。（如果你看到某牛排馆的广告是“100% 可用级牛肉！”，最好尖叫着快跑。）

极佳级无骨肋眼

- **极佳级牛肉**是美国农业部指定的最高级别的牛肉。它来自年轻的牛（42 个月龄以下），具有丰富的大理石纹以及结实的肉质。美国生产的牛肉中只有不到 2% 能获得这一称号，其中绝大多数被提供给牛排馆和高级饭店。如果你碰巧在肉贩那里找到一些，一定要感谢他。
- **特选级牛肉**的大理石纹少于极佳级牛肉，嫩度也更低。不过，如果烹调适宜，它仍然是很多汁美味的。对于低脂肪含量的肉块，如里脊肉或某些沙朗牛排，你可以预期特选级牛肉的品质与极佳级牛肉的几乎没有区别。这是高档超市的标准选择。
- **可选级牛肉**比极佳级或特选极的要瘦得多，但仍然柔嫩且品质高。它的主要缺点是相对来说缺乏大理石纹，所以它不会像更高级别的肉那般多汁又富有香味。
- **合格级与商用级牛肉**可以在一些超市中找到，但都标着“未分级”标签出售。它通常是普通的商店品牌会选择的牛肉，而且大理石纹非常少，也比其他等级的牛排更坚韧。避开这些肉吧！
- **可用级、切块级与罐装级**牛肉几乎不会出现在零售商店里。你可以在牛肉条、牛肉干、预先做好的汉堡肉、冷冻的墨西哥卷饼或香肠的馅料中发现它们。

问：极佳级牛肉是如此昂贵又很难被找到。真的值得去寻找它吗？

好问题。我举办了一个盲测会，拿特选级牛肉与极佳级牛肉相比较，两者经完全相同的方式和温度烹调过（哦，我以科学之名制造的可怕事情）。8 位试吃者对于极佳级牛肉有着压倒性的一致偏好，尽管特选级也相当可口。

极佳级牛肉通常每千克的价格比特选级高 25% 左右，如果你要喂饱一群人，这会是巨大的差异。在我家里，牛排之夜很少见，但我会为此存钱。

问：我一直听到的“科比牛肉”（Kobe beef）又是什么呢？

科比牛肉是一种以专业篮球运动员的名字命名的高品质又富有大理石纹的牛肉。等等，打住，倒回去。真正的科比牛肉应该称为“神户牛肉”，这是但马种（Tajima-breed）的和牛（Wagyu cow）的肉。这个品种最初是在日本兵库县的山区里犁田工作的动物。在牛肉开始在日本受到欢迎时，有人注意到这种品种的牛肉具有异常多的大理石纹和独特微妙的风味。

这些牛被小心地饲养以求这些特质最大化。结果，这些牛肉有着惊人程度的大理石纹，远远超过美国农业部评定的极佳级牛肉。

表 11　不同牛排的等级、来源、口感及烹调方法

牛排名称	柔嫩度（等级1~10）	风味（等级1~10）	别名	切割来源
肋眼 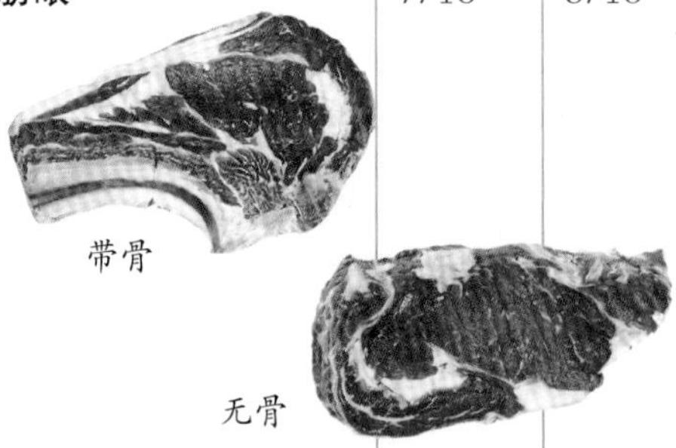 带骨 无骨	7/10	9/10	美人牛排（Beauty steak） 市集牛排（market steak） 德莫尼克牛排（Delmonico steak） 斯潘瑟牛排（Spencer steak） 苏格兰菲力（Scotch fillet） 安托克（entrecôte）	背阔肌的前端，属于牛肋排。牛排离头部越近，棘肌（spinalis）越多——这是包裹着牛排的较肥的那端的肉盖
纽约客 	8/10	7/10	纽约客牛排（New York strip） 堪萨斯城牛排（Kansas City strip） 顶级沙朗（top sirloin） 上等肋排（Prime rib）	背阔肌，属于前腰脊肉（就在肋排的后面）
里脊 	10/10	2/10	菲力（fillet） 迷你菲力（fillet mignon） 夏多布里昂（Châteaubriand），可切出中间部分作为两人份或更多人份的用餐量 图内雷多（tournedos），从里脊的最细端，也就是靠近肋骨处切出来	前腰脊肉中腰大肌的中间部分
T 骨 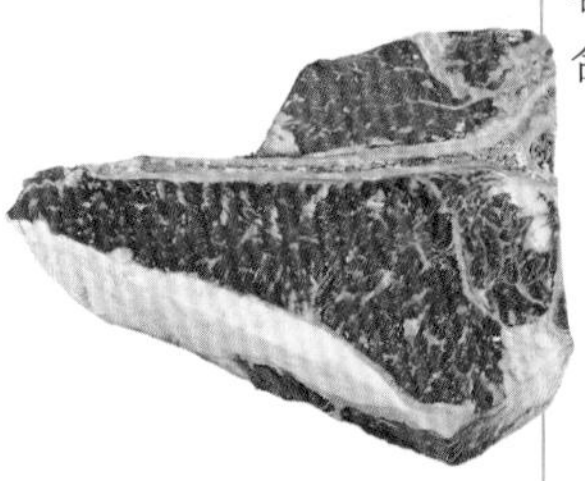	里脊肉和纽约客的组合	里脊肉和纽约客的组合	红屋牛排［Porterhouse，至少3.8厘米（1.5英寸）宽的里脊肉］	T骨主要可以分为两块牛排，一块是里脊肉，一块是纽约客，被一块T形骨隔开。普通的T骨是从前腰肉前端，正好在里脊肉开始的位置往后切出来的，所以得到的里脊牛排会很窄［1.3~3.8厘米（0.5~1.5英寸）］。而从更远一些的后端切出来的T骨，被称为“红屋牛排”的，其里脊肉的宽度至少是3.8厘米（1.5英寸）

口感	最佳烹调方式
脂肪是牛肉许多独特风味的来源，这使得肋眼成为最浓郁、最有肉味的肉块之一，将背阔肌和棘肌分开的大量脂肪形成了它丰富的大理石纹。眼肉的中心比纽约客牛排更嫩，具有更细的纹理，而棘肌部分具有更松散的纹理和更多的脂肪。许多人（包括我自己）认为棘肌绝对是牛身上适合快速烹饪的最美味的肉块	锅煎（panfrying）、烧烤、上火烤。它丰富的脂肪可能导致火焰突然变旺，因此烧烤可能会有点棘手。准备一个盖子，准备好料理夹，以防你需要迅速动作，从一团火球的深处挽救牛排。这是我最喜欢的用于锅煎的肉块
纽约客牛排质地紧密并具有一定纹理，这意味着它柔嫩适中，却仍然保留一点点嚼劲。它拥有良好的大理石纹和强烈的牛肉味，虽不像肋眼牛排那样结实，但更容易修整，而且没有大块的脂肪，这都使它成为容易烹调也容易食用的肉块。它是牛排馆的最爱	锅煎、烧烤、上火烤。它比肋眼更容易烧烤，因为较少的脂肪就意味着会较少产生火焰突然变旺的情形，肉也不容易烤焦
极度柔嫩，有着近似黄油的质地。脂肪含量非常低，因此风味也相对较淡。除非你要的是低脂肪肉块或视柔嫩度高于一切，不然最好去找其他比较便宜的肉块	锅煎或烧烤。因为它的脂肪含量太低，而脂肪的热传导比肌肉慢，里脊肉就会比其他牛排熟得快，因此更容易变干。在锅里用油煎过再用黄油浇有助于增加其浓郁度，也可以将其包在培根中烧烤（一种常见的方法）。更好的料理方式是将夏多布里昂肉块以整块进行烧烤或炉烤——更小的表面积代表更少的水分流失，然后再切成牛排。由于味道温和，它通常会被搭配以美味的酱汁或复合黄油
纽约客部分的味道就是纽约客的，里脊部分的味道就是里脊的	烧烤或上火烤。由于有不规则形状的骨头，因此要锅煎T骨牛排是非常困难的。当烹饪时，肉会收缩一点儿，因此骨头最终会比较突出，阻碍了肉与锅表面更多的接触，从而抑制棕化。你最好用烧烤或上火烤的方式烹饪。当烧烤或上火烤时，要放好牛排的位置，里脊部分必须比纽约客离火源更远一点儿，以便使牛排能够被均匀地烤制

但是即使在日本，神户牛肉（科比牛肉）也很难获得。以目前有关进口的法律法规来看，要在美国找到真正的神户牛肉也是不可能的（或至少是非法的）。你更有可能看到的是"神户式"牛肉，它们大部分来自和牛和安格斯牛杂交繁殖的本地家畜。美国本土的"神户"牛肉相比于日本的更瘦、更黑，味道也更强烈，这是它们的安格斯血统以及美式草饲谷饲的产物。高质量的美国神户式牛肉通常是市场上最贵的牛肉。

顺便一提，如果你看到有人提供"神户汉堡肉"，请不要订购。神户牛肉为人称道的是它的大理石纹、柔嫩度和微妙风味。汉堡肉已经有很多脂肪而且很嫩了，因为它们是绞过的，你也并不需要在汉堡里寻找微妙风味。这只是一个营销的花招。另外，科比·布赖恩特（Kobe Bryant）还真的是得名自这种牛肉！

颜色与大小

问：为何我买牛肉时，它有时候看起来是紫色的，有时又是深红色的？我应该选择哪一种呢？

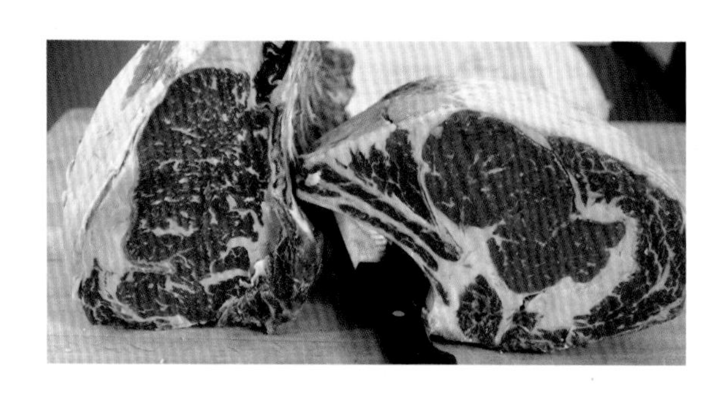

原因是这样的：这与肌肉中的一种色素——肌红蛋白（myoglobin）的转变，以及它暴露于氧气中的转化有关。刚切割后，肉呈深紫色，即肌红蛋白的颜色。然后，氧气很快便开始与肌红蛋白中的铁相互作用，将其转化为氧合肌红蛋白（oxymyoglobin），使其变成明亮的樱桃红色。你有没有注意到，当你在一个富氧环境（比如你家）中切一块一分熟的牛排时，它一开始是深色的，然后会"绽放"成红色？现在到外太空的真空中尝试做同样的事情。看到不同了吗？因此，即使鲜红色是最能体现新鲜度的颜色，其实它也和肉本身的新鲜度并没有什么关系，紫色肉也一样新鲜。你尤其可能会在真空密封包装的肉里发现这种深紫色。

最终，存在于肉中的酶将导致肌红蛋白和氧合肌红蛋白失去电子，形成一种被称为"高铁肌红蛋白"（metmyoglobin）的色素。它的颜色是脏脏的棕色、灰色或绿色。虽然不一定象征着腐败，但它的确代表牛肉已经放了一阵子了。

问：你是要告诉我，红肉的颜色不是来自血液吗？

正是这样。在超市买的牛肉含血量很低，甚至没有，因为在牛被屠宰后其血液也被立即排干了。血液中含有一种与氧合肌红蛋白非常相似的色素，被称为"血红蛋白"（hemoglobin）。因此，下次你的朋友要点一份"血淋淋的一分熟"的牛肉时，你可以纠正他，说："你的意思该不会是肌肉中的肌红蛋白尚未被分解的那种吧？"

说完之后，赶快闪人——吃血红色牛肉的人往往有情绪管理方面的问题。

标签：天然、草饲和有机

美国的关于标签的法律法规是很混乱的，而且在很多情况下毫无价值。请记住，对于绝大多数的牛肉生产者来说，标签越清楚越不符合他们的利益——消费者对于牛肉是怎么到餐桌上的，知道得越少越好。这个国家大多数的牛一生中大部分时间都是被饲养在牧场上的，放牧时它们从饮食中补充了玉米和其他谷物。它们在生命的最后几个月里几乎都是被饲养在高密度的饲养场的。在那里，它们的饲料以谷物为主（主要是玉米和大豆），这会增加我们觉得最迷人的大理石纹和脂肪。它们定期地被施以预防性抗生素，不仅是为了使它们不生病，更多是为了使它们长得更快。一般的牛在它们生命的最后几个月活得并不特别开心。

幸好，在超市你还有其他选择。以下是你可能会看到的几种标签和其含义：

- **"天然"（Natural）**基本上毫无意义。没有什么强制的机制，也没有什么规则。基本上只是生产者的荣誉称号，并没有第三方来检验。
- **"天然饲养"（Naturally Raised）**，确实有其意义。截至2009年，该标签确保了动物没有被使用生长激素和抗生素（防寄生虫的球虫抑制药除外），且从未被饲以动物副产品。它的实质的意义在于告诉人们大可放心食用这些肉，它们是没有任何抗生素残留的，牛是在干净且相对不拥挤的环境中饲养长大的，这样的环境可以防止它们需要抗生素。
- **"有机牛肉"（Organic Beef）**是由政府认证和检验的，动物必须完全被饲以有机饲料谷物，且不含抗生素与激素。它们也必须接触牧场，虽然在现实中，"牧场"可能只意味着一个大的泥土饲养场角落里的一小块草地。有机牛在人道待遇方面也受到更严格的强制执行。最近的立法规定中倒是有个好消息：牛在一年当中的120天里，至少有30%的干物质摄取量要来自牧场。
- **"草饲"（Grass-Fed）牛**，在它们生命中的某个时刻必须被用草喂养。它们不需要100%吃草料，也不需要一直吃草到被屠宰前。大多数"草饲"牛在生命的最后几个星期里会被饲以谷物，以便将它们养肥。"草"的定义本身也值得商榷：许多生产者想将嫩玉米秆也纳入"草"的范围，这实际上就弱化了这个标签的作用。

可能的话，我一般会选择大理石纹好的有机牛肉或者天然饲养牛肉。它们一般来自我熟知的几个有口碑的特定的牧场。下次你逛超市时，请先看看标签并记下生产商的名字，然后到网上查一下。你会惊讶于只是搜索一下就可以得到的讯息。

问：草饲牛肉真的比谷饲的更健康吗?

许多研究指出，的确如此。草饲对牛来说的确更健康一些，这种反刍动物的消化系统已经进化到可以消化草。再说一次，即便是最后喂谷物（grain-finished）的谷饲牛，也只有在屠宰前的几个月才是食用谷物的，因此它们几乎没有足够的时间去遭受严重的健康问题，也因此我并不认同这个观点。纽约大学营养与公共卫生教授马里恩·奈斯妥（Marion Nestle）的报告指出，草饲牛的大肠杆菌含量较低，粪便中危险细菌的含量也较低，所以需要较少的抗生素，这使得它们作为食物也更安全。这些牛也往往含有更高含量的Omega-3脂肪酸（这是健康的东西），以及更高含量的共轭亚油酸（CLAs）。

问：等等，共轭亚油酸不是一种反式脂肪酸吗？反式脂肪酸不是对身体不好吗？

的确是的。在氢化植物油（artificially hydrogenated fat）中存在的反式脂肪酸也存在于所有反刍动物（如牛、绵羊和山羊）的肉中。然而，有些人指出，牛肉中的共轭亚油酸实际上比氢化油中的人工反式脂肪酸更健康，虽然不清楚是真正的营养学家如此认为，还是牛肉委员会的人这样认为。但就如同大多数与营养相关的事情一样，现有资料似乎表明没有人真正知道到底是怎么回事。

问：我厌倦了所有这些谈论健康和营养的东西。到底味道是怎么样的呢？

一般来说，与谷饲牛肉相比，草饲牛肉的风味更浓烈，且略带野味。如果草饲牛最后是以谷饲来结束喂养的，肉同样可以柔嫩多汁。就我个人而言，我会找那些让牛在大部分时间都于牧场上放养的，并在牛生命的最后阶段给其喂以谷物的生产者。我买的牛肉大部分来自溪石农场（Creekstone Farms），这个农场为纽约最著名的肉类供应商帕特·拉夫雷达（Pat LaFrieda）提供了大量的牛肉。你最好能了解牛肉供应商，并与他谈谈你想要什么。至于要如何在风味、营养和伦理间取舍，完全取决于你。

如何选购里脊牛排

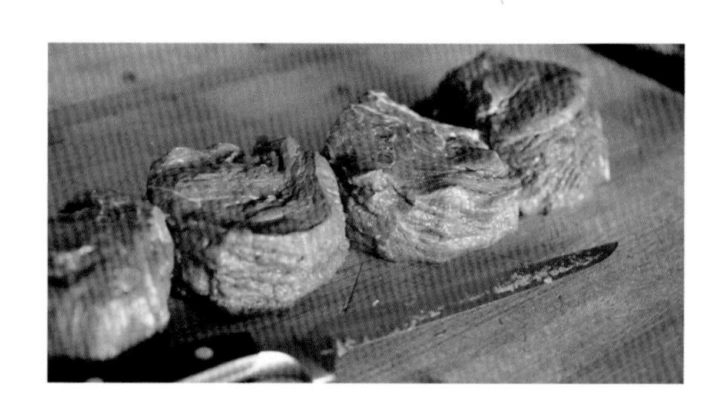

问：对里脊牛排来说，大理石纹和熟成不是考量的因素，这是真的吗？

这是真的。里脊是牛肉最瘦的部分之一，所以即使是极佳级里脊，也不会有过多的脂肪。它之所以有名是因为它的柔嫩度，而非它的风味。事实上，我在购买里脊时，根本不会去购买任何特选级以上等级的。将里脊适当熟成几乎是不可能的，原因很简单：它的周围没有足够的脂肪防止它在干式熟成时变酸或因渐渐失去水分而变干。标示为“熟成”的里脊几乎都是湿式熟成的，也就是在快尔卫真空包装袋中熟成的，这会增进柔嫩度，但不是风味。

选购里脊牛排有两种方法。你可以买已经切好的牛排，但它几乎总是太薄以至于无法正常烹调，或者，更糟糕的是，它形状不均匀且大小不一。更好的做法是请你的肉贩给你切一整块 907 克（2 磅）重的中段肉（center-cut roast），这是一种细的和粗的末端都被修整掉的里脊肉，也称为“夏多布里昂”。当你把它带回家后，你可以自己把它切成非常均匀的牛排。这些肉足够喂饱四个美国人。关于这方面的更多信息，请见 p.307 的“如何修整整块牛里脊肉”。

合理大小的锅煎牛排

当你读到 p.287 的“不合理的大块锅煎牛排”后，你会理解本节的标题的。

当今，鸡肉在超市中可能比牛肉更受欢迎（我们也会在这里提供快速烹饪鸡肉的食谱），但美国仍然是一个以吃牛肉为主的国家。有什么东西比一块拥有完美大理石纹、三分熟、中心是玫瑰粉色且多汁、外皮是深棕色且焦脆的牛肉更能击中我们最原始的食肉欲望呢？

可能也就是培根和性吧（按这样的顺序好了）。这就是我们每晚不得不在牛排馆里付大价钱的原因。但正如我在本章开头所提到的，他们在厨房里做的任何事，没有一件是你不能在家里自己做的。你只需要知道两件事：如何买一块好的牛排以及如何烹饪。

至于要怎么购买，我们已经介绍了所有基础知识。以下再扼要概述一下：

- **好的大理石纹牛肉**。如果你买传统牛肉，就寻找极佳级或至少特选级的。如果你喜欢有机的或草饲的，就寻找含有大量肌内脂肪的。
- **干净屠宰的新鲜牛肉**。如果客户面前的展示柜看起来很乱，那么你就可以想象得出牛肉在切肉室里的样子。
- **熟成牛排**。如果你能负担得起。

除非你喜欢全熟的肉，最好还是买厚切的牛排——也就是至少 3.8 厘米（1.5 英寸）厚的——这样你有足够的时间在肉的内里过熟之前煎出好的表面。买一块较大的供两人食用的厚切牛排，会比买两块较薄的供一人食用的牛排要好，因为薄的牛排会烹饪得过熟。

恭喜！现在你的厨房里有一块很棒的牛排，你已经成功了 80%。剩下的唯一要做的就是不要搞砸了。这里提供一些关于烹调牛排的常见问题及答案。

问：我应该什么时候用盐腌牛排？

在读过几本食谱书或听过几位名人主厨的课后，关于应该在何时用盐腌肉，你很可能会听到多种不同的回答。有些人声称，入锅前腌是最好的。有些人则完全不腌，而是把盐抹在锅底，再把肉放在盐的上面。也有人坚持提前几天腌。到底谁才是对的呢？

为了实验，我买了 6 块厚切带骨肋眼（我喜欢这种时候肉贩眼睛里的笑），并在下热锅煎之前，每隔 10 分钟用盐腌一块肉，也就是说最后一块牛排在抹盐后被立刻放入平底锅中，而第一块牛排是在用盐腌满 50 分钟后才被放入锅中的。所有的牛排都在室温下放足了 50 分钟，以确保当烹调开始时它们都处于相同的起始温度。结果呢？在烹饪前才腌的牛排和预先腌了 40 或 50 分钟的牛排，比那些在这之间任何一个时间点腌的牛排都要好吃得多。那些牛排到底怎么了？

这里会说明到底发生了什么：

- 在抹盐后立即下锅，盐会留存在肉的表面上而未溶解。所有的牛排肉汁仍然保留在肌肉纤维里。所以在这个阶段，煎牛排会产生一个焦脆的表面。
- 在三四分钟内，牛肉会因渗透作用开始析出液体，这些液体会在肉的表面上形成水珠。如果在这时候煎牛排，你将浪费宝贵的热能去蒸发这些液体。当肉放入锅里，锅的温度会瞬间下降，让表面焦脆和味道发展的梅纳棕化反应遭到抑制，使得焦脆现象变得不明显。

- 在 10~15 分钟时，溶解在肉汁中的盐所形成的盐水会开始破坏牛肉的肌肉结构，使其吸收力更强,然后盐水开始慢慢地回到肉里。
- 40 分钟后，大部分液体已重新被吸收到肉中，并伴有轻微程度的蒸发，这使得肉的风味更加浓郁。

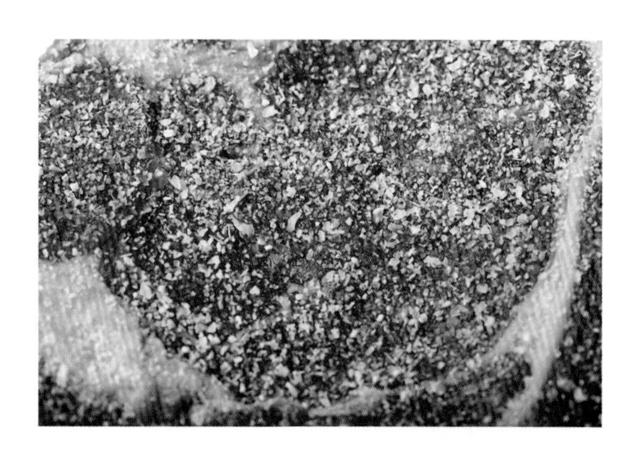

不仅如此，我还发现，液体被重新吸收以后，并不是就停下脚步了。一旦肉继续放置超过 40 分钟，盐将慢慢地越来越深地进入它的肌肉结构，不同于抹盐后马上烹饪的肉只在表面有盐味，这里的整块肉都被调味过了。

我吃过最美味的牛排，是两面都抹盐后无覆盖地在冰箱的架子上静置了一夜的。它看起来会稍微干一点儿，但仅仅是表面干——与在烹饪期间流失的水分量（多于 20%，在坚硬的焦脆边缘流失的水分甚至更多）相比，静置一夜所发生的蒸发量（约 5% 的水分损失）是可忽略不计的。而烹饪后，已经用盐腌过且静置了一夜的牛排实际上比用盐腌过后立即烹饪的牛排多了 2% 的水分，这是因为当盐破坏了肌肉结构后，牛肉增强了保水能力。

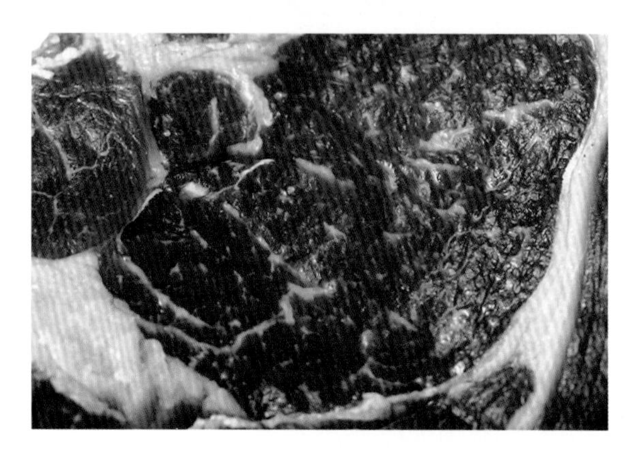

此外，在较长时间的盐腌过程中，随着盐被重新吸收到肉里，肉的颜色会变得更深。这是因为溶解的蛋白质散射光的方式不同于未溶解的完整的蛋白质。

故事的启示：如果你有足够的时间，那么可以在烹饪之前将肉用盐腌制 40 分钟以上，不超过一夜。如果你没有 40 分钟这么多时间，那就在烹饪的前一刻腌。烹饪腌制了 3~40 分钟的牛排是最糟糕的。

用盐腌制的不同阶段。

问：那如果腌制时间更长，有什么好处吗？

其实是有的。在你计划烹饪之前，先将牛排用盐腌3天，并将其无覆盖地置于架子上，再放在冰箱里有边框的烤盘里，这叫作“干腌”（dry-brining），它会以3种非常显著的方式为牛排增加风味。

首先，在腌牛排时，盐将慢慢地进入肉中，更深入地调味。其次，盐进入肉中后，会持续分解肌肉蛋白，让牛排在烹饪时保持更多的水分，从而形成更加多汁的牛排。再次，也是最重要的一点，牛排无覆盖地置于冰箱中，可以让它的外缘失去一点儿水分。这听起来像是一件坏事，但请记住，那水分不过是你在煎牛排时，将会被蒸发掉的水分。在牛排入锅之前把这些水分释放出来，意味着你可以得到更有效的棕化反应。更好的棕化等同于更好的风味，更快的棕化也等于更不会让牛排内部过熟。

问：什么是煎（searing）？它真的会“锁住肉汁”（seal in juices）吗？

从19世纪中叶开始直到最近，有许多人相信，煎一块肉——也就是将肉暴露在极高温的热源上快速加热肉的表面——可以灼烧肉表面的毛孔，从而减少水分的流失。恕我直言，这个理论是错的，而要测试它非常简单。你可以这么做：

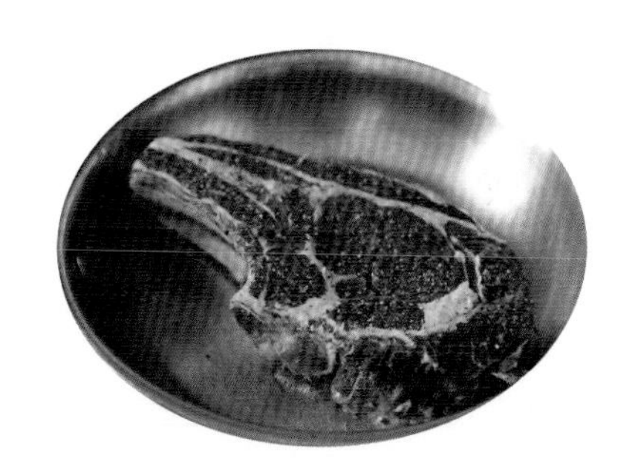

1. 取两块相同的牛排，测量它们的原始重量。
2. 先将第一块牛排放入一个非常热的煎锅中煎一下表面，再将其移至135℃（275 ℉）的烤箱中加热，直到肉的内部温度为51.7℃（125 ℉）。将牛排从烤箱中取出，静置10分钟——在此期间，肉的内部温度应该会升高到约54.4℃（130 ℉），然后下降。将这块牛排称重，并记录它所减少的重量（这就是脂肪和水分流失的量）。
3. 现在处理第二块牛排。首先将其放在烤箱中烤，直到其内部温度达到约46.1℃（115 ℉），然后将其转移到高温煎锅里煎，偶尔翻面，直到它很好地上了色，且内部温度达到51.7℃（125 ℉）。如同第一块牛排那样，将其从锅中取出后静置10分钟，称重并记录减少的重量。

这两块牛排都使用了煎和烤这两种烹调方式进行处理，且最终都加热到相同的温度，唯一的区别是操作顺序。如果“煎能锁住肉汁”的理论成立，那么先煎后烤的牛排会比先烤后煎的牛排保留更多的肉汁。然而，现实情况是两块牛排失去的肉汁的量相当接近，而且，如果你重复这个实验，那么在大多数情况下，先用烤箱烤过再用煎锅煎的牛排实际上会更多汁。

这是因为一块冷的牛排放入热的煎锅里煎到一定程度所需的时间，要比一块从烤箱里取出的温热牛排所需的更多。煎锅的超高温对于发展棕化的味道是很好的，但它也会导致肌肉蛋白质剧烈收缩并挤出肉汁。因此，如果想要更多汁的牛排，那么让牛排处于高温下的时间越少越好。

问：那为什么我们还要这么费力地去煎呢？

很简单——为了风味。煎的高温能引发被称为“梅纳反应”的一连串化学反应。我在其他地方提到过，在这里就来个快速的回顾吧。

梅纳反应以发现它的科学家路易斯－卡米尔·梅纳的姓命名，它是导致食物棕化的一连串的复杂的化学反应。人们常常将其与焦糖化混淆（“那牛排有个很棒的焦糖化的脆皮！”），但事实上，这两个反应是不同的——焦糖化是碳水化合物在加热条件下发生的，而梅纳反应是碳水化合物和蛋白质在加热条件下发生的。当煎或烤肉（肉含有碳水化合物）时，当烤面包或烤吐司（面粉含碳水化合物和蛋白质）时，当烘烤咖啡豆时，会发生梅纳反应。

虽然梅纳反应可在相对低的温度下发生，但在食物温度超过176.7℃（350 ℉）之前都十分缓慢。这就是为什么上限为100℃（212 ℉，该温度由水的沸点决定）的煮的食物永远不会棕化。然而，高温煎、油炸或烤的烹饪方式会使食物棕化。首先，碳水化合物与氨基酸（组成蛋白质的基本结构单位）反应，然后继续反应而形成数百种副产品，这些副产品又相互反应从而形成更多的副产物。到目前为止，梅纳棕化反应发生时所发生的确切反应组合尚无法被完全描述和理解。我们所知道的是，它是非常美味的。它不仅增加了食物的鲜味，也增加了生的食物或在低温下烹调的食物所不具有的复杂性和深邃的味道。

这就是为什么棕化以后牛排尝起来会更有肉味，这也是为什么对大多数人来说其表层脆皮是最美味的部分。

问：我读过，在烹饪之前先将肉置于室温下，能带来更好的成果。这是真的吗？

让我们一步步来分析这个问题。首先是内部温度。慢慢地将一块牛排加热到最终食用时的温度将有助于将其烹饪得更均匀。然而，在室温下静置几乎没有任何益处。

为了实验，我把一块425克（15盎司）的纽约客牛排从冰箱里取出来切成两半，把一半放回冰箱里，另一半放在操作台上的陶瓷板上。制作牛排的起始温度是3.3℃（38 ℉），厨房的室温为21.1℃（70 ℉）。之后，我每隔10分钟读取一次牛排中心的温度。在第一个20分钟后——许多主厨和书籍会推荐你让牛排在室温下静置的时间——牛排的中心温度上升到了4.3℃（39.8 ℉）。所以我让它再放久一点儿。30分钟，50分钟，1小时20分钟……在1小时50分钟后，牛排的中心温度达到了9.8℃（49.6 ℉）。这仍然比夏天时从水龙头里接出来的水凉，也仅比刚从冰箱里取出的牛排距离目标温度54.4℃（130 ℉，三分熟）近了13%而已。

两个小时已远远超出任何书籍或厨师建议的静置时间，所以我一起烹饪了这两块牛排。为了这个测试，我直接在烧烤架上用热煤煎牛排，直到它们有焦脆的迹象，然后将其移至阴凉处静待完成。这两块牛排不仅几乎同时达到了最终温度——我以54.4℃（130 ℉）为目标，而且被加热得同样均匀，并以相同速度形成了焦脆的表面。

长话短说，提前将牛排从冰箱里取出静置只是在浪费时间。

问：用什么油好？

现在我们准备开始烹饪了。但在把牛排丢到锅里之前，我们必须先加一些油脂。煎牛排时，油脂会起到两个作用。首先，油脂可以在肉和热金属之间提供润滑层，以防止东西粘在平底锅上。你知道加热时，肉的蛋白质与金属接触会在分子水平上跟金属形成化学键吗？适当的预热和使用油脂将有助于防止这种情况发生。其次，油脂会在牛排的整个表面上均匀地传导热量。虽然从远处看不出来，但一块肉的表面其实是非常不平整的，这些不平整在肉被加热并开始收缩和弯曲时会更严重。没有油脂的话，牛排就只有一小部分能直接与热锅接触，这样你最终会得到表面充满斑点的牛排——有一些地方几乎要烧焦而其他地方是灰的。因此，需要使用足够的油脂将热量传导到牛排不与金属直接接触的部位。

但什么才是煎牛排最好的媒介呢？黄油还是植物油？如果使用植物油，要用哪一种呢？一些人声称两者的混合物是最好的。黄油的烟点（smoke point，见 p.849“常见油的烟点”）太低——若单独使用，它会在太低的温度就开始烧焦并且变黑，以至于没办法将牛排煎出适当的焦脆度。好像用一点儿植物油来和黄油混合应该可以提高烟点。不幸的是，这个信息是假的。当我们说“黄油烧焦了”的时候，指的并不是黄油——我们说的是黄油中的乳蛋白，就是化开黄油时看到的白色斑点。当温度太高时，其实烧焦的是这些乳蛋白，相信我，它们并不在乎是在乳脂中烧焦的还是在油中烧焦的。无论通过哪种方式，反正它们就是烧焦了。

这一切都说明，煎牛排最好的媒介就是普通的油。至少开始时是的。在煎制完成之前的一两分钟将黄油加到锅中是个不错的主意。这时间足够让黄油的风味和口感[①]传递到牛排上，但又不会太长到使黄油过度烧焦，产生苦的底味。

当达到烧焦的温度时，黄油迅速变为棕色。

有些人会为了不同的烹饪材料而在手边摆了一瓶又一瓶的各种油。我将我的油品数量限制在更合理的范围内：三种。第一种是我用来调味的高品质特级初榨橄榄油，第二种是我用来油炸的花生油（见第 9 章），第三种是我用于几乎其他所有烹饪事务中的芥花籽油。芥花籽油具有相当高的烟点，使其非常适用于煎食物，但更重要的是，它具有非常中性的味道，价格也相对便宜，既没有玉米油的“玉米味”，也没有红花籽（safflower）、葡萄籽（grapeseed）和其他品种油的高价格。

问：我应该将牛排翻面几次？

谈到煎牛排就会产生一个问题，而且它与两个互相冲突的目标有关。对于大多数人来说，一块牛排的理想内部温度约为 54.4℃（130 ℉）——三分熟。在这个阶段，它是玫

① 黄油的饱和脂肪含量较丰富，这让它比植物油口感更丰富、更醇厚（关于饱和脂肪与不饱和脂肪，请见 p.845）。

瑰粉色的，且柔嫩多汁。但你也会想要一个深棕色的、焦脆的外皮，一个梅纳反应的副产品。

几年前，食品科学家哈洛德·马基在《纽约时报》上发表了一篇文章，提到了一种有趣的技术：多次翻面（multiple flips）。它违反了所有古老和传统的智慧结晶——我们都知道，煎一块牛排（或汉堡肉饼）应该只要翻一次面就行了，对吧？我的意思是，你怎么会问这种问题？好吧，我一直在想，如果有一个答案存在，很显然，这里就有一个现成的答案，那么这个问题就值得问。幸运的是，这个问题很简单地就可以用实验证明。

那些认为只要"翻一次面"的一方声称，这能让牛排"烹调得更均匀"且"会有更好的风味"。奇怪的是，支持"多次翻面"的一些人则声称，多次翻面可以得到完全相同的效果，还"缩短"了烹饪时间。所以，到底谁是对的呢？

我把几块不同的牛排的内部煎到了相同的温度——54.4℃（130 ℉）。第 1 块只翻一次面，第 2 块每分钟翻一次面，第 3 块每 30 秒翻一次面，第 4 块则每 15 秒翻一次面。有趣的是，每 30 秒翻一次面的牛排是这 4 块中最快达到所需温度的，其次是每 15 秒翻一次面的，再次是每分钟翻一次面的，最后是只翻一次面的。最快达到温度的牛排比最慢的少用了约 2 分钟。

然后，我把这些牛排当作晚餐提供给几位朋友食用，并请他们告诉我哪些有最好的表面脆皮、哪些烹调得最均匀，以及哪些最美味。从外观来看，他们很难分辨——所有牛排棕化的面积几乎是一样的。然而，一旦将牛排切开，差异就很明显了：只翻一次面的牛排，在边缘有明显的过度烹饪的痕迹，而多次翻面的牛排则煎得比较均匀。这些差别还不足以让任何人评价哪一块牛排本身特别糟糕——它们都被吃光了——但它们足以证明那些在"只翻一次面"阵营里的人并没有足够的事实依据来支持他们的主张。

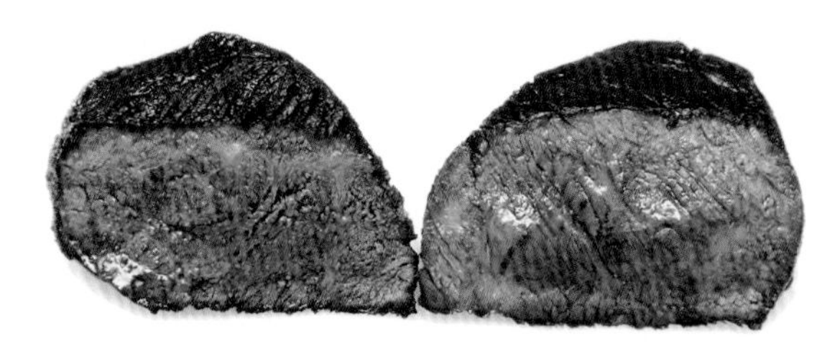

只翻一次面的牛排（左）vs 多次翻面的牛排（右）

对我来说，在较短的时间里将牛排煎得更均匀似乎是双赢的。如果使用单次翻面的方法进行煎制，当要将牛排翻面时，未煎的一面几乎没有比刚放入煎锅时更热。如果你进行多次翻面，那基本上就是近似同时加热牛排的两面了。很棒，对吧？

顺便一提，将牛排煎至所需温度，每 15 秒翻一次面比每 30 秒翻一次面要花费更多的时间，因为每 15 秒翻一次面的牛排与平底锅上方的空气接触的时间，要远多于直接接触平底锅的时间。

故事的启示：那些手腕灵活的疯狂翻面手，不要担心，你们正在做对的事情。而那些单次翻面手呢？好吧，你也可以继续，这样对你的牛排也没有任何伤害，别紧张，好吗？

问：什么是"持续加热"（carry-over cooking），而它又是如何影响我煎肉的？

我们知道煎肉时热量是从肉的表面传递到内部的，对吧？所以在一定的时间里，牛排的外层会比中心更热，而中心温度就是我们评估牛排熟度所依据的温度。一旦你把牛排从锅里取出后，来自肉的最外层的热量只有两个地方可以去：出或进。

大多数热量会随着牛排静置而消散到空气中，但有些会继续深入牛排内部。因此，在你把牛排从锅里取出或者从烤架上取下来之后，它的内部温度还会继续上升。温度上升多少由多个因素决定，但其中最重要的是牛排或烤肉的尺寸。一块薄的牛排——比方说，2.5厘米（1英寸）厚或更薄的——内部温度不会升高太多，但是一块厚的牛排——比如3.8~5.1厘米（1.5~2英寸）厚的——在静置时其内部温度可能会上升约2.8℃（5℉）。一整块烤牛肋排可以升高多达5.6℃（10℉）。

这就是为什么在你达到你想要的最终温度之前，需要先将肉从热源上移开。（见p.296“让肉静置的重要性”）

说到温度……

问：我怎么知道我的牛肉已经好了呢？

虽然温度真是个人喜好的问题，但我还是想列出一些关于温度和食用品质的实际数据。我煎了5块极佳级的纽约客牛排，内部温度从48.9~71.1℃（120~160℉），并邀请了12位试吃者来食用。下图代表每块牛排在烹饪时减少的重量（即流失的水分的量）占原总重量的百分比。

内部温度从左至右分别为48.9℃（120℉）、54.4℃（130℉）、60℃（140℉）、65.6℃（150℉）和71.1℃（160℉）。

水分流失率 vs 牛排内部温度

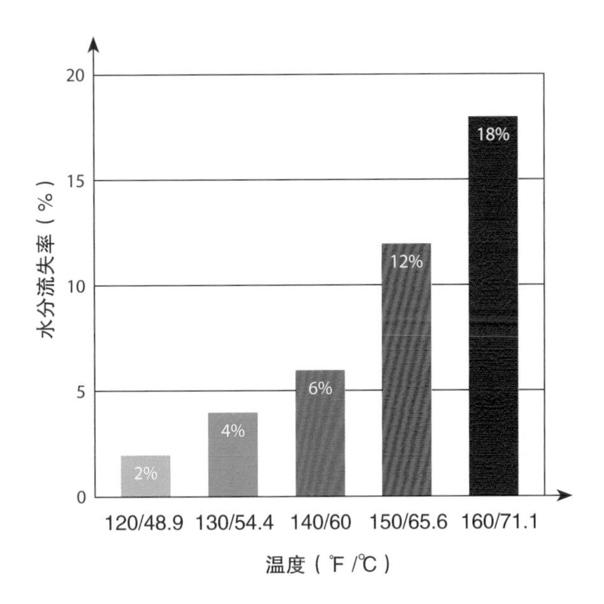

- **48.9℃（120℉，一分熟）**：肉的内部呈亮红色且光滑。在这个阶段，肉的细纤维（类似于一束充满汁液的吸管）尚未排出大量水分，因此，在理论上，这应该是最多汁的牛排。然而，由于肉的柔软性，咀嚼会使肉的细纤维彼此推挤，而非胀破并释放它们的水分，因此人们会获得滑而瘫软的口感，而不是多汁的口感。此外，肌肉内的大量脂肪还没有软化。
- **54.4℃（130℉，三分熟）**：肉已经开始变成粉红色，且肉质明显硬了一些。水分流失仍然很少，约为4%。肌肉内的脂肪已经开始化开，它不仅润滑牛肉，使牛肉尝起来多汁且柔嫩，还向舌头与上颚提供脂溶性风味化合物——这个温度下的牛肉比48.9℃（120℉）下的尝起来有更明显的“牛肉味”。在牛排盲测时，甚至自称为“生肉爱好者”的人都表示喜欢这个温度的牛排。它成为最受欢迎的选择。
- **60℃（140℉，五分熟）**：肉呈玫瑰粉红色，且摸起来感觉相当结实。水分流失超过6%，肉仍然是湿润的，但已接近干燥。这种牛肉若长时间地咀嚼，会产生过熟肉那种常见的“锯木屑”口感。但脂肪在这个阶段已充分化开，提供了大量的“牛肉味”。这是第二受欢迎的选择。

- **65.6℃（150 ℉，七分熟）：** 肉仍然是粉红色的，但已接近灰色。在这个阶段，肌肉细纤维收缩剧烈，导致水分流失比例急剧增加——达到12%。这种肉入口肯定很干，具有耐嚼、多纤维的口感。脂肪已经完全化开，开始聚集在牛排外面，并将风味带走。
- **71.1℃（160 ℉，全熟）：** 肉干燥、呈灰色且死气沉沉。水分流失率高达18%。脂肪完全化开了，曾经是牛，现在是土。

所以，就牛排的内部温度而言，我强烈建议要维持在54.4~60℃（130~140 ℉）的范围内。那些坚持要将大理石纹丰富的极佳级牛排做成一分熟的“硬核肉食动物”，你这是在帮倒忙：大理石纹丰富的肉里的脂肪如果不化开、不变得柔软，是毫无价值的。你也可以选择去吃精瘦的、特选级的或可选级的牛排。

而那些把牛排煎到全熟的人，好吧，让我这么说吧，你在我心中拥有一个特别的位置，也就是排在《星球大战》（*Star Wars*）第一集，以及在我二年级时把我的衣袖钉在桌上的那个孩子的旁边。

结论： 对于大多数人来说，内部温度在54.4~60℃（130~140 ℉）的牛排是最好的。

问：我听有些人说，永远不要将叉子戳进牛排里来将它翻面。这是真的吗？

看着尊乐烤肠（Johnsonville Brat）的广告，你就会知道用叉子戳香肠是烹饪香肠时的蠢事之一。在这里他们是对的：香肠有一层防水的肠衣，将化开的脂肪、肉汁和肉一起包在里面。刺穿肠衣，就会看到肉汁泉涌而出，就像小孩坐了很久的车后从车上跑出来的样子。但是，牛排毕竟没有这样的肠衣来保护它——所以，到底能不能拿叉子来戳牛排呢？

我煎了两块同样重量的牛排。对第一块牛排，我每次都小心地用料理夹来翻面。对第二块牛排，我使用了一支fourchette de cuisine（这是法国厨师说的那种有两个分叉的厨房叉子），任意地、无情地（虽然不是过度地）戳进牛排里，然后将它翻面。之后，我再次将两块牛排称重。结果呢？流失的重量完全相同。

将叉子戳进牛排来翻面是一个完全没有风险的动作。

用叉子戳牛排所流失的水分是可以忽略的。

事实是，牛排的水分流失只有一个原因：加热造成肌肉纤维紧缩，从而挤出了其中的液体。除非你能完全刺穿或砍断那些肌肉纤维，否则它们失去的水分是和你烹饪牛排的温度成正比的。叉子还没有锋利到足以明显地破坏肌肉纤维。你或许会看到很少量的汁液从叉孔中流出来，但那是个可以忽略不计的量。事实上，这就是为什么多齿的嫩肉器，比如杰卡德（Jaccard）牌的，能够让肉变软嫩，而又不会使它失去过量的水分——它实际上是把肌肉纤维分开，但不会切断或者切开它们。

那最被避讳的技术——古老的“切开偷看”（cut-and-peek）的方法呢？确实，用刀切开一块正在加热的牛排并直接看截面会对它产生不利影响，对吧？好吧，是，也不是。是，刀子会割断肌肉纤维，让它们包裹的东西流出，但水分流失的量非常小。不过，“切开偷看”太多次，会有将牛排切碎的风险。事实上，一两次的“切开偷看”也并不会对最终成品产生可以察觉的影响。

不过使用“切开偷看”的方法有个更大的问题：它并不准确。因为汁液会从高温的肉中被快速挤出，所以当你切入一块在加热中的牛排（比如仍然躺在锅里的牛排）的中心时，它看起来会比实际上还要生。如果你持续加热牛排，并使用“切开偷看”的方法来判断它是否达到了你需要的熟度，你在实际吃的时候就会发现它其实已经过熟了。请记住，厚的牛排即使从锅里取出了，温度也还是会继续上升的。

这代表什么呢？这代表，如果手边还没有快显温度计，那么你应该出门去买个好的！

不合理的大块锅煎牛排

烹饪真正大块的牛排，如3.8厘米（1.5英寸）厚或更厚的，你会遇到另一个问题：通过煎锅，几乎不可能把它们加热到中心熟透而外层没有烧焦的程度。传统的餐厅厨房技术是首先在热的煎锅里煎牛排，然后把它们放进烤箱，烤到它们的中心都熟透为止。这种方法是有用的，但是有更好的做法。其实，这个先煎后烤的方法是为餐厅厨房设计的，在那里，秩序和便利是厨师的迫切目标。一旦有牛排的订单进入，最简单的行动方式是先煎牛排，然后把它丢进烤箱里，直到烤好前都不用管它，烤的过程中你可以专注于其他的事情，比如说，给12号桌点的那半打鸡肉摆盘。在家里，我们没有这样的紧迫性——我们有更多时间计划，有更多时间执行。

事实上，煎制一块厚牛排更好的方式是在一口热锅中开始加热，然后把火调小。你要计时，这样当牛排中心达到所需的最终温度时，其外皮可以达到最佳的棕化程度。那该如何使用中火来做到棕化呢？首先，使用一些黄油。黄油中的乳蛋白很自然会棕化，这让牛排有了一个好的开始。其次，将油脂浇在牛排上。在烹饪时，用勺子把热的油脂舀到肉上，可以让牛排的两面都得到黄油的棕化效果，同时可以缩短烹饪时间。更多有关“浇黄油锅煎厚切牛排”的说明，请参阅p.302的食谱。

或者，你可以更激进一点儿，试试我的技巧——在啤酒冰桶（beer cooler）里烹饪牛排。（等等，什么？——翻到p.379，你就会看到了。）

干式熟成牛肉

有时候，我会收到来自读者的电子邮件，写着一些类似的话："你在文章 X 中提到了一件事，然后几年后在文章 Y 中，你说的却几乎完全相反。这是怎么回事？你不相信科学了吗？科学不就是以事实为依据的吗？"

只有一种科学不允许矛盾：不好的那种。科学，顾名思义，需要开放地考虑和接受矛盾的证据，并重新定义"事实"。

见鬼了，如果不允许通过进一步的实验建立新的理论或推翻旧结论，那么我们仍然会相信那些疯狂的事情，例如自然发生说、静态宇宙，甚至是煎肉可以锁住肉汁等。那，然后我们该怎么办？

我之所以提起这件事，是因为我曾经费尽周折来测试，并精确地解释了为什么你不能在家里干式熟成肉——没有办法，一点儿都没有。但现在我要向你说明，你在家到底可以怎么干式熟成肉，而它又是如何相对简单，如何可以大大提升你的牛排和烤肉的食用品质，让它们可以胜过你在最好的超市里买到的任何顶级肉品的。

现在，在你召唤国家科学委员会（the National Committee of Good Science）并请他们来没收我的计算器（我的意思是我的头）之前，让我解释一下，我仍然会百分之百地坚持我之前所写过的东西：如果你从单片的牛排开始熟成，那么在家里干式熟成是不可行的。我曾尝试在家里干式熟成牛排，盲测的结果显示，从熟成的第一天到第七天，牛排的食用品质完全没有什么进步。

但我们都知道，专业人士是不会干式熟成单片牛排的，对吧？他们是从整块的肉——原封不动地保留了骨头和脂肪层的大块肉开始的，让它们在不被覆盖的情况下，在温度、湿度和气流都受到控制的房间里进行熟成，使它们能够熟成几个星期或几个月都不会腐烂。问题是，我们如何自己在家里做这件事？

为了得到答案，我用了约36.3千克（80磅）的极佳级的带骨且脂肪完整的牛肋排。在两个月左右的时间里，我用了一堆不同的方法对它们进行熟成，以确定什么是有效的、什么不是，而什么又是重要的。以下是我的发现。

熟成的目的

问：熟成是如何运作的？

好问题！首先，简单介绍一下为什么你可能想要将肉熟成。当把肉进行干式熟成时，传统的观点指出了三个具体目标，它们都有助于改善肉的风味或口感。

水分流失是一个主要因素。一块干式熟成的肉可以通过水分流失失去30%的初始质量，这会使它的风味浓缩。至少理论上是这样。但真的是这样的吗？（暗示：戏剧性的预兆音乐响起。）

嫩化（Tenderization）发生于天然存在于肉中的酶开始分解一些更坚韧的肌肉纤维和结缔组织时。一块完美熟成的牛排应该明显比一块新鲜的牛排更柔嫩。但真的是这样吗？

风味变化（Flavor change）是由许多变化过程引起的，包括酶和细菌的作用，伴随着脂肪和其他类脂肪分子的氧化。正确干式熟成的肉会发出浓烈的牛肉味、坚果味和类似奶酪的芳香味道。

问：但是熟成的肉真的比新鲜的肉好吗？

这要视情况而定。我组织了一个品尝评审小组，来评判不同程度的熟成的肉，并将它们从整体表现（overall preference）、柔嫩度（tenderness）与特殊气味（funkiness）三个方面来评分、排名。几乎每位尝过熟成几个星期的肉的人——这段时间肉已经发生了一定程度的软化，但浓烈的特殊气味还没有产生——都喜欢熟成的肉胜过完全新鲜的肉。

但是，人们对熟成更长时间的肉的态度是多样的。许多人喜欢熟成30~45天的肉，这些肉有着更复杂的且类似奶酪的风味。有些人甚至喜欢熟成45~60天的肉产生的特殊气味。喜欢不同的熟成天数的肉显示的是个人品味的问题。我个人喜欢熟成60天的肉，超过这个天数的，对我来说味道有点太强烈了。

问：好吧，我被说服了。但是在可以在网上或从肉贩那里订购的情况下，我为什么还要自己在家里做呢？

两个原因：第一，吹牛的权利。这样的晚餐聚会会有多棒啊：你可以对你的朋友说“这块牛肉，是我自己将它熟成了8个星期呢”。

第二，可以节省你的钱，而且是很多钱。熟成肉需要时间和空间，而时间和空间需要花钱。这个成本需要转嫁给消费者。完好熟成的肉比等量的新鲜肉贵了50%~100%。在家里，只要你愿意放弃你的冰箱一角，或者你有一台空闲的小冰箱，那么自己熟成的额外成本是很少的。

你可能听说过，除了所需的时间和空间之外，熟成肉的大部分成本都来自浪费掉的肉量——也就是说，变得太干的肉需要被切掉。然而，这并不像你想象的那么重要，我们很快就会知道为什么了。

选择要熟成的肉

问：我应该买什么肉来熟成？

为了将肉适当地熟成，你需要一大块肉，并且采用快速烹饪的方法。这使得标准的牛排馆肉块——纽约客牛排、肋排和红屋牛排——成为熟成的最理想肉块。（见 p.272，有更多你应该知道的关于四种高级牛排的信息。）最容易找到的整块的（和我个人最喜欢的）牛肉是肋排。

问：为了恰当地熟成，我所需的肉的最小尺寸是多大？我可以将单片牛排熟成吗？

不行，你不能将单片牛排熟成。你可以把牛排包在薄棉布或厨房纸巾里放在架子上，再置于冰箱里约一星期，但在这段时间里，它们并不会有任何可察觉的口感或风味的变化发生。若尝试让它们熟成更长的时间，那么（假设它们还未开始腐烂）肉就会变得太干以至于无法食用。在切掉干掉和略微发霉（这对干式熟成肉来说再正常不过了）的小块部分之后，留下的是一块大约半厘米厚的肉，你不可能把它烹饪到任何全熟以下的程度，以至于你的有效收益就是个大写的零。

简单的事实是，为了干式熟成，你需要大块的肉，并且需要让它们暴露在空气里。

问：在所有这些大块肉中，我该怎么挑选？

肋排有几种不同的形式，每种都有自己的数字称号。

- 103 是最完好无缺的。它是整个的肋排部分（附有牛的第 6~12 根肋骨），包括相当大部分的牛小排和完整的脊椎骨，以及大片的脂肪和肉 [称为升肉（lifter meat），请不要与令人垂涎的背棘肌混淆] 覆盖着有肉的那一面。可惜即使你向肉贩要求，也不太可能找到这块肉。
- 107 会被稍微修整过，牛小排被切短了，有一些（但不是所有）脊椎骨被锯掉，外部软骨也被去除。这通常是卖给零售肉贩和超市的肋排，在那里它们可以被进一步分割得更细。
- 109A 被认定为可供炉烤和直接使用的。脊椎骨几乎全部被锯除，上面的升肉也被去除了。然后脂肪帽（fat cap）则会归位。
- 109 Export 除了没有脂肪帽以外，基本上与 109A 相同。这是你会在圣诞节餐桌，或者高级酒店自助餐上看到的肉。这个部位的肉在外部有最低程度的保护。

我将一块 107、一块 109A 和一块 109 Export 放在一个迷你冰箱里进行熟成，温度设置在 4.4℃（40 ℉），我还在里面放了一个小电风扇让空气流通（我不得不在门周围的密封条中钻出一个小缺口，让风扇的电线可以通过），模拟出一个小规模的干式熟成空间。我没有尝试调节湿度，湿度在 30% 和 80% 之间游走（开始时较高，随着熟成的进行而降低）。

我发现肉的外层保护越多，最终效果就越好。为什么外层保护在肉熟成时很重要呢？因为当你将肉熟成到足以发生一点儿变化的时间时，肉的外层会完全干掉以至于必须切掉。对“好”肉保护得越少，不得不丢到垃圾桶里的部分就越多。

你将109A或另一种脂肪帽完好无缺的肉块熟成，你的产量基本上将相当于一块普通的烤肉。如果你将你的整块牛肋排想象成一根长圆柱，你最终唯一会失去的是位于它两端的肉，而脂肪帽和骨头将能够保护它侧面的肉。

在干式熟成期间，是什么使得风味产生变化？

问：所以熟成的肉不会真的失去很多水分。但等一下，我不是读到过熟成牛排可能失去高达30%的重量吗？这是熟成牛排之所以这么贵的原因之一吗？

不要全部相信你读到的。这30%的数字往好里说是骗人的，往坏里说则是彻头彻尾的谎言。是的，如果你将未修整、带骨且脂肪帽完整的整块牛肋排进行熟成，它会在第21~30天的时间内损失约30%的重量。但“他们”没有告诉你的是，这些重量几乎都是从外层失去的，而那部分肉不管熟成不熟成，都会被切掉。

你不觉得有点奇怪吗？为什么肉贩陈列柜上的熟成的肋眼牛排并不比新鲜的小30%？又或者，熟成的带骨牛排的肉为什么不会收缩并从骨头上分离呢？（我的意思是，骨头不会缩小的，不是吗？）

事实是，除了需要切掉的两个截面之外，一块熟成好的牛肋排与新鲜的相比可以吃的部分几乎是相同的。

问：好吧，就算我现在被说服了。而这是否表示，熟成牛排因为脱水而使得“肉的风味浓缩了”的整个说法也是错的？

恐怕是这样的。从理论上来说，那是一个好的想法，但事实并不是如此。首先，从简单的目测开始：从熟成牛肉块与新鲜牛肉块上切下的牛排，尺寸大致相同。

接下来，我测量了不同程度熟成的牛肉的密度，并比对了完全新鲜的牛肉的密度。为了做到这一点，我从不同熟成程度的肋眼中心切割出相同重量的肉块，确保避开了任何大片的脂肪。然后我将每一块肉浸入水中，测量其排水量。我发现，熟成21天的肉排出的水量比完全新鲜的肉排出的少4%——其密度略有增加，但不多。熟成长达60天的肉排出的水量比完全新鲜的肉排出的减少了5%——这表示绝大多数的水分流失发生在熟成的前三个星期。

此外，一旦把肉拿去加热，这些密度差异就会完全消失。也就是说，肉的熟成时间越短，排出的水分越多。为什么会这样呢？熟成的副作用之一是肉的蛋白质和结缔组织的分解。这会让肉变得更嫩，也使其在烹饪时收缩较少。较少的收缩就等于较少的水分流失。

结果在大多数的情况下，百分之百新鲜的肉最终会比熟成的肉失去更多的水分。

最后，这个简单的味觉测试是致命的：熟成21天（肉的内部密度发生最大变化的时期）的肉在风味方面与新鲜的肉没有明显的区别，提升的只有口感。只有熟成到30~60天，肉才会有明显的风味变化，但在该期间，肉的内部密度基本上没有变化。因此，水分流失和风味变化无关。

问：为什么熟成的肉在最初几个星期后就会停止流失水分？

这是一个与渗透性有关的问题。当肉失去水分时，其肌肉纤维会变得越来越紧密，使得表层之下的水分越来越难以流失。在最初几个星期之后，外层的肉会变得非常紧密和坚韧，以至于几乎不可能再造成水分流失。

问：如果不是水分流失，那么是什么因素影响了熟成牛肉的风味？

有几个因素：首先，是酶将肌肉蛋白分解成更短的碎片，使它们的味道变得非常诱人。但是，这种反应对风味的影响没有脂肪暴露于空气中时所产生的变化重要——是脂肪的氧化和肉表面的细菌作用，导致了最强烈的风味变化，即你在已经熟成超过 30 天的肉里得到的特殊气味。

这种特殊气味集中在肉最表面的部分——它们大部分会被切掉，因此，如果你想充分保留你熟成的肉的味道，留着骨头一起上桌是很重要的（不是脂肪帽，它应该被完全去除并丢弃）。骨头的外层将保留大量氧化的脂肪和有特殊气味的肉。肉的这种香味会在食用时触动你的嗅觉，改变你的用餐体验。熟成牛排爱好者也十分赞赏棘肌——肋眼的外层保护（outer cap）——因为它那更浓郁、更高度熟成的味道。

熟成设备

问：我要在家里将牛排熟成，需要什么样的设备呢？它相对比较简单吗？

它非常简单，实际上熟成不需要特殊的设备。你只需要下列这些东西：

- **冰箱空间**。最好是使用一台专用的迷你冰箱，以便肉的气味不会渗入其他食物。它的气味可能有点……强烈。我用办公桌旁的小冰箱测试熟成肉时，只要打开冰箱偷看哪怕是一眼，整个办公室就会充满熟成肉的香气。同样地，熟成肉也会从你的冰箱里吸取气味，因此，除非你的冰箱没有任何异味，否则最好是用迷你冰箱。
- **一台风扇**。为了加速肉表面的干燥并使肉熟成得均匀，你会想要在冰箱里架上一台风扇，以保持空气流通。这与对流烤箱的运作方式大致相同，会促使冷却和湿度更加均匀。我使用了一台薄的电脑风扇，是在网上订购的，约 30 美元。
- **一个架子**。肉必须放在架子上。我曾试着把肉放在冰箱隔板以及盘子上进行熟成。这真是个馊主意。肉与盘子或冰箱隔板接触的部分没有适当地脱水，最后腐烂了。在网架上或直接在冰箱架子上熟成，然后再放一个带边框的烤盘在下面接水是较好的做法。
- **时间**。要有耐心，小朋友。②因为你的耐心，你会得到梦想中的牛排作为奖励。

问：那湿度怎么办？我听说需要保持一定的湿度（高、中、低或无），应该要保持在什么程度？我又该如何去控制它？

我是在相对湿度保持在 30%~80% 的冰箱中将肉熟成的，因为冰箱里的湿度不受控制，浮动很大。你猜怎么着？它们还是产出了优秀

② 原文是 Patience，little grasshopper，20 世纪 70 年代美国的电视剧《功夫》（*Kung Fu*）中的台词。——校注

的熟成牛肉。

这是可以解释的。如前所述，在最初几个星期之后，牛肉的外层会变得不易渗透水分。所以，环境是潮湿还是干燥真的不会造成多大的差异，因为肉的内部是受保护的。这对在家干式熟成的人来说是个好消息！

时机

问：好吧，我几乎被说服了。那我的肉应该熟成多长时间？

我让试吃者品尝了熟成不同时间的牛排。为了确保所有牛排都能有公平的排名，并将实际烹饪的差异最小化，我把它们放在真空低温水浴机里烹饪到约52.8℃（127 ℉），然后用铸铁锅和喷枪来完成烹饪。接下来对牛排进行盲测。最后的结果主要是个人喜好的问题，但这里可以提供一个关于到底60天的熟成过程中发生了什么事的粗略的说明：

- **14天或更少：**没有多少意义。风味没有变化，也几乎无法察觉到柔嫩度的变化。很少有人喜欢这种牛排。
- **14~28天：**牛排明显更柔嫩，特别接近同种类里的高端肉。风味仍然没有很大的变化。这是大多数高级牛排馆中牛排熟成的天数。
- **28~45天：**一些真正的特殊气味开始出现。在第45天，有明显的蓝纹或切达奶酪风味，且肉是相当湿润多汁的。大多数试吃者都喜欢45天熟成牛排。
- **45~60天：**极强烈的味道出现。少数试吃者喜欢熟成这么长时间的肉的浓郁风味，尽管有些人在咬了一两口之后就发现它有点太难驾驭。很少有餐厅供应这种熟成程度的牛排。

问：湿式熟成又是什么？它有用吗？

湿式熟成很简单：把牛肉放进一个快尔卫密封袋里，再放在冰箱架子上几个星期（或者更有可能，它在一辆冷藏卡车里被运到全国各地）。然后告诉你的客户它是熟成的，再卖个高价。

问题是湿式熟成一点儿也不像干式熟成。首先，湿式熟成没有脂肪氧化，这代表肉不会产生特殊气味。只有极少量的风味变化会通过酶的反应发生，但这些，当然是极少的。此外，湿式熟成阻止了多余血水和肉汁的排出。试吃者通常将湿式熟成的肉描述为吃起来有“酸味”或“血”的味道。

湿式熟成可以产生与干式熟成相同的软嫩肉质和多汁效果，但也只限于此。在现实中，湿式熟成是懒惰和只想赚钱的产物之一。经销商把牛肉放进快尔卫密封袋里，等上几个星期再打开，就得到“熟成牛肉”了。当你在买“熟成”肉时，请务必问它是干式的还是湿式的熟成肉。如果肉贩不知道答案或不愿告知，那最好就假设是最糟糕的那种情况吧。

湿式熟成的另一个缺点，是它没办法像干式熟成那样想要熟成多久就多久。考虑到湿式熟成的肉块受到外部环境的保护，这似乎违反直觉。但只要有一点点厌氧菌进入袋子里，肉就会在袋子里开始腐烂，而在你打开袋子看到之前，都不会有任何迹象表明袋子里面发生了什么事。

| 专栏 | 如何熟成牛排

好吧，请给我长话短说的机会。

- **步骤 1**：买一整块牛肋排，确保它是带骨的，最好仍然连着脊椎骨，而且脂肪帽完好无损。如果你是在肉店里购买，那么请肉贩不要切。好的肉贩不会向你收取全价，因为他们已经通过卖给你额外的脂肪和骨头赚钱了。
- **步骤 2**：将肉放在冰箱的架子上，最好是一台专用的迷你冰箱，把一台台式风扇或者小的机箱风扇塞进冰箱里并设置成低速（在冰箱门的密封条上钻一个缺口让电线通过）。将温度设置在 2.2~4.4℃（36~40 ℉）。
- **步骤 3**：等待。等待 4~8 周，偶尔将肉翻动一下，促进其均匀熟成。它会开始散发出味道。这是正常的。
- **步骤 4**：修整。有关这个过程的步骤指南，请见 p.295 的“修整熟成牛肉”。

| 刀工 | 修整熟成牛肉

1. 将脂肪帽去掉

削去外层的脂肪帽。由于它在屠宰过程中已经被去除过一次，因此这应该是一道相当简单的程序。

2. 开始切

切掉外层脂肪层。我们的目标是切掉的肉尽可能少，所以应薄薄地削，逐渐深入，一旦肉和脂肪看起来是新鲜的就停止。如果肉有点滑，可以用干净的厨房毛巾来固定。

3. 差不多了

持续切掉表层，直到只有干净的白色脂肪和红色的肉展露出来。接着把截面干掉的部分切掉。你可能需要花点时间才能从骨头上把肉切下来，这取决于牛是如何被屠宰的。

4. 可以烤了

可以烤肉了。如果要再切成单片牛排来烹饪，请继续读下去。

5. 牛排

小心地从骨头之间切下肉。唯一困难的是围绕着脊椎骨的部分——你需要先修整一下它的周围，然后将它切下并丢弃。最终你会得到约两人份的厚牛排。

| 专栏 | 让肉静置的重要性

- **史前人类的思考过程：**生大火。在大火上烹饪大块牛排。徒手撕下牛排，咬下去，让鲜美的肉汁顺着下巴流下。对着月亮号叫并追逐猛犸。
- **现代人类的思考过程：**生大火。在大火上烹饪大块牛排。徒手撕下牛排，让牛排在温暖的地方静置 10 分钟。咬下去，让鲜美的肉汁顺着喉咙流下。与文明的朋友讨论伍迪·艾伦（Woody Allen）最新的电影，暗自希望可以对着月亮号叫并追逐猛犸。

如果有那么一个烹饪错误，是普通人更经常犯的，那就是在上菜前没有适当地让肉静置。“你的意思是说，我必须等一等才能大口吃那块烤得完美的肋眼牛排吗？”不幸的是，的确是这样。

原因如下。

这是一块牛排的图片，这道牛排在煎锅里煎到了约三分熟——内部温度约为 51.7℃（125 ℉）。然后这块牛排立刻被放在砧板上切成了两半，随后大量的肉汁开始溢出并流到砧板上。结果呢？牛排就没有那么美味多汁了。这个悲剧可以很容易地避免，只要在切片前静置一下你的牛排即可。

一直有人告诉我，这种肉汁的溢出是因为肉的表面碰到热锅（或烤架）后，该面上的肉汁被迫朝肉的中心集中，增加了牛排中心的水分含量，然后，当牛排翻面后，相同的事情又发生在另一面。牛排中心的液体过度饱和——在那里，液体超过了它可以容纳的量——因此，当你切开时，所有额外的液体就都跑了出来。通过静置牛排，可以让那些被迫离开表面而进入中心的液体有时间回到牛排表面。

这似乎很有道理，对吧？把牛排想象成一大束吸管（代表肌肉纤维），每根吸管都充满液体。当肉被烹熟时，这些吸管开始变形，变得更窄并对内部的液体施加压力。由于肉是被由外而内加热的，因此表面的吸管会更紧密地收紧，而中心部分的就相对比较松散。到目前为止，一切看上去还好。从逻辑上讲，如果表面比中心部分更紧地被挤压，液体会被迫推向中间，对吧？但是问题来了：水是不可压缩的。换句话说，如果你有一个装满了水的两升的瓶子，在不改变那个瓶子的大小的情况下，在物理上几乎不可能强迫更多的水进入瓶子里。牛排也是同样的道理。

除非我们以某种方式拉伸牛排内部的肌肉纤维，使它们在物理上变得更宽，否则是没有办法强迫更多的液体进入的。通过对比生牛排和熟牛排中心部分的周长，你可以很容易地证明肌肉纤维并没有变得更宽。如果液体被迫跑到了中心部分，中心部分的周长应该会增加，但它并没有——它可能看上去有些膨胀，但这只是因为边缘收缩，给人了一种中心部分膨胀的错觉。事实上，情况恰好相反。由于三分熟牛排的中心温度达到了51.7℃（125 ℉），因此它还在收缩并迫使液体流出。液体都到哪里去了呢？它唯一可以去的地方是吸管的末端，也就是牛排的表面。那在煎牛排时听到的嘶嘶声？是的，就是水分溢出和蒸发的声音。

让这个理论终结吧！

那么，为什么一块没静置过的牛排会比一块静置过的牛排排出更多的肉汁呢？原来这一切都与温度有关。

我们已经知道肌肉纤维的宽度与烹肉的温度直接相关，而且在一定程度上，这种形状上的变化是不可逆的。将一块肉加热到82.2℃（180 ℉），它就永远不可能再保有像生肉那么多的水分。而肉一旦稍微冷却，它的结构就松了——肌肉纤维再次松弛，使它们再次有空间蓄存更多的液体。同时，随着牛排内的肉汁冷却，蛋白质和其他溶解的固体会让肉汁变得有点稠。你有没有注意到，如果你把烤肉时滴落在烤盘中的油静置一晚，它们会变得像果冻一样？这种增稠有助于防止这些肉汁在你切片时太快流出来。

我将6块牛排的内部温度都煎到了54.4℃（130 ℉），然后每2.5分钟将一块牛排切片，看看有多少肉汁会流出来。情况如下：

- **没有静置：**牛排表面的肉（最靠近锅的部分）的温度是超过93.3℃（200 ℉）的。在这个温度范围时，肌肉纤维被挤压得十分紧密，使它们无法保有任何水分。牛排的中心温度在51.7℃（125 ℉）。虽然在这个温度下它能保有一些肉汁，但将肌肉纤维切开就像打破汽水瓶：一些肉汁可能还会留在里面（大多是通过表面张力），但大部分会溢出。
- **静置5分钟后：**肉表面的温度下降到约62.8℃（145 ℉），牛排中心的温度仍然在51.7℃（125 ℉）。在这个阶段，肌肉纤维松弛了一点儿，伸展得宽了一些。这种伸展使得肌肉纤维的中心和末端之间产生了压力差，将一些液体从内部朝向边缘流动。其结果是牛排中心的液体较少。现在切开它，仍有一些液体会溢出，但远远少于前个阶段。
- **静置10分钟后：**牛排表面的温度下降

到约 51.7℃（125 ℉），这使肌肉纤维从牛排的中心吸收到更多的液体。此外，牛排中心的温度已经下降到约 48.9℃（120 ℉），使肌肉纤维略宽了一些。在这个阶段将肉切开，液体会均匀地分布在整块牛排里，表面张力足以防止这些液体溢到盘子上。

差别是非常巨大的。回头看看那块没有静置的牛排，然后再看看这一块：

没有经过静置的牛排，所有美味的肉汁都会流到盘子上。再看看静置过的牛排，一切都保留在肉里面，在它们该在的地方。

但等一下——我们怎么知道肉汁真的都留在静置过的牛排里了呢？有没有可能在你让它静置的这 10 分钟里，液体已经蒸发了，留给你一块同样不那么湿润的牛排呢？为了证明事情并不是这样的，你需要做的是在烹饪之前和之后将牛排称重。除由于脂肪化开而造成的微量的重量减少外，绝大部分重量的减少都来自肉汁的挤出。当烹调到 54.4℃（130 ℉）时，牛排在烹饪过程中会损失约 12% 的重量。马上将它切开，你又额外损失了 9%。但让它静置，你就可以让这额外的损失降到 2% 左右。

顺带一提，不只是牛排，基本上，无论是 13.6 千克（30 磅）重的烤肋排还是 170 克（6 盎司）的鸡胸肉，几乎所有的肉都需要静置。唯一的区别是静置时间的长短，就像不同大小的肉块需要不同的烹饪时间，静置时间也是如此。到目前为止，用来测试肉是否已经静置了足够久的最简单且万无一失的方法，和你测试肉是否适当地烹熟了所用的方法是一样的：用温度计。

理想的情况是，无论肉烹饪得有多熟，都要让它冷却，直到其中心温度低于最高温度约 2.8℃（5 ℉）。因此，对于一块三分熟——54.4℃（130 ℉）的牛排，你应该让它在上桌前中心温度下降到至少 51.7℃（125 ℉）。在这个阶段，肌肉纤维已经足够松弛了，而肉汁也已经足够浓稠，应该不会有肉汁流失的问题。一块 3.8 厘米（$1\frac{1}{2}$ 英寸）厚的牛排或一整块鸡胸肉，这一冷却过程约需 10 分钟；而一整块牛肋排，可能需要长达 45 分钟。

害怕你的牛排会在它静置的时候失去它的焦脆表皮吗？解决方案很简单：重新加热煎完牛排的锅底油（或化开一些黄油，如果是在烤架上烤牛排的话），直到冒烟，然后在上桌前将油浇在牛排上。

锅煎牛排的规则

让我说明一下。不！要讲的太多了。让我总结一下就好：

1. **把牛排弄干，在烹饪前至少腌制 45 分钟。** 湿的牛排是无法适当地棕化的，因为来自锅的能量将被用于蒸发过量的水分而无法将牛排好好地棕化。将牛排用盐腌并让它静置，会在一开始逼出一些水分，但当肌肉纤维分解后，水分将被吸回肉中，留给你一个入味又完全干燥的表面。
2. **需要室温？没必要。** 为了获得更好的效果，将牛排放在有边框的烤盘里，置于冰箱的架子上不超过 3 天。我发现，直接从冰箱里拿出一块牛排烹饪，和将它先在室温下静置两小时后再烹饪，结果是完全一样的。所以，不用再困扰了。
3. **使用你家里最重的锅。** 锅越重，可以保留的能量就越多，煎牛排便更有效率。厚重的铸铁锅是我煎牛排的首选。
4. **控制好温度。** 我们需要使牛排在达到目标内部温度的同时，完美地棕化。烹饪正常尺寸的牛排，比如说 2.5 厘米（1 英寸）左右厚的，就要使用很热很热的锅。而烹饪厚切牛排，就要用更温和的温度并且在肉上浇油。
5. **不要让锅里太拥挤。** 太多的冷牛排会让热锅一下子冷得太快，导致无法有效地烹饪。想获得最佳效果，请确保牛排周围至少有 2.5 厘米（1 英寸）的空间。当要烹饪大量牛排时，请使用多口锅分批烹饪，或者拿到户外烧烤会更好。
6. **依你的喜好随时将牛排翻面。** 多次翻面不仅可以让肉更快烹熟，也能使它更均匀地加热并获得和单次翻面一样的焦脆外皮。不过，这个差别是很微小的，所以如果你不想每 30 秒翻一次面，也没什么关系。
7. **如果用大火烹饪正常尺寸的牛排，那么请直到快要完成时才加黄油和香草、香料等。** 黄油含有可以帮助棕化的蛋白质，但如果你在烹饪过程中太早添加，黄油会烧焦，并发出刺鼻的气味，味道也会变苦。所以，在一开始用一般的油来煎牛排，在最后几分钟的时候再添加黄油。如果你想添加一些香草、香料，如百里香、迷迭香茎、月桂叶、拍碎的蒜瓣或切片的青葱，就把它们同时加进去吧。如果在较温和的温度下烹饪更厚的牛排，黄油就可以再早一点儿添加。
8. **边缘焦脆！** 好吧，假设你也像我一样喜欢厚切牛排，你的牛排就会有一圈边缘在整个煎牛排的过程中，很少或几乎没被进行直接处理，但这圈边缘通常是牛排最肥、最美味的部分。它应该和它的邻居得到一样的宠爱。用料理夹夹起你的牛排，把那些边缘也煎一下吧！

9. **牛排上桌前先静置。** 为了保有最多的肉汁，让你的肉在烹饪后静置至少几分钟是很重要的。这能让肌肉蛋白质放松，让肉汁略微增稠并待在原地，直到牛排被放入嘴中咬的那一刻。

| 专栏 | 莱顿弗罗斯特效应——如何知道锅已经预热好了

突击测验：我准备了两口相同的平底锅。一口在炉子上温度维持在 148.9℃（300 ℉），另一口则维持在 204.4℃（400 ℉）。然后我在每口锅里倒入 14 克（1/2 盎司）水，测定水蒸发完需要多少时间。204.4℃（400 ℉）的锅中的水会比 148.9℃（300 ℉）的锅中的水蒸发得快多少呢？

A. 约 10 倍快。

B. 以$1\frac{1}{3}$倍的速度。

C. 几乎相同的速度。

D. 以上皆非——我已经看穿这个问题的诡计了。

你答对了。204.4℃（400 ℉）的锅中的水比 148.9℃（300 ℉）的锅中的水需要更多的时间才能蒸发。事实上，当我在家里进行这项实验时，我花费了几乎 10 倍的时间让比较热的锅中的水蒸发。这似乎与我们迄今为止学到的知识相悖，不是吗？我的意思是，较热的锅等于更多的能量，更多的能量等于更快地蒸发，对吧？

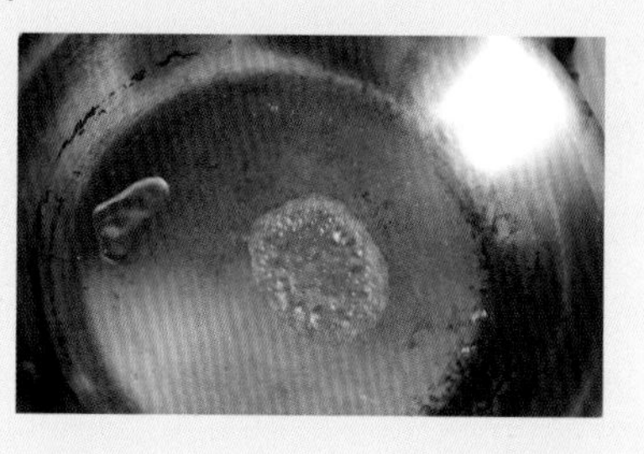

这个现象首先是由一名 18 世纪的德国医生——约翰·戈特洛布·莱顿弗罗斯特（Johann Gottlob Leidenfrost）观察到的。如果你给锅里的一滴水足够的能量，它所产生的蒸汽会将水滴从锅的表面举起。由于水不再与锅直接接触，而是被这层蒸汽隔离，因此锅和水之间的能量传递效率变得非常低，水需要更长的时间来蒸发。

这口煎锅中心的温度仍然是相对较低的，所以那里的水会不断冒泡。然而，锅的边缘够热以至引起了莱顿弗罗斯特效应，使整滴水滴形成了一个紧密结合的单元，把自己从锅的表面抬了起来。

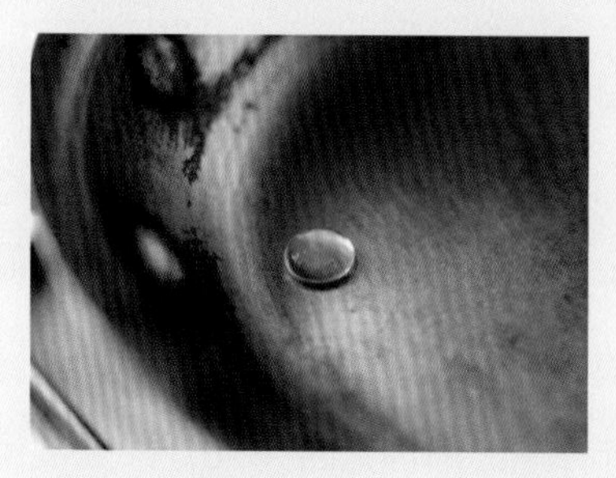

现在来近距离观察一滴莱顿弗罗斯特化水滴：

如果你不像我一样有一个非常性感的红外线快显温度计，那么在厨房里通过这个效应来判断锅有多热是很有用的。在加热的同时将一小滴水滴在锅里。如果水滴停留在锅的表面并迅速蒸发，那么你的锅是低于 176.7℃（350 ℉）的——这对于大多数炒和煎来说是次佳的温度。如果锅已经热得足以引发莱顿弗罗斯特效应，那么水将形成明显的水珠，在金属的表面上滑动，并花费相当长的时间才蒸发。这种情况说明你的锅已经够热了，可以开始烹饪了。

快速简单的锅煎牛排

QUICK AND EASY PAN-SEARED STEAKS

笔记：

为了得到最佳风味，腌制后让牛排在室温下静置至少 45 分钟，或无覆盖地放在带边框的烤盘里置于冰箱的架子上至多 3 天。

4 人份

454 克（1 磅）无骨或带骨肋眼或纽约客牛排 2 块［2.5~3.8 厘米（1~$1\frac{1}{2}$英寸）厚］

犹太盐和现磨黑胡椒碎各适量

植物油 2 大勺

无盐黄油 2 大勺

新鲜百里香 4 支

大型红葱头 2 个，切薄片（约 1/2 杯）

1. 仔细地用厨房纸巾拍干牛排。将牛排用盐和黑胡椒碎充分腌制。
2. 在 30.5 厘米（12 英寸）的铸铁锅或不锈钢煎锅里用大火加热植物油，直到冒烟。加入牛排煎约 6 分钟，偶尔翻面，直到其两面都煎出浅棕色的焦脆外皮（如果油开始烧焦或不断冒烟，就转到中火）。
3. 将黄油、百里香和红葱头加到锅里，继续煎制约 5 分钟——如果烟太大，请将火调小一点儿——其间，将牛排频繁翻面，直到其两面都呈现深棕色，且用快显温度计测得其中心温度为 48.9℃（120 ℉，一分熟）或 54.4℃（130 ℉，三分熟）。将牛排转移到大的盘子上，用铝箔纸包起来静置 5 分钟，然后切成两半——每人 227 克（1/2 磅）。
4. 如果你喜欢，可以做道锅底酱（见 pp.308—311）。也可以根据需要搭配复合黄油（compound butter，见 p.315）、简易伯那西酱汁（Foolproof Béarnaise，见 p.312）或第戎芥末酱。

浇黄油锅煎厚切牛排

BUTTER-BASTED PAN-SEARED THICK-CUT STEAKS

笔记：

此食谱是为非常大的带骨牛排设计的，这类牛排3.8~6.4厘米（$1\frac{1}{2}$~$2\frac{1}{2}$英寸）厚，680~907克（$1\frac{1}{2}$~2磅）重。红屋、T骨、肋眼和纽约客都适用。不要使用里脊肉，否则可能会出现过度烹饪的问题。

为了得到最佳风味，牛排腌制后应在室温下静置至少45分钟，或无覆盖地放在带边框的烤盘里置于冰箱的架子上至多3天。

2~3人份

680~907克（$1\frac{1}{2}$~2磅）带骨的T骨、红屋、纽约客或肋眼牛排1块［3.8~6.4厘米（$1\frac{1}{2}$~$2\frac{1}{2}$英寸）厚］

犹太盐和现磨黑胡椒碎各适量

植物油（或芥花籽油）1/4杯

无盐黄油3大勺

新鲜百里香（或迷迭香）6支（可选）

大型红葱头2个，切薄片（约1/2杯，可选）

1. 仔细地用厨房纸巾拍干牛排，再将它的每个面（包括边缘）都抹上盐和黑胡椒碎腌制。（图1、图2）
2. 在30.5厘米（12英寸）的铸铁锅里用大火加热植物油，直到开始冒烟。小心地加入牛排，调至中大火，继续煎约4分钟，这期间不时给牛排翻面，直到牛排开始出现淡金棕色的焦脆外皮。（图3、图4）
3. 加入黄油继续煎制，并可根据喜好加入香草和红葱头，偶尔翻动牛排，再把冒泡的黄油、红葱头和百里香浇到牛排上，直到牛排最厚且远离骨头的地方插入快显温度计测得的温度为48.9℃（120 ℉，一分熟）或54.4℃（130 ℉，三分熟），整个过程需要4~8分钟。浇油时，握着锅柄稍微将锅倾斜，使黄油聚集起来，并用勺子舀起黄油浇到牛排上——尽量浇到颜色较浅的地方。如果黄油开始过多地冒烟或牛排开始烧焦，就将火调小。当牛排煎好后，将其移到带边框的烤盘里并置于架子上静置5~10分钟。重新加热锅里的油直到冒烟，然后将油浇在牛排上让它恢复焦脆。（图5—图7）
4. 切开牛排并上桌。（图8）

烹调里脊肉的新方式

当然，里脊肉是整头牛最嫩又最光滑的部位，但它有点乏味、口感平庸又单一。

里脊肉缺乏脂肪，这对烹饪来讲相当不利。烹饪时，脂肪会在牛排上起两种作用：第一，它是隔热层。脂肪没有办法像瘦肉那般有效地传递能量，这代表牛排的脂肪越多，烹饪所需的时间越长——且能够完美烹饪的时间幅度就越宽。一块脂肪肥厚的肋眼牛排可能有 45 秒的时间幅度，在此期间，你可以把它从热源移开，让它成为完美的三分熟。第二，里脊肉在几秒钟内就可能从不熟变成过熟。这时候脂肪可以提供一个很好的过度烹饪的缓冲区。因为脂肪能使肉润滑并富有风味，一块拥有漂亮大理石纹的牛排即使轻微过度烹饪，味道仍然是很好的。但是里脊肉却不是如此，只要稍微烹饪得超过五分熟，它马上会变得苍白而发柴。

这一切都在说明，要适当地烹饪一块里脊肉需要相当多的技巧和耐心——特别是如果你用传统方式来料理的话。我最后一次将里脊肉烹饪过头时，我便开始思考这个问题，就像我经常做的那样：“不该有个更容易、更万无一失的方法来做这件事吗？”

确实有。

问题是，煎锅或烤架的单向高热量传递，让里脊肉不过熟成为一项非常艰巨的任务。所以我首先考虑在一台 135℃（275 ℉）的相对低温的烤箱中慢慢烤牛排，直到其变成三分熟，然后在煎锅里用大火将牛排煎出焦脆并上色的边缘。这样很有用，但做出完美牛排的时间幅度却只有短短的一瞬间。我心想：那么，我该如何加大这个时间幅度呢？为什么不将肉当成一块大的烤肉来做，再将它切成牛排呢？由于其表面区域相对有限，整块烤肉会比单片牛排更容易均匀地烹饪，特别是考虑到哪怕是进行了最仔细的分切，也不能使所有牛排都保持同样的尺寸和形状，因此要把它们做到完全相同的熟度几乎是不可能的。而一块更大的烤肉则相对来说有更大的时间幅度来烹饪出完美的肉，这纯粹是由于它熟得更慢。

我又开启了另一个回合，这一次烤一整块 907 克（2 磅）的里脊肉，将它烤到比我期望的最终温度 54.4℃（130 ℉）还要低 11.1~16.7℃（20~30 ℉）。将肉从烤箱中取出后，我把它切成 4 块大小均匀的牛排，轻轻地压平每一块，然后把它们放入热的煎锅里用油煎，最后加入黄油收尾。结果得到的是一块块边缘都烹饪得完美的牛排，它们有漂亮的棕色脆皮——远比我曾经使用传统方法做出的还要好得多。这个方法还产生了一个让人高兴的意外收获，就是能更均匀地烹饪。传统方法在一开始就用大火烹饪牛排，最终将会做出大量表面过度烹饪的肉——生肉必须在热锅中待很长一段时间才能煎得好，同时，它们也就慢慢地煎过头了。但是一块经过慢烤并煎得适当的牛排，因为最后在热锅里待的时间不多，所以整块肉被煎得更加均匀。

看看以下这两块牛排：左边的是使用热锅煎的传统方法烹饪的，而右边的则是先烤整块肉，切成牛排后再在锅里煎的。两者都有完全相同的内部温度，但先烤后煎的牛排比用传统做法做出的牛排有更多完美的呈玫瑰色的肉。

传统煎法留下一个灰色的外侧环。

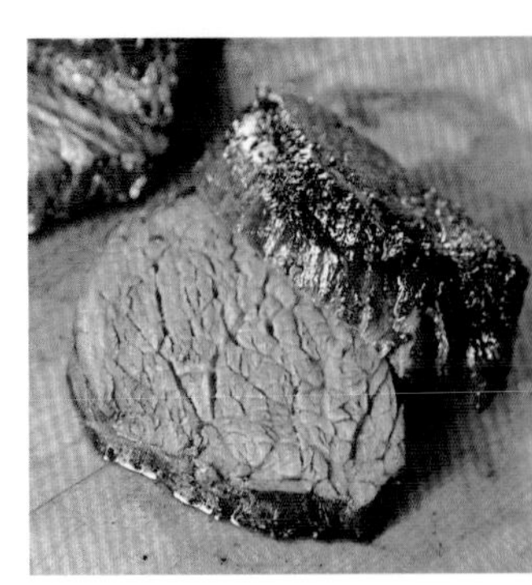

我的方法让你的牛排被完美地均匀加热。

我知道我更愿意吃哪一块。

好吧，我听到一些怀疑的声音了：这真的是你在家里做牛排一直采用的方式吗？不，当然不，它需要太长的时间了，而有时我没有充足的时间待在厨房里。如果我赶时间，就使用“快速简单的锅煎牛排”（见 p.301）中的方法烹饪已经切好的牛排，它对里脊肉来说同样适用——只需格外、格外、格外小心地使用温度计。

完美的里脊肉牛排

PERFECT TENDERLOIN STEAKS

笔记：

里脊肉的中间部位也称为“夏多布里昂牛肉”。向你的肉贩要一块 907 克（2 磅）的中间部位的里脊肉，或自己修整一块（见 p.307“如何修整整块牛里脊肉”）。

4 人份

907 克（2 磅）的中间部位的里脊肉 1 块

犹太盐和现磨黑胡椒碎各适量

植物油或芥花籽油 1 大勺

无盐黄油 1 大勺

1. 将烤架调整到中心位置，并将烤箱预热到 135℃（275 ℉）。将里脊肉的所有面都撒上盐和黑胡椒碎调味（图 1）。将肉放到带边框的烤盘里并置于烤架上烘烤，如果想让最终成品三分熟，则烤到插入肉中心的快显温度计测得温度为 37.8℃（100 ℉），这约需 45 分钟，或想要五分熟的话，温度达到 43.3℃（110 ℉），这约需 50 分钟（图 2）。将里脊肉移到砧板上（这时候，肉块会呈现灰色、未熟的样子）。
2. 将肉块均分成 4 块牛排，用厨房纸巾拍干，并在牛排切面上撒上盐和黑胡椒碎腌一下（图 3）。在 30.5 厘米（12 英寸）的铸铁煎锅中用大火加热植物油和黄油，直到黄油棕化且微微冒烟。加入牛排，煎约 1 分钟至底部焦脆（图 4）。用料理夹将牛排翻面，继续煎另一面约 1 分钟直到焦脆。如果植物油和黄油开始烧焦或冒太多烟，请将火调小一点儿。将牛排翻面，继续煎约 1 分钟，其间偶尔翻动，直到整块牛排都棕化。将牛排移到砧板上，用铝箔纸盖住，静置 5 分钟。
3. 可以搭配锅底酱（见 pp.308—311）、复合黄油（p.315）、简易伯那西酱汁（p.312）或第戎芥末酱食用。

1

2

3

4

| 刀工 | 如何修整整块牛里脊肉

里脊肉牛排是很贵的，买一整块未修整的里脊肉可以让你省钱。不仅如此，你还会得到一些不错的牛肉碎肉用来熬汤、做汉堡肉或狗食。以下提供制作的方法。

1

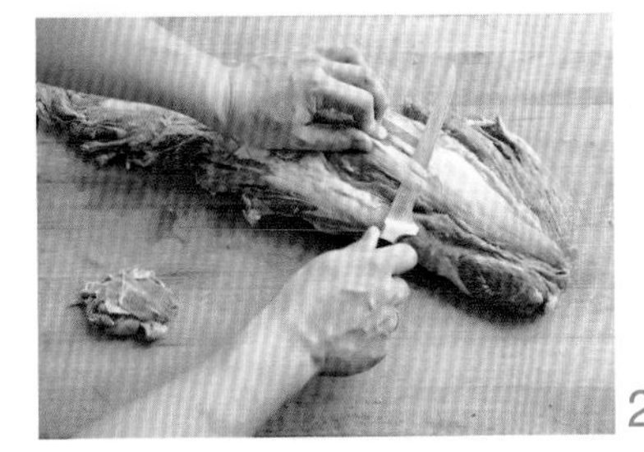
2

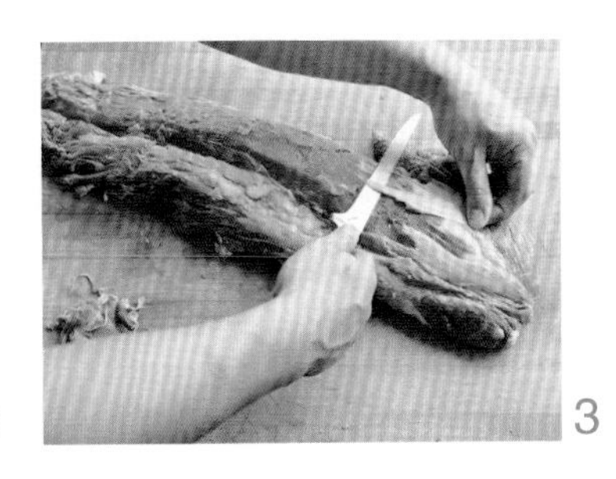
3

- **修剪掉筋膜**。使用锋利的去骨刀去除筋膜——肌肉周围的坚韧薄膜，一次去除一小条。将刀尖插入筋膜，用没拿刀的那只手来稳定住肉，然后将筋膜切下，尽可能不要切到肉。先从一个方向切，然后翻转刀，抓住刚刚去除的筋膜条的末端，并沿反方向切割以去除整条筋膜。重复动作，直到所有筋膜被去掉。（图 1—图 3）

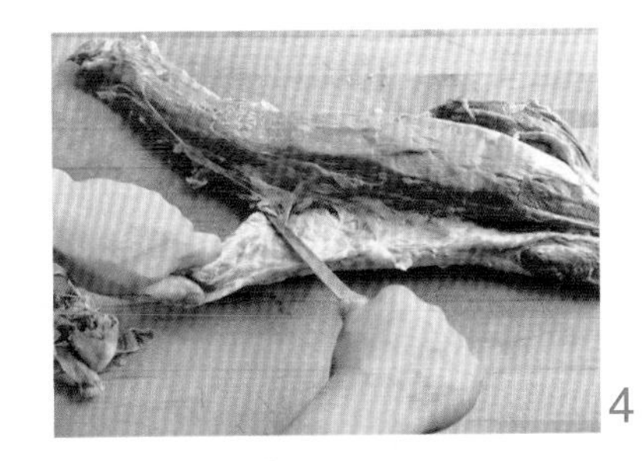
4

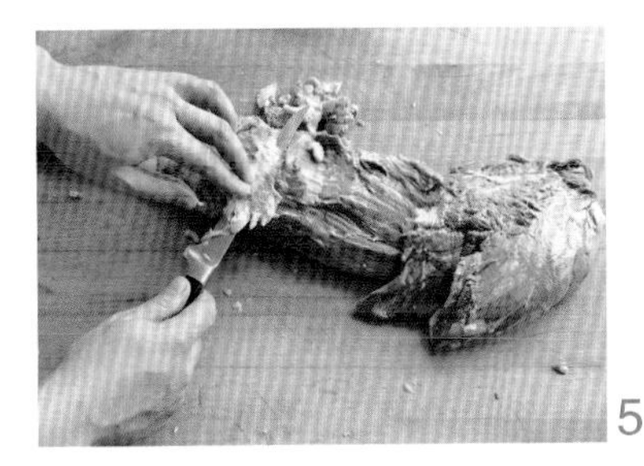
5

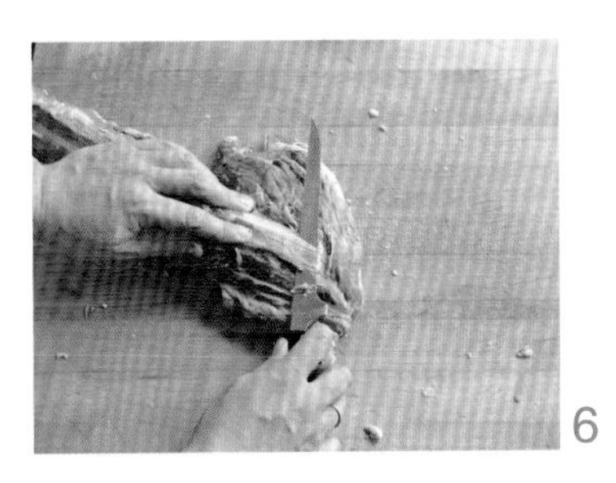
6

- **分离软骨**。沿着里脊肉的一边有条脂肪和软骨组成的长“链”，这很容易去除。首先用手将“链”分开，顺着自然的缝隙轻轻往上拉并将其从肉上撬开。然后用刀尖切穿任何坚韧的结缔组织或筋膜。（图 4）
- **修剪掉脂肪**。在里脊肉细的那端有块规则的袋状脂肪，需要去除。使用锋利的去骨刀将它们切下即可。（图 5）
- **修粗的一端**。在里脊肉较粗的一端，有些脂肪和结缔组织隐藏在皱褶中，用刀尖滑入皱褶中并小心地将它们去除。（图 6）

7

8

- **将里脊肉分切**。在这个阶段，里脊肉已经可以整块拿来烤了——只要将细的那端向后折叠并固定好，使整块里脊肉有均匀的厚度。你也可以切掉细的那端和较粗的那端，并将其保存以供其他用途，这样你就有了一块中间部位的里脊肉，用它可做成理想的完美烤肉摆盘或牛排。（图 7、图 8）

锅底酱

你可能会注意到，煎完牛排后锅底会留下棕色的残渍。不要擦掉！

肉在加热并收缩时所挤出的肉汁含有蛋白质。当这些肉汁蒸发时，蛋白质会留在锅底，最后会变黏且变成褐色——就和你牛排表面的褐色蛋白质一样。法国人似乎对所有事物都会有个听起来很漂亮的词汇来称呼，他们称锅底的那层褐色物质为 fond，应该是基底（fondation 或 foundation）之意，因为它是所有美味锅底酱的基底。在美国，这一术语则是锅底美味的棕色渍（tasty-brown-gunk-on-the-bottom-of-the-pan）。

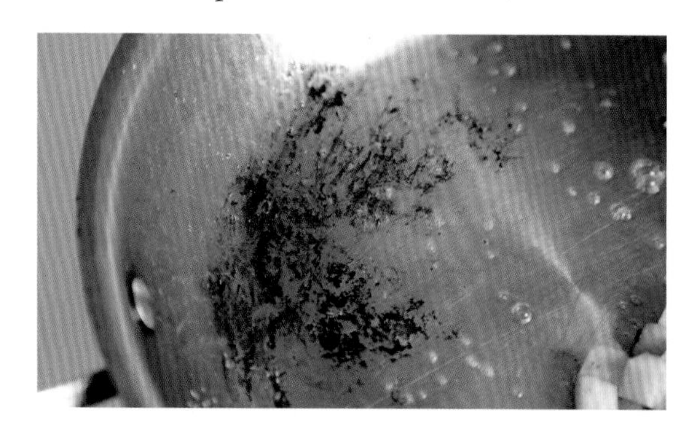

锅底酱是以 deglaze 的方式获得的，"deglaze" 同样是漂亮的字眼，指的是"把液体浇进热锅里熬煮"，通常会使用的液体是酒或高汤。通过快速蒸发这些液体，然后加入一些香草和香料，最后加一小块黄油，你就可以快速简单地得到一份酱，所需时间大约是让牛排适当静置的时间。天然计时器！

这里提供几道简单的锅底酱食谱。锅底酱制作最难的部分是在最后，将冷的黄油搅拌到酱汁里会增加浓郁度和稠度，让酱汁更浓稠，味道更芳醇。法国人称这个步骤是"monter au beurre"，翻译过来大致是"牛太太，拜托了！让我的酱汁特别顺滑和美味吧"或类似的意思。其实这也不是个太难的过程，但如果你太粗心，酱汁还是可能会被搞砸，变成只有一层油腻的乳脂浮在清汤寡水的酱汁上。你不会希望这种情况发生。要防止这个状况发生，最简单的方法是什么呢？只需要在加入液体之前，加少许面粉到锅里即可。面粉中的淀粉会吸收液体，这些液体会让它膨胀进而让酱汁变稠，然后当你加入黄油时，可以让黄油充分乳化。

简易红酒锅底酱

SIMPLE RED-WINE PAN SAUCE

要使用品质好的干红葡萄酒。这道酱搭配羊排一样适用。如果你想把它用于鸡肉或猪肉，就用干白葡萄酒或白苦艾酒（white vermouth）替代红酒。

4 人份

中型红葱头 1 个，切碎（约 1/4 杯）
无盐黄油 4 大勺
中筋面粉 1 小勺
自制鸡肉高汤或罐装低盐鸡肉高汤 1 杯
干红葡萄酒 1 杯
第戎芥末酱 1 大勺
切碎的新鲜荷兰芹 1 大勺
新鲜柠檬汁 1 小勺
犹太盐和现磨黑胡椒碎各适量

1. 煎过牛排后，倒出锅中多余的油脂，再以中火将锅加热。加入红葱头碎，用木勺不断搅拌约 1 分钟，直到其软化。加入面粉和 1 大勺黄油搅拌约 30 秒。慢慢地拌入高汤、葡萄酒和芥末酱。用木勺刮下锅底的棕色渍，以大火熬煮约 5 分钟，直到酱汁减少到 1 杯的量。
2. 将锅从炉子上移开，在酱汁中拌入荷兰芹碎、柠檬汁和剩下的 3 大勺黄油，以盐和黑胡椒碎调味。将锅底酱倒在牛排上，即可上桌。

牛肝菌苦艾酒锅底酱

PORCINI-VERMOUTH PAN SAUCE

这道酱同样适用于搭配牛肉、猪肉和鸡肉。

4 人份

干的牛肝菌 14 克（1/2 盎司，约 3/4 杯）

自制鸡肉高汤或罐装低盐鸡肉高汤 $1\frac{1}{2}$ 杯

大型红葱头 1 个（切碎成约 1/2 杯）

无盐黄油 4 大勺

中筋面粉 1 小勺

酱油 1 小勺

干型苦艾酒（dry vermouth）1/2 杯

番茄酱 1 小勺

新鲜柠檬汁 1 小勺

新鲜百里香 1 小勺（切碎）

犹太盐和现磨黑胡椒碎各适量

1. 在煎牛排之前，先用冷水冲洗牛肝菌，以去除污垢和沙子。将牛肝菌放到一个可微波的 0.95 升（1 夸脱）容器里，加入高汤并以高温微波加热 1 分钟。当你煎牛排时，将牛肝菌和高汤放在一个温暖的地方。
2. 煎完牛排后，倒出锅中多余的油脂，将锅放在一旁。将牛肝菌和高汤用细目滤网过滤入小碗中，用汤勺在牛肝菌上压一压以尽可能多地取得液体。将液体留下。把牛肝菌切成 0.6~1.3 厘米（1/4~1/2 英寸）的段，并放回液体中。
3. 将煎牛排的锅放回炉子上以中火加热，加入红葱头碎，用木勺不断搅拌约 1 分钟直至其软化。加入面粉和 1 大勺黄油加热并搅拌约 30 秒。慢慢地拌入酱油和苦艾酒，再拌入牛肝菌和高汤。用木勺刮起平底锅底部的棕色渍，然后拌入番茄酱。开大火熬煮酱汁直到减少到约 1 杯的量。
4. 将锅从炉子上移开，在酱汁中拌入柠檬汁、百里香以及剩下的 3 大勺黄油，以盐和黑胡椒碎调味。将酱汁倒在牛排上，即可上桌。

烟熏橙香奇波雷辣椒锅底酱

SMOKY ORANGE-CHIPOTLE PAN SAUCE

这道酱同样适用于搭配牛肉、猪肉和鸡肉。

笔记：

要取得柑橘皮丝，可以先用削皮刀削下柑橘皮，但注意不要切下很多白色的海绵皮，然后用刀将柑橘皮切成细丝。

4 人份

中型红葱头 1 个，切碎成约 1/4 杯
无盐黄油 4 大勺
中筋面粉 1 小勺
自制鸡肉高汤或罐装低盐鸡肉高汤 2 杯
柑橘皮丝 12 根（切自 1 个柑橘，做法见上文“笔记”）
橙汁 1/4 杯
罐装阿斗波酱腌奇波雷辣椒 2 个（切碎，再取 1 大勺阿斗波酱）
新鲜青柠汁 2 小勺（用 1 个青柠榨取）
切碎的新鲜芫荽叶 1 大勺
犹太盐和现磨黑胡椒碎各适量

1. 煎牛排后，倒出锅中多余的油脂，再以中火将锅加热。加入红葱头碎，用木勺不断搅拌约 1 分钟，直至其软化。加入面粉和 1 大勺黄油搅拌约 30 秒。慢慢地拌入鸡肉高汤、柑橘皮、橙汁、辣椒和阿斗波酱并搅拌混合。用木勺刮下平底锅底部的棕色渍，然后以大火加热高汤约 5 分钟，直到酱汁减少到 1 杯的量。
2. 将锅从炉子上移开，在酱汁中拌入青柠汁、芫荽叶以及剩下的 3 大勺黄油，以盐和黑胡椒碎调味。将酱汁倒在牛排上，即可上桌。

伯那西酱汁

伯那西酱汁是牛排的终极奶油味搭配。

觉得你的里脊肉有点缺乏脂肪和风味吗？不要害怕，伯那西酱汁会前来救援！如果你已经学会了如何制作简易荷兰酱（见 p.99），那么恭喜你——你也会知道如何制作简易伯那西酱汁的。两者几乎相同，唯一的区别是液体方面。荷兰酱是乳脂、蛋黄和柠檬汁的乳化物，而伯那西酱汁则是将柠檬汁换成了一种“具有龙蒿和红葱头香味的醋和白葡萄酒的浓缩液”（tarragon-and-shallot-scented vinegar-and-white-wine reduction），其他都是一模一样的。

简易伯那西酱汁

FOOLPROOF BÉARNAISE

约 1 杯

干白葡萄酒 1 杯

白葡萄酒醋 1/2 杯

中型红葱头 2 个，切薄片（约 1/2 杯）

新鲜龙蒿 6 枝，去除叶子并切碎成约 2 大勺，保留茎

大蛋黄 3 个

无盐黄油 227 克(1/2 磅)，切成约汤勺大小的块状

犹太盐适量

1. 将葡萄酒、醋、红葱头和龙蒿茎放在小型炖锅中以中大火煮沸，直到混合物的量减少到约$1\frac{1}{2}$大勺并呈糖浆状，用细目滤网将汤汁过滤到一个小碗中。

第一种做法：使用手持式搅拌棒制作伯那西酱汁

2. 将蛋黄和步骤 1 的葡萄酒浓缩汁倒入搅拌杯（或一个可以容纳搅拌器头的杯子）中。
3. 在小型深平底锅中用中火将黄油化开，持续加热直到黄油刚开始冒泡，即用快显温度计测量温度达到 82.2~87.8℃（180~190 ℉）。然后将其移到搅拌杯里，把薄薄的一层白色液体留在锅里（丢掉）。
4. 将搅拌器的头插入搅拌杯底部并启动搅拌器，同时慢慢地倒入化开的黄油。你应该会看到酱汁开始在杯子底部形成。当酱汁形成时，慢慢提起搅拌器的头使更多化开的黄油融合进去，直到所有的黄油融入且酱汁具有鲜奶油的稠度。以盐调味并试试味道，拌入切碎的龙蒿叶。将酱汁移到分餐碗或小型深平底锅里盖起来，并保存在一个温暖的地方（不要直接放在炉子上！），直到准备上桌。

第二种做法：使用标准搅拌器或食物料理机制作伯那西酱汁

2. 将蛋黄和步骤 1 的葡萄酒浓缩汁倒入标准搅拌器或食物料理机中，以中等速度搅拌约 10 秒钟直到酱汁顺滑。
3. 在小型深平底锅中用中小火将黄油化开，持续加热直到黄油刚开始冒泡，即用快显温度计测量温度达到 82.2~87.8℃（180~190 ℉）。
4. 以中等速度启动搅拌器。慢慢滴入化开的黄油，约 1 分钟，必要时就停下来把附着在锅边的酱汁刮下，并在锅中留下薄薄的一层白色的液体（丢掉）。酱汁应该是顺滑且具有鲜奶油的稠度的。以盐调味并试试味道，拌入切碎的龙蒿叶。将酱汁移到分餐碗或小型深平底锅里盖起来，并保存在一个温暖的地方（不要直接放在炉子上！），直到准备上桌。

双人份炭烤肋眼牛排（或T骨、红屋、纽约客牛排）

炭烤牛排和锅煎牛排是两种完全不同的野味，但就烹饪技术而言，它们只有些微差别。

一方面，你从木炭块（更适合煎制的是真正的硬木炭）中获得的热量要远远多过从家里炉灶上获得的，它们会带来更好的焦化效果。同时滴下来的牛肉脂肪在炭块上微微烧焦，这给了炭烤牛肉特有的烟熏、略微刺激（以一种好的方式）的风味。这是你没有办法用炉灶甚至瓦斯烤炉得到的风味，因为这两种器材燃烧产生的热量都比木炭要小。

用尽量厚——至少3.8厘米（$1\frac{1}{2}$英寸）厚的牛排在烤炉上烤总是一个好主意——这是保证你在得到大量焦脆外皮的同时，使牛排维持一个大面积的三分熟的中心区域的最好方式。但是烹饪“如摩登原始人（Flintstones）[③]所吃的那般超级厚的双份带骨的足以喂饱两位成年霹雳猫（Thundercats）的肋眼牛排”——通常也称为“牛仔肉排”（cowboy chop）时，需要格外注意：它们的厚度使其很容易在外皮已经烧焦后，内部却仍然生冷。

正如烤巨大的肋排一样，确保三分熟的中心区域最大化（你想要在每一个侧面都能看到粉红色），同时要烹饪出完美的焦脆外皮的最好的方法，是先用非常温和的低温烹调牛排，然后再用非常高的温度煎牛排表面。最好是按照这个顺序做，而不是先煎，然后再将牛排烤熟，因为已经温热的牛排会煎好得更快，从而最大限度地减少了表皮之下过熟的肉的量。（而我们都知道，煎是无法锁住肉汁的，对吧？）

③摩登原始人，*Flintstones*，20世纪60年代美国的系列动画片。霹雳猫，*Thundercats*，20世纪80年代在美国播出的系列动画片。——校注

步骤 1：腌制

在烹调前至少 45 分钟时，将牛排的所有面都抹上犹太盐和黑胡椒碎腌制，最长可以腌一整夜。一开始，盐会让肉的表面释出水分，但是随后它会和释出的液体混合成盐水来溶解一些肉的蛋白质，从而使肉再吸收这些液体与其中的盐，进而获得更浓的风味和更嫩的口感。将牛排无覆盖地放在有边框的烤盘里静置于冰箱的架子上不超过 3 天，可让这块牛排更具风味。

步骤 2：在间接热源上烹饪

建立一个有两块区域的间接火源，将至少一整个引燃桶的煤全部堆放在烤炉的一侧。如果使用瓦斯烤炉，就将一组炉头加热到高温，将其余的关闭。在烤炉较冷的一侧烤肉，盖上盖子，每隔 5 分钟将肉翻一次面，直到用快显温度计测得的温度比所需的最终温度低 5.6℃［10 ℉，也就是说，要三分熟的话是 46.1℃（115 ℉），要五分熟的话就是 51.7℃（125 ℉）］。一块很厚的牛排，可能需要烤半小时左右。

步骤 3：烧烤

一旦温度仅比最终温度低 5.6℃（10 ℉）

时，将牛排转移到烤炉比较热的那一侧，并将盖子打开。这将为煤提供大量的氧气，让它燃烧得更旺。开始烤牛排，并经常将其翻面，直到它产生明显的焦脆外皮，想要三分熟的话温度达到 51.7℃（125 ℉），或五分熟，温度达到 54.4℃（130 ℉）。如果你不喜欢脂肪烧焦的烟熏味道（我个人喜欢这种风味），可以在附近放一个装满水的喷水瓶，以浇熄突然变旺的火焰。

步骤 4：静置

将牛排移到砧板上，让它静置 10 分钟。在这段时间内，其内部温度会升至最高，然后再下降几度。如果要做出三分熟的牛排，温度会在达到高峰值 54.4℃（130 ℉）后下降到 53.3℃（128 ℉），如果要做五分熟的牛排就是由 60℃（140 ℉）降至 58.9℃（138 ℉）。

步骤 5：上菜

将牛排充分静置后再切割，便可立即上菜。实际上，这么大的带骨牛排，我喜欢整块上，让客人可以自己切成想要的大小。一块 907 克（2 磅）的带骨牛排至少可以喂饱两个非常饿的人，甚至可能是三个人。这是道很硬的菜！

两人份完美烤牛排

PERFECT GRILLED STEAK FOR TWO

笔记：

要达到最佳效果，请使用带骨牛排，但也可以使用不带骨牛排；它应该重约454克（1磅）。可以使用纽约客、T骨或红屋牛排代替肋眼牛排。

要达到最佳效果，腌完牛排以后要将其在室温下静置至少45分钟，或者轻微覆盖后将其放在冰箱里最多3天。

2人份

680克（$1\frac{1}{2}$磅）至少5.1厘米（2英寸）厚的带骨肋眼牛排1块

犹太盐和现磨黑胡椒碎各适量

1. 将牛排各个面都用盐和黑胡椒碎腌一下。置于盘子上。
2. 点燃一整个引燃桶的木炭。当所有木炭都被灰烬覆盖时，将它们倒出来放在木炭烤炉的一侧。把烤肉架放好，给烤炉盖上盖子，加热5分钟。如果使用的是瓦斯烧炉，就将一组炉头开大火，将其余的关闭。清洁并以油润滑烤肉架。
3. 将牛排放在烤炉较冷的一侧，盖上盖子，并在所有通风口打开的情况下烤10~15分钟，其间，注意将牛排翻面，每隔几分钟用快显温度计读取一下温度，如果想要三分熟，烤到46.1℃（115℉），或五分熟，温度达到51.7℃（125℉）。将牛排移到砧板上，静置2分钟。让烤炉盖子开着，增加的氧气会使木炭燃烧旺盛。
4. 将牛排移到烤炉热的一侧烤约3分钟，频繁翻面，直到深的棕化形成，如果是三分熟，其内部温度达到51.7℃（125℉），或五分熟，温度达到57.2℃（135℉）。将牛排移到砧板上静置约10分钟，直到其内部温度达到最高峰值，然后降到53.3℃（128℉，三分熟）或58.9℃（138℉，五分熟），然后切肉并上菜。

复合黄油

比做锅底酱更简单的是用一种复合黄油来搭配你的牛排。这种黄油是把香草、香料加到软化的黄油中做成的。在每块热牛排上放置一片或一块复合黄油，这样它就可以慢慢化开，与肉汁混合后乳化成一种豪华酱汁。复合黄油的好处在于，你可以把它们提前做好，用几层保鲜膜包裹，然后冷冻起来，在需要的时候再把它们拿出来用。

锅底酱也能从复合黄油那里获益：与其在最后加入普通黄油来做酱汁，不如使用一点儿复合黄油来增加多样性和风味。

复合黄油的经典配方

MASTER RECIPE FOR COMPOUND BUTTER

113~170 克（4~6 盎司）

室温状态的无盐黄油 8 大勺（1 条）

任意复合黄油调味料（见下方食谱）

1. 将黄油和调味料在中碗里混合，用叉子捣碎黄油，直到混合均匀。
2. 在工作台上放置一张 30.5 厘米（12 英寸）长的保鲜膜。将黄油移到保鲜膜的下半部分，使其尽可能地接近圆木形状，然后用保鲜膜小心地将黄油卷起，整成圆木状。旋转两端的保鲜膜，将它们拧紧。冷藏直到变硬后再使用，或将其紧裹在铝箔纸中，置于夹链冷冻袋里，最多可冷冻 6 个月。要使用时，根据需要切下冷冻黄油，让它在室温下软化 30 分钟。

复合黄油调味料

柠檬荷兰芹黄油

Lemon-Parsley Butter Seasoning

切碎的新鲜荷兰芹 2 大勺

磨碎的柠檬皮 2 小勺

新鲜柠檬汁 1 大勺

中型大蒜瓣 1 瓣，切碎或以刨刀磨碎，约 1 小勺

犹太盐适量

蒜香辣椒黄油

Garlic-Chili Butter Seasoning

中号的大蒜瓣 2 瓣，切碎或以刨刀磨碎，约 2 小勺

辣椒粉 1 小勺

塞拉诺辣椒 1 根或哈雷派尼奥墨西哥辣椒 1/2 根，切碎

卡宴辣椒粉 1/4 小勺

孜然粉 1/2 小勺

新鲜青柠汁 2 小勺

切得很碎的新鲜芫荽叶 2 大勺

犹太盐适量

蓝纹奶酪黄油

Blue-Cheese Butter Seasoning

软化的戈贡佐拉、罗克福（Roquefort）或斯蒂尔顿奶酪 113 克（4 盎司）

伍斯特酱 1 小勺

小型红葱头 1 个，切碎，约 2 大勺

腌制牛排：烧烤或锅煎

我们已经谈论了昂贵且超级嫩的牛肉块。现在让我们继续谈谈我的最爱——肉贩部位（butcher's cuts）。这些相对便宜的牛肉块，只需要多一点点的关心和注意就能变得非常美味，并且可以为你带来难以置信的风味。烹饪成功的关键之一是什么呢？适当地腌制。

在进行下一步之前，让我们直截了当地说吧：腌无法挽救做坏了的或乏味的肉。在对各种肉测试了数百种腌制方法后，我发现最好的腌渍调料有三种共同的成分：油、酸和咸液体——最好含蛋白酶（protease，后面有更多的讨论）。

好的腌制的关键 1：油

油对实现以下三个目的至关重要。首先，它会乳化腌渍调料，使其更浓厚、更黏稠，从而更有效地粘在肉上。其次，许多美味的化合物——如洋葱、大蒜和许多香料中的——是脂溶性（oil soluble）的。用以油脂为基础的物质来腌肉，你可以使味道更好、更均匀地分布。最后，油在烤炉的热量和肉的表面之间提供了一个缓冲区，有助于让肉烹调得更均匀。省略油，会影响这三种效果。

好的腌制的关键 2：酸

我曾经认为腌渍调料中的酸对使肉软嫩很重要。这也是事实——酸可以轻微软化坚韧的结缔组织。不幸的是，过量的酸会用化学的方法“加热”肉，使蛋白质变性，使肉变硬并最终变成粉渣——想想柠檬腌生鱼（ceviche）。如果你要在腌渍调料中使用酸，用量最好不超过油的分量，并将腌渍时间限制在 10 个小时以下，以防止肉变成粉渣。有件事你可能会感到很惊讶，尽管腌渍调料似乎很厉害，但实际上它并无法特别深地渗透到肉里——即使是经过了一夜，腌渍调料也不会渗透超过 1 毫米或 2 毫米，且随着时间拉长，渗透的效率也会降低。所以在很大程度上，腌渍调料的影响仅限于肉的表面而已。

好的腌制的关键 3：盐和蛋白酶

好的腌渍调料的最后一种重要成分是含盐的液体。肌肉蛋白的一种肌球蛋白（myosin）会溶解在含盐的液体中，使肉具有更松散的口感和更好的保水能力。想得到比只用盐更好的效果？可以考虑给腌渍调料添加蛋白酶，这是一种分解蛋白质的酶。酱油是一种很好的选择。

额外添加物：香草和香料

香草和香料主要作用于肉的表面，但它们的作用仍然可以相当强大。大蒜、红葱头、干香料、香草或辣椒都是用来实验的好东西。

如何腌制

腌制的目的是使肉和腌渍调料的接触最大化。为了做到这一点，你可以将你的肉腌在一个塑料夹链密封袋中，并把所有的空气挤出。我是这样做的：在夹链的边缘留下一个小气孔，通过它挤压出袋中所有的空气，然后在肉汁开始泄漏前的最后一刻将它密封。或者更好的是，将牛排用真空包装机密封在快尔卫式的包装袋中。

在时间方面，你应该将肉腌渍至少 1 个小时，至多 12 个小时。时间太短的话，根本腌不入味；时间太长则会让肉变得有点糊且带粉渣，因为酸或蛋白酶会使肉呈现一种略微烹过的样子。

你该知道的 6 种不用花大钱的牛排

在超市贩售的几十种便宜牛排中，有 6 种是我最喜欢的。这些都是主厨喜欢使用的牛肉部位，因为它们不仅更便宜，还有自己的特点。

高级牛排都是从牛的同一个部位沿着肋骨和脊椎切割下来的。这是为什么？因为那个区域的肌肉——背阔肌和腰大肌——在牛的一生中几乎没有运动过。它们大、软嫩且非常容易切成又大又多汁的牛排。

另一方面，所谓的“肉贩牛排”，来自牛身上各个部位，它们也不是那么容易取得的。其中许多是整块肌肉，必须修整到足够嫩且足够大，才能够做牛排。在一头牛身上也并没有很多。例如，如果说从一头牛身上取得的肋眼牛排和 T 骨牛排约有 9.1 千克（20 磅）的话，那腹肉牛排（hanger steak）可能就只有 454~907 克（1~2 磅）。

因为这些肉贩部位是工作肌肉，所以往往更加美味。但又因为它们对一般大众并不是很有吸引力，而且需要一点儿技巧来烹饪，所以它们比其他主流同伴要便宜得多。这对你来说是好消息！

下面介绍 6 种值得了解的牛排。其中一些——比如牛腩排——现在的价格已上涨到不那么便宜的范围，但无论在哪里购买，你总能用合理的价格买到其中一种。

腹肉牛排（Hanger steak）

牛小排（Short ribs）

裙排（Skirt steak）

三角肉牛排（Tri-tip steak）

牛腩排（Flank steak）

腹肉心牛排或沙朗尖肉（Flap steak/sirloin tips）

表 12　6 种牛排的等级、风味及烹饪的方式

名称	柔嫩度（等级 1~10）	风味（等级1~10）	尝起来的味道	最佳烹饪方式
腹肉牛排	7~10（垂直于纹理切片）	8~10	这是我常从肉贩那里买的牛排。如果修整得适当，它将呈现 20.3~25.4 厘米（8~10 英寸）长、大约 5.1 厘米（2 英寸）宽的条状。半修整的腹肉牛排将是更大的一块，而它有一条结缔组织沿着中心而下，需要修整掉。生的腹肉牛排有一种粗糙湿软的口感，但当加热到三分到五分熟时，它就会变得结实多汁	锅煎和烧烤。最好加热到三分熟或五分熟（比这更生时口感是相当不好的）。这使它成为在啤酒冰桶里用低温慢煮方式烹饪（见 p.379“在冰桶里烹调牛排”）的最佳选择
裙排	6~10	7~10	裙排卖的时候分“内”“外”，这取决于它具体是从哪里切割下来的（见 p.323）。它有时候也被称为“fajita steak”，有一层坚韧的膜附着在它的一边，这层膜通常在出售之前会被剥离（如果你发现膜仍然附着，可以垫着厨房毛巾抓住它并将它剥离）。它属于较有风味的牛排之一，具有独特的野味和大量的脂肪。和腹肉牛排一样，最好将其烹饪到五分熟并切薄片。由于它很薄，可能难以适当地测量熟度，因此你需要多一些练习	烧烤。裙排非常薄，所以要想让它在中心过熟之前，表面有漂亮的褐色，使用高温至关重要。切片时，首先将其横向切割成 7.6~10.2 厘米（3~4 英寸）长的段，然后将每段纵向（垂直于纹理）切成薄片
牛腩排	7~10	5~10	它曾经是便宜的牛排，是高价牛排的优质替代品，但现在快和纽约客牛排一样贵了。这种宽扁长方形的牛肉具有适度的牛肉味、大量的肉汁和夸张的纹理。它是烤架烧烤的最爱	烤架烧烤。静置后，牛腩排必须垂直于纹理切成薄片。首先将其纵向（顺着纹理）分成两块，然后将每块都横向（垂直于纹理）切成薄片

续表 12

名称	柔嫩度（等级 1~10）	风味（等级 1~10）	尝起来的味道	最佳烹饪方式
牛小排	6~10	10~10	这是我的小秘密（好吧，阿根廷人和韩国人也知道）。大多数人认为牛小排只不过是种适宜炖的肉块，但它也是极有牛肉风味的牛排。关键是找到大块的牛小排，其肉片至少有 3.8 厘米（$1\frac{1}{2}$ 英寸）宽、数厘米长。如果把它烤或煎到五分熟并垂直于纹理切成超薄片，就实在很难找到比它更美味的牛排了	烧烤，锅煎。牛小排的脂肪含量非常高，所以与其他大多数牛排相比，它们需要更长的时间来烹饪。在上桌前，将其垂直于纹理切成超薄片
三角肉牛排	5~10	4~10	从质感上来说，三角肉类似于平切的前胸肉（flat-cut brisket），虽然它没有那么多的外部脂肪。以味道来说，它更接近外侧后腿眼肉（小米龙）。它的牛肉味或脂肪含量并不高，所以大量使用调味品是个好主意，还要配上美味的酱汁。由于其呈现不均匀的锥形，因此当客人喜欢具有多种熟度的肉时，三角肉是一个不错的选择	烧烤。这是一种平淡的牛排，所以烧烤能给它带来一些风味
腹肉心牛排或沙朗尖肉	6~10	6~10	整块腹肉心是约 3.8 厘米（$1\frac{1}{2}$ 英寸）厚的矩形肉块，重 0.9~1.4 千克（1~3 磅）。腹肉心具有非常粗壮的纹理和大量的脂肪，具有丰富强烈的味道，适合不同的用途。肉贩通常会将其他较小的肉块误标为沙朗尖肉或尖牛排（tip steak）。寻找或问肉贩要整块腹肉心，以确保买到正确的东西	非常适合各种用途：烧烤、锅煎，甚至炖汤或炖菜。另外，很适合做烤串。如果要烤或煎，应先将其顺着纹理切成厚片，再垂直于纹理切成薄条

腹肉牛排

腹肉牛排就像是没有打入主流榜单前 40 位的独立乐团，但已经知名到每个人和他们的母亲都听说过。大多数人甚至曾吃过。曾经有很长一段时间，腹肉甚至是不卖给大众的，主要用于做牛绞肉，或者被肉贩带回家（因而得到了“肉贩牛排”的绰号）。如果你在法国旅行，你可能会看到它作为 onglet[4] 出现在小酒馆的菜单上——这是做牛排薯条（steak frites）经常会用到的肉。然而，在美国，你碰到它的机会要小很多。

后来，到了 20 世纪 90 年代末期或早些时候，主厨们开始注意到腹肉，它开始出现在美国小酒馆和高级餐厅的菜单中。主厨们喜欢它，因为它提供了昂贵牛排，如肋眼或纽约客牛排那种丰富浓郁的肉味，却没有高昂的价格标签。近来，腹肉牛排变得非常受欢迎，也因此不再像以前那么便宜（毕竟，每头牛只有两块腹肉，而且它们并不是特别大），但在超市里它的价格仍然是高级牛排的 1/3~1/2 而已。

别名：肉贩牛排（Butcher's steak）、hangar（这是一个不正确的拼写，但经常出现）、arrachera（墨西哥写法）、fajitas arracheras（美国得州南部写法）、bistro steak、onglet（法国写法）。

来源：牛的腹肉（腹部前端），它“悬挂”（hangs）在牛的膈上，因此而得名。

购买：腹肉牛排在市场上有几种不同的形式。直接从一头牛上切下来时，它是由两块大且纹理松散的肌肉粘在一起的，且有大量的结缔组织和筋膜围绕着。如果你很幸运，你将会遇到一位知道如何把它分成两块修得整齐的牛排的好肉贩。每块牛排约 30.5 厘米（12 英寸）长，重 227~284 克（8~10 盎司），具有三角形横截面。

我看过这些单片牛排被切开摊平成更宽、更薄的牛排，据说这样可以加热得更均匀。然而实际上，一块被切开摊平的腹肉牛排太薄了，没办法在做出三分熟的同时仍能发展出很好的焦脆外皮，所以我会避开这样的牛排。相反，要么买一块常规修整过的牛排，要么买没有修整过的，自己来处理。

剔除：用一把锋利的去骨刀剔除所有筋膜和多余的脂肪。刀尖从筋膜下滑入，用没拿刀的那只手抓住筋膜，然后小心地在它下面拉动刀子，尽可能不要剔到肉。最后，你会得到两块连在一起的肉，它们中间是一条很粗的筋。

沿着中间的筋将肉切分成两块单片牛排，然后将它们分别修整一下，就可以烹饪了。

烹饪：无论在室内还是室外，烹调腹肉牛排都有好几种方式，但不管你在哪里烹调，都要确保牛排被加热到刚好是三分熟或五分熟，不多也不少。不像肋眼牛排那样，即便超过五分熟，都仍是非常柔嫩和多汁的，腹肉牛排有非常粗糙的质感和明显的纹理，只要超过五分熟，就会变得像橡胶一样难以咀嚼。

④ onglet，腹肉的法语名称。——校注

另一方面，如果烹调时间不充足，你会得到糊状的滑溜的肉。一分熟的腹肉牛排不像一分熟的里脊肉、肋眼或纽约客牛排。请一定使用温度计，并将其烹饪到 51.7℃（125 ℉）和 54.4℃（130 ℉）之间的最佳点（这使得它在静置时有些空间可以让温度再升高）。

较高的温度至关重要。腹肉牛排相对比较薄，而你会想让它们在开始过熟前出现很好的焦脆外皮。在烤架上，我会在烤架的一侧堆起一整桶的煤，从头到尾都用旺火来烤牛排，偶尔翻面。如果是在室内炉灶上烤，就要用一口铸铁锅，用冒烟的火来烹调。用腌渍调料腌过的腹肉牛排会烹调得很成功。

最后，腹肉牛排很适合低温慢煮（见 p.382），因为这种方法能保证将其自始至终均匀地加热。先在 51.7~54.4℃（125~130 ℉）的水浴中烹饪牛排，然后在烤架或炉灶上用最大火将其烤好。

切片上菜：如同其他肉类，腹肉牛排应该在烹饪完成后静置几分钟，然后垂直于纹理切片并上菜。如果烹饪和切片适当，每一口腹肉牛排都会像肋眼一样柔嫩。

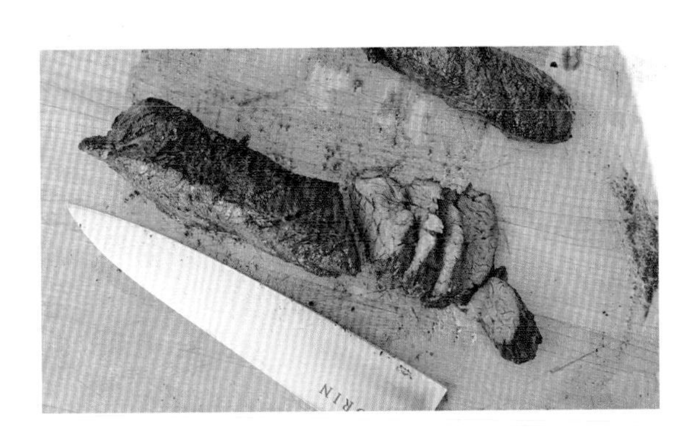

裙排

在牛身上所有便宜的肉块里，裙肉可能是性价比最高的。它充满了大量黄油般顺滑浓郁、牛肉味十足的脂肪，味道丰富、鲜嫩多汁。这是一个难以不被喜欢的肉块。事实上，我会说它的风味甚至比肋眼牛排更好，远远优于相对平淡的里脊肉或纽约客牛排。

也就是说，如果正确地烹调和切片，它就是种难以不被喜欢的肉块。但很多时候，你会走进一家平价墨西哥餐厅[5]，在那里，裙排（在墨西哥被称为 asfajitas——“小皮带”）成堆地躺在铁板的一边，被慢慢地过度烹饪，从鲜嫩多汁的适合献给国王的牛排，变成典型的老得像皮革的墨西哥玉米饼馅料。

同样糟糕的是那位把肉扔到不够热的烤架上的大叔，还忘了让肉静置，又切片不得当，把它弄成了老得不能吃的橡皮筋。别做这样的大叔，否则你家人可能仍然爱你，但一定不会喜欢你的牛排。

别名：墨西哥法士达（Fajita meat）

来源：外裙是牛的膈。内裙是肋腹肉的一部分。

购买：外裙是传统上用来做 fajitas 的肉，但它一般只卖给餐厅，你很难在零售店里找到。它带有一层坚硬的膜，在烹饪前需要先剔除。

内裙是肋腹肉的一部分，它是比较容易买到的裙排。它的膜已被事先剔除，因而在家里做剔除工作变得更容易。你要做的只是从外部去除一些多余的脂肪。

剔除：使用锋利的刀，尝试将脂肪除去，不要剔到肉。有些脂肪会留在牛排上——这是好的。它会在烤肉的时候被逼出来，流到肉上，为牛排带来更浓郁的风味，使其牛肉味及奶油味更加浓烈。

⑤ 墨西哥餐厅，Taqueria，指主要卖墨西哥玉米饼（taco,burrito）的餐厅。——校注

烹饪： 烹饪裙排的时候，只有一个规则，就是使用强烈的、不间断的高温。忘记从小火缓慢开始的方法或低温慢煮吧。裙排应该从头到尾都尽可能地以最高温来烹饪，下面说原因。正常厚度的牛排，如果整个烹饪过程都使用高温，在中心到达适当的三分熟前，其外皮就已经烧焦了。而裙排有相反的问题，它是如此薄，以至于除非你用最大的火来烹饪，否则在你有机会让其表面焦脆前，它就已经烤过头了。

我喜欢点燃一整个引燃桶的煤，然后把它们都整齐地堆在烤架一边的下方，再在烤架上面额外加几块煤。一旦这些最上面的煤热了，就把牛排丢上去，只翻一次面。[⑥]如果你有硬木炭（hardwood coals），那么现在是拿出来用的时候了。它们比煤块烧得更快且更热，这使它们成为烤裙排的理想选择。就像腹肉牛排和其他肌理松散的牛排一样，裙排很适合提前腌制。至少，请使用大量的盐和黑胡椒碎腌制。

切片上菜： 看看纹理的方向。顺着纹理将牛排切成7.6~10.2厘米（3~4英寸）长的块，然后将每一块旋转90°，切成条。

牛腩排

很难想象还有什么肉块会比牛腩排更适合为一群人烹饪。它有强烈的牛肉味道和令人愉快的柔嫩质感，又带一点儿嚼劲。它那大而规则的形状，让烹饪、切片和上菜都变得很容易。它足够薄，以至于只要几分钟就可以熟透；又足够厚，让你仍然可以得到一块很好的三分熟成品。

尽管牛腩排太大，在室内烹饪可能显得有点笨重，但它可以适用多种烹饪方法。最好的方法是在烤架上烧烤。牛排表面积很大，在烧烤过程中容易获得好的焦脆表面和烟熏味，而且它们也可以转化成多种类型的菜肴，如墨西哥铁板烤肉或牛排沙拉，非常适合户外用餐。

别名： 炒牛肉（在这种情况下，它通常会被切片）。

来源： 肋腹肉，在牛的腹部，朝向臀部。

购买： 曾经是一块便宜的肉块，也是高价牛排很好的替代品，但时至今日，牛腩排的价格几乎可以赶上一道纽约客牛排了。购买牛腩排，要找整体有均匀的深红色，且沿着肌肉

⑥我知道我曾经在前面说过，应将你的牛排多次翻面，但在这里，你越翻它，你的裙排就越容易过熟。

的长边长有大量脂肪的。没有好好处理的牛腩排要么会有一层薄膜仍然附着在部分肉上，要么会因过分去除该薄膜而导致肉的表面被削掉。要寻找没有划痕或缺口，有着顺滑质感的肉。标准的整块牛腩排重 0.9~1.8 千克（2~4 磅）。454 克（1 磅）牛腩排可以供 3 位用餐者食用，而如果你的朋友都像我平常那么饿，那么你可以准备 680 克（$1\frac{1}{2}$ 磅）。

剔除：牛腩排是如此受欢迎，以至于大多数肉贩都会将其剔除杂质、处理成随时可以烹饪的再卖。

烹饪：牛腩排有很细的纹理，使得它适合在一分与五分之间的任何熟度食用。若不切成小块，要将它放入煎锅中是有困难的，但在烤架上就没问题。像烹饪腹肉牛排一样，烹饪牛腩排要使用高温，偶尔翻面，直到它的两面都形成美味的焦脆外皮。如果它在中心达到所需温度之前就快要烧焦了，就将其移到烤架较冷的一侧，以温和的温度烤完。牛腩排不像腹肉牛排与裙排那样拥有比较松散的纹理，可以容易吸附腌渍调料，但还是很值得为了增加一点儿风味而将其腌一下的。

切片上菜：使用一把细长锋利的片肉刀或主厨刀，垂直于纹理切片。拿着刀子以较小的角度切，你可以得到宽一点儿的切片，成品展示起来也会更好看。

牛小排

韩国人和阿根廷人知道我们所不知道的事情：牛小排是最适合烧烤的肉。在韩国餐厅里，它在菜单上被称为“卡乐比”（kalbi）。在大多数情况下，你会发现牛小排被切成了法兰肯式（flanken-style），也就是垂直于肋骨切成薄片（切断肋骨），所以你会在每片牛小排上都看到一些骨头的横截面。但在比较高级的餐厅里，你会发现牛小排是以只有一根骨头的形式供应的，它的肉被切开摊平，这样它就可以伸展成又长又薄的条状。

在阿根廷，牛小排被称为 asado de tira，以厚切片形式供应，在明火上烧烤，用以香草油和醋为基础的阿根廷青酱（chimichurri sauce）来搭配。它的牛肉味比纽约客牛排更强烈，大理石纹比肋眼更好，它远比菲力有风味，比裙排或腹肉牛排更厚、更有肉。在烧烤架上没有任何东西能比牛小排更好了。

别名：Kalbi（韩国写法）、Jacob's Ladder（英国写法，当切过骨头）、asado de tira（阿根廷写法）

来源：肋排（呃）。虽然牛小排可以切割自多种部位，但它们来自的肋骨部位通常比带骨牛肋排（rib steaks）或纽约客牛排的（更靠近背部）更靠近腹部一点。当被切成

15.2~20.3 厘米（6~8 英寸）长的带骨的厚块时，牛小排被称为“英式分割”（English cut）。当切断骨头，使每片牛排都具有 4~5 段短骨时，它们被称为“法兰肯式”。

购买：就像其他任何肉一样，牛小排的品质差异很大。最好的来自肋骨最上方，靠近肋眼牛排被切下来的地方。最靠上的 15.2 厘米（6 英寸）左右的区域就是你要找的。你会发现从这个区域切割下来的牛小排，它的骨头约 15.2 厘米（6 英寸）长、3.8 厘米（$1\frac{1}{2}$ 英寸）宽、1.3 厘米（1/2 英寸）厚，上面有约 2.5 厘米（1 英寸）高的肉。

一些不那么有良心的肉贩会从肋骨较靠下的位置上切下的排骨当作牛小排来卖。你可以从它们上面不怎么有肉的样子而认出它们。不需要为此困扰，它们完全没有用——除非你有几只饥饿的狗。寻找肉质好又有大量大理石纹的牛小排去吧！

无论是英式还是法兰肯式分割的牛小排，都能在烤架上很成功地烹饪，但我更喜欢购买英式分割的。这让我可以从一块相对较厚的牛排上取下骨头上的肉。如果你能设法找到去骨牛小排就更好了。只需将它们切成单片牛排即可烹饪，完全不会浪费。

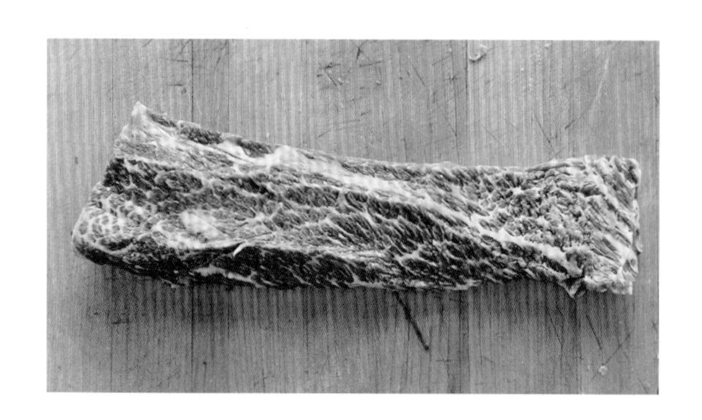

剔除：如果牛小排有块大的脂肪帽，将它修整到约 0.3 厘米（1/8 英寸）厚。应该不需要去除任何筋膜或结缔组织。英式分割的牛小排也可以把骨头切断。将骨头留下熬高汤（**或留给小狗！**）。

烹饪：牛小排具有很高的脂肪含量——它们非常油腻——因而是相对容易烹饪的肉块。肌肉里的脂肪起到隔热的作用，这意味着牛小排可以烹饪得更久一点儿而不会过熟，从而给你一个更长的时间段来让它达到预期的熟度。我对待牛小排就像对待一块高级日本和牛式的牛排一样。也就是说，不管你平时喜欢的牛排是一分熟还是全熟，我强烈建议烹饪牛小排到三分熟——约 54.4℃（130 ℉）。任何比这更低的温度，都会使肌肉里的脂肪结实如蜡，不会变得油润多汁。温度更高的话，脂肪将开始大量流失，使你的牛排变得坚硬又干燥。

将牛小排以适度的高温烹调是最好的，但不要用非常炙热的大火。和其他东西一样，脂肪有一种倾向，当它变得太热时也会烧焦。如果在熊熊烈火上烤牛小排，滴下的脂肪会蒸发，并在肉的表面留下一种煤烟沉积物。你想将牛小排烹饪到中心熟度正好，且外部变成深棕色有焦脆外皮的状态，就不要用那么高的温度。它们也可以像一般牛排一样在热的铸铁锅里煎。

我喜欢用阿根廷的方式烹饪我的牛小排——以盐调味并搭配阿根廷青酱上菜。

切片上菜：牛小排比高价的肉块还要硬一点点，所以，再次声明，在上菜前（或建议你的客人这么做）请垂直于纹理将其切成薄片。

相信我。一旦你试过在烤架上烤出的牛小排，你就永远不会再想用烤箱来糟蹋它们了，或者至少在寒冬来临之前不会了。

三角肉牛排

如果你不是来自美国加利福尼亚州的圣玛丽亚（Santa Maria），你就可能没有听说过三角肉——从牛的下后腰脊肉（bottom sirloin）切下的又大又嫩的三角形肌肉。如果你来自圣玛丽亚，你可以用你手里那碗粉红小豆子（pinquito beans）来打赌，你一定吃过不少三角肉了。

圣玛丽亚式烧烤主要使用三角肉牛排，它是一种地方性的烧烤风格，在加州中部以外的地方不是那么有名，而且根据某些标准，它也并不被认为是"真正的"烧烤。圣玛丽亚式烧烤严格来说是一种快速烹饪的方法——也就是说，将肉在明火炭炉里用红橡木烧烤到三分熟。没有低温缓慢的烟熏，没有结缔组织的分解（实际上，三角肉也没有多少结缔组织），没有豪华的烧烤酱汁，只有调过味的牛肉，将它烧烤、切片，再配上一碗当地的粉红豆子、番茄莎莎酱和黄油蒜香面包。听起来真是棒！

别 名：Santa Maria steak、Newport steak（当切成单片牛排）、aguillote baronne（法国写法）、punta de anca、punta de Solomo或colita de cuadril（拉丁美洲写法）、maminha（巴西写法）

来源：来自控制牛后腿的肌肉群（它是向牛膝盖施力的肌肉）的下后腰脊肉。

购买：这里没有什么值得注意的——三角肉相当一致。如果你有介于极佳级和特选级之间的选择，我会选择极佳级的——情况是这样的，你会想尽可能地得到所有的脂肪，因为三角肉通常是比较瘦的部位，容易失去水分而变干。

剔除：三角肉不需要修整，但如果其表面有筋膜，请使用薄而锋利的刀具将筋膜去除。

烹饪：三角肉不是那么有牛肉味，也没有那么多的脂肪，所以一般来说，使用大量调味品调味或配上美味的酱汁食用是个很好的主意。它的锥形形状会使得它烹饪得不均匀。如果你的客人喜欢更熟的肉，就从较薄的锥形端切片给他们。传统的圣玛丽亚式烧烤需要盐、黑胡椒碎，也许于烹饪前抹一点儿大蒜到肉上也可以。就我个人而言，我喜欢更丰富的香料粉——一点儿红甜椒粉、孜然、卡宴辣椒和一些红糖。这些调味品有助于在切片和上菜时增加牛肉的味道。

正如烹饪一块肥大的牛排时让肉烹饪得均匀、多汁并有一层漂亮的焦脆外皮的关键是将肉放在烤架上较冷的一边盖着盖子开始烤（你可以添加一些泡过水的木块到煤中——三角肉适合烟熏），并且将其烹饪到低于目标温度2.8~5.6℃（5~10 ℉）。若是要烤到三分熟，那就是46.1~48.9℃（115~120 ℉）。之后，将它移到烤架热的一边，烤到全部上色。

切片上菜：让它在一旁静置约10分钟（毕竟，这是一大块肉），然后用利刀垂直于纹理将其切成薄片。

上菜时你可以搭配任何你喜欢的酱汁。我心里的那个传统主义的我说，用混合了番茄

和芹菜的圣玛丽亚风莎莎酱（见 p.338）搭配来吃；但我心里的那个只要好吃就行了的我，经常对那个传统主义的我说，闭嘴吧，搭配这一章里任何一种酱汁上菜就行了。

腹肉心牛排

我最先是从它的新英格兰本地名称“沙朗尖肉”认识腹肉心的。去任何老式酒馆，你一定会在菜单中碰到它。它被切成立方体，插在扦子上，在明火上烧烤，就像东波士顿的圣塔皮奥（Santarpio）餐厅做的那样。如果烧烤得当，腹肉心会柔嫩多汁，且具有强烈的牛肉味，是许多其他用来烤肉串的肉块所缺乏的。而且，它还很便宜。不是那种“比里脊肉便宜但还是有点贵”的便宜，是真的很便宜。

一直到搬回纽约市我才意识到，新英格兰地区以外的人都不知道什么是沙朗尖肉。直到后来我才知道，这里的肉贩卖的“faux hanger”（直译为“仿制衣架”）和“牛腹肉心”实际上是完全相同的，只是将肉保留为了一整块而不是切成片。

在所有便宜的牛肉块中，腹肉心牛排是最万能的。它用快速烹饪方法，如烧烤或煎制都很棒，整块烹饪后切成薄条状食用也极好，切成方块，串上烤扦就更无敌了。它的肌理比较粗，容易吸附腌渍调料和调味料。它用来慢煮也是不错的，炖煮过程中它会分散成柔嫩的碎肉，像古巴的炖牛肉（ropa vieja）一样。

别名：Faux hanger、bavette（法国写法）、sirloin tip（新英格兰写法）

来 源：下后腰脊球尖（bottom sirloin butt）——与三角肉来自大致相同的区域。

购买：你能买到的牛腹肉心有几种形式，取决于你住在哪里，但它总是被以整块肉的方式送到超市或肉贩那里。如果你住的地方（如新英格兰）比较常见的是把肉切成条状或立方体销售，你就得要求肉贩卖给你整条的修整好的肉。这让你回到家后可以有更多的选择。因为牛腹肉心是一种相对瘦的肉块，所以真的没有必要去追求极佳级的，特选级的品尝起来一样好，而且花费更少。

剔除：牛腹肉心通常只需要做极少的剔除工作，去除所有筋膜即可。

烹饪：相比我知道的任何其他部位的肉，牛腹肉心一分熟的时候吃起来是挺可怕的。当它仍然是生的时，你可以自己看看：就是一些糊状的肉。只有加热到三分熟或五分熟，它才会结实到不至于在你咀嚼时一下子被压扁。

牛腹肉心很适合烧烤。它不像裙排那样需要高温，也没有牛小排那样的会烧焦的脂肪，这让它相当易于烹饪。只要在烤架的一边生好火，把牛腹肉心（当然，是调过味的）摆上架，然后每分钟翻一次面，直到它最厚的部分达到至少 51.7℃（125 ℉）即可。

切片上菜：腹肉心牛排有非常粗糙的、具有明显的方向的纹理——沿着牛排一直横向延伸。这使得它很难被垂直于纹理切成一口大小的薄片（只能切出很长的薄片）。最好的做法是先顺着纹理将它分成三或四部分，然后将每部分旋转 90°，再垂直于纹理将它们切成薄片。

由于腹肉心牛排的形状、厚度和吸附腌渍调料的能力很像牛腩排，因此你可以将它们轮换着用。把它想象成牛腩排更美味、更迷人的表亲就好了。

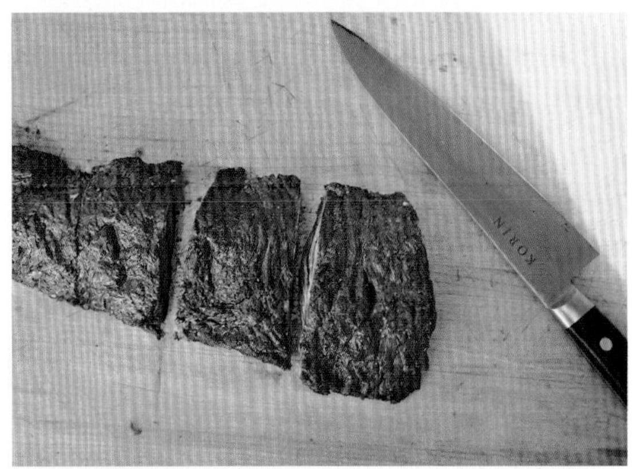

| 刀工 | 垂直于纹理

如你所知，肉是由一束束平行排列的长肌纤维构成的。仔细看看你的肉，你会看到，和木头一样，它有纹理。在某些肌肉上，如腰肉（也就是能切出纽约客和肋眼牛排的地方）或里脊肉（也就是菲力），纹理非常细腻——肌肉纤维束非常细，使得它们无法形成明显的纹理。从这些柔弱的肌肉上切下来的肉块，无论你怎么切片，都是嫩而柔软的。而便宜的肉块，像裙排、腹肉牛排（如上图所示）或牛腩排，则有较粗的肌肉纤维束，纹理明显。

这些纤维是非常顽强的家伙——它们也必须如此。它们的工作是移动比你大得多的动物的可动的部位。试图沿着一根单独的肌肉纤维的走向将其撕裂的话，会十分困难；但拉动单束肌肉纤维将它们彼此分开是相对容易的。所以，在把一片牛腩排、腹肉牛排或裙排放到嘴里之前，要用锋利的刀尽可能地将那些肌肉纤维切得短一些。如果你用刀顺着纹理来切割，最终你会得到长长的、坚韧得用牙齿难以撕开的肌肉纤维。然而，垂直于纹理将肉薄薄地切片，可以获得极短的肌肉纤维，它们几乎不能维持在一起。请看看顺着纹理切片（下页图中左边的肉）和垂直于纹理切片（下页图中右边的肉）之间的区别：

这就是你需要知道的全部内容了，所以你有权利马上跳过这个专题的其他部分。我在九年级的时候遇到了一位世界上最棒的几何老师。他给我注入了非同寻常的渴求

精神，这种精神让我有画三角形和测量东西的欲望。如果你也和我一样，就接着往下看。好吧，用斯特姆（Sturm）老师的话来说就是，拿出你的氧气面罩吧，因为我们就要攀登优雅之山，那里的空气相当稀薄！

若要将其量化，你将牛排切片的方法会对成品产生多大影响呢？让我们先设置一些定义：

- 设 w 为刀在肉片之间移动的距离（即肉片的宽度）。
- 设 m 为每片肉中肉纤维的长度。
- 最后，设 θ 为刀和肉纤维之间的夹角。

根据一点儿高中学的三角函数知识，你可以很快得出以下公式：

$$m = w / \sin\theta$$

那么，这其中的含义是什么呢？嗯，如果我们的目标是使肉纤维的长度（m）最短，那么我们需要使 $\sin\theta$ 的值最大化。当以刀与肉纤维呈 90° 角的方式把肉切成 1.3 厘米（0.5 英寸）的条状时，$\sin\theta$ 等于 1（即最大），并且肉纤维的长度恰好与肉片的宽度一样，也就是 1.3 厘米（0.5 英寸）。如果是以 45° 角来切割，那么当它们的宽度仍然是 1.3 厘米（0.5 英寸）时，肉纤维的长度则已经达到 1.8 厘米（0.707 英寸。对于那些会对等腰直角三角形感到兴奋的书呆子们来说，这是0.5的平方根）。这几乎是增加了 50%！现在把它带到极端：如果你要完全平行于肉的纤维来将肉切片，那么 $\sin\theta$ 就等于 0，根据坚不可摧的数学定律，你的肉纤维将伸展到无限长。这是一头很大的牛了！

故事的启示：应垂直于纹理切肉，以使柔嫩度最大化。这适用于所有类型的肉——牛肉、羊肉、猪肉、火鸡肉、水牛肉、野牛肉等——你尽管说吧。只要它有肌肉，你切片的方向就很重要。

锅煎腹肉牛排

佐香草和大蒜腌渍调料

PAN-SEARED HANGER STEAK

WITH HERB AND GARLIC MARINADE

这道食谱使用了以油为基底的腌渍调料，可以让香草和大蒜的味道均匀地渗入牛排。因此，让牛排静置得久一点儿，比我建议的 6 个小时左右的常规腌制时间还要长，也是没问题的。事实上，它需要长一点儿的时间让香草中的香味物质转移，因为这些物质首先需要从香草中转移到油里，然后再从油里转移到肉中。让香草和香料保持完整，这样你开始煎（或烧烤）之前可以将它们轻易去除。

笔记：

你也可以将腹肉牛排换成牛腩排、裙排或腹肉心牛排。

4 人份

腌渍调料

特级初榨橄榄油 1/4 杯

大蒜瓣 4 瓣，切分成两半，用刀面轻轻拍碎

黑胡椒粒 1 大勺

茴香籽 1 小勺

芫荽籽 1 小勺

大致切碎的新鲜荷兰芹叶和茎 1/2 杯

新鲜百里香 4 枝（大致切碎）

酱油 2 大勺

犹太盐适量

腹肉牛排 907 克（2 磅，切成 4 块同样重的牛排）

植物油 1 小勺

无盐黄油 2 大勺

1. 制作腌渍调料并腌制牛排：在小碗中将橄榄油、大蒜、黑胡椒粒、茴香籽、芫荽籽、荷兰芹、百里香和酱油混合搅拌均匀，加盐调味。将腹肉牛排放在 3.8 升（1 加仑）大小的夹链冷冻袋中，加入腌渍调料后压出空气，并将袋子密封。将肉放在冰箱里腌制至少 6 个小时，最多 24 个小时，偶尔翻一下面。
2. 将肉取出，除去多余的残留物，包括全部的香料、香草和蒜瓣。在直径 30.5 厘米（12 英寸）的铸铁锅或厚底不锈钢锅中以大火加热植物油，直到冒烟。加入牛排煎约 4 分钟，其间，经常翻面，直到其两面都形成浅棕色的焦脆外皮（如果油开始燃烧或不断冒烟，转中火）。
3. 加入黄油并继续烹饪约 5 分钟，其间，经常翻动牛排，如果锅冒烟太大就将火调小，直到肉的两面都变为深棕色，如果想要三分熟，则烤到用快显温度计测得其中心温度达到 51.7℃（125 ℉），或五分熟，温度达到 57.2℃（135 ℉）。将牛排移到大盘子上静置 5 分钟，然后再切片、上菜。
4. 如果需要，可以做道锅底酱（见 pp.308—311），也可以搭配复合黄油（见 p.315）或第戎芥末酱上菜。

牛排馆级烧烤腌牛腩排

STEAK HOUSE-STYLE GRILLED MARINATED FLANK STEAK

这款腌渍调料是我自己版本的 A-1 级别的牛排调料，以伍斯特酱为基底，以鳀鱼、酱油、马麦酱和红糖调味。它超级美味又带点甜味。你也可以将牛腩排换成腹肉牛排、裙排或腹肉心牛排。

4 人份

腌渍调料

伍斯特酱 1/2 杯

酱油 1/4 杯

红糖 3 大勺

鳀鱼鱼片 4 片

马麦酱 2 小勺（可选）

大蒜瓣 2 瓣，切成两半，用刀面轻轻拍碎

第戎芥末酱 2 大勺

番茄酱 2 大勺

植物油 1/2 杯

切碎的新鲜细香葱 2 大勺

中型红葱头 1 个，切碎成约 2 大勺

牛腩排 1 块［约 907 克（2 磅）］

1. **制作腌渍调料并腌制牛排：**在搅拌器中将伍斯特酱、酱油、红糖、鳀鱼、马麦酱（如果使用的话）、大蒜、芥末酱、番茄酱和植物油混合，搅拌至顺滑、细腻并乳化，即成腌渍调料。将 1/3 的腌渍调料倒到小碗中，加入细香葱和红葱头搅拌混合后冷藏。将牛腩排放入 3.8 升（1 加仑）的夹链冷冻袋中，加入剩余腌渍调料后压出空气，并将袋子密封。将肉放在冰箱里腌制至少 1 小时，最多 12 小时，偶尔翻一下面。
2. 从腌渍调料中取出牛排，用厨房纸巾擦干。点燃一整个大引燃桶的煤，直到它们被煤灰覆盖，然后将其均匀地铺满烤架一半的位置。将烤网架好，盖上盖子，让烤架预热 5 分钟。如果使用瓦斯烤炉，就将一组炉头加热到高温，然后将其他炉头关闭。将烤网清理一下。
3. 将牛腩排放到烤架热的一侧上烤约 3 分钟，直到第一面棕化。将牛排翻面并继续烤约 3 分钟，直到第二面棕化得恰到好处。将牛排转移到烤架凉的一侧，盖上盖子继续烤，如果想要三分熟，则烤到用快显温度计测得其中心温度为51.7℃（125 ℉），或五分熟，温度达到 57.2℃（135 ℉）。将牛排移到砧板上，静置至少 5 分钟，然后将牛排切片，与预留的腌渍调料一起上桌。

香辣泰式烤牛腩排沙拉

SPICY THAI-STYLE FLANK STEAK SALAD

这可能是我有史以来最喜欢的牛肉腌渍调料了。甜、辣、酸、咸，它包含了泰国菜的四种基本味道。虽然食谱中没有添加盐，但鱼露和酱油就很咸了。

> 笔记：
>
> 你也可以在室内用烤盘或大型煎锅来烹调—将牛排横切成两半，以便将其放在烤盘中。你也可以将牛腩排替换成腹肉牛排、裙排或腹肉心牛排。

4 人份

腌渍调料

包装红糖 1/2 杯

水 1/4 杯

鱼露 3 大勺

酱油 2 大勺

青柠汁 1/3 杯（用 3~4 个青柠榨取）

中型大蒜瓣 2 瓣，切碎或以刨刀磨碎成约 2 小勺

泰式辣椒粉或红辣椒碎 1 大勺

植物油 1/4 杯

牛腩排 1 块［约 907 克（2 磅）］

沙拉

散装新鲜薄荷叶 1/2 杯

散装新鲜芫荽叶 1/2 杯

散装新鲜罗勒叶 1/2 杯

中型红葱头 4 个，切细片成约 1 杯

小黄瓜 1 根，切成 1.3 厘米（1/2 英寸）的块状

绿豆芽 1~2 杯，洗净并沥干

1. 制作腌渍调料并腌制牛排：在小型深平底锅中混合糖和水，并用中火加热，搅拌，直到糖完全溶解。将糖水倒入小碗中，加入鱼露、酱油、青柠汁、大蒜碎和辣椒粉，搅拌均匀。将一半的腌渍调料放到小容器中储存备用。把油加到剩下的腌渍调料中搅拌混合。将牛腩排放到 3.8 升（1 加仑）的夹链冷冻袋中，倒入腌渍调料，压出空气，并将袋子密封。将肉放在冰箱里腌制至少 1 个小时，最多 12 个小时，偶尔翻一下面。
2. 从腌渍调料中取出牛排，用厨房纸巾擦干。点燃一整个大引燃桶的煤，直到它们被煤灰覆盖，然后将其均匀地铺满烤架一半的位置。将烤网架好，盖上盖子，让烤架预热 5 分钟。如果使用瓦斯烤炉，就将一组炉头加热到高温，然后将其他炉头关闭。将烤网清理一下。
3. 将牛腩排放上烤架热的一侧上烤约 3 分钟，直到第一面棕化。将牛排翻面并继续烤约 3 分钟，直到第二面棕化得恰到好处。将牛排转移到烤架冷的一侧，盖上盖子并继续烤约 5 分钟，如果要三分熟，则烤到用快显温度计测得其中心温度为 51.7℃（125 ℉），或五分熟，温度达到 57.2℃（135 ℉）。将牛排移到砧板上，用铝箔纸包起来，静置至少 5 分钟。
4. 垂直于纹理将牛排切成薄片，放到大碗中。加入薄荷叶、芫荽叶、罗勒叶、红葱头细片、黄瓜块、绿豆芽，以及备用的腌渍调料，混合一下，即可上桌。

烧烤腹肉心（牛排尖肉）

佐蜂蜜芥末酱腌渍调料

GRILLED FLAP MEAT
(STEAK TIPS)

WITH HONEY-MUSTARD MARINADE

腹肉心可以直接买到一大块的，但更常见的是切成条状并在标签上写着“沙朗尖肉”或“牛排尖肉”的。这两种都适用于这道食谱。如果你买的是一整块的，那在腌制之前要把它切成一份菜的分量。腹肉心可以替换成腹肉牛排、牛腩排或裙排。

4 人份

腌渍调料

酱油 1/2 杯

蜂蜜 1/4 杯

第戎芥末酱 1/4 杯

中型大蒜瓣 2 瓣，切碎或以刨刀磨碎成约 2 小勺

植物油 1/2 杯

犹太盐和现磨黑胡椒碎各适量

腹肉心牛排 907 克（2 磅）

1. 制作腌渍调料并腌制牛排：在中碗中混合酱油、蜂蜜、芥末和蒜末并搅拌，然后慢慢地加入油，不断搅拌。将一半的腌渍调料倒入小型容器中并储存备用。把肉放入3.8升（1加仑）的夹链冷冻袋中，倒入腌渍调料后压出空气，并将袋子密封。将肉放在冰箱里腌至少 1 个小时，最多 12 个小时，偶尔翻一下面。
2. 从腌渍调料中取出腹肉心，用厨房纸巾擦干。点燃一整个大引燃桶的煤，直到它们被煤灰覆盖，然后将其均匀地铺满烤架一半的位置。将烤网架好，盖上盖子，让烤架预热 5 分钟。如果使用瓦斯烤架，就将一组炉头加热到高温，然后将其他炉头关闭。将烤网清理一下。
3. 将肉放到烤架热的一侧上烤约 3 分钟，直到第一面棕化。将肉翻面并继续烤约 3 分钟，直到第二面棕化得恰到好处。将肉转移到烤架冷的一侧，盖上盖子并继续烤约 5 分钟，如果要三分熟，则烤到用快显温度计测得其内部温度为51.7℃（125 ℉），或五分熟，温度达到57.2℃（135 ℉）。将肉转移到砧板上，用铝箔纸包起来，静置至少 5 分钟。
4. 垂直于纹理将牛肉切薄片，淋上备用的酱汁就可以上菜了。

烧烤腌制牛小排

佐阿根廷青酱

GRILLED MARINATED SHORT RIBS

WITH CHIMICHURRI

与腹肉牛排的腌渍调料一样（见 p.332 的“锅煎腹肉牛排”），这种以油为基底的腌渍调料会使成品因为腌制时间延长而变得更好。

4 人份

特级初榨橄榄油 1/2 杯

中型大蒜瓣 3 瓣，切碎或用刨刀磨碎成约 1 大勺

小型红葱头 1 个，切碎成约 1 大勺

红辣椒碎 1/2 小勺

切碎的新鲜牛至叶 2 大勺或干燥的牛至叶 2 小勺

法兰肯式或英式切法的牛小排 1.8 千克（4 磅）

犹太盐和现磨黑胡椒碎各适量

阿根廷青酱 1 份食谱的量（见 p.385）

1. 在大碗里混合橄榄油、蒜末、红葱头、辣椒碎和牛至叶。将牛小排放到大碗里，加入大量的盐和黑胡椒碎腌调料，并充分混合直到整块牛小排均匀地沾上腌渍调料。将牛小排转移到 7.6 升（2 加仑）的夹链冷冻袋中，压出空气，并将袋子密封。将肉放在冰箱里腌制至少 6 个小时，最多 24 个小时，偶尔翻一下面。
2. 点燃一整个引燃桶的煤，直到它们被炭煤覆盖，然后将其均匀地铺满烤架一半的位置。将烤网架好，盖上盖子，让烤架预热 5 分钟。如果使用瓦斯烤架，就将一组炉头加热到高温，然后将其余部分关闭。将烤网清理一下并涂上油。
3. 将牛小排表面的多余腌渍调料擦掉，然后将其放到烤架热的一侧。将牛小排烤 8~10 分钟，其间，经常翻面，直到所有表面都棕化得恰到好处，用快显温度计测得牛小排的中心温度达到 51.7℃（125 ℉）。如果火焰突然变旺，就将牛小排转移到烤架较凉的一侧并覆盖烤架，直到火焰变弱，然后继续在热的一侧烹饪牛小排。把牛小排移到砧板上，用铝箔纸包起来，静置 5 分钟，然后搭配阿根廷青酱上菜。

圣玛丽亚风烤三角肉牛排

SANTA MARIA-STYLE GRILLED TRI-TIP

笔记：

可以加几块用水浸泡了约30分钟的橡木到煤里。三角肉可以替换为整块的无骨沙朗。

4~6 人份

三角肉牛排 1 块［1.1 千克（$2\frac{1}{2}$磅）］

中型大蒜瓣 4 瓣，切碎或用刨刀磨碎成约 4 小勺

犹太盐和现磨黑胡椒碎各适量

圣玛丽亚风莎莎酱 1 份食谱的量（见下一页）

1. 点燃一整个引燃桶的煤，直到它们被煤灰覆盖，然后将其均匀地铺满烤架一半的位置。将烤网架好，盖上盖子，让烤架预热 5 分钟。如果使用瓦斯烤架，就将一组炉头加热到高温，然后将其他炉头关闭。将烤网清理一下并涂上油。
2. 用大蒜末涂抹整块肉，并用足够的盐和黑胡椒碎腌制。将肉放置在烤架较凉的一侧，盖上盖子加热 20~30 分钟，偶尔翻面，直到烤肉最厚的部分用快显温度计测得温度为 40.6~43.3℃（105~110 ℉）。如果使用的是木炭烤架，一旦木炭不够热，就将烤肉从烤架上移开，再向烤架中加入 4 杯木炭，等待 5 分钟让它们升温，然后将肉放回到烤架热的一侧。
3. 将肉继续烤 5~8 分钟，频繁翻动它，直到它的外部焦脆，中心温度达到 48.9~51.7℃（120~125 ℉）。将肉移到砧板上，静置 10 分钟，然后将肉切成薄片并搭配莎莎酱，就可以上菜了。

圣玛丽亚风莎莎酱

Santa Maria-Style Salsa

约 4 杯

大型成熟番茄 2 个，切丁成约$2\frac{1}{2}$杯

犹太盐适量

芹菜茎 1 根，削皮、切丁成约 1/2 杯

青葱 4 根，切碎成 1/2 杯

加州辣椒（可以用波布拉诺或哈齐辣椒代替）1 根，切丁成约 1/2 杯

切碎的新鲜芫荽 1/4 杯

中型大蒜瓣 2 瓣，切碎或用刨刀磨碎成约 2 小勺

红酒醋 1 大勺

伍斯特酱 1 小勺

1. 将番茄与 1/2 小勺盐在滤盆中混合调味。将滤盆放入水槽中，静置 30 分钟。
2. 将沥干的番茄丁、芹菜丁、青葱碎、辣椒丁、芫荽碎、大蒜碎、醋和伍斯特酱在中碗中混合，以盐调味并试试味道。在上菜前至少在室温下放置 1 个小时。将剩下的酱装在密封容器中冷藏，最多 5 天。

最美味的墨西哥法士达

对那段在时代广场或是商场里面的维多利亚的秘密隔壁的那种廉价连锁餐厅工作的经历，我并不特别感到自豪。

除了让我开始回避一些只会形容食物“怎样怎样完美”的作家，它的确给我上了很有价值的一课：人们很爱看到铁板上煎得嘶嘶作响的肉。这是一个众所周知的现象：如果有位服务生在他负责的区域卖给一桌客人超级铁板肉（Extreme Fajitas™），那么接下来很快就会有许多的订单随之而来了。

这肉本身应该是超级多汁的，具有令人无法抗拒的近乎奶油般的牛肉味——这是裙排，毕竟，这是所有牛肉中最有奶油味的了——再配上那微甜的、非常鲜美的，又满是青柠和辣椒的腌渍调料。虽然墨西哥法士达传统上是用的外裙——牛横膈膜的一部分，这块肉很难弄到，除非你是在餐厅工作，然后特别订了一块。在肉贩或者肉类柜台那里，你更有可能找到的是内裙，不过它也适用。

墨西哥铁板牛排法士达

GRILLED SKIRT STEAK FAJITAS

笔记：

如果没有办法买到裙排，可用腹肉或腹肉心（在新英格兰亦称为"沙朗尖肉"——不同于沙朗牛排）代替。也可以使用牛腩排。为了得到最好的风味，请将等量的安丘辣椒和瓜希柳辣椒混合，自行研磨成辣椒粉。

4~6 人份

酱油 1/2 杯
青柠汁 1/2 杯（用 6~8 个青柠榨成）
芥花籽油 1/2 杯
红糖 1/4 杯
磨碎的孜然籽 2 小勺
现磨黑胡椒碎 2 小勺
辣椒粉（见上文"笔记"）1 大勺
中型大蒜瓣 3 瓣，切很碎成约 1 大勺
修整过的裙排 907 克（2 磅），约 1 整块牛排，横切成 12.7~15.2 厘米（5~6 英寸）的片（有关修整牛排的说明，请见 p.323）
大型红甜椒 1 个，去蒂去籽，切成 1.3 厘米（1/2 英寸）宽的条
大型黄甜椒 1 个，去蒂去籽，切成 1.3 厘米（1/2 英寸）宽的条
大型青椒 1 个，去蒂去籽，切成 1.3 厘米（1/2 英寸）宽的条
白色或黄色洋葱 1 个，切成 1.3 厘米（1/2 英寸）片
12~16 份热的墨西哥薄饼
墨西哥公鸡嘴酱（Pico de Gallo）1 份食谱的量（配方见下页）
牛油果酱、酸奶油、奶酪碎和莎莎酱（可选）

1. 在中碗中混合酱油、青柠汁、芥花籽油、红糖、孜然、黑胡椒碎、辣椒粉和大蒜碎，并搅拌混合成腌渍调料。将 1/2 杯腌渍调料倒入大碗中，并置于一旁备用。将牛排放入 3.8 升（1 加仑）的夹链密封袋中，并加入剩余的腌渍调料。将袋子密封并尽量挤出空气。揉按袋子，直到肉完全沾附上腌渍调料。将袋子平放在冰箱里至少 3 个小时，最多 10 个小时，其间，每隔几个小时翻一下面。
2. 在腌牛排的同时，把 3 种辣椒条和洋葱片放在碗里，与剩下的 1/2 杯腌渍调料充分混合。冷藏备用。
3. 当准备好要烹调时，将牛排从腌渍调料中取出，擦去多余的腌渍调料后放到大盘子里。点燃一整个引燃桶的木炭。当木炭被炭灰覆盖时，倒出炭块并将其摆放在烤架的一侧。将烤网架好，盖上盖子，让烤架预热 5 分钟。将烤网清理一下并抹上油。
4. 将大型铸铁锅放在烤架较凉的一侧。把牛排移到烤架热的一侧，盖好并烤 1 分钟。将牛排翻面，盖上再烤 1 分钟。继续以这种方式烤，直到牛排均匀上色，如果要三分熟，则烤到用快显温度计测得中心温度为 46.1~48.9℃（115~120 ℉），或五分熟，温度达到 51.7~54.4℃（125~130 ℉）。将牛排放到大盘子里，用铝箔纸包起来，静置 10~15 分钟。
5. 静置牛排的同时，将铸铁锅移到烤架热的一侧，预热两分钟。加入甜椒和洋葱混合物并加热约 10 分钟，偶尔搅拌，直到蔬菜软化并开始出现烤焦的点。当加热蔬菜时，将牛排移到砧板上，并将累积的所有肉汁从盘子里倒入铸铁锅里和蔬菜一起加热。翻锅，让肉汁能沾附在蔬菜上。
6. 将蔬菜移到一个微温的上菜盘里。垂直于纹理将肉切薄片并移到盛有蔬菜的上菜盘里。搭配热的墨西哥薄饼，并可根据需要搭配墨西哥公鸡嘴酱、牛油果酱和其他需要的调味料，立即上菜。

经典墨西哥公鸡嘴酱

Classic Pico de Gallo

笔记：

使用能够找到的最熟的番茄。在淡季，通常是指较小号的李子番茄（plum tomato）、罗马番茄（Roma tomato）或樱桃番茄（cherry tomato）。

约 4 杯

熟透的番茄 680 克（$1\frac{1}{2}$ 磅），切成 0.6~1.3 厘米（1/4~1/2 英寸）的小丁（约 3 杯），见上文“笔记”

犹太盐适量

大型白洋葱 1/2 个，切丁成约 3/4 杯

塞拉诺辣椒或哈雷派尼奥辣椒 1~2 根，切细丁，去除籽和膜以制作较温和的莎莎酱

切得很碎的新鲜芫荽叶 1/2 杯

青柠汁 1 大勺（用 1 个青柠榨成）

1. 向番茄中加入 1 小勺盐，充分混合。将番茄置于架在碗上方的细目滤网或漏勺中 20~30 分钟，让它沥干水。丢弃液体。
2. 将沥干的番茄丁与洋葱丁、辣椒丁、芫荽碎和青柠汁混合，搅拌均匀，并用盐调味。将墨西哥公鸡嘴酱放在密封容器中，可以在冰箱里储存 3 天。

料理实验室指南：
锅煎猪排

已经搞定了锅煎牛肉，猪肉还会有多困难呢？答案是：不怎么难喽。

事实上，烹饪一块肥牛排和一块肥猪排之间的唯一区别在于如何选肉以及最终的温度。在过去（即20世纪90年代之前），美国人普遍认为所有猪肉必须烹饪到至少73.9℃（165 ℉），以消除可能感染寄生虫的风险。现在，我们的猪肉和牛肉一样安全，所以你大可以将它们烹饪到五分熟，甚至三分熟。我最喜欢猪肉呈现玫瑰粉色的样子，在57.2~60℃（135~140 ℉）。

当选择猪排时，你很可能在肉贩那找到以下四种选项。它们都是从猪的腰部（loin）上切下来的。

表13　不同猪排及描述

名称	描述
肩胛肉排（Blade-End Chop）	从腰部前面靠近肩膀处切出，它包含几个肌肉群，全都由脂肪条分开。这是我最喜欢的肉块，因为它的脂肪很多。你很难找到干燥的肩胛肉排
大排（Rib Chop）	从腰部更靠后一点儿的地方切出来，这是你在高级餐厅里能看到的完美无瑕的肉排。它有一个又大又顺滑的肉眼，很容易烹饪得均匀。然而，这肉眼里的脂肪相对较少，容易过熟且相当干
带骨背脊肉排（Center-Cut Chop）	相当于T骨牛排，一块带骨背脊肉排包含了里脊肉和小里脊肉的一部分。它看起来很出色，但我觉得它很难加热得均匀。小里脊肉的烹饪速度比里脊肉快，而且骨头阻碍了肉与锅的接触
沙朗肉排（Sirloin Chop）	从腰部的最后端切出，这块猪排含有很多臀部和腿部的肌肉。相较于其他肉块，它很坚硬，不是特别美味，我不常买

猪肉和甜的酱料很配，所以在上菜时，我通常喜欢制作一种以果酱为基底的（见p.345“锅煎猪排佐白兰地渍樱桃”），或一种用枫糖浆调味的（见p.346“锅煎猪排佐枫糖芥末汁”），甚至是以苹果醋和苹果酒[7]为基底的酱汁（见p.346“锅煎猪排佐苹果和西打酱”）。

⑦苹果酒：以苹果为主要原料，经磨碎、压榨、低温发酵、陈酿调配而成的果酒。——编者注

锅煎猪排佐白兰地渍樱桃（见 p.345）

| 专栏 | 经过调味的猪肉

不像牛肉那样有一堆内部脂肪，现今的猪肉大多数相对较瘦，使它很容易烹饪得过熟。解决这个问题的一种方法是用盐水浸泡（见 p.348“盐水腌肉：很大的取舍”）。与火鸡肉和鸡肉一样，浸泡在盐水中会让猪肉的蛋白质结构松动，使其在烹饪时能保有更多水分，不过，如同家禽一样，它的味道也会被稀释。不久前，猪肉生产者注意到了这一点，很多人开始在猪肉里注射盐水溶液。在这个国家，绝大多数工业化养殖的猪肉现在都以这种形式出售，被称为“经过调味的（enhanced）猪肉”。要想知道你的猪肉是否被调味过，可以检查标签：如果是，它会标示着“含有高达 10% 的钠溶液”。

预先把肉腌好？听起来似乎很方便，对吧？不幸的是，如果盐水溶液在肉中待得太久，那么这些肉尝起来只是多汁，大多数经过调味的猪肉都近乎松软，还有种奇怪的火腿般的质感。我比较喜欢购买未经过调味的天然猪肉，再自己干式盐腌，让我能够精确地控制它保留的液体的量。通常我不会用盐水腌肉，因为我知道，如果我小心烹饪并且监测温度，猪排最终还是会做得不错而多汁的。

干式盐腌猪排，即在猪排的每个表面上都撒上犹太盐腌，然后将其无覆盖地放在有边框的烤盘里的沥水架上，再放在冰箱里冷藏至少 45 分钟，最多 3 天。

如何避免猪排在烹饪时卷曲

猪排在烹饪时会有变形卷曲的倾向，使得其很难与锅保持均匀接触。这是由于猪排外部的脂肪层比内部的肉收缩得更快，挤压肉并导致其卷曲。为了防止这种情况发生，可以用利刀在脂肪上划两三下。你的猪排看起来不会完美无瑕，但它们会烹饪得很均匀。

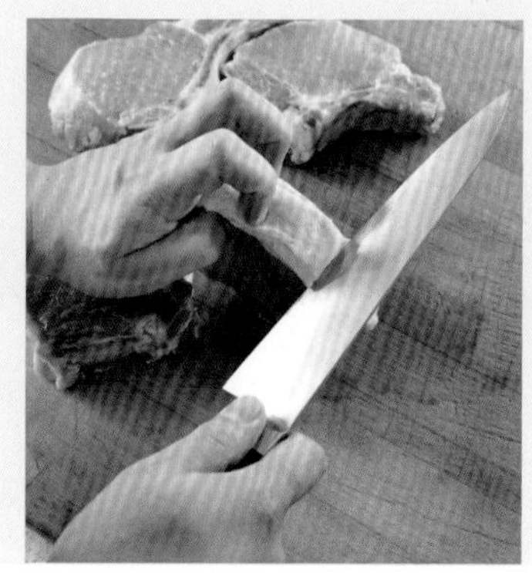

基本的锅煎猪排

BASIC PAN-SEARED PORK CHOPS

猪肉就像牛肉一样，最好带骨烹饪。虽然骨头不会为猪肉增加什么味道，但它可以起到阻隔的作用，而且带骨的肉暴露的表面积较少，这有助于在烹饪时保留更多水分。为了使猪肉获得最佳风味，可将它调味后无覆盖地放在沥水架上，再置于有边框的烤盘里放入冰箱冷藏至少45分钟，最多3天。

4人份

170~227克（6~8盎司）的带骨猪排4块［肩胛肉排或大排，约2.5厘米（1英寸）厚，如有需要可用盐水腌（见p.348）］

犹太盐和现磨黑胡椒碎各适量

植物油1大勺

无盐黄油1大勺

切碎的新鲜百里香1小勺（可选）

1. 将猪排拍干并用盐和黑胡椒碎腌一下（如果猪排已经用盐腌过，此处可不用盐）。将油放入30.5厘米（12英寸）的铸铁锅或厚底不锈钢煎锅中，大火加热，直到其冒烟。小心地放入猪排煎约5分钟，其间，频繁翻面，直到其两面都形成浅棕色的焦脆外皮（如果油开始燃烧或不断冒烟，就调到中小火）。
2. 加入黄油，并可根据需要加入百里香，继续烹调约5分钟，频繁翻动猪排，直到其两面都呈现深褐色，且用快显温度计测得猪排中央的温度为57.2℃（135℉）。将猪排移到大盘子上静置5分钟再上桌。

锅煎猪排佐白兰地渍樱桃

PAN-SEARED PORK CHOPS WITH BRANDIED CHERRIES

白兰地1/2杯

樱桃干（或去核甜樱桃、酸的新鲜樱桃）1/2杯

糖2大勺

无盐黄油1大勺

巴萨米克醋1大勺

犹太盐和现磨黑胡椒碎各适量

在一个小碗里混合樱桃和白兰地，置于一旁。根据上述食谱烹调猪排。当猪排在静置时，将樱桃混合物和糖加到锅里，开中大火加热，不断刮起锅底部的褐色渍，直到白兰地减少一半，且混合物略呈糖浆状。（小心，白兰地可能会燃烧！）将火关掉，拌入黄油和醋，用盐和黑胡椒碎调味。将其倒在猪排上即可上桌。

锅煎猪排佐枫糖芥末汁

MAPLE-MUSTARD-GLAZED PAN-SEARED PORK CHOPS

枫糖浆 1/2 杯
糖蜜 1/4 杯
波本威士忌 1 大勺
全粒芥末 2 大勺
犹太盐和现磨黑胡椒碎各适量

在一个小碗里将枫糖浆、糖蜜、波本威士忌和芥末搅拌在一起，置于一旁。根据前页食谱烹调猪排。当猪排在静置时，将煎猪排的锅中的油脂倒掉，向其中加入枫糖浆混合物，开中大火加热，并不断从锅底部刮起褐色渍，直到混合物液体减半且略呈糖浆状。用盐和黑胡椒碎调味。把猪排放回锅里，翻面，使其沾上糖浆。立即上菜，并把额外的糖浆浇到猪排上。

锅煎猪排佐苹果和西打酱

PAN-SEARED PORK CHOPS WITH APPLE AND CIDER SAUCE

苹果醋 1/2 杯
苹果酒 1/2 杯
黑糖 1/2 杯
肉桂粉一小撮
丁香粉一小撮
无盐黄油 2 大勺
史密斯奶奶青苹果 1 个，去皮，去核，切成 1.3 厘米（1/2 英寸）见方的丁（约 1 杯）
犹太盐和现磨黑胡椒碎各适量

将苹果醋、苹果酒、黑糖、肉桂粉和丁香粉搅拌在一起，放置一旁。根据前页食谱烹调猪排。当猪排在静置时，将黄油和苹果丁放到锅中，开中大火加热并不断搅拌约 3 分钟，直到苹果棕化并软化。加入苹果醋的混合液体，收汁约 4 分钟，直到液体呈糖浆状。用盐和黑胡椒碎调味。把苹果丁和酱汁倒在猪排上，便可立即上菜。

料理实验室指南：
锅煎鸡肉

这个国家有一个可怕的问题，它偷偷潜伏在每个家庭之中，没有种族、性别或阶级的区别。

我在谈论的是干瘪的鸡胸肉，而现在是我们该对它说不的时候了。幸运的是，有个简单的方法可以帮助你做到这一点，它所需要的只是项小小的投资：一支很好的快显温度计。

与生活中的许多问题一样，导致鸡肉干瘪的根本原因是“高尚的”，因为它们始于政府——更具体地说，是食品和药物管理局——的建议：将鸡胸肉烹饪至 73.9℃（165 ℉）。就像牛肉和猪肉一样，鸡肉在烹饪时会紧缩，当它达到 73.9℃（165 ℉）时，就会无法挽救、不可逆转地干掉。对于鸡腿来说，这不是大问题。由于它们有大量的脂肪和结缔组织，因此你可以烹饪一只鸡腿直到 82.2℃（180 ℉），甚至 87.8℃（190 ℉），它看上去仍能鲜美多汁。然而，鸡胸肉由于又大又圆且严重缺乏脂肪，因此无法容忍高于 62.8℃（145 ℉）的温度（关于鸡肉的安全烹调，见 p.350“鸡肉的温度与安全性”）。

那么，什么是烹调鸡肉最好的方法呢？如果我们从锅煎牛排和猪排中得到了什么启示，那似乎是在烹饪时要反复地将鸡肉翻面。好吧，我试了一下便很快得知，一只鸡不是一头牛，鸡胸肉和牛排的结构有些关键的差别，这使得频繁翻面不太可行——这里指的是，鸡皮。幸运的是，鸡皮提供了一些令人惊喜的好处，使我们烹调鸡肉比烹调牛肉和猪肉更容易。我知道有些人不喜欢吃鸡皮（不过这确实是最美味的部分！），但我在这里告诉你，无论你最终是将它吃掉或是将它推到盘子的一边，在你烹调时，都请让鸡皮留在鸡肉上。

原因是这样的：如果没有鸡皮，当你尝试用煎锅煎鸡胸肉时会发生什么情况呢？鸡肉表面的肉会渐渐失去水分，变得又干又难嚼，这结果实在令人不愉快。若你试着把多次翻面的方法用在无骨无皮的鸡胸肉上，那把肉翻面时，最终会有一半的鸡肉留在锅底。生活中很少有事情比无皮无骨的鸡胸肉还让我讨厌了。做出美味鸡肉的第一条守则就是先购买带皮带骨的鸡肉。将鸡皮留在鸡肉上不仅可以防止鸡胸肉的表面过熟，还可以让那一面的鸡肉得以加热更长时间，而不会有像牛排或猪排那样加热得不均匀的危险。这是因为鸡皮丰富的脂肪是个天然的隔热层。想一想，经过数百万年的进化，脂肪已经被“设计”得可以帮助调节温度了。其作用是均衡温度的突然变化，使动物可以相对自由地在寒冷和炎热的环境之间移动，而不会死于休克。也许它（脂肪）从来没有“打算”过要遇到像从冰箱里到热锅中这样的极端状况，但尽管如此，它仍然表现出了令人钦佩的作用。

在一面有层鸡皮，另一面有骨头作为隔热层时，鸡肉会变得非常容易被烹饪均匀。你所需要做的，是先将它有鸡皮的那一面朝下放在热锅里烹调（不要尝试移动它，直到它自己和锅分离），然后将它翻面，并把它扔到适度高温的烤箱里烘烤。只要仔细监测温度并让它静置，最后除了鲜嫩多汁的肉以外，你将永远也不用应付其他情况了。而且，就像烹饪猪排一样，如果在烹饪之前用盐水腌鸡肉，就可以帮助它变得更加多汁——尽管这在很大程度上是不必要的一步——前提是只要你小心使用你的温度计。盐水腌鸡肉和盐水腌猪排有一样的缺点——肉的味道会被水稀释，所以我只把它作为加热过度的预防措施。

| 专栏 | 盐水腌肉：很大的取舍

有一个冷酷无情的事实：所有肉在烹饪时都会渐渐失去水分，从而变干、变硬，特别是其最外部非常热的区域。然而，我们想要的是肉的中心被烹透。如何让肉的中心得到适当加热且不会把外面烹得太干呢？答案就是用盐水腌，这是将瘦肉（如火鸡肉、鸡胸肉或猪肉）浸泡在盐水中，以帮助其在烹饪过程里保持水分的过程。当然，当然——这也不是什么新鲜事。斯堪的纳维亚人和中国人千百年来一直赞扬用盐水腌的优点，但它值得吗？它又以什么作为代价？在我们对这种说法表示支持之前，应先考虑几个简单的问题：也就是，它有什么作用，它的原理是什么，以及我该为此烦恼吗？

为何要用盐水腌？

让我们从用盐水腌肉到底起到了什么作用开始研究吧。

是时候打破一些观念了。我用 12 块几乎相同的鸡胸肉来完成实验。其中有 3 块不处理，直接烹调；有 3 块在烹饪之前，在 6% 的盐水［每 950 毫升（1 夸脱）水中加入约

1/2 杯的钻石水晶牌犹太盐或 1/4 杯食盐］中浸泡一夜；还有 3 块先抹盐腌制，并在烹饪前静置过夜（这种技术有时被称为“干式盐腌”）；最后 3 块在烹饪前放在清水中浸泡过夜。我在整个过程的每个阶段都测量鸡胸肉的重量（可以由此得出水分流失的量）。

上述这些完成后，我将 12 块鸡胸肉同时放入 135℃（275 ℉）的烤箱中加热，直到其内部温度都达到 65.6℃（150 ℉）。下面是结果：

鸡肉经过不同处理后的重量（水分）流失

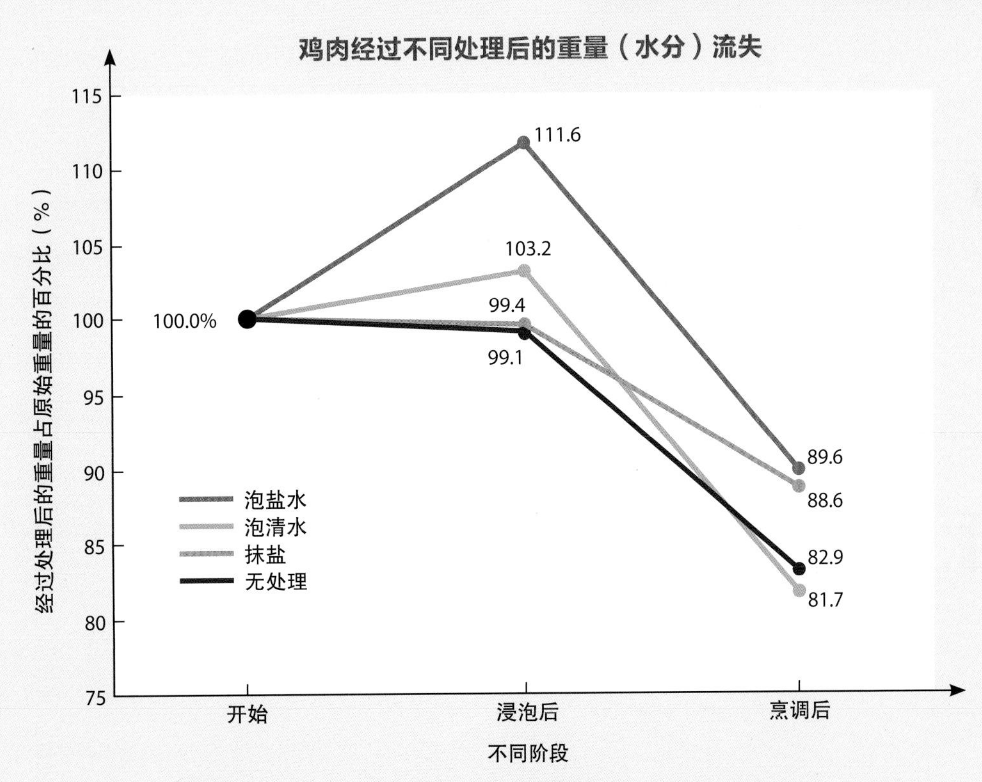

表 14　鸡肉经过不同处理后的重量（水分）流失

处理方式	原始重量	浸泡后	烹调后
无处理	100%	99.1%	82.9%
泡盐水	100%	111.6%	89.6%
抹盐	100%	99.4%	88.6%
泡清水	100%	103.2%	81.7%

正如你所看到的，直接烹饪的鸡胸肉在烹饪过程中流失了约 17% 的水分，但是用盐水腌过的鸡胸肉的水分只流失了约 10%。抹盐的鸡胸肉水分的流失量稍微多一点点，约为 11%。在烹饪之前，浸泡在清水中的鸡胸肉的重量增加了约 3%，但是所有多出来的水在烹调后都排出了——浸泡过清水的鸡胸肉没有比直接烹饪的鸡胸肉好多少。

从这些数据我们可以知道，无论是以盐水的形式浸泡鸡胸肉，还是直接将其抹在鸡胸肉的表面，盐都可以帮助保持鸡肉的水分。这是什么原因呢？和烹饪前用盐腌牛排一样，这和蛋白质的形态有关。在天然状态下，肌肉细胞紧密地结合在长蛋白质鞘（long protein sheath）中——这就没有太多空间让肉里聚集额外的水分。但任何曾经做过香肠或腌肉的人都知道，盐对肌肉有很强的作用（见 p.486）。盐溶液将有效地使构成肌束（muscle bundles）周围的鞘的蛋白质变性（即分解）。在这种松弛变性的状态下，相对于自然状态，这些肌肉里能装入更多的水。更好的是，鞘中变性的蛋白质在烹饪时收缩得更少，从而挤出更少的水分。

所以，哪种方法更好？用盐水腌还是延长抹盐腌的时间？光从前文的图表看，你会猜是用盐水腌：肉多保留了一个百分点的水分。但这就是全部好消息吗？我可以听到你们在说："没有干干的猪肉、鸡肉或火鸡了吗？那我也要试试！"等等，当用盐水腌肉时，风味方面会有较大的牺牲。虽然最后你的肉可能会变得更多汁，但请记住，现在肉里保有的肉汁大部分只不过是自来水。这对肉的风味将产生很大的影响。而另一方面，如果抹盐的话，所有肉汁就都是自然地存在于肉里的。

从火鸡到猪排，我已经重复了这个测试许多次，总是得出相同的结论：**将肉抹盐并静置，在各方面都是优于泡盐水的。**

鸡肉的温度与安全性

看看美国农业部的基本烹调指南，你会看到他们建议将食物烹饪到的温度比任何正常人想吃的食物的温度都要高。他们建议将所有猪肉、牛肉和羊肉都烹调到至少 62.8℃（145 ℉）——五分熟到七分熟的范围。家禽就更糟糕了。美国农业部建议将所有家禽，无论是绞碎的还是整块的，都烹饪到至少 73.9℃（165 ℉）。难怪大多数人认为鸡肉是又干又柴的肉。

美国农业部喜欢安全第一，他们的安全指南宁可牺牲准确性，也要简单易懂。规则要设计得让任何人（从温蒂汉堡的店员到业余的家庭厨师）都能理解和掌握，以确保食品安全万无一失。但从另一方面来讲，我更喜欢对我的读者的智慧多一点儿信心。

事实上，细菌不是像指南上让你相信的那么简单——“在 73.3℃（164 ℉）下存活，在 73.9℃（165 ℉）下就会死亡”。相反地，很多因素，包括游离水分、脂肪含量、溶解性固体如盐或糖的水平，以及温度等，都可以用不同方式影响细菌的生长和衰亡。

美国农业部当然了解这一点，而且如果你更深入地阅读他们的指南，你会发现一些有用的图表，阐明了一些肉类安全问题。下面的曲线图是我用他们的“关于如何使鸡肉中沙门氏菌减少 7 个数量级[⑧]”的图表中的数据绘制而成的。

鸡肉的最短安全烹饪时间 vs 鸡肉的温度

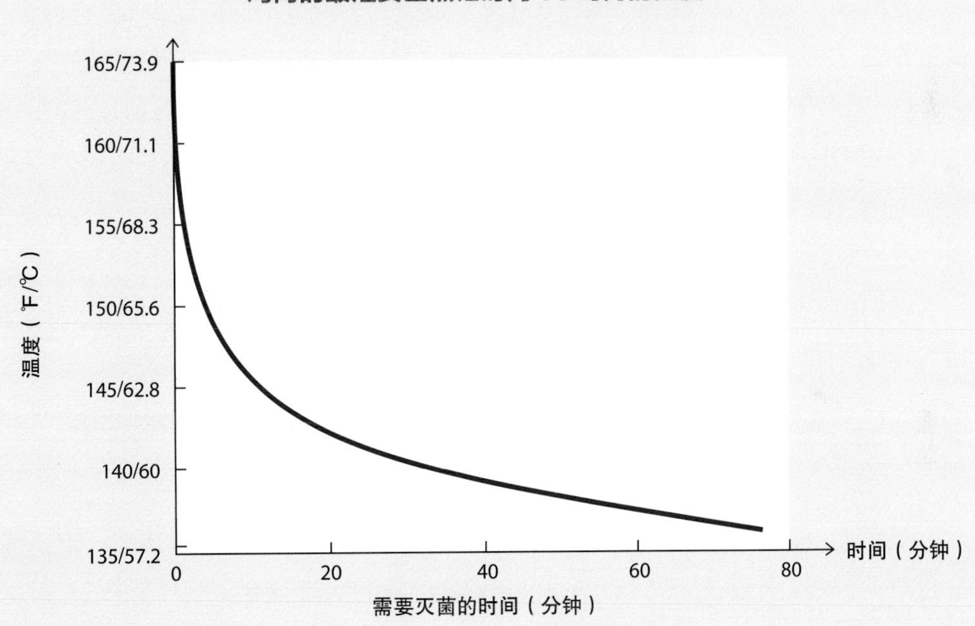

你会发现，没有一种简单的温度限制规定能断定鸡肉在什么时候是可以安全食用的；相反地，这个标准是温度和时间的组合。上图中的曲线实质上指的是一块鸡肉必须在特定温度下保持多长时间，才被认为是可以安全食用的。

所以，在 73.9℃（165 ℉），鸡肉几乎瞬间就是安全的了。这就是为什么美国农业部将 73.9℃（165 ℉）作为其烹饪指南的下限。在 68.3℃（155 ℉），鸡肉中等量的细菌的减少需要 44.2 秒。在 65.6℃（150 ℉）时则需要花费 2.7 分钟：2.7 分钟！就是这样！

⑧ 减少 7 个数量级（7 log reduction），代表能杀死 99.99999% 的细菌——足以给你良好的食品安全空间。

表 15　不同肉质所需的最短安全烹饪时间

温度	鸡肉所需时间	火鸡肉所需时间	牛肉所需时间
57.2℃（135 ℉）	63.3 分钟	64 分钟	37 分钟
60℃（140 ℉）	25.2 分钟	28.1 分钟	12 分钟
62.8℃（145 ℉）	8.4 分钟	10.5 分钟	4 分钟
65.6℃（150 ℉）	2.7 分钟	3.8 分钟	72 秒
68.3℃（155 ℉）	44.2 秒	1.2 分钟	23 秒
71.1℃（160 ℉）	13.7 秒	25.6 秒	瞬间
73.9℃（165 ℉）	瞬间	瞬间	瞬间

这代表，只要鸡肉在 65.6℃（150 ℉）或更高的温度下保持至少 2.7 分钟，就可以像烹饪到 73.9℃（165 ℉）的鸡肉一样安全。我监测了几块鸡肉，在我将它们烹饪到 65.6℃（150 ℉）后，就把它们从火源上移开，发现它们的温度在最初几分钟会增加到约 67.2℃（153 ℉），并在 65.6℃（150 ℉）以上维持了 6 分钟，然后它们才开始冷却。即使鸡肉只被烹饪到 62.8℃（145 ℉），只要你将它静置一下，它也可以是安全的。你很容易就能将它的温度保持至需要的 8.4 分钟。⑨

我妈妈经常评论我的烤鸡是那么令人难以置信地湿润，相信我一定用了什么秘密的技巧或腌渍调料。想知道这个秘密吗？很简单，只要不把鸡肉烹饪得过熟。

我应该将鸡肉烹饪到什么温度呢？

事实上，62.8℃（145 ℉）的鸡肉并不适合每个人。有些习惯于鸡肉有一定质感的人，就会觉得它有点太湿、太软。以下是关于鸡肉温度的快速指南。

- 60℃（140 ℉）：粉红色，几乎半透明；非常柔软，具有温暖牛排的质地；类似生肉。
- 62.8℃（145 ℉）：苍白、淡粉色，但完全不透明；非常多汁，有点软。这是我最喜欢的鸡肉温度。
- 65.6℃（150 ℉）：白色且不透明；多汁但结实。
- 68.3℃（155 ℉）：白色且不透明；开始变得有点柴，有点干。
- 71.1℃（160 ℉）以上：干，柴，还粉渣渣的。

---

⑨现代的低温慢煮设备能让你将鸡肉及其他的肉类保持在更低的温度下，并在那个温度下安全地烹饪。你可以在家里用啤酒冰桶模拟这个结果。详情请见 p.379。

| 刀工 | 如何拆解一只鸡

如果有一种刀法，既可以让你省钱，又可以让你看起来很酷，那一定是拆解一只鸡的刀法。

在美国，每磅（454 克）无骨鸡胸肉的成本通常是一整只鸡的三倍多。用买一份两块装的鸡胸肉的钱，你就可以买到一整只鸡。而整鸡有着相同数量的鸡胸肉，还多了鸡腿和鸡背。而且，等等——如果你很幸运，你还可以得到免费的鸡肝、鸡心和鸡胗，这使这笔交易更加划算！当然，如果你不知道如何拆解这只鸡，这种算法就不太有用。不过，只要跟随着下面的图片，你也可以像专业人士般拆解一只鸡。

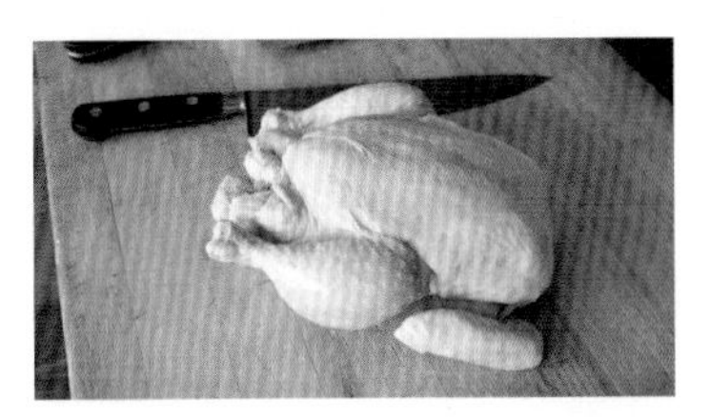

1. 工具

你需要一把锋利的主厨刀和一把家禽剪或剁肉刀。用剁肉刀会使酷炫指数提高。

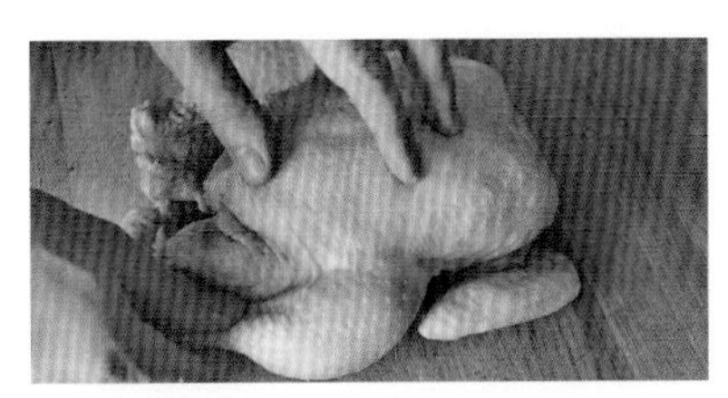

2. 将它们摊开

抓住鸡腿，把鸡腿从身体里拉出来，直到鸡皮被伸展开。

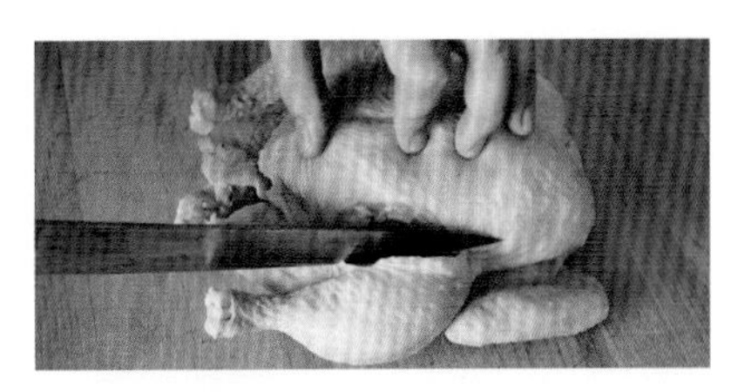

3. 第一道切口

从切开鸡腿和鸡身之间的鸡皮开始操作。不要切得太深，只需切透鸡皮。不管凯特·斯蒂文斯[10]怎么说，第一刀都应该是最浅的。

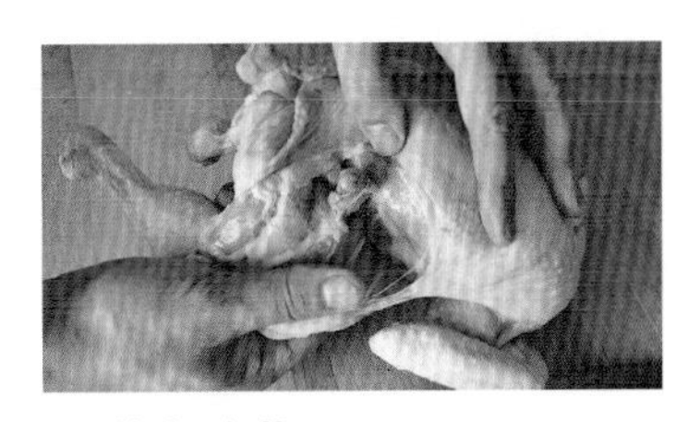

4. 弹出关节

一只手抓住鸡腿，将它从鸡身上扭下来，直到球关节从凹槽里弹出。这应该不需要费很大的力气。

5. 移除大腿

用主厨刀切开暴露出来的关节，将鸡腿彻底拆下来，确保取得最接近鸡脊椎的那一小块肉［被称为"蚝状鸡背肉"（oyster），是餐桌上大家争相吵着要的一块肉］。

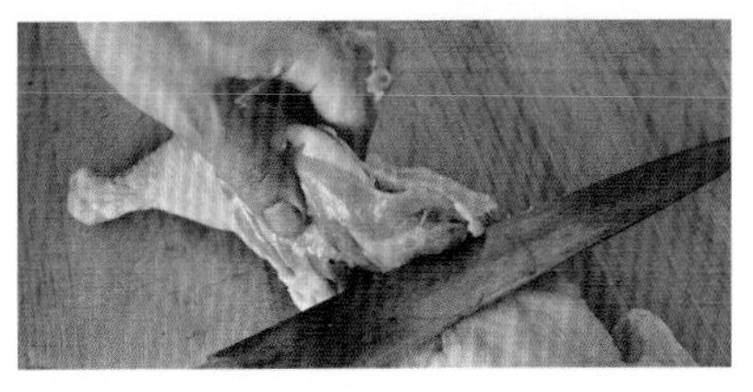

6. 另一只腿

在另一只鸡腿上重复步骤 2—步骤 5。

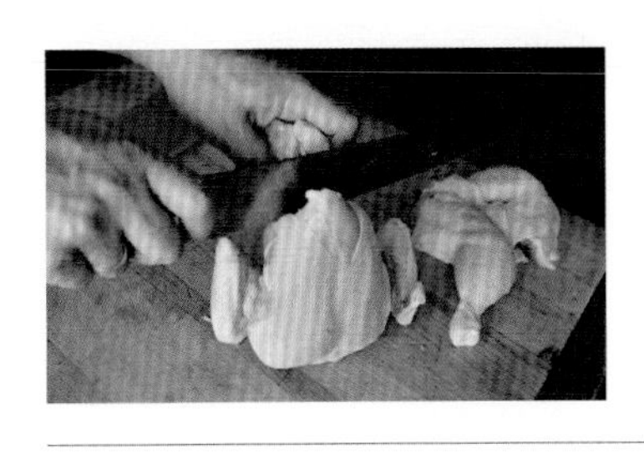

7. 切开鸡背

握住鸡的背部，并将其垂直放置在砧板上，臀部朝上。用主厨刀切开鸡胸与鸡背之间的鸡皮和软骨，直到你切断了第一或第二根肋骨。

⑩凯特·斯蒂文斯，Cat Stevens，英国歌手，他有一首歌叫 *The First Cut Is the Deepest*（第一次的伤害最深）。——校注

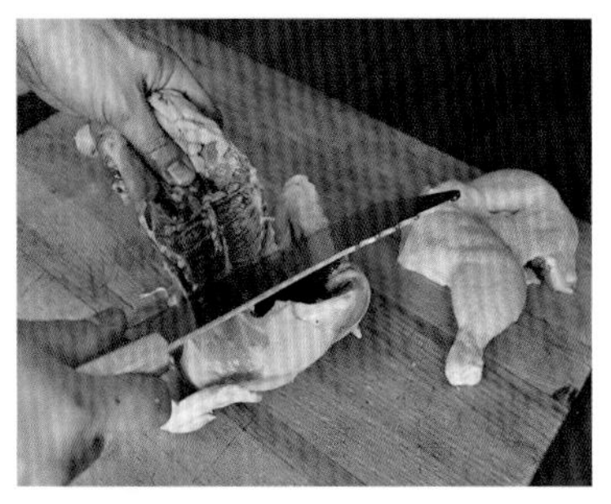

8. 拿出剁肉刀

换上你的剁肉刀，用简短而结实的敲击方式来切穿肋骨。也可以使用家禽剪剪穿两侧的肋骨。

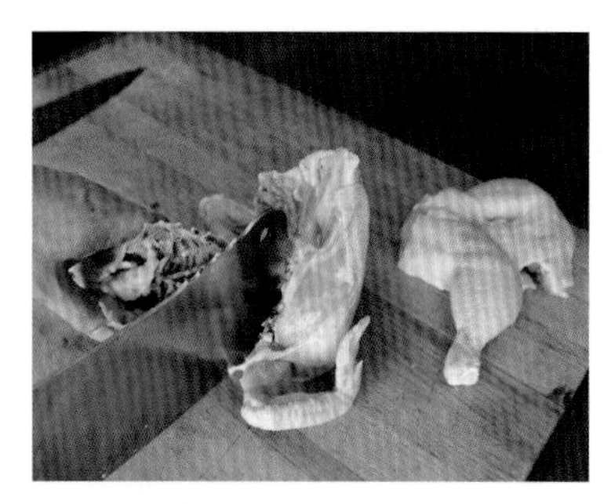

9. 切穿肩胛骨

使用剁肉刀的尖端切穿两侧的肩胛骨，或使用家禽剪。

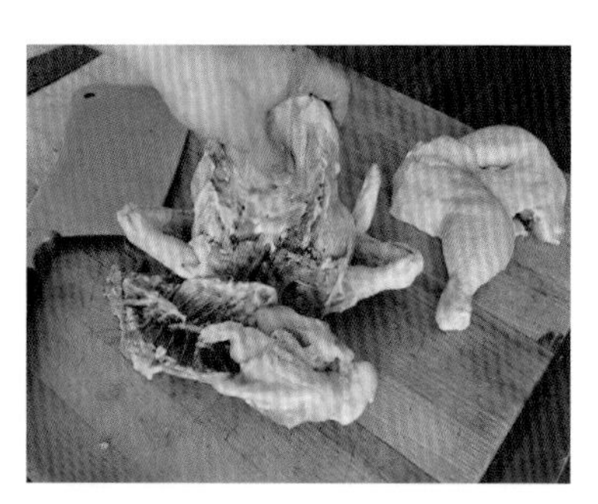

10. 成功一半

脊椎现在应该与整块鸡胸完全分离了。可以保留它做高汤。

11. 切开鸡胸

要切开鸡胸，就要切开鸡胸骨的每一侧，直到碰到胸骨。用不握刀的手，用力按下刀，直到它将骨头劈开。

12. 标准的 4 块鸡

标准的 4 块鸡是分成两半的鸡胸（有或没有鸡翅均可）和两只鸡腿。鸡背是额外的奖励。若要接着把鸡肉分成 8 或 10 块，就继续下面的步骤。

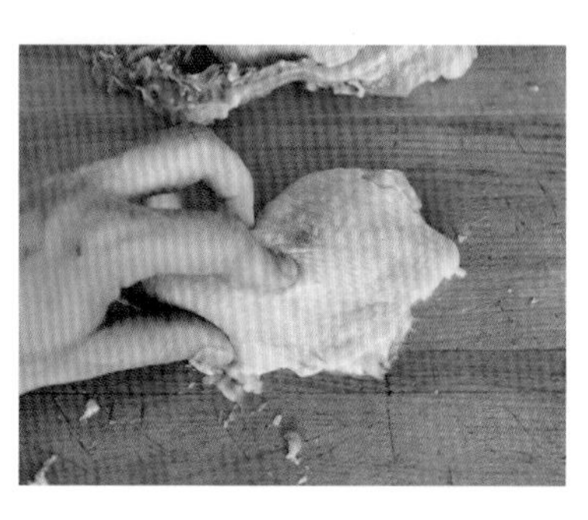

13. 找到球关节

用指尖找到大腿和琵琶腿之间的球关节。

14. 从关节处切下

用你的主厨刀切开关节处，将大腿与琵琶腿分开。第二只鸡腿也用同样的方法处理。

15. 分离鸡胸

用不握刀的手按压刀身，横向对半切开鸡胸，直到劈开鸡的胸骨。

16. 完成

准备好 8 块鸡肉，你就可以煮、炖、锅烤或炸了。若将翅膀由关节处切下来，你就有 10 块鸡肉了。

锅烤鸡肉

PAN-ROASTED CHICKEN PARTS

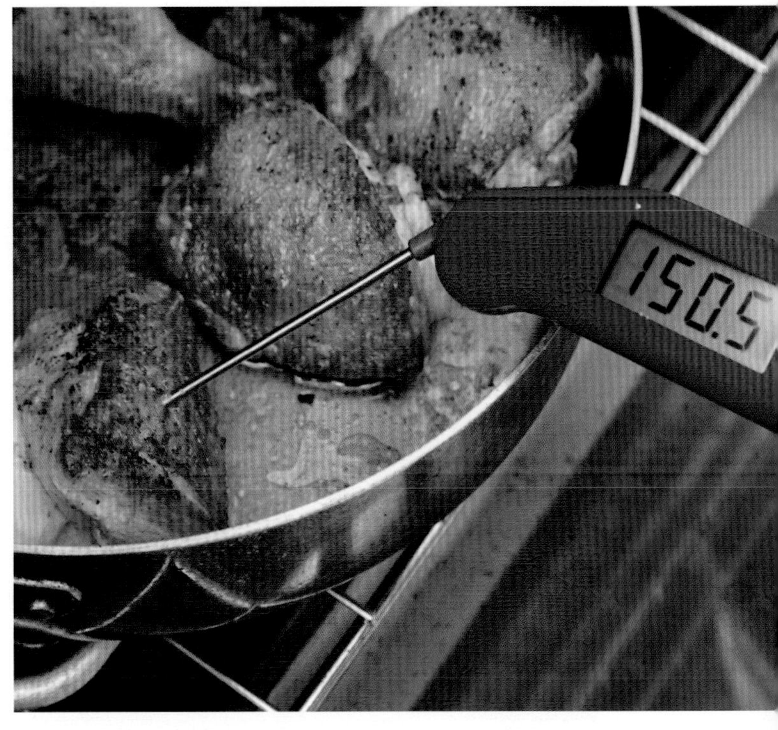

4 人份

1.8 千克（4 磅）的鸡 1 只（拆解成 8 块）或带骨带皮的混合鸡块（大腿、琵琶腿、鸡胸四等分）1.4 千克（3 磅）（也可以用盐水腌或抹盐，见 p.348 和 p.567）

犹太盐和现磨黑胡椒碎各适量

植物油 2 小勺

1. 将烤架调整到中心位置，并将烤箱预热到 176.7℃（350 ℉）。用大量盐和黑胡椒碎腌鸡肉（如果使用的是用盐水腌过的鸡肉则不放盐）。
2. 在 30.5 厘米（12 英寸）的厚底不锈钢平底锅或深煎锅里以大火将油加热，直到冒烟。旋转一下让油浸润锅底，然后将锅从火上移开，放入鸡肉，使鸡皮一面朝下。把锅放回到火上继续加热约 5 分钟，直到鸡皮呈现深金棕色，其间不需要移动鸡肉。将鸡肉翻面，继续加热约 3 分钟，直到第二面呈现轻微的黄金色。
3. 将煎锅移到烤箱中烘烤，直到用快显温度计测得鸡胸肉最厚的地方的温度为 65.6℃（150 ℉），大腿和琵琶腿的温度为 79.4℃（175 ℉）。当它们达到预计温度时，将肉块移到盘子上，用铝箔纸覆盖，别盖太紧。如果需要，可以在静置鸡肉的 10 分钟里做道锅底酱（见 pp.358—360）。上菜。

3 分钟煎鸡排

3-MINUTE CHICKEN CUTLETS

1

2

3

4

在生活中总有些时候——比如说，《巫师先生》（*Mr. Wizard*）[⑪] 即将开始前的 15 分钟——即使是做简单的锅烤鸡块也会让人觉得用时过长。在这些时候，聪明的家庭厨师会呼叫快速晚餐的伟大救星——鸡排。通过将无骨鸡胸肉横向片成两片，并轻轻地将每一片拍打到约 0.6 厘米（1/4 英寸）厚，它们所需的烹饪时间会变得比煮鸡蛋所需的还少。一旦将鸡肉准备好了，你只要 3 分钟就可以上菜；而如果你想来点锅底酱，则会需要 10 分钟（我会这么做的）。

大多数超市都卖鸡排，但你可以从整块无骨无皮的鸡胸肉开始自己做（见 p.358 的“如何预处理鸡排”）。由于鸡排很薄，因此你必须在烹饪时使用非常高的温度，以免它们在有机会棕化或者产生滋味前就被加热过度。我喜欢在把鸡排放到锅里之前给它们先裹一点儿面粉。这层薄面粉比单纯的鸡肉能更有效地棕化，可以在更快上色的同时为肉提供一定的保护。

我烹饪鸡排的最初想法是鸡排的双面都应该烹饪大约相同的时间——毕竟，我想要它们均匀地棕化，对吧？但是，一遍又一遍地尝试这个方法后，我发现根本不可能让鸡排的两面都呈现褐色却不会把它烹过头。所以，为什么不干脆让其中一面棕化得特别好就行了呢？这样做太成功了。我把鸡排放在有热油的煎锅里煎，这期间并不移动它，直到它的第一面变成褐色。在这个阶段，鸡排几乎已经熟了。剩下的就是让第二面亲吻一下火焰就可以了——大约 30 秒的时间——然后它们就完成了，可以静置和上菜了。

4 人份

4 片无骨无皮的鸡胸肉，水平片成两片，分别拍打成约 0.6 厘米（1/4 英寸）厚，如果需要可用盐水腌或抹盐（见 p.348 和 p.567）
犹太盐和现磨黑胡椒碎各适量
中筋面粉 1 杯
植物油 3 大勺

1. 将鸡排用盐和黑胡椒碎腌一下（如果使用盐水腌过的鸡肉则不用放盐），并轻轻地抹上面粉，拍掉多余的部分。将鸡排移到盘子里或砧板上。
2. 在 30.5 厘米（12 英寸）的厚底不锈钢煎锅或深煎锅中加入$1\frac{1}{2}$大勺的油，以大火加热，直到冒烟。加入一半的鸡排烹饪约 2.5 分钟，这期间不需要移动它们，直到其底部呈现褐色。小心地将鸡排翻面并加热第二面约 30 秒，直到烹熟。将鸡排移到大盘子里并用铝箔纸盖起来。将剩余的$1\frac{1}{2}$大勺的油加到锅中加热，直到冒烟，接着烹饪剩余的鸡排。在上菜前让鸡排静置 5 分钟。
3. 如果需要，可以在鸡排静置时，做道锅底酱（见 pp.358—360）。

⑪《巫师先生》，*Mr. Wizard*，一个美国电视节目。——译注

| 刀工 | 如何预处理鸡排

预处理鸡排的最困难的一个步骤是切割。
这需要一把锋利的刀和一点儿练习。

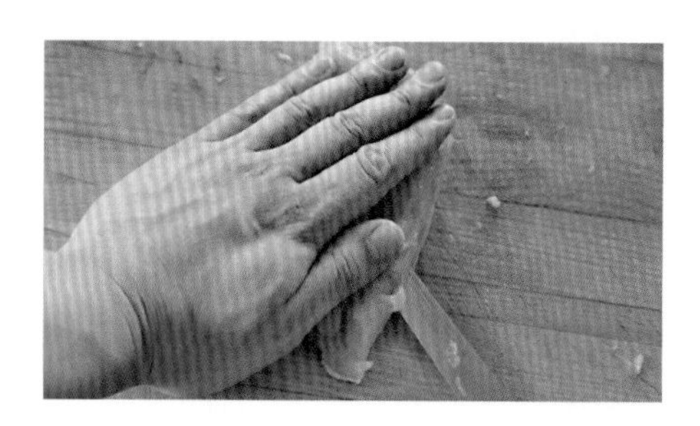

如果你的厨艺还有一点儿生涩，在你变得熟练之前，你可能会在鸡胸肉上弄出几个洞——不用担心，它们尝起来还是一样美味。一旦你将鸡胸肉切开，那么拍打就是有趣且容易的。拍打的关键是不要太用力。太用力可能会在肉中拍出洞来，也比较难以掌控最终的厚度。就这么简单，不是吗?

如果你打算做大量的鸡排或者炸鸡排，购买专门的拍肉器会是很好的投资。但如果你只是偶尔想吃鸡排，那么用沉重的煎锅的底部也不错。

首先，将一片无骨无皮且里脊肉已切除的鸡胸肉放在砧板上，让砧板平行于且靠近操作台的边缘。用一只手的手掌按住鸡肉，另一只手拿把锋利的刀以水平方向切穿鸡肉。不要来回切——如果你需要第二刀才能切开，就把已切开的鸡肉掀开，重新放好刀，再将鸡肉盖上，把刀固定好，再切第二刀。

将鸡肉切开后，一次先处理一片。把一片鸡肉放在两层保鲜膜之间或一个 3.8 升（1 加仑）的夹链密封袋里，不要封起来。用拍肉器或煎锅底部轻轻地敲打鸡肉，直到它变成均匀的 0.6 厘米（1/4 英寸）厚。重复同样的步骤处理剩余的鸡排。

柠檬刺山柑锅底酱

LEMON CAPER PAN SAUCE

4 人份

大型红葱头 1 个，切碎成约 1/4 杯
无盐黄油 4 大勺
中筋面粉 1 小勺
干白葡萄酒 $1\frac{1}{2}$ 杯
刺山柑，洗净，沥干，切碎成约 3 大勺
柠檬汁 3 大勺（用 2 个柠檬榨取）
切碎的新鲜荷兰芹 2 大勺
犹太盐和现磨黑胡椒碎各适量

1. 将鸡肉烹好，倒掉锅里多余的油脂，将锅置于中火上，并加入红葱头。用木勺搅拌红葱头约 1 分钟，直到其软化。加入 1 大勺黄油和面粉，不断搅拌，约 30 秒。慢慢地拌入白葡萄酒和刺山柑。用勺子从平底锅的底部刮起所有褐色物质，开大火煨煮液体约 5 分钟，直到其减少到 1 杯的量。
2. 将火关掉，拌入柠檬汁、荷兰芹和剩下的 3 大勺黄油，以盐和黑胡椒碎调味并试试味道。将酱倒在静置过的鸡肉上，即可上桌。

蘑菇马尔萨拉锅底酱

MUSHROOM-MARSALA PAN SAUCE

4 人份

无盐黄油 4 大勺

白蘑菇 227 克（8 盎司），洗净并切成细片，约 4 杯

大型红葱头 1 个，切碎成约 1/2 杯

新鲜的百里香 1 小勺

中筋面粉 1 小勺

番茄酱 1 大勺

酱油 1 小勺

甜味马尔萨拉酒$1\frac{1}{2}$杯

柠檬汁 1 大勺（用 1 个柠檬榨取）

犹太盐和现磨黑胡椒碎各适量

1. 将鸡肉烹好，从锅中倒掉大部分油脂，只留下约 2 大勺的量。将锅置于大火上，加入 1 大勺黄油和蘑菇，用木勺频繁搅拌约 6 分钟，直到蘑菇呈现漂亮的褐色。加入红葱头和百里香，搅拌 1 分钟。加入面粉和番茄酱并不断搅拌约 30 秒。慢慢地拌入酱油和马尔萨拉酒。用勺子从锅的底部刮起所有棕色物质，并煨煮液体约5分钟，直到其减少到1杯的量。
2. 关火，拌入柠檬汁和剩下的 3 大勺黄油，以盐和黑胡椒碎调味并试试味道。将酱倒在静置过的鸡肉上，即可上桌。

白兰地奶油锅底酱

BRANDY-CREAM PAN SAUCE

4 人份

大型红葱头 1 个，切碎成约 1/4 杯

无盐黄油 4 大勺

中筋面粉 1 小勺

自制鸡肉高汤或罐装低盐鸡肉高汤 1 杯

白兰地 1/2 杯

全粒芥末 1 大勺

鲜奶油 1/4 杯

新鲜柠檬汁 1 大勺（用 1 个柠檬榨取）

切碎的新鲜荷兰芹 2 大勺

犹太盐和现磨黑胡椒碎各适量

1. 将鸡肉烹好后，倒掉锅中的油脂，将锅置于中火上并加入红葱头。用木勺搅拌约 1 分钟，直到红葱头软化。加入 1 大勺黄油和面粉，不断搅拌约 30 秒。慢慢地拌入鸡肉高汤和白兰地。用勺子从平底锅的底部刮起所有褐色物质。加入芥末和鲜奶油搅拌混合，并煨煮液体约 5 分钟，至液体剩下 1 杯的量。
2. 关掉火源，拌入柠檬汁、荷兰芹和剩下的 3 大勺黄油，以盐和黑胡椒碎调味并试试味道。将酱倒在静置过的鸡肉上，即可上桌。

料理实验室指南：
鱼排的烹调指导

我讨厌鲑鱼，非常讨厌！

粉的、柴的、干枯的、有臭味的、黏黏的，当提到鱼时，我总会想到最糟糕的形容词。至少在10年前我会这么说，那时的我尝到的鲑鱼要么是自助餐里的煮过头的，要么就是餐厅里的加热过度的标本——坦白地说，那些餐厅根本不知道他们在干什么。我不知道我是否处在正确的圈子里，但在我年轻的时候，对所有人来说，似乎把鲑鱼加热到超过全熟才是合适的。直到20世纪90年代的某个时候，我们才走出这料理界的暗黑时代，而那时我对鱼的偏见已经根深蒂固了。

直到我开始在很优秀的餐厅（就是那种我身为一般平民无法负担得起的高级餐厅）当厨师后，我才意识到不是鲑鱼出了问题，而是厨师。正确烹饪的鲑鱼的美味是惊人的，无论是它那足以媲美最好的烤鸡的脆皮，还是它那像黄油一样在你舌尖化开的柔嫩、多汁、美味的肉。（有时候甚至是两者都有！）为什么鲑鱼会是这个国家最受欢迎的鲜鱼，而为什么它又是我选择在这里主要介绍的鱼？这都是有原因的。

也就是说，我要讨论的技术适用于任何又厚又结实的鱼排，如大比目鱼（halibut）、红鲷鱼（red snapper）或海鲈鱼（sea bass）。

锅煎鲑鱼

这里有三种危险的命运会降临到鲑鱼身上。如果你曾经烹饪过鲑鱼，下面可能都是十分熟悉的情景。

揭开伤疤

片状的鲑鱼肉在加热的时候会粘在锅里。这不仅使烹熟的鱼排看起来像青少年满是痘痕的坑坑洼洼的脸，也让锅在煎完鱼后变得超难清洗。

干硬表皮

里面的鱼肉可能还有些软嫩，但你会注意到的只是那干掉的、老而柴的、硬壳般糟糕透顶的外皮。

那就对了。那些白色的黏糊糊的东西从鲑鱼肉层里被挤出来，湿漉漉的，很不吸引人，像被挤破的粉刺。（今天是怎么了，尽是拿伤疤打比方？）它不只会让你没有食欲，更是个非常肯定的指标，也就是鲑鱼已经过熟到无法修复的地步了。

幸运的是，前两个问题是相对容易解决的。

请靠近一点儿看

你们之中有多少人和鲑鱼排亲密接触过？请举起你的手。

我就知道。是更进一步的时候了。你最近一次仔细观察鲑鱼排的切面是什么时候呢——我的意思是真的很靠近地看？好吧，你会看到下面的场景。

从最上面开始，我们依次会看到：

- **淡橙色或红色的肉**。这是一大部分，如果你将鲑鱼排去皮，那么基本上这就是全部了。鲑鱼品种不同，肉的颜色也会不同，从很深的深红色到淡橙色，再到粉红色，都有。我们稍后会谈更多的鲑鱼肉的烹饪特点。在肉的上方，你会发现一层……

- **皮下脂肪（subcutaneous fat）**。取决于鱼的品种、捕捞的季节、鱼能吃到的食物，以及许多其他因素，脂肪层的厚度是多变的，但是所有的鲑鱼都有。它既能帮助鱼储存能量，也是一种隔热层让鱼的身体在产卵季节能够承受从海洋游到河流的大幅度的温度变化。
- **鱼皮**。有些鱼有厚得像皮革一样的皮。而鲑鱼有最好的皮，与鸡皮的厚度和纹理非常相似，使其特别适合拿来烹饪。

在这里，我们所感兴趣的是这两层——皮下脂肪与鱼皮。我们知道，脂肪的作用是使鲑鱼免受过大的温度变化的影响，所以为什么不在烹饪时利用这一特性呢？就像所有肉类一样，鲑鱼肉的质地也会随着温度升高而产生变化。

- **在43.3℃(110℉)及以下，**肉基本上是生的。半透明，呈深橙色或红色，它有良好的生鱼片的柔软生鲜质感。
- **在43.3~51.7℃（110~125℉），**鲑鱼是三分熟的。肉层之间的结缔组织已经开始变弱，如果你插一根蛋糕测试针或牙签到鱼排里，它应该会毫无阻力地滑进滑出。肉相对不透明，但仍多汁而湿润，没有任何粉状或纤维状质感。

- **在 51.7~60℃（125~140 ℉）**，鲑鱼开始进入五分熟到全熟的范围。开始出现明显的片状层，也开始发展出粉状质地，但不会过于极端。白蛋白将开始从收缩中的肌肉纤维之间排出，并开始在鲑鱼外部凝结成不太吸引人的白色结块。在这个结块的早期阶段，如果你立即停止烹饪，这块鲑鱼仍然是有救的。
- **在 60℃（140 ℉）及以上，**鲑鱼达到了极限。在这个温度以上，它只会变得更粉碎、更干、更不吸引人。这就是躺在食堂蒸汽自助餐台上的鲑鱼看起来的样子，也可能是你还是个小孩时不喜欢鲑鱼的原因。

因此，你的目标是尽可能地将鲑鱼保持在低于 60℃（140 ℉）的温度范围内，最好是接近 51.7℃（125 ℉）的范围。要做到这一点，如果你是锅煎，就一定要带着皮煎，哪怕你计划在上菜的时候不要鱼皮[⑫]，煎的时候也要带着皮。烹调鲑鱼的时候带着皮，可以减轻肉的外层的各种过度烹饪问题。隔热的皮下脂肪作为热量的屏障，能将热量非常非常缓慢地传递到肉的内部。这种缓慢的热传递意味着带皮的鲑鱼能比无皮鲑鱼烹饪得更均匀、更温和。鱼皮起到的作用与面糊或面包糠对一块炸鸡或天妇罗炸虾所起到的相同——缓冲，以减缓热的传递速度，提供酥脆的元素，同时保证内层的肉不会烹饪过度。

你可能会问，那鱼的另一面怎么办？鲑鱼排只有一面带皮吧？是的，你是对的。我们仍然有潜在的问题，就是会过度烹饪不带皮的那一面。那解决方案是什么呢？——整个过程都只煎带皮的那一面就可以了。那些想让自己听起来高人一等的法国主厨们，喜欢称这种烹饪方式为“单面烹饪”（unilateral cooking）——只从一面烹饪。就我个人而言，我作了一点儿弊，我会在最后 15 秒左右时将鲑鱼翻面，只是为了让第二面结实一点儿。但烹饪带皮的鲑鱼确实会产生其他一些需要处理的可能的问题。

带皮鲑鱼的问题

首先，即使是用带皮的鲑鱼排，一不小心仍然会有白蛋白泄露的问题。更糟糕的是这个家伙：

是的，不要告诉我这从没有发生在你身上。在最坏的情况下，皮会牢牢地粘在煎锅上，并且在加热时，肉会完全与皮分离。如果你不打算吃鱼皮，这并不是件可怕的事情，而如果你想要上一盘无皮的鲑鱼，这无疑是最好的方式——加热带皮的鲑鱼，然后用薄铲在鱼皮和肉之间滑一下，将它们分开。

而在最好的情况下，你会得到像下面这样的结果：

⑫“为什么你要把去皮的鲑鱼端上桌？”这问题的下一个问题就是：“啊，我知道了，那你在生活里找到过乐趣吗？”

这不是世界末日——剩下的鱼皮仍然相对酥脆，皮下的肉可能都很完美，但它肯定不会是那种给岳母留下深刻印象的菜。

在不同温度范围内烹饪了一些鲑鱼排后，我发现要让鱼皮保持完好的关键，竟然恰好跟获得最均匀、最湿润、最软嫩的鲑鱼的方法是一样的。你猜怎么着？这种技术适用于制作任何肉质紧实（firm-fleshed）的厚鱼排，如大比目鱼、鲈鱼、石斑鱼（grouper）或鲷鱼。我将它分成了几个简单的步骤。

完美煎鱼小秘诀 1：将油预热

知道为什么鱼喜欢粘在金属锅上吗？好吧，这不仅仅是黏附的问题，它实际上是鱼和锅在分子水平上产生的化学键。这在所有的肉身上都会发生。然而，在陆栖动物肉，如牛肉或猪肉上，这并不是什么大问题。陆栖动物结实的肉能更牢靠地粘在自己身上而不是粘在锅上。你会得到的最糟糕的东西也只是烹调过程中从肉里排出的褐色蛋白质沉积物而已。

肉质较嫩的鱼的肉则更容易粘在锅上而不是粘在自己身上。它们一般不能被干净地铲起，而是会被撕裂。防止这种情况发生的关键，就是要确保鱼皮加热的速度够快，越快越好。若锅中有足够多的热油，鱼皮在与热的金属直接接触之前，就已经热了起来，从而使蛋白质紧缩和凝结起来。这能防止鱼和金属锅之间形成强的分子键，并使随后的翻面更容易。

完美煎鱼小秘诀 2：越干越好

没有什么比加入湿的东西可以使油更快冷却了。热油的能量会被用来蒸发多余的水分，而不是用尽全力在煎肉。因此，在放进锅里之前，肉越干越好。我会将鱼排牢牢地在厨房纸巾之间按压吸水，然后才将它们移到锅中（鱼皮向下）。

完美煎鱼小秘诀 3：坚持住——他是名战士！

当烹饪时，因为蛋白质的紧缩以及水和脂肪的流失，鱼皮会收缩。这种现象产生时发生了什么呢？就像一个双金属片，鱼排会开始弯曲，而这种弯曲可能导致烹调不均匀——与锅紧密接触的鱼皮边缘最终将会因加热过度而烤焦，而被鱼皮微微抬离锅的中心区域则几乎烹饪不到。这不是一种理想的状态。

为了解决这个问题，当加热鱼排贴着锅的

鱼皮部分时，我会使用一把又薄又有弹性的金属煎鱼铲按压鱼排，使其牢固地维持在那个位置。这在烹调刚开始的一两分钟是非常重要的。之后，鱼排的形状就会固定，就可以继续均匀地烹调。

完美煎鱼小秘诀 4：稳扎稳打

为了获得完美的酥脆鱼皮，有三件事需要同时发生：脂肪需要化掉，水需要蒸发，蛋白质需要凝固。火太大，水分会蒸发得太快。温度迅速上升，在脂肪有机会好好化掉前，蛋白质就会凝固并开始烧焦。最终得到的鱼皮会是表面有一点点酥脆，但下面仍然是胶状、多油而肥腻的。在相对的高温下预热油可以防止出现在小秘诀 1 中解释的黏附问题，然后在加入鱼之后立即降低温度则可解决油腻问题。最终你会得到酥脆得令人惊艳的、脂肪完美化掉的、褐色的松脆鱼皮，就像那最美味的锅煎鸡块。

另外，稳扎稳打地烹饪可以带来更均匀的结果。跟凝固的白蛋白说再见吧！这真是一石二鸟的事情。

完美煎鱼小秘诀 5：在准备好前不要翻面！

在这么多年的烹饪岁月里，我学到的最重要的关于锅煎食物的窍门就是，绝对不要勉强将食物移出锅外。当一切准备好了，它自然就会好。我使用有弹性的金属煎鱼铲来做所有的翻面动作，但我发现，如果经过一些非常温柔的铲动后，鱼还是没办法从锅上移动，那就表示它还没有准备好。就让它继续加热，一旦鱼皮的脂肪完全化掉且变得酥脆，它应该很容易与锅分离。

完美煎鱼小秘诀 6：快去弄支温度计

你知道这总会来的，对吧？如果你一直注意着，你会发现我是快显温度计的大粉丝。

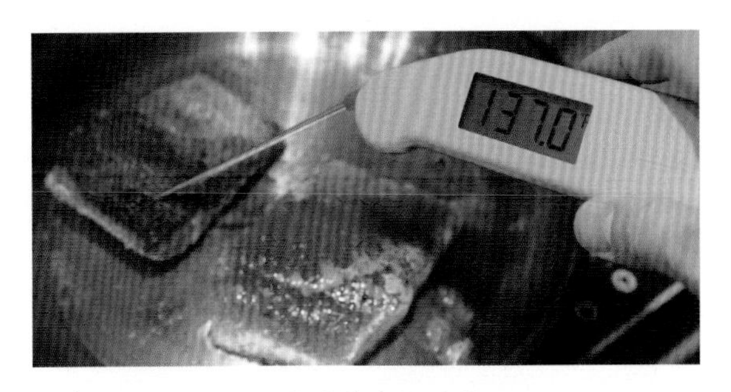

照我说的做，而不是跟着我做的做。

帮自己买一支，你就永远不会，再重复一次，永远不会再将你的鱼煎过头了。也就是说，除非你像我一样在鱼在煎锅里时停下来拍照，以致当你的目标温度是 48.9℃（120 ℉）时，却让它一路攀升到 58.3℃（137 ℉），否则你一定可以做好。

完美煎鱼小秘诀 7：背面只要轻吻一下

在此重复一下我之前说过的：通过几乎一直是鱼皮朝下的方式烹饪你的鱼，因为那是隔热的一面。另一面只要最短暂地亲吻一下火苗就可以了。

按照所有这些秘诀来执行，你应该可以得到一片看起来如后页照片的鱼：褐色的酥脆的外皮，下面没有油腻的凝胶状的脂肪。再下面是一层薄薄的肉片，然后是一大片鲜嫩多汁的、丝毫不呈粉状的肉，还有一个细腻柔软、有黄油般质感、近乎生鱼片式的中心。这才是鱼应该有的外观和味道。

图片提供 熊也·saya

|专栏|如何购买、保存并预处理鱼

鱼肉比陆生动物的肉更容易腐烂是有原因的。腐烂是通过两种方式发生的：一种是通过肉中天然存在的酶的作用来破坏细胞[13]，一种是通过细菌繁殖。当温度升高时，这两种情况都会以更快的速度发生。

现在，陆栖恒温动物如牛、鸡和猪习惯于生活在温暖的环境中，它们通过新陈代谢来适应。把它们的肉拿去冷藏，酶和细菌的作用会变得缓慢。另一方面，鱼是在海水的低温下活动的。北极的某些种类的鱼或深海鱼的大部分时间都是在温度略高于冰点的水中度过的。相较之下，冰箱的平均温度是4.4℃（40 ℉），对鱼肉来说算是温和适宜的。所以，不论是在你家冰箱里还是在鱼市的展示柜里，鱼身上的酶的作用都会正常发生。

这也是为什么定期弄到很好的鱼很困难，以及为什么你应该在买到鱼之后尽快烹饪。

购买

以下是一些购买的提示：

- **看看鱼市场本身**。一切都是干净有序的吗？鱼是否被仔细地陈列，而且上下都一直保有冰块？如果鱼贩看起来对他们的商品很粗心，甚至是在客户面前也一样，那你就有很大概率不会买到值得买的东西。
- **看看鱼**。它看起来新鲜吗？整条鱼应该有发光的鳞片、完全清晰的眼睛和明亮的红鳃。有血丝或混浊的眼睛是腐烂的早期迹象。鱼排和牛排都应该看起来要闪亮、新鲜以及湿润。
- **闻闻鱼**。新鲜的鱼不应该有“鱼腥”味，它应该闻起来有淡淡的海水味。任何一点儿氨的气味都是不好的迹象。
- **戳戳鱼**。如果鱼贩同意让你这么做，就戳戳看。新鲜的鱼肉是富有弹性的，当你轻轻地戳它时会回弹。如果肉是糊状的或是你的手指给它戳了一个洞，那就把它留在那里吧。

---

⑬ 你可能会问，为什么肉里会有要来毁掉它的酶？这是因为我们的身体（牛的身体、鳕鱼的身体也是一样的）在不断增生新的细胞并将旧的除掉。它是生命周期的一个自然组成部分，我们的身体必须要有办法消灭越来越旧的细胞，这就是细胞破坏酶的用途。若我们的身体失去除掉旧细胞的能力，而新细胞又不断长出来，那么只有一种结果就是得癌症。

保存

像保存芦笋或玉米一样，保存鱼的最好的方法就是不要保存它。你应该在计划要把它带回家烹饪之前才去买，你将鱼买回家后要立刻把它放到冰箱里，并在几个小时内将它烹饪掉。

如果你必须在制作的前一天甚至前两天买鱼，就尽可能让它保持冷却状态。用非常干净的手在凉的流水下彻底冲洗鱼，以洗去表面的细菌，然后用厨房纸巾小心地将鱼擦干。将鱼移到塑料夹链密封袋里，尽可能地挤出多余的空气，并将袋子密封。

将冷冻的冰袋放在烤盘底，把装着鱼的袋子放在冰袋的上面。将第二个冰袋铺在鱼的上方。（你也可以用放了冰的夹链密封袋代替冰袋。）鱼最多存放两天，冰袋里的冰化开的时候要及时替换。

给鱼排去刺

通常，从超市或鱼市买到的鱼排，仍然会有几根刺留在鱼肉里。要挑除鱼刺，你需要一把结实的镊子⑭。沿着每片鱼排轻轻地前后移动你的手指，直到你找到骨头的末端。它们摸起来会感觉像是肉上坚固的小硬块。用你的指尖按压鱼刺附近的肉，直到刺露出一点儿。用镊子的尖端牢牢地镊住暴露出的刺的头。将没拿镊子的那只手平放在鱼肉上，尽可能地靠近刺，并沿着刺生长的方向把刺向外拔出来，以尽可能地减少对肉的伤害。将刺丢弃，并重复以上动作，直到鱼排里没有刺。

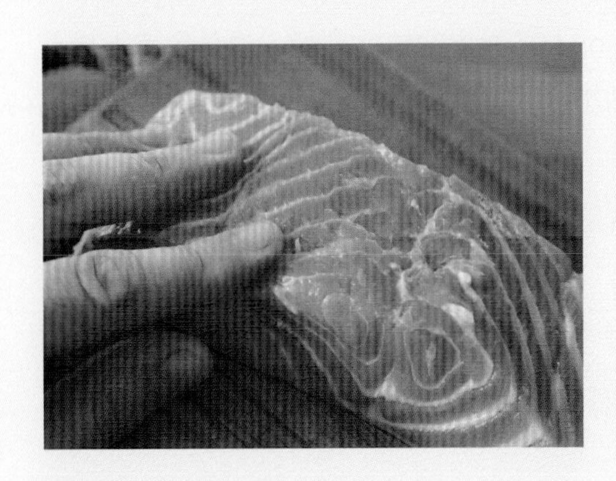

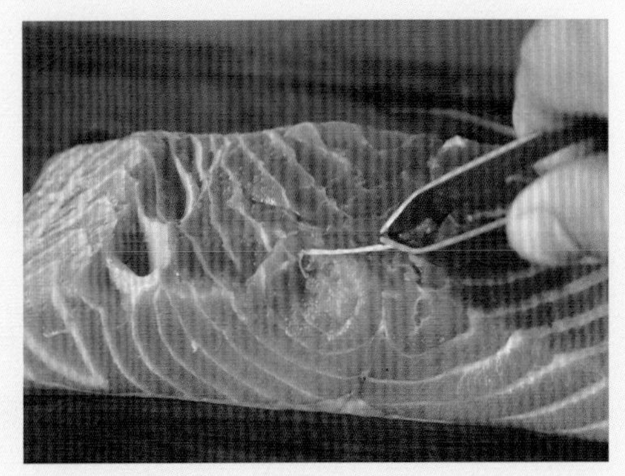

给鱼排去皮

即使在上菜时会去掉皮，我也喜欢烹饪带皮的鱼，因为鱼皮能使鱼和锅或烤箱的热隔离，从而给你加热得更均匀的鱼肉。但如果你想从鱼排上将鱼皮去掉，这里教你怎么做：

- **步骤 1**：第一刀。用锋利的主厨刀在鱼排的边缘切入，在鱼肉和鱼皮之间切出一道口子。
- **步骤 2**：抓紧。用干净的厨房毛巾或坚韧的厨房纸巾抓住和肉分开的鱼皮。
- **步骤 3**：将刀子滑入。将刀身滑到皮和肉之间，使刀身紧贴鱼皮。在拉着鱼皮把鱼往后拉的同时，轻轻地来回移动刀子，慢慢地把鱼皮去掉。鱼应该移动得比刀子还要多。
- **步骤 4**：完成。继续在拉鱼皮的同时以拉锯子般来回移动的方式轻轻地来回移动刀子，直到鱼皮完全从鱼排上分离。修整一下你可能错过的任何小地方。

---

⑭ 有专用的镊子。我最喜欢的品牌是具良治，它的鱼镊子是精准、坚固且容易抓握的。

鲑鱼采样

曾几何时，鲑鱼还是鲑鱼：它是纤瘦的人们在餐厅会点的，或戴着法国帽子的高贵女士在高级自助餐上会选的粉红色的鱼。之后，食客对外面的情况有了更多的了解，或至少知道了，当提到鲑鱼时，他是有很多品种可以选择的。

以下提供的快速指南，是关于你可能在市场中找到的鲑鱼。

- **帝王鲑（king salmon，英语亦称 chinook）**是最大的鲑鱼品种，也是鱼摊上最受欢迎的品种之一。在野外，这些鲑鱼可以重达 45.4 千克（100 磅）以上，并活上好几年，对打鱼爱好者来说很有价值。虽然它们不是最美味的品种，但又大又厚的鱼排相对容易烹饪。养殖的帝王鲑体型较小，但具有更多的肌内脂肪，这使得它们有更浓郁的味道。
- **银鲑（Coho）**比帝王鲑小得多，具有更紧实的、颜色更鲜艳的、更美味的肉。因为有着相对较低的脂肪含量和非常细腻的质地，所以银鲑很适合用来腌，比如北欧的腌渍鲑鱼（gravlax）。
- **红鲑（Sockeye salmon）**的名字来自不列颠哥伦比亚省[15]原住民的哈尔魁梅林语——与袜子（sock）或眼睛（eye）都没什么关系。它们以深红色的肉质和丰富的味道而闻名，但是它们又相当小，所以很难烹饪——太薄的鱼排容易过熟。
- **北极红点鲑（Arctic char）**不是鲑鱼。但它们有类似的红橙色的肉，是因为吃了小贝类而被类胡萝卜素类的色素上了颜色。虽然它们往往稍微肥一点儿，但味道和烹调品质与红鲑很相似。

一般来说，我喜欢将更大、更肥的帝王鲑用来高温烹调，比如锅烤；而且，我发现更美味的银鲑和红鲑更适合用较慢的烹调方法烹调，如水煮。帝王鲑鱼排的厚度和较高的脂肪含量为它提供了更多的保护，以免其被过度烹饪或因失去水分而变干，而这两件事都是鲑鱼在平底锅或烤箱的高温下很容易发生的。

---

⑮ 不列颠哥伦比亚省，British Columbia，加拿大最西部的一个省。——校注

锅烤超级脆皮鱼排

ULTRA-CRISP-SKINNED PAN-ROASTED FISH FILLETS

笔记：

这份食谱适用于任何带皮且肉质紧实的鱼排，如鲑鱼、鲷鱼、石斑鱼或鲈鱼。我喜欢将鲑鱼烹调到一分熟到三分熟，而白肉鱼应至少烹调到五分熟。

4 人份

带皮鱼排 4 片［每片约 170 克（6 盎司）］

犹太盐和现磨黑胡椒碎各适量

植物油或芥花籽油 2 大勺

1. 将鱼排放在厨房纸巾之间按压，彻底吸干所有水分。将盐和黑胡椒碎撒在鱼片的两面进行腌制。在大型厚底不锈钢煎锅中以大火加热油，直到冒烟。将鱼排鱼皮一面朝下放入锅中，立即转中小火煎，用有弹性的金属煎鱼铲轻轻按压鱼排的背面，以确保在第一分钟鱼皮和锅之间就有良好的接触。然后继续加热约 5 分钟，直到鱼皮的脂肪化掉并变得酥脆。当你尝试用铲子将鱼排铲起时，如果感觉到鱼皮和锅之间有阻力，就让它继续加热，直到容易铲起。
2. 将鱼排翻面，煎第二面约 1 分钟，如果要三分熟，则煎到将快显温度计插入最厚的部分测得温度为 48.9℃（120 ℉），或五分熟，温度达到 54.4℃（130 ℉）。将鱼排移到衬有厨房纸巾的盘子上，在上菜前静置5分钟。

罗勒刺山柑酱

BASIL-CAPER RELISH

约 2/3 杯

刺山柑，洗净，沥干，大致切碎（约 2 大勺）

切碎的卡拉玛塔（kalamata）橄榄或塔加斯科（Taggiasche）橄榄 2 大勺

小型红葱头 1 个，切碎（约 1 大勺）

泰国鸟眼（Thai bird）辣椒或塞拉诺辣椒 1 根，去籽切碎

切碎的新鲜罗勒 1/2 杯

青葱 2 根，切细片

鳀鱼片 3 片，切碎

新鲜柠檬汁 1 大勺（用 1 个柠檬榨取）

巴萨米克醋 1 大勺

蜂蜜 1 小勺

特级初榨橄榄油 1/3 杯

犹太盐和现磨黑胡椒碎各适量

在小碗里混合刺山柑、橄榄、红葱头、辣椒、罗勒、青葱、鳀鱼、柠檬汁、醋和蜂蜜，不断搅拌的同时，慢慢地倒入橄榄油。用盐和黑胡椒碎调味。用勺将酱浇到锅烤鱼上。

樱桃番茄红葱酱

CHERRY TOMATO–SHALLOT RELISH

约 2 杯

樱桃番茄 2 杯，切成 4 等份
红葱头 1 个，切细片（约 1/4 杯）
切碎的新鲜荷兰芹 2 大勺
红酒醋或巴萨米克醋 1 大勺
特级初榨橄榄油 3 大勺
犹太盐和现磨黑胡椒碎各适量

将樱桃番茄、红葱头、荷兰芹、醋和橄榄油在小碗里混合，并用盐和黑胡椒碎调味。用勺将酱浇到锅烤鱼上。

莳萝柠檬法式酸奶油

DILL–LEMON CRÈME FRAîCHE

约 1 杯

法式酸奶油 3/4 杯
柠檬皮碎 1 小勺（来自 1 个柠檬）
新鲜柠檬汁 2 大勺
切碎的新鲜莳萝 2 大勺
刺山柑，洗净，沥干，切碎成 1 大勺
犹太盐和现磨黑胡椒碎各适量

在小碗里混合法式酸奶油、柠檬皮碎、柠檬汁、莳萝和刺山柑，并用盐和黑胡椒碎调味。可以搭配烤鱼。

基本的塔塔酱

BASIC TARTAR SAUCE

约 1 杯

美乃滋 3/4 杯
甜腌菜 2 大勺
刺山柑 2 大勺，洗净，沥干，切碎
糖 1 小勺
小型红葱头 1 个，切碎或用刨刀磨碎（约 1 大勺）
现磨黑胡椒碎 1 小勺
蒸馏醋或白葡萄酒醋 1 小勺

把所有材料在一个小碗里混合，盖上盖子，静置至少 15 分钟。搭配烤鱼食用。

料理实验室指南：
低温慢煮

自21世纪初以来，餐厅厨房就发生了一场小小的革命。它改变了一切，从厨师的烹饪方式和主厨对菜品和菜单的构思，到连锁餐厅维持其一致性以及规划其工作流程的方式。我说的“低温慢煮”这个词来自法文，意思是“在真空状态下”，这种烹调方法是将食物放在真空密封的袋子里，然后在温度受到控制的水浴机中烹饪。

这种技术第一次被介绍给大众是20世纪70年代在法国罗阿讷（Roanne）的米切尔·特鲁瓦格罗（Michel Troisgros）餐厅，但直到本世纪初，当主厨们获得非常精确的实验室级设备后，这种技术才变得实用并有可能大规模实施。

你可能在想：好吧，有趣，但我是个家庭厨师，我都没办法分辨旋转蒸发器（rotary evaporator）和水循环器（water circulator）有何不同，而这与我又有什么关系？你只需要相信我，马上便能得到答案。

伦敦肥鸭餐厅著名的英国主厨赫斯顿·布鲁门塔尔认为：“低温慢煮是几十年来烹饪技术最大的进步。”他不是唯一一位这样认为的人。从纽约Per Se餐厅的和加州The French Laundry餐厅的托马斯·凯勒（Thomas Keller），到你家附近的Chipotle Mexican Grill[16]都供应着低温慢煮的食物。

这里来谈谈到底为什么这种方法这么好。回想一下关于肉的温度梯度的问题。总而言之，食物受热是从外到内的，这代表外层将比中心更热。因此，烹熟的食物内部会发展出一种同心圆式的图案（bull's-eye pattern）：当中心是完美的熟度时，越往边缘，其过熟的程度就越大。

所以，举例来说，想象你正要开始烹调一块牛排，整块有着完全一致的4.4℃（40 ℉）温度。将其放在260℃（500 ℉）的锅中，表层温度几乎立即就达到约100℃（212 ℉），在该温度下，牛排表面的内部水分开始蒸发。当所有的水分消散，牛排外层的温度将持续增加。甚至在其中心的温度开始有变化前，外层的温度就已经超过93.3℃（200 ℉）了［那是超过全熟71.1℃（160 ℉）阶段的牛排的温度］。在中心温度达到54.4℃（130 ℉）三分熟时，外层就会无药可救地烹调过度了。

现在想象一下，将同一块牛排在恒定的54.4℃（130 ℉）环境下烹调。当然，其中心需要更长的时间才能达到54.4℃（130 ℉），但它最终会达到的，且同时表层不会有任何烹调过度的机会。

这正是低温慢煮所要做的。如果将牛排放在密闭的真空密封袋中并将其浸在温度受到控制的水浴机中，水会非常有效地将热量传递到牛排上，同时保持非常准确的温度。这样做的结果是肉从外层到中心都会被烹调得很均匀。

而且因为水浴的温度保持在肉最终上桌

⑯Chipotle Mexican Grill，美国的墨西哥卷饼连锁餐厅。——校注

时的温度上，所以你绝对不会将肉烹调过度。需要去遛狗吗？没问题。你的牛排可以等着。忘记加衣物柔顺剂了吗？慢慢来。牛排仍然会在那里，和你离开它时一样。这使得办晚宴聚会成为非常容易的事。

因为梅纳反应不会在标准的低温慢煮的温度下发生，所以大多数食谱会要求把肉从袋子里拿出来后再在热的煎锅中煎一下，来增添颜色和风味。

此外，肉里天然含有一种叫组织蛋白酶（cathepsins）的酶，它一开始会缓慢分解坚韧的肌肉组织，然后随着温度升高它会越来越快地产生作用。因此，让肉在低温范围内待上额外的时间，代表组织蛋白酶会超时工作，使得已经很嫩的牛排会变得更加柔嫩。而柔嫩的肉不仅仅关系到肉的质感——肌肉纤维包裹得越松散，在烹饪过程中收缩得越少，排出的肉汁就会越少，所以慢烹调的肉也更加多汁。

对餐厅主厨来说，这种优势是显而易见的。即使是世界上最好的餐厅的主厨，在使用传统的烹饪方法烹饪时，偶尔做出过熟或未熟的蛋白质也会是个问题。Peter Luger's⑰里经验丰富的厨师，甚至在素食者出现之前就已经在翻转和烧烤牛排了，但他们仍然偶尔会做出略微过熟的红屋牛排。但是如果使用低温慢煮的方式烹调，即使是只带着假发的猴子，也可以成功地制作出有完美的蛋白质的食物：上校夫人梦寐以求的多汁的鸡肉，柔嫩到使劲看一眼都会化掉的鲑鱼，让仍是一个小厨师的我走红美国职业骑牛大赛（PBR）庆功宴的特厚猪排。我们在这儿是在讨论“完美”的食物。

不过，这里有个困难，而且还不小：买一台典型的水循环器就需要花费约 1000 美元。即使是现在市场上较便宜的家用版本（如 Sansaire 或 Anova 牌的）加在一起至少也要几百美元。

事实上有一批人，他们投入了大量时间和资源在寻找并组装一种更便宜的低温慢煮装置。组装这些装置的方法可分为两类：

- **第 1 类：**电饭锅、鱼缸泡泡机（aquarium-bubbler）、PID 控制器（PID-controller，一种控制方式）组合的方法。这种装置是准确的，但需要相当多的技术知识做指导，并花费几百美元来组装。
- **第 2 类：**戴维·张（David Chang）的“灶上煮锅水，视情况调整火力”（pot-of-water-on-the-stove, fiddle-with-the-heat-as-necessary）的方法，比较不那么精确，而且整个烹调过程你都必须守在炉子旁。

我相信会有个更快、更容易、更实惠和更加万无一失的方法来产生相同的结果，所以我开始多次尝试。本质上，为了创造一个低温水煮器，你需要做的是让大体积的水在相同温度下维持几个小时，所以，一个非常隔热的盒子应该可以达到这个效果。幸运的是，几乎每个家庭都已经有这种工具了，它的设计刚好适用于保存大量的食物或液体，并可以将温度保持在某个稳定的值：啤酒冰桶。

它的原理是，啤酒冰桶是拥有双层外壁的塑料容器，在两层外壁之间有空气，这可以让食物或液体保持凉爽。这部分空气相当于隔热层，可防止外部的热量传到内部冷的食

⑰Peter Luger's，美国纽约的老牌牛排馆，成立于 1887 年。——校注

物里。

当然，隔热层在另一方面也起作用——冰桶能保存内部的热量，防止它们逃逸到外部。一旦你意识到，一个啤酒冰桶在保温和保冷两方面是一样好的时候，其余的就简单了。在冰桶里倒进水，水温比你想用来烹调食物的温度高几度（算上当你放进冷的食物时会流失的温度），再将食物密封在一个夹链冷冻袋里然后丢进去，最后将冰桶关起来。让食物在那里静置，直到烹调完成。就这么简单。

那真空怎么办？

真空密封食物是低温慢煮有效的重要步骤吗？事实证明，这不全然是真的。将食物进行真空密封的主要原因是，任何被困在塑料袋里的气泡都会成为隔热物，阻碍食物被均匀地烹调，只要你能够把袋子里的所有气体挤出来，应该就会像用真空包装机密封的袋子那样有效。这里有个简单的方法可以做到这一点。这项技术由法国烹饪学院（French Culinary Institute）老师戴夫·阿诺德（Dave Arnold）为我示范，他同时也是 Cooking Issues 博客的贡献者。

1. 把食物放进一个夹链密封袋里封起来，只留下末端 2.5 厘米（1 英寸）开口不要密合。

2. 拿起袋子，慢慢地把它放进有水的冰桶或有水的水槽里，在你这么做的同时，用你的手去挤压出所有被困在袋子里的气体。

3. 持续将它压入水中，直到只有袋子的最顶部还在水面上方（不要让任何的水进到袋子里）。

4. 将袋子密封。现在，食物已经在一个完全无空气的袋子里了。

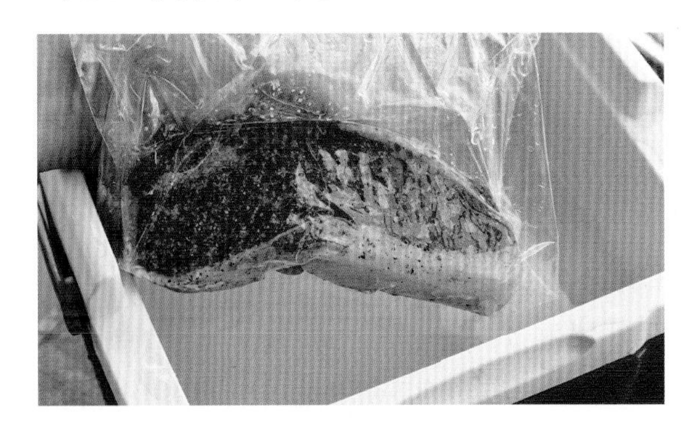

“低温慢煮”虽然从字面上来说是指烹饪过程中“真空密封”的那部分，但是现在一般用来代表在温度受控制的水浴机中烹饪食物的行为——所以我也会这么用这个词，哪怕我的冰桶方法实际上并没有用到真空。接受现实吧。

啤酒冰桶方法真的有效吗？我将用啤酒冰桶加上夹链密封袋（总成本：21.90 美元）的方法与用水浴机（SousVide Supreme）加上真空包装机（Food Saver combo）（总成本：569.98 美元）的方法在四个方面的表现来进行比较：

1. 把蛋白质从边缘到中心维持在某个精确温度的能力。
2. 将烹好的食物维持在上菜温度几个小时而无损任何品质的能力。（低温和密封袋可防止食物在烹饪时过熟或水分流失，这是一项非常宝贵的特质，让帮厨或匆忙的配偶可以随时将热食上桌，而不必担心错失精确的时机。）
3. 软化坚硬肉块的能力。传统炖肉使用相对较高的温度——82.2℃（180 ℉）或更高的温度来软化较坚硬的肉块。但在这些温度下，肌肉纤维会排出相当多的肉汁。使用低温慢煮方式烹调，用更低的温度——例如约 60℃（140 ℉）以及更长的时间——有时长达 72 个小时，依然可以做出非常嫩的肉，也不会有肉汁的流失。它针对牛肩肉或牛小排这样的肉块特别有效。
4. 烹饪蔬菜可不失风味的能力。在真空密封袋中烹饪的蔬菜会在自己的菜汁中自然软化。在某些情况下，这可能会使人无法忍受（尝过低温慢煮的芹菜吗？）；但在其他情况下，结果可以是非常好的。低温慢煮的胡萝卜尝起来比你吃过的任何胡萝卜都更像胡萝卜。

不过，在我开始之前，我已经放弃做到第 3 点和第 4 点了。我的啤酒冰桶没有办法在 24 个小时里都保持所需温度。以前的测试显示，当它在 60~65.6℃（140~150 ℉）时，每小时会降低约 0.6℃（1 ℉）。

而蔬菜还会产生一个更大的问题——果胶。这个保持蔬菜细胞连接的坚韧“胶水”直到 83.9℃（183 ℉）才会开始分解。但即使只过了 15 分钟，一个装满热水的啤酒冰桶也会冷却几度——这对于蔬菜来说实在没用。所以，目前看来，如果你需要长时间——大于两个小时或相对热——大于 71.1℃（160 ℉）的烹饪，那就去买一台真正的低温慢煮机吧。

另一方面，我十分认同第 1 点和第 2 点才是低温慢煮机的主要用途——特别是对于家庭厨师来说。我上网查那些家庭厨师一直在玩的食谱类型，大部分是这两类。

然后我继续进行实际测试，将牛排加热到 51.7℃（125 ℉），以及将鸡肉加热到 60℃（140 ℉）（听起来像在消灭沙门氏菌——我们将在 1 分钟内讲到食物安全）。在这两种情况下，彼此的结果完全没有差别。

接着最酷的事情发生了：从我的水龙头里出来的热水刚刚好是57.2℃（135 ℉）——烹调牛排最完美的温度。多么好运啊！啤酒冰桶比专业的水循环器更容易运输，而且不需要电。所以，去年夏天，我开始在我的厨房里烹调一块907克（2磅）的干式熟成肋眼，两个小时后把整个冰桶搬到户外，把牛肉放在一个火热的烤架上每一面烤30秒钟，只是为了让它的表皮棕化，然后享受从我的韦伯（Weber）烤架上拿下来的最完美的牛肉。任何有热水和冰桶的地方，你都可以做低温慢煮。想想这个可能性吧。饭店房间，后院，船上，电影院。

关于食物安全

任何参加过服务安全（ServSafe）食物处理课程的人都听说过“危险区域”：在4.4~60℃（40~140 ℉），细菌会加速繁殖。根据服务安全指示，没有食物可以在此区域停留超过4个小时。

当然，这是不合理的。想象一下，一块终于接近其最佳上桌温度的熟成卡蒙贝尔奶酪（Camembert），你要把它丢掉只是因为它已经在奶酪板上放了几个小时。伊比利生火腿（jamóns Iberico）又或意大利风干生火腿（prosciutto），又或是一条美味的陈年乡村火腿，在进入其长达数月的腌制过程的头4个小时后，就会被扔掉，因为它们处在了危险区域。若真为了遵守这些严格的规定，一些昂贵的干式熟成牛肉将不得不被丢到垃圾桶里。然而，这都不现实。

服务安全规则以及美国农业部制定的规则旨在完全消除食源性疾病（food-borne illness）的可能性——它们的设定有很大的误差，同时牺牲了精确性来达到简单易懂的目的。在现实中，任何与数量有关的因素，包括含盐量、含糖量和脂肪含量，以及含水量，都能快速影响食物，使其变得不适合食用。不仅如此，温度和时间对食物安全的影响，比我们普遍认知的还要更加复杂。

当我们谈论到新鲜食物——特别是肉——会危害到健康时，真正讨论的其实是细菌含量和它们会产生的毒素。当肉静置时，其表面存在的细菌将开始繁殖和增长，最终增长到危险的水准。在低于3.3℃（38 ℉）或冰箱温度的环境下，细菌是嗜睡的，它们只会非常、非常缓慢地生长。一旦把肉的温度下降到冷冻的温度，细菌维持基本生命功能所需的水变成了冰，它们会因无法获得水分而停止生长。这就是为什么妥善密封的话，冷冻肉可以保存几个月，甚至几年的原因。

但是当肉回到温暖的环境下时，细菌就会变得越来越活跃，而且将持续活跃直到温度热到足以致它们于死地。会被细菌杀死的温度因细菌而异，但是通常大约是在48.9℃（120 ℉），生命力最强的蜡样芽孢杆菌（Bacillus cereus）最终也会在约55℃（131 ℉）下死亡。

所以你会思考着，**“我只需要把肉加热到55℃（131 ℉），就可以保证安全了”**。嗯，是，也不是。就像烹饪一样，破坏细菌——巴氏灭菌的过程——需要温度加上时间来完成。（见p.350“鸡肉的温度与安全性”）

使用温度受到控制的水浴机，你不仅有机会用低温来烹调鸡肉，但更重要的是，使肉保持同样温度，直到可以完全安全地食用。这对家庭厨师来说代表什么呢？这代表你不再需要忍受又干又柴的73.9℃（165 ℉）的鸡肉了。

低温慢煮到 60℃（140 ℉）并保持了 25 分钟的鸡胸肉，和烹到 73.9℃（165 ℉）的鸡胸肉是一样安全的，低温慢煮的还会更多汁、更嫩。当你切开时，它会闪烁着水光；在你咀嚼时，它会渗出肉汁来。同样惊人的结果可以表现在猪肉上，叉子就像插在黄油上一样。

有些食物，你所追求的最后上菜温度实际上是低于细菌开始死亡的温度的，例如，一分熟的鲑鱼或大约 48.9℃（120 ℉）的牛排。对于这样的食物，你必须非常小心，不要让它们搁置太久。为了安全，我不会把三分熟牛排或鲑鱼放在冰桶里超过 3 个小时，否则晚餐就会变成一个俄罗斯轮盘赌的游戏。而且在冰桶里加热过的食物，绝对不要让它冷却了再重新加热，这绝对会招来疾病甚至更糟的东西。

讲完了这些干货内容，让我们继续来讲实际的技术——有趣的部分。

在冰桶里烹调

这些食谱需要一支精确的温度计，以及一个至少有 9.5 升（2.5 加仑）容量的啤酒冰桶和紧密的盖子。有些冰桶比其他冰桶拥有更好的蓄热能力。烹调期间在冰桶上覆盖几条厨房毛巾，可进一步改善保温能力。把它放在温暖的地方也有帮助——在温暖的日子里我会把冰桶放在阳光直射的地方，或是厨房里温暖的角落。以下是用冰桶烹调的基本步骤：

1. 把食物的每一面用盐和黑胡椒碎腌制。放置在 3.8 升（1 加仑）大小的夹链密封袋中，可添加任何香草或香料。尽可能地挤压出袋子里的空气，并将袋子密封起来，只留下 2.5 厘米（1 英寸）的开口。（见 p.376 的照片。）
2. 将至少 7.6 升（2 加仑）的水加热至指定温度，使用快显温度计以确保精确度（水龙头放出的热水可能已足够热，无须再到炉灶上加热）。将水倒入冰桶。
3. 慢慢地将每袋食物没入水中，直到袋子只有未密封的边缘露出。袋子里任何剩余的空气都会在淹没时被挤出，之后将袋子完全密封。
4. 关上冰桶，盖上几条厨房毛巾，并在指定的烹调时间里将其放在温暖的地方，每 30 分钟左右检查一次水的温度，并根据需要加入沸水使其维持在和最终期望温度差 1.7℃（3 ℉）或 2.2℃（4 ℉）（如果用的是非常好的冰桶，这可能是不必要的）。
5. 从袋子里取出食物，并用热油在烤架上烤或用喷枪来触发梅纳反应，为食物增加口感的对比。

在冰桶里烹调牛排

在冰桶里烹调牛排绝对是最好又最简单的方式，它可以确保你得到的就是你喜欢的熟度。正如我们已经讨论过的，熟度在很大程度上是个人偏好的问题，但如果你是喜欢一分熟牛排的那种人，我强烈建议你保持开放的心态，多多少少将牛排略往全熟的方向移动一点儿。在一分熟 48.9℃（120 ℉）时，牛肉脂肪仍然是相对结实的——它还没有开始融入到周围的肉里，这也意味着，无论出于什么烹饪目的，它几乎都是不存在的。在我的书中，让一块充满大理石纹的肋眼或昂贵的日式和牛牛排烹饪不足，和使它们烹饪过度的罪过是一样的。

我曾在一场晚宴上举行过一次即兴盲测，我发现大多数人，即使是最坚定的一分熟牛排爱好者，当他们看不到不同熟度的肉的颜色时，实际上更喜欢的还是三分熟——54.4℃（130 ℉）的甚至五分熟——60℃（140 ℉）的牛排的口感和味道。试试看吧，然后看你是怎么想的。

此外，低温慢煮是更便宜的“肉贩部位”的理想的烹调方式。昂贵的牛排馆部位——比如纽约客、肋眼、红屋、T 骨和菲力（里脊肉）——一直被称赞是因为它们的极度软嫩，而不是因为它们的风味。更美味的部位，如腹肉、肩胛肉或板腱牛排更难以正确地烹调——甚至烹过头一丁点，它们就会变成坚硬、干柴、难嚼的东西了。烹调得当的话，这些部位就可以像昂贵部位一样软嫩，而且还有更多的风味。

这就是为什么这些部位通常被称为“肉贩部位”或“主厨部位”——主厨和肉贩爱它们，因为它们便宜，只要烹调得当就会非常美味。有了低温慢煮的设备，任何人都可以正确地烹调这些棘手的部位。跟大多数肥美的牛部位一样，这些部位都最好加热到三分熟或五分熟。你想以 7 美元的价格买一块 454 克（1 磅）腹肉牛排吗？它不仅柔嫩，而且味道比 454 克（1 磅）16 美元的纽约客牛排还好。请吧！

| 专栏 | 煎

正如我前面所提到的，低温慢煮在某一关键的方面是有缺陷的——它无法让肉棕化。可以为你的肉带来美妙的焦脆外皮和煎烤香味的棕化反应只在远高于 148.9℃（300 ℉）的温度下才会发生，比正常的低温慢煮的温度高出 94.4℃（170 ℉）——这代表你仍然需要拿出煎锅来完成。关键是尽快地将肉煎好，以防止烹饪过度。把你的煎锅或烤架先预热到足够热，将肉放到锅里之前一定要彻底擦干水（湿的肉使得锅冷却的速度会比干的肉快），然后把肉放到锅里直到刚好上色。

关于肉是否应该在低温慢煮前预先煎过还是有些争议。其说法是这样的：在肉放到袋子里低温慢煮前预先煎过的话，所制造的风味将渗透到肉中，给它一种更浓、更焦香的味道。我做了几块牛排实验，看看这是否是真的。

在视觉上，这几块牛排其实没有太大的区别。那味道上呢？在盲测时，试吃者的意见是完全有分歧的，当被要求说明哪块牛排是出自哪种做法时，他们说的也没比瞎猜好到哪儿去。

结论：不用对要不要预先煎过感到困惑，牛肉只要在水浴之后煎一次，就可以发展出丰富的味道。

让肉棕化的最好的方法是什么？以下是我经常使用的三种方法。

锅煎（Pan-Searing）

优点：简单，且在室内即可完成。肉汁都保留在肉里。

缺点：若没有超级有力的炉火，焦脆外皮可能就需要一段时间才能做出来，这会导致肉下方略微过熟。

烧烤（Grilling）

优点：高温能快速上焦色，且使肉发展出良好的风味。

缺点：需要室外烤架。牛排会因肉汁滴下而失去水分和风味。

用火焰喷枪喷（Torching）

优点：非常高的高温使得肉很容易上焦色，而且使用它会让你看上去很厉害。

缺点：焦色可能会上得不均匀，在牛排上会有一点儿黑掉的部分，而其余部分甚至可能还没棕化。如果你不小心，它也可能让你的牛排尝起来像未燃烧的燃料。

所以，如果这三种方法都不够完美，那为什么非要只用一种呢？做牛排和猪排，可以将锅煎和用喷枪组合成一种混搭技术，就能避免任何使用单独一种方法的缺点。我开始用冒烟的热油和黄油先煎牛排的一面（棕色的黄油颗粒有助于启动棕化反应）。一旦棕化开始，我便将牛排翻面，立即开始用丙烷喷枪的火焰加热牛排表面。附着在其表面的油和黄油层有助于均匀地分配火焰的热量，从而产生极棒的棕化效果，并在创纪录的时间内完成了无与伦比的牛排馆级的焦脆外皮。最后，我再次把牛排翻过来，用喷枪烤第二面。

未燃烧完全的丙烷会留下气味怎么办？其实在这种情况下这不会是一个问题。因为煎锅的热量以及由锅中热量转移所引起的对流增加，可让丙烷获得大量的氧气和热，从而充分燃烧，仅留下鲜甜、多汁又焦脆的牛肉。

低温慢煮与静置

我们都知道，在上菜前让肉静置是很重要的。这样能让肉汁有时间沉淀并稍微增稠，防止在你切牛排的时候流失过多肉汁。但事实证明，静置还是有些缺点的：牛排在刚刚拿下火炉的时候，会有更明显、更脆、更漂亮、更嘶嘶作响的焦脆外皮。这种更令人胃口大开的焦脆外皮会促使唾液大量分泌，而这反过来又会使你在咀嚼牛排的时候嘴里有更多汁的感觉——至少理论上是这样。只有当你的牛排刚离火的那一刻才会有这样嘶嘶作响的焦脆外皮，而我又必须控制住自己让牛排静置。

以低温慢煮的方式烹调牛排可以避免这个缺点，因为在肉的内部没有建立很大的温度梯度，所以你不需要等待温度降到可以食用——它们一开始就是适宜的温度了！唯一的梯度是在之后短暂的煎肉阶段，这只需要一小段时间的静置。然而，这一小段时间就足够让那些嘶嘶作响的焦脆外皮消失了。

有没有一种技术可以同时带给我们这两种好处呢？好吧，我们真是太幸运了，真的有这种技术。

诀窍是让牛排正常静置，然后在上桌前，重新加热锅底的油脂，待它们冒烟后将它们浇在牛排上。 牛排会嘶嘶作响且变得焦脆，而内部又是已经好好静置过并且多汁的。在那些油脂里添加一些香料和香草是个好主意，在把它们倒到牛排上后再次将它们收集起来，并与牛排一起上桌，放在一个小型的加热过的容器里，就是现成的酱汁了。这种方法适用于任何牛排或猪排，不限于是用低温慢煮的方式烹调的。

我提议世界上支持或反对让肉静置的人，都聚集在这些多汁、焦脆、嘶嘶作响的牛排旁一起庆祝吧。

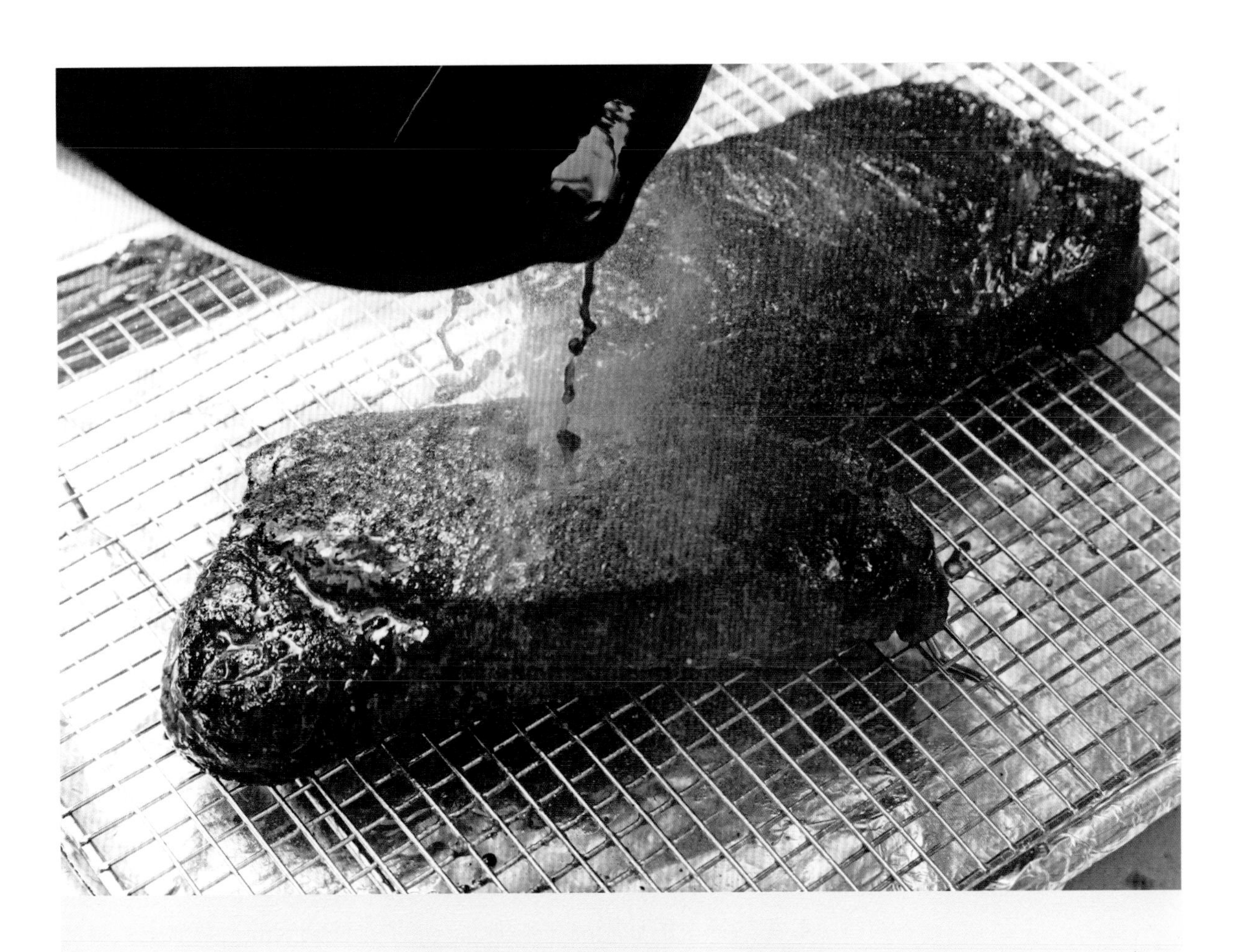

油脂与香草、香料

一些快速测试证明，低温慢煮时把香草、香料加入袋中，确实会在烹调时赋予肉更多的风味。那如果再加入一点儿油脂，比如植物油、黄油到袋子里也有帮助吗？在这个实验里，香草、香料是由 3 枝百里香和 1 瓣切片的蒜组成的。我把牛排、百里香和大蒜放在一个袋子里，再把同样的配料和 2 大勺黄油放在第二个袋子里。

我的期望是，黄油会随着它的化开从大蒜和百里香中吸收所有的脂溶性风味因子，帮助将它们的香味均匀地散布在肉中，并进一步增强它们的味道。我还准备了一块没有加入香草、香料的牛排作为对比。

结果却令人惊讶。试吃者一致认为没有加入黄油的版本是最有香味的。有些人甚至无法确切分辨出有黄油和香草、香料的版本和根本没有香草、香料的版本的区别！这怎么可能呢？我观察了牛排拿去烹调以后剩下的低温慢煮袋子，得到了我要的答案：有黄油的袋子里化开的黄油含有浓烈的芳香味。事实证明，香草、香料的香味并没有像我想象的那样进到肉里，而是都跑到了黄油里，与袋子一起被丢掉了。

结论：香草、香料很好，但如果你想使它们味道更浓，就不要使用黄油。

冰桶烹调肋眼牛排 佐红葱头、大蒜与百里香

COOLER-COOKED RIB-EYE STEAKS WITH SHALLOTS, GARLIC, AND THYME

4 人份

5.1 厘米（2 英寸）厚的带骨干式熟成的肋眼牛排 2 块［共 0.9~1.4 千克（2~3 磅）］

犹太盐和现磨黑胡椒碎各适量

芥花籽油 2 大勺

无盐黄油 4 大勺

中型红葱头 1 个，切片

大蒜瓣 4 瓣，捣碎

新鲜百里香或迷迭香 4 支

1. 依照 p.379“在冰桶里烹调”的介绍在冰桶里烹调牛排，使用 56.1℃（133 ℉）的水煮到三分熟，或用 61.7℃（143 ℉）的水煮到五分熟，至少 1 个小时，最多 3 个小时。
2. 从袋中取出牛排，用厨房纸巾吸干水分。在口径 30.5 厘米（12 英寸）的铸铁锅或厚底不锈钢煎锅中用大火加热芥花籽油和黄油，直到黄油棕化并开始冒烟。加入两块牛排，不要移动，煎约 30 秒。将牛排翻面，煎制第二面 1 分钟。如果需要，可以用调到最大火力的丙烷喷枪炙烧牛排表面。将牛排翻面并使用喷枪炙烧第二面约 30 秒，直到牛排棕化并出现焦色的斑点。用料理夹将一块牛排放在另一块的上面，然后把它们立起来靠在锅底，煎牛排的边缘让脂肪变得酥脆；继续煎完所有的边缘。将牛排移到架在有边框烤盘的金属网架上静置 5 分钟。将平底锅放在一旁。
3. 当牛排静置完毕，加入红葱头、大蒜和香草到煎锅中，开大火烹调约 30 秒直到有香味出来，并稍微冒烟。
4. 把热锅里的油脂浇在牛排上。将牛排移到大的上菜盘里，将烤盘中的油脂移到一个热过的小容器里。即刻上桌，搭配装有油脂的容器。

冰桶烹调腹肉牛排 佐阿根廷青酱

COOLER-COOKED HANGER STEAK WITH CHIMICHURRI

4 人份

腹肉牛排 4 块［每块 227 克（8 盎司）］

犹太盐和现磨黑胡椒碎各适量

新鲜百里香 12 枝（可选）

大蒜瓣 2 瓣（可选）

红葱头 2 个（切薄片，可选）

芥花籽油 2 大勺

阿根廷青酱 1 份食谱的量（食谱在下一页）

1. 根据 p.379“在冰桶里烹调”的介绍烹调牛排，使用 56.1℃（133 ℉）的水煮到三分熟，或 61.7℃（143 ℉）的水煮到五分熟，至少 45 分钟，最多 3 个小时。
2. 从袋中取出牛排后，将香草、香料丢弃，用厨房纸巾吸干牛排表面的水分。在口径 30.5 厘米（12 英寸）的铸铁锅或厚底不锈钢煎锅中用大火加热油，直到冒大量的烟。将牛排放入煎锅中，直到所有面都棕化，其间，用料理夹翻面，总共约 2 分钟。
3. 将牛排移到大盘子里，用铝箔纸盖住，让牛排静置 5 分钟，然后搭配阿根廷青酱上桌。

阿根廷青酱

Chimichurri Sauce

约 1 杯

切碎的新鲜荷兰芹 1/4 杯

切碎的新鲜芫荽 1/4 杯

切碎的新鲜牛至叶 2 小勺

中型大蒜瓣 4 瓣（切碎或用刨刀磨碎成约 4 小勺）

红辣椒片 1/2 小勺

红酒醋 1/4 杯

特级初榨橄榄油 1/2 杯

犹太盐适量

在小碗里将所有材料搅拌在一起。在上桌前置于室温下至少 1 个小时。将阿根廷青酱装于密封容器中放入冰箱可保存长达 1 周。

冰桶烹调羊排佐墨西哥绿莎莎酱

COOLER-COOKED LAMB RACK WITH SALSA VERDE

羊排是肉贩那里最美味也最昂贵的肉排之一，使其成为冰桶烹饪的理想候选者。这是一块你真的不想搞砸的肉。

这份食谱让你在热的煎锅上完成羊排，以制作出焦脆棕色的外皮，你也可以很容易地在炙热的炭烤架上完成。把冰桶带到你的后院或阳台上，你可以先喝上几杯鸡尾酒，再将羊排从冰桶移到热烤架上。可以开吃了！

笔记：

我更喜欢留下额外附着在羊肋排上的脂肪和肉，这样就可以享受啃骨头上的肉和嘬骨头的乐趣，但如果不喜欢，你可以把它们切掉的。确保你买到的是已经去掉脊椎骨的羊排，以便在烹饪后更容易切割。大多数预先包装好的羊肉都是已经去骨的；如果是从肉贩那里买到的羊肉，请肉贩为你做这件事——没有锯，你在家里是不可能做到的。

4 人份

8 根肋骨羊排 2 块［总共 1.4~1.8 千克（3~4 磅）］
犹太盐和现磨黑胡椒碎各适量
新鲜迷迭香或百里香 8 枝（可选）
中型红葱头 2 个，大致切碎（可选）
中型大蒜瓣 4 瓣，大致切碎（可选）
植物油 1 大勺
黄油 1 大勺
墨西哥绿莎莎酱 1 份食谱的量（食谱如下）

1. 按照 p.379“在冰桶里烹调”中的介绍在冰桶中烹调羊肉，使用 56.1℃（133 ℉）的水煮到三分熟，或 61.7℃（143 ℉）的水煮到五分熟，至少 45 分钟，最多 3 个小时。
2. 从袋中取出羊肉后，将香草、香料丢弃，用厨房纸巾吸干水。在口径 30.5 厘米（12 英寸）的铸铁锅或厚底不锈钢煎锅中用大火加热植物油和黄油，直到冒烟。将羊肉放入煎锅中，有脂肪的一面朝下，直到所有面都棕化，其间，用料理夹将羊排翻面，总共约 3 分钟（如果是特别大块的羊排，分两次煎比较好，第一批完成后用铝箔纸盖住以保持温度）。
3. 将煎好的羊排移到大盘子，用铝箔纸盖住，让羊排静置 5 分钟，然后切片，并搭配绿莎莎酱上桌。

墨西哥绿莎莎酱

Salsa Verde

约 1 杯

刺山柑 1/4 杯（沥干）
切碎的新鲜荷兰芹 1/4 杯
特级初榨橄榄油 3/4 杯
蜂蜜 1 大勺
鳀鱼鱼片 4 片，切很碎
中型大蒜瓣 1 瓣，切碎或用刨刀磨碎（约 1 小勺）
犹太盐和现磨黑胡椒碎各适量

用两张厨房纸巾将刺山柑包在其中，按压以去除多余的水分。刺山柑切碎后移到大碗中。加入荷兰芹、橄榄油、蜂蜜、鳀鱼、大蒜搅拌混合。用盐和黑胡椒碎调味并试试味道。

冰桶烹调鸡肉 佐柠檬或番茄干油醋汁

COOLER-COOKED CHICKEN WITH LEMON OR SUN-DRIED-TOMATO VINAIGRETTE

如果你已经习惯了吃全熟、干柴的鸡肉，那么通过这个方式烹调的鸡肉绝对会出乎你意料之外。谁能想到鸡肉也可以如此多汁和湿润？

看你是否想保留鸡皮或将鸡皮去掉，我喜欢保留着鸡皮，因为我喜爱脆皮。去掉鸡皮去棕化鸡肉，不管你怎么做，总会有一层鸡肉是干柴的。而鸡皮作为隔热层，使得你能棕化鸡肉，而又不致牺牲口感。

若使用传统的烹饪方法，将鸡胸肉留在骨头上有助于减缓烹熟的过程，从而获得熟度更均匀的肉。然而，使用低温慢煮的方式烹调，由于这个过程是如此之慢，以至于烹调好的带骨鸡肉和去骨鸡肉没有什么区别。

以低温水浴烹调鸡肉的最后一个缺点是，你很少能同时做出鲜美的锅底——就是那些当你煎肉时会粘在锅底的美味东西——因此不太可能做出锅底酱。但好消息是，这些美味的东西不在锅底的原因是它们还粘在鸡肉上。简单地挤些柠檬汁或醋一样能让鸡肉很美味。

4 人份

带皮无骨鸡胸肉 4 块［每块 170~227 克（6~8 盎司）］

犹太盐和现磨黑胡椒碎各适量

芥花籽油或植物油 1 大勺

柠檬 1 个，切成楔形（或 1 份食谱的量）或番茄干油醋汁（食谱如下）

1. 按照 p.379“在冰桶里烹调”的说明，使用 64.4℃（148 ℉）的热水，在冰桶中烹调鸡肉，至少 1 个小时 35 分钟，最多 3 个小时。
2. 从袋子里取出鸡肉后，用厨房纸巾吸干水。在口径 30.5 厘米（12 英寸）的铸铁锅或厚底不锈钢煎锅中用大火加热植物油，直到冒烟。将鸡肉放入煎锅中，鸡皮一面朝下煎约 3 分钟，直到鸡皮酥脆。
3. 将鸡肉移到上菜盘中，并搭配柠檬块或油醋汁。

番茄干油醋汁

Sun-Dried-Tomato Vinaigrette

约 1 杯

番茄干 1/2 杯，沥干并切成 0.6 厘米（1/4 英寸）厚的片，加 2 大勺油

哈雷派尼奥辣椒 1 个，切碎

蜂蜜 1 小勺

酱油 1/2 小勺

法兰克辣椒酱或其他辣酱 1/2 小勺（可选）

柠檬汁 2 小勺（用 1 个柠檬榨取）

切碎的新鲜薄荷 1 大勺

中型红葱头 1 个，切碎（约 1/4 杯）

在中碗里将所有的材料搅拌在一起。油醋汁可以在密封容器中储存长达 3 天。

冰桶烹调啤酒香肠

COOLER-COOKED BRATS AND BEER

制作香肠的失误率很低，但是任何曾经去过家庭聚会的人都可以告诉你，香肠还是有可能烹饪过头的。和其他的肉类一样，香肠越热，其肌肉就收缩得越厉害，就会流出更多的肉汁。这道使用低温慢煮的方式烹调的食谱有两方面的优势：第一，你的香肠烹出来是完美的熟度，而且完全是多汁的。第二，通过在袋子里加入液体烹饪介质，可以在烹饪时为香肠调味，而啤酒就可以达到很好的效果。

4~6 人份

商店里买的德国烤肠（bratwurst）907 克（2 磅，约 8 条）或德国烤肠式香肠（Bratwurst-Style Sausage，见 p.496）

皮尔森式啤酒（pilsner-style beer）2 杯

植物油 1 大勺（如果是锅煎）

黄油 1 大勺（如果是锅煎）

鱼雷卷（torpedo rolls）8 个或你选择的其他面包（切开，烤过）

需要的酱汁适量

1. 按照 p.379“在冰桶里烹调”的说明，使用 61.7℃（143 ℉）的热水，在冰桶中烹调肉和啤酒，至少 45 分钟，最多 3 个小时。
2. 从袋子里取出德国香肠，将啤酒倒掉。用厨房纸巾吸干水。在炙热的木炭或瓦斯烤架上烤，偶尔转动，每侧烤约 1 分钟，直到其呈现褐色。或者，在大型煎锅中以大火加热植物油和黄油，直到泡沫消退。放入香肠开始煎约 2 分钟，偶尔翻动，直到每一面都棕化。
3. 将香肠夹在烤面包片中吃，根据需要浇上酱汁。

冰桶烹调猪排佐 BBQ 酱

COOLER-COOKED PORK CHOPS WITH BARBECUE SAUCE

有没有想过在上一个周年纪念日的时候，你在高级餐厅里吃的双人份猪排为何会如此鲜嫩多汁又美味呢？它很可能是在水浴机中烹调的。大多数时候，我喜欢简单的调味料。只用盐和黑胡椒碎在烹得很完美的肉上调味就可以了。但有时候你的心情会想要更令人兴奋的味道。把香料抹在猪排上，并在烧烤时涂上鲜甜又有浓烈风味的烤肉酱，就是我这些天想要的答案了。

4 人份

辣椒粉 2 小勺

黑糖$1\frac{1}{2}$大勺

犹太盐$1\frac{1}{2}$小勺

卡宴辣椒 1/8 小勺

磨碎的芫荽 1/2 小勺

磨碎的茴香 1/4 小勺

磨碎的黑胡椒 1/2 小勺

带骨猪排 4 块 [约 2.5 厘米（1 英寸）厚，每块 284 克（10 盎司）]

你最喜欢的甜 BBQ 酱$1\frac{1}{2}$杯

1. 将辣椒粉、黑糖（1 大勺）、盐、卡宴辣椒、芫荽、茴香和黑胡椒碎在小碗里混合均匀。将混合物均匀地抹在猪排上。接着按照“在冰桶里烹调”的介绍，使用 61.7℃（143 ℉）的热水，在冰桶中烹饪猪排至少 45 分钟，最多 3 个小时。
2. 将烤架预热至高温。从袋子里取出猪排，用厨房纸巾吸干水。在每块猪排表面刷上 1 大勺 BBQ 酱，然后移到烤架上，刷酱的那一面朝下，烤 1 分钟，在表面刷上更多的酱汁。将猪排翻面，烤 1 分钟。将猪排移到一个盘子里，在两面都刷上更多的酱汁。用铝箔纸覆盖，并静置 5 分钟。
3. 将铝箔纸拿开，刷上更多的酱汁，即可上桌，把剩余的酱汁放在一旁。

冰桶烹调橄榄油水煮鲑鱼

COOLER-COOKED OLIVE OIL-POACHED SALMON

如果你早就习惯了鲑鱼是肉质结实且不透明的，你可能会想跳过这个部分。但对于那些喜爱生鱼片品质的鲑鱼味道的人来说，可以试试这个方法。鲑鱼煮到 48.9℃（120 ℉）会有质感像卡仕达酱般非常细腻柔嫩的、半透明的肉，吃到嘴里真的会化开。在袋子里加一些特级初榨橄榄油，使鱼的表面有更多香味。

4 人份

去皮中段鲑鱼鱼排 4 块 [每块约 170 克（6 盎司）]

犹太盐和现磨黑胡椒碎各适量

特级初榨橄榄油 1/4 杯

特级初榨橄榄油少许或柚子油醋汁 1 份食谱的量（食谱见下一页）

1. 用盐和黑胡椒碎将鲑鱼调味。接着按照 p.379“在冰桶里烹调”的说明，使用 48.9℃（120 ℉）的热水烹调鲑鱼和橄榄油，至少 20 分钟，最多 1 个小时。
2. 小心地从袋子里取出鲑鱼（它非常脆弱），用厨房纸巾吸干水。将鲑鱼移到一个盘子上就可以上菜了。如果喜欢，可以滴入更多的橄榄油或柚子油醋汁。

柚子油醋汁

Grapefruit Vinaigrette

约 1/2 杯

葡萄柚 1 个，去除外皮和衬皮，切成 0.6 厘米（1/4 英寸）的瓣状（见 p.760“如何切出柑橘瓣”），果汁单独保留

全粒芥末 1 大勺

蜂蜜 1 小勺

切很碎的新鲜荷兰芹、罗勒或龙蒿（亦可混合）1 大勺

特级初榨橄榄油 1/4 杯

犹太盐和现磨黑胡椒碎各适量

将葡萄柚汁、芥末、蜂蜜和香草放进小碗里混合。不停地搅拌，慢慢滴入橄榄油直到形成乳状混合物。以盐和黑胡椒碎调味并试试味道。将葡萄柚瓣添加到碗里并搅拌。

冰桶烹调奶酪汉堡肉饼

低温慢煮真的能更好地烹调汉堡肉饼吗?

你最好说它可以——至少当它是肥的酒吧式汉堡肉饼的时候。许多主厨避免用低温慢煮的方式烹调汉堡肉饼，因为真空密封过程可能会把肉压缩，使得汉堡肉饼变得太稠密又结实。不过，如果用上“浸水封袋”的方法的话，这就不是问题了。

我们还有一个问题：在低温慢煮汉堡肉饼以后，最好的高温加热方式是什么呢?

油炸是法国烹饪学院的戴夫・阿诺德喜欢用的方法。他在烹调汉堡肉饼时也将澄清的黄油加入袋子里，但我不是这种风味的粉丝。油炸创造了很棒的脆皮，其优点是，那脆皮会在肉饼所有面上均匀地形成——表面、底部和四周等都有；它也不会溅得到处都是，更不会像用煎的方式那样弄得整套公寓都是烟。唯一的问题是，油炸时的油温最高在 204.4℃（400 ℉）左右——实际上会低一些，如果你把油炸食物周围的油温比锅里其他地方的油温要低很多考虑进去的话。这使我们回到了用传统烹饪方法同样会遇到的问题：当不错的焦脆外皮形成的时候，一块 0.3~0.6 厘米（1/8~1/4 英寸）见方的肉就已经被烹饪得过熟了，边缘会变得似皮革般。

锅煎就不会产生这个问题。只要你使用一口厚底锅，让它预热，直到它真的非常非常热，你的汉堡肉饼在 45 秒以内就会形成深棕色的焦脆外皮，这样就不会有似皮革的外皮形成。锅煎也能使焦脆外皮产生更好的风味，因

为它有较高的热量和较深的焦色。

当然，锅煎会把厨房弄得稍微有点脏乱，所以到底哪种方法获胜呢？这一切都只关乎个人喜好。油炸会产生极佳的焦脆口感，不会让厨房乱成一团，但锅煎提供更好的风味和口感。由于我不是那么介意清理厨房，因此我投票给锅煎。

低温慢煮奶酪汉堡

SOUS-VIDE CHEESEBURGERS

4 人份

新鲜牛绞肉 680 克（$1\frac{1}{2}$磅）

犹太盐和现磨黑胡椒碎各适量

植物油，如果是锅煎就 2 大勺，如果是油炸就 1.9 升（2 夸脱）

奶酪 4 片（我推荐美国奶酪或切达奶酪）

软的汉堡面包 4 片（稍微烤过）

任何需要的调味料

1. 将牛绞肉分成 4 份，每份 170 克（6 盎司），再将每份塑形成一个约 10.2 厘米（4 英寸）宽、1.9 厘米（3/4 英寸）厚的肉饼。用大量的盐和黑胡椒碎调味。将每个肉饼分别放在三明治大小的夹链密封袋中，根据 p.379 的指示进行密封和烹饪，用 50.6℃（123 ℉）的热水烹调至一分熟，用 56.1℃（133 ℉）烹调至三分熟，或用 61.7℃（143 ℉）烹调至五分熟，最少 30 分钟，最多 3 个小时。

2. **烹调肉饼**

   用锅煎的方式烹调肉饼

   从袋子中取出肉饼，小心地放在厨房纸巾上晾干。再用盐和黑胡椒碎腌一次。在口径 30.5 厘米（12 英寸）的厚底铸铁锅或不锈钢锅中用大火加热植物油，直到开始冒烟。加入肉饼煎约 45 秒，直到第一面呈现棕色。将肉饼翻面，加入奶酪，继续加热约 45 秒，直到第二面呈现棕色。将肉饼放在汉堡面包上，根据需要加调味料，然后上桌。

   用油炸的方式烹调肉饼

   在大型中华炒锅或荷兰锅中将油加热至 204.4℃（400 ℉）。用盐和黑胡椒碎再次腌一下肉饼。使用金属笊篱小心地将肉饼放入热油中炸约 2 分钟，炸到呈深棕色。将肉饼轻移到衬有厨房纸巾的盘子上，立即将奶酪放到肉饼上，再将肉饼放在汉堡面包上，根据需要加调味料，然后上桌。

我最喜欢的蔬菜完全取决于心情和季节。

第4章

烫、煎、炖、烧、烤

——蔬菜的料理科学

图片提供 龍也 · saya

多年来，我一直以为自己不喜欢蔬菜。

当然，有些蔬菜还可以，我吃胡萝卜条沙拉就感觉不错，如果只是为了好玩，朝鲜蓟也挺有趣，而芦笋在仍然鲜绿清脆时蘸上日本丘比沙拉酱就更棒了。但大部分时候，蔬菜就是盘子里那堆“等我老妈不注意时，配着水大口吞下去”的东西。我现在意识到自己不喜欢蔬菜完全是我妈害的。（抱歉啊！妈，我说出来了！）你看，小孩子不讨厌西蓝花，但他们讨厌“软烂”的西蓝花；他们不讨厌球芽甘蓝，但他们不喜欢闻上去像屁还有陈年奶酪质感的球芽甘蓝。哎，要是我妈当年知道怎么适当地烤和煎球芽甘蓝，我就可以多吃几十年的美味蔬菜了。

本章将讨论五种基础的蔬菜烹调法，分别为烫／蒸（blanching/steaming）、煎／炒（searing/sautéing）、炖（braising）、烧（glazing）、烤／上火烤（roasting/broiling），我将说明它们的原理以及派上用场的最佳时机。如果运气好一点儿，我可能把你们每一个人都变成蔬菜信徒。

料理实验室指南：五种基本蔬菜烹调法

表 16　不同蔬菜适宜的烹调方法

	烫／蒸	煎／炒	炖	烧	烤／上火烤
朝鲜蓟（洋蓟）	√	√（幼株）	√（幼株）		√（幼株）
芦笋	√	√	√		√
甜菜	√		√	√	√
甜椒		√	√		√
苦味蔬菜（如菊苣）			√		√
小白菜	√	√			√
西蓝花	√	√	√		√
球花甘蓝	√	√		√	
球芽甘蓝	√	√	√	√	√
卷心菜	√	√	√		√
胡萝卜	√	√	√	√	√
花椰菜	√	√			√
芹菜	√	√		√	
玉米	√	√			√
茄子		√			√
四季豆	√	√	√		√
深绿色蔬菜（如羽衣甘蓝、莙荙菜）		√	√		√
韭葱		√	√		√

续表 16

	烫 / 蒸	煎 / 炒	炖	烧	烤 / 上火烤
蘑菇		√		√	√
洋葱		√	√	√	√
防风草根（欧洲萝卜）	√	√		√	√
豌豆	√	√		√	
樱桃萝卜				√	
西洋牛蒡	√	√	√	√	√
大葱	√	√			
菠菜	√	√	√		
番茄					√
芜菁	√			√	
西葫芦	√	√			√

基本蔬菜烹调法 1：
烫 / 蒸

白瓷盘上，几根芦笋烫得恰到好处，呈现翠绿的光泽，有着清脆的口感，餐桌上没什么能比这画面更怡人了。要烹调出这样色味俱佳的蔬菜，究竟有哪些小秘诀呢？

拜读过无数本名厨著作后，我们都知道了，烹调绿色蔬菜要用一大锅加了盐的滚水。然而，这是为什么？水量是唯一重要的吗？盖不盖锅盖是否有差别？酸碱度又扮演什么样的角色？蔬菜煮熟后真有必要马上丢进大盆冰水里冰镇吗？我扛着好多蔬菜，走向厨房找答案。

水量和酸碱度

我以滚水焯烫 0.23 千克（0.5 磅）四季豆为实验例子。每次在锅中倒入不同量的水，

从两杯水开始，依次增加至 7.6 升（2 加仑），然后记录不同水量之下，焯烫四季豆至软嫩所需的温度和时间。情况逐渐清晰，不管一开始锅里有多少水，加入四季豆以后，使锅里水重新沸腾所需要的能量，就是把四季豆的温度提高到约 100℃（212 ℉）所需的能量，这意味着每口锅重新煮沸的速率是一样的（此点详见 p.663“料理实验室指南：如何煮意大利面”）。另一方面，水量较少的那一锅在倒入四季豆后，水温下降得更快，那一锅里煮的豆子不仅花费更多时间才变软，而且最终变成了黯淡的军绿色，相较之下，使用 3.8 升（1 加仑）或以上水量所焯烫的四季豆，则有着三叶草般明亮的绿色。

若要了解为什么会出现这种情况，就让我们从绿色蔬菜的外部开始谈起。蔬菜与所有生物一样，都是由无数个独立细胞组成，这些细胞被果胶这种胶水般的碳水化合物分子固定。在蔬菜细胞里，有各种色素、酶和芳香化合物。绿色蔬菜含有叶绿体（chloroplasts），这个微小的细胞器（细胞器是一个小的器官）负责通过使用叶绿素将阳光转化为能量，而正是叶绿素使绿色蔬菜具有了鲜明的绿色。

每个细胞间微小的气囊会使光波散射，使得蔬菜的色泽在肉眼看来没有那么鲜绿，然而，当蔬菜一接触到滚水时，气囊受热便会逃逸并且膨胀，叶绿素失去阻碍，显出色彩，使蔬菜看起来更加绿了。同时，来自内部的敌人——一种叫叶绿素酶（chlorophyllase）的酶，正在通过改变叶绿素的形状来破坏鲜明的绿色。叶绿素酶在 76.7℃（170 ℉）以下最为活跃，当温度达到 87.8℃（190 ℉）时则会完全失去活性。这解释了为什么需要一大锅的水，因为水量太少导致蔬菜在 76.7℃（170 ℉）以下待得过久，使得叶绿素酶有足够的时间破坏叶绿素，夺去蔬菜亮丽的色泽。而大量的滚水能使温度保持在 87.8℃（190 ℉），叶绿素酶在有机会作用于叶绿素之前就被快速消灭了。

尽管叶绿素酶已经失效，在滚水中焯烫的绿色蔬菜最终还是会开始褪色，因为热会引起蔬菜结构不可逆的变化。这些变化会因环境呈酸性而加剧——甚至一口大锅里的几滴醋或柠檬汁都能使蔬菜在煮的时候变黯淡。这就是为什么蔬菜适合用大量滚水焯烫的第二个原因。蔬菜受热时会释放出天然的酸性物质，使加热所用的液体酸化并加速蔬菜褐化，而使用大量的滚水则能稀释酸度。同样，烫蔬菜时不要盖锅盖，这有助于酸性化合物的挥发。

读到这里，你或许会思考：假如酸是绿色蔬菜的大敌，那为何不加一点儿碱性的小苏打来维持绿色蔬菜的翠绿呢？是的，小苏打确实能使蔬菜更绿，然而不幸的是，它同时也会加速蔬菜细胞的分解，导致煮好的绿色蔬菜口感太过软烂，而且带有些许肥皂味。

看来，在这个案例中，那些坚持大锅水焯烫蔬菜的专业人士是对的，这是让蔬菜保持亮丽色泽和清脆口感的唯一方法。

震撼！

一旦蔬菜烫好后，留下的唯一的问题是如何避免煮过头。在我之前工作的餐厅，蔬菜

从左至右分别为豆子在纯水、酸性水和添加小苏打的碱性水里焯烫后的样子。

烫好就立刻放入装着冰水的大碗中，直到完全冷却。但我在自家厨房测试了冰镇法和另外两种方法，即放在水龙头下用流水冲洗和盛在碗中置于室温下。冰镇和流水冲出现同样好的结果，冰镇法很棒，流水降温效果也不错。不过出乎意料的是，只要将蔬菜放在碗里置于台面上，在边缘的那部分就能很快地通过空气散热，避免持续加热。然而，中间的蔬菜却会变成软塌的深绿色。因此，只要能将蔬菜分散平铺在一个平面上，比如说分散平铺在有边框的平底烤盘（rimmed baking sheet）上，就不需要再冲冷水。基于方便，我还是常用凉水冲，但也很庆幸自己能知道前面得出的结论。

不论哪种降温法，最重要的是在将蔬菜放入沙拉前，要用沙拉脱水器或干净的厨房毛巾除去多余水。除非，你喜欢没滋没味的沙拉。

焯烫的作用远不止使绿色蔬菜保持颜色这么简单。在常用的烹调术语中，焯烫是将蔬菜放入一锅滚烫盐水中稍微煮一下的方法，而这些烫好的蔬菜往往都会被用于制作其他菜肴。例如，用盐水轻烫过的甜豌豆和黄油放入煎锅中拌炒，或是烫得软嫩的四季豆和黄油蘑菇酱拌匀后拿去焗烤。利用焯烫将蔬菜软化，让我们能更细致地掌握成品的最终质感，而不是同时在同一口锅中烹调所有食材。在晚餐聚会或假期时，这也是个很有用且省时的方法。

请记得，只要焯烫蔬菜是食谱中的一个步骤，你都可以让蔬菜冷却并沥干多余水，接着再完成整道菜肴。这意味着，像焗西蓝花或焗花椰菜就需要先将茎部烫软，然后淋上奶酪酱送入烤箱烘烤。这道菜能分为两个独立步骤，而不需要做完一个步骤紧接着做另一个。啊！你甚至可以在周一烫好西蓝花，周四再拌入奶酪酱送去烤。这种食谱中的弹性步骤能让计划和执行更加简单！

我也把蒸的烹调技法介绍包含在本章中，因为蒸和烫在本质上有着相同的烹调目标。

黄油甜豆

这是道非常简单的焯烫料理。将豌豆烫熟后倒入已准备好的黄油酱（或就是一些黄油和柠檬汁），以大火炒拌均匀后就可以上桌了。当然，如同之前提到的，你也可以将豌豆提前焯烫好，冷却，哪天准备好酱料时，再从冰箱拿出来倒入锅中拌炒加热。

想让食谱更简单？还可以跳过自己预处理豌豆的这个程序，改用一般常见的冷冻豌豆。因为冷冻和焯烫都会破坏蔬菜的结构，如果使用冷冻豆类，就不需要再事先烫过了。只要放在流水下冲洗、沥干，再加进黄油酱拌炒就可以了。

| 专栏 | 挑选豆荚

豆类是少数冷冻后比新鲜时还要好的蔬菜。为什么呢？豆荚一旦从藤上摘下来，豆子就会开始失去风味和甜度。刚摘下的豆子和摘下 6 小时的豆子，在风味和口感上已经大有不同。这意味着你在超市甚至是多数农贸市场所看到的“新鲜”豆荚，可能都已经摘下数天，口感不再清甜，甚至还可能有点粉粉的。相反的，冷冻豆荚是在摘取后立刻冷冻，完整保留豆荚所含的糖分和绵密口感。

豆子圆球状的形体非常适合急速冷冻和解冻，这能使得它们处理后依然维持很好的质感，最大限度减少在缓慢解冻过程中形成的大冰晶对细胞的压力。除非你能直接从信誉良好的农夫那里购得现采的豆荚，不然还是使用冷冻的豆荚比较好。

热黄油甜豆佐柠檬与薄荷

HOT BUTTERED SNAP PEAS

WITH LEMON AND MINT

4 人份

无盐黄油 2 大勺
柠檬汁 1 大勺（1 个柠檬的量）
犹太盐 1/4 杯
甜豆 454 克（1 磅），去除豆筋和两端
新鲜薄荷碎 2 大勺
柠檬皮屑 1 小勺
现磨黑胡椒碎适量

1. 将黄油和柠檬汁放入口径 30.5 厘米（12 英寸）的厚底不锈钢煎锅内，放置一旁备用。
2. 将 1/4 杯的犹太盐及 3.8 升（4 夸脱）的水倒入荷兰锅里以大火烧滚，放入甜豆煮约 3 分钟，至呈现亮绿色，软化但依旧保有一点儿口感。沥干甜豆，倒入放了黄油和柠檬汁的煎锅，大火炒拌，直到黄油完全化开，均匀浸没豆子的表面即可。拌入薄荷和柠檬皮屑，以适量盐和黑胡椒碎调味就完成了。

热黄油甜豆佐葱花与火腿

HOT BUTTERED SNAP PEAS WITH SCALLIONS AND HAM

4 人份

橄榄油 2 小勺
烤火腿 113 克（4 盎司），切成 0.6~1.3 厘米（1/4~1/2 英寸）的小丁
青葱 6 根，葱白切 0.6 厘米（1/4 英寸）宽，葱绿切末，分开备料
无盐黄油 2 大勺
犹太盐 1/4 杯
甜豆 454 克（1 磅），去除豆筋和两端
柠檬皮屑 1 小勺
柠檬汁 1 小勺
现磨黑胡椒碎适量

1. 在口径 30.5 厘米（12 英寸）的厚底不锈钢煎锅内倒入橄榄油，以中大火加热至冒烟，放入火腿丁和葱白，持续拌炒约 3 分钟，到火腿呈金黄色泽后离火，放入黄油，放一旁备用。
2. 将 1/4 杯的犹太盐及 3.8 升（4 夸脱）的水倒入荷兰锅里，以大火烧滚，放入甜豆煮约 3 分钟，至呈现亮绿色，软化但依旧保有一点儿口感。沥干甜豆，放入煎锅，以大火炒拌均匀，直到黄油完全化开并均匀浸没豆子的表面。拌入葱绿末、柠檬皮屑和柠檬汁，以适量盐和黑胡椒碎调味即可。

热黄油甜豆佐韭葱与罗勒

HOT BUTTERED SNAP PEAS WITH LEEKS AND BASIL

4 人份

大的韭葱 1 根，仅使用葱白部分，纵向对半剖开后切成约 0.6 厘米厚（1/4 英寸）片状

无盐黄油 2 大勺

犹太盐 1/4 杯

甜豆 454 克（1 磅），去除豆筋和尾端

切碎的新鲜罗勒 2 大勺

柠檬皮屑 1 小勺（用 1 个柠檬）

柠檬汁 1 小勺

现磨黑胡椒碎适量

1. 将韭葱片和黄油放入 30.5 厘米（12 英寸）厚底不锈钢煎锅，以中火加热（如果韭葱或黄油开始焦化则转小火），持续搅拌约 5 分钟，直到韭葱变软但尚未变棕色，离火备用。
2. 将 1/4 杯的犹太盐及 3.8 升（4 夸脱）的水倒入荷兰锅里，以大火烧滚，放入甜豆煮约 3 分钟，至呈现亮绿色，软化但依旧保有一点儿口感。沥干甜豆，放入煎锅，以大火拌炒均匀，直到黄油均匀浸没豆荚的表面。拌入碎罗勒、柠檬皮屑和柠檬汁，再以适量盐和黑胡椒碎调味即可。

热黄油豌豆

HOT BUTTERED PEAS

4 人份

冷冻豌豆 454 克（1 磅）

无盐黄油 2 大勺

柠檬皮屑 1 小勺（用 1 个柠檬）

新鲜柠檬汁 1 小勺

犹太盐和现磨黑胡椒碎各适量

1. 将冷冻豌豆放入滤盆，以热水冲洗约 4 分钟，直到解冻且有热度，沥干。
2. 在大型深平底锅里以中大火化开黄油，倒入豌豆，使其均匀裹上黄油，边加热边持续拌炒约 2 分钟直到完全热透。拌入柠檬皮屑和柠檬汁后，再以适量盐和黑胡椒碎调味即可上桌。

热黄油豌豆佐培根、红葱头和龙蒿

HOT BUTTERED PEAS WITH BACON, SHALLOTS, AND TARRAGON

假如黄油一开始就和培根一起加热，那它的蛋白质会全部变成棕色，结构会改变并很好地乳化。若将冷藏黄油和豌豆搅拌（豌豆可作为温度调节剂），就能确保完成的菜肴具有顺滑、细腻的口感和糖汁般的光泽。

4 人份

冷冻豌豆 454 克（1 磅）
厚切培根 2 片，切成 1.3 厘米（1/2 英寸）宽的条状
中型红葱头 1 个（约 60 克），切薄片
无盐黄油 2 大勺
新鲜龙嵩末 2 大勺
柠檬皮屑 1 小勺（用 1 个柠檬）
新鲜柠檬汁 1 小勺
犹太盐和现磨黑胡椒碎各适量

1. 将豌豆放入滤盆，以热水冲洗约 4 分钟，直到解冻且有热度。
2. 在大型深平底锅中以中火煎培根，持续搅拌直到培根油脂化掉，并变得酥脆。加入红葱头，不停搅拌至炒软，约 3 分钟。倒入豌豆和黄油继续拌匀，翻炒约 2 分钟，直到完全热透。拌入龙嵩、柠檬皮屑和柠檬汁，加入适量盐和黑胡椒碎调味即可。

热黄油豌豆佐意大利生火腿、松子和大蒜

HOT BUTTERED PEAS WITH PROSCIUTTO, PINE NUTS, AND GARLIC

4 人份

冷冻豌豆 454 克（1 磅）
植物油 2 小勺
薄切意式生火腿 85 克（3 盎司），切成细带状
松子 1/2 杯
中型蒜瓣 2 个，切末或磨成 2 小勺蒜泥
无盐黄油 2 大勺
切碎的新鲜荷兰芹 2 大勺
柠檬皮屑 1 小勺（用 1 个柠檬）
柠檬汁 1 小勺
犹太盐和现磨黑胡椒碎各适量

1. 将豌豆放入滤盆，以热水冲洗约 4 分钟，直到解冻且有热度，沥干。
2. 在大型深平底锅中倒入植物油，以中大火加热至冒烟，放入生火腿煎至微微酥脆，约 3 分钟。加入松子持续拌炒约 2 分钟，至微微上色。放入大蒜炒香，约 30 秒。倒入豌豆和黄油继续拌炒均匀，约 2 分钟，直到完全加热。拌入荷兰芹末、柠檬皮屑和柠檬汁，加入适量盐和黑胡椒碎调味即可。

| 刀工 | 如何将罗勒和其他香草切细丝

“Chiffonade”是法式刀功术语，形容将食材切成细丝的刀法。

1

2

3

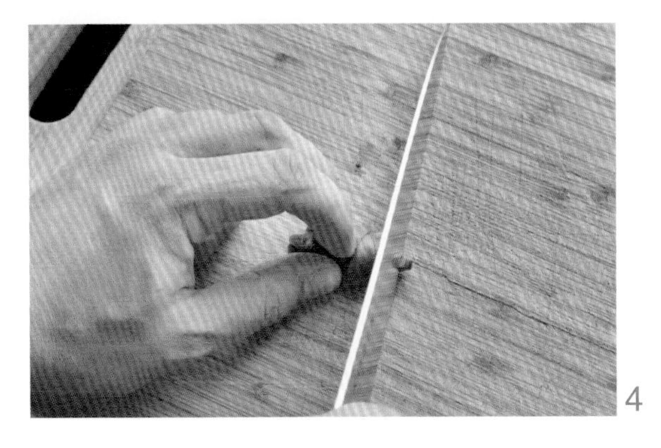

4

5

快速将香草切成丝的关键，在于要将香草叶卷成一小捆，如此一来，一次就能切很多片。

处理罗勒或其他叶状的香草，如薄荷、鼠尾草和荷兰芹时，先取一片较大的叶子，背面朝上放在砧板上（图1），将其他叶子叠上（图2），叠至约10片叶子时，将叶子紧紧地卷成圆柱状（图3），用锋利的刀子切成细丝，越细越好（图4），最后就能切出满满一把的香草细丝（图5）。

升级版焗烤四季豆

UPGRADED GREEN BEAN CASSEROLE

比起黄油甜豆，这份食谱更需要利用焯烫将食物煮至半熟的技巧。在前几篇甜豆食谱的加工过程中，你可以随时在煎锅中加豆子。当然，这需要一点儿技术，虽然烹调的结果不一定非常好，但起码可行。而现在这份食谱则需要焯烫才能成功。因为直接将生的四季豆放入烤盅里，是无法煮熟的。经典的金宝汤（Campbell）罐头焗烤四季豆，是很多美国人餐桌上的主菜，特别是节假日期间。在这里，用几个简单的方法就能升级这份家常食谱。

秘诀就是，尽管你做的唯一一件事情就是用新鲜四季豆取代罐头四季豆，也能将这道焗菜大大升级。然而，要是用从新鲜蘑菇开始自己做的蘑菇酱（以鸡肉高汤和一点儿酱油为这道菜增添鲜味）取代罐头蘑菇汤，并在表面撒上炸得酥脆的红葱头，你就能骄傲挥别桑德拉·李（Sandra Lee）[①]的电视烹饪节目，将半自制的菜色留在过去。

我的炸葱酥灵感来自泰式葱酥，是相当实用的厨房常备食材。每次分批制作一些炸葱酥（制作时可以准备比食谱需求量再多一些的食材并增加油量，让红葱头微微突出表面），可以夹进三明治或加进汤里调味，或用来装饰做好的肉类，也可以从罐子里直接吃。有几次我忘了把装满炸葱酥的罐子藏好，回家后发现我太太的呼吸里有红葱头的甜甜香味。当然了，她把偷吃炸葱酥推到了我们家的狗头上。但是据我所知，我家的狗还没学会怎么在键盘上留下油腻的小指纹。

笔记：

自制炸葱酥超赞，但也可以在泰国或越南超市买到现成的。

① 美国知名的料理节目大厨及主持人，其主持的节目名称就是《半自制烹饪》（*Semi-Homemade Cooking*）。——校注

6~8 人份

口蘑 680 克（$1\frac{1}{2}$磅），清理干净

酱油 2 小勺

柠檬汁 2 小勺（使用 1 个柠檬）

自制鸡肉高汤或罐装低盐鸡肉高汤 2 杯

鲜奶油$1\frac{1}{2}$杯

自制炸葱酥中的葱酥 1 份（食谱见 p.409）和炸过葱酥的油 2 大勺

无盐黄油 2 大勺

中型蒜瓣 2 个，切成细末或磨成 2 小勺的蒜泥

中筋面粉 1/4 杯

四季豆 907 克（2 磅），修剪掉两端，每段切 5.1 厘米（2 英寸）长

犹太盐和现磨黑胡椒碎各适量

1. 将蘑菇压成 0.6~1.3 厘米（1/4~1/2 英寸）厚，再切成 0.3~0.6 厘米（1/8~1/4 英寸）的小块。置于一边。
2. 把酱油、柠檬汁、鸡肉高汤和鲜奶油倒入 950 毫升（1 夸脱）的量杯或中碗里搅拌均匀。
3. 在口径 30.5 厘米（12 英寸）的不粘煎锅里，大火加热葱酥油和黄油，直到黄油化开、冒的泡平息，放入蘑菇拌炒，偶尔翻动，直到水分蒸发，蘑菇开始嘶嘶作响（需 6~10 分钟）。降低火力到中大火，炒香大蒜，约 30 秒。加入面粉，持续搅拌 1~2 分钟至呈淡金色。持续搅拌，倒入鸡肉高汤和鲜奶油的混合物，煮沸，一边搅拌一边转小火慢慢煮，继续加热，搅拌约 5 分钟，直到酱汁稠度介于松饼面糊和鲜奶油之间时就好。以盐和黑胡椒碎调味后放旁边备用。
4. 烤箱层架调整至中低位置，以 176.7℃（350 ℉）预热烤箱。将 1/4 杯的犹太盐及 3.8 升（4 夸脱）的水倒入荷兰锅里，以大火烧滚。在一个大碗里放 4 杯冰块和 1.9 升（2 夸脱）的水。将四季豆放入开水锅烫约 7 分钟，至软化并呈现亮绿色，沥干后立刻放入冰水碗中冰镇，再沥干备用。
5. 将四季豆、蘑菇酱和 1 杯炸葱酥放入碗中拌匀，倒入 22.9 厘米 ×33 厘米（9 英寸 ×13 英寸）的长方形烤盘或 25.4 厘米 ×35.6 厘米（10 英寸 ×14 英寸）的椭圆形烤盘，放入烤箱烤 15~20 分钟，烤至冒泡后撒上剩下的葱酥就可以上桌了。

1
2
3
4

5

炸葱酥

FRIED SHALLOTS

约 2 杯

红葱头454克(1磅),切0.3厘米(1/8英寸)厚,用带切片功能的刨丝器削比较容易
芥花籽油 2 杯
犹太盐适量

1. 在烤盘里铺上 6 张厨房纸巾。红葱头和油放入炒锅或中型不粘锅,此时,红葱头的高度应该只高出油面一点儿。开中大火加热并频繁搅拌,直到红葱头完全软化,约 20 分钟后,继续加热并不停搅拌约 8 分钟,直到红葱头变成淡金棕色。马上以细目滤网捞起,放在防烫的大碗或锅里。将炸过红葱头的油放置一旁。
2. 将炸好的红葱酥倒在厨房纸巾上,拉起纸巾一角,让葱酥滑落到第二张纸巾上。再用第一张纸巾吸走多余的油,持续以上步骤直到剩下最后一张纸巾为止,以盐调味,静置约 45 分钟至变凉。
3. 冷却后,将红葱酥放入密闭容器保存,室温下能保存 3 个月。炸红葱酥的油冷却过滤后能用来拌沙拉或炒菜用。

炸蒜酥

FRIED GARLIC

用去皮的整头大蒜取代红葱头,将大蒜放入食物料理机中,以点动功能搅打 8~10 次,必要时刮下卡在壁缘上的蒜末并重新整理大蒜,直到打成不超过 0.3 厘米(1/8 英寸)见方大小的碎末为止。

如按照之前的步骤进行,炸蒜酥可能要缩短一点儿时间,只要炸成金棕色即可,炸过头的话,蒜头会变得非常苦。

炸蒜酥的关键在于,在达到理想色泽前 15~20 秒就要捞起,大蒜在沥油后因余温而继续受热。要想精确掌控时间,可能需要多做几次实验,但实验后的成果是非常值得的。

焗烤西蓝花或焗烤花椰菜

CHEESY BROCCOLI OR CAULIFLOWER CASSEROLE

基本上，焗烤西蓝花或焗烤花椰菜和奶酪通心粉并没有太大差异，确实也能用相同做法来烹调，只要将煮到半熟或泡过的通心粉（见 p.734“经典焗烤奶酪通心粉”）换成焯烫过的花椰菜或西蓝花即可。西蓝花顶部的花冠容易存水，在焯烫后常会浸满水，导致在烤盘里焗烤时容易过熟。为避免上述状况发生，焯烫好西蓝花后请立刻移到烤盘上，让水有时间挥发和控出。

用手持电动搅拌器打出的奶酪酱格外光滑细腻。

蔬菜不会像通心粉一样吸收那么多水，所以奶酪酱要调制得更浓稠一点儿。要制作顺滑的酱汁，先混合新鲜的全脂牛奶、淡奶（含较多蛋白质能使酱料乳化，从而变得顺滑）、面粉和吉利丁，让酱汁更浓稠顺滑，再用大蒜、几滴辣酱和少许芥末粉调味。若使用果汁搅拌机则能做出更顺滑的酱料。（想要了解更多关于奶酪酱的事情见 p.704“奶酪通心粉”）

将焯烫好的西蓝花或花椰菜和酱料拌匀，倒入烤盘里，撒上一层烤完后呈金黄酥脆的黄油面包碎即可。

笔记：

使用容易化开的奶酪种类，如美式（American）、切达、杰克、芳提娜、新鲜瑞士、格吕耶尔、莫恩斯特、新鲜波罗伏洛搭配或单独使用新鲜高德干酪（其余请见 pp.708—711“常见奶酪的最佳使用方法”）。

6~8 人份

三明治面包 3 片，四边硬皮去掉，撕成小块

小型红葱头 1 个，切细末

切碎的新鲜荷兰芹 2 大勺

无盐黄油 4 大勺

犹太盐适量

西蓝花或花椰菜 907 克（2 磅），也可混用，切成适口大小的块

全脂牛奶 1/2 杯

无调味明胶粉 1 包，约 7 克（1/4 盎司）

中型蒜瓣 2 个，切细末或磨成 2 小勺的蒜泥

中筋面粉 1 大勺

全脂淡奶（evaporated whole milk）340 克（12 盎司）1 罐（约 356 毫升）

法兰克辣椒酱（其他牌子的辣椒酱也可以）1 小勺，根据个人口味可多放一些

黄芥末粉 1/2 小勺

奶酪 227 克（8 盎司），磨碎（种类见 pp.708—711）

1. 调整烤架至中间位置，并以 204.4℃（400 ℉）预热烤箱。将面包块、红葱头、荷兰芹、1 大勺的黄油和一撮盐放入食物料理机中，利用点动功能打碎，直到面包块变成面包糠且没有块状的黄油。
2. 将 1/4 杯的犹太盐及 3.8 升（4 夸脱）的水倒入荷兰锅里，以大火烧滚，放入西蓝花或花椰菜煮至变软但依旧保有一点儿口感，约 3 分钟，沥干后平铺在烤盘上散热。
3. 将牛奶倒入小碗中，均匀撒上明胶粉，泡软备用。
4. 在大型深平底锅里以中大火化开剩下的 3 大勺黄油，放入大蒜炒约 30 秒至香味散出，倒入面粉拌炒至呈现淡金色，约需 2 分钟，一边搅拌一边慢慢加入淡奶、牛奶吉利丁液、辣酱和芥末粉，以中大火煮滚（记得要持续搅拌避免锅底烧焦），离火后立刻放入所有奶酪搅拌，直到化开且变得顺滑。利用手持搅拌棒或台式搅拌机搅打出更顺滑的奶酪酱，以盐调味或再加点辣酱。
5. 将西蓝花丢入奶酪酱里拌匀，倒入 33 厘米 ×22.9 厘米（13 英寸 ×9 英寸）的烤盘或 25.4 厘米 ×35.6 厘米（10 英寸 ×14 英寸）的椭圆形烤盘里，均匀撒上面包糠，放入烤箱烤 25 分钟至呈金黄色且冒泡即可。烘烤中途可以将烤盘前后换边以便均匀上色。

终极蒸炉：微波炉

最恶名昭彰，让人最害怕且误解最深的厨房工具就属微波炉了。这也是可以理解的，毕竟将食物放进一个箱子里，发射出肉眼看不见的微波后，一瞬间食物就加热好了，很神奇吧！

其实，微波炉并没有想象中那么危险，它的工作原理是通过发出电磁辐射微波，在炉子里造成震荡磁场，因为水分子是极性分子——它们像小磁铁一样有正负极——而微波炉里的震荡磁场会使食物中的水分子剧烈碰撞、摩擦，食物就被加热了。这就是为什么微波炉无法作用于不含水分子或磁性分子的物体的原因。

等一下，电磁辐射？这是危险的吧？是的，有特定几种类型的确是危险的。然而，电磁辐射的形式非常多——来自太阳的光线、闪光灯或是平板电脑荧幕发出的光，都是某种形式的电磁辐射，甚至来自烤箱或者火炬花的热也是一种电磁辐射，而这些电磁波的波长刚好是你肉眼可见的。没错！你脑袋里有内建的辐射探测器。无线电波是另一种电磁辐射，你吃得太快不小心吞下整只龙虾时，医生为你照的X光，那才是比较危险的电磁辐射。电磁辐射无处不在，但并不是所有的电磁辐射都很危险。微波炉拥有的电磁辐射恰好在不危险的那一类里。当然，前提是你不会刻意把脸贴在微波炉的保护门上。

微波炉作为烹调器具，同时也具有一些严重的局限性，举例来说，它几乎无法让食物棕化到令人满意。微波炉能快速烹熟肉类，但成果就是一块松散、无血色、黯淡的肉。微波炉适合用来加热液体或剩菜，也就是一些不太需要注重外层质感的菜肴，以及用来蒸蔬菜。最后这种是我最常用的。

同简单的焯烫一样，蒸煮的目的是轻微加热蔬菜以去除生味，但不至于让蔬菜变得软烂。微波能非常迅速有效地利用蔬菜本身所含的水分从内部加热，所以微波蒸蔬菜只需要几分钟就好了。

使用微波炉蒸蔬菜时，首先将蔬菜单层且均匀平铺在能放进微波炉的盘子上，盖上三张打湿的厨房纸巾，以强火微波加热蔬菜直到软嫩。整个过程需 2.5~6 分钟，视微波炉的火力强弱调整时间。

表 17　不同蔬菜的预处理方法

蔬菜	预处理方法	特别说明
芦笋	从头部以下开始，将茎部纤维较粗的外皮部分削掉。如果想要，也可以全部留下	无
小白菜	移除中间的菜心，分离成叶片并仔细清洗	无
西蓝花	将西蓝花的小花朵切成2.5厘米（1英寸）大小，茎部削掉外面老皮，嫩心切0.6~1.3厘米（1/4~1/2英寸）厚的片	比其他蔬菜需要更长的微波加热时间
球花甘蓝	轻柔小心地洗净后，切去茎部较粗的部分	无
球芽甘蓝	对半切开，或者一叶一叶剥下	无
花椰菜	将其花朵切成2.5厘米（1英寸）大小	比其他蔬菜需要更长的微波时间
芹菜	除去表皮，斜切成0.6~1.3厘米（1/4~1/2英寸）厚的片	无
玉米	带皮微波加热或将玉米粒削下单独微波加热	带皮的微波时间为1.5分钟；玉米粒则放入碗里不加盖，每微波加热30秒拿出搅拌一下，重复直到受热均匀
四季豆	切去两端	无
冷冻豌豆	不退冰，直接微波加热	放入碗里，不加盖，每微波加热30秒拿出搅拌一下，重复直到均匀受热
菠菜	切去粗梗，洗净沥干	每次加热1/3的量，放在大碗中，微波加热，每30秒拿出搅拌一下，重复直到变软、变熟
西葫芦	切成厚0.6~1.3厘米（1/4~1/2英寸）的圆片状	无

微波炉蒸芦笋佐荷兰酱或美乃滋

MICRO-STEAMED ASPARAGUS WITH HOLLANDAISE OR MAYONNAISE

笔记：

热芦笋和荷兰酱是天生的一对搭档，而冷的芦笋和号称冷版荷兰酱的美乃滋则是绝配。想让程序更简单，只需用化开的复合黄油（做法见 p.315）淋在热芦笋尖上即可；或淋上特级初榨橄榄油，再挤些柠檬汁，也一样简单好吃。

2~3 人份

芦笋 227 克（8 盎司），切除尾端 3.8 厘米（$1\frac{1}{2}$英寸）的一段，必要时将茎部去皮

犹太盐和现磨黑胡椒碎各适量

荷兰酱（做法见 p.99）或自制美乃滋（做法见 p.797）1 份

1. 将芦笋均匀地平铺在微波炉专用盘上，以盐和黑胡椒碎调味，再用三张打湿的厨房纸巾（或打湿的干净厨房毛巾）完整覆盖芦笋，以强火微波加热，直到芦笋呈鲜绿色、变软但还保有口感（需 2.5~6 分钟，视微波炉火力掌握）。
2. 取出芦笋，在温热的盘中摆好，搭配荷兰酱即可。或是将芦笋以冷水冲凉并沥干，再配上美乃滋。

微波炉蒸芦笋佐水波蛋与核桃油醋汁

MICRO-STEAMED ASPARAGUS WITH POACHED EGG AND WALNUT VINAIGRETT

2 人份

芦笋 227 克（8 盎司），切除尾端 3.8 厘米（$1\frac{1}{2}$英寸）的一段，必要时将茎部去皮

犹太盐和现磨黑胡椒碎各适量

完美水波蛋 2 个（做法见 p.95），放在热水中保温

核桃油醋汁 1/4 杯（做法见下页）

1. 将芦笋均匀平铺在微波炉专用盘上，以盐和黑胡椒碎调味，再用三张打湿的厨房纸巾（或打湿的干净厨房毛巾）完整覆盖芦笋，以强火微波加热，直到芦笋呈鲜绿色、变软但还保有口感（需 2.5~6 分钟，视微波炉火力掌握）。
2. 取出芦笋，在温热的盘中摆好，摆上水波蛋，再淋一些核桃油醋汁就完成了。

核桃油醋汁

WALNUT VINAIGRETTE

适合搭配烤过的蔬菜，如甜菜或红薯，也可搭配较粗的苦味蔬菜，如紫莴苣、比利时菊苣或碎叶菊苣。

约$1\frac{1}{2}$杯

核桃 57 克（2 盎司），烤过并大致切碎
雪利醋 3 大勺
水 1 大勺
第戎芥末酱 1 大勺
蜂蜜 1 大勺
小型红葱头 1 个，切细末或磨成 1 大勺泥
特级初榨橄榄油 1/2 杯
芥花籽油 1/4 杯
核桃油 1 小勺（可省略）
犹太盐 1/2 小勺
现磨黑胡椒碎 1/4 小勺

将核桃、醋、水、芥末酱、蜂蜜以及红葱头放入碗中拌匀，缓缓滴入橄榄油和芥花籽油并持续搅拌，酱汁会很明显地乳化变稠。假如准备有核桃油，也可在此时慢慢拌入。以盐和黑胡椒碎调味，将酱料倒入密封罐中，放入冰箱冷藏，可保存两周，使用前用力摇匀就可以了。

| 专栏 | 关于芦笋

你可能会奇怪，为什么会用这么大的篇幅来谈芦笋？第一，我很喜欢芦笋。第二，在超市常见的蔬菜里，很少有这样全年都有的进口货，它和春季新鲜采摘的品种相比，风味上有巨大差别。芦笋刚采收时相当鲜甜，随着时间过去，其所含糖分开始转变成淀粉分子，因此，鲜脆清甜的芦笋会变得只剩平淡的淀粉味。

问：如何在市场上挑到最好的芦笋？

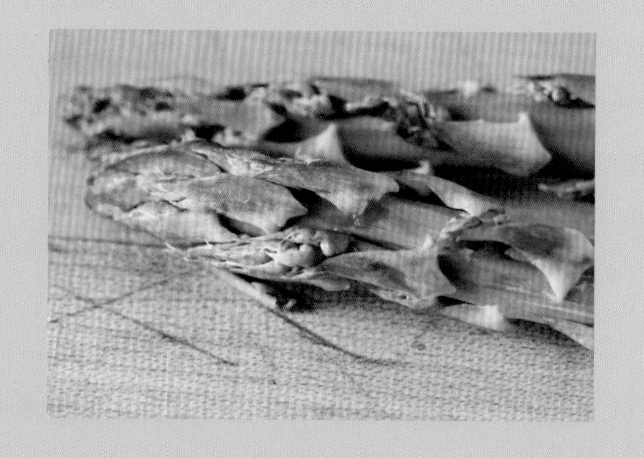

不管芦笋是鲜绿色的、嫩白色的（由于生长在土里，抑制了叶绿素生成），还是紫茎的变种，挑选的标准都一样，那就是要有鲜脆的茎部和顶端紧密包着的穗花。芦笋的外表应显得湿润，但不是潮湿，看起来鲜亮，不能干扁或者像木头。较老的芦笋，顶部穗花会绽开并干枯或掉落。农贸市场和农场直销店里最有可能买到高品质芦笋，除非你去的超级市场比我推荐的好很多很多，要不然就算是当季的芦笋也一样会因离土太久而失去美妙风味。除了农家自产的芦笋外，通常芦笋的产地都会写在标签上或打在绑着芦笋的橡皮圈上。假如你住在新英格兰地区的话，希望为了我，也为了你的农夫和你的味蕾，不要在五月中旬的时候买秘鲁产的芦笋。

问：芦笋的粗细会影响风味吗？

芦笋有像铅笔一样纤细的，也有和大拇指一样粗胖的，但粗细程度和其生长时间几乎一点儿关系都没有。芦笋从埋在土壤下的冠部长出茎部，通常要过三季后冠部生出的茎才可食用，并在之后的几十年内都能持续发出嫩茎。决定芦笋粗细的是冠部的品种。农夫不会傻傻等待细茎长粗，这要历经好多轮春夏秋冬才有可能发生。芦笋不论粗细都有十分美味的，我通常会根据烹调方法来选择适当粗细的芦笋。相反，你也可以根据在农贸市场买到的芦笋粗细决定烹调方法。

- **直径小于或等于 0.8 厘米（1/3 英寸）的芦笋**通常拥有较浓郁的风味和较少的水分。由于其高纤维表皮和柔软内部的比例合适，这样粗细的芦笋更硬脆一点儿，比较适合焯烫后凉拌或热炒，或作为零食生吃。上火烤或者烧烤等利用大火烹调的方法会过多带走芦笋的水分，除非你特别喜爱芦笋的焦香味，否则不建议用大火烹调这种芦笋。
- **直径大于 0.8 厘米（1/3 英寸）的芦笋**比细的芦笋更柔嫩，蒸或焯烫后会含过多水分，因此大火烹调如上火烤、烧烤、热炒和煎是最适合的处理方式，在芦笋表皮焦糖化的同时，内部的熟度恰好，还能保留一点儿口感。此外，这些粗胖的芦笋也很适合炖菜。

问：曾听说从底部折芦笋，芦笋茎会自动在正确的位置上断裂。这个神奇的故事是真的吗？

芦笋底部木质化或纤维很粗的部位一定要削掉。最好的方法是什么？传统智慧提供的傻瓜法则就是抓着芦笋两端然后折一下，芦笋就会神奇地断在应该断的位置上。这个方法常被讨论，大部分人都支持这种折断法。但这真的是最好的方法吗？

经过密集的测试后，我确定这根本是一派胡言。事实上，根据施力方式不同，就算手持的位置都一样，还是可能在茎上的任何一处断裂，就像下面这张图：

每一根芦笋都是我折断的，手摆在一样的位置，结果却完全不同。那么应该怎么做呢？最好的方法是把芦笋排一排，找到开始木质化的地方（茎部会开始渐渐褪成白色），然后一刀切下，然后再一根一根仔细检查，看是否将老化的部分削干净了。

问：芦笋要削掉外皮吗？

就算芦笋适当修整好了，外皮的纤维还是很难让“米其林指南”的专家们满意。可用Y形削皮刀从尖端下面一点儿往下将皮削掉，削下来的外皮风味很足，可以加进蔬菜或鸡肉高汤里；或氽烫后搅打成泥，再加进汤或酱汁里。

问：保存芦笋的最佳方式是什么？

芦笋最佳的保存方式就是不要保存。如同之前提到的，它的风味在采收后就快速地减少，因此越快下锅煮好并吃下肚越好。

假如一定要保存芦笋，就用对待鲜花②的方式处理吧。切掉底部后直接插在一杯水里，用塑胶袋松松地套在顶端，避免过多水分蒸发，然后放进冰箱里。有些人建议在水中加点盐或糖，但我从来没发现这样做对烹调以后的风味有什么影响，所以就不用多此一举了。

---

②芦笋可能并不像你之前了解到的那样。芦笋“花”——也就是你吃的那部分——其实是芦笋变异的叶茎。芦笋真正的花是六花被片（six-tepaled，不要和花瓣 petaled 混淆了，尽管芦笋事实上也是六花瓣的），铃铛状且内含有毒的红色果实。至于花被片是什么？查查看吧！

微波炉蒸四季豆 佐橄榄与杏仁

MICRO-STEAMED GREEN BEANS WITH OLIVES AND ALMONDS

2~3 人份

四季豆 227 克（8 盎司），修去筋和两端，洗净
犹太盐和现磨黑胡椒碎各适量
卡拉玛塔橄榄或其他橄榄 1/4 杯，切碎
杏仁碎或杏仁片 2 大勺，烤过
特级初榨橄榄油 1 大勺
切碎的新鲜荷兰芹 2 大勺
柠檬汁 1 小勺（用 1 个柠檬）

1. 将四季豆均匀地平铺在微波炉专用盘上，以盐和黑胡椒碎调味。用三张打湿的厨房纸巾（或打湿的干净厨房毛巾）完全覆盖四季豆，以强火微波加热，直到四季豆呈鲜绿色、变软但还保有口感（需 2.5~6 分钟，视微波炉火力而定），完成后移到大碗里。
2. 将四季豆与橄榄碎、杏仁、橄榄油、荷兰芹碎和柠檬汁搅拌均匀，再以盐和黑胡椒碎调味即可。

微波炉蒸玉米 佐辣味大蒜黄油

MICRO-STEAMED CORN WITH GARLIC-CHILI BUTTER

玉米非常适合用微波炉烹调。玉米皮在加热的过程中会吸附水汽，让玉米粒就像蒸桑拿一样被蒸汽包裹着，让它们又快又有效率地被蒸熟。微波炉玉米只要抹一点儿黄油酱就可以吃了。

4 人份

带皮玉米 4 个
无盐黄油 3 大勺，置于室温下软化
大蒜 1 小瓣，切细末或磨成半小勺的蒜泥
青葱片 2 大勺
辣椒粉 1 小勺
犹太盐和现磨黑胡椒碎各适量

1. 将玉米放在微波炉专用盘上，以强火微波加热直到完全熟透，约需 6 分钟。
2. 在加热玉米的同时，将黄油、大蒜泥、青葱片和辣椒粉放进小碗中，用叉子捣压，直到变得均匀顺滑，再以盐和黑胡椒碎调味。
3. 将玉米剥去皮，去须，抹上黄油酱即可。

基本蔬菜烹调法 2：
煎 / 炒

煎和炒是类似的烹饪技法，两者皆使用平底锅和一点儿油，然而，细微处还是有差异的。

- **煎**的目的是通过梅纳反应棕化蔬菜的外表，来创造更有层次的风味。梅纳反应在176.7℃（350 ℉）时产生。在烹调时，越少移动食材越能更快上色，因为热能通过煎锅和热油在一段时间内持续转移至食材同一面上，当然，大火也是不可或缺的元素。

- **炒**的目的是均匀加热大量的小块食物。一些复杂食谱的第一步经常是炒，比如说用橄榄油炒软洋葱是制作肉汁比司吉或意大利面酱的第一步。有时候，炒也是将生食制成熟食上桌的唯一步骤。

值得好好品尝的球芽甘蓝

十字科蔬菜如卷心菜、西蓝花、球芽甘蓝、花椰菜等都特别适合煎。这些蔬菜富含被称为硫代葡萄糖苷（glucosinolates）的硫黄化合物质，只要稍微煮过头就会造成化学物质分解而产生难闻的味道，闻闻煮太久的卷心菜或球芽甘蓝的气味你就明白了。我觉得 Charlie Bucket[③] 的家应该就是这种味道。西蓝花和花椰菜烹调后也会散发出令人不悦的气味，但没有那么明显。这些硫黄化合物开始挥发时，蔬菜里的一种酶就会分解好闻的芥末味化合物。这种酶在82.2℃（180 ℉）以上会失去活性，因此，为了得到十字科蔬菜的最佳风味，方法之一就是尽快加热达到82.2℃（180 ℉），而煎正是最好的方法之一。

接着来谈谈球芽甘蓝吧，许多人讨厌它，但恰好是我的最爱。我喜欢几种球芽甘蓝的烹调方式，比如说切成小丁做凉菜、用烤箱烤、加入白葡萄酒清炖。但我最喜欢的还是用超热的煎锅来煎，快速加热让叶子稍微焦化，引出浓郁香甜的坚果风味——那是十字花科蔬菜最好的、充满梦幻的风味。

想要更好的建议吗？那就用猪油煎。要为球芽甘蓝选择适合的猪肉产品，任何富含脂肪或腌制的肉品都可以，差别只在于个人口味不同。厚切培根很合适，我把它切成条。如果你是个讲究的人或者法国人，或者以上皆是，你也可以叫它“lardons”。或者用“guanciale”——盐渍猪颊肉，风味一样好，或者更好。我曾用过风干西班牙辣肠，它们可能是我最喜欢的富含脂肪的食材了。无论如何，开始烹饪球芽甘蓝之前，必须先逼出培根或猪肉的油脂。

你可以尝试用干的煎锅，但空气是非常糟糕的导热体，这代表只有直接接触到锅面的那部分培根才能受热。较好的方法是在锅中放一点儿水，稍微能浸没培根即可。将火开到最

---

③ Charlie Bucket 是电影《查理和巧克力工厂》里的小男孩，每天晚饭都吃卷心菜汤。——校注

大，水很快就开始蒸发，要持续加热培根并逼出油脂。水蒸发完后，应该已经逼出足够的油脂。我习惯额外加一点儿植物油或橄榄油确保油量。这时培根就能快速且均匀地变脆，远比单独加热培根更迅速。

锅里逼出足够的猪油后，就将球芽甘蓝下锅煎。假如你准备的量较多，也可以把烤箱调到最高温，把球芽甘蓝扔到猪油里，用烤箱烤至焦脆。将球芽甘蓝一切两半能增加表面积，也能让它们有一个稳定的平面贴着锅面煎，这有助于最大限度煎出球芽甘蓝的焦香美味，使其具有独特的迷人的坚果味。

球芽甘蓝在培根或其他猪油中煎得焦香后，以一些盐和黑胡椒碎调味（我不喜欢事先调味，因为培根油脂中的盐分也会被球芽甘蓝吸收，导致很难判断它们会变得多咸），接着与酥脆的培根拌匀。假如你觉得今天心情特别好，试试看放一半培根配上一半球芽甘蓝。相信我，你会像狂嗑巧克力块一样停不下来。

另一个方法是将球芽甘蓝切成细丝，再下锅煎香。切丝和对半切的球芽甘蓝适用相同的烹饪步骤。

| 刀工 | 如何切球芽甘蓝

烹调球芽甘蓝的预处理不复杂，但是一个一个处理下来也挺耗工夫。清洗处理球芽甘蓝的第一步就是随口问问有没有人愿意一起料理晚餐。有效率地分配任务会让过程更容易。

如下图所示，以下是你可以交代“志愿者”操作的步骤：将球芽甘蓝逐个分开。（图 1）切掉每个球芽甘蓝的底部。（图 2）剥掉外面松散的几层叶子，直到露出紧实、白绿的菜心。（图 3）外层叶子有点类似橡胶的口感，就丢了吧。球芽甘蓝可以整个烹调，或对半切增加焦糖化的面积。（图 4、图 5）将对半切开的球芽甘蓝平面朝下，用锐利的主厨刀切丝。（图 6）将处理好的球芽甘蓝放入夹链保鲜袋中，可冷藏保存 3 天。

1

2

3

4

5

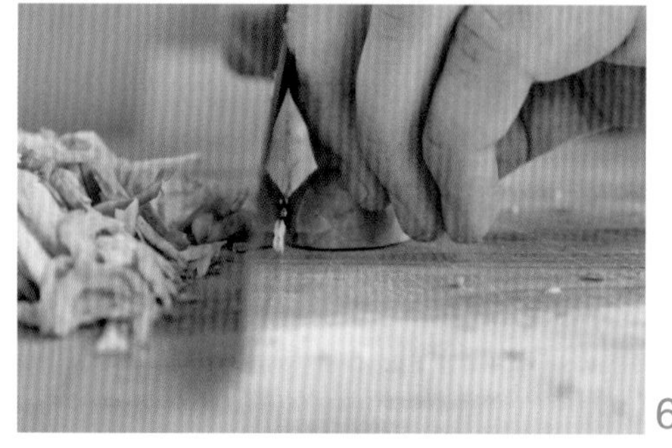
6

锅煎球芽甘蓝佐培根

SEARED BRUSSELS SPROUTS WITH BACON

笔记：

若要准备多人份，将原材料的量加倍即可。以 260℃（500 ℉）预热烤箱，根据以下步骤 1 将球芽甘蓝和煎培根的油脂在大碗中拌匀后移到一或两个烤盘上，烘烤至全熟并有焦黄色泽，大约需 10 分钟。烤好后，再与事先煎好的培根拌一拌，完成。

4~6 人份

厚片烟熏肋条培根（slab bacon）227 克（8 盎司），切成 1.3 厘米 ×0.6 厘米（1/2 英寸 ×1/4 英寸）的厚条

橄榄油 3 大勺

小型球芽甘蓝 907 克（2 磅），去除底部与外层叶片后对半切开

犹太盐和现磨黑胡椒碎各适量

1. 将培根与橄榄油倒入 30.5 厘米（12 英寸）不粘煎锅，加水至稍微盖住培根后以中大火加热。适当搅拌让培根均匀受热，直到水分蒸发。继续加热并持续翻炒，直到培根每面都焦脆，约 8 分钟。倒入细目滤网里，并置于防烫的大碗上滤油备用。
2. 将球芽甘蓝扔进去，使其均匀沾上培根油，倒出。将 1 大勺培根油放入煎锅，以中大火加热至冒烟。将球芽甘蓝切面朝下铺满整个锅面，不要移动蔬菜，直到煎出焦色，约 3 分钟。翻面续煎 3 分钟，直到球芽甘蓝熟透并有酥脆表皮，以盐和黑胡椒碎调味后装入大碗里。持续以上步骤煎完所有球芽甘蓝。
3. 将培根倒入装有球芽甘蓝的大碗里，均匀搅拌即可上桌。

锅煎西葫芦和玉米

PAN-SEARED ZUCCHINI AND CORN

还有人不期盼玉米收获的开始吗？我已经等得不耐烦了。在收获开始的那几天，我总是迫不及待地每天跑去农场或超市，期盼着第一批本地产的新鲜玉米上架出售。享用玉米最好的做法就是墨西哥黄油烤玉米（elotes）或玉米沙拉（esquites），这种街头小吃将玉米搭配奶酪、辣椒、青柠和奶油一起烤。或者将玉米埋在一大堆海带、西班牙烟熏辣肠、龙虾和蛤蜊下面，做传统新英格兰的蒸烤蛤蜊是最好的做法。哦不，等等！应该是玉米浓汤是最好的做法，或是，哦！用黄油香煎玉米和豆子做成咸香的豆煮玉米（succotash）才是最好的。好吧！不论什么烹调法，玉米都非常美味。还有另一种可以加入玉米食谱大全的做法：用锅煎出焦的玉米粒。削下玉米粒，放一点儿油到平底煎锅中，以大火加热，锅至高温后加热玉米粒，它们会变得焦香但仍保有甜味。这道食谱是我在室内做玉米的方法，因为它能让玉米捕捉一些烧烤玉米的烟熏、复杂又甜美的味道。

这道食谱能快速将玉米做成配菜，搭配鸡肉、猪肉或海鲜等主菜，或是作为清爽简单的蔬食主菜食用。当然作为主菜需要增添一点儿肉类的比例，可以加一些酥脆培根，再用培根油煎这些玉米粒。玉米搭配煎过的西葫芦丁、一点儿洋葱和大蒜、辣椒，再挤一些青柠汁，就是一大碗超棒的小吃。

西葫芦含有较多水分，很容易一不小心就煮过头，这种情况我遇到过好多次。只要没有耐心等锅够热再下锅，就会发生惨剧。几秒钟后，西葫芦会不断出水而快速降低锅中的温度，恶性循环就此开始。西葫芦在温度较低的锅中无法很快煮熟，反之，不断排出的液体又持续降低锅中温度。最后的成果就是一堆苍白又软烂如泥的西葫芦。

要煎出完美西葫芦的关键在于超级高温的煎锅。在将其下锅前，请确定留一点儿时间来预热锅。下锅煎时，也不要一次煎太多。

4 人份

植物油 3 大勺

玉米 4 根，去皮并削下玉米粒（约 3 杯）

中型洋葱 1 个，切丁（约 1 杯）

哈雷派尼奥辣椒 1 根，去除蒂头和籽，切成细末

中型大蒜 2 瓣，切细末或磨成 2 小勺的蒜泥

中型西葫芦 2 个，切成 1.3 厘米（1/2 英寸）的丁（约 2 杯）

现切罗勒或荷兰芹 1/4 杯

柠檬汁 3 大勺（使用 2 个柠檬）

特级初榨橄榄油 2 大勺

犹太盐和现磨黑胡椒碎各适量

现磨帕玛森奶酪碎适量（可省略）

1. 将备料一半的植物油倒入口径 30.5 厘米（12 英寸）的不锈钢锅或铸铁煎锅中，以大火加热直到冒烟。将玉米粒倒入，稍微拌炒一下，静置至单面焦香，约需 2 分钟。将玉米粒翻炒直到另一面也焦香为止（2 分钟左右）。持续拌炒直到所有的玉米粒都有棕色焦香的外表，全部约需 10 分钟。倒入洋葱丁和哈雷派尼奥辣椒末拌炒到软化，约 1 分钟。加入蒜末持续炒香 1 分钟，全部倒入盘里。
2. 将锅洗净（锅底可能会粘一些焦化的玉米糖分，用水冲掉即可），小心擦干后移回大火上，倒入剩下一半的油加热到冒烟，将西葫芦丁放入锅中静置至单面完全焦香，翻面续煎约 2 分钟。起锅前将两面再稍微翻煎一下，倒入盛着玉米粒的盘里。拌入罗勒、柠檬汁和橄榄油，并用盐和黑胡椒碎适当调味。视需要可撒上一些帕玛森奶酪。

墨西哥街头小吃——玉米沙拉

MEXICAN STREET CORN SALAD

墨西哥黄油烤玉米是墨西哥街头玉米的整根版，也是到了夏天，我在阳台上烤肉时必备的菜色。这大概是你能想到的最简单又实惠的料理，没有任何一道菜的清盘速度比得上这热乎乎的刚烤好的玉米。

通常我会准备至少一人一支半的玉米。为了更快地制作这道菜，我会准备好一大盆的酱料：大蒜美乃滋、碎的墨西哥柯提加奶酪（菲塔奶酪切碎或佩克里诺羊奶奶酪刨丝也适用）、切碎的芫荽、青柠汁和一点儿辣椒粉。这样，我烤得又焦又香的玉米从烤架上拿下来的时候，马上能放进盆中蘸满酱汁，再拿给一边等待的食客。咬下第一口焦香的烤玉米，浓郁的酱汁无可避免地沾在脸颊上，对我来说就是夏天的味道——美味又充满了脂肪的夏天。

不过，有时候需要采取更“端庄”的烹饪方法，比如，有得体的女士和“崭新的领带”在的时候。我会做黄油烤玉米的“勺子食用”版——玉米温沙拉。不像之前直接将整根烤玉米拿去蘸酱，而是要削下烤好的玉米粒和酱料拌一拌，做成温沙拉。这样一来，在任何形式的社交场合都能优雅地食用，不必担心会失礼。

嫌加热烤肉架麻烦时，我会把玉米做成玉米沙拉，事实上，在室内做这道料理，和室外木炭烤的一样简单又好吃。烹调玉米沙拉的关键在于先将玉米粒削下，再在高温的中华炒锅里加热（也可用平底锅，只是过程可能稍微会有些乱），让玉米粒在锅中静置，直到出现焦糖化并带有深棕色的表面后再翻炒。假如火候正确的话，有些玉米粒会在锅中弹跳爆开就像爆米花一样，甚至可能弹得厨房里到处都是。小心操作，或使用防溅网（splatter guard），都可以让你避免这些“迫击炮”的火力。玉米煎好后，趁热与其他材料拌匀即可。这道菜在热腾腾时最好吃，放凉到室温后也很美味，特别适合当作野餐时的菜品。

4 人份

植物油 2 大勺

玉米 4 根，去皮并削下玉米粒（约 3 杯）

犹太盐适量

美乃滋 2 大勺

墨西哥柯提加奶酪或菲塔奶酪 57 克（2 盎司），切碎，或佩克里诺羊奶奶酪 57 克（2 盎司），擦碎

青葱葱绿 1/2 杯，切薄片

新鲜芫荽叶 1/2 杯，切碎

墨西哥辣椒 1 根，去除蒂头和籽，切碎

中型大蒜 1~2 瓣，切碎末或磨成 2 小勺的蒜泥

青柠汁 1 大勺（用 1 个青柠）

辣椒粉或干辣椒片适量

1. 在炒锅或不粘煎锅中倒入油，以中大火加热至高温，放入玉米粒和盐拌炒后静置直到单面焦香，约 2 分钟，翻炒玉米直到另一面也变得焦香，约 2 分钟，继续拌炒直到玉米粒变焦色，约 10 分钟，倒入大碗中。
2. 将美乃滋、奶酪碎、青葱葱绿片、芫荽碎、墨西哥辣椒碎、大蒜末、青柠汁和辣椒粉放入碗中，和玉米粒拌匀。试一下味道再用盐调味，若想要更辣就再加些辣椒粉。趁热上桌或是放凉到室温再食用均很美味。

平底锅烤珍珠洋葱

PAN-ROASTED PEARL ONIONS

平底锅烤食物不太像煎，也不是标准的炒，这个技巧会让食物同样具有煎蔬菜所散发出的浓郁焦香味。但是，它的速度比较缓慢，如此一来，洋葱就能慢慢软化并吸足黄油的香味。在烹调过程中，洋葱会变得非常香甜并带有坚果的香味。这道菜可以是独立的一道菜，也很适合搭配其他蔬菜。当珍珠洋葱或类似品种的意大利扁平洋葱（cipollini onion）应季的时候，我的冰箱里会备有大量的烤珍珠洋葱，随时都能加热来和豆子、四季豆拌炒，或是放入炖牛肉里。有时候，我会想从头开始准备这道菜，将新鲜洋葱剥皮虽然有点耗时，但这过程让人很放松。懒得处理时，我会用冷冻珍珠洋葱，烹调效果和新鲜的一样好。

笔记：

冷冻的珍珠洋葱可以取代去皮的新鲜洋葱。在一碗温水中解冻后，放入沙拉脱水器沥干即可。意大利扁平洋葱一样可用冷冻的替换。

要保存烹调好的洋葱，只需要放入盘中完全放凉，然后置于保鲜容器中，入冰箱冷藏，能保存一周。可以随心所欲地用它搭配其他炒蔬菜。

4 人份

无盐黄油 3 大勺

新鲜珍珠洋葱或意大利扁平洋葱 454 克（1 磅），去皮（见上文“笔记”）

犹太盐和现磨黑胡椒碎各适量

将黄油放入口径 30.5 厘米（12 英寸）的厚底不锈钢锅或铸铁煎锅内，以中火加热化开。放入珍珠洋葱并转小火，洋葱在锅中应该会稳定地嗞嗞作响，同时会有小泡泡从下方冒出，适时调整火候，持续烹调，每 7~10 分钟翻炒搅拌一下，直到洋葱完全软化且每面都呈现棕色，大约需要半小时。以盐和黑胡椒碎调味后即可上桌享用，或是放凉保存起来（见上文“笔记”）。

| 刀工 | 如何为珍珠洋葱去皮

为一大堆的珍珠洋葱去皮，最简单的方式就是将洋葱切除顶端和底部，再放进滚水中，1 分钟后捞起放入冰水盆里。如此一来就能轻松分离外皮。

1

处理少量洋葱的话，直接去皮会比等一锅水烧滚来得更快。

2

首先，用刀切除顶端和底部。

3

接着用一只手固定洋葱，用削皮刀轻轻地在最外层划下一道。或是将洋葱切面朝下立住后做上述动作。

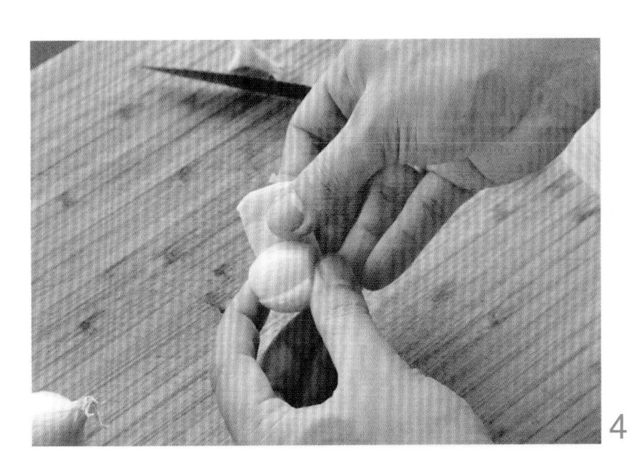

4

切完一刀后就能轻松剥去外层了。

蒜香炒菠菜

GARLICKY SAUTÉED SPINACH

这道配菜制作起来非常迅速，只需准备四种材料（假如把盐与黑胡椒算进去的话，则有6种），并在5分钟内完成。菠菜含水量丰富，在烹调的过程中会释放水分，因此不需要再加任何液体到锅里。假如我有所谓的料理魔法小秘诀，可以让你炒出更好吃的菠菜就好了，但利用传统烹调法迅速简单又完美，从过程到成果，都找不到任何缺陷。

笔记：

这份食谱使用瑞士甜菜或是较嫩的羽衣甘蓝（将茎较粗的部分切去）效果都很好。只是别用嫩菠菜，因为煮完会太湿软。

4 人份

特级初榨橄榄油 2 大勺
中型大蒜 4 瓣，切成末
卷叶菠菜 907 克（2 磅），洗净沥干后去除硬梗
犹太盐和现磨黑胡椒碎各适量
现挤柠檬汁适量

在口径30.5厘米（12英寸）的炒锅里倒入橄榄油，以大火加热直到冒烟，放入蒜末炒至金棕色，约1分钟，立刻放入一半的菠菜拌炒，炒至变软后放入剩下的菠菜，利用料理夹每30秒翻动一次菠菜。约4分钟后，所有菠菜便会软化且大部分的水分都蒸发了，以盐和黑胡椒碎调味，挤一点儿柠檬汁即可上桌。

平底锅烤蘑菇

PAN-ROASTED MUSHROOMS

将蘑菇放入已经预热好的平底锅，就在你以为一切都没问题时灾难就发生了。蘑菇会开始释出大量水，锅里会变成煮蘑菇而不是煎蘑菇。你会有点惊慌，心想：**“我毁了这些蘑菇了吗？这样的晚餐能吃吗？为什么这种事总发生在我身上？！”**

别害怕！蘑菇不像肉类，如果煮过头会变老，它不管煮多久都能保持软嫩口感。一旦所有的水分都蒸发了，蘑菇就会开始再次嗞嗞作响，最后变得色香味俱全。

你可以只用盐和黑胡椒碎给蘑菇调味，但我发现加一点儿酱油更能衬托蘑菇的鲜味。

平底锅烤蘑菇佐百里香与红葱头

PAN-ROASTED MUSHROOMS WITH THYME AND SHALLOTS

4~6 人份

植物油 1 大勺

白口蘑或克雷米尼（cremini）蘑菇 680 克（$1\frac{1}{2}$磅），清洁后切 4 等份

中型红葱头 1 个，切细末，约 1/4 杯

中型大蒜 2 瓣，切细末或磨成蒜泥，2 小勺

新鲜百里香，略切碎，2 小勺

酱油 2 小勺

新鲜柠檬汁 1 小勺

无盐黄油 2 大勺

犹太盐和现磨黑胡椒碎各适量

1. 在大的不粘煎锅中倒入油，以大火加热至冒烟，放入蘑菇后迅速翻炒搅拌，直到释出的水分完全蒸发，大约 8 分钟，持续烹调直到蘑菇变成深棕色，需 10 分钟以上。
2. 放入红葱头末、大蒜末及百里香碎拌炒均匀至香气四溢约 30 秒，离火后倒入酱油、柠檬汁和黄油，搅拌直到余热化开黄油，再以盐和黑胡椒碎调味即可上桌。

速冻（Cryo-Blanching）与拌炒

速冻这个技巧是由我的朋友亚历山大·塔尔博特和埃金·卡莫萨瓦在博客上提出来的。我在克里奥（Clio）餐厅当二厨的时候就开始关注他们的工作，而那间餐厅正是他们磨炼出精湛厨艺的地方。这种技巧听起来简单——急速冷冻蔬菜，接着解冻后烹调——概念却绝顶聪明。在前面讨论豆子的章节中（见 p.401“挑选豆荚”）我提到过，冷冻对蔬菜造成的效果如同焯烫，让植物细胞崩解并让内部所含的气泡消失。当蔬菜被冻结时，在蔬菜细胞里形成的冰晶会刺穿细胞壁，使得蔬菜结构被破坏。而解冻后的蔬菜则有部分会软化，但保有鲜明的风味和清脆的口感。吃了直接解冻后的蔬菜，你可能会不太开心，因为蔬菜的质地会有点松散。然而，只要在解冻后再将蔬菜拌炒一下就能把口感变好。如此一来，蔬菜就能具有完美的色泽、口感和新鲜的风味，这是一种在任何拌炒蔬菜中无法体验到的。

速冻的另一个美妙之处在于，你可以把蔬菜放在冷冻室里无限期储藏。使用时，只需要半小时左右就能在室温下解冻了。

准备用于速冻法的蔬菜

速冻法的关键在于急速冷冻，这说明了两件事。第一，最好使用个体分明、尺寸又小的蔬菜，例如四季豆、芦笋或豌豆。第二，均匀平铺的蔬菜能较快冻结。假如你有真空包装机，可以先将蔬菜在抽真空袋里平铺单层后再真空密封、放入冷冻室；或将蔬菜铺在有边的平底烤盘里，上不覆盖，直接放进冷冻室。等完全冻结后（保险起见，起码冷冻几个小时）移至保鲜夹链密封袋中，挤出袋中的空气后封起，再放回冷冻室。这些蔬菜可以保存数个月，取出时就算还是冷冻状态也能立刻用于烹调。

速冻四季豆佐蒜酥

CRYO-BLANCHED GREEN BEANS WITH FRIED GARLIC

笔记：

依据前页指示以速冻法准备蔬菜。新鲜四季豆也可用 3.8 升（4 夸脱）的盐水焯烫 3 分钟后沥干。

4~6 人份

橄榄油 1 大勺，可多准备一些最后淋上

速冻四季豆 454 克（1 磅，见上文“笔记”），解冻并以厨房纸巾拍干

大蒜 2 瓣，切薄片

犹太盐和现磨黑胡椒碎各适量

炸蒜酥 2 大勺（做法见 p.409）

1. 在口径 30.5 厘米（12 英寸）的平底煎锅中倒入橄榄油，以中大火加热直到冒烟，倒入四季豆，不要马上翻炒，静置直到单面稍微起泡为止（大约 1 分钟），加入蒜片并翻炒直到变成金黄色，以盐和黑胡椒碎调味。
2. 撒上一些炸蒜酥，即可上桌。

基本蔬菜烹调法 3：
炖

炖是一种慢慢烹调的过程，常用在质地较硬的肉类上（比如 p.233 的“美式炖牛肉”）。它的第一步是以热油煎肉（dry heat，干热法），接着在有液体的锅里慢慢烹饪（moist heat，湿热法），其结果就是肉类会拥有油煎的焦香味，并随着结缔组织慢慢软化而形成软嫩的口感。蔬菜也很适合用来炖，技法也大致相同，只有两个关键的不同之处：第一是温度。将蔬菜完全煮软需要高于 83.9℃（183 ℉）。在这个温度下，联结各个蔬菜细胞的果胶才会开始软化。这意味着对肉来说，可尽量不将液体煮滚，而对于蔬菜则必须升温煮开（不需要担心会将蔬菜烹饪过头后变硬或干掉）。第二是时间。蔬菜所需的时间远比肉类短。牛肉需要 3 小时才会软化，但大部分的蔬菜只需 20 分钟或更短的时间就好了。

在 20 世纪末期到 21 世纪初期这段时间，流行将蔬菜烹饪得不太熟就上桌，让人困惑不解。美食家和他们那类人称这种保留一点儿嚼劲的烹饪方法叫“al dente”，并坚持四季豆必须要有翡翠般的色泽，中间保留生脆的口感，否则就不足以入他们的口。我说这真是一派胡言。无论何时我都会选择那锅一直炖在培根油脂里、软烂到几乎快成泥的四季豆，而不是那种炒得半生不熟的四季豆。或许这样说有点太过头，可是假如是冬天呢？没有什么比它更适合当配菜的了。芦笋也一样。接下来的食谱是用我最喜欢的方法来烹饪芦笋，但这被低估了很多年。尤其很多人会问：“为什么要吃那种煮得呈暗绿色的蔬菜？”当然是因为这样超级好吃，就像马盖先④超级酷。先用一点儿油将芦笋煎一下，让风味更好，接着加点水或高汤，将锅底的精华混入汤汁里，再放一大块黄油后盖上盖子，让芦笋在汤汁里慢慢煮熟并收干汤汁。芦笋煮到软嫩时，高汤和黄油会乳化成顺滑如丝的浓稠酱汁并附在芦笋上，让每一口都有香甜浓郁的风味。太棒啦！

---

④马盖先，MacGyver，《百战天龙》的主人公，擅长用身边任何不起眼的东西解决问题的特工。——校注

炖芦笋

BRAISED ASPARAGUS

这道食谱是我的师父肯·奥林杰（Ken Oringer）在他位于波士顿的克里奥餐厅教我的。先前我认为军绿色黯淡外表的芦笋尝起来一定很糟，但这道口感软嫩、像黄油般绵密的芦笋让我从此改变了看法。

4 人份

植物油 2 大勺

芦笋 454 克（1 磅），切去过硬的底端和纤维太粗的外皮

犹太盐和现磨黑胡椒碎各适量

自制鸡肉高汤或罐装低盐鸡肉高汤 1 杯，蔬菜高汤亦可

无盐黄油 3 大勺

柠檬汁 1 小勺（用 1 个柠檬）

1. 在口径 30.5 厘米（12 英寸）的炒锅中倒入植物油，以大火加热直到稍微冒烟。将芦笋放入锅中排成一排，不要叠放，并以盐和黑胡椒碎调味。不要翻炒，直到单面颜色变成金棕色，约需 1.5 分钟，然后轻颠锅翻面，直到芦笋再次呈现金棕色，需 1.5 分钟以上时间。
2. 倒入高汤和黄油后立刻盖上锅盖，煮至芦笋完全软化，黄油和高汤收汁，形成有光泽的酱汁（这个过程用时 7~10 分钟。假如高汤完全收干，黄油开始快焦掉时芦笋还没熟的话，可以加几大勺水继续煮）。做好的芦笋挤上一些柠檬汁就可以上桌了。

炖四季豆佐培根

BRAISED STRING BEANS WITH BACON

我的好友兼美食作家梅雷迪思・史密斯（Meredith Smith）来自肯塔基州，这道炖豆子在那里是一种生活方式。Greasy beans（没错，greasy beans 就是豆子的品种名）豆荚长有粗筋，豆荚里的大豆子需要烹调一小时才会软化，这个品种的豆子在我生活的地方很难找到。幸运的是，炖四季豆的风味和这道炖豆子有类似的神韵，而四季豆到处都能取得。（请别跟她告状我把食材换成了四季豆，她会生气的！）假如有人告诉你，完美的四季豆一定是半生不熟带着脆度的话，请他们尝一下这道菜，他们就会闭嘴了。

笔记：

使用烟熏厚培根的风味最佳，切片培根当然也可行，只需将培根斜切成1.3厘米宽的条状。

4~6 人份

烟熏厚培根 227 克（8 盎司），切成长 2.5 厘米（1 英寸）、宽 1.3 厘米（1/2 英寸）的条状

植物油 1 大勺

中型大蒜 3 瓣，切薄片

干辣椒片 1/2 小勺

自制鸡肉高汤或罐装低盐鸡肉高汤 1/2 杯

四季豆 680 克（$1\frac{1}{2}$磅），切去两端

苹果醋 1/4 杯

糖 1 大勺

犹太盐和现磨黑胡椒碎各适量

1. 将培根和油放入大型料理锅，倒入半杯水后以中大火煮滚，直到水分蒸发、培根变得酥脆，此步骤约需 10 分钟。
2. 加入大蒜片和干辣椒片炒香，约 30 秒，倒入鸡肉高汤搅匀，放入四季豆、苹果醋（一半的量）和糖，转成中小火后盖上盖继续煮，偶尔搅拌，直到豆子全部煮软，约 1 小时。假如锅中过干，可以再加一点儿水下去。
3. 拌入剩下的苹果醋，以盐和黑胡椒碎调味即可。

炖韭葱 佐百里香和柠檬皮屑

BRAISED LEEKS WITH THYME AND LEMON ZEST

韭葱是典型的助手角色，常常稍炖就消失在汤里，或只是为一起拌炒的蔬菜增添风味。韭葱常会融合于酱汁里，或隐身于热炒的料理中，甚至会给马铃薯当配角——比如，是马铃薯韭葱汤，而不是韭葱马铃薯汤。

不过，韭葱先生，今天你的机会来了。

在炖时，韭葱保留了它们细微的香气，在慢慢分解并吸收液体的过程中，还获得了一种非常柔软，近乎肉类的质感。如果要提升它们的甜味，可以将韭葱的切面在热油里煎至焦糖化，之后再倒入高汤。为什么要煎切面呢？因为切面可以放平。尽管只有一部分能煎至上色，但没关系！这些美妙的金棕色物质是水溶性的，倒入液体后它们就会溶解并将风味完整扩散到整道菜中。

对所用的高汤没有要求，但我偏好鸡肉高汤再搭配几块黄油。炖韭葱时，黄油可以让所有食材维持润滑，并为韭葱和高汤在烤箱里煮出的酱汁增添浓郁口感。

笔记：

使用直径大于 2.5 厘米（1 英寸）的韭葱会获得最佳风味。

4~6 人份

中型韭葱 8 根（见上文"笔记"），只使用韭葱白和淡绿色部分
特级初榨橄榄油 2 大勺
无盐黄油 2 大勺
新鲜百里香 6 枝
自制鸡肉高汤或罐装低盐鸡肉高汤 1 杯
犹太盐和现磨黑胡椒碎各适量
柠檬皮屑（用 1 个柠檬）2 小勺
柠檬汁 2 小勺

1. 将烤箱网架放到中间位置，并以 190.6℃（375 ℉）预热烤箱。将韭葱顺长对切成两半，留着尾端根部并剥去过硬的外壳，以冷水冲洗后用厨房纸巾拍干。
2. 在口径 30.5 厘米（12 英寸）的厚底煎锅内倒入橄榄油，以中大火加热至冒烟。取一半的韭葱，切面朝下放入煎锅中，静置煎到完全呈现金棕色，约 4 分钟，移至 33 厘米 ×22.9 厘米（13 英寸 ×9 英寸）的烤盘中，切面朝上摆放，继续煎完剩下的韭葱并放入烤盘。
3. 将黄油轻轻点在韭葱上，均匀铺上百里香，再将鸡肉高汤均匀浇淋在韭葱上。用锡纸将烤盘紧紧封起后放进烤箱，烤约 20 分钟后移除锡纸，再烤 10 分钟，让韭葱完全软化。将烤盘从烤箱中拿出，静置 5 分钟放凉。
4. 拿掉百里香，以盐和黑胡椒碎调味后移到餐盘中。将柠檬皮屑和柠檬汁倒入烤盘中，和烤剩下的盘底酱汁拌匀后淋在韭葱上即可上桌。

快速煮鹰嘴豆和菠菜佐生姜

QUICK CHICKPEA AND SPINACH STEW WITH GINGER

餐厅料理的做法通常复杂又耗时，这就是为什么人们要付费去餐厅享用美食。然而，也有方法能够简单又迅速地在家制作某些不输于餐厅水准的菜色。

这道煮鹰嘴豆和菠菜源于“garbanzos con espinaca”⑤。我在波士顿托罗（Toro）餐厅时，常和主厨约翰·克里奇利（John Critchley）煮这道菜。这是所有西班牙小酒馆必备的经典菜色，有时会搭配烟熏西班牙腊肠（chorizo）和浓郁的血肠（morcilla）来增添风味，也可简化步骤，最后淋上一些味道鲜明的雪利醋就完成了。

在餐厅准备这道菜时，要辛辛苦苦制作蔬菜高汤、用盐水泡开干豆子、炒软芳香蔬菜、炖菠菜，最后再请真正的西班牙驴子（Spanish burros）帮忙把橄榄踩碎才能撒在盘上完成这道菜。这类菜肴好吃归好吃，但就是劳师动众，如果是在家里制作的话还是开心地抄捷径吧。

这道改良版的炖鹰嘴豆介于汤品和炖菜之间，使用罐装鹰嘴豆和里面的高汤作为基底，再以香料和蔬菜一起煨煮，加入大蒜、洋葱、月桂叶和烟熏红辣椒粉等增添风味。（还记得第 2 章罐装豆类的资讯吗？）比较特殊的步骤是用一点儿姜混入番茄泥中，姜味并不太明显，但是能为这道菜的酱汁基底带来些复杂的辛辣风味。

这道菜趁热吃非常好吃。但是，我更喜欢放置隔夜后，常温状态下放到一片淋了橄榄油的烤吐司上。当你举办西班牙品酒会或类似活动时，这是让你看起来既酷又成熟还老练的极佳食物。

---

⑤ Garbanzos con espinaca，西班牙传统炖菜“鹰嘴豆炖菠菜”。——校注

3~4 人份

整个番茄的罐头 1 罐（794 克，即 28 盎司）
姜去皮，切成 2.5 厘米（1 英寸）长的块
特级初榨橄榄油 1/4 杯，再多备一些上菜时用
中型洋葱 1 个，切末
大蒜 4 瓣，切末
甜或辣味西班牙烟熏红辣椒粉 1 小勺
菠菜 340 克（12 盎司），挑选后洗净沥干并切段
罐装鹰嘴豆 2 罐（每罐重 397 克，即 14 盎司），保留汤汁
月桂叶 2 片
酱油 2 小勺
犹太盐适量
雪利醋适量（可省略）

1. 将番茄放入架在一个中型碗上的滤网里沥干。将罐头中的番茄汁、一半的番茄和姜段放入食物料理机，以高速搅打直到完全呈现泥状后备用。将剩余的番茄随意切一下后放一旁。
2. 在口径 30.5 厘米（12 英寸）的煎锅内倒入橄榄油，以大火加热至冒烟。放入洋葱、大蒜和红辣椒粉拌炒，直到洋葱变软、略有焦糖色。倒入姜和番茄泥混合物搅拌均匀，分次放入菠菜。在每批菠菜变软后才将下一批菠菜放入。将火调整为中火慢炖，偶尔搅拌一下，直到大约 10 分钟后所有菠菜煮软。
3. 放入番茄碎、鹰嘴豆、罐头里的汤汁、月桂叶和酱油，以大火煮至沸腾。将火转小，让锅中的液体呈现稍微冒泡的状态。持续煮，不时搅拌，直到汤汁稍微收干、变得浓稠，约需 30 分钟。
4. 尝一下味道并以盐调味，淋一点儿橄榄油或视喜好滴几滴雪利醋，即可上桌。

终极奶油菠菜

THE ULTIMATE CREAMED SPINACH

制作口味香浓的奶油菠菜，最关键的就是时间。缓慢地烹调，让菠菜充分收干水分，也让奶油贝夏梅酱慢慢熬出浓郁风味和类似布丁一样绵密的口感。我喜欢再加一些酸奶油，增添奶香气和鲜明的酸味。搭配自制酸奶油（做法见 p.111）再撒上帕玛森奶酪焗烤一下，就是最适合佳节聚餐的终极配菜。

笔记：

挑选过的羽衣甘蓝和瑞士甜菜一样适用这份食谱。

4 人份

无盐黄油 3 大勺

中型红葱头 2 个，切成 1/2 杯多的细末

中型大蒜 2 瓣，切细末或磨成蒜泥（2 小勺）

卷叶菠菜 907 克（2 磅），择洗净后沥干

中筋面粉 1 大勺

鲜奶油$1\frac{1}{2}$杯

全脂牛奶 1/2 杯

现磨肉豆蔻碎（nutmeg）1/4 小勺

酸奶油 1/4 杯

犹太盐和现磨黑胡椒碎各适量

帕玛森奶酪碎 57 克（2 盎司）（可省略）

1. 在荷兰锅或大型料理锅内以中大火化开黄油。放入红葱头末和大蒜末炒香，直到软化（约 2 分钟）。分 4 批放入菠菜，每放一批都以料理夹或锅铲翻炒菠菜，直到其均匀受热变软后再加入下一批。
2. 倒入面粉后不停搅拌，直到所有面粉和汤汁混合，看不到任何粉状物为止。一边倒入鲜奶油和牛奶，一边慢慢搅拌。等锅中液体沸腾后将火降至最小，慢慢煮约 1.5 小时，并不时搅拌一下，直到菠菜完全软化变色，而酱汁也收干变稠。
3. 慢慢拌入肉豆蔻碎和酸奶油，以盐和黑胡椒碎调味后离火。
4. 视个人喜好决定是否焗烤。焗烤方法：以高温预热烤箱上火。将黄油菠菜移至适当的椭圆形或圆形烤盘里，再撒上现磨的奶酪碎后放入烤箱，以上火焗烤约 2 分钟，直到液体起泡，而奶酪形成金棕色的脆皮后即可取出上桌。

基本蔬菜烹调法 4：烧

这是烹调蔬菜的终极一体式技巧，非常适用于长时间耐煮的蔬菜，如萝卜、欧洲防风根（parsnips）、洋葱、芜菁、樱桃萝卜这一类硬实的蔬菜。这种传统的法式技巧会在锅里用黄油、鸡肉高汤、糖一起烹调蔬菜，慢慢炖煮它们，当蔬菜煮熟时，高汤已经收汁并与黄油一同乳化，在蔬菜上形成像上釉一样带有光泽和风味的酱汁。这是个简单的方法，然而并不代表在自家厨房制作时就一定成功。在餐厅的专业厨房中，高功率的炉子能迅速将高汤烧至沸腾，冒起的泡很容易加速高汤与黄油乳化。事实上，自家厨房烹饪时高汤冒出的微弱的泡泡，使得稳定的乳化变得非常困难。

除此之外，高品质鸡肉高汤所含的胶质能大大帮助稳定乳化过程。假如使用市售的较稀的鸡肉高汤、蔬菜高汤或水，则会使乳化的困难程度加倍。这时候，最佳的解决方案就是用一些玉米淀粉，用人工方式增加浓稠度。例如：4~6 人份蔬菜用上半小勺的玉米淀粉就能轻松煮出理想的酱汁，也不需要担心把酱汁煮得太厚重黏腻。

烧胡萝卜佐杏仁

GLAZED CARROTS WITH ALMONDS

4~6 人份

大根胡萝卜 680 克（$1\frac{1}{2}$磅），去皮切成 2.5 厘米（1 英寸）长的条状或滚刀切（见 p.444）

玉米淀粉 1/2 小勺

自制鸡肉高汤或罐装低盐鸡肉高汤 $1\frac{1}{2}$杯

无盐黄油 2 大勺

糖 2 大勺

犹太盐适量

新鲜荷兰芹末或细香葱末 2 大勺

烘烤过的杏仁片 1/4 杯

柠檬皮屑 1/2 小勺

柠檬汁 1 小勺（用 1 个柠檬）

现磨黑胡椒碎适量

1. 在口径 30.5 厘米（12 英寸）的厚底不锈钢煎锅里，将胡萝卜和玉米粉搅拌均匀，直到没有任何结块为止。放入高汤、黄油、糖和 1 小勺盐，以大火煮滚后转小火慢慢煨煮并不时搅拌，至胡萝卜几乎软化（在用蛋糕测试针或刀尖去戳胡萝卜时应该还有一点儿阻力），大约需 10 分钟。
2. 转为大火煮至沸腾，偶尔搅拌一下，直到收汁成光泽细腻的酱汁。离火后放入荷兰芹末（或香葱末）、杏仁、柠檬皮屑和柠檬汁，搅拌均匀。以盐和黑胡椒碎调味即可。

烧芜菁、樱桃萝卜与大头菜

GLAZED TURNIPS, RADISHES, OR RUTABAGA

用切四等份或对切的樱桃萝卜或芜菁替代胡萝卜，或是将大个头芜菁、萝卜和大头菜切成 2.5 厘米（1 英寸）见方的小块，省略杏仁即可。

烧珍珠洋葱

GLAZED PEARL ONIONS

以珍珠洋葱或意大利扁平洋葱替代胡萝卜并省略杏仁。

| 刀工 | 如何切胡萝卜

胡萝卜有各种奇怪的形状和大小，然而，将胡萝卜切成一样大小是保证其能均匀受热的关键。以下为几种基础的胡萝卜切法：

- **预处理步骤：**用 Y 形削皮刀为胡萝卜去皮，每一刀从头削到尾，以尽可能少的刀数完成，这让胡萝卜的大小保持相近。（图 1）下一步，切去胡萝卜不尖的一端如果尖端有不干净的部分也切掉。（图 2）若只需大略将胡萝卜切块状可直接切，其余的切法见以下说明。

1

2

3

4

5

- **切成块状：**切成各种大小的块状是最常见的切胡萝卜的方法。大块的胡萝卜适合炖菜；中小块的胡萝卜适合煮汤，或熬成像波隆那肉酱的酱汁，或跟其他切块的材料拌成沙拉。先将胡萝卜对半切开（图 3），将每条再从中间切一刀，变成原先四分之一的大小（图 4）。将所有萝卜条排整齐，切成所需的小块状。（图 5）

- **滚刀切块**：这个方法也叫滚刀切或者斜切法，非常简单，能够切出线条简洁且大小均匀的胡萝卜块，非常适合拿来烧制或是加入精致炖菜中。将去皮的胡萝卜平贴砧板放好，在其尾端 2.5 厘米（1 英寸）处以 45° 角斜切。（图 6）将胡萝卜往前滚 90° 角后，再以 45° 角斜切下第二刀。（图 7）重复上述滚动后斜切的步骤直到切完整条胡萝卜。（图 8）这个方法同样适用于切欧洲防风根。

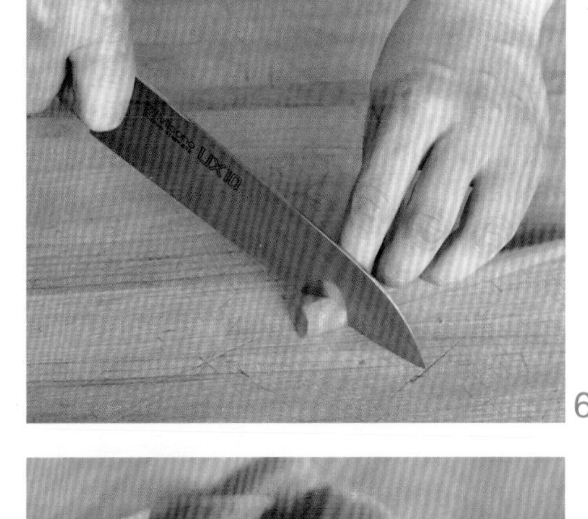

6

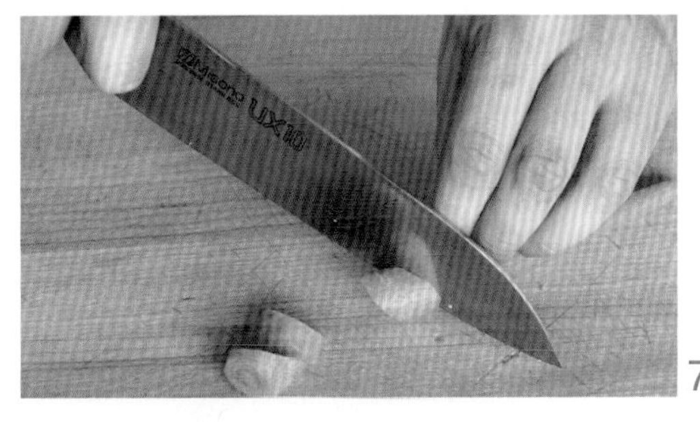

7

8

9

10

11

12

- **切细丝（julienne）与切细丁（brunoise）**：是当你想真正将菜品做得华丽一点儿的时候用的。比如，这些很适合用在纸包烤鱼（fish en papillote），也很适合快炒和煎。切胡萝卜丝前需先将胡萝卜切成约 7.6 厘米（3 英寸）长的段，并将每段胡萝卜的一面切掉 0.3 厘米（1/8 英寸）厚的条，让胡萝卜在平面上能放稳当。（图 9）（剩余的碎片可以放进高汤里或是当沙拉生吃）。把每段胡萝卜平放，切薄片。（图 10）将 2~3 片胡萝卜叠放整理一下，顺着长边下刀切成丝。（图 11）若要切成细丁状，只需将切好的胡萝卜丝整理整齐后横切成大小一样的小丁。（图 12）用完美刀工将胡萝卜切成细丝和细丁是厨房里最能让人满足的事之一。

基本蔬菜烹调法 5:

烤 / 用上火烤

从表面上看，炉烤、烧烤或是以上火烤蔬菜，和用煎锅来煎蔬菜不太一样，但是，这些烹调方法的目的是一样的：使蔬菜的外表焦糖化和棕化，同时使内在保持新鲜的口感。要达到这种目的，使用烤箱上火来制作非常简单。例如烤芦笋时，上火的高温迅速使芦笋内的糖分焦糖化并变得焦香，而剩下的大部分则保持香甜清脆。焦香 + 香甜 + 清脆 + 简单 = 家庭烹饪的巨大胜利。为了确保芦笋较容易受热，也避免将内部的水分烤干，放入烤箱前要让芦笋均匀裹上薄薄一层油。油除了比空气更能均匀导热外，还能填补水汽蒸发后蔬菜表皮上的微小孔洞，避免蔬菜被高温烤得干硬坚韧。在烤完的蔬菜上你可以很华丽地淋上化开的香草黄油、柠檬汁并撒上现磨奶酪碎。但认真说起来，用手指抓起就吃是最美味的吃法。

用烤箱烤蔬菜的关键在于利用超级高温来使焦糖化的程度最大化，同时保留蔬菜的脆度。烤蔬菜最好是使用厚实的带边框平底烤盘，将它先放入烤箱最下层，以260℃(500 ℉)预热至少 10 分钟。将蔬菜与适量橄榄油、盐和黑胡椒碎放在盆中拌匀后倒入烤盘。蔬菜一碰到烤盘就会嗞嗞作响并开始棕化。

也可将蔬菜倒进烤盘后放在最靠近烤箱热管的位置，以高温加热，只要几分钟就好了。搭配一些柠檬或现磨奶酪碎——帕玛森奶酪就不错，佩克里诺奶酪更好，加柯提加奶酪的话会很酷。

| 专栏 | 芦笋食后尿臭综合征

在你的芦笋被吃掉一阵子后，你可能会注意到一件事：那种挥之不去的气味——就是那种在你觉得它应该早就消逝不见时又出现的那种气味——是来自硫代丙烯酸甲酯(S-methyl thioacrylate）和 3-（甲硫基）硫代丙酸甲酯［S-methly 3-（methylthio）thiopropionate］这两种化学物质，这是 1975 年由加州大学圣地亚哥分校发现的。为什么有些人无法正常消化芦笋？这是尚未得到解答的问题。然而，目前已知的是“芦笋食后尿臭综合征”（Post-Asparagus Stinky Urine Disorder 这是我自己取的名称，缩写是 PASUD）的轻重程度和家族遗传有关。有将近一半的英国人有这个问题，在法国则是人人都有。所以，在芦笋盛产季时可以去哪个国家看运动比赛，答案已经非常明确。更出人意料的是，相比于有些人在吃完芦笋后不会产生异味，有些人则是闻不出异味。那些声称自己没有芦笋尿臭症的受试者，是真的没有症状，还是他们根本闻不到也不知道自己有症状，这个问题很难解答，因为很难找到志愿者去确认。

上火烤芦笋佐帕玛森奶酪面包糠

BROILED ASPARAGUS
WITH PARMESAN BREAD CRUMBS

笔记：

佩克里诺奶酪、柯提加奶酪或任何硬质奶酪都很适合取代这份食谱中的帕玛森奶酪。

4~6 人份

三明治面包 2 片，切除面包边并撕成大块
无盐黄油 2 大勺
犹太盐和现磨黑胡椒碎各适量
帕玛森奶酪 28 克（1 盎司），磨粉
芦笋 454 克（1 磅），修去尾端过硬的部分和粗厚的外皮
特级初榨橄榄油 1 大勺
柠檬 1 个，切成小角状

1. 将烤箱上火以高温预热。将面包、1 大勺黄油、一小撮盐和黑胡椒碎放入食物料理机里，利用点动功能搅打，直到形成粗粒的面包糠。
2. 将剩余的黄油放在口径 30.5 厘米（12 英寸）的煎锅里，以中大火加热。放入面包糠稍微拌炒至金黄酥脆，约 5 分钟。后移至中型碗中，撒上帕玛森奶酪搅拌一下。以盐和黑胡椒碎调味后放一旁备用。
3. 芦笋在铺了锡纸的烤盘上摆放一层，倒入一些橄榄油后稍微摇一摇，让每根芦笋均匀包裹油脂，撒一点儿盐和黑胡椒碎调味。烤盘放入烤箱距离加热管 5.1 厘米（2 英寸）的位置，烤至软嫩焦黄，约需 8 分钟。撒上面包糠，搭配柠檬角上桌。

炉烤球芽甘蓝与红葱头

ROASTED BRUSSELS SPROUTS AND SHALLOTS

笔记：

增加这份食谱的分量就能供一大群人享用。使用两个平底烤盘，分别放在烤箱下层和中上层的位置，烘烤到一半时将烤盘上下调换位置即可。

4 人份

球芽甘蓝 454 克（1 磅），切掉底部并移除外层较老的叶子后对半切开

红葱头 113 克（4 盎司），切成细丝

特级初榨橄榄油 2 大勺

犹太盐和现磨黑胡椒碎各适量

巴萨米克醋 1 大勺

1. 将烤箱网架调整至中低位置，放上厚实的平底烤盘以 260℃（500 ℉）预热。将球芽甘蓝、红葱头末和橄榄油在大碗里拌匀，以足够多的盐和黑胡椒碎调味。
2. 以防烫手套或厨房毛巾将预热好的烤盘取出，将球芽甘蓝平铺在烤盘上（它们一碰到烤盘应该会立即嗞嗞作响），再将烤盘送回烤箱，烤约 15 分钟，直到球芽甘蓝完全软化并带有焦脆的外皮，中途可以稍微摇动烤盘一两次。将烤盘拿出，淋上巴萨米克醋，摇动烤盘使甘蓝均匀裹上醋即可上桌。

炉烤西蓝花佐蒜香鳀鱼面包糠

ROASTED BROCCOLI WITH GARLIC-ANCHOVY BREAD CRUMBS

以高温烤西蓝花，会让它们具有美妙的坚果气息和香甜厚实的风味。这是我最喜欢的烹调方式之一。将西蓝花和一些鳀鱼面包糠拌着吃，则将这道菜带往另一个次元。

笔记：

西蓝花梗可以去皮后切成1.3厘米（1/2英寸）的片状，一起烤来吃。

4人份

西蓝花680克（$1\frac{1}{2}$磅），切成7.6~10.2厘米（3~4英寸）宽的小朵，再对半切开
特级初榨橄榄油3大勺
犹太盐和现磨黑胡椒碎各适量
现挤柠檬汁1小勺
蒜香鳀鱼面包糠1份（可省略，做法见本页下方）

1. 将烤箱网架调整至中低位置，放上厚实的平底烤盘，以260℃（500℉）预热。将西蓝花和橄榄油在大碗里拌匀，并以足够多的盐和黑胡椒碎调味。
2. 以防烫手套或厨房毛巾将预热好的烤盘取出，将西蓝花放入烤盘，稍微摇一摇烤盘，让每朵西蓝花均切面朝下（它们一碰到烤盘应该会立即嗞嗞作响），再送回烤箱，约10分钟至西蓝花完全软化并带有焦脆的外皮，中途可以稍微摇动烤盘一两次。将烤盘拿出，挤一些柠檬汁并撒上蒜香鳀鱼面包糠后即可上桌。

蒜香鳀鱼面包糠

GARLIC-ANCHOVY BREAD CRUMBS

这种面包糠不仅能为各种烤蔬菜增添风味和口感，搭配意大利面也非常好吃。

笔记：

面包也可以直接放在预热到135℃（275℉）的烤箱中的烤网上20分钟来干燥，中途翻面一次。

约1杯

三明治面包3片，置于操作台上，隔夜使其干燥（见上文“笔记”）
无盐黄油3大勺
中型大蒜2瓣，切细末或磨成2小勺的蒜泥
鳀鱼4条，切碎
新鲜荷兰芹末2大勺
犹太盐和现磨黑胡椒碎各适量

1. 将面包撕成5.1厘米（2英寸）长的块状，放入食物料理机，以点动功能搅打，直到变成粗粒的面包糠。
2. 在口径30.5厘米（12英寸）的厚底煎锅中放入黄油，以中火化开，放入大蒜末和鳀鱼碎后转中小火，翻炒直到大蒜变成金黄色且鳀鱼化开为止，约需6分钟。放入面包糠并将火转为中大火，不时翻炒搅拌直到面包糠金黄酥脆，约3分钟。移至盘里放凉后加荷兰芹末、盐和黑胡椒碎拌匀调味。冷却的面包糠放入密封容器中，在室温下可保存一周。

炉烤花椰菜佐松子、葡萄干和刺山柑油醋汁

ROASTED CAULIFLOWER WITH PINE NUT, RAISIN, AND CAPER VINAIGRETTE

花椰菜就像西蓝花一样，烤过后会有坚果气息和香甜的风味。简单搭配一些高品质的橄榄油或柠檬汁就非常好吃。但我想将花椰菜变成一道温沙拉，搭配细致的油醋汁。这道食谱想法来自我的好友埃纳特·阿德蒙尼（Einat Admony），是在她的了不起的餐厅巴拉博思塔（Balaboosta）偶尔才会出现的一道菜。搭配的是烤过的松子加葡萄干、刺山柑和一点儿蜂蜜调成的油醋汁。

4 人份

花椰菜 1 棵，择去不要的部分，切成 8 大瓣
特级初榨橄榄油 6 大勺
犹太盐和现磨黑胡椒碎各适量
雪利酒醋 1 大勺
蜂蜜 1 大勺
刺山柑 2 大勺，沥干后略切碎
烘烤过的松子 1/4 杯
葡萄干 1/4 杯
新鲜荷兰芹末 2 大勺

1. 将烤箱网架调整至中间位置并放入厚实的平底烤盘，以 260℃（500 ℉）预热。将花椰菜和 3 大勺橄榄油在大碗里拌匀，并以足够多的盐和黑胡椒碎调味。
2. 用防烫手套或厨房毛巾将预热好的烤盘取出，将花椰菜放入烤盘后送回烤箱，烤约 20 分钟至花椰菜外皮焦脆内里变软，中途可用金属锅铲稍翻动花椰菜。
3. 将剩余的 3 大勺橄榄油、雪利醋、蜂蜜、刺山柑、松子、葡萄干和荷兰芹末放入碗里拌匀，以盐和黑胡椒碎稍微调味。
4. 将烤好的花椰菜移至餐盘上，淋上酱汁即成。

炉烤蘑菇

ROASTED MUSHROOMS

蘑菇的问题在于它们富含水分，结构又很像海绵。将蘑菇放在大型平底烤盘上用烤箱烤是很理想的烹调方式，如此一来便有足够的空间让水分蒸发。炉烤其他蔬菜必须尽量缩短在烤箱里的时间，而蘑菇却恰好相反，它们需要烤一段时间逼出水分后才能棕化。成功的烤蘑菇体积会比烤前小一半，而重量只剩原先的大约四分之一。

4 人份

白色口蘑或克雷米尼蘑菇 680 克（$1\frac{1}{2}$ 磅），拍去尘土后切成四等份

特级初榨橄榄油 2 大勺

犹太盐和现磨黑胡椒碎各适量

新鲜百里香 6~8 枝

1. 将烤箱网架调整至中间位置，以 204.4℃（400 ℉）预热。将蘑菇与橄榄油在大碗里拌匀，并以适量盐和黑胡椒碎调味。
2. 在平底烤盘中铺上烘焙纸，将蘑菇平铺散开放于其中，百里香均匀摆上，送入烤箱。烤至蘑菇排干水分，很好地棕化并具有浓郁风味，需 30~45 分钟。弃去百里香，将蘑菇移至餐盘即可上桌。

烤红薯有更好的方法

红薯是甜的，但本身自然的甜味并不浓郁，是吧？当然，你可以拌上枫糖浆或蜂蜜再配上几粒棉花糖，但是，这一锅大杂烩连最讨厌的敌人我都不会逼他吃，更别说给我的家人了。完美的烤红薯（sweet potato）是很好的选择，它们口感顺滑，有着浓郁香甜的红薯香和酥脆如焦糖般的外皮。不过，红薯烤不好就会有粗粉状的口感和平淡无奇的味道。同样是红薯，为什么会产生这样的差异？怎样才能让烤红薯真正名副其实？

关键在于：淀粉是由糖类组成的。精确来说是多糖类物质，由小分子的糖组成大分子（红薯是葡萄糖类物质的聚合体）。不过，碳水化合物的问题是，必须要分解成较小的形式，我们的味蕾才尝得到甜味。可以将碳水化合物分子想象成一群马戏团的小矮人，他们排成一列时很容易辨认出每一个个体，但向上叠站在一起再丢件风衣盖上后，就很隐蔽了。

红薯有大量的淀粉分子。烤红薯的目的是试着尽可能多地打断淀粉分子之间的链接，把它们变成带甜味的麦芽糖（由两个葡萄糖分子组成）——掀开那件盖着小矮人的风衣，打散小矮人的堆叠组合。红薯里所含的一种酶会加速这个过程，它们在57.2~76.7℃（135~170 ℉）时最为活跃。因此，红薯在这个温度区间里待得越久就会变得越甜。为了实验，我分别烤了三批红薯。我将第一批红薯放入176.7℃（350 ℉）的烤箱中，烤至软化熟透为止。第二批在放入烤箱前，先置于温度控制在65.6℃（150 ℉）的水中，预煮一小时。最后一批红薯，则是在烘烤前水煮一整夜。

你马上能看出预煮过的红薯棕化得更好，

从左至右分别为第一批、第二批和第三批红薯，释放糖分较多的红薯会较快出现焦糖色的外皮。

释放出较多的糖分，加速了焦糖化的过程。外皮的差异也连带影响风味，直接烤的红薯肉质呈粉状且无味，预煮过的红薯要远比它甜得多。有趣的是，第二批只预煮一小时的红薯和煮了一夜的第三批红薯在风味和甜度上几乎是一样的。所以，在65.6℃（150 ℉）的水里煮1小时就可以了。

如果你有控温水浴机，几乎可以保证烤出完美的香甜的红薯。只要将红薯装袋密封，以65.6℃（150 ℉）（超过这个温度的话我发现红薯很容易煮太软）煮多久都可以，然后等你的火鸡被烤好后在静置休息的时候，将红薯取出来送入烤箱就可以了。

没有水浴机的话还是有替代方案的。比如说，利用啤酒冰桶或保冷箱进行低温慢煮（详细做法见p.374）。这个方法经济实惠却一样有效，而且也很容易在烹饪时间里维持适当的温度。将红薯放入夹链保鲜袋后挤出空气，再放入装有65.6℃（150 ℉）的水浴保冷箱内，盖上盖子后等1小时，红薯就可以取出拿去烤了。

烹饪红薯并不需要像处理牛排之类的肉类那么细致小心，不用担心达不到准确的温度。事实上，只要水温高于57.2℃（135 ℉）、低于 76.7℃（170 ℉）就能帮助红薯释放糖分。

不想使用冰桶也有更简单的方法：在大锅中将 2.85 升（3 夸脱）的水煮滚后加 4 杯（950 毫升）室温的水。如此一来，锅中的水温大约会是 79.4℃（175 ℉）。再放入切片或切丁的红薯后，水温应该会降至上述适当的温度范围。盖上锅盖，将锅移至厨房较温暖的地方，放几个小时后将红薯捞起沥干，就可以拿去烤了。你的家人一定会被惊艳到的。

|专栏| 我是山药而不是红薯

你们这些受过高等教育的美食家应该都知道，在美国，我们称为“yam”的食物其实不是真正的 yam（山药）。真正的 yam 源于非洲一种大型草本植物巨大的根，富含淀粉且黏乎乎的。在现代，山药常见于非洲、南美洲和太平洋的岛屿，在美国则非常罕见。

我们平常习惯以 yam 称呼的其实是某一种红薯，是完全不同类型的植物。红薯有许多不同的品种，基本上分为两类，而烹饪后也会有完全不同的口感。

- **含水量较少的红薯：**美国白红薯（white-fleshed American sweet potato）和冲绳紫红薯（Okinawan purple potato）含有较少的糖分和较多的淀粉。烹饪后会有蓬松的口感，适合替代一些食谱中所使用的普通马铃薯。（尽管它们有自己独特的风味。）
- **含水量较多的红薯：**像石榴石红薯（garnet yam）或红宝石红薯（ruby yam）是美国最常见的品种。含有较多水分和糖分，使得它们在烹饪后会有绵密顺滑又浓郁的口感，因此也最常被选用入菜。

超级甜炉烤红薯

EXTRA-SWEET ROASTED SWEET POTATOES

6~8 人份

红薯 2.3 千克（5 磅），去皮切成 1.3 厘米（1/2 英寸）厚的片或 2.5 厘米（1 英寸）见方的块状

橄榄油 1/4 杯

犹太盐和现磨黑胡椒碎各适量

1. 在大锅里将 2.85 升（3 夸脱）的水煮滚后离火，加入 4 杯（约 950 毫升）室温［约 21.1℃（70 ℉）］的水。将红薯放入后盖上锅盖，放在厨房温暖的地方，让红薯浸泡最少 1 小时，最多 3 小时。
2. 准备烤红薯时，将烤箱网架调整至中高和中低的位置，并以 204.4℃（400 ℉）预热。将红薯从锅中捞起沥干，移至大碗中，加橄榄油、适量的盐和黑胡椒碎调匀。
3. 将红薯均匀平铺在两个有边的平底烤盘上，烤至底部呈现金黄色，约需 30 分钟。以锅铲轻轻翻面，继续烘烤另一面 20 分钟至熟透且有焦脆的外皮，即可上桌。

料理实验室指南：马铃薯的烹调指导

马铃薯符合几项蔬菜的定义，然而，它们和一般的蔬菜有着极大差异，因此特地独立在这一节讨论。马铃薯大概是超市贩售的蔬菜中，拥有最多种不同样貌的。它们拥有千千万万种形状和大小，但别让这些品种把你搞迷糊了。当你在寻找适合烹调的品种时，可以大致将马铃薯分成三类。第一类是富含淀粉的，第二类是淀粉含量中等的，第三类是淀粉含量低的，也称为蜡质马铃薯（waxy）。严格来说，任何一种马铃薯通常都适用于所有食谱，但是烹调的结果却有极大差异。用红马铃薯制作的薯条多半口感绵密且中心扎实，与用褐皮马铃薯（russet）制作的松软薯条相当不同。有中等淀粉含量的育空黄金马铃薯制作的马铃薯泥则有浓稠类似黄油的质地，与褐皮马铃薯泥的轻盈质地也不一样。蜡质红马铃薯能在汤品和炖菜久煮的状态下依旧保持形态，而褐皮马铃薯则会吸收汤品和炖菜的风味最后化入其中。

我个人偏好使用褐皮马铃薯，因为它们较其他品种的马铃薯更能吸收风味。另外，我也实在懒得准备不同品种的马铃薯。我偶尔还是会买一些黄色迷你马铃薯、更绵密的红皮马铃薯，或是从农贸市场买几袋小粒却风味十足的当季马铃薯来搭配不同的菜色。这是个人习惯问题，也有一些人会准备全套不同品种的马铃薯。我太太来自哥伦比亚，在她们那里有道经典料理“ajiaco”就是结合不同品种马铃薯煮出的汤品。淀粉含量较高的马铃薯会化入汤中并增加汤的浓稠度，而蜡质马铃薯则会维持硬度，因此，最后就能熬出一锅口感超赞的浓汤。这道汤品好吃到让我不断考虑是否要增加食物柜中准备的马铃薯品种。

以下这个表格是以食谱为基础的方式，选出最适合的马铃薯品种。

表 18　不同马铃薯适宜的烹调方法

马铃薯品种 / 烹调方法	淀粉含量高的马铃薯：褐皮马铃薯、爱达荷马铃薯（Idaho）	淀粉含量中等的马铃薯：育空黄金马铃薯（Yukon Golds）、黄肉马铃薯（Yellow Finn）、荷兰马铃薯（Bintje）、白皮圆马铃薯（Round White）	淀粉含量低的蜡质马铃薯：红皮马铃薯（Red Bbliss）、迷你马铃薯（fingerlings）、紫皮马铃薯（Huckleberry）
整个烘烤	最佳。马铃薯会变得蓬松湿润，带着厚实酥脆的外皮	不建议使用，会变得潮湿黏腻	不建议使用，会变得非常黏稠
切块炉烤	不错，外皮脆，中间蓬松	会比褐皮马铃薯更绵密，但较不酥脆	需要花一些工夫才能做脆，不过处理得当就会有浓郁的马铃薯香和顺滑的口感
拌沙拉	吸收沙拉酱后风味非常棒，烹调后会稍微碎一点儿	吸收酱汁的程度介于高淀粉含量的马铃薯和蜡质马铃薯之间，能较好地维持形状	若偏好扎实块状的马铃薯这是很棒的选择，用它们可以蘸上酱汁而不至于吸收太多
薯泥	适合做出清爽蓬松的马铃薯泥	适合做出浓稠扎实的马铃薯泥	不建议使用，除非应用于法式马铃薯泥这种专门菜肴（其中有一半是黄油和鲜奶油）
煮／蒸	不建议使用，因为很容易碎掉。除非作为其他食谱的预煮备料，例如沙拉、薯条和薯饼	适合做出带有奶香而有点绵密的马铃薯	适合做出结实紧密的马铃薯块，几乎不碎，外层会稍微化掉，有着蜡质的质感
薯块和薯饼	最佳。可做出酥脆的外皮和蓬松的中心	不建议使用	不建议使用
汤和巧达汤	适合做淀粉含量丰富的浓汤，不会有马铃薯块残留在汤里	不建议使用	适合做较稀的汤或巧达汤，会有小块马铃薯残留
薯条	最佳。表皮超级酥脆，内里蓬松	不建议使用	不建议使用

这是终极焗烤马铃薯

我突然在某个周二的午夜醒来，月亮仍高挂在夜空中，我转身摇醒我太太说："Adri……Adri……醒醒！我刚刚想到一个主意，而我现在要去削一些马铃薯，快来！"

她给了我一个一如往常的回应："你要我放下我最喜欢的活动——睡觉，起床到厨房做苦工？你怎么不自己去做，做完睡沙发去"！说完，她转身就继续睡了。有时候，我真的搞不懂我太太。

尽管如此，我还是起身进厨房处理好一批马铃薯，创作出这几年来我最喜欢的一道马铃薯菜肴。

人人都喜欢焗烤马铃薯对吧！绵密、充满奶香、又层层堆叠的马铃薯，有着金黄酥脆的表皮。人人也都喜欢风琴马铃薯（Hasselback potatoes）这种可爱的配菜，这是将整个马铃薯从头到尾不切断地切成一片片平行的薄片后，再在每片之间塞入黄油或奶酪，烤至金黄焦脆。我将这两种马铃薯食谱合而为一，制作出这道酥脆、浓郁顺滑，充满奶酪奶香的完美焗烤料理！

这道食谱的前几个步骤和制作一般焗烤马铃薯一样，就是先将马铃薯切片。用价格实惠的日本制造的削片器来切马铃薯非常好用。我试了去皮和带皮的马铃薯，更喜欢去皮马铃薯烤出来的爽脆口感。接下来，就和制作焗烤马铃薯一样，先在大碗中混合鲜奶油、奶酪碎（我使用康堤奶酪和帕玛森奶酪）、新鲜百里香叶、盐和黑胡椒碎后，再放入马铃薯拌匀。多花点时间完成这个步骤是必要的，要确保每片马铃薯都裹上酱汁。这意味着要拨开每一片马铃薯，然后把它们浸入奶油混合物里。

特别之处来了，有别于将马铃薯片平放叠起的一般做法，我是在抹好油的烤盘里将马铃薯一片片竖立排列，整理烤盘边缘，使每片马铃薯都被包在里面紧贴在一起。在烤盘表面，大小不一的马铃薯片会形成许多小突起。

烤马铃薯时，奶油酱汁沸腾后会超过马铃薯的高度，持续煨煮的同时也能维持马铃薯湿润，避免它们干掉。烤到中途拿掉遮盖物的时候撒上奶酪丝，能为这道焗烤菜肴增添又一层风味。

在最后的阶段，奶油失去足够多的水分开始分解，并释出乳脂，它会粘附在马铃薯上，慢慢被马铃薯吸收进去，以取代它们流失的水分。奶油和奶酪所含的乳蛋白会凝结，在每片马铃薯之间形成一个个柔软的填满凝乳状酱汁的小口袋。最终的成品非常令人愉快。看看，每一口都尝得到，上层有着酥脆表皮和完美润泽度的马铃薯，下层则是香软浓郁的奶香马铃薯，奶酪则强化了整体口感的每个细节⑥。

由于这道焗烤实在太美妙了，我都是趁着半夜我太太睡着之际迅速地做好后独自享用。在凌晨时分，一小口一小口慢慢地吃着盘子边缘的焦脆奶酪，只留下些微迹象代表着这锅曾经美好的存在。你问我空气中怎么会有淡淡的大蒜和百里香的香味？嗯，亲爱的，贪睡的人是吃不到的！

---

⑥我认为许多菜肴都该加上奶酪来强化一下！

奶酪焗烤风琴马铃薯

CHEESY HASSELBACK POTATO GRATIN

由于马铃薯的形状相当多样，放满单一烤盘所需的马铃薯数量也因此不同。较瘦长的马铃薯会比较圆短的马铃薯需要更多数量来填满烤盘。购买时，可以多买几个马铃薯以备不时之需。可依据使用的马铃薯量和烤盘的大小调整所需的奶油酱汁的用量。

8 人份

康堤奶酪（Comté）或格吕耶尔奶酪 85 克（3 盎司），刨丝
帕玛森奶酪 57 克（2 盎司），刨丝
鲜奶油 2 杯
中型大蒜 2 瓣（切末）
略切碎的新鲜百里香叶 1 大勺
犹太盐和现磨黑胡椒碎各适量
褐皮马铃薯 1.8~2 千克（4~4$\frac{1}{2}$磅，约使用 7 个马铃薯）去皮，以削片器削成 0.3 厘米（1/8 英寸）厚的片
无盐黄油 2 大勺

1. 将烤箱网架调整至中间位置，以 204.4℃（400 ℉）预热。将奶酪丝在大碗中均匀混合后，先取出三分之一的奶酪丝放在另一个碗中备用，然后将鲜奶油、大蒜末和百里香碎倒入大碗中拌匀，并以足够多的盐和黑胡椒碎调味，成奶油酱汁。将马铃薯片放入碗中，用手将马铃薯片一片片分开并确保每一片均匀蘸上奶油酱汁。
2. 将 1.9 升（2 夸脱）的烤盘抹上黄油，拿一叠马铃薯片整理整齐后切面垂直竖着立在烤盘上。从边缘向中心，继续码放马铃薯片直到放满。马铃薯片应该紧贴在一起。假如不够用的话，再切一些马铃薯片蘸好奶油酱补上即可。将多余奶酪和奶油酱混合均匀，注入烤盘至边缘高度的一半，应避免倒入过多酱汁。
3. 用锡纸将烤盘覆盖封好，送入烤箱烘烤 30 分钟后拿下锡纸，再送回烤箱烤至马铃薯表面呈现淡淡的金黄色，约需 30 分钟。将烤盘从烤箱取出，均匀撒上预留在碗里的奶酪丝后再送回烤箱，再烤 30 分钟直到表面呈现深棕金黄色且表皮酥脆即可。将烤盘从烤箱取出，静置几分钟就可以上桌了。

马铃薯泥

马铃薯泥，在我家是个备受争议的议题。

我喜欢浓郁顺滑的马铃薯泥，拌入一点儿黄油和鲜奶油再加上大量黑胡椒。假如想让大家印象深刻的话，就再加一些细香葱末。这样的马铃薯泥可以是主角也可以是酱汁，它会具有类似布丁的质地，可以在倾斜的盘子上缓缓地滑动。我喜欢用一小块火鸡肉蘸上裹满肉汁的马铃薯泥，让薯泥奶香浓郁的风味渗进火鸡肉里。听起来很棒吧！搞不懂怎么会有人不欣赏这种吃法？那个人就是我妹妹。

对于我妹妹比科（Pico）来说［没错！比科是她的真名］，马铃薯泥要蓬松扎实到能够支撑本身的重量，有点类似于蜡质马铃薯的质地。它们能够在盘中维持一定的形状，如同电视广告里堆得像小山一样的马铃薯泥，让人想放块黄油在上面慢慢化开。我说的则是顺滑，同时又轻盈蓬松的马铃薯泥。为什么使用同样食材却有如此不同的结果？这是因为淀粉的缘故。

淀粉

以烹饪为目的的话，马铃薯可以被看作是由三种不同的物质组成的。首先是细胞，所有生命都由这些微小的细胞组成。这些细胞被天然的植物胶——果胶——黏附聚集在一起，而细胞壁上正是淀粉聚集的地方。

淀粉分子是碳水化合物的一种，平常聚集成紧密的颗粒。马铃薯的果胶会在烹调时分解，使得每个细胞不断膨胀并分开，向外释放出淀粉颗粒。这些淀粉颗粒吸水以后像小气球，最终会破裂并释放出有黏性的淀粉分子。马铃薯泥最后的质地正是取决于释放出的淀粉分子浓度。

简单来说，若要制作出轻盈蓬松的马铃薯泥，就必须尽量减少淀粉分子的释出。

- **马铃薯种类**（见 pp.455—456）是关键因素。有着粉状质地的褐皮马铃薯，其细胞非常容易彼此分离，因此不需煮太久或过度捣压就能有顺滑的口感。如此一来，内含的淀粉颗粒也较少爆裂，使得马铃薯泥保持蓬松的质地。育空黄金马铃薯或红皮马铃薯等蜡质马铃薯则需较长的烹调时间和费力搅拌，制作出的马铃薯泥较为绵密黏稠。
- **不同的拌泥方法**对马铃薯泥质地的影响也很大。将马铃薯慢慢压滤网（一种鼓状滤网）、

以食物料理机搅打的马铃薯泥会形成黏胶状的质地。

压泥器或食物研磨器，就能尽量少地破坏淀粉分子。若是以食物料理机搅打则会释放出大量淀粉，导致马铃薯形成类似化开了的莫札瑞拉（mozzarella）奶酪的浓稠质地（有些食谱，像著名的法式“pommes aligot”则需要将马铃薯所有的淀粉打出）。

以电动搅拌器制作的马铃薯泥，则能适中地让马铃薯释放出淀粉并保持一定的顺滑口感。

浸泡或漂洗马铃薯能减少淀粉含量。将马铃薯切成小块后，以冷水漂洗能洗去多余的淀粉，然而缺点是会洗去一些瓦解果胶所需的酶。将马铃薯浸泡过久或切小块再拿去泡，则会导致无论煮多久都无法将其软化。

了解以上原理后，我们就能选择适当的烹调方式来调制不同口感的马铃薯泥。

奶油般绵密的马铃薯泥

极致绵密的马铃薯泥是非常法式的做法而不是美式做法，想要讲究一点儿就用法文“pommes puree”来称呼这道料理。格外浓郁但不厚重的口感是制作法式马铃薯泥的目标。这需要些细腻的烹调技巧，让马铃薯刚好能释放出适量的淀粉来，呈现出适中而不过于黏稠的质地。最佳制作方法是先用水煮淀粉含量适中的马铃薯（例如育空黄金马铃薯），直到它们能被削皮小刀无阻力地穿透。将马铃薯在冷水时下锅能让它们均匀受热，也能强化内含的果胶，避免它们在沸水中彻底分离。

我试过许多方法将马铃薯制成泥，包括慢慢压滤网（非常费力）、用台式搅拌机（永远打不顺滑）、放入食物料理器（非常非常糟糕的方法）。而最好、最简单的方法是用马铃薯压泥器加台式搅拌机，这个方法甚至不用将马铃薯去皮。将马铃薯用压泥器压成泥后，将搅拌盆放回台式搅拌机，再加入化开的黄油、鲜奶油、盐和黑胡椒碎，装上桨形搅拌棒以高速搅拌。如果没有食素的客人，我还会加一些鸡肉高汤让马铃薯泥带有更明显的咸香味（别泄露这个秘诀）。接着，我们来谈谈另一种质地的调理方式。

轻盈蓬松的马铃薯泥

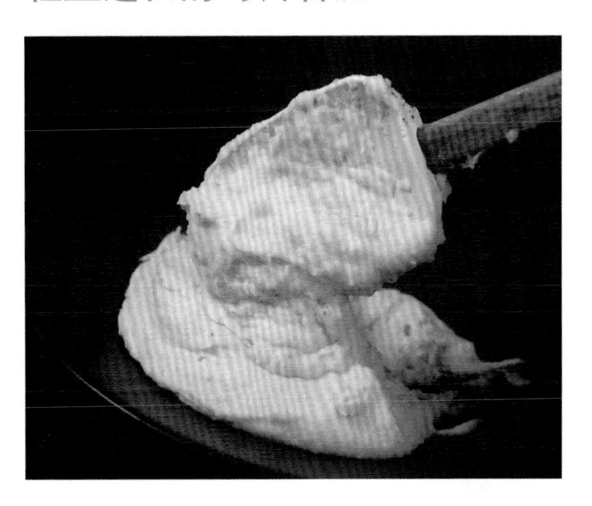

制作轻盈蓬松的马铃薯泥更需要技巧。不过可以确定的是，要从粉状的褐皮马铃薯开始，它在轻戳之下就会散开，释放出的淀粉用水冲一下就能去除。我本来以为制作轻盈蓬松的马铃薯泥的关键是在烹饪前冲洗掉越多淀粉越好，而为了测试这个猜想，我制作了三批马铃薯来比较。第一批切成大块，第二批切成2.5 厘米（1 英寸）的丁，第三批则是用四面刨丝器最大的孔洞刨成马铃薯丝。接着，我用冷水冲洗这三批马铃薯，直到冲出的水变清澈为止。

我将冲洗每批马铃薯的冷水收集起来比较，发现第三批马铃薯丝明显释放出了最多的淀粉。这将会对后续结果有什么影响？

奇怪的现象发生了，不论我如何煮冲过水的马铃薯丝，它就是不会软化。马铃薯丝在沸水里煮了整整45分钟，它们依旧毫无改变。拿去用马铃薯压泥器压出来，仍残余许多小石子般的颗粒。这到底是怎么回事？

一定是烦人的果胶在作祟，果胶遇到钙离子会链结成稳定的化学键导致久煮不化。碰巧，马铃薯细胞内含有满满的钙离子正蓄势待发。当我将马铃薯刨成丝时，释放出了很多钙离子与果胶结合，马铃薯因此再也不会软化了。第一批切成大块和第二批切成丁的马铃薯则能制作出适度蓬松度的薯泥。但若要制作出更蓬松的薯泥，关键在于烹调前后都要洗去多余的淀粉，然后用压泥器快速压成泥，再以橡胶铲拌入一点儿黄油和全脂牛奶增加顺滑度，我妹妹喜欢的马铃薯泥就准备好了。

将不同口感的薯泥制作方法整理好，我和妹妹总算能回到从前，只针对有意义的事情斗嘴争论。比如说，谁比较适合担任披头士乐团（Beatles Rock Band）电玩游戏里的吉他手。

超级蓬松的马铃薯泥

ULTRA-FLUFFY MASHED POTATOES

6~8 人份

褐皮马铃薯 1.8 千克（4 磅）
全脂牛奶 2 杯
无盐黄油 12 大勺（$1\frac{1}{2}$条），切成 1.3 厘米（1/2 英寸）的小块，置于室温
犹太盐和现磨黑胡椒碎各适量

1. 将马铃薯去皮并切成2.5~5.1 厘米（1~2 英寸）的小块，放在滤盆中以冷水冲洗，直到冲出的水变清澈。
2. 在荷兰锅或炖锅中以大火将 3.8 升（4 夸脱）的水煮沸，放入马铃薯煮至完全熟透，用刀尖能轻松戳入，约需 15 分钟。
3. 在小型料理锅中以中火加热牛奶和黄油，偶尔搅拌直到黄油化开。
4. 将马铃薯捞起放入滤盆中，以热水冲洗 30 秒，洗去多余淀粉。将马铃薯压泥器架在大盆上，放入马铃薯压成泥。再倒入全脂牛奶和化开的黄油，以橡胶铲慢慢拌匀。最后以盐和黑胡椒碎调味。视情况可以稍微加热并持续搅拌，维持温热的状态直到上桌。

浓郁细腻的马铃薯泥

RICH AND CREAMY MASHED POTATOES

6~8 人份

育空黄金马铃薯 1.8 千克（4 磅），将表皮刷洗干净

无盐黄油 227 克（1/2 磅），加热化开

鲜奶油 2 杯（可省略）

自制鸡肉高汤或罐装低盐鸡肉高汤 1 杯（可省略）

犹太盐和现磨黑胡椒碎各适量

1. 将马铃薯放入荷兰锅或炖锅中，加入冷水盖过马铃薯，开大火加热煮沸后转中小火慢慢煮熟软化，直到能用刀尖毫无阻力地戳入。
2. 将马铃薯皮放在冷水下冲洗，去除皮，应该很容易就能脱去皮，去皮后放到大碗里。将马铃薯压泥器架在台式搅拌机的盆子上，将马铃薯压成泥后加入化开的黄油和一半的鲜奶油，以桨形拌棒低速搅拌直到均匀混合，约需 30 秒。再调高速持续搅拌直到顺滑细致，约 1 分钟。加入少许鲜奶油或鸡肉高汤调整稠度，以盐和黑胡椒碎调味，视情况可以稍微加热并持续搅拌，维持温热的状态直到上桌。

超级无敌脆烤马铃薯

SUPER-CRISP ROASTED POTATOES

你是否常遇到看起来外皮超级酥脆爽口，但实际吃起来却一点儿都不脆的烤马铃薯？甚至外皮咬下去就像在嚼纸巾或皮革。

烤马铃薯并不像烤其他蔬菜一样简单。相较于烤球芽甘蓝的简单易行，烤马铃薯有许多复杂的目标需要达成。第一，马铃薯必须烤至中心熟透，具有蓬松而润泽的质地。第二，烤马铃薯的外皮必须特别酥脆，要比炸薯条更酥脆。如果仅将马铃薯裹上一层油后就拿去烤，烤好后马铃薯外皮薄得像纸，虽然刚出炉时是脆的，但在中心水气散出后就变得粗韧难嚼。

如何才能烤出酥脆的马铃薯？第一个目标是让马铃薯外皮形成一层脱水的糊化淀粉，就像炸薯条一样（见 p.895“料理实验室指南：如何炸薯条”）。为了达到这个效果，必须预先加热马铃薯，让内含的淀粉膨胀软化，再通过冷却让淀粉结晶。

在烤马铃薯前，先将它煮过并增加粗糙不平的表面，烤后可以更加酥脆。

第二个目标是增加马铃薯的表面积，粗糙不平的表面远比平滑表面更容易烤得酥脆。幸运的是，在这里我们能用一石击二鸟。在烤之前先煮马铃薯，一来能确保其外层的淀粉能很好地糊化，二来外层煮软了，在加油拌匀的过程中会形成粗糙不平的表面。这样一来，马铃薯的外表会裹上混着马铃薯泥和油的一层糊，除了大幅增加表面积外，也有类似炸物裹上面糊的效果，在烤马铃薯的时候能制造出额外的脆皮层。

以下三张图片是三批用了不同处理方法的马铃薯一起烤好后的效果。第一批是生的直接去烤，第二批是先用沸水预煮，第三批则是预煮好再拌出粗糙的外表，差异显而易见。

从左至右分别为第一批、第二批和第三批马铃薯。

下一个问题则是，用哪种油来烤马铃薯？人们常常称赞鸭油和马铃薯很搭是有原因的，因为这样搭配后烤出来的马铃薯吃起来实在很棒！鸭油有独特浓郁的香味，很容易被马铃薯吸收。更棒的是，鸭油富含饱和脂肪并具有极高的烟点，这些特点让鸭油成为非常理想的油炸或炉烤用油（一般而言，含饱和脂肪越高的油脂越能有效脆化食物）。如果无法取得鸭油，烤火鸡或烤鸡时留下的油也一样合适。培根油和猪油也是绝佳选择，基本上使用任何动物油都不错。假如一定要使用特级初榨橄榄油也可以，只是烤出的马铃薯不会像用动物油的那么脆。

用鸭油烤制的马铃薯

将马铃薯、油和调味料拌匀后，送入高温的烤箱中烤至外表酥脆就好了。我习惯直接用厚实的平底烤盘（如果用锡纸，很容易与马铃薯发生粘黏），值得一提的是，要等马铃薯的底面烤得完全酥脆后再尝试翻动它们。假如马铃薯没办法轻松翻起，你又持续施力的话马铃薯就会破裂，留下脆底粘在烤盘上。这样的状况不太理想。

这个结果在提醒我们，马铃薯一面烤好时会自己从烤盘上脱离，时间未到不要强迫翻动它们。

4~6 人份

褐皮马铃薯 1.4 千克（3 磅），洗净表皮后切成 2.5~5.1 厘米（1~2 英寸）的小块

犹太盐适量

鸭油 1/4 杯（培根油或橄榄油也可）

现磨黑胡椒碎适量

切碎的新鲜香草适量（百里香、迷迭香、荷兰芹或细香葱均可）

1. 将两个烤箱网架调整到中上和中下层的位置，以 232.2℃（450 ℉）预热烤箱。将马铃薯块放入大锅中，注入冷水直到浸没马铃薯块且高出 2.5 厘米（1 英寸），撒入足够多的盐。先以大火煮沸，转中火至水保持稍微沸腾的状态，煮至马铃薯块几乎熟透，约需 10 分钟（此时用刀子插入马铃薯块时，会稍微有点阻力），捞起马铃薯块沥干，放入大碗中。
2. 倒入油，再多撒一点儿黑胡椒碎与热马铃薯块充分拌匀。拌好后，马铃薯块的表面应该会有薄薄一层混着马铃薯泥和油的糊。将两个平底烤盘喷上防粘油喷雾（或是刷上薄薄一层油），将马铃薯块倒入烤盘中铺平，送入烤箱烤至单面酥脆，中途可以将烤盘转向，约需烤 25 分钟。烤得差不多时，用金属锅铲轻推一到两块马铃薯测试一下。假如不太能够移动的话，再多烤 3 分钟。如此反复，直到可以翻动马铃薯块为止。
3. 用铲子翻动马铃薯块，确保所有脆皮都被铲子翻出，再继续烤 25 分钟，直到烤脆出现浅金色。将马铃薯块倒入餐盘，以盐和黑胡椒碎调味后撒上切碎的香草。

脆皮半压当季马铃薯

CRISPY SEMI-SMASHED NEW POTATOES

这道食谱源自我太太最喜欢的食物：油炸大蕉（deep-fried plantains）。制作哥伦比亚小吃油炸大蕉要先将大蕉炸软，用盘子压成一片泥，再下锅油炸一次。这种烹调方法适合大蕉，为什么不能试试马铃薯？

我第一次用这种方法加工马铃薯时，我太太走进厨房看了我一眼，然后说："你现在是用做油炸大蕉的方法做马铃薯吗？怪人！"不过，一如往常，她还是把每一片都吃下肚了。

做这道菜肴的关键就和先前的烤马铃薯一样，但这次更简单：全程在炉灶上就能完成，并不像做大蕉一样，需要从头炸到尾。我从煮当季马铃薯（可用任何品种的马铃薯）开始，要先带皮水煮至完全软透，接着用平底锅将马铃薯直接压扁，直到它们完全破裂（为了更好地变脆），再放入高温的热油煎锅中，将它煎到变成金棕色即可。它们的外皮有着薯条的脆度，内在香浓顺滑。

4~6 人份

当季马铃薯 680 克（$1\frac{1}{2}$磅），将外皮刷洗干净

犹太盐适量

植物油、芥花籽油或鸭油 1/4 杯

切碎的细香葱、荷兰芹或其他香草 2 大勺

现磨黑胡椒碎适量

1. 将马铃薯放入大锅中，注入冷水，直到没过马铃薯且高出 2.5 厘米（1 英寸），撒入大量的盐。先以大火煮沸，转中火至水保持稍微沸腾的状态，煮至马铃薯几乎熟透，约需 20 分钟。捞起马铃薯沥干，放入大碗中稍微放凉。
2. 将烤箱网架调整至中间位置，以 121.1℃（250 ℉）预热。将煮好的马铃薯放在砧板上，用平底锅的底部慢慢将马铃薯压成厚 1.3 厘米（1/2 英寸）的片状。用锅铲将压好的马铃薯移至盘子上，继续上述步骤将所有马铃薯压扁。
3. 在不粘煎锅中倒入油，以中火加热直到油冒烟。放入一半的马铃薯，偶尔晃动一下煎锅，煎至马铃薯底部金黄酥脆为止，约需 8 分钟。若马铃薯快要烧焦，将火调小一点儿。翻面继续煎，仍需要 8 分钟。煎好后移至平底烤盘放进烤箱中保温，并继续煎下一批马铃薯。
4. 煎完所有马铃薯，移至大盆中，以盐和黑胡椒碎调味，再撒上香草就完成了。

焦香黄油洋葱马铃薯煎饼

BUTTERY, ONIONY CHARRED HASH BROWNS

1

2

3

4

5

我有位爱尔兰朋友只吃棕色和白色的食物（我相信你知道是哪几种）：炸鸡、牛排、奶酪汉堡、白吐司、烤乳酪三明治及各种形式的马铃薯。最近，他除了慢慢进化到能吃些怪异的橘色食物外，也正尝试探索绿色食物（一点点）。但棕色和白色的食物还是他的心之所属。这道食谱是某一年我为他准备的生日料理，那时他处于狂热的喜爱棕色食物的时期。这是道结合了马铃薯泥和牛排馆风格的薯饼，牛排馆薯饼是将水煮马铃薯用平底锅压扁后混入大量洋葱去炸的大块薯饼。食谱的前几个步骤就跟做牛排馆薯饼一样，但不是直接拿去炸成薯饼，而是在平底锅里煎得几乎快焦掉时翻起来往中心折过去，再重复这个煎完翻折的步骤两次。

最后的成果是一盘口感顺滑的马铃薯混着香甜焦糖化的洋葱，带有因反复煎拌的浓郁焦香。这绝对是你从未尝过的马铃薯料理（好的那种）。

4~6 人份

褐皮马铃薯 1.1 千克（$2\frac{1}{2}$磅），去皮后切成 2.5~5.1 厘米（1~2 英寸）块状

犹太盐适量

无盐黄油 8 大勺（1 条）

橄榄油 2 大勺

大型洋葱 2 个，切薄片（约 3 杯）

现磨黑胡椒碎适量

1. 将马铃薯块放入大锅中，注入冷水，浸没马铃薯块到高出 2.5 厘米（1 英寸）的位置，撒入足够多的盐。以大火将马铃薯块煮至完全熟透但不分离，需 8~10 分钟。以叉子能轻松插入马铃薯块为好。将马铃薯块捞起沥干，放入大碗中备用。
2. 将 4 大勺的黄油和橄榄油放入口径 30.5 厘米（12 英寸）的厚底不粘煎锅或铸铁煎锅中，以中大火加热化开黄油。倒入洋葱片，持续翻炒直到洋葱片软化且开始变成棕色，需 8~10 分钟。用料理夹或沥水勺捞起洋葱片，移到装着马铃薯块的碗中。锅中的油脂留着等一下继续使用。将马铃薯块和洋葱片拌匀，以盐和黑胡椒碎调味。
3. 将 2 大勺黄油放入煎锅中，以大火加热并拌匀直到黄油不再冒泡并开始变成棕色。将拌好的马铃薯块和洋葱片倒入锅中，用硅胶锅铲均匀压平，直到形成一个均匀的饼。（图 1）转中高火继续煎，每过 1 分钟便轻轻摇晃锅一次，直到薯饼底部完全棕化接近焦脆，约 5 分钟。用锅铲将薯饼分区块翻面，将棕化的底部翻起后往中心压折进去。（图 2）再次用锅铲在锅里把马铃薯饼压平，重复煎焦并翻面折入的动作两次或更多次。最后会变成一锅到处都是焦脆小块、混着香甜洋葱片的马铃薯饼。（图 3）
4. 将薯饼稍微推到一边，加入剩下的 2 大勺黄油化开。将马铃薯饼稍微抬起移至化开的黄油上，将它压平成厚度均匀的薯饼，煎至整个底部香脆，约需 5 分钟。每隔 1 分钟摇一摇锅，避免薯饼粘锅。将锅移开火，并在上面盖上翻过来的盘子，仔细翻转薯饼到盘子上，这样可以让薯饼焦脆的底部朝上，然后上桌。（图 4、图 5）也可以放在低温的烤箱中保温，直到可以上桌为止。

我是经后天训练而成的厨师，却是天生的制作绞肉的专家。

第 5 章

肉丸、肉糕、香肠、汉堡肉饼

——绞肉的料理科学

图片提供 熊也·saya

比如说，《星际迷航》（*Star Trek*）和《星球大战》的影迷（《星际迷航》是科幻片，而《星球大战》是奇幻片）、电脑宅和物理宅（小提示：物理宅更常穿鞋子）。

肉糕、香肠和汉堡肉饼也是如此。我的意思是，它们都是由调过味的绞肉制成的，会有很大差别吗？差别大了！从 p.533 开始，我们将讨论到把一片肉饼形状的肉糕夹进面包中，并称之为汉堡的可笑之处！那不是汉堡，只能称之为肉糕三明治。

有了以上共识后，让我们先来看几个定义。以下是支撑绞肉料理并将其提升到崇高地位的三大支柱。若你什么都不知道也没关系！本章将一一为你解密。

- **汉堡肉饼：**仅使用牛绞肉制成，不加盐等调味料或额外的添加物。它可以用许多方式烹调，但制作的关键在于盐和黑胡椒碎只能撒在其表面，我们后面会讨论原因。汉堡肉饼的质地应该是松软、柔嫩、多汁的。
- **香肠：**制作时会向绞肉里加入足量的盐（大约是肉重量的 1.5%），以溶解其中的肌球蛋白。这使得在之后的搅拌原料混合物的过程中，肉能紧密结合在一起。原料混合物可以用香料、蔬菜、香草及其他添加物增加风味，但制作的关键在于盐和肉。香肠的质地应该是有弹性、脆皮、多汁的。
- **肉糕和肉丸：**由调过味的绞肉制成。制作时在绞肉中加入面包糠、鸡蛋和乳制品，以打断肉类蛋白质之间的联结，制成口感软嫩的成品。和制作香肠一样，可以向绞肉中加入许多调味料。肉糕和肉丸的质地应该是柔软而湿润的。

所以，如何从基本相同的原料里得到三种完全不同的成品，是本章要讨论的内容。

料理实验室指南：
如何自制绞肉

我是经后天训练而成的厨师，却是天生的制作绞肉的专家。没有什么比小心翼翼地把大自然的造物进行解构再重建更能令我愉悦的了。

在家中自制绞肉是让人很开心的体验。看到绞出的碎肉落入碗中，深红色的碎肉中有一点点奶白色的脂肪，这是让人印象深刻而美妙的视觉享受。我喜欢那种零散的小肉块在手里逐渐变成一块汉堡肉饼的感觉。盐可以使绞肉变得黏稠，从而使它可以成为多汁的香肠或柔软的肉糕。因此，我也很喜欢盐。

我还没有碰到在尝试过自制新鲜牛绞肉后，还愿意购买市售产品的人。一旦你亲自绞过肉，你将不会再回头。那么，为什么自己动手绞肉更好呢？以下是 4 个理由：

更安全：包装好的牛绞肉可能来自成百上千种动物，而且不一定来自它们最好的部位。成品牛绞肉有被污染的风险，所以使用时必须更仔细地烹调。

更好的风味：除非能找到非常棒的肉贩，否则我们只能买超市的成品。通常情况下，关于成品的信息，没有比脂肪含量更具体的了，就算标签上标示使用的是肩胛肉、后腿肉或后腰脊肉，也无法保证这不是用一堆糟糕的碎肉制成的。在家自制绞肉能确保绞肉的风味，也能控制其脂肪含量。

更好的口感：包装好的绞肉会被慢慢地压缩并氧化。而且，它经常被绞得太碎，难以制作出完美的汉堡肉饼。自制绞肉能确保它新鲜蓬松，烹调后比市售绞肉更多汁、更好吃。

更酷：自己动手绞肉做香肠和汉堡肉饼的人马上就能在我书里得到街头信誉[①]。你看起来很棒！

若读完这些，你还在问“为什么要自己绞肉”而不是“我要如何绞肉”，那你就真的没救了！做好准备要自己绞肉的人们，请继续读下去！

绞肉器、食物料理机或手切？

自制汉堡肉饼所用的牛绞肉可以通过以下 5 种方式获得：购买市售的现成牛绞肉、请肉贩现绞、用绞肉器或台式搅拌机自制绞肉、用食物料理机绞，以及手工切。每种方法都有优缺点，市售绞肉很方便，但如前所述，你无法控制口感和风味。若无绞肉器，则食物料理机是很棒的替代品，但用它来绞肉需要事先计划一下。

为了寻找自制牛绞肉的最佳方法，我找来了分别以 5 种方法绞碎的几千克牛肉：市售的含 80% 瘦肉的牛肩胛绞肉、肉贩新鲜制作的牛肩胛绞肉、用绞肉器制作的牛肩胛绞肉、用食物料理机制作的牛肩胛绞肉，以及手工切的牛肩胛绞肉。我将上述 5 种绞肉都分别制成了锅煎和炭烤的两种汉堡肉饼，以及香肠和肉丸。在分析了它们的口感、风味和制作的难易度后，我得到了以下结论。

①街头信誉，street cred，指时髦的都市年轻人对某物的可接受性。——编者注

表 19　用不同方法制成的绞肉的比较

绞肉方法	质感	烹调笔记 / 最佳使用方式	制作难易程度
超市中现成的	紧密厚重	必要时也可以用，但别期待能用它们做出绝顶美味的汉堡肉饼。比较适合做“压扁”汉堡肉饼（见p.540）、炭烤或锅煎的薄肉饼，因为这几种不会因绞肉太过紧实而影响口感。如果要购买现成的绞肉，请选择超市现制的绞肉，而不是那些真空包装的——其质感较差、风味不协调	非常简单，拆开包装就能使用。但由于这种肉已被挤压，因此较难被塑形成肉饼
肉贩现绞	因肉贩而异，最好的是使用孔洞直径为0.6厘米（1/4英寸）的加工工具所制作的粗粒绞肉	远比市售绞肉好，因为我们可以让肉贩将指定的肉块制成绞肉。购买后尽量不要将其挤压。尽快使用才能获得最佳口感	向优质肉贩购买绞肉就跟购买市售绞肉一样简单方便
用绞肉器或台式搅拌机制作	蓬松、充满空气感，有很多小洞和缝隙，能带来脆皮，并适合汇聚肉汁。颗粒大小一致，很适合制作香肠	最佳的绞肉方式，制成的绞肉特别适合制作松软的锅煎肉饼或软嫩多汁的较大的烤汉堡肉饼	制作简单，但清洁较麻烦（从L形管里清理肉末和脂肪并不容易）。不过，我的洗碗机能分担大部分清洁工作
用食物料理机制作	颗粒大小不是很均匀，有些大块肉中会混着很细小的肉末	若料理机的刀片不够锋利，会使绞肉因出油而变得黏糊。就算在搅打前将肉先冷藏也无法避免。不如绞肉器制作的绞肉好，但依旧比市售的现成绞肉好得多	比较麻烦，绞肉前必须先将肉品冷藏，并分批搅打，而清理工作也较为麻烦
手工切	你可以依喜好切细或切粗，但这会让最终的质感有些差异。这种绞肉很适合制作汉堡肉饼，因为你每一口都吃得到细小的脂肪和肉末形成的脆皮，还能吃到有牛排质感的较大的肉块。不适于制作香肠	若时间充裕，这是我首选的制作方法，这样制成的绞肉尤其适合制作厚实的汉堡肉饼。大块的绞肉有类似牛排的质地，会使成品质感极好	这个方法确实耗时，比使用绞肉器或食物料理机慢了三四倍。好处是可以把切肉当成运动，而且清洁起来很简单

自制绞肉的基础秘诀

无论采用何种方法，你都可以使用以下通用秘诀来自制高品质绞肉。

- **选用优良肉品：**劣质面包无法做出好吃的三明治，同样地，劣质肉也难以做出良好的绞肉。当然，你也无法将劣质的绞肉制成品质良好的汉堡肉饼和肉糕。你应该从信誉优良的肉贩那里或超市购入整块肉，再从中选择理想的肉块，以得到最佳的脂肪比例和风味。

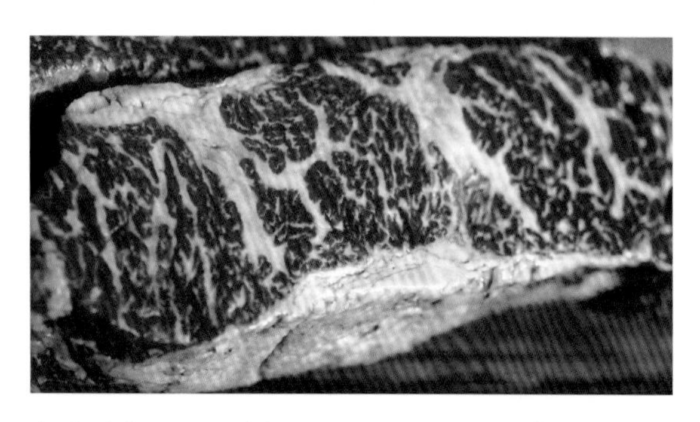

大量的大理石纹会使汉堡肉饼和肉丸更多汁。

- **使所有东西保持低温：**这是自制绞肉时最重要的事情。温热的肉会黏糊（和整块肉排的状况相反），脂肪会溢出，导致肉在烹调后的质感会像 papier-mâché[②]似的又糊又干。在绞肉前，应把绞肉器和它的所有配件（或者食物料理机的搅拌盆和刀片）放入冰箱冷却至少 1 个小时（我的绞肉器平常就放在冷冻室里）。肉也要好好冷藏，直到绞之前再拿出来。如果是要制作香肠，则要多次绞肉，每次绞肉前后都要将肉放入冰箱冷藏，确保其质地完美。若使用食物料理机，则要将肉先冷藏 15 分钟再使用。
- **注意肉品的黏糊程度：**观察从绞肉器里出来或在食物料理机里旋转的绞肉的状态，理想的成品应该能够粒粒分明地通过孔洞，而且你能清楚地分辨脂肪和肉。若绞出来的肉黏结成一团，看起来潮湿并堆积在模具的表面，可就麻烦了。同样地，若有绞肉黏附在食物料理机的杯壁上或有大块的脂肪粘在刀片上，都代表肉的温度太高。此时，请将肉取出，放进冰箱冷藏降温后，再试一次。
- **保持刀片锋利：**在一个绞肉器里，刀片是唯一需要多加注意和保养的部分。不够锋利的刀片会将肉打成黏糊状。幸运的是，刀片和绞盘会越用越好。由于每次使用金属绞肉器都会使其产生细微磨损，因此刀片和绞盘之间会越来越紧密。没有比做工精良又经常使用的绞肉器更好的绞肉工具了。你只需偶尔在刀片变得太钝时将它磨一下——正常使用的情况下，一年磨一次即可，也可多买几组替换刀片，它们的售价并不太高。同样地，如果食物料理机的刀片变钝，也需要更换。手工切肉的话，记得使用锋利的宽刃大刀。
- **保持整洁：**自制绞肉的重要原因在于能降低卫生风险，然而如果你依然在脏乱的环境中绞肉，则是徒劳的。加工肉的时候，应准备一块干净的砧板，洗干净双手和刀具，以避免交叉感染。无论你用哪种方法，绞肉时都要专心。如果你用绞肉器来绞肉，而肉变干并粘在刀片上和送料管里得不到及时清理的话，会很容易滋生病菌。因此，每次制作绞肉前，都要将绞肉器的所有配件拆开来洗净。

---

②一种纸浆艺术，字面意思为“咀嚼过的纸或捣烂的纸”。——校注

| 专栏 | 关于绞肉器：如何选购、使用和保养

其实使用绞肉器并无太多细节需要注意，只需将绞肉器和理想的孔洞绞盘组装好，接着将处理好的肉品（务必事先修剪掉绞肉器无法处理的肌腱和结缔组织）放入送料斗中，然后按“开始”按钮即可启动绞肉器（如果使用台式搅拌机绞肉配件的话，需要快一点儿的速度，以凯膳怡搅拌机为例，使用 6~8 档的转速，效果最佳），或者以手动模式开始，然后慢慢把肉压入。绞肉就是这么简单！

下面简单介绍一下如何选购、使用和保养绞肉器。

配件

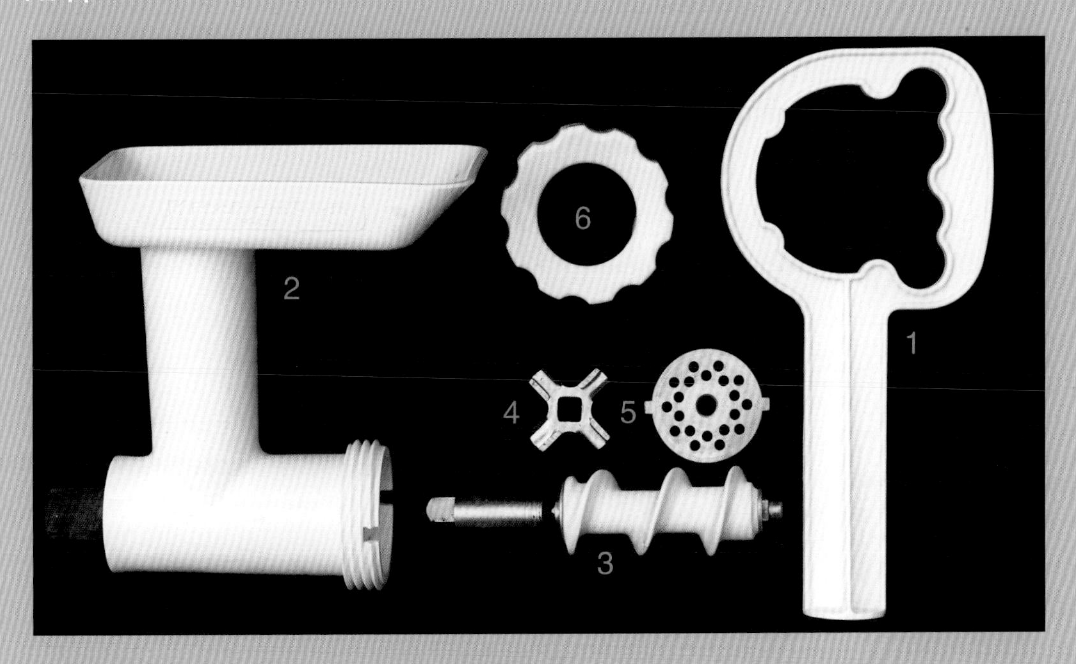

任何厂牌的绞肉器皆由以下几个配件组成：

- **送料棒（1）和送料斗（2）**是用来添加肉块的：以送料棒施压，将肉块推入送料管内。送料管上方通常有一个斗状置料槽，用来放置准备要推进绞肉器的肉料。置料槽越大，越方便一次性处理大分量的肉料。
- **螺旋输送轴（3）**是绞肉器主要的工作配件。螺旋输送轴持续将肉料送往绞刀，以便它将肉切碎。
- **绞刀（4）和孔洞绞盘（5）**则是负责绞肉的配件。绞刀呈十字形，有着锋利的刀刃，贴近孔洞绞盘（也称作模具）旋转。孔洞绞盘以金属片制成，上面刻有孔洞。当螺旋

输送轴将肉料推向绞盘时，绞刀先将肉料切碎，而绞盘的孔洞最终决定了肉料颗粒的粗细。

• **锁圈（6）**用以固定绞刀和孔洞绞盘，避免它们在绞肉时发生移动。

绞肉器的配件组成均相同，但是购买时还是有许多种类的绞肉器可供选择。好消息是，它们每一种都不差。

手动绞肉器

手动绞肉器是在家自制高品质绞肉最经济实惠的选择，也很适合偶尔自己动手绞肉又不打算购入台式搅拌机的人。购买手动绞肉器，你有两种选择：若家中有稳固的木制桌子或者操作台面，且打算自制大量绞肉，那么你的最佳选择是以螺栓固定的绞肉器，价格不超过40美元，几乎能用一辈子，前提是你要妥善保养好绞肉器的各工作部件。若想要更便宜的，可以花约30美元去买用夹子固定的绞肉器。虽然它不如前者那样稳固，但它适用于任何台面。虽然每次将配件组装好固定在桌上有点麻烦，但这两种手动绞肉器都非常好用。

台式搅拌机绞肉配件

若已拥有台式搅拌机，则只选购配件即可。台式搅拌机的主要品牌，如凯膳怡、Viking、美膳雅，均有可搭配使用的绞肉配件。我家用的是凯膳怡的塑料绞肉配件。你最好是在了解了你家台式搅拌机最主要的部件——马达后，再购买绞肉配件。

你可能会受限于台式搅拌机的品牌，而只能购买同一品牌的配件，但其实其他品牌的配件也很不错。美膳雅和Viking的配件由金属制成，比起凯膳怡的塑料配件可以维持更长时间的冰凉状态，但价格也较贵，是塑料配件的三倍。若你要大量制作香肠，那么台式搅拌机的绞肉配件是个好选择。你可以将绞好的肉直接放入搅拌盆中，然后将搅拌盆装到搅拌机上，就可以开始用搅拌桨搅拌了。

专用绞肉机

我不认识什么因经常打猎而需要专用绞肉机的家庭厨师。尽管那些机器总是会搭配很多种孔洞绞盘、更大的送料斗和螺旋输送轴，但只有马达才能决定机器的价格，且成正比关系。便宜的专用绞肉机并没有台式搅拌机好用，但只有需要经常处理大量肉料的人才有必要购买较贵的机型。我的绞肉量远比普通厨师的绞肉量多，而我的凯膳怡台式搅拌机的绞肉配件也从没让我失望过。

专用绞肉机最为独特的优点是具备逆推功能——在处理满是结缔组织的肉块时不容易卡住刀片，能节省大量的时间。

如何用绞肉器制作绞肉

以下为基础步骤：

- **预先冷藏绞肉器：** 将绞肉器所有配件放入冰箱冷藏至其完全冰冷为止。
- **修剪掉肉上不适用的部分：** 由整块肉开始，小心地将筋修剪掉，留下适当比例的肥肉。要确保肉的肥瘦比例合适，我通常以 80% 的瘦肉搭配 20% 的肥肉，再根据用途将肥肉的比例增或减 5%~10%。
- **将肉切成边长为 2.5~5.1 厘米（1~2 英寸）的肉块后冷藏：** 确保所有的肉都是冰冷的，能让脂肪保持硬度，处理起来更轻松。

- **先制成粗粒绞肉，再绞成细粒：** 如果你要制作的香肠需要特别细粒的绞肉，请将肉绞两次，两次之间要将肉再次冷藏。第一次使用 0.6 厘米（1/4 英寸）的孔洞绞盘，第二次使用更小的孔洞绞盘。这样能避免肉料变黏糊，制作出的绞肉不仅颗粒大小更均匀细致，用其制成的香肠的口感也更好。
- **当绞肉开始黏糊时，立刻停止绞肉：** 完成的绞肉应是干净的、不连续的肉粒。若开始绞出肉糊或不均匀的肉末，就代表刀片粘上了筋膜或粘连的组织。这时要停止绞肉并移出刀片，将刀片清理干净后再继续绞肉。
- **利用厨房纸巾推出残余绞肉：** 绞完整批肉料后，送料管里会残留一些肉料。将揉皱的厨房纸巾塞入送料管中向前推，就能推出残留的绞肉，而厨房纸巾不会通过绞刀绞盘。这样做的额外好处是能顺便清理送料管。

如何用食物料理机制作绞肉

- **预先冷藏食物料理机的料理杯和刀片：** 将料理杯和刀片冷藏至少 15 分钟再使用。
- **修剪掉肉上不适用的部分：** 由整块肉开始，小心地将筋修剪掉，留下适当比例的肥肉。要确保肉的肥瘦比例合适，我通常以 80% 的瘦肉搭配 20% 的肥肉，再根据用途将肥肉的比例增或减 5%~10%。
- **将肉切成边长为 2.5~5.1 厘米（1~2 英寸）的肉块后冷冻一会儿：** 以食物料理机制作绞肉的肉料必须尽可能地接近冰冻状态，但是不能冻得太硬，否则食物料理机的刀片将无法切开肉块。因此，可以将肉料切成小块后平放在盘子上，送入冷冻室冷冻 15 分钟，当肉块的边缘开始变硬就差不多了。

- **将食物料理机装好后，放入少许肉块：**一次放入过多待绞的肉块会让一些肉块随着刀片的旋转被推到料理杯边缘，从而绞出的绞肉会出现大小不均的现象。容量为 10~11 杯的食物料理机，每次最多只能放 227 克（1/2 磅）的肉料。

- **利用点动功能搅打绞肉：**别让食物料理机一直运转。点动功能能让较大块的肉落回料理杯底部，刀片便可顺利切割肉块。应以此模式一次一次搅打，直至绞肉呈现理想大小的状态——制作汉堡肉饼的绞肉需 10~12 次高速点动搅打，而制作辣肉酱和炖肉的绞肉则需 8~10 次的搅打。
- **清空料理杯，再继续下一批：**持续分批搅打直到处理完所有肉料。

如何手切绞肉

- **修剪掉肉上不适用的部分：**由整块肉开始，小心地将筋修剪掉，留下适当比例的肥肉。我通常以 80% 的瘦肉搭配 20% 的肥肉，再根据用途将肥肉的比例增或减 5%~10%。
- **将肉料切成薄片：**先使用锋利的主厨刀或切肉刀将肉料切成适中的薄片，再将薄片叠起切成细条，最后将细条旋转 90°，切成小粒状。

- **使用剁肉刀：**将肉切成小粒状后，用剁肉刀把肉粒剁至理想的大小和质地。刀的重量能为你省下许多力气。

香肠：进化改良的肉制品

香肠有着卑微的出身，制作香肠最初是为了尽量利用动物身上的每个部位。在没有冰箱、交通不便利、罐装食品也没有出现之前，屠宰动物的很重要的一点就是保证它的每个部位都不被浪费。人们发现，将动物身上比较不理想的部位的肉剁碎后加入盐，再将其塞入动物的其他部位，如肠子或胃中，所制造出的食物不仅比新鲜的肉更易保存，甚至有独特的风味。香肠就这样诞生了。就像许多其他食物，如油封鸭、果酱和牛肉干一样，这原本是一种保存食物的必要手段，而现在它仍然存在的原因是最后的成品实在太美味了。

有什么食物会比香肠更朴实、更完美？进化让我们得以享受美味的肉制品，但香肠是人类创造的奇迹：恰当的肥瘦比例，恰当的盐含量，再加上适当腌制，完美的质地就诞生了。有多少猪排能达到这种美味的程度？此外，香肠还是市售最便宜的成品肉之一。

大家通常比较熟悉商店售卖的香肠，如果幸运一点儿，你还能买到优良肉贩制作的香肠，这些香肠之中有些品质很好，甚至几个全国知名品牌也做得不错。然而，真正的乐趣在于香肠能被定做。谁说唯一值得品尝的只有辣味和甜味的意式香肠？你只要了解了制作香肠的基本原理并掌握了技巧，就没有什么能限制你的创意了。喜欢以杜松和肉桂搭配鹿肉？你马上可以做一批辛辣的鹿肉香肠！喜欢以球花甘蓝（Broccoli rabe）搭配奶酪和鸡肉？没问题！或者以一点儿大蒜和荷兰芹搭配猪肉？没错，你也可以这么做。

| 专栏 | 腌肉的工艺

你知道，在许多以青春校园为题材的电影里，总有个害羞、不受男孩欢迎的眼镜宅女。在换上隐形眼镜、穿上晚礼服后，她会立刻变身为舞会上最美丽的女孩。这情节从不会发生在真实世界中，但接下来我要分享现实中的完美变身：将坚韧的猪后腿肉变成如丝绸般细致、带着香甜浓郁风味的生火腿，或是将又肥又黏的五花肉制成香脆的烟熏培根条。这是腌制的艺术，更是烹饪的极致。

大家常疑惑的是，对肉来说，“腌制”到底指什么。腌制是保存肉和鱼类常用的方法，主要有三种：化学腌制、烟熏和脱水 / 发酵。世界上的各种腌肉能有如此浓郁的美味，就源于这三种加工程序。在法国，腌肉被称为“charcuterie”；在意大利，则被称为“salumi”——常见的萨拉米香肠（salami），就是 salumi 的一种。无论如何称呼，腌肉都是保存肉品的工艺——将没人愿意吃的肉转化为美食。本书中收录了几道简易的腌制食谱。将肉以盐腌制一晚，你将会惊讶于肉在如此短的时间内的转变。不过腌肉的世界远远不止这几道食谱。下面概略地介绍以下三种方法。

- **化学腌制**：使用盐、糖、硝酸盐和亚硝酸盐。这种方法旨在通过加入高浓度的化学物质（没错！盐和糖也是化学物质），营造出不利于细菌滋生的环境。盐和糖是我们熟悉的物质，硝酸钠和硝酸钾则会随着香肠熟成转变为亚硝酸盐，而亚硝酸盐能抑制特定细菌（主要指肉毒杆菌）的滋生。这几种化学物质对发展风味有关键作用，同时也能使腌制的肉在烹调后依然呈现粉嫩的色泽。关于这些物质是否对人类健康有害仍有许多争议，但适量摄取绝对是个好主意。本书中没有干腌香肠的食谱，因此你不会用到硝酸盐和亚硝酸盐。近几年来，有许多培根、萨拉米香肠和其他传统上以硝酸盐腌制的加工肉类被标榜为“未经腌制”和“未添加硝酸盐”，但这样描述有误导之嫌，因为这些肉仍然使用了盐和芹菜萃取物这类天然硝酸盐进行了腌制。
- **熏肉**：点燃木材烟熏也能帮助保存肉类。木材在缓慢燃烧的过程中会释放出二氧化氮，这种气体与肉表面的水结合形成的硝酸能抑制细菌滋生。此外，木材燃烧散发的烟雾中的化合物也能防止脂肪氧化。烟熏过的五花肉（也就是培根）比起新鲜的或经简单化学腌制的五花肉能保存得更久。像肉干和热狗这类较薄的熏肉，能被硝酸及其他烟熏所产生的化合物完全穿透，而像烟熏牛肉（pastrami）这类较厚实的熏肉，则只能被穿透至外层的0.6厘米（1/4英寸）深处。顺便一提，硝酸能避免肌肉内的色素在烹调过程中被分解，因此在完美熏制的牛胸肉和肋排的切面上能形成嫩粉色的“烟环”（smoke ring）。

- **脱水/发酵：** 这是腌肉的最古老的方法之一，常与化学腌制一起应用。细菌需要水分才能生存，而完全或部分脱水的肉能比新鲜的肉保存得更久。许多香肠，比如萨拉米香肠、猪杂肉肠（soppressata）和法国的肉干香肠（saucisson sec）等都是挂在户外风干的，在此期间，有益于发酵的酵母和细菌会将肉部分分解，从而制造出大量甜美、强烈、发酵的风味。欧洲火腿和美国乡村火腿在风干过程中也会失去大量的水分。将肉切成薄片，能增加其表面积，让水分更容易释出。牛肉干和北美原住民的干肉饼就是将调过味的肉切成薄片后风干而成的。

有些腌肉制品的制作只用了其中一两种方法。大多数新鲜香肠经过了化学腌制，至于烟熏则可有可无。烟熏鲑鱼是将生鲑鱼肉先化学腌制一夜，再拿去冷熏制成的。培根是将肉化学腌制并烟熏，再稍微风干制成的。意大利培根和腌猪颊肉则是将肉以盐和硝酸盐腌制，之后不烟熏，只稍微风干。有些产品，如奥地利猪肥肉（Austrian speck）和全美式肉干（all-American Slim Jims）在制作时则用上了三种方法，使得它们能保存更长时间。

如果你想要进一步自制烟熏或脱水的香肠，或者不想局限于本书的基础食谱，而想尝试更复杂的乳化香肠，如热狗、博洛尼亚香肠（bologna）或意大利摩德代拉熟肠（mortadella）等，那么建议你参考迈克尔·鲁尔曼（Michael Ruhlman）和布赖恩·保森（Brian Polcyn）的关于这方面的权威之作《腌肉》（*Charcuterie*）与《意式腌肉》（*Salumi*）。

香肠：肉、脂肪和盐

混合得宜的香肠馅看起来不仅黏稠，还有光泽。

调味料很好用，但它们并非制作香肠的必备原料。实际上，制作香肠只需要三种原料：瘦肉、肥肉和盐。

- **瘦肉**：瘦肉在香肠中占比最大，而且来自的动物部位非常关键。记住这条准则：动物一生中越常使用的肌肉越结实，也越有风味，所以肉的风味和其软嫩度成反比。猪腰肉和里脊肉平淡无味，但制成肉排或烤肉会因其软嫩的口感而大受欢迎，而对制作香肠来说，则是越结实的肉越好。绞肉是否会让肉质变软，尚存争议，但结实又充满风味的肉仍是绞肉的最佳选择。猪臀肉和猪肩肉有丰富的大理石纹和结缔组织，用来制作香肠馅比里脊肉和腰肉更胜一筹。鸡腿肉比鸡胸肉效果更好。牛小排和牛胸肉则比纽约客牛排更好。这一切对于我们来说是个好消息，因为适合做香肠的肉恰好都是比较便宜的。
- **肥肉**：别害怕肥肉，因为要做出最棒的香肠，不能缺少它，它至少要占香肠总重量的20%。肥肉使得香肠更多汁，且有充满口腔的浓郁滋味。毕竟肥肉是肉类风味的主要来源（尝尝看用羊油煎的牛排，你会误以为你在吃羊排）。没有肥肉的香肠，就像没有搭配鸡尾酒的早午餐，乐趣何在？若你怕油腻，那就少吃点香肠。与吃一堆干瘪的低脂香肠相比，咬一口油脂丰润的香肠绝对是终极享受。
- **盐**是香肠中最重要的成分。没有适量的盐，根本无法制作香肠。香肠（sausage）这个词源自拉丁文中盐的词根 sal，也因此香肠的西班牙语为 salchicha，意大利语为 salciccia。香肠不加盐，肉就无法妥善融合，会变得又粉又糊、干扁无味，失去脆皮弹牙、多汁美味的口感。

最简单的香肠食谱如下：

将 2.5~5.1 厘米（1~2 英寸）的瘦肉和肥肉以 4:1 的比例混合（想要更多汁的香肠，可以将肥肉的比例调高至 30%），加入占肉料总重量 1%~2% 的盐，拌匀后放入冰箱腌一夜。隔天用冷藏过的绞肉器或食物料理机绞肉。将绞好的肉料用手或搅拌机的搅拌桨仔细混合（如果需要，可以填充进肠衣，或是简单塑形）后马上加热。这很简单吧？那么，这些香肠“炼金术”是怎么运作的？

香肠和适宜的盐分

我和我妈对食物的喜好很有分歧，我吃得比一般人咸，而她连一小撮盐都无法忍受。我们总是在盐分的问题上各让一步，互相妥协。但是，有一样食物是我妈永远也无法忍受的——不加盐的香肠。尝试过自己做香肠的人一定会告诉你，不加盐根本就不可能。

为了证明这一点，我用同一块猪肩肉制成了两份绞肉。我向第一份绞肉中加入了占肉料总重量 2% 的盐（制作香肠务必用秤！），将其放入冰箱冷藏了8个小时。第二份绞肉则完全不加盐。两份绞肉均使用绞肉器制作而成，绞好后捏成球形。即使是在烹调前，两份绞肉的外观质地差异也已经很明显了。加盐的绞肉是密实的肉丸，而无盐绞肉则软烂似泥。

接着，将两份绞肉都放入82.2℃（180 ℉）的滚水中，加热到中心温度达到71.1 ℃（160 ℉）时捞起。将它们用刀剖开，看看里面变成了什么样子。

如图所示，左边是加了盐的香肠的切面，它均匀融合、顺滑、弹性十足。而右边无盐香肠的切面则是碎裂的，呈现分明的粗颗粒的绞肉，就像煎过头的汉堡肉饼。

将两根香肠在烹饪前和烹饪熟后都进行称重。烹饪后，加盐香肠流失的水分只有无盐香肠流失水分的1/5。如同“盐水腌肉：很大的取舍”章节（见p.348）所说，盐渍的肉比无盐渍肉更能锁住水分。

在风味上，两种香肠的差异毋庸置疑：加盐腌制过夜的香肠，的确远比无盐版本的要多汁弹牙。

基础剖析

绞肉的结构其实相当复杂。整体形式上，肌肉纤维就像一捆厚厚的电话线，里面的单独每一根电话线都是一根由蛋白质链组成的充满汁液的纤维（称为原纤维）。将肉绞碎就像切断这些电话线，最终会得到一堆较短的线束。虽然这些线束较短，但仍然完整，且蛋白质链仍然紧密固定在里面。

将盐加入绞肉中，肉的肌原纤维内的液体会因渗透作用（osmosis）而流出。“渗透作用”是指溶液经可渗透薄膜由低浓度溶液流向高浓度溶液的现象。（当肉的细胞外的盐分较高时，细胞内的水分会往细胞外跑，以平衡两边的浓度。）盐会溶于这些液体，形成咸的液体。一些肉类蛋白，如肌球蛋白等，也会部分溶解于咸的液体中。

从左至右分别为抹盐后放置了4个小时的肉和刚抹盐的肉。

事实上，电话线会变得松弛，并从尾端开始出现磨损。当盐腌的一大块肉静置的时候，你也能观察到这种现象。随着蛋白质的溶解，肉表面的色泽会越来越深。这使得在你揉绞碎的肉时，其蛋白质会更容易交叉联结。事实上，只要摸一下加盐的绞肉和普通绞肉，就能马上将两者区别开来——加盐的绞肉较为黏稠。

溶解的肌肉蛋白再次和其他蛋白质联结重组，赋予了香肠紧实、弹性十足的口感。除此之外，盐水会使蛋白质松弛，因此肌纤维也会比之前更能锁住水分（见p.492“肉类、盐和时间”）。

好时机

什么时候才是好时机？将抹过盐的肉静置多久很重要吗？为了找出此问题的答案，我将一块猪肩肉分成了八批分别进行实验。第一批完全不加盐，剩下的分别以不同时长腌制，长则腌制 24 个小时，短则在绞肉前才腌制。然后，我把所有批次的肉都封入真空密封袋中以 71.1℃（160 ℉）的水浴烹调，沥干后称重。

如下图所示，在绞肉和做成香肠之前让肉静置一段时间有很多好处。相较于不静置，静置 2 小时能锁住一半原本会流失的肉汁，静置 4 小时则能锁住 75% 原本会流失的肉汁。还不错！静置 8 小时或以上，水分的流失量会递减。在盐腌几天后，水分流失量仅为 3.6%。

当心黏糊

绞肉器是最适合用来为香肠绞肉的（食物料理机也不错）。但是，制作绞肉绝不仅仅是把肉块丢进送料斗中那么简单。开始绞肉前，一定要记得自制香肠的重要原则：所有物品都必须是冰冷的。当然，你会问："为什么？"让我来告诉你（老实说，这照片不是很美观，我有点担心是否应该给你们看）。

下页的图是以温热的绞肉器制作出来的香肠绞肉，看起来很可口吧？可问题在于脂肪遇热就会变软，绞肉器将会无法干净利落地将脂肪切断，进而导致绞肉变成一团糊状肉泥。如果把这团糊状物直接拿去用，其中的软化的脂肪不会像好好地切断的脂肪那样待在香肠那多汁的小口袋里，它们会像小溪那样不断从肉里流出来，最后香肠中会只剩下干涩粗糙的瘦肉。

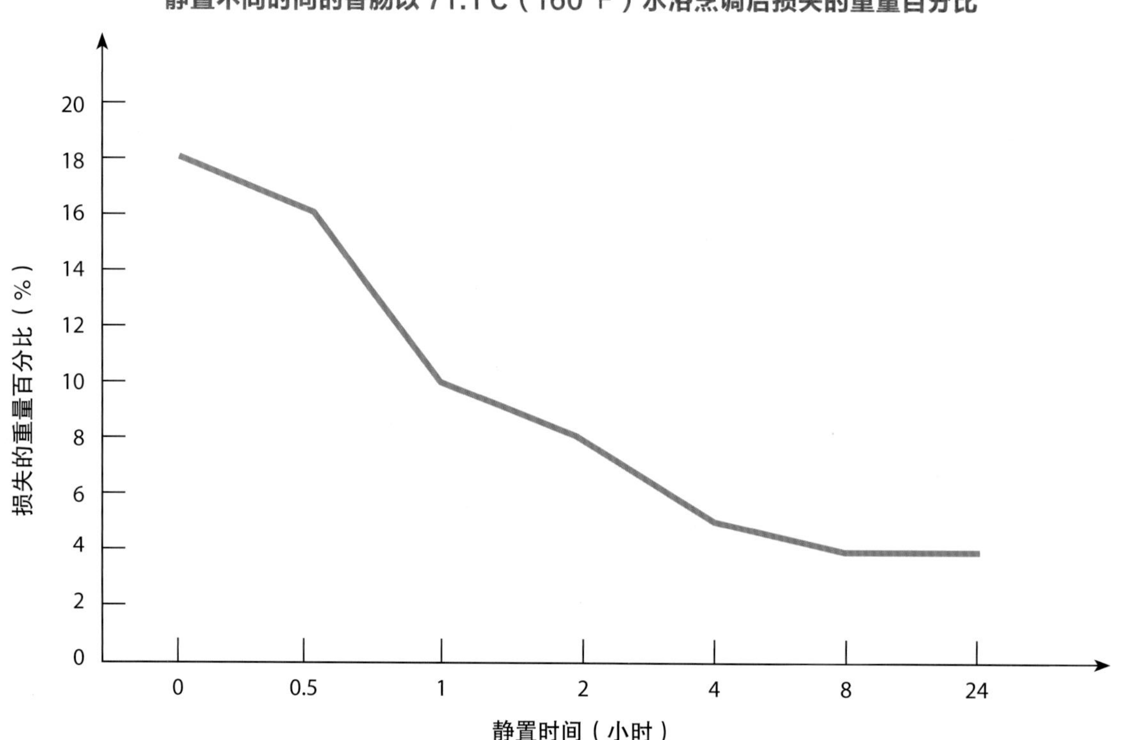

要避免出现这种惨状，就一定要保证肉料和器物都是冰冷的。若制作香肠的肉料不是从冰箱的最冷处取出的，我会在绞肉前先将肉料平铺在有边的烤盘上，放入冷冻室冷冻 15 分钟。

同样重要的是将肥肉、瘦肉和调味料进行混合。绞好的肉粒粒分明，若不经过混合过程中的互相摩擦，就无法通过溶解的肌球蛋白形成强壮的蛋白质联结。所以，当肉料绞好后，需要像揉面团那样将其进行揉捏。使用面团这个比喻特别适当："揉面团是为了让面粉蛋白质建立联结，以形成更好的结构，而揉绞肉是为了让肉的蛋白质建立联结，以形成更好的结构。"揉绞肉还有额外的好处，就是让调味料在绞肉中分布得更均匀。

最简单的揉制方式是使用台式搅拌机，再配以搅拌桨配件。然而，在大金属碗中用双手搅和更有乐趣。无论选择哪种方式，只要动作迅速都可以。最少将绞肉揉上 1~2 分钟才会使其变黏稠，不再是松散的碎粒。若绞肉由冰冷开始回温，请再将其放回冷冻室冷冻几分钟。如此一来，你就不会搞砸了！

调味

最简单的香肠只需要盐和猪肩肉。不过，香肠的美妙之处就在于，它与一整块的肉不同，你可以依据自己的喜好为香肠打造风味。你现在已经学到保持香肠绝佳口感和水分的关键技巧，接着你就可随心所欲地进行调味，甚至使用任何你喜欢的肉来制作香肠。我只有几句小提醒，就算使用其他肉类，猪油仍是最适合用来制作香肠的脂肪。牛肉和羊肉含高饱和脂肪，会有如蜡质的口感，冷却后易在口腔中留下不舒服的口感；而鸡油和鸭油则在室温下几乎呈现液态。只有猪油在室温下呈固态，质地不会太像蜡，味道也比较中性。因此，不论制作哪种香肠，猪油均是最理想的脂肪。例如，在制作北非羊肉香肠（lamb merguez，以哈里萨辣酱调味的北非香肠）时，我会在羊肉里混合少许猪背脂或上好的多脂培根（若使用培根则要根据其咸度来调整香肠整体的用盐量）。在每年的狩猎旅行后，我会用同样的脂肪配方制作鹿肉香肠。

我常将调味料的重量限制在香肠总重量的 2% 之内，甚至更少。本章收录了一些基础食谱，并提供了几种较受欢迎的香肠调味方法，唯一束缚你的将是你的想象力和味觉。你可以多尝试不同的搭配，看看结果如何。

如果你担心不小心加了太多的调味料，而毁了整批香肠绞肉，那就从小规模调味开始。先将一小部分肉调味，弄一个小肉饼出来，将小肉饼用平底锅煎熟或是放入微波炉中加热（我通常会取一块硬币大小的肉饼到微波炉里加热 15 秒直到其熟透），如此一来，你就能在整批制作前尝试并调整味道了。

香肠：使用肠衣或不使用肠衣？

不用怀疑，灌香肠是非常耗时的事。若要制作大批使用肠衣的香肠，至少会占用我好几个小时——这还是一个在专业环境里灌香肠好几年的人所用的时间。一个新手在能灌好香肠之前，至少要搞砸几次，比如肠衣被撑破、香肠形状不均匀、衣服上到处是绞肉等。

大部分的绞肉器和绞肉配件都附有灌香肠用的漏斗。这些漏斗勉强能用，但使用起来并不方便。由于漏斗无法有效地将绞肉推进肠衣里，因此灌香肠才会花费原本 5~10 倍的时间，而绞肉也会随着时间流逝开始升温。用裱花袋灌香肠会好一点儿。这需要两人配合，一人用力挤裱花袋，另一人将肠衣随着肉料灌入往下拉。但是，若要认真制作大量香肠，可考虑购入活塞充填机。它是利用杠杆原理将肉料推入肠衣，而非以螺旋状工具将肉强力挤入的。使用活塞充填机不仅制作速度会变快，灌出的香肠也会因内部含较少的气泡而更扎实。

大部分的专业肉贩都会售卖盐渍过的猪肠衣或羊肠衣。使用肠衣前，先以冷水洗净里外，并将其在冷水中浸泡至少 30 分钟。然后将肠衣的开口端套在充填机口上，并陆续套上剩下的肠衣，最后剩下 15.2 厘米（6 英寸）的尾端不套。缓缓地将绞肉料挤入肠衣，单手辅助填充并帮助肠衣从套管上移开。灌香肠时，要将肠衣灌满但不过紧，灌太紧的香肠很容易在旋转分节时或烹调时爆开。

灌完所有的肉料后，先将整条香肠的头尾打结或以棉绳绑紧，接着将香肠依你要的长度一节一节地旋转分段，并在每个分段处绑好棉绳，最后将香肠密封。

不想要那么多琐碎的步骤？别担心，你不必非得这样做。使用肠衣的香肠很棒是因为：一来肠衣能作为盛装香肠肉的烹调容器，二来肠衣能增添香肠的口感和弹牙度。然而，没有肠衣也能制作出良好的香肠肉——可以做成肉饼或无肠衣香肠肉条。给无肠衣香肠塑形时，要先用冰水湿润双手，这样比较容易处理黏稠的香肠肉料。

以下为几种基础的香肠调味料的食谱。本书中大部分食谱均来自美国或是以美式观点诠释的，也收录了几个来自世界其他国家和地区的香肠食谱。毕竟之前你已经学会如何制作好香肠了，如果不多收录几种基础的香肠食谱就太可惜了。后面我们会讨论如何烹调香肠。

食谱中使用的肠衣，除特别注明的外，均是猪肠衣。

| 专栏 | 使用公制单位！

你可能已经注意到本书中的食谱大多采用标准的美式度量单位（杯、磅和盎司），但你偶尔也会看到我使用公制单位（克、升）。为何使用单位不一致？

美国主要使用英制单位，它适用于不需极度精准的食谱（比如说，做一份快速锅底酱或是做一盘炒蛋）。然而，某些食谱，一般是烘焙或腌肉这类的，多一点儿盐或水都将影响成败。此时，公制单位完胜英制单位，这是基于以下原因。

- **更精准：**公制系统的重量基本单位是克，比英制单位所使用的盎司精准，这意味着在称量少的材料时会更为精确。
- **容易转换成百分比：**假设有份香肠食谱要使用两磅的肉和占肉的总重量1.5%的盐（我以易算的整数举例），这样要加多少盐？算术很难吧？就算你成功算出正确答案为0.48盎司，又要怎么称出这么一个奇怪的量的盐呢？十进制的公制单位就能够轻松换算。例如，100克肉用1.5克盐，1000克肉用15克盐，200克肉用3克盐，多么简单！
- **增减分量很容易：**有时需要做一大批面团或一小批香肠，使用英制计重单位（16盎司=1磅进行换算）很难增量或减量，而使用十进制的公制单位就能够轻松增减计数，如两倍、一半、三倍等。

| 实验 | 肉类、盐和时间

我说过，要做好香肠离不开盐，并且盐还需要一些时间才能发挥魔力。然而，你不需要全盘接受我的说法。你可以自己做实验来证明，以下是实验方法：

材料

- 454 克（1 磅）去骨猪肩肉，切成 2.5 厘米（1 英寸）的小块
- 犹太盐 57 克（2 盎司）
- 绞肉器或食物料理机（绞肉配件和料理杯需预先冷藏）

步骤

将猪肩肉分成 3 份，分别装入夹链密封袋中。向其中 1 袋中加入 28 克（1 盎司，约 1 小勺）的盐，并使盐均匀分布。封好夹链密封袋后，将 3 袋肉料都放入冰箱冷藏室中静置一夜。

第二天，拿出 1 袋无盐的肉，向其中撒 1 小勺盐并使盐均匀分布。立刻将 3 袋肉分别拿去绞，绞好后各放在 1 个碗里加以揉捏。

从 3 个碗中各取 28 克（1 盎司）绞肉做成小肉饼，放进平底锅里一起煎熟。起锅后为 3 个肉饼分别称重并记录减少的重量，最后试吃每块肉饼，记录口感和风味。

结果与分析

煎肉饼前，你应该已经注意到加盐后冷藏过夜的肉比其他两袋肉更黏稠。这是因为溶解的肌球蛋白重新联结，构成了更紧密的蛋白质结构。另外，盐能让肌肉纤维松弛并更具保水性，因此你会发现烹饪后，加盐后冷藏过夜的肉比其他两袋肉多保有 10%~20% 的水分。

一一试吃肉饼时，你会发现加盐后冷藏一晚再煎的肉饼弹牙、多汁且更具风味。绞肉前才放盐的那份肉饼尽管也有不错的风味，但口感松散，因为在煎的过程中肉饼已流失了大部分的肉汁。最后，无盐绞肉制成的肉饼尝起来平淡无味并有软糊松散的质感，比较像汉堡肉饼而非香肠。盐不但能为肉增添风味，而且能在香肠制作过程中让肌球蛋白先溶解再联结，从而赋予香肠弹牙的口感。同时，盐还能松弛肌肉纤维，使它们在烹饪过程中保留更多的肉汁。

这项实验教会我们的事：至少要提前将香肠肉料用盐腌一夜。

基础家庭香肠

BASIC HOMEMADE SAUSAGE

1

2

3

4

制作任何种类的香肠都一定要有以下四个基础步骤：

步骤 1. **调味**：将香料和盐加入肉块中。（图 1）如 p.486“香肠：肉、脂肪和盐”中所说，盐是绝对必要的材料，应以占肉类总重量 1%~2% 的比例称出所需盐量。

步骤 2. **静置**：静置让盐有时间先分解肌肉蛋白，它们就能在绞肉和搅拌的过程中再次联结。适宜的静置时间为 12~24 个小时。

步骤 3. **绞肉**：将调味过的肉块压入绞肉器。（图 2）

步骤 4. **搅拌**：将绞肉混合均匀，若以台式搅拌机的搅拌桨处理更好。搅拌将帮助溶解的蛋白质重新联结，使它们形成富有弹性的结构（就像揉面会形成麸质一样）。这样的结构能锁住水分和脂肪，赋予香肠弹性十足的口感。（图 3、图 4）

这是最简单的香肠食谱，老实说，简单到有点无聊。你可以以按照此食谱制作出的香肠为基底，再添加我建议的或是你想要的风味所需的调味料。记住，香肠最重要的成分是脂肪和盐。只要使用这两种成分，且让后续腌制、绞肉和搅拌的步骤妥善进行，那么不论再加什么调味料都不会影响香肠的口感。

笔记：

若使用市售的现成绞肉，就将盐和香料加入绞肉中，拌匀后放在密封容器里冷藏12~24个小时。第二天以手揉捏5分钟，或用台式搅拌机中速搅拌两分钟直到肉料混合均匀且黏稠。若要提高脂肪比例，可以用猪背脂或培根块替代几十克的猪肩肉。

约0.9千克（2磅3盎司）

至少含20%脂肪的猪肩肉0.9千克（约2磅3盎司），大略切成2.5厘米（1英寸）见方的块

犹太盐14克（约0.5盎司，$1\frac{1}{2}$小勺）

各种香料组（食谱见后面几页）

1. 将肉、盐和香料放在大碗中，用干净的双手拌匀，然后装入3.8升（1加仑）装的夹链密封袋中，冷藏12~24个小时。

2. **制作绞肉**

用台式搅拌机绞肉配件制作绞肉

将送料斗、送料棒、螺旋输送轴、0.6厘米（1/4英寸）的孔洞绞盘和绞肉刀片放进冷冻室，至少冷冻1个小时。装好台式搅拌机绞肉配件后，以中速绞肉并用搅拌盆接住绞好的肉。揉皱厨房纸巾，塞入送料管里将残留的绞肉推出。换上台式搅拌机的搅拌桨以中低速将绞肉搅拌两分钟，拌至黏稠且均匀混合。依喜好塑形后进行烹饪。

用食物料理机制作绞肉

料理杯和刀片至少预先冷冻15分钟再使用。向料理杯中放入调味好的肉料——一次最多处理198克（约7盎司）的肉料，以点动模式将其打至颗粒大小呈理想状态，约需15次点动搅打。将打好的绞肉移至大碗中，继续分批搅打剩余的肉料。用干净的双手揉捏绞肉5分钟，使之均匀混合并产生黏性。依喜好塑形后进行烹饪。

3. 生香肠最多冷藏保存5天。

大蒜香肠调味香料

Seasoning Mix for Garlic Sausage

添加这组香料做出的是基础款香肠，单吃就很好吃，但是我尤其喜欢搭配法式炖扁豆。

中型蒜瓣 3 瓣，切成蒜末或磨成蒜泥
现磨黑胡椒碎 2 小勺

甜味或辣味意式香肠调味香料

Seasoning Mix for Sweet or Hot Italian Sausage

这组香料可以用来制作经典的意式红酱甜味或辣味香肠。这种香肠既可以搭配球花甘蓝一起烹饪，切块后撒在比萨上，也可以在烧烤后配上辣椒和洋葱，做成香脆火辣的潜艇堡。

中型蒜瓣 2 瓣，切成细末或磨成蒜泥（2 小勺）
茴香籽 2 大勺
干燥牛至叶 1 小勺
现磨肉豆蔻碎 1/4 小勺
现磨黑胡椒碎 1 小勺
红酒醋 1 大勺
干辣椒片（供辣味香肠使用）2 大勺

德国香肠调味香料

Seasoning Mix for Bratwurst-Style Sausage

这组香料可以用来做经典的德国香肠。烤制的德国香肠与德国酸菜是天生一对，煎制的德国香肠配以芥末籽酱也非常好吃。

中型蒜瓣 3 瓣，切成细末或磨成蒜泥（1 大勺）
现磨肉豆蔻碎 1 小勺
姜粉 1/2 小勺
现磨黑胡椒碎 1 小勺
酸奶或法式酸黄油 1/2 杯

图片提供 熊也·saya

烟熏墨西哥腊肠调味香料

Seasoning Mix for Mexican Chorizo

不像以干腌方式制作的西班牙腊肠，墨西哥腊肠是新鲜香肠，以微辣的香料和醋调味。微辣酸香的腊肠适合做墨西哥玉米卷的馅、放在玉米饼上，或是煮熟后拌入奶酪蘸酱里，又或是炖熟后切片再搭配豆子一起食用。

中型蒜瓣 2 瓣，切成细末或磨成蒜泥（2 小勺）
红酒醋 3 大勺
红辣椒粉 1 大勺
卡宴辣椒粉 1/2 小勺
肉桂粉 1/4 小勺
丁香粉 1/4 小勺
孜然粉 1 小勺
干燥牛至叶 1 小勺
现磨黑胡椒碎 1/2 小勺

法式北非羊肉香肠式调味香料

Seasoning Mix for Merguez-Style Lamb Sausage

Merguez 是传统上以羊肉制成的北非香肠。若要用羊肉做香肠，应用 709 克（25 盎司）已处理好的羊肩肉和 198 克（7 盎司）猪脂肪（背脂或腹脂均可）来代替基础家常香肠食谱中的猪肩肉。哈里萨辣酱是一种北非辣酱，能在香料商店或网上购得。我使用的哈里萨辣酱是 DEA 牌的，偏草本香味，辣度较温和。传统做法会将羊肉灌入细长的羊肠衣里，不过将香肠肉以肉串方式进行烧烤一样可行。

烤炉上的羊肉香肠肉串

> 笔记：
>
> 盐肤木（sumac）是一种原生于非洲和北美洲的开花植物的浆果，烘干磨成粉后会具有类似柠檬的酸香风味。

中型蒜瓣 3 瓣，切成蒜末或磨成蒜泥
哈里萨辣酱 3~4 大勺（依据个人嗜辣程度可再增加）
切碎的干燥牛至 1 小勺或切碎的新鲜牛至 1 大勺
茴香籽 2 小勺
盐肤木 1 大勺（视喜好添加，见上文“笔记”）
现磨黑胡椒碎 1 小勺

枫糖鼠尾草早餐香肠

MAPLE-SAGE BREAKFAST SAUSAGE

这款经典早餐香肠兼具甜和咸的风味，添加了枫糖浆、鼠尾草和两种胡椒。有了这份食谱，你就不用再买市售的 Jimmy Dean 牌的香肠了。这款香肠可以做成肉饼或无肠衣香肠肉条夹入早餐三明治中或配鸡蛋吃，或是弄碎后混入白酱肉汁（见 p.154“奶油香肠肉汁”）中再抹于饼干上。这款早餐香肠可以灌入羊肠衣里，也可用手塑形。在香肠肉料中混入培根不仅会带来一股烟熏的风味，还能让成品的结构更紧密，因为培根本身就是一种腌制肉品。

笔记：

这份食谱可以使用市售现成绞肉。将猪肉量增加 907 克（2 磅），再多放 9 克（0.32 盎司）盐，即可不使用培根。将所有材料混合后冷藏至少 1 个小时，能冷藏一夜更好。

约 1 千克（2 磅 3 盎司）

猪肩肉 227 克（约 1/2 磅），修剪掉不要的部分后大略切为 2.5 厘米（1 英寸）见方的块（见上文“笔记”）

厚培根 312 克（约 11 盎司），切成 2.5 厘米（1 英寸）见方的块

犹太盐 15 克（$1\frac{1}{2}$大勺）

中型蒜瓣 2 瓣，切成细末或磨成蒜泥（2 小勺）

枫糖浆 2 大勺

干红辣椒片 1 小勺

鼠尾草粉 2 小勺

干燥的马郁兰 1/2 小勺

现磨黑胡椒碎 1 小勺

羊肠衣适量（视喜好决定是否使用）

1. 将肉、培根、盐、大蒜、枫糖浆和其他调味料放入大碗中，用干净的双手拌匀后装入 3.8 升（1 加仑）装的夹链密封袋中封起，冷藏 12~24 个小时。

2. 制作绞肉

   用台式搅拌机绞肉配件制作绞肉

   将所有配件放进冰箱冷冻室中至少冷冻 1 个小时，再装好台式搅拌机绞肉配件，放上 0.6 厘米（1/4 英寸）的孔洞绞盘，以中速绞肉并用搅拌盆接住绞好的肉。揉皱厨房纸巾，将其塞入送料管中以推出残留的绞肉。换上台式搅拌机的搅拌桨，以中低速将绞肉搅拌两分钟，拌至黏稠且混合均匀，依喜好塑形烹调。

   用食物料理机制作绞肉

   将料理杯和刀片预先冷冻至少 15 分钟再使用。向料理杯中放入调味好的肉料——一次最多处理 198 克（约 7 盎司），以点动模式将其打至颗粒大小呈现理想的状态，约需 15 次点动搅打。将打好的绞肉移至大碗中，继续分批搅打剩余的肉料。用干净的双手揉捏肉料 5 分钟，使其均匀混合并产生黏性，依喜好塑形烹调。

3. 生香肠最多能冷藏保鲜 5 天。

料理实验室指南：
如何烤香肠

你们一定参加过几次周末的勇士野餐派对吧？派对主人会在烤炉里用打火机油点起熊熊大火，不等火势变小就丢上几根德国香肠开始烤。他们拿着大叉子心不在焉地偶尔翻动香肠，其实绝大多数心思都放在旁边的冰啤酒上。当把脱水的焦黑香肠残骸从烤架上拿下来时，啤酒已经微微麻痹了你的感官，这能让你借助一堆黄芥末酱和番茄酱吞下这些香肠。

好吧，这么说有点夸张，但人们普遍认为香肠没那么娇嫩，它不像一块上好牛排那样非常容易烹饪过度。从某种层面上来说，的确如此，因为香肠被盐腌过，算是预腌食品。将香肠肉和没加盐的肉在同一温度下进行烹饪，香肠肉能保留更多肉汁。然而，这不代表香肠不值得细心对待。烹饪香肠的方式取决于香肠肉是灌入肠衣中的还是仅仅以手塑形的。

在室内加热香肠

1

2

3

4

料理香肠同烹饪牛排和整只火鸡一样，最佳方式是缓慢温柔地烹饪，慢慢将其内部加热至 65.6℃（150 ℉）。在室内，使用干的平底煎锅，盖上锅盖，以小火加热香肠，或将香肠送进烤箱加热都可以。在这里，我提供一种更简单的香肠烹饪法：

将香肠放入平底锅或汤锅后，倒入冷水将其盖过，以中大火加热。（图 1）锅中的水几近沸腾时关火，用余温让香肠的中心温度达到 60~65.6℃（140~150 ℉）。（图 2）当然不是只能用水来煮香肠，若要以香肠搭配类似德国酸菜或香辣番茄酱等极具风味的配菜和酱料，可以直接把香肠放入酱料和汤汁里煮熟，这样它会更入味。

煮好的香肠直接吃就很美味，如果它有焦香的外皮就更美味了。你可以在热平底锅里放一点儿黄油或油，将刚煮好的香肠下锅（图 3），每面大略煎至呈金棕色（图 4），此步骤只需要几分钟。煎香肠时香肠的中心温度会上升至 71.1℃（160 ℉），起锅后香肠内外会熟得恰到好处。

在户外用烤炉加热香肠

5

6

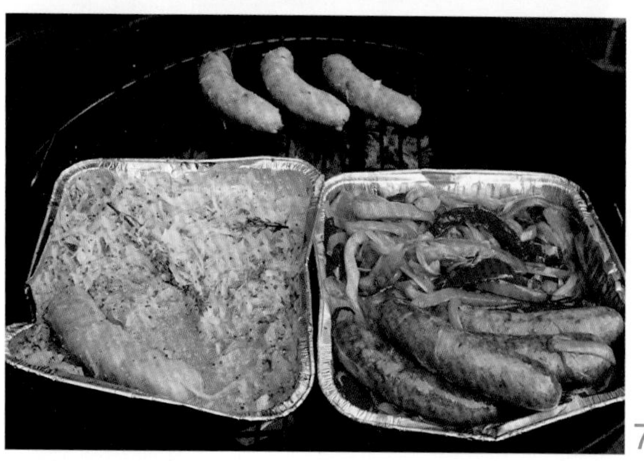
7

8

以上方法如何应用于户外烤炉？有几种选择。最简单的方法就是利用非明火制造两个温度不同的区域——将烤炉的木炭全移至一侧（或将一半的炉头关闭），以铝箔纸覆盖香肠后，将香肠放在火较小的一区，烤至其中心温度达到 60~65.6℃（140~150 ℉），然后把它们移到高温区，再烤几分钟直到外表焦香。

另一个更好也更复杂一点儿的方法是：在铝箔烤盘加入半满的液体和风味食材，如德国酸菜和浸泡酸菜的汁液、几片洋葱和苹果，再配上一杯啤酒。把香肠摆进铝箔烤盘后，将烤盘放在高温区，里面的液体会一边蒸发一边沸腾，慢慢将香肠完全煮熟。（图 5）一旦香肠的中心温度达到 60~65.6℃（140~150 ℉），立即将铝箔烤盘移至低温区。（图 6）将香肠夹回高温区，用炭火烤出焦香外皮，再将其放回低温区的烤盘中保温。（图 7、图 8）缓慢加热远胜旺火急烤，而用烤盘的方法又更胜一筹，能比用大火直接加热的香肠多保留 50% 的水分。

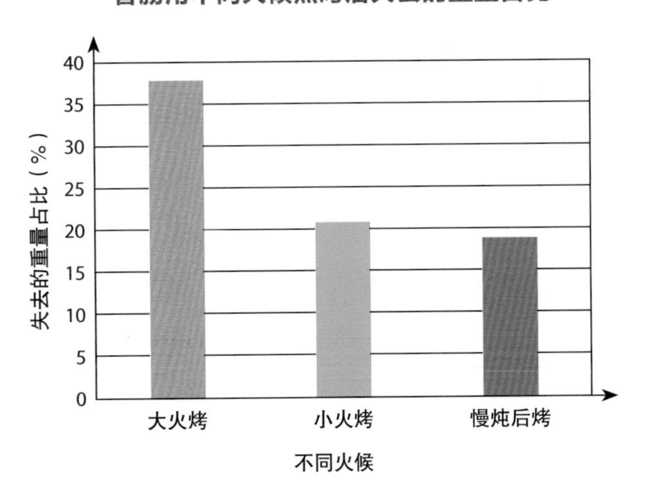

同其他肉类一样，将香肠在烹饪后静置一段时间是很重要的步骤，这样能避免切肉时肉汁流失。若所有步骤都进行得很好，烤出的香肠会熟度均匀、由里而外地润泽多汁，而且会有适量的焦香表皮，沿着香肠外围还会形成一圈嫩粉色的烟环。

烤无肠衣香肠肉

无肠衣香肠肉比普通香肠更容易烤，因为香肠肉能被塑形成薄肉饼或细长的无肠衣香肠肉条，而将这些均匀烤熟并不困难。你可以用烤汉堡肉饼的方式烤薄肉饼和无肠衣香肠肉条，务必记得将其烤至中心温度达到 71.1℃（160 ℉）。香肠肉中含有较高比例的脂肪，因此以明火在烤架上将其烤制时，请务必小心火焰骤燃。应对火焰骤燃最简单的方式是将香肠移离火源，等火焰熄灭即可。盖上烤炉的盖子可以切断氧气供给，也有助于灭火。

如果是烹饪较肥的条形无肠衣香肠肉，可以先将其缓缓放入接近沸腾的水中烫至熟透，再将其移至放了黄油或油的平底锅内或是烤炉上，其烹饪方法和有肠衣香肠的烹饪方法是一样的。

丨专栏丨错误的烤香肠方法

下面是几项烤香肠时容易出的差错。

1. 肚破肠流的香肠

肠衣烧焦且爆开的香肠有股烟焦味，肉汁则被炭炉吸光了。

错误原因

以最强的火烤香肠，就会发生这样的事情。和其他肉类一样，香肠受热也会收缩，收缩程度和加热温度成正比。用大火加热香肠时，肠衣和香肠外层的肉会因高温而大幅收缩，而香肠中心的生肉却丝毫没有收缩。

接着，发生在香肠身上的事就像发生在绿巨人浩克身上的事一样——只是香肠并不像浩克那样身躯变大而衣服不变，而是衣服在不断缩小，使肠衣和香肠的外层因此破裂爆开。然后，液化的脂肪和肉汁会由香肠中心流出，滴到炭火上，使火焰变旺、乱蹿，香肠表面只留下黑烟灰烬。用这种方式炭烤的香肠尝起来有股焦酸味，而且中心干涩无肉汁。

2. 买一送一

焦黑裂开的表皮和完全无法食用的生的内里。外表烹饪过度而内里烹饪不足。不好！

错误原因

这是高温烹饪的另一种产物。这次你学聪明了，把香肠放在一个热度适宜的烤架上，但最后还是烤得太快了——在中心的生肉尚未烤熟之前，香肠外层就已经烤焦了。

3. 没人爱的“老奶奶”

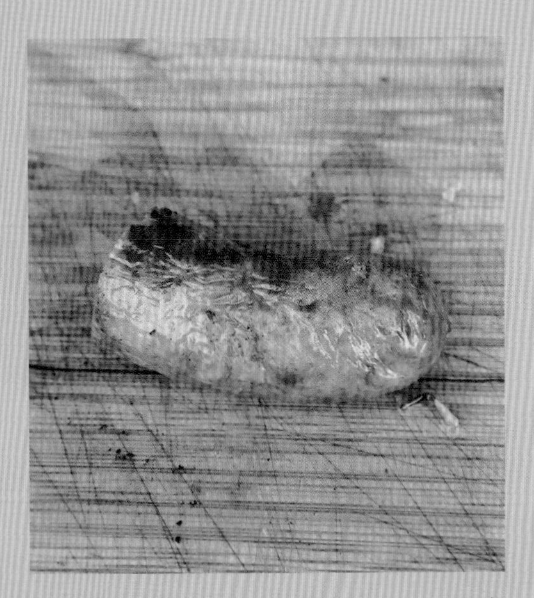

好吧，这次你走向了另一个极端——全程都在烤架上温度较低的那一侧烤香肠。烤好的香肠稍微有点上色，但尚未爆开。当你刚从烤炉上将香肠拿下来时，它看起来还圆润多汁。可是几分钟后，它就像一个气球一样泄了气，变得又皱又干瘪。

错误原因

热量不足。当好不容易将香肠的表皮烤出一点儿棕色时，香肠的中心早已被加热过度。蒸汽和扩张的肌肉组织让热香肠看起来浑圆饱满，但是一旦离开火源冷却后，香肠就会萎缩皱起。

大蒜香肠佐扁豆

GARLIC SAUSAGE WITH LENTILS

此香肠食谱采用先煮后煎的烹调手法，可以使香肠内外都熟得恰到好处。

4~6 人份

化开的无盐黄油 4 大勺

中型洋葱 1 个，切碎（约 1 杯）

小型胡萝卜 1 个，切丁（约 1/2 杯）

中型蒜瓣 2 瓣，切成细末或磨成蒜泥

法式绿扁豆（French Puy lentils）227 克（8 盎司）

自制鸡肉高汤或罐装低盐鸡肉高汤 2 杯

犹太盐和现磨黑胡椒碎适量

自制与食谱等分量的大蒜香肠馅料（见 p.495“大蒜香肠调味香料”）塞入肠衣（6~8 条），或购买同类市售香肠 907 克（2 磅）

切碎的新鲜荷兰芹 1/4 杯

特级初榨橄榄油 2 大勺

红酒醋 1 大勺

1. 将 3 大勺无盐黄油放入大的酱汁锅中，以中大火加热。放入洋葱碎和胡萝卜丁持续炒至变软但不变色，约需 4 分钟。放入蒜末（或蒜泥）炒香，约需 30 秒。放入法式绿扁豆和鸡肉高汤，煮至沸腾后转小火，盖上锅盖炖煮。偶尔开盖搅拌，炖煮至法式绿扁豆完全变软，约需 45 分钟。拿起锅盖，用犹太盐和黑胡椒碎调味。以小火收汁，并偶尔搅拌。
2. 在炖煮的同时，将香肠放入直径 30.5 厘米（12 英寸）的平底锅中，加水没过香肠。以大火加热至几近沸腾时，关火闷香肠，直至将快显温度计插入香肠最粗处，测得其中心温度为 60~65.6℃（140~150 ℉），约需 10 分钟。
3. 捞起香肠沥干，放一旁备用。将一口干的平底锅以中大火加热，放入 1 大勺黄油加热至起泡、平息并开始棕化。转中火后，放入香肠煎制，偶尔用夹子翻面直到每面均匀上色，约需 5 分钟。将香肠移至熟食砧板上，以铝箔纸覆盖，静置 10 分钟。此时扁豆应该已经炖煮得恰到好处。
4. 取大部分荷兰芹碎、橄榄油、红酒醋和扁豆拌匀，剩余的留至上菜时用。如果需要，可将香肠切斜片。在扁豆上摆上香肠，撒上荷兰芹碎，淋一些橄榄油和红酒醋。

烤意式香肠佐洋葱和彩椒

GRILLED ITALIAN SAUSAGE WITH ONIONS AND PEPPERS

这是用烤炉烤香肠最简单的方式：以间接火烤熟后，再以明火烤出焦脆的外皮。

4~6 人份

自制与食谱等分量的甜味或辣味意式香肠馅料（见 p.495“大蒜香肠调味香料”）塞入肠衣（6~8 条），或购买市售香肠 907 克（2 磅）

大型洋葱 2 个，切成 1.3 厘米（1/2 英寸）厚的横切圆片

彩椒 3 个，切成 1/4 的小段，去除蒂和籽

特级初榨橄榄油 2 大勺

犹太盐和现磨黑胡椒碎各适量

香脆潜艇堡面包 4~6 个

木签适量

1. 将引燃桶中的木炭点燃，当木炭表层烧出银色炭灰时，将木炭均匀铺在烤炉一侧，架上烤肉网。若使用瓦斯烤炉，则只加热一组炉头，其余不动。将烤网擦拭干净。
2. 将香肠放在烤炉的低温区后，盖上烤炉的盖。烤 15 分钟后，将快显温度计插入香肠最粗处，确认温度达到 60~62.8℃（140~145 ℉）。将香肠移至明火高温区，一边烤一边用料理夹翻面，直到两面均烤得焦脆，约需两分钟。将烤过的香肠移至熟食砧板上，用铝箔纸覆盖，静置 10 分钟。
3. 在烤香肠的同时，平放洋葱横切片，并用木签穿过一层层的洋葱片将其加以固定。彩椒段同样以木签串起固定。用刷子蘸取橄榄油，均匀地刷在洋葱片和彩椒段上，撒犹太盐和黑胡椒碎调味。将洋葱片和彩椒段放在烤炉高温区里烤，偶尔翻面，烤软（约需 10 分钟）后，移至熟食砧板上，移除木签。
4. 将洋葱片对半切开、彩椒切条后，将两者混合均匀。将潜艇堡面包放在烤炉上烤 3 分钟至表面酥脆。
5. 将香肠、洋葱片和彩椒段夹进潜艇堡面包即可。

炉烤或锅煎法式北非羊肉香肠佐酸奶、薄荷与摩洛哥沙拉

GRILLED OR PAN-ROASTED MERGUEZ WITH YOGURT, MINT, AND MOROCCAN SALAD

由于北非羊肉香肠较为细长，因此无须预煮就能直接在烤炉上或平底煎锅中烹饪。

笔记：

这道食谱也能用来制作不灌进肠衣的粗香肠肉馅—以金属或木制串签为中心，裹上肉料并将其塑形成细圆柱状。

4~6 人份

较大的番茄 1 个，切成 1.3 厘米（1/2 英寸）见方的丁

小黄瓜 1 条，去皮沿长边剖半，去籽后切成 1.3 厘米（1/2 英寸）见方的丁

小型红洋葱 1 个，切片

犹太盐和现磨黑胡椒碎各适量

全脂酸奶 1 杯，最好是希腊式酸奶（Greek-style）

柠檬汁 1 大勺（挤自 1 个柠檬）

切碎的新鲜薄荷 1/4 杯

自制与食谱等分量的法式北非羊肉香肠馅料（调味见 p.497）塞入肠衣（12~16 条），或购买同类市售香肠 907 克（2 磅）

植物油 1 大勺（如果用锅煎）

皮塔口袋饼或烤薄饼（见 pp.507-508）8~12 块

1. 将番茄丁、小黄瓜丁、洋葱片放入碗中，以犹太盐和黑胡椒碎调味，在室温下静置 45 分钟。
2. 静置的同时，将酸奶、柠檬汁和薄荷碎放入小碗中拌匀，用犹太盐和黑胡椒碎调味后冷藏备用。

用烤炉烤香肠

3. 将引燃桶中的木炭点燃。当木炭表层烧出银色炭灰时，将木炭均匀铺在烤炉的一边，架好烤肉网后盖上盖子，预热 5 分钟。若使用瓦斯烤炉，则需调到高温。将烤网擦拭干净。将香肠放在明火高温区，一边烤一边用料理夹翻面，需烤 8 分钟左右。将快显温度计插入香肠最粗处，确认温度达到 65.6℃（150 ℉）后，将香肠移至熟食砧板上，以铝箔纸覆盖，静置 5 分钟。
4. 若使用皮塔口袋饼，则需将饼皮放上烤炉，每面各烘烤 20 秒后摆入盘中，盖上干净的厨房毛巾备用。

用锅煎烤香肠

3. 将油倒入大型不粘锅或荷兰铸铁煎锅中，以中火加热至冒烟，煎香肠并不时以料理夹将香肠翻面。将快显温度计插入香肠最粗处，确认温度达 65.6℃（150 ℉）后，将香肠移至熟食砧板上，并以铝箔纸覆盖，静置 5 分钟。
4. 用厨房纸巾拭净平底煎锅，开中火热锅。将皮塔口袋饼放进锅中，每面各烘烤 20 秒后摆在盘里，并盖上干净的厨房毛巾备用。

5. 沥干番茄沙拉，将沙拉、温热的口袋饼、香肠和酸奶酱一起摆盘上桌。

简易烤印度薄饼

EASY GRILLED NAAN-STYLE FLATBREAD

与所有以酵母作为发酵剂的面包发酵一样，制作印度薄饼也需要预留出发酵时间，但印度薄饼的加热步骤简单迅速。若需更简易的制作方法，请见以泡打粉作为发酵剂的“超简单烤薄饼”的制作方法（见 p.508）。

12 份

面团材料

高筋面粉 595 克（约 21 盎司，4 杯）
速发酵母 7 克（1 包，2 小勺）
犹太盐 11 克（0.4 盎司，$1\frac{1}{2}$小勺）
糖 23 克（约 0.8 盎司，5 小勺）
全脂酸奶或全脂牛奶 361 克（12.75 盎司，$1\frac{1}{2}$杯外加 1 大勺），也可以再多一点儿

烤薄饼材料

化开的无盐黄油 8 大勺

制作印度薄饼面团

1. 将高筋面粉、速发酵母、犹太盐和糖放入台式搅拌机的搅拌碗中，搅拌均匀。向搅拌碗中倒入酸奶，给台式搅拌机装上揉面勾，低速搅拌至面团成为匀称顺滑的球体。揉面时，面团会稍微粘底，必要时可再加少许牛奶或酸奶。将面团揉至稍有弹性，约需 5 分钟。将面团用保鲜膜密封后，置于室温下发酵至体积膨胀为原来的两倍，约需两个小时。
2. 将发酵后的大面团移至撒有面粉的桌面上，用刀或刮刀等分成 12 个小面团。把每个小面团揉成球，间隔几厘米摆放在撒有面粉的桌面上，再用沾有面粉的布覆盖（或将每个小面团分别装进容量为 500 毫升的小型外带盒中），在室温下发酵两个小时，至小面团的体积膨胀为原来的两倍。

用烤炉烤印度薄饼

3. 点燃木炭。待木炭表层烧出银色炭灰时，将木炭均匀铺在烤炉的一侧。架好烤网后，盖盖预热 5 分钟。

若使用瓦斯烤炉，则需将温度调至最高。将烤网擦拭干净。

4. 一次处理一个面团。用手或擀面杖将面团制成长 25.4 厘米（10 英寸）、宽 15.2 厘米（6 英寸）的薄饼。每将 2~3 个面团塑形后，就将它们放在烤炉上烘烤，不要移动，直到薄饼表面冒泡隆起，底部微微呈现金棕色并带有几点焦黑，需要 30~60 秒不等。用大锅铲、比萨铲或料理夹将薄饼翻面，再烤 30~60 秒，直到另一面也焦脆。将烤好的薄饼从烤炉上拿起，立即刷上一层化开的黄油，放入大盘中，盖上干净的厨房毛巾。薄饼可叠放。按上述方法处理剩余的面团。

在煎锅里烤印度薄饼

3. 以中大火预热大型条纹煎锅，至少 10 分钟。
4. 预热煎锅的同时，用手或擀面杖将面团制成长 25.4 厘米（10 英寸）、宽 15.2 厘米（6 英寸）的薄饼。将薄饼放入煎锅烘烤，不要移动，直到薄饼表面冒泡隆起，底部均呈现淡棕色并带有深色的烤纹，需要 1~1.5 分钟。用金属锅铲或料理夹小心地将薄饼翻面，烤 1~1.5 分钟至另一面焦脆。将烤好的薄饼从烤盘上拿起，立即刷上化开的黄油，放入大盘中，盖上干净的厨房毛巾。薄饼可叠放。按此方法处理剩余面团。

超简单烤薄饼

EVEN EASIER GRILLED FLATBREAD

按照本食谱制作烤薄饼，只需 30 分钟。

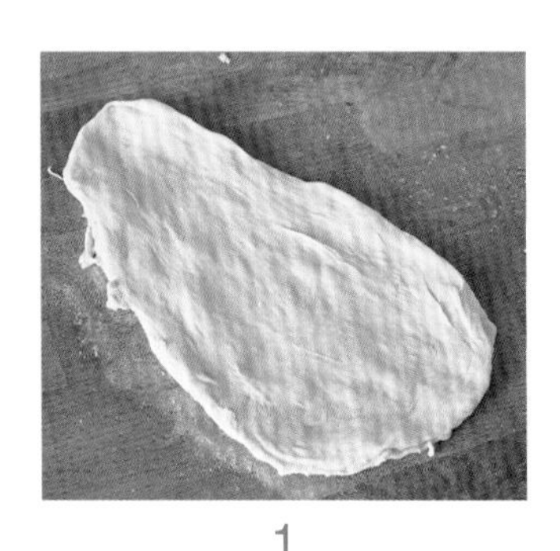

1

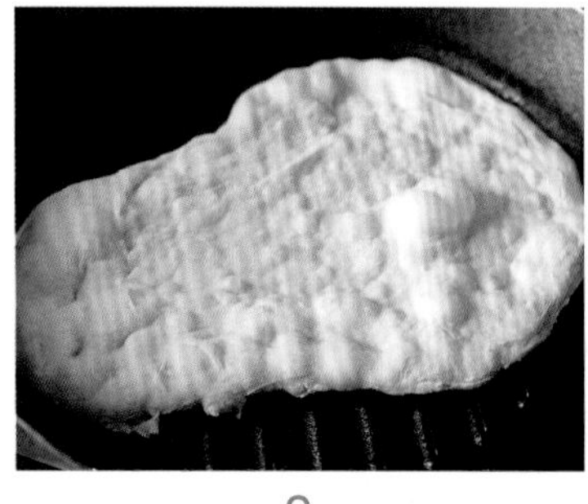

2

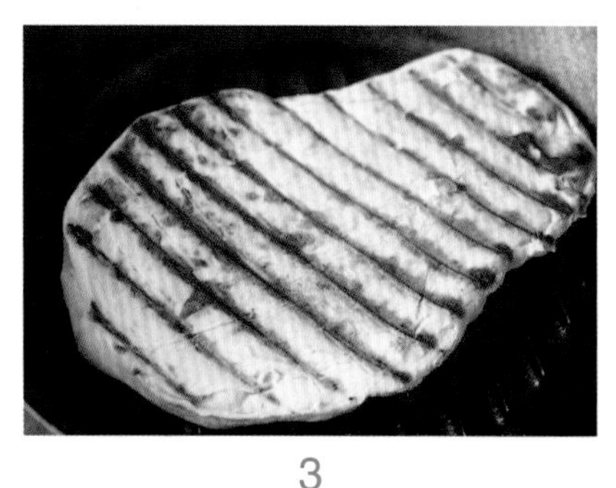

3

12 份

面团材料

高筋面粉 595 克（约 21 盎司，4 杯）

速发酵母 10 克（约 0.35 盎司，1 包，约 2 小勺）

犹太盐 11 克（约 0.4 盎司，$2\frac{1}{2}$ 小勺）

糖 23 克（约 0.8 盎司，5 小勺）

全脂酸奶或全脂牛奶 361 克（12.75 盎司，$1\frac{1}{2}$ 杯外加 1 大勺），也可以再多备一些

烤薄饼材料

化开的无盐黄油 8 大勺

制作薄饼面团

1. 将高筋面粉、速发酵母、犹太盐和糖放入台式搅拌机的搅拌碗中，搅拌均匀。向搅拌碗中倒入酸奶，给台式搅拌机装上揉面勾，低速搅拌至面团成为匀称顺滑的球体。揉面时，面团会稍微粘底，必要时可再加少许牛奶或酸奶。将面团揉至稍有弹性，约需 5 分钟。将揉好的面团移至撒有面粉的桌面上，用刀或刮刀等分成 12 个小面团。将每个小面团揉成球后，用干净的厨房毛巾或保鲜膜覆盖。
2. 将面团用保鲜膜密封后，在室温下发酵至其体积膨胀为原来的两倍，约需两个小时。

用烤炉烤薄饼

3. 点燃木炭。待木炭表层烧出银色炭灰时，将木炭均匀地铺在烤炉的一侧。架好烤炉后，盖盖预热 5 分钟。若使用瓦斯烤炉，则需将烤炉温度调至最高，并将烤网擦拭干净。
4. 一次处理一个面团，将面团拉成长 25.4 厘米（10 英寸）、宽 15.2 厘米（6 英寸）的薄饼。每做好 2~3 个薄饼，就将它们放在烤炉上烘烤，直至薄饼表面冒泡，底部微微地呈现金棕色并带有几点焦黑，需 30~60 秒不等。用大锅铲、比萨铲或料理夹将薄饼翻面，再烤 30~60 秒至两面焦脆。将烤好的薄饼从烤炉上拿起后，立即刷上化开的黄油，放入大盘中，盖上干净的厨房毛巾。薄饼可以叠放。按此方法处理剩余面团。

在煎锅里烹饪薄饼

3. 以中大火预热大型条纹煎锅，至少 10 分钟。
4. 在加热煎锅的同时，一次处理一个面团，将面团拉成长 25.4 厘米（10 英寸）、宽 15.2 厘米（6 英寸）的薄饼（用擀面杖也行）。（图 1）将薄饼放入煎锅中加热，不要移动，直到其表面冒泡隆起，底部整面呈现淡棕色并带有深色烤纹，需要 1~1.5 分钟。（图 2）用金属锅铲或料理夹小心地将薄饼翻面，再加热 1~1.5 分钟至两面焦脆。（图 3）将烤好的薄饼从煎锅上拿起，刷上化开的黄油，放入大盘中，盖上干净的厨房毛巾。薄饼可以叠放。按此方法处理剩余面团。

炉烤或锅烤德国香肠搭配啤酒、芥末酱与德国酸菜

GRILLED OR PAN-ROASTED BRATWURST WITH BEER, MUSTARD, AND SAUERKRAUT

这些在啤酒里煮的香肠，其风味已与啤酒交融，因此不论再采用哪种烤法，都非常好吃。

笔记：

这道食谱也能用来制作不灌进肠衣的粗香肠馅料—以金属或木制串签为中心，裹上肉料，将肉料塑形成细圆柱状。

4~6 人份

德国酸菜 1 包，454 克（1 磅）保留里面的酸菜腌汁
百里香枝适量
拉格式啤酒（lager-style beer）1/2 杯
自制德国香肠 6~8 根（见 p.496）或同类市售香肠 907 克（2 磅）
辣味整粒芥末籽酱
植物油 1 大勺（用于锅烤）
烤好的脆皮潜艇堡面包

用烤炉烹饪

1. 点燃木炭。待木炭表层烧出银色炭灰时，将木炭均匀地铺在烤炉的一侧。若使用瓦斯烤炉，则只需打开一组炉头，将其余的关闭。将烤网擦拭干净。
2. 将德国酸菜、腌汁、德国香肠、百里香枝和啤酒放入铝箔烤盘中。先将烤盘放在烤炉的高温区加热至液体沸腾，约需 4 分钟。之后，移至低温区，盖上锅盖，使盖子上的所有排气口都开启并对准香肠，继续烤 15 分钟，中途翻一次面。将快显温度计插入香肠最粗处，确保香肠温度达到 60~62.8℃（140~145 ℉）。
3. 拿掉盖子，用料理夹将香肠夹至高温区进行炭烤，烤 3 分钟至香肠外皮酥脆上色，再将其夹回烤盘，静置 10 分钟。搭配烤好的潜艇堡面包上菜。

在锅里烹饪

1. 将德国酸菜、腌汁、百里香枝和啤酒放入直径为 30.5 厘米（12 英寸）的炒锅中，拌匀后加入德国香肠，以中火加热至沸腾。转最小火，盖上锅盖继续煮，偶尔开盖翻动食材。煮 12 分钟后，将快显温度计插入香肠最粗处，确保温度达到 60~62.8℃（140~145 ℉）。将酸菜和汤汁留在锅中保温，夹起香肠备用。
2. 向大型不粘锅或荷兰铸铁煎锅中加入植物油，以中高火加热至冒烟。煎香肠，偶尔翻面，煎至表皮上色，约需 5 分钟。将香肠移回盛有酸菜和汤汁的炒锅中，静置 10 分钟，搭配烤潜艇堡面包上菜。

炉烤或锅烤烟熏墨西哥腊肠佐辣味番茄刺山柑酱

GRILLED OR PAN-ROASTED MEXICAN CHORIZO WITH SPICY TOMATO-CAPER SAUCE

辣味烟熏墨西哥腊肠和快手番茄刺山柑酱，堪称绝配。你可以把它们夹在面包里吃，也可以搭配蒸好的米饭吃，还可以切片搭配墨西哥薄饼，都很美味。

4~6 人份

植物油 2 大勺（若使用烤炉，仅需 1 大勺）
切碎的大型洋葱 1 个（约$1\frac{1}{2}$杯）
辣椒粉 1 大勺
孜然粉 2 小勺
罐装番茄 1 罐 794 克（28 盎司），沥干后用手分成大块
刺山柑 1/4 杯，洗净、沥干后粗略切碎
切碎的黑橄榄、绿橄榄共 1/4 杯
切碎的新鲜芫荽 1/4 杯，可另备一些留作装饰用
犹太盐和现磨黑胡椒碎各适量
自制烟熏墨西哥腊肠 6~8 条（见 p.497）或同类市售香肠 907 克（2 磅）
青柠适量，切角（可省略）

用烤炉烹饪

1. 向酱汁锅中放入 1 大勺植物油，以中大火加热至冒烟。加入洋葱碎炒至变软，约需 4 分钟。加入辣椒粉和孜然粉炒香，约 1 分钟。加入番茄块、刺山柑碎、橄榄碎和芫荽碎，用犹太盐和黑胡椒碎调味后，离火备用。
2. 点燃木炭。待木炭表层烧出银色炭灰时，将其均匀地铺在烤炉的一侧。架好烤炉后，盖上炉盖预热 5 分钟。若使用瓦斯烤炉，则只需加热一组炉头，其余的关闭。擦拭干净烤网后，上油。
3. 将番茄混合物移至 64.5 平方厘米（10 平方英寸）的铝箔烤盘里，再放入香肠。把烤盘放在烤炉的高温区，加热至液体沸腾，约 4 分钟。再把烤盘移到低温区，使盖子上的所有排气口都开启并对准香肠，盖上炉盖，继续烤 15 分钟，中途将香肠翻一次面。将快显温度计插入香肠最粗处，确保温度达到 60~62.8℃（140~145 ℉）。
4. 拿掉炉盖，用料理夹将香肠夹至烤炉的高温区加热，偶尔翻面，烤 3 分钟至香肠外皮酥脆上色，再将其夹回烤盘，静置 10 分钟，以芫荽碎和柠檬角装饰即可。

炉烤烟熏墨西哥腊肠佐辣味番茄刺山柑酱

在锅里烹饪

1. 将 1 大勺植物油放入直径 30.5 厘米（12 英寸）的炒锅中，以中火加热至冒烟。放入洋葱碎炒至变软，大约 4 分钟。加入辣椒粉和孜然粉炒 1 分钟至炒香，再加入番茄块、刺山柑碎、橄榄碎和芫荽碎，用犹太盐和黑胡椒碎调味。
2. 放入香肠，转中火煮滚，再转小火。盖上锅盖，持续炖煮，偶尔开盖翻动食材。煮 12 分钟后，将快显温度计插入香肠最粗处，确认温度达到 60~62.8℃（140~145 ℉）。将番茄酱汁留在锅中保温，夹出香肠备用。
3. 向大型不粘锅或荷兰铸铁锅中加入植物油，以中高火加热至冒烟。煎香肠，偶尔翻面，煎至表皮上色，约需 5 分钟。将香肠移回盛有番茄酱汁的锅中，静置 10 分钟，以芫荽碎和柠檬角装饰即可。

炉烤或锅烤热狗 佐德国酸菜

GRILLED OR PAN-ROASTED HOT DOGS WITH SAUERKRAUT

你也许会觉得热狗是院中烧烤永恒的备用选项，虽然不是极致美味，但接受度高。然而，好吃的热狗绝非仅此而已。你只要问问新泽西州的人，就会知道热狗美味与否的关键在于热狗的肠。虽然你可以尝试自己制作，但其美味程度是无法超越专业制作的热狗的。

不论是烟熏的咸的纽约式全牛肉热狗，密歇根州常见的德式猪牛肉混合热狗，还是纽约州北部艳红色的辣热狗，美味热狗的唯一共同点都是使用天然肠衣。没有肠衣，热狗的肠就不弹牙脆口，就不好吃！

如何分辨热狗使用的是否是天然肠衣？你可以从以下几点分辨：

- **标签：**热狗的包装上会标示“无外皮”（skinless）或“天然肠衣”（natural casings）。
- **弯曲程度：**使用天然肠衣的热狗在烹饪前就会微微弯曲，这是因为热狗使用的羊肠衣并不对称。使用人造肠衣或完全不用肠衣的热狗则像箭一样直挺挺的。
- **尾端打结：**检查一下香肠尾端，使用天然肠衣的热狗两端有气球尾端那样的绑结，如果你看到的是星形的夹痕，那就是人工肠衣被灌封后留下的痕迹。

4~6 人份

德国酸菜 1 包，454 克（1 磅）留下酸菜腌汁

天然肠衣全牛肉热狗（如 Boar's Head、Sabrett、Dietz & Watson 牌的）8~12 根

芥花籽油（如果在室内烹饪）1 大勺

热狗面包 8~12 个

棕色芥末酱适量

用烤炉烹饪热狗

1. 点燃木炭。待木炭表层烧出银色炭灰时，将木炭均匀地铺在烤炉的一侧。架好烤炉后，盖上炉盖，预热 5 分钟。若使用瓦斯烤炉，则只需打开一组炉头，将其余炉头关闭。将烤网擦拭干净后上油。
2. 将德国酸菜和腌汁放入 64.5 平方厘米（10 平方英寸）的铝箔烤盘中，再把热狗放入酸菜中。将烤盘放在烤炉的高温区加热至沸腾，约需 4 分钟。之后，将烤盘移至低温区，盖上盖子，使所有排气口开启并对准热狗，继续煮热狗约 10 分钟，中途翻面一次。
3. 拿掉炉盖，用料理夹将热狗夹至高温区炭烤 3 分钟至热狗外皮酥脆上色，再将其夹回烤盘里静置。
4. 烤热狗的同时，在烤网上烘烤热狗面包。将热狗夹进面包里，配上酸菜和芥末酱即可。

在锅里烹饪热狗

1. 将德国酸菜、腌汁放入直径 30.5 厘米（12 英寸）的炒锅中，再把热狗放入酸菜中，以中火加热至沸腾。转最小火，盖盖继续煮，偶尔开盖将食材翻面，需煮约 8 分钟。将酸菜和汤汁留在锅中保温，夹出热狗备用。
2. 向大型不粘锅或荷兰铸铁煎锅中加入橄榄油，以中火加热至冒烟。煎热狗，偶尔翻面，煎至表皮上色，约需 3 分钟。将热狗移回盛有酸菜的炒锅中静置。
3. 煎热狗的同时，以烤箱上火烘烤热狗面包。将热狗夹到面包里，配上酸菜和芥末酱即可。

料理实验室指南：
美式经典肉糕

道恩·尼克森（Doyne Nickerson）于1958年出版的经典食谱书*365 Ways to Cook Hamburger*[③]，除收录了关于汉堡、酱汁、汤、肉丸等的上百种食谱外，还有关于肉糕的70余种食谱。你可以在两个月内，每天都吃到不重样的肉糕！这足以让电视剧《欢乐满屋》（*Full House*）中的男女老少，每个人都有一种独特的肉糕吃！在这些肉糕食谱中，有肉糕佐辣椒酱（翻转肉糕后淋上亨氏辣椒酱）、阳光肉糕（肉糕搭配挤满番茄酱的剖半桃子），以及两种香蕉肉糕（一种是拌入绿色香蕉泥的肉糕，另一种是以熟香蕉和培根搭配的肉糕）。

尽管*365 Ways To Cook Hamburger*的肉糕食谱富于变化和创意，但你仍可能会失望，因为书中仅有一道简单而传统的美式肉糕食谱，且里面没有一道同时含有牛肉末和香蕉的食谱。道恩·尼克森提供的食谱确实花哨、丰富，但我会彻底击败他。

要知道，肉糕是一种名副其实的美食，且让美国人引以为傲。它是美国的代表食物，与汉堡、烧烤和热狗并驾齐驱。肉糕是用肉做的，难道还有比它更美味的食物吗？绝佳的肉糕浓郁多汁，口感柔软而不松糊。它的质地会让它在被叉子叉下一块，再送入口中时，不至于碎掉。它就像吸满了肉汁的海绵，但不会在你的盘子里析出过多的水分。它有深邃浓郁的肉香和咸鲜，并衬有一点儿轻盈的蔬菜香。肉糕的主要成分是肉，因此在被夹入三明治之前，需要好好加热。

我们从前文的香肠冒险中已经知道了制作绞肉的方法，也学到了自制新鲜绞肉的好处（或至少会去购买肉贩现场制作的新鲜绞肉）。至此，我们距离完美肉糕就只有一小步了。

③ *365 Ways to Cook Hamburger*，《制作汉堡的365种方式》。——译注

用什么肉很重要

由左至右分别是牛绞肉、小牛绞肉和猪绞肉。

让我们从最基本的开始。你一定在超市里见过一盒盒用保鲜膜封好的、现成的“肉糕绞肉”，它混合了猪肉、牛肉和小牛肉。为何要使用混合的绞肉？每种肉分别会带来什么效果？为了找出答案，我将三种肉分别和炒过的蔬菜（胡萝卜、洋葱、芹菜）简单混合，用完全相同的方法制作了几个肉糕。每块肉糕皆通过真空水浴烹调法以 62.8℃（145 ℉）煮熟。第一次实验我做了三块肉糕，分别以 100% 牛绞肉、100% 猪绞肉和 100% 小牛绞肉为原料。

接着，我进行了更多的实验，包括两两对比（牛肉和猪肉，牛肉和小牛肉，猪肉和小牛肉）和三种肉混合的肉馅，情况逐渐清晰：以纯牛肉制成的肉糕因烹饪后大量失水，形成了颗粒状的粗糙质地并带有些许肝脏的味道。以纯猪肉制成的肉糕风味柔和，富含脂肪，口感更细腻柔软。与纯牛肉和纯猪肉相比，以纯小牛绞肉制成的肉糕因小牛绞肉在烹饪过程中流失的水分很少，故形成了软嫩的胶状质地，但未存留一点儿风味。为何以同样方式烹饪的三种肉有如此大的差异？

猪肉和牛肉的口味存在差异的原因在于牛肉中有较多的慢缩肌，猪肉中有较多的快缩

全牛肉绞肉

全猪肉绞肉

全小牛肉绞肉

肌（见 p.169“鸡肉高汤”）。牛是大型动物，大部分时间都在四处走动和吃草，这就需要肌肉更有耐力，最终使得牛肉的口感较粗、较有风味；另外，牛肉呈深红色，这是肌肉运动所必需的供氧活动的副产品。猪不是很爱活动，且体型较小。也许你会看到它们小步跑向饲料槽大吃一顿，但大部分时间它们都躺在泥里休息，或是躲在树荫下乘凉。因此，猪身上的深色慢缩肌渐渐退化，取而代之的是大量颜色较浅的、细腻的快缩肌和储存的脂肪。如之前所说，猪的脂肪比牛的脂肪更柔软，这使得猪肉在常温下更为可口。因此，以猪肉和牛肉混合制成的肉糕不仅具有牛肉带来的美好风味，而且具有猪肉带来的细腻柔软的口感。

混入小牛肉有什么效果？

小牛肉和牛肉的差异细微，仅与牛的年龄有关。小牛生下来时，肌肉并不发达（这一点适用于大部分哺乳动物），脂肪柔软有弹性；肌肉颜色较白而风味较柔和，富含高比例的可溶性胶原蛋白，这种蛋白在烹饪后会转化为明胶。不发达的肌肉使得小牛肉的口感柔

混合肉类制成的肉饼

嫩，而它的明胶则能锁住水分。这是为什么？请将胶原分子想象成非常细密的网筛，将水分子想象成水气球。在烹饪过程中，当肉糕里的胶原蛋白转变为胶质时，这些胶质分子会缓缓地彼此联结成一张网，锁住所有的水分子。利用明胶的这个特质，我们只要在水里加几勺明胶粉，就能做出弹牙的果冻杯。

因此，牛肉会带来浓烈的风味，猪肉会提供软嫩的脂肪，而小牛肉则会提供大量胶质来锁住水分。这种混合肉馅赋予肉糕以风味、质感、脂肪含量和保水能力方面最完美的平衡。然而，这是真的吗？

向小牛肉说“不”！

使用小牛肉做肉糕的缺点就是肉味平淡。虽然作为混料，小牛肉有助于锁住水分，但同时也会稀释肉糕的风味。再者，小牛肉不易购得（我必须一路走到我妈公寓附近的超市才买得到，也就是说，每次买小牛肉我就要顺便拜访她）。有些食谱建议以明胶粉（我的储藏柜里一定备有的材料）取代小牛肉。我做了几个肉糕实验。第一块肉糕是以等量的牛肩胛肉、猪肉和小牛肉为原料制作的。第二块肉糕是以牛肩胛肉、猪肉和几汤勺溶解在鸡肉高汤里的无调味明胶为原料制作的（为实现单一变量对照，我在第一块肉糕中也加入了等量的鸡肉高汤）。从质地来说，两块肉糕都很湿润柔软；以风味而言，未添加小牛肉的肉糕有明显的优势。

因此，请放弃小牛肉，改用明胶！

肉糕的黏合剂和添加剂

截至目前，我们做出的东西介于汉堡肉饼和香肠之间。它的脂肪成分类似于汉堡肉饼，但与汉堡肉饼的不同之处在于它将盐直接混入了肉料而非撒在表面。

我们已经知道将盐加入尚未混合的肉料中会使肉料变得黏稠，因为溶解的肌肉蛋白会重新联结，这对肉糕来说不是件好事，毕竟我们追求的是天鹅绒般松软的质感。我们可以在搅拌肉料的前一刻放盐，并尽可能地减少搅拌次数，以此来降低肉料的黏稠程度。其实，还有更好的方法可以改善口感，那就是使用黏合剂和增量食材，以下为最常添加的几种食材及其作用。（见表 20）

鸡蛋

几乎每种肉糕都会用到鸡蛋。蛋黄大部分由水组成，还含有许多蛋白质和脂肪，能增加肉糕的风味、浓郁度和湿度，还能帮助肉料黏合，使肉糕维持稳固的形状。蛋清含有更多水分且不含脂肪，味道清淡。蛋清的主要作用是增加了松散蛋白质的数量，并协助蛋黄发挥固形功能，因此无须再特别处理肉料或加强其硬度。

牛奶和其他乳制品

与鲜奶油和白脱牛奶一样，牛奶含有水和脂肪，能为肉糕增添水分。长久以来都有个理论认为，牛奶能使肉馅更加软嫩。因此，人们常将其作为依据，在制作意大利番茄肉酱时用牛奶煮绞肉。对这种理论，我持怀疑态度。牛奶的主要成分是水，仅含少量乳脂和蛋白质，为何会使肉变软？

一些资料显示，牛奶能让烹饪温度维持在 100℃（212 ℉）以下，因此能避免肉被煮过头。什么？让温度维持在沸点以下？好处是什么？肉在 38.9~41.7℃（70~75 ℉）以下会变硬。更何况，肉里含有的水分（加入肉糕里的肉和蔬菜里都含有很多水分）会起到与牛奶相同的作用！我用了三批肉做实验：第一批肉用牛奶煮熟，第二批肉用水煮熟，第三批肉用其本身的肉汁煮熟。最终，三批肉的硬度差不多。因此，牛奶并不能使肉变软。使肉软嫩的唯一方法是不要把肉煮过头，这正是在做肉糕时要用温度计的原因。

另一方面，牛奶确实能增加肉糕的湿润度和脂肪含量。仅凭这一点，牛奶还是值得混入肉料中的。鲜奶油的效果不错，白脱牛奶的效果更好，因为它带有独特的气味，能让成品风味具有更丰富的层次。

面包糠

乍看之下，面包糠是多余的增量食材，加进食物里，只会让分量多一点儿而已。但是，面包糠很可能是改善肉糕质感的最重要的食材。除了在烹饪时可以吸收并锁住水分，它们还能从物理层面阻碍肌肉蛋白之间的摩擦，降低蛋白质重新联结的数量，因此能大大提升肉糕的软嫩度。肉糕的物理结构在许多方面都与用淀粉稳固的乳化酱汁的物理结构类似。对后者来说，淀粉是缓冲剂，能避免脂肪融合；前者则由面包糠来担任缓冲剂的角色，使肌肉蛋白之间保持距离。将新鲜面包片以食物料理机打碎而成的面包糠，会比放了一阵子的干面包糠有更佳的保水力和黏合力。

蘑菇

这不是肉糕的标准配料，但绝对值得添加。为何将蘑菇归类为黏合剂和增量食材，而非其他香料呢？因为蘑菇的功用更像面包糠，而非洋葱等蔬菜。蘑菇具有高度的可渗透性，内含风味浓郁的汁液，柔软且富有弹性，像面包糠一样能避免肌肉蛋白重新联结，在提升肉糕软嫩度的同时，会慢慢释放内部的汁水，从而提升肉糕的风味。事实上，蘑菇的功用非常像面包，我会以对待面包的方式处理蘑菇，即用食物料理机将蘑菇打碎后放入生的肉料中混合，无须预煮。

以下表作为上述内容的总结：

表 20　肉糕各种黏合剂和添加剂的效果与混合方式

材料	效果	混合方式
蛋黄	增添风味与水分，帮助肉和面包形成结构而不过硬	直接与肉料混合
蛋清	比蛋黄更有效地帮助肉和面包形成结构而不过硬	直接与肉料混合
面包糠	锁住水分并在物理层面阻碍肌肉蛋白重新联结，提升肉糕软嫩度	用牛奶或高汤浸湿，做成帕纳德（panade，一种面包和液体的混合物），再与肉料混合
牛奶（或其他液态乳制品）	提升肉糕润泽度和软嫩度	用来浸泡面包糠
明胶	在烹饪肉糕时，加强肉糕的锁水能力	撒入鸡肉高汤里煮化，然后与肉料混合（也可用来浸湿面包糠）
蘑菇（切碎）	在物理层面阻碍肌肉蛋白重新联结，提高肉糕软嫩度，提升风味	直接与肉料混合
盐	太早加盐会造成肌肉蛋白分解又重新联结，导致口感太过有弹性、紧实	在混合肉料的前一刻加盐，拌匀后立刻烹饪

美味的关键：浓缩的风味基底

讨论完肉糕的肉料和质感后，我们将焦点转移到调味上来。

将胡萝卜、洋葱和芹菜作为基底很合理，因为这三样菜是肉类菜肴和酱汁的经典添加物。然而，当把它们切成丁加进肉糕里时，质感却很不搭，会影响肉糕天鹅绒般的质感。那该怎么办？简单——只要把它们切成细末后煮软，即可入肉糕中了。我习惯在用食物料理机（已经用它处理过面包糠和蘑菇了）将蔬菜打成碎末后，再用黄油将蔬菜末炒软，并以少许大蒜和西班牙红辣椒粉调味。

蔬菜准备好了，接下来的这些食材能撑起肉糕的风味骨架并大幅提升鲜味：鳀鱼、马麦酱和酱油。这些食材富含谷氨酸和肌苷酸（inosinate），这两种物质能触发某种信号，来告诉大脑我们在吃带有鲜美肉味的食物。这些食材能让肉糕尝起来更有肉味，而不会带入食材自身的味道。把蔬菜和“鲜味炸弹”等风味基底一起炒好后，我会倒入鸡肉高汤和白脱牛奶，加入软化了的明胶，再慢慢将汤汁收干，制成带有满满风味的浓缩酱汁。

把这道浓缩酱汁倒入肉料拌匀后，会制成非常湿润的肉糕混料，最终能做出非常湿润的肉糕（明胶能帮助锁住水分），然而太过湿润的混料并不容易定型。虽然我可以将混料倒入肉糕模中烤熟，但我偏好将其铺在烤盘上，以尽可能地增加肉糕棕化和上色的面积。解决办法就是结合这两种方法：将肉糕混料倒入烤模中，盖上铝箔纸，再倒放在平底烤盘上，摊平铝箔纸，将烤盘送入烤箱。烤 30 分钟至肉糕定型，用锅铲和厨房毛巾协助拿起烤模，完美的肉糕（刚好适合切片夹进三明治）就做好了。用此法制作的肉糕不仅具有平铺烤肉糕的所有优点，还能增加肉糕的表面积。

肉糕不需要特别的酱料装饰，但是我喜欢配上传统的酸甜番茄红糖酱料，或是将其裹上培根外衣食用。只是，我还没尝试过尼克森先生所建议的食谱——在面包上加香蕉。

如同尼克森先生所说，肉糕的美妙之处在于能被无限地自由定制。只要肉料和作为黏合剂的食材比例正确，就没有什么能限制你的创造。有时，我会放一些切碎的腌黄瓜、咸橄榄，松子和杏仁也能让肉糕的口感和风味更好。一直以来，我母亲总能在肉糕中意想不到的地方藏上葡萄干。我相信她一定很喜欢加了葡萄干的肉糕，这是她的个人喜好，我不予置评。

美式经典肉糕

ALL-AMERICAN MEAT LOAF

笔记：

如果要达到最好的效果，请使用自制绞肉（见p.475“料理实验室指南：如何自制绞肉”），用猪肩肉和牛肩肉（或是牛肋排肉和牛胸肉混合）制作绞肉。给肉糕塑形时，要打湿双手，避免粘黏。

若不要求或是不需要形状完美的肉糕，那么将混合物倒入以铝箔纸衬底的平底烤盘中即可，但是烤好的肉糕会稍微塌陷，厚度较薄。烹饪方法与使用烤模的相同。

1

2

3

4

5

6

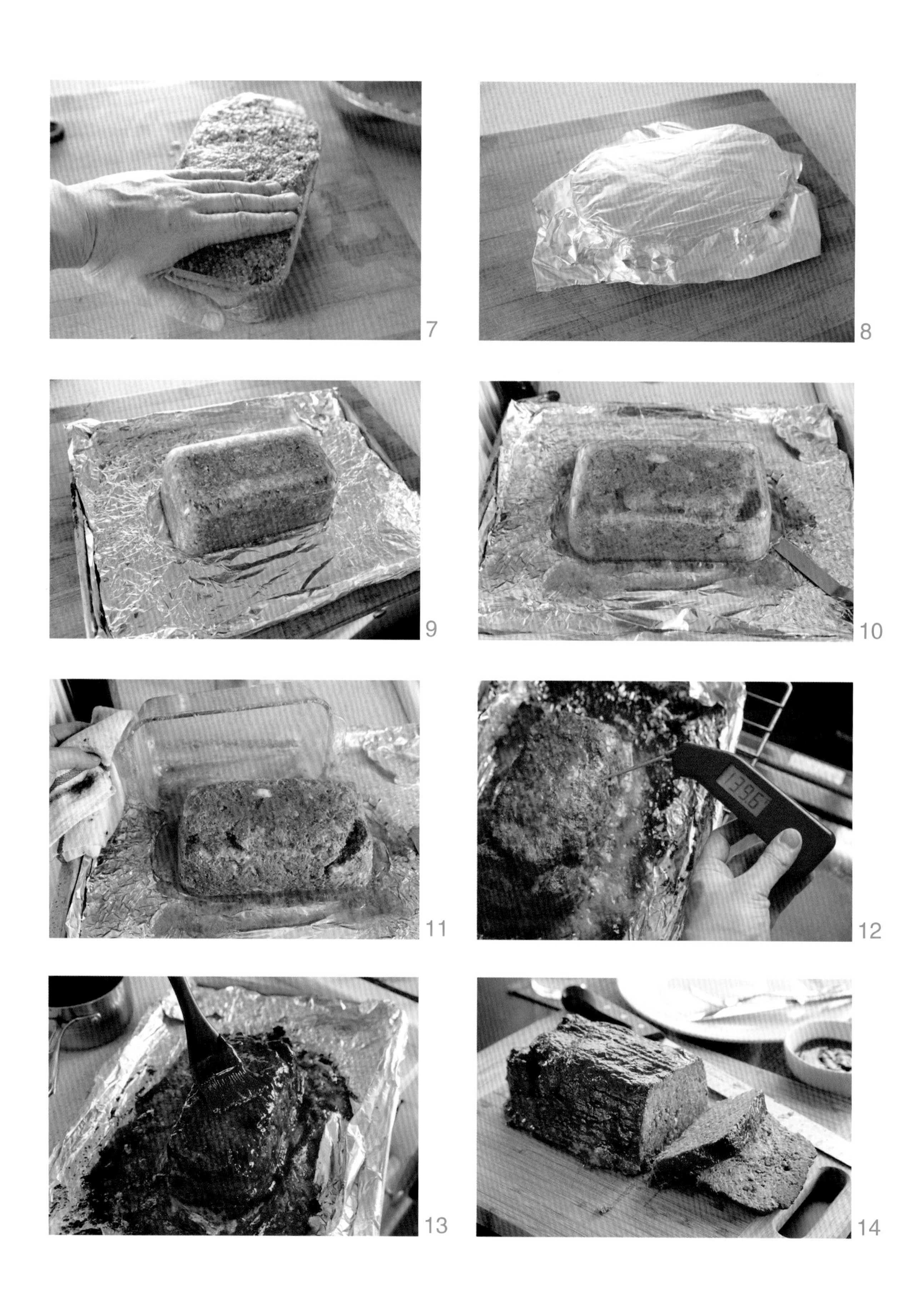

7
8
9
10
11
12
13
14

4~6 人份

自制鸡肉高汤或罐装低盐鸡肉高汤 1/2 杯

白脱牛奶 1/4 杯

无调味明胶粉 14 克（1/2 盎司，2 包，约$1\frac{1}{2}$小勺）

高品质白吐司 2 片，去边，撕大块

白色纽扣蘑菇或棕色意大利蘑菇 113 克（4 盎司）

鳀鱼 3 条

马麦酱 1/2 小勺

酱油 2 小勺

红辣椒粉 1 小勺

蒜瓣 2 瓣，切细末或磨成蒜泥（约 2 小勺）

小型洋葱 1 个，略切碎（约 3/4 杯）

小型胡萝卜 1 个，去皮，略切碎（约 1/2 杯）

芹菜 1 根，略切碎（约 1/2 杯）

无盐黄油 2 大勺

自制新鲜猪绞肉 340 克（12 盎司，见 p.521 笔记）

自制新鲜牛绞肉 567 克（$1\frac{1}{4}$磅）

大型鸡蛋 2 个

切达、帕芙隆、蒙特利杰克或莫恩斯特奶酪 113 克（4 盎司），磨碎

切碎的新鲜荷兰芹 1/4 杯

犹太盐和现磨黑胡椒碎各适量

1. 将鸡肉高汤和白脱牛奶倒入量杯中混合，撒入明胶粉后放一旁备用。
2. 将白吐司块和蘑菇放入食物料理机中搅打成碎屑，倒入大碗中备用。
3. 将鳀鱼、马麦酱、酱油、红辣椒粉和蒜末放进食物料理机的料理杯中搅打成酱状，必要时沿杯壁将食材刮下，再继续搅打均匀。然后放入洋葱碎、胡萝卜碎和芹菜碎，打至细碎，但别打成泥。（图 1—图 3）
4. 往直径 25.4 厘米（10 英寸）的不粘锅中放入黄油，以中大火加热至冒泡。将料理杯中的混合物倒入锅中，持续搅拌加热至蔬菜变软、酱汁收干且颜色变深，约 5 分钟。（图 4）倒入白脱牛奶混合物拌匀后煮至沸腾，直到液体浓缩成原先分量的一半，约 10 分钟。（图 5）将锅中食材和酱汁倒入盛有面包碎和蘑菇碎的大碗中拌匀，凉至不烫手，约 10 分钟。
5. 把两种绞肉也倒入大碗里，同时加入鸡蛋、奶酪碎、荷兰芹碎、1 大勺盐和 1 小勺黑胡椒碎，以干净的双手轻轻搅拌至混合均匀，这时混料的质地应该比较松散。（图 6）取 1 小勺混料放在可微波加热的盘中，送进微波炉，以高火加热至熟透，约 15 秒。品尝一下味道，视口味情况给其余混料添加盐和黑胡椒碎。
6. 把混料倒入长 22.9 厘米（9 英寸）、宽 12.7 厘米（5 英寸）的肉糕烤模中，注意避免底部残留气泡（若有多余的混料，可以装入其他小烤模或直接放在肉糕烤模旁边烤）。（图 7）撕下足以覆盖平底烤盘的厚铝箔纸，沿着肉糕烤模上缘盖好，并压紧密封。（图 8）待烤的肉糕混料先放冰箱冷藏（混料最多能冷藏保存两天）。
7. 将烤架调整到中下位置，然后预热烤箱至 176.7℃（350 ℉）。烤箱预热好后，将盛有肉糕混料的烤模从冰箱中取出，小心迅速地倒扣在平底烤盘上，再将包着烤模的铝箔纸摊平在烤盘上。（图 9）把铝箔纸的边缘折起，以包住烘烤时流出的肉汁。将肉糕烤至定型，约需 30 分钟（按压其表面会感觉较结实）。

酱汁材料

番茄酱 3/4 杯

袋装红糖 1/4 杯

苹果醋 1/2 杯

现磨黑胡椒碎 1/2 小勺

黄芥末酱或番茄酱（视喜好添加）

8. 用一把薄的金属锅铲由一侧划过肉糕边缘，带上防烫手套或以厨房毛巾垫着轻晃烤模，让肉糕滑到平底烤盘中央后移除烤模。（图 10、图 11）将肉糕送回烤箱继续烤，直到快显温度计插入肉糕中央测得的温度为 60℃（140 ℉），大约需要 40 分钟。（图 12）肉糕流出大量肉汁是很正常的。将肉糕烤好后出炉，静置 15 分钟。将烤箱升温至 260℃（500 ℉）。
9. 在烘烤肉糕时，制作酱汁：将番茄酱、红糖、苹果醋和黑胡椒碎放入小锅中，以中大火加热，持续搅拌，待红糖溶化形成顺滑的酱汁后离火，约 2 分钟。
10. 在肉糕上均匀地刷一层薄薄的酱汁后，将其送回烤箱烤 3 分钟。拿出后，再刷上一层酱汁，再烤至少 3 分钟。最后，再刷一层酱汁，烤至酱汁冒泡且呈深棕色光泽，约需 4 分钟。（图 13）将肉糕静置 15 分钟，切片后淋上剩余酱汁，视喜好添加番茄酱或黄芥末酱。（图 14）

| 专栏 | 生肉混合物的调味测试

你可能已经注意到这个问题：在按照食谱操作时，只有试吃食物，才能判断调味（这里是指盐和黑胡椒碎）是否适当。然而，生肉混合物必须煮熟后才能尝出其味道，进而了解制作肉糕（香肠或馅料等）的混料在倒入烤模中或直接烘烤前是否调味充分。

有两个简单快速的测试方法。第一种方法：捏一点儿混料放入高温煎锅中，用煎迷你汉堡肉饼的方式将混料煎熟。更快的是第二种方法：挖一小勺混料放在可微波的盘子上，用微波炉加热 10~15 秒。最后都要品尝一下熟混料的味道，再调整其余混料的味道。

肉糕三明治

LEFTOVER MEAT LOAF SANDWICH

肉糕三明治最棒了！有时候，我做肉糕只是为了第二天可以将肉糕加热并夹进三明治里。

1 人份

做好的美式经典肉糕 1~2 片（见 p.521）
美式、切达、瑞士或蒙特利杰克奶酪 1 片
烤好的汉堡面包 1 个
喜欢的酱料和作料，如黄芥末酱、番茄酱和腌黄瓜等

烤箱以上火模式高温预热，将烤盘铺铝箔纸垫底后放上肉糕，烤约 5 分钟至其边缘酥脆。打开烤箱，在肉糕上放上 1 片奶酪，再烤 1 分钟至奶酪化开。将奶酪肉糕移至备好的汉堡面包里，配上喜欢的作料和酱料即可享用。

意式肉丸佐浓郁番茄酱

烹饪的美妙之处就在于，一旦了解和学会了最基础的技法，就能广泛应用。

这里将以经典的美式意大利肉丸为例。我们在已经学会制作美式经典肉糕（见 p.521）和基础家庭香肠（见 p.493）的基础上，就知道制作肉丸所需的技术和方法了。

美式意大利肉丸实际上可以看作是小圆球状的肉糕，有着类似于香肠的特征，用肉味浓郁的番茄酱炖制而成（如果你是意大利人，请不要把我的这种说法告诉你奶奶）。当然肉丸使用的调味香料与肉糕不同，但基本的制作技术几乎相同。会做肉糕的人就会做肉丸，反之亦然。真希望人生也如此简单！不用放洋葱、胡萝卜和芹菜这些肉糕中的材料，而是用大蒜、荷兰芹和帕玛森奶酪来简单调味，这使得肉丸更容易成形。

肉丸的质地

在各种绞肉制品中，肉丸的质地较接近肉糕，但是肉丸有一个与香肠十分相似的特点——弹牙。怎么会这样呢？

我想到的第一个原因就是加了盐。我知道，将做香肠的绞肉加盐后静置一会儿再搅拌，做出的香肠就会具有更弹牙紧实的口感，这同样也适用于制作肉丸。我同时制作了两批肉丸：第一批肉丸的材料在调味后立刻搅拌混合；第二批肉丸的材料在调味后先静置 30 分钟，再搅匀。第二批肉丸的口感明显比第一批的更为扎实且具有弹性。我尝试过用机器揉捏肉丸材料，就像我用台式搅拌机的搅拌桨处理香肠肉馅一样，但是成品太有弹性了，还是用手捏揉比较好。

变换风味

接下来的问题是，如何烹饪成形的肉丸？大块的肉糕很适合用烤箱烤熟，既能烤出美味的外皮，又能把中心烤熟。但这种方式不适合体积小的肉丸，因为待其表皮烤上色时，中心早已被烤过头了。这就是为什么肉丸通常要分两个阶段进行烹饪——先油炸，后炖煮。先在浅平底锅中，用油快速地炸肉丸让其表皮棕化上色，增添口感和风味（以不没过肉丸的油量来炸，肉丸均匀上色的效果会比煎炒来得好）。再将炸好的肉丸移至酱汁中炖煮，可让肉丸中心完全煮熟，还能为酱汁增添鲜美的肉香味。这两个阶段相辅相成。

至于酱汁，我喜欢朴实简单的肉丸酱汁：将以牛至、干辣椒碎和大蒜调味的基本的意式红酱，在混合了黄油和橄榄油的锅里炒香。

精明如你，就可能发现一个问题：我们有两个独立但相互冲突的目标。长时间炖煮能让酱汁风味更佳，却会将肉丸煮过头。在炉子上长时间炖煮肉丸和酱汁听起来是个美妙、浪漫的做法，但如果你喜欢肉丸口感柔嫩的话，就别这么做。肉丸的中心温度不能超过 71.1℃（160 ℉），这意味着将其温和地炖煮 10 分钟就是极限了。然而，如果不把肉丸泡在酱汁里炖煮，怎样才能让酱汁富有浓郁鲜美的肉香味呢？因为以酱汁入味来说，10 分钟确实不太够。

解决方法是什么？首先，在荷兰铸铁锅中煎几粒肉丸，作为酱汁的风味基底。之后，再使用同一口锅，把酱汁和捣碎的肉丸一起熬 1 个小时就能使酱汁风味浓郁。另起一锅放油烧热，将所有肉丸表面炸上色，再放进酱汁中文火煨至全熟。这样做出的肉丸实在很美味，即使没有意大利面配着吃，我也完全不在意。

软嫩意式肉丸 佐浓郁番茄酱

TENDER ITALIAN MEATBALLS WITH RICH TOMATO SAUCE

9

10

6~8 人份

肉丸材料

自制新鲜牛肩肉绞肉或羊绞肉 454 克（1 磅）

自制新鲜猪肩肉绞肉 454 克（1 磅）

犹太盐适量

白脱牛奶 1 杯

无调味明胶粉 7 克（1/4 盎司，1 包）

高品质白吐司 4 片，去边，撕成块

酱油 2 小勺

马麦酱 1/2 小勺

鳀鱼 4~6 条，用叉子背压成泥（约 1 大勺），留一半用来做酱汁

大型鸡蛋 2 个

帕玛森奶酪 85 克（3 盎司），磨碎

中型蒜瓣 6 瓣，切细末或磨成蒜泥（2 大勺），留一半用来做酱汁

切碎的新鲜荷兰芹 1/2 杯

制作肉丸：

1. 向大碗中放入猪绞肉、牛绞肉和 1 大勺盐，用手拌匀后在室温下静置 30 分钟。（图 1）
2. 静置肉馅时，向另一个大碗中倒入白脱牛奶和明胶粉，静置 10 分钟以使明胶粉吸水。之后向大碗中放入撕碎的吐司块，浸泡 10 分钟，中途偶尔搅动，让吐司块全部浸湿。
3. 肉馅静置结束后，向其中加入酱油、马麦酱、鳀鱼泥（一半量）、鸡蛋、奶酪碎、蒜泥（一半量）和荷兰芹碎，倒入白脱牛奶和吐司的混合物，并用手轻柔地搅拌均匀，注意不要过度揉捏。取 1 小勺肉馅放入盘中，送进微波炉以高火加热至熟，约 15 秒。品尝味道后再调整其余肉馅的盐量。
4. 用打湿的双手或 40 号冰激凌勺挖出直径为 3.8 厘米（$1\frac{1}{2}$英寸）的肉丸（稍微溢出冰激凌勺，每个肉丸的体积约为 3 大勺，一共能制作 28~32 个肉丸），摆入平盘，放入冰箱冷藏。（图 2—图 4）

酱汁材料

特级初榨橄榄油 1/4 杯

无盐黄油 4 大勺

大型洋葱 1 个，切末（约 2 杯）

肉丸材料中保留备用的鳀鱼泥和蒜泥

干牛至$1\frac{1}{2}$小勺

干辣椒碎 1 小勺

每罐 794 克（28 盎司）的番茄罐头 3 罐，用手或捣泥器将番茄制成 1.3 厘米（1/2 英寸）见方的大块

植物油或芥花籽油 356 毫升（$1\frac{1}{2}$杯）

切碎的新鲜罗勒叶 1/4 杯

装饰用新鲜现磨帕玛森奶酪碎少许

制作酱汁：

5. 向荷兰铸铁锅中倒入橄榄油，以中大火加热至冒烟。放入 4 个生肉丸，压碎后煎至底部呈棕色，约 3 分钟。放入黄油和洋葱末炒一炒，同时用木勺刮起锅底的棕色物质。持续拌炒至洋葱末变软且呈半透明状，约 3 分钟。（图 5、图 6）
6. 加入备用的蒜泥、干牛至、干辣椒碎和备用的鳀鱼泥，与压碎的肉末一起继续炒至出香味，约 1 分钟。加入番茄块，煮滚后转文火，保持在稍微沸腾的状态。盖上锅盖，露一点儿缝，持续炖煮至酱汁变稠，约需 1 个小时。
7. 炖煮酱汁的同时，在 25.4 厘米（10 英寸）的不粘锅或荷兰铸铁煎锅中倒入植物油，以中大火加热至 176.7℃（350 ℉）（肉丸碰到热油，会立刻嗞嗞作响）。将盘中 1/3 的肉丸下锅后，油温大约会降至 148.9℃（300 ℉）。调整火力以维持这个温度（油应该剧烈地嗞嗞作响，但不冒烟），将肉丸炸至接触锅的那一面完全上色，需 1~2 分钟。小心地用曲柄抹刀或叉子将肉丸翻面，再继续将其第二面炸至上色，需 3~4 分钟。用夹子将炸好的肉丸夹至铺好厨房纸巾的盘中。重复上述步骤，将剩余的肉丸分两批炸好。在每批肉丸下锅前，要确认油温回到 176.7℃（350 ℉）。炸过肉丸的油可以丢弃，或过滤后另作他用。（图 7—图 9）
8. 酱汁炖了 1 个小时后，放入炸好的肉丸炖煮 10 分钟以上。（图 10）用盐调味后，拌入罗勒碎，加入现磨帕玛森奶酪碎即可（也可拌入意大利面食用）。

猪肉肉丸佐蘑菇奶油酱

PORK MEATBALLS WITH MUSHROOM CREAM SAUCE

4~6人份

肉丸材料

自制新鲜猪肩绞肉 454 克（1 磅）
犹太盐适量
白脱牛奶或鲜奶油 1/4 杯
无调味明胶粉 7 克（1/4 盎司，1 包）
高品质白吐司 2 片，去边，撕成块
酱油 1 小勺
马麦酱 1/2 小勺
鳀鱼 2 条，用叉子压成泥
中型蒜瓣 3 瓣，切细末或磨成蒜泥（约 1 大勺），留 2 小勺备用做酱汁
干辣椒碎 1 小勺
大型鸡蛋 1 个
糖 1 大勺
茴香粉 1/2 小勺
现磨黑胡椒碎适量
植物油 2 杯

制作肉丸：

1. 大碗中放入猪绞肉和盐，用手拌匀，在室温下静置 30 分钟。
2. 静置绞肉时，往另一个大碗中倒入白脱牛奶，加入明胶粉，静置 10 分钟以让明胶粉吸水。之后向大碗中放入撕成块的吐司，浸泡 10 分钟，中途搅动一下，让吐司块全部湿透。
3. 绞肉静置结束后，加入酱油、马麦酱、鳀鱼泥、1 小勺蒜泥、干辣椒碎、鸡蛋、糖、茴香粉和黑胡椒碎，倒入白脱牛奶和面包的混合物，并用手轻柔地搅拌均匀，注意不要过度揉捏。取 1 小勺肉馅放入盘中，送进微波炉以高火加热至熟，约 15 秒。品尝味道后，调整其余肉馅的咸度。
4. 用打湿的双手做出直径 2.5 厘米（1 英寸）的肉丸（每个肉丸的体积约 1 大勺，大概能制作出 30 个肉丸），把肉丸摆在平盘上备用。
5. 在 25.4 厘米（10 英寸）的不粘锅或荷兰铸铁煎锅中倒入植物油，以中大火加热至 176.7℃（350 ℉）（肉丸碰到热油，会立刻嗞嗞作响）。留出 4 个肉丸备用。将一半盘中剩下的肉丸下锅后，油温会降至约 148.9℃（300 ℉），调整火力大小以维持此温度（油应该剧烈地嗞嗞作响，但不冒烟），将肉丸炸至接触锅的那一面完全上色，需 1~2 分钟。用曲柄抹刀或叉子将肉丸翻面，再将第二面炸至上色，需 3~4 分钟。用夹子将炸好的肉丸夹至铺有厨房纸巾的盘中。重复上述步骤，炸好剩下的肉丸。在第二批肉丸下锅前，要确认油温回到 176.7℃（350 ℉）。炸过肉丸的油可以丢弃，或过滤后另作他用。

酱汁材料

无盐黄油 3 大勺

纽扣蘑菇 227 克（8 盎司），切片

小型洋葱 1 个，切末（约 1 杯）

备用的蒜泥

中筋面粉 1 大勺

自制鸡肉高汤或罐装低盐鸡肉高汤 $1\frac{1}{2}$ 杯

酱油 1 小勺

鲜奶油 1/2 杯

糖 2 小勺

犹太盐和现磨黑胡椒碎适量

新鲜柠檬汁适量

新鲜百里香叶 1 小勺

制作酱汁：

6. 向刚炸完肉丸的锅中放入 2 大勺黄油，以中大火加热至黄油冒泡。加入蘑菇片拌炒至其出水且颜色变深，约 8 分钟。将蘑菇片推到锅的一边，在锅中央放入剩余的 1 大勺黄油。放入备用的 4 个生肉丸，用木勺压碎后翻炒至肉全部变色，约 1 分钟。
7. 加入洋葱末，和碎肉、蘑菇片一起拌炒均匀，至洋葱末变软，约 3 分钟。放入备用的蒜泥炒香，约 30 秒。放入面粉后持续搅拌 30 秒，慢慢倒入鸡肉高汤，并用木勺刮起锅底的棕色物质。加入酱油、鲜奶油和糖搅拌均匀，煮至沸腾。
8. 放入炸好的肉丸，和酱汁一起炖煮，不时搅拌几下，煮至肉丸完全熟透、酱汁变稠（稠度类似于鲜奶油），约需 5 分钟。用盐和黑胡椒碎调味，加入柠檬汁和百里香叶即可。

如何制作汉堡肉饼

我太太每天晚上回家时都会以亲吻来和我打招呼……

我知道她这看似单纯的举动，其实是想借机用嗅觉探测一番。她靠近我的脸时，会短促而用力地吸气，寻找一丝欺骗和不忠的香味。我试着憋住气，但已经太迟了。

她质问我："你又做了汉堡，是不是？"有人说，我对汉堡的热爱近乎迷恋，也有人说这是一种精神疾病，但对我太太来说，我对汉堡的爱是她永远的"伤痛"。几年前，我太太逼着我们全家搬到新公寓，因为汉堡和烤洋葱那浓烈的香味早已渗进旧公寓的墙壁里。现在，我们可能又要搬家了。

我爱我太太，但汉堡是我的情人。

| 专栏 | 美味汉堡五大原则

汉堡的美好在于，任何人都能做出一个像样的汉堡。然而，想做出震慑人心的美味汉堡，你必须了解更多的知识和技术。以下五大原则将帮你达到更高的境界。

原则 1：精选牛肉并自制绞肉

与香肠、肉糕和肉丸相比，汉堡肉饼的美味主要取决于绞肉的品质。如果使用品质不稳定的市售成品绞肉，你则无法得知绞肉的绞制时间，肉来自牛的哪一部位，甚至是来自多少头牛。更别提市售成品绞肉可能会受到大肠杆菌污染，或经过了随意而粗心的处理，并被装进过度挤压的包装袋中。如此一来，搞砸的风险将大幅提高。最后，你只能得到干硬的肉饼。

新鲜牛绞肉松软、多汁、风味十足，会让任何用普通市售绞肉做成的汉堡肉饼瞬间相形见绌。自制绞肉的好处在于能选择肉块，并根据个人喜好调整口感。对于没有自制绞肉经验的人来说，这项工作刚开始可能有点艰巨。但是，这真的没有那么困难（见 p.475“料理实验室指南：如何自制绞肉”）。

若你还是决定要使用市售绞肉，请使用牛肩颈肉制成的绞肉（标签上会写着 80/20，代表 80% 为瘦肉，20% 为肥肉）。如果可能的话，请肉贩为你粗绞一批新鲜的肉就更好了。

原则 2：不要过度挤压绞肉

不论绞肉的外观如何，它们都并非一成不变的物质。从你把手放上去的那一刻起，它们就会不断变化，对每次揉捏、每次撒盐、每次温度的变化都会有反应。过度揉捏绞肉会导致其蛋白质像强力胶一样彼此紧密联结，导致汉堡肉饼过于厚重紧实。

如果想要软嫩的汉堡肉饼，最好自制新鲜绞肉，并尽可能轻柔地将绞肉塑形成肉饼。如果想让烤出的肉饼有很多裂缝和凹槽来容纳化开的奶酪，我有时候会把绞好的肉直接放在平底烤盘上，再轻柔地塑形成肉饼。如此一来，我就不会在烹饪前过度挤压绞肉了。这样做出的肉饼超级美味！

以下两张图是松软的肉饼和过度挤压的肉饼一起烹饪后出现的差异。

左侧是过度挤压后的肉饼，它质地过于紧实，缺少孔洞来容纳流出的肉汁和化开的奶酪。右侧是未用手揉捏的肉饼，它松软的质地使它更能保留肉汁（甚至七分熟或全熟的肉饼也都多汁得令人垂涎），拥有更多表面积也有助于上色，它还有许多能容纳化开的奶酪和肉汁的小孔洞。

除此之外，在汉堡肉饼中加入洋葱末、香草、蛋液、面包糠等添加物会让你必须更多地搅拌、揉捏肉馅，也会让你的汉堡变成肉糕三明治。你已经花了大量时间和心力去挑选牛肉并自制绞肉，就让它们为自己的品质代言吧。

这条规则不适用于制作"压扁"汉堡。你可能听说过，一旦汉堡肉饼被放上烤架或烤盘，无论如何都不能挤压，因为那样会挤出珍贵的肉汁。没错，加热肉饼到脂肪融化的温度后，挤压肉饼就像挤压海绵一样，会挤出许多液体。这也表示在肉饼达到这个特定温度前，你怎么挤压都没关系。"压扁"汉堡是汉堡的一种，近来风靡的品牌有"Shake Shack"和"Smashburger"。事实上，制作"压扁"汉堡就是要在肉饼刚下锅时，重压肉饼。关于"压扁"汉堡的内容我们将在后面的章节中讨论。

原则 3：随心所欲地调味，但只在肉饼成形后放盐

汉堡不该和健康食物或日常食物混为一谈。吃一个好的汉堡应该是偶尔为之的享受，既然是享受，就该享受最棒的！若没有用足够的盐和黑胡椒调味，那再精心地选肉、绞肉也无法拯救肉饼平淡的味道。国王和小丑，你想和谁一起共进晚餐呢？小丑虽然可能有一些缺点，但是懂得加点盐来调剂一下，总是会比较有趣的。

小提醒：肉饼塑形后才能放盐调味，因为盐会使肌肉蛋白松解，并再次联结重组，使肉饼的口感从本来的软嫩多汁变得像香肠那样弹牙（香肠弹牙是好事，见p.486"香肠、肉、脂肪和盐"），盐在此发挥了显著的功效。

下面图示的两个肉饼用了相同部位的牛肉和相同的绞碎方式，并在同一个煎锅里将中心温度烹饪至同样温度后出锅。差异在于左边肉饼是塑形后再在表面撒盐的，而右边的肉饼是将盐与肉馅混合后再塑形的。

右边的肉饼质地平滑、紧实。我举起荷兰铸铁锅，将它从相同高度分别拍在半片肉饼上，并记录肉饼被压散后的宽度，结果请看这两张图。

左边为不加盐塑形的汉堡肉饼，右边是加盐后塑形的肉饼。

现在，你应该理解为何必须在肉饼塑形后再加盐了。

黑胡椒碎？随意添加即可。汉堡肉饼不加黑胡椒碎，就像洗泡泡浴没有泡泡一样。当然，不加黑胡椒碎一样能做出汉堡肉饼，只是缺少了乐趣！

原则 4：好好对待你的汉堡面包

这是一个很好的生活建议，并特别适合汉堡面包。面包有各种形状、大小、密度和风格。请你挑选合适的汉堡面包，并以尊重的态度对待它们。我遇过无数次好的汉堡肉饼被面包搞砸的情况了。

较小、较薄的肉饼，如餐厅风格的烤汉堡肉饼，基准搭配是柔软、结构紧实、微甜的马丁牌马铃薯汉堡面包（Martin's Potato Rolls），超市售卖的较软、较湿润的汉堡面包，也同样适合。买不到马丁牌时，我会买阿诺德（Arnold）[4]或珮珀里奇农场牌（Pepperidge Farm），是否带芝麻可随个人喜好选择。在将肉饼夹入前，记得为面包抹上黄油，再烘烤一下会更好！迷你汉堡有着薄薄一小片肉饼，要搭配超市售卖的最软的汉堡面包，这种面包蒸热后吃起来感觉会融化在嘴里。许多超市售卖的自有品牌面包都很不错。

④阿诺德，Arnold，美国著名面包品牌，出品吐司、汉堡、热狗面包。——校注

较厚的酒吧风格汉堡肉饼会让软面包吸满肉汁，如此一来，肉饼底下的面包在上桌前可能就已经湿透了。预先将面包烤过能稍微缓解这个问题，但最好直接搭配结构比较紧实的面包。如果附近有面包店能定制适合的汉堡面包就更好了。很多人喜欢用布里欧修面包[5]，但我比较偏爱没有黄油味且不甜的面包，这样才不会影响牛肉的美味。同时，我会避免使用太有嚼劲或外皮硬脆的面包，因为咬下汉堡时，过硬的面包会将肉饼从后方挤出去。这种可怕的情况被业内人士称为“倒滑”（backslide）。所以面包一定要比汉堡肉饼还要软。

原则 5：越热越好，大火烹调

除了迷你汉堡和蒸式汉堡（steamed burger）这些少数特例，烹饪汉堡肉饼的目标是尽可能大面积地形成酥脆的焦黄色的表皮。烹饪汉堡肉饼时，如果用的是炉灶，应将火力调至最大，并使用烧得滚烫的铸铁煎锅或厚不锈钢煎锅（别用不粘锅，因为不粘锅的涂层在烧热至适合烹饪汉堡肉饼的温度时，易释放有毒物质）；如果用的是烤炉，则将其充分预热，或生起大堆炭火。当汉堡肉饼中间还没熟但表面已快烧焦时，应将炉火转小或将肉饼移至炭火较少的相对低温的区域（更好的方法是将肉饼先在较低温区加热，再移至高温区上色）。

关于厚汉堡肉饼的熟度，如果你很有男子气概，你当然可以冒着烫伤的风险用手戳一戳汉堡肉饼来测试其熟度，或者你也可以使用快显温度计来测试（见 p.553）。

汉堡肉饼熟度对应的中心温度和牛排一样，只是汉堡肉饼达到同一温度所需的时间更短。

以下为大致的温度参考：

- 48.9℃（120 ℉）及以下：一分熟（中心为红色且未熟）
- 54.4℃（130 ℉）：三分熟（中心呈粉色且温热）
- 60℃（140 ℉）：五分熟（中心完全呈粉色，开始变得干燥）
- 65.6℃（150 ℉）：七分熟（中心呈偏灰的粉色，明显变干）
- 71.1℃（160 ℉）及以上：全熟（中心呈灰色，水分非常少）

⑤布里欧修面包是一种法式面包，制作时加入了大量的鸡蛋、黄油，因此口感柔软，黄油味浓厚。——编者注

“一直压”汉堡与“压扁”汉堡

绝对不可以压汉堡肉饼！

有多少次你在书上读到过，或在电视节目上看到过那些主厨大喊着“这样会把肉汁挤出来”“你的午餐会变得像冰球一样难以咀嚼”？如果你听过太多次这些说法，就很容易信以为真。各位大厨们，只要你们先回答以下三个问题，我就愿意相信你们：

- **问题一**：纽约有一家我很喜欢的汉堡店，人们愿意为店里的“压扁”汉堡排队 1 个小时。Shake Shack burger 汉堡店的“压扁”汉堡为何依然保有那么多肉汁？
- **问题二**：Smashburger 汉堡店以其“压扁”汉堡的技巧而闻名。它为数众多的铁杆粉丝难道都疯了，竟然会喜爱冰球般口感的汉堡？
- **问题三**：我最近尝过的最美味的汉堡是位于达拉斯的 Off-Site Kitchen 家的。你知道吗？这家的汉堡就是“压扁”汉堡！这是为什么？

好了，以上这些问题是采用了夸张的问法，但任何制作过汉堡的人都知道：在有些时候，不压汉堡肉饼才是正确的建议。那么，什么时候要压，什么时候不要压？首先，我们来了解一下“压扁”汉堡的好处。

焦脆表皮信仰者

“压扁”汉堡如此美味的唯一原因，也是上述三家店（以及其他数不清的店）的汉堡如此美味的原因——梅纳反应。

梅纳反应为我们带来了汉堡肉饼和牛排的焦脆表皮、吐司的金黄色泽以及与之相随的复杂又诱人的香气和风味。那种香味是牛排馆的味道，是刚出炉的面包香，也是美味汉堡店的味道。它不仅让肉吃起来更美味，还能使肉的香味更浓郁。

只有当食物被加热到 148.9℃（300 ℉）以上时，梅纳反应才会开始发生。温度越高，反应速度越快。若烹饪汉堡肉饼的目标是使梅纳反应最大化（就应该如此），就很好理解为何压扁肉饼能增进风味了，因为肉饼被压扁后，能增加直接接触滚烫锅面的表面积，使其有更多的棕色表皮。

只要时间足够，没“压扁”的汉堡肉饼同样能上色，只是会出现几个问题。例如，温度过高会造成肉饼上色不均匀，而更糟的状况是，没有直接接触锅面的那部分肉开始棕化前直接接触锅面的部分肉就会烧焦；温度较低有助于均匀上色，但过于耗时，煎得久会使肉饼煎过头（煎过头就很容易变成干涩的汉堡肉饼）。

压扁肉饼有助于在肉饼中心变老前成功将其煎出深棕色表皮。这对于较小型的肉饼也同样适用。

释放出的肉汁

什么时候不适合压扁汉堡肉饼？我做了几十个汉堡肉饼，在不同阶段压扁它们来做实验。结果呢？下锅 30 秒内压下肉饼，就能避免肉汁流失。

牛肉馅未受热时脂肪是固态的，其中的液体仍被保存在切碎的肌肉纤维里，此时将其按压，不会挤出太多液体。这也是在开始烹饪后就压下肉饼而无须担心肉汁流失的原因。

但是，肉受热后会发生什么事？

从显微镜下看汉堡肉饼，你看到的基本上是一张互相联结的蛋白质网，其中散布着脂肪和以水分为主的液体。和所有肉类一样，汉堡肉饼受热时，它的蛋白质组织会因紧缩而挤出液体，同时其中所含的脂肪会开始变软直至融化，最终连同肉汁一起被挤出。

正确塑形的汉堡肉饼（从绞制、冷藏到降低塑形时的触碰，每个步骤均谨慎处理）有着相对较松散的蛋白质网络。就算脂肪已化开、肉汁已被挤出蛋白质组织，它们仍被锁在肉饼中，只有在肉饼被咬开时，才会释放出来。这就如同海绵里的水只有在被挤压时才会流出。但在此阶段挤压汉堡肉饼，涌出的肉汁会流到锅底或滴在木炭上，肉饼的口感最终会像被挤干水的海绵。

所有汉堡肉饼在烹饪后都会损失部分重量，因为肯定会损失一部分液态脂肪和肉汁。在实验中，113 克（4 盎司）的汉堡肉饼在下锅 30 秒内，会被从球状压成约 1.3 厘米（1/2 英寸）厚的肉饼。经过烹饪，汉堡肉饼将失去略微超过 20% 的重量。这一数字可与相同重量、厚度，且未经压扁的汉堡肉饼相比。两种汉堡肉饼都汁水丰富，但是压扁后的肉饼尝起来明显更美味。

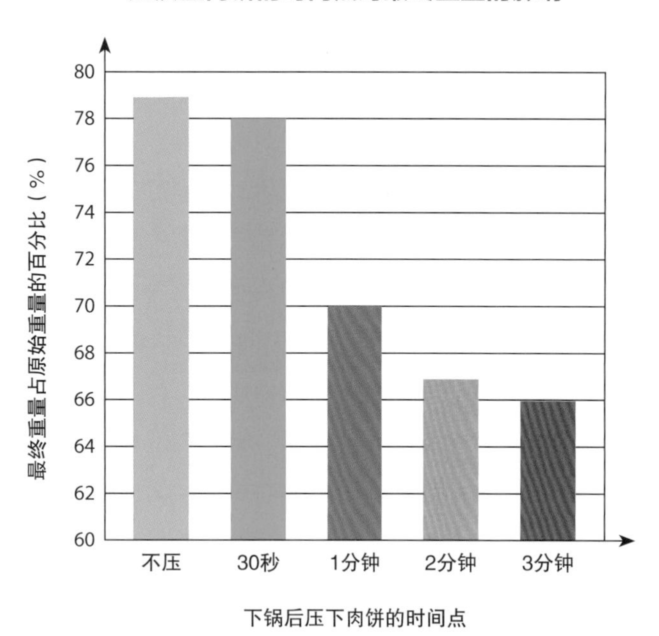

下锅 1 分钟后动手压肉饼，会使肉汁大量流出，煎出的肉饼会干硬无比。和下锅 30 秒内压扁的肉饼相比，下锅 1 分钟后才压扁的肉饼流失的水分会更多。若是两次或更多次挤压肉饼，也就是说下锅时压一次，在烹饪的中后阶段再压一次或多次，汉堡肉饼会损失自身重量一半以上的水分。我看过许多快餐厨师采用这种糟糕的快速方式制作汉堡肉饼。对这样烹饪的汉堡肉饼，我往往只吃一口，就不再碰了。

成功做出“压扁”汉堡肉饼的四大原则

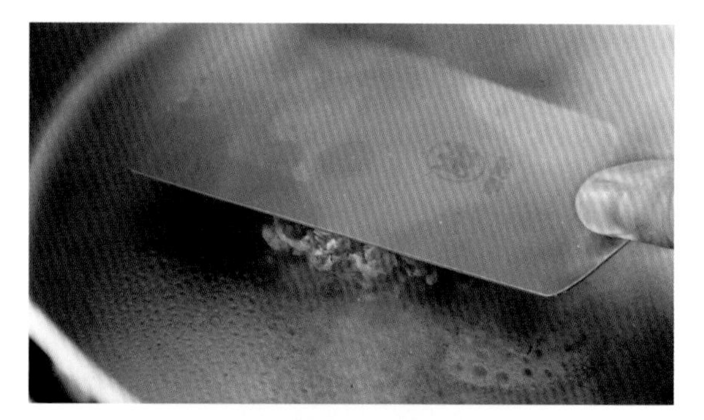

若你已经了解了制作美味汉堡肉饼的基本原则（见 p.534），制作“压扁”汉堡肉饼易如反掌。

原则一：使用质硬且坚固的锅铲

在这里，有弹性的锅铲或便宜的塑料锅铲通通不适用。请准备一把厚实稳固、手柄用铆钉钉牢的不锈钢锅铲。

原则二：使用厚实的不锈钢煎锅或铸铁煎锅

为达到稳定均匀的导热效果，你需要相对厚实的煎锅，并且将其预热较长的时间，直到煎锅没有冷热不均之处。我通常先以中火将煎锅预热几分钟，在肉下锅前再转成大火。

原则三：要早些压扁，力道要扎实

将57~142克（2~5盎司）的肉饼塑形为厚5.1厘米（2英寸）的圆饼后，以大量盐和黑胡椒碎调味，放入预热好的煎锅中。用锅铲将肉饼压下，必要时可借助另一把锅铲施力。压好后不要移动肉饼，将其煎至底面呈深棕色、焦脆，大约需要1.5分钟。

原则四：别放弃任何焦棕色的脆皮

压扁汉堡肉饼的目的就是为了获得美味的深色脆皮，因此在铲起肉饼翻面时，要尽量将其保持完整！坚固的金属锅铲可以助你一臂之力。我发现，将铲子翻转过来刮非常有效。如果汉堡肉饼压得很好且获得了棕色焦脆的外皮，那你只需花30秒就可以把肉饼的另一面煎熟，而且这段时间也足够让肉饼上的奶酪化开。

这样制作肉饼，简单、快速，做出的肉饼超级美味！“压扁”汉堡肉饼最棒的是能非常有效地发挥出美味，就算使用市售牛绞肉制作，一样非常好吃。当我渴望吃汉堡，却又不想搬出绞肉器时，“压扁”汉堡肉饼就成为终极救星！

经典餐厅风格“压扁”奶酪汉堡

CLASSIC DINER-STYLE SMASHED CHEESEBURGERS

笔记：

我喜欢搭配薄切生洋葱、腌小黄瓜和番茄美乃滋酱（见p.542）。根据个人喜好搭配其他食材，喜欢加什么都行。

2~4人份

自制新鲜牛绞肉（或市售牛绞肉）454克（1磅）
较软的汉堡面包（我喜欢用马丁牌马铃薯汉堡面包）4个
化开的无盐黄油2大勺
植物油适量
犹太盐和现磨黑胡椒碎各适量
小型洋葱1个，切薄片（视个人喜好添加）
美式奶酪片4片
个人喜欢的其他食材

1. 将牛绞肉等分为4份，并分别塑形为厚5.1厘米（2英寸）、直径6.4厘米（$2\frac{1}{2}$英寸）的圆饼。完成后，放入冰箱冷藏备用。
2. 汉堡面包横向对半切开，但不切断。刷上黄油后，用烤箱上火（或放入吐司小烤箱中）烤1分钟，直至面包变成金黄色。烤好后，放在旁边备用。
3. 取直径30.5厘米（12英寸）的厚底不锈钢煎锅或铸铁煎锅，用揉成团的厨房纸巾蘸取些植物油均匀涂抹在锅上，以中大火预热煎锅至微微冒烟。在汉堡肉饼的一面撒上盐和黑胡椒碎调味后，将肉饼另一面朝下下锅煎。用宽厚的锅铲施压，将其压成直径为10.2~11.4厘米（4~$4\frac{1}{2}$英寸）、厚约1.3厘米（1/2英寸）的肉饼，可以用另一把锅铲协助施力按压。再用盐和黑胡椒碎将朝上的那一面调味。不要移动肉饼，将其煎至底面变成金棕色脆皮，约1.5分钟。用锅铲边缘轻轻地铲起肉饼并翻面，一次翻一个，确保将肉饼连脆皮一同铲起。如果想加洋葱，则将其放在汉堡肉饼上，再盖上一片奶酪。继续将肉饼煎至理想的熟度（三分熟），用时大约30秒。
4. 把个人喜欢的其他食材摆到面包里或肉饼上，把肉饼夹入面包，合上面包即完成。

番茄美乃滋酱

FRY SAUCE

走进美国中西部任何一家汉堡店，点餐时和店员要一份番茄美乃滋酱，你都会得到一份淡粉色的顺滑浓郁的酱料，可以用它来蘸薯条或将它抹在汉堡里。番茄美乃滋酱最基础的做法是将美乃滋和番茄酱混合。我喜欢再加点辣椒粉和几滴酸黄瓜腌汁来增添风味。

约3杯

美乃滋（自制的更好，见p.797“自制不失败美乃滋”）1/2杯
番茄酱2大勺
黄芥末酱1大勺
莳萝腌黄瓜的腌汁1大勺
糖1小勺
卡宴辣椒粉1撮

将所有材料放入大碗中，搅拌至顺滑均匀。做好酱料后，将其装入密封容器中冷藏，最多可保存两周。

厚实多汁的巨无霸烤汉堡

在大多数人的印象中，酒吧风格或后院木炭烤出的汉堡肉饼是外皮硬脆、中间多汁且三分熟的，无论这种印象是否准确。

这种汉堡肉饼由于体积较大，因此很容易在肉饼中的肉汁被烤干前，就烤出美味的脆皮。但是，有几个重要的差异可以将一个好的酒吧风格汉堡和一个完美的汉堡区分开来。通常，最重要的差异就是选用的牛绞肉是否新鲜，当然，差异不止如此。

和膨胀搏斗

接下来会有几张并不美观的汉堡照片，若你无法接受丑陋的汉堡，请避免观看。你一定见过这种不太好看的汉堡。未经过好好塑形的汉堡肉饼在炭火上烤，就会变成这样。

以下为厚片汉堡的惨状清单。

- **湿透的底部面包：**当食客被迫将面包压在一起，以便将肉饼压缩到适口大小的时候，就会发生这种情况——肉汁被挤出并浸透底部的面包。这会瞬间毁掉一份汉堡。
- **咬不到肉的空虚感：**我们咬超厚汉堡时，往往只能咬到汉堡外围的那圈面包。尽管在烹饪前，我们已经仔细测量并计算了肉饼的尺寸。

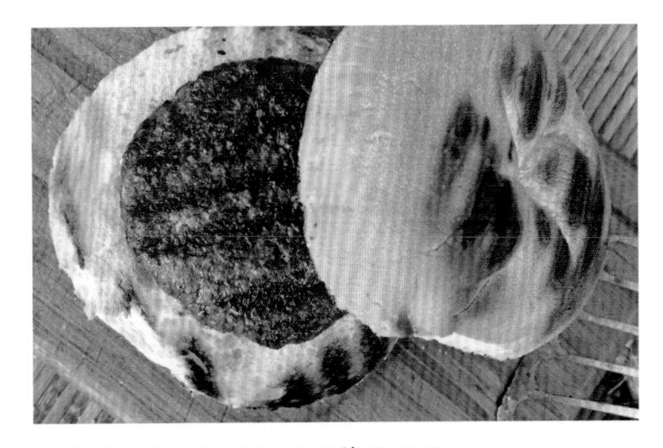

这是面包和肉饼比例不对等的汉堡。

- **厚度近乎宽度的汉堡肉球**：烹饪后，汉堡肉饼会胀起，变成不好拿也不好入口的形状。在极端状况下，汉堡肉饼会从厚圆饼形膨胀成近乎球形。

膨胀后太过厚实的汉堡肉饼碾压着面包。

- **干瘪的汉堡肉饼**：这种肉饼惨不忍睹，通常是因为在炭烤时，操作者看到汉堡肉饼膨胀成球形，便马上用锅铲把肉饼压扁，肉饼的脂肪和肉汁会被挤出来落入火焰中并燃烧，最后肉饼就变得干瘪，表面粘满了脂肪燃烧后留下的焦黑烟灰。

为何会发生上述惨状？在烹饪时，肉受热会收缩。较薄的肉饼会被很快烤熟且保持平坦，因为这种收缩非常均匀，它是从各个方向向内均匀收缩的。但煎厚的汉堡肉饼时，它会边缘不断变小而中间不断膨胀，这是为什么？

这个现象与肉饼中心所含的生肉量有关。汉堡肉饼的底面和边缘受热的速度比中心快，因此肉饼中央会有大量尚未收缩的生肉，同时肉饼最外周的肉已遇热并开始收缩。这种收缩会导致肉饼在厚度上膨胀，且直径会缩短。这就好比将皮带束在肥肚子上，肉会因紧缩而从皮带上下侧挤出，这就是汉堡肉饼会中间膨起的原因。

有没有简单的解决方法？有，那就是在塑形时预留膨胀空间。在烹调前，将绞肉塑形成比面包再宽一些的肉饼，并用手指按压肉饼的中心区域形成凹面。如此一来，烹饪好的肉饼会既平坦又均匀。享受汉堡时，无须将其压扁也能吃得到肉，这样还能避免流失珍贵的肉汁。

要做烹饪后平坦的汉堡肉饼……

就要按压中心区域形成凹面。

这样的肉饼在加热后会变平。

均匀地烹饪

处理完可怕的膨胀问题，接着是另一项厚的汉堡肉饼常遇到的难题，那就是糟糕的烹饪方式。最惨的汉堡肉饼莫过于外表烧得焦黑，中心却是生冷未熟的。火焰绕着肉饼起舞的样子令人兴奋，然而这对于激发风味没有一点儿好处。这些火焰会使脂肪从肉饼里流出，滴落到热炭上燃烧，最终在肉饼表面形成一层酸苦的焦黑烟灰。烹饪时，胡乱挤压肉饼会使情况更加恶化。

最简单的解决方法是将肉饼用不同的火力（即把烤炉中的木炭集中在一侧）分阶段进行烹饪。若使用瓦斯烤炉，则把一组炉火调至高温，其余的炉火关闭。

用两种火力分阶段加热，是烹饪厚片汉堡肉饼的最佳方式。

如此一来，就能用高温烤出脆皮（如果炭火窜上炉面，盖上炉盖等火焰熄灭即可），再用较低温度慢慢加热汉堡肉饼直到其完全烤熟。传统的烹饪方法习惯先以大火烤再低温烤熟，但是，这种做法是基于“先烤熟表面能锁住肉汁”这一错误的理论的。事实上，在几次实验后我发现，“对调顺序”反而能烤出熟度更均匀的肉饼。先将肉饼放在较低温区烤，用温度计确认熟度——以达到理想熟度的温度减去 5.6℃（10 ℉）为准，一旦达到这个温度，就将汉堡肉饼移至高温区。

与直接以高温烤生肉饼不同，这个方法先在较低温区提高了肉饼温度，因此在高温区只要原来一半的时间就能将肉饼烤出焦棕色的美味脆皮。减少高温烧烤的时间就能增加加热的均匀程度，烤出更美味的汉堡肉饼。

翻面不纠结

在后院烤汉堡肉饼的大厨们对翻面及翻面的频率有着格外强烈的坚持。事实上，对于牛排而言，在较短的时间内增加翻面的次数对提高成品的风味并没有多大的帮助（见p.283“问：我应该将牛排翻面几次？”）。我做了几个快速实验，结果证实上述结论同样

熊熊烈火看起来很酷，但是容易使肉饼产生焦味。

适用于汉堡肉饼。虽然增加翻面的次数是可以的，但这里有一个很好的理由让你可以考虑放松一下，那就是奶酪。完美的烤奶酪汉堡要用烤炉的热度使奶酪完全化开，而一旦将汉堡肉饼翻面后放上奶酪，就无法再翻回去了，因此在奶酪化开并挂在肉饼边缘之前，要先确定第一面已经烤好了。

再者，烤炉架比炉台笨重，有谁能够持续不断地翻着满满一整张烤网的汉堡肉饼？因此，下次遇见那些坚持只能翻一次面的“后院炭烤独裁者”，请送上微笑并点头，让他按照自己的方式掌厨，毕竟烧烤的第一原则是“绝不质疑手持锅铲的人”。

请你一定要静静地享受那种拥有更胜一畴的知识水平的优越感，顺便在那个人背后偷偷取笑他一下。

酒吧风格的多汁厚片奶酪汉堡

PUB-STYLE THICK AND JUICY CHEESEBURGERS

4 人份

新鲜牛绞肉（自制或市售均可）
907 克（2 磅）
犹太盐和现磨黑胡椒碎各适量
美式或切达奶酪片 4 片
烤好的汉堡面包 4 个
个人喜欢的配料和调料

1. 将牛绞肉等分成 4 份，每份重约 227 克（8 盎司），分别塑形为厚约 1.9 厘米（3/4 英寸）、宽 11.4 厘米（$4\frac{1}{2}$ 英寸）的圆饼。将圆饼放在案板上，用 3~4 根手指自其中心压下，形成深 0.6 厘米（1/4 英寸）、宽 7.6 厘米（3 英寸）的凹面。用足量盐和黑胡椒碎调味后，放入冰箱冷藏备用。

用烤炉烤肉饼

2. 点燃一整个引燃桶的木炭，当木炭表层烧出银色炭灰时，将木炭均匀地铺在烤炉的一边并架好烤架。若使用瓦斯烤炉，可以将一组烤炉的火力开到最大，其余的烤炉关闭。将烤网擦拭干净。
3. 将汉堡肉饼放在低温区，离火源越远越好，盖上炉盖烤 10~15 分钟。把快显温度计插入肉饼中心，如果想让最终成品三分熟，应确认中心温度达 43.3℃（110 ℉），想要五分熟的话就达到 48.9℃（120 ℉）。
4. 开盖后，将汉堡肉饼移至高温区，烤至底面变成焦棕色脆皮，约需 1 分钟。将肉饼翻面后，放上奶酪片，再继续烤 1 分钟，直到第二面形成焦棕色脆皮、奶酪片化开。把快显温度计插入汉堡肉饼中心，确认温度达三分熟的 54.4℃（130 ℉），或五分熟的 60℃（140 ℉）。将面包、汉堡肉饼、配料和调料组合在一起，美味汉堡就完成了。

用烤箱上火烤肉饼

2. 将烤箱以上火模式高温预热。将铝箔纸铺于烤盘垫底后，再放上汉堡肉饼。将烤网移至中上位置，让汉堡肉饼距离上方的加热管 6.4~7.6 厘米（$2\frac{1}{2}$ ~3 英寸），烤 3 分钟至表面形成深棕色脆皮。打开烤箱，小心地将汉堡肉饼翻面，再继续烤 3 分钟。把快显温度计插入汉堡肉饼中心，确认温度达三分熟的 54.4℃（130 ℉），或五分熟的 60℃（140 ℉）。
3. 打开烤箱，拿出烤盘在每片汉堡肉饼上铺一片奶酪片，再将烤盘放回烤箱，烤 25 秒，让奶酪化开，接着将肉饼移至预先烤好的汉堡面包上，配上喜欢的配料和调料即可享用。

无比完美的汉堡肉饼：平坦多汁，烹饪后会比面包宽一点儿。

胡搞一通和科学料理的不同之处在于科学要好好记录过程。

——亚当·萨维奇（Adam Savage）

第6章 鸡肉、牛肉、羊肉、猪肉——烘烤的料理科学

图片提供 熊也 · Saya

本章开始前，

强烈建议……

买支电子快显温度计吧！如此一来，你就绝不会再将一块肉做得太生或太老了。买吧！这样就不需要再用手指戳个不停来测试温度，也不需要再依赖烹调时间表。买支好的温度计，我保证你绝不会后悔。

建议完毕，回到主题。

对于多数美国人（和世界上其他很多国家的人）来说，烤肉是佳节飨宴必不可少的料理。想象一下：感恩节的餐桌上缺少了金黄皮脆的主菜烤火鸡，或圣诞节的聚餐上没有了中心透着玫瑰色泽的牛肋排和蜜汁光泽动人的火腿，是多么让人难以接受。

然而，烤肉料理不只是为节庆而存在的。没有什么比烤肉料理更能在短时间内用简单的操作就能喂饱一大群人了。大多数情况下，烤肉只要用“设定好，放入食材，然后忘掉它”的方法，或是“设定好，放入食材，偶尔用电子快显温度计检测一下”的方法就行了。这可以让你有充分的时间拿杯鸡尾酒与客人寒暄，或是像我一样，规避掉不必要的社交活动，利用这段时间专心制作配菜。

但烤肉料理常让人心生畏惧，这并不是没有原因的。干柴的火鸡胸、烤过头的肋排，甚至难嚼的鸡肉，我们都记不清吃过多少这样的烤肉了（没错！老妈，我正对着你说）。但你根本无须畏惧！只需要一点儿知识和诀窍，就可以让烘烤成为一种十分简单、近乎万无一失的烹调方式。

| 专栏 | 电子快显温度计

只要鼓起勇气买一支不错的电子快显温度计，它就会成为你厨房里的好朋友。购买时，最好挑选读数精确至一位小数或更加精确的、具有大显示面板的温度计，以便烧烤时能迅速查看温度（因为开着烤箱门的时间越短越好）。当然，温度计还要坚固耐用，确保掉到地上或水槽里时不被摔坏；最好能在几秒内即显示温度。

ThermoWorks 牌防溅电子温度计定价 96 美元（我写这本书时的定价），虽然它的价格比其他品牌的高，但它持久耐用，且符合所有必要的条件（见 p.48）。

很多人会问我，探针式温度计是否值得购买。探针式温度计是带一个显示器和一根探针的温度计。显示器放在烤箱外，探针可以戳入食材一起放进烤箱里。有些不错的型号甚至配备闹铃，达到目标温度时响铃就会响起。这听起来很棒，是不是？这样就不需要在热烘烘的烤箱里乱戳食材测温。

然而，这些温度计的问题在于当食材还生的时候，你根本无法准确地判断应该将探针戳入哪里。例如，对于一块鸡胸肉而言，在它还是生的时看似最厚、温度最低的部分，在做好后往往不是最生或温度最低的。因此，无论使用探针式温度计还是快显温度计，都必须在食材快烤好时再戳戳看，来找温度最低处。于是，我只把探针式温度计当作烹调初期的提醒闹铃，而将用电子快显温度计读取的温度作为最终依据。

料理实验室指南：
家禽的烘烤指导

关于家禽的问题，就像生命中的许多事物一样，都能归纳总结成两件事：胸部与政府。

几年前，基于某些原因，家禽饲养者觉得人们偏好白肉，结果饲养出胸脯越来越巨大的禽类。同时，政府为了避免人们因吃到未完全煮熟的禽肉而死亡，开始极力劝告人们，为保证自身安全，烹制完成的家禽需达的最低温度为73.9℃（165 ℉）。本章将讨论和厘清这两个问题，并寻找解决方案。

事实：大家都非常爱吃鸡肉。据美国农业部调查，美国人每年要吃掉90亿只鸡，这表示平均每个美国人1年要吃30只鸡，或是每人每周要吃掉一块鸡胸、一个鸡大腿和一个鸡翅。即便如此，人们还总是抱怨兔肉之类的美味的肉“尝起来就像鸡肉”，这种说法太伪善啦！

但是，请想一下，消耗这些鸡肉的时候，你一年之中有几次是舒坦地靠在餐椅上，心里想着“嗯！这鸡肉超级好吃”的？若你尝到美味鸡肉的次数低于每年30次（也就是你每年吃鸡肉的次数），那就意味着你可以再精进一下烹调技巧。

如其他食材一样，做出完美禽肉的关键在于知识储备、仔细和练习，最后一项我帮不了你，但是前两项我能出点力。为本书做调查期间，我以完全不重复的手法，烤了六十几只禽类，这个数字并不包括我一生中烤过的成百上千只的禽类。

无论是能供两人美餐的小鸡，还是摆在一家十二口餐桌上的重量级的感恩节火鸡，它们的挑选和烹调原则并没有多大差异。

家禽就是家禽，都一样，对吧？这可不一定。鸡和火鸡都有各种的体态、大小和品种，更别提它们还会被以各种方式屠宰、冷藏、包装、加工和销售了。因此，你在开始构思如何烹调前，就必须先面对一堆抉择，这是你需要理解的基础观念。

大小

问：鸡有不同的大小，有体型娇小的春鸡（game hens），也有像火鸡那样的庞然大物，我应该买哪一种?

这是个很好的问题，选择哪种鸡主要取决于要做何种料理，以及食用者有多少人。例如，不论是烤用鸡还是炸用鸡，都能用来烤出美味的鸡肉，且它们烘烤的方式也很相似（虽然烘烤时间长短不同，但烘烤温度相同）。要根据食用者的人数来挑选鸡。鸡的大小通常还跟鸡的年龄有关。幼小、体型较小的鸡，其肌肉和结缔组织成长的时间较短，有着软嫩的肉质，但肉的风味会较为平淡。成年的鸡其肉味道浓郁，但肉质较硬，需要更长的烹调时间。

美国农业部在 2003 年修改了鸡的分类系统，将成长时间分别缩短了几周，以对应如今鸡的成长速度大幅提升的情况。如今能够上市销售的鸡的平均年龄都不到 3 个月。噢！它们长得超快!

下表为美国农业部对鸡的基本分类以及相应的最佳用途建议。

表 21　鸡的分类及用途

分类	美国农业部的定义	最佳用途
康沃尔春鸡（Cornish Game Hen）	不满5周、体重不满907克（2磅）的小鸡（双亲至少有一方的品种为洛克康沃尔鸡）	适合1~2人食用，建议每人一只。适于填入馅料烘烤、整只烤、剖为两半平铺烧烤或用平底锅煎。肉质极度软嫩，味道柔和
肉鸡（Broiler）	10周以下，体重在680~907克（$1\frac{1}{2}$~2磅），尚未发育出坚硬的胸骨	肉质柔嫩但平淡无味。最佳的料理方式为烘烤、炉烤、油炸或用平底锅煎。小肉鸡可视同康沃尔春鸡，一只肉鸡适于1~2人食用
炸制用鸡（Fryer）	体型较大的肉鸡，体重可达1.6千克（$3\frac{1}{2}$磅），是我最常在家料理的鸡种，也是本书大多数食谱所使用的鸡（炖汤、煮高汤时可使用煮汤鸡）	最适合家庭晚餐的鸡种，有足够4人食用的肉量。肉质偏软，风味不错，鸡骨架能用来熬高汤，最佳烹调方式为烘烤、炉烤、油炸或用平底锅煎
烤制用鸡（Roaster）	3~5个月，体重不超过2.3千克（5磅），已长出部分或完整的坚硬胸骨	适用于准备宴客、多人聚餐的料理。每人约分得340克（3/4磅）鸡肉。肉质很嫩，风味却比年轻的鸡更浓郁。适合的烹调方式为烘烤、炉烤、油炸、用平底锅煎、炖煮、烧烤
母鸡、炖制用鸡（Hen，Fowl，or Stewing Chicken）	超过10个月的成熟母鸡，体重达2.7千克（6磅）或更重。胸骨已发育完全	与年轻的鸡相比，这些鸡的肉质明显较硬，鸡胸肉容易干涩。适用于做汤、焖煨、熬高汤或炖煮等。腿肉含大量结缔组织，特别适合炖煮，结缔组织会慢慢转化为胶质，更能增添风味和浓稠度。有些市场固定销售这种炖汤母鸡，但最好还是向肉贩预订
阉鸡（Capon）	未满8个月的公鸡，为了维持其肉质软嫩将其阉割	阉鸡在美国很少见。因缺少荷尔蒙而肉质软嫩，风味是全部鸡种中最柔和的，适用于任何要求使用春鸡、炸用鸡或烤用鸡的食谱
大型公鸡（Rooster or Cock）	成年公鸡，肉色较暗，有发育完全的坚硬胸骨	肉色黯淡，肉质干柴，有腥膻味，较难吃。与饲养的母鸡相比，这种鸡的鸡胸要小。好消息是市面上不容易买到这种鸡

问：那么该买多大的火鸡呢？

一人食用约需准备 454 克（1 磅）生火鸡肉，生火鸡肉煮熟后约为 227 克（1/2 磅）。在对风味和备料的难易度进行考量后，我发现重量为 4.5~5.4 千克（10~12 磅），甚至再轻一点儿的火鸡最好。若火鸡太大，不仅需要的烹调时间长，而且很难烤得均匀。再者，将大火鸡送入烤箱、从烤箱取出尚且很麻烦，更别提翻面了。太大的火鸡不仅很占烤箱空间，还很容易被烤得太过干柴。除了这件糟糕的事情，你还要应付一家老小，以及孩子偷了爷爷的假牙并把它扔进梅布尔（Mabel）阿姨的红酒杯里这样的事情。

若食客众多，只要烤箱空间足够，烤两只小火鸡会比烤一只大火鸡要好。

仔细阅读标签

问：市售禽肉贴了一堆标签和商标，很难一一分辨每张标签的意义和重要性，应该特别注意什么？

以下为必须了解的名词及其意义。

- **无激素（Hormone-Free）**：这完全没有意义，再次强调，这个标签不代表什么！美国法律禁止在鸡和火鸡身上打激素或类固醇，所以超市销售的每只鸡或火鸡都没有注射激素。贴上标签只是一种营销手段，让你觉得这个商品比较特别，其实这跟打上"无致死氰化物"的标签差不多。没错！美国国内销售的所有家禽都不含致死氰化物。
- **纯天然（Natural）**：这也没有太大的意义，只代表禽肉不含人工色素、添加剂，未经复杂的加工。这些所谓纯天然的禽类都被圈养在无自然光、与世隔绝的栏舍里。除非你买的是羽毛被染得五颜六色的禽类，否则所有新鲜的肉都是无添加剂的肉，都可以被当作纯天然的。这是商家单方认定的标签，并未经任何第三方或政府认证。
- **无抗生素（No Antibiotics）**：此标签比上述两个标签有意义得多。它表示动物在饲养过程中未施打任何抗生素。然而，对于不打抗生素对消费者或禽类是否意味着更健康，仍存在争议。
- **新鲜（Fresh）**：代表肉品未经冷冻（由于禽肉细胞内有溶解的固体，因此禽肉的冻结温度为 –3.3℃，即 26 ℉）。当然，有些超市冷柜的温度会低于这个冻结温度，你可能会发现在冷柜后排的禽肉被冻得像石头一样硬。如何知道禽肉是否被冷冻过？最好的方式就是检查包装里是否有液体，冷冻会破坏细胞结构，导致细胞内的液体渗出。若包装内有大量液体，就能推断出这是冷冻过的禽肉。
- **非笼养（Cage-Free）**：代表鸡住在宽阔的鸡舍中，而非关在狭小的笼子里。此标签无法保证鸡有机会在户外活动，或是有适宜的饲养密度（给定空间内的鸡舍数量），也难以保证鸡未被剪去喙(一种非常痛苦的处置，为了防止鸡在狭小的空间里互相伤害）。被剪去喙的鸡很有可能是在狭窄拥挤的环境中饲养的。
- **散养（Free-Range or Free-Roaming）**：代表鸡被饲养于较宽广的开放式鸡舍里，通常偌大的室内笼舍中会有一个小门，让鸡能有限地接触户外鸡舍。虽然看上去散养的鸡比笼养的鸡好，但是仍有一些鸡可能根本没踏出室内笼舍一步。即便它们出去了，也无法确保室外有草地或牧草，因为室外很有可能是泥地、砾石，甚至水泥地。

- **有机（Organic）：**禽类的有机标准是由政府强制执行的。依据法令，它们只可以吃百分之百有机的饲料，放养于开放空间而非笼子里，可以接触牧草和阳光，不被施打抗生素，并且"被用能减少其压力的方式来对待"。这是一条模糊的条款，通常意味着有更多的活动空间和能够促进它们自然行为——伸展翅膀或是享受泥巴浴——的环境。

以下表格总结了所有相关资讯：

表 22　禽肉标签对应的相关标准

单项标准	传统笼养	纯天然	非笼养	散养	有机
无激素	√	√	√	√	√
饲料中未添加任何动物源性成分	×	×	×	×	√
无抗生素	×	×	×	×	√
没有笼子	×	×	√	√	√
100% 有机的饲料	×	×	×	×	√
户外活动	×	×	×	√	√
接触牧草和阳光	×	×	×	√	√
低压力环境	×	×	×	×	√
去喙	√	√	√	√	√
经第三方认证	×	×	×	×	√

美国农业部从未声称有机食物对人体更有益，然而有机饲养确实对家禽和自然环境更有益。若你关心此议题，可从市场上选购经过认证的有机家禽，或至少要从值得信赖的渠道购买家禽。许多大大小小的农场都有环保意识，以人道方式饲养动物和关心动物的福祉，只是因涉及的认证费用问题或不符合单项标准（小农场通常会不符合"无抗生素"这一单项标准，因为仍必须使用抗生素来治疗生病的家禽）而未能申请有机认证。即便如此，这些农场销售的家禽仍是很好的选择。

问：天啊！到底什么是原生种（heirloom）啊？这种代代相传的家禽，有什么值得购买的？

血统纯正的原生种家禽，可追溯至好几代前的特定品种。原生种的优势是什么？事实上，我们是个对胸肉特别着迷的国家，而今饲养大部分鸡和火鸡的唯一目标是使白肉最大化。如果饲养员和生产商有办法的话，他们会培育出在两只细如牙签的腿上（这样的腿如果能使它们呆坐在那里等待屠宰是最好不过的）有着如气球般巨大鸡胸的鸡品种和火鸡品种，甚至是长有一打翅膀的鸡品种和火鸡品种。为了满足人们日益增长的对瘦鸡胸肉的需求，风味就只好放一边了。现代的鸡和火鸡都有着巨大而平淡无味的胸肉。

饲育原生种家禽正是将鸡养回以往那种体型虽小但肉味更美的品种的一种尝试。我进行了几次盲测，原生种家禽的味道远胜现代养殖的。原生种家禽唯一的缺点是它较薄的胸肉很容易因被做得太老而干涩，因此烹调时应使用温度计并小心谨慎地监控温度。就算使用超市销售的普通禽肉，也一样能做出本章食谱中美味的料理。一旦你对烤家禽不再陌生，我仍强烈建议你去找原生种的家禽。

屠宰后的处理

问：为何禽肉有时需要经过盐水腌渍处理？

有些时候，禽类屠宰后会经过冲洗、盐水腌等，这些程序的目的是去除肉里多余的血水。

事实上，超市销售的任何肉品都来自在宰杀后被立刻放血的动物（顺便一提，肉里的红色液体并不是血，见 p.276）。然而，有些人还会要求家禽在宰杀后还要进行额外的处理。将禽肉以清水初步冲洗后，抹上较粗的犹太盐完全覆盖其表面。渗透作用会使禽肉排出额外的血水和细胞液。然后洗净禽肉表面的盐，将其包装好即可销售。

从关于盐水腌的章节（见 p.562）中，我们得知盐对肉有相当显著的影响。经盐水腌的肉品，其保水性更高，会比未用盐水腌的肉品多保留 8%~10% 的水分。若要制作禽肉料理，使用经过这种处理的禽肉则可省去自行用盐水腌的麻烦。在不太精确的口味测试中，预先以盐调味的禽肉轻松打败调味不足的禽肉。

凡事都有两面性——预先调味的禽肉可能会降低你对料理全面掌控的程度。若你在用盐水腌禽肉时还想添加其他调味料，该怎么办？若你想利用剩下的禽肉熬制无盐高汤，又该怎么办？因此，我还是偏好购买加工较少的普通的禽肉。如此一来，我就可以自由选择我理想的大小和品种的禽肉，甚至是“气冷式禽肉”（air-chilledbirds，见 p.560）。只要具备用盐水腌的知识，我自己会做得更好。

更重要的一件事是，这样处理过的禽肉并非来自有机家禽。它们大部分还是和其他传统的家禽一样，被饲养于高密度的工厂化农场中。

问：我想找节庆聚餐吃的好火鸡。我常常看到标签上写着“已调味”（self-basting）或“经过调味”，这代表什么？

这些标签较常见于火鸡肉的包装袋上，偶尔在鸡肉的包装袋上也会看到。为了在烹调时保留更多水分，给禽肉注入调味过的盐水，这的确有效。这就是 Butterball 牌的调味火鸡就算在过度烹调后，肉质仍湿润多汁的原因。此制作过程存在的唯一问题是禽肉里添加的调味料会削弱肉的天然风味，影响肉质，使其产生如海绵般的不良口感。很多供给“经过调味”的禽肉的品牌如 Butterball、Janny-O，都会选用肉味相对清淡的工厂化饲养的家禽，但这对缓解上述不利影响没有丝毫帮助。我个人仍会避开这类禽肉产品。在选择时，要仔细查看标签上是否有“经过调味”字样，或通过检查成分表来确保除鸡肉和火鸡肉以外，没有任何其他东西。

问：超市有时会有售价颇高的“气冷式”（air-chilled）鸡肉，它们值得让我们花更高的价格去购买吗？

我相信很值得。一般在宰杀后鸡会被立刻浸入冰水中冷却，此方式可以低成本且迅速地让鸡肉降至可储藏的温度。同时，对商家来说，这种做法还有额外的好处：鸡肉泡水后会吸收占体重 12% 的水，销售时仍可保留占体重 4% 的水。这对消费者来说意味着什么？意味着两件事：一、购买水冷式（water-chilled）鸡肉的花销中的一部分用在了鸡肉额外吸收的水上，尤其是装在塑料密封袋里的鸡肉（打开密封包装袋时，你一定会注意到从袋中流出的大量液体）。二、泡过水的鸡肉不易烹调，多余的水会留在肉的外层，尤其是鸡皮上。煎鸡肉时，不断渗出的水会让鸡肉难以变得金黄酥脆。用水冷式鸡肉永远难以做出气冷式鸡肉那样的酥脆度。基于这个原因，我绝对避免购买任何装在密封袋中的鸡肉，而改选气冷式鸡肉。

气冷式鸡肉是在冷却室里以不断循环的强冷风冷却的鸡肉。大部分的气冷式鸡肉均来自符合人道标准的信誉良好的厂商。若你偏好金黄酥脆的鸡皮（谁不喜欢呢），那么请购买气冷式鸡肉。虽然它们价格较高，但绝对物有所值。

火鸡很少是气冷式的，因此将火鸡送入烤箱前，必须先花点时间把它们弄干（详情如下）。

问：我家附近的超市仅售卖水冷式的鸡和火鸡。我需要如何处理，才能使它们更加美味呢？

关键在于在烹调鸡和火鸡前，尽可能地除去多余的水。从包装袋里拿出禽肉后要立刻先将其用清水冲洗干净，再用厨房纸巾吸干表面的水，将其放在餐盘或烤盘上，置于沥水架上，放入冰箱冷藏数小时甚至过夜。冰箱干冷的空气和它的风扇带来的空气的循环能使鸡肉或火鸡肉排出多余的水。虽然经过上述除水处理，但也不要期待水冷式鸡肉能达到与气冷式鸡肉相同的酥脆程度。

问：禽肉买回家后，需要冲洗吗？

若是盒装的气冷式禽肉或以纸包好的肉品，就不需要额外清洗。事实上，冲洗只能让禽肉表层吸收更多的水，从而使禽肉变得更难烹调、表皮更不易酥脆。装在密封袋里的禽肉实际上已经浸泡在自身排出的液体里了。我会将禽肉连同包装一起放入水槽中（避免打开包装时水滴得到处都是），拆开包装并用凉的流水冲洗掉禽肉表面的粉红色液体，再将其用厨房纸巾拭干后放入冰箱（不遮盖、不封膜）。有时，这种包装好的禽肉会产生异味，不过食用起来安全无害。针对异味的情况，我会在仔细弄干并烹调它们前，好好地将禽肉冲洗干净。

鸡肉部位

问：我跳至后面读完实用的拆解指南（见 p.570“方法 2：时间充裕则分而治之”）后，知道如何将鸡肉分块了，但如果我还是想买现成的鸡肉块，需要特别注意什么？

虽然切好的鸡肉块比较贵，但是用来准备晚餐方便又迅速。请记住：鸡肉厂商热爱去骨、去皮的鸡胸肉。按常理来说，有利于商人的往往不利于消费者。鸡肉厂商出售这些去骨、去皮的鸡胸，不仅能以这两分钟的工作（去皮，取下骨架上的胸肉）来提高售价，还能将这些免费的鸡肋骨制成包装好的高汤出售。

就算你是不喜欢鸡皮的少数人群，也应该用带皮的鸡肉来烹调。这是为什么呢？这与水分流失有关。除了鸡排和填馅的鸡胸肉，当然，还有可以用于烤肉和炒肉的碎肉和绞肉以外，所有以去骨、去皮鸡胸肉为食材的食谱，同样能用带骨、带皮的鸡肉制作，而且用它们制成的菜品吃起来更美味。鸡骨架和鸡皮能起到一定的隔热作用，使鸡肉被更加和缓均匀地加热，而且因其覆盖了鸡肉的表面，所以还能防止鸡肉的水分过多地流失。如果你真的不喜欢鸡皮，待烹调完再将其丢弃即可，但是请保留骨架用来炖高汤。我通常会将多余的部位装进大夹链密封袋中放入冷冻室冷冻，当累积到足够炖煮高汤的分量时再拿出来用（见 p.177“速食鸡肉高汤”）。甚至烹调过的鸡骨架也可以为高汤增添风味。

鸡腿的选择则稍微不同。我习惯选购带骨、带皮的鸡腿，因为我太喜欢吃鸡皮了！若食谱特别要求使用去骨鸡腿，我就直接买已去骨的鸡腿。不论如何，自己动手为鸡大腿去骨一点儿都不好玩。

卫生安全和储存

问：处理生的鸡肉和火鸡肉，真的像大家说的那么危险吗？

其实没有那么危险！近 10 年来，食用哈密瓜引起的沙门氏菌中毒的案例远比食用鸡肉引起的中毒案例多。不过，小心一点儿不为过！处理完生的禽肉，务必以温热的水和洗洁剂刷洗砧板、刀具、双手，以及其他所有碰触过生肉的物品，洗净后一一擦干。为了避免交叉感染，尚未清洁过的砧板和刀具切勿用来处理其他食物。

问：禽肉的最佳冷藏方式是什么？

禽肉和其他生肉最适合存放于冰箱冷藏室最下层的后方，如此摆放可防止血水滴到放置于肉类下方的食材上。用密封袋包装的禽肉可以保鲜很长时间，像火鸡肉，存放几周都完全没有问题。然而，一旦开封，就必须尽快使用。我会尽量在购入后的两天内用完。

问：可以冷冻禽肉吗？

冷冻禽肉完全没有问题。但你应该预计到它会流失部分水分并变硬。冷冻会造成肉类组织形成大粒的冰晶，它们会刺穿禽肉细胞使得水分流失。若禽肉的包装不够密封，可能会使其因冷冻时间增长而冻伤，因为冰晶升华成水蒸气的过程会让肉品表面变得粗糙干涩。

为了让冷冻禽肉保持最佳品质，冷冻前应先将禽肉切块。因为肉块越小，冻结速度越快，越不容易形成冰晶。只有气密包装能有效防止禽肉在冷冻室冻伤。一般的保鲜膜和塑料袋看起来是不透气的，但其实它们能让气体缓慢地通过（这并不意味着你能套着它呼吸），这就是包好保鲜膜的洋葱一样会使整个冰箱充斥着洋葱味的原因。最好使用冷冻专用的厚塑料密封袋，如果能使用像富鲜牌（FoodSaver）之类的真空包装机进行真空密封，效果就更好了。若手边没有这些东西，那就以两三层保鲜膜紧紧包裹肉品，再包上一层铝箔纸（铝箔纸完全不透气）。不论使用什么方式保存，禽肉只要冷冻两个月以上，肉质一定会明显变硬。

关于盐水腌渍法

事先声明，不论是感恩节或周末的晚餐，还是日常晚餐，我从来不用盐水腌火鸡。当然，这只是单纯的个人喜好，即便做法与我相反也毫无问题。以下详述盐水腌渍法的优缺点。

在至少 15 年前，将火鸡烤得干涩是再正常不过的。然而在我家一年一度的感恩节餐桌上，不会上演粗鲁无礼的小孩大嚷“爸爸！妈妈又毁了一只火鸡”的戏码，因为一直以来，干涩又坚韧难嚼的烤火鸡对我来说是理所当然的。大约 10 年前，盐水腌渍法的出现[①]让我从此挥别只能靠蘸肉汁来勉强送入口的干涩的火鸡胸肉。全家热烈欢迎感恩节晚餐的新霸主——多汁美味的火鸡胸肉！连我妈妈都能烤出美味好吃的火鸡，这绝对是种魔法！

近来，人们和他们的祖母（以感恩节聚会而出名）都听过盐水腌渍法，越来越多的人会在“火鸡日”前腌好火鸡。然而，盐水腌渍法并非完美无缺，反而有显著的缺点，因此越来越多人改用干式盐腌法，其又名延长盐渍法（extended salting）。问题是，哪种方法更好呢？

盐水腌渍如何起作用

在进一步讨论之前，我们先回顾盐水腌渍的基本概念，即将肉品（通常是瘦肉，如火鸡肉、鸡肉或猪排）浸泡在高浓度盐水中过夜（盐量占水量的 6%~8%）。盐水腌渍过程中，肉品会吸进部分盐水，这会使肉品在烹调后仍保有部分水分，因为盐水腌渍能使肉减少 30%~40% 的水分流失。

为了证明这一点，我用烤箱以 148.9℃（300 ℉）烤三块同样重量的火鸡胸肉，烤至火鸡肉中心温度达 62.8℃（145 ℉）。其中，一块火鸡胸肉以盐水浸泡一晚，一块以清水浸泡一晚，最后一块不做任何处理。三块火鸡胸肉均未经过额外调味，也就是说肉品原料几乎未经任何加工。我将它们在从包装中取出时、浸泡后，以及烤熟后分别称重，并以此数据制成图表。

经盐水和清水浸泡的两块火鸡胸肉，重量均大幅增加。烘烤后，浸水的火鸡肉吸入的水分几乎全部流失掉，而盐腌的火鸡肉则保留了大部分吸入的水分，这与盐腌火鸡肉肉质多汁相符。为何会出现这种情况呢？

有些说法将这种情况完全归因于渗透理论，即水分子经半透膜由溶质浓度低的一方扩散到溶质浓度高的一方。在这里，水分子由盐水一侧（溶质浓度低）向火鸡肉的细胞内（肌肉细胞内含多种蛋白质、矿物质和其他溶于水的生物物质）移动。如果那些说法成立，

①准确地说，这种用盐水腌的技巧在世界上许多国家和地区已经流传千年，包括中国和斯堪的那维亚半岛，如今总算进入了北美假日菜单。

泡清水会比泡盐水使火鸡肉的细胞吸入更多的水才对，然而事实并非如此。此外，我将火鸡肉泡在完全饱和的盐水溶液里来做实验，根据渗透理论，这应该使火鸡肉很容易失水干涩才是。

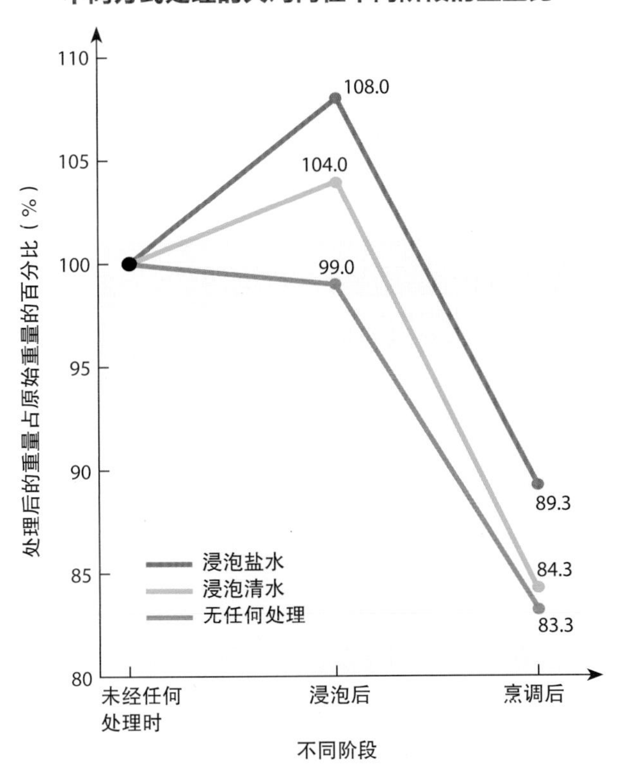

然而，浓度达 35% 的高浓度盐水除了会让火鸡肉咸到令人无法入口外，在帮助火鸡肉保留水分方面，它和浓度只有 6% 的盐水效果是一样的。由此可知，这之中必定还有其他变化。为了探究真正的答案，我们必须先了解火鸡的肌肉结构。肌肉由长条状的肌纤维束组成，每一束肌纤维外都有蛋白质鞘包裹着。鸡肉受热时，蛋白质鞘开始收缩，而肉汁就会像挤牙膏一样被挤出。当火鸡被加热到远高于 65.6℃（150 ℉）时，就只会剩下干柴的肉了。

盐通过溶解部分肌肉蛋白（主要是肌球蛋白）来减轻肌肉的收缩。松弛的肌肉纤维能吸收更多水分，更重要的是，遇热时肌纤维不会过于剧烈收缩，因此在烹调时仍可保有较多水分。这听起来很不错吧！但盐水腌渍法依然有缺点。

盐水腌渍法的缺点

盐水腌渍法有两个主要缺点。一、整个过程非常麻烦！你需要一个能装下整只火鸡和盐水的大容器（通常用冰桶、大水桶、层层套起再绑好的加厚大垃圾袋，还要祈祷垃圾袋不会破掉），除此之外，还必须全程保冷。若你使用的是特大型的火鸡，整个盐腌过程可能需要数天。这意味着你要么在一年里最需要用到冰箱的时候，牺牲掉它的大部分冷藏空间，要么持续用冰袋敷在火鸡外，以维持火鸡的温度。二、正如哈洛德·马基之前告诉我的，“盐水腌渍会抢走火鸡肉的风味”。你想想看，盐水腌渍会使火鸡肉吸收并保留部分水分，也就是说火鸡肉中 30%~40% 的水分并非火鸡肉的肉汁，而只是清水！很多人在吃过用盐水腌渍的火鸡后，都会抱怨肉质虽然多汁，但火鸡肉吃起来水水的、味道寡淡。

我知道几个解决方法[2]，决定逐一予以验证。我用鸡胸肉来做测试，鸡胸肉与火鸡胸肉有着相同的脂肪含量和蛋白质结构，但鸡胸肉体积较小，更容易操作。

②解决方法，原文是 solution，也有溶液的意思。——校注

盐腌的最佳方法

目前，最常见的替代方案是干式盐腌法。用盐腌火鸡胸肉或鸡胸肉时，一开始肉汁会因渗透作用而析出，表面的盐会直接溶解在肉汁里，形成高浓度的盐水。请见 p.567“如何干式盐腌禽肉？”。

我曾经听到有人问了一个这样的问题：“如果盐腌会使无味的水进入肉中，那为什么不用味道更丰富的溶液呢？”

为什么不呢？我决定找出原因，以下是我的实验方法：

- **样本 1**：未经任何处理
- **样本 2**：在浓度 6% 的盐水里浸泡一夜
- **样本 3**：直接抹大量盐腌一夜
- **样本 4**：在含盐量 6% 的鸡肉高汤里浸泡一夜
- **样本 5**：在含盐量 6% 的苹果酒里浸泡一夜
- **样本 6**：在清水中浸泡一夜

样本 1 和样本 6 是对照组。

如同预期，用盐水腌渍的鸡胸肉保留的水分远远高于未经处理的和浸泡过清水的鸡胸肉（请参看 p.349“鸡肉经过不同处理后的重量（水分）流失”）。在此实验中，浸泡清水的鸡胸肉在烹调后竟比未经处理的鸡胸肉更干涩，请看剖面图：

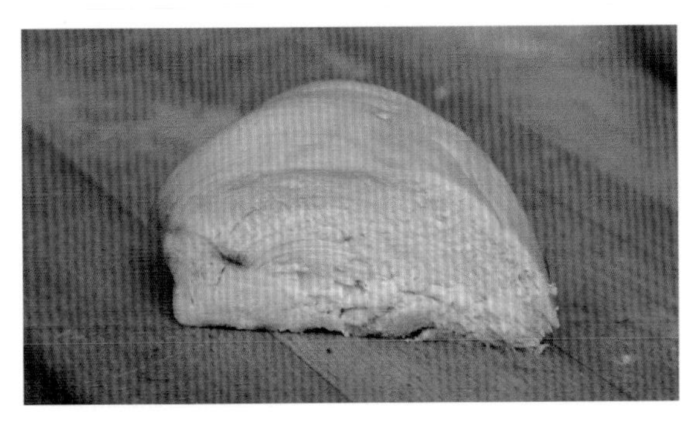

浸泡清水的鸡胸肉

这鸡胸肉就像戈壁沙漠一样干。

接着，看一下用盐水腌渍的鸡胸肉：

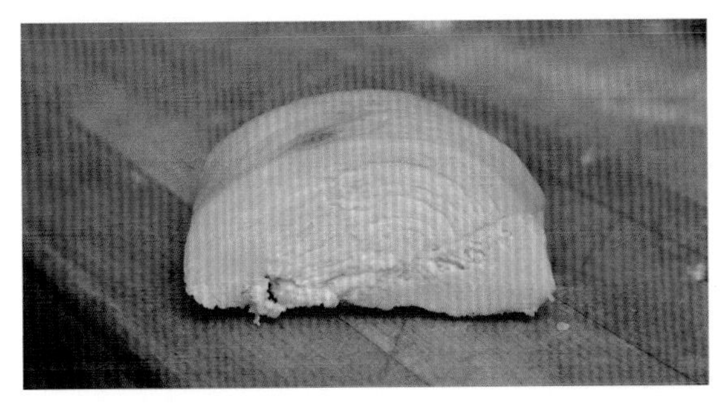

盐水腌渍的鸡胸肉

它圆滚滚的，尝起来像饱含水分的海绵。当你咀嚼时，水分会不断渗出，让你有多汁的错觉，但是它的肉质较松散，味道较寡淡。

接着是样本 3——干式盐腌鸡胸肉，它比未用盐腌制的鸡胸肉明显地湿润（但比泡盐水的鸡胸肉稍干几个百分点），尝起来毫无疑问地更多汁，且有浓郁的鸡肉风味。它的口感与未经任何处理的和用盐水腌渍的鸡肉有很大不同，它有着轻度腌肉那顺滑、紧密而柔嫩的质地。

视觉上，你能清楚地观察到干式盐腌带来的粉红色泽：

干式盐腌的鸡胸肉

如果是小块鸡胸肉，粉色的腌制部分几乎会延伸到中心，但如果是火鸡胸肉，则只会出现在外围一圈（这恰好是最容易煮过头并导致肉质干涩的部分）。就算用盐水腌渍的鸡胸肉略微多汁一些，但从风味和质感上来说，我还是更喜欢干式盐腌的鸡胸肉。

使用调味盐水腌?

不要用苹果酒腌火鸡肉或鸡肉，也不要使用任何带酸的腌制酱汁，真的不要这么做！苹果酒里的酸会启动让肉质变性的过程，不需热源就能“烹调”肉品。结果会如何？鸡肉会变得极度干涩，并拥有一个皱巴巴的干燥外表，就像这样：

苹果酒腌的鸡胸肉

用高汤浸泡过的鸡肉很有意思。听上去，高汤是解决问题的最佳办法，对吧？如果盐水浸泡会让水渗入肉中，为何不以高汤替代一般的盐水呢？

很不幸，物理学就像善变的、不受拘束的女人。分别品尝用高汤和用盐水浸泡过的鸡肉，你会发现两者在味道上并无太大差异，特征也相同，都有多汁的口感和清淡的口味，这到底是为什么？

原因有两个：一、从肉眼方面看来，高汤就是液体，但实际上高汤中有各种溶于水的固体，赋予高汤风味的就是这些固体。这些风味分子通常是有机物质，以分子大小来衡量，它们相当巨大。而盐溶解在水中分离出的钠离子和氯离子则十分小巧，因此它们能轻松通过动物细胞壁上的半透膜，而过大的风味分子则无法通过。③

二、盐析（salting out）作用会发生于含有蛋白质和盐的水基溶液中。水分子会被钠离子和氯离子吸引，剩下的蛋白质会形成巨大的集合，导致它们更加难以进入肉里。当盐分解了足够的肌纤维后，肌肉细胞就能够吸入水，大量的水和盐会被吸进肉里，但被吸入的蛋白质非常少。

结果如何？除非你使用自制的超浓高汤，否则鸡肉或火鸡肉并不会吸入太多的风味物质。若你再衡量一下制作超浓高汤的材料，就会发现这并非明智之举。

究竟哪种方法比较好？

我不用盐水腌渍鸡肉的原因是我喜欢鸡肉原本的味道，而不是被水冲淡的味道。用盐腌肉能有效防止水分流失，更能增添风味。但是，你知道真相是什么吗？预先用盐腌肉并非必要的步骤，我认为它起到的主要作用是防止鸡肉被烤过头。腌肉能为鸡肉提供一个小小的缓冲区，以防你不小心多烤了 15 分钟。但只要你在烘烤时注意掌控鸡肉的温度，就根本没必要将其事先腌制。

换句话说，以盐腌来当预防措施，让美味、欢乐、天伦之乐接踵而至，并没有什么坏处。就像你们虽然对“是把蔓越莓塞进火鸡里好，还是放在外面做配菜好”这件事颇有争议，但丝毫不会影响火鸡的美味一样。

③这是件好事！不然，每次泡澡时，你都会流失体内的蛋白质和矿物质。

| 专栏 | 如何干式盐腌禽肉

在禽肉表皮均匀抹盐后将其冷藏 24~48 个小时，这和盐水腌渍的作用类似。一开始，盐分会先使肉中的水分排出（渗透作用）。然后，盐分便会溶解在这些排出的液体里，在禽肉表面形成浓缩的禽肉汁，接着这些汁水就会像普通盐水那样将禽肉的肌纤维溶解。最后，当肌肉纤维越来越松弛后，这些盐水又会被重新吸收回去。一两天后，盐水会渗透到肌肉内部，这时肉的保水度更高、风味更好。就某方面来说，干式盐腌比用盐水腌麻烦，因为事先必须将皮和肉分开，但是干式盐腌不需用大冰桶或是装满冰块的盆，也不会稀释禽肉原本的味道。

干式盐腌禽肉的步骤：首先，用手指或木汤勺柄，由胸肉位置下缘伸入皮和肉之间，小心地松动皮和肉并将它们分开。接着，在皮和肉之间涂抹钻石水晶牌犹太盐，或使用 p.576 表里的调味料。454 克（1 磅）肉约需 1 小勺盐。抹好盐后，将全鸡放入大盘或平底烤盘中，不覆盖任何东西，置于冰箱一夜（火鸡静置时间需达 48 个小时）。隔天直接依指示烹调，可酌量腌制或直接跳过腌制步骤。

不同风味的调味抹料

火鸡皮或鸡皮的处理方式有以下几种：

- **裸露皮肤：**一种既简单又能烤出酥脆表皮的方法。你只需将禽肉放在架子上，再无覆盖地置于冰箱风干一晚即可。记得别让禽肉风干一天以上，否则它的口感会像纸张那样干且坚韧难咬。
- **干式腌料：**为添增禽肉的风味，需提前一天将混合了盐和香料的干燥香草涂抹于禽肉表皮，再将整只家禽放入冰箱风干一个晚上（食谱见 pp.583—589）。
- **抹油：**油能均匀地传导烤箱的热能，因此在禽肉表皮抹油后烤出的金黄脆皮会更加均匀。此外，油脂还能防止表皮被烤得太干和坚韧难咬，但这会让表皮变得不是那么酥脆。
- **黄油或香草黄油：**将黄油或香草黄油涂抹在禽肉的表皮上（别指望它们被肉吸收），这会为皮增添许多风味，但这也会大幅降低其酥脆度，因为黄油内含有 18% 的水分，这些水分的蒸发会使表皮温度降低。黄油里的牛奶蛋白受热后会变成棕色，因此涂黄油的禽肉的皮比涂纯油的在烤制后会产生更多的斑点，有些人很喜欢这样的皮（有时候我也很喜欢）。

如何烤全鸡?

谁不爱烤鸡?咸香酥脆的外皮,湿润柔软的肉质,浓郁的香味飘满整个房间。用手撕下或咬一口带着些许油脂的鸡肉,再配上杯中最后一口威士忌(鸡肉和威士忌是绝配,对吧?)。这是食物带来的一种既高级又经典的感受。它是我独自一人,或者和我太太以及狗待在一起享受静夜时的首选食物。

然而老实说,我不太喜欢吃烤鸡,因为烤鸡常常烤得不够好。我相信大家都有类似的经历——吃到干涩的鸡胸肉(火鸡肉也一样)!我说的不是那种硬得能磨坏你的片肉刀,或是干涩得一入口就变成屑状的鸡肉,而是那种还能让你在晚餐时笑着挤出几句好话来的,但你会忍不住在心里抱怨为什么清教徒抵达美国的第一个秋天吃的是鸡,而不是牛肋排?

大家都知道鸡烤得不好的原因,就是加热过度。

让我们看看将鸡胸肉加热至不同的温度时,会发生什么事:

- **48.9℃(120 ℉)以下:**这时,肉还是生的。由众多肌肉细胞形成的一束束缆绳般的肌纤维,被包裹在具有弹性的结缔组织鞘里。这就是我们常看到的肌肉的"纹理"。
- **达到48.9℃(120 ℉)时:**肌球蛋白开始凝固,并挤出一些肌肉细胞内的水分,这时水分还集中在蛋白质鞘里。
- **达到60℃(140 ℉)时:**细胞内剩下的蛋白开始凝固,导致所有水分流出细胞并流向蛋白质鞘。凝固的蛋白质会让肉质变硬、颜色不再透明。我喜欢将鸡肉和火鸡肉加热到60℃(140 ℉)。
- **达到65.6℃(150 ℉)时:**结缔组织鞘所含的蛋白质(主要是胶原蛋白)开始快速凝结并收缩,而先前被细胞排出并停留在鞘里的水分则会被完全挤出肉外。虽然政府建议鸡肉需加热至73.9℃(165 ℉),但事实上只要超过65.6℃(150 ℉),肌肉纤维所含的肉汁就损失殆尽了。**恭喜你,你获得了一盘犹如厚纸板般口感的晚餐。**

另外,鸡腿肉至少得加热至76.7℃(170 ℉)。好吧,这有点夸张。加热到71.1℃(160 ℉)的鸡腿肉也是可以食用的(低于这个温度时,大量的结缔组织将仍坚韧难咬),但此时肉汁呈现粉红或淡红色,肉质也还未达到最佳柔嫩度。与鸡胸肉不同,鸡腿肉含有大量的胶原蛋白,因此需要较高的烹饪温度——需超过71.1℃(160 ℉),以及较长的烹饪时间——鸡腿由71.1℃(160 ℉)加热至76.7℃(170 ℉)需要10分钟。由于鸡腿肉的胶原蛋白经加热会变成浓稠的胶质,因此即便肌肉纤维损失了大量的肉汁,它的肉质依然湿润多汁。

问题是,如何在将鸡腿肉加热至76.7℃(170 ℉)的同时使鸡胸肉不超过62.8℃(145 ℉)呢?依照不同的状况和鸡的种类,我提供以下三种烹调方法,这里从最有效且最费力的方法开始一一介绍。

三种全鸡烹调方法

方法 1：我最喜欢的蝴蝶形烤鸡法

我正式宣布，这就是烤全鸡的最好方法，也是我目前唯一使用的方法。我知道，有些人喜欢餐桌上摆放着一只完整的烤鸡，因此蝴蝶形烤鸡法可谓烤鸡界的福音，应该要传遍全世界。

蝴蝶形鸡的制作方法是先用锐利的家禽剪将鸡脊椎剪去，将鸡向两侧摊开弄平，让带皮的那面朝上，再稳稳地将鸡胸骨往下压。这样就完成了！这个方法简单易学，火鸡也同样适用。

烤全鸡的方式：鸡皮朝上，将鸡放于有边平底烤盘的网架上，置入超高温的烤箱中——我指的超高温是 232.2℃（450 ℉）。如此一来，你会发现当鸡胸肉烤至 65.6℃（150 ℉）时，鸡腿肉刚好达到 76.7℃（170 ℉），鸡皮也恰好烤得酥脆美味。即便不用盐水腌渍、不抹盐腌，不翻面，也完全没问题。

虽然上桌的烤全鸡不是很美观，但鸡肉散发的香气让我觉得这样的妥协很值得，毕竟蝴蝶形烤鸡的优点多到数不完。

优点 1：形状平坦 = 烤得更均匀

将全鸡切开摊平成蝴蝶形，之前处于最受保护位置的鸡腿，现在因向两侧展平而成为最暴露的部分。这样不仅能缩短烹调时间，而且能使鸡腿肉的烹调温度高于鸡胸肉的温度。另外，这样还能节约烤箱空间，必要时可以一次烤两只体型较小的鸡。与烤一只体型较大的鸡相比，这样烤的鸡会比较多汁。

优点 2：表皮全部朝上烘烤 = 更酥脆的表皮和更多汁的肉

普通处理的全鸡（或火鸡）外形近似球体。外面是鸡皮，鸡肉被包裹在表皮里面。烘烤时，鸡在大烤碗或平底烤盘上，于是“球体”其中一侧的受热程度一定会比其他部位多。然而，蝴蝶形全鸡就像一个长方体，顶部表面是皮，其余大部分都是肉，这会带来三个好处。第一，由于鸡身被摊平了，因此在烘烤过程中，所有表皮都能均匀受热。第二，有足够的空间让化开的皮下脂肪滴入烤盘中，这会使鸡皮更加薄脆。第三，滴落的脂肪能使热量分散到整个鸡肉，使鸡能被烤得更均匀。同时，它还充当了温度缓冲区，可以避免肉被烤干。

优点 3：较薄的形状 = 较短的烘烤时间

从烹饪上来说，球体食材是最不容易被做熟的。若食材的体积一定，则球体形状使热能传导至中心所需的时间最长。如此，近球形的鸡需要 1 个小时或更长的烘烤时间，火鸡则需要几个小时。然而，蝴蝶形的鸡因为厚度变薄，若以 232.2℃（450 ℉）烘烤，所花费的烘烤时间可缩短至原先的一半。如果以前就用这种方法准备感恩节大餐的话，那么所有省下来的时间大概可以让我统治世界吧！

优点 4：容易切开

直接给整只球形鸡切块是件很麻烦的事，因为鸡身的形状让我们不太容易找到适当的角度来施力。当我给整只鸡切块时，我通常会利用不断的翻转和换边来找寻适当的施力角度。然而，蝴蝶状的外形会使分块容易许多：一是由于鸡腿几乎与躯干分离，你只需用手将鸡腿拉开，再用刀切下即可；二是切鸡翅膀时，你再也不用提起鸡不停地翻转，而是轻松切下即可，因为摊平已经使鸡翅膀暴露在你的面前；三是鸡胸已被稳固地平摊开来，你能很容易地从胸骨上剔下鸡胸肉。

优点 5：更多骨头 = 更多美味

仅用罐装鸡肉高汤和烤盘中的鸡汁就能制作肉汁或酱汁，加入肉和骨头熬煮，会使酱汁更加美味。通常情况下，将鸡脖和内脏放入高汤中熬煮会增添酱汁的风味，当然，你可以继续沿用这种方法。然而，如果你把从蝴蝶形全鸡中取出的整副背脊骨放入高汤中一起熬煮，那么这绝对会让肉汁酱的美味升级。

方法 2：时间充裕则分而治之

若用此法，就必须先学会拆解全鸡（要想轻松些，可以直接选购市售已分切的各部位的鸡肉）。同时，你必须像诺曼・罗克韦尔（Norman Rockwell）的绘画作品里那样，与完整又完美的烤鸡吻别。

先将鸡腿和鸡胸分离并取下，可以使接下来的烘烤步骤变得简单轻松。将鸡胸肉烤至适当的中心温度后取出，鸡腿则继续留在烤箱中，烤至所需熟度。静置后，将鸡肉放入 287.8℃（550 ℉）的烤箱烤数分钟至鸡皮酥脆即可上桌。为了将鸡肉烘烤得更均匀，我会在时间和耐力可支的情况下，尽可能地以和缓的低温来烤鸡肉（见 p.304，说明为何低温能将食材烹调得更加均匀）。

为了达到使鸡肉最美味的效果，最好将鸡胸肉连皮带骨一起烘烤，这与“骨头和肉会互换风味”这种无稽之谈毫不相关（见 p.616“骨头”），而与露出的表面积有关。

鸡肉暴露在外的面积越大，流失的水分就越多。骨头和表皮能避免娇嫩的白肉流失过多的水分。烤熟后的骨头非常容易被剔除，只要你愿意的话，可以等到烤熟后将其剔除。如果你不喜欢吃鸡皮，就把鸡皮丢掉，或者留给家里喜欢吃鸡皮的人。

这个方法还有一个很重要的优点，就是不受全鸡解剖学的限制，也能轻松移动鸡肉块。即便你想烤 6 个鸡腿或 4 个鸡翅膀，也绝对没问题！一旦把鸡依部位分块后，就能轻松用夹子或双手来移动它（选购市售分切好的鸡肉可以让程序更加简单）。而且，这个方法可以让你用两种不同的方式分别烘烤鸡腿和鸡胸肉（见 p.604“完美主义者：感恩节火鸡两吃”），这让你的晚餐更加丰富多样。

方法 3：利用高温烤盘制造传统的烤鸡造型

假如你偏好以全鸡上桌，或不愿意解剖全鸡，我完全可以理解。此时，你需要另外一种烹调方法，使用这种方法，你不用预先处理就能将全鸡放入烤箱，并且将它烤得熟度均匀，烤出相对酥脆的外皮。

此种方法需要一种特殊的器具，即比萨烤盘或烘焙石板。将比萨烤盘或烘焙石板放在烤箱底层，以烤箱最高温加热半个小时。将全鸡以鸡胸肉朝上的方式放在平底烤盘的网架上，再将烤盘放在预热好的比萨板上，然后立刻将烤箱温度调降至 204.4℃（400 ℉）。比萨烤盘或烘焙石板吸收的热量会先传递至鸡腿，接着你会发现鸡的各个部位会在相同时间内达到合适的温度。这很简单吧？不过，它的外皮无法像摊平的蝴蝶形烤鸡那样酥脆，而且需要较长的烘烤时间。但若你只想让餐桌上的烤鸡美得像 *Saturday Evening Post*[④] 封面上的画一样，这仍是最好的办法。

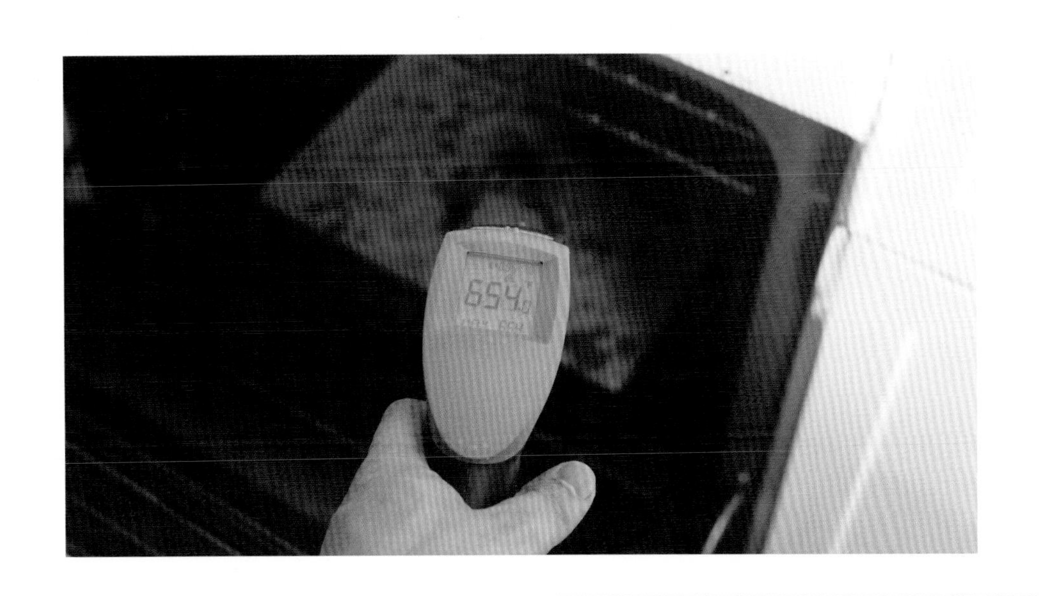

④ *Saturday Evening Post*，《星期六晚邮报》。——译注

| 专栏 | 该用烤箱的对流设定吗？

旋风对流烤箱就是加了对流风扇的一般烤箱。风扇能促使烤箱内部形成空气循环，这种循环超过烤箱内部因冷热不均而形成的自然对流。这代表对流烤箱内部各区的温度会更均匀。风扇还能使食物烤得更快、更加酥脆，为什么会这样呢？

一般烤箱中，在食物周围和一些较难受到热辐射的区域容易形成低温区，如烤盘边缘的下方或是火鸡内部的凹洞。旋风对流烤箱在持续提供热量的同时，促使热空气在食物周围不断循环。热空气对流不仅能大幅提升烘烤效率，还能带走食物表面的水，使禽肉或肉类的表皮均匀地棕化，且更加酥脆美味。若你的烤箱有对流设定，我建议在烘烤肉类和禽类时多加利用。

然而，有许多食谱（包括本书中的食谱）并非特地针对旋风对流烤箱设计的。为了让烤箱充分发挥出广告中宣传的效果，你必须做出相应的调整。通常情况下，用旋风对流烤箱烹饪为普通烤箱设计的食谱时，你只需将烤箱的设定温度降低约13.9℃（25 ℉）。更为精确的调整则需依据烤箱的品牌和型号而定，因此只有在对烤箱进行测试后，你才能真正了解你的烤箱。

鸡皮为什么会变得金黄酥脆？

鸡皮主要由水、脂肪、蛋白质（主要是胶原蛋白）组成。只有在烹调过程中发生以下变化，鸡皮才能变得酥脆。首先，胶原蛋白受热转变为明胶。接着，鸡皮所含的水分蒸发。最后，脂肪化开并流出。如此，你便拥有了金黄酥脆的鸡皮。

若想得到金黄酥脆的鸡皮，最好做到以下两点：一是使用含水量较低的鸡，它们通常具有“气冷式”的标签。市售鸡肉普遍使用水冷式冷却法，这样会增加鸡肉的水分，延缓外皮变成金棕色的速度。二是使用厨房纸巾拍干表皮上的水。如果时间允许，就将全鸡放于平底烤盘里，无覆盖地置于冰箱冷藏一天。这能加快鸡肉变干的速度和鸡皮被烤至酥脆的速度。不过，冷藏风干的时间最好不要超过一天。这是为什么呢？

胶原蛋白的分解不仅需要时间与温度的配合，还需要鸡的含水量适中，以及确保烹调温度高于 71.1℃（160 ℉）。正因如此，若烘烤温度过低或鸡皮水分太少（例如，在冰箱里冷藏风干好几天的），就缺少了胶原蛋白转换成明胶所需的水分，鸡皮会变得像纸张或皮革一样粗韧难嚼，而非香酥金黄。

化开的脂肪流出能提升外皮的酥脆度。将全鸡剖开摊平成蝴蝶形就是使脂肪流出的最有效方式，因为所有的鸡皮都在上方，能接受全部热能的烘烤，同时下方有足够的空间可以让脂肪滴落并环绕在肉的四周。若打算烘烤全鸡，必须要撑开鸡胸部位的鸡皮与肉，让脂肪有空间流出（见下页）。

为了增强对流和加热效率，我建议使用附有网架的厚实平底浅烤盘来取代有 V 形烤架的深烤盘。因为深烤盘的边缘较高，会阻碍气流，导致烤鸡底部的肉质松软、不熟。只有在烘烤体积庞大的肉品，如大型火鸡或直立摆置的肋排时，我才会选用深烤盘。

若要让外皮保持酥脆，则必须在烤鸡出炉时立刻将外皮与肉分开，分别盛盘，这样就能防止鸡肉中的热蒸汽蒸软外皮。

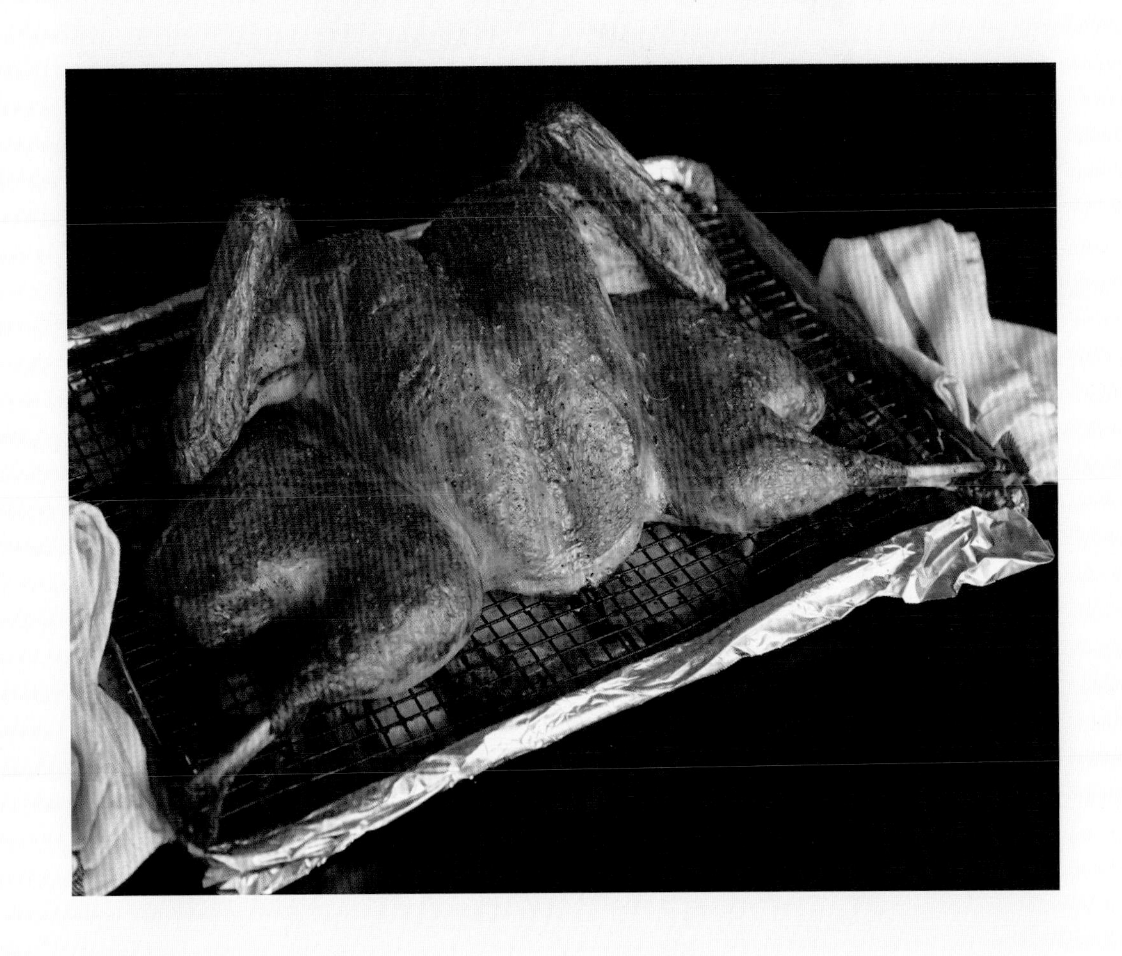

为了更酥脆的外皮，预先分离鸡皮与鸡肉

分离鸡皮与鸡肉有助于脂肪流出，让鸡皮更酥脆，也方便在鸡皮下方抹上调味料，以下示范如何操作：

1

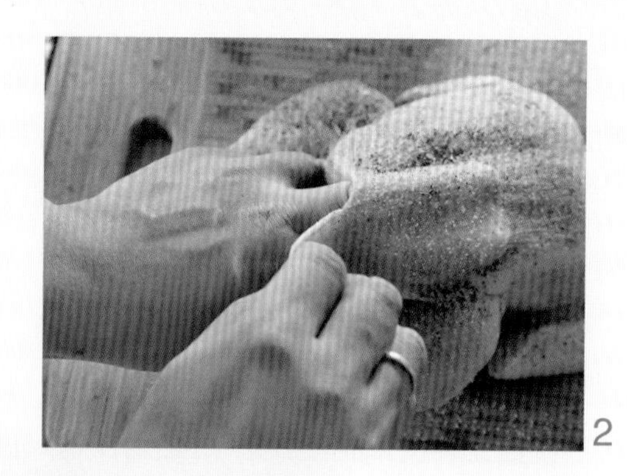
2

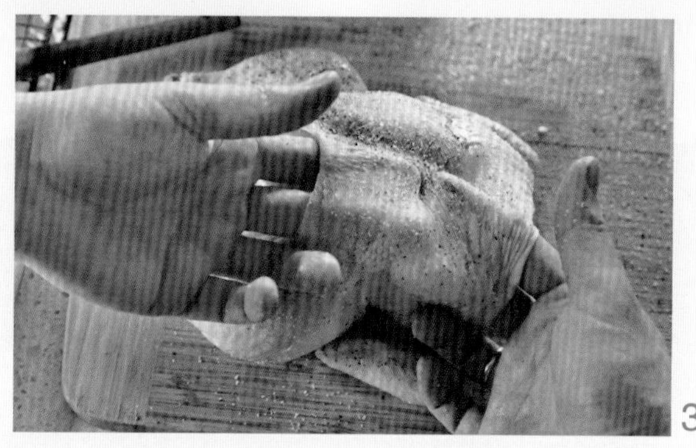
3

步骤 1：调味外皮

用盐和黑胡椒碎为鸡皮调味。

步骤 2：从末端伸入手指

提起鸡胸末端的鸡皮，将一两根手指伸入皮与肉的间隙中，缓慢谨慎地往上推，将皮与肉分离，注意不要撕破鸡皮。

步骤 3：两侧手指在中间碰到

将另一只手的手指从鸡颈部伸入，将皮与肉分开。皮与肉完全分离时，两只手的手指会在鸡胸中部相汇。在皮与肉之间以盐和黑胡椒碎调味，再将鸡放进烤箱。

淋油和捆绑：两种“无法”让鸡肉更多汁的手法

我曾看过有人建议在鸡肉上覆盖一片类似培根的肥肉，或者烘烤时以汤勺舀起化开的黄油或肉汁浇淋鸡肉，如此可维持鸡肉湿润多汁。这背后貌似有两个理论。一是鸡胸肉能吸收部分的脂肪——这种说法毫无根据。从我们先前的实验结果可以知道，鸡肉受热收缩会挤出肉汁，因此鸡肉根本无法吸收任何东西。二是脂肪的隔热效果能使鸡肉被温和均匀地烤熟并不会被烤得太干——虽然这个理论大致正确，但还存在问题。任何用培根包裹的食物，我都会更加喜爱。然而，培根会让味道较淡的鸡和火鸡尝起来更像——培根。如果我想吃培根，那就做培根好了。（但是，如果你是那种喜欢培根和烤鸡组合的人，就这样做吧。）另外，在鸡皮外裹上培根也会导致鸡皮烤得不太酥脆。

事实上，烘烤时以热腾腾的肉汁浇淋烤鸡，不仅会让鸡肉干涩得更快，而且肉汁或黄油里的水分还会影响鸡皮的酥脆度。较好的方法是在烘烤时偶尔给鸡肉刷上常温的油（想要更高级一些，就用化开的鸡油或鸭油），这样能让外皮的金棕色更深、更均匀，但完全不影响肉质的湿润度。

“捆绑”是指先扎紧鸡腿，这是很多人推荐但毫无意义的方法。其实，这会起到相反的作用。绑紧鸡的双腿会让原本就很难烤熟的部位变得更难受热。应该让鸡和火鸡保持自然的形态接受烘烤——双脚分开，这样才能让热量对流循环。

烤好的家禽需要静置！

静置是烹调禽肉大餐，特别是感恩节大餐的关键环节之一。它能让烹调过程更轻松，烤好的肉更美味。静置可以让禽肉有时间舒展，并重新分配其中的肉汁。此外，较低的温度能让肉汁变得较为浓稠，在切开禽肉时不易流失（见p.296和p.859“静置”的相关细节）。

我会静置禽肉直到其中心温度降至61.7℃（143℉）或是更低。中心温度烤至65.6℃（150℉）的烤鸡需静置10~15分钟，而4.5~5.4千克（10~12磅）的火鸡则需静置30分钟。换个角度想，你可以利用这30分钟来收集盘底的肉汁，加热焗烤好的菜，来杯鸡尾酒，以及打发鲜奶油来掩盖一下南瓜派上的指纹。

关于调味

老实说，我通常只用盐和黑胡椒碎来调味烤鸡。如果你买到好的鸡肉，它的味道已经足够了，但若还想增添其他风味呢？

好消息是若你已学会基础的烘烤技巧，那么增添风味就如同预先涂抹盐或香草那样简单了。它们的烘烤方式几乎相同。你可以在互联网上找到数百种以香草、柠檬等来调味的食谱，这实际上就是在老式烤鸡的基础上进行各种调味而已。只要学会如何烤出美味的鸡（需同时具备适当的烘烤技巧、控制鸡胸肉不被烤过头、使鸡皮的脂肪化开流出三个条件），那么调味任由你决定。

以下是我整理的一个小表格，里面列出了多种调味方式，包括我个人喜爱的调味方式。当然，你可以依据个人喜好，混合搭配调味料。我没在表格里列出盐，因为接下来的两个基础食谱中，鸡肉会另外用盐调味，但你可以将盐与香草（或香料）混合后对鸡肉进行调味。

表 23　用于制作烤鸡的常见香草、香料及调味方式

调味料种类	调味方式
柔软的草本香草（荷兰芹、罗勒、龙蒿、芫荽等）	手切或以食物料理机绞碎 1/2 杯的香草叶，混合 1~2 大勺橄榄油或化开的黄油制成酱。分开鸡胸的皮和肉，再以香草酱均匀涂抹在整只鸡上，包括胸肉与皮之间。按步骤继续
木本香草（百里香、迷迭香、月桂叶等）	分离鸡胸的皮与肉。将木本香草枝放入鸡的腹腔中（对于蝴蝶形鸡，可以将木本香草枝放在鸡的上方和下方）。按步骤继续，上桌前取出香草丢弃
葱属植物（大蒜、红葱头、青葱和细香葱等）	以食物料理机绞碎或手切出 2 小勺至 2 大勺量的碎末，加入 1 大勺橄榄油或化开的黄油制成酱。分开鸡胸的皮和肉，再以香草酱均匀涂抹整只鸡，包括鸡胸的皮肉间隙。按步骤继续
各式香料	使用 1~4 小勺香料，混合 1~2 大勺的橄榄油或化开的黄油制成酱，亦可加入 1~2 大勺红葡萄酒醋或白葡萄酒醋。分开鸡胸的皮和肉，再以香料酱均匀涂抹整只鸡，包括腹腔内和皮下。按步骤继续
蜜汁和腌泡汁	烤至最后 10~15 分钟时，边烤边刷上蜜汁和腌泡汁。保留部分蜜汁和腌泡汁，将其作为酱汁搭配
柠檬	分离鸡胸的皮与肉。将柠檬对半切开后，以切面涂抹全鸡，包括腹腔内与皮下。再将切半的柠檬切片，将柠檬片放在鸡的内部或垫在底下。按步骤继续。如果你喜欢，可以在快烤好时或上桌前，挤一些柠檬汁在鸡肉上。这样能增添风味，但会减少外皮的酥脆度。 另有一种替代做法，即将磨碎的柠檬皮与香草或香料混合使用

|专栏|全鸡适合浸泡腌渍吗?

我记得大学时，有一次收到室友的电子邮件。他说："我周末不在，冰箱里有只用意大利油醋汁腌了 3 天的鸡，谁把它烤一烤？应该超级柔软又多汁。"我马上打算用这只鸡做一道绝味料理来吸引住在走廊另一端的女孩。她一定会因为美味多汁的鸡肉而大受感动，对我一见钟情。然后，我们会结婚（喜宴的菜单中一定要有这道菜），生 14 个孩子，从此过着幸福快乐的日子。

现在，我告诉你我和另一个完全不同的女孩有着幸福的婚姻，那你应该猜到那只鸡背后的故事了。事实上，鸡肉是会腌过头的，特别是以酸性腌渍调料（如意大利油醋汁）浸泡腌渍。腌渍调料里的酸性物质会让蛋白质变性，发生类似被煮熟的变化。若浸泡的时间过长，变质的蛋白质会挤出肉里的水分，导致干涩的粉质口感。

和牛排一样（见 p.318"如何腌制"），浸泡腌渍禽肉的时间不能超过半天。实际上，在鸡肉或其他家禽肉出炉前 10 分钟，刷上酱汁再烤的效果远比预先浸泡腌渍的效果要好。将鸡肉静置并切割完毕后，再把之前保留的大部分酱汁涂抹于鸡肉外，这时酱汁才能真正裹住鸡肉，并让人每咬一口鸡肉，都能感受到酱汁的味道。

如何剔除鸡或火鸡的叉骨

在烘烤前剔除叉骨有助于将家禽在烤后切割分盘。烤鸡并不一定要这样处理，但如果是烤火鸡，我强烈建议先剔除它的叉骨。

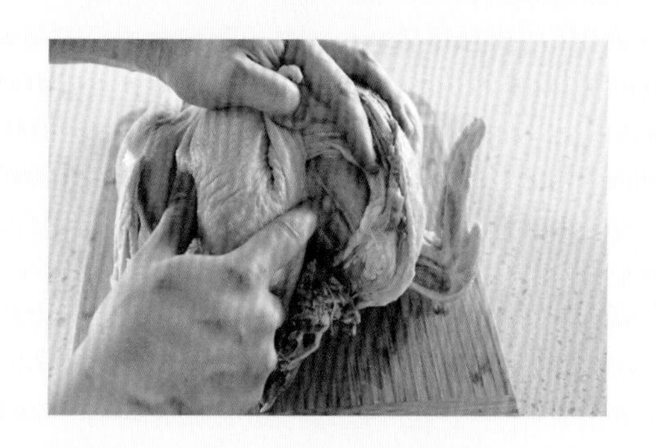

步骤 1：确定叉骨的位置

这一步是你在烤火鸡之前需要做的。将鸡脖部位的皮向后掀起，找到位于鸡胸上缘的 Y 字形叉骨。

步骤 2：划下第一刀

用锋利的去骨刀、主厨刀或削皮刀的刀尖，沿着叉骨一个分支的一侧划下第一刀。

步骤 3：划切叉骨分支两侧

继续用刀尖在叉骨这个分支的另一侧切下，在叉骨的另一个分支重复同样的动作，总共下四刀。

步骤 4：撬松叉骨

用手指或干燥的厨房毛巾抓住骨头的上端向自己的方向撬动，稍微拉扯一下，应该就能将其取下。如果还是不行，就用刀尖在连接的部分继续切至其松动。取出叉骨后，就能烤火鸡了。

蝴蝶形烤鸡

ROASTED BUTTERFLIED CHICKEN

要保证在让鸡皮酥脆的同时，鸡腿肉和鸡胸肉都饱满多汁，并且你不介意你的鸡在上桌时看上去并不像全鸡，这就是最简单又最好的烤鸡方法。

笔记：

为了得到最多汁的肉质和最酥脆的外皮，可以先将鸡用干式盐腌法腌制并冷藏风干一整晚（见 p.567）。

3~4 人份

1.6~1.8 千克（$3\frac{1}{2}$~4 磅）的全鸡 1 只，依 p.581 指示剖开摊平成蝴蝶形

植物油、芥花籽油或橄榄油 1 大勺

犹太盐和现磨黑胡椒碎各适量

1. 将烤网架移至烤箱中间偏上的位置，烤箱以 232.2℃（450 ℉）预热。
2. 用厨房纸巾将鸡擦干，分开鸡胸的皮与肉（见 p.574），将整只鸡（包括皮下）都均匀地抹上油，并以盐和黑胡椒碎调味（如果是干式盐腌的鸡，酌情减少盐的用量）。
3. 在有边的平底烤盘上铺上铝箔纸，摆上鸡，使鸡胸位于烤盘中央，鸡腿靠近烤盘边缘。将烤盘置于烤架上，烤至鸡胸肉最厚的部位温度达到 62.8℃（145 ℉），而鸡腿和鸡身之间的连接部位温度达到 71.1℃（160 ℉），需要烤 35~45 分钟。
4. 将烤鸡移出烤箱转移到砧板上，用铝箔纸稍稍覆盖，静置 10 分钟后再分盘上桌。

速成蝴蝶形烤鸡肉汁酱

QUICK JUS FOR ROASTED BUTTERFLIED CHICKEN

笔记：

本食谱需要用到蝴蝶形烤鸡的脖子和脊椎骨。

约 1/2 杯

植物油或橄榄油 1 大勺
保留的脊椎骨和鸡脖，用刀粗略剁碎
切碎的新鲜百里香、迷迭香、牛至、马郁兰、香薄荷或综合香草 2 小勺（可选）
洋葱 1 个，粗略切碎
中型胡萝卜 1 根，去皮，切碎
芹菜 1 根，切碎
月桂叶 1 片
苦艾酒或雪利酒 1 杯
水（或自制鸡肉高汤、罐装低盐鸡肉高汤）1 杯
酱油 1 小勺
无盐黄油 3 大勺，切小块
鲜榨柠檬汁 2 小勺，用 1 个柠檬榨取
盐和现磨黑胡椒碎各适量

1. 烤鸡时，在小型酱汁锅中以高温热油，直到出现油纹。放入脊椎骨和鸡脖拌炒约 3 分钟，至呈棕色。再放入香草碎（若选择要加的话）、洋葱碎、胡萝卜碎、芹菜碎翻炒约 3 分钟，直到变成棕色。再加入月桂叶，倒入水和苦艾酒，以木汤勺刮下锅底的棕色物质。降低火力，使锅中维持微沸的状态炖煮 20 分钟。
2. 将酱汁过滤后再倒回锅中，以中大火炖煮 7 分钟左右，直到汤汁收干至剩下约 1/3 杯的量后将锅离火。在锅中加入酱油、黄油和柠檬汁拌匀，以盐和黑胡椒碎调味。上桌前持续保温。

| 刀工 | 如何将鸡或火鸡剖开摊平成蝴蝶形

其实，将任何禽类剖开摊平成蝴蝶形的方法大同小异，只是处理像火鸡这种比较大型的禽类时，剔除骨头会比较麻烦。如果用大剪刀强行剪开骨头会让你毛骨悚然的话，那就请肉贩帮你将它处理成蝴蝶形，但是一定要把脊椎骨和脖子留下来熬煮肉汁酱。

1. 选好工具

家里要必备的就是一把不错的家禽剪。我喜欢瑞士品牌“瑞康屋”（Kuhn-Rikon）的家禽剪，它的刀片锋利、结构坚固，还有很结实的弹簧，能迅速将刀片弹回原位以便继续工作。

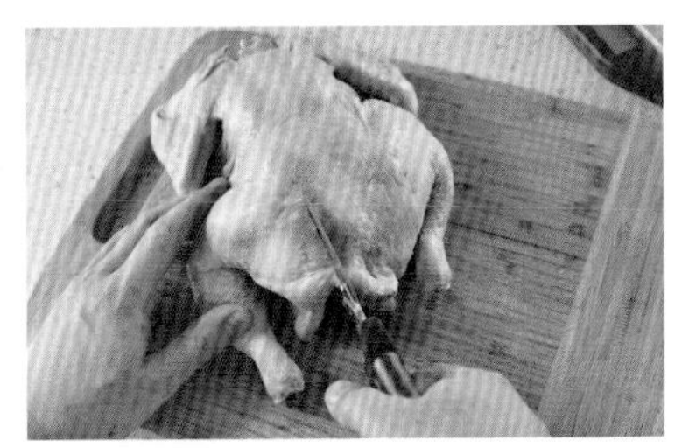

2. 翻转剪切

将鸡放在砧板上（鸡胸朝下），用一只手稳住它（若很滑的话请垫着厨房纸巾），从鸡大腿连接鸡尾的地方沿着脊椎骨的一侧开始剪。

3. 沿着鸡大腿剪

若下刀的位置离脊椎骨太远，就有可能剪到鸡大腿骨。此时，只要将家禽剪转向内，往脊椎骨的方向绕着大腿骨剪过，就能避免直接剪断腿骨。然后继续剪，剪断肋骨，直到将脊椎骨的一边完全剪开。

4. 在脊椎骨另一侧重复

用一只手握住脊椎骨，另一只手用家禽剪沿着脊椎骨的另一侧用相同的方法剪。剪时注意不要剪到握住脊椎骨的手指。

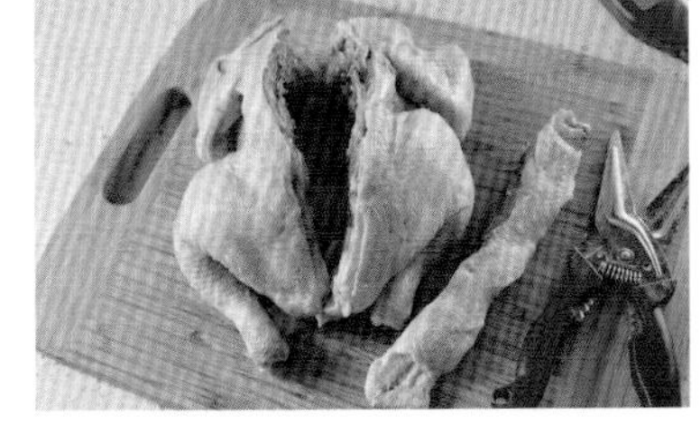

5. 切割完成

顺利进行完上述步骤，脊椎骨就能完整取出。用手或家禽剪去除大块脂肪，清理骨头切面上露出的红色骨髓。

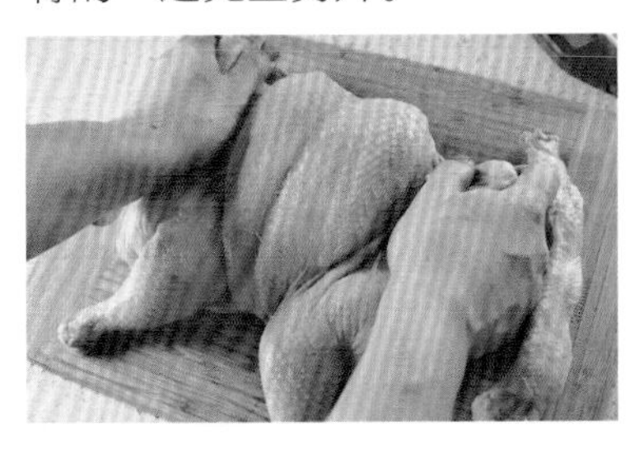

6. 翻面固定

将鸡翻面，使鸡胸肉朝上，将鸡翅膀塞到鸡胸下方保持稳固。

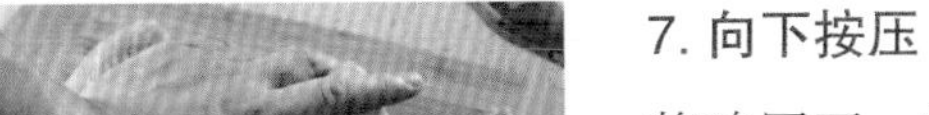

7. 向下按压

将鸡展开，将手掌放在鸡胸上，用力往下压直到胸骨变平（若是火鸡，你可能会听到一些骨头断裂的咔咔声）。然后就可以将鸡送入烤箱了。

简易烤全鸡

SIMPLE WHOLE ROAST CHICKEN

如果你坚持端上餐桌的必须是全鸡，那么这就是专门为你设计的食谱。最好使用烘焙石板或钢制比萨烤盘，以确保鸡腿能和鸡胸在差不多的时间内烤好。

笔记：

若想要吃到最多汁的肉以及最酥脆的外皮，请依 p.567 的说明，使用干式盐腌过并冷藏风干了一夜的鸡。

3~4 人份

1.6~1.8 千克（$3\frac{1}{2}$~4 磅）的全鸡 1 只

植物油、芥花籽油或橄榄油 1 大勺

犹太盐和现磨黑胡椒碎各适量

1. 将烤网架移至烤箱中间位置，放上烘焙石板或比萨烤盘。烤箱以 260℃（500 ℉）预热至少 30 分钟。
2. 用厨房纸巾将鸡擦干，分开鸡胸的皮与肉（见 p.574），在鸡全身（包括皮下）均匀抹上油，并以盐和黑胡椒碎调味（若使用干式盐腌过的鸡，则酌情减少盐量）。在烤箱预热时，将鸡在室温下静置备用。
3. 在厚实的平底烤盘内铺上稍微弄皱的铝箔纸，将全鸡鸡胸朝上摆在平底烤盘上，再将平底烤盘摆在比萨烤盘上。将烤箱温度调至 176.7℃（350 ℉），将鸡烤至用快显温度计测得鸡胸肉最难熟的部位的温度为 62.8℃（145 ℉），而鸡腿的温度为 71.1℃（160 ℉），约要烤 1 个小时。烤的过程中可将盘中滴落的鸡汁刷在表皮上。烤鸡出炉后，不覆盖将其静置 15 分钟，然后切开，即可上桌。

黄油柠檬香草烤鸡

BUTTERY LEMON-HERB-RUBBED ROAST CHICKEN

黄油、柠檬皮屑和香草是烤鸡的经典搭配。虽然加黄油会让鸡皮没那么酥脆，但是黄油能为鸡肉增添许多风味，这足以弥补。

笔记：

若想要吃到最多汁的肉以及最酥脆的外皮，请依 p.567 的说明，使用干式盐腌过并冷藏风干了一夜的鸡肉。

3~4 人份

切碎的新鲜荷兰芹 1/4 杯

新鲜鼠尾草 6 片

切碎的新鲜迷迭香叶 1 大勺

青葱 1 根，粗略切碎

蒜瓣 1 瓣，切细末或磨成泥，约 1 小勺

犹太盐 2 小勺

现磨黑胡椒碎 1 小勺

柠檬皮屑 1 大勺（用 1 个柠檬）

无盐黄油 2 大勺

1.6~1.8 千克（$3\frac{1}{2}$~4 磅）的全鸡 1 只

1. 把荷兰芹、鼠尾草、迷迭香、青葱、蒜末、盐、黑胡椒碎、柠檬皮屑和黄油放入食物料理机，搅打成浓稠的酱，并将杯壁上的酱料刮下。
2. 分开鸡胸的皮与肉（见 p.574）。将鸡全身（包括皮下）全部均匀地涂抹上步骤 1 的香草酱。参照“简易烤全鸡”食谱（见 p.582）烘烤，但请跳过步骤 2。

牙买加烟熏香辣烤鸡

JAMAICAN-JERK-RUBBED ROAST CHICKEN

这是牙买加的代表菜。点燃甜椒树或月桂树（月桂叶来源）的枯木慢慢烟熏，赋予烤鸡完美香甜的烟熏味。我的厨房里虽然没有这些枯木，但是有能够带来牙买加多香果风味的香料。无法直接用月桂木烤鸡，可以退而求其次：烤鸡时，将百里香和月桂叶铺在鸡的周围。使用蝴蝶形鸡能烤出非常金黄酥脆的外皮。

笔记：

若想要吃到最多汁的肉以及最酥脆的外皮，请依 p.567 的说明，使用干式盐腌过并冷藏风干了一夜的鸡肉。处理苏格兰圆帽辣椒（Scotch Bonnet）和哈瓦那辣椒（habanero pepper）时要小心，这两种辣椒十分辣，所含的辣椒素可能刺激皮肤和眼睛，因此务必使用单独的砧板处理，如果可以请戴上乳胶手套，并在切完辣椒后立即清洗砧板和刀具。

3~4 人份

多香果粉 2 小勺

现磨黑胡椒碎 1 小勺

肉豆蔻粉 1/4 小勺

肉桂粉 1/4 小勺

蒜瓣 1 瓣，切细末或磨成蒜泥

青葱 1 根，粗略切碎

新鲜姜末 1/2 小勺

苏格兰圆帽辣椒或哈瓦那辣椒 1/2 个（见上文“笔记”）

苹果醋 1 小勺

酱油 1 小勺

犹太盐 2 小勺

植物油或芥花籽油 1 大勺

1.6~1.8 千克（$3\frac{1}{2}$ ~4 磅）的全鸡 1 只，依 p.581 步骤处理成蝴蝶形

百里香枝 1 束

月桂叶 6 片

1. 食物料理机中放入多香果粉、黑胡椒碎、肉豆蔻粉、肉桂粉、蒜末、青葱碎、姜末、辣椒、苹果醋、酱油、盐和油，搅打成湿润的糊状。（图 1）
2. 分开鸡胸的皮与肉（见 p.574）。将鸡全身（包括皮下）均匀地涂抹上步骤 1 的香草酱，按照“蝴蝶形烤鸡”食谱（见 p.579）来烤鸡，但请跳过步骤 2。在将鸡放入烤箱前，先将百里香枝和月桂叶放于鸡皮下、鸡腹腔内以及鸡身上。出炉后，将百里香枝和月桂叶丢弃，将烤鸡上桌即可。（图 2—图 5）

柠檬香茅与姜黄辣味烤鸡

SPICY LEMONGRASS-AND-TURMERIC-RUBBED ROAST CHICKEN

柠檬香茅和姜黄能让烤鸡有更深的色泽和更浓的香气。烤鸡吃起来甜甜辣辣的，口感丰富，配着辣椒酱更好吃。这道食谱可以使用烤全鸡的任一烹调方法。

笔记：

若想要吃到最多汁的肉以及最酥脆的外皮，请依 p.567 的说明，使用干式盐腌过并冷藏风干了一夜的鸡肉。

3~4 人份

柠檬香茅 1 根
现磨姜泥 2 小勺
蒜瓣 2 瓣，切细末或磨成泥，2 小勺
红葱头末 1 大勺，用 1/2 个红葱头
小型新鲜泰国绿辣椒 1 个，或塞拉诺辣椒 1/2 个
姜黄粉 1 小勺
犹太盐 2 小勺
红糖 1 小勺
植物油或芥花籽油 1 大勺
1.6~1.8 千克（$3\frac{1}{2}$~4 磅）的全鸡 1 只，如果需要，可依 p.581 步骤处理成蝴蝶形
泰式酸甜辣酱 1 份（可选，食谱见下页）

1. 将柠檬香茅的茎的末端剪下 1.3 厘米（1/2 英寸）并丢弃。找到柠檬香茅叶开始变干的位置，将其往上约 10.2 厘米（4 英寸）的部分切除不用。其他干叶也丢弃不用。将鲜嫩的柠檬香茅粗略切碎，与姜泥、蒜末、红葱头末、辣椒、姜黄粉、盐、红糖和油等一起放入食物料理机内，搅打成浓稠的酱状。
2. 分开鸡胸的皮与肉（见 p.574）。将鸡全身（包括皮下）均匀地涂抹上步骤 1 的辣椒酱。依“蝴蝶形烤鸡”（见 p.579）或“简易烤全鸡”（p.582）食谱烘烤，但请跳过步骤 2。可搭配泰式酸甜辣酱一同上桌。

泰式酸甜辣酱

Thai-Style Sweet Chile Sauce

笔记：

没有新鲜辣椒的话，可用 2 小勺干辣椒片代替。

约 1/2 杯

蒜瓣 2 瓣，切细末或磨成泥，2 小勺

小型新鲜泰国红辣椒 2 个，切细末，或哈雷派尼奥辣椒、塞拉诺辣椒 1 个（见上文“笔记”）

棕榈糖或红糖 1/2 杯

蒸馏白醋 1/4 杯

水 1/4 杯

鱼露 2 大勺

在小型酱汁锅里放入所有材料，以文火煮沸后，慢慢熬煮约 10 分钟，直到酱汁减少了 1/3 的量。放凉后，酱汁应该会像糖浆一样浓稠。

秘鲁炭火烤鸡

PERUVIAN-STYLE ROAST CHICKEN

这份食谱完美重现了遍布秘鲁各地的烤肉连锁店的经典秘鲁炭火烤鸡的做法，调味抹料会让炭火烤鸡更美味，用烤箱烤鸡效果也会一样显著。这份食谱我比较喜欢用蝴蝶形烤鸡（见 p.579）的做法来制作，因为外皮会比“简易烤全鸡”（见 p.582）的更焦脆。

笔记：

若想要吃到最多汁的肉以及最酥脆的外皮，请依 p.567 的说明，使用干式盐腌过并冷藏风干了一夜的鸡肉。

3~4 人份

孜然粉 1 大勺

红辣椒粉 1 大勺

蒜瓣 3 瓣，切细末或磨成泥，3 大勺

蒸馏白醋 1 大勺

犹太盐 2 小勺

现磨黑胡椒碎 1 小勺

植物油或芥花籽油 1 大勺

1.6~1.8 千克（$3\frac{1}{2}$~4 磅）的全鸡 1 只，依 p.581 步骤处理成蝴蝶形

秘鲁风墨西哥青辣椒酱 1 份（可选，食谱如下）

1. 将孜然粉、红辣椒粉、蒜末、醋、盐、黑胡椒碎和油放入碗中，以手指揉匀。
2. 分开鸡胸的皮与肉（见 p.574）。将鸡全身（包括皮下）均匀地涂抹上步骤 1 的辣酱。依“蝴蝶形烤鸡”食谱（见 p.579）烤鸡，但请跳过步骤 2。若喜欢，可搭配秘鲁风墨西哥青辣椒酱一同上桌。

秘鲁风墨西哥青辣椒酱

PERUVIAN-STYLE SPICY JALAPEÑO SAUCE

这种酱汁口感顺滑且浓郁，又辣又爽口，非常适合搭配炭烤或炉烤的烤鸡，以及其他各种肉类，也适合作为蔬菜蘸酱。另外，做沙拉酱汁的基底也很不错。

笔记：

秘鲁黄辣椒（Ají Amarillo）是种温和的辣椒。在专卖南美洲食材的超市或网店应该很容易就能找到这种黄辣椒膏或泥。如果找不到，不用也没关系。

约 1 杯

哈雷派尼奥辣椒 3 个，粗略切碎

新鲜芫荽叶 1 杯

蒜瓣 2 瓣，切细末或磨成泥，2 小勺

美乃滋 1/2 杯

酸奶油 1/2 杯

秘鲁黄辣椒膏 2 大勺，见上文“笔记”

新鲜青柠汁 2 小勺，使用 1 个青柠

白醋 1 小勺

特级初榨橄榄油 2 大勺

犹太盐和现磨黑胡椒碎各适量

将哈雷派尼奥辣椒、芫荽、蒜末、美乃滋、酸奶油、辣椒膏、青柠汁和醋放入搅拌机的料理杯里，以高速搅拌到酱汁均匀顺滑。在搅拌时，缓缓滴入橄榄油，再以适量的盐和黑胡椒碎调味。酱料装入密封容器中，能冷藏保存 1 个星期。

BBQ 蜜汁烤鸡

BARBECUE-GLAZED ROAST CHICKEN

当我无法使用户外的烤肉炉，却又很想吃香味扑鼻、肉质鲜美又带有微焦外皮的烤鸡时，我就会照着这道食谱做。虽然做出的烤鸡无法有炭烤的香气，但这仍是很好的方案。这道料理的关键在于先将鸡用香辛料涂抹，然后在出炉前 10 分钟再涂上烤肉酱。烤肉酱会在鸡皮上形成一层焦糖般浓稠的蜜汁，让人每一口都吮指回味。

笔记：

若想要吃到最多汁的肉以及最酥脆的外皮，请依 p.567 的说明，使用干式盐腌过并冷藏风干了一夜的鸡肉。

3~4 人份

红辣椒粉 1 小勺

芫荽粉 1/2 小勺

茴香粉 1/4 小勺

孜然粉 1/2 小勺

干牛至叶 1/2 小勺

现磨黑胡椒碎 1/2 小勺

蒜瓣 1 瓣，切细末或磨成泥，1 小勺

犹太盐 2 小勺

植物油或芥花籽油 1 大勺

1.6~1.8 千克（$3\frac{1}{2}$~4 磅）的全鸡 1 只，依 p.581 步骤处理成蝴蝶形

喜欢的烤肉酱$1\frac{1}{2}$杯

1. 将红辣椒粉、芫荽粉、茴香粉、孜然粉、牛至叶、黑胡椒碎、蒜末、盐和油放入小碗里，用手指揉捏所有材料直到其变成酱状。
2. 分开鸡胸的皮与肉（见 p.574）。将鸡全身（包括皮下）均匀地涂抹上步骤 1 的香料酱。依“蝴蝶形烤鸡”的食谱（见 p.579）来烤鸡，但请跳过步骤 2 和步骤 4。在出炉前 15 分钟时，再均匀地刷上 1~2 大勺烤肉酱。再烤 7 分钟，直到烤肉酱收干变成一层光泽油亮的蜜汁。再次涂上一层烤肉酱，烤约 8 分钟，直到第二层酱汁也形成蜜汁。出炉后先将鸡静置 10 分钟，再切开分盘，搭配剩下的烤肉酱上桌。

日式照烧烤鸡

TERIYAKI-GLAZED ROAST CHICKEN

我日本的亲戚们，有可能会因为这道不太地道的日式照烧烤鸡向我翻白眼。但你们知道吗？这道料理超级美味，谁在乎地不地道呢？这道料理是以姜、蒜为主要腌料，以酱油和清酒来制作蜜汁，并搭配酱汁一起上桌的。

笔记：

若想要吃到最多汁的肉以及最酥脆的外皮，请依 p.567 的说明，使用干式盐腌过并冷藏风干了一夜的鸡肉。可使用任何一种清酒，不需要特别购买较昂贵的清酒。味醂是一种偏甜的日本米酒，在大部分亚洲超市都能买得到。如果没有味醂的话，可直接以双倍分量的糖和清酒代替。

3~4 人份

日式酱油 1/2 杯
糖 1/2 杯
清酒 1/2 杯（请见上文“笔记”）
味醂 1/2 杯（请见上文“笔记”）
青葱 3 根，葱白完整保留，葱叶切细末
蒜瓣 1 瓣，切细末或磨成泥，1 小勺
现磨姜末 1 小勺
犹太盐 1/2 小勺
植物油或芥花籽油 1 大勺
1.6~1.8 千克（$3\frac{1}{2}$~4 磅）的全鸡 1 只，依 p.581 步骤处理成蝴蝶形

1. 在小型酱汁锅里放入酱油、糖、清酒、味醂和葱白，以中大火煮至微微沸腾后，转小火将其维持在稍微沸腾的状态，慢慢熬煮至照烧酱收干到原来一半的量时离火。整个过程约需 30 分钟。
2. 熬煮酱的同时，将蒜末、姜末、盐和油放入小碗里，用手指搅拌直到呈膏状。分开鸡胸的皮与肉（见 p.574）。将鸡全身（包括皮下）均匀地涂抹上蒜末混合物，依“蝴蝶形烤鸡”食谱（见 p.579）烤鸡，但请跳过步骤 2。出炉前 10 分钟时，将 1 大勺照烧酱均匀地刷于外皮上。撒上葱叶末，搭配剩下的照烧酱上桌。

|刀工|如何分切全鸡

烤鸡上桌后，我们完全可以凭着本能，用双手和牙齿将它撕开，但用刀先切开再吃，是一种比较文明的做法。在烘烤前先剔除叉骨会让分切这道工序更简单（见 p.578）。以下将解释如何分切普通烤全鸡及蝴蝶形烤鸡：

分切普通烤全鸡

1. 切掉鸡腿

以钳子、厨房毛巾或手指抓住鸡腿，用刀尖将连接鸡腿与鸡胸的鸡皮切开。

2. 切断连接处

找到鸡腿与鸡屁股的连接处，用刀刃在连接处来回切割，切断连接处，切下鸡腿。

3. 重复动作

以相同方式切下另一只鸡腿。

4. 翻面与定位

将鸡翻面，以刀尖切断鸡翅与鸡胸的连接处，切下鸡翅，另一侧的鸡翅也以同样的动作切下。

5. 顺着胸骨切下鸡胸肉

再把鸡翻过来，以刀尖沿着胸骨切下鸡胸肉。切的时候将鸡胸肉向外拉，尽可能多切下一些肉。

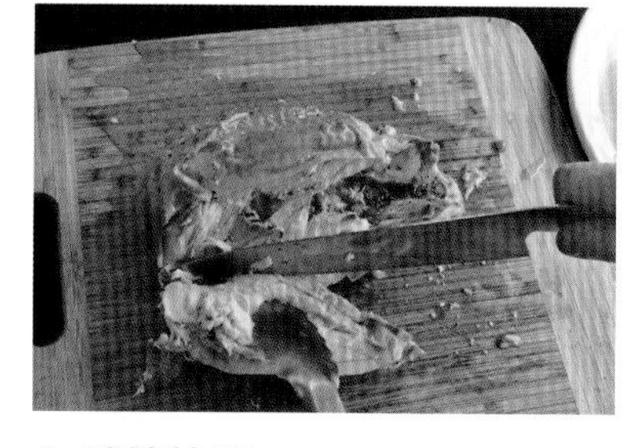

6. 继续拉开

继续将鸡胸肉往外拉直到其完全与胸骨分开。以同样的动作切下另一片鸡胸肉。

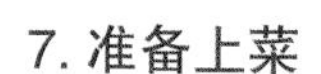

7. 准备上菜

鸡分切完就能上桌，有两只鸡腿、两片鸡胸肉，以及两只鸡翅。若要切分成更小的块，可再分开鸡大腿与琵琶腿，而鸡胸肉可再分别对半切开，总共可分切为十块。

分切蝴蝶形烤鸡

这比分切普通烤全鸡容易许多，因为不用麻烦地翻转、旋转，也不用寻找下刀角度。和普通烤全鸡一样，烘烤前先去除叉骨，会使上桌前的分切工作简单许多（见 p.578）。

1. 切掉鸡腿

抓住鸡腿尾端，以刀面稍稍压住鸡身，慢慢地用刀尖切开鸡腿关节处。不用切太多次，整只鸡腿应该很容易就会被切下。以同样方法处理另一只鸡腿。

2. 分开鸡腿

如果需要，可以从关节处分开鸡大腿与琵琶腿。

3. 切下鸡翅

由于鸡胸已经摊平，也没有胸骨阻挡，所以不用将鸡翻转也能切下鸡翅。找到鸡翅的连接处，以刀尖来回切割，切断连接处，切下鸡翅。另一侧鸡翅的处理方法相同。

4. 顺着胸骨切下鸡胸肉

以刀尖沿着胸骨切下鸡胸肉。切的时候将鸡胸肉向外拉，尽可能多切下一些肉。

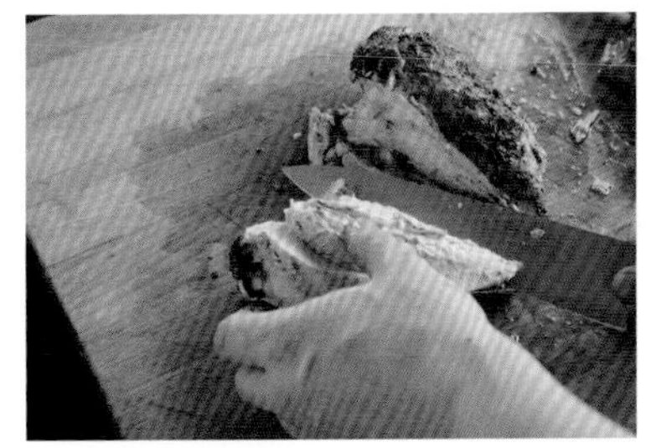

5. 拉开鸡胸肉

继续将鸡胸肉往外拉，直到其完全与胸骨分开。以同样的方式处理另一片鸡胸肉。

6. 将鸡胸肉再对半切

将鸡胸肉再分别对半切开，一共分成四块。

7. 准备上菜

分切完就能上桌，有两只鸡腿、四块鸡胸肉，以及两只鸡翅。

烤火鸡

都是感恩节让火鸡蒙受不白之冤的！

烤火鸡是为数不多的一年只做一次的菜肴，因此，自然有大部分的人都不太知道该如何做这道菜。每年的感恩节晚上，我们聚在一起，对火鸡的想法，就像对家人的想法一样：那不过是在甜点和红酒出场前，我们必须要面对的事物。

真是天大的误会啊！火鸡是我最喜欢的禽肉之一，也是一个经济实惠的好选择，烤火鸡应该是全年都要放在菜单上的料理（美国火鸡协会，你们可以寄支票到我家了）。火鸡肉比鸡肉更具风味，而且大家都知道，在这一周剩下的时间里，没有比用剩余的烤火鸡做成的汤、三明治或任何其他餐点更好的食物了。

理论上来说，烤火鸡跟烤鸡没有太大的区别，在制作过程中会遇到同样的问题，也有同样的解决方案，只需要依据火鸡的体积大小来调整时间就好。

如果你已经关注了烹饪方面的媒体资讯，应该会注意到每年各家杂志、博客、电视节目都会推出新的烤火鸡食谱，宣称集结了所有精华，有了这份食谱就足够了。年复一年，同样的戏码不断上演。如果他们说的都是真的，那现在我们该生活在多美好的世界啊！烤火鸡的品质每年都稳定提升，向最完美的境界前进。

或者，你也可以直接面对真相，全部的美食专栏作家都是骗子。

好吧，其实也没有那么糟，只不过事实上，烤火鸡并没有最佳方法，那些宣称有最好方法的人都是要推销些什么的，很有可能是杂志或者书。（眨眼。）基于口味、技巧和烹调时间的差异，烤火鸡总有各种要求和限制，也因此有源源不断的火鸡食谱。有人希望火鸡是餐桌中心呈完美金黄色的主菜，有人希望可以分享填料。剩下的人只在乎肉，将精华所在的酥脆香咸的火鸡皮，推到餐盘角落不吃。我们不应该再讨论这些异类了。

以下将介绍四种类型的火鸡食谱。

经典：香草烤火鸡

佐填料与肉汁酱

THE CLASSIC: STUFFED HERB-RUBBED ROAST TURKEY

WITH GRAVY

如果你只为节日大餐准备了一只火鸡，那就做这道菜吧！这道烤火鸡具备所有烤火鸡的优点：湿润多汁的鸡胸肉和大腿肉、酥脆微焦的外皮、好吃的肉汁酱和充满风味的填料。

不像体型较小的鸡，火鸡身躯庞大笨重，很难摆在平底浅烤盘的网架上，它只能摆放在深烤盘里。火鸡需要较长的烘烤时间，虽然深烤盘较高的外缘会影响火鸡周围的热对流，但是最后火鸡皮还是会较为酥脆的。

笔记：

若想要吃到最多汁的肉以及最酥脆的外皮，请依 p.567 的说明，使用干式盐腌过并冷藏风干了一夜的火鸡肉。

10~12 人份

4.5~5.4 千克（10~12 磅）的火鸡1只，保留火鸡的脖子和内脏来熬煮肉汁酱

犹太盐和现磨黑胡椒碎各适量

无盐黄油 12 大勺（约$1\frac{1}{2}$条）

新鲜荷兰芹末 1/2 杯

新鲜百里香末 1 大勺，或干燥百里香末 2 小勺

新鲜鼠尾草末 1 大勺

新鲜迷迭香末 1 大勺

蒜瓣 2 瓣，切细末或磨成泥，2 小勺

鼠尾草与香肠经典填料 1 份（见 p.608，可选）

植物油 1 大勺

大型洋葱 1 个，粗略切碎

胡萝卜 1 根，去皮并粗略切碎

芹菜 3 根，粗略切碎

自制鸡肉高汤或罐装低盐鸡肉高汤 6 杯，如果需要，也可用火鸡肉高汤

月桂叶 2 片

酱油 1 小勺

马麦酱 1/4 小勺

中筋面粉 1/4 杯

1. 将烤网架移至烤箱最低处，上面放上烘焙石板或比萨烤盘，将厚实耐用的深烤盘放在烘焙石板或比萨烤盘上。烤箱以 260℃（500 ℉）预热至少 1 个小时。
2. 烤箱快预热好时，以盐和黑胡椒碎涂抹整只火鸡。如果火鸡已干式盐腌过，请减少盐量。将火鸡胸部的皮与肉分开（见 p.574）。
3. 用小煎锅或微波炉将 8 大勺黄油化开并加热至沸腾冒泡。将黄油倒入小碗里与荷兰芹末、百里香末、鼠尾草末、迷迭香末、蒜末、大量的盐和黑胡椒碎混合均匀。将制作好的调味抹料均匀地抹在火鸡全身（包括皮下。酱料接触较低温的火鸡时，可能会变硬结块）。将火鸡放在 V 形烤架上。
4. 如使用填料填塞火鸡，按下面步骤操作：在火鸡腹腔内铺好双层纱布，放入填料后用棉线将纱布绑成一个袋子。拿出填料袋放在盘子上，再放入微波炉中以大功率加热约 10 分钟，直到填料内部温度达到至少 82.2℃（180 ℉）。再小心地将填料袋塞回火鸡腹腔内，火鸡颈腔也用剩下的填料塞满。（图 1—图 7）
5. 从烤箱中取出深烤盘，将 V 形烤架放在烤盘上，马上把烤盘放到热的比萨烤盘或烘焙石板上（火鸡腿朝后）。将烤箱温度调低至 148.9℃（300 ℉）烤 3~4 个小时，直到将火鸡烤成金黄色，用快显温度计测得鸡胸最厚处的温度达到 65.6℃（150 ℉），而鸡腿的温度达到 73.9℃（165 ℉）。每烤 1 个小时，将烤盘里滴下的棕色油脂浇淋在火鸡上。（图 8、图 9）
6. 烤火鸡的同时，用剁肉刀将火鸡脖剁成长 2.5 厘米（1 英寸）的块状。在中型酱汁锅里，以大火加热油直到冒烟。放入火鸡脖、洋葱碎、胡萝卜碎和芹菜碎继续加热约 10 分钟，偶尔翻炒，直到材料变成棕色。倒入高汤、月桂叶、酱油和马麦酱煮至沸腾，再转小火慢慢炖煮 1 个小时。
7. 以细目滤网过滤煮好的高汤，倒入大玻璃量杯里，应该会有 4 杯多的量，不够的话再加些高汤或清水。丢弃滤出的固体杂质，高汤放置一旁备用。

8. 火鸡烤好后，把V形烤架移到另一个平底烤盘上，将滴落在深烤盘底部的黄油和肉汁淋在火鸡上，再用铝箔纸覆盖火鸡，静置至少30分钟后再分切。如果火鸡有填料，为了摆盘，可以先拿出填料，移除棉布袋后将填料放回火鸡腹腔里。（图10）
9. 静置的同时，把烤火鸡的深烤盘用中火加热，倒入备用的高汤，用木汤勺将烤盘底部的褐色物质刮起。使用细目滤网将高汤过滤到950毫升（1夸脱）的玻璃量杯或小碗中。
10. 如果需要的话，也可将火鸡的鸡胗、心脏和肝脏切碎。将剩余的4大勺黄油放入锅中，以中火化开，加入切碎的内脏熬煮约1分钟，不断搅拌直到煮透。再加入面粉熬煮，持续搅拌约3分钟，煮至酱汁呈金棕色。然后，慢慢倒入高汤，并不断搅拌。等到煮沸后，转小火煨煮到肉汁变浓稠，收干到约3杯的量。最后用盐和黑胡椒碎调味，完成后离火。
11. 切开火鸡，与肉汁和填料（如果已制作）一起上桌。（图11）

| 专栏 | 填塞火鸡

你可能从许多可靠的消息中得知，烘烤火鸡前填塞火鸡是不对的。填塞颈腔没有问题，但填塞火鸡腹腔存在卫生安全隐患。单吃以低于禽类烹调温度做的填料可能还好，但若是塞在火鸡腹腔里一起烤的就不一样了。禽肉未熟的汁液滴下，就会污染填料。为了食用安全，填料至少要和火鸡肉达到相同的烹调温度——62.8~65.6℃（145~150 ℉）。然而，因为填料放置在火鸡的最中心部位，所以当填料在火鸡腹腔里加热至此温度时，火鸡肉已经烤过头了。

但还是有解决办法的，尽管它有点麻烦——使禽肉内外同时加热。在烘烤前把热的填料放入火鸡腹腔内，没错，就是这样！将填料加热至82.2℃（180 ℉），稍高的温度能弥补处理填料时流失的热量，然后就趁热将填料塞入火鸡腹腔内。最简单的方法就是先在火鸡腹腔内放一个纱布袋，塞入填料后绑紧，然后拿出填料包，放在盘子上用微波炉加热，再在烘烤前放回火鸡腹腔里。如此一来，不仅能安心地吃填料［填料在烘烤过程中不会低于62.8℃（145 ℉）］，而且能更均匀地烤熟火鸡。填料包会从内部隔离鸡胸肉，使鸡胸肉可以缓慢加热，让它最终可以与鸡腿肉同时达到该有的温度。当然，我家仍需要再多准备一大盘填料，因为一盘永远不够吃。

1
2
3
4
5
6
7
8

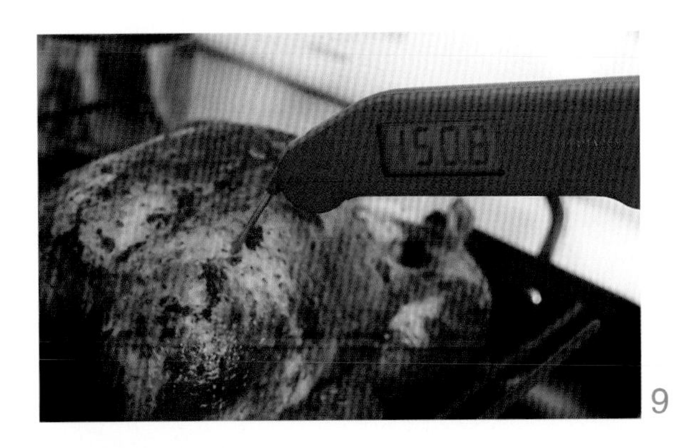

9

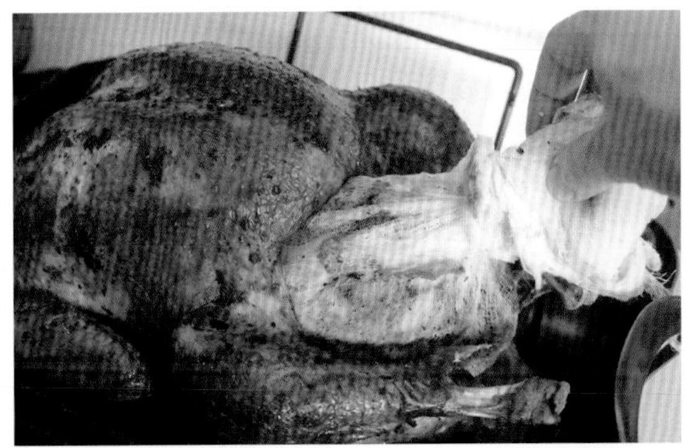

10

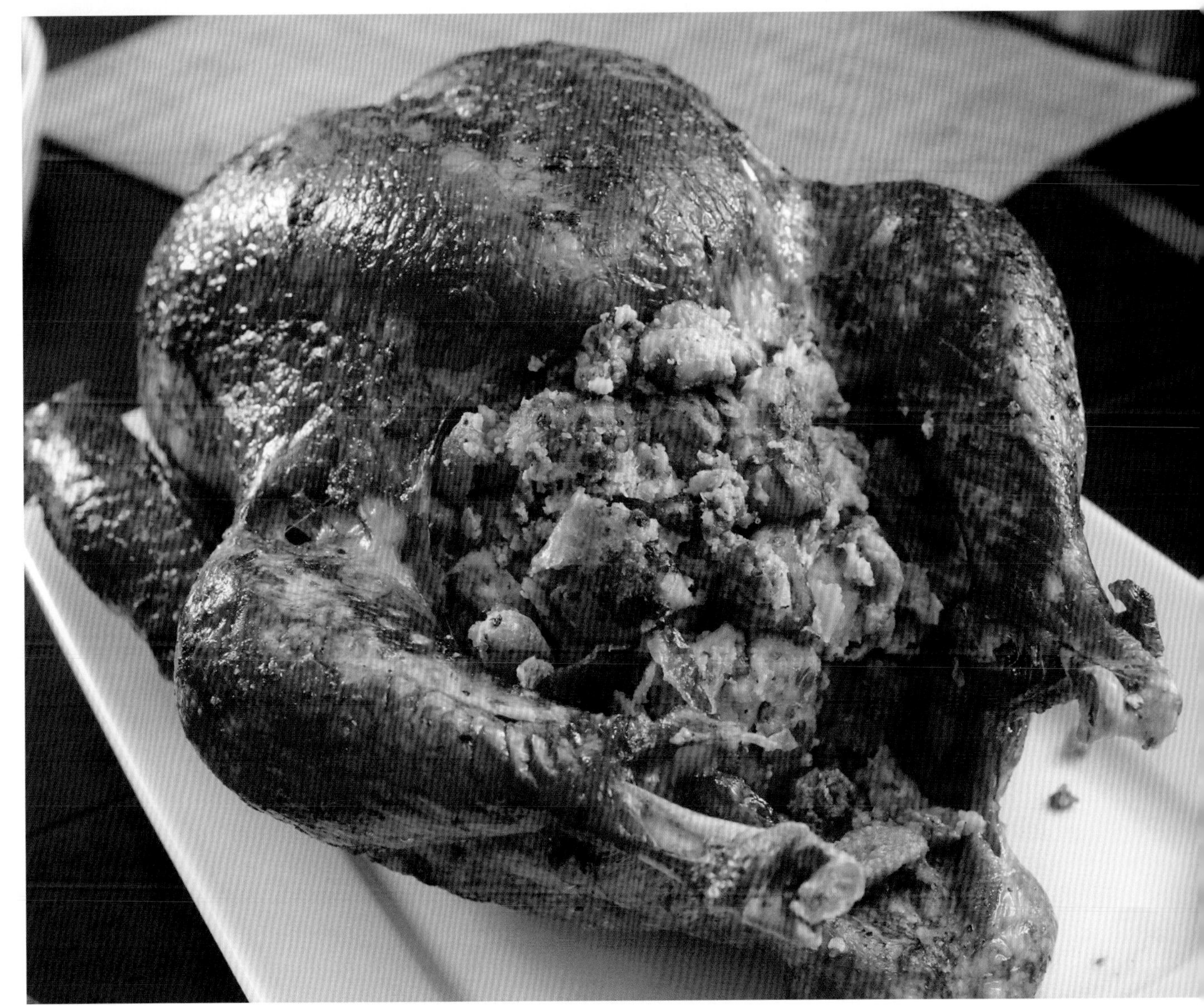

11

| 刀工 | 如何分切火鸡

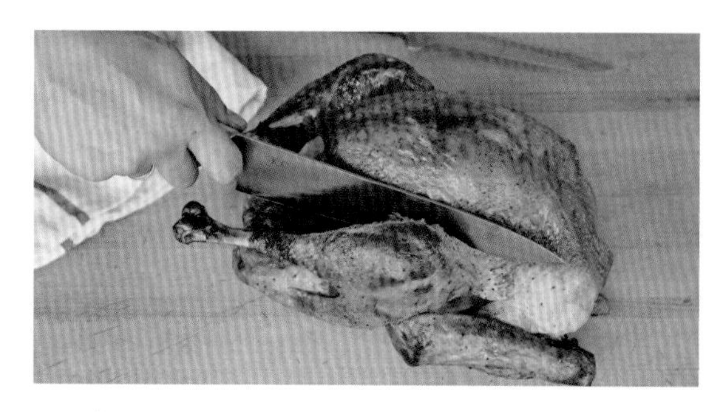

1. 剔除叉骨（见 p.578）

2. 切开外皮

一旦火鸡静置完成，就使用尖锐的主厨刀或去骨刀切开胸部与大腿间的外皮。这个步骤在蝴蝶形烤火鸡上操作比在普通的烤火鸡上操作更容易。你可以垫着厨房纸巾抓住火鸡作为施力点，但请小心不要切到手，不然晚餐就会多了点人肉加菜。

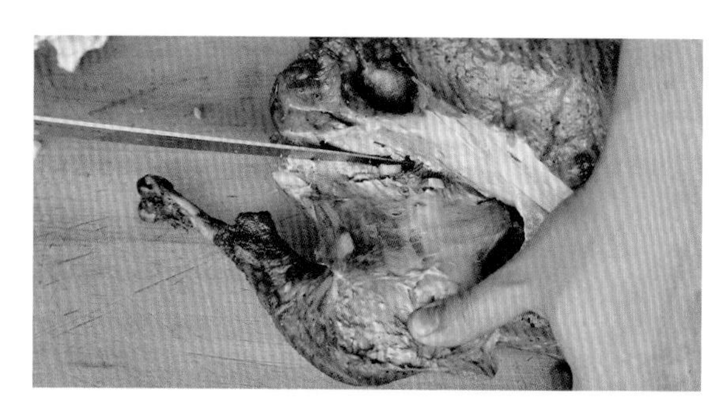

3. 解决关节

一旦外皮切开，就往外拉火鸡腿，露出火鸡大腿与火鸡屁股连接的关节处，将刀尖滑入并切断关节，再切断外皮使火鸡腿与火鸡身完全分离。

4. 分切火鸡腿

转动火鸡腿，以手指准确地找到大腿与琵琶腿间的关节。用刀对准关节慢慢切下，微微转动刀，寻找关节间隙阻力最小处，施力切下。

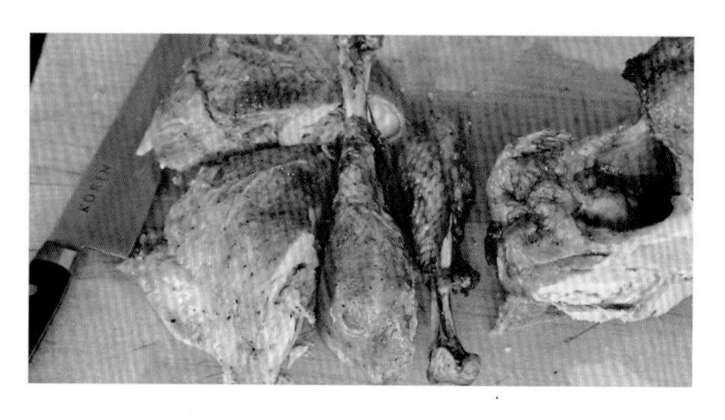

5. 重复动作

以相同方式切下另一只火鸡腿，再切分为大腿与琵琶腿。

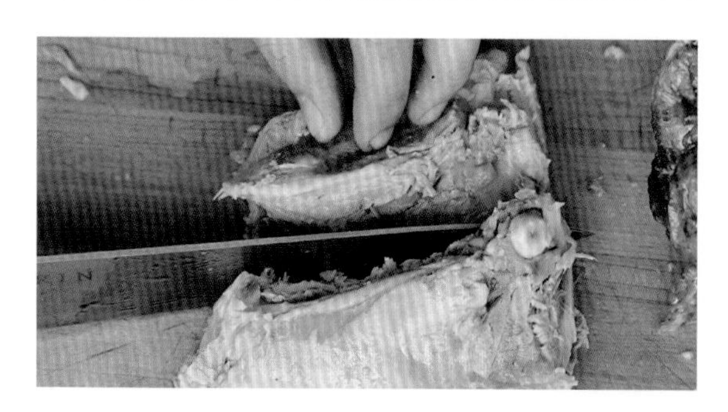

6. 剔除大腿骨

将 1 只大腿翻面，皮朝下，用刀尖从骨头一侧切下大块的大腿肉。

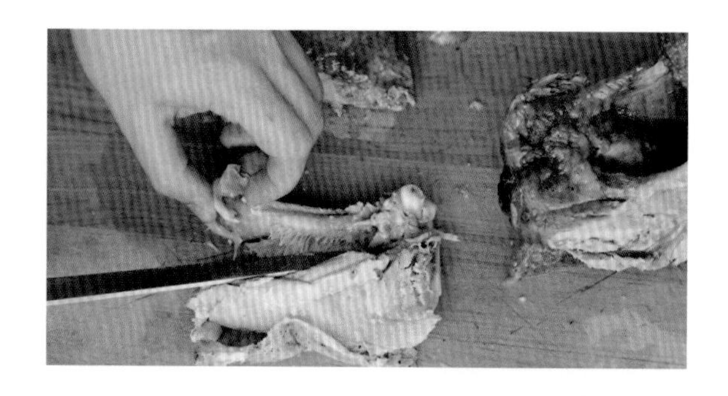

7. 剔除大腿骨

另一只大腿重复相同的动作，尽可能切下火鸡大腿上所有的肉。

8. 分切大腿肉

将切下来的大腿肉切成适当大小，移至温热的盘中，皮朝上。再以相同步骤处理另一只大腿的肉，把琵琶腿也一起放到盘子上。

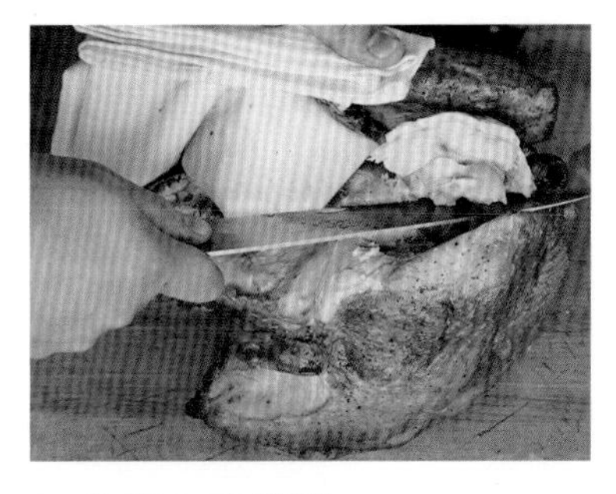

9. 分切火鸡翅膀

找到翅膀的关节连接处，以锋利的主厨刀切断，分离翅根和翅中，再全部移至盘中。另一只火鸡翅以相同方法处理。

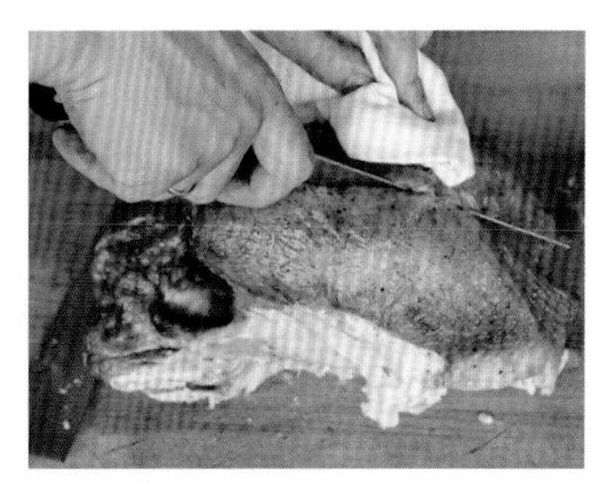

10. 分离火鸡胸肉

垫一张厨房纸巾稳住火鸡，以去骨刀沿着胸骨一侧将火鸡划开。同样，蝴蝶形火鸡处理起来会比普通的烤火鸡容易得多。

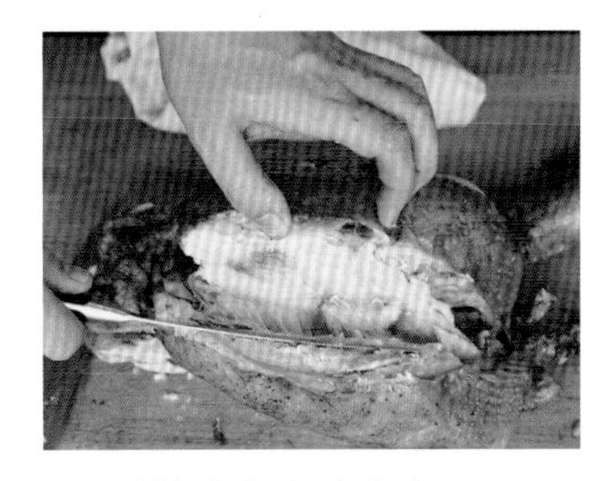

11. 继续分离火鸡胸肉

沿着胸骨继续用刀分离火鸡胸肉，尽量贴着胸骨轮廓往下切，直到碰到胸骨底端的尖角处。

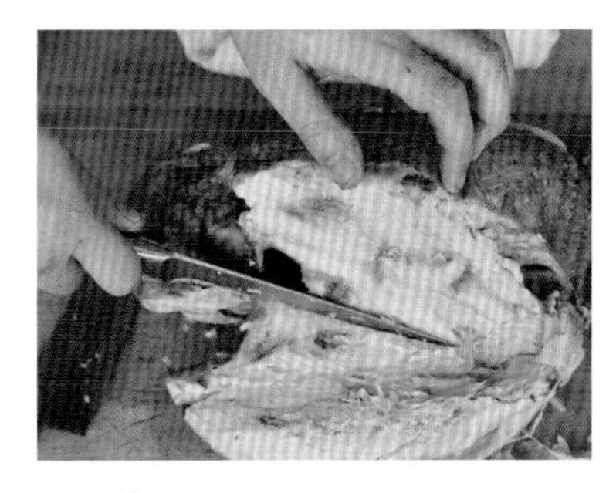

12. 拉开火鸡胸肉

一旦大部分的火鸡胸肉都已分离，整片火鸡胸肉就能慢慢拉下。将刀的侧面贴着骨头往外推，尽可能多地切下肉。

13. 完全分离火鸡胸肉

最后火鸡胸肉会完全分离，只剩底部相连。沿着相连的边缘将整块火鸡胸肉切下。以相同步骤切下另一片火鸡胸肉。

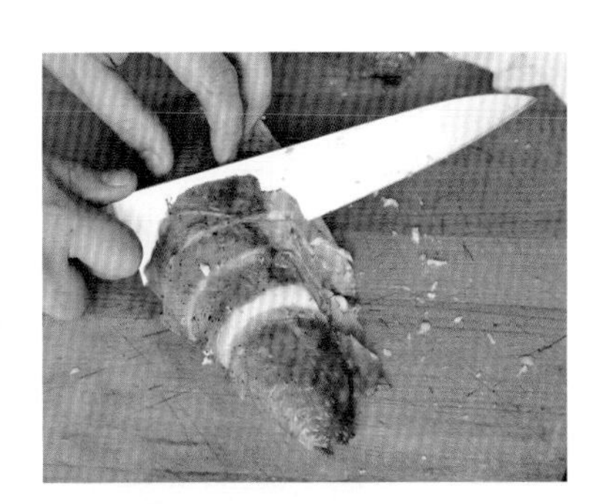

14. 分切火鸡胸肉

以锋利的刀将火鸡胸肉斜切成片，这样就会得到又宽又均匀的肉片。将肉片移至温热的盘中。

15. 准备上菜

摆盘，准备上桌。

最简单、最迅速：蝴蝶形烤火鸡佐肉汁酱

THE EASIEST AND FASTEST: ROASTED BUTTERFLIED TURKEY WITH GRAVY

就像做蝴蝶形烤鸡一样，这个方法几乎解决了所有做完整火鸡会遇到的问题，让烘烤过程变得更轻松简单。只要有一把好用的厨房剪刀、一支快显温度计和一点儿脑力，你应该随时能端出一盘完美的烤火鸡。

如果是快速烤火鸡的话，可以把火鸡放在网架上，直接放到铺着铝箔纸的平底烤盘上烤。但是这样处理火鸡，滴出的肉汁在火鸡还没烤熟前就烧焦了。为了解决这个问题，顺便增添风味，我会在烤盘底部铺上一些蔬菜。蔬菜受热释出的水分不仅能防止肉汁烧焦，还能为肉汁酱创造很好的基础风味。

笔记：

若想要肉质多汁且外皮酥脆的烤火鸡，就把火鸡抹上盐后风干一晚（见 p.567）。

1

2

3

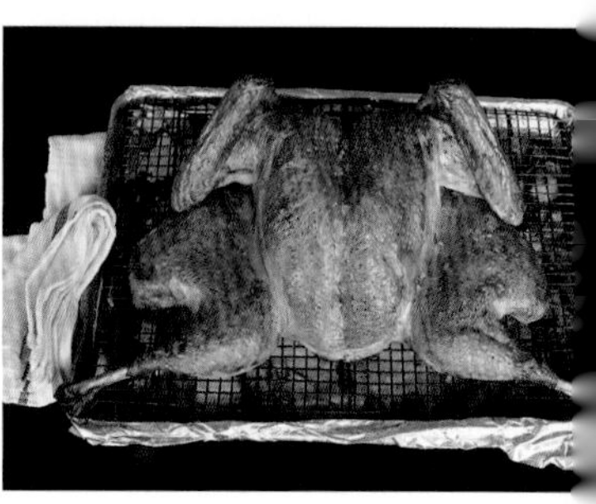

4

10~12 人份

大型洋葱 3 个，粗略切碎，约 6 杯

大型胡萝卜 3 根，去皮，切块，约 4 杯

芹菜 4 根，粗略切碎，约 4 杯

百里香 12 支

植物油 2 大勺

5.4~6.4 千克（12~14 磅）的火鸡 1 只，依 p.581 处理成蝴蝶形，保留脊椎骨、脖子和内脏

犹太盐和现磨黑胡椒碎各适量

自制鸡肉高汤或罐装低盐鸡肉高汤 6 杯（也可以用火鸡肉高汤）

月桂叶 2 片

无盐黄油 3 大勺

中筋面粉 1/4 杯

1. 烤网架移至中间位置，烤箱预热至 232.2℃（450 ℉）。在平底烤盘或炙烤盘里铺好铝箔纸，再分散地铺上 2/3 的洋葱碎、胡萝卜碎、芹菜碎和百里香。在蔬菜上放上烤网或是开槽的炙烤网架。
2. 用厨房纸巾擦干火鸡表皮，再将火鸡胸的皮与肉分开（见 p.574）。把 1 大勺植物油均匀涂抹在整只火鸡上（包括皮下），以适量的盐和黑胡椒碎调味（若火鸡已用干式盐腌法处理，请减少盐量）。将翅膀的尖端塞进火鸡身下方，这样就不会顶到烤箱边缘。将火鸡放在烤网上，由胸骨处施力下压，将火鸡胸压平。（图 1）
3. 烤盘送入烤箱烘烤约 80 分钟，适时将烤盘转向，烤至用快显温度计测得火鸡胸肉最厚处的温度为 65.6℃（150 ℉），火鸡腿肉为 73.9℃（165 ℉）。如果蔬菜快要烤焦或冒烟了，立即倒 1 杯水到烤盘中。
4. 烤火鸡的同时，可制作肉酱。将火鸡的脖子、脊椎骨和内脏大致切碎。将剩下的 1 大勺植物油放入 2.85 升（3 夸脱）的酱汁锅里用大火加热，再放入刚刚切碎的脖子、脊椎骨和内脏拌炒约 5 分钟至呈棕色。放入剩下的洋葱碎、胡萝卜碎和芹菜碎拌炒约 5 分钟，至蔬菜变软且部分稍微变色。倒入高汤、剩余的百里香和月桂叶煮沸，转小火炖煮 45 分钟。用滤网将高汤滤进 1.9 升（2 夸脱）的玻璃量杯或大碗里，丢弃滤出的固体，去除高汤表面过多的油脂。（图 2、图 3）
5. 在 1.9 升（2 夸脱）的酱汁锅里用中大火化开黄油。加入面粉不断拌炒约 3 分钟至呈金棕色。以细长稳定的水流慢慢倒入高汤并不断搅拌直到完全均匀。煮沸后转小火煮约 20 分钟，至汤汁收干为约 4 杯的量。加盐和黑胡椒碎依喜好调味，盖上盖子保温。
6. 火鸡烤好后，将它从烤箱里拿出来再移至有边的平底烤盘上。以铝箔纸稍微盖住火鸡，于室温中静置 20 分钟后再切。（图 4）
7. 小心地将滴落在烤盘里的鸡汁以滤网过滤进量杯或碗中，捞去油脂，拌入肉汁酱里。
8. 火鸡分切后盛盘，与肉汁酱一起上桌。

小团体聚餐必备：简易香草烤火鸡胸肉 佐填料

The Small-Crowd-Pleaser: Easy Herb-Roasted Turkey Breast with Stuffing

若家族人口不多，朋友们又在感恩节前夕放你鸽子，或者你只有一半的家人吃肉，又或者你就是不喜欢剩菜，又或者你只是在二月时突然很想吃火鸡（尽管这样，也没必要烤上一整只吧），那么你很适合做这道菜。重点是，可能有很多原因让你不想烤整只火鸡，不过这并不意味着要剥夺你享用多汁皮脆、填料风味浓郁的火鸡的机会，对吧？

只烤火鸡胸肉比烤整只火鸡要容易得多，只要达到最后的目标温度就好了，不必担心火鸡腿肉和火鸡胸肉要有不同的烹调时间，一旦火鸡胸肉达到 65.6℃（150 ℉）就能出炉静置了。

我喜欢有填料的火鸡，方法更简单。只要把火鸡胸肉丢到一烤盘的填料上，然后塞进烤箱静静等待就行了。大概烘烤到一半时间时，填料会看起来快要烤焦，不要慌张！你只要把烤盘拿出来，将火鸡胸肉移到另一组平底烤盘的烤架上，然后再放进烤箱让它自己烤熟就行了。火鸡胸肉一烤好，就将烤盘里的肉汁淋在填料上，最后趁火鸡静置时，将填料放进烤箱烤到表面酥脆就行了。

最棒的是什么？自火鸡从冰箱里拿出到上桌不超过两个小时，这就是周日梦幻晚餐的必备元素。

1

2

3

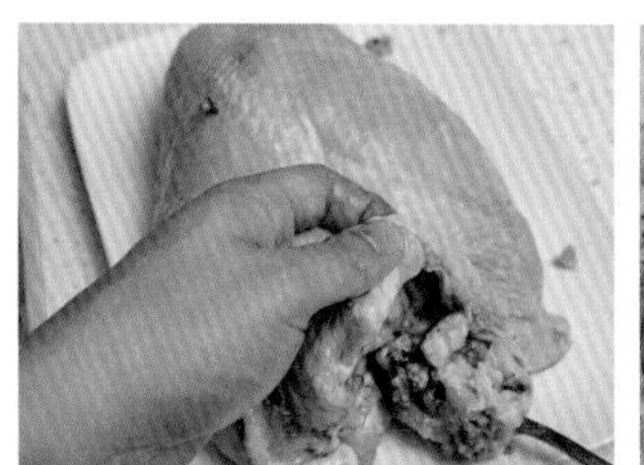
4

5

笔记：

若想要吃到最多汁的肉以及最酥脆的外皮，请依 p.567 的说明，使用干式盐腌过并冷藏风干了一夜的火鸡肉。

6~8 人份

1.8~2.3 千克（4~5 磅）的带骨连皮的火鸡胸肉 1 块，用厨房纸巾擦干

鼠尾草与香肠经典填料 1 份食谱的分量（见 p.608）

室温状态的无盐黄油 3 大勺

新鲜荷兰芹末 5 大勺

新鲜牛至叶末 2 大勺

犹太盐 1 大勺

现磨黑胡椒碎 1/2 小勺

1. 用家禽剪剪去残留的脊椎骨，用填料塞满火鸡胸末端以及颈腔附近的皮下空间。将剩下的填料放进 22.9 厘米 ×33 厘米（9 英寸 ×13 英寸）的深烤盘里，再摆上火鸡胸肉。（图 1—图 4）
2. 由火鸡胸肉末端开始用手指将皮和肉分开（见 p.574），注意不要将皮扯破。在碗里将黄油、荷兰芹末和牛至叶末混合，以盐和黑胡椒碎调味，用叉子搅拌均匀，再抹于整片火鸡皮上及火鸡皮下。（图 5、图 6）
3. 将火鸡胸肉放入烤箱烤约 45 分钟，烤到填料略呈棕色。移出烤箱后，将火鸡胸肉放到另一平底烤盘组的烤网上，放回烤箱中，继续烤约 30 分钟，烤至外皮金黄酥脆，肉最厚的部位靠近骨头处的温度达到 62.8~65.6℃（145~150 ℉）。将火鸡胸肉移出烤箱后以大盘盛起，静置 20 分钟。（图 7）
4. 将烤盘里的肉汁淋在填料上，将填料放回烤箱烤约 15 分钟，至表面呈金棕色，温度达到 71.1℃（160 ℉）。（图 8、图 9）
5. 分切火鸡胸肉，摆好填料后即可上桌。

6

7

8

9

完美主义者：感恩节火鸡两吃

THE PERFECTIONIST: THANKSGIVING TURKEY TWO WAYS

我们已经讨论过烤家禽会遇到的问题，其中一个就是大腿肉和胸肉需要烤至不同的温度。

如果并不非常追求完美，那么 p.593 的食谱会非常适合你。高温的钢制或石制比萨烤盘可以让火鸡大腿肉烤熟的速度追上胸肉烤熟的速度。而如果你追求极致的完美无瑕，最好的做法是将火鸡分成几个部分来料理。如此一来，大腿肉和胸肉可以各自烤到精准的温度。先分块再烤的方法通常适用于火鸡，只是有个小问题：虽然单独烤胸肉会比一次烤整只火鸡要容易，但是火鸡胸肉较窄的那一端会很容易烤过头而变干，也就是说至少有一个人会分到让人不甚满意的火鸡肉。

降低烤箱温度对这个问题会有帮助。将温度设定为 121.1℃（250 ℉），而不是常用的 148.9~176.7℃（300~350 ℉），这有助于更均匀地烤熟肉的边缘、中心，以及厚薄不一的部分，但这还是不算完美。我需要能让火鸡胸肉形状更均匀的方法。我相信应该有生物工程师正努力开发着有完美圆柱形胸部的火鸡，但是就目前的状况来看，我必须实施厨房手术。

所以，到底该怎样将不规则的火鸡胸肉变成完美的圆柱形呢？简单！先分离胸肉和骨头，再将胸肉的头尾相连，用外皮卷起来后再用绳子紧紧绑住就能烤了。烤好以后，再拿到炉火上把外皮煎得金黄酥脆即可。

这个方法有几个优点——

- **均匀烹饪：**正因为形状对称，火鸡胸肉各部分都能以相同的速度变熟，不会有人凑巧拿到烤得干柴的那块肉。
- **更容易调味：**分开胸肉和骨头能增加肉的表面积，在卷成火鸡肉卷前，可以将里外两面都均匀地调味。
- **更好切：**因为没有骨头，卷成肉卷的火鸡胸肉就像里脊肉一样容易切。
- **肉汁更美味：**用分离出的骨头可以轻松做出充满火鸡味的肉汁酱。

听起来很棒，对吧？确实很棒，经过一堆实验处理完这些难搞的火鸡胸肉之后，火鸡腿好像有点被冷落了。它们就应该满足于传统的烘烤方式吗？也可以。如果你喜欢，可以在烤鸡胸肉卷时，直接将火鸡腿放上烤盘烤至 71.1~76.7℃（160~170 ℉），再拿到炉火上煎。如果想进一步烹饪，我最喜欢将感恩节火鸡腿炖到柔嫩、入口即化（关于炖煮的科学，见 p.229）的程度。

笔记：

可以买 5.4~6.8 千克（12~15 磅）的整只火鸡自己切，或是直接买现成的火鸡部位。若使用整只火鸡，请保留脊椎骨、脖子和内脏来熬制 p.593 的肉汁酱。

10~12 人份

1.4~1.8 千克（3~4 磅）的带骨连皮的火鸡胸肉 1 块
犹太盐和现磨黑胡椒碎各适量
火鸡腿 2 只
油 2 大勺
大型洋葱 1 个，粗略切碎
大型胡萝卜 1 根，去皮，切块
芹菜 3 根，粗略切碎
自制鸡肉高汤或罐装低盐鸡肉高汤 6 杯（也可用火鸡肉高汤）
月桂叶 2 片
酱油 1 小勺
马麦酱 1/4 小勺
超简单烤家禽肉汁酱（见 p.607）或“经典：香草烤火鸡佐填料与肉汁酱”食谱中的肉汁酱（p.593）1 份食谱的分量
无盐黄油 2 大勺

1. 以手指轻柔地移除火鸡胸肉的外皮，尽可能保持皮的完整，若有需要可用刀辅助，用刀背刮除边缘的多余脂肪。
2. 调整烤架至烤箱中低位置，以 135℃（275 ℉）预热烤箱。用锐利的去骨刀分离胸肉和骨架，将胸肉的每一面都以盐和黑胡椒碎充分调味。将胸肉头尾相连做成一个相对均匀的球形。将皮铺在砧板上，把胸肉放在皮中间，用皮将其卷起来，并将边缘塞进去。用 7~10 条细绳，由两端开始往中间，每隔 2.5 厘米（1 英寸）绑一条。将肉卷的每一面都用盐和黑胡椒碎调味，再平放到架在平底烤盘的烤网上备用。
3. 火鸡腿用盐和黑胡椒碎调味。在大型荷兰铸铁锅中以大火加热油直到稍微冒烟，将火鸡腿皮朝下放入锅中煎约 8 分钟，煎出金棕色的表皮，这期间油若冒太多烟可将火力调小。
4. 把火鸡腿翻面后，加入洋葱碎、胡萝卜碎和芹菜碎。再倒入高汤，加入月桂叶、酱油和马麦酱。煮沸后盖上锅盖，放进烤箱较低的网架上，烘烤约 3 个小时，至肉完全软化并能轻易与骨头分离。
5. 火鸡腿烤 1 个小时后，将火鸡胸肉卷放到上层的烤架，烤至肉卷中心温度达 65.6℃（150 ℉），约两个小时（应该会和火鸡腿肉同时完成）。
6. 火鸡烤好后，拿出烤箱中的荷兰铸铁锅，小心地将火鸡腿肉装盘，并轻轻盖上铝箔纸静置。滤出汤汁加进肉汁酱里，丢弃滤出的固体。
7. 擦干荷兰铸铁锅，放入黄油，用大火加热至化开并变成棕色。放入火鸡胸肉煎约 8 分钟，适时翻面直到两面都呈现金棕色。和火鸡腿肉一起装盘，盖上铝箔纸，静置 30 分钟后即可切片和肉汁酱一起享用。

| 专栏 | 肉汁酱小技巧

滴落在烤盘上烤得微微焦黄的肉汁是制作美味肉汁酱最棒的底料

火鸡食谱（见 p.593 和 p.600），是包含肉汁酱的食谱，但是我家的肉汁酱永远不够。这里介绍的肉汁酱大概是去商店购买糟糕的现成品之外最简单的选择，以下有几个小技巧。

- **无须自制高汤：**理想状况下，若有时间和兴趣，你就自己切下火鸡骨架和火鸡脖子煎上色后做高汤，再加入一堆蔬菜炖煮，这是最棒的肉汁酱制法。但有些品质不错的市售低盐鸡肉高汤，也可以用作自制肉汁酱的底料，这样也比买现成的肉汁酱罐头好。就算你打算用火鸡脖子和剩余的火鸡碎块（非常推荐！），用高汤代替水来炖煮，也能瞬间提升美味程度。
- **提早做好肉汁酱：**感恩节的前几天就能做肉汁酱了。提早几天买好火鸡，就能用火鸡脖子和火鸡内脏在节前的那个周一或周二做好肉汁酱，然后放进冰箱冷藏，等到感恩节当天再用了。只要用小型酱汁锅或微波炉，就可将其完美加热。使用微波炉加热时，记得每 30 秒搅拌一次，避免肉汁酱炸开。
- **记得用“鲜味炸弹”：**妥善使用马麦酱和酱油能大大增添风味，让肉汁酱味道更有深度、更美味。比例是每 0.95 升（1 夸脱）的肉汁酱，加 1/4 小勺的马麦酱和 1 小勺的酱油。（关于“鲜味炸弹”，见 p.235。）
- **加入芳香调料：**如果决定使用市售高汤，试着在炖煮时加几片月桂叶、胡椒粒和一些香草，比如百里香或荷兰芹，你会惊讶地发现短短 30 分钟的炖煮能给汤增加如此多的风味。

- **萃取烤盘上的精华：**烤火鸡和烤鸡时都会产生美味的肉汁和棕色物质。烤好时记得看看烤盘底部是否有棕色的物质。那就是能瞬间让肉汁酱变得更好吃的精华。静置火鸡时，把烤盘放上火炉，倒入一些高汤，用木勺将底部的棕色物质刮干净，滤掉残渣后就能用作升级版高汤来做肉汁酱了。如果肉汁酱已经提早做好也没关系，可以在最后一刻用一点儿高汤萃取鲜味物质，在上桌前拌进做好的肉汁酱里即可。
- **正确地制作浓稠的肉汁酱：**在中型平底锅里，用中火化开 4 大勺无盐黄油，倒入 1/4 杯中筋面粉后，拿木勺持续拌炒直到面粉变成漂亮的金色，这样就有了一点儿坚果的香气。一边搅拌一边缓缓倒入 4 杯高汤。搅拌得越用力，加高汤的速度越慢，做出的酱汁就越顺滑。加完所有高汤后，转大火煮沸，再转小火炖煮收干，适时搅拌直到肉汁酱达到喜好的浓稠度，最后用盐和黑胡椒碎调味即可。太早调味的话，在酱汁浓缩后，味道可能会太咸、太浓烈。

超简单烤家禽肉汁酱

DEAD-SIMPLE POULTRY GRAVY

约 3 杯

无盐黄油 4 大勺
中筋面粉 1/4 杯
自制鸡肉高汤或罐装低盐鸡肉高汤 4 杯
酱油 1 小勺
马麦酱 1/4 小勺
犹太盐和现磨黑胡椒碎各适量

1. 在中型厚底酱汁锅里，用中大火化开黄油。倒入面粉后持续拌炒约 2 分钟，直到变成金黄色。慢慢倒入高汤，用力搅拌，再拌入酱油和马麦酱。煮沸后转小火炖煮，适时搅拌，直到酱汁收干为约 3 杯的量。倒入烤火鸡或鸡肉滴下来的肉汁，炖煮至理想的浓稠度，用盐和黑胡椒碎依喜好调味。
2. 立即上桌或保温皆可。肉汁酱可以提早一周做好，盖上盖子，放入冰箱冷藏保存。使用前用中小火重新加热时，必须适时搅拌，直到热透。

经典填料：鼠尾草与香肠

CLASSIC SAGE AND SAUSAGE STUFFING

这无疑是节日大餐里我最喜欢的部分。对我来说，这也是一年之中任何时候都适合做的配菜。那些觉得填料是作料的怪胎们，我不会参与任何关于术语命名的辩论，只能说，有三个值得信赖的信息来源分别给了它三种不同的诠释。

- 《牛津英语词典》（*The Oxford English Dictionary*）说“填料”（stuffing）是用来塞入禽类或一大块烤肉里的食物，而“作料”（dressing）是广义词，主要是指搭配食物或酱料的调味品。
- *The Joy of Cooking*[5]表示这两个名词指的是一样的东西，只是一个是塞进禽肉中的，另一个是放在旁边点缀的。
- *The Food Lover´s Companion*[6]说这两个名词可以交替使用。

讲清楚之后，我希望今年感恩节可以不必再听到这类语义学的相关讨论。

回到“填料”的主题上！它可以用好几种底料来做，但是最受欢迎的（也是我最喜欢的）是用面包、高汤、鸡蛋和黄油制成的。基本上，设计食谱时可以将填料想成咸的面包布丁。面包布丁美味的关键就是把面包当成海绵，吸取的鲜美汤汁越多越好，但是同时又不要让面包变得太像海绵。

做好的填料应该是湿润柔软的，有如卡仕达酱般的质地。这种质地要结实到能用刀切下，却又软得可以直接用汤勺挖着吃，还得要有点空间可以吸取肉汁，这取决于面包的挑选和处理。然而，在开始之前得先决定要用哪种面包，全麦面包较有风味，但质地比白吐司的粗。因为填料里的面包比较像风味物质的载体，而不强调其本身的味道，所以我比较喜欢用白吐司，它可以让填料更有类似卡仕达酱的质地。用高品质、香脆、嚼劲足、孔洞大的手工面包也很诱人，但是超市中的“意式”或“法式”面包（或是品质好一点儿的白吐司）有较小而密的孔洞，能吸取并保留更多风味物质，更符合做填料的条件。

面包切丁后，接着要烘干。你可能会很惊讶，但使面包“干燥”与使它“老化”是完全不同的（见 p.610“干燥 vs 老化”）。虽然

⑤ *The Joy of Cooking*，《厨艺之乐》。——译注

⑥ *The Food Lover´s Companion*，《美食爱好者伴侣》。——译注

1

2

3

很多食谱都说要用老化的面包，但他们真正要用的其实是干面包。老化需要时间，很幸运的是烘干面包非常快速，我会用 135℃（275 ℉）的烤箱烘烤 45 分钟，这期间翻面几次。经过烘干这一步，从两条普通大小的吐司——约 1.1 千克（$2\frac{1}{2}$磅）——切出来的面包丁就能吸收 4 杯的鸡肉高汤或火鸡肉高汤。就算填料是单独烘烤的，这么多的高汤也能让填料吃起来有如塞在火鸡中一同烘烤那般的口感（见 p.595“填塞火鸡”）。我建议先用铝箔纸包住填料烘烤以保留水分，再拿掉铝箔纸让填料表面棕化。

我选用经典调味组合：黄油（要超多的黄油）、鼠尾草香肠（若做无肉版本可以只用鼠尾草）、洋葱、芹菜和大蒜。我妹妹喜欢加蔓越莓干，而我的妈妈喜欢放栗子。当然，她们的做法都是错的。

10~12 人份

高品质吐司或软意式、法式面包 1.1 千克（$2\frac{1}{2}$磅），约 2 条，切成 1.9 厘米（3/4 英寸）见方的小丁
无盐黄油 8 大勺（1 条）
鼠尾草香肠 680 克（$1\frac{1}{2}$磅），去除肠衣
大型洋葱 1 个，切很碎，约 2 杯
大型芹菜 4 根，切很碎，约 2 杯
中型蒜瓣 2 瓣，切细末或磨成泥，2 小勺
新鲜鼠尾草末 1/4 杯或干鼠尾草 2 小勺
自制鸡肉高汤或罐装低盐鸡肉高汤 4 杯（也可以用火鸡肉高汤）
大型鸡蛋 3 个
新鲜荷兰芹末 1/4 杯
犹太盐和现磨黑胡椒碎各适量

1. 在烤箱的低处和中高处架好烤架。以 135℃（275 ℉）预热烤箱，将面包丁均匀铺在两个平底烤盘上，再放进烤箱烤约 50 分钟。烤时适时交换两个烤盘的位置并将烤盘转向，翻动面包丁，直到面包丁完全烘干，再出炉放凉。将烤箱温度调高至约 176.7℃（350 ℉）。（图 1）
2. 在大型荷兰铸铁锅里用中大火加热黄油约两分钟，直到黄油冒泡（别让黄油烧焦）。放入香肠，并用较硬的打蛋器或者马铃薯压泥器将其压碎——每小块碎肉长度皆不超过 0.6 厘米（1/4 英寸），拌炒约 8 分钟，直到香肠碎还保留一点儿粉色。放入洋葱碎、芹菜碎、大蒜末和鼠尾草继续拌炒约 10 分钟至软化，离火后倒入一半的高汤。（图 2）
3. 在中碗中放入剩下的高汤、鸡蛋和 3 大勺荷兰芹末，以木勺不停搅拌直到均匀。一边搅拌一边慢慢将其倒进炒好的香肠肉末中，再放入面包丁轻轻拌匀。（图 3）
4. 将部分填料塞进火鸡腹腔中，剩下的填料则移至涂好黄油的 22.9 厘米 ×33 厘米（9 英寸 ×13 英寸）的或 35.6 厘米 ×25.4 厘米（14 英寸 ×10 英寸）的椭圆形焗烤碗里。用铝箔纸封起来，放入预热好的烤箱烤约 45 分钟，至用快显温度计测得中心温度为 65.6℃（150 ℉）。拿掉铝箔纸，继续烤到表面呈现金黄微焦，撒上剩下的荷兰芹末，即可上桌。

| 专栏 | 干燥 vs 老化

干燥和老化完全是两件不同的事，差别如下：

- **干燥**指的是让面包内部的水分蒸发。面包整体的结构基本上保持原状，面包只会因为水分流失而变得不那么柔软。干燥，而不是老化的面包会像饼干一样酥脆，而且可以打碎成细细的面包糠。干燥面包的口感很难再恢复到与新鲜时一样。
- **老化**是淀粉里的水分转移至面包的孔洞里的过程。失去水分的淀粉分子会再结晶，在面包内形成坚硬的结构。老化，而不是干燥的面包吃起来像皮革般难嚼，不像饼干一样酥脆。老化的面包可以借由重新加热来让淀粉颗粒再次吸收水分，其口感也会“起死回生”，变得和新鲜的一样。

让面包老化而不干燥是很有可能的——想想没有防腐剂的面包在冰箱里放一晚会变成什么样子。冰箱冷藏室的低温能让面包快速老化，这正是为什么不管你把面包包装得多紧，隔天早上面包都会变得像皮革一样难嚼。

要同时避免面包的干燥和老化，最好将面包紧紧封起来，如果一两天内就会吃完，将面包放在厨房台面或面包盒里即可。要长期保存的话则用铝箔纸包起来冷冻。如此一来，淀粉内部的水分子会冻结，防止它们从面包中转移。冷冻面包可以直接包着铝箔纸放进烤箱，以 148.9℃（300 ℉）重新加热直到热透。

简易蔓越莓酱

REALLY EASY CRANBERRY SAUCE

果冻状蔓越莓酱从罐头瓶里啪嗒一声滑落至盘中，它有着漂亮的形状，可以切块后摆在一盘荷兰芹中央，就像贝蒂妙厨（Betty Crocker）⑦一样有魅力。但相比于罐头装的整粒蔓越莓酱，自己动手做的更好吃，而且做法超简单，为何还要买现成的呢?

接下来我讲一下自己动手做的原因。首先，蔓越莓富含果胶，这是一种可以支撑植物细胞的黏胶，也是果冻的主要成分。不像其他莓果类需要另外添加粉状或液态果胶来形成果冻的质地，蔓越莓本身就有完美的果胶含量，这表示只需要加一点儿糖和一点儿水来启动反应，它们仅靠自己就可以变成果冻。

其次，蔓越莓和蔓越莓果酱能保存很久，因为其酸度高，又含有大量天然抗菌酚类化合物（antimicrobial phenolic compounds），新鲜的蔓越莓若冷藏保存，就算不能存放几个月，也能存放好几周。我通常会在感恩节前一周制作蔓越莓酱，放进冰箱冷藏保存完全没有问题，这让我在感恩节当天可以减少个烦恼。但这不是说只有在感恩节当天才能将蔓越莓酱端上桌，不管是搭配烤猪肉、鸡肉、香肠还是肉丸，蔓越莓酱都是很棒的配角。

最后，自己制作蔓越莓酱还能依个人喜好调整口味。我本身是个纯粹主义者，所以我的果酱就只有蔓越莓和糖，偶尔会放一点儿肉桂。蔓越莓与肉桂有相似的酚类化合物，所以很适合搭配在一起。

---

⑦贝蒂妙厨，Betty Crocker，美国知名烘焙产品品牌。——校注

这里还有几种和蔓越莓酱搭配的食材。

- **橙子**：用橙汁代替水，磨几小勺的橙皮拌入蔓越莓酱。
- **姜**：磨 1 小勺新鲜姜泥拌入蔓越莓酱中，然后放入 1 大勺切成细丁的糖姜搅拌，大功告成。
- **香料**：肉桂、肉豆蔻粉、多香果粉或丁香粉都很不错。一开始先加一点点，再慢慢依喜好增加，最后加一点儿香草或是香料朗姆酒会让味道更棒。
- **水果干**：只要一把葡萄干或是黑醋栗就能增添不同的口感和风味。在一开始就放入，才有足够的时间软化。
- **坚果**：将烘烤好的杏仁、胡桃、开心果或核桃切碎，最后混入果酱里。这是很经典的搭配。

约 2 杯

新鲜或冷冻蔓越莓 4 杯
水 1/2 杯
糖 1 杯
肉桂粉 1/4 小勺（可选）
犹太盐 1/4 小勺

1. 在中型酱汁锅中放入所有材料，以中大火煮沸后继续炖煮。用木勺适时搅拌，直到蔓越莓开始破裂。用木勺按压蔓越莓，继续煮至蔓越莓完全破裂，形成类似果酱的质地后即离火静置，冷却 30 分钟。
2. 逐次加入水，一次 1 大勺，调整至喜欢的浓度。

料理实验室指南：
牛肉的烘烤指导

如果你已经读过讨论牛排的章节（见p.271），那么那里的大部分的信息都能直接应用到本章，如分级、色泽、熟成与标签等，不论是单片的牛排、猪排还是整块烤牛肉，都适用。以下为整块烤牛肉的一些额外的相关知识：

| 专栏 | 你该知道的四种烤牛肉

与牛排相同，你可以在超市找到适合烘烤的几个部位的牛肉，不过有些牛肉的风味和质地其实不太值得选购。以下为大家推荐几种值得选购的牛肉块。

表 24　几种值得选购的牛肉比较

名称	软硬度（由 1 到 10 评分）	美味度（由 1 到 10 评分）	别名	从哪个部位切出	味道与口感
肋排烤肉（Rib Roast）	7~10	9~10	上等肋排（Prime rib）	牛的肋骨部位。肋眼是顺着背部延伸的背阔肌。肋眼牛排和纽约客牛排都是从此部位切出的。这个部位的肉也被称为“腰肉”	这是烤牛肉之王。包含从颈部开始的第 6~12 根肋骨部位的肉。这个部位的肉量可以喂饱 15~20 人，通常以 3~4 根肋骨为一个单元贩售。你可以指定要“较小的一端”（就是腰肉端）或“较大的一端”。小的那端会瘦一些（也较小），而大的那端脂肪较多，也略有嚼劲。我个人偏好大的那端，因其风味优越
上腰沙朗烤肉（Top Sirloin Roast）	8~10	6~10	上腰后脊（Top butt） 中段烤肉（center-cut roast） 牛臀肉（top round first cut） 臀肉烤肉（top round steak roast）	牛的后腰脊部位。在肋骨和前腰脊肉的后方，靠近牛身的后半部分。这个部位有两种主要的肌肉：股二头肌和臀大肌	非常软嫩多汁，有温和的牛肉味，脂肪较肋排少。依屠宰方式不同，有时候中央会有一条很有嚼劲的肌腱，最好将它丢弃不吃，因为它真的非常难嚼
里脊肉（Tenderloin）	10	6~10	菲力（Fillet） 夏多布里昂（Châteaubriand，只取其中间部分时）	牛前腰脊肉里，腰大肌的中段部位。基本上就是肋骨内靠近脊椎的肉	里脊肉贵在其奶油般柔嫩的口感，但口感和风味无法兼得。事实上里脊肉是最没味道的肉之一，需要用浓郁的酱汁或腌料来加强风味
肩胛眼肉烤肉（Chuck Eye Roast）	5~10	6~10	无骨上脑（Boneless chuck roll）	牛的肩膀。是肩胛肉中间的肉眼	风味十足，但脂肪和结缔组织较多，烤的时候形状容易被破坏。若不介意自己在盘子里修剪的话，这块肉是物超所值的好选择

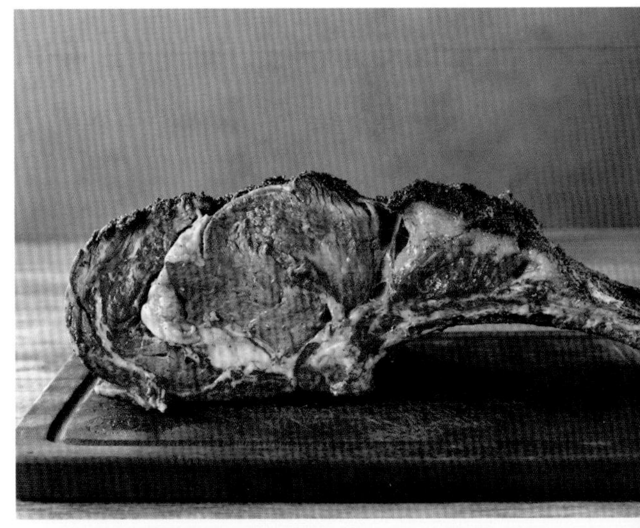

图片提供 熊也·saya

骨头

问：要带骨还是去骨？

我也常有这个疑问，所以我做了一系列的实验。很多厨师认为带骨比较好，因为骨头能带来很多风味，但是对这一点我很怀疑。因为骨头里的风味物质埋在很深的骨髓里。如果曾用骨头熬过汤，你就会发现除非骨头预先被敲裂过，不然汤几乎没味道。就风味物质的渗透而言，分子在一块肉上几乎不会有太大的移动。就算前一晚先腌过，味道也只会深入几毫米而已（这部分等会儿讨论）。那骨头里的风味物质在短时间的烧烤或锅煎时，进入肉中的机会有多少？

为了实验，我烤了 4 块一样的上等肋排：第一块带骨烤；第二块去骨，然后将骨头和肉绑在一起；第三块去骨，将骨头和肉绑在一起，但中间隔了一层铝箔纸；第四块去骨后直接烤。

一一试吃后发现，前三块吃起来几乎没有差别，而第四块原本靠近骨头的位置的肉变得有点硬，这说明什么呢？首先，这代表风味物质传递理论根本就是胡说。完整的带骨肉和中间隔着铝箔纸的肉，吃起来一样。但是这也代表骨头至少有一个重要功能——使肉避免直接受热，降低加热的速度，减少表面积从而避免水分流失。

结论：烤牛肉最好的方式，就是先去骨，再将骨头绑回去烤。这样烤出来的肉品质和带骨的是一样的，但优点是做好后只需要将线剪断、拿出骨头，就能分切了。若是选用锅煎的方式，我会选择带骨的，因为我喜欢在吃完肉后慢慢啃骨头。

问：上等烤肋排到底是什么？

如果想知道牛肋排的位置，就先想象把你最喜欢的牛沿着中线整齐地从头到尾剖开，将其中一半放在一边。将手放在另一半的剖面的后半部分上，沿着脊椎骨往前摸，直到感觉到肋骨为止。倒数至第 6 根肋骨，横向切开肋骨前的肉。

然后继续倒数到第 12 根肋骨，从骨头的后方一样横切。头尾部分的肉留作他用，留下刚切下的肋排。现在，将这块肋排的骨头锯短，留下 33~40.6 厘米（13~16 英寸），把腹部的肉放一边，去皮后剩下的就是上等牛肋排。它由 7 根完整的肋骨组成，还有沿着背面延伸的巨大肉眼。这块肉是腰肉的一部分。纽约客牛排、肋眼牛排和德莫尼克牛排也都是从这块肉上切出来的。它也常被称为“直立烤牛肋排”（standing rib roast），因为它的肋骨在烘烤时通常是直立的。

问：上等肋排和极佳级牛肉有关系吗？

很高兴你问这个问题，答案是“没有”。美国农业部的牛肉分级系统，将牛肉依其可能的软嫩度和多汁程度分成不同的等级，而“上等肋排”这个词的存在比分级系统还要久。之所以称这块肉为上等肋排，是因为肉铺和大部分消费者都认为这是牛身上最好的。在美国农业部开始用分级系统以“极佳级”来表示最高品质时，大家就开始容易混淆了。买到极佳级的上等肋排是有可能的，但上等肋排不一定就是最高等级的。我所在地区的全食超市（Whole Foods）贩卖特选级的上等肋排，而附近的折扣超市也卖可选级的上等肋排。

问：该买多大分量的烤牛肉呢？

基本上，一人份的量约为 454 克（1 磅）带骨上等肋排。如果你的食客很饿，那就多准备一些。整块 7 根肋骨的牛肋排分量很大，在 9.1~13.6 千克（20~30 磅）之间，这对我的烤箱来说太大了。所以和大部分人一样，我一次买有 3 或 4 根肋骨的肋排。这些肋排有不同的名称，取决于它们切出来的地方。

- **肩胛端（the Chuck End）：**第 6~9 根肋骨，较靠近牛的肩膀，通常被称为“肩胛端”、肩胛骨肉块（blade end）或“第二肉块”（second cut）。这部分有较多分散的肌肉组织和较多的脂肪。我个人偏好这部分，因为我喜欢吃烤好的牛肉里的肥肉。
- **腰肉端（the Loin End）：**第 10~12 根肋骨，位于较后端，也叫“小端”（small end）或“第一肉块”（first cut），肉眼较大而脂肪较少。

具体的名称要看你住在什么地区，肉贩可能对这些肋排有着不同的叫法。但所有肉贩都知道肋骨的位置，你只要指定要“第 6~9 根肋骨”或“第 10~12 根肋骨”就行了。

烹调时间

问：我买好牛肉了，可以来张时间表，让我知道要烤多久吗？

不，不，不！帮你自己一个忙，把所有的烹调时间表都丢了吧。唯一的可靠方法——这很重要所以要再强调一次——分辨牛肉熟度的唯一可靠方法就是使用温度计，比如 ThermoWorks 牌的 Thermapen 温度计。不论使用什么烹调方式或给烤箱设定什么温度，只要牛肉中心的温度不高于该有的温度，就会有个好结果，见 p.537 煎汉堡肉饼的温度参考。

满足挑嘴的宾客

问：我那文雅的阿姨喜欢一分熟的牛肉，而我那暴躁的哥哥喜欢吃全熟的，身为一个通情达理又大方的主人，我该怎么做？

你首先应该怀疑，你哥是怎么用和你一样的基因制造出来的。这件事想清楚后，你有两个选择。由于大部分肉块的形状都不规则，就算用低温慢烤还是会有些部分被烤得过熟，通常是靠近边缘的那部分，因为那是热量可以更多地通过表面而穿透肉的地方。如果这部分的肉对你的老哥来说还不够熟，最好的方法还是将他那份单独放进另一个烤盘，放进烤箱烤到他喜欢的程度为止。

剩菜

问：爷爷决定不来吃晚餐了，保存他那份肉的最佳方式是什么？

这是常见的难题。若是短期保存，用保鲜膜将肉包紧放进冰箱就好了，大约能放3天。记住，一分熟或三分熟的肉在冰箱里可能会变成棕色（记得肌红蛋白吗？），但这并不代表肉变质了。确认肉有没有变质，只需要相信你的鼻子就对了！

不论肉的大小如何以及是否被烹饪过，长期保存都以冷冻为最佳选择。若有真空密封袋，就拿来用吧。空气是冷冻食物的大敌，它会导致食物在不可逆转的过程中变干，也就是“冻伤”。若没有真空密封袋，可先用铝箔纸将肉包紧（保鲜膜无法完全阻隔空气），再缠上几层保鲜膜放进冷冻室。保鲜膜可帮助铝箔纸紧紧包裹住肉的表面，而铝箔纸则可以阻挡空气进入。

把肉放在冰箱冷藏室解冻，大块的肉解冻可能要花上好几天时间。

问：我有听错吗？保鲜膜无法阻隔空气？

没错，空气仍然可以穿过保鲜膜，只是速度很慢而已。

问：重新加热呢？

聪明如你，一定懂得按要求将肉切成片，所以最后会剩下一大块肉，而不是几片薄肉片。重新加热一大块肉——厚度超过3.8厘米（1.5英寸）——的最好的方式就是把它当成牛排来料理。事实上，它根本就是牛排，可以先用低温的烤箱将其加热至比理想的上桌温度低5.6℃（10 ℉）（见p.537煎汉堡肉饼的温度参考），再用热平底锅煎至外皮焦黄酥脆。薄一点儿的肉片，拿出冰箱后就能直接入锅煎，或者微波炉也能意外地派上用场。只要记住这条黄金守则：不管怎么加热，都千万不要高于原始的烹调温度，不然肉就会太老。

如果已经把整块肉切得太薄，最好的选择就是做成三明治或沙拉，美味依旧！

问：那些把上等肋排拿去以低温慢煮，或用一堆工业机器来给肉上色的大厨们是怎么回事啊？

华丽的做法还是留给华丽的人吧！以我的经验来说，要烹调大块的肉，不论是牛排还是火鸡，低温慢煮烹调法虽然能保证将肉做得完美又均匀，但完全没有露天烧烤时弥漫在空气中的那股浓郁的烤肉香气。更别说要真空密封一整块肋排了，根本就是个噩梦，我还是较偏好以低温烤箱将它烤熟。

至于用喷枪炙烤，虽然看起来很酷，但是完全不值得那么麻烦。牛排送入烤箱前先炙烧，会使得部分表面有焦黑的斑点而其他部分几乎没有变色。烤过再炙烧的效果，也没有直接放入高温烤箱烤或在煎锅中煎那么好。

如何烤牛肉（即完美上等肋排）

一块重 1.8 千克（4 磅）、有大理石纹的上等肋排不便宜。虽然我的朋友们给了我一个男人所能要求的所有精神和哲学上的财富，我的太太赐予了我充分的情感财富，但是现实生活中的一分一毛，都不是身为美食作家的我能轻易放弃的。我买了一块高品质的牛肉——老实说，还有比上等肋排更好的牛肉吗？——这让我有强大的动力绝对不能搞砸食材，就和你们一样。撰写这个部分时，我决定将毕生可能的失败额度一次用完，这样以后就不会再做出让人不满意的成品，而总是能端出完美的烤牛肉（我希望你也可以）。

首先，完美的定义是下面的意思。

- **守则一**：完美的上等肋排必须要有深棕色的、酥脆咸香的外皮。
- **守则二**：尽可能地最小化深棕色酥脆外皮和完美三分熟中心之间的梯度——意思是说，我不想在边缘有一层烤过头的肉。
- **守则三**：完美的上等肋排一定是越多汁越好。
- **补充要求**：完美的上等肋排不得使用专业的或大型的设备制作，包括丙烷或氧乙炔的喷枪、低温慢煮烹调机或控制蒸汽的商用烤箱。

起起落落

在尝试同时达到所有目标前，我必须先了解，将牛肉烹调成三分熟其实只有两个重要的温度：

- **51.7℃（125 ℉）**：这是接近三分熟牛肉的温度，也就是说，肉是热的但还是粉色的，加热了但还是湿润的，且保有肉汁。温度更高的话，肌肉纤维就会开始收缩，逼出的美味肉汁会流到烤盘底部。
- **154.4℃（310 ℉）**：这是梅纳反应开始发生的温度。在这个美妙复杂的过程中，氨基酸和还原糖会重新组合形成迷人的烧烤香气。在这个温度下肉会很快开始上色并变得酥脆。

啊！出现两难的事了：为了要好好地棕化表皮，我必须将烤箱的温度调得够高。我试着用 204.4℃（400 ℉）烤，但又不想要肉的中心温度超过 51.7℃（125 ℉）。由于大块的烤牛肉是由外往里熟，当牛肉中心的温度达到 51.7℃（125 ℉）时——也就是在烤箱里达到 48.9℃（120 ℉），静置时温度再上升 2.8℃（5 ℉）——会产生完美的表皮，但是最外面几层的温度就会达到 73.9~82.2℃（165~180 ℉），导致肉过熟、发灰发干，肉汁也被挤出来了。

最后的成品长这样：

我知道这一点儿都不好看。

评分吧。

- **守则一**：完美外皮？成功！
- **守则二**：没有灰色地带？失败。
- **守则三**：水嫩多汁？失败。

好，如果走向另一个极端，以低温来烤呢？我拿了另一块牛肉，用 93.3℃（200 ℉）的烤箱将其烤至中心温度达到 51.7 ℃（125 ℉）。就和水煮蛋一样，烹调温度与食物内外层的温度差是直接相关的。换句话说，通过低温烹调，你将超过最终理想烹饪温度的牛肉的比例最小化了。我几乎可以完全消除灰色的过熟的肉。当然，也不可能会有任何棕化的外皮，所以最后就只有苍白的、没有血色的外皮。

同样，一点儿都不好看。

评分吧。

- **守则一：**完美外皮？失败。
- **守则二：**没有灰色的肉？成功。
- **守则三：**水嫩多汁？未知。

煎的迷思

跳回 20 年前，我这个两难的问题就能轻松得到解决。当时有个常见的说法（现在仍然有很多家常厨师，甚至专业厨师都还是这样想的），就是为了要让烤肉、牛排或是猪排锁住水分，必须先将表面煎出脆皮“锁住内部的肉汁”。现在，任何拜读过哈洛德·马基的书的人，或是看到过牛排翻面时从煎过的那面挤出肉汁的人，都知道这不是完全正确的。那么有部分正确的可能吗？煎会不会至少保留一部分的肉汁？为了查证，我用了两块来自同样肋排部位的牛肉，它们有相似的表面积、重量和脂肪含量，烹饪方法见下文。

- **烤肉排 1：**在平底锅里放入 3 大勺的芥花籽油，放入肉排，用大火煎约 15 分钟至表面形成棕色的脆皮，然后将其转移至 148.9℃（300 ℉）的烤箱中，烤至中心温度达到 48.9℃（120 ℉）后，移出肉排，静置 20 分钟。在这段时间内，肉排的中心温度会先达到 51.7℃（125 ℉），再降回 48.9℃（120 ℉）。
- **烤肉排 2：**直接将肉排放入 148.9℃（300 ℉）的烤箱中，烤到中心温度达到 48.9 ℃（120 ℉）。将其移出烤箱后，再用 3 大勺的芥花籽油以大火煎约 8 分钟至肉排表面棕化，然后静置 20 分钟。在这段时间内，肉排的中心温度会先达到 51.7℃（125 ℉），再降回 48.9℃（120 ℉）。

牛肉占原始重量的百分比受烹饪方式的影响

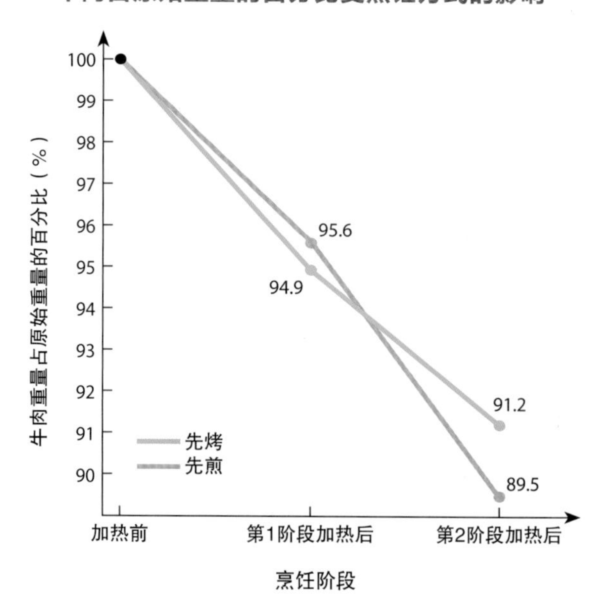

煎如果真的可以“锁住肉汁”，那么先煎再烤的肉排应该可以比先烤后煎的保留更多的水分。只可惜这都是传言，真实的情况正好相反。我小心翼翼地在每一步都将每块肉排称重，来推测流失的水分和脂肪的量。结果如下：

先煎再烤的肉排，比先烤后煎的多流失了 1.7% 的肉汁。虽然差异并不大，但知道了煎无法锁住肉汁之后，反而能让我好好思考食谱。

评分吧。

- **守则一：**完美外皮？成功。
- **守则二：**没有灰色的肉？失败。
- **守则三：**水嫩多汁？成功。

内部与外部

你可能在想，既然不论先煎还是后煎，结果都没太大差别。那如何做又有什么关系呢？关系可大了，精明的读者看前述烹饪方法就会注意到，若是一开始就煎，生的牛肉需要煎 15 分钟才会有酥脆外皮，而在这段时间内，较外层的肉已开始受热，慢慢就会变得过熟，就像是在 204.4℃（400 ℉）的烤箱里烤一样。但将它先烤再煎的话，只需要 8 分钟左右就能获得很棒的外皮，原因是什么？

这全都跟水分有关系。

为了要让肉排表面的温度高于水的沸点 100℃（212 ℉），外层必须完全脱水。煎生肉时，生肉在锅中的时间有一半都用来逼出水分了，然后才会开始棕化。你应该知道将牛排放入锅中时那种剧烈的嗞嗞声吧？那就是水分由肉底冒出并蒸发的声音。然而，先烤过的上等肋排已经在高温烤箱里待了几个小时，在这期间肉排表面已完全干掉了，所以最后煎的过程会更高效，从而可以避免外层的肉煎得过熟。

根据我从烤箱温度实验和煎的实验中得到的结论，我知道怎么做可以同时满足三项守则。我的目标应该是要让内部烤得越慢越好，也就是说，使用烤箱能维持的最低温度。然后用最快的速度来煎，也就是说，尽可能使用高的热量。但是，用平底锅煎有几根肋骨的肋排并不那么容易操作，所以我必须在烤箱中完成所有程序。

有些食谱可能会让你在烘烤接近尾声时调高烤箱的温度，但这不是最好的方法。烤箱由最低温升到最高温通常需要 20~30 分钟。在这段时间内，牛肉的外层可能就已经烤得过熟了。但是我想 20~30 分钟正是牛肉需要静置的时间，那我如果先以低温——93.3℃（200 ℉）或更低的温度烤牛肉，然后将其拿出烤箱静置，在此期间将烤箱调到最高温度——260~287.8 ℃（500~550 ℉），再把牛肉放回烤箱烤出酥脆的外皮。这会有什么结果呢？

我得到的结果正是完美的上等肋排。

评分吧。

- **守则一：**完美外皮？成功。

- **守则二**：没有灰色的肉？成功。
- **守则三**：水嫩多汁？成功。

正如你所见，酥脆的棕色外皮、没有灰色而过熟的部分，还有从中心延伸到边缘的淡粉色的肉。

等等！不只这样！

最棒的是什么？我发现这个二阶段烤肉法让我在牛肉上桌前有了更多的空档。一旦完成第一阶段的低温慢烤，只要给肋排盖上铝箔纸，它就至少能保温 1 个小时，然后我只需要将肋排移回 287.8℃（550 ℉）的烤箱里放 8 分钟，它就会变得滚烫，也就可以直接切了。不需要静置，因为唯一会影响到的只有表面而已。

从此以后，家族聚餐就不一样了，现在我要是能找到一个方法展现出我妹妹那脆硬外表下的玫瑰色内心，那我们的节日就真的是多一件事可庆祝了！

肉汁酱怎么办？

现在只剩下一个问题：来个好吃的酱料，搭配上等肋排如何？

大部分的食谱会建议利用烤盘底部收集到的肉汁来做酱汁。但是有个问题：我的技巧就是特意避免牛肋排流失任何肉汁的，也就是说所有水分和鲜味物质都能完整地保留在牛肋排里。正因为这样，你其实根本就不需要任何酱汁。但是，就是有些人——就叫他们“传统主义者”吧——总是需要一些酱汁来配肉吃，那该怎么办？

最简单的解决办法，就是利用多余的牛肉。在荷兰铸铁锅里煎几块牛尾，然后用红酒和高汤熬煮锅底的肉汁，加入一些蔬菜，再和上等肋排一同放进烤箱烤，这样就有美味的酱汁了，还附送入口即化的软嫩牛尾和肋排一起享用。

图片提供 熊也·saya

| 刀工 | 如何分切带骨上等肋排

如果前面的内容你都认真读了，应该会知道分切最简单的方法是先去骨，再将骨头绑回肉上烤，这样肉就能直接取下来分切了。若是带骨烤的话，分切方法如下：

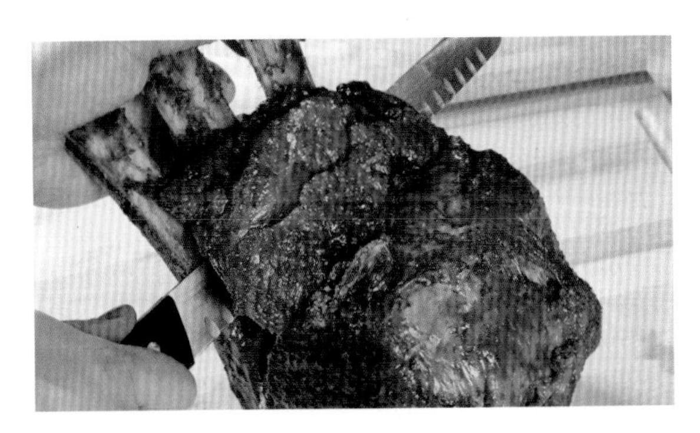

1. 提起来切

抓住骨头的尾端提起整个肋排，将刀放在肉和骨头之间。刀紧紧贴住骨头从上开始往下切。

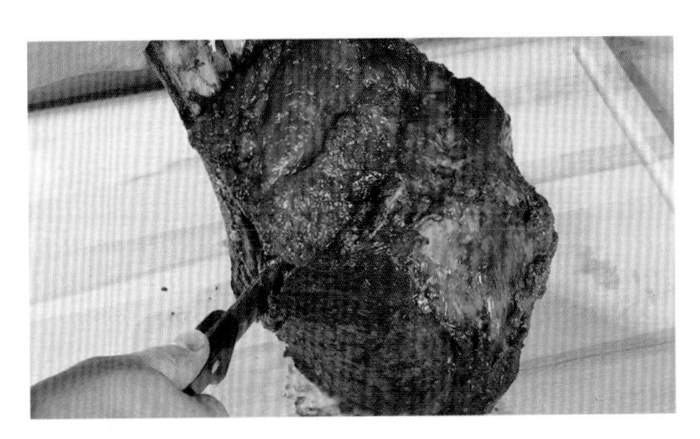

2. 继续切

继续往下切，刀要紧贴住骨头。

3. 去除骨头

切开骨头的末端，将骨头和肉完全分离，可能需要用去骨刀或削皮刀的尖端来处理凹凸不平的边缘。

4. 准备切片

肋排完成去骨后就可以切片了。当然，切下来的骨头是要拿来啃的，千万别丢掉！

5. 动手切

将肉放好，用长而平稳的流畅刀法切片，使肉片薄而均匀。

6. 准备上菜

只切下需要的分量就好，整块的牛肉比较容易再次加热或保存。

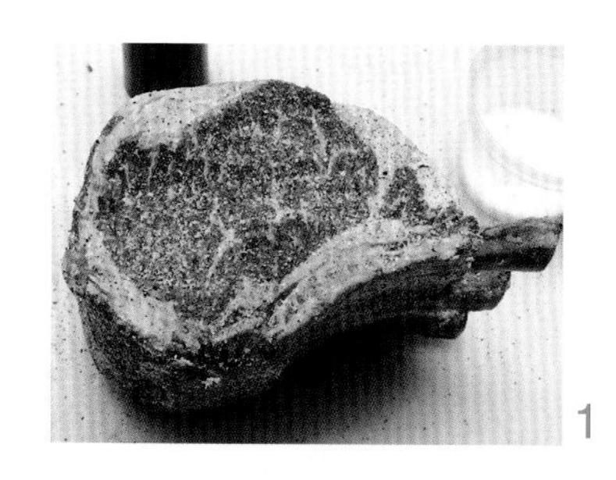

1

2

3

完美的烤牛肋排

PERFECT ROAST PRIME RIB

笔记：

这份食谱适用于任何大小的2~6根肋骨的肋排。每人约454克（1磅）带骨肋排，每多一条肋骨，肋排的重量就多680~907克（$1\frac{1}{2}$~2磅）。为了得到最佳成品，可以用干式熟成的极佳级或草饲牛肋排。

想让外皮更好吃，请将牛肋排用盐和黑胡椒碎调味后置于烤盘的网架上，不覆盖，放在冰箱里风干至少一晚，至多5天。

如果聚会时间延后，但是肋排已经在宾客到达前烤好，千万不要惊慌。将肋排拿出烤箱，静置到上桌前1个小时，再次放入93.3℃（200 ℉）的烤箱重新加热30分钟后将肋排拿出烤箱。将烤箱温度调到最高，再继续步骤3。

3~12人份，
依肋排大小而定

1.4~5.4千克（3~12磅）的直立式肋排（上等肋排）1份（见上文“笔记”）

犹太盐和现磨黑胡椒碎各适量

1. 以最低温度预热烤箱，约为65.6℃（150 ℉）——注意，有些烤箱的温度无法设定到低于93.3℃（200 ℉）。依个人喜好，先用锋利的主厨刀或去骨刀去除肋骨（或请肉贩帮忙处理），再用细线将骨头绑回肉上。
2. 以适量的盐和黑胡椒碎调味（若已腌过，请减量）。（图1）将肋排放上V形烤架，脂肪帽朝上，再将烤架放到一个大的深烤盘上，放入烤箱，如果想要三分熟则烤至肋排中心温度为48.9℃（120 ℉），或是五分熟，温度达到57.2℃（135 ℉）。在65.6℃（150 ℉）的烤箱中需烤5.5~6.5个小时，而在93.3℃（200 ℉）的烤箱中则需烤3.5~4个小时。（图2）将肋排拿出烤箱，以铝箔纸包紧，放在厨房温度较高的地方，静置至少30分钟，至多1.5个小时。与此同时，将烤箱温度调至260~287.8℃（500~550 ℉）。
3. 上桌前10分钟时取下铝箔纸，将肋排放回烤箱烤6~10分钟至表面棕化。（图3）
4. 出炉后，切断并移除细线。去除骨头后，沿着肋骨间隙切片摆盘，并将牛肉切成0.6厘米（1/4英寸）厚的肉片摆盘，立刻上桌享用。

牛肋排专属的牛尾肉汁酱

OXTAIL JUS FOR PRIME RIB

这份食谱制作的是浓厚的红酒酱汁，可以淋在肋排上，还能得到软嫩的牛尾肉，可以提前 5 天做好。牛尾肉也是聚会时很棒的开胃菜。食用时搭配烤脆的面包和海盐。

制作约 2 杯的肉汁酱，
牛尾肉可做 8 人份的开胃菜

植物油 1 大勺
牛尾 1.4 千克（3 磅）
胡萝卜 1 根，去皮，切块（约$1\frac{1}{2}$杯）
芹菜 2 根，切块（约$1\frac{1}{2}$杯）
大型洋葱 1 个，大致切碎（约$1\frac{1}{2}$杯）
干红葡萄酒 1 瓶（750ml）
月桂叶 2 片
新鲜百里香 4 支
新鲜荷兰芹 4 株
自制鸡肉高汤或罐装低盐鸡肉高汤 4 杯
犹太盐和现磨黑胡椒碎各适量

1. 在荷兰铸铁锅里以大火加热油直到稍微冒烟，放入牛尾煎约 15 分钟，适时翻面拌炒，直到每面都煎成微焦的金棕色，再用夹子将牛尾移至大盘里备用。（图 1、图 2）
2. 锅中放入胡萝卜块、芹菜块、洋葱碎拌炒约 8 分钟，直到稍微变色。加入红酒、月桂叶、百里香、荷兰芹，轻刮锅底焦掉的部分，煮沸后继续熬煮至汤汁收干为原本一半的量，共需约 10 分钟。倒入高汤，将牛尾放回锅中。煮沸后转小火炖煮，盖上盖子，炖煮至牛尾肉软嫩并开始和骨头分离，共需 3~3.5 个小时。（图 3、图 4）
3. 用夹子将牛尾移至大碗里，冷却后将肉从骨头上撕下来，丢弃骨头，将肉放进密封容器中。
4. 用细目滤网将煮好的汤滤到中型酱汁锅里，小心地用勺子捞除表面多余的油脂。舀几汤勺汤汁到撕下来的肉上，依喜好以盐和黑胡椒碎为牛尾调味。汤汁和肉密封后放入冰箱冷藏。肉可以用微波炉或煎锅加热，可参考上页的“笔记”。（图 5、图 6）
5. 肋排上桌前，将高汤以小火炖煮约 15 分钟，收干至 2 杯的量。以盐和黑胡椒碎依喜好调味后，和上等肋排一起上桌。

慢烤牛里脊

SLOW-ROASTED BEEF TENDERLOIN

烤牛里脊和上等肋排一样，最好的料理方法也是先以低温慢烤，最后再用高温使外层棕化。问题是牛里脊的脂肪比例较少，体积较小，所以比上等肋排更容易烤过头。若是在烘烤后将牛里脊放回烤箱棕化表面，在其表面变得酥脆时，肉排内部早已是七分熟了。

解决办法很简单：改用炉灶收尾，而不是用烤箱。在能量转移上，热煎锅或荷兰铸铁锅的热传导比烤箱里的空气更有效率。先用烤箱慢烤再以炉火煎，就能得到内部完美三分熟，同时有着深棕色焦脆外皮的烤肉。这个方法为平淡无味的牛里脊增添了风味。

烤牛里脊时可以和牛排一样，尽情地抹上复合黄油（见 p.315）或搭配辣根奶油酱（p.629）。**p.552 的图片展示的也是慢烤牛里脊。**

笔记：

牛里脊的中段部位也叫“夏多布里昂牛排”。请肉贩给你 907 克（2 磅）的中段牛里脊，或是自己切也行（见 p.307）。想要最好的成果，可将牛里脊用线绑起来，调味后放在平底烤盘组的网架上，在冰箱里冷藏风干至少一晚，至多 3 天。

4~6 人份

907 克（2 磅）的中段牛里脊 1 块，绑好，见 p.628

犹太盐和现磨黑胡椒碎各适量

油 1 大勺

无盐黄油 1 大勺

辣根奶油酱（p.629，可省略）

1. 将烤箱的烤架调整至中间，以 135℃（275 ℉）预热。将牛里脊的每一面都用盐和黑胡椒碎调味（如果前一晚已经调味了，则酌情减量）。将肉放在平底烤盘组的网架上，如果要三分熟，则烤至里脊肉中心温度达到 48.9℃（120 ℉），或五分熟，温度达到 54.4℃（130 ℉），约需 1 个小时。将肉移出烤箱后放到砧板上。烤肉看起来会灰灰的，像没有熟的样子。
2. 在 30.5 厘米（12 英寸）厚底不锈钢平底锅或荷兰铸铁煎锅中用大火加热油和黄油，直到黄油变成棕色且稍微冒烟。放入里脊肉，将每一面都煎成金棕色，约需 5 分钟。油和黄油如果开始烧焦或冒太多烟，将火转小。牛肉煎好后，移至砧板上静置 10 分钟。
3. 拿掉细线，将牛肉切片后端上桌，依喜好可搭配辣根奶油酱。

| 专栏 | 烤里脊肉如何绑

进烤箱前将里脊肉绑起来并不是绝对必要的，但这有助于牛肉保持很棒的圆柱形，让肉烤得更均匀，做法如下：

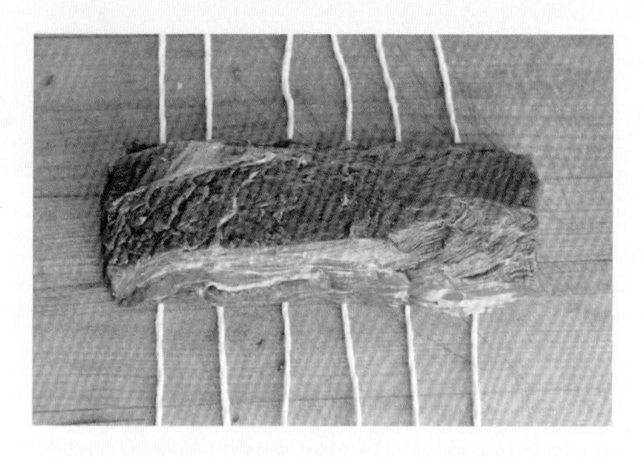

1. **将线排开**。准备几条长 30.5 厘米（12 英寸）的料理专用棉线，以 2.5 厘米（1 英寸）的间隔排在砧板上，足以覆盖整条里脊肉的长度就行。将牛肉放在线上，从其中一端开始绑结。

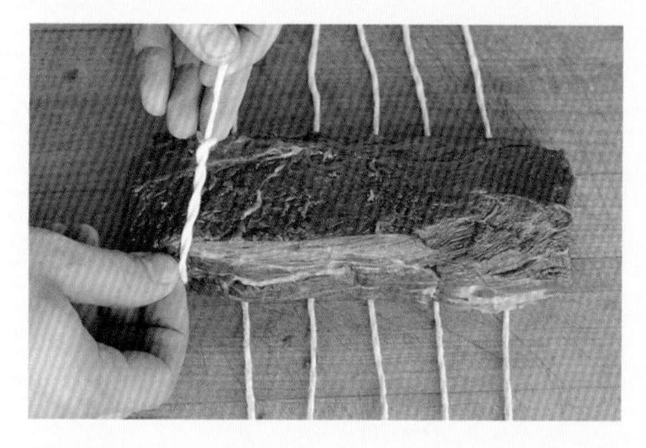

2. **绑紧**。要确保绑上的结不会散掉，将两端交叉至少三次之后，再绑一个简单的死结。

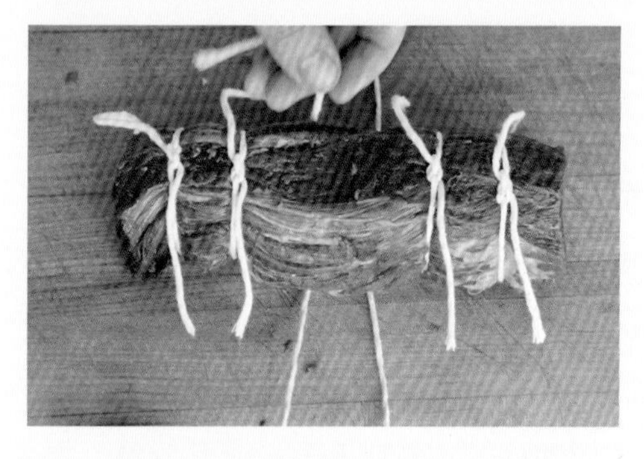

3. **由两端向中间绑结**。继续用同样的方式，左右交替着从两端往中央依次打结，这样可以让牛肉有更一致的形状。

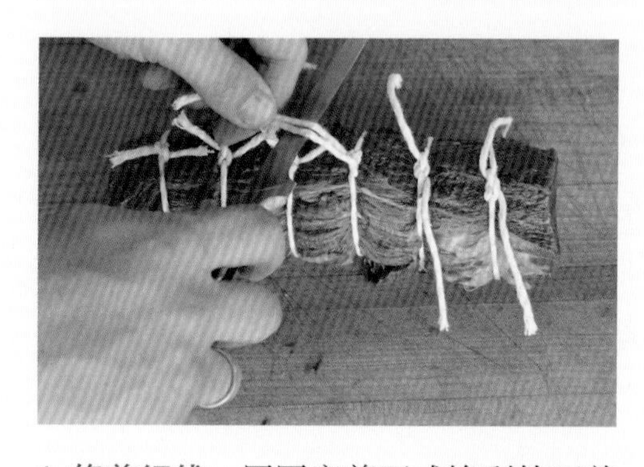

4. **修剪细线**。用厨房剪刀或锋利的刀剪掉细线多余的部分。

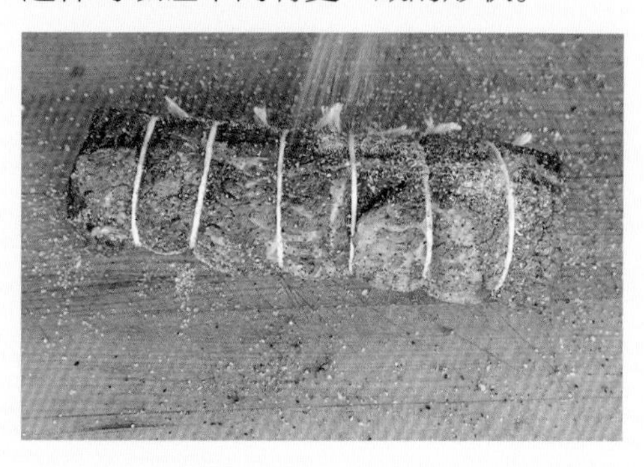

5. **尽情地调味**。每一面都尽情地用盐和黑胡椒碎调味。这样就可以烤了。

辣根奶油酱

HORSERADISH CREAM SAUCE

和牛排一样，烤里脊肉也很容易得到用烤盘里的肉汁来做搭配的酱汁，但我个人喜欢搭配清爽的辣根奶油酱。我喜欢它的浓郁香气，以及辣根中少许的芥末味（谁不喜欢牛肉配芥末啊？）。使用自制的法式酸奶油，成品绝对会让你大吃一惊。

约 2 杯

法式酸奶油 2 杯（自制的最好，请见 p.111）

磨碎的新鲜辣根（或沥干的罐装现成辣根）1/2 杯

第戎芥末酱 1 大勺

白葡萄酒醋 1 小勺

盐和现磨黑胡椒碎各适量

将法式酸奶油（图 1）、辣根、芥末酱和醋在中型碗里混合均匀，以盐和大量黑胡椒碎依喜好调味（图 2）。再将里脊肉移至密封保鲜盒中冷藏至少 24 个小时，至多 1 周，让风味慢慢延展。

1

2

料理实验室指南：羊肉的烘烤指导

羊肉的选购、保存

在我看来羊肉极为美味，许多国家的人也这样觉得。但是大部分的美国人可不是这样想的。以下为几种不同的肉类在美国每年的人均摄取量。

没错，一个美国人每年可吃超过 45.4 千克（100 磅）的鸡肉，但是只吃 363 克（0.8 磅）的羊肉，而且羊肉的数量正逐年减少。在 20 世纪 70 年代羊肉的数量是每年 1.4 千克（3 磅），虽然也是个小数目，但比现在大多了。不只如此，大部分的美国人可能一整年都不吃羊肉。这个人均食用的量主要来自少数族裔，比如希腊裔和印度裔等。他们可能吃了很多羊肉，拉高了平均值。

更让人忧心的是，羊肉被经济学家们称为“次等货”，也就是说羊肉的需求量和消费者的平均收入成反比。当人们有钱消费时，他们宁愿花钱买牛肉和鸡胸肉。2001 年，乔治亚州的肯尼索州立大学（Kennesaw State University）的一项研究发现，消费者收入每增加 1%，羊肉的需求量就会减少 0.54%。这个情况很奇怪地分成了两个极端。虽然羊肉被很多群体视为“廉价”的肉，是那种买不起牛肉时才会买的肉，但是在高档超市里，羊肉通常比牛肉贵得多，也有更多人想买。

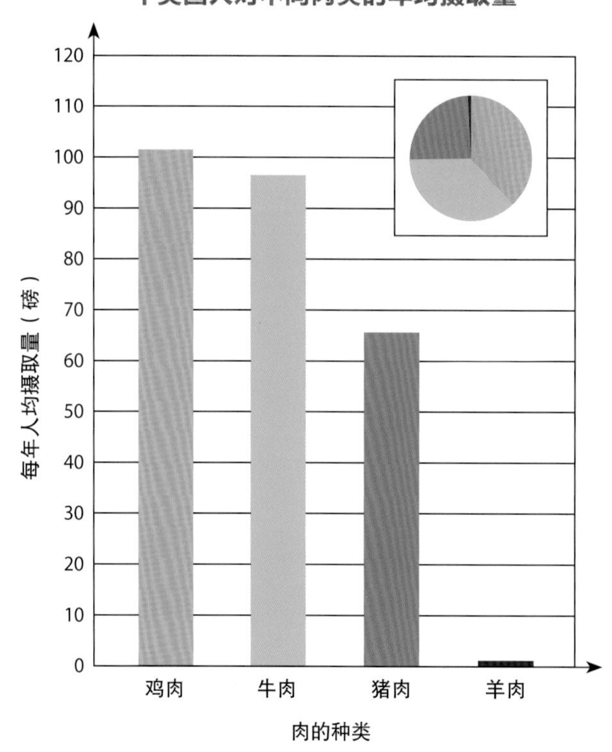

我站在后者这个阵营。我只能想到少数几个情况是我宁愿吃牛排也不选择又肥又香的羊排，或者是我宁愿吃炖牛肉也不想吃那浓郁而略微有些特别味道的炖羊腿的。而说到节日的烤肉料理，上等牛肋排也许是餐桌上的王者，但是烤羊腿一定是它更狂野、更有趣的表亲。

羊肉商早就知道要卖羊肉给习惯吃鸡肉和牛肉的消费者们是一件很麻烦的事，于是他们更用心地繁殖和饲养更符合美国人口味的羊，也推出了更容易烹饪的羊肉商品。确实，如果你还没试过自己在家做羊肉，你就真的没有任何借口拒绝尝试了。

有什么比现在开始更适合的？

美国产 vs 进口

问：我在肉铺看到了来自澳大利亚、新西兰和美国的羊肉。它们有什么不同？哪种比较好呢？

美国的羊肉和来自南半球各国的羊肉在口味、大小和价格上都有很大的差异。新西兰、澳大利亚地区的羊肉比较小，整只羊腿重 2.3~2.7 千克（5~6 磅）。帕特·拉夫雷达是美国最具信誉的肉类供给商之一，根据其总裁马克·帕斯托（Mark Pastore）的说法，羊的体型主要与基因及喂养方式有关。那些羊的体型本来就比较小，并且整天吃草。牧草会让羊肉味道更浓烈，而有些人会觉得这味道令人反感。新西兰、澳大利亚地区的羊肉的脂肪含量较少，因此很难均匀地烹饪，尤其是羊腿，很容易变柴。若你的宾客较少，只有 6~8 个人，而你又比较喜欢浓郁的羊肉味，且没那么在意软嫩度或脂肪的话，新西兰、澳大利亚地区的羊肉是很好的选择。

美国的羊较大、较肥，肉质也比较甜。大部分的美国羊都是最初以草饲养，在屠宰的前 30 天改以谷物喂养的。帕特·拉夫雷达的羊肉来自科罗拉多州的门诺农场（Mennonite farms），他们最后会将谷物混以蜂蜜、苜蓿、小麦和玉米片给羊吃，所以羊腿就会有厚厚一层保护性的脂肪，从而有较好的大理石纹（肌内脂肪，能为羊肉增添风味和润泽度）分布。由于最后吃的是谷物，所以美国羊的肉普遍没什么腥味，但味道更浓郁，与牛排类似。美国羊的 1 条腿就能重达 6.8 千克（15 磅），足以供应十几个人食用。

问：我读到过，草饲的肉总是比较好也比较美味，草饲对动物也比较好。这是真的吗？

不一定，有些人就是喜欢百分之百草饲羊肉的味道，有些人比较喜欢谷饲羊肉的多汁鲜美。就动物的健康状况而言，的确，纯粹只用谷物饲养的动物会出现较多的健康的问题（就像只吃汉堡的人一样），但以谷饲结束生命的做法是只在宰杀前 30 天给羊饲以谷物，30 天过了就准备宰杀。这段时间很短，基本上不会产生任何让动物受苦的健康问题。如果你对吃肉没有异议，那对以谷饲结束生命的羊或牛的肉应该也不会有任何异议。

问：价格上的差异呢？

尽管省去了跨越半个地球的路程，美国羊肉通常还是比进口羊肉贵一些。这是规模的问题。新西兰、澳大利亚出口的羊肉比美国的多好几倍。如果你喜欢软嫩多汁的肉，多付一点儿钱还是值得的。

骨头

问：我买羊腿时快被各种选择搞晕了。应该怎么选？

带骨的羊腿肉有两种选择：小腿端和后腰端（你偶尔能找到一大块两者兼具的特价肉）。小腿端的羊腿肉从羊脚踝的上方开始，延伸到小腿骨的中段；而后腰端的羊腿肉由臀部开始，一直延伸到羊膝。

我比较偏好后腰端，因为这部分的肉比较肥美软嫩，形状也比较一致，烹调起来容易很多。但是，小腿端的肉更有风味，锥形的形状也很适合想要同时提供两种熟度的厨师：厚实的上部做成三分熟，偏薄的底部做成全熟。

买带骨羊腿肉，其实是有好处的。就算加了骨头的重量，它整体来说也还是比较便宜的。骨头可以作为隔热层，让羊腿慢慢受热，让你能有时间慢慢摸索三分熟的关键所在。和一些人的理解相反，我认为骨头其实没办法为肉增添风味，却可以让骨头周围的肉更加软嫩。

买去骨的羊肉也是有好处的。首先，它比较轻，所以将它从烤箱拿进、拿出的艰巨任务，就能完成得容易一些。其次，估算招待宾客的分量也比较简单。最后还有一项可能最棒的优点，就是很好切！只要直直切下去就能得到整齐又均匀的肉片。

去骨羊腿切开摊平后就是蝴蝶形羊腿。这也是我喜欢购买的羊肉，里外都可以被好好地调味。通常，卷起来绑紧之前的调味也就只是抹上盐和黑胡椒，但也可以用稍微复杂的调料或者香草。如果你选择蝴蝶形羊腿，你必须要知道如何在烤之前将羊肉绑紧，可见 p.633。

问：羊肋排怎么样呢？

羊肋排就是上等牛肋排的羊肉版，来自同样的肌肉和肋骨部位，唯一的差别就是羊比牛小得多，所以分量也较小。牛肋骨通常会切得比较短、离肋眼较近，而羊肋排通常会保留长一点儿的肋骨，这样会让摆盘非常漂亮。若你决定走野人风格，享用时也可直接用手抓着肋骨，将最多汁的肉和脂肪都啃下来。

一讲到买羊肋排，你基本上有两个选择：维持原样或是买法式（frenched）羊排。“法式”其实就是“我们帮你把骨头尾端上的肉都弄下来了，这样比较好看”的漂亮说法。正因为美观，大部分的羊肋排都是法式的，但是老实说，我偏好非法式的羊肋排，因为骨头边上连着的鲜嫩多汁又肥美的肉，是动物身上最好吃的东西，把它想成“羊肉培根”你就明白了。

羊肉的烹调

调味、卷起和绑起

问：羊肉用什么调味比较好？

盐是必备的。和烤牛排或烤牛肉一样，羊肉调味的最好的时间点是前一天或是烹饪前。如果你有时间，就把羊肉调好味，直接放上烤架，无覆盖地放入冰箱里。冷藏风干不仅可以让调味料更深入羊肉，还能让羊肉表面变干，这样外皮可以煎得很脆。

因为有着浓烈的香气，羊肉很适合搭配各种混合香辛料和香草。用蝴蝶形羊腿肉的话，在卷起来之前，记得将其内部和表面都进行调味。这里有几种我最喜欢的组合：

- 大量的大蒜、迷迭香和鳀鱼（见 p.635）
- 橄榄与荷兰芹（见 p.635）
- 孜然与茴香（见 p.636）
- 哈里萨辣酱与大蒜（见 p.636）

问：为什么需要将蝴蝶形羊腿肉绑起来？

如果不把它绑起来，蝴蝶形羊腿肉的形状就不规则，形状不规则就会烹饪得不均匀，烹饪得不均匀就会让肚子不开心，肚子不开心就会导致家庭失和，家庭失和就意味着糟糕的假日。你会冒着毁掉假日的风险，只为了省下5 分钟的劳力和一卷细线吗？

问：好吧！你说服我了，那该怎么做？

简单。摊平羊肉，调味后将羊肉肥肉朝外卷起，然后将其接缝处朝下放到砧板上平行排好的间隔为 2.5 厘米（1 英寸）的细线上，每根线的长度要足够绕肉卷一圈。由两端向中间将线依次绑起，和绑里脊肉的步骤是一样的（见 p.628）。

现在羊排准备好了，可以烹调了。

用烤箱烤

问：我要怎样知道羊肉已经熟了？可以对照那些方便的时间表格吗，比如每千克要烤几分钟？

千万不要！忽略所有你看过的时间表，那些根本没用。因为这些表格没有将肉的形状或是脂肪量这些基本的变动因素列入考量范围，这两个因素都会大幅影响加热的速度。买1 支好的电子快显温度计吧。（我现在听起来像个坏掉的录音机吗？快去买！）

不论用的是羊腿肉还是羊肋排，羊肉的熟度基本上和牛肉都一样。

- **48.9℃（120 ℉），一分熟：**呈鲜红色而且内部滑润，丰富的肌内脂肪尚未软化。
- **54.4℃（130 ℉），三分熟：**肉开始转为粉红色，口感明显地变得更结实、多汁、湿润，也比一分熟和五分熟的肉更软嫩。
- **60℃（140 ℉），五分熟：**呈玫红色，摸起来较硬。还是湿润多汁，但即将变干。这个阶段脂肪完全软化，为肉排增添不少风味。
- **65.6℃（150 ℉），七分熟：**呈粉红色但开始带点灰色。水分含量明显下降，口感有嚼劲而富有纤维。脂肪完全软化并被逼出肉排，风味随之一起流失。
- **71.1℃（160 ℉），全熟：**干涩、灰暗、了无生气，水分流失达到 18%，脂肪也已经全部化开了。

和牛排一样，我建议将羊排至少加热到三分熟，这时肉里的脂肪开始化开，使肉更润滑，口感更鲜美，而一分熟的羊肉则较硬，没什么味道。

问：如果用烤箱烹调，应该要多高的温度？

就跟烹调其他大块的肉一样，你得先做选择，你要用高温烤还是低温烤？高温烤箱可以让你早点将晚餐端上桌，但容易将肉烤得不均匀——内层的肉烤熟时，外层的肉会因过熟而转为灰色。我明白有些人并不在意这件事，他们会说："我很喜欢我的盘子里同时有三分熟的肉和一些硬一点儿的全熟部分。"对这样说的人，我们应该要感恩，这让烹调容易很多，只要将肉塞进高温的烤箱，将温度调到204.4℃（400 ℉）左右，然后烤到肉的中心部位达到理想的温度就行。

但是如果你像我一样，想要你的肉从中心到外部都是均匀的熟度，最好的方法还是先将其低温慢烤，就像烤上等牛肋排（p.624）一样——将其放进93.3℃（200 ℉）的烤箱，在中心快到目标温度时（要用快显温度计！）出炉，再将烤箱温度调到最高，将羊肉放回去再烤15分钟，让脂肪化开的表皮更酥脆。

问：羊肉需要像牛肉一样静置吗？

就像烤牛排或烤牛肉一样，羊肉的肌肉遇热时会变得紧绷，在静置时会慢慢放松，更能将水分锁在内部。也就是说，留在肉排内部的肉汁会比在砧板上的多。刚以高温烤好的羊肉，拿出烤箱后要静置至少20分钟，而低温慢烤的羊肉则要静置至少10分钟。

如何分切带骨羊腿

当你买了带骨羊腿，你会发现骨头是沿着大部分的肉的一侧延伸的，记得要从另一侧开始切。用叉子或夹子固定好羊肉，再用长而薄的切肉刀将肉切片。有些肉还是会和骨头相连，但没关系，沿着骨头从上到下切一刀，这样肉片应该就能整齐地切下来了。

慢烤无骨羊腿肉

SLOW-ROASTED BONELESS LEG OF LAMB

10~12 人份

2.3~ 3.2 千克（5~7 磅）的蝴蝶形无骨羊腿肉 1 块

犹太盐和现磨黑胡椒碎各适量

1. 烤架调整至中间高度，烤箱预热至 93.3℃（200 ℉）。在砧板上摊开羊腿肉，将其内外都以盐和黑胡椒碎调味（如果之前调过味，就酌情减量）。将肉卷起后用细线绑紧。
2. 羊肉放在网架上置于平底烤盘上，再放入烤箱烤 2.5~3 个小时，如果想要三分熟，则烤至中心温度为 51.7℃（125 ℉），或五分熟，温度达到 57.2℃（135 ℉）。出炉后用铝箔纸包紧，放在厨房温暖的角落静置至少 30 分钟，至多 1.5 个小时。其间，将烤箱预热至最高温度 260~287.8℃（500~550 ℉）。
3. 上桌前 10 分钟时，拿掉铝箔纸，将羊腿放回烤箱，烤 6~10 分钟至表面上色、酥脆。出炉后切断并移除细线。将羊肉切成 1.3 厘米（1/2 英寸）厚的肉片后上桌。

慢烤无骨羊腿肉佐大蒜、迷迭香与鳀鱼

SLOW-ROASTED BONELESS LEG OF LAMB WITH GARLIC, ROSEMARY, AND ANCHOVIES

一想到这道菜结合了鳀鱼和肉类，你的鼻子可能就皱起来了，但请先试试看再下定论！鳀鱼有很丰富的谷氨酸和肌苷酸，两者都能加强肉的“肉味”。你的羊排最后会比你想的还要更有羊肉味，而迷迭香和大蒜能让羊腿肉特别的味道更加鲜美。

将 12 瓣蒜瓣、1/4 杯新鲜迷迭香叶、6 片油浸鳀鱼、一小撮干辣椒片、1/4 杯特级初榨橄榄油放入食物料理机搅匀成泥状，如果需要，可以刮一下杯壁。将混合物移至小型平底锅中用中火拌煮，直到开始冒泡，再继续炖煮到大蒜没有生蒜味，共约需 1 分钟。将混合物倒进小碗中。先将混合物均匀地抹在羊腿肉上，再用盐调味。少放一点儿盐，因为鳀鱼已经有咸味了。

慢烤无骨羊腿肉佐橄榄与荷兰芹

SLOW-ROASTED BONELESS LEG OF LAMB WITH OLIVES AND PARSLEY

将 1 杯去籽卡拉马塔或塔加斯科橄榄、1/2 杯新鲜荷兰芹叶、1 瓣蒜瓣和 1/4 杯特级初榨橄榄油放入食物料理机中打成泥，如果需要，可以刮一下杯壁。将混合物均匀抹在羊腿肉上，再用盐调味。因为橄榄已经有咸味了，要少放一点儿盐。

慢烤无骨羊腿肉 佐孜然与茴香
SLOW-ROASTED BONELESS LEG OF LAMB WITH CUMIN AND FENNEL

将 1 大勺磨碎的烤孜然籽、1 大勺磨碎的烤茴香籽、2 瓣压成泥的大蒜、2 小勺酱油和 1/4 杯橄榄油于小碗中混合。先将混合物均匀地抹在羊腿肉上，再调味。

慢烤无骨羊腿肉 佐哈里萨辣酱与大蒜
SLOW-ROASTED BONELESS LEG OF LAMB WITH HARISSA AND GARLIC

在小碗中混合 3 大勺哈里萨辣酱、1 瓣压成泥的大蒜、1/4 杯橄榄油。先将混合物均匀地抹在羊腿肉上，再调味。

锅烤羊肋排
PAN-ROASTED RACK OF LAMB

虽然从烹饪技术上来说，羊肋排是烤肉，但把它想成煎牛排会比较好一些——这是有道理的，因为它们的大小（顶多几厘米厚）和组成（软嫩的肉配上丰富的肌内脂肪）都差不多是一样的。所以在料理羊肋排时，除非我想要华丽一点儿而用了啤酒冰桶来低温慢煮（见 p.375），否则我基本上都使用和做牛排（见 p.302）一样的方式：跳过烤箱而全程用相对热的锅在炉灶上煎。基本的守则也一样。

1. 将肉拍干后，至少提前 45 分钟进行腌制，或在加热前最后一刻腌。
2. 不用费心费时地等到肉变成室温，直接煎就行了，反正结果都一样。
3. 用你所拥有的最厚的煎锅煎，才能使肉均匀受热，而且煎得比较好。
4. 注意温度。这样羊肉才能在中心三分熟的同时有完美的棕色外皮。
5. 不要塞满你的煎锅，30.5 厘米（12 英寸）的煎锅里同时放几根羊肋排就够了。
6. 翻面越频繁越好，这样才能加热得更快、更均匀。
7. 在快要起锅之前都不要加黄油，不然黄油会烧焦。
8. 确认肋排边缘都已棕化！
9. 切肉上桌之前要静置。

羊肋排的另外一个问题，就是它的形状很尴尬。由于骨头有曲度，要让骨头内侧曲面好好地贴在锅里基本上是不可能的事，唯一的解决办法就是放弃。与其要用锅的热度加热骨头的曲面部分，还不如将高温的油脂浇淋在上面。

羊肋排不便宜，这在过去可能会是让你却步的原因。不过相信我，用这个方法和一支好的温度计，失败几乎是不可能的，而你绝对能够享受你的成果。

笔记：

这道食谱的大小和量都是基于较小型的、常见的新西兰或澳大利亚羊排的。如果你用的是大型的美国羊排，可能只需要4~6根肋骨的肋排，这取决于它们的尺寸。

为了得到最好的结果，在步骤1调味后，可将羊肉无覆盖地在冰箱里冷藏静置一晚。或者，想要快一点儿的话，可以在加热前最后一刻调味，跳过45分钟的抹盐后的静置阶段。如果抹盐后要静置，至少放45分钟。

2~3 人份

8~10 条肋骨的约 907 克（2 磅）的羊肋排 1 块，分成两等份
犹太盐和现磨黑胡椒碎各适量
植物油 2 大勺
无盐黄油 2 大勺
新鲜百里香 4 株
中型红葱头 1 个，大致切碎（约 1/4 杯）

1. 在羊肋排的每一面尽情地抹上盐和黑胡椒碎后，将其放在盘子上于室温中静置至少 45 分钟，最多两个小时。（见上文“笔记”，图 1）
2. 在口径 30.5 厘米（12 英寸）的不锈钢平底锅中以中大火加热油。将羊肋排放入锅中煎，脂肪朝下煎约 4 分钟，适时用夹子翻面，直到开始变为金棕色。继续加入黄油、百里香和红葱头碎，调至中火，继续煎羊肋排并偶尔翻面，依次给它们淋上棕化了的黄油（将平底锅轻轻朝自己倾斜，让黄油聚集在底部，用汤勺舀起黄油浇在羊肋排上，注意要反复浇到还没棕化的位置），直到羊肋排呈深金棕色，如果想要三分熟，则将快显温度计插进最厚的部分时显示 48.9℃（120 ℉），或五分熟，温度达到 54.4℃（130 ℉），共需 3~7 分钟。将羊肋排移至底部有烤盘的烤架上，静置 5 分钟。（图 2—图 12）
3. 上桌前将锅中油脂再次加热至冒烟，浇至羊肋排上。将羊肋排切好后立即上桌。

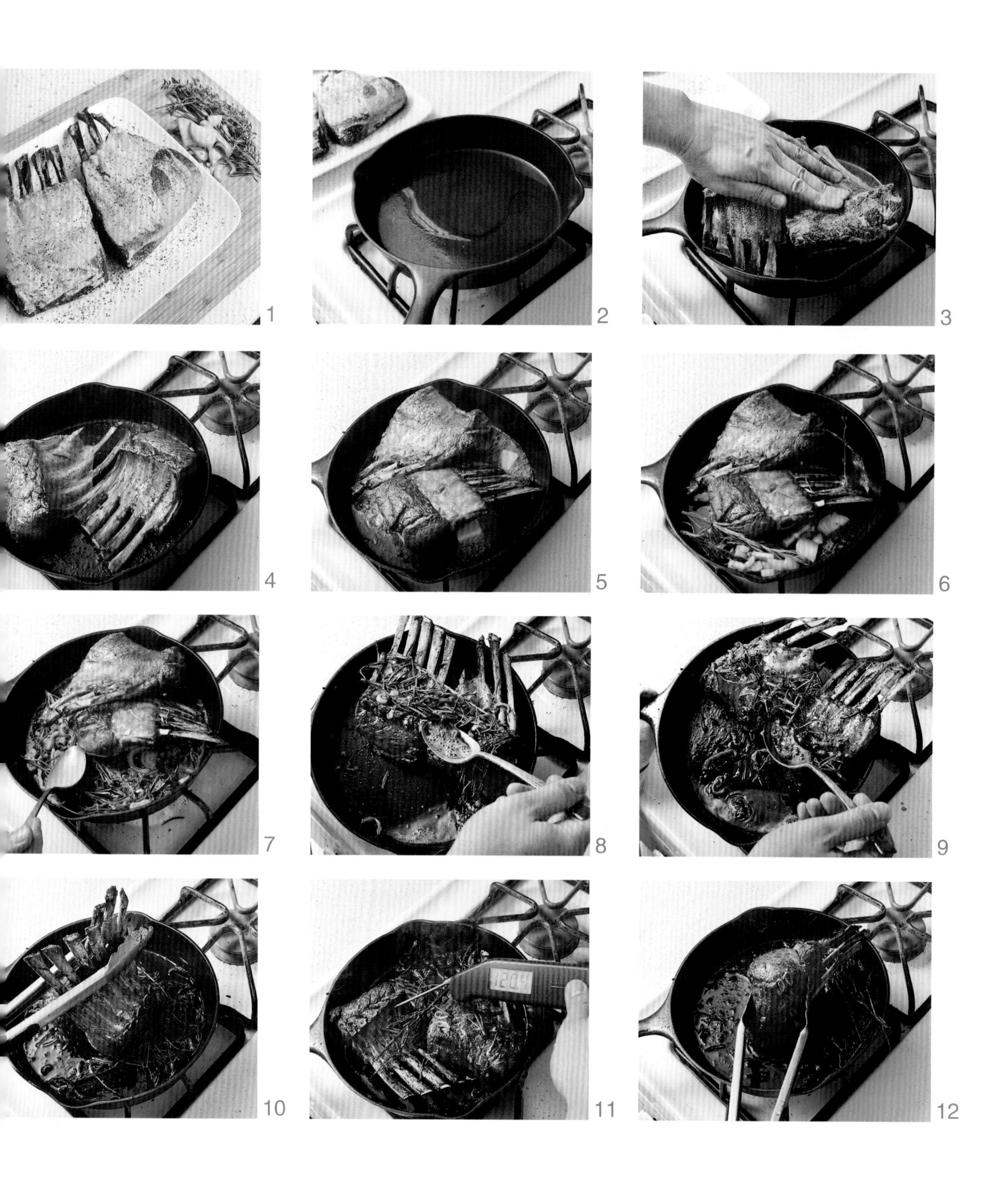
1
2
3
4
5
6
7
8
9
10
11
12

料理实验室指南：
猪肉的烘烤指导

烤猪肩肉

对烹饪炼金师来说，猪肩肉就是平凡的“铅”，就等着要化成“金”。

我要讲的就是猪肩肉，它有多汁、鲜美、软嫩的中心，以及酥脆到不可思议的外皮。要将肉贩橱窗里最便宜的肉品之一变成光彩夺目、充满节日气氛的主角，无异于施展魔法，但我们在此要讨论的是科学，而不是魔法，对吧？什么可以让猪肉变得软嫩？怎样使它达到最软嫩的境界？又要怎样才能做出每个人都抢着吃的香酥脆皮呢？

带骨的猪肩肉很大，通常有 3.6~5.4 千克（8~12 磅），且充满了结缔组织和肌内脂肪——这些全都被包在粗硬的表皮下。我们的目标是要让这块坚硬的肉变得软嫩，但要怎么做到呢？首先，我们必须要了解动物身上的两种主要的肌肉。

“快缩肌”是动物运动比较少的肌群，只有在瞬间需要剧烈运动的时候用到，比如，鸡在逃离危险的时候，需要胸部的肌肉来快速摆动翅膀，而牛腰部的肌肉几乎也不太会用到。快缩肌的特点是有软嫩和纹理细腻的质地，鸡胸肉、猪大排以及纽约客牛排都是如此，所以最适合以快速的烹调方式处理，比如烤、烧烤或是煎（见第 3 章）。带有快缩肌的肉的最佳的享用时间，就是肉达到最后食用的温度时——鸡胸肉为 62.8℃（145 ℉），而牛排为 51.7 ℃（125 ℉）。肉在加热时会收缩，然后会随着温度上升的速度不同而挤出不同量的水分。例如，你知道的，牛排一旦达到 65.6℃（150 ℉），肌肉纤维就会收缩，挤出大概 12% 的水分，而这是无法反转的反应（详见 p.286）。

相反地，“慢缩肌”包括了持续运动的肌肉群：肩膀和臀部的肌肉需要用来保持直立和走动，尾巴的肌肉常用来赶苍蝇，而侧腹周围的肌肉用来帮助呼吸。慢缩肌的特点是有较强的风味，肉质非常结实，布满结缔组织，需要花较长时间加热来分解。慢缩肌的软嫩口感不仅取决于加热的温度，还取决于加热的时间。大概从 71.1℃（160 ℉）开始，坚硬的结缔组织的胶原蛋白就会开始分解成柔嫩多汁的明胶。肉的温度越高，分解的速度越快。

简单来讲，对快缩肌来说，“温度”是最重要的元素，而对慢缩肌来说，“时间”和“温度”都会影响最后的成果。

不管是烤猪肩肉、炖牛肉、焖火鸡腿，还是料理任何其他肉类，水分开始流失的温度范围和结缔组织开始分解的温度范围几乎是相同的。但在特定温度下，胶原蛋白到底需要多长时间才会变成明胶？我决定要追根究底。

我用真空袋和恒温水槽，分别以 71.1℃（160 ℉）、79.4℃（175 ℉）、87.8℃（190 ℉）、96.1℃（205 ℉）做了几块猪肩肉，密切观察在每个温度下要软化猪肉分别需要多长时间。最后发现，温度越低，软化猪肉的时间越呈指数增长。在 96.1℃（205 ℉，接近一块肉能达到的最高温度）时，烹调时间大概为 3 个小时；而在 71.1℃（160 ℉）时，则整整花了一天半的时间！

如果使用高温可以让分解结缔组织的时间缩短，是不是该直接把猪肉放进不会烧焦表皮的高温烤箱里？先别急。温度也有其他的作用——让肉变干。我烤了两块相同的猪肩肉到同等软嫩度，一块用 190.6℃（375 ℉）的温度烤，花了大概 3 个小时；另一块用约 121.1℃（250 ℉）的温度烤，花了约 8 个小时。烤完后，我将两块肉未加热前的重量，减去烹调后的重量，又减掉底盘肉汁的重量，来计算损失的水分的总量。

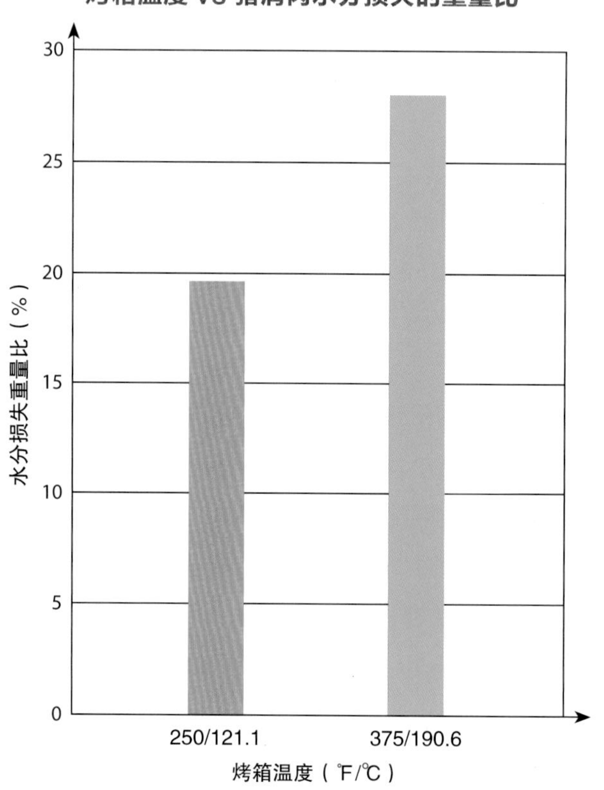

在高温时猪肩肉由于肌肉纤维收缩而损失的水分比用低温烹调时损失的多了8%。

在吃这两块猪肉时，老实说，两块都超级湿润多汁。但高温烘烤的那块，比低温烤的那块多了至少一项优势：外皮。高温烘烤的外皮很酥脆（虽然不是很完美），而低温烤的那块，外皮软了，而且又烂又松弛——真是糟糕透顶。

那有办法可以兼顾多汁的肉和酥脆的外皮吗？重点在于要做出很棒的猪皮需要用两种不同的方法。

关于表皮

很多人都认为动物的皮——鸡皮、火鸡皮、猪皮——全都是由脂肪组成的。其实并不是这样。表皮中和表皮底下确实有很多脂肪（用来帮助恒温动物维持体温），但表皮也含有大量水和结缔蛋白质。后者就像慢缩肌的结缔组织那样，需要长时间加热才能分解。

不仅如此，一旦结缔组织被充分软化，水分一定会被逼出，剩下的蛋白质就会凝结、变硬。这三个作用——结缔组织分解、水分流失和蛋白质硬化——是做出酥脆但不过硬外皮的关键。

当猪肩肉以190.6℃（375 ℉）加热时，这三个作用几乎会同时发生。当结缔组织完全分解后，你正好从皮里逼出了足够的水分能使它变得硬且脆。而在121.1℃（250 ℉）的烤箱中，结缔组织虽然会分解，但水分流失和蛋白质硬化的程度不足以完全形成酥脆的表面。

所以很显然，我们该用高一点儿的温度来料理猪肉，对吧？但等一下，亲爱的，我们还有一件事要考虑。请耐心。

气泡，气泡

大家都知道表面积是什么，对吧？请拉近距离看看这块在190.6℃（375 ℉）的烤箱中烤的猪肉的酥脆的外皮：

在稳定的温度下烤的猪肉，外皮酥脆且平滑，表面积较小。

尽管有一点儿皱褶，但整体还是比较平滑的，看到了吗？同样体积的平滑物体有较小的表面积，有皱褶、气泡、波纹的或是弯曲的物体会有相对较大的表面积。而一提到质地，有越多的表面积就等于口感越酥脆。在烤马铃薯前摩擦其表面会使其更酥脆（见p.464），汉堡肉饼要捏得松散一些才会有更酥的表面和更多的棕化面积（见p.534），也是相同的道理。

以190.6℃（375 ℉）烘烤时，脱水和蛋白质硬化的现象与结缔组织的分解会同时发生，所以其实也不存在表皮相对较软的阶段。它会直接从因为结缔组织变硬变为因为脱水而变硬。

另一方面，在121.1℃（250 ℉）的烤箱中烤了8个小时后，外表就没什么结构完整性了，会变得很有弹性、软嫩而容易弯曲。确实，若拿到显微镜底下看，你会发现表皮的结构很像等着要被填满的相连的气球，那要怎么填充这些气球呢？让热能来处理吧。

如果你将慢烤的猪肉丢进预热 260℃（500 ℉）的烤箱里，困在表皮中的蒸汽和气体会迅速膨胀，形成无数个小气泡。关键在这里：气泡膨胀时，它们的壁会变得越来越薄，最后烤箱里的热气会把它们瞬间定型成永恒不变的形状，就算将猪肉拿出烤箱它们也不会崩塌。

在这里，放进烤箱的猪皮和生比萨面团有异曲同工之妙：高温导致气体膨胀，然后气体被困在因烤箱高温而变坚硬的蛋白质结构中，形成酥脆的表皮。

你看过比这更美丽的东西吗？

我通常喜欢让肉朴素一点儿。肉好的话，只需要盐和黑胡椒碎调味就够了。然而猪肩肉很会吸收风味，所以尽情地给它抹上你最喜欢的香料吧。你可以在烘烤前干抹，或是像我一样烘烤时保持原味，切好后在上桌前调味——这能让你后面有更多选择。

其实我很喜欢把整块猪肉端到桌上，让宾客们自己挑选并动手撕肉，旁边再放几种蘸酱。试试看越南甜酸汁（nuoc cham）、中式叉烧酱、古巴莫侯酱（Cuban mojo）或清爽的阿根廷青酱吧！或许有个更棒的选择，既然都已经是个猪肉派对了，就干脆把所有酱汁都摆出来。也可以参考 p.644 的“笔记”。

撕碎的猪肩肉单吃就很棒了，和少许卷心菜沙拉一起夹入三明治中更是绝配，也可以将它加进浓汤、炖菜、墨西哥玉米饼（taco）、古巴三明治（Cuban sandwich）中，或者用来做阿根廷烤饺子（empanada）馅、委内瑞拉玉米饼（arepa）馅，甚至搭配薯饼、蛋卷都行。

要搞砸慢烤猪肩肉，差不多就像要阻止自己在上桌前吃光全部的脆皮一样难。

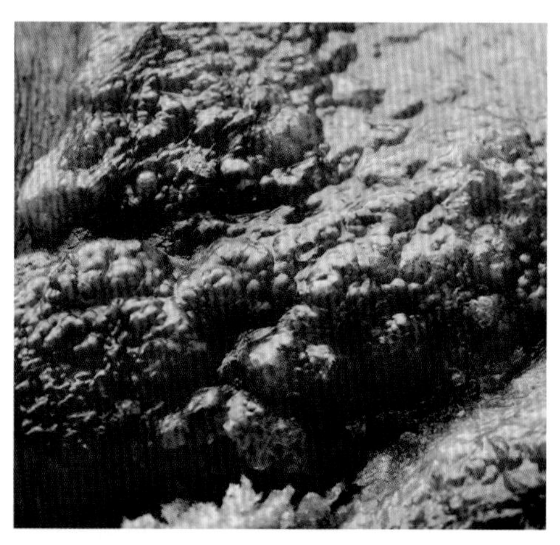

慢烤后用高温收尾，可以让外皮起水泡和气泡，增加表面积，使其更酥脆。

| 专栏 | 与臀无关

你可能会在美国超市看到一大块标示着“猪臀”（pork butt）的肉，但上过高中生理学课的学生可能会告诉你，那块肉不是臀部的肉而是肩肉。这奇怪的标签是怎么一回事？

猪肩肉和猪臀肉其实都是同一块肉，会出现这种情况是因为命名的不同，而与解剖学无关。在19世纪早期，新英格兰是猪肉的主要产地。对当时的新英格兰人来说，腰肉、五花肉和后腿肉都很抢手，但乏人问津的肩肉就会被放入木桶中运送到其他地方（很显然，那会儿这些“北方佬”一点儿都不懂户外烧烤，不少人觉得他们现在还是不懂）。这些木桶有各种尺寸，但装着猪肉的木桶的尺寸被称为“巴特”（butt⑧）或“派普”（pipe）。这是478.8升（126加仑）的木桶，大小为957.6升（252加仑）的大酒桶（tun）的一半，又比319.2升（84加仑）的小木桶（firkin）大一些，还是239.4升（63加仑）的猪头桶（hogshead）——但这个名称跟“猪”（hog）或“头”（head）一点儿关系都没有——的两倍。

这些猪肉装满了巴特尺寸的木桶，被运送到美国各处，又被称为“波士顿臀肉”（Boston butt）。此名称很快就被用来统称其中装有的肉品，也不管这些肉其实不是臀部的肉而是猪肩肉。一直到现代，这个名称还是很常见，具体叫法取决于你来自的区域。你可能会看见猪肩部位的肉被标示为“肩肉”“臀肉”“波士顿臀”或是“肩胛烤肉”，而其前端下面一点儿的肉会被称为“野餐肩肉”。讽刺的是，你在波士顿并不会看到标示成“波士顿臀肉”的猪肩肉。如果我们的祖先决定要用38升（10加仑）的小酒桶装猪肉，三明治里夹的就会是慢烤“波士顿小木桶”（Boston firkin）了，或是因为用了319.2升（84加仑）的桶，就要用“波士顿大木桶”（Boston puncheon）来做意大利香肠了。若这些猪肉是装在68.4升（18加仑）的木桶里被运去新墨西哥州的话，那他们吃的青辣椒炖菜里的肉就会叫“波士顿隆勒”（Boston rundlet）了。

那么问题来了，他们管解剖学意义上的猪臀叫什么呢？后腿肉（ham）。

---

⑧巴特，butt的音译，butt有臀部的意思。——校注

超级脆慢烤猪肩肉

ULTRA-CRISP SLOW-ROASTED PORK SHOULDER

这道食谱是为带骨连皮的猪肩肉设计的，烤好的肩肉会有极为酥脆的外皮。但这道食谱也适合无骨连皮的猪肩肉，这让你的人生可以稍稍轻松一点儿。从烤箱里取出肉时要当心，听说看到噼啪炸裂又光彩夺目的酥脆外皮时，是很容易晕厥过去的。

笔记：

如果想要搭配酱汁，试试墨西哥绿莎莎酱（见 p.386）、秘鲁风墨西哥青辣椒酱（见 p.587），以及你最喜欢的烤肉酱或阿根廷青酱（见 p.385），也可以给宾客们两个或者更多的选择。

或者，烘烤时不用铝箔纸。烤完后滤掉多余油脂，并将烤盘放到炉火上，加入 2 杯干白葡萄酒或鸡肉高汤熬煮，将两种混合也可以。将烤盘底部棕色的物质刮下来，然后将酱汁移到小型酱汁锅中，依照喜好调味后离火，再搅拌两大勺黄油进去，就能和猪肉一起上桌了。

8~12 人份

3.6~5.4 千克（8~12 磅）的带骨连皮的猪肩肉一整块

犹太盐和黑胡椒碎各适量

1. 调整烤架至烤箱中间位置，预热烤箱至 121.1℃（250 ℉）。在有边平底烤盘上铺上铝箔纸，然后架上烤网。在烤网上铺上烘焙纸。尽情地给猪肉的每一面都抹上盐和黑胡椒碎，再将其放在烘焙纸上，入烤箱烤约 8 个小时，烤到插进刀或叉子时没有阻力。
2. 将猪肉移出烤箱，盖上铝箔纸，在室温中静置至少 15 分钟，至多两个小时。
3. 猪肉静置的同时，将烤箱温度调高至 260℃（500 ℉）。将猪肉放回烤箱加热约 20 分钟，每 5 分钟转一次烤盘的方向，直到猪肉表皮起泡膨胀。将猪肉移出烤箱，盖上铝箔纸再静置 15 分钟。
4. 上桌前可在厨房里先把肉拆出来，或直接将整块猪肉端上桌，让宾客自己拆肉和酥脆外皮，并搭配自己喜欢的酱汁（见上文“笔记”）品尝。

烤皇冠猪肋排

又到了过节聚餐的时候。你的妹妹刚领养了一头宠物小牛，所以不可能吃牛肉，而你的妈妈又无法忍受羊肉的气味，然后“每个人”都吃腻了火鸡，这下该怎么办？

这就是皇冠猪肋排出场的时候了，这道料理不仅漂亮、体面，而且好吃。对喜欢瘦一点儿的猪肉，或是喜欢烤肉带些嚼劲的人来说，相较起只有五花肉的意大利猪肉卷（见p.652），这道料理是最佳选择。

问：皇冠猪肋排是什么？

皇冠猪肋排，其实就是将一两块普通的带骨猪大排（沿着猪的背脊延伸的一大块肉）肋骨朝上绑成一个圈做成的。基本上是一整架或者合在一起的猪排（精确一点儿来说是没有被切开过的），被扭转成皇冠的形状。

问：啊，我懂了，就好比上等牛肋排是一大堆肋眼牛排连在一起的那样，对吧？

没错。

问：那它的优势是什么？这样会让烹调更简单吗？最后会比较好吃吗？

皇冠猪肋排的“皇冠”跟国王的皇冠有相似的意义，当然大多是美学上的——皇冠猪肋排端上桌就是很好看，但它的确也有利于均匀烘烤。骨头被弯在外侧时，肉的导热速度会慢下来，最后会让肉更多汁，也烤得比较均匀——尽管卷成皇冠的形状，外面那层肥边也不会那么上色且酥脆。

问：那就是要有所取舍了，假设我想要动手做，要去哪里找皇冠？

要是用一整块猪排肋来围成皇冠的话需要约 10 根肋骨，可以喂饱 6~8 个食量正常的人。你必须在肋骨之间的每条空隙中都稍微划几刀，让它们张开。但这样会增加肉的表面积，可能会使它比完整的肉更容易烤干，所以我不太建议用一整块肋排。买两整块带骨猪大排再将它们首尾相接，会形成比较大的皇冠，也可以避免不必要的划刀。

购买皇冠猪肋排时，你可以请肉贩帮你做成皇冠的样子——通常只有很专门的肉贩才会卖现成的皇冠猪肋排。幸运的话，你也有可能在高档超市找到现成的皇冠猪肋排，尤其是节日期间。

问：我需要买多大的量？

大概按每人一根半肋骨的量准备，食客食量大或是打算留剩菜的话可大概给每人备两根。

问：我把皇冠猪肋排买回家了（天啊，好重），那我到底要怎么料理这道菜呢？

记住，皇冠猪肋排其实就是一整串相连的猪大排，属于快缩肌（见 p.170）。就像所有的快缩肌（比如鸡胸肉、纽约客牛排或金枪鱼柳）一样，它有很多纹路细腻的肌肉而没什么结缔组织或脂肪。这意味着在料理的时候，最重要的元素是内部的温度。因为只有极少的结缔组织需要破坏，猪排一旦达到最终的温度，就料理好了。即便在这个温度多维持一段时间，也不会有太多变化。所以关键是要让整个烤肉，从里到外都达到 60℃（140 ℉，我喜欢将猪肉烤到五分熟），然后同时让表面变得酥脆。

幸运的是我们早就研究过这个问题了（见 p.619“如何烤牛肉”）。记住！烤箱的温度越高，肉就会烤得越不均匀。所以，假设你在 204.4℃（400 ℉）的烤箱里烤皇冠猪肋排，当它的中心达到 60℃（140 ℉）时，外侧的肉可能早就超过 73.9~82.2℃（165~180 ℉）的区间了。而如果在 121.1℃（250 ℉）的烤箱里烤，你就能让整块肉从边缘到中心都达到 60℃（140 ℉）。这样你最后要做的就是将猪排静置一下，然后将它扔到 260℃（500 ℉）的烤箱里，让外层的脂肪酥脆。

问：太棒了！那调味呢？

如果你要走华丽路线，你可以在我建议的盐和黑胡椒之外加上其他调味品。把香料塞进皇冠中心会很不错，大蒜、红葱头、柑橘类——只要是任何让你觉得够华丽的东西都行。有些人可能还喜欢在中心放进香肠或是以面包为基底的馅料（如 p.608“经典填料：鼠尾草与香肠”）。若你有一堆宾客时，这就很值得一试，其扎实的内馅能起到隔热的作用，从而提升烹调品质，但要注意，这可能会大幅增加烹调时间，要多 1 个小时左右。或者，还是依靠温度计来衡量比较好。

问：我是那种连去门口取信件都爱戴着帽子的人，你有什么建议吗？

在上桌前在肋骨顶端放上个小巧可爱的纸帽子来遮住顶端焦掉的部分吧（或者，如果你愿意的话，也可以在烘烤时给猪排戴上用铝箔纸折成的小帽子来避免肋骨烧焦）。你可以在网上买到非常便宜的这类小帽子。我个人很喜欢烤焦的肋骨的自然原始风貌，喜欢到我将求婚戒指放在了野猪肋骨上送到我太太面前，很浪漫吧？

烤皇冠猪肋排

CROWN ROAST OF PORK

笔记：

提前一两天向肉贩订购皇冠猪排，准备每人一块半或是每人两块（如果你想有剩下的菜）的分量。蒜泥或是切碎的香料可随着盐和黑胡椒碎一起加入。为了避免肋骨顶端烧焦，可以放上一小块铝箔纸。

10~16 人份

2.7~4.5 千克（6~10 磅）的皇冠猪肋排 1 块（有 12~20 块，见上文“笔记”）

犹太盐和现磨黑胡椒碎各适量

焦糖苹果酱适量（食谱见下文，可选）

1. 将烤架调整至中间位置，预热烤箱至 121.1 ℃（250 ℉）。在猪排表面尽情地抹上盐和黑胡椒碎，再将其置于架在平底烤盘上的网架上，入烤箱烤约两个小时，烤到用温度计测得猪排内部温度达到 60℃（140 ℉）。将猪排移出烤箱，包上铝箔纸静置至少 15 分钟，至多 45 分钟。
2. 在猪排静置的同时将烤箱温度调高至 260℃（500 ℉）。将猪排放回烤箱烤约 10 分钟，烤到外皮酥脆棕化。将猪排从烤箱里拿出，盖上铝箔纸，静置 15 分钟。
3. 将猪排沿着肋骨间隙切开，可依喜好淋上苹果酱。

焦糖苹果酱

CARAMELIZED APPLE SAUCE

猪肉和苹果，绝配的程度有如小熊维尼和小猪，想象一下他们分开有多让人难受。普通的苹果酱是先熬煮苹果，再加一点儿黄油和柠檬汁，这样就够棒了。但我喜欢再加入少许的甜味和一点儿醒目的酸味。在熬苹果使其焦糖化的时候，加入一点儿红糖能制造些许苦味，让味道更丰富。再加入苹果酒和苹果醋，会让人回想起北卡罗来纳州东部的烤肉酱，那是我最爱的烤猪肉酱。

约 $1\frac{1}{2}$ 杯

史密斯奶奶青苹果 4 个，削皮去核，切片

红糖 1/4 杯

无盐黄油 2 大勺

苹果醋 2 大勺

苹果酒 2 大勺

犹太盐和现磨黑胡椒碎各适量

1. 将苹果切片后和红糖一起放入小碗中拌匀，备用。
2. 在口径 30.5 厘米（12 英寸）的不粘锅或不锈钢平底锅中用中大火加热黄油，直到泡沫消失。加入步骤 1 的苹果片拌炒约 5 分钟，直到其焦糖化并软化。加进苹果醋和苹果酒炖煮并适时搅拌约 5 分钟，直到苹果碎开，且酱汁变得浓稠，再依喜好以盐和黑胡椒碎调味。

蜜汁猪里脊肉

在繁忙的工作日，一个锅就能搞定的料理，真是大大的恩典。

又或者在周末，你想多花半个小时和狗玩耍而不是洗碗时，这道料理就更让人喜欢了。这道猪里脊肉的食谱可供 6 个人食用，而且大概花半个小时就能准备好，且只需要一个平底锅和几个搅拌碗就能做好。

猪里脊肉片要做好很难。里脊很瘦，所以导热很快，一不注意肉质就会从多汁直接变得干柴。我是那种会对冲投注、给自己最好赔率的人。我永远不会在烹调前先将里脊肉切片，那是直达“煮过头”的危险道路。如果你吃过这种里脊肉的话，你就会知道，它吃起来就像“破碎的梦想和独角兽的眼泪”，这一点儿都不好玩。

最万无一失的办法，就是将整条里脊肉一起加热，在上桌前再切。这种超软嫩又特别小的肉块，采用慢烤后再用高温烤箱烤的方法是行不通的，就算是最短暂的高温烘烤都会让其内部过熟，所以我们必须选择更有效的棕化方法，就是将其先在平底锅里煎，然后再放进高温烤箱中烤。为了要让里脊肉表面的棕化面积最大化，我会先撒上玉米淀粉。玉米淀粉本身很容易棕化，但更重要的是，它能够吸收里脊肉表面多余的水分，让烹调更有效率。在加热时，玉米淀粉还会在里脊肉表面形成完美的表层，让蜜汁完美黏附，就像车子在打上底漆后再上涂料。

我对这个蜜汁的处理方法介于蜜汁和锅底酱之间：在煎完里脊肉的锅里，我倒入做蜜汁的材料，利用它们从锅底刮起棕色的物质。这些棕色的物质极有风味，而当我把里脊肉放回锅中煎，再放进烤箱烤时，就用汤勺在里脊肉上淋上蜜汁，这样就可以把原本属于猪肉的味道再放回猪肉的表面。

杏蜜烤里脊肉 佐西梅干无花果
APRICOT-GLAZED ROAST PORK TENDERLOIN WITH PRUNES AND FIGS

6 人份

无花果干 1/4 杯，切成 4 等份
西梅干 1/4 杯，对半切开
白兰地 1/4 杯
杏子蜜饯 1/2 杯
红辣椒粉 1/2 小勺
每条约 680 克（$1\frac{1}{2}$磅）的猪里脊肉 2 条
犹太盐和现磨黑胡椒碎各适量
玉米淀粉 1/4 杯
植物油 2 大勺
巴萨米克醋 1 小勺
无盐黄油 2 大勺

1. 将烤架调整至中间位置，并将烤箱预热至 204.4℃（400 ℉）。在小碗中混合无花果干、西梅干、白兰地、杏子蜜饯和红辣椒粉，搅拌均匀，备用。
2. 用厨房纸巾将猪肉拍干，在其每一面都抹上盐和黑胡椒碎调味。向浅盘中倒进玉米淀粉，放入猪里脊肉，翻动猪里脊肉使其均匀地裹上淀粉。将猪里脊肉放在大盘中备用。
3. 在口径 30.5 厘米（12 英寸）的可进烤箱的不粘锅或铸铁平底锅中，用大火加热油至冒泡。放入猪里脊肉煎约 12 分钟（一开始肉可能放不下，但稍微把它弯曲一下就好了，加热后它会缩小），偶尔翻面，直到其每一面都呈棕色，再将其移至大盘中备用。（图 1—图 3）
4. 将蜜汁混合物放入平底锅中煮约 2 分钟，煮时刮下锅底的棕色物质。将猪里脊肉放回锅中，翻面，裹上蜜汁。（图 4）再将其移至烤箱中烤约 15 分钟，烤时每 4 分钟翻一次面，让猪里脊肉均匀地裹上酱汁，烤到猪里脊肉最厚的部分用快显温度计测得温度为 54.4℃（130 ℉），将其移至大盘中，静置 5 分钟。
5. 在静置的同时，将醋和黄油搅拌进蜜汁中。将肉切片，与蜜汁一同上桌。

烤腰里脊肉佐黄芥末与枫糖蜜汁

MAPLE-MUSTARD-GLAZED ROAST PORK TENDERLOIN

备料如上，但省略其中的无花果干、西梅干、杏子蜜饯、红辣椒粉和巴萨米克醋。混合 1/3 杯枫糖浆、两大勺芥末籽酱和白兰地，制成蜜汁。依以上步骤继续烹调，蜜汁最后以加黄油收尾，猪里脊肉切片后淋上蜜汁。

慢烤意大利脆皮猪肉卷

有没有人觉得，意大利脆皮猪肉卷（porchetta），这种意式慢烤、带着茴香味、内层多汁而外皮酥脆的猪肉，最近出现得越来越多了呢？

我不是在抱怨。对我来说，人生中有越多的慢烤猪肉越好。确实，我今年的目标就是让美国的每张餐桌上都有猪肉卷——也许有些可跨越国界。我就指望你们来完成我“美利坚猪肉合众国”的梦想了。

为何你应该考虑要以五花肉卷来装饰餐桌，以下为几点说明。

- **超好吃：**它很容易就能做得比火鸡肉好吃，几乎比牛肋排更美味，而且也有可能比羊腿肉更棒。
- **看起来超赞：**其他烤肉在餐桌中央也可能看起来会很威风，但没有哪种肉可以像它这样有几何学上的完美品相，又这么好切，又有令人屏住呼吸的脆皮。身为一位比例匀称的数学家之夫，几何上的对称是我常常思考，并觉得在美学上很让人愉悦的东西。这里指的是，这种形状很容易加热均匀，不会有让人尴尬的加热过度的薄区域或是很难熟的厚区域等。
- **可以帮助避免纷争：**节日可能会为整个家庭带来一些麻烦，尤其是大家为了焦一点儿的肉或嫩一点儿的肉，或是谁可以啃肋排骨头这种事吵翻天的时候。猪肉卷的每一小片都一模一样地完美。
- **非常宽容：**如果不小心把红肉或是家禽肉烤过头，肉质就会干到你不如直接把废纸桶淋上肉汁端上桌给客人算了。但是将猪肉卷烤过头的话……等一下，对了，你根本就没办法将猪肉卷烤过头。在烤箱里面多放一两个小时？完全不必担心，吃起来还是会很棒的。
- **一点儿都不贵：**在美国，买大概500克五花肉会花你10美元，这是在高级肉店的价钱。你更有可能找到的是500克只要四五美元的肉。这只是大理石纹完美的牛肋排四分之一的价钱。想要将熟成牛肋排端上桌吗？你一定得很有很有钱，才行。

“吃剩的猪肉卷做成的三明治真的棒透了”这句，其实不需要再多说了。

意大利脆皮猪肉卷是什么？

传统的猪肉卷是给连在一起的去骨腰肉和无骨五花肉的表面仔细抹上盐，撒上大蒜、香草、含有许多茴香和黑胡椒的综合香料，以及碎红椒、柠檬皮、迷迭香、鼠尾草，还有其他有着松香的香料做成的。你当然可以依个人

喜好来调整食材。

仔细地将这两个部分的肉卷起来时，你就会得到一块完美的圆柱形烤肉——多汁的五花肉围绕着较瘦的猪腰肉，最外面还有一层皮。猪肉卷静置时，盐会慢慢渗进肉里分解肌球蛋白并改变其结构，使其能够更多地保留肉汁，进而赋予猪肉卷更有弹性的口感（像香肠或火腿，而不是皮球）。在后续烘烤时，较肥的五花肉有丰富的肉汁和结缔组织，它围在外层可保持内部的瘦肉湿润。

但我们都知道，烹饪其实不是那么一回事。就算用全世界的脂肪包着一块又瘦又结实的猪腰肉，在将它加热到65.6℃（150 ℉）以上时，它也无法保持肉质湿润。事实上，我吃过许多的猪肉卷，它们中心都很干，正是因为这个原因。但五花肉有着丰富的结缔组织以及大量的脂肪，至少要将它们在71.1℃（160 ℉）的温度下烘烤若干小时，才能让这些结缔组织慢慢分解、脂肪部分软化。

腰肉必须保持在65.6℃（150 ℉）以下，而五花肉必须达到71.1℃（160 ℉）以上。你可以看到问题出在哪里了。那为何传统食谱中要同时用腰肉和五花肉呢？我猜测，当人们发明猪肉卷时，猪还没被养出现代猪这样有又大又瘦的腰肉。那时的猪腰肉和五花肉并没有太大差别，两者都有不少脂肪和结缔组织，就算以高温烘烤，它们也都会很美味。现代的我们需要更好的解决办法，而这里就有一个，就是舍弃腰肉，直接以整块五花肉去制作猪肉卷。

我们都知道，五花肉成就了伟大的培根。五花肉是猪肉之王，而猪肉是肉类之王，肉类则是宇宙的主宰。这样一来，吃五花肉卷是在吃一大片调味的、香酥脆的东西，就会像希曼⑨一样拥有力量，你知道我的意思。

要找到一块完整的五花肉应该不会太难。你要找的是完全无骨的带皮的五花肉，还要连着肋排肉，重量应该在5.4~6.8千克（12~15磅）。你的肉贩应该可以帮你留一块，或者若你住在唐人街附近，那就去附近的肉店走走，他们很有可能一直卖五花肉。

只要买得到五花肉，其他的事情都是小菜一碟，只要给自己足够的时间执行即可。组装猪肉卷应该不会花超过1个小时，一旦组装完成后就能把它用保鲜膜包起来，再放进冰箱保存3天。当然你买的肉要够新鲜。盐会在猪肉卷中产生作用，所以随着时间推移，猪肉卷会越来越美味。

⑨希曼，He-Man，动画片《宇宙的巨人希曼》的主人公，咒语“赐予我力量吧，我是希曼”。

意大利脆皮烤五花肉卷 佐猪油香烤马铃薯

ALL-BELLY PORCHETTA WITH PORK-FAT-ROASTED POTATOES

笔记：

香草和香料可以依喜好调整。我觉得最简单的就是用一整块五花肉。但如果你想要小一点儿的猪肉卷，可以在烤前将肉对半切开，把另一半生肉用铝箔纸和保鲜膜包紧，直接放入冷冻室冷冻，应该可以保存数月。在要用的前一晚将肉放入冰箱冷藏室解冻后跟着步骤做就行了。猪肉卷不需要马铃薯也可以烤，但记得将烘烤时多余的油脂留下来，之后可以用来烤马铃薯。

12~15 人份

- 5.4~6.8 千克（12~15 磅）的无骨带皮的五花肉一整块
- 黑胡椒粒 2 大勺，炒过，磨碎，见 p.655 的步骤 2 和步骤 3
- 茴香籽 3 大勺，炒过，磨碎
- 意大利辣椒（或红椒片）1 大勺（可选）
- 切很碎的新鲜迷迭香（或鼠尾草、百里香）3 大勺
- 中型蒜瓣 12 瓣，切碎或用刨刀磨泥（约 1/4 杯）
- 1 个柠檬或橙子上擦出来的皮屑（可选）
- 犹太盐和现磨黑胡椒碎各适量
- 泡打粉 2 小勺
- 褐皮（烘烤用）或育空黄金马铃薯 2.3 千克（5 磅）

1. 依照p.655的步骤，将五花肉用黑胡椒粒、茴香籽、意大利辣椒、迷迭香、蒜末、柠檬皮屑（可选）和盐调味后卷成猪肉卷，抹上泡打粉和更多的盐。若猪肉卷太大、太笨重，就用锋利的主厨刀小心地将其对半切开。用保鲜膜将猪肉卷包紧，冷藏至少一夜，至多 3 天。依你喜好，可以将另一半的猪肉卷冷冻，以备之后使用（见上文“笔记”）。
2. 将烤架调整至中下位置，并预热烤箱至 148.9℃（300 ℉）。将猪肉卷放在底下有深烤盘的 V 形烤架上（若要同时烤两个半卷，可以将其放在架在平底烤盘上的烤网上）入烤箱烤约两个小时，偶尔给肉卷淋上滴下来的肉汁，烤到猪肉卷中心温度达到约 71.1℃（160 ℉）。
3. 烤肉卷的同时，将马铃薯切成约 5.1 厘米（2 英寸）见方的块状，再放入大型铸铁汤锅中，加冷水将其淹没，放两大勺盐，用大火煮沸后转小火，煮约 10 分钟到马铃薯稍微软化。将马铃薯捞出沥干，移至大碗中备用。
4. 猪肉卷的中心温度达到 71.1℃（160 ℉）时，用隔热垫将烤架拿起，放旁边备用。将烤盘里的肉汁淋在马铃薯上，用盐和黑胡椒碎调味后搅拌均匀。若用的是深烤盘，就把马铃薯放在盘底，再放在 V 形烤架上，送回烤箱。若用的是浅框烤盘，再另外拿一个烤盘平铺上马铃薯，并将猪肉卷放回第一个烤盘，将马铃薯烤盘放在猪肉卷烤盘下方一起送进烤箱。
5. 继续烘烤约两个小时，烤时每 45 分钟左右将马铃薯翻一次面，烤到用小刀或牙签可顺利插入猪肉卷内（没有表皮以外的阻力）。
6. 将烤箱温度调高至 260℃（500 ℉）再烤 20~30 分钟，烤至猪肉表皮酥脆起泡、马铃薯酥脆金黄。将猪肉卷移出烤箱，包上铝箔纸，静置至少 15 分钟。
7. 用有锯齿的刀将肉卷切成 2.5 厘米（1 英寸）厚的圆片，和烤脆的马铃薯一起上桌。猪肉卷也可以放至室温再上桌。

| 专栏 | 逐步教学：如何卷猪肉

1. 摊开

准备好所有材料，然后让自己有足够空间来操作。当你有一大块猪肉需要处理，还有一把在砧板边缘滑动的刀时，拥挤的工作台是最让人泄气的事了。通常，我会把咖啡桌或是餐桌清出一大块空间来用。

2. 干炒香料

炒过的黑胡椒粒和茴香籽会让猪肉的味道更有层次。香料中的化合物会产生一连串反应，因为干锅中的热能会使其分解后重组。香料要用中大火干炒，并不断翻炒，直到微焦并产生香气。

3. 磨碎香料

如果你有日式研磨钵和杵，那就拿来用吧。理想的颗粒要粗一些，别磨成粉，后者是一般的研磨钵和杵会带来的效果。你也可以用研磨机打几下，甚至用食物料理机也可以。

4. 在肉表面划刀

五花肉很厚，花上几周时间，盐和香料才可深入渗透至肉内部（如培根与意式培根）。可是我们没有那么多时间，所以必须加速腌制过程——让猪肉皮朝下，用锋利的刀在肉上划上深深的刻纹。

5. 双向的菱格刀痕

以交叉的方式划成菱格般的刀痕有助于入味。

6. 混合湿润的香料

意大利辣椒有点贵，但我每次一用它们心情就会很好。当然你也可用普通红椒片，若不想要加辣也可不用。将香料切细，将大蒜用刨刀磨碎（这是我喜欢的方式）或手工切碎，喜欢的话也可以加一些现磨柠檬皮或橙子皮。

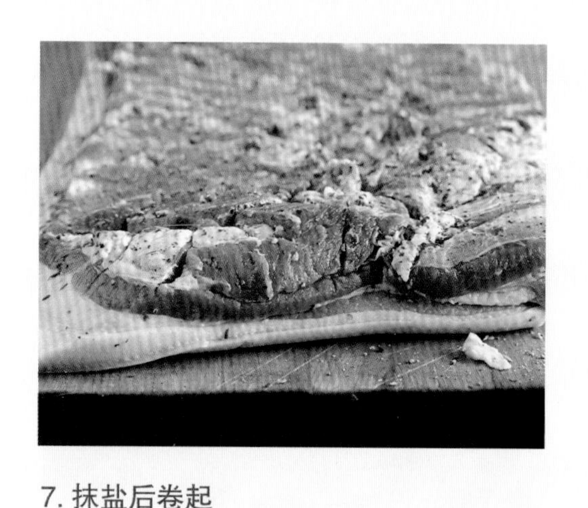

7. 抹盐后卷起

尽情地均匀地撒上一层盐，然后撒上剩下的香料，搓揉进肉的缝隙中。将猪肉纵向地卷起来（若是一块完整的五花肉，可能正好够肉首尾相连，若不能相连也别担心，不会有影响）。

8. 绑紧

如果你是一个讲究的人，可以用很长一根棉线缠绕整个猪肉卷，并打上专业的屠夫结，但我们这种普通人，打两个死结就好了。最简单的方法是将几根几十厘米长的棉线平行排在砧板上，彼此间隔 2.5 厘米（1 英寸），放上猪肉卷。从两端往中间将棉线依次绑好，将猪肉卷绑得越紧越好。

9. 准备就绪

你应该会得到一个匀称的圆柱体，但对烤箱来说，它可能过长了（除非你很睿智地选了一块小一点儿的五花肉）。我们等等再处理这个问题，先看看棉线在外皮造成的压痕，这些痕迹在待会儿分配和切猪肉卷的时候很有帮助。

10. 加入泡打粉

这招是我向我太太在哥伦比亚的阿姨学的。那里的人会先给五花肉抹上小苏打和盐，提高肉的酸碱度，也让部分蛋白质更容易分解，这样做最后五花肉就会有酥脆的外皮。我发现用纯苏打粉会有微微的皂碱味，但换成弱碱性的泡打粉后就很成功。我会把泡打粉和犹太盐以 1 ： 3 的比例混合后再抹在猪肉表面。

11. 对切

如果想要一次烤整个猪肉卷，将猪肉对切成两等份会较好处理（以锋利的主厨刀或切肉刀直接一刀切下才会好看，而不是用锯的）。接着用保鲜膜包紧猪肉卷并至少冷藏一晚，给泡打粉和盐一点儿时间来施展魔法（当然，如果你急着想要把猪肉放进嘴里的话，也可省略这个步骤）。

12. 准备烘烤

一切都准备好时，将烤箱预热至 148.9℃（300 ℉），并调整烤架至烤箱中下层。从冰箱里拿出猪肉卷。你可以将它们并排放在架了烤网的平底烤盘上烤，或是用烤盘先烤半块，将另一半先冷冻。由于脂肪含量高，五花肉可以冷冻得很好，但要确认猪肉卷有先用铝箔纸和保鲜膜包住，最好可以用真空袋密封住，避免冻伤。

有关食物的一切都是客观存在的，唯独品尝食物是主观的。

——奥尔顿·布朗（Alton Brown）

第 7 章

意式红酱、通心粉

——意大利面的料理科学

图片提供 熊也·saya

我太太和我们的门房欧文真是赚到了——什么都不用做。

每天都有热腾腾的现做料理送到嘴边。当然，也就是说如果我整个月都在试做炸鸡食谱，他们就要吃一个月的炸鸡，那他们也得心满意足、心存感激地享用。总而言之，他们还是办到了。

因此，你就能想象当有一天我走进厨房，看到我太太在下厨时我有多惊讶，让我更惊讶的是她居然在煮意大利面——用着家里最小的锅，锅里的水微微沸腾。水量勉强盖过面条，而她不断地搅动以便将面条浸入水中。

“你不能这样！”我惊恐地大喊，“我可爱的太太，看来你没怎么煮过意大利面。只有用加满沸水的大锅煮，面条才不会粘连在一起，否则水里的淀粉含量会太高，导致面煮得不均匀，最终变得又黏又糊。这样只会制造出 9 种烹饪意大利面的噩梦，并且一个比一个糟糕。经科学验证：这样做，只会形成一坨难以入口又黏糊糊的面团。”

“是吗？”她转身回到锅前只说了这句话。不用多说，我太太是对的：她煮好的意大利面还不错（虽然我试吃一小口后就拒绝再吃，还引用了时空连续体的潜在悖论作为借口）。然而，她的方法的确有先例。

就连哈洛德·马基于 2009 年在《纽约时报》的文章中，都提到用小锅煮意大利面的方法。所以到底什么才是煮意大利面、调制酱汁和上桌的最好方式？本章将讨论这些问题，并探讨我称之为美国意式料理的 5 种基础的“母酱”：大蒜与橄榄油酱（olive oil and garlic sauces）、番茄红酱（tomato sauces）、青酱（pesto）、白酱（cream sauces）和肉酱（meat ragù），以这 5 种酱汁为基础可以做出无数种变化酱汁。

但首先，到底什么是意大利面？

料理实验室指南：如何煮意大利面

意大利面的传统

简而言之，意大利面是以面粉加水制成面团，塑形后，以沸水煮熟的面条。面类食品，最早始于公元前两百年的中国。从 9 世纪开始面食传入中东地区，从 11 世纪开始传入欧洲。意大利面有着悠久的、令人困惑的历史（不过，我们几乎确定马可·波罗在意大利面的故事里就是个虚构的角色）。历史是历史学家的王国，而非厨师的领地。

那为什么我还要提这些事？只是为了说明我太太的做法是错误的时候，是多么无知。事实上，你可能听过各路人马的各种说法：有人自称是马可·波罗的后代，或是教宗御用的制面师傅。“永远只用新鲜的意大利面，而非干燥的”“千万不要加太多酱汁”“煮面水里不要放油”或是“水沸之后再加盐”，这些做法普遍是基于传统的。猜猜如何？你根本无须听从那些说法。用大锅盐水，花几分钟煮意大利面是相对现代的做法。不过，以前的意大利面食谱煮面是要花好几个小时而非几分钟。而根据马基的说法，“al dente”[1]这种让意大利面柔韧而又有嚼劲的做法，其实是在第一次世界大战后才出现的，那这到底算哪门子的传统？

由于意大利面复杂又多元的背景，我认为用你觉得最好的方式煮意大利面就行了（假如你的奶奶是意大利人，千万别跟她说这些）。

现在的意大利面有两种最基本的形式——新鲜的和干燥的。

新鲜意大利面是以小麦粉和蛋制成的，在意大利北部比较常见。鸡蛋能增加意大利面的浓郁度、色泽和口感，使意大利面能随着烹煮变得既软韧又有弹性。做法是将面粉和蛋制成结实的面团，然后用两个滚筒来回压，使面团变得越来越薄，再切成理想的面条形状。制

[1] al dente，专指意大利面煮到较有嚼劲而弹牙的一种状态。——校注

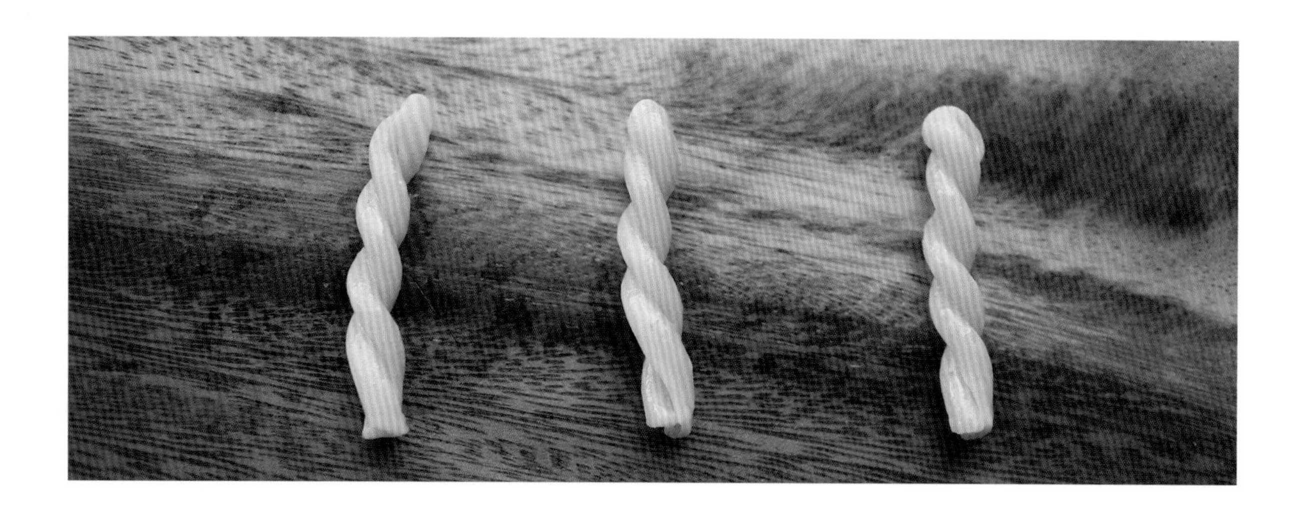

作新鲜意大利面需要时间和特定的工具，因此本书不会描述太多。相反，本书着重讲干燥的意大利面。

干燥意大利面源于意大利南部地区，普遍以杜兰小麦粉和水制成。

杜兰小麦是一种富含蛋白质的小麦，用它制成的面团结实，具有韧性且能维持形状。这种特性很适合需要不断折叠或挤压成形的意大利面。要做出各种形状的干燥意大利面，应先将扎实的面团放入机器，压进金属模具成形后，再切成较短的长度。

品质好的干燥意大利面会有特殊的小麦香和粗糙外表，这非常重要，因为粗糙的表面更容易吸附酱汁。在美国超市常见的大品牌中，我比较喜欢百味来（Barilla）意大利面。如果有可能，我会去意大利超市购买进口的高品质小批量生产的意大利面。这种面的优势在哪里？平价、生产量大的品牌使用特氟龙涂层的模具以加快生产速度。这样的模具让意大利面有着顺滑的表面。而传统的黄铜模具则以较缓慢的速度将面条挤压成形，因而形成比较粗糙的表面。所以在购买干燥意大利面时，可以比较一下面条质地，挑选面条表面最粗糙的品牌。

煮意大利面为什么要加盐

如果我们遵循传统智慧，就要先煮沸一大锅盐水，再下意大利面煮。这其中的原因是什么？有 4 个较常被引用的原因。

- **原因 1：大量的水能储存较多热能。**放入意大利面后，水温不会剧烈下降，因此水能更快回到沸腾状态。
- **原因 2：大量沸腾的水能帮助面条在锅中滚动，避免黏在一起。**
- **原因 3：水量太少，煮面的水会变得很稠，导致沥干后的面条黏黏的。**
- **原因 4：奶奶就是这样煮意大利面的。**

现在，让我们分别讨论这些原因，看看是不是真的如此。

批判原因 1

为了实验，我准备了 3 锅容量分别为 5.7 升（6 夸脱）、2.85 升（3 夸脱）与 1.43 升（1.5 夸脱）的水。每锅水煮沸后放入意大利面，然后等待水再次沸腾。3 锅水在几秒内就相继再次沸腾了。然而，2.85 升（3 夸脱）的小锅水比 5.7 升（6 夸脱）的那锅更快再次沸腾——这和上面所说的情况完全相反。到底怎么回事？

为了解决这个谜团，我们必须先了解一锅沸水的状态和热能的输出与输入。想象两锅水摆在同样的炉子上。一锅是 7.6 升（2 加仑）的沸水，另一锅则是 1.9 升（2 夸脱）。热能输入很简单：下方炉火持续提供热能。只要将炉火同样调整为大火，传输到水中的能量多少是固定的。那能量耗损呢？没错，这也在同时发生。首先，热能从锅的边缘和水的表面散失到环境中。损耗的热能与锅和水的表面积以及温度成正比。由于水的温度持续保持在 100℃（212 ℉），而锅的大小也不会突然改变（想必是这样），这两者都是固定的。其次，另一个能量耗损的途径是蒸发热——水由液态转化成气态所需的能量。两锅水都是沸腾状态，热能输入与输出的差异则由把水加热到沸腾的能量来补偿。

现在，将室温下的意大利面放入锅里会发生什么事？水温会立刻降低，而降低的温度则与总体积成反比。锅里水量越多，温度变化越小。454 克（1 磅）的意大利面放入 7.6 升（2 加仑）沸水里，温度只会下降 1~2℃，而 454 克（1 磅）的意大利面放入 1.9 升（2 夸脱）的沸水里，下降的温度则是它的 4 倍（因为 7.6 升是 1.9 升的 4 倍）。

哈！你一定会想，原因 1 是正确的。水量越少代表温度下降越多，代表必须加热更久才会再次沸腾。

表面上看，这合乎逻辑。然而，问题是让 7.6 升（2 加仑）的水上升 2℃所需要的能量，比 1.9 升（2 夸脱）的水上升 2℃所需的能量要多。多了多少？事实上，也刚好是 4 倍。而且，因为小锅的水下降的温度也是大锅的水下降温度的 4 倍，所以两锅水会在同一时间回到沸腾的状态。

比较简单的说法就是：如果将意大利面加热至 100℃（212 ℉），再放入沸水中，不论初始水量多少，水温完全不会下降也不会消耗既有的热能。因此，不论锅的大小，唯一会影响这个系统的能量就是加热 454 克（1 磅）意大利面至 100℃（212 ℉）所需的能量。朋友们，这是固定的。

因此，让我们挥别原因 1 吧！

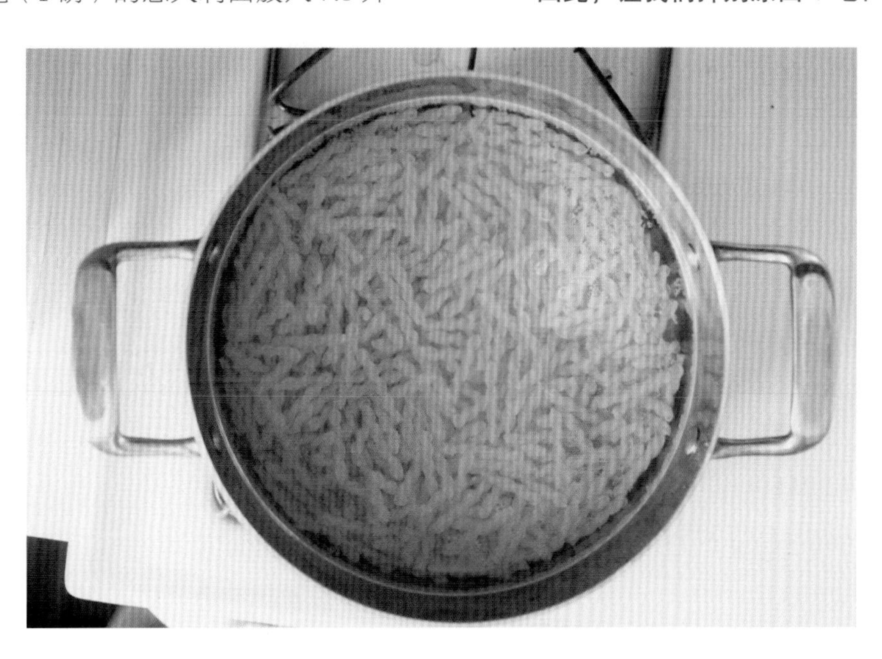

批判原因 2

意大利面下锅后，完全不管它们，确实会让面条黏在一起。但是，你知道吗？就算将意大利面放在一大锅沸水里，面条还是会黏住。

问题出在意大利面上多余的淀粉一下锅就立刻吸水、彼此粘连。因此，只要将淀粉冲掉、稀释，或是煮到面条定形，问题就解决了。

关键在于在意大利面下锅后的 1~2 分钟里，多搅拌几次，直到外层完全煮熟。这样能去除多余的淀粉，避免面条粘连。如此一来，不论意大利面是泡在热水池里游来游去，还是挤在一起勉强让水浸没，都不会有粘连的问题。

你正哭喊着“不可能”吗？那就动手试试看！

好，再会了原因 2！

批判原因 3

我曾在一家以意大利面闻名的餐厅工作过很多年，在那里一天要煮几十份，甚至几百份的意大利面。就一天来说，那是超级多的意大利面。餐厅厨房用大型六槽煮面台来煮所有的面。它能容纳 57 升（15 加仑）的水并维持水沸腾。在我早上刚上班时，槽里的煮面水还算清澈。但是，时间越来越长，水也变得越来越混浊。到晚上闭店时，煮面水混浊得几乎不透光。

这混浊又充满淀粉的煮面水正是厨师的秘密武器。煮面水含有淀粉颗粒和水，与玉米粉浆（用来勾芡、增稠酱汁的东西）的成分完全相同。除增稠酱汁以外，淀粉还可以当作乳化剂，它能在物理层面上阻挡脂肪分子，避免它们堆积聚集。

只要加一点儿煮面水，就能让大蒜橄榄油酱（aglio e olio）或黑胡椒奶酪酱（cacio e pepe）等以油为基底的酱汁，乳化成爽口又顺滑的酱汁，也更容易粘附在意大利面上，让料理更加美味可口。

煮面水就像意大利面界的外交官，是个能让酱汁和面条好好相处的厉害角色。当然，这代表走进任何供应大量意大利面的餐厅，你去的时间越晚，酱汁就能拥有越好的浓稠度！

用小锅煮意大利面后，留下的煮面水（左）含有较多淀粉。

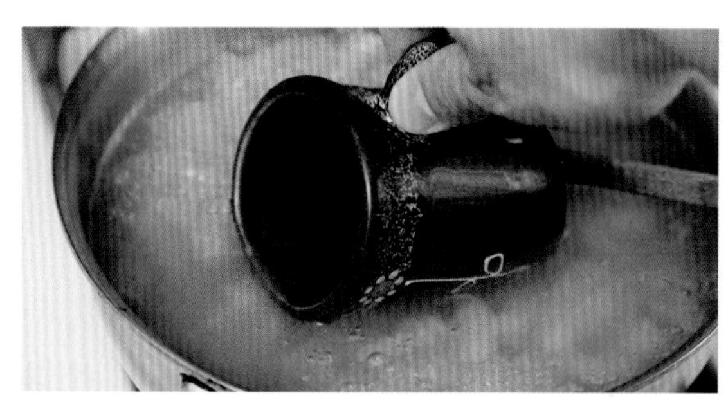

富含淀粉的煮面水能让酱汁的质地更好，也能让酱汁更容易附着在面条上。

按照这个逻辑，烹调目标就是让煮面水中的淀粉含量越多越好，它能让酱汁更有效地粘附在面条上。我比较了一下用 1.43 升（1.5 夸脱）和 2.85 升（3 夸脱）的锅煮意大利面时沥出的煮面水。你注意到左边的煮面水比右边的煮面水混浊得多吗（见上图）？“全是为了要和你结合得更紧密，亲爱的！（All the better to bind you with, my dear！）[②]” 恰巧就在我太太走进厨房时，我大声地说出了这句话。只是她拒绝和我一起试味道。煮好酱汁并将其与面拌匀后比较两者：以较少水量煮出的意大利面，其酱汁有着较完美的质地，并且与酱汁结合得更好。

原因 3 揭露完毕！

批判原因 4

生活中很少有机会让我很高兴。虽然我没有一位意大利祖母，但试着要去和这样一个人解释少量水煮意面绝对会是乐事之一。

我现在对自己能够毫无顾虑地用少量的水煮意大利面感到十分满意，所以我决定试着将这个方法发挥到极致。煮意大利面时，一旦温度达到 82.2℃（180 ℉）左右，蛋白质就会开始变性，淀粉快速地吸水。那么，煮面时有必要一直保持沸腾吗？我将水倒入一锅斜管通心粉内，并浸没面几厘米高（给面条吸水膨胀留出空间），加点盐后放到炉子上加热。煮沸后搅拌一次，确认面条没有彼此粘连或粘锅后，盖上锅盖马上关火。

我必须承认连我自己都有点怀疑这个方法。不用沸水煮意大利面？如果成功了，我永远不会再用其他方式煮意大利面。至少，每个月我都可以省下几毛钱的煤气费。我就再也不是……锱铢必较的“斜管通心粉”吝啬鬼（penne pincher）[③]。

计时器响起，我打开锅盖查看。到目前为止很不错，意大利面看来都熟了。试吃一口，面体柔韧有弹性。成功！这回合我太太赢得胜利（让她来“试试”改变我做汉堡的方式）。如果很想节省能源和时间，可以这样做：在锅里先放一半的水和全部面条，在等待水沸腾的同时，用电热水壶加热剩下一半的水。将电热水壶里的沸水倒入锅里。接着，只需要搅拌、上盖、等待。这才是好好利用面条的方式！

几个小提醒——

- **新鲜意大利面不适用这种煮法：**这是因为新鲜的鸡蛋意大利面非常容易吸水，在鸡蛋里的蛋白质受热并开始定型前，没有任何面体结构。
- **煮长形面条必须使用深锅：**烹煮时，一定要有足够的水能完全盖过面条。所以，煮直条形意大利面或宽面，还是需要用大深锅（或将面条折成两半）。
- **为煮面水调味：**有些人声称盐能提高水的沸点，能更快煮熟面条。别相信他们，这大概只有 0.3℃（0.5 ℉）左右的差异，几乎可以忽略不计。部分原因就如我们前面所知道的，煮面根本都不需要沸腾的水。必须加盐的原因是为了让面条更美味。

---

② 这句话源自童话故事《小红帽与大灰狼》中，大灰狼假扮外婆的台词。——译注

③ penne 与 penny（一分钱）同音，意指很计较一点点小钱。——译注

| 专栏 | 永不沸腾的一大锅水

想让用大锅煮面的忠实拥护者崩溃？那就告诉他们：太大锅的水会比小锅的水花更长的时间才沸腾。为什么？因为锅越大，表面积就越大，能量损耗就越多。而任何损耗掉的能量必须通过炉火供能加以补偿，也就是说，炉火留给加热水的能量就较少。事实上，使用过大的锅的话，能量流失会大到炉火根本无法及时补偿，以至于水会永远无法沸腾。

煮面水里该放油吗？

有些料理书建议在煮意大利面时，往水里加一点儿油以避免面条粘连。很不幸的是这不是真的！油只会浮在水的表面，怎么可能避免面条粘连？试试看，不管加了多少油，锅底部的面条的状态还是一样的。

油的作用其实是避免沸水冒出来。煮意大利面时，面条释放越来越多的淀粉到煮面水里，增加水的黏稠度而形成更多结实的泡泡，泡泡彼此往上堆叠，就像小艇一样，浮出水面，往外溢出。油能破坏水的表面张力，避免泡泡形成。当然，如果用我们刚刚学到的免沸煮面技巧，那么倒油是毫无意义的，永远都不需要再倒油。

在沥干意大利面之后，拌点油呢？这是坏主意！没错，拌油确实能避免面条在和酱汁拌匀前粘在一起。但你知道吗？这也会阻碍酱汁附着在面条上。

关于混合酱汁和意大利面，最重要的是确认酱汁已经准备好了。面条一沥干（保留一点儿煮面水）就马上移到酱汁锅里均匀搅拌，然后加入适量的煮面水调整浓度。

料理实验室指南：
美式意大利面酱

没有酱汁的意大利面就像电影《独行侠》（*The Lone Ranger*）中没有伙伴汤头（Tonto）的独行侠、没有瓦尼利（Vanilli）的米利瓦尼利合唱团（Milli Uanilli）、没有路易吉（Luigi）的马力奥游戏（Mario）、《星球大战》里的R2–D2没有……你懂我的意思。

你们都听过法式料理中所谓的“母酱”（mother sauces），对吧？在20世纪早期，奥古斯特·埃斯科菲耶，这位现代法式料理之“祖父”[④]将所有法式酱汁分为五大类：贝夏梅酱（béchamel，用淀粉增稠的牛奶）、褐酱（espagnole，棕色的小牛高汤）、白酱（velouté，浓稠的白色高汤）、荷兰酱（hollandaise，乳化的蛋黄与黄油）和番茄酱（tomate，以番茄为基底）。他的理念是一旦学会调制这5种基本酱汁，就能衍生出上百种组合。举例来说，莫尔奈奶酪白酱（sauce mornay）就是由贝夏梅酱加上奶酪制成；波尔多红酒酱（Sauce Bordelaise）则由褐酱加上浓缩了的红酒和骨髓制成；伯那西酱汁（Béarnaise，见p.311）就是荷兰酱加上浓缩了的白葡萄酒、红葱头和龙蒿（见p.312）。诸如此类。

这几年来，我发现在家烹调美式（和纯正意式）的意大利面也有5种基础酱汁。就如同法式母酱，一旦学会制作这些基础酱汁的技巧，就能成功做出任何衍生的组合。

橄榄油、大蒜和一点儿煮面水就是最简单的意大利面酱汁。

这5种基础酱汁为：

- 大蒜橄榄油酱
- 番茄红酱（经典红酱）
- 青酱
- 白酱
- 肉酱（波隆那肉酱）

接着，我就来依次介绍这5种酱汁。

---

④就算你坚信马利安东尼·卡瑞蒙（Marie Antoine Carême）才是法式料理之祖，埃斯科菲耶（Escoffier）的地位至少也像是一位住在加拿大的严厉的叔叔。父母会在暑假把不乖的小孩送到他那里塑造一下性格。

一碗意大利面有 3 种不同的大蒜风味。

母酱 1：
大蒜橄榄油酱

大蒜橄榄油酱来自意大利阿布鲁佐（Abruzzo）地区。这道以橄榄油炒大蒜以及少许干辣椒片，再撒上少许荷兰芹制作而成的简单意大利酱，几乎能在任何一家美式意大利餐厅见到。这道酱是十几种常见酱汁变化的基础，像蛤蜊意大利面、春季时蔬意大利面和大虾意大利面（或者有些翻译有问题的菜单称之为海鳌大虾意面）均用到这一道基础酱。

大蒜橄榄油酱是最简单的酱汁，常用来搭配一般直条形意面。我个人则喜欢搭配较粗短的类型，像螺旋面（rotini）或猫耳朵面（orecchiette），它们能吸附较多酱汁。因为我是个大蒜橄榄油酱狂魔，所以这么选。你可以自由选用喜欢的面来搭配。酱汁美味好吃的关键在于使用高品质橄榄油（见 p.767“橄榄油全览”），并以 3 种方式处理蒜头。先将炒过的整瓣蒜瓣放入橄榄油里，以增添香甜的风味；再爆香薄蒜片，赋予成品强烈的蒜香；最后加入蒜泥，让蒜头的辛辣味串起整体风味。层层堆砌的风味能让单纯的蒜味更具深度。以此为基础，加一点儿干红辣椒片提升辣度，再切一把荷兰芹增添青草般的清新味。

至于如何让面条更有效率地吸附酱汁，就有点儿棘手。橄榄油的特性就是不易乳化，也就是不与水融合。一旦拌入意大利面就会得到表面浮着油却很稀的酱汁。

那又怎样呢？你可能会这么说。**所有的风味不都在里面？**大致上没错，味道都在酱汁里，但真正的问题在于油水分离的酱汁液体会因无法沾附在面条上而聚集在碗底，导致上层是干涩又淡而无味的意大利面，底部是一坨湿湿的意大利面。确实，这就和需要好好乳化的油醋汁一样重要。用没有乳化好的油醋汁拌出的沙拉，上层是毫无滋味的绿色蔬菜，而沙拉碗底则是一堆未融合的油和醋。

怎么办？很简单！只要用一点儿黄油就能解决这个问题。黄油的特性是只要加了水就很容易乳化。在这里，黄油就像有力的协调者，一手牵着橄榄油鼓励它加入，一边邀请煮面水里的淀粉来帮忙。

将大蒜（以 3 种方法处理的）、橄榄油和一点儿促进融合的黄油放在一起，就完成了大蒜橄榄油酱汁。它还能作为基础酱汁留作他用。

| 专栏 | 大蒜全览

就如同它们的表亲洋葱，大蒜也是全球运用最广泛的新鲜香料之一。只要牢牢记住几项准则，就能完美地运用大蒜。

购买与保存

超市里的大蒜有几种不同的形式：

- **整头大蒜**有最棒的风味和最长的保存期。挑选坚硬结实、重量重一点儿的。如果结构松散，则代表底部可能有坏掉的部分。高品质的新鲜大蒜置于干燥阴凉处至少能保存 1~2 个月。
- **去皮的蒜瓣**是个很好的选择，优点是使用方便，节省时间，或是像我一样喜欢拿来就用。去皮的蒜瓣一定要冷藏，但根据有些研究，冷藏也会让蒜瓣慢慢减弱风味。我虽然没有特别注意这点，但确定的是冷藏去皮蒜瓣的保鲜期是整头大蒜的一半，所以千万不要一次买太多。我用去皮蒜瓣是因为我很懒，想要在不影响品质的情况下少做一点儿事（你应该也是这样！）。若以密封容器保存去皮的蒜瓣，可以在冰箱中冷藏几周。
- **预切蒜末、蒜泥、蒜汁**以及类似的现成产品都是有点品味的人应该拒绝的。就像洋葱一样，大蒜中的芳香化合物是通过酶的化学反应形成的。一旦大蒜细胞破裂，这种反应就会发生。因此，为了拥有最佳风味，务必在加热前再切开大蒜。预切的蒜瓣无法保留蒜瓣风味的丰富度和新鲜度。
- **大蒜粉**是脱水后磨碎的大蒜。它不适合取代新鲜大蒜，但将其撒在比萨上或抹在烤肉上，会有种独特的风味。

如何处理大蒜

1

切片：以尖锐的主厨刀或日式三德刀，先切掉底部，再纵向切薄片。快速加热至金棕色的蒜片是最美味的。（图1）

2

拍碎：若要慢煮或让大蒜的香味渗进油里，则适合使用拍碎的大蒜。慢煮后的碎蒜瓣，既可以食用，也可以在其释放出风味后，将其丢弃。拍碎蒜头的方式是先将蒜瓣平放在砧板上，以主厨刀或剁肉刀的刀侧按压蒜瓣，或用小平底锅拍碎蒜瓣。（图2）

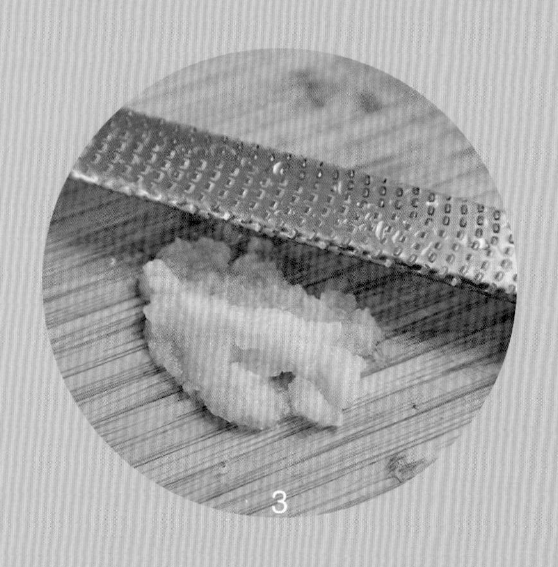

3

磨泥：蒜泥是本书以及大部分的食谱最常使用的形式。压蒜器可以快速地压出蒜泥。如果你常用一堆大蒜，那么压蒜器会是非常值得投资的工具。而且，可以用来加工未剥皮的大蒜：只要将大蒜丢进压蒜器往下挤压，蒜泥就会跑出来，而蒜皮则留在槽里。唯一的问题是这工具是个“单一任务执行者”（unitasker）[⑤]，也就是你没办法拿它做其他事。所以，我舍弃压蒜器，直接用 Microplane（一种刨刀品牌）刨刀刨碎。速度几乎一样快，既便于清理，又节省收纳空间。（图3）

⑤ 这个词是由无与伦比的奥尔顿·布朗（Alton Brown）发明的。

三种风味的大蒜

依烹饪方式不同，大蒜会产生十分不同的香气与风味。

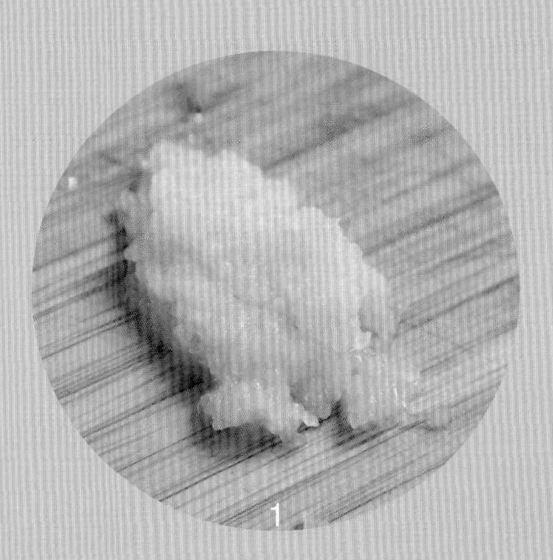

- **生大蒜**的香气强烈刺鼻，带有微微的呛辣味。少量使用比较好。适合加在油醋汁或青酱这类味道较重的酱汁里，因为蒜味能被其他食材稀释。也可以用在腌料里。在煎煮或烘烤时，大蒜还可以跟肉类一起煮熟。（图 1）

- **慢慢加热的大蒜**有着浓烈、类似焦糖化洋葱的甜味。大蒜会失去大部分的呛味，拥有炒过后甜美的香气。可以将整颗蒜头淋上一点儿橄榄油，放入低温烤箱烘烤。或是将单一蒜瓣压碎，慢慢用油拌炒直到油脂吸收大蒜香气。（图 2）

- **快速加热的大蒜**会失去最辛辣的那部分味道，但还是留有洋葱般的香气。若将大蒜煎焦，会有一点儿苦味，因此不要炒得太焦。（图 3）

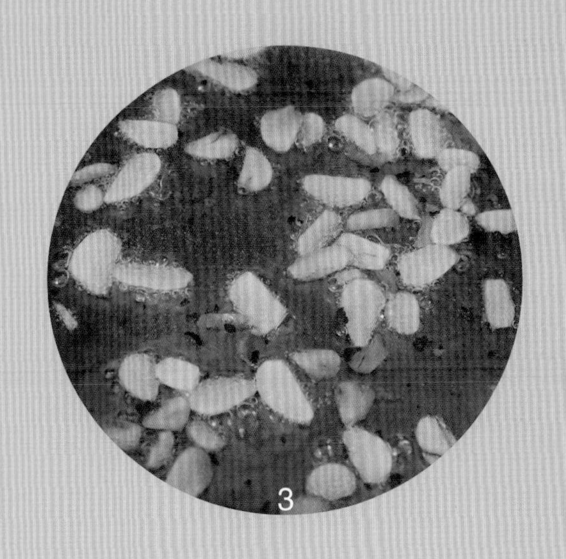

意大利面 佐橄榄油与三种大蒜

PASTA WITH OLIVE OIL AND THREE FLAVORS OF GARLIC

4~6 人份

特级初榨橄榄油 1/2 杯

中型蒜瓣 12 粒，4 粒拍碎并完整保留，4 粒切薄片，4 粒切细末或磨成泥

干辣椒片 1/4~1/2 小勺

无盐黄油 2 大勺

短螺旋或管状意大利面 454 克（1 磅），如双螺旋面（gemelli）、螺旋管面（cavatappi）或螺旋面

犹太盐适量

新鲜荷兰芹 2 大勺，切细末

帕玛森奶酪适量，磨碎，上菜用

1. 在 25.4 厘米（10 英寸）平底锅里，以中大火加热橄榄油与拍碎的蒜瓣直到煎出嘶嘶声。转为中小火炒至蒜瓣呈现金棕色，约 5 分钟。将蒜瓣捞起丢掉，留下橄榄油，转大火。放入蒜片、干辣椒片拌炒，直到蒜片呈浅金棕色，约 45 秒。加入蒜泥炒香，约 30 秒。离火后拌入黄油，备用。
2. 将意大利面放入大锅里，倒入热水浸没。放一大撮盐以大火煮滚，偶尔搅拌避免面条黏住。煮到面条变软但面心还有点儿硬（煮沸后依包装指示的烹煮时间减 1 分钟），捞起意大利面沥干并保留 1/2 杯的煮面水。将意大利面再倒回锅里，开中小火。
3. 将大蒜橄榄油酱汁淋至意大利面上，倒入一半存留的煮面水。搅拌至酱汁附着在面条上，约 2 分钟，依个人喜好加入煮面水调整浓度。拌入荷兰芹末，以盐调味，立即上桌。在桌上准备好帕玛森奶酪碎。

蒜香西蓝花意大利面 佐鳀鱼与培根

PASTA WITH GARLICKY BROCCOLI, ANCHOVIES, AND BACON

我喜欢让大蒜橄榄油酱汁附着并渗入西蓝花的花冠里，因为实在太喜欢，以至于常常想省略意大利面，再加入两倍（已经很多了）的西蓝花。但是，意大利面能提供一种对比的口感，也让烟熏培根、非常咸的鳀鱼和柠檬皮屑有空间和缝隙躲藏。

4~6 人份

犹太盐适量

西蓝花 454 克（1 磅），切成适口大小

培根或意式培根 113 克（4 盎司），切成 1.3 厘米（1/2 英寸）见方的小丁

特级初榨橄榄油 3 大勺

中型蒜瓣 12 粒，4 粒拍碎并完整保留，4 粒切薄片，4 粒切细末或磨成泥

鳀鱼 4 条，切细末

干辣椒片少许

无盐黄油 2 大勺

小型壳状意大利面 454 克（1 磅），如猫耳朵面或贝壳面

柠檬皮屑 2 小勺和柠檬汁 1 大勺（使用 1 个柠檬）

帕玛森奶酪 28 克（1 盎司），磨碎，可多准备一些上菜用

现磨黑胡椒碎适量

1. 煮沸一大锅盐水。放入西蓝花焯烫至变软，但仍有脆的口感，且呈鲜绿色，用时约 3 分钟。用细目滤网捞起，放在沙拉脱水器里冲冷水。分批放入沙拉脱水器脱水直到完全沥干后备用。
2. 直径 25.4 厘米（10 英寸）的平底锅里放入培根丁并倒入 1/2 杯水，以大火煮沸后转中火，适时搅拌直到水分蒸发、逼出培根油脂。倒入橄榄油，加入 4 粒拍碎的蒜瓣，炒至蒜瓣慢慢开始发出嘶嘶声，约 1 分钟。转中小火，炒到蒜瓣变为金棕色、培根酥脆，约 5 分钟。将蒜瓣捞起丢掉，锅里保留油脂和培根，转回大火。放入蒜片，拌炒至呈淡金色，约 45 秒。西蓝花下锅，偶尔翻炒至吸附蒜香培根橄榄油并开始变色，约 1 分钟。放入蒜泥、鳀鱼末、干辣椒片炒香，约 30 秒。离火后拌入黄油，备用。
3. 将意大利面放入大锅里，倒入热水淹过。放一大撮盐以大火煮沸，偶尔搅拌避免面条粘连。煮到面条变软但面心还有点儿硬（煮沸后依包装指示的烹煮时间减掉 1 分钟）。捞起意大利面沥干并保留 1/2 杯的煮面水。再将意大利面倒回锅里（剩下的煮面水倒掉），开中小火。
4. 放入西蓝花，以橡胶铲刮下平底锅底的大蒜酱汁。转大火，倒入一半存留的煮面水，搅拌至酱汁均匀附着在面条上，约 2 分钟，视情况加入煮面水将酱汁调整至喜欢的浓度。拌入柠檬皮屑、柠檬汁和奶酪碎，以适量盐和黑胡椒碎调味，即可上桌。在桌上准备好帕玛森奶酪碎。

蒜香时蔬意大利面

PASTA WITH GARLIC AND LOTS OF VEGETABLES

春天时，最适合做这道菜。当季时蔬青翠、鲜甜，又爽口，新鲜的芦笋更是没话说。芦笋的新鲜度就算只差一天，其甜度的差异也是很大的。这就是为什么冬天买到的芦笋（通常是从气候温暖的地区采收，再经过长途运送）永远无法像春天在农贸市场里买到的那样好吃。

当然，你只要了解这道菜的基本做法——焯烫后冷却蔬菜，制作大蒜橄榄油酱汁，在最后一刻才混合所有食材——接着就能即兴发挥，选用你喜欢的任何蔬菜。

4~6 人份

犹太盐适量

芦笋 227 克（8 盎司），修去尾端，切成 5.1 厘米（2 英寸）长的小段

中型西葫芦 1 条，由长边剖半后切成 0.6 厘米（1/4 英寸）宽的半圆形

中型夏南瓜（summer squash）1 个，剖半后切成 0.6 厘米（1/4 英寸）厚的半圆形

去壳蚕豆（fava beans）1 杯（可省略）

西蓝花 1 杯，切成 1.3 厘米（1/2 英寸）长的小朵（可省略）

冷冻豌豆 1 杯，解冻

樱桃番茄（或葡萄番茄）1 杯，对半切（可省略）

特级初榨橄榄油 1/4 杯

中型蒜瓣 12 粒，4 粒拍碎并完整保留，4 粒切薄片，4 粒切细末或磨成泥

干辣椒片少许

无盐黄油 2 大勺

螺旋或管状意大利面 454 克（1 磅），如双螺旋面、螺旋管面或螺旋面

新鲜荷兰芹 1/4 杯，切碎末

柠檬皮屑 2 小勺和柠檬汁 1 大勺（使用 1 个柠檬）

帕玛森奶酪 28 克（1 盎司），磨碎，可多准备一些

现磨黑胡椒碎适量

1. 煮沸一大锅盐水。放入芦笋烫至软而脆，且仍呈鲜绿色，约 3 分钟。用细目滤网捞起，放在滤盆里冲冷水降温。重复相同步骤准备好西葫芦片、夏南瓜片、蚕豆、西蓝花，一次焯烫一种蔬菜。蚕豆先剥壳去皮再烫。将烫过沥干的蔬菜放在大碗里，加入豌豆和樱桃番茄，备用。
2. 在直径 25.4 厘米（10 英寸）的平底锅里以中大火加热橄榄油和 4 瓣拍碎的蒜瓣，炒至蒜瓣慢慢开始发出嘶嘶声，转为中小火炒至蒜瓣变为金棕色，约 5 分钟。将蒜瓣捞起丢掉，锅里留下橄榄油，转回大火。放入蒜片与干辣椒片，拌炒至蒜片呈淡金色，约 45 秒。放入蒜泥炒 30 秒。离火后拌入黄油，备用。
3. 将意大利面放入大锅里，倒入热水浸没。放一大撮盐以大火煮沸，偶尔搅拌避免面条粘连。煮到面条变软但面心还有点儿硬（煮沸

后依包装指示的烹煮时间减掉 1 分钟）。捞起意大利面沥干并保留 1/2 杯的煮面水（剩下的煮面水倒掉），将意大利面倒回锅里，开中小火。

4. 放入蔬菜、大蒜橄榄油酱汁和一半的煮面水，搅拌至酱汁均匀附着在面条上，约 2 分钟。视情况加入煮面水将酱汁调整至喜欢的浓度。拌入柠檬皮屑、柠檬汁和奶酪碎，以适量盐和黑胡椒碎调味。立即上桌，在桌上准备好帕玛森奶酪碎。

特浓蒜香鲜虾意大利面

PASTA WITH EXTRA-GARLICKY SHRIMP SCAMPI

如果问一位意大利人，“shrimp scampi”的翻译是什么，他可能会一脸奇怪地看着你。

就像“queso cheese”[⑥]或是连锁快餐墨西哥玉米饼店常见的“carne asada steak”[⑦]，“shrimp scampi”也是一个奇怪的翻译。“Scampi”就是虾——一种常用白葡萄酒和大蒜料理的大型海虾品种。由于错误的译名已经根深蒂固，现在只能将错就错。我曾经看过餐厅菜单上写着“Scampi Scampi”，还附送心照不宣的微笑与点头示意。

在他们的饮食文化里，食用带壳虾的人都会告诉你，虾壳是鲜味和甜味最浓郁的部分。所以，我用橄榄油和大蒜提取出虾壳中的鲜味物质。充满鲜虾香味的橄榄油能让虾的风味更浓，用香味裹住所有面条。每次炒虾时，我都会用炒虾壳这个方法让虾味更浓郁。

⑥ queso cheese 里的 queso 就是奶酪的意思。——校注

⑦ carne asada steak 里的 carne asada 就是煎肉排的意思。——校注

4~6 人份

大型鲜虾 454 克（1 磅）

中型蒜瓣 12 粒，4 粒拍碎并完整保留，4 粒切薄片，4 粒切细末或磨成泥

特级初榨橄榄油 1/2 杯

犹太盐适量

干辣椒片 1/4~1/2 小勺

干白葡萄酒 1/2 杯

无盐黄油 2 大勺

新鲜荷兰芹 1/4 杯，切碎末

柠檬皮屑 2 小勺和柠檬汁 1 大勺（使用 1 个柠檬）

螺旋或管状意大利面 454 克（1 磅），如双螺旋面、螺旋管面或螺旋面

现磨黑胡椒碎适量

1. 虾去壳，留下虾尾最后一节，保留虾壳。在大碗里拌匀虾肉、蒜泥、2 大勺橄榄油和 1 小勺盐，放一旁备用。（图 1）
2. 在直径 30.5 厘米（12 英寸）的平底锅里以中大火加热剩下的橄榄油，加入 4 粒拍碎的蒜瓣和虾壳，炒至大蒜与虾壳微微冒泡。转中小火继续炒香，约 5 分钟。将细目滤网架在碗上，过滤大蒜和虾壳后丢弃，留下橄榄油。（图 2—图 4）
3. 将滤干净的橄榄油倒回平底锅里，以大火加热直到产生油纹。放入蒜片和干辣椒片拌炒，直到蒜片变为金棕色。放入虾肉拌炒呈粉红色，约 30 秒。倒入白葡萄酒，煮至虾肉几乎全熟，约 1 分钟。离火后拌入黄油、荷兰芹碎、柠檬皮屑和柠檬汁搅拌均匀。酱汁放一旁备用。（图 5—图 7）
4. 将意大利面放入汤锅里，倒入热水淹过。放一大撮盐以大火煮沸，偶尔搅拌避免面条粘连。煮到面条变软但面心还有点儿硬（煮沸后依包装指示的烹煮时间减掉 1 分钟）。捞起意大利面沥干并保留 1/2 杯的煮面水（剩下的煮面水倒掉），将意大利面倒回锅里，开中小火。
5. 将鲜虾、酱汁和一半的煮面水倒入意大利面锅里，搅拌至酱汁均匀附着在面条上，约 2 分钟。视情况加入煮面水调整酱汁至喜欢的浓度。以适量盐和黑胡椒碎调味即可。

专栏 关于虾的一切

先说重点：假如你习惯购买预煮好的虾，或是去壳挑去肠泥的虾仁，请马上停止！我是认真的！

预先煮好的虾根本就是预先煮过头的虾，很难像鲜虾一样再为料理增添风味。已经剥壳去肠泥的生虾仁虽然好一些，但是，虾在清理过程中常会被撕碎或打烂。况且虾壳有着浓郁的风味，去了壳其实剥夺了虾最美味的部分。购买去虾头的整尾虾（或至少是去泥肠但保留虾壳的虾）回家自己处理，虽然有点麻烦，但是绝对值得。

选购虾时有几个关键点：

冷冻虾 vs 新鲜虾

大部分虾在抵达鱼贩摊或超市前，早在养虾场或渔船上就直接冷冻了。这代表你在超市海鲜保鲜柜里看到的那些"鲜"虾，不过是解冻后拿来展示的冷冻虾。既然无法得知那些虾到底存放了多久，不如直接买冷冻虾，回家自己解冻。只要把虾放在碗里冲凉水，大概 10 分钟就解冻好了。这是为了新鲜度付出的一点儿代价。

整尾虾 vs 去头虾

我购买食材的偏好是食材越接近自然状态越好，但虾是个例外。虾头里含有一种酶，当虾死亡后，这些酶会慢慢渗透进虾肉里，破坏组织，导致肉质变成糊。就算只有一两天，差异也相当明显。冷冻前去头可以避免虾的肉质变成糊。因此，除非我很确定购买的虾是在半天内捕捉的（或最好还是活蹦乱跳的虾），否则我会选择去头虾。

急速单冻 vs 整批冷冻

IQF 意思为单独急速冷冻（Individually Quick Frozen），代表每只虾在包装前都单独冷冻。整批冷冻的虾则是冻在一大块冰块里。一般来说，冷冻速度越快，虾的口感质地所受的影响越小。选择 IQF 吧！ IQF 的另一个优势在于解冻速度也非常快。

体型大小

忘掉"中型""大型"或"特大"这些标签：因为这些字眼并没有确切规范，而是由包装商或超市单方面认定的。寻找一组两位数字，像是 26~30 或是 16~20。这些数字代表多少只虾达到 454 克（1 磅）。所以，包装标识着 16~20 只虾，说明每只虾比 28 克（1 盎司）轻一点儿。那组数字越小，虾就越大。如果是超大的虾，可能会看到 U-15 这样的组合，代表不到 15 只虾就是 1 磅。以味道而论，体型大小没太大影响，依照食谱选择适合大小的虾就行了。

添加物

和扇贝一样，虾通常会用三聚磷酸钠（STP，sodium tripolyphosphate）处理，三聚磷酸钠不只是一种常用化学保水剂，也是用来增加虾重量、用高价赚取利益的花招。请查看冷冻虾的成分标识，上面应该列有虾，有可能有盐，不应该有其他成分。

如何清理虾

清理虾包含去除虾壳和虾背上的消化道（有些人称为"肠泥"）。如果想节省时间，可以选购已经去掉肠泥的虾。它们的壳已经预先剪开，肠泥也已清除完毕，只需要拿掉虾壳和虾脚就行。这些虾的虾背会比用手处理的虾稍微分得开一些，但是，对大部分人来说还算可以接受。如果想要依传统方式处理，下面为处理步骤。

步骤 1：划开虾壳

如果用的是整只鲜虾，先将头移除，留着熬高汤。接着，将虾贴平砧板，以锐利的削皮刀顺着背部中央一路划开。

步骤 2：清除肠泥

以刀尖或牙签轻巧地挑出肠泥。最好能一次将整条肠泥挑出，避免弄脏虾肉（如果不小心弄破肠泥，冲洗干净就可以了）。

步骤 3：剥除虾壳和虾脚

拿起虾，沿着切开的虾壳往两侧拉。一旦分开两边，可一手抓着虾尾前端，拉出剩下的虾肉。处理好后会是一只留有尾巴、光溜溜的虾（一般都是为了美观留下尾巴）。我喜欢留着虾尾，因为我是那种会用手拿虾，然后将它整只连尾一起吃掉的人。我超爱虾尾又甜又爽脆的口感。

蛤蜊意大利面

LINGUINE WITH FRESH CLAMS

我母亲以前会用罐头蛤蜊做意大利面，再加一堆培根试图挽救劣势。但蛤蜊意大利面对我们家的孩子们没什么吸引力，我觉得这都是罐头蛤蜊的错。蛤蜊在装罐之前就被煮熟了。它已经被煮过头了。用蛤蜊罐头制作菜肴，就得和淡而无味、橡皮似的蛤蜊打交道。唯一不辜负蛤蜊鲜美滋味的方法就是使用新鲜生蛤蜊（至少用新鲜去壳或冷冻的），烹煮时间越短越好。

最棒的是，带壳的新鲜蛤蜊经过烹煮自己就会产生美味的汁液。只要加点高汤或白葡萄酒，壳里美味的汁液就会充满你的酱汁。买鲜蛤蜊时，确保它们的壳是紧闭的，或是在你轻拍时壳会闭上。避免购买敞口不动的蛤蜊，那样的可能不太新鲜。

笔记：

为了获得最美味的成品，建议选用新鲜蛤蜊。如果没办法买到，则以 340 克（12 盎司）冷冻蛤蜊或罐头蛤蜊代替，解冻后沥干。将蛤蜊与酒和黄油一起加入步骤 1 的锅中。马上离火，再继续依步骤进行。

4~6 人份

犹太盐适量
特级初榨橄榄油 6 大勺
中型蒜瓣 12 粒，4 粒拍碎并完整保留，4 粒切薄片，4 粒切细末或磨成泥
干辣椒片 1/4~1/2 小勺
干白葡萄酒 1/2 杯
无盐黄油 2 大勺
蛤蜊 907 克（2 磅）
扁直条形意面 454 克（1 磅）
切碎的新鲜荷兰芹 1/4 杯
切碎的柠檬皮屑 2 小勺和柠檬汁 1 大勺（使用 1 个柠檬）
现磨黑胡椒碎适量

1. 将一大锅加了盐的水煮沸。在另一口锅里，以中大火加热油和 4 粒拍碎的蒜瓣，直到大蒜煎出嘶嘶声，转为中小火，炒至大蒜呈金棕色，约 5 分钟。将蒜瓣捞出丢弃，留下橄榄油，转回大火。加入蒜片和干辣椒片拌炒，直到蒜片慢慢变成金棕色，约 45 秒。放入蒜泥炒香，约 30 秒。倒入酒、黄油和蛤蜊后盖上盖子，适时摇动锅煮至蛤蜊壳全部打开，约 6 分钟。将蛤蜊移至碗中，酱汁留在锅里备用。
2. 在沸水里煮意大利面，偶尔搅拌避免面条粘连。煮到面条变软但面心还有点儿硬（煮沸后依包装指示的烹煮时间减掉 1 分钟）。捞起意大利面沥干并保留 1/2 杯的煮面水（剩下的煮面水倒掉），将意大利面倒回锅里，开中小火。
3. 将酱汁和一半的煮面水倒入意大利面锅里，搅拌至酱汁均匀附着在面条上，用时约 2 分钟。视情况加入煮面水调整酱汁至喜欢的浓度。拌入蛤蜊、荷兰芹碎、柠檬皮屑和柠檬汁，再以适量盐和黑胡椒碎调味即可。

母酱 2：
经典番茄红酱

基础红酱是任何一位西方主厨在食物储存柜里都必备的材料。无数美式意大利餐厅都采用番茄红酱作为基础酱汁。

玛塞拉·哈桑（Marcella Hazan）的番茄红酱食谱绝对是烹饪史上最物超所值的食谱，甚至简单到根本不需要写出完整食谱——794 克（28 盎司）的罐装全粒番茄、5 大勺无盐黄油和 1 颗对半切的洋葱放在锅里煮滚，边煮边用大勺沿锅边压碎番茄就好了——煮好的红酱味道浓郁鲜美、完美平衡。黄油能让红酱的美味升级。与橄榄油不同，黄油含有天然的乳化剂，能让酱汁变得浓郁顺滑，而乳制品的甜味和洋葱的甜味携手合作，让番茄有些尖锐的酸味变得圆润爽口。

以玛塞拉（Marcella）的食谱为基础，离经典美式意大利红酱（marinara）这种以大蒜、牛至叶和橄榄油调味的番茄酱的风味就不远了。黄油对平衡番茄酸味仍非常重要，但我喜欢用特级初榨橄榄油取代一半的黄油，让酱汁的层次更丰富。我将做好的红酱还温热时就装进密封玻璃罐里保存，在室温下放凉再冷藏，这样可以冷藏保存至少一周。这款酱汁拿出来重新加热或是用在其他菜肴上都很方便。本章除基础食谱外，还有 5 种延伸变化的食谱。红酱同时也出现在本书其他章节，像是 p.528 的“软嫩意式肉丸”食谱。

| 专栏 | 干燥香草 vs 新鲜香草

大部分的红酱食谱均使用干牛至叶或使用以干牛至叶和罗勒制成的意式综合香料。我最直觉的想法是用新鲜香草取代干燥香草，于是我煮了两种酱汁作比较，一种用干牛至叶，另一种则用新鲜的。想象一下，当我发现两者几乎没有差异时，我有多惊讶！为什么会这样？

不少厨师坚信新鲜香草比较好，这在大部分状况下是正确的。许多香草富含的风味化合物比水更不稳定，干燥过程不但去除了水分也会带走香味。

然而，情况并非总是如此，因为像牛至这类生长在较炎热干燥地区的香草叶其内含的风味化合物在高温下比较稳定。这类风味化合物好好地维持在叶子里，是为了让植物能承受高温干燥的自然环境。这些干燥香草叶，只要烹饪时间足够长，软化后的效果就像新鲜的一样好，属于比较便宜又方便使用的品种。

以下表格将归纳哪些香草最好使用新鲜的，哪些香草干燥的也一样好用（加热后使用）。

表 25　适合新鲜使用的香草和干燥使用的香草

适合新鲜使用	可干燥后使用（加热后使用）
荷兰芹（Parsley）	牛至（Oregano）
罗勒（Basil）	迷迭香（Rosemary）
薄荷（Mint）	马郁兰（Marjoram）
芫荽（Cilantro）	月桂叶（Bay leaf）
车窝草（Chervil）	百里香（Thyme）
细香葱（Chives）	鼠尾草（Sage）
莳萝（Dill）	香薄荷（Savory）
酸模（Sorrel）	
龙蒿（Tarragon）	

番茄罐头

想到冬季要用毫无风味的番茄做新鲜红酱就打冷颤？没错！就算仲夏时节也不易买到好的番茄，除非自己栽种，否则就只能用番茄罐头。但是，哪种罐头比较好？通常在超市可以找到 5 种形态的番茄罐头：

- **去皮全粒番茄**（Whole Peeled Tomatoes）为去皮（不论是用蒸的方法还是以用碱液的方法去除外皮）的整颗番茄，泡在番茄汁或番茄泥里装罐。以番茄汁装罐只需较少处理，而用途也比较广。泡在番茄泥里的番茄永远有一种“煮过”的味道，就算开罐后立刻使用也一样。这类罐头有时会添加固化剂——氯化钙（calcium chloride）来避免番茄变得太糊。有时罐头里也会加有罗勒叶。
- **番茄丁**（Diced Tomatoes）是整颗去皮番茄经机器切丁后，泡在番茄汁或番茄泥里装罐。它与去皮全粒番茄的主要差异在于切丁后番茄接触氯化钙的表面积会增加，导致番茄变得太硬——烹煮时较难煮烂。所以，通常我不选用这种罐头。
- **碎番茄**（Crushed Tomatoes）不同品牌差异极大。标签上的名称并没有特定规范，所以，某品牌的“碎”番茄可能压成很大块，另一品牌的则是顺滑的番茄泥。因此，请尽量避免购买这样的罐头，宁愿买全粒番茄罐头回家自己压碎。

- **番茄泥**（Tomato Puree）为煮熟沥干的番茄制品。想要迅速煮好酱汁，用番茄泥是个捷径。但是，比起慢慢炖煮收干的酱汁，速成酱汁缺乏深度。所以，让它留在超市架上，别去买它了吧！
- **番茄膏**（Tomato Paste）为浓缩番茄汁。煮熟新鲜番茄再滤除较大的颗粒后，将剩下的汁液慢慢收干直到水分剩下 76% 或更少。番茄膏用在炖煮或煨煮时能为食物增添鲜美的基本味道，也能增加菜肴的浓稠度。

切丁番茄太硬、碎番茄大小不一致、番茄泥太糊了——所以我的食物柜里只有全粒去皮番茄（我喜欢“Muir Glen”和“Cento”这两个品牌）和番茄膏。

超完美简易意式红酱

PERFECT EASY RED SAUCE

4 人份

特级初榨橄榄油 2 大勺

无盐黄油 2 大勺

中型洋葱 1 个，切碎（约$1\frac{1}{2}$杯）

中型大蒜 2 瓣，切细末或磨成 2 小勺的蒜泥

干牛至叶 1/2 小勺

干辣椒片少许

794 克（28 盎司）去皮全粒番茄罐头 1 罐，以手、食物料理机或压泥器压碎成约 1.3 厘米（1/2 英寸）见方的块状

新鲜罗勒 1 支（可省略）

犹太盐适量

1. 在中型料理锅里，以中大火加热橄榄油和黄油，直到黄油化开并停止冒泡。（图 1）放入洋葱碎拌炒直到软化但不炒焦，约 3 分钟。（图 2）放入大蒜末、牛至叶和干辣椒片炒香，约 1 分钟。
2. 将番茄块连同汁液和罗勒（若使用）放入锅里。以大火煮沸再转小火炖煮，适时搅拌直到酱汁变得浓稠，收干为约 4 杯的量，约煮 30 分钟。（图 3）以适量盐调味。将红酱以密封容器装好冷藏可保存一周。

1

2

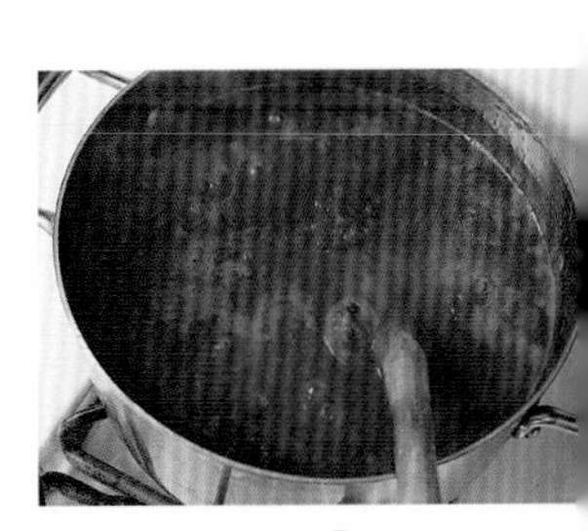

3

意大利面 佐腊肠与意式红酱煮球花甘蓝

PASTA WITH SAUSAGE AND RED-SAUCE-BRAISED BROCCOLI RABE

球花甘蓝与腊肠是经典的意式组合。虽然它们很少搭配红酱，但是，我很喜欢球花甘蓝炖煮后为酱汁带来的微苦滋味。这不是把蔬菜煮到脆弹的程度，而是直接把球花甘蓝煮到超级软！

4~6 人份

特级初榨橄榄油 1/4 杯

辣味意式香肠 454 克（1 磅），自制的更好（见 p.505），有需要可去除肠衣

球花甘蓝 454 克（1 磅），大略切碎

无盐黄油 2 大勺

中型洋葱 1 个，切碎（约$1\frac{1}{2}$杯）

中型大蒜 2 瓣，切细末或磨成 2 小勺的蒜泥

干牛至叶 1/2 小勺

干辣椒片少许

794 克（28 盎司）去皮全粒番茄罐头 1 罐，以手或压泥器压碎成约 1.3 厘米（1/2 英寸）见方的块状

新鲜罗勒 1 支（可省略）

犹太盐适量

小型壳状意大利面 454 克（1 磅），如猫耳朵面或贝壳面

帕玛森奶酪适量，磨碎，上桌时使用

1. 使用大型深平底锅，以大火加热 2 大勺橄榄油直到微微冒烟。放入意式香肠，以木勺或捣泥器压碎直到生肉的粉色消失，约 5 分钟。（图 1）放入球花甘蓝碎拌炒，直到菜叶收缩，约 3 分钟。（图 2）移至大碗里备用。
2. 在深平底锅里放入剩下的 2 大勺橄榄油和黄油，以中大火加热至黄油化开并停止冒泡。下洋葱碎拌炒直到软化但不变色炒焦，约 3 分钟。放入大蒜末、干牛至叶、干辣椒片，拌炒至散发香气，约 1 分钟。将番茄块连同汁液和罗勒（若使用）放入锅里。将香肠和球花甘蓝碎放回锅里，以大火煮沸后转小火煨煮，适时搅拌直到球花甘蓝完全软化，约 30 分钟。视情况加一点儿水，避免酱汁过于浓稠。（图 3—图 6）以适量的盐调味后保温。
3. 意大利面放入大锅里，倒入热水没过面条。放一大撮盐以大火煮沸，偶尔搅拌避免面条粘连。煮到面条变软但面心还有点儿硬（煮沸后依包装指示的烹煮时间减 1 分钟）。捞起意大利面沥干并保留$1\frac{1}{2}$杯的煮面水（剩下的煮面水倒掉），意大利面倒回锅里。
4. 将酱汁倒进意大利面锅里搅拌均匀，视情况加点煮面水调整酱汁至喜欢的浓度。（图 7）和磨碎的帕玛森奶酪一起上桌。（图 8）

1
2
3
4
5
6
7
8

烟花女意大利面

佐大蒜、鳀鱼、刺山柑与橄榄

PUTTANESCA

WITH GARLIC, ANCHOVIES, CAPERS, AND OLIVES

这是另一道以红酱为基底的经典料理，烟花女意大利面有着海味和咸辣风味。名称则是来自一位享用或供应这道菜肴的意大利风尘女郎。这道菜十分适合浪漫冬夜窝在家里食用，不用担心有伴侣和宠物以外的人（或动物）会闻到不好的口气。加一点儿罐装油浸金枪鱼（不是水浸的那种）可以让搭配更完整。

4 人份

犹太盐适量

特级初榨橄榄油 1/4 杯

无盐黄油 2 大勺

中型洋葱 1 个，切碎（约$1\frac{1}{2}$杯）

大蒜 3 瓣，切片

鳀鱼 8 条，切细末

干辣椒片 1/2 小勺

刺山柑 3 大勺，冲洗后拍干，切碎

去核橄榄 1/2 杯，切碎，任何味道浓郁的橄榄均可，比如塔加斯科橄榄、卡拉玛塔橄榄或曼萨尼亚橄榄（Manzanilla）

794 克（28 盎司）去皮全粒番茄罐头 1 罐，以手或压泥器压碎成约 1.3 厘米（1/2 英寸）见方的块状

170 克（6 盎司）油浸金枪鱼罐头 1 罐，沥干（可省略）

现磨黑胡椒碎适量

直条形意面 454 克（1 磅）

新鲜荷兰芹 2 大勺，切细末

帕玛森奶酪或佩克里诺羊奶奶酪适量，磨碎，上菜用

1. 煮沸一大锅盐水。在大型深平底锅里以中大火加热橄榄油和黄油直到黄油化开并停止冒泡。下洋葱碎拌炒至软化，约 3 分钟。加入大蒜片、鳀鱼末、干辣椒片翻炒，直到大蒜变为淡金色，约 3 分钟。（图 1）下刺山柑碎、橄榄碎、番茄块连同汁液一起拌煮，直到酱汁变浓稠、油脂开始分离，约 15 分钟。（图 2）
2. 轻轻将金枪鱼拌入酱汁里（若使用），以盐和黑胡椒碎调味，放一旁备用。
3. 在大锅里煮意大利面，直到面条变软但面心还有点儿硬（煮沸后依包装指示的烹煮时间减 1 分钟）。捞起意大利面沥干并保留 1 杯煮面水（剩下的煮面水倒掉），意大利面倒回锅里。
4. 将酱汁倒进意大利面锅里搅拌均匀，视情况加点儿煮面水调整酱汁至喜欢的浓度。立即上桌，撒上荷兰芹末和奶酪碎。

1

2

伏特加斜管通心粉佐鸡肉

PENNE ALLA VODKA WITH CHICKEN

这是所有红酱变化组合里最简单的一种。关于这道酱汁的起源有各种说法。有一种说法是源于20世纪70年代位于纽约的餐厅“Orsini”，也有说法是源于伏特加公司在20世纪80年代的营销手法。无论如何，很多很棒的理由可以解释为什么在酱汁里加伏特加能增加香气。我们在寻找终极辣酱时（见p.243），发现酒精比水更容易挥发。这代表同样温度下，酒精会产生较多蒸汽，让食物里的气味分子更容易让人闻到。经典粉红酱汁会加入鲜奶油，以鲜奶油的浓郁奶香平衡掉番茄的酸味，加入鸡丝也能让这道菜更丰盛。

4人份

特级初榨橄榄油2大勺

无盐黄油2大勺

中型洋葱1个，切碎（约$1\frac{1}{2}$杯）

中型大蒜2瓣，切细末或磨成2小勺的蒜泥

干牛至叶1/2小勺

干辣椒片适量

794克（28盎司）去皮全粒番茄罐头1罐，以手或压泥器压碎为约1.3厘米（1/2英寸）见方的块状

新鲜罗勒1支（可省略）

鲜奶油1/2杯

伏特加1/4杯

犹太盐适量

意大利斜管通心粉（penne）454克（1磅），或是直管通心粉（ziti）、其他管状短面

去骨去皮的鸡胸肉454克（1磅），切成1.3厘米（1/2英寸）见方的鸡丝

新鲜荷兰芹2大勺，切细末

帕玛森奶酪适量，磨碎，上菜使用

1. 在大型深平底锅里，以中大火加热橄榄油和黄油直到黄油化开并停止冒泡。下洋葱碎拌炒直到软化但不变成棕色，约3分钟。放入大蒜末、干牛至叶和干辣椒片炒香，约1分钟。将番茄块连同汁液和罗勒（若使用）放入锅里。以大火煮沸再转小炖煮，适时搅拌直到酱汁变得浓稠，收干成约4杯的量，约煮30分钟。
2. 将酱汁倒入搅拌机里，捞出罗勒丢弃，倒入鲜奶油和伏特加。由最小转速开始，慢慢转为高速，搅打至完全顺滑，约30秒。倒回平底锅里以大火煮滚后转小火，在煮意大利面的同时，继续让它煮并收汁。
3. 意大利面放入大锅里，倒入热水淹过面条。放一大撮盐以大火煮沸，偶尔搅拌避免面条粘连。煮到面条全软但面心还有点硬。在意大利面起锅前2分钟，将鸡丝放入深平底锅里拌匀。
4. 捞起意大利面沥干并保留$1\frac{1}{2}$杯的煮面水（剩余的煮面水倒掉）。意大利面倒回锅里，开中火，倒入酱汁搅拌均匀直到鸡肉煮熟，而酱汁达到理想的浓稠度，约1分钟。视情况加煮面水调整酱汁浓度。立即上桌，撒上荷兰芹末和奶酪碎。

专栏 加不加伏特加真的有差别吗？

伏特加真能为酱汁增添风味吗？酒精是不是会挥发？这是不是制酒商为了让我们买更多酒要的小手段？

哈洛德·马基在他的著作《食物与厨艺》（*On Food and Cooking*）里，针对这些问题进行了讨论。如果你还没有这本书，现在就去买吧！

请看以下这段讨论：

酒精分子与糖分子有许多相似之处，所以酒精分子确实带有少许甜味。典型的蒸馏酒或是烈一点儿的葡萄酒所含酒精浓度较高，在口腔和鼻腔里会有又刺激又呛的"辛辣"口感。酒精分子与气味分子的化学兼容性代表浓缩酒精能锁住食物的香气，避免香味扩散至空气中。

读到这里，我停了下来，搔搔我的头。在我过去的经验里，我知道在炖煮时加点酒可以增添香气。我在"最好吃的牛小排辣酱"食谱（见 p.249）里也做过实验。那哈洛德·马基到底在说什么？阻止香气散发？幸好他接着就解释清楚了：

然而，当酒精浓度低于1%或更少时，酒精其实会促进带有果香的酯类和其他气味分子散发至空气里。

哈！这样就说得通了：如果想要有效地增添食物风味，增加酒精浓度是重要方法。这和我的经验吻合。烹调炖菜或是辣肉酱时，加一些酒来收尾是个好主意。然而，倒太多的话，酒味就会一发不可收拾，让人闻到的全是酒味而非食物的香气。威士忌爱好者也会告诉你，把酒精浓度40%的酒稀释到30%或20%，可以带出它原本隐藏的香气。

同样的事情能在加伏特加的意大利面里发生吗？

实验

为了实验酒精浓度对烹调的影响，我做了一大批“酱汁迷”（Sauced）专栏作家乔希·布赛尔（Josh Bousel）的伏特加奶油酱，但先不放伏特加，然后再将酱汁分成几小份。

步骤

先将几份酱汁加入不同浓度的伏特加，酒精浓度稀释至1%~4%不等。倒入伏特加后立刻尝尝味道。剩下的几份酱汁以同样的步骤进行，只是在倒入伏特加后，先煮沸酱汁并煨了7分钟才尝味道。

马上加伏特加就试味道的那几批酱汁都很不好吃。加了浓度4%的伏特加的那一份酱汁根本不能吃，有很重的酒味和苦味。我其实不确定那苦味到底怎么来的，也许是因为番茄的果香和甜味都被盖过了，留下相对强烈的苦味？无论如何，酒精浓度2%的酱汁勉强能忍着入口。比起完全没加酒的那份酱汁，我更喜欢浓度1%的那份，但也只是稍微喜欢一点儿而已。

煨煮过的酱汁带来的差异很大。酱汁经过7分钟的烹调，就连伏特加浓度4%的那份酱汁都变得容易入口。然而，番茄的香甜味则是在我试到酒精浓度2%的酱汁时才真正显现出来。事实上，煮了几分钟后，酒精浓度应该已接近1%。伏特加尖锐的口感和苦味消散，使酱汁的热度、香气与风味完美平衡。

结果与分析

所以，答案出现了。没错！伏特加确实能以令人愉快的方式改变酱汁的味道，为酱汁增添一丝辛辣口感，也中和了番茄与鲜奶油的香甜。但是，伏特加是不可或缺的吗？并不尽然，但没有它，就称不上是伏特加酱。

茄香意大利面 佐香浓番茄红酱

PASTA WITH CARAMELIZED EGGPLANT AND RICH TOMATO SAUCE

我尝试过许多版本的诺玛茄香面，这是道有着番茄和茄子的经典西西里意面。然而，每次我都伤透脑筋地想着：“我真搞不懂。”番茄红酱和焦糖化的茄子没问题，但是，上面放着乏味沉闷的盐味瑞可塔奶酪（ricotta salata）到底是要干嘛？大家当然比较喜欢味道浓郁、成熟的奶酪了！

直到我和太太第四次（还是第五次？她每年都要拉我去一次，根本数不清了）度蜜月去西西里时，我才理解：真正的盐味瑞可塔奶酪跟在美国找到的完全不一样。西西里版本的奶酪以绵羊乳制成，成熟至味道浓郁、香味刺鼻，那才是这道菜真正的特色。我在美国的意大利超市也找到了同样的奶酪。假如你无法找到成熟的盐味瑞可塔奶酪（购买前先闻闻看，它会有一种很浓烈的味道），可用成熟的卡乔卡瓦洛奶酪（caciocavallo）、上好的绵羊奶非塔奶酪（sheep's-milk feta）或佩克里诺羊奶奶酪代替，只是这道菜的风味轮廓会因此略有不同。

1
2
3
4
5
6
7
8
9

4 人份

小型意大利茄子或日本茄子 2 个，纵向剖半后切成 1.3 厘米（1/2 英寸）宽的半圆形

犹太盐适量

特级初榨橄榄油 6 大勺

无盐黄油 2 大勺

中型洋葱 1 个，切碎（约$1\frac{1}{2}$杯）

中型大蒜 2 瓣，切细末或磨成 2 小勺的蒜泥

干牛至叶 1/2 小勺

干辣椒片少许

番茄膏 2 大勺

794 克（28 盎司）去皮全粒番茄罐头 1 罐，捏碎或压碎为 1.3 厘米（1/2 英寸）见方的块状

新鲜罗勒 1 支，去除叶，保留梗（可省略）

意大利斜管通心粉 454 克（1 磅），或是直管通心粉、其他管状通心粉

盐味瑞可塔奶酪或菲塔奶酪适量，磨碎，上菜使用

1. 将茄片和 1 小勺盐在大碗里拌匀，移入沙拉脱水器的盆里静置 30 分钟。（图 1、图 2）
2. 在茄片静置的同时，在大型深平底锅里以中火加热 2 大勺橄榄油与黄油，直到黄油化开冒泡后平息。下洋葱碎持续拌炒至软化即可，不需炒至变色，约 3 分钟。放入大蒜末、干牛至叶、干辣椒片，持续拌炒至散发出香味，约 1 分钟。加入番茄膏，搅拌均匀，约 30 秒。将番茄块连同汁液和罗勒（若使用）放入锅里。以大火煮沸再转小火炖煮，适时搅拌直到酱汁变得浓稠，收干为约4杯的量，约煮30分钟。离火备用。
3. 沥干茄片移至两层厨房纸巾上，再盖上另一层纸巾，将多余水分压出吸干。（图 3、图 4）
4. 用大型不粘锅或铸铁平底锅以中小火加热剩余的橄榄油直到产生油纹。将茄子片平铺排入锅里（若有需要可分批下锅或另开一锅），不时翻面或摇晃平底锅，直到两面呈现漂亮的焦糖棕色且中心部分完全软化，7~10分钟。移至铺好厨房纸巾的盘子中，立即以盐调味。（图 5—图 8）
5. 意大利面放入大锅里，倒入热水淹过。放一大撮盐以大火煮沸，偶尔搅拌避免面条粘连。煮到面条变软但面心还有点儿硬。捞起意大利面沥干并保留$1\frac{1}{2}$杯的煮面水（剩余煮面水倒掉），意大利面倒回锅里。
6. 将酱汁倒进意大利面锅里搅拌均匀，视情况加点儿煮面水，调整酱汁至喜欢的浓度。拌入焦糖化的茄子后，撒上罗勒梗（若有）和奶酪碎即可。（图 9）

专栏 茄子的种类

我在20几岁前很讨厌茄子，可能是因为我从没吃过煮得美味的茄子。除非好好料理，不然茄子又烟、又烂，没什么味道。[8]然而，茄子一旦处理得好，会很有肉味、很有分量，带点微妙的辛辣苦味，更有着吸收、衬托其他味道的能力，还非常便宜。

一年之中买到新鲜茄子最好的时间点在夏末。但是，不像冬天的番茄平淡无味，即使是冬季产的茄子也能上桌。我几乎一整年都用茄子入菜。

茄子有各种形状和大小。不论用什么种类，只要记得选购颜色均匀、光滑、表皮紧致并有点重量的茄子就好。太大的茄子，其密度低、滋味淡，也更难料理。

常见的茄子种类有以下几种。

- **圆茄：**体型大，颜色为深紫色，有着海绵般的弹性。它是最常见、也是用途最广的种类。它非常适合拿来做帕玛森奶酪焗烤茄子这种需要被切成又大又宽的片状的料理。也可以整个茄子放进烤箱里烤。
- **意大利茄子：**体型较小，密度高，味道也比圆茄浓郁。紧实的意大利茄子是拌炒或烧烤的最佳选择。
- **日本茄子：**和意大利茄子的种类相似，但日本茄子形状较细长。在日本，传统的料理方法包括油炸、烤以及和一种以味噌为基底的甜味酱汁一起炙烤。
- **中国茄子：**形状又细又长，颜色为淡紫色，这种高密度的茄子适合稍微蒸熟后炖煮。
- **泰国茄子：**体型小，绿色，有着苹果般的清脆质地，是少数可以生吃的种类。最适合用在咖喱或在拌炒的最后阶段加入，炒到熟就行了。

茄子的性别?

你可能听说观察茄子底部凹陷处就能分辨雄雌，或是“公茄子”的籽会比“母茄子”多。虽然观察某些动物的“底部”确实能分辨性别（比如山魈或螃蟹），但这不适用于茄子——因为，茄子并没有性别之分。

⑧我对茄子的厌恶感也可能源于“光神话”（Kid Icarus）游戏里的茄子法师打败我太多次了！

如何选择籽较少的茄子？最好的方法就是比较重量。密度越小的茄子，籽就越少。然而，密度小的茄子也比较难料理，因为容易变软糊，也比较会吸油，所以，这个建议根本不切实际。

给你一个比较好的建议：买意大利茄子就对了。它们的籽比庞大的美国茄子少很多。而且意大利茄子比较坚实，处理起来没那么麻烦，还非常容易取得。

周末晚餐意大利肉酱面

WEEKNIGHT SPAGHETTI WITH MEAT SAUCE

大学时，最简单的晚餐就是把 454 克（1 磅）牛绞肉丢进锅里，加 1 瓶意大利面酱炖煮后，再跟意大利面条拌一拌，这就足以称作晚餐了。这肯定够美味了，但既然我们现在已经掌握了那么多烹饪知识，就应该做得更好。在这份食谱里，除了洋葱，我还加了胡萝卜和芹菜作为红酱基底，以及必不可少的大蒜、牛至叶与干辣椒片。几条鳀鱼能增添风味的丰富感和鲜味的深度，鳀鱼富含谷氨酸与肌苷酸，这两者都是能加强其他食材原本鲜味的天然化合物。这里再加上同样富含谷氨酸的番茄膏。把所有食材丢进食物料理机打碎是较快的处理方法。

至于肉的部分，我曾经试过单纯只用牛绞肉。然而，牛绞肉若不经长时间的文火炖煮，质地实在有点硬。毕竟，我想要在 2 小时内就上菜。所以，我决定结合一项做肉饼和肉丸时常用的技巧：一旦在绞肉里加入另一种食材——这里我用的是蘑菇——搅拌均匀后就能打破原有质地，防止绞肉变硬的同时也能增加风味。

4 人份

小型洋葱 1 个，切为 4 等份

小型胡萝卜 1 个，削皮后大略切块

芹菜 1 根，大略切碎

鳀鱼 2 条（可省略）

中型大蒜 2 瓣

干牛至叶 1/2 小勺

干辣椒片少许

蘑菇 227 克（8 盎司），去梗，切 4 等份

牛肩绞肉 284 克（10 盎司）

特级初榨橄榄油 2 大勺

无盐黄油 2 大勺

番茄膏 2 大勺

794 克（28 盎司）去皮全粒番茄罐头 1 罐，捏碎或压碎为 1.3 厘米（1/2 英寸）见方的块状

鱼露 1 大勺

磨碎的帕玛森奶酪 1/4 杯，可多准备一些，上菜前撒上

犹太盐和现磨黑胡椒碎各适量

直条形意面 454 克（1 磅），或是扁直条形意面、斜管通心粉，其他细长形或管状短意大利面

新鲜荷兰芹或罗勒适量，切末，上菜前撒上

1. 洋葱片、胡萝卜块、芹菜碎、鳀鱼（若使用）、大蒜、牛至叶与干辣椒片放入食物料理机的料理杯里，以点动功能搅打 8~10 下，若有需要沿杯壁边缘刮下混合物，移至碗里备用。清空后的料理杯里放入蘑菇块，以手动搅打 6~8 次至搅碎。再加入绞肉，按下点动键 6~8 次与蘑菇一起搅打。放旁边备用。（图 1—图 7）
2. 在荷兰铸铁锅里以中大火加热橄榄油与黄油，直到黄油化开并停止冒泡。加入搅碎的蔬菜持续拌炒至软化但未变色棕化，约 5 分钟。倒入番茄膏，搅拌均匀，约 1 分钟。放入混合好的蘑菇绞肉，适时搅拌直到水分蒸发，而混合物发出嘶嘶声，约 10 分钟。将番茄块连同汁液放入食物料理机中打成糊状后倒入锅中，以大火煮沸再转小火炖煮，适时搅拌直到酱汁收干变得浓稠，约煮 30 分钟。拌入鱼露与磨碎的奶酪，以盐和黑胡椒碎调味后保温备用。（图 8—图 15）
3. 酱料炖煮的同时，煮一大锅加了盐的水。
4. 意大利面下锅，依造烹煮指示煮至面条变软但面心还有点儿硬。捞起意大利面沥干并保留 1 杯的煮面水（剩余煮面水倒掉）。意大利面倒回锅里，倒入酱汁搅拌均匀，视情况加点煮面水调整酱汁至喜欢的浓度。撒上荷兰芹末与磨碎的奶酪即可上桌。

1
2
3
4
5
6
7
8
9
10
11
12
13
14
15

母酱 3：
青酱

大部分人知道的青酱是经典的热那亚青酱，由罗勒、松子、大蒜、帕玛森奶酪和大量橄榄油制成。传统上，青酱是以研钵和杵将材料捣磨成糊（青酱的原文“pesto”就是意大利文“糊”的意思）制成，现在多以食物料理机简化步骤。做青酱变得很简单，只要把材料倒入料理杯再启动机器就好了。由于我遇到了几个问题，因此改良了一下传统做法。

首先是颜色。刚做好的青酱呈现翡翠般的绿色，但这亮丽的颜色会随时间变长而褪色为让人食欲大减的棕色。这是因为暴露在空气里的植物色素会发生氧化反应。为防止氧化，先以沸水焯烫香草约 30 秒，再丢入冰水里，沥干后再开始制作。以热水烫香草能使导致氧化作用的酶失效，这样青酱就算过了好几天依然能保持亮丽的翠绿色。我在烫罗勒叶时也会顺便烫大蒜，可以缓和它刺鼻的味道。

请看下图这两份青酱。左边这份没有烫过，右边的罗勒叶在调理前预先烫过。过了一天多，两边颜色的差距也越来越明显。

我做青酱时很喜欢随着罗勒叶加一点儿嫩菠菜，让酱汁的味道更柔和也更平衡。至少我是这样觉得，当然你也可以只用罗勒。除此之外，我的青酱食谱唯一增加的是柠檬皮屑，为原本浓烈的酱汁增添一丝清新。

制作青酱最棒的就是，一旦学会基本步骤（焯烫、捣磨混合），就能变化出多种衍生食谱。想要做核桃荷兰芹青酱？简单，只要把罗勒和嫩菠菜换成荷兰芹，以核桃替换松子。开心果与芝麻叶青酱也非常美味。本篇列出 4 种青酱食谱，但是，别让它们限制你的想象力！

| 专栏 | 如何保存青酱

经余烫再制作的青酱能在冰箱里维持很多天的新鲜翠绿色。若想再多放几天，则需放入冷冻室。最好的方式是将青酱倒入制冰盒冷冻。隔天再把青酱冰块放入冷冻密封袋里。冷冻的青酱最多能保存 6 个月。要用时，把青酱块放在砧板上随意切成小块，放在煎锅里解冻或直接丢入煮好的意大利面里即可。

经典热那亚青酱佐罗勒与松子

CLASSIC GENOVESE PESTO WITH BASIL AND PINE NUTS

笔记：

若喜欢更浓郁的青酱，可省略菠菜，并以更多罗勒叶代替。

4 人份，约$1\frac{1}{2}$杯

新鲜罗勒叶 57 克（2 盎司，松散装成约 3 杯）

嫩菠菜叶 28 克（1 盎司，松散装成约$1\frac{1}{2}$杯）

中型蒜瓣 1 粒

烘烤过的松子 85 克（3 盎司，约3/4 杯）

磨碎的帕玛森奶酪 57 克（2 盎司，约 1 杯）

柠檬皮屑 1 小勺（使用 1 个柠檬）

橄榄油 1/2 杯

犹太盐和现磨黑胡椒碎各适量

1. 煮沸一大锅水，准备一碗冰水。将罗勒叶、菠菜叶和大蒜下锅烫 30 秒。捞出沥干后马上移至冰水里冷却。
2. 沥干罗勒、菠菜和大蒜，放到干净的厨房毛巾或 3 层厨房纸巾上。包好后挤出多余的水并吸干。
3. 将以上食材放入食物料理机的料理杯内，与松子、奶酪碎、柠檬皮屑和橄榄油搅打成酱，约 30 秒，沿着杯壁边缘刮干净。依喜好以盐和黑胡椒碎调味。
4. 立即入菜，或是放在密封容器中冷藏保存，最多 5 天。

核桃与芝麻叶青酱

ARUGULA AND WALNUT PESTO

4 人份，约$1\frac{1}{2}$杯

新鲜芝麻叶 85 克（3 盎司，松散装成约 3 杯）
中型蒜瓣 1 粒
烘烤过的核桃 85 克（3 盎司，约 3/4 杯）
磨碎的帕玛森奶酪 57 克（2 盎司，约 1 杯）
油渍晒干的番茄 2 个
柠檬皮屑 1 小勺，柠檬汁 2 小勺（使用 1 个柠檬）
橄榄油 1/2 杯
犹太盐和现磨黑胡椒碎各适量

1. 依 p.699“经典热那亚青酱”的步骤 1 焯烫并冷却芝麻叶和大蒜，按照步骤 2 沥干并挤出多余水分。
2. 将芝麻叶和大蒜放入食物料理机的料理杯内，与核桃、奶酪碎、晒干的番茄、柠檬皮屑、柠檬汁和橄榄油搅打成浓稠状，约 30 秒，沿着杯壁边缘刮干净。以盐和黑胡椒碎依喜好调味。立即入菜或是按照步骤 4 冷藏保存。

烤彩椒与菲塔奶酪青酱佐辣椒与南瓜子

ROASTED BELL PEPPER AND FETA PESTO WITH CHILES AND PEPITAS

4 人份，约$1\frac{1}{2}$杯

新鲜荷兰芹 28 克（1 盎司，松散装成约$1\frac{1}{2}$杯）
新鲜牛至叶 2 大勺
中型蒜瓣 1 瓣
烤过的彩椒 2 个，去皮去籽后沥干，并以厨房纸巾拍干
菲塔奶酪 57 克（2 盎司），大致弄碎
小型红塞拉诺辣椒或泰国鸟眼辣椒 1 个
南瓜子 85 克（3 盎司），烘烤过（约 3/4 杯）
橄榄油 1/2 杯
犹太盐和现磨黑胡椒碎各适量

1. 依 p.699“经典热那亚青酱”的步骤 1 焯烫并冷却荷兰芹、牛至叶和大蒜，按照步骤 2 沥干并挤出多余水分。
2. 将以上食材放入食物料理机的料理杯内，与彩椒、奶酪碎、辣椒、南瓜子和橄榄油搅打成浓稠状，约 30 秒，沿着杯壁边缘刮干净。以盐和黑胡椒碎依喜好调味。立即入菜或是按照步骤 4 冷藏保存。

番茄杏仁青酱佐鳀鱼

TOMATO AND ALMOND PESTO WITH ANCHOVIES

4 人份，约$1\frac{1}{2}$杯

新鲜罗勒叶 28 克（1 盎司，松散装成约$1\frac{1}{2}$杯）

中型蒜瓣 1 瓣

樱桃番茄 2 杯，对半切

去皮杏仁 85 克（3 盎司），烘烤过（约 3/4 杯）

帕玛森奶酪 57 克（2 盎司），磨碎（约 1 杯）

鳀鱼 3 条

巴萨米克醋 2 小勺

腌渍意大利辣椒 1 条，去茎

橄榄油 1/2 杯

犹太盐和现磨黑胡椒碎各适量

1. 依 p.699“经典热那亚青酱”的步骤 1 焯烫并冷却罗勒叶和大蒜，按照步骤 2 沥干并挤出多余水分。
2. 将罗勒叶和大蒜放入食物料理机的料理杯，与樱桃番茄块、杏仁、奶酪碎、鳀鱼、意大利辣椒、巴萨米克醋和橄榄油搅打成浓稠状，约 30 秒，沿着杯壁边缘刮干净。以盐和黑胡椒碎依喜好调味。立即入菜或是按照步骤 4 冷藏保存。

油渍番茄干与橄榄青酱佐刺山柑

SUN-DRIED TOMATO AND OLIVE PESTO WITH CAPERS

4 人份，约$1\frac{1}{2}$杯

新鲜荷兰芹 57 克（2 盎司，松散装成约 3 杯）

中型蒜瓣 1 粒

罐装油渍晒干的番茄 85 克（3 盎司，约 1/2 杯）

卡拉玛塔橄榄 113 克（4 盎司，约 1 杯）

刺山柑 2 大勺，冲洗后拍干，大略切碎

佩克里诺羊奶奶酪 57 克（2 盎司），磨碎（约 1 杯）

红酒醋 1 大勺

干辣椒片少许

特级初榨橄榄油 1/2 杯

犹太盐和现磨黑胡椒碎适量

1. 依 p.699“经典热那亚青酱”的步骤 1 焯烫并冷却罗勒叶和大蒜，按照步骤 2 沥干并挤出多余水分。
2. 将罗勒叶和大蒜放入食物料理机的料理杯，与番茄、橄榄、刺山柑碎、奶酪碎、红酒醋、辣椒片和橄榄油搅打成浓稠状，约 30 秒，沿着杯壁边缘刮干净。用盐和黑胡椒碎依喜好调味。立即入菜或是按照步骤 4 冷藏保存。

母酱 4：
白酱

阿尔弗雷多（Alfredo）白酱的历史能追溯至 20 世纪初期，罗马的餐厅老板阿尔弗雷多・狄雷里欧（Alfredo Di Lelio）在他同名的餐馆供应这道菜。原始做法类似罗马菜奶酪胡椒意面（Spaghetti cacio e pepe）——以磨碎的佩克里诺羊奶奶酪加上大量黑胡椒。它的做法是将硬质粗粒小麦粉制成的意大利面与黄油、奶酪和一点儿煮面水拌匀。充满淀粉的煮面水能让奶酪乳化成浓而不腻的酱汁。

我们现在习惯的美式白酱通常是用蛋、鲜奶油和某些淀粉类的增稠剂让酱汁更浓郁。但我觉得对于日常饮食而言这有点太浓郁了。我的白酱食谱介于这两者之间，只用少量的鲜奶油，并省略了蛋（不过，对我的极度浓稠奶酪通心粉食谱来说，浓郁一点儿都不是问题，见 p.712）。至于黑胡椒奶酪酱，我喜欢加一大堆黑胡椒，因为黑胡椒的辣度可以和奶酪相辅相成。

制作这份白酱食谱唯一的困难之处，和所有将餐厅的意面做法改为适合家庭烹调的食谱一样，即家里的煮面水只煮过一批意大利面，并不像餐厅的煮面水含有那么多淀粉。而餐厅的煮面水会随着煮的面量增多而变得越来越浓稠。煮面水里的淀粉能促进并稳定乳化的酱汁。如果没有它，奶酪容易结块变成一坨坨像浆糊一样的东西。为了补偿家里煮面水缺少的淀粉量，在将碎奶酪拌入意大利面前加一点儿玉米淀粉即可。这样的白酱单吃很美味，搭配任何当季的时令蔬菜或香味蔬菜都很棒。我们来看看接下来的几组衍生变化吧。

清爽白酱意大利宽面

LIGHTER FETTUCINE ALFREDO

4 人份

佩克里诺羊奶奶酪 57 克（2 盎司），磨碎（约 1 杯），预留一些上菜时用
玉米淀粉 1/2 小勺
无盐黄油 4 大勺，切成大块
现磨黑胡椒碎适量
鲜奶油 1/2 杯
意大利宽面 454 克（1 磅）
新鲜细香葱或荷兰芹 2 大勺，切末
犹太盐适量

1. 在碗里均匀混合奶酪与玉米淀粉，放入黄油、1/2 小勺黑胡椒和鲜奶油。（图 1、图 2）将一大锅加盐的水煮沸。
2. 意大利面下锅煮至弹牙且里面还有点硬，约 1.5 分钟。沥干后留下 2 杯煮面水备用（剩余煮面水倒掉）。将沥干的意大利面倒回锅里，放入混合好的奶酪碎与玉米淀粉，并倒入 1 杯煮面水。以中火加热并持续搅拌直到酱汁开始变得浓稠且能裹住意大利面，约 2 分钟。（图 3）视情况加点煮面水调整酱汁至喜欢的浓稠度和质感。拌入香草碎，依个人喜好以盐和黑胡椒碎调味即可上桌（图 4），配上预留的奶酪碎。

1

2

3

4

快速香浓白酱意大利面佐豌豆、意式火腿与芝麻叶

QUICK CREAMY PASTA WITH PROSCIUTTO, PEAS, AND ARUGULA

省去细香葱。倒入一半的煮面水（1 杯）后，拌入 1 杯解冻好的冷冻豌豆、85 克（3 盎司）切成细条状的意式火腿和 3 杯放满的松散的芝麻叶，再依指示步骤完成。

快速香浓白酱意大利面佐柠檬皮屑与迷迭香

QUICK CREAMY PASTA WITH LEMON ZEST AND ROSEMARY

省略细香葱。将 1 小勺柠檬皮屑和 1 大勺切碎的新鲜迷迭香拌入黄油与鲜奶油里，再依指示步骤完成。

奶酪通心粉

无论接受过多少烹饪训练，用过多少高级食材或吃了多少家豪华餐厅，我认为没什么能比得上享受一份美味十足又充满儿时乐趣的奶酪通心粉。

当通心粉从蓝色包装盒取出来时（尤其是那一瞬间），对这浓稠、满满奶酪咸香味的意面，谁不充满欢喜之情？对我而言——我觉得对很多人来说——这是无法抹灭的记忆，也是非常强烈的记忆。

最吸引我的是它的质感。我吃过的奶酪通心粉，没有任何一款能和“卡夫经典”（Kraft original）奶酪通心粉一样丝滑柔顺。但更确切地说，它在风味上的确还有些没有满足期待的地方。我们的终极目标奶酪酱，是拥有蓝盒子里那种奶香醇厚、质地浓稠的质感，又有真正奶酪的复杂风味。

拜托，别想了！

奶酪会化开，对吧？干脆把切达奶酪丢进意面锅里，加热到化开变成酱？任何尝试过的人都会告诉你：奶酪会分解，油脂聚集成一层浮在水面上，还带着一坨坨又黏又硬的奶酪丝。真不是美观的画面。

为了理解这个现象是怎么发生的，我们先看一下奶酪的组成成分。

- **水**：不同奶酪的含水量也不同。新鲜奶酪，像蒙特利杰克（Monterey Jack）、新鲜切达和莫札瑞拉的含水量较高，最高能达80%。奶酪熟成的时间越长就会流失越多水分，质地也因此变硬。知名的硬质奶酪如帕玛森和佩克里诺羊奶奶酪，经过几年的熟成时间，含水量会降至30%。
- **乳脂**：以极微小的球体状悬浮于结实的蛋白分子束的基质里，并散布于硬质奶酪中（等一下详细解释）。当在32.2℃（90 ℉）以下时，乳脂为固体。由于乳脂是悬浮状态，这些极小的球体并不会因彼此接触而形成更大的球体。奶酪能保持浓稠或碎屑状，而不油腻。
- **蛋白分子束（Protein micelles）**为乳蛋白的球状聚集体。单一乳蛋白［主要有四种相似的分子称为酪蛋白（caseins）］长得像蝌蚪，有具备疏水性（hydrophobic）的头部和具备亲水性（hydrophillic）的尾巴。好几千个蛋白的球形头部会聚集成束，保护疏水的头部并将亲水的尾端暴露在有水环境里。这些分子束彼此组成长链，组成奶酪的基本架构。
- **盐与其他调味料**组成奶酪的其他部分。盐分对奶酪的质地有深刻的影响——较咸的奶酪在结块压制前会流失较多水分，因此变得比较干而扎实。奶酪中其他有味道的化合物，大部分为特别加入的细菌和熟成时的副产品。

高品质的熟成奶酪，所有成分皆经过细心呵护而达到稳定的平衡。不过，热能会轻易推翻一切。一开始，情况看起来很顺利——奶酪慢慢软化，越来越接近液态。在达到32.2℃（90 ℉）的一瞬间，液态的脂肪开始聚集，形成一摊摊油腻的小池，并和水分以及蛋白质分离。继续搅拌化开的奶酪时，那些被困在尚未蒸发的水分里的蛋白质在钙质的帮助之下，彼此黏连成又长又纠结的细丝，形成在奶酪条里或拉开莫札瑞拉奶酪时会看到的那种有弹性的凝乳。那曾经完整的美好物质，现在已经完全分解成脂肪、蛋白质和水，除非你有价值5000美元的均质器（homogenizer）在手，否则它们再也无法“复合”了。

像美式奶酪和Velveeta牌奶酪这些产品，除了额外的水分和蛋白质以外，还添加了稳定剂维持形态。用微波炉加热一小片美式奶酪片和一块超浓郁熟成切达奶酪，美式奶酪片能保持顺滑的外表，切达奶酪则会分解。也许我们可以从前者身上学到点东西。

美式奶酪（左）含有化学盐分，能促进奶酪顺滑地化开。切达奶酪（右）在化开过程中分解。

制作顺滑有光泽而不黏腻牵丝的奶酪酱有三件事情要做：

- 防止脂肪球析出并聚集；
- 加入水让质地变稀；
- 想出不让蛋白质分解、聚集成细丝状的方法。

好，那该如何达成？幸运的是，对我们来说“发生过的，必定重演”，我不想要奶酪一下子由固体变成液体。我想让奶酪随着时间慢慢软化，而淀粉就是我用来做增稠剂和稳定剂的不二选择。

有些奶酪酱食谱使用贝夏梅酱——一种用面粉增稠过的以牛奶为基础的酱汁——作为基底。但是，我不喜欢用这种做法做出的成品的质地（奶酪的贝夏梅酱很柔顺但不黏稠）和风味（还是会尝到一点儿面粉味）。像玉米淀粉这种较为纯粹的淀粉能帮助我们在烹调道路上朝正确的方向前进，然后使用淡奶取代一般牛奶（或鲜奶油）就搞定一切了。

以贝夏梅酱为基底的酱汁和使用纯淀粉以及淡奶制作的酱汁有什么不同？

看到了吗？在淀粉和淡奶混合物的加热过程中，淀粉分子会膨胀，让酱汁变得更浓稠，淡奶则为酱汁增添浓缩的乳蛋白。这会让整个混合物维持顺滑乳化的质地，慢慢变成细腻浓郁的酱汁。混合玉米淀粉最简单的方法就是与磨碎的奶酪拌匀，这样当奶酪入锅时，玉米淀粉已经分散至无法让奶酪形成讨人厌的凝块。想要让酱汁更具光泽感？在奶酪里混入一些美式奶酪片，它们带来的强力乳化介质能让酱汁光亮得像镜子一样。

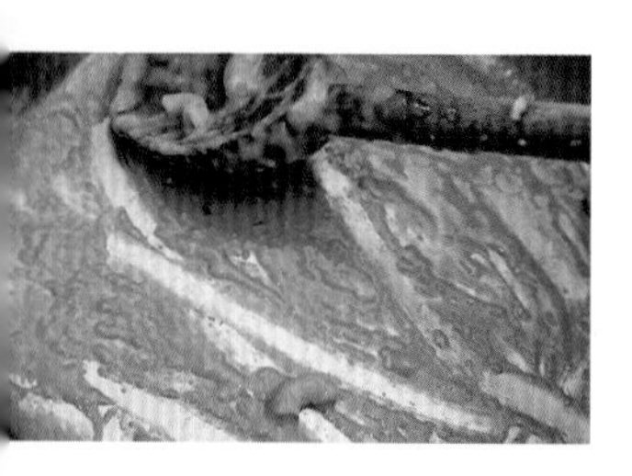

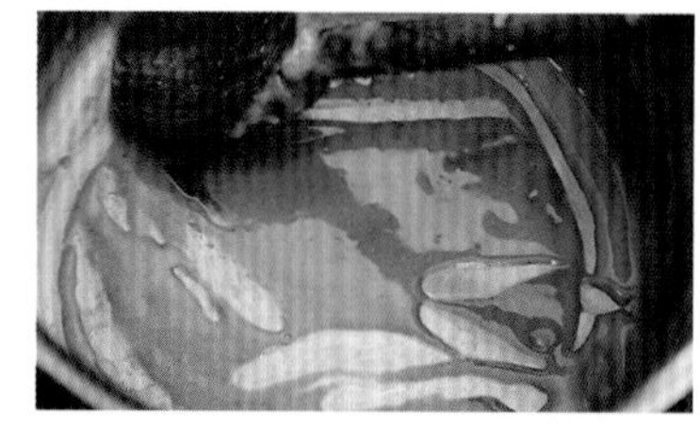

调好的酱汁本身很好，但在加入意大利面之后，它却无法像我想象的那样附在面条上。为了解决这个问题，我加了几颗蛋。煮酱汁时，蛋白里又长又弯的蛋白质分子会慢慢变性，彼此分开又互相连结，使增稠的酱汁本质上变成一种非常松散的卡仕达酱。蛋液为酱汁增添的附着能力真的挺惊人的。

最棒的部分是什么？根本不必另起一锅做奶酪酱。一旦意大利面煮好，只要把酱汁食材全部丢进锅里，以炉火加热搅拌直到酱汁自然形成。本章的奶酪通心粉食谱只比加热现成的蓝盒子通心粉复杂约 10%（唯一额外的步骤是称量一下几样食材的分量），而且还更好吃。

| 专栏 | 为什么奶酪通心粉无法重新加热？

奶酪通心粉以难以重新加热出名。加热会使其变成满是颗粒、黏稠又破碎、看了就让人倒胃口的大灾难，而不再是顺滑浓郁的酱汁。这全部都是意大利面的错。我们已经知道要做出稳定的奶酪酱需要小心翼翼地平衡乳脂与水分，再借助一些乳化介质让脂肪和水分和平共处。即使意大利面在放入酱汁前已经煮熟，面条依然具有松散、海绵状的结构，能继续在隔夜冷藏时吸收水分。就是这个原因完全打破了酱汁的平衡，结果就是酱汁再加热时会释放出太多油脂。

有解决办法吗？有的！只要把水再加回去就行了。最好的方法其实是加几小勺牛奶，因为牛奶含有脂肪、蛋白质、糖、水等物质。牛奶里的水分能调整酱汁中乳脂与水分的比例，其中的蛋白质能帮助酱汁再次乳化，只要在加热时持续搅拌就行了。通心粉一定会比一开始时的状态更黏糊，不过有时候软烂的通心粉也不完全是件坏事。

奶酪表

影响各种奶酪化开难易度的因素非常多，包括奶酪的制造过程和化学组成，但最重要的还是熟成度。新鲜湿润的奶酪会比较干的陈年奶酪化开得好。不过奶酪到底是怎么化开的？大部分奶酪均加入细菌和凝乳酶[9]制成。细菌会消耗糖分，产生酸性的副产品。除了增添风味，这些酸和凝乳酶会造成牛奶里的蛋白质（主要是酪蛋白）变性。想象一下每个蛋白质分子都是一捆慢慢被解开的细线，被解开的线越多就越容易和其他的细线纠缠在一起，这正是奶酪里发生的现象。打结的蛋白质细线彼此缠绕形成一个稳定的基质，构成了奶酪的主体结构。而困在这基质里的正是微小的固态脂肪与水分。

奶酪加热时，最先化开的一定是乳脂，在 32.2℃（90 ℉）左右时就会开始化开。你有没有注意到奶酪加热太久，表面会形成小小的圆球？这些小圆球其实就是乳脂。继续加热奶酪，乳脂里的蛋白链最后会断开，乳脂就会像液体一样四散开。化开的温度依奶酪种类而有所不同，像 Velveeta 牌这样的奶酪是极容易化开且湿润的再制奶酪，只要 48.9℃（120 ℉）就会化开了；而像熟成的帕玛森奶酪这类相当干燥的奶酪，则要达到 82.2℃（180 ℉）左右才可以。一旦太多蛋白质结构遭到破坏，一粒粒单独微小的脂肪和水滴就会聚集，并逃离蛋白质基质，使得奶酪完全分解。像菲塔或哈罗米这类奶酪，它们的蛋白质结构紧密到任何程度的热能都无法使其分解或化开。有一种奶酪则是添加了乳化剂，以确保奶酪在低温时仍能化成顺滑的质地但不至于分解。就是在说你，美式奶酪！还有其他的一些奶酪需要借助食谱里的其他食材来保持均匀稳定。

下面的表格列出了常见且容易买到的奶酪，并归纳出它们的化开特性和最佳使用方法。

---

⑨凝乳酶，Rennet，是一种由小牛胃壁萃取出的酶，而现代越来越由植物来源萃取。没错，大部分的奶酪都不是素的。

表 26　常见奶酪的最佳使用方法

奶酪名称	切片 / 直接吃	腌渍	油炸	烤
美式 American				
美式莫恩斯特（莫恩斯特）American Munster（Muenster）	√			
艾斯阿格（新鲜）Asiago（young）	√			
艾斯阿格（熟成 1 年以上）Asiago（aged over 1 year）	√			
布里 Brie	√			
卡柏瑞勒斯（蓝纹）Cabrales（blue）	√			
卡蒙贝尔 Camembert	√			
切达（新鲜）Cheddar（young）	√			
切达（熟成 1 年以上）Cheddar（aged 1 year or more）	√			
科尔比 Colby	√			
康堤（康堤格吕耶尔干酪）Comté（Gruyère de Comté）	√			
柯提加 Cotija				
丹麦蓝纹 Danish Blue	√			
本地或丹麦芳提娜 Domestic or Danish Fontina	√			
大孔（或瑞士奶酪）Emmental（or Swiss cheese）	√			
菲塔 Feta	√	√		
福尔姆 - 当贝尔（蓝纹）Fourme D'Ambert (blue)	√			
戈贡佐拉 Gorgonzola	√			

弄碎	磨碎擦丝	化开特性	产地	乳种	口味
		√	美国	牛乳	奶味非常淡、咸（非常容易化开）
		√	美国	牛乳	较淡、顺滑
		√	意大利	牛乳	浓烈、奶香味
√	√		意大利	牛乳	浓郁、坚果香、较咸（类似帕玛森）
		√	法国	牛乳	强烈香气、顺滑
√		√（未熟成时）	西班牙	牛乳、绵羊乳或山羊奶乳	咸、有怪味
		√	法国	牛乳	强烈香气、顺滑
	√	√	英国 / 美国	牛乳	些许坚果香、顺滑
√	√		英国 / 美国	牛乳	坚果香、较强烈鲜明
√	√	√	美国	牛乳	柔和、顺滑（类似新鲜切达）
	√	√	法国	牛乳	浓烈坚果香、鲜美
√	√		墨西哥	牛乳	奶香、清新
√			丹麦	牛乳	奇特香味
	√	√	美国 / 丹麦	牛乳	略带坚果香
	√	√	瑞士（或北美一些国家、新西兰或其他国家）	牛乳	坚果香、浓郁
√			希腊	绵羊乳、山羊乳或牛乳	咸味重
√			法国	牛乳	咸而浓烈
√	√	√	意大利	牛乳	从柔和至强烈鲜明都有

续表 26

奶酪名称	切片 / 直接吃	腌渍	油炸	烤
高德干酪（新鲜）Gouda（young）	√			
高德干酪（熟成 1 年以上）Gouda（aged over 1 year）	√			
哈罗米 Halloumi	√		√	√
哈瓦地 Havarti	√			
意大利芳提娜 Italian Fontina	√			
林堡 Limburger	√			
曼彻格库拉多（熟成 3~6 个月）Manchego Curado 3（aged 3 to 6 months）	√			
曼彻格比耶侯（熟成一年以上）Manchego Viejo（aged over 1 year）	√	√		
梅塔格蓝纹 Maytag Blue	√			
蒙特利杰克 Monterey Jack	√			
莫札瑞拉 Mozzarella	√	√		
帕内尔 Paneer	√		√	√
帕玛森 Parmigiano-Reggiano	√			
佩克里诺 Pecorino Romano	√			
波罗伏洛 Provolone	√			
瓦哈卡 Queso Oaxaca	√	√		
潘尼拉（卡纳斯塔，菲瑞）Queso Panela（Queso Canasta，Queso de Frier）		√	√	√
罗克福（蓝纹）Roquefort（blue）	√			
斯蒂尔顿 Stilton	√			

弄碎	磨碎擦丝	化开特性	产地	乳种	口味
		√	荷兰	牛乳	柔顺、有点浓郁
√	√		荷兰	牛乳	浓郁、坚果香、较咸（类似帕玛森）
			塞浦路斯	山羊乳、绵羊乳、牛乳	奶味较淡、咸
		√	丹麦	牛乳	些许坚果香、顺滑
		√	意大利	牛乳	浓烈、咸、坚果香
			德国	牛乳	强烈香气、顺滑
		√	西班牙	绵羊乳	些许青草香、顺滑
√			西班牙	绵羊乳	浓郁、青草香、咸
√	√		美国	牛乳	稍咸、坚果香、些许蓝纹奶酪风味
	√	√	美国	牛乳	较淡、些许坚果香（极易化开）
	√	√	意大利	牛乳	口感顺滑、清爽
√			印度	牛乳	奶香、清新
	√		意大利	牛乳	奇特香味
	√		意大利	绵羊乳	顺滑、清新
	√	√（未熟成时）	意大利	牛乳	从柔和至强烈鲜明都有
		√	墨西哥	牛乳	奶香、清新
√	√		墨西哥	牛乳	口感较淡、口感顺滑
√	√		法国	绵羊乳	非常咸、些许蓝纹奶酪风味、青草味
√			英国	牛乳	非常咸、些许蓝纹奶酪风味

极度黏稠不用烤箱的奶酪通心粉

ULTRA-GOOEY STOVETOP MAC 'N' CHEESE

1

2

3

4

5

笔记：

使用或是混入易化开的奶酪，像是美式奶酪、切达、杰克、芳提娜、新鲜瑞士奶酪、格吕耶尔、莫恩斯特、新鲜波罗伏洛或新鲜高德干酪（见 pp.708—711“表 26　常见奶酪的最佳使用方法”）。要重新加热时，放几小勺牛奶，以中小火加热并轻轻搅拌。

4~6 人份

弯管通心粉（elbow macaroni）454 克（1 磅）
犹太盐适量
340 克（12 盎司）罐装淡奶（evaporated milk）1 罐
大型鸡蛋 2 个
法兰克红辣椒酱或其他辣酱 1 小勺
黄芥末粉 1 小勺
特别浓郁的切达奶酪 454 克（1 磅），磨碎（见上文“笔记”）
美式奶酪 227 克（8 盎司），切成 1.3 厘米（1/2 英寸）见方的小块（见上文“笔记”）
玉米淀粉 1 大勺
无盐黄油 8 大勺（1 条），切成 4 大块

1. 将通心粉放入大型深平底锅里，倒水超过食材 5.1 厘米（2 英寸）。撒一大把盐并以大火煮沸，适时搅拌避免通心粉粘连。盖上盖子后离火闷至通心粉面心还有点硬，约 8 分钟。
2. 在闷的同时，在碗里拌匀淡奶、鸡蛋、辣酱和芥末粉。将奶酪碎和玉米淀粉放入一个大碗，混合均匀。
3. 捞起通心粉沥干后放回锅里。开小火，放入黄油搅拌至化开。（图 1）倒入淡奶混合物和奶酪混合物，持续拌煮至奶酪完全化开、酱汁质地顺滑。（图 2—图 5）依喜好以盐和辣酱调味即可上桌，亦可撒上面包糠。

不用烤箱奶酪通心粉佐火腿与豌豆

STOVETOP MAC 'N' CHEESE WITH HAM AND PEAS

在步骤 3 倒入淡奶和奶酪混合液时，一并倒入 1 杯切丁炒香的火腿和 1 杯解冻好的冷冻豌豆。

不用烤箱奶酪通心粉佐培根与腌渍墨西哥辣椒

STOVETOP MAC 'N' CHEESE WITH BACON AND PICKLED JALAPEÑOS

6 条培根切为宽 1.3 厘米（1/2 英寸）的小片，放入大型煎锅里，倒入 1/2 杯的水，以中火搅拌煎至培根变得酥脆。将培根和逼出的油脂放入小碗中备用。依照不用烤箱奶酪通心粉的食谱步骤，将黄油减量至 6 小勺并拌入培根与油脂，在步骤 3 倒入淡奶和奶酪混合液时，一并加入 1/4 杯腌渍的切丁的哈雷派尼奥辣椒。

不用烤箱奶酪通心粉佐西蓝花与花椰菜

STOVETOP MAC 'N' CHEESE WITH BROCCOLI AND CAULIFLOWER

于步骤 3 倒入淡奶和奶酪混合液时，一并拌入焯烫后的 1 杯西蓝花与 1 杯花椰菜。

不用烤箱至尊比萨风奶酪通心粉

STOVETOP MAC 'N' CHEESE SUPREME PIZZA–STYLE

将食谱中一半的切达奶酪换成莫札瑞拉奶酪。在完成的奶酪通心粉里，拌入 28 克（1 盎司）磨碎的帕玛森奶酪、227 克（8 盎司）切丁的熟意式香肠、1/4 杯切成 1.3 厘米（1/2 英寸）丁状的美式腊肠（pepperoni）、113 克（4 盎司）切成 1.3 厘米（1/2 英寸）丁状的猪杂肉肠或意大利腊肠、1 杯大略压碎并沥干的罐头番茄、1/4 杯去核黑橄榄、1/4 杯切丁的意式腌渍青辣椒（peperoncini）。最后撒上切碎的罗勒，并淋上特级初榨橄榄油。

不用烤箱奶酪通心粉佐青辣椒与鸡肉

STOVETOP MAC 'N' CHEESE WITH GREEN CHILE AND CHICKEN

以胡椒杰克奶酪（pepper Jack）取代切达奶酪。在完成的奶酪通心粉里，拌入 2 杯鸡肉丝（隔餐剩下的或超市卖的烤鸡均可）、99 克（$3\frac{1}{2}$盎司）罐头青辣椒切丁（或 1/2 杯烤过的新鲜青辣椒）、1 杯绿番茄莎莎酱，撒上切碎的芫荽和青葱即可。

奶酪辣肉酱通心粉

CHEESY CHILI MAC

这里有一个很重要的问题：为什么从来没有使用超级黏稠的奶酪酱做的辣味通心粉？既然已经有了“简易工作日晚间牛绞肉辣酱”（见 p.251）和“极度黏稠不用烤箱的奶酪通心粉”（见 p.712）这两份食谱，要做出浓郁的辣味奶酪通心粉就很简单了。只要将这两份食谱的东西拌在一起，放入焗烤碗，再撒上一堆奶酪，然后拿去烤好就完成了。

4~6 人份

无盐黄油 8 大勺（1 条）
中型洋葱 1 个，以四面刨丝器最大孔刨成粗丝（约 3/4 杯）
大型蒜瓣 1 粒，切细末或磨成 2 小勺的蒜泥
干牛至叶 1/2 小勺
犹太盐适量
罐装阿斗波酱腌奇波雷辣椒 2 个，切细末
鳀鱼 1 条，以叉子背面压成泥
辣椒粉 2 大勺（或 1/4 杯辣酱，见 p.249）
孜然粉 $1\frac{1}{2}$ 小勺
番茄膏 1/4 杯
新鲜牛肩绞肉 454 克（1 磅）
397 克（14 盎司）去皮全粒番茄罐头 1 罐，沥干后切成 1.3 厘米（1/2 英寸）块状
425 克（15 盎司）黑腰豆罐头 1 罐，沥干
自制鸡肉高汤或罐装低盐鸡肉高汤 1 杯（或是用水取代）
现磨黑胡椒碎适量
弯管通心粉 454 克（1 磅）
340 克（12 盎司）罐装淡奶 1 罐
大型鸡蛋 2 个
法兰克红辣椒酱或其他辣酱 1 小勺
黄芥末粉 1 小勺
美式奶酪 227 克（8 盎司），切成 1.3 厘米（1/2 英寸）小块
特别浓郁的切达奶酪 567 克（$1\frac{1}{4}$ 磅），磨碎
玉米淀粉 1 大勺
帕玛森奶酪 1/2 杯，磨碎
新鲜荷兰芹或青葱 2 大勺，切碎

1. 在大型铸铁荷兰锅里，以中大火化开两大勺的黄油。下洋葱丝、大蒜末、干牛至叶和一撮盐，拌炒至洋葱呈淡金棕色，约 5 分钟。放入奇波雷辣椒末、鳀鱼泥、辣椒粉和孜然粉炒香，约 1 分钟。下番茄膏拌炒均匀，约 1 分钟。加入牛肩绞肉，以木勺将肉压分为小块，并持续搅拌直到肉不再有生肉的粉色（不要棕化），约 5 分钟。
2. 倒入番茄块、黑腰豆和鸡肉高汤，以盐和黑胡椒碎调味并搅拌均匀。煮滚后转小火炖煮，偶尔搅拌直到香味溢出且汤汁变得浓稠，约 30 分钟，离火备用。
3. 炖煮汤汁的同时，将通心粉放入大锅里，倒水超过食材 5.1 厘米（2 英寸）。撒一大把盐并以大火煮沸，适时搅拌避免通心粉粘连。盖上盖子后离火闷至通心粉仍有硬度并保有一点儿面心，约 8 分钟。
4. 在闷的同时，在碗里拌匀淡奶、鸡蛋、辣酱和芥末粉。将美式奶酪块、454 克（1 磅）的切达奶酪碎和玉米淀粉在另一个大碗里混合均匀。
5. 将烤架移至烤箱加热管下 20.3 厘米（8 英寸）处，以高温预热烤箱。捞起煮好的通心粉沥干后放回锅里。开小火，加入剩下的 6 大勺黄油搅拌至化开。倒入混合均匀的淡奶和奶酪，持续拌煮至奶酪完全化开、酱汁温热而顺滑。
6. 煮好的炖辣肉酱拌入奶酪通心粉，移至大型焗烤碗里（或两个小烤碗）。撒上剩下的切达奶酪与帕玛森奶酪，用上火烤至颜色金黄冒泡，约 5 分钟。静置 5 分钟后，撒上荷兰芹碎即可。

母酱 5：
波隆那肉酱

我从小所认识的波隆那肉酱就是基础番茄红酱加上 454 克（1 磅）牛绞肉。不难吃，但算不上真正的美味（见 p.695，有更好的“周末晚餐意大利肉酱面”）。真正的波隆那肉酱是肉酱之王。丰富、浓郁、饱胃、暖心、抚慰灵魂、美味至极，这些都是波隆那肉酱的形容词（6 个形容词，我至少会用上 5 个）。提到波隆那肉酱，就会有许多迷思和为数众多的传统做法，如果试着要一一破解它们并理出一个“正宗”的版本，会得罪至少半数的北意大利的奶奶们。加不加牛奶？该用哪种肉？加哪种葡萄酒——红的还是白的？

我无法保证自己的做法是最正宗的，但是，下面是我自己得出的这些问题的答案。

肉很重要

虽然肉的具体混合比例和选用部位会因掌厨人而异，但我喜欢混合 3 种肉：羊绞肉（牛绞肉也行），有着浓郁的香味；猪绞肉，有着味道柔和的脂肪；小牛绞肉，内含丰富的胶质且肉质软嫩（更多关于绞肉的讨论，请见 pp.516—517）。有些人喜欢将肉先棕化再炖煮，然而，我觉得煎过的肉会大幅降低它的质感，让肉质变得又硬又柴，不再鲜嫩多汁。肉酱已经浓缩了丰富的味道，其实没必要为了追求风味而先煎肉。

除了绞肉以外，我喜欢再加点鸡肝。按照传统做法，为了特殊场合制作的波隆那肉酱都会加鸡肝。坦白地说，如果要花很多时间做这么复杂的酱汁，那不管什么场合都必须“当成”特殊场合。用食物料理机把鸡肝绞碎能帮助它们完全融入酱汁，使酱汁有鸡肝的风味但不会让人看到一块块的鸡肝而感到不舒服。

波隆那肉酱实际上起到提鲜的作用，我多加了几样“鲜味炸弹”来丰富层次。常用的提鲜食材为：鳀鱼、马麦酱和酱油，加在一起就是谷氨酸“发电厂”。刚开始炖煮时先放几块意式培根，最后滴一点儿泰式或越南鱼露就加入了另一元素：肌苷酸，一种可以帮助谷氨酸增加食物鲜味的天然化合物（见 p.235，“谷氨酸与肌苷酸——‘鲜味炸弹’”）。别担心，吃起来不会有怪怪的鱼味！

调制酱汁

波隆那肉酱并非只有番茄红酱和绞肉。其实有些食谱（像是经典的 *Silver Spoon*[10] 食谱书中极端简易的版本）根本没用上番茄，或可能就是挤一点儿番茄膏。不过我喜欢番茄为酱汁带来的酸甜风味，但仍会尽量避免完成时还有大块的番茄。先从基础红酱开始，把番茄打成顺滑的番茄糊，这样在炖煮时它就能完全融入绞肉里。

至于葡萄酒，白葡萄酒或红酒都一样可行——在炖煮几小时后，其实味道惊人地相

---

⑩ *Silver Spoon*，《银勺子》。——译注

似——只要是未经橡木桶熟成（unoaked）的干型葡萄酒均可。唯一的重点是在加入其他液体前将酒收干（见下方“收干葡萄酒真的有必要吗？”）。低盐鸡肉高汤占了酱汁液体大部分的比例，还有牛奶和鲜奶油——两种更有争议的食材。最早的波隆那肉酱似乎不加乳制品，但到了当代，几乎我看过的每种做法都会加入某种形式的乳制品。不过，我喜欢乳制品为最终成品带来的质地和浓郁口感。说到口感，给你一个小诀窍：在鸡肉高汤里溶入一小包明胶粉，能让酱汁更有分量。

收汁，收汁，收汁！

当所有食材都已在锅里，剩下的步骤就是炖煮收汁。这是一个神奇的、美好的、偶尔烦人的过程。当葡萄酒收干、绞肉变得软嫩、蔬菜融入酱汁时，满屋子的香气甚至能让附近邻居都闻香而来。但是，看着肉酱收干可能会让人有点苦恼：一开始的酱汁湿润顺滑，当温度渐渐升高，绞肉、黄油和鲜奶油丰富的油脂慢慢渗出，在酱汁表面形成砖红色的浮油。浮油会越来越多直到覆盖整个酱汁，然后你可能会想着：“我该处理一下了。”

但是，先不要拿起网勺！慢慢炖煮时，液体里溶解的固体会变得越来越集中，使酱汁最后浓稠到能再次吸收表层的油脂，再变回细腻、浓郁、乳化好的酱汁。

好好利用面条

波隆那肉酱（见 p.722）很适合搭配宽面（pappardelle）或宽扁面（tagliatelle）这类又宽又厚的意大利面。然而，我最喜欢的方式是做成传统的波隆那肉酱千层面（见 p.725）。就算只做了一锅波隆那肉酱，你一样也已经搞懂了制作肉酱的基本概念（举例来说，见 p.722 的“新鲜意大利面佐番茄猪肉酱”）。其实，追根究底也只有几个关键。第一，绞肉不要先煎到棕化。煎的时间短可以让肉保持软嫩。就像炖辣肉酱一样，时间长了不软嫩。煎大块的肉就软嫩。第二，利用“鲜味炸弹”（酱油、马麦酱、鳀鱼、腌肉和鱼露）增添酱汁风味。第三，慢慢收汁，使其柔顺，让风味融合。

| 专栏 | 收干葡萄酒真的有必要吗？

为什么在加高汤前一定要把葡萄酒收干？酒精在长时间炖煮后不是都会挥发掉吗？其实并非如此。

酒精的沸点比水低（两者分别是 78.3℃和 100℃，即 173 ℉和 212 ℉），但是，在炉灶上的锅里把酒精全部蒸发掉几乎是不可能的。这是因为当酒精和水混在一起时，酒精会降低水的沸点。水分子就像微小的磁铁一样，每个分子都有两条腿和另一个分子的头部吸在一起。像叠罗汉一样彼此堆叠后形成一种很难解开的半刚性结构（semi-rigid pattern）。加入一点儿乙醇分子，这个结构会因此变得摇摇欲坠（你在喝醉时玩过叠罗汉吗？）。乙醇分子会介入水分子之间，让水分子彼此的连结不再紧密。如此一来，单独的水分子很容易就能逃离液体表面而蒸发到空气中。

把一锅带有5%酒精的液体煮沸，释放出的蒸汽中其实超过六成是水。把酒精含量降到2%，释放出的蒸汽中几乎九成都是水。"液体中要移除的酒精越多，去除酒精的难度就越高。"也就是说，如果要去除锅里所有的酒精就必须把液体煮到几乎什么都不剩。

所以，要避免煮出酒味太重的酱汁，最好的方法就是先加葡萄酒或烈酒，让它明显收汁以后，再加入剩下的液体食材来稀释最后留下的微量酒精。

对了，那些担心成品里含有少量酒精的人也别太担心。只要在倒入高汤前好好收干葡萄酒，最后成品里的酒精含量会比一个最普通的酵母面包中的还少！

终极波隆那肉酱

THE ULTIMATE BOLOGNESE SAUCE

笔记：

意大利培根（Pancetta）是指未经烟熏的意大利培根，可以用未烟熏的美式培根或是意大利生火腿替代。若要做没有小牛肉的波隆那肉酱，则将羊肉与牛肉的量增加为907克（2磅），再多加一包明胶粉。

8~10 人份，约 2.3 升（$2\frac{1}{2}$ 夸脱）

鸡肝 113 克（4 盎司）
鳀鱼 4 条
马麦酱 1 小勺
酱油 1 大勺
全脂牛奶 2 杯
鲜奶油 1/2 杯
自制鸡肉高汤或罐装低盐鸡肉高汤 2 杯
明胶粉约 7 克（1/4 盎司，1 小包）
特级初榨橄榄油 1/4 杯
中型大蒜 4 粒，切细末或磨成 4 小勺的蒜泥
干牛至叶 2 小勺
干辣椒片 1 大撮（可省略）
794 克（28 盎司）去皮全粒番茄罐头 1 罐，以手或压泥器压碎为约 1.3 厘米（1/2 英寸）的块状
意大利培根 113 克（4 盎司），切成 1.3 厘米（1/2 英寸）见方的大块（见上页“笔记”）
大型洋葱 1 个，切丁（约$1\frac{1}{2}$杯）
胡萝卜 2 条，去皮并切成 0.6 厘米（1/4 英寸）方丁（约 1 杯）
芹菜 3 根，切成 0.6 厘米（1/4 英寸）方丁（约 1 杯）
无盐黄油 4 大勺
羊绞肉 454 克（1 磅）（或 85% 瘦肉、15% 油脂的牛绞肉）
猪绞肉 454 克（1 磅）
小牛绞肉 454 克（1 磅）
新鲜鼠尾草 1/2 杯，切碎
干红葡萄酒或干白葡萄酒 1 瓶（750 毫升）
月桂叶 2 片
新鲜罗勒叶 1/2 杯，切末
新鲜荷兰芹 1/2 杯，切末
鱼露 1 大勺
帕玛森奶酪 57 克（2 盎司），磨碎（约为 1 杯）
犹太盐和现磨黑胡椒碎各适量

1. 鸡肝、鳀鱼、马麦酱和酱油用食物料理机打碎，短按点动键约 10 下。移至碗里备用。混合牛奶、鲜奶油和鸡肉高汤，撒上明胶粉后备用。
2. 在中型料理锅里以中大火加热 2 大勺橄榄油直到产生油纹。拌炒大蒜末、干牛至叶与干辣椒片直到香味冒出，约 1 分钟。倒入罐头番茄与里面的汤汁，以大火煮滚后转小火炖煮，适时搅拌直到酱汁变得浓稠，收干到约 4 杯的量，约炖 30 分钟。
3. 在煮番茄红酱的同时，在荷兰铸铁锅或料理锅里加热 2 大勺油，以中大火将意式培根炒软、油脂呈半透明，约 6 分钟。（图 1）下洋葱丁、胡萝卜丁、芹菜丁拌炒直到食材软化但未上色，约 10 分钟。（图 2）移至大碗里备用。
4. 将铸铁锅移回炉上，转中大火，下黄油加热到化开后冒泡平息。加入羊绞肉、猪绞肉、小牛绞肉与鼠尾草碎，拌炒直到肉不再带有生肉的粉色（不要炒至上色）。放入混好的鳀鱼碎末拌炒均匀，约 5 分钟。（图 3）放入意大利培根和蔬菜混合物搅拌均匀。（图 4）加入葡萄酒煮沸后，转小火煮，直到葡萄酒的量收干为原本的一半，约 15 分钟。
5. 在葡萄酒收汁时，以手持式搅拌棒将番茄酱汁打到顺滑。或以一般搅拌机由低速慢慢加至高速，打到酱汁质地顺滑。

6. 在铸铁锅里加入番茄酱、牛奶和淡奶油的混合物、月桂叶、一半的罗勒叶末和一半的荷兰芹末搅拌均匀。以大火煮沸后转小火炖煮，盖上锅盖并留点缝隙，适时搅拌直到酱汁浓稠，约 2 小时（一开始会很光滑细腻，接着表面会出现一层浮油，然后会随着收汁慢慢再次乳化）。（图 5—图 7）
7. 加入鱼露与帕玛森奶酪碎，持续搅拌到完全乳化。将盐和黑胡椒碎依喜好调味。离火静置冷却 30 分钟。（图 8）
8. 拌入剩下的荷兰芹末与罗勒叶末。波隆那肉酱以密封容器盛装可冷藏保存一周，而且越放味道越好。

新鲜意大利面佐波隆那肉酱

FRESH PASTA WITH BOLOGNESE SAUCE

4 人份

终极波隆那肉酱（见 p.719）5 杯
犹太盐适量
新鲜意大利面（宽扁面或宽面）1 磅（454 克）
帕玛森奶酪适量（上菜用），磨碎
新鲜罗勒叶适量（上菜用），随意撕碎或切碎

1. 以大型料理锅加热波隆那肉酱，保温备用。
2. 煮滚一大锅加盐的水。下新鲜意大利面煮至面心有点硬，约 1.5 分钟。沥干后保留约 1 杯的煮面水。
3. 意大利面和煮面水加入波隆那肉酱里，以大火煮开，搅拌直到面条均匀裹上酱汁。视情况加煮面水稀释至想要的浓度。盛进热碗中，撒上罗勒叶碎和奶酪碎即可上桌。

新鲜意大利面佐番茄猪肉酱

FRESH PASTA WITH PORK AND TOMATO RAGÙ

笔记：

意大利培根是指未经烟熏的意大利培根，可以用未烟熏的美式培根或是意大利生火腿替代。

6~8 人份

自制鸡肉高汤或罐装低盐鸡肉高汤 3 杯
明胶粉约 7 克（1/4 盎司，1 小包）
植物油 2 大勺
无骨猪肩肉 907 克（2 磅），切为 5.1 厘米（2 英寸）见方的大块
特级初榨橄榄油 2 大勺
无盐黄油 2 大勺
意大利培根 113 克（4 盎司），切成 1.3 厘米（1/2 英寸）见方的大块（见上文“笔记”）
大型洋葱 1 个，切丁（约$1\frac{1}{2}$杯）

1. 鸡肉高汤倒入碗里，撒入明胶粉后备用。
2. 在大型铸铁锅里，以大火加热植物油直到冒烟。下猪肉块不要拌炒，煎至两面焦黄后，移到大碗里，备用。
3. 大型铸铁锅移回炉上开中大火，以橄榄油和黄油将意大利培根炒软且油脂呈半透明，约 6 分钟。下洋葱丁、胡萝卜丁、芹菜丁拌炒直到把蔬菜炒软但没有上色，约 10 分钟。下洋葱丁、干辣椒片、迷迭香碎、鳀鱼碎、马麦酱和酱油拌炒至有香味，约 30 秒。倒入白葡萄酒煮沸后转小火，炖煮收汁直到葡萄酒收为原本一半的量，约 15 分钟。

胡萝卜 1 条，去皮并切成 0.6 厘米（1/4 英寸）方丁（约 1/2 杯）

芹菜 2 根，切成 0.6 厘米（1/4 英寸）方丁（约 3/4 杯）

中型大蒜 4 瓣，切细末或磨成 4 小勺的蒜泥

干辣椒片 1 大撮（可省略）

磨碎的新鲜迷迭香 3 大勺，可准备更多上菜用

鳀鱼 2 条，切碎

马麦酱 1 小勺

酱油 1 大勺

干白葡萄酒 1 瓶（750 毫升）

794 克（28 盎司）去皮全粒番茄罐头 1 罐，以手或压泥器压碎为约 1.3 厘米（1/2 英寸）见方的块状

月桂叶 2 片

鱼露 1 大勺

帕玛森奶酪 57 克（2 盎司），磨碎（约为 1 杯），可准备更多上菜用

犹太盐与现磨黑胡椒碎各适量

新鲜意大利面（宽扁面或宽面）680 克（$1\frac{1}{2}$磅）

4. 在葡萄酒收汁的同时，将四分之一的猪肉块移至食物料理机中大致打碎，短按点动键约 8 下，移至碗中，并重复步骤直到搅碎所有的肉。
5. 葡萄酒汁收干后，加入碎猪肉、番茄罐头及其汤汁、鸡肉高汤、月桂叶，以大火煮沸后转小火炖煮，半盖上锅盖，适时搅拌直到酱汁浓稠、猪肉完全软化，约 2 小时。
6. 加鱼露与帕玛森奶酪碎，持续搅拌到酱汁完全乳化。依喜好以盐与黑胡椒碎调味。离火保温。
7. 煮沸一大锅加盐的水。下新鲜意大利面煮至面心有点硬，约 1.5 分钟。沥干后保留约 1 杯的煮面水。将意大利面和煮面水加入番茄猪肉酱里，以大火煮沸，搅拌直到面条均匀裹上酱汁。视情况加煮面水稀释至想要的浓度。盛进热碗中，撒上更多的奶酪碎和迷迭香碎即可上桌。

料理实验室指南：
焗烤意大利面

有件事我一直想不通：制作千层面或烤直管通心粉时，为什么一定要先煮好意大利面？先煮好面、放进烤箱里再烤一遍不是自找麻烦？好的，这个问题的前半段有个再明显不过的答案：意大利面在烹煮的过程中需要吸收水分——很多的水分，面条煮到柔韧而有弹性的状态时，大概 80% 的重量都是水。所以，直接把生意大利面拿去焗烤，面条虽然会软化——但也会吸干酱汁里所有的水分，使其干燥分离。

重点是干意大利面是以面粉、水，偶而加点蛋做成的。本质上，意大利面就是由淀粉分子和蛋白质组成。淀粉分子会聚集成像迷你水球一样的颗粒(见p.731“淀粉如何变浓稠”)。这些分子在湿润的环境里加热时，会持续吸收越来越多的水分而膨胀软化。

与此同时，意大利面里的蛋白质也会变性，为面条增加弹牙口感（煮新鲜的含鸡蛋意大利面时，这种现象会更加明显）。煮到恰到好处的时候，蛋白质会赋予面条结实而柔韧的口感，淀粉已经微微软化，就在这种完美时刻把面条从水里捞出来。这种柔软又有嚼劲的口感可称为“弹牙”。

然而，谁又说吸收水分和蛋白质变性这两件事情一定得同时发生？亚历山大·塔尔博特（H.Alexander Talbot）和埃金·卡莫萨瓦在他们超棒的博客“*Ideas In Food*”（blog.ideasinfood.com）中问了他们自己这个最关键的问题。他们找到的答案是：不需要同时完成两个步骤。事实上，如果把还没煮的意大利面泡在温水里一段时间，面条吸收的水分会和用沸水煮的意大利面相同。

这是他们对于这个问题的看法：“捞起来（浸泡后）的面条保持了它们的形状，而且因为淀粉还没被激活，就算不另外加油，面条也不会粘连在一起。将一把面条放入加盐的沸水里，只要 60 秒就能把意大利面煮到完美的柔韧而有弹性的状态。”确实很有趣。

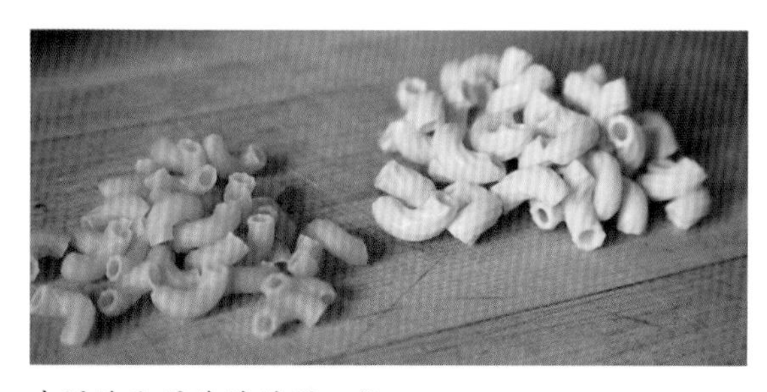

未浸泡和浸泡过的通心粉。

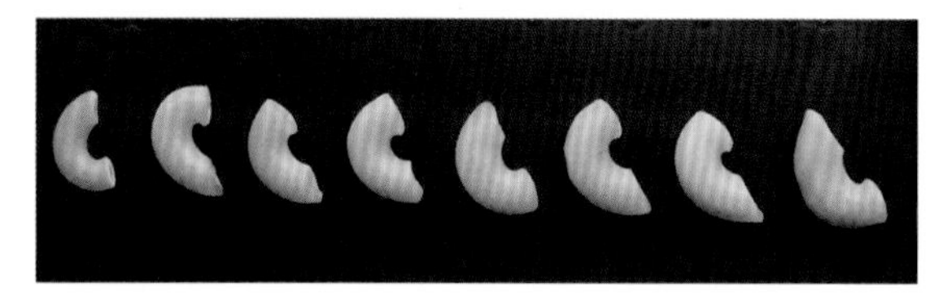

通心粉随浸泡时间的变化。

为了自己试试结果，我把通心粉倒入一碗温水里，每 5 分钟拿一个出来秤重，看看吸收了多少水分。30 分钟之后，通心粉吸取了和完全煮熟的通心粉等量的水分，而且还保持生的状态！

在 60 秒内快速煮好浸泡过的意大利面并不会让家庭厨师们太兴奋（将 8 分钟的烹煮时间变成 30 分钟的浸泡加上 1 分钟的烹煮——

其实没省下多少时间），但对餐厅厨师们来说，这是个非常有趣的应用。他们可以事先浸泡意大利面备用，然后随时准备煮熟。

而这对家庭厨师们真正的意义是：不论何时，想要做焗烤意大利面都不需要事先煮好面条。只要在煮酱汁时先浸泡面条，然后再混合两者就可以送入烤箱。由于意大利面已经吸取足够的水分，它们不会再抢走酱汁里的液体，而且烤箱的温度就足以把烤碗里的面条煮熟。同时试吃两种煮法的焗烤，你一定分不出来哪个是预先煮好的意大利面而哪个是用水浸泡的。思考一下这对制作千层面来说代表什么！我宁愿去做6种不同的牙科治疗也不要预先把千层面煮好。

传统波隆那肉酱千层面

TRADITIONAL LASAGNA BOLOGNESE

肉酱之王值得配上意大利面之母。从波隆那肉酱开始，叠上浓郁而带有肉豆蔻香的贝夏梅酱（besciamella，béchamel的意大利文，在法文中的意思就是白酱），再一层一层铺上用菠菜染绿的新鲜意大利面。我的版本不"完全"传统，因为我省略了菠菜，还偷偷在贝夏梅酱里加了一点儿莫札瑞拉奶酪。

1

2

3

4

5

6~10 人份

免预煮平板千层面 1 包（15 张）

无盐黄油 2 大勺

中筋面粉 2 大勺

中型大蒜 2 瓣，切细末或磨成蒜泥（2 小勺）

全脂牛奶 2 杯

全脂莫札瑞拉奶酪 227 克（8 盎司），磨碎

现磨肉豆蔻碎 1/4 小勺

犹太盐和现磨黑胡椒碎各适量

终极波隆那肉酱 1 份（见 p.719），预热备用

帕玛森奶酪 113 克（4 盎司）磨碎（约 2 杯）

切碎的新鲜罗勒叶或荷兰芹 2 大勺（或两者混合）

1. 将千层面放入 22.9 厘米 ×33 厘米（9 英寸 ×13 英寸）的烤碗里，倒入温水浸泡。每隔几分钟轻摇一次烤碗，防止千层面粘住，泡至稍微软化，约 15 分钟。
2. 在浸泡千层面的同时，在中型料理锅里以中大火加热黄油，适时搅拌直到不再冒泡，约 1 分钟。倒入面粉，搅拌至面粉呈淡金色、带有些许坚果味，约 1 分钟。加进大蒜末拌匀，不断搅拌，慢慢地倒入牛奶直到完全融合。煮到微沸（酱汁会慢慢变浓稠）成为贝夏梅酱，把火转小再加入莫札瑞拉奶酪碎和肉豆蔻，拌煮至奶酪完全化开。不停搅拌，再次煮沸后离火，用盐和黑胡椒碎依喜好调味，备用。
3. 沥干浸泡的千层面，单张摆在厨房纸巾上吸干水分。（图 1）
4. 烤架移至中低或最低的位置，以 190.6℃（375 ℉）预热。在烤盘底部铺上 1/6（约$1\frac{1}{2}$杯）的波隆那肉酱。淋上 1/6 的贝夏梅酱，并均匀撒上约 1/3 杯的帕玛森奶酪碎。在酱汁上平铺 3 张千层面（面条可能无法完全相接，没关系）。以剩下的食材重复以上步骤，烤盘会变得很满。（图 2—图 4）
5. 把铺了铝箔纸的大型带框平底烤盘放在烤箱的底层，用来接住溢出的酱汁。然后将千层面放在上一层开始烤。烤到一半时将烤盘换边，直到边缘开始变脆、表面开始冒出泡泡并变成金黄色，约 45 分钟。千层面从烤箱取出后静置冷却 10 分钟，撒上香草碎后即可上桌。（图 5）

滑嫩菠菜蘑菇千层面

带点寒意的秋天，凌晨两点，在我们纽约市的公寓里，我太太突然被一阵很大的碰撞声吵醒。

她拖着疲惫的身躯下床，睡眼惺忪地往卧室外走，差点踩到我们家的狗。我以为能不被惩罚而顺利溜走。不巧她走进厨房抓到我时，刚好一滴贝夏梅酱从我手指滴落到地板上。

“凌晨两点你到底在做什么？”她用她那“我没有大吼可是我很生气”的语气问我。

“呃……”我结结巴巴地回，“呃……”我知道如果我告诉她实情，她永远都不会再相信我，所以我决定用过去都很成功的老招，先给她一个借口再好好解释。“我睡不着！”这应该能满足她的好奇心。

“好，那你到底在做什么？为什么发出那么多噪音，为什么这里闻起来有贝夏梅酱跟奶油菠菜的味道？”

“这个嘛……我睡不着，所以我决定做个千层面。”

她眼神空洞地盯着我看了一会儿，然后，转身拖着脚步回房，嘴里咕哝着：“我到底嫁了个什么人啊？”

如果她那时多给我一点儿时间解释，我应该就能把罪责都推到“认真吃社群”成员“卡玛自由烹饪”（KarmaFreeCooking）的身上。她开了一个讨论系列，名为“素食千层面对决——赢得肉食者芳心的点子”。她发出了一个挑战，要带一道能与肉酱千层面匹敌的素食版本到千层面派对上去。

我没有被邀请参加那个派对，也没有被正式下战帖，不过，我接受挑战。

层次

我先从一层加了些许奶油的菠菜基底开始。我想过走简单路线，使用冷冻蔬菜。但后来又想，如果我们追求的是终极版本，而且已经准备付出大量心血来做出这道千层面，用新鲜菠菜应该不算太过分的要求。有些菠菜千层面食谱会要求先焯烫菠菜，再挤出多余水分。

更简单的方法是将菠菜放入锅里，跟香煎大蒜和橄榄油一起拌炒。从这里开始，只需要鲜奶油和少许磨碎的肉豆蔻就行了。

瑞可塔奶酪是美式意大利千层面里相当经典的食材，但我觉得煮过后的口感枯燥乏味，还带点颗粒感（主要是因为店里卖的瑞可塔奶酪都很难吃）。为了寻找替代方案，我用了从 *Cook´s Illustrated* 中学来的技巧：将全脂茅屋奶酪（cottage）以食物料理机打碎来取代瑞可塔奶酪。如此一来，奶酪在烘烤时能保持水分，也能为成品增添风味。我在菠菜那层放入打碎的茅屋奶酪、荷兰芹末和一个鸡蛋。

至于蘑菇，我则是做了经典的法式蘑菇泥（duxelles），将白色口蘑切末（你也可以用褐菇或香菇）加黄油、红葱头、百里香和鲜奶油慢慢炖。再加一点儿酱油能带出肉的鲜味，而柠檬汁能增加清新香气。最后，以贝夏梅酱完美融合所有食材。

而我的波隆那千层面使用在温水里浸泡过的免预煮意大利面，能省下水煮面条的麻烦。最后，亲爱的老婆，我希望你会喜欢最后的成果，因为接下来四天你都要用这道菜当午餐和晚餐。

滑嫩菠菜蘑菇千层面

CREAMY SPINACH AND MUSHROOM LASAGNA

笔记：

蘑菇可以用刀切末、用手撕碎、用食物料理机搅碎。蘑菇必须切成小于0.6厘米（1/4英寸）的小块。

6~10 人份

无盐黄油 8 大勺（1 条），多备一些涂抹烤盘用

中型蒜瓣 3 粒，切细末或磨成蒜泥（1 大勺）

菠菜 907 克（2 磅），洗净后去梗，大略切碎

鲜奶油 2 杯

现磨肉豆蔻碎 1/2 小勺

犹太盐和现磨黑胡椒碎各适量

茅屋奶酪 454 克（1 磅）

大型鸡蛋 1 个

新鲜荷兰芹 1/2 杯，切碎

免预煮平板千层面 1 包（15 张）

白口蘑、褐菇或香菇 680 克（$1\frac{1}{2}$磅），切掉梗，若是香菇则将梗扔掉后切末（见上文“笔记”）

中型红葱头 2 个，切末（约 1/2 杯）

新鲜百里香 2 小勺，切末

酱油 1 大勺

柠檬汁 2 小勺（使用 1 个柠檬）

中筋面粉 2 大勺

全脂牛奶 2 杯

全脂莫札瑞拉奶酪 340 克（12 盎司），磨碎

帕玛森奶酪 57 克（2 盎司），磨碎（约 1 杯）

1

2

3

4

1. 调整烤架至中上或中间的位置，烤箱以约204.4℃（400 ℉）预热。在大型料理锅里，开中大火加热 3 大勺黄油直到不再冒泡。下大蒜末搅拌炒香，约 30 秒。分批放入菠菜碎，每批菜叶软化缩水后再放下一批。所有的菠菜碎都下锅后，倒入 1 杯鲜奶油煮至沸腾。煮沸后转中小火慢煮，不断搅拌直到酱汁收汁变得浓稠，约 15 分钟。放入肉豆蔻，用盐和黑胡椒碎依喜好调味后离火备用。
2. 在等待鲜奶油收汁的同时，将茅屋奶酪、鸡蛋和 6 大勺荷兰芹碎放进食物料理机里搅碎拌匀，直到茅屋奶酪出现瑞可塔奶酪的质地，约 5 秒。移至大碗里，倒入煮好的菠菜搅拌均匀。（图 1）
3. 将千层面放入 22.9 厘米 ×33 厘米（9 英寸 ×13 英寸）的烤碗中，倒入温水浸泡。适时晃动烤碗避免粘连，泡到面片稍微软化，约 15 分钟。沥干后在厨房纸巾或干净的布上铺平晾干。
4. 在泡面片的同时，洗干净煮菠菜的锅，并移回炉上开中大火。放 3 大勺黄油加热至化开。下蘑菇末拌炒，直到水分蒸发、蘑菇末开始嘶嘶作响，约 10 分钟。下红葱头末和百里香末，拌炒至红葱头末软化，约 2 分钟。倒入酱油和柠檬汁搅拌均匀。加入剩下的 1 杯鲜奶油，煮沸后慢慢煮至浓稠，约 3 分钟。以盐和黑胡椒碎调味后移至大碗里。
5. 将料理锅用厨房纸巾擦干净，开中大火，放入剩下的 2 大勺黄油加热至化开。倒入面粉并持续搅拌直到变成淡金黄色。慢慢倒入牛奶搅拌，煮沸后离火再拌进 2/3 的莫札瑞拉奶酪碎和帕玛森奶酪碎，以盐和黑胡椒碎调味。
6. 下面组装千层面。烤盘擦干抹上黄油。将 1

5

6

7

杯奶酪酱抹在烤盘底部。铺上 3 张千层面，均匀铺开（面片中间若有缝隙，没关系）。用一半的蘑菇酱均匀抹在千层面上，再铺上 3 张千层面。叠上一半的菠菜奶酪，再次铺上 3 张面。用剩下的蘑菇酱、菠菜酱和面片重复堆叠，最上面用一层面收尾。顶端再倒上剩余奶酪酱，涂抹均匀。撒上剩下的莫札瑞拉奶酪。（图 2—图 4）

7. 将铺了铝箔纸的大型带框平底烤盘放在烤箱的底层，用来接住溢出的酱汁。然后将千层面放在上一层开始烤。烤到千层面边缘开始沸腾冒泡，约 20 分钟。将上火功能打开，烤至表面微微上色，约 5 分钟（如果上火炙烤功能在烤箱下层，烤过后再将千层面移至下层炙烤）。静置冷却 10 分钟后即可切块上桌。（图 5—图 7）

焗烤奶酪通心粉

焗烤奶酪通心粉不像在炉灶上做的奶酪通心粉那么浓稠，反而有种软嫩的口感，有点像法式咸派（quiche）的质感——这里追求的可不是软韧有嚼劲的面条。

本书所有食谱当中，这大概是最让人伤脑筋的一个。我花了好几个月——真的好几个月——试用了各种增稠剂、乳化剂，并尝试了各种技巧，用了从美乃滋、纯大豆卵磷脂到木薯粉和明胶粉等各种材料，就是为了追求带有浓郁奶酪香的完美软嫩口感。

一开始怎么都行不通，直到我发现关键并非奶酪应该如何附着在通心粉上，而是比例。所以，我决定增加奶酪的量，加很多很多。传统的奶酪通心粉食谱可能会以454克（1磅）的意大利面搭配454克（1磅）的奶酪——最多680克（$1\frac{1}{2}$磅）——我决定要加整整908克（2磅）的奶酪。毕竟，好吃的奶酪通心粉的主角不就是奶酪吗？我一样使用了“极度黏稠不用烤箱的奶酪通心粉”食谱（见p.712）里很成功的淡奶。但对这个更细腻、更柔软的焗烤版本需要的是最简单朴实的贝夏梅酱（尽管里面放了一堆奶酪、淡奶和蛋）。

| 专栏 | 淀粉如何变浓稠

追根究底，淀粉是植物用来储存能量的微小分子。更重要的是，淀粉是烹饪军火库里不可或缺的工具，可以让肉汁变得浓稠，让炖菜更有分量，还能避免酱汁分层和变得油腻。淀粉主要分为两种：直链淀粉（amylose）是由上千个葡萄糖分子组成的长直链，支链淀粉（amylopectin）则像一小团杂草——茂密且有许多纠缠的分支。当淀粉溶进液体时，长长的直链淀粉分子会彼此纠结、粘在一起形成松散的基质，因此能增加浓稠度。支链淀粉也有一样的现象，只是它们更小且紧凑，所以相对来说没有那么有效。各种淀粉

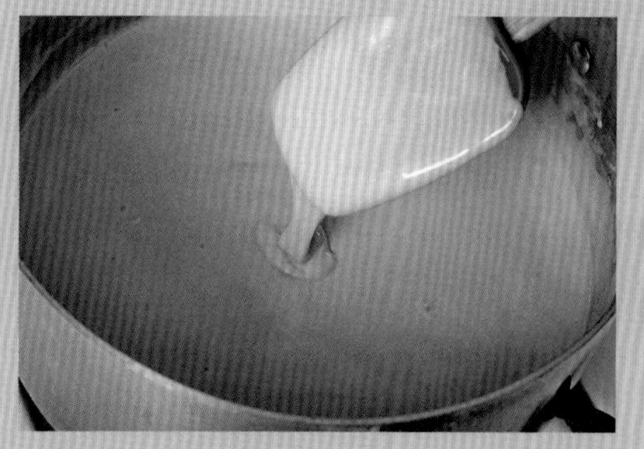

的直链淀粉和支链淀粉含量，也决定了它们的增稠能力。

在原始状态下，淀粉分子彼此紧密结合成微粒。要启动它们的增稠能力，必须让这些微粒吸收水分。当水受热时，这些微粒会像迷你水球一样慢慢膨胀，温度达到54.4℃（130 ℉）时，它们会破裂，使得微小的淀粉分子在液体之间散开，从而让液体变得浓稠。淀粉会持续吸收水分，在水接近沸点时继续膨胀。液体里加入淀粉时，把酱汁加热到准备上桌的温度是很重要的，这样才能判断其增稠能力。

有件事要记得：如果很快地把干淀粉倒入热的液体里，它就会迅速结块。这些凝块外缘的淀粉会膨胀定型，进而阻止液体渗入其中。也因为这样，在加入淀粉时，一定要确保淀粉能均匀地吸收液体，所以要先用淀粉和一点儿冷水混合成浆，或与固态或液态的脂肪混合成油面糊（beurre manié）[11]。

常见的烹饪用淀粉

以下都是超市里买得到的淀粉，最常见的是面粉和玉米淀粉，也可以找得到马铃薯粉和葛根粉（arrowroot）。以下的表格将归纳它们的增稠能力和最佳的使用方式。

表 27　不同淀粉的增稠能力和最佳使用方法

淀粉种类	将 1 杯牛奶增稠至鲜奶油质地所需的量	最佳使用方法
面粉	1 大勺	以中火将面粉和 1 大勺黄油持续搅拌至呈淡金色（有些情况会需要更深的颜色，但是，面粉颜色煮得越深，增稠效果越差），再慢慢拌入液体
玉米淀粉	$1\frac{1}{2}$小勺	和一点儿冷水混成浆，拌入热的液体里
葛根粉	1 小勺	和一点儿冷水混成浆，拌入热的液体里
马铃薯粉	1/2~3/4 小勺	和一点儿冷水混成浆，拌入热的液体里

⑪ beurre manié，法文，意为“揉过的黄油”，指用等量的面粉和黄油揉成面糊，用来增稠酱汁。——校注

|实验|往油面糊里倒入液体

往油面糊里倒入液体的速度对于酱汁成品的质地和增稠能力都有很大的影响。要证明这一点，可以做做以下实验。

材料

- 黄油 2 大勺
- 中筋面粉 2 大勺
- 牛奶 2 杯
- 奶酪 454 克（1 磅），磨碎

步骤

在小型料理锅里，用中火加热 1 大勺黄油和 1 大勺面粉，拌炒至呈现淡金色，约 1 分钟。快速倒入 1 杯牛奶，搅拌均匀。煮滚后拌入一半的奶酪，离火备用。用剩下的黄油、面粉和牛奶重复以上步骤，只是这次拌炒用时约 15 秒钟，牛奶需慢慢倒入后再搅拌均匀。煮滚后拌入剩余的奶酪，离火备用。

结果与分析

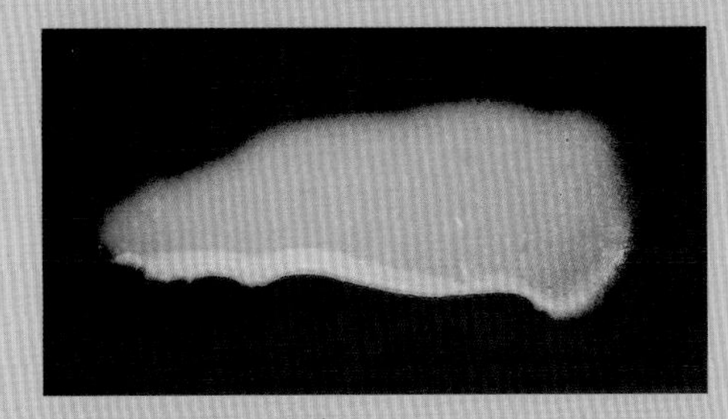
快速倒入牛奶的酱汁。

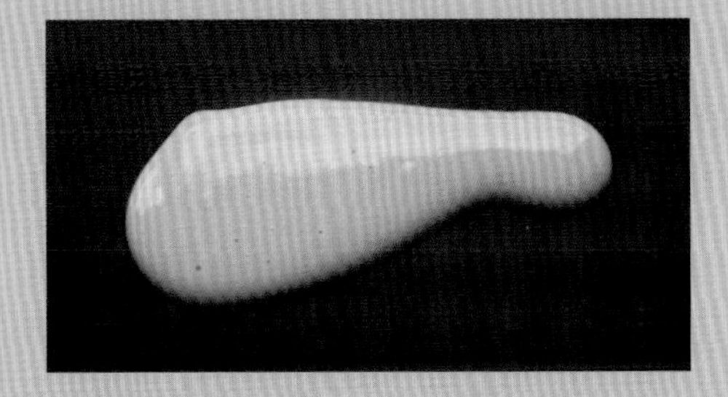
缓缓倒入牛奶的酱汁。

将两种酱各舀一大勺放在盘里，尝尝味道并观察两种酱的外观。缓缓倒入牛奶的酱汁更为顺滑，表面具有光泽。快速倒入牛奶的酱汁比较稀，外观有颗粒且不均匀。

将液体倒入黄油炒面糊的目的，在于尽可能地让面粉均匀分布在液体里。一次加入一点儿液体并逐步混合，这能确保每个独立的面粉凝块都能在搅拌时散开。如果牛奶倒入太快，面粉凝块就有很多空间可以流动——比如说，从打蛋器的细金属之间溜走，导致酱汁有结块、质地较稀。

如果不小心太快倒入所有牛奶怎么办？最简单的解决方法就是用强力的机器搅拌：以手持式搅拌棒或台式搅拌机拌上一两下就可以让酱汁变得顺滑浓稠。

经典焗烤奶酪通心粉

CLASSIC BAKED MACARONI AND CHEESE

笔记：

使用易化开的奶酪或是它们的组合，像是美式奶酪、切达、杰克、芳提娜、新鲜瑞士奶酪、格吕耶尔、莫恩斯特、新鲜波罗伏洛或新鲜高德干酪等（见 pp.707—711 的“表 26　常见奶酪的最佳使用方法”）。

6~8 人份

弯管通心粉 454 克（1 磅）
犹太盐适量
白吐司 2 片，去边，撕成大块
无盐黄油 7 大勺
中筋面粉 2 大勺
340 克（12 盎司）罐装淡奶 1 罐
全脂牛奶$1\frac{1}{2}$杯
法兰克红辣椒酱或其他辣酱 1 小勺
黄芥末粉 1 小勺
浓郁熟成切达奶酪 680 克（$1\frac{1}{2}$磅），磨碎
美式奶酪 227 克（8 盎司），切成 1.3 厘米（1/2 英寸）见方的小块
大型鸡蛋 2 个

1. 将烤架调至中上位置，烤箱以 190.6℃（375 ℉）预热。通心粉放入大碗里，以加盐的热水浸泡，盖过面条 7.6~10.2 厘米（3~4 英寸），静置于室温下直到软化，约 30 分钟。刚开始浸泡 5 分钟时要搅拌一下，避免面条互相粘连。沥干备用。
2. 在浸泡通心粉的同时，将吐司与 2 大勺黄油放入食物料理机的料理杯里，以盐调味。短按 10~12 下点动键，将面包搅碎。放一边备用。
3. 大型料理锅里，放入剩余的 5 大勺黄油以中大火化开。倒入面粉拌炒直到呈现淡金黄色，约 2 分钟。持续搅拌，缓缓倒入淡奶，再慢慢倒入全脂牛奶。拌入辣酱和芥末粉，以中大火煮沸，适时搅拌避免烧焦。离火，一次放入所有奶酪碎，搅拌至完全化开且质地顺滑。依喜好以盐调味，喜欢的话也可加入更多辣酱。（图 1—图 4）
4. 在小碗里将蛋打散且起泡。持续搅拌，倒入 1 杯混合好的奶酪，拌匀。慢慢将蛋液倒入奶酪酱里并不断搅拌。放入沥干的通心粉拌匀。（图 5—图 9）
5. 将拌好的通心粉移至涂上黄油的 2.85 升（3 夸脱）椭圆烤碗或是 22.9 厘米 ×33 厘米（9 英寸 ×13 英寸）烤盘里。撒上面包糠后以铝箔纸封紧。烤 30 分钟后，拿掉铝箔纸。继续烤至面包糠呈棕色、酱汁冒泡，用时约 10 分钟。从烤箱取出烤盘，静置冷却 5 分钟后即可上桌。（图 10—图 12）

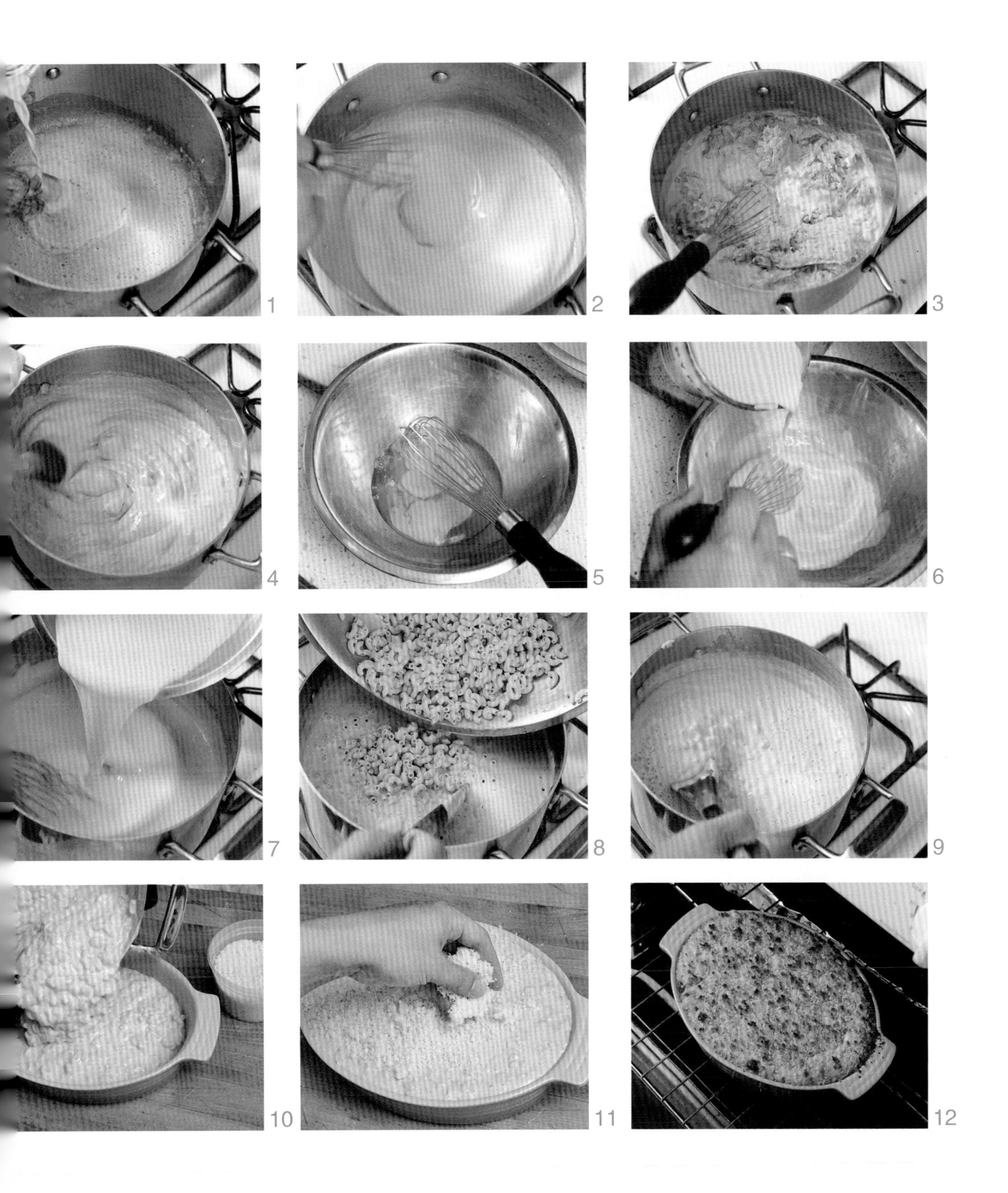

经典焗烤直管通心粉

CLASSIC BAKED ZITI

现在我们已经知道如何制作基础红酱，也学到用浸泡过、不需预煮的意大利面来做焗烤有多简单。制作这道焗烤直管通心粉只需要再往前跳一小步而已。直管通心粉和混合了番茄酱、鲜奶油、瑞可塔奶酪的粉色酱汁拌在一起，而加入的几个鸡蛋在烘烤时为这道菜增加了结构的多样性。我也很喜欢丢几块莫札瑞拉奶酪进去，来形成些浓稠拉丝的小区域。最后再淋上一些红酱，加入更多的莫札瑞拉奶酪，再磨点帕玛森奶酪碎。

每年我和朋友们去新英格兰地区滑雪时都会做这道菜。外面下着雪，而你要喂饱整间木屋的朋友们。很少有别的焗烤意面可以比这更简单、更具有超乎想象的好结果。

6~8 人份

直管通心粉 454 克（1 磅），或斜管通心粉、其他粗管状意大利面

超完美简易意式红酱 2 份（p.685）

全脂瑞可塔奶酪 340 克（12 盎司）（自制，见 p.139）或从店家买的优质奶酪

帕玛森奶酪 85 克（3 盎司），磨碎（约$1\frac{1}{2}$杯）

大型鸡蛋 2 个，打散

鲜奶油 1 杯

新鲜荷兰芹 3 大勺，切碎

新鲜罗勒 3 大勺，切碎

犹太盐和现磨黑胡椒碎各适量

全脂莫札瑞拉奶酪 454 克（1 磅），切成 1.3 厘米（1/2 英寸）见方的小块

1. 将烤架调至中间位置，烤箱以 204.4℃（400 ℉）预热。直管通心粉放入大碗里，以加盐的热水浸泡，没过面条 7.6~10.2 厘米（3~4 英寸），静置于室温下 30 分钟。开始浸泡 5 分钟后搅拌一次，避免面条互相粘连。沥干备用。
2. 将一半的红酱倒入大锅里，放入瑞可塔奶酪、一半的帕玛森奶酪碎、蛋液、鲜奶油、一半的荷兰芹碎与罗勒碎，搅拌均匀。（图 1—图 3）依喜好以盐和黑胡椒碎调味，倒入浸泡后沥干的直管通心粉和一半的莫札瑞拉奶酪块，拌匀。（图 4、图 5）移至 22.9 厘米 × 33 厘米（9 英寸 × 13 英寸）的烤碗里，并加入剩下的红酱与莫札瑞拉奶酪块（图 6—图 8）。
3. 以铝箔纸封紧烤碗后烤 45 分钟。拿掉铝箔纸，再烤至奶酪呈金棕色，约 15 分钟。烤碗从烤箱里取出，撒上剩余的帕玛森奶酪碎，静置冷却 10 分钟。撒上剩下的荷兰芹碎和罗勒碎即可上桌。（图 9）

1
2
3
4
5
6
7
8
9

最棒的大蒜面包

THE BEST GARLIC BREAD

好吃的大蒜面包并不复杂。如同红酱一样，其关键在于混用橄榄油和黄油。黄油里的牛奶固形物能帮助面包烤得更均匀。与其在面包上抹黄油酱，不如简单地在锅里将大蒜（还有一点牛至叶和干辣椒片）、黄油和橄榄油炒一下，再把面包直接放入，让充满香味的混合物简单均匀地裹在面包上。

幸运的是，大蒜面包只需烤 10 分钟，也就是等待焗烤意大利面冷却所需的时间。所有事情都刚刚好。超棒的！

8~10 人份

意式软面包 2 条，1 条约 454 克（1 磅）
特级初榨橄榄油 1/4 杯
无盐黄油 8 大勺（1 条）
中型蒜瓣 12 粒，切细末或磨成 1/4 杯的蒜泥
干牛至叶 2 小勺
干辣椒片 1/2 小勺
犹太盐适量
帕玛森奶酪 57 克（2 盎司）（可省略）
新鲜荷兰芹 1 大勺，切碎（可省略）

1. 将烤架分别调整至上层和中低位置，以 260℃（500 ℉）预热烤箱。面包对开切半后，横切为 8 等份。
2. 在 30.5 厘米（12 英寸）的平底锅里，将橄榄油和黄油混合，以中高火加热至黄油化开。加入蒜末、牛至叶和干辣椒片炒香，约 1 分钟。离火备用。
3. 面包切面朝下蘸取蒜香黄油，摆入包好铝箔纸的烤盘里。将多余的蒜香黄油均匀浇在面包上并以盐调味。可依个人喜好撒上磨碎的帕玛森奶酪，放入烤箱烤至微焦冒泡，约 10 分钟。撒上新鲜荷兰芹即可上桌。（图 1—图 3）

1

2

3

料理实验室指南：
如何做更好的意式炖饭

身为哥伦比亚人，我太太很喜欢米食。她身材娇小又怕冷，也很喜欢喝汤。所以毫无意外地，意大利炖饭（risotto）——基本上，能毫无诗意地形容成汤泡饭——一直在她的最爱清单上，大概介于我和奶酪酱之间！[12]

因此，寻找如何做出最美味的炖饭，还要以最有效率的方法制作就成了身为丈夫的我的责任。众所周知，炖饭是多汁的意大利饭食，而且还出名地麻烦。它们浓稠厚重又有饱足感。完美的炖饭该是什么样子呢？首先，质地上一定是很多汁的。稍微倾斜盘子时，一盘完美的炖饭会像岩浆那样缓缓流动。盛到热碗里（一定要用热碗），它应该会慢慢地散开，直到形成一个完美的圆形。黏稠、黏腻或更糟，浆糊似的，都不该是吃炖饭时会在脑中闪过的形容词。

⑫ 自从我们结婚后，我已经挑战过奶酪酱，但还没机会胜过它。

如果炖饭可以像这样堆在一起……你就有麻烦了。

意大利炖饭永远不该变成这样一坨。

听着，我大可为了炖饭的讨论写个耸人听闻的开场，再来个精心雕琢的故事，描述大家都知道的事——要做美味的炖饭，需要缓缓地持续搅拌，一杯杯地慢慢倒入热高汤，还必须等到高汤完全吸收了再倒入下一杯。我当然可以这样，但这就太假了。我的意思是都到了这个地步，除了顽固的意大利人以外，这世界上难道还有谁不知道要做出一碗美味可口、有嚼劲、又松散又细腻的炖饭，根本不用预先加热高汤再一直搅拌？！

这几年，很多人都讲过或写过了。我真心觉得这个流言根本是意大利奶奶们为了让一个不需要的厨房帮手半小时有事做或暂时逃离家人而用的借口。虽然如此，我还是有许多关于炖饭的问题尚未找到解答方案，所以为了分辨真假，我决定将影响炖饭的每个因素都做做实验。

哪种米最好？多久搅拌一次？米真的需要炒过吗？要最后倒入鲜奶油？太多的问题，太多的米，太少时间。那我们就直接开始吧！

关于米的建议

第一个问题：哪种米能煮出最好吃的炖饭？

米粒含有两种分子组成的淀粉，直链淀粉（amylose）[13] 和支链淀粉。两者的比例决定了米粒与酱汁最后的口感。一般而言，支链淀粉含量高于直链淀粉含量的品种制成的成品更容易完全软化、酱汁也更浓稠。炖饭通常使用短粒或中粒米，其拥有较高的支链淀粉含量。正是直链淀粉与支链淀粉的确切比例决定了最后米粒与酱汁的质感。

意大利的短粒米有好几十个品种，但是在美国，大概只能找到 4 种适合做炖饭的米。

由左至右：邦巴（Bomba）、艾柏瑞欧（Arborio）、与凡诺那纳诺（Vailone Nano）。

- **邦巴（Bomba）**是一种西班牙米，常用来做西班牙海鲜炖饭。它是非常短的米，支链淀粉的成分适中。它能做出很棒的意式炖饭，尽管它来自另一个国家。

⑬ 原文为 amylase（淀粉酶），作者笔误，应为 amylose（直链淀粉）。——校注

- **艾柏瑞欧（Arborio）**是最常用来制作意式炖饭的米。它是一种几乎没有直链淀粉的短粒米，能产生非常浓稠的酱汁，但也很容易煮过头而变成糊。就算煮得非常完美的艾柏瑞欧米还是会相对软一些。
- **卡纳诺利（Carnaroli）和凡诺那纳诺（Vialone Nano）**没有艾柏瑞欧米那么常见，但我最喜欢用它们做意式炖饭。它们能在细腻口感和完整结构之间取得良好平衡。如果可以找得到这种米，就选用这种。

你可能会在进口米的包装上看到"fino"或"superfino"等字眼，你想象着有什么意大利的委员会评定米粒品质的好坏，以为这是件很棒的事。但是，那并非品质或吸引力的指标，只是很单纯地代表米粒的宽度。通常可以直接忽略这些标签。

基础：倒入高汤与搅拌

做老派意式炖饭的基本步骤是：加热一大锅高汤并保持微微煮沸状态。以黄油或橄榄油快炒一下米粒后再加一满勺高汤，用木勺慢慢搅拌至高汤被米粒吸收进去。再加另一满勺高汤后重复步骤，直到所有高汤都被吸收，米粒膨胀、酱汁顺滑。离火后拌入冷的黄油、鲜奶油或帕玛森奶酪，全部都加也可以，再持续搅拌，让酱汁更浓郁顺滑。

这个方法其实还不错，但实在太没效率了。首先，根本没必要用另一口锅热高汤。当然，这是能省下几分钟的煮饭时间，但算上煮沸高汤的时间，那几分钟最后还是会加回去的，更别说多洗一口锅要花多少时间。我曾经用直接从冰箱拿出来的高汤做意式炖饭，其成品并没有能与前者分辨得出的差异。

一次倒入所有高汤，还是分批倒入然后整个过程不断搅拌？

某些论点支持分批倒入高汤并不断搅拌。分批加入高汤时，米粒彼此靠得很近，从表面磨擦掉的淀粉较多，因此炖饭也会比较浓稠细腻。

然而，现在请暂时忘记这个理论（等会儿再回来讨论）。第二个论点是这个技巧能让米饭煮得更均匀。这部分倒可以说是真的。

以标准的炖饭锅（risotto pot，就是底部比较窄的锅）煮意式炖饭，会让米粒和高汤叠在一起。底部的米与顶部的米有很大的高低差。底部的米因为离火较近，容易煮过头，而顶部的米则几乎没熟。

搅拌则能避免这种情况发生，但其实有更简单的方法，就是用较宽较浅的锅来制作意式炖饭。用宽一点儿的平底锅让米粒平铺在底部，炖煮时米粒也能均匀受热。煮滚后，转很小的火慢煮也非常有用。我发现用大一点儿的平底锅煮炖饭，可以一次倒入所有的米粒和高汤，盖上锅盖后用小火煮到饭熟，煮饭的过程中只需搅拌一次，煮好的炖饭也非常棒。

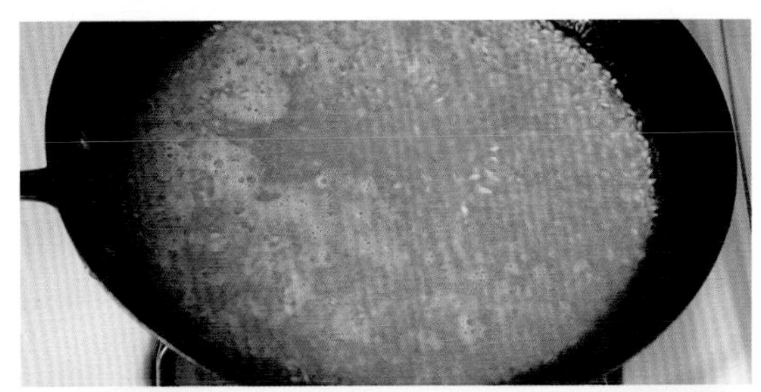

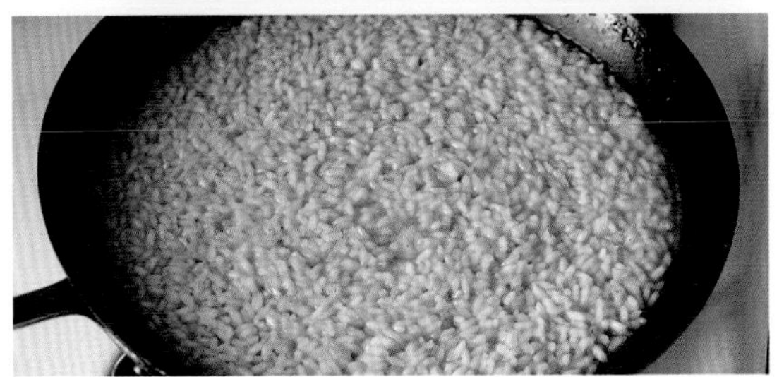

以大型平底锅煮意式炖饭就不用一直搅拌。

接着，我就能用剩下的高汤慢慢调整至喜欢的浓稠度，最后开大火煮滚一下就能好好收汁。

接下来是更重要、更大胆的问题。

炒米还是不炒米

首先，炒米时要用黄油炒还是用橄榄油炒，还是两者都要用？这可依个人喜好来定。我喜欢两种油脂混用所带来的丰富口感。有些人可能会说，在黄油里混入橄榄油是为了防止黄油加热时烧焦，因为黄油的烟点较低，148.9℃左右（300 ℉），而大部分油脂至少204.4℃（400 ℉）才开始冒烟。这种观点实在有点蠢而且非常不可信。黄油和橄榄油的混合物依然会在黄油的烟点烧焦。我知道这个是因为我做过实验了。烧焦的是黄油里的乳蛋白，而它们才不管到底是单纯的黄油还是黄油橄榄油混合物，只要加热到了这个烟点，它们就会被烧焦冒烟。

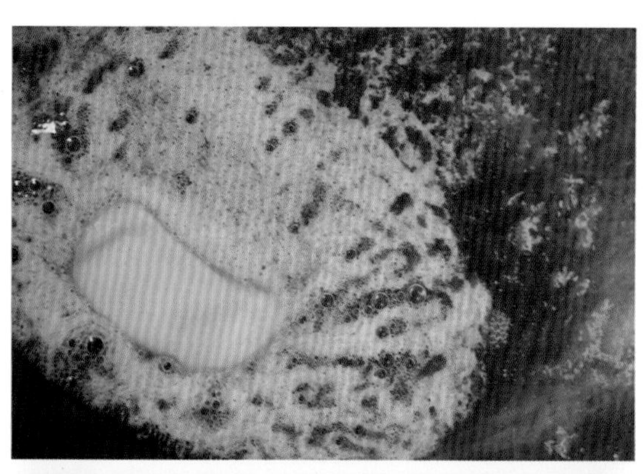

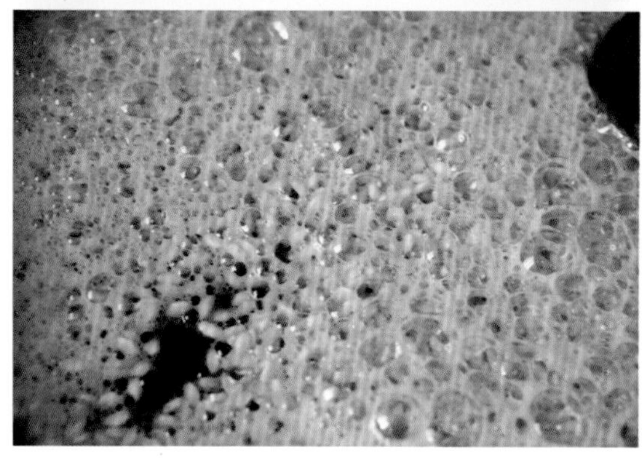

炒米前，千万别让黄油烧焦。

混用黄油和橄榄油唯一的原因就是风味，在加热时必须注意别让黄油烧焦。黄油一停止冒泡就立刻下米粒或香料是关键。

我总是觉得炒米的目的在于帮助优化风味。将干米粒放入有着热黄油和橄榄油的锅中，你会闻到一股很棒的坚果香。但是，炒米的同时还会发生什么事？

我煮了两批完全一样的意式炖饭来进行比较。第一批的米完全没炒过。高汤和米在同一时间放入锅里。第二批，先炒米 3~4 分钟再倒入高汤，这过程中米多了一股淡淡的坚果香和金黄色泽。

未炒过的米（左）产生的酱汁比炒过的米（右）更浓郁顺滑。

这是我最后的成果：

显然，炒米时一定发生了什么事：炒过的米所做出来的炖饭明显地不浓稠细腻。所以，一方是浓稠细腻的炖饭，但是没什么炒过的香味；而另一方有着很棒的坚果香，但酱汁就没那么浓稠细腻了。问题在于：如何让炖饭又浓稠细腻又具有坚果香？

分离淀粉

这是我的理论：淀粉在高温时会分解。

你曾比较过颜色深浅不同的油面糊之间的增稠力吗？颜色越浅，增稠能力越好。也许我炒米粒时也发生了类似的反应，因而减弱了增稠的效用。

为了验证我的理论，我需要先将用来增稠的淀粉和米粒分离。有些人声称使炖饭里的酱汁增稠的淀粉来自米粒内部——这也是为何他们认为必须在加热过程中不断搅拌的原因。米粒彼此互相推挤摩擦，慢慢地把淀粉摩擦进酱汁里。这可能没有错，但是，这也无法解释为什么很多免搅拌的现代炖饭食谱可以那么成功。会不会增加稠度的淀粉其实只存在于米粒表面？有个很简单的方法就能测验：洗米。

我将米粒放在金属沥碗里用冷水搓洗，并收集洗出来的乳白色洗米水。接着，依照之前的方法煮炖饭（见 pp.739—742）。最后的成果是一点儿都不浓稠的炖饭。

第二批洗过的米依照传统方式从头到尾不断搅拌，做出的炖饭也没有更浓稠。这证实了，其实，大部分能让炖饭变浓稠的淀粉都存在于米粒表面的细小颗粒中——搅拌对于淀粉的释放并无太大帮助。搅拌炖饭唯一的目的是为了均匀烹煮，而这个事实也正好给了我们兼顾炒香米粒风味和浓郁顺滑口感的办法：炒米前先将淀粉和米分离，在米粒吸收水分前再将淀粉加回去就行了。

为了证实这个论点，我又煮了一批炖饭。这次我将冷高汤直接倒入一碗生米中。搅拌了一下米粒，让淀粉完全释放后，再用架在碗上的细目滤网沥干米粒。保留充满淀粉、如云雾般的高汤备用。淀粉多到你能看见底部慢慢出现白色沉淀物。

在炒米前保留额外的淀粉。

我用黄油和橄榄油拌炒洗过的米，炒到米粒转为金棕色。然后，将洗过米的高汤倒入锅里，煮滚后加盖炖煮，中途只搅拌一次。得到的成果大获全胜——顺滑浓郁又富有坚果香的意大利炖饭。剩下的步骤就是加一点儿鲜奶油（我喜欢先将鲜奶油打发，更多的空气让炖饭更清爽）和奶酪。

当然，炖饭有许多口味变化能让你自由发挥。蔬菜、干蘑菇、新鲜蘑菇、肉类、藏红花、葡萄酒和味噌——什么都可以。已经打好了地基，赶快盖栋房子吧！秘诀：大胆一些，拌一点儿玉米片用的奶酪蘸酱也是超棒的。

基础几乎不搅拌意式炖饭

BASIC ALMOST-NO-STIR RISOTTO

笔记：

我比较喜欢卡纳诺利米，它米粒较长、结构扎实。但也可以自由使用任何炖饭米来制作，如艾柏瑞欧米、凡诺那纳诺米，甚至邦巴米都行。

4~6 人份

炖饭米$1\frac{1}{2}$杯，约 383 克（$13\frac{1}{2}$盎司）（见上文“笔记”）

自制鸡肉高汤或罐装低盐鸡肉高汤 4 杯

无盐黄油 2 大勺，也可依喜好多准备一些上桌用

特级初榨橄榄油 2 大勺

中型蒜瓣 2 粒，切细末或磨成 2 小勺的蒜泥

小型红葱头 2 个，切细末（约 2 大勺）

干白葡萄酒 1 杯（可省略，也可用额外的高汤替代）

鲜奶油 3/4 杯，打发至举起搅拌棒时，能形成扎实的尖角

帕玛森奶酪 85 克（3 盎司），磨碎（约$1\frac{1}{2}$杯）

犹太盐和现磨黑胡椒碎各适量

新鲜香草或其他喜欢的香料适量（见下页变化食谱），切碎

1. 将米和鸡肉高汤倒入大碗里。用手指或打蛋器搅拌米让淀粉释放出来。在 1.9 升（2 夸脱）的量杯或大碗上架好细目滤网，将米粒沥干 5 分钟，偶尔搅拌一下米粒。高汤保留备用。
2. 在直径 30.5 厘米（12 英寸）的厚底平底煎锅里，以中大火加热黄油和橄榄油直到不再冒泡。放入米粒不断翻炒直到水分蒸发、油脂冒泡平息、米粒变成金黄色并飘出坚果香，约 5 分钟。下蒜末和红葱头末炒香，约 1 分钟。倒入葡萄酒（若使用），搅拌一次，炖煮至收干为原本一半的量，约 5 分钟。
3. 将备用的鸡肉高汤搅拌均匀，预留一杯后，将剩下的全部倒入锅里。大火煮沸后搅拌一次，盖上盖子再转到最小火炖煮 10 分钟，打开搅拌一下，轻轻摇晃锅让米饭分散均匀，再盖上锅盖，继续煮到大部分的汤汁都被米粒吸收进去，米饭软韧略有嚼劲，再炖煮约 10 分钟。
4. 打开锅盖，倒入最后一杯高汤。转大火持续翻炒晃动米饭直到浓稠顺滑。离火后拌入鲜奶油和奶酪碎。依喜好以盐和黑胡椒碎调味，拌入喜欢的香草碎或香料。以热盘盛装上桌。

几乎不搅拌意式炖饭佐樱桃番茄与菲塔奶酪

ALMOST-NO-STIR RISOTTO WITH CHERRY TOMATOES AND FETA

上桌前，在炖饭里拌入 2 杯对切的樱桃番茄和 85 克（3 盎司）菲塔奶酪碎。

几乎不搅拌意式炖饭佐西班牙腊肠与球芽甘蓝

ALMOST-NO-STIR RISOTTO WITH CHORIZO AND BRUSSELS SPROUT LEAVES

剥下 12 棵球芽甘蓝的菜叶，丢弃梗和中心（应该会有 2 杯左右的菜叶）。将 85 克（3 盎司）的西班牙腊肠切成 1.3 厘米（1/2 英寸）见方的丁。在大型平底锅里，以中火拌炒，直到逼出腊肠的油脂且腊肠边缘开始变脆，约 4 分钟。放入球芽甘蓝叶拌炒至叶片收缩变软，约 2 分钟。腊肠丁和甘蓝叶于上桌前拌入炖饭里即可。

春季时蔬炖饭

SPRING VEGETABLE RISOTTO

作为“犯罪搭档”，芦笋和炖饭的酷炫程度跟动画片《两只老鼠打天下》（*Pinky and The Brain*）里那两只老鼠不相上下。既然讲到它们……噢！管他的，我们来讨论一些我最喜欢的春季时蔬吧。

由蚕豆说起好了。这些味道柔和、鲜绿色的豆子需要去壳不止一次，而是两次！这是每位备料厨师的噩梦。豆子从豆荚挤出来之后（这还是简单的部分），还必须一颗颗剥掉它们的外皮。一点儿都不好玩。幸运的是有个简单的方法：先焯烫。在沸水里滚一下后，蚕豆轻轻一挤就会脱去外皮，而且会比剥皮后再焯烫有更鲜绿的颜色出现，这正是双赢的状况。买蚕豆时，寻找完整又结实的豆荚，一折它就会很清脆地断开的那种。老一点儿的蚕豆荚会像海绵一样软而有弹性，里面的豆也比较老，这当然不够理想。

芦笋有许多颜色和尺寸。又胖又紫的芦笋和绿色的品种在味道上并没有太大差别，但我喜欢混合这两种，让料理的色泽更好看。另一方面，白芦笋具有比较独特的味道，很清爽但有一点点苦，还比有颜色的品种多了一点儿泥土气息。我通常会用焯烫蚕豆的水烫芦笋，最后也是拿这锅水煮炖饭。如此一来，所有焯烫过程中跑进水里的风味终究都会回到炖饭里。其实，这有点像做了个快速蔬菜高汤。

我通常不会烫西葫芦，因为西葫芦味道清淡、水分多，用水烫的话会让它了无生气。但是，因幼西葫芦（baby zucchini）具有较强烈的味道，所以也比较适合焯烫。

最后，甜豆在春天时特别鲜亮、特别甜。就像蚕豆一样，有完整又结实的豆荚最好。它们在烹调后就不会再变得更脆口。

这份食谱唯一有点难度的部分就是羊肚菌（morel）或牛肝菌（porcini）了。新鲜的羊肚菌和牛肝菌都非常难找，就算找得到价格也很高。幸运的是，这个食谱正是少数使用干燥菌菇类而成品更好的特例。

煮出美味炖饭的关键是从美味的高汤开始。这正是运用干燥菌菇类的大好机会。一旦烫好蔬菜，就能用那锅充满风味的水来泡菌菇类（最快的方法其实是将菌菇类泡在水里拿去微波加热，热能可以加快干燥菌菇类吸水的速度）。泡好的菌菇类挤出的水分是深棕色的，而且充满了浓郁的香味。用这种高汤可以做出深棕色、充满浓郁香味的炖饭。

除了将炖饭煮得又香又顺滑，剩下的就是拌炒泡好的菌菇类，并和蔬菜一起拌入锅里。这道炖饭清爽又有春天的感觉，但是，依然很多汁又有饱足感——最适合搭配偶尔下着雨的五月了。

春季时蔬炖饭

4~6 人份

芦笋 227 克（8 盎司，白色、绿色或紫色，混合各品种均可），修去尾端，将茎切成 2.5 厘米（1 英寸）长的段，尖端另外备用

甜豆 227 克（8 盎司），切成 1.3 厘米（1/2 英寸）宽的段

带壳新鲜蚕豆 227 克（8 盎司）

幼西葫芦 227 克（8 盎司），纵向对剖切开

干燥羊肚菌或牛肝菌 57 克（2 盎司）

炖饭米 $1\frac{1}{2}$ 杯，约 383 克（$13\frac{1}{2}$ 盎司）（见 p.744“笔记”）

特级初榨橄榄油 1/4 杯

中型蒜瓣 2 粒，切细末或磨成 2 小勺的蒜泥

小型红葱头 2 个，切细末（约 2 大勺）

干白葡萄酒 1 杯（可省略，也可用多余焯烫水代替）

犹太盐和现磨黑胡椒碎各适量

荷兰芹 1/4 杯，切碎

柠檬皮屑 2 小勺和柠檬汁 1 小勺（使用 1 个柠檬）

1. 以中火煮沸 1.9 升（2 夸脱）的水，并撒少许盐。准备 1 碗冰水。一次一种蔬菜依序焯烫芦笋茎、芦笋尖端、甜豆、蚕豆和西葫芦，煮软即可，2~3 分钟（试吃确认熟度）。移至冰水里降温后沥干，移至碗中。小心为蚕豆去皮。烫好的蔬菜备用。
2. 将干燥的菌菇放入可微波的碗里，倒入 4 杯焯烫蔬菜的水拿去微波（如果不用白葡萄酒，则多保留 1 杯焯烫水，其余倒掉）。以最强火力微波至水微微煮沸，约 5 分钟。再浸泡 10 分钟后，将菌菇移至厨房纸巾上吸干水。保留泡菌菇的水备用。
3. 将米粒和泡菌菇的水放入大碗里，以打蛋器或手指搅拌帮助淀粉释出。在 1.9 升（2 夸脱）的量杯或大碗上架好细目滤网，沥干米粒约 5 分钟，偶尔搅拌米粒。将高汤和米粒分别备用。
4. 在直径 30.5 厘米（12 英寸）的厚底平底煎锅里，以中大火加热 3 大勺橄榄油直到稍微冒烟。放入米粒不断翻炒直到水分蒸发、油脂冒泡、米粒变成金黄色并飘出坚果香，约 5 分钟。下蒜末和红葱头末炒香，约 1 分钟。倒入葡萄酒（若有使用），搅拌一次然后炖煮至收干为原本一半的量，约 5 分钟。
5. 将备用焯烫的水搅拌均匀，预留一杯后，将剩下的水全部倒入锅里。大火煮沸后搅拌一次米粒，盖上盖子再转到最小火炖煮 10 分钟，打开再搅拌一次，轻轻摇晃锅让米饭分散均匀，盖上锅盖，再继续煮到大部分的汤汁都吸收进去，米饭软韧略有嚼劲，约再用时 10 分钟。
6. 在炖煮米饭的同时，在中型平底锅里，将剩余的橄榄油以中大火加热至微微冒烟。放入菌菇类拌炒直到产生坚果香、菌菇类边缘微脆，约 2 分钟。依喜好以盐和黑胡椒碎调味，移至盘中。
7. 打开炖饭锅的锅盖，倒入最后一杯焯烫的水，开大火不停搅拌及翻动炖饭直到浓稠顺滑。拌入蔬菜、菌菇类、荷兰芹末、柠檬皮屑和柠檬汁。依喜好以盐和黑胡椒碎调味，视情况再加一点儿水，搅拌至炖饭松软顺滑。立即上桌。

鲜绿炖饭佐蘑菇

GREEN RISOTTO WITH MUSHROOMS

我总是在烹调炖饭的最后步骤里加一点儿打发的鲜奶油，让口感更清爽，也让酱汁更顺滑。然而，当我想研发全素食谱时，就必须用其他液体代替。我发现煮熟的蔬菜泥是稀释炖饭非常理想的液体。它不仅能让炖饭更多汁，也能增添许多浓缩的风味。

我最喜欢的是鲜绿色的炖饭，以菠菜和香草泥收尾。和青酱一样，为了要让蔬菜颜色保持明亮的绿色，我会先用蔬菜高汤将蔬菜烫一遍，再把烫好的蔬菜丢进冰水降温后磨成泥。如此一来就能阻碍酶让蔬菜变黑的氧化反应。

鲜绿色的炖饭看起来是不是很酷？

可以在炖饭里加入任何喜欢的配料，我喜欢用煎成深棕色的蘑菇，再来几滴柠檬汁和酱油让它的风味更加独特。

4~6 人份

新鲜荷兰芹叶，松散装成约 1/2 杯

新鲜龙蒿叶，松散装成约 1/4 杯

自制高汤或罐头蔬菜高汤 6 杯（也可用水代替）

新鲜菠菜叶，松散装成约 2 杯

青葱 4 根，葱白切细末，葱绿分开保留备用

特级初榨橄榄油 1/4 杯

炖饭米（$1\frac{1}{2}$杯），约 383 克（$13\frac{1}{2}$盎司）（见 p.744“笔记”）

中型蒜瓣 2 粒，切细末或磨成 2 小勺的蒜泥

芥花籽油或植物油 2 大勺

综合菌菇类 227 克（8 盎司），杏鲍菇、鸡油菌、羊肚菌、平菇皆可，若太大可以对切

小型红葱头 1 个，切细末（约 2 大勺）

柠檬皮屑 1 小勺，柠檬汁 1 小勺（使用 1 个柠檬）

酱油 1 小勺

犹太盐与现磨黑胡椒碎各适量

1. 分别将 1 大勺荷兰芹叶与龙蒿叶切成细末，以浸湿的厨房纸巾盖上后冷藏。
2. 高汤倒入中型料理锅里，以大火煮沸。准备一大碗冰水。将菠菜、剩余的荷兰芹叶、龙蒿及葱绿入锅焯烫，以细目滤网向下压让它们浸入水中，烫 30 秒后用细目滤网捞起移至冰水中冷却。高汤离火备用。
3. 将烫好的蔬菜移至搅拌机里，倒入 1/2 杯高汤。以高速搅打直到顺滑，约 30 秒。移至小碗里备用。
4. 在直径 30.5 厘米（12 英寸）的厚底平底锅里，以中大火加热橄榄油直到稍微冒烟。放入米粒不断翻炒直到水分蒸发、油脂冒泡、米粒变成金黄色并飘出坚果香，约 3 分钟。下蒜末和葱白末炒香，约 1 分钟。
5. 预留$1\frac{1}{2}$杯高汤，其余全部倒入平底锅里。大火煮滚后搅拌一次米粒，盖上盖子再转到最小火炖煮 10 分钟，打开盖再搅拌一次，轻轻摇晃锅让米饭重新分布，盖上锅盖，再继续煮到大部分的汤汁都被吸收，米饭软韧略有嚼劲，约再用时 10 分钟。
6. 在熬煮的同时，在直径 25.4 厘米（10 英寸）的平底锅里以中大火加热芥花籽油至微微冒烟。放入菌菇类拌炒至变成深棕色，约 5 分钟。炒香红葱头末，约 30 秒。缓缓倒入 1/4 杯高汤、柠檬汁和酱油。离火后拌匀，依喜好以盐和黑胡椒碎调味，备用。
7. 打开炖饭锅的锅盖，倒入剩下的高汤，开大火不停翻炒直到米饭浓稠顺滑。离火后拌入蔬菜泥、柠檬皮屑、冷藏的荷兰芹末和龙蒿末。依喜好以盐和黑胡椒碎调味。以热盘盛上桌，在炖饭上铺煎好的菌菇类，并淋一点儿平底锅底的汤汁即可。

做得好的沙拉必须具备一定的统一性，让那些原材料在一个碗里显得那么理所当然。

——约坦·奥托林（Yotam Ottolenghi）

第8章

蔬菜、乳化

——沙拉的料理科学

圖片提供 熊也 · saya

我得承认：我对沙拉上瘾了。

我常常担心在某一天晚上，我妻子醒来发现我不在旁边，而当她悄悄溜进厨房时，会发现我正一只手拿着油醋瓶、一只手端着一碗芝麻菜。我试图借助多烹调些蔬菜来压抑自己对蔬菜的需求，但就如同有时我不想清空洗碗机，以及有时不想在电梯升往 17 楼的过程中与妻子交谈一样，有时我甚至懒到提不起精神让自己烹调些真正的蔬菜。然而，当有一棵生菜在冰箱的蔬菜保鲜格里嘲笑我，轻声对我说“显尔，就伸手为我淋一下酱吧，这很简单，给我淋一淋吧”时，我为何要拒绝它呢？

于是，我让步了——谁又能抵挡住沙拉的诱惑呢？不可否认，沙拉凭借操作简单和膳食均衡的优势，在烹饪界享有至高无上的荣耀。你只需简单的操作，即可为你的餐桌增添不少的色彩、风味、活力，以及不可或缺的纤维素。你需要的只是一些新鲜的叶菜和好的酱汁（不一定要买现成的）。

但是，“沙拉”到底是什么？这种形而上的问题会让你就连在泡澡的时候，都会不停地思考。就让我来为你解答这个问题，解除你的烦恼吧！不论它们混合的是叶菜、其他蔬菜还是肉类，不论它们是冷的、温的还是热的，所有的沙拉都具备两个特征：一是上桌后不需要切割或动刀，二是都淋了酱——用来包覆主要食材、增添食材的湿润度与酸味的一种风味鲜明的混合物。最简单的沙拉可以是拌在一起的新鲜的叶菜，以此为基础，沙拉可以随着你的喜好越变越复杂，但别担心，真的没那么难。

针对那些害怕涉足沙拉的疯狂世界的人，我设计了制作沙拉的六个规则，它们将助你迅速地开发出专属于你的沙拉食谱。这些规则都很基础，而且就像其他所有规则一样，注定要被打破。并且，其中有几个规则是可选的。

1. 找出手边最好、最新鲜的叶菜并用心对待。

没有什么比不新鲜的叶菜更能毁掉沙拉的了。选择好你要使用的叶菜（见 p.756“料理实验室指南：挑选沙拉用叶菜”），然后将它们切好、清洗干净，并小心存放。请在蔬菜还新鲜时，将其用掉。

2. 选择适合叶菜的酱汁。

沙拉酱汁有的浓稠，有的稀薄，有的柔和细腻，有的酸辣刺激。请确认使用的酱汁能为你的沙拉加分，而非抢去它们的风头或让它们相形失色。

3. 添加风味浓郁或有香气的配料。（可选）

这些配料在入口时会在你嘴里释放出惊人的风味，让沙拉更具魅力。我的最爱有：

- 风味强烈的奶酪丝，如帕玛森奶酪、佩克里诺奶酪、熟成高德干酪、捏碎的蓝纹奶酪、菲塔奶酪或山羊奶酪；
- 温润的香草，如荷兰芹、罗勒、芫荽、莳萝或香葱；
- 果干，如葡萄干、黑醋栗或蔓越莓干；
- 辛辣的蔬菜，如生的洋葱或红葱头；
- 腌肉，如切成细条的萨拉米香肠、西班牙腊肠（Spanish chorizo）、火腿或熟培根；
- 腌渍或熏制的食物，如橄榄、刺山柑或鳀鱼。

4. 添加“脆度”以加强口感对比。（可选）

适合担任这个任务的有经过充分调味的油炸面包丁（见 p.814“蒜味帕玛森脆面包丁”），以及烘烤过的坚果或种子，如杏仁或葵花子。要烘烤坚果或种子，请将它们铺在烤盘上并送进 176.7℃（350 ℉）的烤箱或小烤炉（toaster oven）中烘烤约 10 分钟，稍微上色后，它们就会散发出芬芳迷人的坚果香气。

5. 添加辅助食材，如生的或烹饪过的水果和蔬菜，或者海鲜与肉类。（可选）

生的蔬菜，如切成薄片的灯笼椒、对半切开的葡萄番茄、切块的水萝卜或磨碎的胡萝卜，还有切片的冷藏的肉（如剩下的牛排或鸡肉等），以及一口大小的海鲜（如虾、龙虾或乌贼），都能为蔬菜沙拉增添亮点。而加入烤过的梨或苹果，更能把朴实的沙拉变为华丽的前菜。当然，烹饪过的蔬菜也能完全能取代某些沙拉中生的叶菜，如碎丁沙拉、烤蔬菜沙拉（见 p.783“烤梨沙拉”与 p.786“烤甜菜沙拉”）、用焯烫后冷却的蔬菜做成的沙拉（见 p.772“芦笋沙拉”）、用煮熟的白扁豆或其他豆类做成的沙拉（见 p.829“白扁豆与曼彻格奶酪沙拉”）。

6. 适度地淋上酱汁并立即上桌。

淋上酱汁后，叶菜便会立即萎缩，因此请尽可能在食用前的最后一秒再淋酱调味。接着，请尽量轻柔地翻拌，让食材黏附酱汁。也就是说，你要用大碗装盛沙拉，并用双手拌菜（见 p.762“给沙拉淋酱”）。

在制作沙拉时，请切记：多数情况下，“少即是多”。你的沙拉真的需要奶酪、鳀鱼、萨拉米香肠、洋葱、番茄、烤坚果以及香草吗？或许不需要。本章提供了数种沙拉食谱，但我更愿意把它们视作蓝图，让你学习如何设计适合自己口味的沙拉。

料理实验室指南：挑选沙拉用叶菜

我将沙拉用叶菜分成四种基本类型：爽脆的、辛辣的、口感温和的、苦味的。多数情况下，任何叶菜都能用同种类型的其他叶菜代替。举例来说，可以用球生菜来做凯撒沙拉，这不会对沙拉的风味类型产生严重的影响，但辛辣的芝麻菜或是苦的红菊苣是不适合做凯撒沙拉的。以下列出四种类型中最常见的叶菜种类。

爽脆的叶菜

最适合搭配浓郁的美乃滋或是以乳制品为基底的酱汁。

- **球生菜（Iceberg）：**在20世纪90年代芝麻菜大行其道时，球生菜的名声并不好，一时之间球生菜成为低等、土气的代名词。但事实并非如此，因为生菜中没有比它更清脆爽口的了。虽然它的风味不够强烈，但它的脆度不会受其他食材影响而被破坏——我想不出任何其他的蔬菜能像球生菜那样顶得住蓝纹奶酪酱或是热腾腾的汉堡肉饼的攻势，而始终保持爽脆。而且，球生菜可以在冰箱里冷藏数周，很适合作为常备菜使用。
- **罗马生菜（Romaine）**也称科思生菜（Cos lettuce），是凯撒沙拉的经典选项。其淡黄色的内叶比外层的绿叶甜脆，因此有人会把外层颜色较深的叶片丢弃。罗马生菜很适合搭配以美乃滋酱为基础的浓郁酱汁。还有一些更小、更嫩的品种与其亲缘较近：小宝石生菜（Little Gem）和迷你生菜心（Sucrine lettuce）。
- **绿叶生菜（Green leaf）与红叶生菜（Red leaf），**以及其他叶片松散的生菜，像是**橡叶生菜（oak leaf）**、**罗莎红（Lollo Rosso）**、**罗莎绿（Lollo Bionda）**和**散叶生菜（Salad Bowl）**，它们远比罗马生菜或球生菜脆弱得多。这些生菜叶片松散、叶缘娇嫩，多半具有温和的风味，可以搭配奶油般质感的酱汁，但最好在淋酱后、叶片变软前尽快上桌。另外，它们还很适合搭配温和的油醋汁。
- **黄油生菜（Butter lettuce）**又称**波士顿生菜（Boston lettuce），**它和它的近亲**比布生菜（Bibb lettuce）**的口感是最为软嫩的。它们有着微甜的杯形大叶片。它们跟绿叶生菜一样，最好在淋酱后立即上桌。

在有辛辣风味的芝麻菜上淋上油醋汁。

辛辣的叶菜

最适合搭配口感或强烈或温和的油醋汁。

- **芝麻菜**（Arugula），有时也称火箭菜（rocket），是最常见的辛辣的叶菜。芝麻菜的种类繁多，从体型较小、口感温和、叶片较嫩的品种到体型巨大、辛辣味道浓郁的品种，应有尽有。**野生芝麻菜**（Sylvetta），是一种野生且味道较辛辣的芝麻菜，现在越来越常见了。芝麻菜最适合搭配风味强烈且不会被芝麻菜的辛辣味盖过的油醋汁。我通常购买预先洗过的、装在塑料翻盖盒里的芝麻菜，这样就没有借口不为晚餐准备一道速食沙拉了。
- **西洋菜**（Watercress）是多年生的蔓生植物，因其微辣的香气而广受喜爱。它的茎较坚硬，叶片被采下后会迅速枯萎，因此请你务必在购买后的一两天内食用完毕。在高档超市里，也能找到包括**独行菜**（garden cress）、**山芥**（upland cress）等在内的此类叶菜。它们通常被栽种在装有泥土的容器中售卖，你只需在使用时剪下需要的量，放入沙拉中即可。

- **水菜（Mizuna），**又称**日本芥菜（Japanese mustard）**或**蜘蛛芥菜（spider mustard greens），**其质地与芝麻菜相似，但口感要温和许多。成熟的水菜非常适合用旺火爆炒，但它的嫩叶更适合加入沙拉中，搭配温润的油醋汁享用。

口感温和的叶菜

最好搭配温和的油醋汁。

- **菠菜（Spinach）**是我最喜欢的常备叶菜之一，无论是将它加入沙拉里，还是快炒或蒸熟后当配菜，味道都很棒。我更喜欢味道较甜、口感温和软嫩的平叶菠菜（无论是装在塑料翻盖盒里售卖的嫩叶品种，还是成捆售卖的成熟品种），而较多纤维、有嚼劲的皱叶菠菜更适合烹饪后食用。
- **塌棵菜（Tatsoi），**也叫作小松菜（spinach mustard），有类似于卷心菜（cabbage）的温和辣味。它的嫩叶又小又圆，与菠菜的很相似。
- **莴苣缬草（Lamb's lettuce）**的法文名称是Mâche，通常四五株连同根部一起售卖。它味道温和，质地娇嫩，在上桌前淋少许酱汁即可。

苦味的叶菜

适合风味浓烈的酱汁，油醋汁或是奶油般质感的沙拉酱均可。

- **蒲公英叶（Dandelion greens），**或是极为相似的意大利菊苣（Italian puntarelle），有味道温和的品种，也有比伯恩斯先生（Mr. Burns）①在缴税日的脸色还要苦的品种。虽不易分辨，但通常来说色浅、较嫩的叶片味道较温和，较大的、呈羽毛状且呈深绿色的叶片往往较苦也偏硬，不适合用来做沙拉。
- **比利时菊苣（Belgian endive）**口感水润，带有温和的苦味。它很适合做碎丁沙拉，或是单独放在一个附有一碗奶油质感的酱汁的法式蔬菜拼盘（crudités）上。
- **裂叶菊苣（Curly endive），**也称作**碎叶菊苣（frisée）**或**苦苣（chicory），**通常由深浅不一的绿色叶片包裹着甜嫩的淡黄色嫩叶。强迫症患者或是帮厨，总是会仔细地剥掉外层所有的叶片，而只留下最里层的嫩叶。这的确是让热心有余但技艺不足的帮厨们忙碌的绝佳方法，不过说真的，其实只要去掉最硬的绿叶即可。
- **红菊苣（Radicchio）**看起来像是小株的紫甘蓝（red cabbage）。其强烈的苦涩味在沙拉中相当明显，但它也有着若有若无的甜味。用烤炉或是高温烤箱烘烤使它发生焦糖化反应，能让甜味更为明显。凉凉的烤红菊苣搭配香草和简易的油醋汁，是我最爱的沙拉组合之一。
- **阔叶菊苣（Escarole），**或称大叶菊苣（broad-leaf endive），酷似大尺寸的裂叶菊苣，也具有微苦的风味。同裂叶菊苣一样，淡绿或黄色的嫩叶也是阔叶菊苣最美味的部分。请丢弃较硬的深绿色叶片。

---

① 伯恩斯先生，Mr.Burns，动画片《辛普森一家》中的角色，富有且吝啬。——校注

专栏 清洗做沙拉的叶菜

除去精心挑选以及基本的择菜工序，大部分的叶菜只需要迅速冲洗掉灰尘、沙土以及小虫即可。目前，最简单的方法是使用沙拉脱水器。我喜欢用大型的沙拉脱水器，容量至少为 3.8 升（1 加仑），这样可以同时准备 4 人份的叶菜。

冲洗叶菜时，要先将脱水器的盖子拿开，将篮子留下。将脱水器装满冷水，将叶菜浸入水中并使它们快速旋转 10~15 秒，然后小心地将篮子从脱水器中取出。灰尘和沙土会被留在脱水器的底部。倒出脏水并冲洗脱水器直至水完全清澈，接着再用脱水器旋转叶菜直到将水沥干。

生菜应整棵保存，但若是散叶，则应在购买后立即清洗干净，存放于原来的塑料翻盖盒中或是包上厨房纸巾后放入微微敞口的塑料袋中。

沙拉里的绿色蔬菜

沙拉中的绿色蔬菜应先在沸腾的盐水里焯过，再放入冰水中冰镇，以保留鲜亮的色泽。

焯水能提升蔬菜的口感并去除生涩味。请务必在仔细沥干后再将蔬菜放入沙拉中，因为多余的水会毁掉调好的油醋汁。

沙拉里的水果

向蔬菜沙拉中加入水果，能为沙拉增添更多层次的口感和风味。以下是我经常使用的水果的类型：

- **新鲜水果：**以爽脆且味道微酸的水果为最佳，像是切成薄片的苹果、梨和小杧果。将柑橘瓣（Citrus suprêmes，已经去除白色薄膜的柑橘果肉，见下方的“如何切出柑橘瓣”）放入沙拉中，也很美味。
- **果干：**使用起来既简单又快速，能赋予蔬菜沙拉浓郁的甜度和风味。我特别喜爱口感酸甜的蔓越莓干，不过也不要忽视葡萄干、黑醋栗干、苹果干、杏干、无花果干和西梅干。
- **焦糖水果：**加一点儿黄油和糖使水果发生焦糖化反应（见 p.779），能让清爽的沙拉有更复杂浓郁的味道。我特别喜欢配了焦糖苹果和焦糖梨的辣味叶菜沙拉。请用肉质较为紧实且口感清脆的水果，如苹果、梨、榅桲，或是有硬核的水果。

| 专栏 | 如何切出柑橘瓣

将柑橘类水果去除白色衬皮后，切成果瓣（suprêmes），这样处理的理由如下：

- 衬皮带有苦味，会破坏水果的味道。我确信许多厌恶葡萄柚的人在品尝了去除了衬皮的甜美葡萄柚瓣后，会改变想法。
- 果瓣之间的薄膜有种纸质般的口感，不仅容易塞在齿缝之间，而且对增进水果的风味毫无益处。
- 水果以果瓣的形式入菜，不仅姿态更加美丽，而且会使水果沙拉更加好吃。当佐以调味品或油醋汁食用时，也不会再有挑出果瓣薄膜的情况出现。
- 会切柑橘瓣让你看起来更酷！

步骤1：切除柑橘的两端。请先将两端切除，露出果肉。

步骤2：开始去皮。将水果的一个切口朝上立着，用尖锐的主厨刀或日式三德刀小心地削去果皮，并沿着水果的轮廓切除所有的衬皮，同时尽量避免切到果肉。

步骤3：重复动作。以同样的方法继续将整个水果的果皮和衬皮去除干净。

步骤4：适度修整。去皮后，请再次检查并切除所有剩余的衬皮。

步骤5：沿着薄膜切片。手持水果，下面放置一个料理盆，用刀沿着柑橘瓣的薄膜的侧边划一刀，让果肉与薄膜分离。

步骤6：沿着果肉的另一侧入刀。将果肉与柑橘瓣另一边的薄膜分离，果瓣即可掉入下方的料理盆中。

步骤7：重复动作。继续沿着每个果瓣的两侧切割，直至取下所有的果肉。

步骤8：挤出果汁。用手或是马铃薯压泥器捏挤剩下的薄膜，以榨出残留的果汁。请将果肉连同果汁一起存放于密封容器中。

步骤9：沥干并取用。在使用柑橘果肉前，请沥干果汁。果汁可以留作他用，如拌入酱汁中或是当作饮料饮用。可以根据喜好将柑橘果肉切成小块。

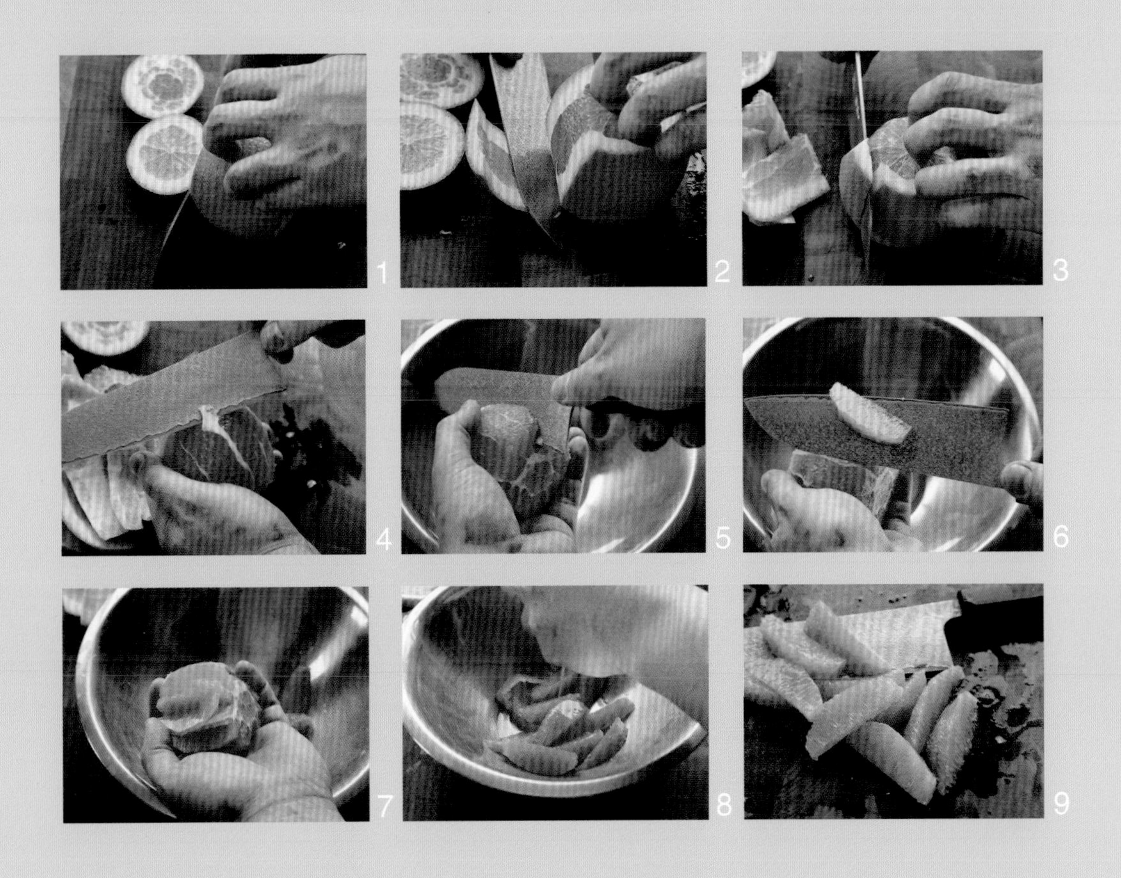

给沙拉淋酱

适度淋上酱汁的沙拉最是美妙。没有什么会比餐厅只给我端上一盘沙拉，酱汁却装在附随的小碟里更让我恼怒的了。无论你的控制欲多么强烈，对于沙拉来说，酱汁“附随在旁”是毫无意义的。因为将酱汁直接淋在沙拉上，会使某些菜叶沾到过多的酱汁，而有些菜叶则根本没有沾到一丁点儿酱汁。若你做出了口感完美、乳化完全的油醋汁，却因为分配不均而造成风味失衡，那还有什么意义呢？

若你确实想拌好一份沙拉，请先准备一个很大的料理盆，体积至少是你要淋酱的沙拉的 3 倍。放入叶菜和少量酱汁（之后还可再追加），以及一小撮盐和一些黑胡椒碎（即使是沙拉，也应当适当调味）。双手由下而上轻柔地翻拌叶菜，切勿使用尖锐的夹子触碰或搅拌鲜嫩的叶菜。待所有的菜叶都均匀地沾到酱汁后，请先尝过味道，再视需求来添加酱汁、盐或黑胡椒碎，这样才能赋予沙拉该有的味道。

料理实验室指南：3 种基本沙拉酱

尽管各种蔬菜才是沙拉中的主角，但是沙拉酱成就了它们。沙拉酱对于沙拉的意义如同苦艾酒对马丁尼那样。沙拉酱虽然不是必要元素，却能让沙拉吃起来更为顺口。

基本沙拉酱可分为以下 3 种：

- **油醋汁**：将油和酸（通常是醋或柑橘果汁）乳化后，再加入其他调味料。
- **以美乃滋为底的沙拉酱**：此酱料的制作需经乳化，但是要以蛋黄作为媒介。加入蛋黄后乳化的酱料，其性质非常稳定，因此以美乃滋为底的沙拉酱往往较为浓稠、绵密。
- **以乳制品为底的沙拉酱**：此酱料是以经活菌发酵作用而变稠的乳制品，如酸奶油、法式酸奶油或白脱牛奶为基底，再加入其他调味料制作而成。

制作这些酱料时，技巧最重要。一旦熟悉了基本法则和配料比例，就可以制作出变化无穷的酱料。

图片提供 熊也·saya

沙拉酱家族中的 1 号成员：
油醋汁

对我来说，关于油醋汁的问题从来都不是“如何”，而是“为何”。例如，油醋真的必须经过乳化吗？在叶菜上淋一点儿橄榄油、一些醋之后，在料理盆里翻搅一番，难道无法达到乳化那样的效果吗？为什么要如此细心地制作油醋汁？为了得到这些问题的答案，我们必须完成一些厨房里的硬核工作。

首先，什么是乳化？其本质就是你强迫两种不容易混合的物质形成均匀的混合物时的过程。在烹饪时，乳化通常发生在水和油之间（醋或柠檬汁的性质与水相似）。你可以将这两种物质放在同一个容器中加以搅拌，然而就像猫跟狗一样，它们最终会分离并一直和自己的同类在一起，解决这个问题有数种方法。一是打散其中一种物质。以油为例，使之成为极细小的油滴让水可以完全包覆在外。这有点像是把一只猫放在一群狗之中，让它丝毫无法再逃脱回到它的猫科同类身边。这种乳化方式常见的例子就是均质乳，全脂奶会被高压推挤过一个细网，将脂肪分子打碎成油滴使其悬浮在乳清中。脂肪分子遭到分离并彻底被水分子包围，这是水包油乳液，烹饪中常见的乳液多半都是这种，除了黄油，它是油包水乳液，即极小的水滴完全悬浮在乳脂中（当然，一旦把黄油加入荷兰酱中，就把它转换成水包油乳液了，请见 p.95 了解荷兰酱的细节）。

若只是简单地将油和醋混合，得到的乳化物的性质会很不稳定。无论你将油分子打得多碎，将它们混合得多彻底，它们终将各归其

位，造成乳化失败。为了使乳化性质稳定，你必须再加入一种叫作表面活性剂的乳化剂。

你看过《猫狗》（*CatDog*）这部动画片吗？记得那只一边是猫头，另一边是狗头的动物吗？猫狗有同时吸引猫和狗的特质，从而成为猫狗大使，让猫和狗打成一片。表面活性剂就像这种猫狗。烹饪用的表面活性剂的一端能吸引水分子（亲水），另一端能吸引油分子（疏水）。蛋黄、芥末酱以及蜂蜜都是常见的表面活性剂。

如下图，左边的容器里是油和巴萨米克醋，按 3 ∶ 1 的比例混合；右边容器中的内容物与左边相同，只是加了少许第戎芥末酱。将两个容器密封并强力摇晃至油醋汁看起来已充分混合，于室温下静置 5 分钟。如你所见，不加芥末酱的油醋汁的油醋分离速度要快得多。

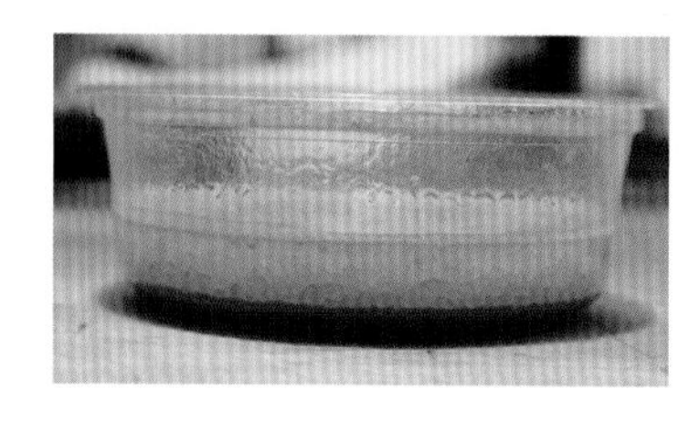

此时，你或许会有跟我一样的想法：虽然这个实验很棒，但这对沙拉有何影响呢？这是个好问题。

我一直都以为，淋了酱汁的沙拉会软掉的原因是醋里的酸会腐蚀菜叶（有这种观念的人不止我一个）。为了验证这个理论，我准备了三份 14 克（1/2 盎司）的蔬菜沙拉，其中一份淋入 1 小勺的蒸馏白醋（醋酸含量为5%）；另一份作为对照组，加入等量的清水；还有一份淋入等量的橄榄油。然后我将三份蔬菜沙拉分别在室温下静置 10 分钟。

实验结果出乎意料！结果醋根本不是罪魁祸首，淋上油的菜叶比淋上醋的，软化速度快上许多。事实上，淋醋的菜叶和淋了水的菜叶，维持原状的时长都差不多！

和所有其他叶片一样，沙拉中的菜叶在生长过程中一直处于暴露状态，为不受雨水侵蚀，菜叶的最外层会形成一层像蜡一样的薄膜来保护自己。这层薄膜就像一件与生俱来的雨衣，不过它防水不防油。正是橄榄油轻易地穿透了这层薄膜并进入细胞的间隙，从而伤害到叶片。造成菜叶软化的元凶是油，而非醋（这个原理可以让我们找到对付某些硬菜叶的方法，如羽衣甘蓝，见 p.815“腌羽衣甘蓝沙拉”）。因此，若要防止菜叶变软烂，你必须找到保护叶片不受油脂破坏的方法。而用醋分子完全包裹油分子的水包油乳液恰好能够提供这样的保护。

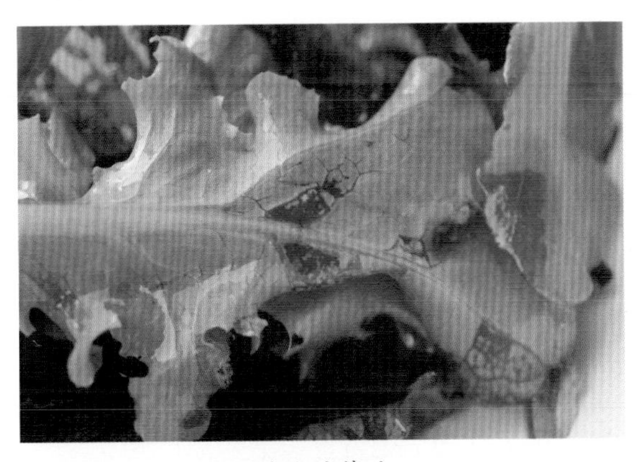

淋油的菜叶

淋醋的菜叶

另外，我还将经摇晃混合的油醋汁淋在叶片上。我仔细地观察实验结果，发现如下：

没错，叶片上一滴一滴的醋被包在更大的油滴中，这些小液滴在叶片上的样子像是坐在懒人沙发上。拿起菜叶的动作致使醋从叶片上滚落，碗底的景象更证实了我的担忧：油分子牢牢地黏在菜叶上，使菜叶变软，醋则全部积在碗底。很显然，我需要表面活性剂，让油和醋保持乳化状态。

最后，我又做了一个实验，分别向两份 28 克（1 盎司）的蔬菜沙拉中淋入沙拉酱。第一份沙拉淋入 1 大勺橄榄油、1 小勺醋以及 1/2 小勺第戎芥末酱的混合物；第二份沙拉淋

将菜叶置于漏斗上，并承接漏斗中流出的液体，由此可以看出经乳化和未经乳化的油醋汁之间的差异。

入了只含油和醋的沙拉酱。充分拌匀后，我立刻将菜叶放在漏斗中，漏斗下方放玻璃杯，以接住漏斗中流出的液体。

淋入的沙拉酱中不含第戎芥末酱的那份蔬菜沙拉在置入漏斗后，醋马上顺畅地流出，而加入第戎芥末酱经充分乳化的沙拉酱则牢牢地黏附在菜叶上。短短 10 分钟，盛油醋的玻璃杯里已经积累了将近 1 小勺的醋，这几乎是我在实验之初放入醋的总量，而且还滴下几滴油，另一杯则最多滴下十几滴油醋汁。

结论不容争辩，若油醋汁未经乳化，沙拉将变成一堆在油里变软的菜，而沙拉碗底则会汇积一摊醋。反之，乳化充分的油醋汁会发挥表面活性剂的作用，协助油和醋一起牢牢地附着在菜叶上，让你每一口都享受到均衡的风味。

| 专栏 | 乳化强迫症

油和醋之间的比例应该是多少？我尝试过许多比例——从 1 ∶ 4 到 4 ∶ 1。实验证明，3 份油对应 1 份醋的经典法式比例能使油醋汁达到最强韧而稳定的乳化成果，而且其质地优良、附着性强。有时，我会觉得醋的味道有一点点冲。你可以用水取代一部分醋来淡化醋的味道；或者，若你想为沙拉添加一些肉味，可以用少许酱油来取代部分醋（我常这么做）。

提到乳化剂，芥末酱是最常见的表面活性剂，1 大勺醋至少配上 1 小勺芥末酱的效果最佳（可视喜好增加芥末酱用量）。美乃滋的乳化效果更好，能很容易地使油和醋乳化成浓稠的酱汁，然而它少了芥末酱那种令人愉悦的特殊风味。若想要较甜的沙拉酱，如用来搭配甜菜沙拉或芦笋沙拉，蜂蜜也可以起到很好的乳化效果。你可以试着在基础的油醋汁中放入蜂蜜和烤过的、被压碎的坚果，绝对会让你赞不绝口！

至于如何混合酱料，有人建议在油里慢慢搅拌，有人建议装在果酱罐里摇晃，还有人坚持使用搅拌器搅拌。测试的结果一如所料，搅拌器的乳化效果最佳，不过可能会导致橄榄油变得极苦（见 p.769“搅拌会更苦”），而摇晃罐子的效果最差，约 30 分钟后油醋汁就分离了。不过，说到底，你调制的油醋汁只需要在你吃完沙拉前保持稳定的乳化效果就可以了。

我的做法是将油醋汁倒入容量为 475 毫升（1 品脱）的挤酱瓶里，再放入冰箱。直到使用前再摇匀油醋汁。然而，我常常遇到的情况是，当我从冰箱取出挤酱瓶时，我才发现我太太早已把油醋汁用光了，而我不得不再做一瓶。

橄榄油全览

如何挑选橄榄油

询问该买哪种橄榄油就像询问该用哪种刀，该开哪种车，或是该听哪张披头士的专辑一样，这主要取决于个人喜好。一旦达到了特定的品质门槛，不管选用香味浓郁的油，还是爽口清新的油，都由你自己决定。

橄榄油分几种等级：

- **“初榨”（Virgin）与“特级初榨”（Extra-Virgin），**由国际橄榄油理事会（International Olive Oil Council）设定标准，用以规范橄榄油的品质。初榨橄榄油的油酸含量不超过 2%，特级初榨橄榄油的油酸含量则必须低于 0.8%，一般普遍认定特级初榨橄榄油的味道优于初榨橄榄油。这两种等级的油都不能使用加热或萃取工艺来加工。多数国家的特级初榨橄榄油产量都只占橄榄油总产量的 5%~10%，它们的价格也因此较高。
- **“冷压初榨”（First Cold Press）**表示橄榄油压榨自未经加热的橄榄，且此为第一次榨取所得，这个类别中通常涵盖“特级初榨”。
- **“纯”（Pure）或“淡”（Light）**与橄榄油的热量高低无关，这里指的是味道。这种橄榄油由初榨后的橄榄经过后续萃取所得，或是由被加热过萃取出过更多油的橄榄所得。这种油还需要被精制以去除任何初榨或是特级初榨橄榄油特有的味道，最后得到一种高烟点的中性油。淡橄榄油往往比芥花籽油等其他植物油贵很多，但是后者在烹饪上的表现与前者一样好，甚至更佳，所以还是把淡橄榄油留在超市的货架上吧！

特级初榨橄榄油很贵，要怎么买到好的橄榄油呢？建议你找在购买前可以试吃的店，在看标价前，先试试味道，你很可能会发现店里最便宜的那瓶正好适合你。如果你有时间、预算和爱好，可以从世界各地收集橄榄油，这很有趣。现在，在美国很容易找到来自意大利、西班牙、法国、摩洛哥和南美国家进口的橄榄油，以及美国国内产的橄榄油（主要来自加利福尼亚）。我收藏了一些我所偏爱的橄榄油：来自埃斯特雷马杜拉（Extremadura）的爽口清新的西班牙橄榄油，如梅路拉（Merula）或欧罗圣卡鲁斯（Oro San Carlos）；香味浓郁的意大利橄榄油，如科鲁麦拉（Columela）或寇拉维塔（Colavita）；辛香刺激的加州橄榄油，如麦克维兰其（McEvoy Ranch）、达维罗（DaVero）或世加希鲁斯（Séka Hills）。这些你都可以在网上买到。值得注意的是，有些报道指出，许多号称来自意大利的橄榄油其实只是在意大利装瓶，里面的橄榄油来自其他地中海国家。这些报道并不会影响我，因为只要我喜欢瓶中物的味道，就足够了。

若我身处一个陌生城市，眼前只有一个超市，超市规定不能先试吃再购买橄榄油，那么我倾向选择的品牌是寇拉维塔。这个牌子的橄榄油味道浓郁、略带辛辣，只有很少的一点儿苦味。

如何品尝橄榄油

德博拉·克拉斯纳（Deborah Krasner）在其著作 The Flavors of Olive Oil[②]中根据风味不同将橄榄油分成了四大类。我发现在挑选橄榄油时，心中想着这些风味很有用。这四类分别是：细致而温和，芬芳而富有果味，橄榄和胡椒般的香气，带有绿叶和青草味。除了这些特质外，我还会加上浓郁而富有黄油味。

试吃橄榄油时，要先闻香，记住香气后，再用舌头尝一点。然后让入口的橄榄油在舌头上转一下，让舌头的每一部分都沾一点橄榄油并试着注意各部位的感受，是一点点甜味？有感觉到苦味？辣度如何？最后，经口腔吸入一点儿空气，使香味通过舌头传回软腭并送入鼻腔。此时应该会感受到一股全新的香气，在吞下橄榄油时，这股香气会倍加清晰，品尝好橄榄油就像品尝好酒。

如何保存橄榄油

你一定无法相信，我去过多少将橄榄油放在炉子旁或是炉子正上方的家庭厨房。这种境况下，只要我打开瓶子闻一下，就会发觉橄榄油已经变味了。

---

② *The Flavors of Olive Oil*，《橄榄油之味》。——译注

像所有脂肪那样，橄榄油的天敌也是光、热和空气。当橄榄油暴露在氧气中时，其所含的长链脂肪酸会分解成较短的片段，使油失去香气。光和热都会加快这一过程。若要达到最长的保存期，应将橄榄油储存于不透光的容器中（最好是金属罐），再置于阴凉的橱柜中，并尽可能远离烤箱或暖气。如果你想批量购买橄榄油，可以购买按加仑（或更大量）罐装的橄榄油，并把其中一小部分装入较小的容器中，以备日常使用。我会使用仔细清洗过的墨绿色葡萄酒瓶，将其进行干燥处理后，配上比萨店里常见的那种小型的金属倒油嘴，这样我就能根据心情选择不同的口味了。

如果你打算只在极少数情况下使用非常特别的特级初榨橄榄油，最好把它冷藏保存。冷藏后，橄榄油可能会变得有些混浊并凝固，但是别担心，一旦升至室温，它就会恢复原样。

用橄榄油烹饪

你常会听人说，特级初榨橄榄油只能为菜肴增添风味或是用于最后的调味，但是不能用来烹饪。从某种程度上来说，这种说法是对的。你总不希望把特级初榨橄榄油加热到开始分解并产生苦味的程度吧？但是，在相对较低的温度下用它烹调，例如：为制作酱料或汤底而加橄榄油轻微拌炒洋葱等蔬菜，是完全没问题的，而且，你可以在最终成品里品尝到它的香气。当然，如果你想省钱，用特级初榨橄榄油来做最后调味绝对是最有效的方法。

搅拌会更苦

食物料理机看起来是能让油醋汁及美乃滋更稳定的加工工具，使用高品质的特级初榨橄榄油也似乎是毋庸置疑的决定，但这两者的结合注定是惨剧。每滴特级初榨橄榄油都是由许多小小的脂肪球所组成，这些脂肪球紧紧粘在一起以免被我们的味蕾发现。但若是以食物料理机或搅拌器高强度地搅打，带有苦味的小球们就会被打散，让油醋汁或美乃滋有明显的苦味。不只如此，这些小球还会降低芥末酱或卵磷脂等乳化剂的作用，让你的酱料更容易解体。

想要得到有强烈特级初榨橄榄油风味、极度稳定却没有苦味的美乃滋，该怎么做呢？关键在于使用芥花籽油等中性植物油。用食物料理机制作美乃滋，一旦美乃滋的性质稳定了，再将其倒入大碗里，用手拌入些许特级初榨橄榄油，这样不仅毫无苦味，还能让你尽情享受橄榄油的风味。

油醋汁比例

最棒的事情来了，知道了油醋汁的原理后，你就再也不用找制作油醋汁的食谱了。只要原料比例正确，技巧适当，你就可以随意为油醋汁调味。下表是制作一杯油醋汁的最基本的食谱。请注意，若你想在油醋汁中添加香料，最好在食用前放入，因为香料随着油醋汁一起冷藏会变软和发黄。

表 28　油醋汁调配比例

酸（1 份）	白葡萄酒醋或红酒醋，巴萨米克醋，雪莉醋，米醋，苹果醋，柠檬汁（或是柠檬加其他柑橘类果汁），酸葡萄汁（Verjus），酱油（与一种酸混合）
乳化剂（1/3 份）	芥末酱，美乃滋，蜂蜜，蛋黄
其他调味料	碎红葱头，碎大蒜，碎新鲜香料（上桌前才放），烘烤并切碎的坚果，香料粉，捣碎的鳀鱼
中性油（2~3 份）	芥花籽油，葡萄籽油，红花油，其他植物油
有风味的油（最多 1 份，可省略）	特级初榨橄榄油，坚果油（胡桃、榛子、山核桃、开心果、杏仁等坚果的油），芝麻油，南瓜子油

无论你需要制作多少油醋汁，只要取用 1 份醋（醋和水的比例可视喜好而定）、1/3 份乳化剂、你喜欢的调味料（用量视口味而定，我通常会用 1/4~1/2 份）及 2~3 份中性油（若用调味油取代中性油，则至多取代 1 份；若用特级初榨橄榄油取代中性油，则可以完全取代），在密封容器中摇匀，再加黑胡椒碎和盐调味，即可完成！

清香柠檬（或红酒）橄榄油油醋汁

MILD LEMON- OR RED WINE–OLIVE OIL VINAIGRETTE

笔记：

以柑橘类果汁为底的油醋汁无法像以醋为底的油醋汁那样有那么长的保存时间。柑橘类果汁冷藏1周左右就会开始发酵，所以请少量制作。此油醋汁适合搭配温和或是微辣的叶菜，以及经焯烫的蔬菜。

约1/2杯

柠檬1个（挤成汁）或红酒醋4小勺

水2小勺

第戎芥末酱1小勺

中型大蒜1瓣，以刨刀磨碎（约1小勺）

小红葱头1个，切碎

特级初榨橄榄油6大勺

犹太盐1/4小勺

现磨黑胡椒碎1/4小勺

将所有食材放入小罐或是挤酱瓶里，盖紧盖子并用力摇晃至乳化。以柠檬汁调制的油醋汁冷藏可保存1周，以醋调制的油醋汁冷藏可保存6个月。每次使用前，请用力摇匀油醋汁。

|刀工|如何将红葱头切成小丁

高级餐馆的秘密食材就是切碎的红葱头，从炒蔬菜到沙拉酱都找得到它的身影，以下为切碎红葱头的步骤示范：

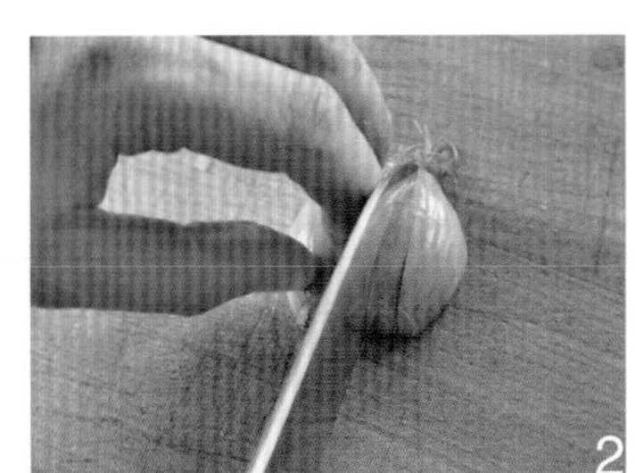

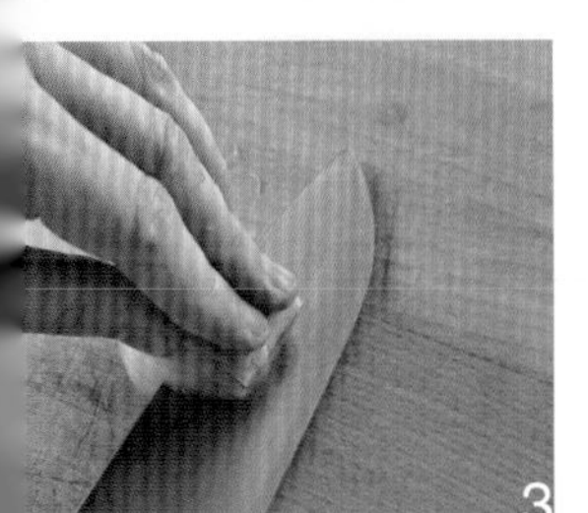

1. 修整、对切、剥皮

将红葱头的根部切掉，再纵向对切。去掉最外层的纸状皮，将其切面朝下放在砧板上。

2. 垂直切

固定住半个红葱头，用手指关节顶着刀面，以主厨刀、三德刀或削皮刀的刀尖将红葱头纵向切成细丝，注意不要切断细丝的尾部，使细丝相连。

3. 水平切

压住红葱头的上部（千万不要压侧边）横切一两刀，注意不要把尾部切断。

4. 切碎

与步骤2中切的方向成直角，再次垂直切。若要切得更细，可以刀尖为支点，来回摆动刀，直到切好的大小达到所需的要求。

基本综合叶菜沙拉

BASIC MIXED GREEN SALAD

4 人份

混合叶菜约 340 克（12 盎司），清洗后脱水

犹太盐和现磨黑胡椒碎各适量

清香柠檬（或红酒）橄榄油油醋汁（见 p.771）1/2 杯，用力摇匀

在大盆中放入叶菜、少许盐、黑胡椒碎及油醋汁，用干净的双手轻柔翻拌，直到油醋汁均匀附着于菜叶上，立即上桌。

芦笋沙拉佐烤杏仁与山羊奶酪

ASPARAGUS SALAD

WITH TOASTED ALMONDS AND GOAT CHEESE

> 笔记：
>
> 芦笋皮有时候很坚韧难嚼，我个人喜欢从笋尖以下约 5.1 厘米（2 英寸）处开始削皮。

4 人份

犹太盐适量

芦笋 680 克（$1\frac{1}{2}$磅），切成 5.1 厘米（2 英寸）长，削皮去尾（见上文“笔记”）

烤过的杏仁片 1/2 杯

中型红葱头 1 个，切细丝（约 1/4 杯）

现磨黑胡椒碎适量

清香柠檬（或红酒）橄榄油油醋汁 1/2 杯（见 p.771），用力摇匀

山羊奶酪约 113 克（4 盎司），切碎

1. 将一大锅盐水煮滚，放入芦笋煮到呈现鲜绿色，且软中仍带一点儿硬度的口感，约需 3 分钟。将水滤掉后，用冷水冲凉，再放入沙拉脱水器中脱水。
2. 将芦笋移到较大的容器中，加入盐和黑胡椒碎调味，再放入杏仁片、红葱头丝及一半的油醋汁并轻柔翻拌，撒上山羊奶酪碎并立即上桌，剩余油醋汁也随同端上桌。

|专栏| 如何烘烤坚果

烘烤坚果不仅增添了坚果的风味，也让其质地更酥脆。烘烤坚果的方法有两种。以炒锅烘烤坚果时，请将坚果放在干燥的锅中以中火加热，不断地翻炒，直到坚果的颜色变深一点儿。（图 1—图 4）翻炒越频繁，烘烤得就越均匀。完成烘烤后，将坚果移至碗里冷却。

以烤箱烘烤坚果时，请将坚果铺在有边的平底烤盘上，预热烤箱至 176.7 ℃（350 ℉），烤约 10 分钟，直到坚果颜色变深一点儿，每隔几分钟翻拌一次，用烤箱会比用炒锅烘烤得更均匀。

1

2

3

4

春日时蔬沙拉

SPRING VEGETABLE SALAD

这道沙拉最棒的地方在于几乎一切事情都可以事先准备：焯烫绿色蔬菜，制作可供选择的菜泥（见“笔记”），制作油醋汁，甚至煮水波蛋。备好后全部放进冰箱冷藏即可。准备享用前，拌好蔬菜（我也会在沙拉里加一些嫩的生豌豆苗）并加油醋汁翻拌均匀即可。将沙拉铺在菜泥上，摆上鸡蛋，再淋上一点儿油醋汁（或是直接淋橄榄油），就一切就绪了。

笔记：

请放心使用你能找到的任何新鲜绿色蔬菜，不论是嫩的西蓝花茎、球芽甘蓝、蚕豆或嫩蕨芽（fiddleheads）都可使用。

若有兴趣，你可以在把芦笋皮烫软后，将其与 2 大勺水、1 大勺橄榄油一同加入搅拌器打成顺滑的菜泥。你可以把它当作这道沙拉的另一份酱料来享用。

清香柠檬（或红酒）橄榄油油醋汁（见 p.771）1/2 杯

柠檬皮屑 1 小勺，外加柠檬皮丝数十根（使用 1 个柠檬）

切碎的新鲜荷兰芹 1 大勺

犹太盐适量

剥好的新鲜豌豆或解冻的冷冻豌豆 1 杯

甜豆 2 杯，去头尾，剥掉粗丝，斜切成约 1.3 厘米（1/2 英寸）长

芦笋 454 克（1 磅，见 p.772“笔记”），尾端修整去皮，切成 5.1 厘米（2 英寸）长

嫩豌豆或荷兰豆苗 2 杯，去除粗梗

现磨黑胡椒碎适量

水波蛋 4 个（见 p.91）

切碎的新鲜综合香草（如荷兰芹、龙蒿和细香葱）1/4 杯

1. 在油醋汁中放入柠檬皮屑及荷兰芹碎，拌匀成沙拉酱待用。
2. 将一大锅盐水煮滚，准备好冰浴所需的水和盆。用滚水煮豌豆，直到其颜色变成鲜绿色，且豆子变软，约需 1 分钟。用金属漏勺把豌豆移到冰浴盆中。把甜豆放入滚水中，煮到变软且颜色变成鲜绿色，约需要 1~1.5 分钟。用漏勺将甜豆移到冰浴盆中。将芦笋放入滚水，煮到刚开始变软且颜色变成鲜绿色，约需 1 分钟，沥水后放入冰浴盆中。
3. 取出冰浴盆里的蔬菜，沥干后放到铺有厨房纸巾或厨房毛巾的有边烤盘上晾干。
4. 在大沙拉盆中用 3/4 量的沙拉酱翻拌豌豆、甜豆、芦笋及豆苗，以盐和黑胡椒碎调味。将拌好的沙拉均分到 4 个碗里。在每份沙拉上放一个水波蛋。用汤勺将剩下的沙拉酱淋到蛋上，再撒盐调味，用柠檬皮丝和香草装饰即可上桌。

| 专栏 | 烫蔬菜规则

春日或夏日沙拉并无硬性规定该用什么蔬菜，但有些基本规则能呈现给你最完美的组合，这些往往也是我在烫蔬菜时遵守的规则。此方法适用于许多春天盛产的绿色蔬菜，包括但不限于豌豆、蚕豆、芦笋、嫩蕨芽、荷兰豆及甜豆。

规则 1：用大锅装许多水煮滚

当你在一锅滚水中放入绿色蔬菜，会发生许多变化。首先，焯烫会破坏蔬菜的细胞结构，让蔬菜微微变软，去除生涩味，但仍保留脆度。再者，细胞中的气体会膨胀并从蔬菜中逸出（例如烫芦笋时，下锅后就会看到芦笋茎冒出小泡泡）。气体逸出会造成蔬菜颜色从淡绿色转变成鲜绿色，这是因为使得光线散射的气囊忽然消失，使叶绿素的颜色变得更醒目，同时，将叶绿素色素分解成褐色的酶也会遭到破坏。

这也是为什么焯过的蔬菜看起来较绿，而且比生蔬菜维持鲜绿色的时间更长。当然，若煮太久，叶绿素会被彻底分解，蔬菜的颜色也会从鲜绿色变成暗淡的橄榄绿甚至褐色。我们的目标是使蔬菜呈鲜绿色。使用大量水烫蔬菜的原因便在于此，它能在你放入蔬菜后更好地维持温度，使焯烫更快速。③

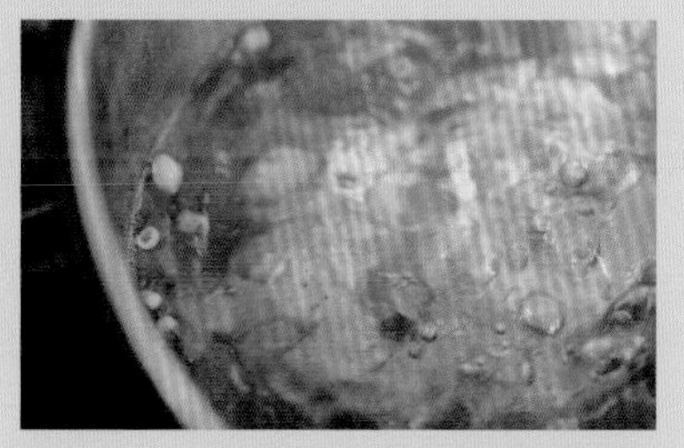

规则 2：每种蔬菜分开焯烫

芦笋跟甜豆并不一样，而荷兰豆比嫩蕨芽薄。根据蔬菜的大小、密度等区别，焯烫的时间不尽相同。完美焯好多种蔬菜的唯一方法是分别进行焯烫。当然，你可以用同一口锅和同一锅水，同理可证下一规则。

规则 3：将所有蔬菜切成同样大小

所有的蔬菜都应约略修整成相同的大小、形状，以便均匀焯烫。例如：处理甜豆时，我会剥掉两旁的丝，切掉头尾，再斜切成豆子大小，

---

③保温能力好并不代表它能更快地回到沸腾。如第 7 章（p.665）所述，较多的一锅水虽然温度下降较少，但其实回到沸腾的速度更慢。

如此便能迅速地将其烫均匀。

处理芦笋时，由于笋尖较细也较脆弱，我通常会切下笋尖，与笋茎分开焯烫。嫩蕨芽可以整株直接烫，去皮的豌豆及蚕豆也是。若真的想要仔细处理豌豆及蚕豆，请先烫过再剥掉每颗豆子外层的薄皮。这很花时间，但效果绝对很好。

规则 4：坚信你的感官

烫蔬菜时，不要依赖计时器和过去的经验，要信任你的眼睛和嘴巴。尽管工厂化的农场做了诸多努力，但蔬菜依然是多样化的有机生命体。你今天煮的芦笋跟你上周煮的芦笋不同，需要的烹饪时间也会有细微的差异。

煮蔬菜时，请仔细注意，要取出几块并频繁试吃，一旦煮好了，请用金属滤勺取出并放进冰浴盆里。

规则 5：以冰水冰镇蔬菜后仔细晾干

我最近读了几篇报告，探讨的内容是是否需要冰镇蔬菜。答案是肯定的，其必要性也很容易证明。你只要烫一大堆豌豆，将其取出后放在碗里而不冰镇，静置放凉，你会发现中间及底部的豆子在取出时已经熟过头了。

这是因为造成豌豆丧失鲜绿色的反应并非立即发生。豌豆必须超过特定温度且达到特定时间才会变色。一颗豌豆在室温中放凉能迅速冷却到安全范围。然而，夹在一堆滚烫豆子中间的豌豆可能在 15~30 分钟内仍然维持热度，这段时间足以让豌豆变色。

这个事实告诉我们：若一次烫一颗以上的豌豆，你应该将其冰镇，或至少不重叠地将豌豆铺到一个大盘子上或是有边的烤盘上冷却。

一旦蔬菜冷却后，请将蔬菜从冰浴盆中取出、沥水，再铺在厨房纸巾或厨房毛巾上晾干。干的食材比较容易黏附与之搭配的油醋汁。

迷你马铃薯沙拉 佐奶油油醋汁

FINGERLING POTATO SALAD WITH CREAMY VINAIGRETTE

我做过只加简易油醋汁的马铃薯沙拉，用春天产的、淀粉含量低的迷你马铃薯，效果非常好。其实我挺喜欢这样更单纯而刺激的风味，能真正地凸显马铃薯的口感。但是，这样的沙拉质地还是没法像加了美乃滋、奶油般真正的马铃薯沙拉那样让人满意（像是p.802的“经典美式马铃薯沙拉”），该怎么办呢？何不用马铃薯本身的力量来让酱汁更奶油化（creamify）[④]呢？

我知道马铃薯中天然存在的淀粉颗粒是很好的天然增稠剂，能为稀薄的酱汁增添浓郁度与奶油般的质感。一开始，我试着捣碎一些煮熟的迷你马铃薯来看看是否能以此形成浓稠的酱汁，但是行不通。那些娇小的新鲜马铃薯淀粉含量太少，质地又太硬，若不用筛子或是细目滤网，无法使其变得顺滑、浓稠。

更简单的方法就是加入一个育空黄金马铃薯，煮好后取出几块马铃薯和一些煮过马铃薯的富含淀粉的水。我会将这几块马铃薯和煮马铃薯的水加入基本酱汁里（用醋、芥末籽酱、红葱头及酸黄瓜制成的简易油醋汁），并开始捣泥。一旦马铃薯变得顺滑，我会慢慢拌入一些特级初榨橄榄油。最终成品是半松散但具有奶油般质感的油醋汁，带着清新的酸味，不会冲淡迷你马铃薯那独特的微妙的风味。

再加上一点儿调味料和一些食材，如糖、黑胡椒碎、芹菜、荷兰芹、刺山柑，以及切片的红葱头，清爽迷你马铃薯沙拉就此诞生！这真是美味的好东西！

1

2

3

4

④是的，这是一个词语，或者说它应该是一个词语。

4~6 人份

迷你马铃薯如拉瑞特（La Ratte）或俄国香蕉（Russian Banana）等品种 680 克（$1\frac{1}{2}$磅），切成 1.3 厘米（1/2 英寸）的厚圆片

大型育空黄金马铃薯 1 个 227 克（8 盎司），削皮，纵向切成 4 块后再切成 1.3 厘米（1/2 英寸）的厚片

犹太盐适量

白葡萄酒醋$2\frac{1}{2}$大勺

芥末籽酱 1 大勺

腌黄瓜 1 大勺

糖 1 大勺，可依口味加量

小型红葱头 2 个，一个切碎（约 1/4 杯），一个切薄片（约 1/4 杯）

特级初榨橄榄油 1/4 杯

洗净、沥水并略切碎的刺山柑 1 大勺

芹菜 2 根，切细丁

略切碎的新鲜荷兰芹 1/4 杯

现磨黑胡椒碎适量

1. 将马铃薯、1 大勺盐、1 大勺醋及 3 杯常温水放入大汤锅中，大火煮滚，不时搅拌让盐溶解。将火关小，保持微滚，继续煮到马铃薯片完全软化，可以轻松用刀子或是蛋糕测试针插入，约需 17 分钟。（图 1）保留 1/2 杯煮马铃薯的水，将马铃薯片沥干，并放入碗中，加入 1/2 大勺的白葡萄酒醋并立即翻拌均匀，静置备用。
2. 另取一大碗，加入留出的煮马铃薯水、剩下的 1 大勺白葡萄酒醋、芥末籽酱、腌黄瓜、糖，及红葱头碎。加入 5~6 片煮熟的育空黄金马铃薯片，以捣泥器捣至顺滑，一边搅拌一边加入 3 大勺橄榄油。（图 2、图 3）再拌入刺山柑、芹菜丁、切片的红葱头、荷兰芹碎及其余的马铃薯片。加盐、黑胡椒碎，甚至可依个人喜好再加点糖来调味。最后淋上剩下的 1 大勺橄榄油后立即上桌。（图 4）或者密封后冷藏，能保存 3 天，上桌前请先回温至室温。

专栏 | 附带食谱的挤酱瓶

我的太太热爱沙拉酱汁，特别是用酱油和巴萨米克醋做的油醋汁。我家常年备有一个盛此酱汁的挤酱瓶在冰箱里。这道酱汁我闭着眼睛也能做，但当我出远门时，问题就来了——我太太有一整盒芝麻菜，却发现沙拉酱用光了。

因此，我想出个小方法来确保这件事不再发生，就是直接将食谱写在挤酱瓶上。既然美味的油醋汁取决于食材比例，那是否用量杯或量勺来精确称量就没问题？因此，我在挤酱瓶的瓶身上用耐久性记号笔画出表示食材分量的线。我的太太只要对照着这样刻度线，从瓶底标注的食材开始依次倒入配料即可，不用记食谱、不用洗量杯或量勺，就可以享用到完美的油醋汁。

我已经开始积攒这些附带食谱的挤酱瓶了，这样我随时都会有易于配制酱料的挤酱瓶可用了。

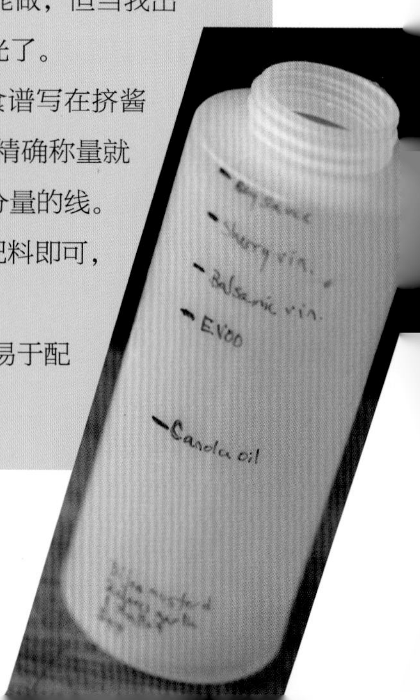

芝麻菜梨沙拉佐帕玛森奶酪及浓郁酱油巴萨米克油醋汁

ARUGULA AND PEAR SALAD

WITH PARMIGIANO- REGGIANO AND SHARP BALSAMIC-SOY VINAIGRETTE

这份食谱在基本的叶菜沙拉上加入了两个元素。我一向喜欢在带有辣味的叶菜上添加一点儿甜味或咸味来形成对比。这里，建议使用略生的梨。在加入黄油与糖加热时，它仍能保持形状完整。

4 人份

熟而不软的波士克梨（Bosc pears）2 个，对半切开、去核并切成 0.6 厘米（1/4 英寸）厚的片
糖 2 大勺
无盐黄油 1 大勺
嫩芝麻菜、水菜或西洋菜 1.9 升（2 夸脱），洗净，沥干
帕玛森奶酪 57 克（2 盎司），用蔬果削皮刀削成薄片
犹太盐和现磨黑胡椒碎各适量
浓郁酱油巴萨米克油醋汁 1/2 杯（食谱见下页），用力摇匀

1. 将切片的梨放入中型料理盆中，加入糖翻拌至糖均匀附着在梨片上。在 30.5 厘米（12 英寸）的不粘锅中以中大火加热黄油直到泡沫消失。铺上一层梨片，轻轻地摇晃锅，直到一面上色，约需 1 分钟。小心地用有弹性的薄的曲柄抹刀将梨片翻面，继续加热到第二面上色，约需 1 分钟。将梨片移到大盘子上静置冷却 5 分钟。
2. 在大碗里放入梨片、芝麻菜、奶酪片、一小撮盐、黑胡椒碎以及油醋汁，用干净的双手轻柔地翻拌至食材均匀沾附上酱汁，立即上桌。

浓郁酱油巴萨米克油醋汁
SHARP BALSAMIC-SOY VINAIGRETTE

笔记：

适用于用辛辣或苦味叶菜的简单沙拉，比如芝麻菜、西洋菜、水菜或综合生菜。

约 1 杯

巴萨米克醋 3 大勺
酱油 1 大勺
第戎芥末酱 4 小勺
小型红葱头 1 个，切碎或用刨刀磨碎（约 1 大勺）
中型蒜瓣 1 瓣，切碎或用刨刀磨碎（约 1 小勺）
芥花籽油 1/2 杯
特级初榨橄榄油 1/4 杯
盐 1/2 小勺
现磨黑胡椒碎 1/2 小勺

将所有材料都放入一个小型容器或挤酱瓶中，将容器密封后用力摇到酱汁乳化为止。油醋汁冷藏可保存 3 个月，使用前应用力摇匀。

番茄莫札瑞拉沙拉佐浓郁酱油巴萨米克油醋汁
TOMATO AND MOZZARELLA SALAD WITH SHARP BALSAMIC-SOY VINAIGRETTE

番茄放入沙拉前，先用盐腌一下能逼出汁液，让番茄味更浓郁。我喜欢将这些番茄汁和特级初榨橄榄油一起加到油醋汁里，不浪费每一滴酱汁的味道。

笔记：

务必使用夏季成熟度好的番茄，以及新鲜的莫札瑞拉奶酪（最好是用 mozzarella di bufala，这是以水牛乳制成的奶酪）来制作这道沙拉。

4 人份

小型红洋葱 1 个，切薄片（约 3/4 杯，可省略）

熟透的番茄 907 克（2 磅，约 3 大个），切成 3.8~5.1 厘米（$1\frac{1}{2}$~2 英寸）厚的块状

犹太盐 2 小勺

浓郁酱油巴萨米克油醋汁 1/4 杯（见 p.780），用力摇匀

特级初榨橄榄油 1/4 杯

新鲜莫札瑞拉奶酪 454 克（1 磅），切成 2.5 厘米（1 英寸）见方的块或撕碎

罗勒 1 小把，取叶片切碎或撕碎（约 1/2 杯）

现磨黑胡椒碎适量

1. 若使用洋葱，请将切片后的洋葱放入中型料理盆里，并用冷水浸泡，静置 30 分钟。
2. 浸泡洋葱片的同时，将番茄切放置在大盆中用盐腌，然后将番茄块放在沥水盆或是漏勺中并架在一个大碗上，静置 30 分钟。（图 1、图 2）
3. 在油醋汁里加入 2 大勺番茄汁，搅打混合（多余的番茄汁请丢弃）。持续搅拌的同时缓慢而均匀地倒入橄榄油乳化。若有洋葱，将之沥干后放入沙拉碗中，放入番茄块、奶酪碎及罗勒碎，加入适量黑胡椒碎调味并翻拌均匀，立即上桌。（图 3—图 5）

1

2

3

4

5

四季豆沙拉佐红洋葱榛子油醋汁

GREEN BEAN SALAD WITH RED ONION AND HAZELNUT VINAIGRETTE

四季豆和坚果是经典的法式组合。这里我使用现烫的脆四季豆搭配蜂蜜，来增添榛子油醋汁的甜味。依个人喜好，可用杏仁取代榛子。红洋葱能增添一点儿辣度和清爽的口感，用凉水泡过可去除一些刺激的味道。

4 人份

中型红洋葱 1 个，切薄片（约 3/4 杯）

犹太盐适量

四季豆或长豇豆 680 克（$1\frac{1}{2}$磅），去头切尾

榛子油醋汁 3/4 杯（食谱见下方）

现磨黑胡椒碎适量

1. 洋葱片放在中型料理盆中，用凉水浸泡，静置 30 分钟后沥干水。
2. 浸泡洋葱片的同时，将一大锅盐水煮滚。同时，准备好冰浴盆。将四季豆放入锅里煮到呈现鲜绿色且豆子变软，但仍带有较脆的口感，约需 3 分钟，沥干水并放入冰浴盆里冰镇。再次沥干水并用沙拉脱水器脱水。
3. 将沥干水的洋葱片、四季豆放入碗里，加入油醋汁，用盐和黑胡椒碎调味并翻拌均匀，立即上桌。

榛子油醋汁

HAZELNUT VINAIGRETTE

约$1\frac{1}{2}$杯

榛子 57 克（2 盎司），烘烤并粗略切碎（1/2 杯）

巴萨米克醋 3 大勺

水 1 大勺

第戎芥末酱 1 大勺

蜂蜜 1 大勺

小型红葱头 1 个，切碎或用刨刀磨碎（约 1 大勺）

新鲜龙蒿碎 2 大勺

特级初榨橄榄油 1/2 杯

芥花籽油 1/4 杯

犹太盐和现磨黑胡椒碎各适量

中型料理盆中放入榛子、醋、水、芥末酱、蜂蜜、红葱头碎及龙蒿碎，搅拌混合。将料理盆放在中型厚底酱汁锅中，盆下面垫一块厨房毛巾防滑，一边持续搅拌一边慢慢倒入橄榄油及芥花籽油，酱料会乳化并明显变稠，再用盐和黑胡椒碎调味。油醋汁放入密封容器中冷藏可保存 2 周，使用前请用力摇匀。

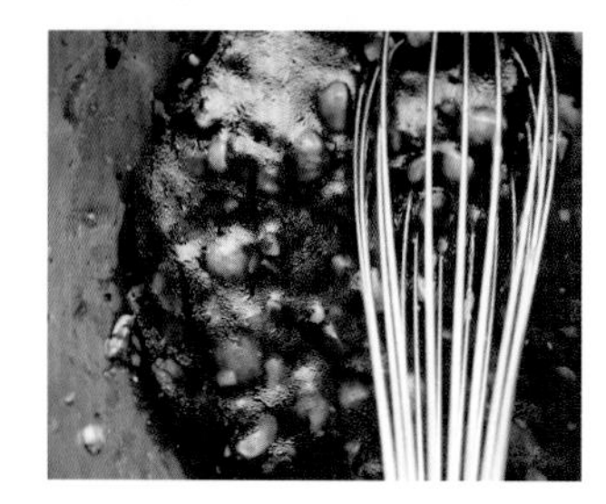

这份食谱使用三种乳化剂：芥末酱、蜂蜜以及坚果，这使得乳化效果特别稳定。

烤梨沙拉

佐综合苦味生菜、蓝纹奶酪、石榴及榛子油醋汁

ROASTED PEAR SALAD

WITH MIXED BITTER LETTUCES, BLUE CHEESE, POMEGRANATE, AND HAZELNUT VINAIGRETTE

这是我母亲最爱的沙拉，是她每次节庆大餐的必点菜。多年来，母亲不断向我探询这份食谱，而我从未告诉过她，因此若不将这道沙拉纳入书中，一定会被当成坏儿子。妈，这道料理献给你。

4 人份

熟而不软的波士克梨 2 个，对切去核，切 0.6 厘米（1/4 英寸）厚的片

糖 2 大勺

无盐黄油 1 大勺

比利时菊苣（Belgian endives）2 株，去除尾端后将叶片剥下

碎叶菊苣（frisée）2 株，只取内层淡黄色的叶片，择下后冲洗并脱水

嫩芝麻菜，约 227 克（8 盎司），冲洗后脱水（3 杯）

榛子油醋汁 3~4 大勺（制作方法见 p.782）

犹太盐和现磨黑胡椒碎各适量

戈贡佐拉、斯蒂尔顿或卡柏瑞勒斯奶酪（Cabrales）57 克（2 盎司），捏碎

石榴籽 1/2 杯（取自 1 个中型石榴）

1. 在中型料理盆中将梨片和糖翻拌均匀，将黄油放入 30.5 厘米（12 英寸）不粘锅中以中大火加热，直到泡沫消失。将梨片铺在锅中加热，轻柔摇晃锅直到梨片一面变色，约需 1 分钟。小心地用有弹性的薄的曲柄抹刀将梨片翻面，继续加热约 1 分钟，直到另一面也变色。将梨片移到大盘子上，静置 5 分钟冷却。
2. 在大沙拉盆里放入比利时菊苣、碎叶菊苣、芝麻菜以及梨片，淋上 3 大勺油醋汁并用盐和黑胡椒碎调味。用干净的双手轻柔翻拌直到叶片均匀沾附油醋汁。尝尝味道并适量添加油醋汁、盐或黑胡椒碎，再放入奶酪碎和石榴籽迅速翻拌，立即上桌。

两种烤甜菜沙拉

不管是在孩子的世界还是大人的世界中，甜菜都遭受过许多批判。你若跟我一样在孩提时代接触的是罐头甜菜，便不难理解这件事。罐头甜菜实在不讨喜，不过现烤的甜菜却很不一样：甜如糖果，口感丰富，微微的泥土气息及半软半脆的质地使甜菜成为我最爱的蔬菜之一。我一年会做几次甜菜沙拉，以下这两道沙拉是我太太的最爱。它们美丽，五彩缤纷，在室温时享用最佳。

你可以焯烫甜菜，但是这会让其风味流失。你发现焯烫后的水变红了吗？那可是被白白浪费的甜菜汁啊。我发现，甜菜的最佳料理方式是将它包在密封的铝箔袋中，用烤箱烤。烘烤时，加热产生的水蒸气使铝箔袋内的空气温度上升，甜菜熟得更快，而且能避免水气过多流失。这种干式烹调法能保持甜菜的汁液和风味几乎不流失。用铝箔袋烹调也便于添加香草和香料，如百里香、迷迭香，再加入一点儿黑胡椒碎及橄榄油，或许再加点柑橘皮屑，都能增添更多风味。烤过的甜菜很容易剥皮，只要用冷水冲，外皮就会直接脱落。为了避免甜菜褪色沾染你的木制砧板，请先铺上一层保鲜膜再处理甜菜。

烤甜菜与柑橘沙拉

佐松子油醋汁

ROASTED BEET AND CITRUS SALAD

WITH PINE NUT VINAIGRETTE

甜菜与柑橘是经典组合，而且很幸运的是它们盛产在同一个季节。这道沙拉结合葡萄柚、橙子、烤甜菜、迷迭香，以及带有一点儿辣味的芝麻菜（你可以依个人喜好使用任何香草或沙拉用叶菜）。我喜欢在甜菜上加点儿坚果，松子是很不错的选择，再淋上用雪利醋、红葱头、核桃油，或者再加一点儿龙舌兰蜜调成的沙拉酱，会带出整道沙拉的甜味。

4 人份

甜菜 907 克（2 磅），去除茎与叶，用冷水边冲边把外皮刷干净
特级初榨橄榄油 1 大勺
犹太盐和现磨黑胡椒碎各适量
新鲜迷迭香或百里香 4 枝
松子油醋汁 1 份（食谱见下方）
葡萄柚 1 个（去皮切块）
橙子 1 个（橙皮削成细丝，果肉切成瓣，操作见 p.760）
芝麻菜 1 杯（清洗干净并脱水）

1. 烤箱以 190.6℃（375 ℉）预热，烤架放置于烤箱中层。将 2 张 30.5 厘米 ×45.7 厘米（12 英寸 ×18 英寸）的厚铝箔纸对折。将两侧的开口紧紧捏起来封紧，只留上方的开口。将甜菜与橄榄油混合翻拌，以盐和黑胡椒碎调味，平均分到两个铝箔包中。在每一包里分别放入 2 枝迷迭香或百里香，再捏紧封口。
2. 将两包甜菜放入有边的烤盘，送入烤箱，烤到甜菜完全变软，用蛋糕测试针或牙签扎一下，若能顺利刺破铝箔纸插入甜菜里即可，约需 1 小时。小心地打开铝箔包，让甜菜冷却约 30 分钟。
3. 在流动的凉水下将甜菜剥皮（皮应该能轻易撕下）并擦干，切成约 3.8 厘米（$1\frac{1}{2}$英寸）大小的块。
4. 在大沙拉碗中用一半的松子油醋汁翻拌甜菜，再移入盘中。在碗里继续放入葡萄柚块、橙子瓣及芝麻菜，再加 1 大勺松子油醋汁，一边翻拌一边依口味加盐和黑胡椒碎调味，再将沙拉移入菜盘。将剩下的油醋汁淋在甜菜周围，放上橙皮细丝装饰后端上桌。

松子油醋汁

PINE NUT VINAIGRETTE

约 1/2 杯

雪利醋 2 大勺
龙舌兰蜜或蜂蜜 2 大勺
松子 1 杯，烤过
小型红葱头 1 个，切成细丁（约 1 大勺）
特级初榨橄榄油 1/4 杯
核桃油 1 大勺
犹太盐和现磨黑胡椒碎各适量

在小碗里放入雪利醋、龙舌兰蜜、松子及红葱头丁，边搅拌边缓缓倒入橄榄油，再倒入核桃油，此时酱汁应乳化并明显变浓稠，依口味用盐和黑胡椒碎调味。调好的松子油醋汁放在密封容器中冷藏可保存 2 周，使用前用力摇匀。

烤甜菜沙拉佐山羊奶酪、蛋、石榴与马尔科纳杏仁油醋汁

ROASTED BEET SALAD

WITH GOAT CHEESE, EGGS, POMEGRANATE, AND MARCONA ALMOND VINAIGRETTE

甜菜总会让我想到蜂蜜，而蜂蜜让我想到马尔科纳杏仁，因此我将它们加到沙拉酱中，同时也加一把石榴籽，在享用时能感受到甜美多汁的独特爆发力。芹菜作为一种常见蔬菜，它的叶子常被忽略，我们就在这里将它利用一番吧。切片的白洋葱则能带来一点儿呛辣口感，我很喜欢洋葱与甜菜翻拌后呈现的淡粉红色。

只要这 5 种食材加上完美的酱料，就是一道风味均衡的沙拉了，这道沙拉可以当成午餐或晚餐。加上切成四等分的水煮蛋和几块风味浓郁的山羊奶酪会让这道菜更为完美。这道沙拉可以现做现吃，也能放一晚隔天再享用（除非你不介意鸡蛋被甜菜染成粉红色，否则切记最后才加蛋），不管怎样都美味无比。

4 人份

甜菜 907 克（2 磅），去除茎与叶，用冷水边冲洗边把外皮刷干净
特级初榨橄榄油 1 大勺
犹太盐和现磨黑胡椒碎各适量
新鲜迷迭香或百里香 4 枝
石榴籽 1/2 杯
切成薄片的小型白洋葱 2 个（约 1/2 杯），放在滤网上用温水冲约 2 分钟
马尔科纳杏仁油醋汁 1 份（食谱见下方）
山羊奶酪 113 克（4 盎司），捏碎
全熟的水煮蛋 2~3 个，切 4 等份（见 p.90）
芹菜选取内部细嫩的叶片 1/2 杯

1. 烤箱以 190.6℃（375 ℉）预热，烤架放置于中层。将 2 张 30.5 厘米 ×45.7 厘米（12 英寸 ×18 英寸）的厚铝箔纸对折。将左右两边的开口捏起来封紧，只留上方的开口。将甜菜与橄榄油翻拌，用盐与黑胡椒碎调味，平均分配到两个铝箔包中。在每一包里放入 2 枝迷迭香或百里香，再牢牢捏紧封口。
2. 将两包甜菜放到有边的烤盘中，并送入烤箱，烤到甜菜完全变软。用蛋糕测试针或牙签扎一下，若能顺利刺破铝箔纸插入甜菜里就算烤好了，约需 1 小时。小心地打开铝箔包，冷却约 30 分钟。
3. 在流动的冷水下将甜菜剥皮（皮应该能轻易撕下），并擦干，切成约 3.8 厘米（$1\frac{1}{2}$ 英寸）大小的块。
4. 将甜菜块、石榴籽、洋葱片、杏仁油醋汁放入大碗里翻拌，移到上菜盘中，撒上山羊奶酪碎、水煮蛋块及芹菜叶，立即上桌。

马尔科纳杏仁油醋汁

MARCONA ALMOND VINAIGRETTE

我喜欢用稍有甜味的酱汁来凸显甜菜天然的甜味，蜂蜜是理所当然的选项。蜂蜜也是很棒的乳化剂，加入蜂蜜后你无须搅拌到手发酸，就能让油和醋顺利融合成犹如酱料一样的质地。

笔记：

你可以在食品专卖店找到马尔科纳杏仁，也能用一般杏仁取代。

约 1/2 杯

白葡萄酒醋 2 大勺
蜂蜜 1 大勺
马尔科纳杏仁 1/4 杯，烘烤过
小型红葱头 1 个，切碎（约 1 大勺）
特级初榨橄榄油 5 大勺
犹太盐和现磨黑胡椒碎各适量

在小料理碗中放入醋、蜂蜜、杏仁以及红葱头碎，边搅拌边缓缓倒入橄榄油，直到酱料乳化并明显变浓稠，依口味用盐和黑胡椒碎调味。调好的酱料可以放在密封容器中冷藏长达 2 周，使用前请用力摇匀。

苦苣与菊苣沙拉佐葡萄柚、蔓越莓与无花果南瓜子油醋汁

ENDIVE AND CHICORY SALAD

WITH GRAPEFRUIT, CRANBERRIES, AND FIG AND PUMPKIN SEED VINAIGRETTE

4 人份

苦苣 1 个，剥除深绿色叶片，保留白色与浅黄色的部分，洗干净脱水，撕成 5.1 厘米（2 英寸）大小

比利时菊苣 2 个，切去蒂部后将叶片剥下，纵向切成 1.3 厘米（1/2 英寸）宽的长条

红宝石葡萄柚 1 个，分切成果瓣（见 p.760）

蔓越莓干 1/3 杯

无花果南瓜子油醋汁 1/2 杯（食谱见 P.789）

犹太盐和现磨黑胡椒碎各适量

大碗中放入苦苣、菊苣、葡萄柚果瓣、蔓越莓干以及无花果南瓜子油醋汁翻拌均匀，用盐和黑胡椒碎调味，立即上桌。

无花果南瓜子油醋汁

FIG AND PUMPKIN SEED VINAIGRETTE

笔记：

你可以在奶酪专卖店或是超市奶酪区找到无花果果酱，如果没有也可以用甜度较低的果酱取代，如橘子果酱、葡萄柚果酱、杏桃酱或酸樱桃酱。

约 1 杯

巴萨米克醋 3 大勺

无花果果酱$1\frac{1}{2}$大勺（见上文“笔记”）

烘烤过的南瓜子 1/3 杯

中型红葱头 1 个，切碎（约 2 大勺）

特级初榨橄榄油 1/2 杯

犹太盐和现磨黑胡椒碎各适量

将巴萨米克醋、无花果果酱、南瓜子及红葱头碎一起放入小碗里，边搅拌边缓缓倒入橄榄油，直到酱料乳化并明显变浓稠，依口味用盐和黑胡椒碎调味。调好的油醋汁装在密封容器中冷藏可以保存 2 周，使用前请使劲摇匀。

| 刀工 | 如何准备沙拉用苦苣

苦味叶菜如苦苣、碎叶菊苣等，最甜最美味的部分是淡黄色的菜心。暗绿色的菜叶又硬又苦，应丢弃或是留着做炖菜或煮汤。

1. 将苦苣切除蒂部，剥开菜叶。

2. 将菜叶依颜色分类，分出黄色的部分及深绿色的部分。

3. 将深绿色的部分丢弃或是留下来煮汤。

4. 将黄色的菜叶清洗干净即可使用。

| 刀工 | 如何准备沙拉用菊苣

带有苦味的菊苣叶可以整片或是切条放入沙拉中。

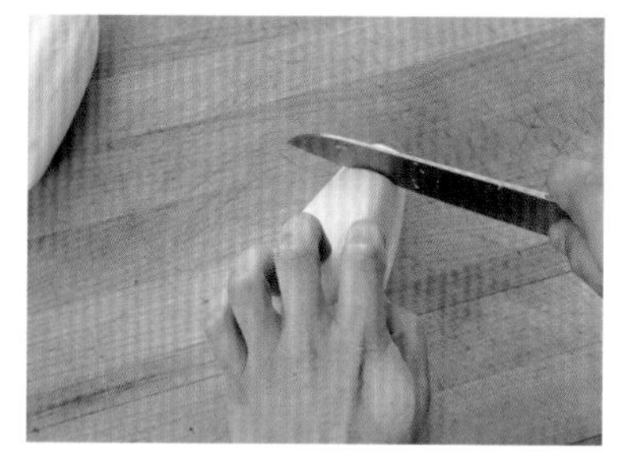

1. 切除蒂部。

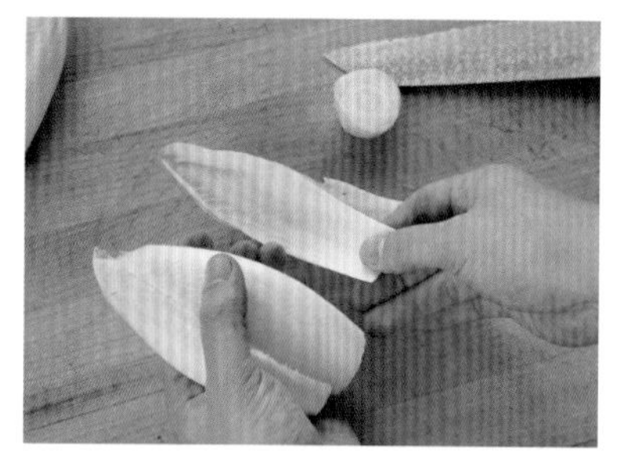

2. 分开叶片，仅取下可轻易拨开的叶片。

3. 再次切除蒂部并取下叶片，重复上述步骤，直到剩下最内部的菜心。

4. 若要整片入菜，现在可以清洗菜叶并放入沙拉中。若要切条，请继续以下步骤。

5. 将叶片整齐堆叠，以便能更轻松而平均地切条。

6. 将叶片依想要的宽度切成长条。

7. 将菊苣放入沙拉脱水器并用冷水清洗干净。

8. 脱水。

9. 准备就绪。

沙拉酱家族中的 2 号成员：
以美乃滋为基底的沙拉酱

改变人生的关键时刻，有很多种形式。对某些人来说，可能是在鳕鱼角（Cape Cod）[⑤]，坐在父亲身边吞下人生第一个小圆蛤的那一天；或是发现黑武士是卢克父亲的那一天；或是发现在户外玩耍比看宇宙巨人希曼的动画片还有趣的那一刻；或许是发现光既表现出波的特性，又表现出粒子特性的时刻……对我来说，则是第一次看到美乃滋制作过程的那一刻。[⑥]

小时候，我从没想过美乃滋从哪儿来。我的意思是，就是那种放在罐子里，盖着蓝色盖子的，柔软细腻、微微晃动的东西，我一直都以为它是从某个巨大的美乃滋输出泵里挤出来的，也许是在威斯康星州或内布拉斯加州。在我幼小的心中，这两个地方最可能生产大量的美乃滋。我还记得第一次看到制作美乃滋的过程的情景。那是一个深夜的购物广告，广告内容是销售手持式搅拌棒（这种搅拌棒在当时算是新科技，也是厨房里最热门的小装备）。只见主持人在杯中放入一个生蛋，倒了一点儿油，将搅拌棒放进去，按下按键，短短几秒钟，蛋跟油就变成了光滑细腻的乳白色美乃滋。

我跟太太最近正在讨论孩子的名字，来自南美的她希望用一个美丽的西班牙名“沙乐美”（Salomé）为我们的长女命名。我说，只要我可以为长子取名“美乃滋”，借此向我最爱的酱料致敬，她要叫女儿“萨拉米”也没问题。我们来瞧瞧谁会让步。

美乃滋到底可不可以用来抹三明治，这件事一直备受争议。我过去是严格的“除非我死了，不然我一定不要美乃滋”那派，但因

⑤鳕鱼角，Cape Cod，美国马萨诸塞州东南角延伸向大西洋的一个海角。——校注

⑥好啦，你赢了，我承认，以上说的都是我人生的重要时刻。

为优秀的自制美乃滋，我渐渐地改变了想法，甚至愿意偶尔用用有蓝盖子的瓶装美乃滋。顶尖的美乃滋尝起来绵密、轻盈，口感浓郁，可以为菜品增加浓郁度却不会让它变得沉重。不过，更多的时候，我们遇到的美乃滋往往是调制欠佳、油腻厚重且味道平淡的糊状物，或是瓶装的过分甜腻的乳状物。这样的酱料偶尔用来当个“替补”没什么关系，但这绝不是你想用来蘸芦笋，或是用来当凯撒沙拉酱或塔塔酱基底的东西。

到底是什么能将单吃有点黏糊糊的两种食材——蛋黄和油，转变成味道强烈浓郁，口感光滑细腻的抹酱？美乃滋中尽管有超过75%的成分是油，口感却一点儿也不油腻，这是因为乳化作用。乳化作用是厨房中需要了解的最重要的概念之一。让油醋汁沾附生菜，让奶酪在化开后仍保持顺滑及高延展性，这都是乳化作用的功劳（我们曾提到过奶酪乳化的话题）。现在，让我们来深入探索其中的奥妙吧！

美乃滋基本常识

美乃滋最宽泛的定义是，调味后悬浮在水中的油脂微粒形成的乳液。小小的悬浮油滴一旦被一层薄薄的水隔开，便很难自由流动，这也是美乃滋具有黏稠性的原因。需要说明的是，光在小滴的油中的折射率比在一大摊油中的高，这也是美乃滋呈不透明乳白色的原因。你可以想成是车子的挡风玻璃。挡风玻璃在完整的情况下，可以轻易地透光。若玻璃碎裂，就很难看清另一侧。若敲击多次让玻璃粉碎，玻璃便无法透光了。美乃滋里的油最后呈现出不透明的乳白色就是同样的道理。

通常，当你混合脂肪分子和水时，不管混合得多彻底——就像把麻省理工学院的宅男放进女校里一样——它们终究会彼此分离并回归原本的群体。由于其形状和电荷的关系，脂肪分子会彼此吸引，同时也会与水分子相互排斥。这时就需要蛋黄了。蛋黄本身就是复杂的脂肪与水的乳化物，内含大量乳化剂（乳化剂是能让脂肪和水乖乖听话的媒介），乳化剂是长链分子，一头是亲水基（亲水疏油），一头是疏水基（亲油疏水）。乳化剂中最重要的是卵磷脂，在鸡蛋里大量存在的低密度脂蛋白（LDLs）和高密度脂蛋白（HDLs）中都能找到卵磷脂。

将搅拌盆放在厨房毛巾上可以增加摩擦力，在用力搅拌时，能使盆身稳固。

同时搅拌蛋黄、水和油时，卵磷脂分子亲油的那头会埋身于微小的油滴中，只露出尾巴。这些尾巴相互相斥，防止脂肪颗粒彼此结合，同时也让水变得更具吸引力——有点像是在宅男派对上加入几桶啤酒来搅和一番。制作传统的美乃滋时，你需要将蛋黄、水、盐及一些调味料（通常是第戎芥末酱、柠檬汁或醋）用力搅拌，同时慢慢地倒入油（这道工序若使用食物料理机来操作，几乎是零失败的）。随着油流入碗里，迅速搅拌能快速将油打散成微小的油滴，而这些油滴会因为蛋黄中的乳化剂而保持悬浮。随着添加的油越来越多，这些混合物会发生如下变化：

- **当油水比例为 1 ：1 时，**或是水比油稍多时，无法形成稳定的乳化物。脂肪不会被分开并被水包覆，水也无法将其中的油滴隔绝。此时，混合物呈现为稀薄不透明的液态。
- **油水比例接近 3 ：1 时，**混合物将逐渐表现出美乃滋的样子，只是流动程度像油醋汁。随着添加的油量越来越多，美乃滋开始变得不透明，这是因为光在小油滴中的折射率比在一大摊油中的高。
- **油水比例超过 5 ：1 时，**美乃滋开始变稠，稠到当你把搅拌器提起时，美乃滋酱形成的尖角仍可以维持其形状。这似乎违反常理：美乃滋是稠的，油是稀的，在美乃滋里加油应该会让它更稀吧？错！我们知道一大摊油里的油滴可以自由流动，但油滴在乳化物中会被困在被水隔离的紧密的油滴基质里。若要流动，水必须能自由地在乳化物中移动。随着油越加越多，分割每一滴油滴的水被拉扯得越来越薄，造成其活动困难。最后，若你继续添加油，美乃滋会渐渐从柔软的奶油质地变得苍白且过于厚重。此时入口尝一下，美乃滋会像蜡一般黏在嘴里，这是因为没有足够的水来包裹油滴，最后油滴会从包裹它的水里溢出，美乃滋就变得油腻了。

由此可知，做出美味细腻美乃滋的关键在于调整油水比例，直到达到你需要的质地。因为我已经知道这些了，从风味上来说，我喜欢一杯美乃滋的量用一个蛋（见 p.795，“一个蛋可以做多少美乃滋？”）来调制，剩下就只要慢慢地加水，直到稀释成我要的稠度即可。

调制美乃滋的零失败手法

美乃滋成功与否的关键，还在于添加油的速度。再回想一下前面那个比喻吧，假设只有一两个麻省理工男孩缓缓进入女校里，女孩能很轻松地将他们彼此分开，让他们融入群体里，因为周围全是女孩。源源不断进入的男孩也很容易融入，只是他们进入派对的速度比较慢。反之，一大群男孩忽然同时出现，他们就会紧紧挨着彼此，要使他们融入群体就难得多了。不仅如此，任何先前融入的男孩见到这一大群新加入的男孩，也都会强烈地想要加入他们。

油也是这样，慢慢把它加入蛋黄混合物中就能形成强健而稳定的乳化物。若倒得太快，就无法将油滴打得足够小，而且更糟是，如果已经形成稳定的乳化物，油加入过快，就可能造成乳化失败。这是制作美乃滋最棘手之处，即使最好的厨师也无法挽救。

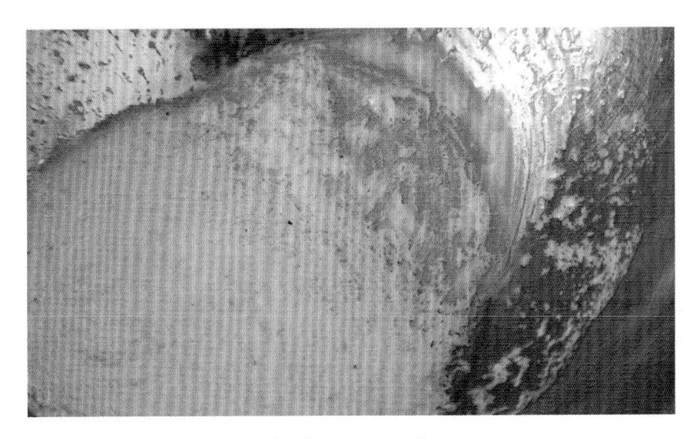

若油加得太快，就会导致乳化失败。

美乃滋是我最爱的食品之一。我不是那种半夜醒来就打开冰箱用汤勺挖美乃滋吃的人，至少现在还不是，但我一生中制作了很多美乃滋。有些人对食物料理机推崇备至，但目前制作美乃滋最容易的方法仍是我多年前在电视广告里看到的方法——用手持式搅拌棒调制美乃滋。将蛋黄跟其他调味品（通常是芥末酱、柠檬汁，再加上一点儿水，可以使美乃滋的口感更清爽）放在瘦高杯的底部，并小心地倒入油，你会得到两层清晰的液体：以水为主的液体在下，油漂浮在上面。若你慢慢地把搅拌机头插入到杯底有水的部分，并启动开关，便能创造一股漩涡缓缓地稳定地把油往下拉，并将它送入被打散的蛋黄里。就在你眼前，奶油般光滑细腻的美乃滋从容器的底部慢慢往上成形。若你没有手持式搅拌棒，就买一个吧，就算这是唯一的用途也值得！

没有手持式搅拌棒也能制作出不失败的美乃滋

好吧，假设你很固执，就是拒绝买一个手持式搅拌棒，怎么办呢？你仍然可以徒手制作美乃滋（不过真的非常非常难），但若有食物料理机就太好了！只要充分练习，你就能轻松地完成美乃滋的制作。将蛋和调味品丢进料理机，并在机器运转的同时慢慢倒入油。问题在于这个方法并非每次都能成功，特别是当制作的量很少时。蛋黄会被打到料理机的碗壁上，这会让你打算用这些蛋黄制作乳化物的努力白费。有没有一个万无一失的方法能让蛋黄和油好好混合呢？

我一边刮着碗壁上的蛋黄，一边思索着这问题。一个念头忽然闪过，与其每隔几秒停下机器来刮下蛋黄，何不加入一个能在机器运转的同时替我将蛋黄刮到碗底的“东西”呢？何不让这个“东西”也能同时帮我以缓慢稳定的速度加油呢？若能这样，一旦把所有的原料都放入料理碗中，启动机器，美乃滋就可以自动完成了！

我的点子是使用“冷冻成块状的油”。油在凝固之后，就会从液体变成固体，用它来调制美乃滋，油就能在料理碗中缓慢稳定地化开并释放液体油脂，同时，混合物在料理机里被打到碗壁上时，油砖能确保蛋黄和调味品不会留在刀片接触不到的地方。

我将所有的食材和几块冷冻的油丢进料理机，想先做一批美乃滋来测试这个猜想。开启料理机后，我看着所有的东西弹来弹去。一开始，冷冻油块在小小的“牢房”中弹跳，但渐渐地，机器里的物质开始变得顺滑，过一会儿后，我获得了一碗细腻无比、味道浓郁的美乃滋。（图 1—图 4）

最后要思考的事情，就是调味。基本的美乃滋只需要一点儿芥末酱和柠檬汁，但我也常常加入大蒜（一个蛋加入一瓣蒜就可以）以及少许特级初榨橄榄油。特级初榨橄榄油务必手动拌入，若使用手持式搅拌棒或食物料理机会让其味道变苦（见 p.769“搅拌会更苦”）。其他风味美乃滋见 p. 798“制作不同风味的美乃滋”。

1

2

3

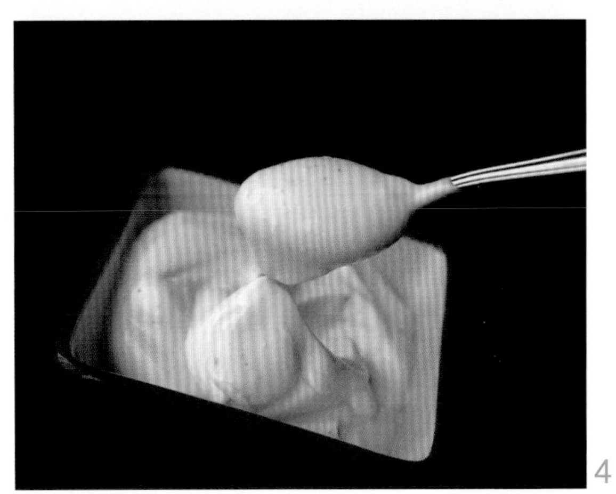
4

| 专栏 | 一个蛋可以做多少美乃滋?

由于卵磷脂是很有效的乳化剂，只要一个蛋黄便能让你做出足量的美乃滋。美乃滋生产商早就知道这件事，这也是美乃滋如此便宜的原因之一。最贵的原料——鸡蛋——只占了成品极少的比例。若你想避免乳化失败，请务必注意油水比例。当美乃滋越来越浓稠，油水几乎要分离时（就在“糊状”阶段之后），再加入一点儿水就可恢复到原来的状态，这时就可以继续添加油……通过这样的方法，我曾用一个蛋黄做出约 3.8 升（1 加仑）的美乃滋。

虽说如此，理想的美乃滋必须有一定的蛋黄量才会有好味道。几乎全是油的美乃滋味道就是不对。我发现理想的比例是一个大蛋黄制作一杯美乃滋。

美乃滋 vs 蒜泥蛋黄酱

每次去高级餐厅吃饭，看到主厨用“蒜泥蛋黄酱”（aioli）来称呼“美乃滋”时，我就会特意让服务生、我太太和周围几桌用餐的食客知道主厨的用词陋习和冒失无礼，他竟混淆了世界上最伟大的两种酱料。蒜泥蛋黄酱是奥克语（Occitan）⑦，它是由“ai”（大蒜）和“oli”（油）组合而成的。真正的蒜泥蛋黄酱是用研磨杵和研磨钵将大蒜磨成泥，接着慢慢一滴一滴淋入橄榄油直到形成顺滑的乳化物。这是一种味道极度强烈且呛辣的酱料，通常搭配海鲜、脆面包丁或水煮马铃薯食用。它的西班牙版本叫“allioli”，通常用来搭配橄榄、烤肉，或者烤蔬菜。

近年来，许多人已经完全接受了把蛋黄、大蒜和芥末酱做的蒜味美乃滋称为“蒜泥蛋黄酱”。那为何有些餐厅的菜单中会将以蛋黄制作却完全没有大蒜的细腻酱料称为“蒜泥蛋黄酱”呢？原因在于，尽管美乃滋曾一度被视为高级餐饮的象征，但这个名称因为过度地与廉价的日常食物联系在一起而不再显得高级。很多在高档餐厅工作的厨师为了将它与人们平常抹在三明治上的普通酱料加以区别，便硬将它改名为“蒜泥蛋黄酱”。实际上它仍然是大家都熟知的美乃滋。

幸好，这种愚蠢的错误渐渐被认清，越来越多的主厨不吝于展现其对美乃滋的喜爱，它光滑细腻，浓郁而美味。我很确定，当我在餐厅里“教训”服务生时，虽然招来亲爱的妻子的白眼，但也促进了这样的改变。我也打算从近期开始，在纠正人们说“bruschetta”（指“意式烤面包”）⑧这个词时，不再让他们发“sh”的轻辅音。

---

⑦奥克语，Occitan，属于罗曼语族的一种，现主要通行于法国南部，意大利的奥克山谷，摩纳哥，以及西班牙的阿兰山谷。——校注

⑧ bruschetta，意大利餐前的开胃面包小吃。——校注

自制不失败美乃滋

FOOLPROOF HOMEMADE MAYONNAISE

笔记：

你可以依自己喜好的口味在调制好的美乃滋中添加柠檬汁，请尽情调味，因为盐量不足会导致美乃滋的味道平淡而油腻。美乃滋也能用一般料理机或是装了搅拌配件的台式搅拌机制作。

2 杯

大蛋黄 2 个

第戎芥末酱 2 小勺

柠檬汁 1 大勺（使用 1 个柠檬，或依口味添加）

中型大蒜 1 瓣，磨成泥或用刨刀刨碎（约 1 小勺，可省略）

水约 2 大勺

芥花籽油 1 杯

特级初榨橄榄油 1 杯

犹太盐及现磨黑胡椒碎各适量

使用手持式搅拌棒制作美乃滋

1. 将蛋黄、第戎芥末酱、柠檬汁、大蒜碎（可选用）以及 1 大勺水放入瘦高杯中（杯子的口径可供手持式搅拌棒的头部放入）。小心地倒入芥花籽油，慢慢将搅拌头放到杯底。扶稳杯子，启动搅拌棒。杯底会产生漩涡，慢慢地将油往下拉。
2. 直到油完全与蛋黄混合，成为顺滑细腻的美乃滋，慢慢地将搅拌头提起。将美乃滋刮入中型料理碗，把碗放在铺着厨房毛巾的料理锅中以免滑动。一边持续搅拌，一边慢慢倒入橄榄油，适量添加盐和黑胡椒碎并搅拌均匀。再拌入 1 大勺水（不可超过 1 大勺），直到美乃滋呈现出你要的稠度。调制好的美乃滋放在密封容器中冷藏，可保存 2 周。

使用台式搅拌机制作美乃滋

1. 将芥花籽油倒入制冰盒的 4~6 个格子里，放入冰箱冷冻室直到完全凝固。
2. 将蛋黄、第戎芥末酱、柠檬汁、大蒜碎（可选用）以及 1 大勺水放入台式搅拌机的料理碗中。放入两块冷冻好的芥花籽油，启动机器约 5 秒直到芥花籽油块被打碎。打开盖子，用橡胶铲刮下盖子和碗壁上的混合物。将剩余的芥花籽油块放入并再次启动机器，直到混合物变得顺滑，大约再需要 5 秒钟。
3. 将美乃滋刮入中型料理碗，处理方法同“使用手持式搅拌棒制作美乃滋”第 2 步，为美乃滋调味并冷藏保存。

| 专栏 | 制作不同风味的美乃滋

学会制作美乃滋的基本程序之后，你便可以推开制作各种风味美乃滋的大门。以下列出几种我最爱的风味美乃滋：

表 29　各种风味美乃滋的做法与食用方法

美乃滋类型	做法	最佳食用方法
大蒜美乃滋	将 1 杯美乃滋和 2~4 瓣大蒜（切碎或刨成泥）一同放入食物料理机中，搅打至顺滑	· 搭配简单的绿色蔬菜，如烫四季豆或是芦笋 · 搭配汉堡 · 搭配烤马铃薯或水煮马铃薯 · 拌入汤里 · 搭配烤或煎的鸡或鱼 · 作为三明治的抹酱
烤红椒美乃滋	彻底沥干 1/2 杯粗略切过的罐装烤红椒，放入食物料理机中，再放入 1 杯美乃滋、2 瓣大蒜（切碎或制成泥），搅打至顺滑	· 搭配烤或煎的鸡或鱼 · 作为三明治的抹酱
凯撒沙拉酱	用食物料理机制作美乃滋的同时，加入 4 片鳀鱼、2 瓣大蒜（切碎或制成泥）、2 小勺伍斯特酱及 57 克（2 盎司）刨成细丝的帕玛森奶酪	· 作为生蔬菜的蘸酱 · 搭配冷的鸡肉或其他肉类 · 作为三明治或是卷饼的抹酱
香草大蒜美乃滋	在食物料理机中放入 1 杯美乃滋、2 瓣大蒜（切碎或制成泥），以及 1/4 杯综合新鲜香草嫩叶，如荷兰芹、龙蒿、车窝草、莳萝或罗勒，搅打至各种香草被均匀打碎，再放入 2 大勺切成细丝的新鲜细香葱，搅打至顺滑	· 作为生蔬菜的蘸酱 · 作为三明治或卷饼的抹酱 · 搭配香肠和羊肉 · 淋在海鲜沙拉冷盘上，如虾、龙虾或螃蟹沙拉等
辣根美乃滋	在 1 杯美乃滋中加入 1/4 杯沥干的辣根及 1 大勺第戎芥末酱，充分拌匀	· 搭配剩下的冷却的烤肉 · 作为汉堡的抹酱 · 作为烤牛肉或烤羊肉三明治的抹酱 · 加入马铃薯沙拉中

续表 29

美乃滋类型	做法	最佳食用方法
奇波雷辣椒-青柠美乃滋	将1杯美乃滋、1大勺新鲜青柠汁、2个泡在阿斗波酱里的奇波雷辣椒以及2大勺阿斗波酱放入食物料理机中，搅打均匀。可视口味拌入2大勺新鲜碎芫荽	· 作为汉堡的抹酱 · 作为墨西哥卷饼的抹酱 · 作为烤肉三明治的抹酱 · 搭配炸物，如炸鱼、炸薯条或炸洋葱圈的蘸酱
塔塔酱（Tartar Sauce）	在中型料理碗里放入1杯美乃滋、3大勺沥干切碎的刺山柑、1个切成细丁的中型红葱头、2大勺切碎的法式酸黄瓜（cornichon pickles）、1小勺砂糖与几大勺切碎的新鲜荷兰芹，搅拌均匀并用黑胡椒碎调味	· 可用作炸鱼及其他海鲜的蘸酱
培根美乃滋	用1/4杯精炼培根脂肪取代基础美乃滋食谱中的1/4杯芥花籽油。一旦美乃滋成形，放入4片剁碎的熟培根，搅打均匀，并拌入2根青葱（切成细丝）	· 作为汉堡的抹酱 · 作为三明治的抹酱
油浸番茄干美乃滋	在食物料理机中放入1杯美乃滋、2瓣大蒜（切碎或制成泥）、1/2杯沥干的油浸番茄干，搅打到接近顺滑。可依个人喜好拌入2大勺切碎的荷兰芹	· 作为生蔬菜的蘸酱 · 作为三明治或卷饼的抹酱
大蒜辣椒美乃滋	将1杯美乃滋加入2瓣大蒜（切碎或制成泥）与3大勺亚洲辣酱，如韩式辣椒酱（gochujang）、中式蒜蓉辣椒酱、印尼参巴酱（sambal oelek）或是拉差香甜辣椒酱（Sriracha），拌匀即可	· 作为汉堡的抹酱 · 作为炸鱼或其他海鲜的蘸酱 · 搭配烤肉或烤海鲜
蜂蜜味噌美乃滋	将3/4杯美乃滋、1/4杯白味噌酱、2小勺米醋、2大勺蜂蜜搅拌均匀即可	· 作为炸鱼或其他海鲜的蘸酱

冬季叶菜沙拉佐核桃、苹果与鳀鱼帕玛森酱料

WINTER GREENS SALAD

WITH WALNUTS, APPLES, AND PARMESAN-ANCHOVY DRESSING

自从我在海鲂牡蛎酒吧（The John Dory）尝过主厨阿普里尔·布鲁姆菲尔德（April Bloomfield）的绝妙秋季蔬菜沙拉后，爽脆略苦的叶菜搭配咸香的鳀鱼酱成了我的最爱之一。

冬季的叶菜有极为厚实的质地和味道。意大利红菊苣苦味最重，因此我总将它跟比利时菊苣等较甜的叶菜一同享用。比利时菊苣完全生长在地下，因而会发生一种叫黄化（etiolation）的反应，这是在弱光环境下生长的植物会发生的自然变化。为了接触到日光，植物会迅速生长，造成其细胞结构较弱且无法合成叶绿素。如果我们追求较嫩的菜叶与较淡的苦味，我们只要挑出紧密生长的淡黄色或是纯白色菊苣即可满足要求。

同样的，碎叶菊苣（或裂叶菊苣）的菜心最甜，由于未受日光照射，它的小叶茎仍维持淡黄色泽与柔嫩口感。若想做出最美味的碎叶菊苣沙拉，请丢弃外层较硬的暗绿色叶片（或是留下来做汤），只使用中心淡绿色和黄色的内叶。

此酱料属于鳀鱼加量的经典凯撒沙拉酱，以美乃滋为底，再搭配柠檬汁及伍斯特酱，以及几片可以增添甜味的苹果和一些烤脆的核桃。这道简单的沙拉不仅风味与口感多样，还能让你饱餐一顿。

4 人份

美乃滋 1/2 杯（做法见 p.797 的“自制不失败美乃滋”）
帕玛森奶酪 28 克（1 盎司），约 1/2 杯
鳀鱼 6 片，用叉子背压成泥状
柠檬汁 2 小勺（使用 1 个柠檬）
伍斯特酱 1 小勺
犹太盐和现磨黑胡椒碎各适量
比利时菊苣 2 株，去除菜心，纵切成 0.3 厘米（1/8 英寸）宽的段
意大利红菊苣 1 株，去除菜心，切成细丝
淡绿色及黄色碎叶菊苣（裂叶菊苣）嫩叶 4 杯（约 2 株）
偏酸的苹果（富士苹果或史密斯奶奶青苹果）1 大个，去核，切成 0.3 厘米（1/8 英寸）粗的条状
切碎的新鲜荷兰芹 1/4 杯
核桃 2 杯，入烤箱烘烤好

1. 在小碗中放入美乃滋、帕玛森奶酪、鳀鱼泥、柠檬汁以及伍斯特酱，充分搅拌，再加犹太盐和黑胡椒碎充分调味。
2. 在大碗中放入比利时菊苣、意大利红菊苣、碎叶菊苣、苹果条及荷兰芹碎，依口味淋入沙拉酱，以盐和黑胡椒碎调味，放入核桃并稍微混合，立即上桌。

|刀工| 如何准备沙拉用意大利红菊苣

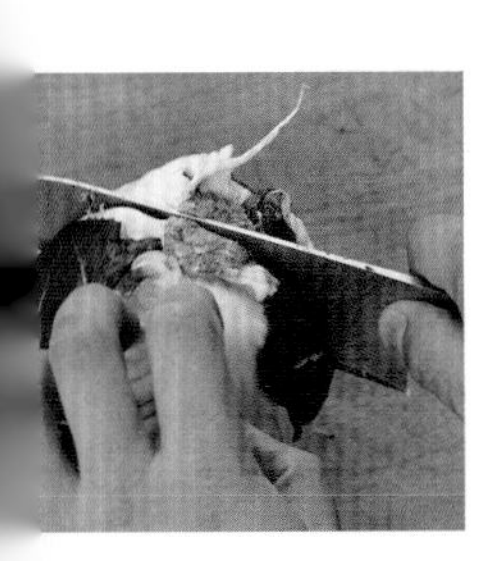

1. 切成两半

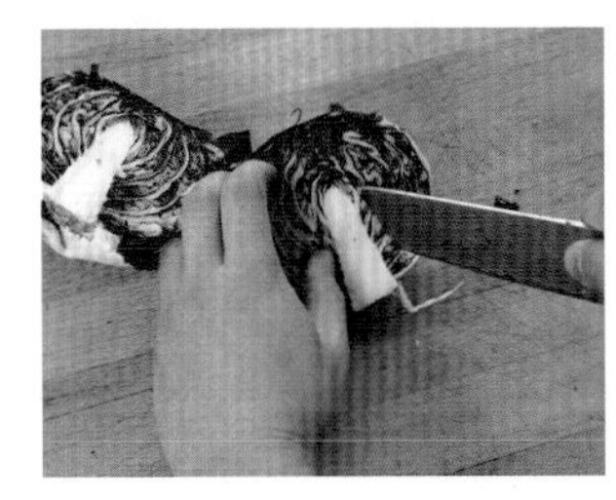

2. 去除菜心

沿着其中一半菊苣的菜心切一刀，刀尖指向中心。

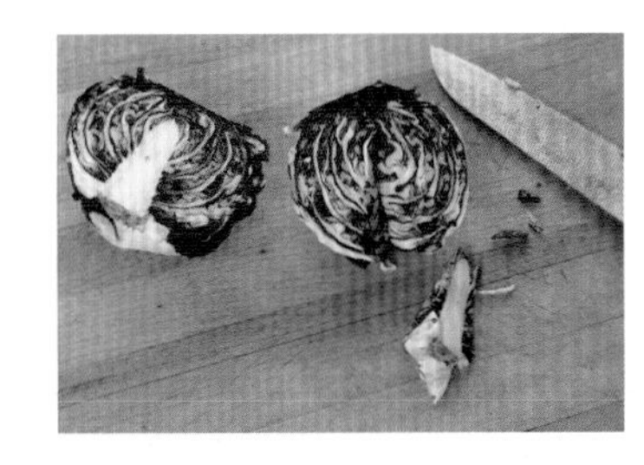

3. 取下菜心

以 90° 角在菜心另一侧再切一刀，完整取下楔形菜心。另一半菊苣按此法处理。

4. 将菊苣切丝

5. 备用

经典美式马铃薯沙拉

马铃薯沙拉有什么了不起的，对吧？

这道沙拉就像是餐厅里的背景音乐，是某种让你及其他用餐者在主菜上桌前的尴尬静默时期，用以分散注意力并保持忙碌的东西。你强迫自己舀1大勺马铃薯沙拉到纸盘上，并用塑料叉戳弄一下，直到汉堡上桌——至少大部分马铃薯沙拉都扮演着这样的角色。问题在于，这是一道简单却常被敷衍了事的菜肴：煮马铃薯，拌入美乃滋，加一点儿你正好想用的调味品，丢进碗里。

然而，用心制作的马铃薯沙拉，可以和接下来登场的汉堡一样有趣（你应该很清楚我对汉堡的看法）。完美的马铃薯沙拉应该犹如羽毛般轻盈，充满咸、酸、甜的味道与细腻又清爽的口感。尽管它是由马铃薯和美乃滋这两种最厚重的食材做成的。

在我看来，制作马铃薯沙拉可能出错之处有三点，只要搞砸其一，你的沙拉就会功亏一篑：

- **马铃薯未经调味**。出色的马铃薯沙拉，薯块应充分调味。马铃薯温热时较扎实，质朴的味道只需加一点儿盐就很好。一旦冷却后，它就会变得沉重无味。若缺乏足够的酸度和一点儿甜味来提味，马铃薯沙拉会让人难以下咽。
- **马铃薯煮得太烂或没煮熟**。如果有一件事情是我不能接受的，那就是马铃薯有嚼劲。马铃薯不该有脆或硬的口感，马铃薯沙拉也不该是一盘冷的马铃薯泥。完美的煮马铃薯应该完全松软，边缘是快要裂开的样子，酱料也带有一点儿马铃薯的味道及口感。
- **沙拉调味不足**。由于味蕾在低温时的敏感度较低，冷食的调味应该比热食略重。又考虑到马铃薯扎实的质地，制作马铃薯沙拉应该比制作其他菜肴需要添加更多的醋、糖、香料和盐，这才合理。尽管如此，调味还是应该平衡，所有的味道需要互相配合，而不是彼此冲突。

如何煮马铃薯

制作马铃薯沙拉的第一步是处理好马铃薯的质地。马铃薯由内含淀粉颗粒的细胞构成，而果胶让这些细胞黏在一起。加热时果胶会慢慢分解，淀粉颗粒则开始吸收水分。马铃薯煮过头时，果胶会过度分解，而马铃薯细胞开始松散变成泥状。欢迎来到冷马铃薯泥王国，常驻人口：你。再继续煮下去，淀粉颗粒膨胀并破裂，马铃薯泥沙拉凉下来后会变成惨不忍睹、难以下咽的黏糊糊的泥浆。而不熟的马铃薯会保持脆硬的口感，而脆硬的马铃薯就该立刻被驱逐出后院 。

事情还没完呢！由于马铃薯是由外向内受热，你也可能煮出一个外面太熟而里面还是生的的马铃薯。而制造这种烹饪惨案的“最佳方法”，就是将切好的马铃薯放入一锅翻滚的开水里。直接用开水煮马铃薯，在其内层温度上升前，外层就会煮过头。若用这样的马铃薯来做沙拉，结果就是一摊黏稠的马铃薯泥中漂浮着脆硬的生薯块。还是饶了我吧，谢谢！若一开始用冷水来煮马铃薯，马铃薯会跟着冷水一起均匀地升温，等到中心煮熟时，其边缘正好也开始松散——这不是件坏事，我喜欢外面有一点儿碎裂的马铃薯，可以给沙拉酱增加风味以及黏稠度。顺便说一句，这也是煮马铃薯最好的方法。

当然，就算用冷水煮也会遇到同样的问题，对马铃薯要时时保持警惕，太生和太熟只在一瞬间，只要分心 1 分钟（例如，你去追赶刚在你背包上尿尿、接着又把你的笔记本藏到沙发下的小狗），摆在你面前的就是一锅马铃薯糊。幸而还是有办法解决这个问题的，我们稍后再提，先来聊聊重点。

调味的最佳时机

做好马铃薯沙拉的关键，就是使用褐皮马铃薯，这种马铃薯不仅能更好地吸收酱料，其淀粉还能与沙拉酱结合得更好。为了证明它能更好地吸收调味料，我同时煮了褐皮马铃薯和红皮马铃薯，然后将它们分别切成方块，再加少许用绿色食用色素调制的沙拉酱翻拌均匀，你可以自行判断哪种马铃薯的吸收能力更好：

红皮马铃薯（左）与褐皮马铃薯（右）

一段时间以来，我认为马铃薯最好是趁热调味，只是不知道真正的原因。这样真的能让它吸收更多调味料吗？还是只是心理作用？为了找出答案，我煮了三批马铃薯，这次用绿色食用色素取代盐和醋。第一批我用绿色的水来煮，第二批则用一般的水煮熟后，将水沥干并趁热用绿色的水“调味”，第三批是等完全冷却后才拌入绿色的水。三批都彻底冷却后，我各取一块马铃薯切开来看色素渗透的情况，我发现：

用“调味”水煮的马铃薯和趁热“调味”的马铃薯从外到内都呈现淡绿色，而冷却后才“调味”的马铃薯里头则多为白色，只在马铃薯块有裂痕处看得到一条绿线。

造成这个结果有双重原因。一方面，马铃薯表面的熟淀粉在冷却时会变硬且糊化，这

上图为趁热调味的马铃薯
下图为冷却后才调味的马铃薯

会让其他物质难以穿透；另一方面，马铃薯冷却时会收缩且质地略收紧，这让调味料即使能穿透糊化的淀粉外层也难以进入到内层。

如你所见，马铃薯用调味水煮或是用清水煮完沥干后立即调味，在风味的穿透力上差异极小。既然如此，干脆等到马铃薯煮好再加醋就好了，对吧？其实在煮马铃薯的同时加点儿醋还有一个好处，就是可以防止马铃薯因被煮得太熟而变松散（这点我们会在第 9 章 p.895 谈到炸薯条时再次探讨），这是因为果胶在酸的环境中分解得较慢。煮马铃薯时我发现，每 0.95 升（1 夸脱）的水中放入 1 大勺醋，马铃薯哪怕煮得有点儿过头，也不会变得烂糊。

只单纯用水来煮的马铃薯易松散。

用加入醋的水所煮的马铃薯可维持薯块外形。

在冷却马铃薯的空隙，我会制作沙拉酱。

平衡口感

一旦马铃薯完美煮熟，呈现出轻盈口感与明亮外观后，剩下的任务就很简单了——就是调味。此时没有什么太过艰难的步骤。米酒醋是我最爱的万能醋，加在马铃薯沙拉里也很适合。烹煮时在水里放入 2 大勺米酒醋，煮好后趁热往马铃薯上淋 1 大勺米酒醋，最后在美乃滋沙拉酱里放入 2 大勺米酒醋便能添加多种层次的鲜明口感。不管是现成的还是自制的（见 p.797），美乃滋都是必备品。每 1.8 千克（4 磅）马铃薯用 1 杯美乃滋调制，比一般做法的美乃滋用量稍微少一点儿，我更喜欢美乃滋显得轻盈一些。当你用力搅拌沙拉时，会将马铃薯块的边角也刮下来，这些边角搅碎后会增加沙拉绵密的口感。如果喜欢吃辣，还可以添加几勺芥末酱（第戎芥末酱或黄芥末酱都可以，视个人喜好）。

对于马铃薯沙拉是否要加腌渍物，这件事一直有些争议。我喜欢在马铃薯沙拉中放入切碎的法式酸黄瓜，这多半是因为我的冰箱里一直有存货。其他的，比如切碎的腌莳萝、黄油面包（bread-and-butters），甚至是几勺腌渍蔬菜也很对味。若能加入剁碎的芹菜和红洋葱还能增加爽脆的口感。老实说，只要马铃薯烹煮并调味得当，这道菜就算成功了，调味可依个人喜好。我喜欢加糖，有些人则不以为然。不过，是否需要加黑胡椒就无关个人口味了，绝对不可少！

很少有比马铃薯沙拉更加低调的菜肴了，但若想装饰一番，加一些切碎的新鲜香草就很不错，荷兰芹和细香葱也都很适合。我有时候会放入香葱的绿色部分，因为我冰箱的蔬菜抽屉里几乎随时都有它们的影子。若你留有剩余的芹菜叶，也能用来装饰。我还知道有些人喜欢加入酸黄瓜的汁，有人则喜欢加大蒜，也有人会加酸奶油。真的，怎样调味都很不错，制作马铃薯沙拉没有调味的标准答案，只要记住以下关键点：

- 用褐皮马铃薯。
- 均匀切块，冷水下锅，水里加盐，以及用糖和醋调味［每 0.95 升（1 夸脱）水加上盐、糖和醋各 1 大勺］。
- 马铃薯从沸水中捞出后立即再次加醋调味。
- 冷的食物容易显得淡而无味，请大胆调味（见 p.806“冷热调味大不同”）。

只要记住这 4 个简单的秘诀，你要怎么对付马铃薯沙拉都可以。好吧，我是说在法律许可的范围内都可以。

| 实验 | 冷热调味大不同

对于入口的菜肴温度，人的味蕾是极为敏感的。你是否也曾在隔天早上咬下从冰箱取出的冷比萨时自问："这个冰冷湿黏、淡而无味的东西，怎么可能是我昨晚吃到的风味十足的美食呢？"好的，我承认，通常是因为我严重宿醉、懒得做早餐，才会在早上吃冷比萨。如果要证明调味必须因温度而异，你可以自己试试这个实验。

材料

- 胡萝卜 1.4 千克（3 磅），削皮，切成 2.5 厘米（1 英寸）见方的块
- 黄油 3 大勺
- 犹太盐适量

步骤

1. 将胡萝卜放入大料理锅内，加水（不用加盐）没过胡萝卜。开大火把水煮滚，煮到胡萝卜变软。
2. 将胡萝卜捞出沥干，留用煮胡萝卜的水约 2 杯。将胡萝卜和黄油放入食物料理机里，倒入预留的胡萝卜水开始搅打（切记以慢速开始并逐渐加速，以免搅打物溢出），搅打完成后得到胡萝卜泥约 4 杯。
3. 将胡萝卜泥分成 4 等份。在第 1 份里放入 1/2 小勺盐，第二份放 1 小勺，第 3 份放 $1\frac{1}{2}$ 小勺，最后 1 份放 2 小勺。找一群测试者来试试味道并记下哪份调味的胡萝卜泥味道最佳（不是哪个最咸，而是哪个吃起来最美味）。
4. 将胡萝卜泥冷藏过夜，用冷的胡萝卜泥再次试吃。

结果与分析

若你的朋友跟我的朋友一样，那他们在品尝冷的胡萝卜泥时，相比热的胡萝卜泥，他们都会感到更咸的那份更美味。这是因为热食比冷食更容易刺激你的味蕾（热食还会产生芬芳的蒸汽），所以冷食的调味需要比热食更重。因此，当你依照着本书为食物调味时，请务必保持与本书食谱中的菜的温度一样。

经典美式马铃薯沙拉（零失败版）

CLASSIC AMERICAN POTATO SALAD

DONE RIGHT

8~10 人份

褐皮马铃薯 1.8 千克（4 磅），削皮切成 1.9 厘米（3/4 英寸）见方的块

犹太盐适量

糖 1/4 杯

米酒醋 6 大勺

芹菜 3 根，切小丁（约 1 杯）

中型红洋葱 1 个，切小丁（约 1/2 杯）

青葱 4 根，只要绿色部分，切细丝（约 1/2 杯，可省略）

新鲜荷兰芹叶，剁碎（1/4 杯，可省略）

法式酸黄瓜，剁碎（1/4 杯）

芥末酱 2 大勺（根据口味酌情使用）

美乃滋 $1\frac{1}{4}$ 杯（自制尤佳，见 p.797）

现磨黑胡椒碎适量

1. 在大炖锅里放入 1.9 升（2 夸脱）水，放入马铃薯块、2 大勺盐、2 大勺糖与 2 大勺醋。用大火煮滚，调小火力保持水微滚状态继续煮，偶尔搅拌一下，直到马铃薯完全变软，约需 10 分钟。将马铃薯捞出沥干，放入烤盘，均匀铺开，淋上 2 大勺醋。静置放凉，约需 30 分钟。
2. 将剩下的 2 大勺糖、2 大勺醋、芹菜丁、洋葱丁、青葱丝（可选用）、荷兰芹碎（可选用）、酸黄瓜碎、芥末酱以及美乃滋放入大碗，用橡胶铲搅拌均匀。拌入放凉的马铃薯块，以适量盐和黑胡椒碎调味。盖上盖子，并放入冰箱冷藏至少 1 小时即可食用。最多可以保存 3 天。

| 刀工 | 如何切芹菜

我大学时的一位朋友认为芹菜是最糟糕的蔬菜。我承认，芹菜条实在不太讨人喜欢。

若能加上一些蓝纹奶酪或是“绿衣女神沙拉酱”（Green Goddess），我就很乐意吃掉芹菜条。但唯有将芹菜加到其他菜肴中，你才会发现它真正的用途——最佳配角。

我那些厌恶芹菜的朋友们去饭店吃饭时，大多数却喜爱内含此种蔬菜的酱料、炖菜、沙拉、汤或是煲，搭配上呛辣的洋葱和甜美紧实的胡萝卜，边缘带着微苦口感的芹菜已然是西方烹饪中半数菜肴的基础。少了芹菜独有的香气与爽脆口感，马铃薯沙拉或龙虾卷必然大为失色。中国人也很早就发现在香辣味型的快炒菜肴中，芹菜显得异常美味，他们甚至能把芹菜叶做成可口的配菜。

这个刀工指南将教你如何将芹菜改刀成常见的形状及大小。

采购与保存

购买芹菜时，请挑选根部紧密扎实、仍连接着茎部，且色泽介于鲜绿和黄绿色之间的芹菜。任何有撞坏的褐色痕迹或是看起来纤维很粗的芹菜都不要选购。尽量避免购买密封包装的芹菜，这些包装往往会遮挡住芹菜的缺陷。好的菜贩会频繁地在芹菜茎上喷水以保持其新鲜翠绿。

芹菜买回家几天后就会枯萎，所以最好存放在微微开口的塑料袋或有孔塑料袋中以保持湿度，同时也保留通风的空间。如果冰箱有蔬菜保鲜格的话，那就再好不过了。若妥善保存，芹菜的新鲜度可以维持 10 天。你可以把变软的芹菜茎切下来，切口朝下放在盛水的杯子里，再放入冰箱，如此可以让芹菜恢复生机。

若你想用叶片当装饰，请摘下靠近中心位置的淡黄色菜叶（深绿色的叶子较硬，纤维也较多），放入装了清水和几块冰块的容器内，放在冰箱保存，叶片可以加入综合生菜沙拉中。

1. 工具（见 p.808 照片）

你需要锋利的主厨刀或三德刀，若你想要展现更华丽的手法，请多准备一只削皮刀。

2. 掰下芹菜茎

轻轻将芹菜的茎由底部往外拉，使芹菜茎与根部自行裂开。

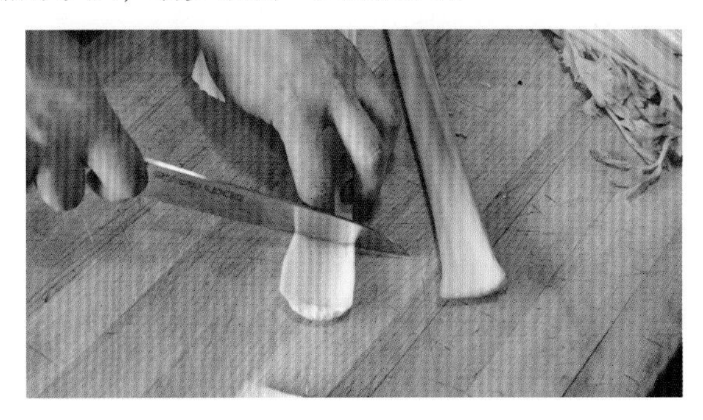

3. 清洁与修整

用冷水冲洗芹菜茎，清除泥土，接着切除底部的白色部分（这部分也可以留下煮高汤、当肥料或直接丢弃）。

4. 削皮

此步可省略。削皮的芹菜用于只需稍微烹制的料理，或是需要用较大的条状或块状食材的料理。芹菜富含纤维的外皮会有点麻烦，可以用削皮刀削下每根芹菜茎的外皮。削皮时，将芹菜底部靠着砧板，拿着削皮刀用流畅的动作和均匀的力度纵向往下削，重复这一动作直到完全去除芹菜茎的外皮。

5. 切大块

切成大块的芹菜主要用于最终会过滤的汤品、酱汁或炖菜，请用主厨刀将芹菜茎切成 2.5~3.8 厘米（1~ $1\frac{1}{2}$英寸）长的段。

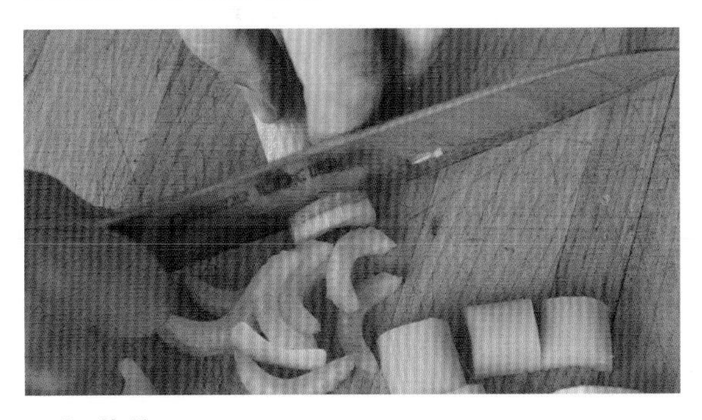

6. 切薄片

若要切成适用于沙拉或是爆炒的薄片，请将芹菜茎切成 0.3~0.6 厘米（1/8~1/4 英寸）宽的半月状。

7. 切斜薄片

斜切芹菜能切出稍长一些的尺寸，适于爆炒或是煎炒。

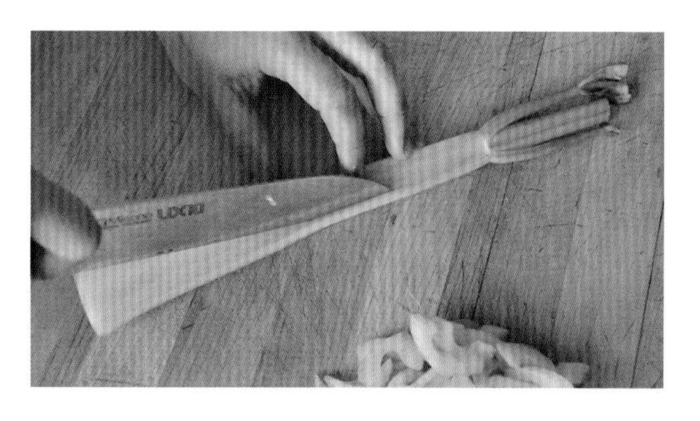

8. 准备切方丁

先用主厨刀的刀尖纵向切开芹菜茎，顶端不要切断（若你觉得这个操作比较困难，可以将芹菜茎切成两三段再进行）。

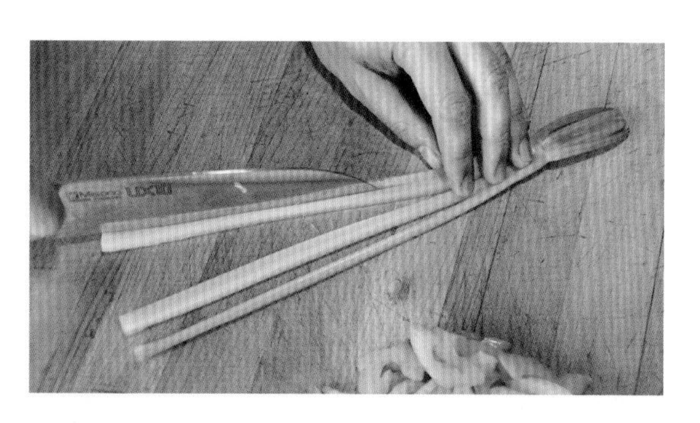

9. 继续纵切

继续切芹菜茎，切的次数会决定所切的芹菜丁的大小。若要切成中型方丁，只要将芹菜茎纵向对切即可。若要更小的方丁，可以切三刀。若要切极细的小丁，请将芹菜茎切成 0.2~0.3 厘米（1/16~1/8 英寸）宽的细长条。

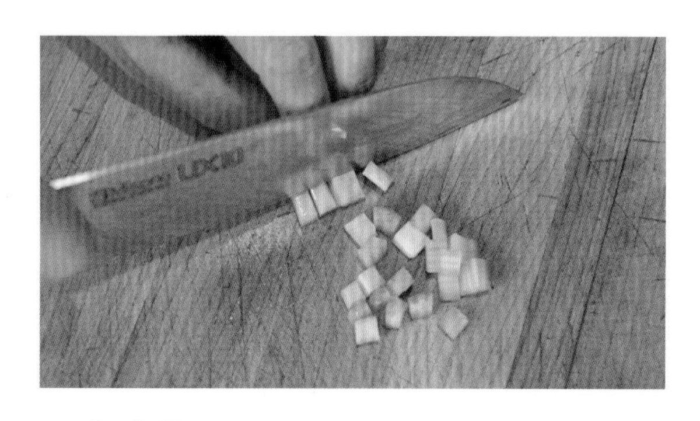

10. 切方丁

将芹菜茎转一下方向，与原来的切面垂直下刀切成方丁。先前未切断的部分能避免长条移位，保持原本的样子。

11. 切长条

若要切成适用于汤品或沙拉的长条，请先依照切丁的方式纵切，再横切成 3.8~5.1 厘米（$1\frac{1}{2}$~2 英寸）长的条状。

12. 完工

不论是长条、大块，还是薄片、方丁，全部准备好后即可下锅或拌入沙拉中。

顶尖蛋沙拉

THE BEST EGG SALAD

制作顶尖的蛋沙拉，首先需要的是完美的水煮蛋，它的蛋黄刚凝固且不干不柴。幸好，我们已经搞定鸡蛋了：秘诀在于将蛋滚水下锅，再迅速降温让蛋能慢慢均匀地煮到中心（见 p.90）。准备好蛋后，只需要用美乃滋作为黏合剂，再放入芹菜、红葱头、荷兰芹及少许柠檬汁提味。

关于切蛋，我试过许多种方法，包括利用刨刀来刨成极小的颗粒，用食物料理机搅打，用马铃薯压泥器或打蛋器打成泥。最终，还是最原始的方法效果最佳——就是把手洗干净，伸进碗里以手指捏碎鸡蛋来制作略有粗糙质地的沙拉。

4 人份

水煮蛋 6 个，冰镇并去壳

美乃滋 1/4 杯（市售或者自制，见 p.797）

新鲜柠檬汁 $1\frac{1}{2}$ 小勺，新鲜柠檬皮屑 1/2 小勺（用 1 个柠檬）

芹菜 1 小根，切细丁（约 1/3 杯）

红洋葱，切细丁（1/4 杯）

剁碎的新鲜荷兰芹叶或细香葱 1 大勺

犹太盐和现磨黑胡椒碎各适量

在中型料理碗中放入鸡蛋、美乃滋、柠檬汁、柠檬皮屑、芹菜丁、红洋葱丁，以及荷兰芹碎或细香葱碎。（图 1）用手指挤压捏碎鸡蛋，混合碗里的食材直到你想要的质地。（图 2）也可以用较结实的打蛋器或马铃薯压泥器来弄碎鸡蛋。最后用适量的盐和黑胡椒碎调味。（图 3）立即上桌食用，或是放入密封容器中冷藏，最多可保存 3 天。

1

2

3

美式卷心菜沙拉

CREAMY COLESLAW

在我的成长过程中，我吃的卷心菜沙拉多半是湿的那种。沙拉湿漉漉地滴着水，总是会在碗底留下一摊“水池”，盘底留下一洼“水坑”，这不可避免地会污染你的炸鸡或奶酪通心粉。这么说吧，在我的世界里，任何有自尊的人，绝对不希望自己的食物和“湿”这个形容词有关。那么，做出美味可口又不湿漉漉的卷心菜沙拉的关键是什么？没错，答对了——渗透作用。

“渗透作用”，就是溶剂（水分子或其他溶剂分子）透过半透膜的转移。当半透膜一侧的溶液浓度比另一侧的高时，渗透作用就会发生。水分子或其他溶剂分子会穿过半透膜尝试平衡两侧的浓度。尽管看不出来，但卷心菜其实是一种含水量极高的蔬菜，其含水量高达 93%，而豌豆或马铃薯含水量为 79%。这样，你就能理解为何卷心菜沙拉总是湿湿的。要去除卷心菜多余的水分，只需要一个简单的操作：用盐腌菜，静置约 1 小时，然后挤干水分。

我的卷心菜沙拉里的其他食材跟他人的无异。胡萝卜和洋葱能带来些许甜味及辣味，沙拉酱则用可以平衡酸甜味的光滑细腻的美乃滋（自制最佳），还有糖、苹果醋和第戎芥末酱。

约 4 杯，6~8 人份

中型绿色或白色卷心菜 1 棵，去心，切丝（约 8 杯）
大型胡萝卜 1 根，去皮后用四面刨丝盒的大孔刨丝
中型红洋葱 1 个，对半切开后切薄片
美乃滋 1 杯（见 p.797，自制最佳）
糖 2 大勺（依个人口味取适量）
苹果醋 1/4 杯
第戎芥末酱 2 大勺
犹太盐和现磨黑胡椒碎各适量

1. 在大碗里放入卷心菜丝、胡萝卜丝和 2 大勺盐，拌匀后放入沥水器。将沥水器放在洗碗槽中，静置至少 1 小时，至多 3 小时。
2. 卷心菜丝和胡萝卜丝彻底冲洗干净，放到干净的厨房毛巾中，拉起毛巾的四角并在水槽（也可以是一个大量杯或料理碗）上用力扭转毛巾，彻底拧干卷心菜和胡萝卜中的水，再将蔬菜倒入大碗中。
3. 在大碗中加入红洋葱片、美乃滋、糖、苹果醋、第戎芥末酱，以及大量黑胡椒碎，彻底拌匀。如果喜欢可加入更多盐、黑胡椒碎或糖。卷心菜沙拉可以立即上桌，不过冷藏 2 小时或是一整晚，口感会更佳，可以让风味更融合。卷心菜也会变软，上桌前再翻拌一下即可。

将切碎的蔬菜用盐腌过后，用干净的厨房毛巾将其包住拧干，这样可以去除蔬菜中多余的水分，口感更好，风味更佳。

凯撒沙拉

CAESAR SALAD

时间是 1924 年 7 月 4 日，地点在墨西哥蒂华纳（Tijuana），意大利和墨西哥混血的餐厅老板凯撒·卡丁尼（Caesar Cardini）刚离开圣地亚哥来到了他所经营的同名餐厅。在这个禁酒令尚未影响酒品相关利润的国度，他的餐厅正处在疯狂的假期人潮压力下。饥饿的食客已经吃空了他的食物储藏室，凯撒不得不当场用手边的食材来发明菜肴……至少传说是这样的。他决定端上罗马生菜拌脆面包丁，搭配桌上的蛋黄、伍斯特酱、橄榄油、大蒜、柠檬汁以及帕玛森奶酪调制的酱料。结果这道菜大受欢迎，也开启了凯撒沙拉的历史新篇章。

尽管这个故事多半是杜撰的，或至少是非常不准确的，但我想问的是：为何所有这类具有传说性质的关于食物起源的故事——包括汉堡、凯撒沙拉、水牛城辣鸡翅等——都是中彩票一般的瞎猜过程呢？能不能就有那么一次，有一道美味的佳肴是经过数年的努力研究与不断改进而来的呢？“努力就终究能得到回报”的美国梦去哪里了呢？

简而言之，这道菜发源于墨西哥，而且并不像我一直以为的那样——是以罗马君王凯撒的名字来命名的。不可否认，这是一道很棒的沙拉，有伍斯特酱、帕玛森奶酪及鳀鱼（这些都不是原始食材，但现在被广泛认为是必不可少的元素。嘿，或许我们终究还是有改良食谱的，即使其起源犹如灵光乍现！）带来的鲜味，加上罗马生菜及脆面包丁带来的让人满足的爽脆。这是那种“硬核”的肉食动物都会享受的沙拉。原本的沙拉酱可能只是稍微搅拌过的油醋汁，我却喜欢用完美乳化的美乃滋来做沙拉酱，这样酱汁能很好地附着在菜叶上而不会积在碗底。顺道一提，凯撒酱也是很棒的蘸酱。

4 人份

罗马生菜心 2~3 株，取下叶片，较大的叶片横切为两半

凯撒沙拉酱约 3/4 杯（食谱见 p. 814）

蒜味帕玛森脆面包丁 1 份（食谱见 p. 814）

帕玛森奶酪 28 克（1 盎司，约 1/2 杯），刨丝

1. 罗马生菜心清洗干净，铺在放了厨房纸巾的烤盘上，将罗马生菜心小心擦干。
2. 用干净的双手轻柔地在大碗中翻拌罗马生菜心和凯撒沙拉酱，放入脆面包丁并轻轻翻拌，撒上奶酪丝后立即上桌。

1

2

3

凯撒沙拉酱
CAESAR SALAD DRESSING

约$1\frac{1}{2}$杯

美乃滋 1 杯（见 p.797，自制最佳）
帕玛森奶酪 57 克（2 盎司），刨细丝（约 1 杯）
伍斯特酱 2 小勺
鳀鱼 4 片
中型大蒜 2 瓣，磨成泥或用刨刀磨碎（约 2 小勺）
特级初榨橄榄油 1/2 杯
犹太盐和现磨黑胡椒碎各适量
水适量

在食物料理机中放入美乃滋、奶酪丝、伍斯特酱、鳀鱼及大蒜碎，搅打约 15 秒至均匀。（图 1、图 2）用橡胶铲将沾在碗壁上的混合物刮至碗中，持续搅拌的同时，慢慢淋入橄榄油。（图 3）将水一小勺一小勺地拌入酱汁中，直到酱汁可以缓缓从汤勺中流下，最后用盐和黑胡椒碎调味。将做好的沙拉酱装在密封容器中冷藏保存，可保存 1 周。

蒜味帕玛森脆面包丁
GARLIC PARMESAN CROUTONS

脆面包丁是碎丁沙拉和汤品极好的添加物，可以将其装在夹链密封袋中常温保存长达 2 周，装袋前应确保脆面包丁已彻底冷却。

约 4 杯

特级初榨橄榄油 3 大勺
中型大蒜 1 瓣，磨成泥或用刨刀磨碎（约 1 小勺）
恰巴塔面包 1/2 条，切成 1.3 厘米（1/2 英寸）的方丁，约 4 杯，也可用扎实的意大利面包
犹太盐和现磨黑胡椒碎各适量
帕玛森奶酪 28 克（1 盎司），刨丝（约 1/2 杯）

1. 烤箱预热至约 176.7℃（350 ℉），将烤架放在烤箱中层。将橄榄油及大蒜碎在大碗里充分拌匀，再放入面包丁，使其均匀沾附上油与大蒜碎。用盐和黑胡椒碎调味后，将面包丁铺在有边的烤盘上，放入烤箱，将面包丁烤干至微微上色，中途翻面，约需 20 分钟。
2. 趁热将脆面包丁移到大碗中，并加入奶酪丝翻拌均匀。

腌羽衣甘蓝沙拉

我不确定腌羽衣甘蓝沙拉从何时何地开始流行，但若是竞猜游戏的话，我会将筹码压在 2009 年的纽约市布鲁克林区。

我第一次在菜单上看到这道菜就是在布鲁克林区。而现在，它普遍到连不做饭或是不知道布鲁克林区的人也都知道，甚至尝过。

羽衣甘蓝略切，再用盐与沙拉酱揉匀后，静置。这种沙拉的美好之处在于羽衣甘蓝变得强韧，即使冷藏数日后仍能维持清爽脆嫩的口感。你可以做完后连吃上数日也不用担心口感下降。

来点软嫩口感

制作腌羽衣甘蓝沙拉时，我会先去除羽衣甘蓝较粗的茎，再把叶片撕成一口大小的条。

有些人误以为是沙拉酱或是腌料中的酸性物质让生硬的叶片变软，但其实油才是“罪魁祸首”（更多说明见 p.764“沙拉酱家族中的 1 号成员：油醋汁”）。植物叶片上天生有一层如蜡般的薄膜来抵抗雨水，你见过雨水落在叶片上的样子吗？雨滴会直接从叶片上滚落。但是，这层天然的薄膜可溶解于油。当你把油揉进一堆羽衣甘蓝叶中时，叶片表面的薄膜会遭到破坏，从而让里面的细胞受到伤害，因此叶片会变软。下一个问题在于：事先用油来软化叶片更好，还是直接淋酱更好？

两种方法我都试过，我还做了几大盆沙拉给办公室的同事试吃（办公室里有好多蔬菜的日子就是好日子）。第一批先加橄榄油、盐和黑胡椒碎，再用油揉搓羽衣甘蓝后静置半小时，最后放入沙拉酱翻拌；第二批直接加入沙拉酱翻拌（同时多加一些橄榄油、盐和黑胡椒碎来补足味道）。

淋了油的羽衣甘蓝会慢慢变软，口感从硬变得软嫩，这时就可以加入沙拉中了。

结果很有说服力：预先软化的叶片口感较佳，脆嫩柔软，而不是坚韧难嚼。不过未预先软化叶片的沙拉并没有难吃到让人抗拒的地步，所以如果真的赶时间，我还是会直接将沙拉酱淋上后端上桌。

左边是预先软化的羽衣甘蓝，而右边是未经软化、新鲜又满是纤维的羽衣甘蓝。

| 专栏 | 如何准备沙拉中的羽衣甘蓝

准备羽衣甘蓝时，先切去或撕下中间较粗的茎并丢弃。接着抓住一把叶片，切成想要的大小。继续切完剩下的菜叶，最后仔细清洗并脱水。

腌羽衣甘蓝沙拉

佐鹰嘴豆与盐肤木洋葱

MARINATED KALE SALAD

WITH CHICKPEAS AND SUMAC ONIONS

笔记：

一如所有的羽衣甘蓝沙拉，这道沙拉也很耐储存，即使冷藏数日，仍能维持脆度并使风味更浓郁。你可以在香料店或是中东食材专卖店找到盐肤木粉（见 p.497“笔记”），若买不到，忽略也无妨。

4 人份

意大利托斯卡卷心菜（或卷叶羽衣甘蓝）454 克（1 磅）约 2 把，去除粗茎，叶片略微切碎

橄榄油 3 大勺

小型红洋葱 1 个，切成薄片（约 1/2 杯），放入滤网中用温水冲 2 分钟

盐肤木粉 1 小勺（见上文“笔记”）

芝麻粒 1/2 小勺，烤过

柠檬汁 1 大勺（使用 1 个柠檬）

中型大蒜 1 瓣，磨成泥或用刨刀磨碎（约 1 小勺）

第戎芥末酱 2 小勺

鹰嘴豆 1 罐约 397 克（14 盎司），沥干

犹太盐和现磨黑胡椒碎各适量

1. 在大碗里用橄榄油和 1 小勺盐揉搓羽衣甘蓝，确保油覆盖所有羽衣甘蓝的表面并充分揉搓较硬的部分，约需 2 分钟。常温下静置到羽衣甘蓝软化，至少 15 分钟，至多 1 小时。
2. 在洋葱片里放入盐肤木粉和芝麻粒，用盐调味。在小碗里放入柠檬汁、大蒜碎及第戎芥末酱，搅匀。
3. 羽衣甘蓝软化后，加混合好的酱汁、鹰嘴豆拌匀，用盐和黑胡椒碎调味。上桌前铺上盐肤木洋葱。若没吃完可以装在密封容器中冷藏，可保存 5 天，上桌前请再次翻拌。

腌羽衣甘蓝沙拉

佐红葱头与腰豆

MARINATED KALE SALAD

WITH SHALLOTS AND KIDNEY BEANS

如上所述，用橄榄油和盐揉搓羽衣甘蓝，静置待其软化。在小碗里放入 1 小勺红酒醋、磨成泥或刨碎的中型大蒜 1 瓣，以及 2 小勺第戎芥末酱，搅匀。将软化的羽衣甘蓝、1 个切成丝并用温水冲过 2 分钟的大红葱头、397 克（14 盎司）洗净沥干的罐装腰豆，以及红酒醋混合物一同翻拌，用盐和黑胡椒碎调味后端上桌。没吃完的沙拉可放入密封容器中冷藏，可保存 5 天，上桌前请再次翻拌。

羽衣甘蓝凯撒沙拉

KALE CAESAR SALAD

羽衣甘蓝凯撒沙拉这道菜，源自腌羽衣甘蓝沙拉（见 p. 815）和天生适合搭配微苦、爽脆生菜的凯撒沙拉酱，凯撒沙拉酱和羽衣甘蓝看上去就是完美搭档，事实的确如此。

经典的凯撒沙拉中会有大块而酥脆的面包丁，在此版本凯撒沙拉中，我用食物料理机将大块的面包丁打成小块来代替。将打碎的面包丁拌上橄榄油后烤到酥香，这些面包丁因为表面积增大而在烘烤后更加酥脆。拌入沙拉后，脆面包丁会黏附在菜叶上，因此你每一口都能享受到沾有橄榄油的甜香的小小脆片。

这道食谱最棒的地方在哪里？那就是可以将拌好的沙拉放入冰箱冷藏，将烤好的脆面包丁装在密封容器中放在厨房台面上即可（和沙拉一同冷藏会变软）。拌好沙拉酱的羽衣甘蓝的脆度至少能维持 3 天。换句话说，当你想享用已淋好酱又爽脆的沙拉时，只要取出冷藏的沙拉，撒上面包碎，就可以马上上桌食用了。

这道沙拉简单得不得了，而我也很乐意沉醉于羽衣甘蓝的怀抱中。

4 人份

意大利托斯卡卷心菜（或卷叶羽衣甘蓝）454 克（1 磅），约 2 把，去除粗茎，略微切碎叶片

特级初榨橄榄油 5 大勺

扎实的面包 142 克（5 盎司），撕成约 2.5 厘米（1 英寸）大小的片，约 3 杯

犹太盐和现磨黑胡椒碎各适量

美乃滋 2/3 杯（自制最佳，见 p.797）

鳀鱼 6 片

中型大蒜 1 瓣，磨成泥或用刨刀磨碎（约 1 小勺）

帕玛森奶酪 43 克（$1\frac{1}{2}$盎司），刨成细丝（约 3/4 杯）

伍斯特酱 2 小勺

柠檬汁 2 大勺（使用 1 个柠檬）

小型白洋葱 1 个（或红葱头 2 个），切薄片

1. 烤箱预热至 176.7℃（350 ℉），将烤架放到烤箱的中层。卷叶羽衣甘蓝放入大碗中，用 3 大勺橄榄油、1 小勺盐揉搓，确保羽衣甘蓝的表面都黏附橄榄油，并充分揉搓较硬的部分，约需 2 分钟，静置备用，其间可准备脆面包丁和沙拉酱。
2. 将面包片、剩下的 2 大勺橄榄油倒入食物料理机的料理碗中，将面包搅打成豌豆大小的丁，用盐和黑胡椒碎调味，再稍加搅打使其充分混合。将面包丁铺在有边的烤盘上，放入预热好的烤箱烤到面包丁呈现淡金黄色且变酥脆，约需 20 分钟。放凉待用。
3. 烤面包的同时将食物料理机的料理碗擦干净，放入美乃滋、鳀鱼、大蒜碎、奶酪丝、伍斯特酱，加入柠檬汁，搅打至顺滑，用盐和黑胡椒碎调味。
4. 在软化好的羽衣甘蓝中放入洋葱片、沙拉酱及一半烤好的面包丁，用双手充分翻拌均匀，再撒上剩下的脆面包丁，即可上桌。

| 专栏 | 驯洋葱术

大家可能都遇到过这样的状况，手边正好有一个特别呛辣的洋葱，有什么办法能去掉它的辣味吗？

我试过几种不同的方法，包括将洋葱泡在冷水里冰镇 10 分钟到 2 小时，以及放在台面上通风等。

将洋葱浸泡在水中只会得到一碗洋葱水，洋葱本身的味道却没什么变化。或许只有特别少量的洋葱泡入一个特别大的容器中才能很有效地冲淡它的辛辣味道。将洋葱放在空气中散味的确能让其味道变淡，但是也会让洋葱变干，变成如纸一般的质地，影响口感。

其实，“驯服”洋葱的最佳方法不仅很快还很简单：直接用流动的温水冲掉其辣味成分。通常情况下，化学和物理反应的速度会随着温度的升高而加快，用温水冲洗，能让洋葱更快释放挥发物，约 45 秒就能让特别呛辣的洋葱变得温和。

接着，你脑中的下一个问题或许是“热水不会让洋葱变软吗”。

不会！就算你用较高温度的水，通常也只会到60~65.6℃(140~150 ℉)，但果胶——这种将植物细胞黏在一起的主要碳水化合物——要到约 83.9℃（183 ℉）才会分解。还有一些洋葱，如果用盐水浸泡的时间足够长，会逐渐软化，但这需要很长很长的时间。

总之别担心，将洋葱用温水冲洗是安全的。

将洋葱用清水浸泡不能很好地去除它的呛辣味道。

将洋葱置于流动的温水下冲洗，是去除洋葱辣味最好的方法，还能保留其甜味。

沙拉酱家族中的 3 号成员：

以乳制品为基础的沙拉酱

这种沙拉酱是目前最容易制作的，因为乳制品通常都已经乳化了。没错，你正在饮用的纯牛奶之所以口感绵密，正是因为极其微小的脂肪颗粒散布在里面。对于用乳制品调制的沙拉酱，你永远无须担心它会分解。但从另一方面来说，比起油醋汁或美乃滋这种经过加工的乳化物，乳制品沙拉酱的保鲜期就短了许多。

发酵过的乳制品，比如酸奶油、酸奶或是法式酸奶油，是这类沙拉酱最好的基底，浓稠的质地能使它们均匀黏附在蔬菜上，其酸味更是沙拉风味里的最佳元素。

球生菜块沙拉

ICEBERG WEDGE SALAD

球生菜块沙拉的存在就是为了打破规则。依照我对“沙拉”的定义，需要动用刀叉来食用的块状球生菜并不能被称作“沙拉”，不过它也很接近了，而我绝对可以为了美食而抛弃“老学究”的身份。

4 人份

球生菜 1 棵，切成 4 等份并去心

三食材蓝纹奶酪沙拉酱 1 份（食谱见 p. 822）

葡萄番茄 113 克（4 盎司），对半切，约 1 杯

培根 8 片，煎熟，切碎

将切好的球生菜放在个人餐盘上，在每块球生菜上淋上 1/4 份沙拉酱，再将葡萄番茄及培根碎平均分配到盘中，立即上桌。

三食材蓝纹奶酪沙拉酱

THREE-INGREDIENT BLUE CHEESE DRESSING

这大概是最简单且最容易上手的蓝纹奶酪沙拉酱了，不过调制这种沙拉酱一定要使用高品质、香气浓郁的陈年蓝纹奶酪，切勿使用随手可得的廉价丹麦蓝纹奶酪，否则做出的沙拉酱会让你大失所望。为了让沙拉酱达到最佳的质地与口感，我喜欢用微酸的白脱牛奶、细腻的美乃滋和一半的蓝纹奶酪来做基底，另一半的蓝纹奶酪则留着最后弄碎撒在沙拉上。

笔记：

请使用陈年的、味道浓郁的蓝纹奶酪，如戈贡佐拉、罗克福、当贝尔或斯蒂尔顿奶酪等。

约$1\frac{1}{2}$杯

白脱牛奶 1/2 杯

美乃滋 1/2 杯（自制最佳，见 p.797）

陈年的、味道浓郁的戈贡佐拉蓝纹奶酪 227 克（8 盎司），捏成小碎块（约 2 杯，见上文“笔记”）

犹太盐和现磨黑胡椒碎各适量

将白脱牛奶、美乃滋及一半戈贡佐拉奶酪放入食物料理机中，搅打至顺滑，约需 15 秒钟。将调好的酱料移到碗里，并用橡胶铲拌入剩余的戈贡佐拉奶酪，用盐和黑胡椒碎调味。将沙拉酱装入密封容器中冷藏，可保存 1 周。

碎丁沙拉

碎丁沙拉，其实很像天龙特攻队（A–Team）。

一群性格迥异的乌合之众，以某种美妙的方式组合到一起，让世界变得更好。

这句话后面没有“但是”。碎丁沙拉所需的制作时间比简单的叶菜沙拉更久。首先，碎丁沙拉食材清单的长度是其他沙拉的 3~5 倍。然后，你要切菜、沥干水并为所有的蔬菜淋酱。然而，碎丁沙拉带来的饱足感绝对足以弥补制作时间上的冗长。无论是野餐时的午餐（可备好所有食材，将沙拉酱单独装在一个容器中，上桌前拌匀即可），还是温暖夏日傍晚小而美的晚餐，碎丁沙拉绝对是最佳选择之一。

制作美味碎丁沙拉的秘诀，在于和谐的风味和质感。很显然，你想要大量爽脆的元素，如生菜等蔬菜，以及风味浓郁的点缀，如奶酪、坚果和腌肉。我会列出几种经典碎丁沙拉的完整食谱，但我真心希望你不要因此而局限自己！兼顾做法简易和食材实惠的优点，碎丁沙拉可为新手厨师提供一个绝佳的舞台。你可以通过实验发现不同的风味和口感，找出适合自己的风格。我希望你抓住这个机会。p.824的表格说明了处理碎丁沙拉食材的最佳方法，你可以自行搭配。制作碎丁沙拉时，我总会试着混合 2~3 种基础食材，再选择在口感或风味上与基础食材形成对比的 1~2 种次要食材，最后加上一些风味浓郁的点缀。

成功的碎丁沙拉真正的关键在于控制湿度，湿度控制不佳就会出现如下图这样的状况。

没有沥干水的蔬菜会在沙拉碗中留下一摊被稀释的沙拉酱液体。

含水量较高的食材，如番茄和小黄瓜，应先撒盐并放在滤网中沥水至少半小时，待擦干后再用。

表 30　各种碎丁沙拉食材及处理方法

食材	处理方法	在沙拉中的角色
罗马生菜、球生菜、意大利红菊苣、阔叶菊苣、比利时菊苣或裂叶菊苣	清洗，沥干水并切成2.5厘米（1英寸）见方的片状	基础食材
黄瓜	去皮，纵向对切，用尖头的汤勺去籽，切成1.3厘米（1/2英寸）见方的块。每454克（1磅）用1/2小勺盐翻拌，并静置于滤网中沥水30分钟	基础或次要食材
番茄、樱桃番茄、葡萄番茄	将樱桃番茄、葡萄番茄对切或是切成4块。将番茄去籽，切成1.3厘米（1/2英寸）见方的丁。每454克（1磅）用1/2小勺盐翻拌，并静置于滤网中沥水30分钟	基础或次要食材
罐装豆子（黑豆、白芸豆、鹰嘴豆、腰豆等）	沥干水，冲洗并仔细晾干	基础或次要食材
萝卜	刷洗后切成块	基础或次要食材
脆的蔬菜，比如芹菜、西葫芦、南瓜、茴香、豆薯或棕榈心（hearts of palm）	视需要削皮后切成1.3厘米（1/2英寸）见方的丁	基础或次要食材
坚果（核桃、杏仁、榛子、花生、夏威夷果、葵花子等）	烘烤后，若大于1.3厘米（1/2英寸）可稍微切碎，否则保留原状即可	基础或次要食材
牛油果	对切，去核后去皮，切成1.3厘米（1/2英寸）见方的丁	基础或次要食材
卷心菜	切丝或是切成1.3厘米（1/2英寸）见方的丁，每454克（1磅）用1/2小勺的盐翻拌，静置于滤网中沥水30分钟	基础或次要食材
玉米	切下玉米粒，用滚烫的盐水烫1分钟后沥水放凉	基础或次要食材
意大利面	可使用条块状的意大利面，煮熟，沥水并放凉	基础或次要食材

续表 30

食材	处理方法	在沙拉中的角色
西蓝花、芦笋、甜豆和四季豆等绿色蔬菜	用 3.8 升（1 加仑）滚水加 1/2 杯犹太盐焯烫至嫩而脆，用流水冲凉，沥干水后仔细擦干	基础或次要食材
红洋葱、甜洋葱或青葱	切薄片并用冷水浸泡 30 分钟并沥干	次要食材
甜椒（青椒、红椒、黄椒、橘椒）	切成 1.3 厘米（1/2 英寸）见方的丁	次要食材
胡萝卜	削皮后切成 1.3 厘米（1/2 英寸）见方的丁或 0.6 厘米（1/4 英寸）宽的条状，或用四面刨丝器的最大孔刨丝	次要食材
柑橘类	去衬皮后分成果瓣（见 p.760）	次要食材
脆的酸性水果，比如苹果、梨及小杧果	切成 1.3 厘米（1/2 英寸）见方的丁	次要食材
鸡蛋	煮熟，略切	次要食材
煮或烤的鸡肉、火鸡肉或火腿	切成 1.3 厘米（1/2 英寸）见方的丁	次要食材
罐装金枪鱼	沥干并略微弄松散	次要食材
萨拉米香肠、美式腊肠、意式粗腊肠，西班牙辣肠、火腿或其他干腌肉	切成 0.6 厘米（1/4 英寸）见方的丁	风味点缀
橄榄	购买去核橄榄（或自行去核），对半切或切成 4 等份	风味点缀
刺山柑	冲净沥干	风味点缀
荷兰芹、细香葱、罗勒、薄荷、车窝草、龙蒿、芫荽或莳萝等柔软的香草	清洗、沥干并略切	风味点缀

续表 30

食材	处理方法	在沙拉中的角色
瓶装辣椒（意式辣椒）、烤红椒、日晒番茄干，以及其他瓶装的腌渍蔬菜	略切	风味点缀
半硬质奶酪，比如菲塔、波罗伏洛、曼彻格、切达，请参考pp.708—711“表 26 常见奶酪的最佳使用方法”	切成 1.3 厘米（1/2 英寸）的丁	风味点缀
培根	煎脆（见 p.119）并切碎	风味点缀
腌渍鱼类，比如鳀鱼或沙丁鱼	略切碎	风味点缀
水果干	若大于 1.3 厘米（1/2 英寸）的，请略切	风味点缀

根据食材的不同，碎丁沙拉可从三种基本沙拉酱中任选一种使用。柠檬味的油醋汁最能衬托由清爽的黄瓜与番茄做成的希腊沙拉；而以美乃滋为基底的奶油般质地的意式沙拉酱则是意大利美式前菜沙拉的不二搭档；有微酸口感的白脱牛奶田园沙拉酱则很适合作为蔬菜盘的蘸酱，它也常常被用来搭配田园风的柯布沙拉。

碎丁希腊沙拉

CHOPPED GREEK SALAD

尽管街角的比萨店或是熟食店可能会卖加有橄榄、番茄、黄瓜和菲达奶酪的球生菜沙拉，并称之为“希腊沙拉”，但真正的希腊沙拉其实不含球生菜，并且是用柠檬油醋汁来作酱料的碎丁沙拉。在接近夏日尾声，正值番茄盛产时，碎丁希腊沙拉是我最爱的配菜。

1

2

3

4

4 人份

葡萄番茄 227 克（8 盎司），对半切开，约 2 杯
黄瓜 1 根，去皮，纵向对切，去籽后切成 1.3 厘米（1/2 英寸）的方丁，约 2 杯
犹太盐和现磨黑胡椒碎各适量
中型红洋葱 1 个，切薄片，约 3/4 杯
大型青椒或红甜椒 1 个，切成 1.3 厘米（1/2 英寸）的方丁
卡拉马塔橄榄 1/2 杯，对半切开，去核
菲达奶酪 85 克（3 盎司），弄碎
新鲜荷兰芹叶 1/2 杯，切碎
新鲜牛至叶 2 小勺，切碎
清香柠檬（或红酒）橄榄油油醋汁 1/3 杯（见 p.771）

1. 将葡萄番茄、黄瓜丁、1/2 小勺盐、少许黑胡椒碎放入容器中翻拌，然后移至滤网中，静置沥水 30 分钟。（图 1、图 2）在静置的同时，将红洋葱片放在小碗中，用冷水浸泡 30 分钟后冲洗沥干。
2. 小心地用厨房纸巾擦干所有蔬菜。（图 3）将葡萄番茄、黄瓜丁、红洋葱片、甜椒丁、橄榄、菲达奶酪碎、荷兰芹碎及牛至叶碎放进大碗里，淋上油醋汁并用适量盐和黑胡椒碎调味，彻底翻拌后上桌。（图 4）

| 专栏 | 如何购买与处理黄瓜

黄瓜是耕种历史最为悠久的蔬菜之一，也是我最爱的蔬菜之一。黄瓜削皮切块并撒上少许盐后，吃起来既鲜嫩又清爽。黄瓜用酱油、芝麻油以及辣椒片腌渍一晚后，也美味无比，酱油里的盐分会逼出黄瓜中的一些水分，让它的风味更加浓郁。

作为快炒的食材之一，黄瓜也常常被忽略。

很奇怪的是，黄瓜是我太太无法忍受的两种食物之一，另一种是番茄。因此，当她外出狂欢时，我将黄瓜与鸡丁、豆瓣酱、四川花椒一起炒，就是我简易快速又美味的招牌菜之一。

虽然你大可直接将黄瓜切块后扔进沙拉里，但是经过削皮去籽的黄瓜，能让你更充分地享受其风味与口感。

购买与保存

在超市中购买黄瓜，你通常会面临 3 种选择：

- **美国黄瓜，**质地扎实，风味浓郁。皮比其他种类的黄瓜厚，因此建议你削皮后食用。不管削皮与否，请务必用冷水边刷边冲以去除表面的食品级果蜡。这种黄瓜也有大量富含水分的籽，使用前应先去除。
- **英国黄瓜，**通常用保鲜膜独立包装，这表示食用前无须刷洗（未涂蜡）。它的瓜皮比美国黄瓜的薄，直接食用也没问题。虽然英国黄瓜的籽极少，但其含水量却比美国黄瓜的高。这种黄瓜虽然准备起来很方便，但风味逊色不少。
- **科比黄瓜**（Kirby cucumbers）就是缩小版的美国黄瓜，皮厚，籽相对少，是 3 种黄瓜中风味最为强烈的，质地偏硬，腌渍后享用为佳。

新鲜的黄瓜可放在蔬菜保鲜格冷藏至少 1 周，甚至更久。切块的小黄瓜则应包在湿润的厨房纸巾中，再置于密封袋或密封容器中保存，以防变干。切开的小黄瓜应在 3 天内吃完。

| 刀工 | 如何切黄瓜

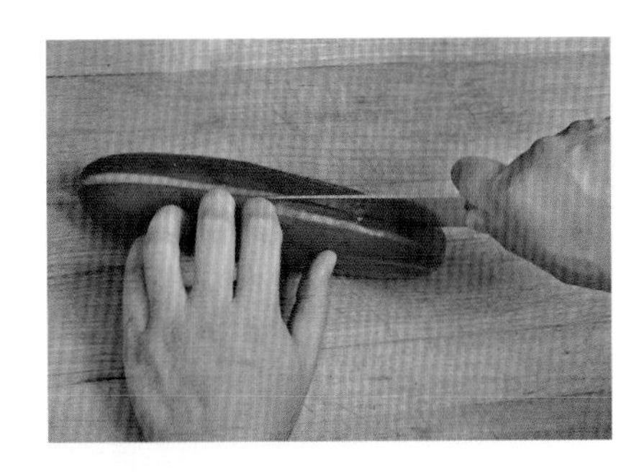

1. 对半剖开

将黄瓜纵向对切。

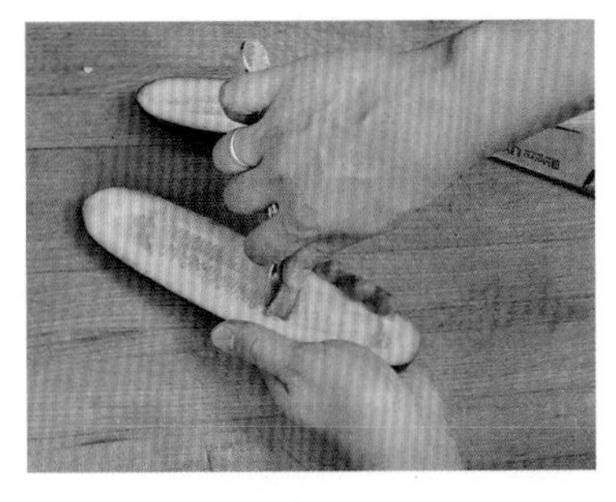

2. 去籽后再次纵切

黄瓜籽多水且无味，请用汤勺刮除，接着继续纵切成想要的宽度。

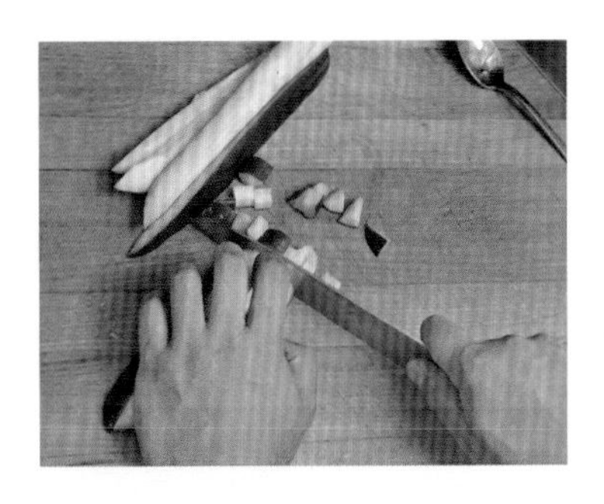

3. 横切成丁

将黄瓜旋转 90° 并切成丁。

白扁豆与曼彻格奶酪沙拉

WHITE BEAN AND MANCHEGO CHEESE SALAD

这道简单的沙拉中，爽脆的芹菜和红洋葱与绵密的白扁豆呈现出美妙的对比。碎荷兰芹和咸味的曼彻格奶酪方丁（也可用其他半硬质奶酪代替，见 pp.708—711“表 26 常见奶酪的最佳使用方法”）则会让风味更加完美。当然也可以使用任何你喜欢的罐装豆子或是自己烹煮的豆子（见 p.245“豆子”）。混合沙拉前，请务必充分沥干豆子，以免拌好的沙拉变得湿漉漉的。

4~6 人份

2 罐 411 克（$14\frac{1}{2}$盎司）的白扁豆（或 4 杯煮好的白扁豆），沥干，冲洗并用厨房纸巾或者厨房毛巾吸干水

芹菜 2 大根，去茎并切成 1.3 厘米（1/2 英寸）的方丁，约$1\frac{1}{2}$杯

中型红洋葱 1 个，切薄片，约 3/4 杯

新鲜荷兰芹 1/2 杯，切碎

曼彻格奶酪 227 克（8 盎司），切成 1.3 厘米（1/2 英寸）的方丁

清香柠檬（或红酒）橄榄油油醋汁（p.771）1/2 杯

犹太盐和现磨黑胡椒碎各适量

将白扁豆、芹菜丁、红洋葱片、荷兰芹碎及奶酪丁放入大碗中，淋上油醋汁，并用盐和黑胡椒碎调味，翻拌混合食材，立即上桌。

餐厅风格碎丁前菜沙拉

RESTAURANT-STYLE CHOPPED ANTIPASTI SALAD

当轻食可供 4 人享用

葡萄番茄 227 克（8 盎司），对半切开，约 2 杯

犹太盐和现磨黑胡椒碎各适量

中型红洋葱 1 个，切薄片（约 3/4 杯）

411 克（$14\frac{1}{2}$盎司）的鹰嘴豆 1 罐，沥水后冲洗

170 克（6 盎司）的意式辣椒 1 罐，沥干并粗略切碎

170 克（6 盎司）的烤红椒 1 罐，沥干并冲洗，切成 0.6 厘米（1/4 英寸）大小的丁

芹菜3根，去茎后切成1.3厘米（1/2英寸）的方丁，约 3/4 杯

热那亚萨拉米香肠 227 克（8 盎司），切成 0.6 厘米（1/4 英寸）的方丁，约 3/4 杯

陈年波罗伏洛奶酪 170 克（6 盎司），切成 0.6 厘米（1/4 英寸）的方丁，约$1\frac{1}{2}$杯

罗马生菜 1 棵，修整后切成 1.3 厘米（1/2 英寸）大小的片，约 3 杯

奶油般质感的意式沙拉酱 1 杯（食谱见 p.831）

1. 葡萄番茄中加入 1/4 小勺盐和少许黑胡椒碎翻拌，再放入水槽中的沥水网中静置 30 分钟。在静置的同时，将红洋葱片放在小碗里，用冷水浸泡 30 分钟后再冲洗沥干。
2. 小心地用厨房纸巾擦干沥干水的葡萄番茄、红洋葱片、鹰嘴豆、意式辣椒碎及烤红椒丁后，将混合物移到大碗中，再放入芹菜丁、萨拉米香肠丁、波罗伏洛奶酪丁、罗马生菜片及沙拉酱，用盐和黑胡椒碎调味，彻底翻拌均匀，立即上桌。（图 1—图 3）

1

2

3

奶油状意式沙拉酱

CREAMY ITALIAN DRESSING

若你只用过市售的意式沙拉酱，请务必试试此食谱。这种沙拉酱介于油醋汁和美乃滋之间，若混合得当，美好的滋味和浓郁细腻的奶油般的质地可延续数小时。不同于美乃滋的是，这种沙拉酱放置太久就会油水分离。

> 笔记：
>
> 请搭配爽脆且含水量高的叶菜食用，比如球生菜或罗马生菜。

约 1 杯

美乃滋 1/2 杯（自制最佳，见 p.797）
柠檬汁 2 大勺（使用 1 个柠檬）
小型红葱头 1 个，剁碎（约 1 大勺）
中型大蒜 1 瓣，剁碎或用刨丝器刨成丝（约 1 小勺）
新鲜罗勒 2 大勺，剁碎
新鲜牛至叶 2 小勺，剁碎
红辣椒片 1/2 小勺
特级初榨橄榄油 6 大勺

将所有材料放入挤酱瓶或是有密封盖的容器中，用力摇晃使酱汁乳化。此沙拉酱可以在密封容器中冷藏保存 1 周，使用前请用力摇匀。

田园柯布碎丁沙拉

CHOPPED RANCH COBB SALAD

经典的柯布沙拉，是那种热量比菜单上任何前菜都高的餐点，让你在想用培根、牛油果以及蓝纹奶酪尽情地塞满你的脸颊时，没有负罪感并仍然保有一些“良好”的自我感觉。这样做一点儿也没错。柯布沙拉看起来有点杂乱，那是因为它本来就是这样：这道菜就是将一堆食材丢到同一个盘子里。柯布沙拉美味的秘诀就在于，确保每种成分皆完美。

沙拉里的鸡肉必须柔软多汁。你可以用温水来煮鸡肉，当温度计显示鸡肉内部温度达到 65.6℃（150 ℉）时，就表示鸡肉已熟透，同时也保留着大部分水分，肉质不干也不柴。

其余食材，如培根、鸡蛋、沙拉酱就没什么好说的了，而且幸好我们已有完美的技巧能将它们处理得当。若你计划在派对或野餐时端上这道菜，所有的食材都可事先准备好，只要在最后关头加以混合。尽管如此，若想要享受最佳成果，煎培根和牛油果切丁的操作还是要在上桌前再进行。

笔记：

可以用吃剩的烤鸡肉来替代水煮的鸡肉。

作为主菜可供 4 人享用

鸡胸肉 2 块，每块约 227 克（8 盎司），去皮，去骨
罗马生菜 2 棵，粗略切成 2.5 厘米（1 英寸）大小的块（约 3 夸脱）
白脱牛奶田园沙拉酱 1 份（食谱在后方）
犹太盐和现磨黑胡椒碎各适量
培根 8 片，煎熟，切碎
全熟水煮蛋 4 个（见 p.90），稍微切碎
牛油果 1 个，切开后去皮，去核，切成 1.3 厘米（1/2 英寸）的丁
番茄 1 个，切成 1.3 厘米（1/2 英寸）的方丁
罗克福奶酪 170 克（6 盎司），捏碎
新鲜细香葱 2 大勺，切碎

1. 将鸡胸肉放入装有 1.9 升（2 夸脱）冷水的大锅里，加入 2 大勺盐。用大火煮沸后，转小火保持微滚，煮到将温度计插入鸡胸肉最厚的地方，温度显示为65.6℃（150 ℉），约需 10 分钟。取出鸡胸肉并用冷水冲凉，擦干后切成 1.3 厘米（1/2 英寸）的丁。
2. 在大碗中放入生菜块及一半沙拉酱翻拌，用盐和黑胡椒碎调味。把生菜平分到 4 个盘中，再分别铺上鸡胸肉丁、培根碎、鸡蛋丁、牛油果丁、番茄丁以及奶酪碎，用盐和黑胡椒碎调味，撒上细香葱，立即上桌。将剩余的沙拉酱置于桌上，大家自行取用。

白脱牛奶田园沙拉酱

BUTTERMILK RANCH DRESSING

约 1 杯

低脂或脱脂发酵白脱牛奶 1/2 杯

酸奶油 1/2 杯

柠檬汁 2 小勺（使用 1 个柠檬）

中型大蒜 1 瓣，切碎或用刨丝器刨丝（约 1 小勺）

第戎芥末酱 1 小勺

切碎的新鲜细香葱 2 大勺

切碎的新鲜芫荽 2 大勺

现磨黑胡椒碎 1 小勺

卡宴辣椒粉 1 撮

犹太盐适量

小碗中放入白脱牛奶、酸奶油、柠檬汁、大蒜碎、芥末酱、细香葱、芫荽碎、黑胡椒碎及卡宴辣椒粉混合均匀，用盐调味。装入密封容器中放入冰箱冷藏，可保存 1 周。使用前搅拌或摇匀。

不管你炸的是什么，只要是从炸锅里拿出来的，就要马上放盐。

——肯・奥仑杰（Ken Origner）

第9章

面糊、裹粉
——炸物的料理科学

图片提供 熊也·saya

亲爱的阿德里安娜，若你读到这页，我要坦白一件事。

我一直背着你偷吃炸鸡。

我知道你现在想的是：你怎能这样对我？我对裹着酥脆外皮的多汁鸡肉毫无抵抗能力。不管是以十一种神秘香草与香料制作的厚脆外壳，还是与鸡肉紧密相连、如纸薄的酥脆外皮，都能使我这种炸鸡狂热者垂涎。此时此刻，在这个甜蜜美好的世界上，除了让我的牙齿深陷在这金黄色的鸡腿中，感受着鸡皮紧贴着我的嘴唇，咸香金黄的肉汁顺着我的下巴流下来，我别无他想。要是可以，我愿餐餐大嚼炸鸡，早餐、午餐、晚餐以及各餐之间的点心时间皆然。

问题就在于此。尽管极富热情，我依然是个崇尚科学的人。为了对炸鸡进行真正的科学实验，这玩意儿在我身边逗留的时间必须足够长，以便我能够记录和测量。但只要你在附近，我就根本无法做到。在过去的一年中，我总是等你出城后，才打开炸锅做测试。而每次你归来时，空气中仍会飘散着鸡油的味道，垃圾桶里还有实验后的残骨。

亲爱的，我知道这样做对你来说很残忍，但我这样做真的只得到了一点点施虐于你的乐趣——我不是在圣诞节或肯德基爷爷生日的时候，为你端上了改良版的美味炸鸡来当作补偿了吗？事实上，你不孤单。我爱炸鸡，你爱炸鸡，就连我们的门房欧文也爱炸鸡。我们的狗对炸鸡的喜爱，几乎像对追逐自己的尾巴一样。在这个美好的国度中，有不爱炸鸡的人吗？身为饮食作家、食谱研发者、厨房科学家，以及美式食物爱好者，我视“赋予炸鸡应有的地位”为己任。不，这是我的“义务”。我要找出它如此富有魅力的原因，我要找出那层金黄酥脆外壳下的秘密，并将研究成果献给我太太。

不过，我们先来谈谈油炸这件事。

料理实验室指南：什么是油炸

家庭厨师若对什么烹饪技巧深感畏惧，那一定是油炸了——我懂。在炉子上将一大锅油加热到 190.6℃（375 ℉）的确令人害怕。尽管妥善油炸能制造出激烈的泡沫、让食物发生魔法般的转变并产生惊人的美味，但其实这是一个简单无比的工序，也是在厨房中最容易掌握的技术之一。

想想看，美国国内多半由谁负责油炸？是受训最少的厨工。你觉得在多数餐厅中，新手厨师最先被指派的任务为何是负责油炸食物？猜一猜，夏天你在新英格兰路旁小餐馆享用的美味炸蛤蜊，是谁炸的？给你点小提示，它们并非出自四星主厨之手，而往往是些想在暑假赚点零用钱的高中生做的。若他们能做到，你也能。

当你将一块食物放入油锅，会发生以下事情：

- **脱水**。食物、面糊或裹粉里的游离水会在 100℃（212 ℉）时蒸发。多半食谱要求的油温为 148.9~204.4℃（300~400 ℉），一旦食物接触油锅里的油，水分会迅速变成蒸汽，随着激烈滚动的泡泡蒸发。水分流失是你把食物放入油锅后它发生的第一个变化。几分钟后（视食物的厚度与油的温度而定），食物中大部分的游离水会彻底蒸发，冒泡的状况也会缓和。接着，食物内部的结合水，也就是需要更多能量才能从细胞中逸出的水分，将继续以小串泡泡的形式释放出来。最后，当所有游离水和结合水都释放出来，便不会再有泡泡从食物内冒出来。此时，你的薯片已经炸好了。
- **膨胀**。这个现象会出现在裹有面糊的食物中，或是用了泡打粉、打发的蛋清以及其他会生成气泡的食物中。热空气比冷空气占用的空

啤酒面糊炸鳕鱼（请见 p.883）

间更多，因此当你把食物放入炸锅时，温度迅速升高会造成炸物面糊里的气泡膨胀。这跟你把面团放入热的烤箱时，面团会膨胀的情况很相似。这样的膨胀效果会为炸物带来轻盈酥脆的口感。

- **蛋白质凝固**。热油烹调会促进蛋白质迅速凝固。就像蛋白质会让面包或松饼形成紧实的结构一样，蛋白质对炸物裹的面糊或裹粉也会起到同样的作用。正是这样的蛋白基质（protein matrix），通常由面糊里的麸质或是基础裹粉里的蛋白质组成，让炸物拥有了紧实的结构，使面糊或裹粉转变成结实的固体。
- **棕化反应与焦糖化反应**。梅纳反应属于棕化反应，是让食物在风味和颜色方面发生一系列复杂变化的化学反应。焦糖化反应：当被加热时，糖产生的一系列反应。在一般的油炸温度下，食物即可迅速发生反应。正因为发生这两种反应，炸物才会产生金棕色的外观和美妙的味道。
- **吸油**。水成为水蒸气释放后，便会在食物里留下空间。这个空间由谁填补呢？唯一的候选者是炸锅里的油。这在油炸过程中是不可避免的，更是造就风味的必不可少的一环。而且，尽管许多书都告诉你，用更高温度的油炸食物可以减少其吸附的油量，但事实并非如此，这反而会增加炸物的含油量（见 p.851“关于油炸：较高的油温不会让食物里的油变少”）。

这看起来很复杂，实则不然。油炸的美妙之处在于一旦将正确的油量加热至正确的温度，以上的作用都会自行发生。身为厨师，你需要做的并不多。

| 专栏 | 中华炒锅：最佳油炸用锅

用荷兰锅炸东西效果不错，不过仍然会有些问题，就是垂直的锅壁让人很难翻动里面的食物。你也可以买口专用的炸锅，但是料理台上真的有足够的空间吗？① 我有个更好的替代品。我敢打赌，任何抱怨在家里炸东西困难、麻烦的人一定没试过用炒锅来炸东西。为何大家不在家里炸东西呢？最常见的答案就是：弄得很乱、很浪费（"剩下的油要怎么办啊"），而且很不健康。好吧，炒锅可以帮你解决前面的两个问题，但第三个问题就要靠你自己了。油炸会增加食物中的油脂，若不想摄入过多的热量，那么可以试着一次只吃几根薯条或是只吃一块炸鸡。

炒锅的喇叭形锅壁比起炖锅或是荷兰锅的垂直锅壁来说有几个优势：

- **不容易弄得脏乱**。若你曾用荷兰锅炸过东西，一定知道整个炉灶表面会被锅里嗞嗞作响的炸物喷出来的油星布满。但相比较而言，炒锅的倾斜面往外延伸了足足 7.6 厘米（3 英寸），能有效阻挡油星外溅，让你的台面保持洁净。
- **容易翻动**。要做出酥脆无比的炸物，一定要不停地为炸物翻面（后文有更多说明）。炒锅的喇叭形状会让你更容易用筷子或是细目滤网接触食物，也有更多空间可以操作。
- **不容易溅油**。在荷兰锅里放一锅冒着泡泡的热油，是一件很危险的事情，不光会把周围搞得乱七八糟，而且油可能会着火。这跟常听说的有人将手放进果汁机里，以及狗狗躲进了洗碗机里，并列为最可怕的厨房梦魇。当你在一锅太满的油里放入含有大量水分的或是冷的食材，食材会迅速释放水蒸气，产生气泡，而这些气泡会彼此堆叠上去并从边缘下落。由于炒锅的顶部比较宽，能创造更多空间让气泡扩散，气泡的体积会大得多，这使得气泡的表面积增加，气泡的结构更脆弱，气泡来不及叠高、下落就破掉了。
- **容易保持炸油干净，更符合经济效益**。荷兰锅的锅缘会让焦黑的面包糠、薯条碎块或其他坏东西聚集。如果你用的是炒锅，这些东西便无处可躲。留在热油里的食物颗粒是造成炸油分解而无法再使用的主因。边炸边仔细清洁的油至少可以用来炸十多次，这还只是保守估计。

① 并且，若随时都能轻松获得炸物，你真的考虑过它可能对你的腰围产生的影响吗？

完美油炸的秘诀

无论你选择使用哪种加热容器，以下 10 个要点都能让你成功料理炸物：

善用温度计

没有其他办法可以确保油温是合适的。烹调不同的食材，需要使用不同的油温。例如：用 148.9 ℃（300 ℉）炸的薯条永远不会变脆，而用 232.2 ℃（450 ℉）炸的鸡则会外焦内生。温度计是保障你将食物烹饪得当的必备工具。你可以买专用的炸物温度计，但若手边已有 Thermapen 快显温度计（必买），它的表现绝对更好。

不要怕油

一锅热油不容小觑，正和比特犬（pit bull）一样，它能让你感受到恐惧。胆小的新手常常为了让双手和油锅保持安全距离，而从高处松开食材，但这反而会使热油溅到衣服和皮肤上，让他们更加恐惧。放入食材时，应尽量减少热油外溅。你必须在手（或是夹子）尽量贴近油面时放入食材。如果是小块的食材，安全距离应更短，这表示你的手指应在油面上方约 2.5 厘米（1 英寸）处松开食材。对于较大的食材，如一整片鱼，你应该先让鱼片的一端浸入油锅，再轻轻地放入整片鱼，直到其露出油面的长度只剩 2.5 厘米（1 英寸）才放手。一次放入一块食材还能避免蘸了面糊的食材因彼此粘连而弄得一团糟。

避免拥挤

在热油中一次放入太多食材会让油温迅速下降，影响油炸效果，食材将无法变得脆硬，连食材外的部分面糊也可能脱落。一个经验法则就是，向每 0.95 升（1 夸脱）热油里加入的冷藏食材不应超过 227 克（1/2 磅）。若你要炸 454 克（1 磅）薯条，应使用整整 1.9 升（1/2 加仑）的油，或是分批进行。我建议分批油炸。当然，冷冻食材应该以更小的批量进行油炸。

“干”就是“好”

如同先前所说，油炸是脱水的过程。热油会让水迅速变成水蒸气，水蒸气从食材中逸出而使其形成脆壳。因此，食材下锅时越干，油炸效果越好。湿润的表面会造成热油过度起泡和快速分解。要达到最佳效果，所有固体食材都应该先拭干，或裹上面糊或裹粉后再油炸。放入油锅前，请务必让多余的面糊流干净。

保持干净

同一批油使用的次数越多，油炸效果就越差。造成油变质的主要因素是食物中的小颗粒和水分。若要延长油的使用寿命，应经常清理。炸东西的时候，我会在一旁放一把笊篱，用它捞出炸东西时掉落的面包糠、天妇罗面糊碎块及其他面糊颗粒。捞出这些杂质时，我会先用笊篱以顺时针方向搅动炸油，再用笊篱以逆时针方向来捞杂质——流动的油会使大部分的食物颗粒落入笊篱中。请将杂质丢入手边的金属碗中（切勿丢入装了塑料袋的垃圾桶里）。重复前面的动作直到炸油变干净为止。每次油炸后，用铺有厨房纸巾或是棉布的细目滤网过滤炸油，以彻底去除杂质。

保持滚动

你是否注意过，当你在冷水泳池中站着不动时，会觉得稍微温暖些，但一旦有人从旁经过使你身边的水流动，你就会觉得很冷？热油里的冷食会发生与此相反的情况。若你让食物静止，较冷的油会聚集在食物周围，让油炸效果变差。通过不断拨动食物让它滚动，可以让它持续暴露在热油中，这样能炸得更均匀，外皮也会比用只搁在油锅中不动的方式炸出的更酥脆。这时，最佳的工具就是笊篱或长筷。

明智地挑选油

最适合炸物的油是相对便宜的、没有什么风味且具有高烟点的油。风味丰富的油（如芝麻油或特级初榨橄榄油）里的化合物，会让它们在远低于大多数食物的有效油炸温度时便开始冒烟。其他的油各有拥护者，不过我偏好使用花生油或是加了一点儿猪油、培根油或酥油的花生油。更多细节请参考 p.844“关于油的二三事”。

迅速沥干，善于利用厨房纸巾!

尽管金属架听起来是个合理的炸物沥油工具，其实使用铺有厨房纸巾的盘子或碗更为有效。炸物放在架子上时，从炸物上滴下的油其实很少，油的表面张力会让它牢牢吸附在原处。然而，厨房纸巾可以运用毛细作用把油吸走，有效地从食物表面带走更多油脂并让炸物在更长时间内保持酥脆。事实上，在一次并列测试中，我发现用厨房纸巾所吸的油量是只放在金属架上沥掉的油的四倍。若想去除食物的多余油脂，请将炸物从炸锅里直接移到铺有厨房纸巾的盘子、托盘或碗里，将炸物翻面让厨房纸巾吸取两面的油脂，再迅速放到架子上让热气散发（积在炸物下方的水蒸气会让外皮变软）。

将炸物放在厨房纸巾上去除多余油脂。

立即调味

我曾在一位大厨手下工作，他很爱说：“我不管你在炸的是什么，只要是从炸锅里拿出来的，就要马上放盐！”他说的是对的，在热的食物表面，盐能更快地黏附并溶解。越快给炸物调味，它吃起来的味道就越好。

善于利用回锅油

若要保存用过的炸油，可在撇净杂质之后将炸油静置于锅中冷却，再用铺有厨房纸巾或棉布的细目滤网过滤。接着，用漏斗将其倒回原来的油瓶（或是空的汽水瓶）中。盖上盖子，存放在凉爽阴暗的柜子里，以备下次使用。若油的色泽变暗或在加热时表面出现许多小泡泡，则表示油已变质，应该丢弃。

关于油的二三事

问：最佳油炸用油是哪种？

现在超市货架上的油种类繁多，包括据说对心脏有益的橄榄油，富含 Omega-3 脂肪酸的芥花籽油，昂贵的特色油品，如牛油果油、葡萄籽油，以及植物酥油和猪油这种类温固体油。哪种油最适合油炸？哪种能产生最脆的外皮和最佳的风味？

我决定用我唯一会的方法来找出答案——全都试试看。

我炸了 12 批鸡肉，分别使用了以下这些油：酥油、猪油、芥花籽油、橄榄油、花生油、葵花籽油、玉米油、棕榈油、牛油果油、一般的植物油（通常由黄豆油和玉米油调和而成）、葡萄籽油及培根油。

我立即发现，油内含的饱和脂肪量与炸鸡的脆度直接相关。用饱和脂肪含量高的猪油（40% 为饱和脂肪）、酥油（31% 为饱和脂肪）、培根油（40% 为饱和脂肪）或棕榈油（81% 为饱和脂肪）来炸鸡，可得到最为酥脆的成品。这看起来是件好事，但直到炸鸡稍微冷却，你打算大快朵颐的时候，才会发现事情并非如此美好。由于这些脂肪在接近人体体温的温度时都呈现近乎固体的状态，所以入口后会在嘴里留下如蜡般的恶心口感。当搭配质地较轻盈的食材，像是天妇罗蔬菜或鱼时，这种感觉会特别明显。

另一方面，如果用富含不饱和脂肪的油，像是葡萄籽油（10%~12% 为饱和脂肪）、橄榄油（13% 为饱和脂肪）、玉米油（13% 为饱和脂肪）、葵花籽油（10% 为饱和脂肪）、牛油果油（12% 为饱和脂肪）或植物油（约 13% 为饱和脂肪）来炸鸡，则会产生正好相反的结果——炸鸡无法炸得那么脆。谁是赢家呢？用含中高量饱和脂肪（17% 为饱和脂肪）、味道中立的花生油炸出来的鸡肉干净酥脆，且没有用饱和脂肪含量高的油品炸出的蜡质口感。因此，花生油几乎是我炸所有食材的首选油品，而不仅仅是炸鸡。

饱和脂肪含量高的油，如猪油或酥油，在室温下呈现固态，加热后呈现液态。

| 专栏 | 饱和脂肪与不饱和脂肪

我们常会听到“饱和脂肪”和“不饱和脂肪”这两个词，但他们到底代表什么，对烹饪又有什么影响呢？

就像大多数有机物一样，脂肪是相当复杂的分子。它们原本是扭结缠绕的，但若你将一个脂肪分子拉直，它便会呈现字母 E 的形状，一个甘油分子形成脊柱，三条名为“脂肪酸”的长碳链形成三条手臂。脂肪饱和与否便取决于这三条手臂饱和与否。

一个碳原子可以和其他的原子形成四个键。在饱和脂肪中，每一个链里的碳原子会连接两个氢原子，以及它之前或之后的碳原子。[②]在不饱和脂肪中，一个或多个碳原子只结合了一个氢原子，而与邻近的碳原子形成双键。单不饱和脂肪只含一个碳碳双键，多不饱和脂肪则含有两个（或以上）的碳碳双键。

由于饱和脂肪分子呈直线排列，它们能紧密有效地堆叠，因此在室温下多半呈固态，这也是饱和脂肪比例高的油脂（如黄油、酥油、动物油和棕榈油）在室温下呈现不透明的固体状态，而在加热后却变成澄清液体的原因。反之，不饱和脂肪含量高的油脂，如芥花籽油或橄榄油，在室温下仍可维持澄清的液体状态，这是因为其分子难以有效地堆叠。

如果再考虑反式脂肪和顺式脂肪（均为不饱和脂肪），一切就更复杂了。反式脂肪中的碳碳双键使脂肪酸呈一条直线，而顺式脂肪里的碳碳双键使脂肪酸扭曲，形同回力镖。尽管这两种形式都会存在于自然界中（反式脂肪通常出现于动物脂肪中），但氢化脂肪中含有含量极高的反式脂肪——这是一种人造脂肪，其中的氢原子被迫与多不饱和脂肪结合以增加饱和度。人造黄油（margarine）和某些酥油便属于氢化脂肪。

近来，许多研究指出，反式脂肪和冠状动脉疾病相关，因此某些地区已禁止使用人造反式脂肪，在许多酥油产品的制造过程中，也力图尽量减少最终反式脂肪的含量。

---

② 除了两种例外：一种是脂肪酸长链中的最后一个碳原子会结合三个氢原子，另一种是长链中的第一个碳原子会结合两个氧原子（其中之一为双键）。

问：我母亲的冰箱里一直备着一罐培根油。她坚称这是做顶尖炸鸡的关键食材，你有什么看法？

的确！培根油不只富含饱和脂肪（能成就更为酥脆的外皮），更能增添炸鸡的风味。只要用量不要多到抢尽风头，在花生油中添加培根油对炸鸡或炸牛排来说是件好事，理想的比例是 1 ∶ 7（也就是说将每 4 杯花生油中的 1/2 杯用提炼的培根油取代）。请避免将培根油用于较清淡的食材，如蔬菜或鱼。

问：我听说若用油炸鱼，油就会有鱼腥味，这是真的吗？

你一定有过这种经验：走进一家餐厅或一位邻居家中，迎面而来的是腥臭的油味。你可能会问主人："有人在炸鱼吗？"（若你比我要克制一点儿，会这样问自己。）

好吧，是这样的，在哈莱姆区（Harlem）我的住处旁正好有一家炸鱼店、一家炸鸡店。奇怪的是，散发臭腐腥味的是炸鸡店，而炸鱼店闻起来只有新鲜海鲜的味道，这该怎么解释呢？其实你在某些炸物上闻到的鱼腥味和鱼本身无关，而是由脂肪分子不可逆的分解反应造成的。

问：等等，脂肪分子分解？这似乎是指水解和氧化，可以再解释一下吗？

没问题。我们在高中生物课上学过，脂肪分子是由三个脂肪酸附着在一个甘油的脊骨上构成的，呈现大写的 E 的样子。好吧，问题在于这些脂肪分子并不稳定，只要暴露在氧气中的时间足够长，就会分解；而暴露于热、光以及空气中则会加快分解的速度。很遗憾地，油炸时，这三种情况都会发生。就其本身而言，暴露在氧气中会造成氧化（oxidation），会让大的脂肪分子分解成许多小分子，其中包括酮体和短链脂肪酸，这些就是造成炸物店腥臭味的分子。有时候，就算热油里不放任何食材，这种反应也会发生。在极端的情况下，保存不当的瓶装油也可能会出现这种情况（因此，你绝对不该把油放在炉子附近，那样根本是自求变质）。

真的开始炸东西时，情况会更糟。当你炸东西时，在水、油、热均符合条件的情况下，发生的"水解"反应会加强并加速氧化。这是油炸用油最终会变质变臭、无法再使用的原因。视油炸温度和每次油炸的食材量，一锅油在变质之前其实可以使用好几次。

油变质的最后一种方式叫"皂化"，如字面意思，"皂化"即从油转变成肥皂。这里的"肥皂"并不是指我们通常说的可以洗澡的肥皂，而是肥皂的化学定义——脂肪酸盐[③]。肥皂是一种表面活性剂，这表示他们有一个疏水端（亲油／厌水）和一个亲水端（亲水／厌油）。他们是水、油二界的和平使者，能让两者共存而不分离，尽管水、油本应互斥。

不过，在这个情况中，和平共存是件坏事：油里的表面活性剂越多、含水量越高，水解发生得就越快，油的烟点会降低，油炸的效果会越差。

事实上，炸鸡店的腥臭味不是因为他们柜台里放了陈年臭鱼，而是因为他们疏于频繁地更换或过滤炸油。反之，如果炸鱼店经常换油，那么空气中就会只有新鲜鱼类的香气。（你

③ 没错，洗澡用的肥皂除了起泡剂、香料、润肤成分外，的确也含化学皂剂。

可以猜猜哪家餐厅的队伍排得比较长。）

问：在家里呢？油可以重复用几次？

在家里炸东西时，同一批油用 6 ~ 8 次后才会开始变质。但有些食材会让油更快变质。通常来说，裹粉或者面糊里的颗粒越小，油变质得越快。例如：裹面粉的炸鸡会比裹大块面包糠的切片茄子更快毁掉你的炸油，而裹面包糠的茄子又会比裹面糊的洋葱圈更快让油变质。

问：餐厅重复使用回锅油的次数，为何比我在家里多了许多？

这是因为相较于家用设备，商用炸锅的主要优势之一是其热源不在锅底。餐厅里炸锅的电子或是煤气的加热元件位于锅底上方几厘米处。这表明什么？炸油变质的重要原因是油中累积了杂质。将食材放入锅里后，面糊、面粉渣和面包糠都可能脱落，并在你取出炸物后仍滞留于锅里。这些残渣会怎么样呢？它们最终会彻底脱水并沉到锅底。对商用炸锅来说，这不是什么大问题，因为这些残渣留在油里较冷的区域，也就是在加热元件的下方。但在家里，整锅油从最底部开始加热，底部的杂质会被烧焦，从而彻底毁掉炸油的品质并粘在接下来入锅的食材上。

在家里怎么解决以上问题呢？避免炸油毁掉你一餐的秘诀在于在每次油炸及每批食材起锅后都仔细清理油中的杂质。市面上也有台式电炸锅，其加热元件和餐厅用炸锅类似，可以让同一批油用得更久。不过，这种台式电炸锅会占用很大的台面空间，且加热的能耗较大，就看个人喜好取舍了。

问：餐厅用油炸锅还有什么优势呢？

餐厅用油炸锅是为大量油炸而设计的，通常容量至少为 38 升（10 加仑）。在家里，你的用油量通常为几升，只是餐厅用油量的 1/20。大量用油的好处在于容易控制温度。若将几把室温薯条放入 38 升（10 加仑）、190.6℃（375 ℉）的油中，油温顶多只会降 1~2℃。但是，若将一样量的薯条放到 1.9 升（2 夸脱）的油里，油温大致会下降 27.8℃（50 ℉）左右。因此，在家里必须将油加热至更高温度来弥补降温。

问：好，我想我懂了，新油就是好，旧油就是不好，对吗？

不一定！你或许以为用新鲜的油是炸东西的最佳方式，有这种想法是可以原谅的。虽然可以被原谅，但这种想法是错的。

原因如下：

新鲜的油极度疏水——它完全不愿意靠近水。任何你放入炸锅里的食材一定含有大量的水分（毕竟，油炸的重点就是把水赶跑），这代表油一定是不会喜欢食材的，甚至难以接触食材表面。你是否注意过，把蘸了面糊的食材放入新油后，食材周围会形成亮亮的泡泡？那表示有一层水蒸气迅速自食材表面逃逸，这能阻止油脂太过接近食材。由于油脂无法接触食材，便无法有效地传递热能。这表示需要炸得更久，脆度也会降低，而且“油炸”味也较少（记得油炸味是由棕化、脱水及吸油共同造就的吧，见 p.839“料理实验室指南：什么是油炸”）。

反之，稍微旧一些的油含有一些表面活性剂，也就是让水和油彼此接近的分子。因此，回锅油能更好地穿透食材，让油炸速度更快并制造出更好、更脆、味道更香的外皮。

经验老到的炸物厨师都知道，若要确保炸物在首批新油里就能呈现最佳脆度，应该每次都将一点儿炸过的油加到新油里。对家庭料理来说，每 0.95 升（1 夸脱）新油只需要加入 1 大勺旧油即可。

问：每两次炸食物之间，该怎么保存油？

和新油一样，用过的油应密封后存放在凉爽阴暗的环境中。若你计划在几天内多次油炸，则仅需用铺了棉布或厨房纸巾的细目滤网将油过滤到有金属盖子的锅里（不要用玻璃盖，玻璃会让光线射入）并放在厨房凉爽的角落里。若要存放得更久，请将油用细目滤网过滤后，再倒回原来的容器中，在紧密封口后存放于阴暗凉爽的橱柜中。

问：要是油被用到无法再次使用的地步，该怎么做？应如何丢弃？

丢弃用过的废油实在令人头痛。要是量少，如半杯或更少，可以连同大量的肥皂和温水冲入水管里（肥皂能有助于油脂和水的乳化，防止油脂黏附在水管内侧）。如果废油量大，则需要多费点心。

丢弃废油的最佳方式是，捐赠给搜集废油来给改装车当燃油使用的组织——在波士顿，这种车子因为排出的废气闻起来像速食店厨房的味道，所以被称为“麦乐鸡块车”（McNugget mobiles）——可惜这种组织并不容易找到。对家庭厨师来说，丢弃废油最容易的方式是保留原来的瓶子，将冷却的废油倒回去，盖好盖子并和固体垃圾一起丢弃。

| 专栏 | 延长炸油使用寿命的秘诀

以下是延长你的炸油寿命的简易指南：

- **注意温度**。勿让油温超过烟点，以免造成油迅速变质。
- **在油炸时与油炸后都注意移除面糊及裹粉等残渣**。面糊、面包糠以及面粉中的小颗粒会沉积在锅底，造成炸油变质。
- **炸完后小心地去除杂质**。请用细目滤网趁着油还热时捞出所有杂质。欲达最佳效果，请用铺了棉布或厨房纸巾的细目滤网将油过滤，以彻底清洁。
- **将油存放在凉爽、阴暗且干燥处**。若是仅数天的短期保存，则将油放在有金属盖子的锅中，摆在厨房的凉爽角落即可。若是长期保存，请将油装回原来的容器中，密封后存放于凉爽阴暗的橱柜中。

常见油的烟点

每种油都有烟点及着火点，前者是指油表面开始冒烟的温度，后者是火焰开始在油面上曼舞的温度。

为保障安全与风味，油炸用油绝不可以加热到以上两种温度。下表为常用油的烟点，以及内含饱和脂肪的比例。选择特定油品来炸东西有许多因素，有些人为了健康选择饱和脂肪含量较低的油（像是橄榄油、芥花籽油或菜籽油）。说真的，要骗谁啊？我们吃炸物并不是为了追求健康。另一些人则会因优越的油炸力而选择富含饱和脂肪、烟点也相对较高的油品。选择权在你手上，不过我知道我会选什么，我的油炸用油的最佳选项几乎总是花生油，其高烟点、足量的饱和脂肪能塑造出完美酥脆的外皮，却不会像酥油、猪油或其他动物油那样有蜡质厚重的口感。

目前“植物油”这个词的使用并没有严格规范，可以指特定油品的任何组合，然而它实际上几乎总是玉米油、芥花籽油、葵花籽油等的组合，其烟点为204.4~232.2℃（400~450 ℉）。

表 31　常用油的烟点及饱和脂肪的比例

油	烟点	饱和脂肪所占比例
黄油	148.9~176.7℃（300~350℉）	62%
椰子油	176.7℃（350℉）	86%
植物性酥油	182.2℃（360℉）	31%
猪油	187.8℃（370℉）	40%
特级初榨橄榄油	190.6~210℃（375~410℉）	13%
芥花籽油	204.4~218.3℃（400~425℉）	7%
芝麻油	210℃（410℉）	14%
淡橄榄油	218.3℃（425℉）	13%
花生油	226.7℃（440℉）	17%
葵花籽油	226.7℃（440℉）	10%
玉米油	232.2℃（450℉）	13%
棕榈油	232.2℃（450℉）	81%
大豆油	257.2℃（495℉）	14%
红花籽油	265.6℃（510℉）	9%
牛油果油	271.1℃（520℉）	12%

关于油炸：较高的油温不会让食物里的油变少

打开任何一本关于油炸的书，你几乎都会见到这个建议："务必确定油够热再放入食材，否则食材会吸收油脂且变得油腻。"其背后理论是只要油够热，一旦放入食材，食材散发出的水蒸气的向外压力会防止油进入食物中，因此你的炸物不会过于油腻。乍看之下很有道理，对吧？我是说，我们都吃过从油温不够高的炸锅里拿出来的难吃的炸物，确实油腻，但真的是因为含油量较多吗？*Journal of Food Process Engineering*④报道的研究不这么认为。

事实正好相反：油炸时的油温越高，食材吸收的油越多。瞧，你丢进炸锅里的大部分食物，不管是裹有面糊的食材，还是马铃薯或一块鸡肉，全都充满了水分，且水分都达到了饱和的程度。例如：你可以将薯条想象成一家没有空房的旅店，每个房间都住满了水分子。为了让油进入马铃薯内居住，部分水分子必须先退房。若这样想，你便能理解：在一锅冷油中放入一块冷的马铃薯，马铃薯会吸收任何油脂吗？不会。将浸过冷油的马铃薯清洗过后能让人以为它从没接触过油。事情是这样的，水对现在的居住状况很满意，要水离开的唯一方法是采用强硬手段，也就是以热能的形式让水离开。将一块马铃薯放入热油里，油中的热能会作用于马铃薯内部的水。热能饱和时，便会造成水从马铃薯的细胞里窜出并以水蒸气气泡的形式逸出，如此便能释放空间让油进驻。

炸物里的水有两种形式：游离水（free water）和结合水（bound water）。游离水很容易脱离，在较低的温度下便会从食物内散逸。反之，结合水在更多热能和更高的温度下才会散逸。若将一片马铃薯加热至135℃(275 ℉)，尽管此温度已经远高于水的沸点，但部分结合水仍会停留在马铃薯中，直到受热温度更高。因此，油炸的温度越高，散逸的水分越多，留给油脂进入的空间也越大。

这些知识让我非常惊讶，所以我做了每一个怀疑论者都会做的事：实验。我在炒锅里装了1.9升（2夸脱）的油并用厨房秤称重。接着，把油加热并使油温保持在135℃（275 ℉），然后油炸鸡肉。取出鸡肉后我称了锅里残油的重量。接着，再次进行实验，这次用162.8℃（325 ℉）的油来炸鸡。重复几次后，结果如我所料，温度越高，鸡肉吸收的油脂越多。

对以较高温加热的食物吸收油脂较少的说法，通常有这样的解释：从食物中迅速散逸的水蒸气向外的压力会防止油脂汇集。当食物在热油中，这样的说法或许是真的，但其一旦离开油锅，温度就会迅速下降。本来从食物内部产生的正压就会翻转，并在几毫秒间形成部分真空。此时的食物不再往外推挤水蒸气，反而会迅速将表面沾到的油吸到内部。就算是世界上动作最快的炸物厨师，也无法快到在如此短的时间内沥干洋葱圈以防止油脂窜入。大约有70%的油是在炸物离开锅之后的几秒内被吸收进去的。

虽然吸收的油量较少，但是用135℃（275 ℉）的油温炸的鸡肉又软又油，吃起来比用162.8℃（325 ℉）的油温炸的酥脆鸡肉油腻许多。事实上，我们所谓的油腻其实与食

---

④ *Journal of Food Process Engineering*，《食品加工工程》期刊。——译注

物里的含油量无关，这只是种错觉。其实是炸物表面的油和湿软的面糊或面包糠在我们口中结合后，让人有了油腻或沉重的感觉。虽然酥脆的、经妥善油炸的面糊、面包糠或鸡皮可能含有较多油脂，但吃起来绝不油腻。

重点整理：油炸食物时，若希望成品酥脆且吃起来不油腻，绝对需要用较高的油温，但不要骗自己说炸物含油量较少。

裹面糊与裹粉

你曾在油锅里炸过去皮的鸡胸肉吗？我强烈反对这样做。一旦把鸡肉放入油温高达204.4℃（400 ℉）的锅里，会立即发生一些事情。首先，水分会迅速转化为水蒸气，然后像锅炉那样喷出水蒸气，于是鸡肉的外层会越来越干。同时，肌肉组织中由折叠蛋白质形成的弹性网络会开始变性和紧缩，让肉质变结实且挤出肉汁。1~2 分钟后取出，你会发现鸡肉已经变得很硬，鸡肉外层约0.6厘米（1/4英寸）厚的部分已经呈脱水状态。这时，你一定会对自己说："唉，真希望我先前在鸡肉外面裹上了一层面糊。"

裹面糊意味着食材被裹上了厚厚的糊糊。在面粉（小麦粉更常见，玉米粉和米粉也并不少见）中添加膨胀剂或黏合剂（如鸡蛋和发酵粉），即可制成面糊。裹粉意味着食材外被裹上了很多层，直接裹在食材外的那一层是面粉，它会让食材表面干燥、粗糙，并使位于第二层的液体黏合剂有效附着在第一层的面粉上。该液体黏合剂层通常由蛋液或乳制品制成。最后一层则赋予食材特有的质地，可以由谷物粉（如传统炸鸡外层裹粉中的面粉和玉米粉）、碎坚果、干面包碎或是其他类似面包的产品（如面包糠、饼干或早餐麦片）组成。

无论你的面糊裹粉的成分是什么，它们的功能都是相同的：在要炸的食材外裹上一层"东西"，让油难以直接接触食材，从而难以将热能直接传递到食材中心。所有传递到食材的热能都必须穿透这层厚厚的隔热层。正如你家里的隔热层能降低室外恶劣天气对室内温度的影响那样，面糊和裹粉也能帮助包裹在内的食材被加热得缓和、均匀，而不是被热油烧焦或脱水。

食材内部被缓慢加热时，面糊或裹粉会渐渐失去水分，质地也会越来越紧致。油炸是一个干燥的过程。面糊和裹粉的配方设计恰好能使食材被温和地干燥。好的蓬松的面糊不仅不会让食材烧焦或变硬，反而会形成一层细致酥脆、充满微小气泡的网，犹如一层固体泡沫，为炸物增添酥脆的口感。裹粉的作用也一样，只是它的结构偏向颗粒而非泡沫。好的裹粉的外层表面粗糙，能大大增加炸物的表面积，让你每一口都能享受到极佳的酥脆口感。最理想的状态是：面糊和裹粉在达到完美脆度的同时，内部的食物，如一片洋葱或一片鱼肉，也能达到理想的熟度。做出的炸物能达到这样的状态，才标志着你达到了好的炸物厨师的标准。

本章节的食谱将涵盖面糊及裹粉的所有基本类型，以及其他不裹面糊不裹粉的油炸方式。

料理实验室指南：常见的裹粉、面糊类型

表 32　常见的裹粉和面糊的类型、做法、用法比较

类型	做法及用法	优点	缺点	经典用途	脆度（1~10 度）
裹粉：面粉	在经盐水浸泡或浸湿（通常用白脱牛奶）的食材外裹上经调味的面粉，再油炸	若做得好，能制造出大量酥脆的暗褐色脆皮	有点脏乱，手指往往沾满裹粉。油很快就会变质	美国南部风格的炸鸡、炸牛排	8
裹粉：一般的面包糠	在食材外先裹一层面粉，再裹一层蛋液，最后裹干面包糠	尽管需要几个裹粉的盘子，但制作非常容易。能做出极脆、扎实、完整的脆皮，吸收酱汁的能力极佳	面包糠的味道有时会过重，盖过食材本身的风味。一般的面包糠会很快变软，并使油很快变质	帕玛森奶酪烤鸡排、炸肉排	5
裹粉：日式面包糠（panko）	同一般的面包糠的使用	日式面包糠的表面积很大，会制造出特别酥脆的外皮	日式面包糠有时不容易找。由于面包糠很厚，食材本身的味道必须足够强烈才行	传统上，用于日式肉排（tonkatsu）、炸鸡排或炸猪排	9
面糊：啤酒面糊	将已调味的面粉（有时会加膨松剂）与啤酒（有时是鸡蛋）混合，制成厚煎饼状面糊（啤酒有助于棕化反应，而气泡则能让面糊轻盈）。可以在裹有啤酒面糊食材的外层再裹一层面粉，来增加酥脆度	味道极佳。啤酒面糊很厚，因此能很好地保护脆弱的食材，如鱼肉。易制作。拌好后，质地相当稳定。若单用啤酒面糊（未黏附第二层面粉），油变质的速度较慢	无法达到与其他面糊相同的脆度。需要相当多的材料。拌好的面糊须尽快使用。若单用啤酒面糊（未黏附第二层面粉），炸后的脆皮会很快变软。若黏附了第二层面粉，油会很快变质	炸鱼、洋葱圈	5
面糊：玉米淀粉（薄皮天妇罗风格）	将高淀粉、低蛋白的面粉（如小麦粉和玉米淀粉混合物）加入冰水（有时会用苏打水或蛋液）中，迅速拌匀，形成的面糊会有疙瘩。必须立即蘸裹食材，并快速油炸	极脆。较大的表面积意味着有较多酥脆的块状物。蛋白质含量低的面糊意味着较少的棕化反应，可以突显蔬菜或虾等清淡食材的味道。炸油变质速度稍慢	面糊难以正常混合（很容易搅拌不足或搅拌过度）。拌好的面糊必须立即使用	蔬菜、虾、韩式炸鸡	8

裹粉、面糊类型 1：

蘸裹面粉

美国南部风格的炸鸡

我知道人们可以对炸鸡着迷到什么程度，而我并没资格告诉你哪一家炸鸡做得最好吃，但美食家埃德·莱文会告诉你，位于田纳西州梅森市的那家 67 年的老店 Gus 做的炸鸡最好吃。据他形容，那里的炸鸡外皮酥脆且颗粒感十足，鸡肉多汁，且面包糠和鸡皮融合得相当完美。他所说的炸鸡实在太过美味，以至于我们不得不借助形而上学来进行理解。

对我这种在纽约长大的小孩来说，炸鸡只来自一个地方，也是唯一的地方，那就是肯德基上校手中抱着的那个布满油渍的厚纸桶。在我幼小的心灵里，肯德基的脆皮炸鸡就是炸鸡之最。我依然清晰地记得：吃炸鸡的时候，我会取下肥厚的脆皮，品尝咸香的鸡油，用手指撕下鸡肉，然后迫不及待地把肉丝送入口中，这时会有一种飘飘欲仙的感觉。

但是，时代变了。再访儿时的美好回忆，只会带来幻灭和失望。目前，炸鸡及有灵魂的食物的复兴潮流正在席卷美国全国，就连纽约的一些高级餐厅也将这些菜品列入了菜单之中。炸鸡真正的可能性打开了我的眼界和味蕾。或许我仍然会喜欢肯德基炸鸡那层酥脆无比香气四溢的脆皮，但仅此而已，因为拿掉酥脆的外皮后，它就只剩下松软的鸡皮、干涩的

鸡胸肉，几乎没有任何品尝价值了。

尽管如此，这种炸鸡也并不是一无是处。我想，我还是能设法从肯德基上校开始的地方出发并到达一个终极的目的地——有香浓的鸡肉风味、紧致的鸡皮、柔软多汁的鸡肉，以及香酥的脆皮。或许这样，我就能够重温童年记忆中初次品尝炸鸡时那转瞬即逝的味道。

由内而外

我先从这个简单的炸鸡食谱开始：将鸡肉蘸上白脱牛奶，再裹上加了盐和黑胡椒碎调味的面粉，以 162.8℃（325 ℉）的花生油炸熟。如此一来，你可能会马上发现这样几个问题。首先是时间问题。当鸡肉熟透时——鸡胸肉温度达到 65.6℃（150 ℉）、鸡腿肉温度达到 73.9℃（165 ℉），[⑤]外皮已变成深褐色，有些部位甚至接近黑色。不仅如此，外皮的脆度也远不如预期。最终，即便脆皮内的鸡肉没有完全干掉，它也并不湿润且味道寡淡。于是，我决定由内而外地改造我的鸡肉。

外表看似酥脆，但里面的鸡肉发干发柴。

炸鸡的问题在于，尽管它的外皮酥脆美味，但它的风味无法渗透到鸡肉中。那么，盐水浸泡和腌渍能否解决这个问题？盐水浸泡是将瘦肉（通常是鸡肉 / 火鸡肉 / 猪肉）浸泡在盐水中，盐水会慢慢溶解关键的肌肉蛋白，特别是肌球蛋白——一种可以黏合肌肉纤维的蛋白质。随着肌球蛋白的溶解，会发生以下三件事情：

- **第一，肉的保水能力增强。**你可以把肉想象成一组绑在一起的细长的牙膏。当你加热肉时，“牙膏管”便会遭受挤压，挤出宝贵的肉汁。裹面粉能有效减慢热能传递到肉里的速度，因此能在很大程度上减弱这种挤压作用。然而，无论面粉将鸡肉包裹得多么严密，鸡肉仍然会遭受一定的挤压。肌球蛋白是造成这种挤压作用的关键蛋白质之一，因此使肌球蛋白溶解，能防止水分的大量流失。
- **第二，盐水浸泡可以使溶解的蛋白质彼此结合，从而改变肉的质感。**这是制作香肠的主要原理——溶解的蛋白质彼此结合会产生柔软弹牙的质地。用盐水浸泡鸡胸肉或猪排，相当于让肉稍微熟成，这个过程如同生火腿变成意式风干火腿的过程。
- **第三，随着盐水缓缓渗入肉中，受到调味的部分也由表面向内延伸。**用盐水浸泡过夜会让盐水渗透到肉内几毫米处，在裹面粉之前，肉的内部即被腌渍入味。另外，用盐水浸泡会增进鸡肉的保水能力，使肉更加多汁。对于鸡胸肉，我通常会用盐水浸泡 30~120 分钟。若是炸鸡，为完全抵消高温油炸所带来的影响，则需要更长的盐水浸泡时间。经盐水浸泡的炸鸡会特别顺滑多汁。

---

⑤ 若你很介意“不熟”的鸡肉，或坚持要让鸡胸肉达到 73.9℃（165 ℉），请见 p.378 关于食品安全的切合实际的探讨，这与美国政府所倡导的标准有相当大的出入。

下方的漂亮成品就是在盐水或糖水中浸泡了整整 6 个小时的。经称重证实，先用盐水浸泡一晚再炸的鸡肉所流失的水分比未经盐水浸泡、直接炸的鸡肉流失的水分少 9% 左右，且前者的风味也更好。

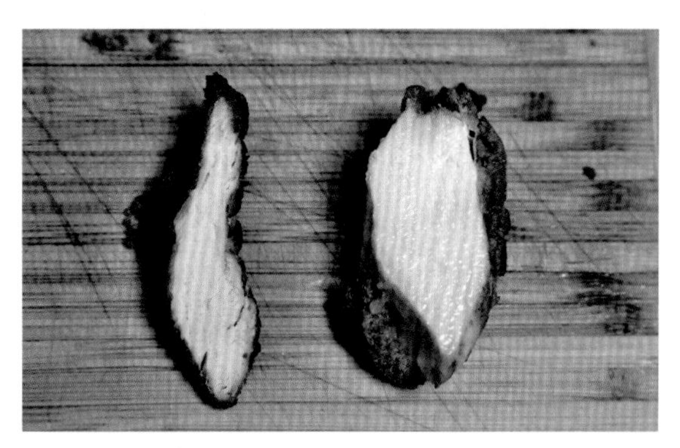

左边是未经盐水浸泡的鸡肉，右边是经过盐水浸泡的鸡肉。

我曾试过提前一天用泡打粉和盐的混合物腌渍几种肉，来提升它们的脆度（见 p.652“慢烤意大利脆皮猪肉卷”）。盐起到了类似于盐水的作用，而泡打粉能提高肉表面的 pH 值，提高棕化反应效率，并使周围那层薄薄的蛋白质液体形成微小的气泡，从而增加了鸡皮的脆度。我在炸鸡的过程中，运用了这种方法，但这会使鸡皮变得过于干燥，而无法使裹粉很好地黏附在鸡皮上。

既然用盐水浸泡后要用白脱牛奶浸泡鸡肉，我就想尝试用白脱牛奶来取代用盐水浸泡时使用的水，希望能达到一石二鸟之效。结果表明，这样处理的鸡肉不但与使用普通盐水浸泡法处理的鸡肉一样多汁，而且由于白脱牛奶有软化效果，鸡肉的质地也更加柔嫩（浸泡时间超过一夜，鸡肉会软得近乎散掉）。最后，在白脱牛奶中添加香料，会使更多风味进入鸡肉中。在尝试了几种调味组合后，我决定使用这种调味配方——卡宴辣椒和匈牙利红椒（借用它们的辣味和红椒的香气）、大蒜粉[6]、一点点干燥的牛至和少许现磨黑胡椒碎。或许，在肯德基上校的食谱里，会用到 11 种调味品，但对我来说，5 种足矣（我太太和我家的门厅侍者也发自内心地赞同这一点）。

爱上脆皮

下一步，就是为脆皮再额外增添点脆度，我总结出几种可行的方法。一种是增加脆皮的厚度。我试着将鸡肉重复裹粉，即在油炸前将用盐水浸泡过的鸡肉先裹上面粉（使用与盐水浸泡相同的腌料），再蘸取白脱牛奶，接着再裹一层面粉。托马斯・凯勒就是用这种方法成就了著名的 Ad Hoc 餐厅的炸鸡。这个方法会使脆皮的效果稍好一些，因为第二层面粉比第一层面粉有更多的凹凸面。但是，这也使得脆皮极厚，重得几乎要掉下来。[7]

⑥ 有些人极力反对使用大蒜粉，认为它一点儿都不像真的大蒜。我也认同大蒜粉一点儿也不像新鲜的大蒜，但这并不意味着它在烹饪上无用武之地。把大蒜粉当腌料或是把它加在裹粉里，效果特别好。出于质地的原因，新鲜大蒜反而难以如此应用。

⑦ 你可能会发现下页第一张图中的鸡肉中心呈现红色，这不是因为没熟，而是因为在切肉时，我将鸡骨切碎了，导致红色的骨髓露出。就算鸡肉已被彻底煮熟，鸡骨头的自行断裂或是人为切断或切碎，都会使其在鸡肉上留下一些红点，这是正常现象，请勿担忧。

重复裹粉会形成较厚的脆皮，但易脱落。

更好的方法是在白脱牛奶中加入一个鸡蛋，以改善外皮的质感。

现在，脆皮的厚度已足够，但我又遇到另一个问题——脆皮无酥脆感，反而硬得像石头。我觉得麸质——面粉遇到水时形成的蛋白质网络——最有可能是肇事者。于是，我要想办法减少麸质的出现。首先，也是最重要的一点，用玉米淀粉来取代部分富含蛋白质的小麦粉。玉米淀粉是纯淀粉，能在不增添蛋白质的情况下，提高裹粉的吸水能力。我用玉米淀粉取代 1/4 用量的小麦粉，效果不错。在混合物中加入两小勺发酵粉，有助于为混合物添加一点儿空气，从而使外皮更轻、更脆，并增加外皮的表面积。（你知道，表面积越大意味着外皮越酥脆，对吧？）

最后，我使用了一个诀窍。这个诀窍是一个曾经在美国快餐炸鸡连锁店“福乐鸡”（Chick-fil-A）工作过的朋友告诉我的。他说，鸡肉裹好粉后，后下锅的总是比先下锅的更加美味，这是因为后下锅的裹粉颗粒会粘在一起，形成更加凹凸不平的外皮。向裹粉里加几大勺白脱牛奶，用手指混合一下，再用来裹鸡肉，会达到与上述情况相同的效果。[8]

左边的鸡块蘸过白脱牛奶，外皮更加酥脆。

在鸡肉熟透前，外皮就会被炸过头——这个问题很好解决。先把鸡肉炸至金黄色，再移到预热好的烤箱中，温和地将肉烤熟。最终的脆皮炸鸡会呈现深褐色，有着布满颗粒的、脆而不硬的外皮，以及入口后肉汁汩汩而出的美味鸡肉。

⑧《厨师国度》（*Cook's Country*）杂志中的炸鸡食谱也运用了此方法。

| 专栏 | 更加酥脆的炸鸡

前一阵子，我与好友——旧金山的大厨安东尼·麦茵特（Anthony Myint）聊天。他提到，每当有剩下的炸鸡，他会在隔天用热油再炸一次，鸡肉总是比前一天更美味。一般来说，从一块炸鸡的外皮中所能驱赶出的水分是有限的，这取决于炸鸡在油里的时间长短。要是温度太高，外皮就会开始变焦。若冷却静置过夜，内层的水分会渐渐渗到外皮。当你隔天再次油炸时，这些水分便会被驱赶出来，这能让你尽情享受鸡肉外面那层特厚且脱水的外皮。

这不仅是处理剩余炸鸡的绝佳方法，还能让你在做炸鸡的当天就享受到这种好处。具体做法：让一般的炸鸡在室温下或是冰箱里静置 1 ~ 2 个小时，再回锅油炸。

失败的范例

我曾用了 50 多只鸡对 100 余种食谱进行了测试，最终得到了这份食谱。有时，所有的冷却架都放满了样品，以至于我不得不借用碗盘沥水架来为鸡块沥油。这一路走来，各式各样的失败的炸鸡我都尝试过。

各种失败的炸鸡

| 实验 | 静置最好吗？

有个问题一直困扰着我：许多炸鸡食谱建议，将鸡肉在裹粉后静置约半小时，然后再油炸，但少有人说明其中的原因。因此，我对其有所质疑。静置过后的炸鸡真的会更加美味吗？为了找出答案，我同时炸了几批鸡肉来做实验。

材料

- 美国南部风味的特脆炸鸡（见 p.860）

步骤

遵照食谱进行至步骤 3，但先不要热油。在步骤 4 时，将一半鸡肉黏附调味面粉，放在置于烤盘中的架子上，静置 30~60 分钟。依照步骤 3 的指示热油，将剩余的鸡肉裹上面粉并立即油炸。然后依照指示用烤箱烤熟所有鸡肉。务必标记清楚哪些鸡肉属于哪一批。

品尝两批鸡肉并记录鸡肉的质地。

结果与分析

虽然这两批鸡肉的口感都不错，但裹粉后立即下油锅的鸡肉外皮更加松脆，而下油锅前静置过的鸡肉的外皮却较硬且易碎。这是为什么呢？

这是麸质[9]的缘故。鸡肉静置时，裹在外层的面粉会逐渐吸收白脱牛奶和鸡肉表面的水分。吸收水分后，蛋白质会舒展并彼此结合，形成一层逐渐变硬的保护膜。若静置得太久，鸡肉外皮会硬得硌牙。炸鸡的外皮应该脆而不硬，为达到这个目的，你必须尽快将鸡肉从面粉盘移至油锅中。当然，这又造成另一个问题：刚裹好粉的鸡肉会让大量的干面粉落入油锅，导致油迅速变质。建议你在夹起面粉盘中的鸡肉后，先用金属细目滤网抖掉鸡肉上多余的面粉，以尽量减少鸡肉上的面粉颗粒。

---

⑨ 你会发现它像超级马里奥故事中那只被踩的诺库龟（Koopa Troopa）或是浴缸周围的那圈水垢一样，会不断地重复出现。

美国南部风味的特脆炸鸡

EXTRA-CRUNCHY SOUTHERN FRIED CHICKEN

4 人份

红辣椒粉 2 大勺
现磨黑胡椒碎 2 大勺
大蒜粉 2 小勺
干牛至 2 小勺
卡宴辣椒粉 1/2 小勺
白脱牛奶 1 杯
大型鸡蛋 1 个
犹太盐适量
全鸡 1 只（约 1.8 千克 /4 磅），切成 10 块（见 p.353“如何拆解一只鸡”）；或带皮带骨的鸡胸、鸡大腿、鸡腿或鸡翅 1.1 千克（$2\frac{1}{2}$磅）
中筋面粉$1\frac{1}{2}$杯
玉米淀粉 1/2 杯
泡打粉 1 小勺
植物酥油或花生油 4 杯

1. 在小碗里放入红辣椒粉、黑胡椒碎、大蒜粉、干牛至和卡宴辣椒粉，用叉子拌匀成混合香料。（图 1）
2. 在大碗里将白脱牛奶、鸡蛋、1 大勺犹太盐和 2 大勺混合香料混合并搅拌均匀。放入鸡肉块，搅动并翻面，使调味料均匀黏附在鸡肉块上。将碗里所有的东西装入一个 3.8 升（1 加仑）的密封袋中并冷藏至少 4 个小时，至多过夜，偶尔翻动袋子，以便让调味料黏附得更均匀。（图 2、图 3）
3. 在大碗里将中筋面粉、玉米淀粉、泡打粉、2 小勺犹太盐和剩余的混合香料混合。从密封袋中取出 3 大勺腌料加入面粉混合物中，用指尖搅动加以混合。从密封袋中取出一块鸡肉，甩掉多余的白脱牛奶，将鸡肉块放入面粉混合物中，稍加翻动，使其表面

均匀黏附面粉混合物。按上述操作，逐一处理鸡肉块。用手轻压，让面粉混合物黏附成厚厚的一层。（图 4—图 7）

4. 将烤箱的烤架放到中层，预热至 176.7℃（350 ℉）。将酥油或花生油倒入直径为 30.5 厘米（12 英寸）的深型直壁铸铁炸锅或是大炒锅里，以中大火将其加热到 218.3℃（425 ℉），调整火力的大小以维持油温，切勿使油温超过这个温度。（图 8）
5. 将已裹好粉的鸡肉块逐块放到细目滤网中，抖掉多余的面粉混合物，再移到放在烤盘中的冷却架上。待所有鸡肉块都裹好粉后，将鸡肉块鸡皮朝下放入锅中。入锅后，锅内温度会降至 148.9℃（300 ℉），此时需调节火力，使锅内温度在整个油炸过程中都维持在 148.9℃（300 ℉）。将鸡肉块的第一面炸至金棕色，约需 6 分钟。至少炸 3 分钟后才可以移动鸡肉块或是开始检查熟度，否则可能会造成外皮脱落。小心地用夹子将鸡肉块翻面并继续将第二面炸至金棕色，约需 4 分钟。（图 9—图 13）
6. 将鸡肉块移到放在烤盘中的干净网架上，放入烤箱，烤至鸡胸最厚处的温度为 65.6℃（150 ℉）、鸡腿温度为 73.9℃（165 ℉），需 5~10 分钟。将鸡肉移到另一个架子上或是铺有厨房纸巾的盘子里，让温度下降。（图 14）用适量犹太盐调味后端上桌。若要炸鸡更酥脆，请参照步骤 7。
7. 将炸好的整盘鸡肉块放进冰箱冷藏至少 1 个小时，至多过夜。准备上菜时，将油加热到 204.4℃（400 ℉）。放入鸡肉块油炸，中间翻面一次，炸至彻底酥脆，约需 5 分钟。将炸好的鸡肉块移到放在烤盘上的冷却架上，沥油后立即上桌。（图 15、图 16）

1
2
Ziploc
SLIDER BAGS
3
4
1 Tbsp
15 mL
5
6
7
425.2
8

9
10
11
12
13
14
15
16

特脆炸牛排佐黄油肉酱

EXTRA-CRUNCHY CHICKEN-FRIED STEAK WITH CREAM GRAVY

一旦掌握了制作酥脆炸鸡的技巧，只需稍微调整，就可以制作出得州风味的炸牛排，即用炸鸡的方式来料理牛排，并佐以奶油般的充满胡椒香气的白色肉酱。顶级炸牛排的关键在于使用正确的牛排。我们在第 3 章（见 p.318）已经详细说明了来自各种部位的牛排。现在我们只需要一块有着浓郁牛肉香气的便宜的牛排。为了使牛肉软嫩，我们会在下锅前将牛排锤扁并在白脱牛奶里浸泡一番。因此，只需根据牛肉的味道来选择肉块即可。同时，锤肉和腌肉都会使牛肉更多汁，无论炸好的牛排是五分熟还是全熟，都会充满肉汁。

我偏爱使用腹肉心（也称沙朗尖肉），但若找不到，也可以用外侧后腿肉或是上后腰脊肉。鸡肉本身软嫩，若要牛排也软嫩，则需要一点儿协助——用一把锐利的刀沿垂直于牛肉纹理的方向划几刀，以截断较长的肌肉纤维，使成品较软嫩。搭配牛排的奶油肉汁酱几乎与奶油香肠肉汁（见 p.154）一样，只是少了香肠。若你想要放纵一番，就加上香肠吧。

炸牛排的腌制、裹粉方式与炸鸡一样，请参考炸鸡的操作图片，以进一步了解该过程。

4 人份

牛排

红辣椒粉 2 大勺

现磨黑胡椒碎 2 大勺

大蒜粉 2 小勺

干牛至 2 小勺

卡宴辣椒粉 1/2 小勺

腹肉心（也称作沙朗尖肉，见前文说明）454 克（1 磅），切成 4 块，每块牛排 113 克（4 盎司）

白脱牛奶 1 杯

大型鸡蛋 1 个

犹太盐适量

中筋面粉$1\frac{1}{2}$杯

玉米淀粉 1/2 杯

泡打粉 1 小勺

植物酥油或花生油 4 杯

奶油肉汁酱

无盐黄油 2 大勺

小型洋葱 1 个，切丁

大蒜 2 瓣，磨泥或刨丝（约 2 小勺）

中筋面粉 2 大勺

全脂牛奶 1 杯

鲜奶油 3/4 杯

犹太盐和现磨黑胡椒碎各适量

1. 在小碗里放入红辣椒粉、黑胡椒碎、大蒜粉、干牛至和卡宴辣椒粉，用叉子拌匀成混合香料。
2. 将牛排一一放在砧板上，在每块牛排上每隔 2.5 厘米（1 英寸）划一道口子，深度约为 0.6 厘米（1/4 英寸）。将牛排翻面后，重复上述动作。在牛排的上方和下方各覆盖一层保鲜膜，并用肉锤或是平底锅的锅底锤打，直到牛排的厚度约为 0.6 厘米（1/4 英寸）。
3. 在大碗里将白脱牛奶、鸡蛋、1 大勺犹太盐和 2 大勺混合香料混合拌匀，放入牛排并翻动，使其黏附腌料。将碗里的食材放入一个容量为 3.8 升（1 加仑）的冷冻密封袋中冷藏至少 4 小时，至多过夜。偶尔翻动袋子，让里面的腌料均匀地黏附到牛排上。
4. 炸牛排前，先制作奶油肉汁酱：将无盐黄油倒入直径为 25.4 厘米（10 英寸）的厚底不粘锅中，大火加热至黄油冒泡，放入洋葱丁炒至变软，约需 4 分钟（若黄油开始烧焦，请把火力调小）。放入蒜泥或蒜丝，不断拌炒至蒜香味散出，约需 30 秒。放入中筋面粉，边搅拌边加热至中筋面粉被完全吸收，约需 1 分钟。将全脂牛奶以细流的方式倒入锅中，并不断搅拌。加入鲜奶油，边搅拌边加热至微滚。以小火继续加热并不停搅拌，直到酱汁变浓稠，约需 3 分钟。以盐和黑胡椒碎调味，保温备用。
5. 在大碗里将中筋面粉、玉米淀粉、泡打粉、2 小勺犹太盐和剩下的混合香料混合。从密封袋里中取出 3 大勺腌料加入大碗里的面粉混合物中，用指尖搅动加以混合。将牛排从密封袋中取出，让多余的白脱牛奶滴落后，将牛排放入面粉混合物中翻拌，使其表面均匀地黏附面粉混合物。用手往下按压，让面粉混合物黏附成厚厚的一层。在碗的上方抖动牛排，以去除多余的面粉混合物，再将其放到大盘里。
6. 将烤箱的烤架放到中层并预热烤箱至 79.4℃（175 ℉）。将植物酥油或花生油倒入炒锅或是直径为 30.5 厘米

（12 英寸）的铸铁锅中，以中大火将油加热至 218.3℃（425 ℉），约需 6 分钟。视情况调节火力以维持温度，切勿让油温过高。

7. 轻轻地向锅中放入两块牛排。调整火力使油温在整个油炸过程中保持在 162.8℃（325 ℉）。让牛排在炸锅里静置油炸两分钟，再用细目滤网轻轻地搅动牛排，切勿碰掉牛排上的面粉混合物。继续炸牛排至其底部呈深金棕色，约需 4 分钟。轻轻地将牛排翻面，继续炸至另一面也呈金棕色，约需 3 分钟。
8. 将牛排放到铺有厨房纸巾的盘子上，静置 30 秒沥油，翻面后移到烤盘上的冷却架上，再放入烤箱中保温。剩余的两块牛排如法炮制。上桌时，记得佐以奶油肉汁酱。

| 专栏 | 锤肉

在将肉锤成薄而均匀的肉片的过程中，能保持室内干净整洁的最简易的方法是将肉夹在两层保鲜膜中间或将其放于用刀割开边缘的强韧的密封保鲜袋中。这能确保牛排不粘在砧板或锤肉的工具上。这不仅能使锤肉的过程变轻松，还能使牛肉均匀地变薄。若空间充足，你会发现肉锤非常地好用，不过直径为 20.3 厘米（8 英寸）的厚底锅也足以圆满地完成这个任务。

特脆炸鸡堡

EXTRA-CRUNCHY FRIED CHICKEN SANDWICHES

于乔治亚州亚特兰大起家的连锁快餐店“福乐鸡”，有着一群犹如信徒般的追随者。经典的福乐鸡汉堡体现出一种简单的美：一块咸香多汁、带着脆皮的炸鸡胸肉，一片涂了黄油的、被烤过的软的甜面包，两片用莳萝腌的黄瓜片。

各种元素臻于完美是福乐鸡汉堡如此美味的关键：香脆的金棕色外皮，咸、甜、香、辣完美平衡的香料。另外，其脆皮覆盖鸡胸肉的方式也是一绝。这块鸡胸肉颠覆了我们对鸡肉的认知，它不是又干又柴、平淡无味的鸡胸肉，而是无比湿润的鸡胸肉。它肉味浓郁，调味充足，风味十足。这些元素加在一起，成就了这个几乎没有任何改善空间的汉堡。当然，几乎没有改善的空间意味着还是有一点点改善的空间的，让我们来试试看。

要怎么改善？当然，我们可以用现成的炸鸡食谱。幸运的是，把现有炸鸡食谱调整成适合汉堡大小的版本相当容易。我们只要横切半块鸡胸肉，便能得到两个85~113克（3~4盎司）重的鸡肉块。这样大小的鸡肉块刚好适用于汉堡，再搭配涂了黄油的烤过的软面包和腌黄瓜即可。

这里使用的面包是典型的汉堡面包，微甜且柔软，有着如神奇面包（Wonder Bread）[10]般的蓬松质地。这种面包的直径约为11.4厘米（$4\frac{1}{2}$英寸），正好可以把它放在阿诺德汉堡卷（Arnold Hamburger Rolls，在落基山脉以西的地方售卖时被称为“奥罗韦”）中。将面包放入平底锅中烤制，再加入些许化开的黄油，便能做出与福乐鸡的面包相近的完美味道。

至于腌黄瓜，我试了几种不同品牌的莳萝腌黄瓜片。亨氏（Heinz）品牌的味道不错，但是黄瓜片太小。虽然我们可以多放几片黄瓜片，但我认为一份福乐鸡汉堡配两片黄瓜的规则很明智。因此，我转而选择了瓦拉西牌的椭圆形汉堡莳萝腌黄瓜（Vlasic Ovals Hamburger Dill Chips），因为它们不仅表面积较大，而且同样具有又咸又酸的味道和蒜香味。

---

⑩ 神奇面包，Wonder Bread，美国老牌面包品牌，以出品甜而柔软的白面包而著名。——校注

6 人份

红辣椒粉 2 大勺
现磨黑胡椒碎 2 大勺
大蒜粉 2 小勺
干牛至 2 小勺
卡宴辣椒粉 1/2 小勺
白脱牛奶 1 杯
大型鸡蛋 1 个
犹太盐适量
去骨去皮的鸡胸肉 3 大块，每块 170~227 克（6~8 盎司），水平剖半切出 6 块鸡肉（图 1，操作见 p.358“如何预处理鸡排”）
植物酥油或花生油 6 杯
中筋面粉 $1\frac{1}{2}$ 杯
玉米淀粉 1/2 杯
泡打粉 1 小勺
汉堡软包 6 个，抹上黄油后烘烤过
莳萝腌黄瓜 12 片

1. 在小碗里混合红辣椒粉、黑胡椒碎、大蒜粉、干牛至和卡宴辣椒粉，用叉子将其拌匀成混合香料。
2. 向中碗中加入白脱牛奶、鸡蛋、1 大勺犹太盐和 2 大勺混合香料，搅拌至均匀。放入鸡肉块翻拌，使其黏附腌料。将碗里的食材放入一个容量为 3.8 升（1 加仑）的冷冻密封袋中，冷藏至少 4 小时，至多过夜。时而翻动袋子，使里面的腌料在鸡块表面黏附得更加均匀。
3. 向大炒锅、深型炸锅或是荷兰锅中加入酥油或花生油，加热至 190.6℃（375 ℉）。
4. 在加热油的同时，在大碗中将中筋面粉、玉米淀粉、泡打粉、2 小勺犹太盐和剩余的混合香料混合。从密封袋中取出 3 大勺腌料，加入大碗中，用指尖加以混合。
5. 从密封袋中取出一块鸡肉，让鸡肉块上多余的白脱牛奶滴落后，将其放入大碗中，翻动鸡肉块，使其黏附面粉混合物。继续将鸡肉块一一放入面粉混合物中，直到全部完成。翻拌鸡肉块，使每块都黏附面粉混合物，并用手将面粉混合物轻压成厚厚的一层（图 2）。取出其中一块放到细目滤网上，摇晃以去除多余的面粉混合物。用手或是夹子慢慢地将鸡肉块放入油锅里。重复上述操作至所有的鸡肉块都下锅。不时地翻动鸡肉块，炸至鸡肉块熟透、双面均呈金棕色且酥脆，约需 4 分钟（图 3）。然后，将鸡肉块移至铺有厨房纸巾的盘子上。
6. 依次在下层面包片上摆放两片腌黄瓜（图 4）、1 块炸鸡块，再将上层面包片覆盖其上。用一个倒扣的碗或铝箔纸覆盖住汉堡，静置使热气穿透面包，约需两分钟，即可上桌。

1

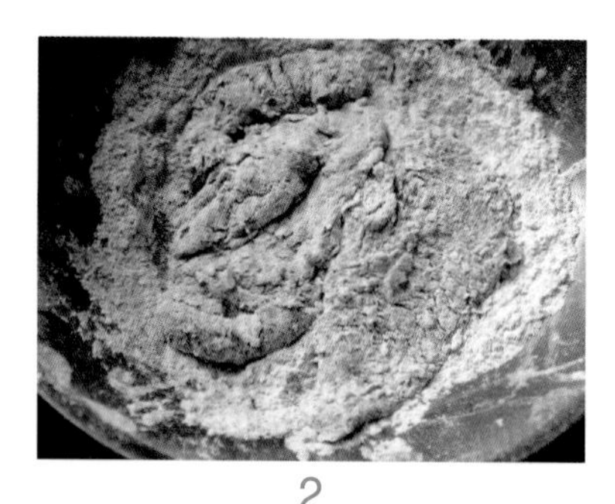
2

3

4

裹粉、面糊类型 2:

蘸裹面包糠

帕玛森奶酪烤鸡排

CHICKEN PARMESAN

裹面包糠的炸鸡本身就够美味了，如果再加上一些意式红酱和一层黏稠的化开的奶酪，又会是什么味道呢？味道就像特脆的肉比萨啊！这种味道只有美国才有啊！

最棒的是这道菜很简单，唯一稍微麻烦的步骤是裹粉。裹粉通常有三层——面粉、鸡蛋和面包糠，作用如下：

- **面包糠**。用在最外层，具有两种功能：一是面包糠形成的凹凸面能增加鸡肉的表面积（见p.871“分形、日式面包糠及其他面包糠”）；二是面包糠也能起到隔热的作用，能防止鸡肉过熟或干掉。当然，面包糠需要黏着剂，也就是鸡蛋。
- **鸡蛋**。鸡蛋形成了黏合层，是最佳选择。蛋液本身是黏稠的液体，经油炸后会成为固体黏胶，能确保面包糠不散落。不过，鸡蛋要黏附在食物上还需要面粉。
- **面粉**。与上色之前要先用底漆一样，面粉先包裹食材并开始吸收水分，形成一层黏稠且质地粗细不一的黏胶。鸡蛋就是依赖这一层黏胶才能发挥功效。

想要练习裹粉，最简单的方式之一就是制作“帕玛森奶酪烤鸡排”。对我来说，裹粉最恼人的一点是会粘手指。为避免这种情况发生，你只要记住：如果选择用一只手处理干料，那么就用另一只手处理湿料。像这样：

1

2

3

4

1. 用右手（左撇子请用左手）抓取主要食材并放入面粉盆中，捧起一些面粉倒在食材上，翻动食材至彻底裹好面粉。
2. 继续用右手抓取裹好面粉的食材，抖落多余的面粉，再放入鸡蛋盆中。现在，用左手移动食材至裹好蛋液。（图1、图2）
3. 依然用左手抓取沾满蛋液的食材，待多余蛋液滴落后，将食材放入装有面包糠的碗中。接下来的事情就难了。若你用右手抓取食材翻面，右手便会沾上蛋液。若你用左手抓取食材翻面，左手就会沾上面包糠。你应该这样做：用右手抓取一些食材周边的面包糠撒在食材上，小心地铺匀面包糠直到手可以抓起食材却不会沾到蛋液。将食材翻面后，重复此动作。用手轻压面包糠，使其彻底黏附好。建议在碗里盛装大量的面包糠，方便使用。（图3、图4）
4. 用右手抓取食材，放到盘子或架子上，等待油炸。

我发现，在烹饪时，用宽口平底锅浅炸会比在深锅中油炸更干净、更便于清洁。我用了自己调味的日式面包糠，这比做一般面包糠简单得多，且效果比超市里粗如沙粒的“意式”面包糠（见p.871“分形、日式面包糠及其他面包糠”）要好得多。

接下来，是酱汁和奶酪。我选择在这道菜里使用我的基本意式红酱，其浓郁的风味与酥脆的鸡肉相得益彰。至于奶酪，传统的方法是在烤前铺上新鲜的莫札瑞拉奶酪。尽管这道菜以帕玛森奶酪命名，但帕玛森奶酪并不一定在此出现。不过这不成问题。我喜欢在三个阶段中用到高品质的帕玛森奶酪。首先，加一些在面包糠里。奶酪油炸时会散发出微甜的坚果风味，比只用面包糠美味得多。接着，烤前拌入一点儿帕玛森奶酪到莫札瑞拉奶酪里。最后，从烤箱中取出鸡肉后，在鸡肉上撒一些帕玛森奶酪。鸡肉的余热会让奶酪稍微软化，但入口时仍能享受到浓郁、咸香的风味。

虽然许多餐厅会用一层厚厚的莫札瑞拉奶酪覆盖住整块鸡肉，但这样会让外皮变得过软。反之，把鸡块铺在焗烤盘上，把酱汁淋在鸡块的中间，再铺上一层奶酪，就能保住鸡块两端的那好不容易制作出的脆皮。

我敢说，这道帕玛森奶酪烤鸡排绝对不输美国国内任何小意大利区的出品。

| 专栏 | 分形、日式面包糠及其他面包糠

你听过曼德博分形（Mandelbrot fractals）吗？这些电脑生成的影像有小也有大。分形是自然界经常出现的现象，比如云的轮廓、蕨类植物的叶子，分形效应的一个著名的例子就是海岸线。当你在较大的尺度上观察海岸线并加以测量时，会量出特定的边缘长度。随着观察尺度越来越小，你会发现海岸线上有小小的凹凸的曲线，这是从较大尺度上看不出来的。再次测量后，你会发现这些凹凸的曲线会增加海岸线的总长。这个现象就是所谓的“瑞查森效应”（Richardson Effect），你越精确地量测海岸线，量出来的数值就越大。其表面越是凹凸不平，此效应就越显著。

这样的道理也适用于裹粉的食物。原则上，虽然裹了粉的鸡排和没有裹粉的鸡排有相同的质量，但裹了粉的鸡排有着不规则的边缘，所以表面积会比没有裹粉的鸡排大得多。

日式面包糠会加强这个效应。相比于颗粒状或粗糙的面包糠，日式面包糠是更为粗糙的宽片状，铺在食材上会更加突出，让食物的表面积是使用一般面包糠的食物的两倍以上。这才能增加脆度嘛！

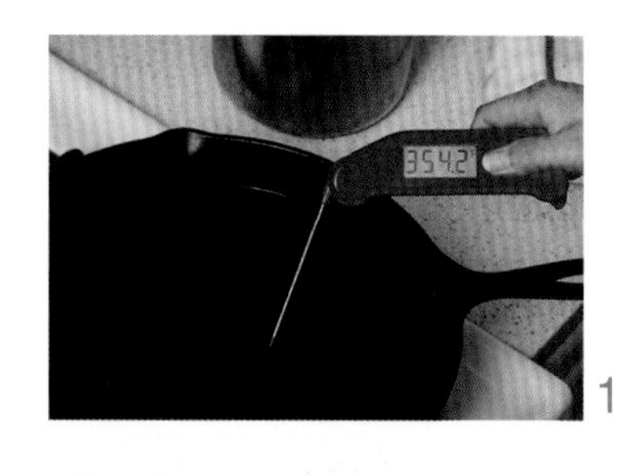
1

2

3

4

5

6

7

8

9

4 人份

去皮去骨鸡胸肉 2 大片，每片约 227 克（8 盎司），水平剖半，共 4 片（见 p.358）

犹太盐和现磨黑胡椒碎各适量

日式面包糠$1\frac{1}{2}$杯

干牛至 2 小勺

帕玛森奶酪 57 克（2 盎司），刨成细丝（约 1 杯）

中筋面粉 1/2 杯

大型鸡蛋 2 个，打散

植物油 1 杯

超完美简易意式红酱 1 份（p.685）

莫札瑞拉奶酪 227 克（8 盎司），刨丝

切碎的新鲜罗勒 2 大勺

切碎的新鲜荷兰芹 2 大勺

1. 将烤架放到烤箱中层，将烤箱预热至 190.6℃（375 ℉）。逐一将肉块放在两层保鲜膜之间，并用肉锤或重的平底锅锅底将肉块轻敲至 0.3~0.6 厘米（1/8~1/4 英寸）厚。以盐和黑胡椒碎调味，静置待用。
2. 在一个浅碗或是派盘里将面包糠、干牛至和 1/4 杯帕玛森奶酪丝混合。将鸡蛋液和面粉放入另一个浅碗或派盘里。用右手抓取一片鸡肉，放入面粉中。用左手拿着鸡肉片均匀地沾满面粉后，再用右手拿起鸡肉片，甩掉多余的面粉并放入蛋液里。用左手翻动鸡肉片直到其均匀黏附蛋液，再用左手把它放到面包糠里。用右手抓取一些面包糠，压在鸡肉片上，再用右手移动和翻转鸡肉片，轻压使面包糠均匀黏附在鸡肉片上。将鸡肉片移到架在烤盘上的架子上。继续完成其余的鸡肉片。
3. 在直径为 30.5 厘米（12 英寸）的不粘锅或铸铁锅中以大火加热植物油，至用快显温度计测得油温为

176.7℃（350 ℉）（下锅时，接触到油的鸡肉部分会嗞嗞作响）。小心地放入鸡肉片（可能需要分两批），并将其炸到一面呈现金棕色，约需 3 分钟。炸制期间请视需要轻轻地摇动锅，调整火力以维持油温。小心地用夹子将鸡肉片翻面并炸至第二面也呈现金棕色，约需两分钟，将鸡肉片放到铺有厨房纸巾的盘子上吸掉多余的油。（图 1—图 4）

4. 将一半酱料铺在可放入烤箱的大菜盘或烤盘上。放上鸡排，视需要可稍微叠放。沿着鸡排中线横向均匀地铺上剩余的酱料，留鸡排的两端暴露在酱料外。均匀地在红酱上撒上莫札瑞拉奶酪和剩余帕玛森奶酪丝中的一半。（图 5—图 7）入烤箱烤至奶酪化开且即将变为棕色为止，约需 15 分钟，从烤箱中取出，静置 5 分钟。
5. 将剩下的帕玛森奶酪丝、罗勒碎、荷兰芹碎撒到鸡排上即可。（图 8、图 9）

帕玛森烤茄子

EGGPLANT PARMESAN CASSEROLE

若要 14 岁的我列举世上最让人讨厌的事物，答案就是“我的姐妹[11]、希瑞公主（she-Ra）[12]，以及茄子”。但是，那时的我宁愿和我的姐妹一起看一整天的希瑞公主，也不愿被逼着吃一口黏黏苦苦的茄子。但后来，我发现可怕的不是茄子本身，而是我妈妈真的不知道该怎么料理它（对不起啊，妈）。当然，她不是唯一一个不知道的。

的确，帕玛森烤茄子这道料理里的多半食材都很难搞砸。我说的不是传统的西西里风烤茄子：没有裹粉的切片茄子，先用橄榄油炸，再与番茄、莫札瑞拉奶酪铺叠。我在这里说的是完全美式风格的烤茄子：厚厚的切片茄子裹粉后油炸，再铺在满是莫札瑞拉和帕玛森奶酪的熟番茄酱上。这道料理最美味的地方在于，酥脆的脆皮浸透了甜美的番茄红酱，并夹在肥嫩的茄子片和黏稠的奶酪之间。

---

⑪ 我不会说哪一个，你自己知道就行，阿雅（Aya）。

⑫ 希瑞公主是美国 1985 年推出的动画片《非凡的公主希瑞》中的主角。——编者注

满是浓稠的奶酪，同时具有意式风格和美式风格的帕玛森烤茄子。

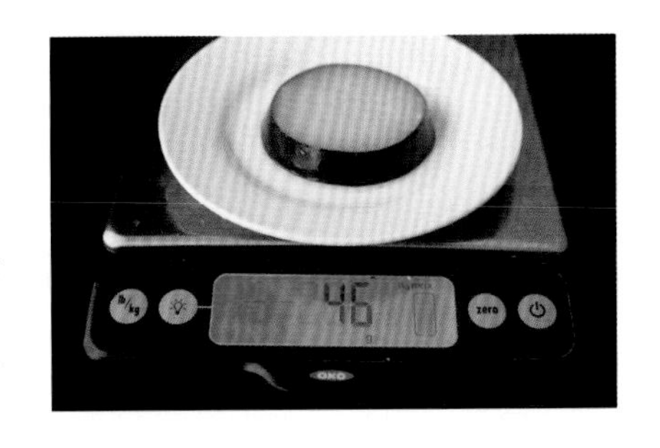

番茄红酱？没问题（见 p.683“母酱 2：经典番茄红酱”）。黏稠的莫札瑞拉奶酪呢？也能搞定。裹粉及油炸？有点麻烦，但没那么吓人。烹调茄子？这的确没那么容易。就算你成功去除了切片茄子的苦味（这可不简单），这些轻盈如海绵般的茄子依然会立即吸进所有的油。茄子烹饪过头会变得软烂，但烹饪不熟则会有又硬又涩的口感。

油炸生茄子会怎样？为了找出答案，我称了一片 24 克重的茄子，把它放入一碗油里，20 分钟后再称一次。如你所见，它吸收了自重 92% 的油！若你曾经炒过生茄子你就会知道，茄子会立即吸收锅里的油，并粘在锅底，很容易烧焦。茄子片上的细胞以松散的网络状相连，细胞之间则是大量空气，就像海绵一样。在处理茄子片之前，最重要的是找到移除茄子片中空气的方法。

为了找出最佳方法，我试了五种不同的方法。

- **抹盐，静置并挤压茄子片**，可以借助渗透作用去除一些水分。就像装了水的气球漏了，随着水分流出，茄子的结构稳定性会变差，让你可以挤掉多余的空气。这个方法不错，但需要适当的压力，而且盐很容易加得过多或不足。尽管这样，茄子的中心部分有时仍会残留一些空气，导致做出的茄子不熟而且带有涩味。这个方法适用于需要将茄子焦糖化并使用浓郁的番茄红酱的食谱，比如需要缓慢且彻底烹调茄子的西西里诺玛茄香面（见 p.691“茄香意大利面佐香浓番茄红酱”）。但这对这道食谱来说，变数太多了。
- **蒸茄子片**，可以使其快速软化到能够轻松挤压出空气，但这也会让茄子变得湿软。此方法比较适合用于要被炖煮或是压成泥的茄子。
- **不加盖烤茄子片**，这个方法有些难度。直接烤的话，茄子会变得坚韧难嚼。若在烤之前抹油，老问题又会出现：油马上被吸掉，茄子片变得又油腻又坚韧难嚼。

- **烤箱烘烤**，茄子片用两个烤盘夹着并以厨房纸巾覆盖。这是目前用烤箱烘烤茄子最成功的方法。在烤盘上先铺一层厨房纸巾（或干净的厨房毛巾），铺上茄子片后，再盖上一层厨房纸巾，最后压上一个烤盘确保能均匀烘烤。厨房纸巾会吸收多余的水分，同时也让茄子能保持足够的湿度以免变得坚韧。
- **微波炉加热**，这是我较偏爱的方式，不但速度快，效果也较有保障。（见 p.878“微波炉工作原理”。）直接将切片或切丁的茄子放在适用于微波炉的盘子上（盘子上预先铺几张厨房纸巾），在茄子上再铺几张厨房纸巾并压上一个较重的盘子，用高火加热 5~10 分钟，直到茄子中多余的水分都成为水蒸气且茄子彻底被压扁。你可以同时微波加热很多茄子，只要堆叠多个盘子并在盘子中间铺上厨房纸巾隔开即可。

当然，你可以选择将茄子夹在烤盘间用烤箱烘烤来完成准备工作，但我还是用微波炉吧。10

分钟内就能将我需要的茄子完全预备好，只要把多余的水分挤出来，茄子就可以裹粉油炸了。

和帕玛森奶酪烤鸡排一样，这道料理调味的最佳选择就是日式面包糠。当一切都准备好时，茄子片的横截面看起来应该是金黄酥脆的，又有着饱满、肉味浓郁且彻底熟透的中心。

什么？做了这么多事后还要煮酱汁、刨奶酪，组合好后再烤这份茄子吗？没错，年轻人，不付出努力怎么有收获啊！

酱汁与奶酪的搭配和帕玛森奶酪烤鸡排（见 p.869）的一样，唯一的区别在于堆叠方式。美式帕玛森烤茄子通常用类似千层面的焗烤方式完成，只是面皮用茄子取代，这方面我倒是没理由改变传统。

趣味小知识：尽管这道料理被称为帕玛森烤茄子（eggplant Parmigiana），但它其实和位于艾米利亚－罗马涅（Emilia -Romagna）地区，生产帕玛森奶酪和帕尔玛火腿的城市帕尔玛（Parma）毫无关系。你问的人不同就可能得到不同的答案，也有人说这道料理的名字是因为用了帕玛森奶酪，又或是来自西西里语的“Parmiciana”一词。Parmiciana 指的是百叶窗或者茄子片如木板般相互重叠的样子。关于这个名字的来源问题就留给意大利人自己去争辩吧！

1

2

3

4 人份

大茄子 1 根，约 454 克（1 磅），纵切成 1.3 厘米（1/2 英寸）厚的薄片
犹太盐和现磨黑胡椒碎各适量
日式面包糠 $1\frac{1}{2}$ 杯
干牛至 2 小勺
帕玛森奶酪 113 克（4 盎司），擦碎，约 2 杯
中筋面粉 1/2 杯
大型鸡蛋 2 个，打散
植物油 1 杯
超完美简易意式红酱（p.685）2 份（温热）
莫札瑞拉奶酪 454 克（1 磅），擦碎
切碎的新鲜罗勒 2 大勺
切碎的新鲜荷兰芹 2 大勺

1. 茄子片的两面都用盐和黑胡椒碎稍加调味。在适用于微波炉的盘子上铺上干净的厨房毛巾或两层厨房纸巾，再铺一层茄子片，茄子片上方再铺两层厨房纸巾或一条厨房毛巾并压上第二个盘子。用微波炉以高火加热到茄子片可以被轻易挤捏，约需 3 分钟（小心盘子烫手）。
2. 逐一将茄子片用厨房纸巾紧压，挤压出空气后放到大托盘上待用。重复以上步骤直到处理完所有茄子。
3. 在浅碗或派盘中放入面包糠、干牛至及 1/4 杯帕玛森奶酪，在另两个浅碗或派盘中分别放面粉和蛋液。用右手拿一片茄子片放入面粉中，再用左手使其均匀黏附面粉，接着用右手将其拿起，抖掉多余面粉后放入蛋液中。用左手将茄子片翻面直到其均匀黏附蛋液，再将其移到面包糠里。用右手抓一些面包糠压到茄子片上，再用右手将茄子片翻动数次，并往面包糠里轻压，直到茄子片均匀黏附面包糠。将茄子片移到架在烤盘上的架子上，重复以上操作准备好剩下的茄子。（图 1）

4. 将烤架放到烤箱中间位置并将烤箱预热至 190.6 ℃（375 ℉），在烤盘上铺两层厨房纸巾。在 30.5 厘米（12 英寸）不粘锅或铸铁锅中将油加热到快显温度计显示 190.6 ℃（375 ℉），小心地将 3~4 片茄子片放入油锅中，铺成一层。偶尔晃动锅，将茄子炸至一面酥脆且呈金棕色，约需 2.5 分钟。用夹子小心地将茄子翻面，继续炸，不时晃动锅直到茄子第二面也变得酥脆，约需 1.5 分钟。将茄子移到烤盘上的厨房纸巾上，立即撒盐调味，重复以上步骤直到完成所有茄子。（图 2、图 3）
5. 在一个 22.9 厘米 ×33 厘米（9 英寸 ×13 英寸）的玻璃烤盘上均匀铺上 1/4 份红酱，再将 1/3 的茄子片铺成一层（可稍微交叠），稍微按压使食材均匀分布，再铺 1/4 份红酱并抹匀。在酱汁上均匀撒 1/3 份莫札瑞拉奶酪碎及 1/3 份剩下的帕玛森奶酪碎。重复以上操作，再分别铺两层茄子，然后铺上剩余红酱和奶酪碎，最后保留 1/4 杯帕玛森奶酪碎。
6. 茄子用铝箔纸覆盖并烤 20 分钟。取下铝箔纸，再将茄子放入烤箱，烤到表面冒泡且呈现淡金棕色，约需 20 分钟。撒上剩下的帕玛森奶酪碎，静置 15 分钟。
7. 撒上罗勒碎和荷兰芹碎，即可上桌。

| 专栏 | 微波炉工作原理

微波炉的工作原理是以微波频谱中的电磁辐射震荡食物。这听起来或许有点吓人，但并不是所有电磁辐射都是不好的。举例来说，热和可见光都含有电磁辐射，其频率位于我们的感觉神经或是双眼能观测的范围内。

带电荷的分子，如水分子，倾向于与微波创造的电场保持一致，当微波[13]的长波穿过时，这些分子为了保持一致便会迅速前后移动，它们彼此摩擦产生的能量可加热食物。微波可以穿透固体物质深达数厘米，食物密度越大，微波的穿透力也越差。密度大、相对干燥的物体，例如你妹妹的小马宝莉娃娃，在微波炉中便要花很长时间才会变热（并不是说我有过亲身经验）。反之，湿润多孔的茄子片便很适合用微波炉加热，能热得又快又均匀。

由于微波炉只让极少量的能量外逸（不同于会让整个房间都暖起来的煤气炉），因而能极有效率地将水加热。不过有件事要注意，“过热”（superheating）这个现象和它的名字一样酷。若用一个光滑、不放入别的任何东西的容器加热水，由于缺少成核点（nucleation points）（见 p.87“盐与成核”），水可能会在没沸腾的情况下就被加热到超过沸点。一旦出现一些震荡，例如转盘稍微摇晃，气泡就会爆开，使热水溅得微波炉内部到处都是。这种“过热”现象不会在炉灶上发生，因为从底部加热锅会制造许多对流（在液体或气体的冷热区之间发生的活动）。不过，你可以通过在一杯水里放入一把木勺作为成核点来防止“过热”现象。

这就像我那甜美可人的太太，总是默默地压抑小小的烦恼，直到某件极小的事情忽然让她大发雷霆一样。很遗憾的是，一把木勺对她不管用。

---

⑬ 微波的波长在 0.1 毫米到 1000 毫米。

裹粉、面糊类型 3:
啤酒面糊

啤酒面糊炸鱼

是这样的，鱼肉极为脆弱，而油炸这一操作又相对粗暴。在一锅热油里放入一块鱼肉，就像把一个伊沃克（Ewok）[14]人和魔鬼终结者放在同一个笼子里对打：前者只能等死。

这种情况在鳕鱼和比目鱼这类动作缓慢、在海底深处生存的白肉鱼身上尤其明显。这种大型鱼类大半时间在海洋底部悠游，如一头巨

⑭ 伊沃克（Ewok），星球大战里住在恩多的森林卫星上的部落。伊沃克人娇小可爱，大眼睛，毛茸茸的。——译注

大的牛。因此，它们的肌肉缺乏锻炼。和陆生动物一样，肌肉用得越少，其质地就越柔软，这点也是这种鱼肉最为人称道之处，也是在烹饪时应尽量突显的特质。

和牛排、鸡肉一样，鱼肉若用过高的温度加热也会变干、变硬。烹饪鳕鱼这类的鱼应将温度维持在 65.6~71.1℃（150~160 ℉），此热度足以破坏一层层肌肉间犹如薄膜的结缔组织，却不会让肉质变硬。

也正因为如此，鱼肉应预先裹上面糊再放入油锅中炸。面糊可减少热油传递的能量，在油炸的时候，内部的肉将温和、缓慢地被烹熟，同时面糊中的蛋白质凝结后脱水，形成脆皮。虽然鱼肉完全浸泡在温度高达 176.7℃（350 ℉）的油中，但由于裹上了面糊，它仍会相当和缓且均匀地被加热。这便给了你——勇敢的厨师，很多自由发挥的空间。这让做出鲜美软嫩的鱼肉不只是可能，甚至还相当容易（针对那些担心炸出鱼腥味的人，别担心，情况没你想的那么糟，见 p.846 关于用油炸鱼是否会出现鱼腥味的问题解答）。

面糊里有什么？

面糊主要由两种材料组成：面粉和水。面粉中松散的蛋白质遇水后会慢慢彼此黏合，生成麸质——让面糊彼此粘连并与油炸的食材黏合在一起的物质。若用了太多面粉或是太用力搅拌面糊，便会产生过多麸质。麸质太多，会吸收过多水和油而让面糊变得沉重，最终脆皮会太有嚼劲或太油腻（请见 p.890“面糊里的麸质生成”）。同样地，食材的温度也有很大影响：与面粉混合的液体应保持冰凉才能尽量减少麸质生成。

这些食材的比例和混合的方法，以及另外添加了什么食材会决定最终成品的酥脆度和轻盈度。

以下是常用来添加或替代的食材：

- **用啤酒或苏打水**替代清水能增加碳酸化作用，有助于面糊膨胀。当二氧化碳的微小气泡被加热时，它们会膨胀，创造出更有延展性的质地。啤酒也能添加香气十足的化合物和碳水化合物，有助于面糊发生棕化反应。
- **鸡蛋**能提供大量的蛋白质，让你可以用少量面粉创造出扎实的结构，做出传统日式天妇罗特有的薄脆外皮。
- **泡打粉和小苏打**溶解并加热后能形成二氧化碳（使用小苏打时还需要添加其他的酸性物质），这能让面糊膨胀且变得更轻盈。
- **其他的谷物，比如米粉、玉米淀粉或玉米粉，**会产生不同的效果。米粉和玉米淀粉可以用来降低纯小麦粉的蛋白质含量，让面糊的结构变得不那么扎实（你仍然需要一点儿蛋白质，否则面糊将无法成形）。玉米粉的颗粒比小麦粉大，炸玉米球（hush puppy）或炸玉米热狗的酥脆外壳便是来自玉米粉。

调制面糊的第一要务，就是要保证合适的浓稠度。面糊若太稠，成品会像面包一样厚；太薄则无法提供足够的保护。对膨胀力和麸质含量进行平衡也很重要，膨胀力不足会造成外皮又粗又硬，膨胀过头则会让面糊过度松软而从食材上脱落。

我的面糊中不是只有面粉，而是用面粉加玉米淀粉，这样可以减少形成的麸质量（也就是造成面糊变得又硬又韧的蛋白质网）。搅拌过度也会造成麸质的量增加，因此搅拌时用筷子或是搅拌器搅拌到面糊稍微均匀即可，留有一些尚未拌匀的面粉颗粒也无妨。

使用啤酒的理由有很多。首先，啤酒里的糖会提升面糊发生棕化反应的能力。啤酒里面的气泡也很重要，它们会在美味的面糊中创造小小的空洞让面皮吃起来更脆；它们就像泡打粉一样，并且效果更显著。

其次，啤酒里还有一个因素有助于让面糊变得美味轻盈又酥脆，那就是酒精。

伏特加（即使是最便宜的也可以！）是让外皮更加酥脆的秘诀。

在雷诺克斯街（Lenox）和133街交界处，有一家雷诺克斯酒类专卖店（Lenox Liquors，现已歇业）。常去的人都知道，店里最便宜的伏特加是“乔治”（Georgi）。赫斯顿·布鲁门塔尔的粉丝都会知道，他的完美炸鱼薯条食谱[15]中的食材之一，就是伏特加。若你属于认识这种酒、同时也知道这件事的小团体成员，那我们是同道中人，随时都欢迎你来我家品尝炸鱼。当赫斯顿提出这个点子时，一开始想到的是伏特加的挥发性（也就是容易迅速蒸发的特质）会使伏特加在油炸时更快脱离面糊，让面糊更快脱水，也更快棕化、变得更酥。伏特加也很好地完成了任务。若在面糊中加入酒精，面糊脱水的速度会比只用清水的快。的确，增加酒精含量，比如，用一两杯酒精浓度40%的伏特加来代替啤酒，就会明显加快面糊脱水和棕化的过程，让外皮更轻、更脆。

酒精还有个更重要的作用——阻碍麸质生成。形成麸质需要的是水，而不是酒精。用酒精代替面糊里一部分的水能让你得到质地相当但麸质明显较少的面糊。这样的面糊也会使油炸后的外皮更酥脆。

我实验了几种不同的裹粉方法：先撒面粉再蘸面糊，或者直接蘸面糊等。结果发现最有效的方法，也是炸出脆度和轻盈度最均衡的方法，是先让鱼肉稍微蘸一些面粉，再裹面糊，接着再蘸一次面粉后才下锅油炸。

我承认，这个方法不是最简洁的，你一定会弄得满手面糊，而且一旦鱼肉裹了面糊后再蘸第二层面粉，这时候一定要动作迅速以免

---

⑮ 顺便一提，您应该去找找这份卓越的食谱。这份食谱在他的著作《追寻完美》（*In Search of Perfection*，此书集结了BBC同名系列节目内容）中或是在网上都能轻易找到。

面糊开始滴落。我发现最好的方法是将蘸好面糊的鱼肉直接放入面粉里，在上面撒更多的面粉后再将鱼肉捧起来，在两只手之间来回翻动让多余的面粉掉落。完成后，直接放入满是热油的炒锅（或是荷兰锅）中油炸。

最后，请务必确保你使用的是冰镇的啤酒，理由如下：

1. 低温的液体更能维持碳酸化作用。
2. 低温的液体能抑制麸质生成。
3. 食谱只需要 1 杯啤酒的量，剩下的你可以直接喝掉。

| 专栏 | 油会沸腾吗?

我们都听过“在油锅里沸腾”这个说法，也绝对见过在食材入油锅时，热油剧烈地冒泡的现象。但是油真的会沸腾吗？理论上来说，会的；但实际上，并不是这样。沸腾是指在一定温度下，液体内部和表面同时发生剧烈汽化的现象。因为分子堆叠的紧密程度不同，各种液体的沸点也不同。水的沸点是 100℃（212 ℉），挥发性极高的液态氮的沸点则是 −195.6℃（−320 ℉）！油的沸点要高得多。实际上，在温度远未达到油的沸点时，油就会开始冒烟并最终燃烧。不同油的烟点（油表面开始冒几缕烟的温度，请见 p.849“常见油的烟点”）及燃点（油开始燃烧的温度）不尽相同，但通常落在 190.6~287.8℃（375~550 ℉）之间，远低于油真正的沸点。

所以，当你看见一锅“沸腾的油”时，沸腾的其实不是油，而是油炸食材中的水在沸腾，并在油里冒泡，这便给你一种油在沸腾的错觉。一旦取出食材（即水的来源），“沸腾”现象便会停止。[16]

---

⑯ 所以下次有人威胁要把你扔进沸腾的油锅时，请用最傲慢的语调告诉他们，“事实上，沸腾的是我体内的水分，而不是油”，然后马上跑掉。

啤酒面糊炸鳕鱼

BEER-BATTERED FRIED COD

和细脆炸薯条一起上桌（见 p. 901）。

笔记：

这道食谱适用于任何片状的白肉鱼，比如黑线鳕、狭鳕，甚至是比目鱼或银花鲈鱼。

4 人份

中筋面粉$1\frac{1}{2}$杯

玉米淀粉 1/2 杯

泡打粉 1 小勺

小苏打 1/4 小勺

犹太盐适量

红辣椒粉 1/4 小勺

冰的淡味啤酒（例如蓝带或百威）3/4 杯

酒精浓度 40% 的伏特加 1/4 杯

花生油 4 杯

特酸塔塔酱 1 份（食谱见 p.885）

鳕鱼排 454 克（1 磅），切成 4 块，每块约 113 克（4 盎司）

1. 在大炒锅或是铸铁锅中，以中大火将油加热到 176.7℃（350 ℉）。在大碗里混合 1 杯面粉、玉米淀粉、泡打粉、小苏打、2 小勺盐，以及红辣椒粉。在一个小碗里混合啤酒及伏特加。（图 1）
2. 慢慢地将混合酒加到步骤 1 的干粉混合物中，持续搅拌至面糊呈现浓稠的油漆质地（酒不一定要用完），且面糊从搅拌器上滴落到碗里时，会留下痕迹。勿过度搅拌，留一些没搅散的粉块也没关系。（图 2—图 4）
3. 将剩下的 1/2 杯面粉放入另一个大碗中，然后将鱼排放入均匀裹上面粉，再移到烤盘上的架子上。（图 5）
4. 将蘸满面粉的鱼排放入面糊中，翻动裹匀面糊。抓起鱼排的一角，让多余的面糊流回碗里，迅速再在面粉碗里蘸一下，再翻面使另一面也蘸上面粉。（图 6—图 9）小心地将裹完面粉的鱼排放入热油中，务必放慢动作以免油花溅起。重复动作直到 4 块鱼排都下锅。边轻轻摇晃锅边用笊篱拨动油，中途将鱼排翻面，炸到整块鱼排变得酥脆且呈金棕色，约需 8 分钟。（图 10、图 11）
5. 将鱼排放到铺有厨房纸巾的盘子上（图 12），立即用盐调味，摆上塔塔酱一同上桌。

特酸塔塔酱

EXTRA-TANGY TARTAR SAUCE

笔记：

酸黄瓜是个小、味酸的法式腌菜，在超市货架上通常摆在橄榄旁，或芥末及腌渍品等附近。若想要酱料稍甜一些，请用 2 大勺甜腌菜替代酸黄瓜。

约 1 杯

美乃滋 3/4 杯（自制最佳，见 p.797）
中型红葱头 1 个，剁碎，约 2 大勺
刺山柑 3 大勺，沥水拍干，剁碎
酸黄瓜 6~8 根，剁碎，约 2 大勺（请见上文“笔记”）
糖 1 小勺
切碎的新鲜荷兰芹 2 大勺
现磨黑胡椒碎 1/2 小勺
犹太盐适量

在小碗里混合美乃滋、红葱头碎、刺山柑碎、酸黄瓜碎、糖、荷兰芹碎，以及黑胡椒碎，用盐适度调味后，将酱汁装入密封容器中并冷藏至少 1 小时再食用。冷藏可保存长达 1 周。

炸鱼堡佐浓郁卷心菜沙拉与塔塔酱

FRIED FISH SANDWICHES WITH CREAMY SLAW AND TARTAR SAUCE

笔记：

这道食谱适用于任何片状的白肉鱼，如黑线鳕、狭鳕，甚至是比目鱼或银花鲈鱼。

6 人份

卷心菜沙拉

小型卷心菜 1 棵（去心并切细丝，约 6 杯）

小型红洋葱 1/2 个（约 $1\frac{1}{2}$ 杯，切薄片）

犹太盐和现磨黑胡椒碎各适量

苹果醋 2 小勺

第戎芥末酱 1 小勺

美乃滋 3 大勺（自制最佳，见 p.797）

糖 1 大勺

汉堡

花生油 4 杯

中筋面粉 $1\frac{1}{2}$ 杯

玉米淀粉 1/2 杯

泡打粉 1 小勺

小苏打 1/4 小勺

犹太盐适量

红辣椒粉 1/4 小勺

冰的淡味啤酒（例如蓝带或百威）3/4 杯

伏特加（酒精浓度 40%）适量

鳕鱼排 510 克（18 盎司），分切成 6 块 85 克（3 盎司）的鱼排

汉堡面包 6 份（抹上黄油并烘烤过）

特酸塔塔酱 6 大勺（见 p.885）

制作卷心菜沙拉：

1. 在碗里放入卷心菜丝和红洋葱片，用 1 小勺盐和大量黑胡椒碎调味，翻拌均匀，静置待用。在中碗里混合苹果醋、芥末、美乃滋和糖，至少静置 15 分钟。
2. 分批取出用盐腌过的卷心菜丝和红洋葱片，挤掉多余的水分后放入步骤 1 的酱料中。翻拌混合均匀，并依口味用适量盐和黑胡椒碎调味，静置待用。

制作汉堡：

3. 在大炒锅或铸铁锅中用中大火将油加热至 176.7℃（350 ℉）。在大碗里混合 1 杯面粉、玉米淀粉、泡打粉、小苏打、2 小勺盐和红辣椒粉。在小碗里混合啤酒及伏特加。
4. 将剩下的 1/2 杯面粉放入另一个大碗中，将鱼排放入均匀蘸裹面粉，再将鱼排移到烤盘上的架子上。
5. 慢慢将混合酒加到步骤 3 的干粉混合物中，持续搅拌至面糊呈现浓稠的油漆质地（酒不一定要用完），且面糊从搅拌器上滴落到碗里时，会留下痕迹。勿过度搅拌，留一些没搅散的粉块也没关系。
6. 将蘸有面粉的鱼排放入面糊中，翻动裹匀面糊。抓起鱼排的一角，让多余的面糊滴回碗里，迅速再在面粉碗里蘸一下，再翻面让另一面也均匀裹上面粉。小心地将裹完面粉的鱼排放入油锅中，务必放慢动作以免油花溅起。重复动作直到所有鱼排都下锅。不时边摇晃油锅并用笊篱拨动油，中途将鱼排翻面，炸到鳕鱼酥脆且呈金棕色，约需 8 分钟。将鱼排放到铺有厨房纸巾的盘子中，立即撒盐调味。
7. 在每个底部的汉堡面包上放一小堆卷心菜沙拉、1 块鱼排及 1 勺特酸塔塔酱，再盖上一片汉堡面包，与剩下的沙拉和酱汁一同上桌。

炸鱼堡佐浓郁卷心菜沙拉与塔塔酱

炸洋葱圈

从本质上讲，炸洋葱圈和炸鱼有天壤之别，但从理论上来说，它们是一模一样的。它们的目标都是在让外层增加对比口感及风味的同时，避免主要的食材（洋葱或鳕鱼）棕化、变硬。

决定要选洋葱圈还是薯条一向都很困难（若可以，就来个拼盘吧）。妥善裹上啤酒面糊的洋葱圈，有着大量酥脆的外皮和包裹着的甜美肥嫩的洋葱。享受这样的洋葱圈，是人生三大乐事之一（也是其中唯一可以合法享受的）。但你常见到这样的“完美”之作吗？以下是最常见到让美味洋葱圈变糟糕的四种情况：

- **面糊不足**。当面糊太少，洋葱便会暴露在来势汹汹的热油中。糖分会迅速焦糖化而使得洋葱烟掉，洋葱会变得又硬又涩。

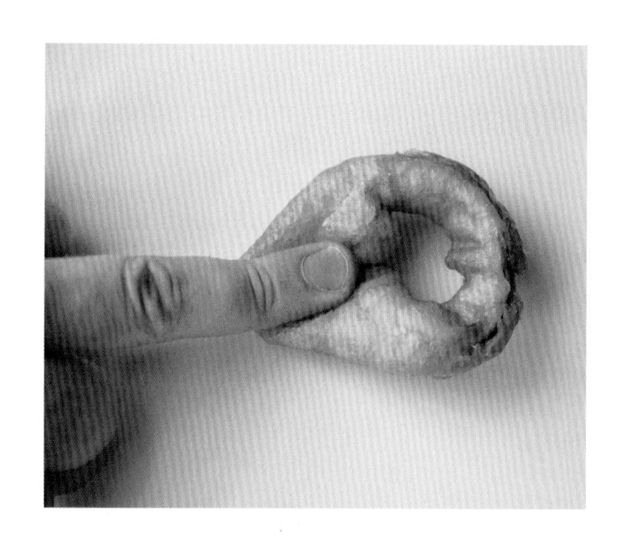

- **面糊太多**。这几乎比面糊不足还糟糕。裹了过多面糊的洋葱圈无法做到轻盈酥脆，反而会因为内部有太多水分，使得洋葱圈一旦离开油锅，面糊便立即变得湿软。

- **碎掉的外皮**。一切似乎都进行得相当顺利，忽然间，因为一些未知的原因，脆皮断开成两半。热油灌入夹缝，让洋葱变得又焦又硬。
- **恐怖的“虫子”**。这是最可怕的洋葱圈惨案。当洋葱不够熟的时候，你一口咬下去，洋葱不会干净利落地断开，反而会在嘴里留下长长的“洋葱丝虫子”，手上则只剩下空空的脆皮。

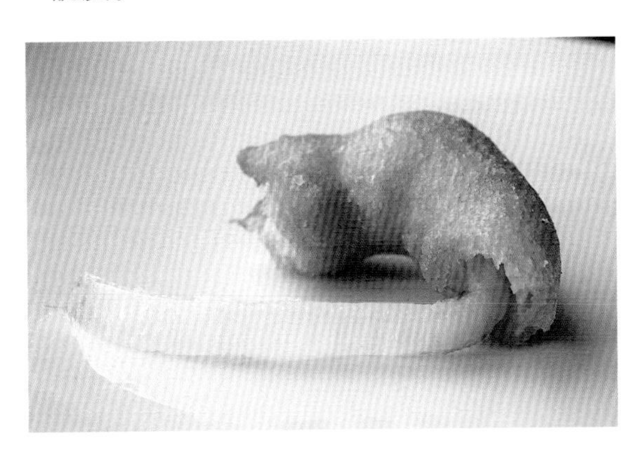

处理面糊的问题很简单，我们已经有一份优秀的食谱能替鳕鱼创造出轻盈、酥脆、细致且稠度刚好的脆皮。但怎么解决断裂和“虫子”问题呢？断裂是个难题，是什么原因造成脆皮断裂？为了找出答案，我小心地用镊子解剖了一份洋葱圈，发现问题不在面糊，而在洋葱。洋葱内部每层之间都有一层薄透如纸的薄膜，若你揉搓生洋葱圈的内侧便可轻易见到此薄膜剥落。

由于这些薄膜又薄又软，在加热过程中它们的缩水程度远大于洋葱，正是这种收缩造成半成形的面糊出现破洞并让热油灌入洋葱圈内部。裹面糊前去除这层薄膜能帮助你解决这个问题，但这是个烦琐的程序，其有趣程度直逼帮小狗刷牙，只是可爱程度少得多。提前半小时将洋葱圈泡在水里也会有所帮助。但我发现把洋葱圈放到冷冻室里更有效。当蔬菜冻结时，其中的水分会结晶成大块不规则形状的碎冰刺穿细胞，使蔬菜变软。多数情况下，这是件坏事，这也是为何冷冻蔬菜几乎永远不如新鲜蔬菜的原因。不过，洋葱迟早要裹面糊，这一点就不再是缺点。将洋葱冷冻除了能让其内层的薄膜更易于剥落外，也能让洋葱圈软到在一口咬下时便能轻易断开，间接也替我解决了“虫子”的问题！

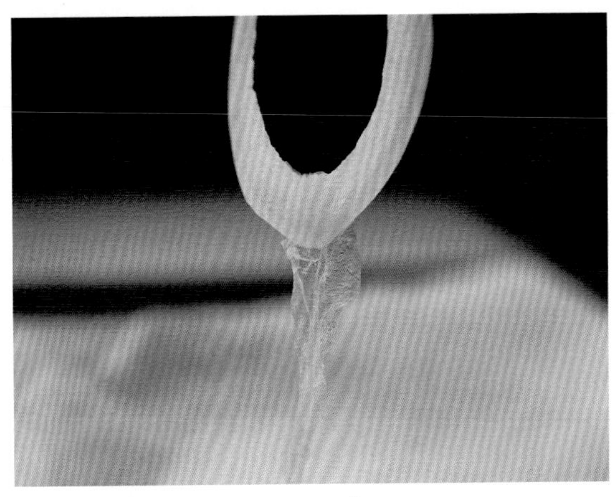

洋葱内部每层之间都有一层薄膜。

这个突破让我欣喜若狂，而唯一合理的庆祝方式就是炸一批金棕色、酥脆软嫩、没有“虫子”也不会断裂、充满啤酒香气且咸甜皆备的洋葱圈。

成功的炸洋葱圈应该有酥脆的外皮，并且在食用时可直接咬断。

| 实验 | 面糊里的麸质生成

就像揉过的面团一样，搅拌过久的面糊也会产生麸质这种相互联结的面粉蛋白质网。不信吗？来做个小实验吧。

材料

- 请见 p.891，“零失败洋葱圈”的食材清单

步骤

依照食谱进行到第 3 步。将面糊分成两份，其中一份多搅拌 1 分钟。依指示继续操作，同时使用一般的面糊以及过度搅拌的面糊，并确保油炸时确实将两种洋葱圈分隔开。

结果与分析

同时品尝两种洋葱圈，你会发现使用一般面糊的炸洋葱圈轻盈且酥脆，使用过度搅拌面糊的炸洋葱圈则较厚重，且具嚼劲。

当你继续搅拌面糊时，面粉里的蛋白质分子——麦胶蛋白（gliadin）和麦谷蛋白（glutenin）会和彼此更紧密结合。最后，这种结合会紧密到连泡打粉的膨胀力都无法让面糊轻盈膨胀，只能维持浓稠的质地。这些相互联结的蛋白质也让面糊的质地变得很硬而非酥脆松软。这个实验的结论就是，切勿过度搅拌面糊。

零失败洋葱圈

FOOLPROOF ONION RINGS

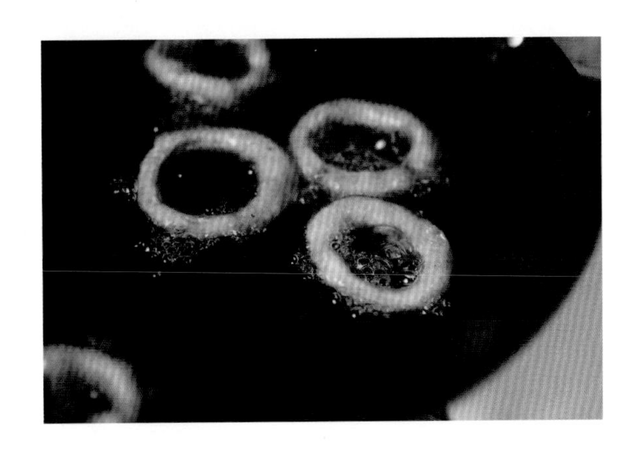

4 人份

大型洋葱 2 个，切成 1.3 厘米（1/2 英寸）宽的圆圈
花生油 1.9 升（2 夸脱）
中筋面粉 1 杯
玉米淀粉 1/2 杯
泡打粉 1 小勺
小苏打 1/4 小勺
红辣椒粉 1/2 小勺
冰的淡味啤酒（如蓝带或百威）3/4 杯
伏特加（酒精浓度 40%）1/4 杯
犹太盐适量

1. 将洋葱掰开成独立的洋葱圈。放入容量为 3.8 升（1 加仑）的冷冻密封袋中，再放入冷冻室直到彻底冻结，至少 1 小时（洋葱圈像这样冷冻可以保存长达 1 个月）。
2. 准备油炸时，将洋葱圈从密封袋中取出，放入碗里，再放入室温的流水下冲洗使其解冻。移到铺有干净的厨房毛巾或是多层厨房纸巾的烤盘上，使洋葱圈彻底干燥。小心地将每个洋葱圈内侧粗糙的薄膜取下丢弃（此时的洋葱圈会变得很软），静置待用。
3. 在大炒锅或荷兰锅中将油加热至 190.6 ℃（375 ℉）。在中碗里混合面粉、玉米淀粉、泡打粉、小苏打及红辣椒粉，在小碗里混入啤酒和伏特加。
4. 慢慢将混合酒倒入混合的干粉中，不断搅拌直到面糊呈浓稠的油漆质地（酒不一定要用完），此时面糊从搅拌器上滴落到碗里时，会留下痕迹。勿过度搅拌，留一些没搅散的粉状块也没关系。将一个洋葱圈放入面糊中，确保其所有表面皆彻底裹匀面糊，取出，让多余的面糊滴落。用手拿着洋葱圈缓缓将其放入油锅，直到只剩一小部分留在外面再放手。重复此动作直到一半的洋葱圈皆入锅。油炸期间翻面一次，直到洋葱圈呈深金棕色，约需 4 分钟。将洋葱圈转移到铺有厨房纸巾的大调理碗中并撒盐翻拌。油炸剩余的洋葱圈时，可将已炸好的洋葱圈铺在烤盘上的架子上，放入 93.3℃（200 ℉）的烤箱中保温。食用时即可上桌。

裹粉、面糊类型 4：
薄面糊

东京最有名的天妇罗餐厅之一——“纲八天妇罗”（Tsunahachi），其主厨献上炸虾天妇罗。

日式天妇罗

天妇罗面糊最初是在 16 世纪由葡萄牙传教士带到日本的。[17] 传到日本后，天妇罗被日本厨师完善到近乎成为一门艺术。在日本最好的天妇罗餐厅中，所有的料理都由一名天妇罗大厨烹制，在此之前，大厨必须进行数年实习才被允许接触面糊或炸油。

天妇罗大厨有点像是料理界的绝地武士：他们必须巧妙地运用至高的技术和精准度，操作极度危险的工具且同时保持冷静沉着的态度。这是一项来自更文明年代的优雅技术。坏消息是你、我和世上多数人永远都无法赶上那些花了一辈子时间受训的大师们，好消息是我们可以从一开始就搞定大约 90% 的难题。

天妇罗面糊的主要特质是颜色淡雅和质地极为轻盈——好的天妇罗应为淡淡的金黄色，外皮出人意料的细致、轻盈且酥脆。要达到这样的效果需要在制作时比做其他面糊更小心一些。传统的天妇罗式面糊是由粉类（通常是混合小麦粉和低蛋白米粉，我则用了小麦粉和玉米淀粉）、蛋、冰水混合而成。面糊只需稍微混合，因此会留下许多粉块而且几乎不会产生麸质。但是天妇罗面糊制作好后需尽快使用，必须在面粉吸饱水之前使用，否则要重新制作新鲜面糊。不过只要不拘泥于传统做法，仍有方法可以让我们改善这一点。

首先，老套的面糊加伏特加的招数很有效（你可能已经受够这招了），这样可以减缓麸质生成的速度，让面糊可以撑久一点儿才变质。其次，用苏打水取代冰水也有同样效果，这是我从波士顿的克里奥餐厅的大厨肯·奥林杰身上学到的。最后，真正的关键在于制作程序：相较于将干料与湿料一起放进碗里搅拌混合，我发现将湿料倒入干料中后立即拿起碗摇晃并同时用筷子迅速搅拌可以融和所有食材，同时也可以减少被液体彻底沾湿的面粉量。

---

⑰ 天妇罗（tempura）一词，如同许多日文词汇一样，源自葡萄牙文。根据哈洛德·马基的《食物与厨艺》一书，“tempura”意指“一段时间”，是指人们食用炸鱼来取代肉类的斋戒期。现今这个词指的是任何与炸鱼天妇罗相同的料理手法，以及裹有面糊油炸的餐点，就像美国人所谓的“炸牛排”——是指所有与炸鸡相同料理手法的牛排。

蔬菜或炸虾天妇罗

TEMPURA VEGETABLES AND/OR SHRIMP

笔记：

关于待炸食材如何准备的说明，请见 p.853。

4 人份

花生油或植物酥油 1.9 升（2 夸脱）

玉米淀粉 1/2 杯

中筋面粉 1/2 杯

犹太盐适量

大型鸡蛋 1 个

伏特加（酒精浓度 40%）1/4 杯

冰镇苏打水 1/2 杯

切成片的蔬菜 4 杯，或虾 454 克（1 磅），请见上文“笔记”

柠檬角或蜂蜜味噌美乃滋 1 份（食谱见下文）

1. 在大炒锅中用大火将油加热到 190.6℃（375 ℉），再视需要调整火力以维持油温。在烤盘或大盘子上铺两层厨房纸巾。
2. 在大碗里混合玉米淀粉、面粉和 1 小勺盐，用筷子搅拌均匀。在小碗里混合鸡蛋和伏特加，彻底搅匀后，加入苏打水，并用筷子搅到稍微混合。立即将小碗里的混合物液体倒入干料碗中，一手扶碗一手拿筷子，边前后摇晃大碗边迅速搅拌到液体与干料稍微混合。碗里仍应留有许多气泡和面粉结块。
3. 放入切成片的蔬菜（或虾），用手翻动食材使其裹匀面糊。一次取出几片蔬菜或虾，让多余的面糊滴落，再用手拿住蔬菜或虾放入油锅，手要尽量贴近油面再松手以免油花溅出。开大火让油温尽量维持在 176.7℃（350 ℉）左右，并一次放入几片蔬菜（或虾）。下锅后立即用筷子或笊篱拨动食材以免它们粘在一起，不时翻面让食材时刻接触新鲜的油。继续炸到食材表面的面糊完全酥脆并呈现淡金黄色，约需 1 分钟。
4. 将天妇罗放到铺有厨房纸巾的盘子或烤盘上，并立即撒盐。佐以柠檬角或蜂蜜味噌美乃滋上桌。

蜂蜜味噌美乃滋

HONEY-MISO MAYONNAISE

在克里欧餐厅中，奥林杰做的招牌蔬菜天妇罗总是搭配两种蘸酱上桌，即传统的天妇罗蘸汁（tentsuyu，由日本鲣鱼昆布高汤、酱油和味醂组成）与蜂蜜味噌蒜泥美乃滋。这份食谱源自后者，不过我将它稍微简化了一下，变成只需 5 种食材的简易美乃滋。这种美乃滋有着均衡的咸甜风味，轻盈得可以完美搭配炸虾和炸蔬菜，美味得让人想要半夜就着冰箱昏暗的灯光用汤勺单独舀着吃。

笔记：

在这道食谱中，请务必使用白味噌酱（京都风西京味噌尤佳），深色的味噌酱味道太重，会让酱汁风味失衡。

约 1 杯

大蛋黄 1 个

白味噌酱 1/4 杯（见上方笔记）

米酒醋 2 小勺（另准备额外分量调味）

蜂蜜 4 小勺（另准备额外分量调味）

植物油 3/4 杯

水 1 大勺

在一个刚好可以放入手持式搅拌棒的窄口高杯中放入蛋黄、味噌酱、米酒醋和蜂蜜。小心地将油倒入，让油浮在表面。将搅拌头放入杯底，启动开关，慢慢地往上拉搅拌头让油与酱充分混合，此时应形成浓稠的乳化物。将调好的美乃滋移到碗中，根据口味加入更多米酒醋和蜂蜜。加水稀释酱汁至你偏好的浓度，水最多可以加到 1 大勺。美乃滋应稠到可以粘在手指或大勺上，但不会像蜡状物或糊状物一样黏在舌头上。

如何准备常见的天妇罗食材

表 33　常见天妇罗食材的预处理

食材	预处理
四季豆	去掉头尾
蘑菇	清洗后切薄片，香菇或平菇等薄肉菇保留整朵
青椒	切成 1.3 厘米（1/2 英寸）厚的圈状或长条
西葫芦和夏南瓜	切成 1.3 厘米（1/2 英寸）厚的圆片或长条
洋葱	切成 1.3 厘米（1/2 英寸）厚的圈状
茄子	切成 1.3 厘米（1/2 英寸）厚的圆片
红薯	去皮，切成 0.6 厘米（1/4 英寸）厚的薄片
冬南瓜	去皮，去子，切成 0.6 厘米（1/4 英寸）厚的薄片
秋葵	去蒂
西蓝花与花椰菜	切成 2.5 厘米（1 英寸）大小的朵
胡萝卜	去皮，切成 0.6 厘米（1/4 英寸）厚的薄片或条
虾	去壳，如果想要尾，可以完整保留虾尾。去除虾脚，将虾压扁并纵向插入一根牙签以防油炸时虾身弯曲，炸好后再取下牙签

料理实验室指南：如何炸薯条

在美国，几乎 1/3 的马铃薯最终会落入油锅，这不是没原因的，因为炸薯条真的超棒。

在不用面包糠或面糊的情况下，除了马铃薯，没有其他食材能达到相同的外酥内松的口感，这都要归功于马铃薯天生的淀粉及水分比例。但是要想炸出完美的薯条，并非只是将马铃薯丢到热油里炸几分钟那么简单。[18] 接下来，我们就要探讨如何能每次都让薯条坠入酥脆、黄金般的天堂。

完美薯条要素

两种简单的食材——马铃薯和油，所涉及的复杂之处会让人难以置信。我花了好几十年才终于破解其中奥妙，取得了汉堡店料理的终极圣杯：完美的薯条。一口咬下酥脆、不油腻且富有口感的脆皮，随着一口蒸汽的释放，薯条展露出柔软到几乎蓬松的内部。

⑱ 热门的美国快餐连锁店 In-N-Out 里的薯条制作流程如下：切条，冲水，油炸，上桌。大家都知道，不管他们的汉堡有多美妙，软烂而惨白的薯条都让人倒尽胃口。但如果再炸一次，绝对可以让那些薯条“咸鱼翻身”。

完美的炸薯条必须满足四个基本要素：

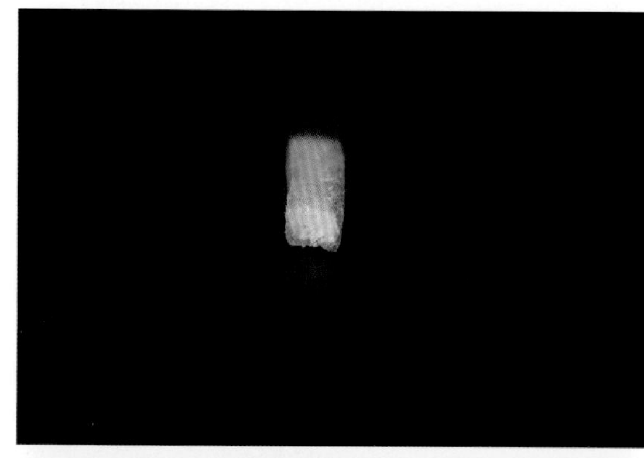

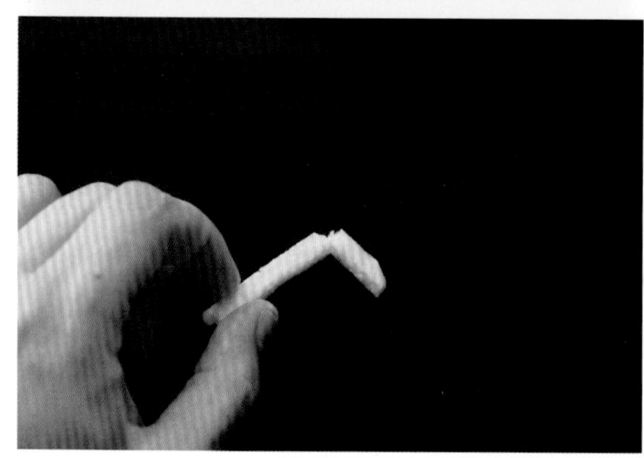

最完美的薯条的酥脆外皮在遇到外力时会直接断裂而非弯曲。

- **完美要素 1：外皮必须脆而不硬。**为了达到这样的脆度，炸物的表面必须布满微小的气泡。这些细小的脆泡泡能增加薯条的表面积，让炸物更加酥脆。理论上，这一层的厚度应该只会增添脆度，若再厚，就会让外皮变得又硬又韧。
- **完美要素 2：内层应该蓬松完整，并带着浓厚的马铃薯香气。**糊状、干巴巴或黏胶似的内层，甚至呈现被称为“空心”（内层完全消失不见）的可怕状态都是大失败。
- **完美要素 3：薯条应呈现均匀的淡金黄色。**成色太深或是表面色泽不匀的薯条都会产生令人倒胃的焦味。我希望我的薯条都呈淡金黄色且口感酥脆。
- **完美要素 4：薯条应该维持酥脆美味的状态直到最后一口。**刚从油锅捞起的薯条几乎永远都酥脆无比。真正的考验是你将薯条放到盘子里几分钟后，它依然是酥脆好吃的。上一页盘子中那根弯曲的薯条在这项上的表现就不及格。

首先，我们要做几个准备。说到品种，你要找的是褐皮马铃薯。高淀粉含量表明这种马铃薯炸出来会比育空黄金马铃薯或是红皮马铃薯等蜡质感较重的种类更脆。这种马铃薯在烹调后也会比较蓬松。说到大小，0.6~1 厘米（1/4~3/8 英寸）是较适当的厚度，能让脆皮的比例达到最大，同时也有足够的柔软内层来产生芬芳的马铃薯香气。

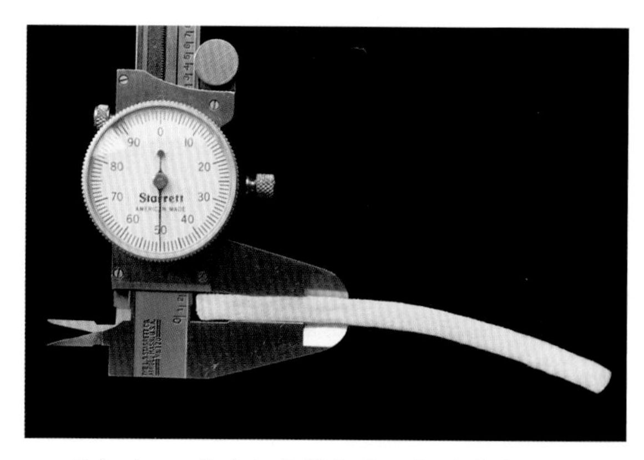

0.6 厘米（1/4 英寸）是薯条最理想的厚度。

其次是烹调。经典的法式烹调技巧会让你以为通往完美薯条的康庄大道是以 135~162.8℃（275~325 ℉）的相对低温先炸一次后静置，再以 176.7~204.4℃（350~400 ℉）的高温复炸一次。对此，关于炸薯条的烹调方式我最常听到的说法是，首次低温油炸能让薯条从外到内都软化，第二次油炸则能把外层炸酥脆。我决定烹调三批一样的薯条来测试这个理论。

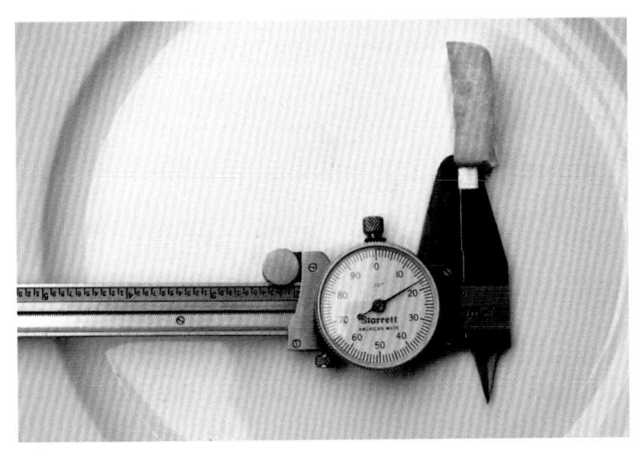

油炸两次的薯条脆皮层厚度是先煮后炸的薯条的2倍。

- 第一批，我用法式技法烹调。用两阶段炸法，第一阶段用135℃（275 ℉）的油炸，第二阶段用190.6℃（375 ℉）的油炸。
- 第二批，我用一锅沸水焯薯条来取代低温油炸，接着再用190.6℃（375 ℉）的油炸。
- 第三批，我省略了第一个步骤，直接把马铃薯放入190.6℃（375 ℉）的油锅中炸。

若第一次低温油炸的唯一作用是让马铃薯熟透，那么通过其他方式预煮马铃薯也会一样管用。相反地，没有预煮的马铃薯中心应该无法熟透吧。

结果如何呢？先煮再炸的薯条是脆的，但是脆皮薄如纸，而且很快就变软了。只炸了一次的薯条也出现类似问题，里层的蓬松度也稍差些，不过三批薯条都熟透了。炸两次的薯条有着扎实的厚脆皮，其脆度能维持一段时间，这证明第一次低温油炸除了能让马铃薯软化外，还有其他功能。的确，用家母多年前为了让我远离餐厅厨房而投入类似机械工程等更有前途的行业而用心赠送的卡尺，我得以量出炸两次薯条的脆皮层厚度是先煮后炸的薯条的脆皮层厚度的2倍多，不过这厚度还是无法满足我。

为了解决这个问题，我必须更仔细地研究手上的食材。首先要把马铃薯放在显微镜下——

马铃薯的解剖学

一如所有的动物、植物，马铃薯也是由细胞组成的。这些细胞被具有黏胶作用的糖类、果胶粘连在一起。细胞里则充满淀粉分子。而淀粉分子会粘连在一起成为淀粉颗粒。当淀粉颗粒遇到水和热，便开始膨胀，最后炸开并释放大量膨胀的淀粉分子。水可能来自外界（比如水煮马铃薯）或是来自马铃薯本身（比如炸两次的马铃薯），淀粉颗粒炸开对形成厚厚的脆皮至关重要：这种黏稠、糊化的淀粉是形成充满气泡的脆皮的基础。

通往完美薯条的路途看似简单：只要把一大堆淀粉颗粒弄炸开就可以了，对吧？没这么简单。若马铃薯含有太多单糖，在远不到变脆的时候就会棕化。单糖会根据存放条件自行转换为淀粉。这种现象在春季蔬菜上表现得最为明显，比如豌豆和芦笋。这些蔬菜尽管在刚采收时充满糖分，但 24 小时后，它们的甜度就会明显下降，变得更有淀粉质感。

若马铃薯含糖量太高，便无法顺利变脆，它会因糖在炸锅里过度焦糖化而变成难看的暗棕色，还会产生刺激的苦味。

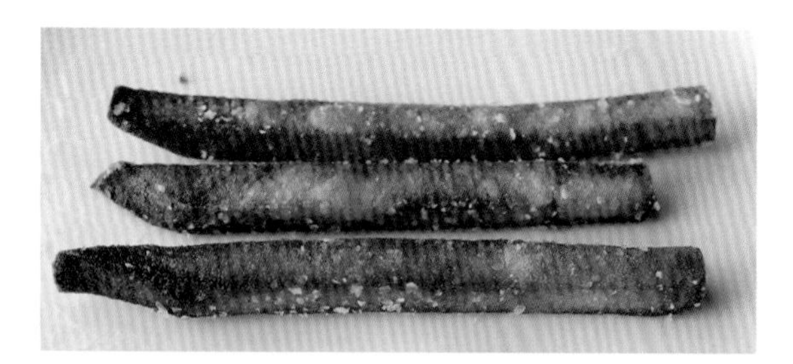

颜色过深的炸薯条

若你尝试炸马铃薯片，这个现象会更明显。未泡水焯烫的薯片最后会变成深深的棕色，而焯烫过的薯片色泽则近乎透明。

让淀粉颗粒炸开的另一个困难之处在于，如果粘连细胞的果胶在淀粉颗粒有机会炸开并释放出黏稠的内部组织之前便过度分解，那么，淀粉颗粒还来不及变脆就会崩解散开。

果胶分解会造成人人厌恶的“空心薯条”这种可怕状况。

可怕的空心薯条

麦当劳有很多缺点，但也并非一无是处。炸薯条就是一个例外。花了数百万美元进行研究并与当代冷冻薯条的发明者——J. R. 辛普劳公司（J. R. Simplot Company）结盟，他们早就发现了去除多余单糖和确保果胶不会在油炸时分解的秘诀：用 76.7℃（170 ℉）的水预先将马铃薯煮整整 15 分钟。这样可以达到两个目的：第一，去除多余的单糖；第二，也是更重要的一点，借由一种被称为果胶甲基酯酶（PME）的天然酶来强化果胶结构。*Journal of Agricultural and Food Chemistry*[19] 的文章指出，PME 能促使钙与镁来支撑果胶。它们能强化果胶对马铃薯细胞壁的黏着力，让马铃薯在淀粉颗粒膨胀炸开的情况下仍保持坚硬且不受破坏。就像大部分的酶，PME 只能在特定的温度范围内展现活性，在这个范围内，其活动速率会随温度增加而加快，当温度到达特定值时，它的活性会像有个开关一样，彻底关闭。

你可以把 PME 想象成努力制造汽车的工人。作为现场工头，若你稍微给点压力（即加热），一开始会让他们加速工作，生产线产出车辆的速度会快些。但若过度施压（过度加热），这些“小酶们”将因无法承受重压而抛下工具扬长而去。此时的生产速度将越来越慢甚至会停滞。对于 PME 来说，这个罢工点（即温度）稍高于 76.7℃（170 ℉）。

遗憾的是，大部分的家庭厨师没有简易的方法能维持 15 分钟的水浴温度刚好为 76.7℃（170 ℉）。我必须找出既能维持马铃薯的果胶结构，又能帮它释放淀粉分子的替代方案。此时我灵光乍现，苹果派就是这样啊！

---

⑲ *Journal of Agricultural and Food Chemistry*，《农业与食品化学杂志》。——译注

苹果派和炸薯条有什么关系呢？任何烤过苹果派的人都知道不同的苹果烹调完的成品不尽相同。有些能顺利维持形状，有些会变成一摊烂泥。这个差异主要来自苹果不同的酸度。换句话说，史密斯奶奶青苹果这种超酸的苹果会保持原样，而像马侃苹果（Macoun）这种较甜的苹果则几乎会完全化开。和马铃薯一样，苹果细胞也是由果胶粘连在一起的，我们发现酸性环境可以抑制甚至阻止果胶分解。

所以如果我不调整温度，反而依靠酸性物质来协助马铃薯维持结构会怎样呢？我同时将切好的马铃薯放入两个锅中煮沸，第一锅用清水，第二锅则用加了1大勺醋的0.95升（1夸脱）的水。我看到的结果如下：

加醋的水煮出的薯条外形完整。

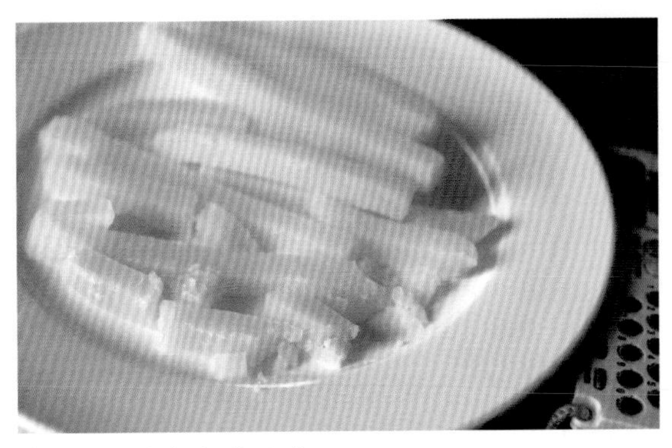

清水煮的薯条容易碎掉。

用清水煮的马铃薯在煮熟后就碎掉了，用加了醋的水煮的马铃薯外形却完全没变，继续再多煮一半的时间也是如此。虽然马铃薯的外观看起来仍光滑无瑕，但我知道煮这么久一定已经让许多淀粉颗粒炸开了。既然多余的糖已经被去除了，果胶结构也被加强到足以支撑薯条在油锅中产生厚脆的外皮，剩下要做的就是先以162.8℃（325 ℉）的油炸一次，来炸开任何残余的淀粉颗粒并开始形成脆皮，再以190.6℃（375 ℉）的油炸第二次，让薯条达到完美的酥脆金黄。

油炸后的成果证明了我的理论：薯条的确充满了细微酥脆的微小泡泡，而且薯条在出锅10分钟后仍然很酥脆。

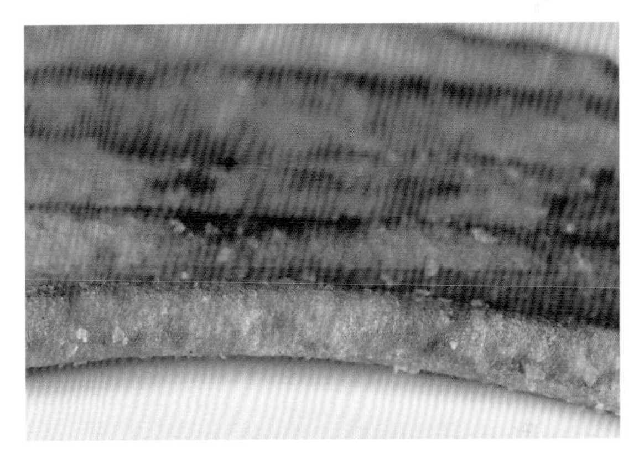

加醋煮出的薯条油炸后金黄酥脆。

| 专栏 | 为何要冷冻薯条?

保存薯条的最佳方式是在炸一次后便将它送入冷冻室。你可以直接从冷冻室取出薯条后便进行第二次油炸，这样做会使品质下降吗？为了测试这一点，我将一批薯条一半送入冷冻室放置过夜后才油炸，并和未经冷冻的炸薯条同时试吃。结果很令人惊讶：冷冻薯条味道较好，内层明显更为蓬松。为什么？

冷冻马铃薯会让水分转变成冰，形成尖锐锯齿状的结晶。这些结晶会破坏马铃薯的细胞结构，让水更容易释出，在加热时转变成水汽，这造就了更为干燥蓬松的中心。最棒的是，因为冷冻让薯条更美味，所以我可以将大批薯条在水煮初次油炸后，就将它们送入冷冻室，此后我就能享受源源不断的可以即炸即食的薯条，就像麦当劳叔叔一样！

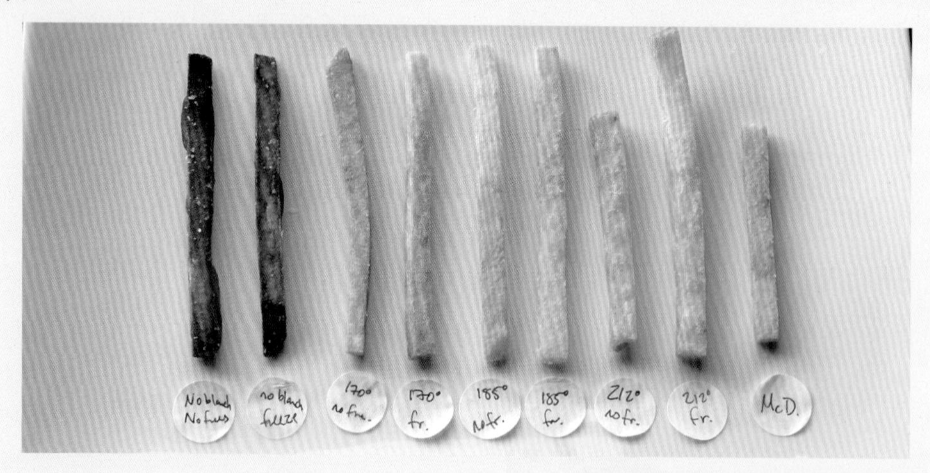

这张照片中，最左边两根是未煮即炸的薯条，最右边是货真价实的麦当劳薯条，中间是以各种温度先煮再炸的薯条。你可以发现，是否进行简单的水煮步骤对最终成品会造成巨大的差异。

细脆炸薯条

THIN AND CRISPY FRENCH FRIES

笔记：

为了达到最佳效果，油炸时请务必使用精确的快显温度计和计时器。在第2步冷冻马铃薯后（可省略此步骤），薯条可以装在冷冻密封袋中冷冻保存长达2个月。欲食用时，请按第3步直接将冷冻薯条下锅。

花生油是最佳的油炸用油，也可以用芥花籽油、其他植物油或酥油（见p.844“关于油的二三事”）。

4人份

烘烤用褐皮马铃薯907克（2磅），约4大个，去皮，切成0.6厘米（1/4英寸）粗的条，泡水待用

蒸馏白醋2大勺

犹太盐适量

花生油1.9升（2夸脱）

1. 在中型料理锅中放入马铃薯条和白醋，再加入1.9升（2夸脱）的水及2大勺盐，以大火煮滚。煮到马铃薯完全变软却没散开，约需10分钟。将薯条捞出沥干水并放在铺有厨房纸巾的烤盘上，静置干燥至少5分钟。
2. 此时，用大火将荷兰锅或是大炒锅中的油加热到204.4℃（400 ℉）。放入1/3的薯条，油温应会降到182.2℃（360 ℉），炸刚好50秒，其间不时用细目滤网拨动薯条，再移到另一个铺有厨房纸巾的烤盘上。重复此动作炸完所有薯条（分两批炸完），每次放入新一批薯条前，务必让油温恢复到204.4℃（400 ℉）。让薯条降到室温，至少需要30分钟，油锅静置待用。薯条可以在室温放置长达4小时，若要得到最好的效果，可将薯条铺开成一层，放入冷冻室冷冻过夜。若要存放更长时间，请在薯条冻好后将其装入冷冻密封袋。
3. 用大火将油再次加热到204.4℃（400 ℉）。将半数薯条炸到酥脆且呈现淡金褐色，约需3.5分钟，视需要调整火候让油温维持在182.2℃（360 ℉）左右。将薯条放入铺有厨房纸巾的碗里沥油并立即撒盐调味。炸第二批时，上一批炸好的薯条可以放在烤盘上的网架上，放入93.3℃（200 ℉）的烤箱中以保持其热度和脆度。所有薯条炸好后，立即上桌。

终极五重粗脆薯条

THE ULTIMATE QUINTUPLE-COOKED THICK AND CRISP STEAK FRIES

我从来都不爱吃粗的薯条。对我来说，它的脆皮和蓬松内层的比例完全不对。我喜欢酥脆、稍油的脆皮，但是对于大量相对平淡的内馅来说，粗薯条的脆皮少得可怜。不知道有没有办法能增加外皮的脆度呢？不知道能不能烹饪出比我的普通细脆薯条更大量的脆皮呢？

我有个点子，若炸两次可以产生美味的厚脆皮，炸三次甚至四次会不会有更多的脆皮？只有一个办法能知道答案。我炸了数批粗薯条，薯条厚约 1.3 厘米（1/2 英寸），并以我的细脆薯条的做法作为基准。第一批，我完全依照本来的步骤制作；第二批，我先用 182.2℃（360 ℉）的油炸了 50 秒，放凉后再炸 50 秒，放凉后再炸第三次直到完全酥脆金黄；对第三批和第四批，我将总油炸次数分别增加到四次和五次[20]，结果发现重复油炸的确能增加脆度。

每一回的酥炸过程都会让薯条更酥脆。（从左至右分别为第一批、第二批、第三批和第四批炸薯条。）

每油炸一次，就会使更多淀粉颗粒炸开。淀粉分子被释放，它们一旦遇到马铃薯的水分便立即糊化。接下来的冷却过程会让糊化的淀粉再次结晶，像旧面包一样老化（见 p.610“干燥 vs 老化”）。重复油炸后，一层一层的结晶淀粉会厚实地堆积起来。每次油炸之前让马铃薯冷却也能防止薯条在下一次油炸时过度棕化。唯有在最后一次油炸时将薯条放在油里足够长时间，才会使糊化、结晶的淀粉层充分脱水，让外层变得酥脆金黄。

说真的，料理这种薯条麻烦透了，你要当成一个项目来执行，而且必须贡献大量的时间，但成品真是迷人极了。除非你做好准备一直定期用炸薯条来惯坏自己，否则千万不要踏上这条不归路，别说我没提前警告你啊！

---

⑳ 有没有人和我一样想起，当舒适（Schick）推出四刀片的创 4 纪钛（Quattro）来对抗吉列（Gilette）的锋速 3（Mach 3）系列刮胡刀时，吉列就相应推出五刀片的刮胡刀来应战。这一切何时才会结束啊！

笔记：

为了达到最佳效果，油炸时请务必使用精确的快显温度计和计时器。在第 3 步冷冻马铃薯后（可省略此步骤），薯条可以装在冷冻密封袋中冷冻保存长达 2 个月。欲食用时，请按第 4 步直接冷冻下锅。

花生油是最佳的油炸用油，但也可以用芥花籽油、植物油或酥油（见 p.844“关于油的二三事”）。做薯条时，我偏好在马铃薯头尾均留下一些皮，这样可以在每根薯条上都享受到一点儿脆皮。

4 人份

烘烤用褐皮马铃薯 907 克（2 磅），约 4 大个，去皮（见上文“笔记”）后切成 1.3 厘米（1/2 英寸）粗的薯条，泡水待用

蒸馏白醋 2 大勺

犹太盐适量

花生油 1.9 升（2 夸脱）

1. 在中型料理锅中放入马铃薯和白醋，加入 1.9 升（2 夸脱）水和 2 大勺盐，用大火煮滚。煮到马铃薯完全变软却没散开，约需 10 分钟。沥干水，放在铺有厨房纸巾的烤盘上，静置干燥至少 5 分钟。
2. 此时，用大火将荷兰锅或是大炒锅中的油加热到 204.4℃（400 ℉）。放入 1/3 的薯条，油温应会降到 182.2℃（360 ℉），炸 50 秒，其间不时以细目滤网拨动薯条（图 1），再将其移到另一个铺有厨房纸巾的烤盘上。重复此动作炸完所有薯条（剩下的再分两批炸完），每次放入新一批薯条前，务必让油温恢复到 204.4℃（400 ℉）。静置至少 30 分钟，让薯条降到室温。
3. 将步骤 2 重复两次，每次油炸后都让薯条冷却 30 分钟。油锅静置待用。完成这个阶段后，即所有薯条都水煮过一次并油炸过 3 次。薯条可以在室温保存长达 4 小时，若想达到最佳效果可将炸好的薯条铺成一层后放入冷冻室冷冻过夜。若想存放更长时间，请在薯条冻好后将其装入冷冻密封袋。
4. 用大火将油再次加热到 204.4℃（400 ℉）。将半数薯条炸到酥脆且呈现淡金棕色，约需 3.5 分钟，视需要调整火候。让油温维持在 182.2℃（360 ℉）左右。将薯条放入铺有厨房纸巾的碗里沥油并立即撒盐调味。炸第二批时，可将已炸好的薯条放在烤盘上架好的网架上，在 93.3℃（200 ℉）的烤箱中保持其热度和脆度。待所有薯条炸好后立即上桌。（图 2）

1

2

| 专栏 | 乔尔·罗布钦慢炸法式薯条

若你是线上社群的网民之一（现在谁不是呢），或许你读过法籍大厨罗布钦神奇的炸薯条食谱。这个点子很单纯：与其将法式薯条炸两次（一次用低温、一次用高温），不如干脆将马铃薯放入冷油里，把锅放到炉子上，任其自行烹饪。薯条慢慢地由外而内烹熟，整个过程约需一个小时，最后薯条会变得金黄酥脆。

不过，问题在于，一般的薯条中糊化的淀粉可在每次油炸之间再结晶，让薯条变得更结实酥脆。尽管罗布钦的食谱极为简易，却无法做出水煮后再炸两次的薯条那般的酥脆口感。一如人生中的所有事情，有得必有失。罗布钦的方法只要两分努力就有八分风味，水煮后炸两次的方法却是七分努力，有近十分的风味。老实说，我常常选择前者偷懒的做法。

方法如下：切好马铃薯用清水冲洗，小心拭干。放入炒锅或荷兰锅后倒入油，油面应超出马铃薯2.5~5.1厘米（1~2英寸）。用中火加热到马铃薯变得很软，约需35分钟，在此后的5~10分钟搅动1~2次。将火调大让薯条静静地继续加热5分钟，接着轻轻搅动几次并继续加热薯条到金黄酥脆，约需10分钟。将薯条捞出放在铺有厨房纸巾的盘子上沥油，立即撒盐调味。

脆脆烤箱薯块

CRUNCHY OVEN FRIES

需要点速成美食吗？脆脆烤箱薯块无法达到薯条所立下的简易却高耸的烹饪标杆，但它们自成一格，美味不减。别忘了，190.6℃（375 ℉）的油在传递热能上远比260℃（500 ℉）的烤箱更有效率。由于是在能量相对低的烤箱环境中加热，因此得多花点功夫才能确保脆皮妥善形成。

首先，你必须让烤箱里薯块的皮变厚。我试过先裹面糊再烤，但失败了。马铃薯的水分很快就能将外皮湿掉。先用醋水煮马铃薯是比较好的做法，这能让外皮在油炸过后仍能维持原样。

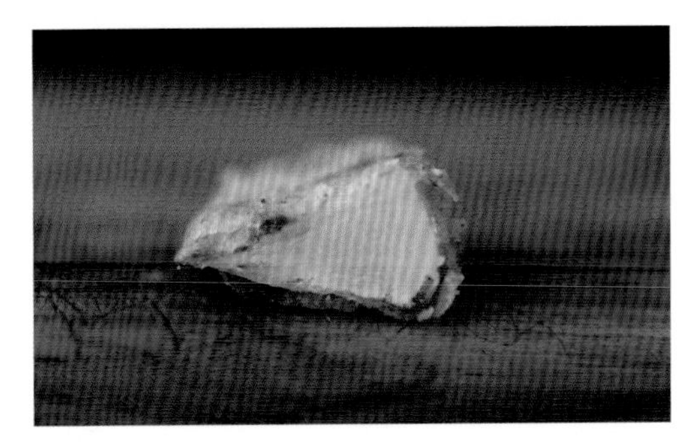

从生薯块开始烤制，最后的成品只有薄而湿软的外皮，而预先煮过的马铃薯在烤过后仍可保持酥脆。

接着，我试了数十种裹粉组合，从厚厚的加蛋面糊到单纯的撒粉，最后我发现最好的方式是将煮过的马铃薯和少许白脱牛奶一起翻拌。白脱牛奶的浓稠度刚好可在马铃薯上覆盖一层液体，加上稍后撒上的面粉和玉米淀粉，便会形成一层薄薄的保护膜。在我试用的数十种粉类中，面粉、玉米淀粉和马铃薯淀粉最适合。仅仅用面粉时，由于其蛋白质含量相对高（中筋面粉中的蛋白质含量占12%），脆皮嚼劲过多。单用玉米淀粉和马铃薯淀粉则会让脆皮的粉感太重、颜色太淡。面粉加玉米淀粉能降低面粉的蛋白质含量，创造更薄的脆皮，加一点儿泡打粉能让成品效果更佳。

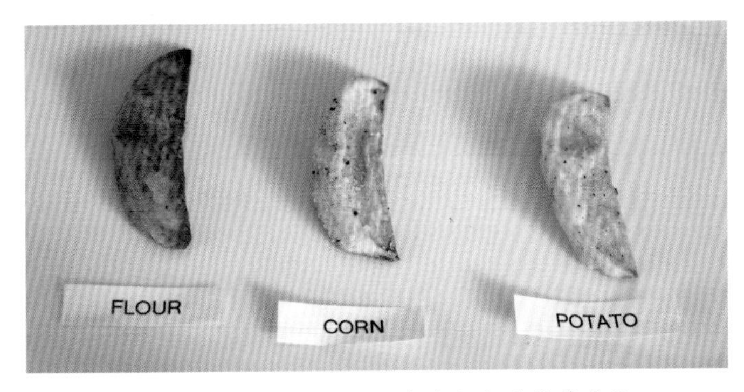

从左至右的裹粉分别为面粉、玉米淀粉和马铃薯淀粉。

最后，为了让烤箱模拟最佳油炸效果，我把薯块放到抹有一层油且充分预热的锅里，让两者接触时发出嘶嘶的声音。

笔记：

这些调味过的薯块也很适合油炸。依食谱指示进行到步骤 3（省略预热烤箱和烤盘等步骤），再把马铃薯分成两批放入炒锅或荷兰锅中，用 1.9 升（2 夸脱）加热到 204.4℃（400 ℉）的花生油炸到金黄酥脆，约需 2.5 分钟。

4 人份

烘烤用褐皮马铃薯 680 克（1½磅），约 3 大个，外皮刷洗干净
蒸馏白醋1½大勺
犹太盐适量
植物油 1/2 杯
白脱牛奶1½杯
大蒜粉 1 小勺
红辣椒粉 1 小勺
现磨黑胡椒碎 1 小勺
卡宴辣椒粉 1/4 小勺
中筋面粉 1/4 杯
玉米淀粉 1/2 杯
泡打粉 1 小勺

1. 将烤架放在中低位置，烤箱预热至 204.4℃（400 ℉）。马铃薯纵向对切，其中一半切面朝下放在砧板上，再切成 0.8~1.3 厘米（1/3~1/2 英寸）见方的块。重复以上做法切完另一半。（图 1、图 2）
2. 马铃薯和醋一同放入中型料理锅里，加入 1.9 升（2 夸脱）的水和 2 大勺盐，用大火煮滚。煮到马铃薯块软而不烂，约需 10 分钟。（图 3、图 4）捞出沥干水，放到中型碗里，加入白脱牛奶并轻柔翻拌混合（若部分马铃薯块碎掉也没关系）。静置 5 分钟。
3. 在静置的同时，烤盘加油后放进烤箱预热。在大碗里搅拌混合大蒜粉、红辣椒粉、黑胡椒碎、卡宴辣椒粉、面粉、玉米淀粉、泡打粉，及 1 大勺盐。
4. 薯块沥干后放入碗里，将一半的混合粉类撒在薯块上并翻动数次。撒上剩下的干粉并轻柔翻拌至所有薯块都裹上适量的粉，让薯块在干粉中静置至少 5 分钟，不时翻拌一番，直到所有薯块外面都有一层厚皮。（图 5—图 8）
5. 将薯块分批放到细目滤网上，轻柔摇动筛除多余的粉类后，放入大碗里。（图 9、图 10）
6. 小心地从烤箱取出烤盘（油应该稍稍冒烟），将薯块单层铺入。（图 11）将烤盘放回烤箱，烤到马铃薯底部呈现淡金棕色，约需 10 分钟。自烤箱取出烤盘并用薄的有弹性的锅铲将薯块翻面，放回烤箱继续烤到薯块两面都金黄酥脆，需 10~15 分钟。用厨房纸巾吸油，撒盐调味并立即上桌。（图 12）

1
2
3
4
5
6
7
8
9
10
11
12

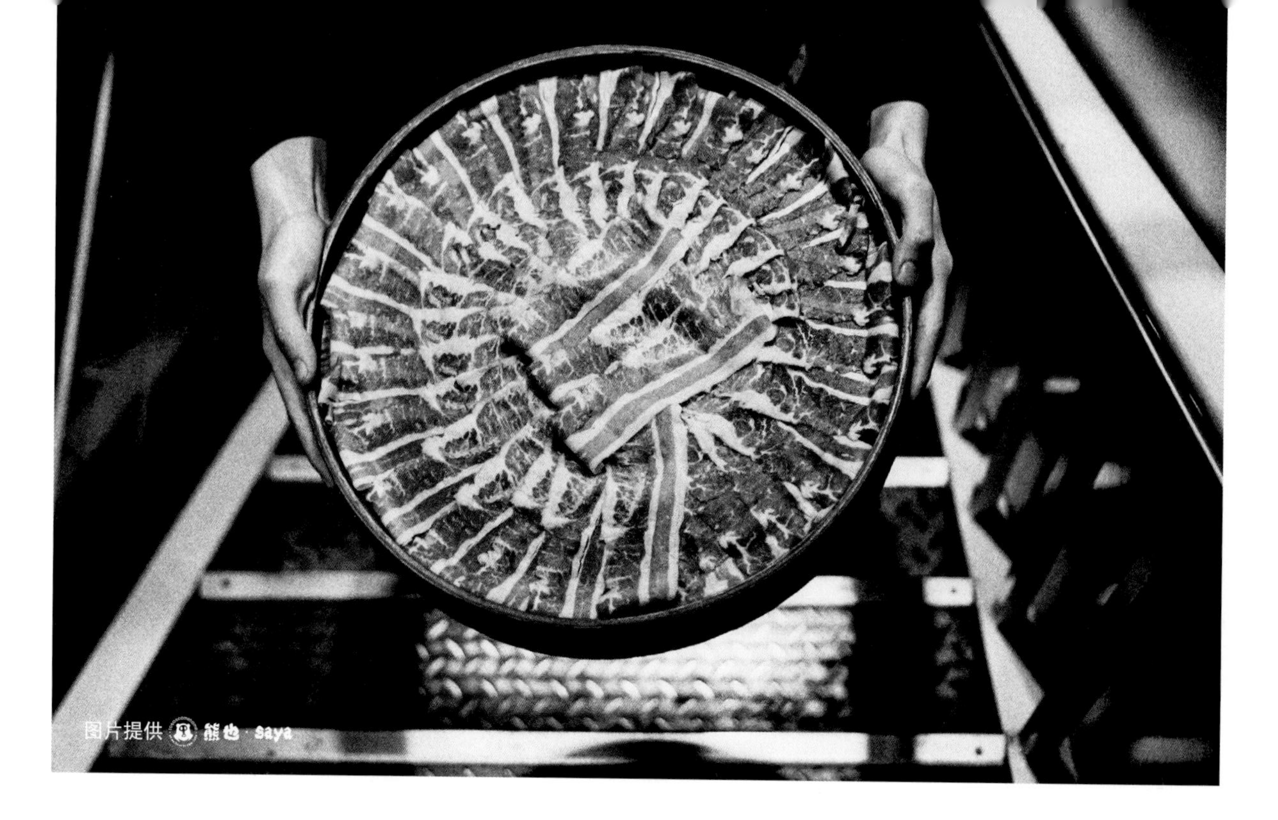
图片提供 熊也·saya

致谢

ACKNOWLEDGMENTS

你或许不相信，这本比砖块还重的书源自五年前[①]一本普通大小的书。好吧，我收回这句话。这本比砖块还重的书是从一篇关于煮蛋的简短博客文章开始的，而这篇文章给我的人生——就像绞肉机把猪肩肉变成香肠那样——带来了重大转变。在很多很多人的帮助下，我系统地被分解、重组、填充、挤压、拉扯、揉捏、调味甚至稍加烹调，最终成了更好的作家、更好的厨师、更好的摄影师，甚至更好的人。

我要谢谢我太太阿德里安娜，她忍受了家里永远飘散着汉堡肉、烤鸡、牛排以及所有其他最后都被我们的邻居跟好友吃掉的食物的味道。在我拖着她进行一天 18 餐的“研究”之旅时，她也因此从中找寻到乐趣。她毫不介意我大部分时间都与汉堡形状的情妇待在一起，还不止一次。有好几年的时间，在我熬夜敲击着键盘时，她独自入眠，只有当我决定必须再炸一批鸡翅才能解答一个火烧眉毛（鸡翅也的确烧焦了）的问题时，她才被我吵醒。在经历了这么多煎熬之后，她竟然还催促我开始写另一本书。

我不知道家人如何忍受我对节日菜单近乎专制的控制欲，年复一年为了追求好上加好的烤火鸡跟馅料而独占厨房，对此我感到很抱歉。到了明年[②]，你们都能松一口气了。阿雅，你要放多少蔓越莓到馅里都可以。比科，你要喜欢马铃薯泥有颗粒也可以。佛莱德（Fred），你想摆弄或用厨房里的哪口锅或哪个碗都可以（我甚至会让你打断我精心安排的

---

① 是指 *The Food Lab* 英文版的出版时间 2015 年的五年前。——编者注

② 是指 *The Food Lab* 英文版的出版时间 2015 年之后的一年。——编者注

料理计划，让你替自己调一两杯马丁尼，不过也请帮我调一杯）。柯治（Koji），请继续用魔术娱乐我们。至于凯科（Keiko），对不起，火鸡依然是我的，我想我们都同意这样做会比较好。

这本书的确源自一篇关于鸡蛋的博客文章，但这一切，包括博客文章、这本书，以及线上专栏，都是因为埃德·莱文才得以实现，他是我遇到过的最大方且最支持我的老板。就是他建议我开始撰写食物科学专栏的。而他也是想出“料理实验室”（*The Food Lab*）这个书名的人。在他的驱使下，我才动手开始撰写此书。没错，他给了我一份工作，但我在“认真吃”收获的远不止是一份工作。“认真吃”是一个开放的平台，是料理宅男的乐园，而在我跟埃德踏入这段非凡又双赢的关系的第五个年头，我们仍在摸索这个网站今后的方向。甚至他的太太维基，还是我的经纪人呢。

说到这，你绝对找不到比维基·贝奇尔（Vicky Bijur）更好的经纪人或代言人了。她不但积极热情地为我跟我的权益发声，更是第一个编辑我的文字的人，此外，她还提供关于排版与设计的建议，并在我即将再次做出错误决策时提醒了我。

除了把阿德里安娜骗到手以外，到“认真吃”工作是我人生中最棒的决定，而这很大部分是因为人的关系。罗宾·李（Robyn Lee）、凯里·琼斯（Carey Jones）、艾琳·齐默（Erin Zimmer）、亚当·库班以及原创团队的其他人让每天的工作都像是在游乐园玩耍。要不是大家提出各种慷慨的批判（不管有没有建设性），我都无法写出这部作品。

谢谢克莉丝丁·金（Chirstine Kim）和凯莉·吉佛（Carly Gilfoil）在研究与拍摄照片时，帮忙调查、准备、购物以及收拾卫生。也谢谢康纳尔·默里（Conor Murray）明确点出我的图表规划得有多差，并替我将它们编辑得更实用。

多年来在餐饮界摸爬滚打，让我遇见许多贵人，他们都让我对食物有更浓厚的兴趣。对我而言，芭芭拉·林区（Barbara Lynch）、贾森·邦德和戴夫·巴齐根（Dave Bazirgan）是真正的大厨。尽管我当初是个高学历、低技能，连刀都不太知道怎么拿的自作聪明的小屁孩，但他们依旧收留了我并给我一份工作。在料理学习营里，他们是担任长官的不二人选。我的刀工在肯·奥林杰的指导下练成，也是他让我在灶台前成为一个完美主义者，并让我的味蕾发展到让我终于开始考虑以厨师自称。

我还要感谢克里斯·金博尔（Chris Kimball）、杰克·毕晓普（Jack Bishop）、基思·德雷瑟（Keith Dresser）、艾琳·麦默勒（Erin McMurrer），以及*Cook´s Illustrated*和*America´s Test Kitchen*③的其他编辑与厨师群，是他们让我首次尝试了食谱开发、写作、视频拍摄与录制电视节目。谢丽尔·朱利安（Sheryl Julian）在我一无所知时仍对我成为自由撰稿人保持信心，而乔里恩·赫尔特曼（Jolyon Helterman）则教给了我必要的技术。

任何自称他的文字与风格全为原创的作者都是骗人的。我们都深受我们读过的作品影响。我的文章掺杂了来自四面八方的风格、幽默与想法。杰弗里·斯坦格登与迈克尔·鲁尔曼让我学到新闻炒作在料理界是存在

---

③ *America´s Test Kitchen*，《美国实验厨房》。——译注

的。休·费恩利·惠廷斯托尔（Hugh Fearnley Whittingstall）与安东尼·伯尔顿则提醒我，“好的美食文章跟所有的好文章一样，必须是发自内心的”。雅克·佩潘精湛的技巧与表达怎么做某件事以及为何要做这件事的能力非常让人钦佩。相信我，他的 *Complete Techniques*[④] 极适合在沙滩上阅读。

每当我陷入困境，以至于文字不够轻松或幽默时，我总会重读道格拉斯·亚当斯[⑤]或库尔特·冯内古特（Kurt Vonnegut, Jr.）[⑥]的小说，或欣赏几段蒙蒂·帕森（Monty Python）[⑦]的演出。这些人才是真正塑造我的文风与食谱测试风格的人，希望我的作品没让他们丢脸。

我要特别感谢 *How to Read a FrenchFry*[⑧] 的作者拉斯·帕森斯（Russ Parsons），*Ideas in Food*[⑨] 专栏作者埃金·卡莫萨瓦和亚历山大·塔尔博特，*What Einstein Told His Cook*[⑩] 的作者罗伯特·沃尔克（Robert Wolke），*Liquid Intelligence*[⑪] 的作者戴夫·阿诺德，内森·梅尔沃德（Nathan Myhrvold）以及整个《现代主义烹调》（Modernist Cuisine）团队，他们在食物科学教育与大众宣传上担任先锋。

我要谢谢我的编辑玛丽亚·瓜纳舍利（Maria Guarnaschelli）。虽然据称她是一个让人闻风丧胆的人，却成了我最大的支持者。当我颤抖地交出本应是 300 页作品的 800 页手稿时，她却回头说：“我喜欢。可以再多写 600 页吗？”（你在开玩笑吗？我可是很努力才压缩到 800 页！）我跟她已经合作长达五年，中间换过 3 个助理了，但她从未对我说过“不”，甚至连应该拒绝我的时候也没有。

最后，若我没有在小时候每天早上六点穿着小熊维尼睡衣溜到客厅观看尼可儿童频道（Nickelodeon）播出的《巫师先生的世界》（*Mr. Wizard's World*），我不会成为今天的我。我要向唐·赫伯特（Don Herbet）[⑫] 致敬，谢谢你激励一代又一代的小宅男走出去成为货真价实的宅男。

---

④ *Complete Techniques*，《技巧大全》。——译注

⑤ 1952 年出生于剑桥，欧美幽默讽刺文学泰斗，于 2001 年逝世。他的作品带有浓厚的黑色喜剧色彩，他笔下的人物长相奇特、行为荒唐。他的著名作品有《银河系搭车客指南》。——译注

⑥ 美国作家，黑色幽默文学代表人物之一，著有《第五号屠宰场》（*Slaughterhouse-Five*）。——译注

⑦ 英国的喜剧团体，共由六人组成，自编自演，表演形式特殊且极具开创性，对英国喜剧有深远影响。——译注

⑧ *How to Read a FrenchFry*，《读懂法式薯条》。——译注

⑨ *Ideas in Food*，《食物理念》。——译注

⑩ *What Einstein Told His Cook*，《爱因斯坦对厨师说的话》。——译注

⑪ *Liquid Intelligence*，《液体的智慧》。——译注

⑫ *Mr. Wizard's World* 的节目主持人，在美国有“电视爱因斯坦”的美誉。节目中以诙谐有趣的方式向儿童介绍科学知识。——译注

跋

这本书是写科学烹饪的：了解和运用科学原理，用符合科学原理的、经过大量实验验证的烹饪技术可稳定地、重复地做出美味的菜肴。和科学烹饪相对的是依赖经验或者没有经验的传统烹饪。科学烹饪和传统烹饪的关系类似于建立在现代生物学基础上的循证医学和传统医学的关系。

如果您去一家牛排馆，侍者很客气地询问："老爷，太太，先生，小姐，帅哥，靓女，您的牛排需要几分熟？"那么这家牛排馆是做传统烹饪的，厨师也不知道牛排怎么做才会鲜嫩，餐厅通过询问客人推卸责任。基本上，客人都要装一装："五分熟吧。"结果上来的熟牛排韧如生牛皮。这是为什么呢？这是因为标榜传统或者古法烹饪的一般技术都会差点，类似于说用爱心和匠心烹饪。

北京鼓楼东大街的熊也牛店就从来不问客人牛排需要几分熟。牛排怎么做，怎么取材切割，什么温度下烹制多长时间，怎么调味，料理长 Saya Seio-Nomoto（也就是本书的校译）实验成功后，会记录所有的数据，交代给厨师。厨师按照工艺流程做，基本零失败。有筋膜的牡蛎牛排，吃起来也是嚼之即化。偶尔做得不太成功，还是因为厨师没有严格按照流程做。这是科学烹饪。

正如医学科学可以用于诊断和治疗各个地方、各个种族的人的疾病，科学烹饪也可以应用于中国菜、法国菜、意大利菜、日本菜、印度菜和无国界的现代主义料理等。

拿中国菜的红烧肉举个例子，五花肉切块后有先煎的，有先水煮的，也有煎了之后水煮的，还有蒸的。然后都加酱油、八角、丁香、葱、姜、料酒，炒白糖、冰糖、黄糖，加水或者只用白酒、黄酒小火焖干收汁。但是传统做法不管怎么折腾，要做到红烧肉的瘦肉不柴不干，只有一种办法：选的肉要几乎没有瘦肉。瘦肉即使做得又柴又干，也因为几乎没有，所以吃不太出来。否则，瘦肉都发柴。不管是红烧肉做招牌菜的老吉士、圆苑，还是加两头鲍鱼的九头鸟、十三香，结果都一样。

根据哈佛大学教授、科学烹饪专家盖伊·克罗斯比（Guy Crosby）的说法，烹调肉类是有科学原理的：包裹瘦肉细胞的蛋白质鞘从 40℃开始收缩。随着温度升高，即使是小火炖煮，温度也会在 70~80℃，收缩的蛋白质鞘会挤破瘦肉细胞，细胞液（肉汁）会从破损的细胞中流失到汤里。这个流失的过程不可逆。结果就是瘦肉干柴，汤汁有味。所以五分熟的牛排一定是烹饪过度、肉汁流失的。

传统烹饪和科学烹饪有很多暗合之处。一根柴火炖一锅鸡汤即是低温慢煮。爆炒肉时肉要薄切，用大火，颠锅炒的时间应极短，避免烹饪过度导致肌肉细胞破裂。传统烹饪要做到完美，需要厨师经验极其丰富，同时厨师烹饪时的状态又极好。我读过《国宴大厨说川菜——四川饭店食闻轶事》，里面讲到那些川菜大师们有时也是胆战心惊，怕不在状态发挥不好，做坏了菜。所以，传统烹饪通常是知其然不知其所以然，这会导致两种结果：一是自己操作不稳定没有把握，二是不容易传授。

随着建立在食品科学基础上的食品工业的发展，以及营养学和认知心理学等各种交叉科学的发展，烹饪科学的发展不可阻挡，先掌握并应用者可能得利。

怎么用科学的方法来烹饪红烧肉呢？能不煮就不煮。20 世纪 20 年代美国有大学做过实验，证明炖煮比干烤使肉汁流失更多。源自法国的流传了 200 多年的煎封（高温煎肉）在肉的表面形成薄的硬壳，可以阻止肉汁流失的说法，不符合事实，没有科学根据。

我做红烧肉，选用维多利亚市场（Victoria Market）的 1000 克上好五花。整块肉用犹太盐薄腌（这和是不是入味没有什么关系。盐腌能消融一部分肌肉蛋白组织，让肉软嫩），再用低温慢煮炉在49℃慢烧2个小时后取出放入烤盘。烤盘里放另外做的酱油蜜糖高汤，高汤淹到五花肉肉身的一半，再放入160℃的烤箱烤30分钟。如果感到瘦肉部分还有点硬，就再烤一段时间直到瘦肉变软。其间，每10分钟用刷子向肉上刷一次高汤。烤好以后静置30分钟，让备受煎熬的五花肉休养生息。然后切块或者切片装盘。烤制温度从160℃开始，软化筋膜，同时使得梅纳反应加速，肉香飘逸。

这种做法是让五花肉中的瘦肉细胞在低温中尽量不受损的情况下做熟，然后让短时间的高温软化蛋白质筋膜组织，加速产生香味的梅纳反应，让瘦肉细胞尽可能受损可控、鲜嫩多汁。白萝卜炖羊肉和清汤牛腩也是一样的道理，汤和肉要分开烹饪，然后放在一起。这样肉才不会烹饪过度，流失过多肉汁。不同的肉质地会有差异，但是只要掌握好科学烹饪的原理，多做实验，了解能量转换这个要素，要稳定地做好菜还是可能的。

flavor只能勉强地翻译成风味，其实flavor包括气味（进食时从咽喉后部到鼻腔的感受）、味道（舌头味蕾的感受）、质地、温度这几部分。对于气味、味道、温度，不同地区的人各有偏好，这些偏好是由遗传、习惯、文化传统造成的，这些偏好要更改非常困难。对绝大部分人来说，好吃的就是吃惯的：家里三代一起经常吃的和自己从小吃惯的，也就是奶奶、外婆、妈妈的味道。我感觉，科学烹饪更多的是研究如何改善食物的质地。科学烹饪让食物更鲜嫩、酥脆、鲜美、汁水充盈，让食客更好地享受美食，获得美食带来的奖赏。

也有很高级的餐厅用科学做工具，把烹饪创造成艺术，在和美食有关的各个方面——食物的质地，用餐时的温度，食材的选择，味道和气味的调配，呈现的视觉效果、听觉效果，都要创新。艺术就是突破常规和习惯。有些餐厅每年歇业半年，让主厨和团队调查和研发，是为了让懂得欣赏烹饪艺术的食客有期待得到惊喜的体验。

《料理实验室》这本书的精髓，在于教你如何将普通易得的食材烹饪出好的质地，调味随意。红烧肉可以用酱油、糖调味，也可以用照烧酱、叉烧酱，甚至可以做成麻辣酸甜、王致和臭豆腐味，只要瘦肉鲜嫩多汁就好。

这本书的原书有个副标题——科学让居家烹饪更美好（better home cooking through science），我改成了“科学创造美味”。本书有300道科学烹饪菜谱，每一道菜作者自己都反复试验最后得出最佳结果。所以，即使是没有经验的人照着做，也能大大提升成功率。餐厅经营者、厨师和厨艺爱好者可以把本书当作超级菜谱书来读。

这本书对以下三类读者可能用处更大一些，也可能没用。

一，有进取心、好学又谦虚的厨师。当然，有进取心、好学又谦虚的厨师已经足够好了，不读也可以。

二，餐厅所有者和经营者。这本书有300道菜，每一道都有潜力成为爆款。这些爆款的烹饪，经过简单培训的学徒工就可以胜任。赚钱要紧，高质量、稳定的出品便是基础。本书是教材。

三，美食媒体从业人士和美食评论者。他们可能会从中受到新知识启发，从而写出新内容。写美食评论的难度堪比写艺术评论，尤其是写音乐评论，都是要勉强写不可写的。在大脑中，食物引起快感的区域和音乐的一致。如果从科学道理上知道食物怎样形成幸福感和快感，会形成幸福感和快感的食物应该怎样烹饪，会不会有点意思？

感谢熊也有独到的眼光购得本书的版权，感谢董克平老师大力推荐，感谢Saya Seio-Nomoto女士呕心沥血校译，感谢青岛出版社的各位老师。感谢！

熊也喂羊（kumaya weiyang ye）
kumaya@lotoscomehome.com
澳大利亚维多利亚州墨尔本
2020年盛夏疫中的圣诞节